中国农业标准经典收藏系列

最新中国农业热带作物标准

2005—2010

上

农业部农产品质量安全监管局
农业部农垦局
中国农垦经济发展中心
农业部热带作物及制品标准化技术委员会
编

中国农业出版社

图书在版编目（CIP）数据

最新中国农业热带作物标准：2005～2010/农业部农产品质量安全监管局等编.—北京：中国农业出版社，2010.12
（中国农业标准经典收藏系列）
ISBN 978-7-109-15303-5

Ⅰ.①最… Ⅱ.①农… Ⅲ.①热带作物—标准—汇编—中国—2005～2010 Ⅳ.①S590.192-65

中国版本图书馆CIP数据核字（2010）第246967号

中国农业出版社出版
（北京市朝阳区农展馆北路2号）
（邮政编码 100125）
责任编辑 刘 炜

人民教育出版社印刷厂印刷 新华书店北京发行所发行
2011年1月第1版 2011年1月北京第1次印刷

开本：880mm×1230mm 1/16 印张：56
字数：1 788千字
定价：400.00元 （上、下）

目　　录

热带经济作物类

目　录

目　录

天然橡胶类

硬质纤维类

热带作物机械类

目　录

热带经济作物类

中华人民共和国农业行业标准

香蕉　组培苗

Banana ih vitro plantlet

NY/T 357—2007

代替 NY/T 357—1999

1　范围

本标准规定了香蕉(*Musa nana* Lour.)组培苗的术语和定义、要求、试验方法、检验规则、包装、标志、运输和贮存。

本标准适用于香蕉组培苗。

2　规范性引用文件

下列文件中的条款通过本标准的引用而成为本标准的条款。凡是注日期的引用文件,其随后所有的修改单(不包括勘误的内容)或修订版均不适用于本标准。然而,鼓励根据本标准达成协议的各方研究是否可使用这些文件的最新版本。凡是不注日期的引用文件,其最新版本适用于本标准。

GB 6000—1999　主要造林树种苗木质量分级

GB 15569　农业植物调运检疫规程

中华人民共和国国务院令　1992 年第 98 号　植物检疫条例

中华人民共和国农业部令　1995 年第 5 号　植物检疫条例实施细则(农业部分)

3　术语和定义

下列术语和定义适用于本标准。

3.1

外植体　explant

用于接种培养的各种离体的植物材料,包括胚胎材料、各种器官、组织、细胞,及原生质体等。

3.2

香蕉组培瓶苗　banana in vitro plantlet cultured in vessel

利用优良香蕉品种的吸芽茎尖作为外植体,采用植物组织培养技术在培养容器中生长且已达到假植标准的根、茎、叶俱全的完整无菌香蕉小植株。

3.3

香蕉袋装苗　banana plantlet planted in culture bag

香蕉瓶苗分级假植于装有营养土的特定规格塑料袋中可出圃供大田定植的香蕉苗。

3.4

假植　temporary plant

从香蕉瓶苗移于荫棚(苗圃)至袋装苗出圃之前的整个育苗过程。

3.5

中华人民共和国农业部 2007-12-18 发布　　2008-03-01 实施

继代培养　subculture

在外植体初次培养的基础上，把所获得的培养物转移到新鲜的培养基中进行再培养，从而使培养物得以成倍增殖的过程，又称增殖培养。

3.6

品种纯度　purity of variety

指定品种的种苗株数占供检种苗株数的百分率。

3.7

变异　variation

在组织培养过程中受培养基和培养条件等影响，培养出的香蕉植株的遗传特性发生了明显变化，其形态上也显著表现出有别于原品种植株的特征。

注：香蕉组培苗变异主要特征为：叶变细长，叶面不规则凹凸，叶片扭曲，部分缺绿呈花叶状；叶柄变长；叶鞘散生呈散把；植株变矮；果实变短小，果实尾端过度伸长等。

4　要求

4.1　外植体采集与处理

4.1.1　采芽母本园

品种纯正、无香蕉花叶心腐病和束顶病病株的香蕉园。

4.1.2　采芽母株

在 4.1.1 中选择农艺性状优良的植株作为采芽母株，逐株编号并按 5.1 进行病毒检测。

4.1.3　无菌外植体

从采芽母株采集生长健壮的吸芽，无菌条件下取其生长点作为外植体。增殖一代后按 5.1 进行病毒检测，经验证无病毒的株号其增殖芽方能继续增殖（继代）培养，有病毒的株号其增殖芽应全部焚烧销毁。

4.2　基本要求

4.2.1　瓶苗

——种源来自品种纯正、优质高产的母本园或母株；
——品种纯度≥98%；
——无污染；
——继代培养不超过 15 代，时间不超过 12 个月；
——根系白、粗，且有分杈、侧根及根毛；
——生长正常，假茎色黄绿，基部不成钩状，叶鞘不散开；
——变异率≤2%。

4.2.2　袋装苗

——种源来自品种纯正的瓶苗；
——品种纯度≥98%；
——叶色青绿不徒长，叶片无病斑或无病虫为害；
——根系生长良好；
——无机械性损伤；
——变异率≤5%。

4.3　分级

在符合基本要求的前提下，产品分为一级和二级。香蕉瓶苗的等级应符合表 1 的规定，香蕉袋装苗的等级应符合表 2 的规定。

表1 香蕉瓶苗分级指标

项　　目	等　　级	
	一　级	二　级
假茎粗，cm	>0.3	0.2～0.3
假茎高，cm	≥4.0	3.0～3.9
展开叶片数，片	≥2	<2
白色根，条	≥2	≥2

表2 香蕉袋装苗分级指标

项　　目	等　　级	
	一　级	二　级
叶片数，片	5～7	≥8或<5
假茎粗，cm	≥0.9	0.7～0.9
叶片宽，cm	≥6.8	5.2～6.7

5 试验方法

5.1 病毒检测

用聚合酶链式反应（PCR）技术对采芽母株和无菌外植体进行病毒检测（见附录A）。

5.2 外观检测

5.2.1 瓶苗

5.2.1.1 用目测法检测污染情况、植株根系和假茎的生长情况。

5.2.1.2 假茎粗：用游标卡尺测量假茎基部以上2 cm处的直径。

5.2.1.3 假茎高：用钢卷尺测量从假茎基部至最新自然展开叶的叶柄与假茎交会处的高度。

5.2.1.4 叶片数：用钢卷尺测量叶面宽度，记录最宽处≥0.8 cm的自然展开叶的叶片数。

5.2.1.5 白色根：用钢卷尺测量白色根长度，记录≥3 cm长的白色根条数。

5.2.2 袋装苗

5.2.2.1 用目测法检测植株的生长情况、叶片颜色、病虫害和机械损伤。

5.2.2.2 叶片数：记录瓶苗移栽后假植期间新长出的完整展开绿叶数。

5.2.2.3 假茎粗：用游标卡尺测量袋面以上2 cm处的直径。

5.2.2.4 假茎高：用钢卷尺测量从袋面至最新展开叶的叶柄与假茎交会处的高度。

5.2.2.5 叶片宽：用钢卷尺测量最新展开叶中部最宽处。

5.2.3 数据记录

测量数据分别记入附录B和附录C的表格中。

5.3 品种纯度检测

采用目测法观察组培苗的形态特征，或采用其他有效方法，确定检验样品组培苗中指定品种的组培苗株数。品种纯度按公式（1）计算：

$$P=\frac{n_1}{N_1}\times 100 \qquad (1)$$

式中：

P——品种纯度，单位为百分率（%）；

n_1——样品中指定品种数，单位为株；

N_1——所检样品总数，单位为株。

计算结果精确到小数点后一位。

将检测结果记入附录D的表格中。

5.4 变异率检测

观察所检样品的形态特征，或采用其他有效方法，确定变异株数。变异率按公式(2)计算：

$$Y = \frac{n_2}{N_2} \times 100 \quad \cdots\cdots (2)$$

式中：

Y ——变异率，单位为百分率(%)；

n_2 ——样品中变异株数，单位为株；

N_2——所检样品总数，单位为株。

计算结果精确到小数点后一位。

将检测结果记入附录D的表格中。

5.5 疫情检测

按GB 15569、中华人民共和国国务院令1992年第98号和中华人民共和国农业部令1995年第5号的有关规定进行。

6 检验规则

6.1 组批

同一品种、同一批销售、调运的产品为一检验批。

6.2 抽样

6.2.1 组培瓶苗

采用随机抽样法抽样。批量样品少于10瓶时，全部抽样；11～100瓶时，抽10瓶；超过100瓶时，按下列公式抽样：

$$T_1 = M \times 10\% \quad \cdots\cdots (3)$$

$$T_2 = T_1 + [(M - 1\,000) \times 2\%] \quad \cdots\cdots (4)$$

$$T_3 = T_1 + [(M - 1\,000) \times 2\%] + [(M - 10\,000) \times 0.2\%] \quad \cdots\cdots (5)$$

式中：

T_1 ——101～1 000瓶时的抽样数；

T_2 ——1 001～10 000瓶时的抽样数；

T_3 ——10 000瓶以上抽样数；

M ——批量样品总数。

计算结果保留整数。

6.2.2 组培袋装苗

按GB 6000—1999中4.1.1的规定执行。

6.3 交收检验

每批种苗交收前，生产单位应进行交收检验。组培瓶苗的检验在出厂时进行，袋装苗的检验在出圃时进行。交收检验内容包括外观、包装和标识等。检验合格并附检验证书(见附录D)和检疫部门颁发的检疫合格证书方可交收。

6.4 判定规则

同一批检验的一级组培苗中，允许有5%的苗低于一级苗指标，但应达到二级苗指标，超过此范围，则为二级苗；同一批检验的二级苗中，允许有5%的苗低于二级苗指标，但应达到4.2的要求；超过此范围则该批苗为不合格。

6.5 复验

当贸易双方对检验结果有异议时，应重新抽样复验一次，以复验结果为最终结果。

7 包装、标志、运输和贮存

7.1 包装

如需调运，瓶苗仍保留在组培容器中，并用木箱或纸箱进行包装；袋装苗应用木箱、塑料箱等硬质包装箱包装。

7.2 标志

组培苗应附有标签。标签内容包括类型(瓶苗或袋装苗)、品种、检验证书编号、等级、数量(株数)、育苗单位、出厂(圃)日期。标签用 150 g 的牛皮纸制成，标签孔用金属包边。

7.3 运输

按不同品种、级别装车。组培苗用篷车运输，并保持通风透气；运输途中避免日晒、雨淋；装车时应小心轻放。

7.4 贮存

出厂(圃)后应在当日装运，到达目的地后要立即卸车，并置于荫棚或阴凉处，瓶苗应及早进行假植，袋装苗应及早进行定植。若有特殊情况无法及时假植或定植时，贮存时间不应超过 7 d。贮存时置于荫棚中，保持通风，袋装苗应注意喷水保持土柱湿润。

附 录 A
(资料性附录)
聚合酶链式反应(PCR)技术检测香蕉束顶病和花叶心腐病病毒程序

A.1 待测样品的采集

A.1.1 采芽母体

在采芽母本园取各编号母株的幼叶 1 g～2 g 作为待测样品。材料取回后洗净擦干,装在密封保湿塑料袋中,送到检测单位进行检测。若不能马上送到检测单位并进行检测,须将材料放置于－20℃冰箱中保存。

A.1.2 无菌外植体

从无菌外植体第一代增殖芽中取一个增殖芽,称取 1 g～2 g 作为待测样品。其他处理同 A.1.1。

A.2 香蕉束顶病的 PCR 检测

A.2.1 DNA 模板的制备

称取待测材料 0.2 g,加液氮研磨成粉末状,加入 0.8 mL 的抽提缓冲液(2%CTAB,100 mmol/L Tris-HCl,20 mmol/L EDTA,1.4 mol/L NaCl,2%巯基乙醇,1%PVP)混合使之充分湿润,于 65℃温育 30 min～60 min,不断混匀;加入等体积的氯仿/异戊醇,颠倒使之充分混合,于 4℃下 7 500 *g* 离心 15 min,回收上相;加入 1/10 体积的 65℃预热的 10×CTAB(10% CATB,0.7 mol/L NaCl)溶液,颠倒混匀,再加入 2 倍体积的无水乙醇,颠倒混匀,4℃下 7 500 *g* 离心 15 min,弃上清液,分别用 70%及 95%乙醇洗涤沉淀各一次;吹干,加入 50 μLTE(10 mmol/L Tris-HCl,1 mmol/L EDTA)溶解沉淀;取 2 μL 在 1.0%的琼脂糖凝胶上电泳,紫外灯下观察 DNA 纯度并估算其浓度,其余置于－20℃冰箱中备用。

A.2.2 PCR 特异引物的设计

用于检测香蕉束顶病病毒的特异性引物对碱基序列为:引物 1(P_1)5′- ATC AAG AAG AGG CGG GTT -3′,引物 2(P_2)5′- TCA AAC ATG ATA TGT AAT TC -3′,其扩增片段大小为490 bp。

A.2.3 待测样品的 PCR 扩增反应

PCR 扩增反应体系的总体积为 25 μL,包括 10×PCR 反应缓冲液 2.5 μL,2 mol/L dNTPs 2 μL,DNA 模板 1.0 μL,P_1 和 P_2 各 2 μL,双灭菌水 15 μL,最后加入 *Taq* DNA 聚合酶(0.5 U/μL)0.5 μL,各反应物混匀后,在 PCR 扩增仪上进行扩增反应。反应程序为:(1)94℃ 4 min;(2)94℃ 1 min,58℃ 1 min,72℃ 1 min,共 30 个循环;(3)72℃,10 min。每次扩增反应均设清水空白对照、健康植株样品负对照及含香蕉束顶病病原 DNA 的正对照一个,每个试验均进行 2 次～3 次重复。

A.3 香蕉花叶心腐病的 PCR 检测

A.3.1 cDNA 模板的制备

RNA 的提取:称取待测材料 0.2 g,加液氮研磨成粉末状,加入 0.8 mL 的抽提缓冲液(2%CTAB,100 mmol/L Tris-HCl,20 mmol/L EDTA,1.4 mol/L NaCl,高压灭菌后加入 2%巯基乙醇,1% PVP)混合使之充分湿润,于 65℃温育 30 min～60 min,不断混匀;加入等体积的氯仿/异戊醇,颠倒使之充分混合,于 4℃ 7 500 *g* 离心 15 min,回收上相;加入 0.6 倍体积的 8 mol/L 的 LiCl 溶液,4℃冰箱中过夜,4℃下 12 000 *g* 离心 30 min;弃上清液,分别用 70%乙醇洗涤沉淀两次;4℃下 8 000 *g* 离心 1 min;弃上清液，将沉淀吹干，用 50 μL DEPC 处理过的无菌双蒸水溶解沉淀，取 2 μL 在 1.0%的琼脂糖凝胶上电泳，紫外灯下观察 RNA 的完整性和纯度。根据反转录试剂盒使用说明，将提取的 RNA 反转录合成cDNA，置于−20℃冰箱中备用。

A.3.2 PCR 特异引物的设计

用于检测香蕉花叶心腐病病毒的特异性引物对碱基序列为：引物 3(P_3)5′- CAC CCA ACC TTT GTG GGT AG - 3′，引物 4(P_4)5′- CAA CAC TGC CAA CTC AGC TC - 3′，其扩增片段大小为 557 bp。

A.3.3 待测样品的 PCR 扩增反应

PCR 扩增反应体系的总体积为 25 μL，包括 10×PCR 反应缓冲液 2.5 μL，2 mol/L dNTPs 2 μL，cDNA 模板 1.0 μL，P_3 和 P_4 各 2 μL，双蒸灭菌水 15 μL，最后加入 *Taq* DNA 聚合酶(0.5 U/μL)0.5 μL，各反应物混匀后，在 PCR 扩增仪上进行扩增反应。反应程序同 A.2.3。每次扩增反应均设清水空白对照、健康植株样品负对照及含香蕉花叶心腐病病原 cDNA 的正对照一个，每个试验均进行 2 次～3 次重复。

A.4 待测样品的检测结果判断

PCR 扩增反应完毕后，取 5 μL 扩增产物用 1.0%的琼脂糖凝胶电泳 30 min～40 min。电泳完毕后，在 254 nm 的紫外灯下观察，在含香蕉束顶病病原 DNA 或香蕉花叶心腐病病原 cDNA 的正对照样品中，能观察到相应长度的特异性片段，而清水空白对照、健康植株样品负对照的样品中则扩增不到这些特异性的电泳条带。如果在待检测的样品中能扩增出相应长度的特异性电泳条带，则证明该检测样品带有香蕉束顶病或花叶心腐病病毒。反之，如果在待检测的样品中不能扩增出相应长度的特异性电泳条带，则证明该检测样品不带香蕉束顶病或花叶心腐病病毒。

注：提取 RNA 时，所有试剂均用 0.1%的 DEPC 处理过的双蒸水配制并高压灭菌；所用塑料耗材须经 0.1%的 DEPC 水处理 24 h 以上并高压灭菌；所用研钵、药匙等须经 180℃高温灭菌 2 h 以上。

附 录 B
（资料性附录）
香蕉组培瓶苗检测记录

表 B.1 香蕉组培瓶苗检测记录表

香蕉组培瓶苗检测记录如表 B.1 所示。

品　　种：________　　　　编　　号：________

育苗单位：________　　　　购苗单位：________

出圃株数：________　　　　抽检株数：________

样株号	假茎粗（cm）	假茎高（cm）	展开叶数（片）	白色根（条）	初评级别		
					一级	二级	不合格
合　计							

审核人（签字）：　　校核人（签字）：　　检测人（签字）：　　检测日期：　年　月　日

附 录 C
（资料性附录）
香蕉袋装苗检测记录

表 C.1　香蕉袋装苗检测记录表

香蕉袋装苗检测记录如表 C.1 所示。

品　　种：________________　　　　编　　号：________________

育苗单位：________________　　　　购苗单位：________________

出圃株数：________________　　　　抽检株数：________________

样株号	叶片数（片）	假茎粗（cm）	叶片宽（cm）	初评级别		
				一级	二级	不合格
合　　计						

审核人（签字）：　　校核人（签字）：　　检测人（签字）：　　检测日期：　年　月　日

附 录 D
(资料性附录)
香蕉组培苗检验证书

香蕉组培苗检验证书如表 D.1 所示。

表 D.1 香蕉组培苗检验证书

编号:______________

<table>
<tr><td>育苗单位</td><td colspan="5"></td></tr>
<tr><td>购买单位</td><td colspan="5"></td></tr>
<tr><td>品　　种</td><td></td><td colspan="2">种苗类型</td><td colspan="2">A:组培瓶苗
B:组培袋装苗</td></tr>
<tr><td>总株数</td><td></td><td colspan="2">抽样数</td><td colspan="2"></td></tr>
<tr><td rowspan="4">分级检验</td><td>等　级</td><td>一级</td><td colspan="2">二级</td><td>不合格</td></tr>
<tr><td>样品中各级别种苗株数</td><td></td><td colspan="2"></td><td></td></tr>
<tr><td>样品中各级别种苗株数占抽检种苗株数的比例,%</td><td></td><td colspan="2"></td><td></td></tr>
<tr><td>检验结果</td><td colspan="4">A:一级　　B:二级　　C:不合格</td></tr>
<tr><td>品种纯度,%</td><td colspan="2"></td><td colspan="2">变异率,%</td><td></td></tr>
<tr><td>有无检验检疫证明</td><td colspan="5"></td></tr>
<tr><td>检验结论</td><td colspan="5"></td></tr>
<tr><td>检验单位(章)</td><td colspan="2"></td><td colspan="2">检验人(签字)</td><td></td></tr>
<tr><td>证书有效期</td><td colspan="5">年　　月　　日 至　　年　　月　　日</td></tr>
</table>

附加说明:

本标准是 NY/T 357—1999《香蕉　组培苗》的修订版。

本标准代替 NY/T 357—1999《香蕉　组培苗》。

本标准与 NY/T 357—1999 相比主要差异如下:

——删除、修改和增加了部分术语和定义;

——删除了“4.2 组培条件”和“4.3 假植条件”;

——修改了香蕉病毒检测程序;

——增加了组培瓶苗的抽样方法;

——增加了品种纯度和变异率的计算公式;

——增加了判定规则和复验规则;

——增加了资料性附录“聚合酶链式反应(PCR)技术检测香蕉束顶病和花叶心腐病病毒程序”(见附录 A);

——修改了 1999 年版的附录 A“香蕉组培瓶苗质量检测记录表”、附录 B“香蕉袋装苗质量检测记录表”和附录C“香蕉组培苗质量检验证书”，并将其分别作为本版的附录B“香蕉组培瓶苗检测记录表”、附录C“香蕉袋装苗检测记录表”和附录D“香蕉组培苗检验证书”；删除1999年版的附录D“香蕉种苗标签”；

——调整了标准的结构。

本标准的附录A、附录B、附录C和附录D均为资料性附录。

本标准由中华人民共和国农业部农垦局提出。

本标准由农业部热带作物及制品标准化技术委员会归口。

本标准起草单位：中国热带农业科学院热带作物品种资源研究所、华南热带农业大学园艺学院。

本标准主要起草人：李志英、李绍鹏、徐立、马千全、李茂富、蔡胜忠、郑玉、李克烈。

本标准于1999年首次发布，本次为第一次修订。

中华人民共和国农业行业标准

香　蕉　脆　片

Banana chips

NY/T 948—2006

1　范围

本标准规定了香蕉脆片的要求、试验方法、检验规则、标志、标签、包装、运输和贮存。

本标准适用于以香蕉鲜果为原料，经加工制成的香蕉脆片。

2　规范性引用文件

下列文件中的条款通过本标准的引用而成为本标准的条款，凡是注明日期的引用文件，其随后所有的修改单（不包括勘误的内容）或修订版均不适用于本标准，然而，鼓励根据本标准达成协议的各方研究是否可使用这些文件和最新版本。凡是不注日期的引用文件，其最新版本适用于本标准。

GB 191　包装储运图示标志

GB 2716　食用植物油卫生标准

GB 2760　食品添加剂使用卫生标准

GB/T 4789.2　食品卫生微生物学检验　菌落总数测定

GB/T 4789.3　食品卫生微生物学检验　大肠菌群测定

GB/T 4789.4　食品卫生微生物学检验　沙门氏菌检验

GB/T 4789.5　食品卫生微生物学检验　志贺氏菌检验

GB/T 4789.10　食品卫生微生物学检验　金黄色葡萄球菌检验

GB/T 4789.11　食品卫生微生物学检验　溶血性链球菌检验

GB/T 4789.15　食品卫生微生物学检验　霉菌和酵母计数

GB/T 5009.11　食品中总砷及无机砷的测定

GB/T 5009.12　食品中铅的测定

GB/T 5009.30　食品中叔丁基羟基茴香醚（BHA）与2,6-二叔丁基甲酚(BHT)的测定

GB/T 5009.34　食品中亚硫酸盐的测定方法

GB/T 5009.37　食用植物油卫生标准的分析方法

GB/T 5009.56　糕点卫生标准的分析方法

GB 7718　食品标签通用标准

GB/T 14769　食品中水分的测定方法

JJF 1070　《定量包装商品净含量计量检验规则》

3　要求

3.1　原料要求

中华人民共和国农业部 2006-01-26 发布　　2006-04-01 实施

3.1.1 香蕉要求新鲜，果肉具有香蕉正常的色泽、气味和滋味，无异味、无霉变。

3.1.2 植物油应符合 GB 2716 的规定。

3.2 感官要求

感官要求符合表 1 规定。

表 1 香蕉脆片感官要求

项 目	要 求
色泽	淡黄色或黄色，无褐变现象
滋味和口感	具有香蕉脆片特有的滋味，味甜，无异味，口感酥脆
形态	片状、大小基本一致，允许少量碎屑
杂质	无肉眼可见的外来杂质

3.3 理化要求

理化要求应符合表 2 规定。

表 2 理化要求

项 目	指 标
净含量允许负偏差，%	≤4.5
水分，%	≤5.0
酸价（以脂肪计）	≤5.0
过氧化值（以脂肪计），g/100 g	≤20.0

3.4 卫生要求

卫生要求应符合表 3 规定。

表 3 卫生要求

项 目	指 标
菌落总数，个/g	≤1 000
大肠菌群，个/100 g	≤30
致病菌（沙门氏菌、志贺氏菌、金黄葡萄球菌、溶血性链球菌）	不得检出
霉菌计数，个/g	≤50
总砷（以 As 计），mg/kg	≤0.5
铅（以 Pb 计），mg/kg	≤1.0
二氧化硫残留量（以 SO_2 计），g/kg	≤0.03
抗氧化剂（BHA+BHT），g/kg	≤0.2

4 试验方法

4.1 感官检验

将被测样品 200 g 倒在洁净的白瓷盘中，用肉眼直接观察色泽、形态和杂质，嗅其气味，品尝滋味。

4.2 理化检测

4.2.1 净含量

按照 JJF 1070 规定执行。

4.2.2 水分

按照GB/4T 14769规定的方法测定。

4.2.3 酸价

按照GB/T 5009.56中4.2.2条的方法提取脂肪，按GB/T 5009.37中4.1条规定的方法测定。

4.2.4 过氧化值

按照GB/T 5009.56中4.2.2条的方法提取脂肪，按GB/T 5009.37中4.2条规定的方法测定。

4.3 卫生要求检测

4.3.1 菌落总数

按照GB/T 4789.2规定执行。

4.3.2 霉菌

按照GB/T 4789.15规定执行。

4.3.3 大肠菌群

按照GB/T 4789.3规定执行。

4.3.4 致病菌

按照GB/T 4789.4、GB/T 4789.5、GB/T 4789.10、GB/T 4789.11规定执行。

4.3.5 砷

按照GB/T 5009.11规定执行。

4.3.6 铅

按照GB/ 5009.12规定执行。

4.3.7 二氧化硫

按照GB/ 5009.34规定执行。

4.3.8 抗氧化剂

按照GB/ 5009.30规定执行。

5 检验规则

5.1 组批规则

同一批原料、同一生产日期生产的包装完好的同一规格产品为一组批。

5.2 抽样方法

按JJF 1070的规定。

5.3 检验分类

5.3.1 出厂检验

5.3.1.1 每组批产品出厂前应由生产厂的技术检验部门按本标准检验合格，签发合格证，方可出厂。

5.3.1.2 出厂检验项目包括感官、净含量、微生物要求。

5.3.2 型式检验

5.3.2.1 型式检验的项目应包括本标准规定的全部项目。

5.3.2.2 出现下列情况之一时，应进行型式检验。

a) 新产品定型鉴定时；

b) 原材料、设备或工艺有较大改变，可能影响产品质量时；

c) 停产半年以上，重新开始生产时；

d) 出厂检验结果与上次型式检验有较大差异时；

e) 国家质量监督机构或主管部门提出型式检验要求时。

5.4 判定规则

5.4.1 检验结果全部符合本标准规定要求的该批产品为合格品。卫生要求有一项不合格，判定该批产品为不合格。

5.4.2 若检验结果中理化要求出现不符合本标准规定的指标，允许复验一次，复验应在同一批产品中加倍抽样，判定以复验结果为准。若检验结果中感官、卫生要求出现不符合本标准规定的指标，不进行复验。

6 标志、标签

6.1 标志

按 GB 191 规定执行。

6.2 标签

按 GB 7718 规定执行。

7 包装、运输和贮存

7.1 包装

包装材料应符合食品卫生要求。

7.2 运输

运输工具应清洁卫生且具有防晒、防雨等设施。运输中不应与有毒、有害、有腐蚀、有异味的物品混运，搬运时应轻拿轻放。

7.3 贮存

产品应贮存于清洁卫生、通风干燥、无污染，具有防潮、防尘等设施的仓库内。堆放时要离开地面 10 cm 以上，离四周墙壁 20 cm 以上。

附加说明：

本标准由中华人民共和国农业部提出。

本标准由农业部热带作物及制品标准化技术委员会归口。

本标准起草单位：农业部热带农产品质量监督检验测试中心。

本标准主要起草人：袁宏球、冯信平、王明月、高丽花。

中华人民共和国农业行业标准

农作物种质资源鉴定技术规程　香蕉

Technical code for evaluating germplasm resources banana (*Musa* spp.)

NY/T 1319—2007

1　范围

本标准规定了香蕉属(*Musa* spp.)种质资源鉴定的技术要求和方法。

本标准适用于香蕉属(*Musa* spp.)种质资源的植物学特征、生物学特性、果实性状和抗病性的鉴定。

2　规范性引用文件

下列文件中的条款通过本标准的引用而成为本标准的条款。凡是注日期的引用文件,其随后所有的修改单(不包括勘误的内容)或修订版均不适用于本规范,然而,鼓励根据本标准达成协议的各方研究是否可使用这些文件的最新版本。凡是不注日期的引用文件,其最新版本适用于本标准。

GB/T 6194　水果、蔬菜可溶性糖测定法

GB/T 6195　水果、蔬菜维生素C含量测定方法(2,6-二氯靛酚滴定法)

GB/T 12293　水果、蔬菜制品可滴定酸度的测定方法(指示剂滴定法)

GB/T 12295　水果、蔬菜制品可溶性固形物含量的测定——折射仪法

3　术语和定义

下列术语和定义适用于本标准。

3.1

假茎　pseudostem

由叶鞘紧密包裹而成的茎干。

3.2

第三叶　leaf Ⅲ

植株顶部第三叶子。

3.3

雌花　male flower

子房长度占全花的2/3以上的花。

3.4

雄花　female flower

子房长度占全花的1/3以下的花。

3.5

两性花　hermaphrodite flower

子房长度占全花的近一半且有花粉囊和花粉的花。

中华人民共和国农业部 2007-04-17 发布　　2007-07-01 实施

3.6

中性花 neutral flower

子房长度占全花的近一半但无花粉囊或花粉的花。

3.7

果穗 bunch

由果轴和果梳组成的穗状果实，也称果串、条蕉。

3.8

穗柄 peduncle

由果穗从假茎的抽出处至果穗的第一梳果柄的着生处的花序轴。

3.9

花轴 rachis

由果穗末梳果着生处至雄蕾（着生中性花或两性花和雄花）的花序轴。

3.10

苞痕 bract scar

雄花苞片脱落后在花轴上留下的疤痕。

3.11

果梳 fruit hand/ fruit comb

由单个果指组成的果数超过果穗各梳果指数平均数一半的梳状果实，也称果把、果手、果段，有时简称梳。

3.12

中间梳 mid-hand

位于果穗中央的一梳，如果梳数为偶数，中间梳则取从头梳数起，以梳数除以 2 的商数，加 1 的梳数。

3.13

果指 fruit finger

指单个果实。

3.14

果指长度 fruit lenth

指果指果身（不包括果柄部分）中心线的长度。

4 要求

4.1 样本采集

应在植株正常生长情况下采集样本。

4.2 鉴定内容

鉴定内容见表 1。

表 1 香蕉种质资源鉴定内容

植物学特征	假茎	假茎高度、假茎基部粗度、假茎中部粗度、假茎颜色、假茎光泽、假茎色斑、内层假茎颜色、内层假茎色斑
	叶	叶姿、叶鞘蜡粉、叶柄基部斑块、叶柄基部斑块颜色、叶柄沟槽、叶柄边缘形状、叶柄边缘颜色、叶柄长度、叶片长度、叶片宽度、叶面颜色、叶背颜色、叶面光泽、叶背光泽、叶背蜡粉、叶背中脉颜色、叶面中脉颜色、叶片皱性、叶片基部形状、叶片基部对称性、卷筒叶颜色
	苞片	苞肩形状、苞尖形状、苞片排列、苞片外色、苞片内色、苞片内褪色、苞尖颜色、苞片彩纹、苞片上举、苞痕、苞片形状、苞片脱落前行为、苞片蜡粉、苞片凹槽、雄花脱落前行为

表 1（续）

植物学特征	雄花	合生花瓣底色、合生花瓣着色、合生花瓣圆裂片颜色、合生花瓣状态、游离花瓣颜色、游离花瓣形状、游离花瓣外观、游离花瓣尖端的发育、游离花瓣边缘、游离花瓣尖形状、花丝颜色、花柱底色、花柱着色、花柱突出情况、花柱形状、柱头颜色、子房形状、子房着色、子房底色、子房胚珠列数
	花序	穗柄长度、穗柄粗度、穗柄空节数、穗柄颜色、穗柄毛、结果花性、花轴位置、花轴外观、雄蕾形状、雄蕾大小、果穗位置、果穗形状、果穗结构、梳形、果穗长度、果穗粗度、果穗梳数、最大梳果指数、第三梳果指数、总果指数
生物学特性		定植至现蕾时间、定植至收获时间、宿根蕉生长周期、抽蕾期青叶数、收获期青叶数、总叶片数
果实性状		果指位置、果顶形状、果顶花残余、果形、果指大体形状、果指外弧长度、果指内弧长度、果指长度、果指粗度、果柄长度、果柄粗度、果柄毛、生果皮色、果指横切面、生果肉色、产量、单果重、熟果皮色、果皮爆裂情况、熟果脱把、果皮厚度、剥皮难易、熟果肉色、果肉质地、可食率、货架期、梅花点、主要风味、果肉香味、品质评价、果实化学分析（可溶性固形物含量、可溶性糖含量、可滴定酸含量、维生素 C 含量）
抗病性		枯萎病抗性、假尾孢菌叶斑病抗性、黑星病抗性、束顶病抗性、花叶心腐病抗性、南方根结线虫抗性

5 鉴定方法

5.1 植物学特征

5.1.1 假茎

抽蕾至雌花开完时观察或测定，每份种质测定株数不少于 3 株。

5.1.1.1 假茎高度

测量假茎从地面至顶部果轴抽出点的距离，结果以平均值表示，精确到 1 cm。

5.1.1.2 假茎基部粗度

测量距地面 30 cm 处的假茎周长，结果以平均值表示，精确到 0.1 cm。

5.1.1.3 假茎中部粗度

测量假茎中部（1/2 假茎高度）处的假茎周长，结果以平均值表示，精确到 0.1 cm。

5.1.1.4 假茎颜色

用标准比色卡（色卡 A）按最大相似原则确定假茎颜色（测定时剥去干枯的叶鞘，但不剥外叶鞘）。见附录 A。

5.1.1.5 假茎色斑

用标准比色卡（色卡 A）按最大相似原则确定假茎色斑。假茎色斑分无色斑、褐斑、锈褐斑、紫黑斑。见附录 A。

5.1.1.6 假茎光泽

观察 5.1.1 中样本假茎的光泽。假茎光泽分无光泽（有蜡质）、有光泽（无蜡质）。

5.1.1.7 内层假茎颜色

用 5.1.1 样本，观察剥去外叶鞘假茎的颜色，用标准比色卡（色卡 A）按最大相似原则确定内层假茎颜色。见附录 A。

5.1.1.8 内层假茎色斑

用 5.1.1 样本，观察内层假茎着色情况，用标准比卡（色卡 A）按最大相似原则确定内层假茎色斑。见附录 A。

5.1.2 叶

在抽蕾期至开雌花时期，观察、测定植株第三叶叶片，每份种质观察、测定株数不少于 3 株。

5.1.2.1 叶姿

观察测定第三叶顶端和叶柄基部的连线与水平线的夹角(α),依据夹角的平均值,按图1确定叶姿。叶姿分为直立(α>60°)、开张(α=15°~60°)、下垂(α<15°,叶片顶端略高于叶基或低于叶基)。

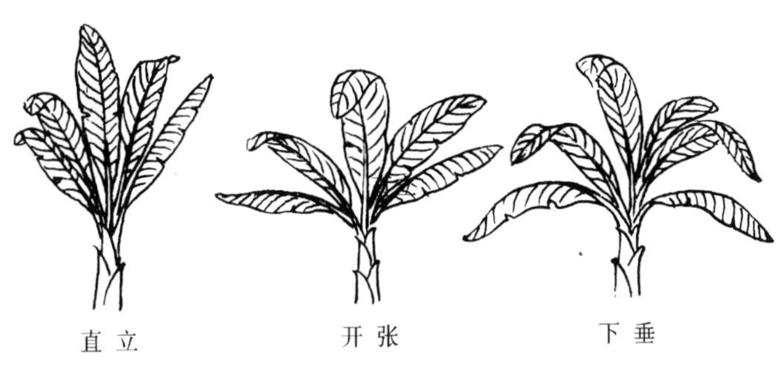

图1 叶 姿

5.1.2.2 **叶鞘蜡粉**

用5.1.2样本,手指触摸靠近叶柄处的叶鞘蜡粉。依据附着在手指上的蜡粉量确定叶鞘蜡粉含量。叶鞘蜡粉分为无、少、中、多。

5.1.2.3 **叶柄基部斑块**

用5.1.2样本,观察叶柄基部着色状况。依据斑块大小确定叶柄基部斑块状态。叶柄基部斑块分为无斑、稀少斑点、小斑块、大斑块、大片着色。

5.1.2.4 **叶柄基部斑块颜色**

用5.1.2.3样本,观察确定叶柄基部斑块颜色。叶柄基部斑块颜色分为褐、深褐、黑褐、紫黑、棕红。

5.1.2.5 **叶柄沟槽形状**

用5.1.2样本,按图2确定叶柄沟槽形状。叶柄沟槽分为沟槽开张边缘外展、沟槽宽阔边缘直立、沟槽直边缘直立、边缘向内弯、边缘重叠。

图2 叶柄沟槽形状

5.1.2.6 **叶柄边缘形状**

用5.1.2样本,观察叶柄与假茎交界处叶柄边缘的形状,叶柄边缘形状分为有叶翼且波浪状、有叶翼但不抱紧假茎、有叶翼且抱紧假茎、无叶翼但抱紧假茎、无叶翼也不抱紧假茎。

5.1.2.7 **叶柄边缘颜色**

用5.1.2.6样本,观察叶柄与假茎交界处叶柄边缘的颜色,用标准比色卡(色卡A)按最大相似原则确定叶柄边缘颜色。

5.1.2.8 **叶柄长度**

用5.1.2样本,测量叶柄与假茎交界中央至叶片基部的长度,结果以平均值表示,精确到1 cm。

5.1.2.9 **叶片长度**

用5.1.2样本,测量叶片基部至顶端长度,结果以平均值表示,精确到1 cm。

5.1.2.10 叶片宽度

用5.1.2.9样本，测量叶片最宽处的宽度，结果以平均值表示，精确到1 cm。

5.1.2.11 叶面颜色

用5.1.2.9样本，观察叶片正面的颜色，用标准比色卡（色卡A）按最大相似原则确定叶面颜色。

5.1.2.12 叶背颜色

用5.1.2.9样本，观察叶片背面除去蜡粉的颜色，用标准比色卡（色卡A）按最大相似原则确定叶背颜色。

5.1.2.13 叶面光泽

用5.1.2.9样本，观察叶片表面光泽，叶面光泽分为暗淡、有光泽。

5.1.2.14 叶背光泽

用5.1.2.9样本，观察叶片下表面光泽，叶背光泽分为暗淡、有光泽。

5.1.2.15 叶背蜡粉

用5.1.2样本，观察叶片下表面的蜡粉状况，叶背蜡粉分为极少、少、中、多。

5.1.2.16 叶背中脉颜色

用5.1.2.9样本，观察叶片背面中脉颜色，用标准比色卡（色卡A）按最大相似原则确定叶背中脉颜色。

5.1.2.17 叶面中脉颜色

用5.1.2.9样本，观察叶片正面中脉颜色，用标准比色卡（色卡A）按最大相似原则确定叶面中脉颜色。

5.1.2.18 叶片基部形状

用5.1.2样本，观察叶片基部形状，按图3确定叶片基部形状。叶片基部形状分为两边圆、一边圆一边尖、两边尖。

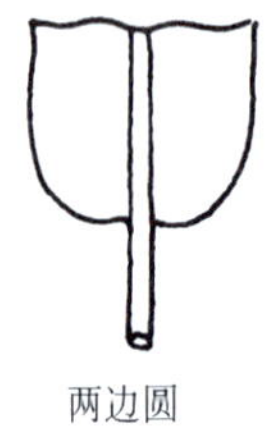
两边圆

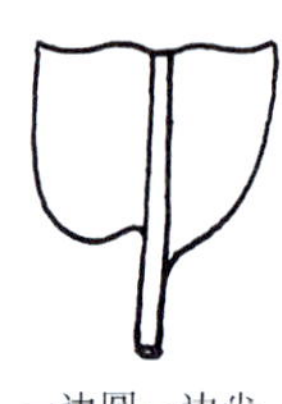
一边圆一边尖

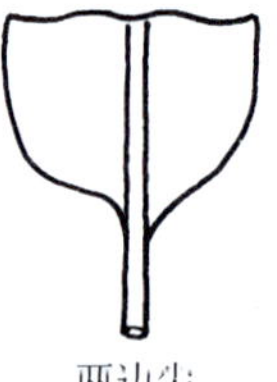
两边尖

图3 叶片基部形状

5.1.2.19 叶片基部对称性

用5.1.2样本，观察叶片基部两侧对称状况，确定叶片基部两侧对称性。叶片基部对称性分为对称、近对称、明显不对称。

5.1.2.20 叶片皱性

用5.1.2样本，观察叶面上垂直于叶脉的条纹凸出状态，确定叶片皱性。叶片皱性分为平滑、小波纹、大波纹。

5.1.2.21 卷筒叶颜色

在抽蕾前，观察刚抽生且未打开卷筒叶的颜色，用标准比色卡（色卡A）确定卷筒叶颜色。

5.1.3 苞片

在雄花开放期，观察仍紧粘附着雄蕾的第一张苞片，每份种质观察测定株数不少于3株。

5.1.3.1 苞肩形状

用 5.1.3 的样本，观察苞片基部的形状，按图 4 确定苞肩形状。苞肩形状分为窄肩、中肩、宽肩。

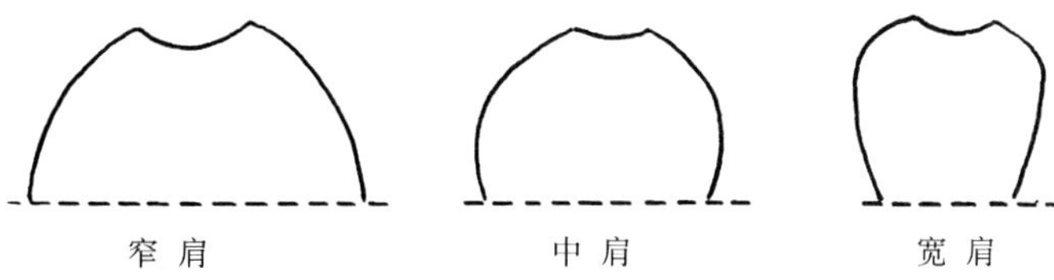

图 4　苞肩形状

5.1.3.2　苞尖形状

用 5.1.3 的样本，观察苞片顶端的形状，按图 5 确定苞尖形状。苞尖形状分为锐尖、尖、钝尖、钝圆、钝圆且开裂。

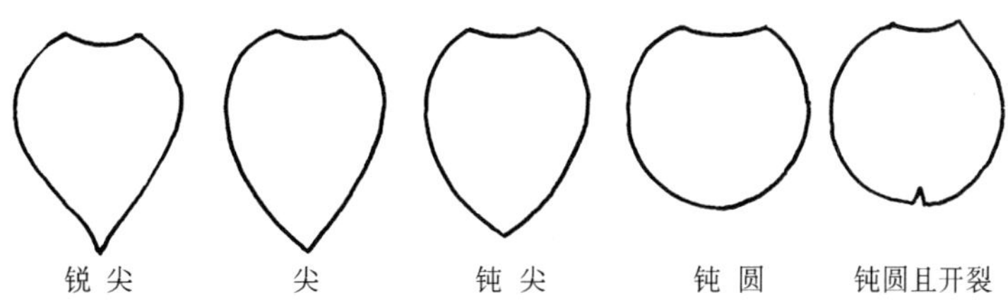

图 5　苞尖形状

5.1.3.3　苞片顶端排列

观察雄蕾顶端苞片排列状况。按图 6 确定苞片顶端排列。苞片顶端排列分完全覆盖(不见内苞片)、小覆瓦状(稍见内苞片)、大覆瓦状(内苞片明显外露)。

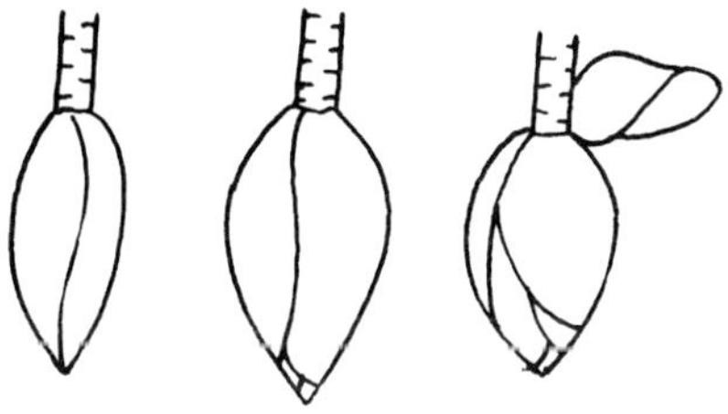

完全覆盖　小覆瓦状　大覆瓦状

图 6　苞片顶端排列

5.1.3.4　苞片外色

用 5.1.3 的样本，观察苞片外表面的颜色，用标准比色卡(色卡 A)按最大相似原则确定苞片外颜色。

5.1.3.5　苞片内色

用 5.1.3 的样本，观察苞片内面的颜色，用标准比色卡(色卡 A)按最大相似原则确定苞片内色。

5.1.3.6　苞片内褪色

用 5.1.3 的样本，观察苞片内面颜色由顶端至基部褪色状况。苞片内褪色分为不均匀、均匀。

5.1.3.7　苞尖颜色

用 5.1.3 的样本，观察确定苞片顶端的颜色。苞尖颜色分为黄色(褪色)、无黄色。

5.1.3.8　苞片彩纹

用 5.1.3 的样本，观察确定苞片外表面上色彩条纹。苞片彩纹分为无褪色条纹、有褪色条纹。

5.1.3.9　苞痕

用 5.1.3 的样本，观察确定苞片脱落后在果轴留下的苞痕状态。苞痕分为明显、不明显。

5.1.3.10　苞片形状

用 5.1.3 的样本，按图 7 测量苞片基部至苞片最宽处的长度(x)及苞片基部至先端的长度(y)，计算 x、y 的比值，依据比值确定苞片形状。苞片形状分为披针形($x/y<0.28$)、椭圆形($0.28\leqslant x/y<0.30$)、卵形($x/y\geqslant0.30$)。

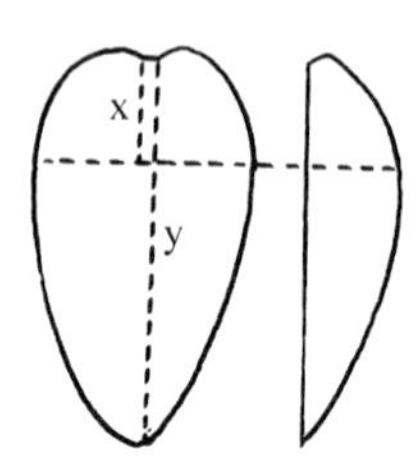

图7　雄花苞片形状

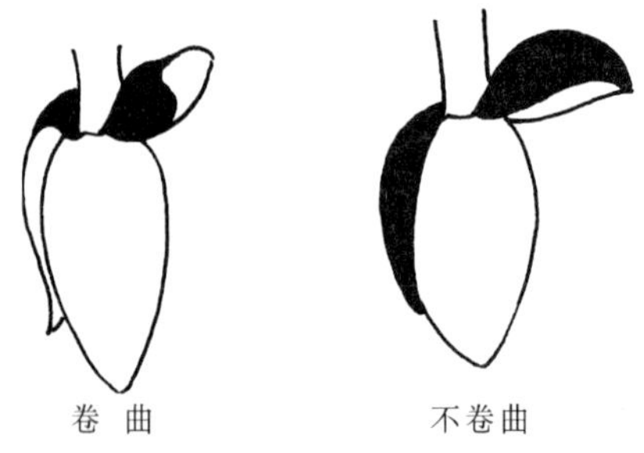

图8　香蕉苞片脱落前行为

5.1.3.11　苞片上举

用5.1.3的样本，观察确定苞片上举姿势。苞片上举分为不上举、一次举一片、一次举两片或更多。

5.1.3.12　苞片脱落前行为

在苞片脱落前，按图8确定苞片脱落前行为。苞片脱落前行为分外卷、不外卷。

5.1.3.13　苞片蜡粉

用5.1.3的样本，观察苞片蜡粉状况。苞片蜡粉分为无(或很少)、少、中、多。

5.1.3.14　苞片凹槽

用5.1.3的样本，观察苞片外表面上的凹槽状况。苞片凹槽分少槽(或无槽)(苞片完全或几乎完全光滑)、浅沟槽(苞片表面可见平行皱摺)、深沟槽(苞片表面有深的平行沟)。

5.1.3.15　雄花脱落行为

在雄花开放期，观察雄花开后的脱落行为。雄花脱落行为分为先于苞片脱落、和苞片同时脱落、后于苞片脱落、雄花(或中性花)不脱落。

5.1.4　雄花

在雄蕾开花初期，取未展开的第一苞片里的雄花进行观察，每株取10朵雄花(图9)。

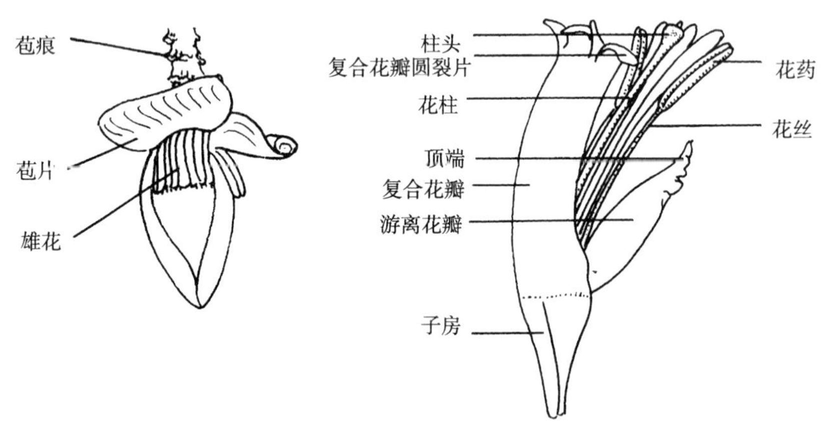

图9　雄蕾及花

5.1.4.1　合生花瓣底色

用5.1.4的样本，观察花合生花瓣底色(不含圆裂片颜色)，用标准比色卡(色卡B)按最大相似原则确定合生花瓣底色。

5.1.4.2　合生花瓣着色

用5.1.4的样本，观察合生花瓣着色。合生花瓣着色分为无(或很少)着色、有锈色点、有粉红色。

5.1.4.3　合生花瓣圆裂片颜色

用5.1.4的样本，观察合生花瓣圆裂片颜色，用标准比色卡（色卡B）按最大相似原则确定合生花瓣圆裂片颜色。

5.1.4.4 **合生花瓣状态**

用5.1.4的样本，观察合生花瓣的状态。合生花瓣状态分为闭合、张开。

5.1.4.5 **游离花瓣颜色**

用5.1.4的样本，观察游离花瓣的颜色。游离花瓣颜色分为半透明白色、不透明白色、黄、粉红。

5.1.4.6 **游离花瓣形状**

用5.1.4的样本，观察游离花瓣的形状。游离花瓣形状分为矩形、卵形、圆形、扇形。

5.1.4.7 **游离花瓣外观**

用5.1.4的样本，观察游离花瓣尖端下的外观。游离花瓣外观分为无皱褶、轻微皱褶、皱褶。

5.1.4.8 **游离花瓣尖端发育**

用5.1.4的样本，观察游离花瓣尖端，按图10确定游离花瓣尖端发育。游离花瓣尖端发育分为极少发育、发育、很发育。

5.1.4.9 **游离花瓣尖形状**

用5.1.4的样本，观察确定游离花瓣尖的形状。游离花瓣尖形状分为线状、三角形、钝形。

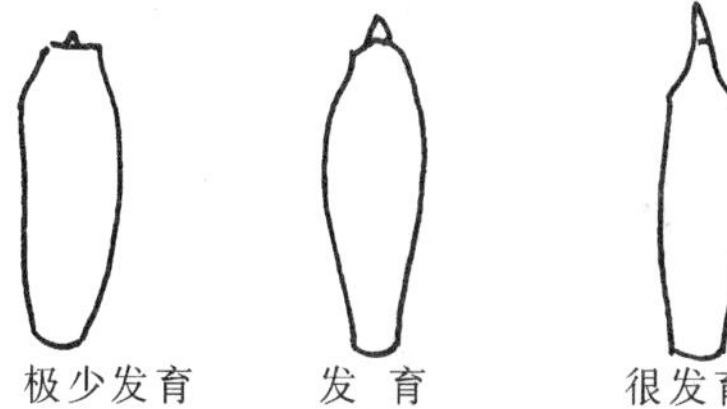

图10 游离花瓣尖端发育

5.1.4.10 **花丝颜色**

用5.1.4的样本，观察花丝颜色，用标准比色卡（色卡B）按最大相似原则确定花丝颜色。

5.1.4.11 **花柱底色**

用5.1.4的样本，观察花柱底色，用标准比色卡（色卡B）按最大相似原则确定花柱底色。

5.1.4.12 **花柱着色**

用5.1.4的样本，观察花柱着色。花柱着色分为无着色、紫色。

5.1.4.13 **花柱突出状况**

用5.1.4的样本，观察花柱与合生花瓣圆裂片基部比较的突出情况。花柱突出情况分突出、平齐、嵌入。

5.1.4.14 **花柱形状**

用5.1.4的样本，观察花柱形状。按图11确定花柱形状。花柱形状分为直、顶部弯曲、基部弯曲、弯两次。

5.1.4.15 **柱头颜色**

用5.1.4的样本，观察柱头颜色，用标准比色卡（色卡B）确定柱头颜色。

5.1.4.16 **子房形状**

用5.1.4的样本，观察雄花子房形状。按图12确定雄花子房形状。雄花子房形状分为直、弯。

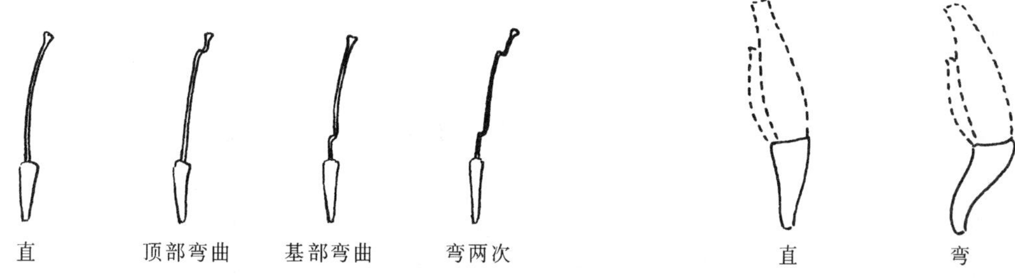

图11 花柱形状　　**图12 雄花子房形状**

5.1.4.17 **子房底色**

用5.1.4的样本，观察子房底色，用标准比色卡(色卡B)按最大相似原则确定子房底色。

5.1.4.18 **子房着色**

用5.1.4的样本，观察子房着色情况。子房着色分为极少着色、紫红。

5.1.4.19 **胚珠列数**

雌花开花后，果实充实前，每穗果随机选取3根果指，图13观察幼果的横切面每心室胚珠排列数，结果以平均值表示，精确到1列/室。

5.1.5 **花序与果穗图**

5.1.5.1 **穗柄长度**

在收获期，测量果穗从假茎抽出处至第一梳果着生的穗柄外弯的长度，每份种质测定株数不少于3株，结果以平均值表示，精确到0.1 cm。

2列/室　　4列/室

图13 胚珠列数

5.1.5.2 **穗柄粗度**

用5.1.5.1的样本，测量穗柄长度1/2处的周长，结果以平均值表示，精确到0.1 cm。

5.1.5.3 **穗柄空节数**

用5.1.5.1的样本，观察记录从假茎抽出点至第一梳果间的穗柄不着生果实的节数。结果以平均值表示，精确到1节。

5.1.5.4 **穗柄颜色**

用5.1.5.1的样本，观察雌花开放时的穗柄颜色，用标准比色卡(色卡A)按最大相似原则确定穗柄颜色。

5.1.5.5 **穗柄毛**

用5.1.5.4的样本，观察包括穗柄毛状况，穗柄毛分为无毛、少毛、毛多而短(<2 mm)、毛多而长(≥2 mm)。

5.1.5.6 **结果花性**

幼果生长期，观察形成果实的花性别。结果花性分为雌花、两性花。

5.1.5.7 **花轴位置**

收获期，观察花轴的生长位置，每份种质观察株数不少于3株，按图14确定花轴位置。花轴位置分垂直向下、向下斜生、弯曲下弯、水平伸展、直立向上。

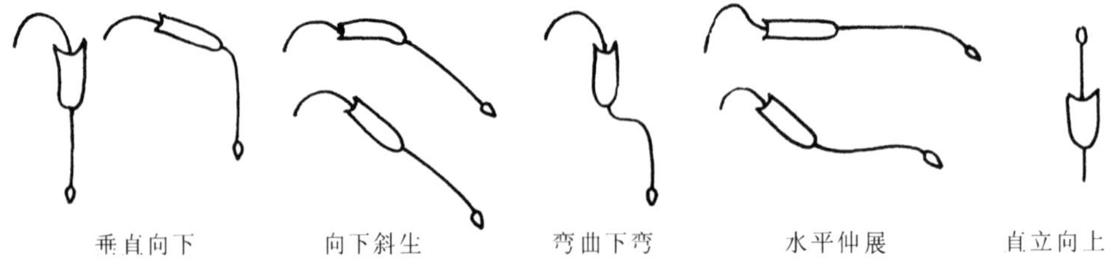

图14 花轴位置

5.1.5.8 **花轴外观**

选取在高温季节生长的果穗至少3株，收获时观察花轴的外观。花轴外观分为裸露、具中性花(1至几梳中性花，以下裸)、靠近雄蕾部分具雄花或苞片、被中性花或雄花及残存苞片包裹、被中性花或雄花包裹但无苞片残存、雄蕾以上由中性花或两性花形成的小果、无花轴。

5.1.5.9 **雄蕾形状**

用 5.1.5.7 的样本，观察雄蕾，参照图 15 按最大相似原则确定雄蕾形状。雄蕾形状分为陀螺状、披针形、近椭圆形、卵形、圆形。

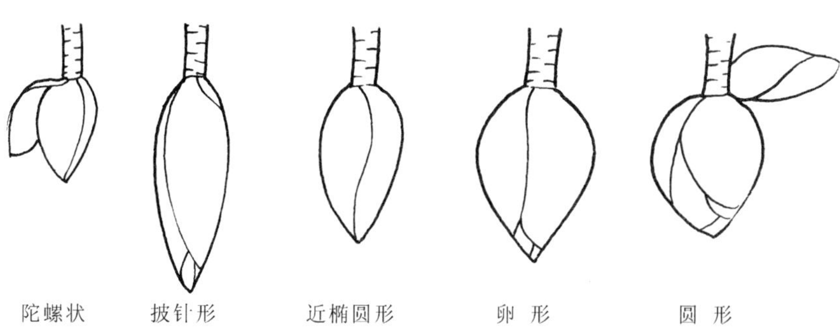

图 15 雄蕾形状

5.1.5.10 **雄蕾大小**

用 5.1.5.7 的样本，测量雄蕾的长度和最大直径，结果以平均值表示，精确到 1 cm。

5.1.5.11 **果穗位置**

用 5.1.5.7 的样本，观察果穗生长形态上偏离垂直方向的角度。果穗位置分为垂直、微斜、斜生、水平、直立。

5.1.5.12 **果穗形状**

用 5.1.5.11 的样本，观察果穗的形状。果穗形状分为长圆柱形（果穗长度不小于果穗直径的 2 倍）、短圆柱形（果穗长度小于果穗直径的 2 倍）、截锥体（圆台形）、不对称果穗且果轴接近直、果轴弯曲、螺旋形。

5.1.5.13 **果穗结构**

用 5.1.5.11 的样本，以手掌和拳头为参照物判断果穗梳果的排列状况（果梳间的松紧度）。果穗结构有疏松（梳间可轻易放入拳头）、紧凑（梳间可放入手掌，但不能放入拳头）、很紧凑（梳间不能放入手掌）。

5.1.5.14 **梳形**

用 5.1.5.11 的样本，计数每穗果三层果的梳数（两排果向相反方向弯曲的，按三层果计）。结果以平均值表示，精确到 0.1 梳/穗。以三层果梳数确定梳形的整齐度。梳形分为整齐（三层果梳数 0～1.0 梳/穗）、较整齐（三层果梳数 1.0 梳/穗～2.0 梳/穗）、不整齐（三层果梳数≥2.0 梳/穗）。

5.1.5.15 **果穗长度**

用 5.1.5.11 的样本，测量果穗头梳至末梳果实的长度，结果以平均值表示，精确到 1 cm。

5.1.5.16 **果穗粗度**

用 5.1.5.11 的样本，测量果穗 1/2 长度处的周长，结果以平均值表示，精确到 1 cm。

5.1.5.17 **果穗梳数**

用 5.1.5.11 的样本，计数果穗的梳数，结果以平均值表示，精确到 0.1 梳/穗。

5.1.5.18 **最大梳果指数**

用 5.1.5.11 的样本，计数果穗最大梳的果指数，结果以平均值表示，精确到 1 根/梳。

5.1.5.19 **第三梳果指数**

用 5.1.5.11 的样本，计数果穗第三梳的果指数，结果以平均值表示，精确到 1 根/梳。

5.1.5.20 **总果指数**

用5.1.5.11的样本，计数果穗的总果指数，结果以平均值表示，精确到1根/梳。

5.2 生长结果习性

每份种质测定株数不少于3株。

5.2.1 定植至现蕾的时间

记录植株定植至现蕾的时间，结果以平均值表示，精确到天。

5.2.2 定植至收获的时间

记录植株定植至收获的时间，结果以平均值表示，精确到天。

5.2.3 宿根蕉生长周期

记录植株第一茬蕉收获至第二茬收获的时间，结果以平均值表示，精确到天。

5.2.4 开花期的青叶数

观察记录植株现蕾至雌花苞片打开时功能叶片数，结果以平均值表示，精确到0.1片/株。

5.2.5 收获时的青叶数

观察记录收获时植株的功能叶片数，结果以平均值表示，精确到0.1片/株。

5.2.6 植株抽生的总叶数

记录植株定植前的叶数和定植至现蕾植株抽生的叶数，并计算总叶数，结果以平均值表示，精确到0.1片/株。

5.3 果实性状

收获时观察果穗，每份种质观察株数不少于3株。

5.3.1 果指位置

用5.3的样本，选取各果梳内排中央1根果指，观察其绕果轴生长的情况。果指位置分为弯向果轴、平行于果轴、向上弯45°、垂直于果轴、下垂。

5.3.2 果顶形状

用5.3的样本，观察果指顶端形状(以正造果为主)，参照图16按最大相似原则确定果顶形状。果顶形状分为尖、长尖、钝尖、瓶颈状、圆。

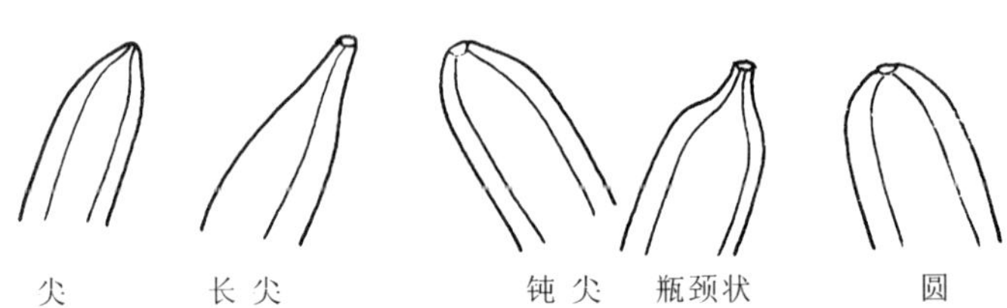

图16 果顶形状

5.3.3 果顶花器残存

用5.3的样本，观察果实果顶花器残存情况。果顶花器残存分为无残存、花柱宿存、花柱基部宿存、干枯的花柱及花瓣残存。

5.3.4 果指弯形

用5.3的样本，观察果指的纵向弯曲形状。参照图17按最大相似原则确定确定果形。果指弯形分为直、微弯、弯、末端直(基部弯)、S形弯曲(双弯)。

5.3.5 果形

用5.3的样本，观察果指大体的形状。果形分为圆形、长柱形、葫芦形、椭圆形。

5.3.6 果指外弧长度

用5.3的样本，测量果形弯曲的种质果穗第二梳、中间梳及末梳各外排中央1根果的果身外弧长度

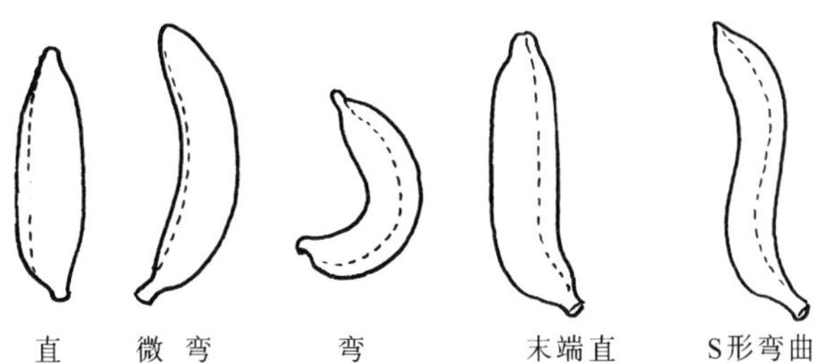

图 17　果指形状

(不含果柄)。结果以平均值表示,精确到 0.1 cm。

5.3.7　**果指内弧长度**

用 5.3 的样本,测量果形弯曲的果穗第二梳、中间梳及末梳各外排中央 1 根果的果身内弧长度(不含果柄)。结果以平均值表示,精确到 0.1 cm。

5.3.8　**果指长度**

用 5.3 的样本,测量果穗第二梳、中间梳及末梳各外排中央 1 根果指的果身中心线的长度(不含果柄)。果形直的测量果柄与果身交界至果顶的长度,果形弯曲的计算果指外弧长和内弧长度的平均值。结果以平均值表示,精确到 0.1 cm。

5.3.9　**果指粗度**

用 5.3.8 的样本,测量果指中部处的周长,结果以平均值表示,精确到 0.1 cm。

5.3.10　**果柄长度**

用 5.3 的样本,测量中间梳外排中间 5 根果指的果柄长度(不含并生的部分),结果以平均值表示,精确到 1 mm。

5.3.11　**果柄粗度**

用 5.3.8 的样本,面向果梳,测量果柄中间处的宽度,结果以平均值表示,精确 1 mm。

5.3.12　**果柄毛**

用 5.3 的样本,观察果实果柄表面的茸毛。果柄毛分为无毛、有毛。

5.3.13　**果指横切面**

用 5.3 的样本,观察果梳中间果指的横切面,按图 18 确定果指横切面。果指横切面分为棱角明显、微具棱角、圆形。

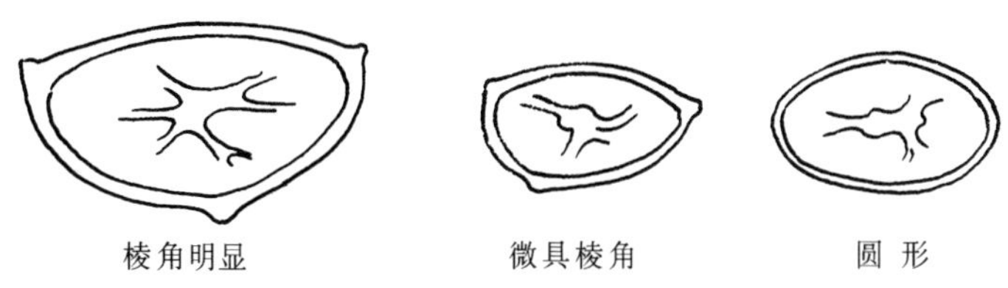

图 18　果指横切面

5.3.14　**生果皮色**

用 5.3 的样本,观察未催熟果实果皮的颜色,用标准比色卡(色卡 B)按最大相似原则确定生果颜色。

5.3.15　**生果肉色**

用 5.3 的样本,观察未催熟果实的颜色,用标准比色卡(色卡 B)按最大相似原则确定生果肉色。

5.3.16　**株产**

用5.3的样本，将果穗在头梳蕉指前5 cm处的果轴砍下，末梳底部果轴砍齐，测定果穗的重量。结果以平均值表示，精确到0.1 kg。

5.3.17 单果重

用5.3.16的样本，称量果穗中间梳中间5根果指的质量。结果以平均值表示，精确到1 g。

5.3.18 种子数

用5.3.16的样本，在果穗上、中、下各部位随机选取3根(共9根)果，计算果指的种子数，结果以平均值表示，精确到1粒/果。

5.3.19 种子表面情况

观察种子表面情况。按最大相似原则确定种子表面平滑度，种子表面分为平滑、皱缩。

5.3.20 种子形状

观察确定种子的形状。种子形状分为扁平、角状(似锥体)、球状、扁球状。

5.3.21 熟果皮色

用5.3.16的样本，在适温(18℃～24℃)、适湿(85%～95%RH)及800 mg/L乙烯利液催熟全熟阶段的香蕉果实，用标准比色拉(色卡B)确定熟果皮色。

5.3.22 果皮开裂

用5.3.21的样本，观察完全成熟且果皮无机械伤的情况下有无开裂。果皮开裂分为无开裂、有开裂。

5.3.23 熟果脱把

用5.3.21的样本，观察完全成熟果脱把状况。熟果脱把分为脱把、不脱把。

5.3.24 果皮厚度

测量完全成熟时靠近果梳中间的5根果指果实横切面棱间果皮的厚度。结果以平均值表示，精确到1 mm。

5.3.25 剥皮难易

用5.3.21的样本，用手剥皮，判断果皮剥离的难易度。剥离难易度分为易剥离、不易剥离。

5.3.26 熟果肉色

用5.3.21的样本，观察果心与果皮间果肉的颜色，用标准比色卡(色卡B)按最大相似原则确定熟果肉色。

5.3.27 果实可食率

果实完全成熟可食时取中间梳中间5根果指(含果柄)，称其总质量和不可食部分的质量，计算可食率。结果以%表示，精确到0.1%。

5.3.28 货架期

用5.3.16的样本，催熟后在25℃条件下存放，计数从果实中间黄两头青(或果肉开始转软)起至失去商品价值(出现较多"梅花点"、严重脱把或果肉有异味)的天数。

5.3.29 果肉质地

用5.3.21的样本，用品尝的方法进行评价。果肉质地分为实粗、实细、实滑、实且粉质、软细、软滑、软黏、软粉。

5.3.30 风味

用5.3.21的样本，用品尝的方法进行评价。果实风味分为涩、微甜、淡甜、甜、浓甜、甜带微酸、甜带酸。

5.3.31 果肉香味

用5.3.21的样本，用品尝的方法进行评价。果肉香味分为无香味、微香、香、浓香、异味(注明何香味)。

5.3.32 品质评价

用5.3.21的样本,用品尝的方法进行评价。品质分为很差、差、中、好、优。

5.3.33 果实化学分析

成熟可食时,取催熟后待测种质各果穗中部果指4根~8根,剥皮,每果取1/4~1/3果肉,约150 g~200 g,称重,精确到0.1 g,加入1∶1(w/w)的水,放入高速组织捣碎要捣碎,制成匀浆试样备用。

5.3.33.1 可溶性固形物含量

按GB/T 12295执行。

5.3.33.2 可溶性糖含量

按GB/T 6194执行。

5.3.33.3 可滴定酸含量

按GB/T 12293执行。

5.3.33.4 维生素C含量

按GB/T 6195执行。

附 录 A
（规范性附录）

标准色卡：The Royal Horticultural Society's Colour Chart(色卡 A——Chart A、色卡 B——Chart B)。

附加说明：

本标准中附录 A 为规范性附录。

本标准由中华人民共和国农业部提出并归口。

本标准起草单位：广东省农业科学院果树研究所、中国农业科学院农业质量标准与检测技术研究所。

本标准主要起草人：黄秉智、许林兵、杨护、魏岳荣、钱永忠。

中华人民共和国农业行业标准

香蕉包装、贮存与运输技术规程

Guideline of packaging, storage and transport for banana

NY/T 1395—2007

1 范围

本标准规定了香蕉采收、包装、标志、贮存与运输等技术要求。

本标准适用于青香蕉的采收、包装、贮存和运输。

2 规范性引用文件

下列文件中的条款通过本标准的引用而成为本标准的条款。凡是注日期的引用文件，其随后所有的修改单(不包括勘误的内容)或修订版均不适用于本标准。然而，鼓励根据本标准达成协议的各方研究是否可使用这些文件的最新版本。凡是不注日期的引用文件，其最新版本适用于本标准。

GB 191 包装储运图示标志

GB/T 4892 硬质直方体运输包装尺寸系列

GB/T 6388 运输包装收发货标志

GB 6543 瓦楞纸箱

GB/T 6544 包装材料 瓦楞纸板

GB/T 6980 钙塑瓦楞箱

GB 9691 食品包装用聚乙烯树脂卫生标准

NY/T 517 青香蕉

NY/T 5022 无公害食品 香蕉生产技术规程

NY 5023 无公害食品 热带水果产地环境条件

3 采收

3.1 采收成熟度

3.1.1 适宜的采收成熟度

根据香蕉采后运输时间的长短、贮运条件及采收季节不同确定适当的采收成熟度，具体要求见表1。

3.1.2 成熟度的判断

采用目测果穗中部果指的果棱和果皮颜色来判断果实的成熟度。果实棱角明显高出，果面凹至平，果色浓绿，果实成熟度不足70%，不宜采收；果身近于平满，果实棱角较明显，果色青绿，横切面果肉发白，成熟度达70%；果身较圆满，尚现棱角，果色褪至浅绿，横切面果肉中心微黄，发黄的部位直径不超过1 cm，成熟度达80%；果身圆满，基本无果棱，果色褪至黄绿，果肉大部分变黄，发黄面积超过横切面的2/3，果实成熟度达90%。

中华人民共和国农业部 2007-06-14 发布　　　　2007-09-01 实施

3.2 采收条件

表1 香蕉采收成熟度

运输时间	采收成熟度(%)	
	冬春季节	夏秋季节
≥6 d	75～80	70～75
3 d～5 d	80～90	75～80
1 d～2 d	90	80～90

3.2.1 采收前控水

成熟期整齐的蕉园,采收前7 d应停止灌水;成熟期不齐的蕉园,采收前7 d～10 d应适当控制灌水量。

3.2.2 采收方法

按NY/T 5022有关规定执行。

4 包装

4.1 包装前处理

4.1.1 包装场地条件要求

包装场地应通风、防晒、防雨,干净整洁,没有异味物品,远离有毒有刺激性气味的物品。

4.1.2 包装场地与工具消毒

包装场地的地面、流水线、水池边缘、不合格果堆积处、落梳刀、修梳刀、挂蕉绳、果盘、配称台等应于每天上午、下午的开工前后各消毒一次。可选用50%多菌灵可湿性粉剂500倍液、70%硫菌灵600倍～800倍液或10%的氯化钙溶液喷洒。

4.1.3 抹残花与清洗

果串运至包装房后,将果串悬挂吊起,对挂果期没有抹花的果串,由内向外轻轻地抹净果指末端上的残花,然后用一定压力的清水冲洗,洗去枯花、乳汁与尘土等污物,重点清洗抹花所留下的切口。

4.1.4 检查质量

将过饱满、黄熟、病虫害、机械伤、双胞果、多胞果、畸形果、裂果等不合格果指切除。

4.1.5 落梳与清洗

用专用落梳刀将果梳逐梳脱离果轴,切口距果指分叉口为3 cm～4 cm;落梳后,随即将果梳放进一级水池中,浸泡20 min～30 min,并用一定压力的清水冲洗。

4.1.6 水源质量

4.1.3和4.1.5所用水源的卫生指标应符合NY 5023的规定。

4.1.7 修梳与分级

浸泡后的果梳按其果指大小分级,也可把合格的果梳切割成小果梳,一般每小果梳具6个～8个果指,具体可按合同双方决定是否将果梳切分成小梳;对果柄切口修整平滑后,将合格的果梳放入隔开的二级水池中漂洗干净。

4.1.8 装盘配称

漂洗后的果梳按等级单层平放于浅果盘中,果柄切口朝上,按每箱装蕉净质量要求过称,每盘对应一箱,不能偏离标准装箱净质量的±0.2 kg。

4.1.9 喷药处理

将果盘通过输送带传送到特制的喷雾装置下,用配好的杀菌剂均匀喷雾果梳或将果梳浸泡于配好的杀菌剂中。推荐的杀菌剂及其使用方法见表2。果梳防腐处理后用风扇吹干或晾干,然后进行包装。

表2 推荐的防腐杀菌剂及使用方法

通用名称	使用浓度%	使用方法
噻菌灵	0.05～0.1	喷雾4 s～6 s或浸果30 s～60 s
噻菌灵+咪鲜胺锰络合物	0.05+0.025	喷雾4 s～6 s或浸果30 s～60 s
噻菌灵+异菌脲	0.05+0.05	喷雾4 s～6 s或浸果30 s～60 s
咪鲜胺	0.2～0.3	喷雾4 s～6 s或浸果30 s～60 s
咪鲜胺锰络合物	0.1	喷雾4 s～6 s或浸果30 s～60 s
抑霉唑	0.05	喷雾4 s～6 s或浸果30 s～60 s

4.2 包装容器

4.2.1 采用天地盖式瓦楞纸箱包装,下套(底箱)和上套(天盖)分别由双瓦楞和单瓦楞纸板制成。用于制作纸箱的瓦楞纸板应符合GB/T 6544的规定。

4.2.2 推荐的瓦楞纸箱尺寸、装蕉容量及允许堆码层数见表3。客户对瓦楞纸箱的尺寸有特殊要求的,按合同规定执行。瓦楞纸箱的抗压强度应符合GB 6543的规定。

4.2.3 瓦楞纸箱的两端、两侧可开直径为30 mm的通气孔,其面积一般占纸箱表面积的5%左右,数量、位置根据需要确定。

表3 瓦楞纸箱尺寸、装蕉容量与允许堆码层数

下套(底箱)内壁尺寸[a] mm			最大内装香蕉质量 kg	允许堆码层数
长	宽	高		
480～490	320	215	13.5	≤13
[a] 纸箱上套(天盖)外壁尺寸比下套的内壁尺寸大10 mm。				

4.2.4 瓦楞纸箱的制作、黏合、钉合、压线及其外观要求,应分别符合GB 6543和GB/T 6980的有关规定,并根据运输情况做好防潮处理。

4.2.5 瓦楞纸箱等包装物应清洁、无毒、无污染、无异味,符合国家卫生标准的规定。

4.2.6 内包装用的聚乙烯薄膜袋厚度为0.03 mm～0.04 mm,其卫生指标应符合GB 9691的规定。

4.3 包装容量

一般每箱装蕉容量为12.0 kg～13.5 kg,也可根据合同双方的规定执行。

4.4 包装方法

4.4.1 一般气温高于25℃的常温运输或运输时间较长(>6 d)时,宜在密封包装内放入乙烯吸附剂和二氧化碳吸附剂,具体使用见表4。短期贮运(≤6 d),不用放入乙烯及二氧化碳吸附剂。

表4 香蕉贮运期间乙烯和二氧化碳吸附剂的使用

吸附剂种类	药剂	载体	载体配制	包装	使用量
乙烯吸附剂	高锰酸钾	红砖碎块(新出窑)、蛭石、珍珠岩、硅藻土、泡沫砖、活性碳或沸石等	将饱和的高锰酸钾溶液倒入多孔性物质中,并搅拌均匀,晾干	透气的无纺布袋、涤纶袋或扎有数个小孔的塑料小袋、棉纱小袋;每包20 g	配制后的载体约占香蕉果品质量的0.8%,即每箱放入配制后的载体5包～6包(每箱约需高锰酸钾3 g～4 g)
二氧化碳吸附剂	熟石灰(消石灰)	不用载体		透气的小布袋、扎有数个小孔的塑料小袋;每包20 g	药剂占香蕉果品质量的0.5%～0.8%,即每箱放入5包～6包熟石灰

4.4.2 装箱时，先将薄膜袋垫于箱内，再将果梳反扣在箱中，果柄切口朝下，果指弓部朝上，果梳之间摆放应整齐紧凑，并用珍珠棉等材料隔开，最后抽真空并用橡皮筋扎紧袋口。

4.4.3 采收的香蕉应于24 h内处理包装，并及时运走或进行预冷。

4.4.4 包装过程中，操作人员应剪短指甲，戴上手套。

5 标志

5.1 包装标志

除应符合GB 191中的规定外，包装箱上应标明品名、产地、净含量、质量等级、日期、生产单位或经销商名称和地址等，对取得农产品质量安全、地理标志保护等证书的按有关规定执行。

5.2 运输收发货标志

按GB/T 6388的规定执行。

6 运输

6.1 运输工具应清洁、卫生、通风、无毒、防雨、防晒。

6.2 在同一个车箱、船舱内不应与其他有毒、有害、有异味的物品混运，也不应与其他果蔬等产品混运。

6.3 在夏秋季节，长途运输(≥6 d)应采用冷藏运输，可采用水运(船运)、陆运(车运)，后者分铁路和公路运输两种方式。长途水运(船运)、火车运输宜设置机械制冷系统，货箱(舱)等均应有隔热绝缘、温度控制系统、空气交换系统等；而冬春季节一般不用冷藏运输。

6.4 冷藏运输期间，车箱、船舱内温度应控制在13℃～14℃，不低于13℃，而相对湿度应为85%～90%。在无控温条件的夏季运输，应适当减少载运量，适当开窗，留有更多的通风空间，必要时采取隔热措施；而在冬季运输，应关闭好车箱的门窗，必要时在车箱内悬挂保温材料，应保持车箱内温度不低于13℃。

6.5 香蕉运抵目的地后，应及时装卸转入库房贮存。装卸时应轻拿轻放，不得横置，避免冲击。

7 贮存

7.1 贮存场地要求

贮存场地应清洁、卫生、阴凉、通风、无毒、无异味、防雨、防晒，不应与其他有毒、有害、有异味的物品混存。

7.2 贮存场地消毒

贮存前应对场地进行消毒，可选用50%多菌灵可湿性粉剂500倍液或70%硫菌灵600倍～800倍液等喷洒场地，或用硫磺粉10 g/m³密闭熏蒸消毒24 h。在贮存前24 h开窗通风换气。对贮存过果蔬产品的场所，在贮存香蕉之前应进行通风，清除可能残留的乙烯气体。

7.3 堆放

堆码方式参照GB/T 4892的规定执行；应分品种、等级堆放，批次应分明；包装件堆放要整齐，室内贮存距地面高度应≥15 cm，宜呈品字形堆码，堆码间留有通道，距库顶需要留有50 mm～100 mm的空间。

7.4 库内的温度与湿度

香蕉包装入库后，应在48 h内将库内温度冷却到11℃，待温度降温达到均衡后，再将温度控制在13℃～14℃；贮存期间应使用通风设备进行通风，促使空气循环，均衡与稳定库内温度。库内相对湿度应控制在80%～90%。

附加说明:

本标准由中华人民共和国农业部提出。

本标准由农业部热带作物及制品标准化技术委员会归口。

本标准起草单位:华南热带农业大学园艺学院、中国热带农业科学院热带作物品种资源研究所。

本标准主要起草人:李绍鹏、李茂富、刘德兵、陈业渊、蔡胜忠、陈红兵。

中华人民共和国农业行业标准

香蕉病虫害防治技术规范

Technical criterion for banana pest control

NY/T 1475—2007

1 范围

本标准规定了香蕉主要病虫害防治的原则、要求及推荐使用药剂等技术。

本标准适用于我国香蕉种植区香蕉主要病虫害的防治。

2 规范性引用文件

下列文件中的条款通过本标准的引用而成为本标准的条款。凡是注日期的引用文件，其随后所有的修改单(不包括勘误的内容)或修订版均不适用于本标准，然而，鼓励根据本标准达成协议的各方研究是否可使用这些文件的最新版本。凡是不注日期的引用文件，其最新版本适用于本标准。

GB 4285 农药安全使用标准

GB/T 8321 (所有部分)农药合理使用准则

NY/T 357 香蕉 组培苗

NY/T 5022 无公害食品 香蕉生产技术规程

3 推荐使用药剂的说明

本标准推荐的杀菌/杀虫剂应是经我国药剂管理部门登记允许在香蕉或其他水果上使用的。不应使用国家严格禁止在果树上使用的和未登记的农药，当新的有效农药出现或者新的管理规定出台时，以最新的规定为准。

4 香蕉主要病虫害及防治

4.1 主要病虫害及其发生为害特点，参见附录A、附录B。

4.2 主要病虫害防治原则

贯彻“预防为主、综合防治”的植保方针，针对香蕉大田及采后主要病虫害的种类及发生特点和防治要求，综合考虑影响病虫害发生的各种因素，协调应用检疫、农业防治和化学防治等措施对病虫害进行安全、有效地防治。

4.2.1 选择健康种苗。种苗质量应符合NY/T 357之要求。

4.2.2 加强水肥管理。水肥管理参照NY/T 5022之6和7的要求执行。

4.2.3 加强田间巡查监测，掌握病虫害发生动态，根据经验防治指标，及时采取防治措施进行控制。

4.2.4 进行病虫害防治时应充分考虑各防治措施对病虫害的影响，注意轮换使用药剂。

4.2.5 最后一次使用农药与收获期的时间间隔应符合GB 4285、GB/T 8321规定的安全间隔期。

中华人民共和国农业部 2007-12-18 发布　　2008-03-01 实施

4.2.6 严格按照药剂推荐使用浓度或剂量进行使用。

4.3 主要病虫害的防治

4.3.1 香蕉炭疽病

4.3.1.1 防治措施

4.3.1.1.1 田间防病护果:在抽蕾开花期,即自苞片张开后即开始喷药保护幼果;抹去果指残留花器;及时清除和销毁病残体;果实断蕾后果指开始上弯时喷施预防性药剂后套袋保护和防病。

4.3.1.1.2 适时采收和及时进行采后处理:远地销售的香蕉果,其成熟度宜在七八成左右时采收;应选择晴天采果,采前5 d～7 d田间停止灌水;果实采收后及时脱梳和进行药剂处理后置于13℃～15℃和适合湿度下贮运。

4.3.1.2 推荐使用的主要杀菌剂及方法

抽蕾后苞片未打开前开始选用醚菌酯、多菌灵、甲基硫菌灵、百菌清、甲硫·咪鲜、多硫悬浮剂或0.5%半量式波尔多液等杀菌剂田间喷雾,连用2次～3次,隔7 d～15 d 1次,可兼防黑星病。

采果后24 h内选用异菌脲、噻菌灵、抑霉唑、咪鲜胺锰络合物或咪鲜胺等浸果,1 min～2 min后晾干包装。

4.3.2 香蕉轴腐病

4.3.2.1 防治措施

4.3.2.1.1 田间防病护果:参照4.3.1.1.1执行。

4.3.2.1.2 适时采收和及时进行采后处理:参照4.3.1.1.2执行。

4.3.2.2 推荐使用的主要杀菌剂及方法

参照4.3.1.2执行。

4.3.3 香蕉叶斑病

4.3.3.1 防治措施

4.3.3.1.1 及时清除蕉园的病叶及病株残体:生长季节应加强平时田间巡查,及时掌握田间病情及剪除植株下层老叶、枯叶、病叶并集中烧毁。

4.3.3.1.2 控制种植密度:矮秆品种的种植密度不大于3 000株/hm^2,中秆品种不大于2 250株/hm^2,高秆品种不大于1 800株/hm^2,种植形式宜利用宽窄行或双株丛植。

4.3.3.1.3 使用药剂预防与治疗:在发病初期或从现蕾期前1个月起选用药物进行防治,隔15 d～20 d喷施一次进行预防,连续使用3次～5次。雨季或叶片病斑不断增多、或病斑从下层叶片向上部叶片蔓延时,可10 d～15 d喷施1次进行预防和治疗。

4.3.3.2 推荐使用主要杀菌剂及方法

选用百菌清、代森锰锌、0.5%半量式波尔多液、氢氧化铜或双苯三唑醇等喷施叶片进行预防。

选用醚菌酯、丙环唑、腈苯唑、腈菌唑、多菌灵、戊唑醇、十三吗啉、甲基硫菌灵、多菌灵·硫磺或三唑酮等药剂喷施叶片进行预防与治疗。使用三唑类药剂时应避免触及幼果。

4.3.4 香蕉黑星病

4.3.4.1 防治措施

4.3.4.1.1 清除侵染来源:经常检查清除蕉园老叶、下层病叶及病残体并集中烧毁,及时抹除果指残存花器。

4.3.4.1.2 药剂防治及套袋:叶片出现明显症状时应进行药剂防治,尤其在香蕉结果期,控制病原菌侵染果实。对于香蕉果实,宜在香蕉抽蕾后苞片未开前进行第一次喷药保护,以后每隔7 d～15 d喷1次,连喷2次～3次后套袋护果。

4.3.4.2 推荐使用的主要杀菌剂及方法

选用百菌清、0.5%半量式波尔多液或氢氧化铜等药剂喷施果实和叶片进行预防；

选用醚菌酯、丙环唑、腈苯唑、腈菌唑、多菌灵、多菌灵·硫磺、甲基硫菌灵、三唑酮或甲基托布津等杀菌剂喷施果实和叶片进行预防和治疗，丙环唑、腈苯唑、腈菌唑等三唑类药剂不宜在幼果期使用。

4.3.5 **蕉瘟病**

4.3.5.1 **防治措施**

4.3.5.1.1 搞好香蕉苗圃及育苗大棚卫生：注意检查，及时清除病株残体，固定苗圃的土壤或材料应经消毒过后使用。

4.3.5.1.2 控制苗床蕉苗的种植密度：中、大苗应及时分床移疏。

4.3.5.1.3 使用化学药剂防治：大棚内育苗期应定期施药于叶面防病，出现病情及时喷药进行防治。

4.3.5.2 **推荐使用的主要杀菌剂及方法**

选用百菌清、代森锰锌、0.5%半量式波尔多液或氢氧化铜等喷施植株进行预防。

选用丙环唑、三唑酮、腈菌唑、腈苯唑、多菌灵、十三吗啉、甲基硫菌灵或多菌灵·硫磺等药剂喷施植株进行预防与治疗。

4.3.6 **香蕉束顶病**

4.3.6.1 **防治措施**

4.3.6.1.1 及时清除病株：发现病株及时使用杀虫剂灭除蚜虫后进行人工挖除销毁或利用除草剂注射假茎灭除病株。

4.3.6.1.2 更新蕉园：每2年～3年定期更新蕉园1次，重病园应及时更新，更新时应先使用杀虫剂灭除蚜虫后再挖除及处理病株。

4.3.6.1.3 灭蚜防病：从移植开始定期喷施杀虫剂杀灭蚜虫，特别应重视夏、秋季节蚜虫盛发期对蚜虫的监测与防治。

4.3.6.2 **推荐使用的主要药剂及方法**

使用草甘膦原液或对成10倍液通过茎秆注射灭除病株，每株10 mL～15 mL。

选用吡虫啉、啶虫脒、乐果、抗蚜威、氯氟氰菊酯、溴氰菊酯、二溴磷、敌百虫或机油乳剂等药剂定期喷雾灭杀蚜虫。

4.3.7 **香蕉花叶心腐病**

4.3.7.1 **防治措施**

4.3.7.1.1 避免香蕉与葫芦科、茄果类作物的间作或轮作，及时清除田间杂草，控制相互传播。

4.3.7.1.2 及时清除病株：参照4.3.6.1.1执行。

4.3.7.1.3 更新蕉园：参照4.3.6.1.2执行。

4.3.7.1.4 灭蚜防病：从移植开始定期喷施杀虫剂杀灭蚜虫，特别应重点做好香蕉中小苗期及夏、秋季节蚜虫盛发期对蚜虫的监测与防治。

4.3.7.2 **推荐使用的主要药剂及方法**

推荐使用的主要药剂及方法，参照4.3.6.2执行。

4.3.8 **香蕉枯萎病**

4.3.8.1 **防治措施**

4.3.8.1.1 检疫防治：依据我国有关植物检疫管理的法律法规，对调运的香蕉种苗及果实进行检疫，禁止病原菌随种苗及果实进行传播。

4.3.8.1.2 选用抗病品种：在病区应选用抗病、耐病品种进行种植。

4.3.8.1.3 加强水肥土管理：除按NY/T 5022中的6和7要求执行外，发病蕉园应停止使用漫灌，改用微喷灌或滴灌；偏酸性土壤，应撒施石灰，营造不利于病原菌生长的环境。

4.3.8.1.4 及时清除病株和进行病区隔离与改造:经常巡查蕉园,及时发现病株并彻底清除销毁和采取隔离措施。对发现的病株,应将周围 5 m 或两株株距范围内的所有病健株彻底挖除,就地斩碎,晒干焚毁或埋沤,或用除草剂注射病株进行毒杀后销毁;同时,向划定范围内淋施或撒施消毒剂、杀菌剂进行消毒,对划定范围周围植株使用杀菌剂淋灌或注射预防,所使用的农具应进行清洗与消毒。对发现病株的蕉园,应树立警示标志,禁止人员随意进入,控制病园的蕉苗、果穗、土壤等进入附近香蕉园或向更远地区扩散。重病区可考虑全园销毁,改种其他经济作物如花生、甘蔗或旱稻等,在水源方便和土地平坦的重病园,在清除病株后可与水稻或甘蔗等进行轮作。

4.3.8.1.5 杀虫防病:使用药剂防治线虫,控制病原菌通过线虫为害造成的伤口而侵染植株。

4.3.8.2 推荐使用的主要药剂及方法

使用草甘膦注射灭除病株,草甘膦原液 10 mL/株～15 mL/株,在植株离地面 1.5 cm 处注射。

使用石灰粉、高锰酸钾或多菌灵撒施消毒土壤和植穴。

选用甲基硫菌灵和多菌灵灌根进行预防。

选用阿维菌素、氯唑磷、硫线磷或辛硫磷等防治线虫。

4.3.9 香蕉线虫病

4.3.9.1 防治措施

4.3.9.1.1 重病蕉园实行轮作:可轮种甘蔗、花生、番薯、木薯、旱稻等作物,条件许可时宜与水稻等实行水旱轮作。

4.3.9.1.2 使用药剂防治:在香蕉栽种前用杀线虫剂处理植穴及其基肥,注意田间检查,在发病蕉园施用杀线虫剂进行防治。

4.3.9.2 推荐使用的主要杀线虫剂及方法

选用阿维菌素、氯唑磷、辛硫磷或噻唑磷等浇灌、撒施、沟施或穴施进行线虫防治。

浇灌时可选用 1.8%阿维菌素 500 倍～1 000 倍液;撒施、沟施或穴施可用 3%氯唑磷或 3.0%辛硫磷颗粒剂,大田苗期 10 g/株,成株期 30 g/株～40 g/株。

4.3.10 黄斑蕉弄蝶

4.3.10.1 防治措施

4.3.10.1.1 在幼虫初发期田间出现虫苞开始,人工及时摘除虫苞集中杀死幼虫或用小竹竿打烂虫苞杀死幼虫。

4.3.10.1.2 冬季及时清除带虫枯叶、卷叶及残株,将其焚烧或沤肥。

4.3.10.1.3 注意保护并加以利用黄斑蕉弄蝶丰富的卵寄生蜂、赤眼蜂等多种天敌,天敌羽化高峰期应避免使用化学药剂或选用对天敌低毒的药剂。

4.3.10.1.4 重点在 1 龄～3 龄低龄幼虫发生高峰期使用杀虫剂喷杀。

4.3.10.2 推荐使用的主要杀虫剂及方法

选用苏云金杆菌、敌百虫、敌敌畏、毒死蜱、溴氰菊酯或氯氟氰菊酯等药剂进行叶片喷雾。

4.3.11 蚜虫

4.3.11.1 防治措施

4.3.11.1.1 银灰网避蚜:在香蕉苗圃地,可在香蕉育苗大棚周围挂上银灰色网驱避蚜虫。

4.3.11.1.2 黄板诱蚜:在香蕉园四周插上涂有 10 号机油或工业凡士林的黄板来诱杀,黄板诱满蚜虫后应及时更换。

4.3.11.1.3 定期使用杀虫剂防治蚜虫:在香蕉中小苗生长期及香蕉病毒病发生较严重的区域或蕉园,每 15 d～20 d 喷施 1 次杀虫剂灭除蚜虫,蚜虫防治可结合斜纹夜蛾、皮氏叶螨、冠网蝽等的防治协同进行。

4.3.11.1.4 田间巡查发现病毒病发生时应立即喷施杀虫剂杀灭蚜虫。

4.3.11.2 推荐使用的主要杀虫剂及方法

选用吡虫啉、啶虫脒、噻虫嗪、抗蚜威、三氟氯氰菊酯、溴氰菊酯、乐果、茴蒿素或阿维菌素等喷施植株叶片、心叶和叶柄，重点喷洒蚜虫聚生的吸芽和成年植株的把头处，乐果、吡虫啉、啶虫脒、三氟氯氰菊酯、溴氰菊酯等可兼治斜纹夜蛾和冠网蝽，阿维菌素、三氟氯氰菊酯可兼治皮氏叶螨。

4.3.12 香蕉花蓟马

4.3.12.1 防治措施

4.3.12.1.1 在植株抽蕾期，加强肥水管理，促使花蕾苞片迅速张开，缩短易受害期。

4.3.12.1.2 清除田间杂草，及时断蕾及去除雄花并深埋，压低虫源。

4.3.12.1.3 植株顶端现蕾后立即开始喷药防治，每隔 7 d～10 d 左右喷药 1 次，至断蕾果指开始上弯时喷药后及时套袋，套袋可兼防黑星病。

4.3.12.2 推荐使用的主要杀虫剂及方法

选用吡虫啉、啶虫脒、噻虫嗪、乐果、毒死蜱、多杀菌素或溴氰菊酯等喷洒香蕉花蕾与果穗。

4.3.13 香蕉冠网蝽

4.3.13.1 防治措施

4.3.13.1.1 及时剪除植株下层老鞘枯叶及严重受害的叶片，集中销毁。

4.3.13.1.2 田间巡查发现植株上虫口数量大，且叶片出现明显受害状时应立即喷药防治，特别是在干旱季节。

4.3.13.2 推荐使用的主要杀虫剂及方法

选用乐果、毒死蜱、敌敌畏、敌百虫、辛硫磷、吡虫啉、氯氰菊酯或溴氰菊酯等药剂进行叶片喷雾，重点喷施下层叶片背面。

4.3.14 斜纹夜蛾

4.3.14.1 防治措施

4.3.14.1.1 诱杀成虫：在香蕉中小苗期成虫发生期间，在田间用黑光灯、电子振频诱虫灯等诱杀，或用糖醋液、果蔬、甘薯与豆饼发酵液中加少许敌百虫的混合物诱杀成虫。此法还可监测成虫发生高峰期。

4.3.14.1.2 人工防治：在香蕉中小苗期，人工巡查采摘叶片上的卵块和处于群集期的低龄幼虫，将其集中杀灭。

4.3.14.1.3 药剂防治：重点抓好香蕉中小苗期和在 3 龄前的防治。对 3 龄前的幼虫主要采取田间挑治，对 4 龄后幼虫则宜选择在傍晚前后进行全面防治。注意保护天敌，在天敌成虫羽化高峰期选择使用病毒制剂、微生物制剂或其他低毒药剂。

4.3.14.2 推荐使用的主要杀虫剂及方法

选用阿维菌素、苏云金杆菌、10 亿 PIB/克斜纹夜蛾核型多角体病毒可湿性粉剂、氟虫腈、定虫隆、除虫脲、灭幼脲、氯氰菊醋、氟氯氰菊酯、三氟氯氰菊酯、氰戊菊酯、溴氰菊酯、鱼藤酮、毒死蜱或毒死蜱·氯氰菊酯等进行叶片喷雾。

4.3.15 香蕉象甲

4.3.15.1 防治措施

4.3.15.1.1 清洁田园：香蕉生长期及时清除下层干枯叶片及剥除假茎外层的叶鞘，去除多余香蕉吸芽，将其集中烧毁或在园中深埋；香蕉收获后及时清园，人工将假茎砍碎后沟埋肥田，或清理出蕉园集中烧毁。

4.3.15.1.2 清除严重受害株：将严重受害的植株进行挖除，并将蕉头和假茎砍碎，选用药剂处理后沟埋肥田，或清理出蕉园集中烧毁。

4.3.15.1.3 更新蕉园:每2年~3年定期更新蕉园1次,蕉园更新时应将植株挖除,并将蕉头和假茎砍碎,选用药剂处理后沟埋肥田,或清理出蕉园集中烧毁。有条件的可将园地进行半年左右的休种。

4.3.15.1.4 利用假茎气味诱集杀灭成虫:将刚采收的香蕉植株的假茎砍切成长20 cm左右,然后将其紧靠香蕉头垂直放置,并用香蕉叶片遮盖其上面切口,7 d~10 d后将其诱集的成虫集中灭除。

4.3.15.1.5 使用药剂进行防治:田间成虫出现高峰期使用杀虫剂进行假茎及叶柄喷雾,在田间植株出现虫害流胶时使用杀虫剂进行假茎注射或从植株假茎顶端施药。

4.3.15.2 推荐使用的主要杀虫剂及方法

选用敌敌畏、毒死蜱或辛硫磷处理蕉园残株和蕉头;

选用敌敌畏、毒死蜱或辛硫磷在受害株假茎1.5 m高处注射(150 mL药液/株);

选用辛硫磷或氟虫腈颗粒剂在受害株叶柄与假茎相接的凹陷处施药;

选用敌敌畏、毒死蜱、辛硫磷、杀螟丹、吡虫啉、三氟氯氰菊酯、氯氰菊酯或溴氰菊酯等药剂进行假茎喷雾或从叶柄基部灌注药液。

4.3.16 皮氏叶螨

4.3.16.1 防治措施

4.3.16.1.1 保护利用天敌:在进行香蕉其他病虫害药剂防治时应选择对拟小食螨瓢虫、植绥螨低毒的药剂。

4.3.16.1.2 掌握好合适的防治时间,及时使用药剂进行防治:当植株上有1张叶片出现明显的退绿、变褐斑点,且在叶片上活虫密度较大时开始喷药。

4.3.16.2 推荐使用的主要杀虫剂及方法

选用阿维菌素、浏阳霉素、苦参碱、速螨酮、三唑锡、炔螨特、噻螨酮、三氯杀螨醇、氟虫脲、加德士等药剂进行叶片喷雾,重点喷施叶背。

附 录 A
(资料性附录)
香蕉主要病害种类及发生特点

香蕉主要病害种类及发生特点见表 A.1。

表 A.1 香蕉主要病害种类及发生特点

病害名称及病原菌	发 生 特 点
香蕉炭疽病 *Colletotrichum musae*	香蕉炭疽病主要为害果实,尤其是对近成熟或已黄熟的果实,叶片、花、苞片、果梗和果轴也可受侵害 炭疽病病菌以菌丝体和分生孢子残存于病叶或其他病残组织,条件适合时病菌大量繁殖产生分生孢子,并通过风、雨或昆虫等传播而成为香蕉园的初侵染源。苞片张开后果龄为 10 d 左右幼果即可受害,通常在果皮下呈潜伏侵染状态,幼果的带菌率随着果龄的增大而上升。当果皮由青转黄时,潜伏于果皮中的炭疽病菌开始增殖扩展并表现症状。在气候条件适宜或菌系致病力较强时,嫩果、叶片上也常表现出严重的受害状。贮藏期间,病果和健果的接触是该病传染的主要途径 在高温、多湿季节有利于该病发生,病原菌的生长温度范围为 6℃～38℃,25℃～30℃是其生长适温,多雨、重雾或湿度大时发病严重
香蕉轴腐病 *Colletotrichum musae*、*Botryodiplodia theobromae*、*Verticillium theobromae*、*Thielaviopsis paradora*、*Cladosporium oxysporum*、*Fusarium* spp.	香蕉轴腐病是由多种病原菌引起的果实贮藏期病害,该病先在果轴发病,果穗脱梳后蕉梳切口出现白色棉絮状物造成果轴变黑腐烂,病部继而向果柄、果肉发展,致使果柄、果肉变黑,略动蕉果散落。严重时果轴、果指全部变黑和腐烂,果肉上长有白色棉絮状菌丝体 在采后处理、贮藏场所附着的病原菌是本病的初侵染源,病菌主要通过机械伤口如切口侵染,病原菌也可以以潜伏侵染、附着孢的形式随果实带入。贮运期间高温、高湿的环境有利于该病的发生蔓延
香蕉叶斑病 香蕉褐缘灰斑病 *Mycosphaerella musicola* 香蕉灰纹病 *Cordana musae* 香蕉煤纹病 *Dieghtoniella torulosa*	香蕉褐缘灰斑病、香蕉灰纹病和香蕉煤纹病为香蕉的主要叶斑病,常混合发生,其中以褐缘灰斑病最为重要 香蕉叶斑病常先发生于下部叶片,呈点状或与叶脉平行的短线状褐斑,呈椭圆形或长条形病斑,香蕉灰纹病还可为害叶鞘,而香蕉煤纹病还可为害蕉果 香蕉褐缘灰斑病、香蕉灰纹病和香蕉煤纹病的初侵染源来自田间病株病叶或病株残体。温暖多湿适宜于香蕉叶斑病的发生。蕉园过度密植造成通风、透光不良及偏施氮肥、排水不良的蕉园叶斑病的发生严重。香蕉比大蕉、粉蕉易感病,香蕉的高秆品种比中、矮秆品种抗病
香蕉黑星病 *Macrophoma musae*	香蕉黑星病可为害叶片和果实。叶片上发病初期叶面上出现针头般大小的黑褐色小粒,后期小黑粒周围的叶片组织变黄,小黑粒沿着侧脉扩展汇合而形成黑褐色坏死斑,果实受害,果面上出现散生或聚生成堆的凸突小黑粒,果实成熟时小黑粒周边部位形成褐色晕斑,稍后晕斑部分组织下陷腐烂,凸突小黑粒更加明显,为害影响果实外观质量及降低产品质量。受害的叶片和果实用手触摸时均有粗糙感 香蕉黑星病在高温多雨季节病害易流行。嫩果期即可受害,但挂果后期果实最易感病。偏施氮肥会加重该病发生,香蕉类较感病,粉蕉、大蕉抗病性较强
蕉瘟病 *Pyricularia grisea*	蕉瘟病主要为害叶片,尤其常见于香蕉苗圃的组培苗,引起叶斑、叶枯,同时还可严重为害蕉园中的青果,致使蕉果外观受损,经济价值降低。病害多始发于下部叶片。潮湿时病斑常产生大量灰霉状物 初侵染源主要来自香蕉组培苗育苗棚内的病株残体。病原菌的分生孢子主要通过风、雨水等而传播。温暖多湿利于该病发生

表 A.1（续）

病害名称及病原菌	发 生 特 点
香蕉束顶病 Banana bunchy top virus (BBTV)	香蕉束顶病是由香蕉束顶病毒(BBTV)引起的全株性病害。植株受香蕉束顶病毒侵染后，最初表现新抽生的叶片较正常叶片窄小，叶边缘轻度黄化，并稍向上卷曲，随着叶片的生长，沿叶片中脉和叶柄出现断断续续、长短不一的点—线状的俗称"青筋"的深绿色条斑 香蕉束顶病流行的主要初侵染源来自香蕉型品种的带毒及发病植株，香蕉束顶病的 BBTV 主要通过带病毒的吸芽苗或组培苗(未脱毒)和传毒媒介香蕉交脉蚜 *Pentalonia nigronervosa* Coquerel 传播。多年宿根蕉园发病往往比新蕉园重，天旱少雨、气温高有利于病害发生
香蕉花叶心腐病 Cucumber mosaic virus(CMV)	香蕉花叶心腐病是由黄瓜花叶病毒(CMV)引起的全株性病害。受害植株叶片出现断续的长短不一的褪绿黄色条斑、菱形或不规则黄斑，病株叶缘有时轻微卷曲，顶部叶片有扭曲、畸形和变小的现象，严重时，植株心叶坏死。剥开病株假茎，可发现假茎内部出现水渍状病痕，严重时坏死变黑褐色而腐烂发臭。横切假茎病部，可见黑褐色坏死斑 香蕉花叶心腐病的初侵染源主要来自感病寄主，带毒的香蕉种苗和葫芦科、茄科植物是重要的侵染来源。该病还可通过棉蚜 *Aphis gossypii* Glover、豆蚜 *Aphis craccivora* Koch、玉米蚜 *Rhopalposiphum maidis* (Fitch)和桃蚜 *Myzus persicae* (Sulzer)等多种传病蚜虫媒介进行近距离传播，汁液摩擦也可传播该病毒。该病毒除侵染香蕉外，还为害芭蕉、大蕉等蕉类及葫芦科、茄科作物及多种杂草。寄主间比较，香蕉较芭蕉、大蕉感病，矮秆香蕉的抗病性较高秆香蕉品种强，中小苗期最易感病，尤其 1 m 以下幼嫩蕉苗；高温少雨时由于利于蚜虫繁殖与活动，发病往往较重；蕉园四周种植或园中间种葫芦科、茄科等寄主作物会加重该病的发生。田间管理不及时或不到位，肥水不足或偏施氮肥，少施有机肥和钾肥，使蕉株生长不壮，抗逆性差，发病率高
香蕉枯萎病 *Fusarium oxysporum* f. sp. *cubense*	香蕉枯萎病是由尖镰孢菌古巴专化型 *F. oxysporum* f. sp. *cubense*(E. F. Smith)4 号生理小种引起的维管束病害。感病植株叶片黄化，并倒垂在假茎四周，变黄的叶片继而萎蔫、干枯。有些病株还出现假茎爆裂，严重发病时植株整株死亡。纵剖发病植株假茎，可发现其内部维管束呈褐色条纹状坏死，横切假茎，可见褐色斑点或斑块 香蕉枯萎病的初侵染源来自带菌种苗、病株、带菌土壤、带菌有机肥。本病的近距离传播主要通过流水、农具及病株残体移动等，而远距离传播主要通过带菌的种苗调运 香蕉枯萎病的发生与香蕉类型(品种)、气候和土壤条件关系密切。对于不同的香蕉品种，台湾新北蕉较抗病；在温度较高的多雨天气、较高的土壤湿度时发病严重；pH 在 6.0 以下的酸性土壤、土壤结构黏重、排水不良、下层土壤渗透性差的蕉园容易发病；土壤根结线虫数量多或其他因素伤根多的情况，利于本病发生；而土壤含菌量是本病发生与流行的关键因素
香蕉根线虫病 肾形肾状线虫 *Rotylenchulus reniformis* 南方根结线虫 *Meloidogyne incognita* 双宫螺旋线虫 *Helicotyllenchus dihystera*	在我国发现的香蕉寄生线虫已有 30 属 50 多种，对香蕉具有严重为害性的主要有南方根结线虫、肾形肾状线虫和双宫螺旋线虫 香蕉线虫在香蕉根部为害。受害植株其根部可见形状和大小不等的节状肿大，或根短而肥，且常开裂，或根毛变黑腐烂，严重时须根褐变腐烂。受线虫为害的香蕉地上表现为植株长势不良，叶片抽生速度变慢，植株矮小等。线虫为害造成伤口也容易给土壤中的一些植物病原菌，如枯萎病菌的入侵创造条件，而加重其他病害发生 香蕉线虫的侵染来源主要为带线虫的种苗和土壤，线虫的远距离传播主要是通过受侵染的吸芽、球茎和沾附在根上的土壤，而水流是园内传播的主要媒介。线虫喜好疏松的砂质土壤或冲积土，在砂质土壤或冲积土上的蕉园发病较黏质土壤蕉园发病重。干旱有利于线虫发生。香蕉生长前期对线虫为害较敏感

附 录 B
(资料性附录)
香蕉主要害虫种类及发生特点

香蕉主要害虫种类及发生特点见表 B.1。

表 B.1 香蕉主要害虫种类及发生特点

主要害虫名称	发 生 特 点
黄斑蕉弄蝶 *Erionota torus*	黄斑蕉弄蝶幼虫取食香蕉叶片而对香蕉造成为害。取食常从叶缘开始,而后向叶的中肋方向扩展,取食时还吐丝将叶片卷成苞和圆筒状虫苞而垂吊在叶片上,并在其中继续取食 黄斑蕉弄蝶世代历期 36 d～44 d,年发生 4 代～6 代,世代重叠。成虫产卵于叶面正反面及叶柄和嫩茎上,每雌可产卵 80 粒～150 粒。幼虫孵化后先取食卵壳,然后各自分散到叶缘取食,造成缺口,并吐丝将破叶卷成筒状叶苞并藏于苞内。幼虫在阴天全天均可活动和取食,晴天多在早、晚探身苞外,取食附近叶片,边食边卷,加大叶苞。取食和卷叶均朝着叶的中肋方向进行。虫体长大至藏身困难时,常迁离残旧的叶苞,再卷结新的叶苞并继续取食。幼虫极少转叶为害。老熟幼虫吐丝封闭苞口,并在苞内壁吐丝化蛹。幼虫喜取食叶片薄、质地软、汁少的品种,粉蕉、西贡蕉比香蕉受害重
香蕉交脉蚜 *Pentalonia nigronervosa* 棉蚜 *Aphis gossypii* 豆蚜 *A. craccivora* 玉米蚜 *Rhopalposiphum maidis* 桃蚜 *Myzus persicae*	蚜虫是香蕉病毒病的重要传播媒介,以成虫和若虫群集于香蕉的嫩叶、心叶为害,通过取食行为可传播香蕉束顶病和香蕉花叶病等主要香蕉病害。此外,刺吸取食植株营养还可影响蕉株的正常生长,对香蕉造成直接为害 香蕉上发生的蚜虫主要有香蕉交脉蚜,此外还有棉蚜、豆蚜、玉米蚜和桃蚜等,香蕉交脉蚜是传播香蕉束顶病的媒介,此虫还为害姜、旅人蕉、海芋属等作(植)物。棉蚜、豆蚜、玉米蚜和桃蚜除为害香蕉传播香蕉花叶心腐病外,还为害瓜类、茄果类蔬菜等作物。蚜虫严重发生时可造成香蕉束顶病和香蕉花叶病的严重蔓延,导致蕉园被毁 蚜虫可营孤雌生殖或两性生殖,卵胎生或卵生,蚜虫繁殖能力较强,香蕉交脉蚜每雌可繁殖后代 20 头,完成世代需要 9 d～13 d。夏季高温对蕉蚜生长发育有一定的抑制作用,干旱有利于蚜虫的发生
香蕉花蓟马 *Thrips hawaiiensis*	在香蕉上有多种蓟马为害,以香蕉花蓟马为害最为严重 香蕉花蓟马以成虫和若虫锉吸香蕉子房和幼嫩果实的汁液,被害部位出现向上突起褐色小点,初期周围还有水渍状,用手触摸有粗糙感。雌虫在幼嫩果实中产卵而造成产卵部位细胞增生 香蕉花蓟马只在香蕉结果后才开始为害香蕉,在未抽蕾的植株上很少发现香蕉花蓟马。香蕉花蓟马在花蕾的花苞内隐匿取食,在花蕾的雄花中往往虫口密度最大。每当苞片完全张开香蕉花蓟马即转移到未张开的苞片内继续为害,但在苞片张开的果梳的雄花中还往往残存有较多的虫口。香蕉花蓟马除为害香蕉外,还可为害荔枝、龙眼、杧果等果树,寄主植物超过 140 多种。在热带地区香蕉花蓟马周年发生为害,每年发生 20 多代,田间世代重叠,可营孤雌生殖。高温干旱、田间多杂草等有利于该虫发生
香蕉冠网蝽 *Stephanitis typica*	香蕉冠网蝽以成虫和若虫主要集中在中、下层叶片的背面刺吸取食,为害严重时叶片变黄甚至干枯 香蕉冠网蝽具有群集性,受惊时会纷纷逃离。成虫产卵于叶背的叶肉组织内,营两性生殖,每雌可产卵 35 粒～60 粒。在 27℃完成一个世代约需 35 d,在广东每年可发生 6 代～7 代,田间世代重叠,周年发生,冬季气温低时,多藏于叶鞘内或枯叶中静伏,气温回升转暖又可恢复活动。一般在夏秋季发生较多。干旱有利于该虫发生,台风暴雨对其有杀伤作用。该虫田间主要以成虫转株或转叶为害,转株时成虫常飞迁至植株心叶下第二、三片叶片背面取食和交配产卵。该虫除为害香蕉等芭蕉科植物外,还为害山姜属、番荔枝和木菠萝属植物

表 B.1（续）

主要害虫名称	发 生 特 点
斜纹夜蛾 *Spodoptera litura*	斜纹夜蛾主要在香蕉中小苗期为害，以幼虫为害香蕉叶片和心叶。初孵幼虫群集于香蕉叶片背面取食下表皮和叶肉，2 龄幼虫开始分散为害，将展开的叶片吃成孔洞或缺刻，为害严重时，将整叶吃光而仅剩主脉；为害未展开的卷筒状的心叶时，可横向将心叶咬食成孔状，严重时致使心叶折断。在苗期，还可发现其咬断嫩茎而导致整株死亡 此虫世代历期 24 d～51 d，田间世代重叠。成虫飞翔力强，白天躲藏于隐蔽场所不活动，黄昏后开始整夜活动，有趋光性（尤其是黑光灯），对糖、醋、酒液及发酵的豆饼等有很强的趋性。雌虫具有很强的繁殖能力，一生可产 1 000 粒～2 000 粒卵（100 个～300 个卵块），最多达 3 000 粒，卵产于叶背。1 龄幼虫群集取食，2 龄开始分散，4 龄进入暴食期，且有背光性，白天躲在心叶处傍晚出来取食。幼虫老熟后即在土面钻孔作室化蛹。斜纹夜蛾喜温，各虫态发生的适宜温度为 28℃～30℃，但在 33℃～40℃高温下也能正常存活。土壤含水量在 20%以下不利于化蛹。该虫为多食性害虫，除为害香蕉外，还为害甘蓝、茄子、辣椒、瓜类等蔬菜及棉花、烟草等近 300 种植（作）物
香蕉假茎象甲 *Odoiporus longicollis*	香蕉假茎象甲主要以幼虫钻蛀假茎进行为害。早期为害症状为在假茎和叶柄上出现蛀孔和流出胶状物，后来在假茎中造成纵横交错的蛀道，常被次生病原菌感染而引起腐烂并有腐烂气味。受害植株常枯叶多，生长缓慢，秆细小，果穗短小，遇风易倒伏 香蕉假茎象甲世代历期长，从卵发育至成虫一般 23 d～44 d，产卵前期 15 d～30 d，冬季低温世代发育历期可长达 100 多 d。成虫寿命可超过 1 年。成虫畏光，多群居，喜群栖在叶鞘顶部内侧或腐烂的叶鞘内，具假死性，不善飞行。初孵幼虫先在外层叶鞘取食，并渐向中心及向上、向下钻蛀，取食较嫩组织。蛀道向上可至果轴，向下可达球茎。老熟幼虫在比较坚韧的外层叶鞘内咬食纤维，并吐胶质物将其缀成 1 个坚实的茧，然后居于茧内化蛹。此虫喜温，低温对其发生有抑制作用。在香蕉主产区终年发生，每年 4 代～5 代，世代重叠
香蕉球茎象甲 *Cosmopolites sordidus*	香蕉球茎象甲主要以幼虫蛀食香蕉基部和球茎，形成纵横交错的隧道。幼株受害，叶片变黄、枯萎，直至全株死亡；成株受害，生势衰弱，不能抽穗或果穗、果指瘦小，严重被害植株的球茎变黑腐烂，遇到大风易倒伏 香蕉球茎象甲世代历期长，卵期 5 d～9 d，幼虫 5 龄～8 龄，历期 20 d～30 d，蛹期 5 d～7 d，冬季低温世代发育历期可长达 100 多 d。成虫寿命可超过 1 年，最长可达 4 年。成虫畏光，多群居，喜躲栖在近地面的叶鞘和球茎的蛀道中，腐烂的叶鞘内也有成虫藏匿。具假死性，不善飞行。初孵幼虫自假茎蛀入球茎取食。老熟幼虫蛀道内化蛹，其通常以蕉茎纤维封闭两端。此虫喜温，低温对其发育有抑制作用。在香蕉主产区终年发生，每年发生 4 代
香蕉皮氏叶螨 *Tetranychus piercei*	皮氏叶螨以成螨、若螨和幼螨栖息于香蕉叶背吸取叶片的汁液造成为害，被害部位褪绿、变褐，严重时整个叶背全部变成黑褐色，叶面变黄，最后整叶干枯 在 16℃～36℃条件下，皮氏叶螨均可完成世代发育，但 24℃～32℃为皮氏叶螨发育和产卵的最适温度，在 24℃～32℃条件下，完成世代发育平均需 8 d～14 d，平均产卵量为 33 粒～36 粒。皮氏叶螨除为害香蕉外，寄主还有绿豆、桑、泡桐、蔷薇、番木瓜、番荔枝、番茄、木薯、桃、藿香蓟属、鱼腥草、无花果、变叶木等 在香蕉上主要分布在发育完整的转绿后的中上层叶片。该螨世代重叠明显，全年发生，在海南香蕉上每年可发生约 26 代

附加说明：

本标准的附录A、附录B为资料性附录。

本标准由中华人民共和国农业部提出并归口。

本标准起草单位：中国热带农业科学院环境与植物保护研究所。

本标准主要起草人：符悦冠、陈万梅、刘奎、黄武仁、张方平、韩冬银。

中华人民共和国农业行业标准

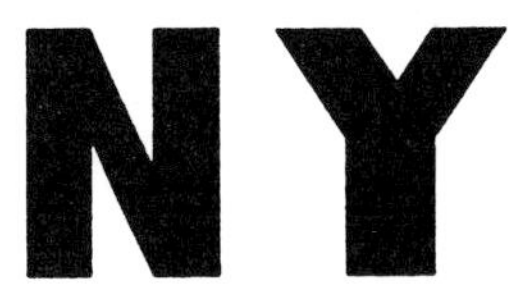

香蕉穿孔线虫检疫检测与鉴定技术规范

Detection and identification for *Radopholus similis* (Cobb) Thorne

NY/T 1485—2007

1 范围

本标准规定了香蕉穿孔线虫(*Radopholus similis*)的检疫检测和鉴定方法。

本标准适用于本行业对植物、植物产品、土壤和其他植物生长介质中的香蕉穿孔线虫的检测和鉴定。

2 术语、定义

下列术语和定义适用于本标准。

2.1

生长介质 growing medium

植物的根系在其中生长或用于此目的任何物质。

2.2

检验 inspection

由官方对植物、植物产品或其他限定物进行直观检查，以确定是否存在有害生物和(或)是否符合植物检疫法规。

2.3

检测 test

为确定是否存在有害生物或为鉴定有害生物而进行的除肉眼检查以外的官方检查。

3 原理

香蕉穿孔线虫的形态学特征(见附录 A)及其寄主范围、地理分布、生物学特性、为害症状和传播途径(参见附录 B)是本标准的依据。

4 仪器、用具及药品

4.1 仪器、用具

采样用具：铲、枝剪、砍刀、聚乙烯塑料袋、油性笔、标签、记录本等。

线虫分离用具：漏斗(直径 10 cm～14 cm)、乳胶管、止水夹、浅筛盘、网筛(20 目、400 目)、离心机、试管、培养皿、面巾纸、漏斗架、离心机等。

标本制作、鉴定仪器和用具：解剖镜、光学显微镜、凹玻片、平玻片、盖玻片、玻璃丝、酒精灯、恒温水浴箱、电热板、吸管、挑虫针、镊子、干燥器等。

4.2 药品

中华人民共和国农业部 2007 - 12 - 18 发布　　2008 - 03 - 01 实施

40%甲醛、甘油、90%乙醇、蒸馏水、苯酚、乳酚、中性树胶、石蜡、硅胶、氯化钙、蔗糖、硫酸镁($MgSO_4$)、高岭土等。

5 现场检验和抽样

5.1 现场检验

在种植、销售场地,对香蕉穿孔线虫的寄主植物进行调查,观察其生长状况,对地上部分表现附录B所述症状的植株,采集其根部及根际生长介质;若地上部无明显症状表现的,则随机抽取部分植株,观察其根部生长状况并取样。

5.2 抽样

5.2.1 地栽植物的抽样

当田间或温室(大棚)内地栽的植物没有明显症状表现时,可采用对角线、棋盘式和平行跳跃式取样方法,确定取样点,在1 hm^2～2 hm^2 的地块上至少取20个～30个点。在取样点的植株根部,铲去表层土壤、杂草和其他杂物,取营养根10 g～20 g,根际土壤100 g～200 g,将各点土壤混合均匀后,倒去部分土壤,保留1 000 g～2 000 g土壤作为1个土样,根放在一起作为1个根样。对香蕉,可以采集根部距假茎5 cm～15 cm的根和距地表5 cm～25 cm土层的根际土壤;其他植物,可根据根系的深浅,采集营养根或须根及其周围土壤。当田间或温室(大棚)内地栽的植物表现明显症状时,在发病点的病株根部,采集表现症状的根及其周围的土壤。

5.2.2 盆栽植物的抽样

对盆栽植物,当无明显症状表现时,随机抽取长势相对较弱的植株,采集其根和根际介质(或土壤),抽样率按植株数>10 000株(盆)抽3%～5%,植株数100株～10 000株(盆)抽6%～10%,植株数<100株(盆)抽样最低数不少于10株(盆),每株(盆)采集根5 g～10 g和根际介质(或土壤)50 g～100 g,每40株～50株(盆)植物的根和根际介质(或土壤)分别混合成1个根样和1个土样。当抽样数少于100株(盆)时,至少组成2个混合样品。当盆栽植物表现明显症状时,可以采集整个病株的根系及其周围的介质(或土壤)作为一个独立的样品。

5.2.3 抽样记录

采集的样品放在塑料袋中封好袋口,贴上标签,防止不同样品相混,并将现场抽样结果填入《表1 植物有害生物调查抽样记录表》(参见附录C)。

5.3 样品保存

采集的样品若不能及时分离,可将样品放在20℃～25℃的室内,将袋口打开透气,并注意保湿和避免阳光照射,样品保存时间不要超过1个月。

6 实验室检测鉴定

6.1 样品中线虫的分离

根据样品类型和实验室条件,按照附录D中的一种或几种方法分离样品中的线虫。

6.2 线虫鉴定标本的制作

参照附录E中的方法,将分离得到的线虫杀死、固定,制成标本鉴定。

6.3 线虫的形态鉴定

在显微镜下对线虫标本的形态特征进行观察、测量和记述,并与附录A记述的香蕉穿孔线虫形态特征比较。

7 结果确定

以雌、雄虫的形态特征为依据,符合附录A记述的形态特征的线虫可确定为香蕉穿孔线虫。将实验室检测鉴定结果填入《表 2 植物有害生物样本鉴定报告》(参见附录 F)。

8 标本保存

经鉴定为香蕉穿孔线虫的标本,参照附录 E 制作成永久玻片保存,或热杀死后置于固定液中长期保存,并注明标本的寄主植物、采集时间、采集地点、采集人、制作时间和制作人等。

附 录 A
（规范性附录）
香蕉穿孔线虫分类命名和形态特征

A.1 分类命名

A.1.1 中文名、学名、异名

中文名：

香蕉穿孔线虫

学名：

Radopholus similis(Cobb,1893)Thorne,1949

异名：

- *Tylenchus similis* Cobb,1893
- *Anguillulina similis*(Cobb)Goodey,1932
- *Rotylenchus similis*(Cobb)Filipjev,1936
- *Tylenchus granulosus* Cobb,1893
- *Anguillulina granulosa*(Cobb)Goodey,1932
- *Tetylenchus granulosus*(Cobb)Filipjev,1936
- *Radopholus granulosus*(Cobb)Siddiqi,1986
- *Tylenchus acutocaudatus* Zimmermann,1898
- *Anguillulina acutocaudata*(Zimmermann)Goodey,1932
- *Tylenchorhynchus acutocaudatus*(Zimmermann)Filipjev,1934
- *Radopholus acutocaudatus*(Zimmermann)Siddiqi,1986
- *Tylenchus biformis* Cobb,1909
- *Radopholus citrophilus* Huettel,Dickson & Kaplan,1984

A.1.2 香蕉穿孔线虫隶属于线虫门(Nematoda)、侧尾腺纲(Secernentea)、垫刃目(Tylenchida)、短体科(Pratylenchidae)、穿孔属(*Radopholus* Thorne,1949)。

A.2 形态特征

A.2.1 测量值

雌虫(n=12)：L=690(520～880)μm；a=27(22～30)；b=6.5(4.7～7.4)；b'=4.5(3.5～5.2)；c=10.6(8～13)；c'=3.4(2.9～4.0)；V=56(55～61)；口针长=19(17～20)μm。

雄虫(n=5)：L=630(590～670)μm；a=35(31～44)；b=6.4(6.1～6.6)；b'=4.8(4.1～4.9)；c=9(8～10)；c'=5.7(5.1～6.7)；口针长=14(12～17)μm；交合刺长=20(19～22)μm；引带长=9(8～12)μm。

以上测量值来自 Sher(1968)。n 为测量标本数；a 为虫体长/虫体最大体宽；b 为虫体长/虫体前端至食道与肠连接处的长度；b'为虫体长/虫体前端至食道腺末端的长度；c 为虫体长/尾长；c'为尾长/肛门处体宽；V 为虫体前端至阴门的长度×100/虫体长。

A.2.2 形态描述

雌虫：虫体呈线形，从虫体中部向两端渐变细；热杀死后，虫体稍向腹面弯。体环纹清楚；侧区有 4

条深浅、粗细均匀的侧线，部分有网格，侧区中带与外带基本等宽；头部低，前端平圆，不缢缩或略缢缩，头架骨化强，头环 3～4 个；口针和基部球发达，食道发育正常，中食道球卵圆形、有显著的中食道球瓣，后食道腺长叶状，从背面或背侧面覆盖肠；阴门显著，双生殖腺、对伸，受精囊圆形、有杆状的精子；尾通常呈长圆锥形，偶尔呈近圆柱形，尾的平均长度通常超过 52 μm，尾后部透明区平均长度通常超过 9 μm，透明区的环纹不规则，尾端部形态变化多样，多数呈规则或不规则圆锥形，末端钝，少数有一指状突或略分叉，尾端光滑或有不规则环纹。

雄虫：虫体呈线形，热杀死后虫体直或略向腹面弯。头部高圆、呈球形，显著缢缩，具 3 个～5 个头环，头架骨化弱或不明显；侧线 4 条；口针和食道显著退化，口针基部球不明显或无，中食道球不清楚；单精巢、前伸，交合刺柄强壮，引带伸出泄殖腔，末端有小爪状突，交合伞伸到尾部约 2/3 处；尾呈长圆锥形，尾端部形态多样，末端钝圆或有一指状突。

香蕉穿孔线虫的形态特征见图 A.1

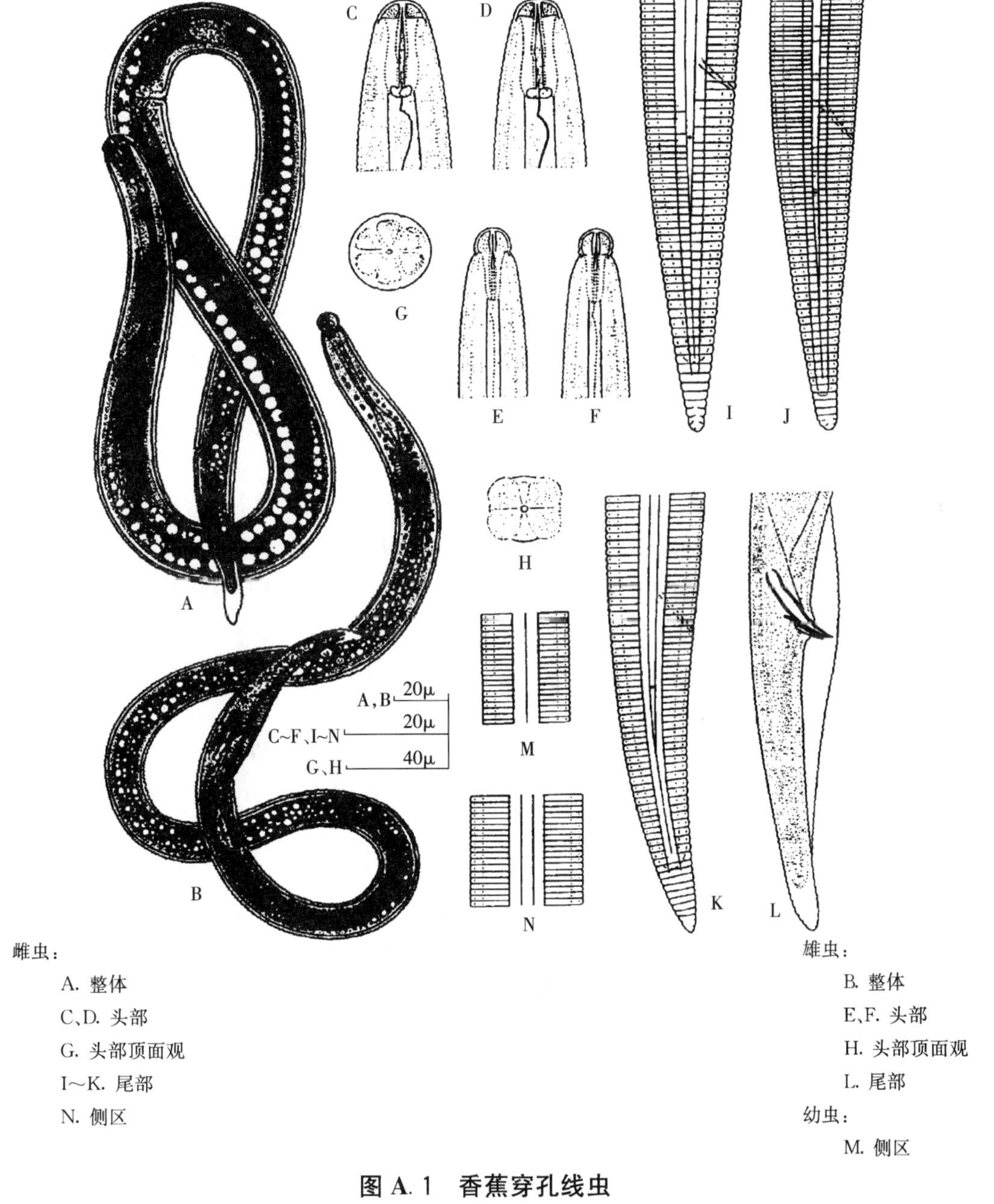

雌虫：
A. 整体
C、D. 头部
G. 头部顶面观
I～K. 尾部
N. 侧区

雄虫：
B. 整体
E、F. 头部
H. 头部顶面观
L. 尾部

幼虫：
M. 侧区

图 A.1 香蕉穿孔线虫

(仿 Williams & Siddiqi，1973)

附 录 B
（资料性附录）
香蕉穿孔线虫寄主范围、地理分布、生物学特性、为害症状和传播途径

香蕉穿孔线虫是香蕉、柑橘、胡椒、红掌、竹芋、生姜、番茄等多种栽培植物和一些野生植物根部及其他地下组织的一种寄生线虫，主要有 2 个生理小种（或致病型）：香蕉小种（或致病型）——寄生为害香蕉等多种植物，但是不寄生为害柑橘，该小种目前广泛分布于世界大多数的热带、亚热带香蕉种植区和一些温带地区的温室中；柑橘小种（或致病型）——可以寄生为害柑橘和香蕉及其他多种植物，该小种目前主要分布在美国、古巴、多米尼加和圭亚那。

B.1 寄主范围

香蕉穿孔线虫的寄主范围非常广，已报道的寄主有 350 多种，其中多数属偶然寄主（在罹病香蕉树附近存在）和人工接种寄主。其主要为害的农作物和经济作物包括香蕉（*Musa* spp.）、胡椒（*Piper nigrum*）、柑橘（*Citrus* spp.）、柚子（*Citrus maxima*）、柠檬（*Citrus limon*）、菠萝（*Ananas comosus*）、甘蔗（*Sacchanum officinanum*）、荔枝（*Litchi chinensis*）、椰子树（*Cocos nucifera*）、槟榔树（*Areca cathecu*）、可可（*Theobroma cacao*）、咖啡（*Coffea arabica*）、茶树（*Camellia sinensis*）、美洲柿（*Diospyros virginiana*）、鳄梨（*Persea americana*）、生姜（*Zingiber officinale*）、花生（*Arachis hypogaea*）、甜菜（*Beta vulgaris*）、辣椒（*Capsicum annum*）、苦瓜（*Momordica charantia*）、萝卜（*Raphanus sativus*）、莴苣（*Lactuca sativa*）、大豆（*Glycine max*）、小麦（*Triticum aestivum*）、高粱（*Sorghum bicolor*）、玉米（*Zea mays*）、番茄（*Lycopersicon esculentum*）、马铃薯（*Solanum tuberosum*）、西瓜（*Citrullus lanatus*）、甜瓜（*Cucumis melo*）、南瓜（*Cucurbita pepo*）、甘薯（*Ipomoea batutas*）、薯蓣（*Dioscorea alata*）、姜黄（*Curcuma longa*）、小豆蔻（*Amomum compactum*）、蚕豆（*Vicia faba*）、菜豆（*Phaseolus vulgaris*）、草莓（*Fragaria chiloensis*）、苜蓿（*Medicago sativa*）、油棕（*Elaeis guineensis*）、山葵（*Arecastrum romanzoffianum*）、王棕（*Roystonea regia*）等，还为害天南星科（Araceae）、竹芋科（Marantaceae）、棕榈科（Palmae）、芭蕉科（Musaceae）和凤梨科（Bromeliaceae）等观赏植物。最常见的观赏植物寄主有天南星科的花烛属（*Anthurium* spp.）、麒麟叶属（*Epipremnum* spp.）、蔓绿绒属（*Philodendron* spp.），竹芋科的肖竹芋属（*Calathea* spp.）、竹芋属（*Maranta* spp.），棕榈科的墨西哥棕属（*Chamaedorea* spp.）、散尾葵属（*Chrysalidocarpus* spp.），凤梨科的凤梨属（*Ananas* spp.）、隐花凤梨属（*Cryptanthus* spp.），芭蕉科的鹤望兰属（*Strelitzia* spp.）、旅人蕉属（*Ravenala* spp.），茜草科的龙船花属（*Ixora* spp.），五加科的孔雀木属（*Dizygotheca* spp.）等。

B.2 地理分布

香蕉穿孔线虫广泛分布世界各地，有分布记录的国家或地区如下：

欧洲：比利时、法国、德国、荷兰、意大利、波兰、斯洛文尼亚。

亚洲：文莱、印度、印度尼西亚、黎巴嫩、马来西亚、阿曼、巴基斯坦、菲律宾、斯里兰卡、泰国、也门、日本、越南、韩国。

非洲：布隆迪、喀麦隆、中非、刚果、科特迪瓦、埃及、埃塞俄比亚、加蓬、加纳、几内亚、肯尼亚、马达加斯加、马拉维、毛里求斯、莫桑比克、尼日利亚、留尼汪、塞内加尔、塞舌尔、索马里、南非、苏丹、坦桑尼亚、乌干达、赞比亚、津巴布韦；冈比亚、摩洛哥、扎伊尔。

北美：加拿大、墨西哥、美国、巴巴多斯、伯利兹、哥斯达黎加、古巴、多米尼加岛、多米尼加共和国、格

林纳达、瓜德罗普、危地马拉、洪都拉斯、牙买加、马提尼克岛、巴拉马、波多黎各岛、圣卢西亚、圣基茨和尼维斯联邦、圣文森特和格林纳丁斯、特立尼达和多巴哥、美属维尔京群岛。

南美:阿根廷、巴西、哥伦比亚、厄瓜多尔、法属圭亚那、圭亚那、秘鲁、苏里南、委内瑞拉。

大洋洲:澳大利亚、斐济、法属波利尼西亚、帕劳、巴布亚新几内亚、萨摩亚、汤加、库克群岛、纽埃、诺福克岛、所罗门群岛。

B.3 生物学特性

在自然条件下,香蕉穿孔线虫主要分布于热带、亚热带地区,在温带地区,一般是在温室中侵染为害。2 龄及其以上各龄虫态均有侵染能力,在寄主和土壤中都能完成生活史,完成一个世代所需时间因不同寄主、不同温度而异。香蕉小种在香蕉根部,在 24℃~32℃时的生活史为 20 d~25 d;在椰子根上,在 25℃~28℃时的生活史为 25 d;在槟榔幼苗根和黑胡椒根部,在 21℃~31℃时的生活史为 25 d~30 d。柑橘小种在柑橘根部,在 24℃~27℃时的生活史为 10 d~20 d。通常该线虫繁殖和侵染寄主的最适温度为 24℃,最低温度为 12℃,最高温度为 29.5℃~32.5℃。在被侵染的寄主根和其他地下组织内,该线虫可长期存活。在不种香蕉但有杂草的田间土壤中,可能由于田间的一些杂草是替代寄主,香蕉穿孔线虫种群能维持 5 年才全部死亡,在无任何寄主的土壤中存活期可达 6 个月。

B.4 为害症状

不同的寄主被香蕉穿孔线虫为害后所表现的症状不完全相同。香蕉被侵染后,根表面产生红褐色略凹陷的斑痕,并出现边缘稍凸起的纵裂缝,将病根纵切开,可见皮层上有红褐色条斑,随着病害的发展,根组织变黑腐烂;香蕉地上部表现为生长缓慢,叶片小、枯黄,坐果少,果实小,由于根系被破坏,固着能力弱,蕉株易摇摆、倒伏或翻蔸,故香蕉穿孔线虫病又称为"黑头倒伏病"(black head toping disease)。柑橘被侵染后,受害根部肿胀,侵染点产生黑色伤痕,根表皮容易脱落,根系萎缩;地上部叶片稀少,叶片小、僵硬和黄化,树枝末端叶落枯死,季节性新梢生长差,开花数量不受影响,但坐果少,并且果实小、很少成熟,病树呈衰退现象,在土壤缺水和干旱季节易迅速萎蔫,在发病柑橘园中,果树衰退病以每年约 15 m 的速度扩散,故柑橘穿孔线虫病又称为柑橘扩散性衰退病(spreading decline)。胡椒被侵染后,细嫩的营养根表现出明显的橙色到紫色斑痕,老根上的斑痕呈棕色、不明显,根系大量腐烂,细嫩的营养根比主根腐烂快,随后较大的侧根大量坏死;地上部表现为叶片变黄、下垂,随后落叶、落花、生长停止,最后死亡。其他寄主植物被害,一般表现为根部出现大量空腔,韧皮部和形成层可完全毁坏,出现充满线虫的间隙,使中柱的其余部分与皮层分开,根部坏死斑呈橙色、紫色或褐色,根部坏死处外部形成裂缝,根腐烂;地上部一般表现为叶片缩小、变色、新枝生长弱等衰退症状。

B.5 传播途径

香蕉穿孔线虫极易随着香蕉、观赏植物和其他寄主植物的地下部分以及所沾附的土壤进行远距离传播。在田间,农事操作和流水也可以传播。在发病的果园里,还可以通过植物根系生长和相互接触以及线虫自身的移动进行近距离的传播。

附 录 C
（资料性附录）
表 C.1 植物有害生物调查抽样记录表

编号：

生产/经营者		地址及邮编	
联系/负责人		联系电话	
调 查 日 期		抽样地点	

样品编号	植物名称（中文名和学名）	品种名称	植物生育期	调查代表株数或面积	植物来源

症状描述：
发生与防控情况及原因：
抽样方法、部位和抽样比例：
备注：

抽样单位（盖章）： 抽样人（签名）： 年 月 日	生产/经营者 现场负责人 年 月 日

注：本单一式两份，抽样单位和受检单位各一份。

附 录 D
(规范性附录)
香蕉穿孔线虫分离方法

D.1 直接解剖法

将表现可疑症状的病根表面洗净,剪成 1 cm～2 cm 小段,放在装有适量清水的培养皿中,在解剖镜下用解剖针撕开组织,线虫就会从组织中游到水中,挑取若干条线虫置于凹玻片上,制成临时玻片供鉴定用。

D.2 浅盘贝曼漏斗法

在漏斗下面接一段乳胶管,乳胶管上装一个止水夹,或在乳胶管另一端套一个小试管,在漏斗中装清水至边沿 1 cm～2 cm 处,将漏斗置于架上,赶除乳胶管中的气泡;将面巾纸铺在浅筛盘上,然后将介质或剪成 1 cm 长的根平铺在浅盘上;将装着样品的筛盘轻轻放在漏斗上,若漏斗中的水不能浸没样品,则沿漏斗壁轻轻注入清水,使漏斗中的水刚好浸没样品。24 h～48 h 后,线虫由于其趋水性、钻孔性和自身的重量下沉至漏斗下的乳胶管或小试管中,用小培养皿接在乳胶管下,松开止水夹,收集线虫悬浮液,或直接把乳胶管下的小试管取下。

D.3 过筛——浅盘贝曼漏斗法

将土壤样品放入大小适当的容器内,加水充分淘洗,静置 10 s～20 s 后,将上面的悬浮液通过 20 目的筛子倒入第二个容器中,在第一个桶中加入适量清水重复上述步骤,并用水冲洗筛子,将滤渣里的线虫尽可能冲洗到第二个容器中,然后将第二个容器中的悬浮液过 400 目的筛子,用水充分冲洗筛子上的滤渣去除土壤颗粒,然后用浅盘贝曼漏斗法进一步分离 400 目筛上的滤渣。此法对黏性土壤中线虫的分离效果较好。

D.4 离心漂浮法

离心漂浮法是利用比重大于线虫比重(d=1.08)的溶液,通过离心将线虫从土壤中分离出来。这种溶液一般用比重为 1.18 的蔗糖液(蔗糖 484 g,加水溶解至 1 升)或比重为 1.15 的 $MgSO_4$溶液。分离时把 200 g 土样放入大于 1 000 mL 的烧杯中,加 1 000 mL 水充分搅拌,静止 20 s～30 s,将上浮液均匀倒入 4 个 250 mL 的离心管中,每管加入 1 勺粉状高岭土(高岭土粉末在离心管中浮在水面,离心时形成一层致密的膜覆盖在线虫和沉积物表面,可防止倒出上清液时丢失线虫),以 1 800 g 离心力的转速离心 5 min,倒去离心管中的上清液,加入蔗糖液(d=1.18)或 $MgSO_4$溶液(d=1.15),充分搅拌,再以 1 800 g 离心力的转速离心 4 min,此时线虫浮于上清液中,将上清液倒于 500 目筛子内,用水充分淋洗,然后将线虫收集到小烧杯中。

附 录 E
(资料性附录)
植物线虫标本的制作和保存

E.1 线虫的杀死

将分离所得的线虫悬浮液放在试管中，把试管置于试管架上静置 1 h～2 h，待线虫沉底后，用吸管小心地吸去上清液至试管底部 2 cm～3 cm，然后将试管放入 60℃～65℃的水浴箱中 2 min～3 min 杀死线虫。杀死少量的线虫可将线虫放在凹玻片上的水滴中，手持凹玻片在酒精灯的火焰上来回 5 s～6 s 钟即可，加热过程中，要不断用手背接触玻片，感觉稍烫手即可。加热过度会破坏形态结构，影响观察。

E.2 线虫的固定

已杀死的线虫必须及时用固定液固定，才能防止虫体腐烂，保持虫体的形态不变和内部器官的清晰。固定液种类较多，常用的有 4%甲醛溶液(福尔马林：蒸馏水＝1：9)、TAF(三羟基乙胺：福尔马林：蒸馏水＝2：7：91)和 FG(福尔马林：甘油：蒸馏水＝10：1：89)。少量线虫被杀死后，可用挑虫针将线虫移到固定液中固定，大量的线虫被加热杀死后，在线虫悬浮液中加等量的、浓度双倍的固定液(如 8%的甲醛溶液)即可。

E.3 线虫标本的制作

E.3.1 浸泡标本的制作

线虫被杀死、固定后，用吸管将线虫移到小安培瓶中的固定液中，初步保存，待经过鉴定后，用挑针将确定的香蕉穿孔线虫移到离心管内的固定液中保存，这样的浸泡标本可保存数年。

E.3.2 临时玻片标本的制作

临时玻片标本用于线虫的一般形态观察和鉴定，鉴定完后可回收到离心管中。临时玻片标本的制作方法比较简单，一般用固定线虫的固定液作为浮载剂，滴适量于载玻片上，在解剖镜下，用挑针将固定好的线虫数条(一般 5 条～10 条)挑到浮载剂中，并使其沉下，然后把与线虫虫体直径相近的 3 根 3 mm～5 mm 长的玻璃丝均匀置于浮载剂边缘，加盖玻片，用滤纸吸去溢出的浮载剂，即可在显微镜下观察鉴定，若不能及时鉴定，则需用指甲油封片，可保存几天至数周。也可用厚 1.0 mm～1.2 mm 的凹玻片，将线虫沉入凹玻片上的浮载剂底部后，无需加支撑物，直接加盖玻片，进行观察鉴定，这种方法制作的临时玻片，放在保湿皿中可保存数周，并且鉴定后，玻片上的线虫易于回收到离心管中长期保存。

E.3.3 永久玻片标本的制作

永久玻片标本，用于线虫的进一步分类鉴定研究和直接长期保存。制作线虫永久玻片标本，首先必须将线虫脱水。线虫脱水的方法很多，下面介绍两种较常用的方法。

方法 1. 乳酚油快速脱水法(Franklin & Goodey，1949)：

乳酚油配制：苯酚(液体)20 mL；乳酚 20 mL；甘油 40 mL；蒸馏水 20 mL。

把滴有乳酚油的凹玻片放在加热板上，加热至 65℃～70℃，将已固定 1 d 以上的线虫挑入热的乳酚油中，继续加热 2 min～3 min 后，在解剖镜下观察标本是否清晰，若不够清晰，继续在 65℃～70℃的加热板上加热片刻至清晰，然后放在干燥器中 12 h～24 h，进一步去除水分后即可制片。操作过程中要注意避免使线虫加热过度，否则会损坏标本。

方法 2. 甘油—乙醇脱水法(Seinhorst，1959)：

脱水液配制：脱水液Ⅰ＝96％乙醇 20 mL∶甘油 1 mL∶蒸馏水 79 mL。脱水液Ⅱ＝96％乙醇 95 mL∶甘油 5 mL。

脱水步骤：

a) 在小培养皿中加入约为其容积 1/2 的脱水液Ⅰ，将已固定的线虫挑入其中；

b) 加 1 滴～2 滴饱和苦味酸水溶液，防止口针透明；

c) 在干燥器内加入约为其容积 1/10 的 96％乙醇，把不加盖的小培养皿放在干燥器内，盖上干燥器盖子，将其放在 35℃～40℃温箱内 12 h 以上；

d) 拿出小培养皿，吸去部分溶液，再加满脱水液Ⅱ，半盖上盖，放入 40℃温箱内；

e) 每隔 2 h～3 h 重复步骤“d)”(3 次～4 次)；

f) 脱水后的线虫可立即制片或存放在装有硅胶或 $CaCl_2$ 的干燥器中。

按以下方法，将脱水后的线虫制成玻片。将直径 1.5 cm 的打孔器在酒精灯火焰上加热后，插到蜡盘中蘸取少量石蜡(熔点 54℃)，并迅速轻按于载玻片中央，待冷却后即形成一个蜡圈。在蜡圈内滴 1 小滴纯甘油(用量以盖上盖玻片后不外溢为宜)作为乳载剂(若用乳酚油脱水，可以用乳酚油作浮载剂)，将已脱水的线虫 5 条～10 条挑入其中，排列整齐，并将与线虫直径相近的 3 根 3 mm～5 mm 的玻璃丝均匀置于浮载剂边缘，加盖玻片后，将载玻片移至 65℃～70℃的加热板上熔蜡，待蜡熔化后移至实验台上冷却，用中性树胶封片，待干后再封一次。最后贴上标签，左边的标签写明样品号、寄主植物、采集地点、采集人、标本制作日期；右边的标签写明玻片号、线虫学名、线虫虫态及其个数。

附　录 F
（资料性附录）
植物有害生物样本鉴定报告

编号：

植物名称				品种名称	
植物生育期		样品数量		取样部位	
样品来源		送检日期		送检人	
送检单位				联系电话	
检测鉴定方法：					
检测鉴定结果：					
备注：					
鉴定人（签名）： 审核人（签名）： 鉴定单位盖章： 年　月　日					
注：本单一式三份，检测单位、受检单位和检疫机构各一份。					

附加说明：

本标准的附录A和附录D为规范性附录，附录B、附录C、附录E和附录F为资料性附录。

本标准由中华人民共和国农业部提出并归口。

本标准起草单位：全国农业技术推广服务中心、华南农业大学、广东省植物检疫站、北京市植物保护站。

本标准主要起草人：王福祥、谢辉、吴仕豪、项宇、曹莉、张建华、周春娜、吴立峰、朱莉。

中华人民共和国农业行业标准

香蕉种质资源描述规范

Descriptors standard for germplasm of banana

NY/T 1689—2009

1 范围

本标准规定了香蕉种质资源的基本信息、形态特征、生长发育特性及结果习性、品质特性的记载要求和描述方法。

本标准适用于香蕉种质资源描述。

2 规范性引用文件

下列文件中的条款通过本标准的引用而成为本标准的条款。凡是注日期的引用文件，其随后所有的修改单(不包括勘误的内容)或修订版均不适用于本标准。然而，鼓励根据本标准达成协议的各方研究是否可使用这些文件的最新版本。凡是不注日期的引用文件，其最新版本适用于本标准。

GB/T 2260 中华人民共和国行政区划代码

GB/T 10220 感官分析方法总论

GB/T 12316 感官分析方法“A”-非“A”检验

GB/T 6194 水果、蔬菜可溶性糖测定法

GB/T 12295 水果、蔬菜制品可溶性固形物含量的测定-折射仪法

GB/T 12293 水果、蔬菜制品可滴定酸度的测定方法(指示剂滴定法)

GB/T 6195 水果、蔬菜维生素C含量测定方法(2,6-二氯靛酚滴定法)

GB/T 2659—2000 世界各国和地区名称代码(Codes for the representation of names of countries and regions)(完全采用)

3 基本信息

3.1 全国统一编号

全国统一编号由“XJO”加4位顺序号组成。

3.2 引种号

引种号由年份加3位顺序号组成。

3.3 采集号

香蕉种质在野外采集时赋予的编号。

3.4 种质名称

香蕉种质的中文名称、外文名或汉语拼音名。

3.5 科名

芭蕉科(Musaceae)。

中华人民共和国农业部 2009-03-09 发布 2009-05-01 实施

3.6 属名

芭蕉属(*Musa* L.)。

3.7 学名

香蕉种质的科学名称。芭蕉属中野生种的学名包括属名、种名和命名人，如尖苞蕉的学名为 *Musa acuminta* Colla；栽培种的学名常省去种名，由属名、基因型英文名、品种名组成，如 *Musa* AAA Cavendish、*Musa* AAB Silk。

3.8 原产地

香蕉种质原产国家、地区或国际组织、原产省份、原产县、乡、村名称。中国参照 GB/T 2260，世界其他国家参照 GB/T 2659—2000。

3.9 海拔

香蕉种质原产地的海拔。单位为 m，精确到 1 m。

3.10 经度

香蕉种质原产地的经度。单位为度(°)和分(′)。格式为 DDDFF，其中 DDD 为度(°)，FF 为分(′)。东经为正值，西经为负值。

3.11 纬度

香蕉种质原产地的纬度。单位为度(°)和分(′)。格式为 DDFF，其中 DD 为度(°)，FF 为分(′)。北纬为正值，南纬为负值。

3.12 来源地

香蕉种质的来源国家、省、县名称，地区名称或国际组织名称。

3.13 保存单位

香蕉种质保存单位名称。

3.14 保存单位编号

香蕉种质在保存单位中的编号。

3.15 系谱

香蕉选育品种(系)的亲缘关系。

3.16 选育单位

香蕉选育品种(系)的单位名称或个人。

3.17 育成年份

香蕉品种(系)培育成功的年份。

3.18 选育方法

香蕉品种(系)的育种方法。

3.19 种质类型

1. 野生种　2. 地方品种　3. 选育品种(系)　4. 遗传材料　5. 其他

3.20 图像

香蕉种质的图像文件。图像格式为 .jpg。图像精度要求 600dpi 以上或 1 024×768 以上。

3.21 观测地点

香蕉种质植物学特征和农艺性状的观测地点。

4 形态特征

4.1 假茎/吸芽

每份种质随机取 3 株以上正常植株为观测对象。

4.1.1 假茎高度

测量从假茎与球茎交界处至果轴从假茎抽出点的距离。单位为 cm,精确到 1 cm。

4.1.2 假茎基部粗度

测量抽蕾时离球茎与假茎交界处 30 cm 处的假茎周长。单位为 cm,精确到 1 cm。

4.1.3 假茎中部粗度

测量抽蕾时假茎中部(1/2 假茎高度处)的周长。单位为 cm,精确到 1 cm。

4.1.4 茎形比

计算假茎高度与假茎中部粗度的比值。

4.1.5 假茎颜色

抽蕾时观察假茎的表面颜色,不剥外叶鞘,但不包括假茎老干叶叶鞘的颜色。

1. 黄绿 2. 浅绿 3. 绿 4. 深绿 5. 红绿 6. 红 7. 紫红 8. 蓝 9. 褐/锈褐 10. 黑 11. 其他

4.1.6 假茎色斑

抽蕾时观察假茎的着色情况。

0. 无 1. 褐/锈褐 2. 紫黑

4.1.7 假茎光泽

抽蕾时观察假茎的光泽。

0. 无 1. 有

4.1.8 内层假茎颜色

抽蕾时观察剥去外叶鞘的假茎颜色。

1. 浅绿 2. 绿 3. 乳白 4. 粉红 5. 紫红 6. 紫

4.1.9 内层假茎色斑

抽蕾时观察剥开外层叶鞘的假茎着色情况。

1. 粉红 2. 红 3. 紫

4.1.10 吸芽假茎相对高度

在母株收获时,观察最大吸芽的假茎高度。

1. 在母株假茎高度的 1/4 以下 2. 在母株高度假茎的 1/4~3/4 之间 3. 在母株假茎高度 3/4 以上或与母株同高 4. 比母株假茎高 5. 无吸芽

4.1.11 吸芽位置

在母株收获时,观察最大吸芽的生长位置。

1. 靠近母株倾斜生长(离母株≤50 cm) 2. 靠近母株直立生长(离母株≤50 cm) 3. 远离母株(离母株>50 cm)

4.2 叶片

在抽蕾期,以完全展开的从上往下数第三片叶为代表叶进行观测。

4.2.1 叶姿

参照图 1,测量叶尖至叶柄基部的连线与水平线的夹角(α),确定种质的叶姿。

1. 直立型(α≥60°) 2. 开张型(15°≤α<60°) 3. 下垂型(α<15°)

4.2.2 叶鞘蜡粉

0. 无 1. 少量 2. 中等 3. 很多

4.2.3 叶柄基部色斑

0. 无 1. 少斑点 2. 多斑点且小 3. 多斑点且大 4. 大斑块

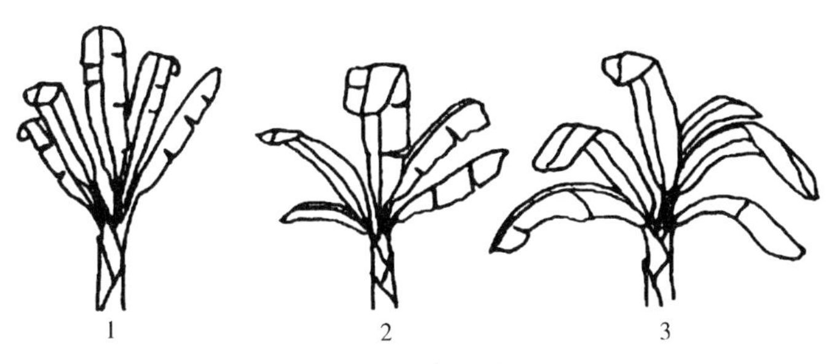

图1 叶 姿

4.2.4 **叶柄基部块斑颜色**

1. 褐 2. 深褐 3. 褐黑 4. 黑紫 5. 棕褐 6. 其他

4.2.5 **叶柄槽形状**

在抽蕾期,参照图2,确定种质的叶柄槽形状。

1. 开张且边缘外翻 2. 开张且边缘直立 3. 半开张且边缘直立 4. 闭合且边缘向内弯 5. 闭合且边缘重叠

图2 叶柄槽形状

4.2.6 **叶柄基部边缘形状**

1. 有叶翼且波浪状 2. 有叶翼但不抱紧假茎 3. 有叶翼且抱紧假茎 4. 无叶翼但抱紧假茎 5. 无叶翼也不抱紧假茎

4.2.7 **叶翼干枯类型**

1. 干 2. 不干

4.2.8 **叶柄边缘颜色**

0. 无色 1. 绿 2. 淡红至紫红 3. 紫至蓝

4.2.9 **叶柄长**

测量叶柄与假茎交界中央至叶片基部的距离。单位为cm,精确到1 cm。

4.2.10 **叶片长度**

测量叶片基部至叶尖的距离。单位为cm,精确到1 cm。

4.2.11 **叶片宽度**

测量叶片最宽处的距离。单位为cm,精确到1 cm。

4.2.12 **叶形比**

计算叶片长度与叶片宽度的比值。无单位,精确到0.1。

4.2.13 **叶距**

测量上下相邻叶柄基部的距离。单位为cm,精确到1 cm。

4.2.14 **叶面颜色**

1. 黄绿 2. 浅绿 3. 绿 4. 深绿 5. 深绿带紫红斑 6. 蓝 7. 其他

4.2.15 **叶面光泽**

1. 暗淡 2. 有光泽

4.2.16 叶背颜色

1. 黄绿 2. 浅绿 3. 绿 4. 深绿 5. 暗蓝绿 6. 紫红 7. 其他

4.2.17 叶背光泽

1. 暗淡 2. 有光泽

4.2.18 叶背蜡粉

1. 无 2. 少 3. 较多 4. 多

4.2.19 叶背中脉颜色

1. 黄 2. 浅绿 3. 绿 4. 粉红 5. 紫红 6. 蓝

4.2.20 叶面中脉颜色

1. 黄 2. 浅绿 3. 绿 4. 粉红 5. 紫红 6. 蓝

4.2.21 叶片波纹

叶片侧脉突起而引起的叶片波纹。

1. 平滑 2. 小波纹 3. 大波纹

4.2.22 叶基形状

在抽蕾期,参照图 3,确定种质的叶基形状。

1. 两边圆 2. 一边圆一边尖 3. 两边尖

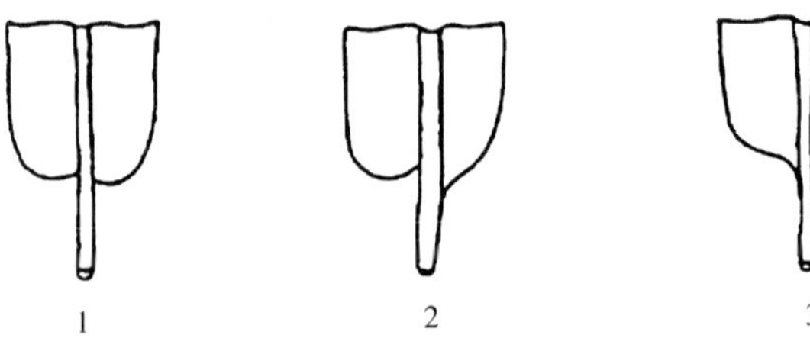

图 3 叶基形状

4.2.23 叶基对称性

1. 对称 2. 近对称 3. 不对称

4.2.24 叶尖形状

1. 锐尖 2. 尖 3. 钝尖 4. 钝圆 5. 圆

4.2.25 卷筒叶颜色

刚抽生未打开的卷筒叶颜色。

1. 绿 2. 黄绿 3. 浅绿 4. 紫红 5. 红 6. 其他

4.2.26 大叶芽叶片色斑

0. 无 1. 小斑点 2. 大斑点

4.3 花

每份种质随机取 3 株以上正常植株的花/雄蕾观测。

4.3.1 结果花的类型

1. 雌花 2. 两性花

4.3.2 雄蕾形状

成熟时参照图 4,确定种质的雄蕾形状。

1. 陀螺状 2. 纺锤形 3. 椭圆形 4. 卵圆形 5. 圆球形

4.3.3 雄蕾大小

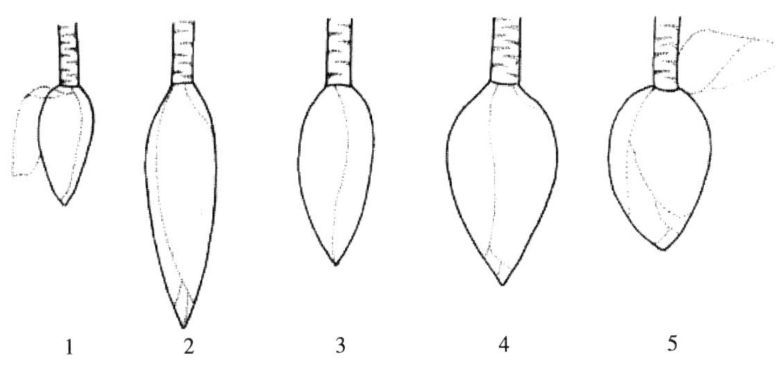

图 4 雄蕾形状

成熟时测量雄蕾的长度和最大直径。单位为 cm，精确到 1 cm。

4.3.4 苞片形状

参照图 5，在雄花开放初期，测量附着雄蕾第一张苞片基部至苞片最宽处的距离(x)及苞片基部至顶端的距离(y)，计算 x、y 的比值。

1. 披针形 $x/y<0.28$ 2. 椭圆形 $0.28\leqslant x/y<0.30$ 3. 卵形 $x/y\geqslant 0.30$

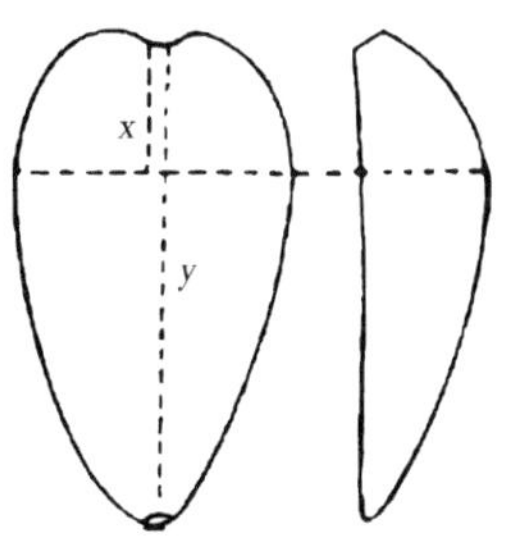

图 5 苞片形状

4.3.5 苞肩形状

在雄花开放初期，观察附着雄蕾第一外苞片基部的形状。参照图 6，确定种质的苞片基部形状。

1. 小肩 2. 中肩 3. 大肩

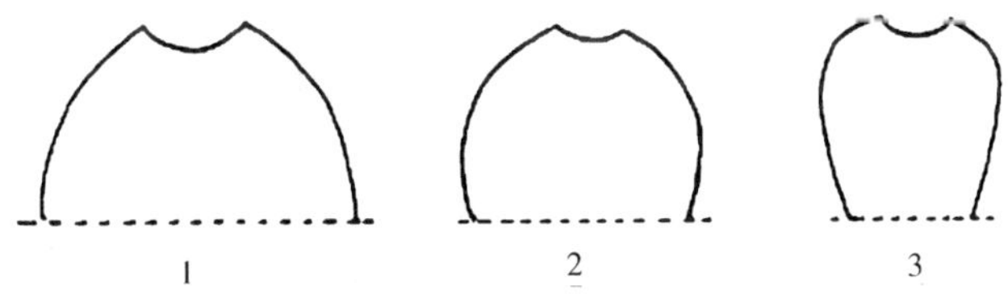

图 6 苞片基部形状

4.3.6 苞尖形状

在雄花开放初期，观察附着雄蕾第一外苞片尖端的形状。参照图 7，确定种质的苞片尖端形状。

1. 锐尖 2. 尖 3. 钝尖 4. 钝圆 5. 钝圆且开裂

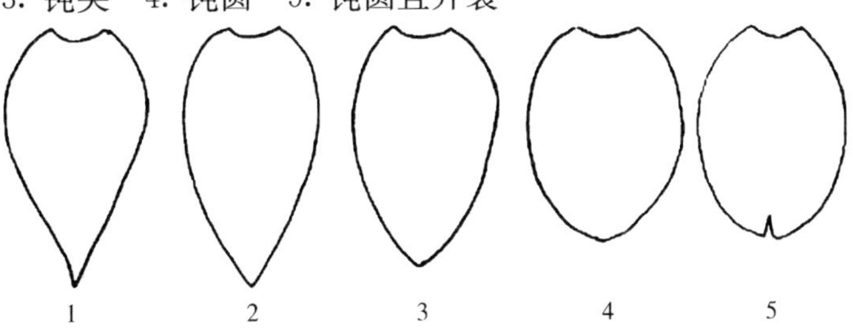

图 7 苞片尖端形状

4.3.7 **苞片顶部排列**

1. 完全重叠 2. 小覆瓦状 3. 大覆瓦状

4.3.8 **苞片外色**

观察附着雄蕾第一张苞片外表面的颜色。

1. 黄 2. 绿 3. 红 4. 紫红 5. 紫 6. 紫褐 7. 蓝 8. 粉红 9. 橙红

4.3.9 **苞片内色**

观察附着雄蕾第一张苞片内面的颜色。

1. 白 2. 绿 3. 黄 4. 红或橙红 5. 紫 6. 紫褐或粉红 7. 其他

4.3.10 **苞片彩纹**

观察附着雄蕾第一张苞片外表面上的色彩斑纹。

1. 没有褪色线 2. 带有褪色线

4.3.11 **苞片痕**

观察苞片和雄花脱落后在果轴留下的苞片痕。

1. 明显 2. 不明显

4.3.12 **苞片上举**

0. 不上举 1. 每次上举一片 2. 每次上举两片以上

4.3.13 **苞片蜡粉**

0. 无 1. 少 2. 中等 3. 多

4.3.14 **苞片沟**

观察雄蕾第一张苞片上的沟槽。

0. 无 1. 浅沟 2. 深沟

4.3.15 **苞片脱落前表现**

在雄花开放初期，观察附着雄蕾第一外苞片脱落前的表现。参照图8，确定种质的苞片脱落前的形状。

1. 外卷 2. 不外卷

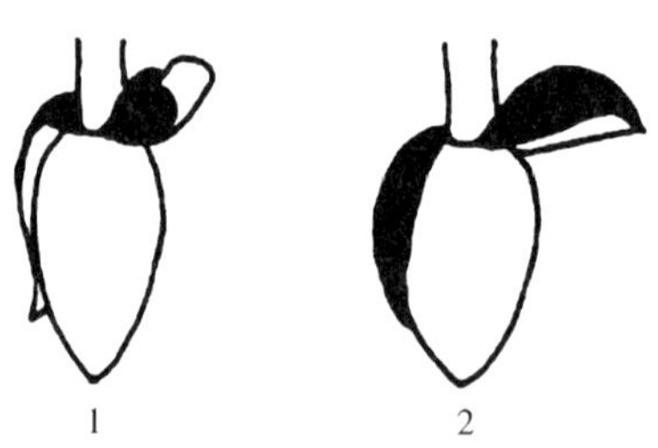

图8 苞片脱落前形状

4.3.16 **雄花脱落特点**

0. 不脱落 1. 比苞片先脱落 2. 与苞片同时脱落 3. 比苞片后脱落

4.3.17 **复合花瓣底色**

观察未打开的第一张苞片里的复合花瓣底色。

1. 白 2. 乳白 3. 黄 4. 橙 5. 粉红/紫红

4.3.18 **复合花瓣着色**

观察未打开的第一张苞片里的复合花瓣着色。

0. 很少或无着色 1. 有锈色点 2. 有粉红色

4.3.19　复合花瓣裂片颜色

观察未打开的第一张苞片里的复合花瓣裂片颜色。

1. 乳白　2. 橙　3. 黄　4. 绿

4.3.20　复合花瓣状态

观察未打开的第一张苞片里的复合花瓣状态。

1. 闭合　2. 张开

4.3.21　复合花瓣裂片发育程度

观察未打开的第一张苞片里的复合花瓣裂片生长高度(与柱头比较)。

1. 不发育　2. 发育一般　3. 发育很好

4.3.22　游离花瓣颜色

观察未打开的第一张苞片里的游离花瓣颜色。

1. 半透明　2. 透明　3. 黄　4. 粉红

4.3.23　游离花瓣形状

观察未打开的第一张苞片里的游离花瓣形状。

1. 矩形　2. 椭圆形　3. 圆形　4. 扇形

4.3.24　游离花瓣顶端发育状况

参照图 9,观察并确定雄花游离花瓣顶端发育状况。

1. 不发育　2. 发育不完全　3. 发育完全

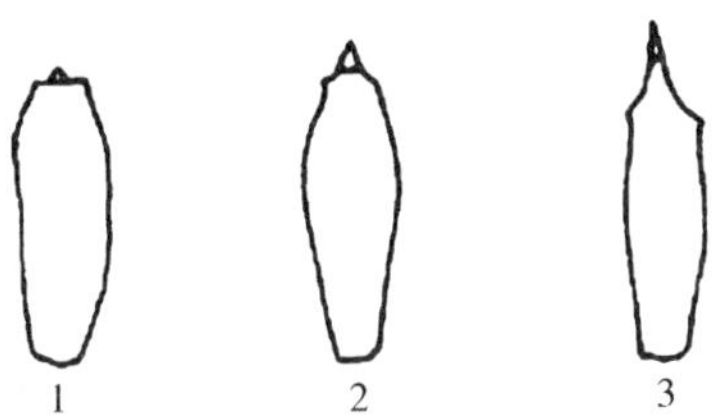

图 9　游离裂片顶端生长

4.3.25　花柱形状

观察雄花花柱形状。参照图 10,确定种质的花柱形状。

1. 直　2. 柱头弯曲　3. 基部弯曲　4. 两处弯曲　5. 其他

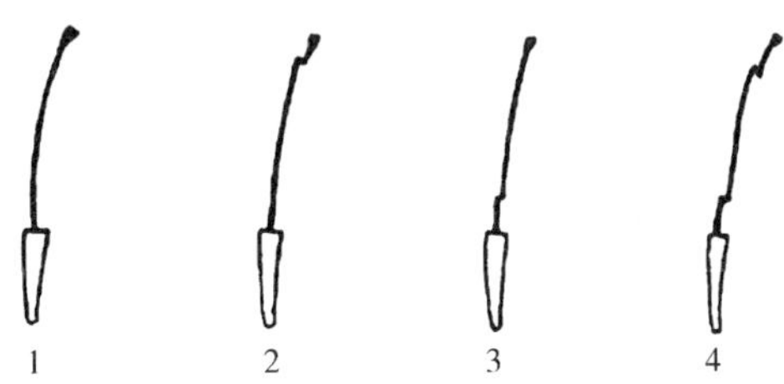

图 10　花柱形状

4.3.26　柱头颜色

观察未打开的第一张苞片里的雄花柱头颜色。

1. 乳白　2. 黄　3. 橙黄　4. 橙　5. 粉红或紫红

4.3.27　花粉活力

采集未打开第一外苞片的雄花。计算畸型和败育花粉占正常花粉的百分比,算出正常花粉的百分率,以正常花粉的百分率表示,精确到 1%。

1. 无 2. 弱(1%～20%) 3. 中等(20%～50%) 4. 强(≥50%)

4.3.28 子房形状

观察雄花子房形状。参照图 11,确定种质的雄花子房形状。

1. 直 2. 弓形

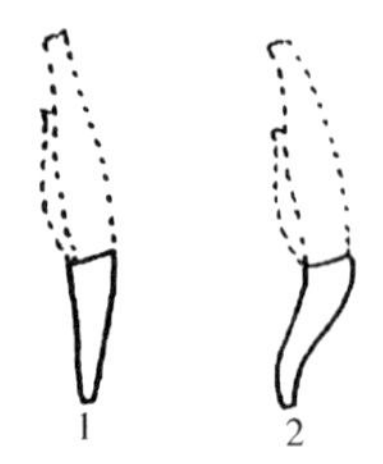

图 11 子房形状

4.3.29 子房底色

观察未打开的第一张苞片里的雄花子房底色。

1. 白 2. 乳白 3. 黄 4. 绿

4.3.30 子房着色

观察未打开的第一张苞片里的雄花子房着色。

0. 无或很少 1. 紫红

4.3.31 胚珠排列数

雌花开放后至果实饱满前,参考图 12,计算幼果的横切面每心室胚珠排列数。

1. 2 2. 4 3. ≥5

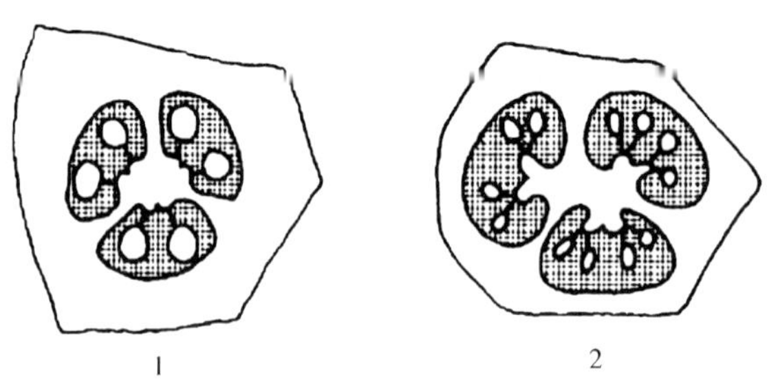

图 12 胚珠列数

4.3.32 穗柄长度

测量果穗从假茎抽出点至第一梳果之间的距离。单位为 cm,精确到 1 cm。

4.3.33 穗柄粗度

测量穗柄中部的周长。单位为 cm,精确到 1 cm。

4.3.34 穗柄空节数

观察果穗从假茎抽出点至第一梳果之间的穗柄不着生果实的空节数。

4.3.35 穗柄颜色

1. 浅绿 2. 绿 3. 深绿 4. 红 5. 褐 6. 其他

4.3.36 穗柄茸毛

1. 无毛 2. 少毛 3. 多毛且短(<2 mm) 4. 多毛且长(≥2 mm)

4.3.37 花穗轴着生状态

收获时,观察花序轴在果穗后面的生长状态。参照图 13,确定种质的花序轴着生状态。

1. 下垂 2. 微斜生 3. 45°悬挂 4. 水平 5. 直立

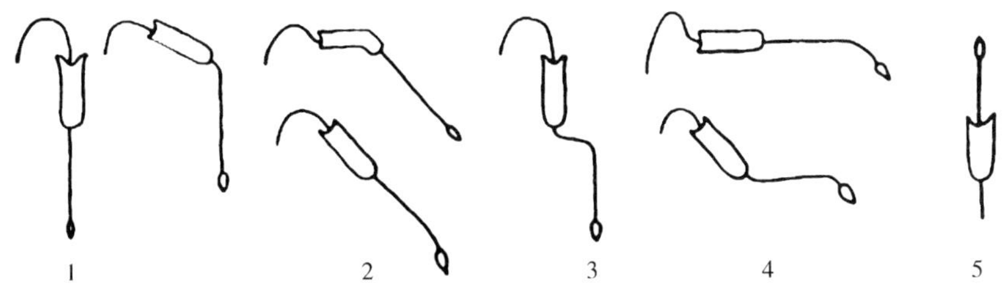

图 13 花序轴位置

4.4 果实

每份种质随机取3株以上正常植株,在果实成熟时观测。

4.4.1 果指着生位置

1. 弯向果轴 2. 与果轴平行 3. 以45°角外弯 4. 与果轴垂直 5. 下垂

4.4.2 果穗形状

1. 圆柱体 2. 圆锥体 3. 不对称 4. 弯曲 5. 螺旋状

4.4.3 果穗长度

成熟时,测量果穗头梳果顶至末梳果基的距离。单位为cm,精确到1 cm。

4.4.4 果穗宽度

收获时,测量果穗中间的直径。单位为cm,精确到1 cm。

4.4.5 果穗长宽比

计算果穗长度和果穗宽度的比值。

4.4.6 果穗结构

1. 松散 2. 紧凑 3. 很紧凑

4.4.7 果梳排列方式

1. 单排 2. 双排且分开 3. 双排且合并

4.4.8 花序轴位置

1. 垂挂 2. 斜生 3. 弯曲 4. 水平 5. 直立

4.4.9 果梳数

收获时,调查香蕉果穗的梳数。单位为梳/穗,精确到0.1梳/穗。

4.4.10 果指数

雄花开放至果实收获时,调查香蕉果穗的总果指数。单位为个/穗,精确到1个/穗。

4.4.11 果穗重

收获时,在果穗头梳蕉指前5 cm处的果轴砍下,末梳底部砍齐,用1/100的电子秤称取果穗重量(包括果梳重量和果轴重量),取10穗果的平均数。单位为kg,精确到0.1 kg。

4.4.12 果指长度

收获时,测量香蕉种质第二梳、中间梳、末梳各外排中央1个果指的果身外弧长度(不含果柄),结果取平均数。单位为cm,精确到0.1 cm。

4.4.13 果指粗度

收获时,测量香蕉种质第二梳、中间梳、末梳各外排中央1根果指的周长,三者平均数为果指粗度。单位为cm,精确到0.1 cm。

4.4.14 果指长宽比

计算果指长度与宽度的比值。无单位,精确到0.1。

4.4.15 **头尾梳果指长度比**

计算头梳与尾梳果指长度的比值。无单位,精确到0.1。

4.4.16 **头尾梳果指粗度比**

计算头梳与尾梳的果指粗度的比值。无单位,精确到0.1。

4.4.17 **头尾梳果指数比**

计算头梳(最大梳)与尾梳的果指数的比值。无单位,精确到0.1。

4.4.18 **果指形状**

收获时,观察香蕉果穗中多数果指的纵向弯曲形状。参照图14,确定种质的果指形状。

1. 直(果指外弧长度大于内弧长度20%以上) 2. 微弯(果指外弧长度大于内弧长度20%~40%) 3. 弯(果指外弧长度长于内弧长度40%以上) 4. 末端直(基部弯) 5. S形弯曲(双弯) 6. 其他

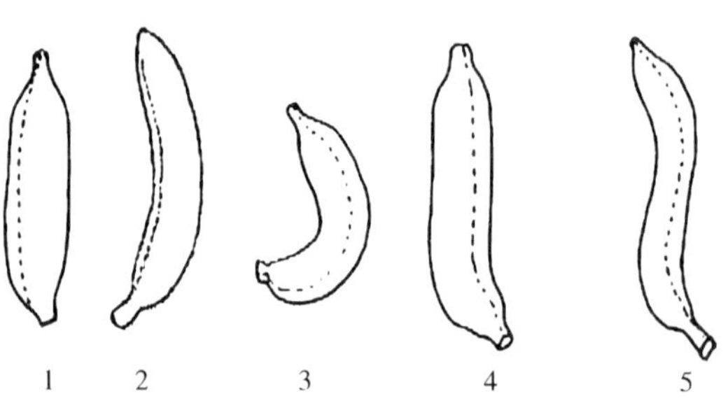

图14 果指形状

4.4.19 **果实横断面**

收获时,观察除果梳两边各2根果指外的果指横断面。参照图15,确定果实横断面。

1. 棱角明显 2. 棱角不明显 3. 无棱角

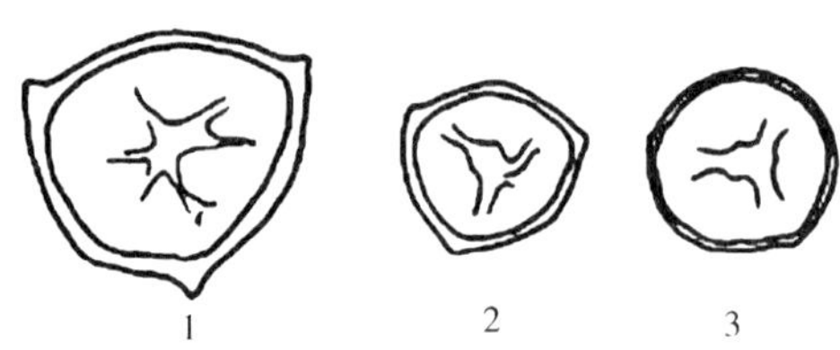

图15 果实横断面

4.4.20 **果顶形状**

收获时,观察香蕉果穗多数果指的果指顶端。参照图16,确定种质的果顶形状。

1. 锐尖 2. 长尖 3. 钝尖 4. 瓶颈形 5. 圆形

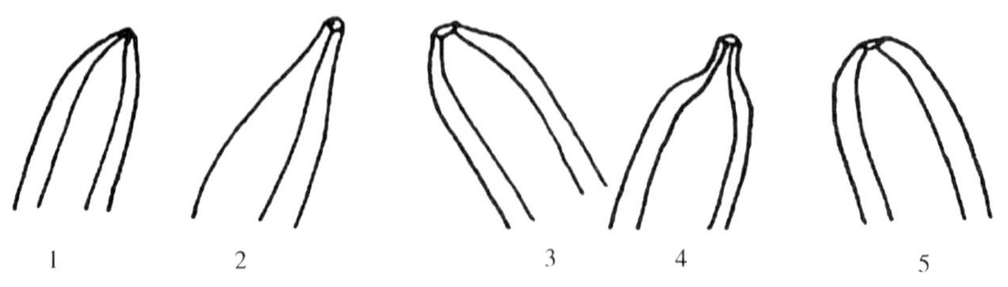

图16 果顶形状

4.4.21 **果顶花器残余**

收获时,观察香蕉种质果穗多数果指的果顶花器残余情况。参照图17,确定果顶花器残余。

1. 完全脱落 2. 残留花柱 3. 残留花器基部 4. 干枯的花瓣及花柱残存

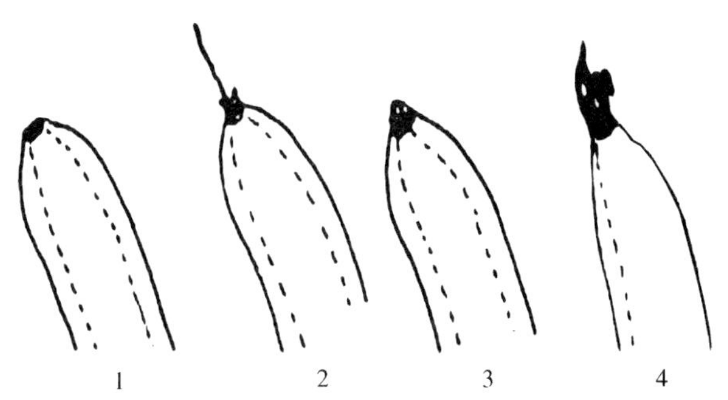

图 17　果顶花器残留

4.4.22　果柄长度

收获时,测量果穗中间梳外排中间 3 个果的果柄长度(不含并生的部分),结果取平均数。单位为 mm,精确到 1 mm。

4.4.23　果柄粗度

收获时,测量果穗中间梳外排中间 3 个果指的果柄中间处的粗度(直径),结果取平均数。单位为 mm,精确到 1 mm。

4.5　种子

4.5.1　种子数

随机取果穗上、中、下果指各 3 个,记载每一个果指的种子数,取平均数。

4.5.2　种子表面光滑度

1. 光滑　2. 有皱纹

4.5.3　种子形状

1. 扁平　2. 起角　3. 扁球状　4. 球状

5　生长发育特性及结果习性

5.1　平均每月抽生叶片数

每月记录植株抽生的叶片数,最后计算平均数。单位为片,精确到 0.1 片/株。

5.2　从定植至抽蕾抽生的叶片总数

记录香蕉从定植至现蕾植株所抽生的总叶数。单位为片/株,精确到 1 片/株。

5.3　种植至现蕾时间

记录香蕉从定植至全蕉园 50%植株现蕾的时间。单位为 d,精确到 1 d。

5.4　种植至收获时间

记录香蕉从定植至全蕉园 50%植株收获的时间。单位为 d,精确到 1 d。

5.5　现蕾期功能叶数量

观察香蕉抽蕾时植株的功能叶片数(有 2/3 以上叶片面积为绿色)。单位为片/株,精确到 0.1 片/株。

5.6　成熟期功能叶数量

观察香蕉成熟时植株的功能叶片数(有 2/3 以上叶片面积为绿色)。单位为片/株,精确到 0.1 片/株。

6　品质性状

6.1　青熟果果皮颜色

观察香蕉果实未催熟时的果皮颜色。

1. 黄　2. 浅绿　3. 绿　4. 青绿　5. 紫　6. 粉红、红或紫红　7. 褐　8. 黑　9. 其他

6.2 青熟果果肉颜色

观察香蕉果实成熟前果心与果皮间果肉的颜色。

1. 白 2. 黄白 3. 黄 4. 其他

6.3 成熟果皮颜色

观察香蕉果实在适温(18～24℃)适湿(85%～95% RH)催熟,观察全熟阶段的果皮颜色。

1. 绿 2. 黄绿 3. 黄 4. 深黄 5. 红 6. 其他

6.4 成熟果肉颜色

观察6.3果实果心与果皮间果肉的颜色。

1. 白 2. 黄白 3. 黄 4. 其他

6.5 肉皮黏性

观察6.3果实的果皮剥离的难易。

1. 易剥皮 2. 不易剥皮

6.6 果皮厚度

以6.3的果实为样本,取果穗中间梳靠近果梳中间的5个果指,用游标卡尺测量果指横切面棱间果皮的厚度,取平均值。单位为mm,精确到0.1 mm。

6.7 果实可食率

以6.3的果实为样本,取果穗中间一梳中间5个果指(含果柄),称重,计算果肉的百分比。以%表示,精确到0.1%。

6.8 果肉质地

以6.3的果实为样本,用品尝的方法测定果肉质地口感。

参照GB/T 10220《感官分析方法总论》中的有关部分进行品尝员的选择、样品的采取和准备以及感官评价的误差控制。

按照GB/T 12316《感官分析方法"A"—非"A"检验方法》,请10～15名评尝员对每一份种质的样品进行评尝。按照品尝员对每份种质的果肉质地的评判结果,汇总对每份种质的各种回答数,即可判断该种质的果肉质地类型。

1. 结实且含纤维 2. 结实且粗 3. 结实且细腻 4. 结实且滑口 5. 结实且粉质 6. 柔软且细腻 7. 柔软且滑口 8. 柔软且黏稠

6.9 果肉风味

参照6.8的方法,与6.8同时进行。

1. 涩 2. 淡味或稍甜 3. 淡甜 4. 甜 5. 浓甜 6. 甜带微酸 7. 甜带酸

6.10 果肉香味

参照6.8的方法,与6.8同时进行。

1. 无 2. 微香 3. 香 4. 浓香 5. 有异香味(注明何香味)

6.11 可溶性固形物含量

依据GB/T 12295《水果、蔬菜制品可溶性固形物含量的测定—折射仪法》进行测定。用%表示,精确到0.1%。

6.12 可溶性糖含量

依据GB/T 6194《水果、蔬菜可溶性糖测定法》进行测定。用%表示,精确到0.1%。

6.13 可滴定酸含量

采用GB/T 12293《水果、蔬菜制品可滴定酸度的测定方法(指示剂滴定法)》进行测定。用%表示,精确到0.01%。

6.14 维生素C含量

参照GB/T 6195《水果、蔬菜维生素C含量测定法(2,6-二氯靛酚滴定法)》进行测定。单位为mg/100 g,精确到0.1 mg/100 g。

6.15 货架期

香蕉果实催熟后在25℃左右、适湿(85%~95% RH)存放,从果指中间黄两头青(或果肉开始转软)起计至果实失去商品价值止。单位为d。

附加说明:

本标准由中华人民共和国农业部农垦局提出。

本标准由农业部热带作物及制品标准化技术委员会归口。

本标准起草单位:中国热带农业科学院热带作物品种资源研究所、国家重要热带作物工程技术研究中心、广东省农业科学院果树研究所。

本标准主要起草人:陈业渊、魏守兴、黄秉智、谢子四、许林兵、贺军虎、罗石荣。

中华人民共和国农业行业标准

香蕉种质资源离体保存技术规程

Technical regulations for invitro conservation of banana germplasm

NY/T 1690—2009

1 范围

本标准规定了香蕉(*Musa nana* Lour.)种质资源离体保存技术的术语和定义、基本要求、保存技术、检验方法、技术指标等相关内容。

本标准适用于香蕉种质资源的常温、低温和超低温离体保存。

2 规范性引用文件

下列文件中的条款通过本标准的引用而成为本标准的条款。凡是注日期的引用文件,其随后所有的修改单(不包括勘误的内容)或修订版均不适用于本标准。然而,鼓励根据本标准达成协议的各方研究是否可使用这些文件的最新版本。凡是不注日期的引用文件,其最新版本适用于本标准。

NY/T 357　香蕉　组培苗

3 术语和定义

NY/T 357 中确立的及下列术语和定义适用于本标准。

3.1

常温保存　normal temperature conservation

在(25±2)℃下保存正常生长离体培养物的方式。

3.2

低温保存　low temperature conservation

在(16±1)℃下通过改变培养基成分和光照条件保存缓慢生长离体培养物的方式。

3.3

超低温保存　cryopreservation

在液氮(−196℃)中保存代谢和生长几乎完全停止、生物学状态相对稳定的离体培养物的方式。

4 基本要求

4.1 用于种质资源保存的材料必须保证品种纯正,来源可靠。

4.2 利用聚合酶链式反应(PCR)和反转录聚合酶链式反应(RT—PCR)方法检测,确保材料不带香蕉花叶心腐病(CMV)和束顶病病毒(BBTV)。

4.3 种质未发生变异。

4.4 详细登记材料情况(见附录A)。

中华人民共和国农业部 2009-03-09 发布　　2009-05-01 实施

4.4.1 名称:种质名、品系名、地方名。

4.4.2 产地:原产地。

4.4.3 引种情况:来源地、引种人、原保存单位、原保存单位编号、引种时间。

4.4.4 种质编号:国家统一编号、引种号、采集号、保存号。

4.4.5 保存情况:保存材料、保存者、保存数量、继代时间、继代次数、操作人。

5 常温保存

5.1 保存材料

选择符合 4.1、4.2 和 4.3 的种质材料并按 4.4 详细登记,经表面消毒后在无菌条件下切取大小约 0.5 cm 的生长点组织,按照常规组织培养方法进行外植体诱导、增殖(继代)培养,繁殖出的试管苗用作香蕉离体保存的材料。

5.2 保存容器

采用规格为 18 mm~25 mm×160 mm~180 mm 的试管,用内置硅胶圈的密封塑料盖封口,用标签写明种质编号。

5.3 保存条件

保存温度(25±2)℃,光照强度 20 μmol/(m^2 · s)~30 μmol/(m^2 · s),光照时间 8 h/d~12 h/d,培养基为 MS+30 g/L 蔗糖+1.12 mg/L 6-苄基腺嘌呤(6-BA)+0.175 mg/L α-萘乙酸(NAA),pH 5.8。每管加培养基 15 mL~20 mL。

5.4 保存数量

每份种质保存 10 管以上,每管 1 个丛芽。

5.5 继代时间

每 2~3 个月继代 1 次。

6 低温保存

6.1 保存材料

同 5.1。

6.2 保存容器

同 5.2。

6.3 保存数量

每份种质保存 10 管以上,每管 1 个丛芽。

6.4 保存条件

保存温度 16±1℃,光照强度 15 μmol/(m^2 · s)~20 μmol/(m^2 · s),光照时间 12 h/d,培养基为 MS+50 g/L 蔗糖+1 mg/L 6-BA+0.1 mg/L 吲哚乙酸(IAA),pH 5.8。每管加培养基 15 mL~20 mL。

6.5 继代时间

每 12~15 个月继代 1 次。

7 超低温保存

7.1 保存材料

选择符合 NY/T 357 规定的一级标准的组培生根瓶苗作为超低温保存材料。

7.2 保存数量

每份种质保存 10 管以上，每管 5～7 个茎尖。

7.3 预培养

将 7.1 的材料在 MS+30 g/L 蔗糖的固体培养基上预培养，培养条件为：温度(25±2)℃，光照时间 16 h/d，光照强度 40 μmol/(m^2 · s)～50 μmol/(m^2 · s)，时间 30 d～45 d。

7.4 分离无菌茎尖

选取预培养后假茎粗为 0.5 cm～0.8 cm 的健康生根植株，在无菌条件下剥取 0.8 mm～1.0 mm 茎尖。

7.5 装载

将无菌棉纸(1.5 cm～2 cm×1.5 cm～2 cm)放置在培养皿中，用装载液(附录 B)湿润。将 5～7 个茎尖包在棉纸中，迅速浸入装载液中，在 22℃～25℃下暗处放置 20 min～30 min 后取出，用无菌滤纸吸去多余的装载液。

7.6 脱水

将棉纸团浸在预冷的 PVS2 溶液(附录 B)中，冰浴 20 min。

7.7 快速冷冻保存

将冰浴后的棉纸团放入装满新鲜制备的用冰预冷的 PVS2 溶液的小塑料冻存管中，拧紧螺旋盖后，用一层封口膜封口，迅速将冷冻管浸入液氮中保存。

7.8 化冻

无菌条件下，将冷冻保存管在 1 s 内从液氮中转移到 40℃的水浴中，剧烈振荡 90 s。然后在超净工作台上将包有茎尖的棉纸团从冷冻管中取出，在灭过菌的干燥滤纸上放置 30 s。

7.9 卸载

将棉纸团转移到卸载液(附录 B)中，在 22℃～25℃下放置 10 min，每隔 5 min 换一次卸载液。然后将棉纸团展开，茎尖在卸载液中再悬浮 5 min。

7.10 再生

取两张灭过菌的滤纸，平铺于培养皿内的半固体 MS+100 g/L 蔗糖的培养基上；将茎尖从卸载液中捡出，放于滤纸上，在 22℃～25℃下，放置 12 h～18 h 后，再将茎尖转移到半固体 MS+30 g/L 蔗糖+0.5 mg/L 6-BA 的培养基上，暗培养 10 d～15 d；然后在(25±2)℃，光照强度 60 μmol/(m^2 · s)～80 μmol/(m^2 · s)，光照时间 16 h/d 条件下培养 40 d～60 d 后，冷冻的茎尖就会发育成幼苗。

8 检验方法

8.1 抽样方法、病毒和变异检测按照 NY/T 357 进行。

8.2 冻后再生率用冻存后能够再生成苗的茎尖数占全部冻存茎尖数的百分率表示。

9 技术指标

9.1 常温保存

变异率≤2%，无香蕉花叶心腐病和束顶病。

9.2 低温保存

变异率≤2%，无香蕉花叶心腐病和束顶病。

9.3 超低温保存

冻后再生率≥20%，变异率≤0.5%，无香蕉花叶心腐病和束顶病。

附 录 A
(资料性附录)
表 A.1 香蕉种质资源离体保存登记表

<table>
<tr><td>种质名</td><td colspan="4"></td><td colspan="3">品系名</td><td colspan="4"></td></tr>
<tr><td>地方名</td><td colspan="4"></td><td colspan="3">原产地</td><td colspan="4"></td></tr>
<tr><td>来源地</td><td colspan="4"></td><td colspan="3">原保存单位</td><td colspan="4"></td></tr>
<tr><td>原保存单位编号</td><td colspan="4"></td><td colspan="3">引种人</td><td colspan="4"></td></tr>
<tr><td>引种时间</td><td colspan="4"></td><td colspan="3">引种号</td><td colspan="4"></td></tr>
<tr><td>国家统一编号</td><td colspan="4"></td><td colspan="3">采集号</td><td colspan="4"></td></tr>
<tr><td>保存号</td><td colspan="4"></td><td colspan="3">保存方法</td><td colspan="4"></td></tr>
<tr><td>保存材料</td><td colspan="4"></td><td colspan="3">保存者</td><td colspan="4"></td></tr>
<tr><td>继代次数</td><td></td><td></td><td></td><td></td><td></td><td></td><td></td><td></td><td></td><td></td><td></td></tr>
<tr><td>继代时间</td><td></td><td></td><td></td><td></td><td></td><td></td><td></td><td></td><td></td><td></td><td></td></tr>
<tr><td>保存数量</td><td></td><td></td><td></td><td></td><td></td><td></td><td></td><td></td><td></td><td></td><td></td></tr>
<tr><td>操作人</td><td></td><td></td><td></td><td></td><td></td><td></td><td></td><td></td><td></td><td></td><td></td></tr>
</table>

附 录 B
(资料性附录)
香蕉茎尖超低温保存溶液的配制

B.1 装载液

MS+184 mL/L 甘油+137 g/L 蔗糖,pH 5.8,0.22 μm 滤膜过滤灭菌。

B.2 PVS2 溶液

MS+300 mL/L 甘油+150 mL/L 乙二醇+150 mL/L 二甲基亚砜(DMSO)+137 g/L 蔗糖,pH 5.8,0.22 μm 滤膜过滤灭菌。

B.3 卸载液

MS+411 g/L 蔗糖,pH 5.8,0.22 μm 滤膜过滤灭菌。

注:以上溶液所用试剂至少为分析纯级。

附加说明:

本标准的附录 A 和附录 B 为资料性附录。

本标准由中华人民共和国农业部农垦局提出。

本标准由农业部热带作物及制品标准化技术委员会归口。

本标准起草单位:中国热带农业科学院热带作物品种资源研究所、国家重要热带作物工程技术研究中心、农业部热带作物种质资源利用重点开放实验室。

本标准主要起草人:李志英、徐立、马千全、黄碧兰、李克烈、陈伟。

中华人民共和国农业行业标准

香蕉镰刀菌枯萎病诊断及疫情处理规范

NY/T 1807—2009

Diagnoses criterion and control technique of Banana *Fusarium* Wilt

1 范围

本标准规定了香蕉镰刀菌枯萎病的术语和定义、田间诊断、取样、实验室检验、结果判定及疫情处理。

本标准适用于尖孢镰刀菌古巴专化型(*Fusarium oxysporum* f. sp. *cubense*)4号生理小种侵染而引起的香蕉镰刀菌枯萎病的诊断和疫情应急处理。

2 规范性引用文件

下列文件中的条款通过本标准的引用而成为本标准的条款。凡是注日期的引用文件,其随后所有的修改单(不包括勘误的内容)或修订版均不适用于本标准,然而,鼓励根据本标准达成协议的各方研究是否可使用这些文件的最新版本。凡是不注日期的引用文件,其最新版本适用于本标准。

NY/T 357 香蕉组培苗

3 术语和定义

下列术语和定义适用于本标准。

3.1

香蕉镰刀菌枯萎病 banana fusarium wilt

由尖孢镰刀菌古巴专化型(*Fusarium oxysporum* f. sp. *cubense*,缩写为FOC)4号生理小种侵染引起的香蕉植株病害。

3.2

香蕉镰刀菌枯萎病疑似病株 suspect plant of banana fusarium wilt

具有香蕉镰刀菌枯萎病的症状特征,但未经实验室病原检测验证的香蕉植株。

3.3

病灶 focus

解剖发病植株后所呈现出来的病变组织。

3.4

处理 treatment

旨在杀灭、去除有害生物或使其丧失繁殖能力的官方许可的做法。

4 田间诊断

4.1 症状检查方法

中华人民共和国农业部 2009-12-22 发布 2010-02-01 实施

根据香蕉镰刀菌枯萎病的症状特征(见附录 A),肉眼观察叶片色泽、假茎开裂情况等。

4.2 解剖检查

对症状可疑的香蕉植株进行解剖检查。取该植株中下部一段假茎,采用横剖或纵剖方式,肉眼观察维管束组织的颜色变化等。

5 取样

5.1 取样方法

经田间诊断判定为香蕉镰刀菌枯萎病疑似病株的,取其新鲜叶片和假茎,带到实验室检验。每1 000 株(不足 1 000 株以 1 000 株计)香蕉中出现疑似病株不足 10 株时,从每一疑似病株上取样,多于 10 株时,随机抽 10%疑似病株(抽样最少数量为 10 株),并从已抽出的疑似病株上取样,每株取新鲜病叶 10 g～100 g,或取假茎病灶及其周围组织 200 g～2 500 g。

5.2 样品保存

5.2.1 样品当天检测:样品用保鲜袋装好,封口,带到实验室检测。

5.2.2 样品当天不能够检测:样品装入保鲜袋,封口后置 4℃～5℃下保存,保存期一般为 4 d～5 d。

6 实验室检验

香蕉镰刀菌枯萎病病原菌的实验室检验,按照附录 B 的规定进行。

7 结果判定

7.1 疑似发病

符合附录 A.1、A.2、A.3 之一的植株,判定为香蕉镰刀菌枯萎病疑似病株。

7.2 确诊发病

符合附录 B.4.3,且至少具备 B.4.1、B.4.2 之一的香蕉镰刀菌枯萎病疑似病株样品,判定为香蕉镰刀菌枯萎病确诊病株。

8 疫情处理

8.1 疫情上报

任何单位和个人发现香蕉镰刀菌枯萎病疑似病株和确诊病例,应向当地农业植物检疫机构报告。当地农业植物检疫机构接到疫情报告后,应按有关法律法规规定采取必要措施。

8.2 应急处理

8.2.1 隔离处理:一旦发现可疑疫情,应在发病植株周围采取隔离措施。出现疫情的香蕉田内实行独立排灌,不允许挖取吸芽作繁殖材料,不允许取土外运。

8.2.2 病株处理:将确诊病株从假茎基部砍倒,切口处喷施福尔马林和草甘膦。病株残体就地堆放,喷洒福尔马林,覆盖农膜,四周用土压实密封,熏蒸和堆积发酵 1 周,揭开农膜晒干焚烧。

8.2.3 工具处理:与病株接触的工具,如砍刀、锄头等,应至少在福尔马林中浸泡 1 h 以上。

附　录　A
（规范性附录）
香蕉镰刀菌枯萎病症状特征

A.1　整株外观症状

叶片自下而上、自外向内变黄，折挂，无新叶抽生，严重时植株萎蔫，但不倒伏。

A.2　假茎外观症状

假茎基部有时可见纵裂。

A.3　假茎解剖症状

横剖病株假茎可见点状分布的红褐色或紫色病灶，纵剖可观察到自下而上扩展的、连续的红褐色或紫色病灶。

附 录 B
(规范性附录)
香蕉镰刀菌枯萎病病原菌的实验室检验方法

B.1 主要仪器、器具

生物显微镜、超净工作台、生物培养箱、高温高压灭菌器、普通电冰箱、普通天平(感量 0.01 g);小件器具:培养皿、试管、烧杯、载玻片、盖玻片、接种针、剪刀、镊子、盆钵等。

B.2 主要培养基

B.2.1 PDA 培养基

马铃薯 200 g,葡萄糖 20 g,琼脂 20 g,水 1 000 mL。选择成分:五氯硝基苯 200 mg/L,氨苄青霉素 100 mg/L,利福平 100 mg/L。基本培养基灭菌冷却至 50℃左右,加入选择成分,摇匀后倒平板。

B.2.2 Komada 改良培养基

基本培养基:K_2HPO_4 1 g,KCl 0.5 g, $MgSO_4 \cdot 7H_2O$ 0.5 g,FeNaEDTA 0.01 g, L-asparagine 2 g,galactose 10 g,琼脂 16 g,灭菌水 900 mL。选择成分:五氯硝基苯(75% WP)0.9 g,牛胆汁 0.45 g,$Na_2B_4O_7 \cdot 7H_2O$ 0.5 g,硫酸链霉素 0.3 g。基本培养基用 10%磷酸调 pH 为 3.8±0.2,高压灭菌冷却至 60℃左右,将选择成分溶于 100 mL 灭菌水后加入,倒平板。

B.3 室内检验方法

B.3.1 病组织显微检查

将部分样品置于 25℃~30℃条件下保湿,待其上长出白色絮状菌丝后进行镜检,观察病原菌菌丝体,大、小分生孢子和厚垣孢子的形态,判断病菌是否属于尖孢镰刀菌。

B.3.2 病原菌的分离培养检查

将部分样品在自来水下洗净,用 5%次氯酸钠溶液或洗衣粉水浸泡 2 min~3 min,无菌水漂洗 2 次,用无菌纸巾吸干表面水分,于超净工作台中剪取新鲜病组织,移于 PDA 选择培养基平板上进行分离培养,待菌落长出后,挑取菌丝体和分生孢子制片镜检,属尖孢镰刀菌的菌落则移于 PDA 平板上培养,进行单孢分离纯化,所获得的纯化菌株在 PDA 平板上培养 4 d 后,接转 Komada 改良培养基平板上,25℃恒温培养 15 d,观察记录菌落颜色和形态等培养特征。

B.3.3 病原菌致病性测定

取病原菌培养物,用灭菌水制成 1×10^7 个/mL 孢子悬浮液。采用盆栽伤根淋菌接种法或球茎注射法,分别接种龄期为 5 片~6 片叶的巴西香蕉(*Musa* AAA Cavendish)、粉蕉(*Musa* ABB Pisang Awak)和贡蕉(*Musa* AA)组培袋装苗上。参试种苗应符合 NY/T 357 规定的质量要求。以上种苗栽植在盆钵中,营养土经高温高压灭菌。每品种各接种 15 株,每株接种 5 mL 孢子悬浮液,以接种清水为对照。接种完后将香蕉苗置于温室大棚中常规管理,10 d 后开始观察发病情况,30 d 后不再记录发病情况。

B.4 病原菌室内检验鉴别特征

B.4.1 病原菌形态特征

大型分生孢子弯月形或镰刀形，无色，具 3 个～5 个隔膜，多数为 3 个隔膜，大小(27～45) μm×(3～4) μm；小型分生孢子单胞或双胞，卵圆形，无色，大小(5～12) μm×(2.5～3.5) μm；厚垣孢子椭圆形或球形，顶生或间生，单生或两个联生。

B.4.2 病原菌培养性状特征

FOC 4 号生理小种在 Komada 改良培养基平板上，菌落浅黄色，菌落边缘为不均匀齿状。

B.4.3 病原菌致病性特征

FOC 4 号生理小种可引起巴西香蕉、粉蕉和贡蕉发病，接种植株发病后呈现香蕉镰刀菌枯萎病的症状特征。

附加说明：

本标准的附录 A、附录 B 为规范性附录。

本标准由中华人民共和国农业部提出。

本标准由农业部热带作物及制品标准化委员会归口。

本标准起草单位：中国热带农业科学院热带生物技术研究所、中国热带农业科学院环境与植物保护研究所、国家重要热带作物工程技术研究中心。

本标准主要起草人：刘志昕、谢艺贤、王健华、曾会才、陈业渊。

中华人民共和国农业行业标准

无公害食品　香蕉

NY 5021—2008
代替 NY 5021—2001

1　范围

本标准规定了无公害食品香蕉的要求、检验方法、检验规则、包装、标志和标签、贮存和运输等。

本标准适用于无公害食品香蕉。

2　规范性引用文件

下列文件中的条款通过本标准的引用而成为本标准的条款。凡是注日期的引用文件，其随后所有的修改单(不包括勘误的内容)或修订版均不适用于本标准，然而，鼓励根据本标准达成协议的各方研究是否可使用这些文件的最新版本。凡是不注日期的引用文件，其最新版本适用于本标准。

GB/T 5009.13　食品中铜的测定

GB/T 5009.18　食品中氟的测定

GB 7718　预包装食品标签通则

NY/T 761　蔬菜和水果中有机磷、有机氯、拟除虫菊酯和氨基甲酸酯类农药多残留检测方法

NY/T 1016　水果蔬菜中乙烯利残留量的测定　气相色谱法

NY/T 1456　水果中咪鲜胺残留量的测定　气相色谱法

NY/T 5340　无公害食品　产品检验规范

NY/T 5444.4　无公害食品　产品抽样规范　第4部分:水果

SN 0159　出口粮谷中丙环唑残留量的检验方法

3　要求

3.1　感官指标

同一品种，同一梳中规格基本一致，梳果正常，果实新鲜，形状完整，皮色青绿或浅绿，清洁，无病虫害；成熟适度、无腐烂、无异味；无明显机械损伤、冷害、冻伤。

3.2　安全指标

无公害食品香蕉安全卫生指标应符合表1规定。

表1　安全指标

单位为毫克每千克

序号	项　目	指　标
1	氟(以 F^- 计)	≤0.5
2	铜(以 Cu 计)	≤10
3	溴氰菊酯(deltamethrin)	≤0.05
4	乙烯利(ethephon)	≤2

中华人民共和国农业部 2008-05-16 发布　　2008-07-01 实施

表 1（续）

序号	项　目	指　标
5	咪鲜胺(prochlornz)	≤5
6	丙环唑(prapiconaole)	≤0.1
注:其他有害、有毒物质的限量应符合国家有关的法律法规、行政规范和强制性标准的规定。		

4 试验方法

4.1 感官

将样品置于干净的检验台上,用目测法对果实的新鲜度、均匀度、洁净度、缺陷果、病虫害项目逐一进行检测。

4.2 安全指标

4.2.1 氟

按 GB/T 5009.18 规定执行。

4.2.2 铜

按 GB/T 5009.13 规定执行。

4.2.3 溴氰菊酯

按 NY/T 761 规定执行。

4.2.4 乙烯利

按 NY/T 1016 规定执行。

4.2.5 咪鲜胺

按 NY/T 1456 规定执行。

4.2.6 丙环唑

按 SN 0159 规定执行。

5 检验规则

5.1 产品分类、组批和判定规则

按 NY/T 5340 规定执行。

5.2 抽样方法

按 NY/T 5444.4 规定执行。

6 标志和标签

6.1 标志

无公害农产品标志的使用应符合有关规定。

6.2 标签

应包括产品名称、产品的执行标准、生产者及详细地址、产地、净含量、生产日期和包装日期等,要求字迹清晰、完整、准确。

7 包装、运输、贮存

7.1 包装

包装物应清洁、牢固、无毒、无污染、无异味,包装物应符合国家有关标准和规定;特殊情况按贸易双方合同规定执行。

7.2 运输

7.2.1 运输工具应清洁,有防晒、防雨和通风设施或制冷设施。

7.2.2 运输过程中不得与有毒物质、有害物质混运,小心装卸,严禁重压。

7.2.3 到达目的地后,应尽快卸货入库或立即分发销售或加工。

7.3 贮存

7.3.1 贮存场地要求:清洁、阴凉通风、有防晒防雨设施或制冷设施,库温宜控制在13℃～15℃,相对湿度80%～90%。不得与有毒、有异味的物品或可释放乙烯的水果混存。

7.3.2 应分种类、等级堆放,必须批次分明、堆码整齐、层数不宜过多。堆放和装卸时要轻搬轻放。

附加说明:

本标准代替NY 5021—2001《无公害食品　香蕉》

本标准与NY 5021—2001《无公害食品　香蕉》相比主要变化如下:

——将GB 8855新鲜水果和蔬菜的取样方法更改为NY/T 5344.4《无公害食品　产品抽样规范　第4部分:水果》

——去掉术语和定义一章;

——基本要求"应符合GB 9827规定的合格品质量要求"更改为用具体的的文字描述;

——安全指标中去掉"砷、汞、铅、镉、铬、六六六、滴滴涕、乐果、甲拌磷、克百威、氰戊菊酯、甲胺磷、二嗪农、倍硫磷、氰戊菊酯、敌百虫、对硫磷、敌敌畏、乙酰甲胺磷。"保留项目的指标按GB 2762—2005和GB 2763—2005的标准对限量值进行修订;增加"乙烯利、咪鲜胺、丙环唑",指标按GB 2763—2005标准限量值;

——检测方法修改为溴氰菊酯按NY/T 761《蔬菜和水果中有机磷、有机氯、拟除虫菊酯和氨基甲酸酯类农药多残留检测方法》执行;增加的"乙烯利、咪鲜胺、丙环唑"分别按NY/T 1016《水果蔬菜中乙烯利残留量的测定　气相色谱法》、NY/T 1456《水果中咪鲜胺残留量的测定　气相色谱法》、SN 0159《出口粮谷中丙环唑残留量的检验方法》执行;

——去掉检测规则中型式检验、交收检验、组批检验的部分内容,改为按NY/T 5340《无公害食品　产品检验规范》执行;

——标志、包装、运输、贮存各章节表述做了修改。

本标准由中华人民共和国农业部市场与经济信息司提出并归口。

本标准起草单位:农业部农产品质量安全中心、农业部热带农产品质量监督检验测试中心。

本标准主要起草人:刘洪升、廖超子、吴莉宇、丁保华、袁宏球、曾莲、韩丙军、章程辉。

原标准于2001年首次发布,本次为第一次修订。

中华人民共和国农业行业标准

无公害食品　香蕉生产技术规程

NY/T 5022—2006

代替 NY/T 5022—2001

1　范围

本标准规定了香蕉(*Musa* spp.)园地选择、园地规划、园地准备与定植、土壤管理、施肥管理、水分管理、树体管理、病虫害防治、生产周期及轮作制度、灾害的预防与补救措施和采收等技术要求。

本标准适用于香蕉生产。

2　规范性引用文件

下列文件中的条款通过本标准的引用而成为本标准的条款。凡是注日期的引用文件,其随后所有的修改单(不包括勘误的内容)或修订版均不适用于本标准,然而,鼓励根据本标准达成协议的各方研究是否可使用这些文件的最新版本。凡是不注日期的引用文件,其最新版本适用于本标准。

GB 4284　农用污泥中污染物控制标准

GB 4285　农药安全使用标准

GB 8172　城镇垃圾农用控制标准

GB/T 8321　农药合理使用准则

NY 5023　无公害食品　热带水果产地环境条件

NY/T 227　微生物肥料

NY/T 357　香蕉　组培苗

NY/T 394　绿色食品肥料使用准则

3　园地选择

3.1　气候条件

适宜的气候条件为年均温≥20.8℃,≥10℃年活动积温≥7 500℃,最低月平均气温≥12℃,全年无霜或基本无霜;光照充足。

3.2　产地环境空气质量

应符合 NY 5023 的规定。

3.3　土壤条件

土壤环境质量按 NY 5023 的规定执行外,土层深厚达 60 cm 以上,地下水位距地面 80 cm 以上,土壤肥沃疏松的壤土或沙壤土,pH 5.5～7.5。

3.4　产地灌溉水质量

应符合 NY 5023 的规定。

3.5　立地条件

中华人民共和国农业部 2006-01-26 发布　　2006-04-01 实施

选择避风避寒条件好、阳光充足的小环境，排灌方便、交通便利、远离砖瓦厂、化工厂、水泥厂等空气污染源的区域建园，避免选用冷空气不易排除的低洼地以及地势过低、地下水位过高的地段。不应在坡度超过 15° 的坡地建园。

4 园地规划

4.1 小区与防护林

根据园地的地形、土壤等环境条件和有利管理的原则，设置若干小区，小区面积以 3 hm^2～7 hm^2 为宜。在沿海台风区和常风较大的地区，园地及小区周围宜营造防护林带，林缘距以 5 m～6 m 为宜。

4.2 道路系统

设置贯穿全园的道路系统，一般主路宽和支路宽分别为 5 m～6 m 和 3 m～4 m，主路应与包装房、支路、园外道路相连。

4.3 排灌系统

将园地分为若干小区后，在园地四周设总排灌沟，园内设纵横大沟并与畦沟相连，在坡地建园还应在坡上设防洪沟。根据地势确定各排水沟的大小与深浅，以在短时间内能迅速排除园内积水为宜。无自流灌溉条件的蕉园，应做好蓄水或引堤水工程。有条件者，应尽可能在蕉园内设置滴灌、喷灌或喷带灌等节水灌溉设施。

4.4 种植密度与规格

4.4.1 种植密度

根据香蕉种类、品种、土壤肥力、生产周期、果园机械化程度、地势等确定适宜的种植密度，原则上以在香蕉生长盛期叶片能基本荫蔽地面为宜。推荐中秆香蕉品种的种植密度为 1 950 株/hm^2～2 700 株/hm^2。矮秆品种、土壤较瘦或单造蕉，或坡地与山地建园可适当密植，而高秆品种、土壤较肥沃、平地与水田建园，或果园机械化程度较高者可适当疏植。

4.4.2 种植规格

可采用长方形、正方形、三角形或宽窄行等种植规格，行距 2.0 m～2.6 m，株距 1.9 m～2.0 m。推荐采用宽窄行单植，宽行行距 2.6 m，窄行行距 2.0 m，株距 1.7 m～2.0 m，可根据实际情况适当调整株行距。

4.5 品种选择

根据收获期、土壤肥力和管理水平等选择栽培品种，宜选择本地适栽，抗逆性较强，高产优质，市场畅销的品种。

4.6 包装房与采后处理设施

在蕉园均匀设立包装房，其房顶能遮阳挡雨，四周通透，内设悬挂蕉钩、清洗池、称重、保鲜和包装等采后商品化处理设施。

4.7 采收索道

有条件者，应在蕉园内架设以镀锌钢管为材料、高约 2 m、底宽约 1.5 m 的拱形采收索道，作为将果穗运往包装房的田间设施，索道距最远的蕉株直线距离一般不宜超过 50 m；面积较小，地块分散的蕉园无法架设采收索道者，应配套特制采收车辆作为无伤运蕉设备。

5 园地准备与定植

5.1 整地

在挖穴前，园地应充分犁耙，使土壤疏松细碎，并捡净树根等杂物以及茅草、香附子和硬骨草等恶性杂草。

5.1.1 平地蕉园

深耕土壤后挖沟起畦，多采用高畦深沟浅种、双行单植的种植规格，畦面宽 3.4 m～3.6 m，畦沟面宽 1.0 m～1.2 m，深 40 cm～50 cm，畦面行间可开一小浅沟；地下水位低的平地蕉园，畦深可以调浅，畦沟面宽可调窄。

5.1.2 坡地蕉园

5°以下平缓地修筑沟埂梯田，5°以上坡地修筑等高梯田；通常先深翻土壤 20 cm～30 cm 后，等高起浅畦，或采用浅沟种植方式，浅沟面宽 80 cm、深 10 cm～15 cm。

5.2 植穴准备

5.2.1 挖穴

采用人工挖穴，一般不宜采用机械挖穴。平地蕉园植穴大小一般为面宽 50 cm，穴深 40 cm～50 cm，底宽 40 cm；坡地蕉园植穴大小一般为面宽 60 cm，穴深 50 cm～60 cm，底宽 50 cm。

5.2.2 回穴、施基肥

回穴时应施足基肥，基肥应为充分腐熟的牛粪、猪粪、鸡粪、羊粪或土杂肥等有机肥和细碎的磷肥（过磷酸钙或钙镁磷肥等）。根据土壤肥力和有机肥种类确定基肥用量，一般每穴施用有机肥 5 kg～10 kg和磷肥 200 g～250 g。回穴时将基肥与表土充分混匀后填入植穴中，回土至畦面平。如定植组培苗，在穴面以下 15 cm～20 cm 土层内不宜含基肥。植穴宜在定植前一个月准备好。

5.3 种苗要求

5.3.1 组培苗

提倡使用组培苗（试管苗）作为定植材料，其质量应符合 NY/T 357 的规定。

5.3.2 吸芽苗

宜选用来源于无检疫对象的蕉园、品种纯正的健壮吸芽（剑芽）作种苗，要求吸芽假茎高 40 cm 以上，球茎粗大、充实、根多，起苗时球茎伤口较小，苗身没有机械伤；不宜选用大叶吸芽作种苗。

吸芽苗挖出后，采用 50%多菌灵可湿性粉剂 1 000 倍液浸泡 1 min～5 min 后，在球茎伤口处涂抹草木灰，待晾干后定植。

5.4 定植时期

根据当地的气候条件、栽培目的和市场需求等，确定适宜的定植时期，一般宜选择春植、夏植或秋植，冬季不宜定植。

5.5 定植天气

宜选择阴凉天气或晴天下午 4 时后进行定植，避免在高温干旱天气定植。

5.6 定植技术

5.6.1 定植组培苗

按组培苗的质量级别分小区定植。定植组培营养杯（袋）苗时，在植穴中央挖一个小穴，小心除去塑料杯（袋），保持营养土柱完整不松散，将组培苗的营养土柱置于小穴中，分层用细土填入营养土柱周围，并用手稍压实。定植深度以超过营养土柱上表面 2 cm～3 cm 为宜。植后修筑树盘，淋足定根水，以后酌情淋水以保成活。如遇高温干旱天气，宜覆盖树盘，并用带叶树枝或芒箕等材料插在蕉苗周围遮荫，加强淋水。

5.6.2 定植吸芽苗

按吸芽苗大小分级、分小区定植，球茎伤口朝向一致。定植吸芽苗时，用细土填入吸芽苗球茎周围并踩实，定植深度以埋过球茎与假茎交界处以上 3 cm～5 cm 为宜，植后淋足定根水，并覆盖树盘。

6 土壤管理

6.1 土壤覆盖

植后初期（一般为前 3 个月），提倡用稻草、蔗叶、杂草等生物材料覆盖树盘或畦面。覆盖物厚度

10 cm～15 cm，其上压少许土，覆盖物不宜接触蕉苗。

6.2 间作

不提倡蕉园间作。如需要间作时，在蕉苗植后蕉叶尚未互相遮荫前，在行间、株间的空隙地间种矮生豆类如花生、大豆等，或矮生豆科或十字花科绿肥，间作物应距蕉株基部 70 cm 以上。在蕉叶相互遮荫时，应及时停止间作。

6.3 除草

植后初期采用人工拔除、铲除园内尤其树盘杂草，不提倡化学除草；在假茎高 1.2 m 以上时，可人工除草，也可结合化学除草，宜选择晴天静风时喷洒除草剂。蕉园应保持香蕉植株根圈无杂草，园内无高草或恶草。

6.4 松土

在雨后畦面土壤干爽时，结合除草对畦面浅耕松土；宿根蕉园通常在早春气温回升后至发根前，进行中耕或深耕松土。平地蕉园中耕 10 cm～15 cm，丘陵坡地、旱地蕉园应深耕 20 cm。中耕或深耕应离蕉株基部 60 cm 以上，同时挖除隔年的旧蕉头（球茎），但上年刚收过果的地下茎应予保留一段时间。

6.5 培土

当蕉头（球茎）部分露出地面时，应及时培土，其中组培苗植后植株假茎高约 80 cm 时可开始逐渐培土。以培土至蕉头不露、根系不露为宜，不宜一次性培土过多。培土通常结合施有机肥和修畦沟进行。如园内土源不足时，应进行客土（如园外表土、土杂肥或塘泥等）。

7 施肥管理

7.1 施肥原则

应充分满足香蕉对各种营养元素的需求，提倡采用平衡施肥和营养诊断配方施肥，有机肥与化肥微生物肥料相结合。

7.1.1 农家肥和商品肥料种类的使用参照 NY/T 394 的规定执行。

7.1.2 微生物肥料种类与使用参照 NY/T 227 的规定执行。

7.1.3 农家肥应堆放，经≥50℃发酵 15 d 以上充分腐熟后才能施用；沼气肥需经密封储存 30 d 以上才能使用。

7.1.4 不应使用未经国家有关部门批准登记的商品肥料产品。

7.1.5 禁止使用含有重金属和有害物质的城市生活垃圾、工业垃圾、污泥和医院的粪便垃圾。

7.1.6 经无害化处理后，达到 GB 8172 规定的城镇垃圾、达到 GB 4284 的规定的污泥可作基肥。

7.1.7 化肥作追肥应在采果前 30 d 停用；叶面肥应在采收前 20 d 停用。

7.2 施肥量及配比

推荐肥料施用比例为氮（N）＋磷（P_2O_5）＋钾（K_2O）＝1＋（0.3～0.5）＋（1.3～2.2），其中每株每造施用量大约为氮（N）300 g～400 g，磷（P_2O_5）90 g～200 g，钾（K_2O）390 g～880 g。宿根蕉园的施肥量为新植蕉园的 80%～85%。具体施肥量及配比应根据当地气候条件、土壤肥力、生产目标、种植密度、品种、管理水平等情况适当调整施肥量及配比，有条件者宜施用香蕉专用肥。

7.3 施肥时期与分配比例

7.3.1 组培苗新植蕉园

7.3.1.1 前期施肥

前期（植后前 3 个月）施壮苗肥，目的在于壮苗壮秆，应掌握勤施薄施的原则，施氮、磷肥为主，并配合施用钾肥。

7.3.1.1.1 植后第一个月

植后 10 d～15 d,组培苗抽出的第一片新叶完全展开后开始追肥,以后每 7 d～10 d 施一次,共施 3 次～4 次,推荐每株每次淋施 400 倍尿素水溶液或腐熟稀薄人畜粪尿约 4 kg。

7.3.1.1.2 植后第二个月

每 10 d～15 d 施一次肥,共施 2 次～3 次,推荐每株每次淋施 200 倍尿素或硫酸钾复合肥(15-15-15)水溶液约 4 kg。尿素与复合肥交替施用。

7.3.1.1.3 植后第三个月

每 10 d～15 d 施一次肥,共施 2 次～3 次,推荐每株每次淋施混合肥(尿素＋硫酸钾＝1＋1)100 倍水溶液约 4 kg,或撒施上述混合肥 50 g～75 g,有条件者采用灌溉式施肥(液态施肥)。注意施肥量可逐月加大,但施肥浓度不应过高,施用量不应过多。

7.3.1.2 中期施肥

中期(植后 4 个月至抽蕾前)施壮蕾肥,目的在于壮蕾,提高花质。以施钾肥、氮肥为主,磷肥为次。每 15 d～20 d 施一次肥。推荐中期施肥量为每株尿素 400 g、硫酸钾 1 000 g 和硫酸钾复合肥(15-15-15)350 g,分 6～8 次施用。施用时尿素与硫酸钾(或硫酸钾复合肥)混合均匀后施用,多采用撒施或沟施,有条件者采用灌溉式施肥。

7.3.1.3 后期施肥

后期(抽蕾后至采收期)施壮果肥,目的在于促进果实膨大,提高果实品质。主要施用钾肥和氮肥。分别在现蕾、断蕾和套袋后各施一次肥。推荐后期施肥量为每株尿素 150 g、硫酸钾 350 g、硫酸钾复合肥(15-15-15)250 g,分 3 次施用。施用方法按 7.3.1.2 的规定执行。此外,还可结合病虫害防治喷施 0.2%～0.3%磷酸二氢钾或其他叶面肥。

7.3.2 吸芽苗新植蕉园

7.3.2.1 前期施肥

前期施肥,应掌握勤施薄施的原则。植后 20 d 左右幼苗抽出 1～2 片新叶时,开始追施水肥,首次施稀薄人畜粪尿,并且每株加尿素或硫酸钾复合肥(15-15-15)10 g。往后约 20 d 施一次肥,并逐渐加大施肥量,每次每株施混合肥 20 g～30 g。混合肥由等量的尿素和硫酸钾[或硫酸钾复合肥(15-15-15)]配成,淋施为主,幼苗长大后也可撒施。

7.3.2.2 中期施肥

参照 7.3.1.2 的规定执行。

7.3.2.3 后期施肥

参照 7.3.1.3 的规定执行。

7.3.3 宿根蕉园施肥

7.3.3.1 攻芽、攻蕾肥

推荐每株施肥量为腐熟禽畜粪便或土杂肥等有机肥 10 kg～15 kg(或饼肥 1.0 kg～1.5 kg),磷肥(钙镁磷肥或过磷酸钙)200 g～250 g,尿素 300 g、硫酸钾 800 g 和硫酸钾复合肥(15-15-15)300 g。采收后及时施下有机肥和磷肥,促进吸芽生长。往后约 20 d 施化肥一次,每株每次施用量约 100 g～150 g,前期(吸芽抽 10 片阔叶前)可施用下限,中期(吸芽抽 10 片阔叶后)可施用上限。化肥种类及施用方法参照 7.3.1.2 执行。

7.3.3.2 壮果肥

参照 7.3.1.3 执行。

7.4 施肥方法

7.4.1 土壤施肥

7.4.1.1 **淋施**

淋施(液施)多用于植后 50 d～60 d 天内的苗期,人畜粪尿(沤制成水肥)、尿素、复合肥等施用时可用此法。化肥液施时,应事先将肥料用水充分溶解与混合均匀成一定浓度,淋于蕉苗基部周围,肥液不宜淋到叶片。

7.4.1.2 **沟施**

沟施多用于香蕉前中期生长阶段。沟施化肥时,在树冠滴水线周围开侧沟、半环沟或环状沟,沟宽约 20 cm,深约 10 cm,均匀将肥料撒施于沟内,施后覆土。沟施有机肥时,在树冠滴水线或行间挖沟施用,沟宽 40 cm,沟深 20 cm。

7.4.1.3 **撒施**

在香蕉根系活动较强的季节如夏秋季、处于中期生长阶段可撒施化肥。方法是在喷灌前、雨后或漫灌后,将肥料均匀撒于畦面。

7.4.1.4 **灌溉式施肥**

灌溉式施肥又称液态施肥、加肥灌溉,将肥料溶入灌溉水中,以较小的流量,均匀、准确地直接输送到香蕉根部附近土壤中,具有优质、高产、节能、高效、无污染危害的优点。此施肥方法适合于具有喷灌、滴灌等设施的蕉园采用。有条件者,推荐采用此法进行施肥。

7.4.2 **叶面施肥**

除根际施肥外,可在各生长阶段适当进行叶面施肥,如喷施 0.2%磷酸二氢钾+0.2%尿素+0.2%硫酸锌+0.4%硫酸镁的混合液;也可喷施氨基酸叶面肥、微量元素叶面肥、腐殖酸叶面肥等,具体施用技术严格按照说明书要求进行。叶面喷施肥料时,宜在肥液料中加入少量黏着剂如柔水通、中性肥皂或较好的洗涤剂,并在叶面叶背一起喷施。

7.5 **调节土壤酸度**

土壤 pH≤5.5 的蕉园,应施用石灰调节土壤酸碱度,推荐石灰施用量为每年 750 kg/hm^2～1 500 kg/hm^2。

8 水分管理

8.1 **排水**

当园内水分过多时,应及时排除积水;地下水位过高时,应及时将地下水位降至 60 cm 以下。

8.2 **灌水**

当土壤田间持水量≤75%时应及时灌水。营养生长旺盛期、抽蕾期、果实生长期需水量大,通过灌水保持土壤田间持水量达 80%～85%;苗期和果实成熟期需水量较小,则保持土壤田间持水量在 75%～80%;采果前 7 d～10 d 应停止灌水。灌溉水质按 NY 5023 有关规定执行。

9 树体管理

9.1 **除芽与留芽**

9.1.1 **除芽与留芽时间**

9.1.1.1 **单造蕉**

一年只收一造的单造蕉,应将吸芽及时去除;计划留芽生产下一造的,则在蕉株抽蕾前,把吸芽及时挖除,抽蕾后选留一壮芽生长,其余吸芽及时去除。

9.1.1.2 **多造蕉**

两年收两造或三年收五造的多造蕉,在留芽与除芽时,应掌握母株刚挂果时,选留吸芽(子代);当子代吸芽接近花芽分化(约长出 20 片大叶)时,再选留 1 个吸芽(孙代),多余的吸芽应及时去除。

9.1.2 **除芽方法**

9.1.2.1 机械除芽

当吸芽长到 15 cm～30 cm 高时，用锋利的钩刀齐地面将其切除，然后破坏其生长点。

9.1.2.2 化学除芽

当吸芽长到 15 cm～30 cm 高时，在吸芽中心（由叶片形成的喇叭口）或生长点中，注入煤油 2 mL～3 mL或其他有效药剂。

9.2 割除枯叶、病叶、旧假茎

当植株上的叶片黄化或干枯占该叶片面积 2/3 以上或病斑严重时，应及时将其割除，并清出蕉园。当采收 3 个月后，应及时断除旧假茎，可将砍下的假茎切碎后就地铺于畦面，但应在其上撒施石灰，并喷洒防治香蕉象鼻虫的杀虫剂。

9.3 校蕾、绑叶

当植株抽蕾时，应经常检查蕉株，如花蕾下垂的位置刚好在叶柄之上的，应及早将花蕾小心移至叶柄一侧，使花蕾下垂生长。同时将靠近或接触至花蕾的叶片绑于假茎上，避免擦伤雌花子房（果皮）。

9.4 抹花

在果指末端小花花瓣刚变褐色时，将小花花瓣和柱头抹除；抹花宜选择晴天上午 10 时以后进行，雨天或早上露水不干时不宜抹花。

9.5 疏果

每穗果选留 6～9 梳果为宜，果梳过多时，可将果穗下部果梳割除，如头梳果的果指太少或梳形不整齐时也应将其割除。具体去留果梳多少，要根据挂果季节、蕉株功能叶片数及新植或宿根等情况而定；同时应疏除双连或多连果指、畸形果或受病虫为害的果指。果穗最后一梳果应保留一个果指。

9.6 断蕾

当花蕾的雌花开放完毕，且若干段不结果的花苞开放后，即可进行断蕾，断口应距末梳小果约 12 cm。断蕾宜选择晴天午后进行，雨天或早上露水不干时不宜断蕾。

9.7 果穗套袋

9.7.1 套袋材料

选用无纺布袋、PE 薄膜袋（厚度为 0.02 mm～0.03 mm）、珍珠棉袋或香蕉专用袋等作为套袋材料。规格一般为 120 cm～135 cm×60 cm～80 cm（长×宽），具体依果穗大小而定。

9.7.2 套袋时间

断蕾后 10 d 内完成。

9.7.3 套袋方法

套袋前对果穗喷施一次防治香蕉黑星病的杀菌剂和防治香蕉花蓟马的杀虫剂。套袋时，上袋口应距离头梳果的果柄 25 cm 以上，用绳子将之扎实在果轴上；下袋口可不绑或稍绑，并记录断蕾套袋时间。夏季使用 PE 薄膜袋必须打孔，还应事先在果穗中上部向阳面加垫双层报纸、牛皮纸、软质包装纸或无黑星病的护叶，将袋子与果实隔开（防晒）；在冬季温度降至 8℃以下时，应套双层袋或在袋内加牛皮纸，并扎实下袋口（防寒）。

9.8 调整果穗轴方向

对果穗轴不与地面垂直的，宜用绳子绑住果穗的末端，拉往假茎方向并固定在假茎上，使其与地面垂直。

9.9 立桩防风

可选用坚硬的竹子或木条作蕉桩。立桩在抽蕾前或抽蕾后进行。抽蕾前立桩时，一般在距蕉头 20 cm处打洞，洞深 40 cm，将蕉桩竖入洞中并压紧，然后用塑料片绳等将假茎绑牢于蕉桩上，在抽蕾后应调节蕉桩达到不与花蕾（果穗）接触；抽蕾后立桩时，应将蕉桩立于假茎与蕉蕾（果穗）的另一侧或蕉蕾的侧边，避免蕉桩与果实接触，蕉桩上部绑牢于果轴上。

10 病虫害防治

10.1 防治原则

贯彻“预防为主，综合防治”的植保方针，以改善蕉园生态环境，加强栽培管理为基础，综合应用各种防治措施，优先采用农业防治、生物防治和物理防治措施，科学合理进行化学防治。

10.2 农业防治

10.2.1 选用适应性好、抗病虫能力强的优良品种。

10.2.2 实行轮作制度。

10.2.3 加强土肥水管理，特别应增施有机肥，以增强树势，提高树体自身抗病虫能力。

10.2.4 控制杂草生长，以减少病源和虫源。

10.2.5 及时清除园内花叶心腐病、束顶病或枯萎病的病株，并割除病残老叶，保持蕉园田间卫生。

10.3 物理机械防治

10.3.1 使用诱虫灯诱杀夜间活动的害虫。

10.3.2 采用果实套袋技术防止病虫直接为害果穗。

10.4 生物防治

10.4.1 优先使用微生物源、植物源生物农药。

10.4.2 选用对捕食螨、食螨瓢虫等天敌杀伤力小的杀虫剂。

10.4.3 保护或人工释放捕食螨、食蚜蚊等天敌。

10.5 化学防治

10.5.1 推荐使用植物源杀虫剂、微生物源杀虫杀菌剂、昆虫生长调节剂、矿物源杀虫杀菌剂以及低毒、低残留化学农药。限制使用中等毒性的化学农药。

10.5.2 不应使用未经国家有关部门登记和许可生产的农药。

10.5.3 禁止使用剧毒、高毒、高残留或具有致畸、致癌、致突变的农药(见附录A)。

10.5.4 使用化学农药时，参照GB 4285、GB/T 8321中有关的农药使用准则和规定，严格掌握施用剂量、施药次数和安全间隔期。对标准规定的农药，要严格按照该农药说明书中的规定进行使用，不得随意加大剂量和浓度。对限制使用的中等毒性农药，应针对不同病虫害防治对象，使用其浓度允许范围的下限。

10.5.5 在香蕉生产中，提倡将不同类型农药交替使用和合理混用，防止病原体和害虫产生抗药性。

10.6 香蕉主要病虫害防治方法

参见附录B。

11 生产周期及轮作制度

11.1 生产周期

一般蕉园生产周期为2年～3年，具体根据蕉园发病率与产量、质量和经济效益等而定。

11.2 轮作制度

蕉园淘汰后不宜连作，提倡与水稻或甘蔗等作物轮作1年～2年后才重新建立蕉园。如果轮作受土地限制，也可将原蕉园的植株位置变更，即把原有的畦沟填土定植蕉苗，而植蕉的位置开成新畦沟，并深耕松土和增施有机肥。

12 灾害的预防与补救措施

12.1 防风与风害的补救措施

12.1.1 **防风**

12.1.1.1 选择避风小环境建园，并营造防护林。

12.1.1.2 选择中秆或中矮秆品种。

12.1.1.3 选择适宜的定植季节与留芽时期，避开或减少台风的影响。

12.1.1.4 台风季节避免挖除吸芽，可采用化学除芽。

12.1.1.5 增施钾肥，排除蕉园积水。

12.1.1.6 立桩防风。

12.1.2 **风害的补救措施**

12.1.2.1 风害后应及时排除蕉园积水。

12.1.2.2 较小植株，如倾斜的进行培土，倒伏的及时扶正并培土压实；倾斜的挂果植株，应去除部分果梳，并进行培土，必要时立蕉桩固定；假茎被折弯者，用利刀在折弯处切开一小口，使新叶从中长出，并保留植株叶片。

12.1.2.3 尚未花芽分化的植株假茎被折断者，从断口以下约 10 cm 处，将被折断的假茎砍断并置于行间，保留植株，继续加强管理以恢复生长与抽穗挂果；如已花芽分化或挂果的植株其假茎被折断者，按上述方法砍断假茎，原植株不宜保留，应另选留健壮新抽吸芽接替生长，不宜选留因除芽不彻底而继续恢复生长的吸芽；如待更新蕉园则应新种香蕉或改种其他作物。

12.1.2.4 尚未花芽分化的植株整株被风连根拔起的，将其每片叶片各剪去一半，重新种植。

12.1.2.5 剪除受伤严重的叶片，及时清理蕉园残株烂叶。

12.1.2.6 风害后喷药防治香蕉叶斑病、炭疽病和象鼻虫等病虫害，参照附录 B 的有关规定执行。

12.1.2.7 风害后约 10 d 加强施肥，促进植株恢复生长，并割除枯叶。

12.2 **寒害的预防与补救措施**

12.2.1 **寒害的预防**

12.2.1.1 选择避寒的小环境建园；选择健壮种苗或大苗定植，使其入冬前抽出 8 片叶以上；寒害严重的地区，苗期过冬的蕉园，应采用地膜覆盖畦面。

12.2.1.2 加强施肥管理，增施磷、钾肥，初冬开始重施过冬肥，以有机肥为主，并加强蕉头培土，畦面盖草 10 cm～15 cm 厚。

12.2.1.3 在霜冻发生之前，在假茎顶部用稻草或干蕉叶遮盖，或束顶叶遮盖蕉心。

12.2.1.4 果穗套袋，具体按 9.7 的规定执行；或用稻草、干蕉叶包扎果穗防寒。

12.2.1.5 保护越冬吸芽，对高 20 cm 以下的吸芽，可用土将之覆盖，春天回暖后扒开土让其生长；对高 1 m 以上的吸芽，用稻草、干蕉叶或甘蔗叶等将之包裹，再包上一层薄膜，而且这块薄膜应盖住蕉头附近约 35 cm 宽的范围。

12.2.1.6 寒害严重的地区，更应提倡配套喷灌系统，以便在霜冻发生之前全园喷灌防寒。

12.2.1.7 在预报有霜冻的夜晚，用稻草、杂草、锯屑、谷壳等材料，在蕉园内熏烟，45 堆/hm^2～60 堆/hm^2。点燃发烟材料应在当天夜里霜冻危害温度出现之前 1 h～2 h 开始，并使烟幕维持到日出后 1 h～2 h 为止。

12.2.1.8 冬季有寒害的地区，控制不在冬天抽蕾。

12.2.2 **寒害的补救措施**

12.2.2.1 春暖后应及时割除被冻坏的叶片、假茎。

12.2.2.2 花蕾或幼果被冻坏的应将该植株砍除，促进吸芽抽生。如因低温影响导致抽不出花蕾的，可用刀在假茎上部向下割 15 cm～20 cm 长，深 3 cm～4 cm 的切口，让花蕾能从切口处抽出。

12.2.2.3 气温回升前(2月上旬或中旬)中耕松土,气温回升后及时施肥或灌溉。

12.3 热害的预防

12.3.1 灌水防旱

高温干旱季节,应加强蕉园灌水防旱,增大蕉园湿度,降低蕉园温度。

12.3.2 合理密植

应合理密植,不宜种植过疏,具体按4.4.1的规定执行。

12.3.3 土壤覆盖

加强土壤覆盖,具体按6.1的规定执行。

12.3.4 叶面施肥

叶片喷施0.05%硫酸锌或硫酸镁。

12.3.5 增施有机肥及磷钾肥

参照7.2和7.3的有关规定执行。

12.3.6 幼苗与果实适度遮荫

定植后如遇高温干旱,用带叶树枝等物遮荫;高温季节套袋,向阳的果轴和果实要先用报纸或牛皮纸或蕉叶等遮盖后再套袋。

13 采收

13.1 采收成熟度判断

多采用目测果穗中部果指的果棱和果皮颜色来判断果实的成熟度。当香蕉果实不足七成熟时,果棱明显至不明显,果面凹至平,果色浓绿;达七成至八成熟时,果棱较不明显,果身较圆满,果色褪至浅绿;九成熟以上时,果棱不明显至几乎无棱,果身圆满至近圆满,果皮转黄绿色。也可采用记录果实发育日数法、测量果径法、皮肉比率法等方法判断果实的成熟度。

13.2 采收适期

根据果实用途、市场需求、运输距离、贮运条件、成熟季节、预期贮藏期限等综合确定采收适期。夏季收获、需较长时间贮藏(1个月以上)、北运或外销者,采收成熟度以七成至七成半为宜;冬季收获或近销只需1 d~2 d运到目的地的或作为加工原料者,也可适当迟收,采收成熟度以八成至九成为宜。

13.3 采收时间

一般在上午进行采收为宜。

13.4 无伤采收方法

13.4.1 砍蕉

一般采用两人两刀法采收果穗,即以两人为一组配合采果,一人先砍倒假茎,让植株缓慢倒下,另一人肩披软垫,托起果穗,再由拿刀人砍断果轴。采收时,假茎砍断后应留下残茎1.5 m~2.0 m为宜;如收获季节易受过强光照、干热风影响而导致蕉果晒伤的地区,在采收时保留整株蕉树,待采收接近尾声时才统一在上述高度砍断假茎。

13.4.2 搬运

13.4.2.1 将果穗垂吊在索道上或特制的采收车上。

13.4.2.2 将果穗斜靠固定在特制的手推平板车上(车上设一个纵向支架)。

13.4.2.3 用海绵将果穗包裹,单层平放在垫有软质材料的车上。

13.4.2.4 其他可使果穗不着地的无伤搬运方式。

13.4.2.5 搬运前果梳之间宜用海绵或珍珠棉等软质材料隔开。

13.4.3 **严格护果**

从砍蕉至运往包装房整个过程应做到果穗不着地，轻拿轻放，严格避免蕉果发生割、压、碰、擦等机械损伤和晒伤。

13.5 **及时采后处理**

果穗运往包装房后，及时进行清洗、落梳、分梳、修整、分级、称重、保鲜与包装等一系列香蕉采后商品化处理。

附 录 A
（规范性附录）
香蕉生产应禁止使用的农药

包括六六六，滴滴涕，毒杀芬，二溴氯丙烷，杀虫脒，二溴乙烷，除草醚，艾氏剂，狄氏剂，汞制剂，砷、铅类，敌枯双，氟乙酰胺，甘氟，毒鼠强，氟乙酸钠，氟硅酸钠，甲胺磷，甲基对硫磷，甲拌磷，对硫磷，久效磷，磷胺，甲拌磷，甲基异硫磷，特丁硫磷，甲基硫环磷，治螟磷，内吸磷，克百威，涕灭威，灭多威，灭线磷，蝇毒磷，氧乐果，水胺硫磷，地虫硫磷，五氯酚钠，林丹，2，4－D，B_9，氯丹，以及国家规定禁止使用的其他农药。

附 录 B
(资料性附录)
香蕉主要病虫害防治方法

表 B.1 香蕉主要病虫害防治方法

<table>
<tr><th rowspan="2">防治对象</th><th rowspan="2">为害部位</th><th colspan="2">药 剂 防 治</th><th rowspan="2">其 他 防 治</th></tr>
<tr><th>推荐使用种类与浓度</th><th>方 法</th></tr>
<tr><td>香蕉叶斑病</td><td>叶片</td><td>25%丙环唑(敌力脱)乳油 1 000 倍~1 500 倍液
23%腈苯唑悬剂 1 000 倍~1 500 倍液
20.67%杜邦万兴(恶唑菌酮+氟硅唑)乳油 1 000 倍~1 500 倍液
25%咪鲜胺乳油 500 倍~1 000 倍液
80%代森锰锌可湿性粉剂 800 倍液</td><td>喷雾叶片</td><td>合理密植,不应种得过密;
加强水肥管理,不偏施氮肥;
及时排除蕉园积水;
及时割除吸芽、枯叶、病叶,除净杂草,使园内通风透光</td></tr>
<tr><td>香蕉黑星病</td><td>叶片、果实</td><td>75%百菌清可湿性粉剂 800 倍液
50%多菌灵可湿性粉剂 800 倍液
80%代森锰锌可湿性粉剂 800 倍液
40%杜邦福星乳油 6 000 倍~8 000 倍液</td><td>抽蕾后开苞前喷雾花蕾及其附近叶片</td><td>加强管理,提高抗病能力;
对果实套袋</td></tr>
<tr><td>香蕉炭疽病</td><td>果实、假茎</td><td>2%农抗 120 水剂 200 倍液
50%多菌灵可湿性粉剂 500 倍~800 倍液
75%百菌清可湿性粉剂 800 倍~1 000 倍液
80%代森锰锌可湿性粉剂 800 倍液</td><td>抽穗时开始对花穗和小果喷雾</td><td>对果实套袋</td></tr>
<tr><td rowspan="2">香蕉花叶心腐病</td><td rowspan="2">叶片、假茎、果实等</td><td>杀蚜剂见香蕉交脉蚜</td><td>定期喷杀蚜剂,消灭传毒媒介</td><td rowspan="2">选用无病健康组培苗,不得从病区调用吸芽苗作种苗;
保持园内清洁,及时清除杂草;
及时铲除病株,并集中烧毁;
加强肥水管理,不偏施氮肥;
与甘蔗、水稻、大豆或花生等作物轮作</td></tr>
<tr><td>20%病毒清 (A) 800 倍~1 000 倍液</td><td>主要在前期、中期喷雾</td></tr>
<tr><td>香蕉束顶病</td><td>叶片、假茎、果实等</td><td>与香蕉花叶心腐病相同</td><td>同上</td><td>同上</td></tr>
<tr><td rowspan="2">香蕉根结线虫病</td><td rowspan="2">根系</td><td>0.5%土线散颗粒剂每株撒施 20 g
5%丁硫克百威颗粒剂每株 40 g~50 g</td><td>定植前进行土壤消毒</td><td rowspan="2">不用病土作培育种苗的营养土;
选用无病健康组培苗;
加强肥水管理;与甘蔗、水稻、大豆或花生等作物轮作;
植前翻耕土壤,并充分晒白</td></tr>
<tr><td>3%米乐尔每 666.7 m^2 施 5 000 g
0.5%土线散颗粒剂每株 20 g 撒施
5%丁硫克百威(好年冬)颗粒剂每株 40 g~50 g</td><td>植后在香蕉基部先松土,用药剂灌根或基部撒施后盖土再淋水</td></tr>
</table>

表 B.1 (续)

<table>
<tr><th rowspan="2">防治对象</th><th rowspan="2">为害部位</th><th colspan="2">药 剂 防 治</th><th rowspan="2">其 他 防 治</th></tr>
<tr><th>推荐使用种类与浓度</th><th>方 法</th></tr>
<tr><td>香蕉枯萎病</td><td>全株发病，为毁灭性病害</td><td>50%多菌灵可湿性粉剂 500 倍液
32%克菌水剂 2 000 倍液</td><td>对轻病者，用药剂淋灌根茎部，7 d 1 次，连续 2～3 次</td><td>选择抗病品种；
严格执行检疫制度，严禁从疫病区购进种苗；
推广无病组培苗；
及时排水，施肥应距蕉头 50 cm 以上；及时挖除病株集中烧毁，并对蕉园进行土壤消毒，同时采取必要的隔离措施；重病蕉园(发病率 20%以上)可考虑全园销毁，发病蕉园原则上 5 年内不能种植香蕉和易感香蕉枯萎病的作物，应改种水稻或甘蔗或花生等作物</td></tr>
<tr><td>香蕉交脉蚜</td><td>主要传播束顶病和花叶心腐病</td><td>5%鱼藤酮乳油 1 000 倍～1 500 倍液
10%吡虫啉可湿性粉剂 3 000 倍～4 000 倍液
40%乐果乳油 1 000 倍～1 500 倍液
50%抗蚜威可湿性粉剂 1 000 倍～1 200 倍液
2.5%溴氰菊酯乳油 2 500 倍～5 000 倍液
40%毒死蜱乳油 1 000 倍～2 000 倍液
20%丁硫克百威(好年冬)1 000 倍液</td><td>重点对香蕉心叶、幼株、成株把头处定期喷雾</td><td>选用不带蚜虫的种苗定植</td></tr>
<tr><td>香蕉花蓟马</td><td>使果实表皮粗糙</td><td>同上</td><td>现蕾时至花蕾下弯时及时喷雾</td><td>加强水肥管理，促使花蕾迅速张开，缩短受害期</td></tr>
<tr><td>香蕉假茎象鼻虫</td><td>幼虫蛀食假茎、叶柄、花轴</td><td>98%杀螟丹可溶性粉剂 5 000 倍液
18%杀虫双水剂 1 800 倍～2 000 倍液
48%毒死蜱乳油 1 000 倍～2 000 倍液
80%敌敌畏乳油 800 倍液
40%毒死蜱乳油 500 倍液(注射受害的假茎)</td><td>重点喷于傍晚喷药，自上而下喷洒假茎，杀灭成虫</td><td>选用无虫害的组培苗；
钩杀蛀道中的幼虫；
经常清园，挖除旧蕉头，集中烧毁</td></tr>
<tr><td>香蕉弄蝶(卷叶虫)</td><td>卷食叶片，减少叶面积</td><td>40%毒死蜱乳油 1 000 倍～2 000 倍液
苏云金杆菌粉剂(含活芽胞 100 亿个/g)500 倍～1 000 倍液
5%伏虫隆乳油 1 000 倍～2 000 倍液
10%吡虫啉可湿性粉剂 3 000 倍～4 000 倍液
80%敌百虫可溶性粉剂或晶体 500 倍～800 倍液
2.5%三氟氯氰菊酯乳油 2 500 倍～3 000 倍液</td><td>对低龄幼虫及时用药喷杀</td><td>网捕成虫；
人工摘除虫苞和卵粒；
冬季清园，将园内干叶集中烧毁</td></tr>
<tr><td>香蕉球茎象鼻虫</td><td>幼虫蛀食球茎</td><td>50%辛硫磷乳油 1 000 倍～1 500 倍液</td><td>定植时施入植穴中</td><td>选用无虫害的组培苗；
挖除旧蕉头，集中烧毁</td></tr>
</table>

表 B.1 (续)

防治对象	为害部位	药剂防治		其他防治
		推荐使用种类与浓度	方法	
香蕉网蝽	若虫吸取叶片汁液	48%毒死蜱乳油 1 000 倍~2 000 倍液 40%乐果乳油 1 000 倍~1 500 倍液 80%敌敌畏乳油 800 倍~1 000 倍液 80%敌百虫可溶性粉剂或晶体 500 倍~800 倍液	喷雾	及早清除严重受害叶,并集中烧毁或深埋
香蕉斜纹夜蛾	幼虫蛀食幼嫩心叶及叶片表面	52.25%农地乐(毒死蜱+氯氰菊酯)乳油 1 500 倍~2 000 倍液 40%乐果乳油 1 000 倍~1 500 倍液 80%敌敌畏乳油 800 倍~1 000 倍液 25%灭幼脲胶悬剂 800 倍液 5%鱼藤酮乳油 1 000 倍~1 500 倍液	喷雾	及时人工摘除卵块和捕杀幼虫
香蕉叶螨(红蜘蛛)	吸食叶片汁液	10%浏阳霉素 1 000 倍~2 000 倍液 0.2%苦参碱乳剂 200 倍~300 倍液 15%速螨酮乳油 1 500 倍~2 000 倍液 73%克螨特乳油 2 000 倍~3 000 倍液 5%噻螨酮乳油 1 500 倍~2 000 倍液	叶片出现为害状,且叶片上存有活虫口时喷雾	加强管理,增施有机肥,加强清园工作
中华稻蝗	咬食蕉苗幼嫩叶片	40%乐果乳油 1 000 倍~1 500 倍液 80%敌敌畏乳油 800 倍~1 000 倍液 2.5%高效氯氟氰菊酯乳油 3 000 倍液	喷雾	铲除蕉园周边杂草

附加说明:

本标准代替 NY/T 5022—2001《无公害食品　香蕉生产技术规程》。

本标准与 NY/T 5022—2001 相比,主要有以下变化:

——园地选择增加了对气候条件、立地条件的规定。

——园地规划增加了对种植规格、品种选择、包装房、采收索道与采后处理设施的规定。

——施肥管理调整了施肥比例,增加了施肥时期和施肥方法等的规定。

——树体管理增加了除芽与留芽、校蕾与绑叶、抹花、疏果、调整果轴方向、立桩防风的规定。

——增加了生产周期、轮作制度、灾害预防与补救措施的规定。

——果实采收增加了采收适期、无伤采收技术的规定。

——删除允许推荐使用的具体肥料种类的规定。

——删除推荐使用的具体农药种类的规定。

——删除限用的具体中等毒性有机农药种类的规定。

本标准的附录 A 为规范性附录、附录 B 为资料性附录。

本标准由中华人民共和国农业部提出。

本标准由农业部热带作物及制品标准化技术委员会归口。

本标准负责修订单位:华南热带农业大学园艺学院、中国热带农业科学院热带作物品种资源研究所。

本标准主要修订人:李绍鹏、蔡胜忠、刘德兵、李茂富、陈业渊、魏守兴、王成英。

本标准于 2001 年首次发布。

中华人民共和国农业行业标准

木薯　种茎

Cassava-Cutting

NY/T 356—2006

代替 NY/T 356—1999

1　范围

本标准规定了木薯种茎的术语和定义、要求、试验方法、检验规则、包装、标签、贮存与运输。

本标准适用于各品种木薯种茎。

2　规范性引用文件

下列文件中的条款通过本标准的引用而成为本标准的条款。凡是注日期的引用文件，其随后所有的修改单(不包括勘误的内容)或修订版均不适用于本标准，然而，鼓励根据本标准达成协议的各方研究是否可使用这些文件和最新版本。凡是不注日期的引用文件，其最新版本适用于本标准。

中华人民共和国国务院令(1992 年第 98 号)《植物检疫条例》

中华人民共和国农业部令(1995 年第 5 号)《植物检疫条例实施细则》

3　术语和定义

下列术语和定义适用于本标准。

3.1

种茎　cutting

已经成熟、木质化且能够作为繁殖材料的植株茎干。

3.2

种茎长度　cutting length

种茎的总长度。

3.3

种茎粗度　cutting diameter

种茎尾部的直径。

3.4

节间长度　internode length

种茎上芽眼间的长度。

3.5

芽眼完整度　buds integrity

种茎节上芽眼的完好程度。

3.6

髓部充实度　pith satiety

中华人民共和国农业部 2006-07-10 发布　　2006-10-01 实施

种茎髓部薄壁组织的疏密程度。

3.7

乳汁 latex

种茎切口处所渗出的乳白色液体。

3.8

品种纯度 variety purity

品种在特征特性方面典型一致的程度，本品种的种茎数占供检样品总数的百分率。

3.9

苗龄 cutting age

从种植到收获的实际生长时间。

4 要求

4.1 基本要求

4.1.1 外观

种茎外观完整，种茎芽眼完整，髓部充实；种茎的苗龄大于或等于8个月；新鲜种茎切口处有乳汁。

4.1.2 检疫

无检疫性病虫害。

4.2 质量要求

种茎质量应符合表1规定。

表1 种茎质量指标

项目	分级	
	一级	二级
种茎长度，cm	≥100	60～99
种茎粗度，cm	≥2.0	1.5～1.9
节间长度，cm	≤2.5	2.6～4.0
品种纯度	≥98%	

5 试验方法

5.1 外观

种茎表皮、芽眼完整度、髓部充实度、病虫害、乳汁等指标用目测法检验，苗龄根据育苗档案核定。

5.2 疫情检验

按《植物检疫条例》和《植物检疫条例实施细则（农业部分）》中有关规定进行。

5.3 质量检验

5.3.1 种茎长度

用钢卷尺测量木薯种茎的总长度（精确至±1 cm），保留整数。

5.3.2 种茎粗度

用游标卡尺测量种茎尾部的直径（精确至±1.0 cm），小数位数保留1位。

5.3.3 节间长度

用钢卷尺测量种茎中部10个芽眼之间的长度（精确至±1.0 cm），取其平均值，小数位数保留1位。

5.3.4 纯度检验

将样品按附录A逐株用目测法检验，根据其品种的主要特征，确定本品种的种茎数。纯度按公式

(1)计算。

$$X=\frac{A}{B}\times 100 \quad \cdots\cdots (1)$$

式中：

X——品种纯度，单位为百分率(%)；

A——样品中鉴定品种株数，单位为株；

B——抽样总株数，单位为株。

检测结果记入附录B表中。

6 检测规则

6.1 检验批次

同一产地、同时出圃的种苗作为一个检验批次。

6.2 抽样

采用随机法抽样。种茎基数在1 t以下(含1 t)，按公式(1)计算抽样量；基数在1 t以上，10 t以下时，按公式(2)计算抽样量；基数在10 t以上时，按公式(3)计算抽样量。具体计算公式如下：

$$y_1=\text{具体重量}\times 10\% \quad \cdots\cdots (1)$$

$$y_2=0.1+(\text{具体重量}-1)\times 2\% \quad \cdots\cdots (2)$$

$$y_3=0.1+(\text{具体重量}-1)\times 2\%+(\text{具体重量}-10)\times 0.2\% \quad \cdots\cdots (3)$$

6.3 判定规则

6.3.1 达不到外观与纯度的某一项要求者，判定为不合格。

6.3.2 依照表1的指标进行评判，如各项指标均达到一级的，则为一级种茎；如某项指标未达到一级的，则按二级种茎进行评判，各项指标达到二级的，则定为二级种茎；如某项指标未达到二级的，则定为不合格种茎。

6.4 复检

如果对检验结果产生异议，允许采用备用样品(如条件允许，可再抽一次样)复检一次，复检结果为最终结果。

7 包装、标签、贮存、运输

7.1 包装

木薯种茎以20 kg～25 kg为一捆，用包装纤维绳包扎好，并挂上标签。

7.2 标签

种茎销售或调运时必须附有质量检验证书和标签。推荐的检验证书见附录C及标签见附录D。

7.3 贮存

种茎包装好后存放于安全的地方，避免烈日暴晒或霜冻害。在无霜冻害的地方，可存放于树荫底下，种茎基部着地竖立存放，并在上面用草覆盖好，确保适宜的温湿度。在有冰害的地区，应注意种茎安全越冬存放(如采用地窖法等)，同时应注意防虫蛀、腐烂及防止病虫害的发生和蔓延。

7.4 运输

木薯种茎在运输装卸过程中，应注意防止种茎芽眼和皮层的损伤。

附 录 A
（规范性附录）
木薯主要品种特征

A.1 华南 205

矮秆密节，分枝少，株高 1.5 m～2.5 m；茎干外皮呈红褐色，内皮呈浅绿色；叶片 7～9 裂，裂片窄长，呈线形，叶柄呈红色。结薯集中，薯块多而粗壮，呈圆锥形，浅生易收获。

A.2 华南 124

主茎分枝部位高，分叉角度小，叶节密，株高 1.8 m～3.0 m；茎干外皮呈灰绿色，内皮呈深绿色；叶片裂隙片狭长，厚而浓绿，叶柄淡紫褐色。

A.3 面包木薯

株高 2 m～3 m；茎干外皮呈灰褐色，内皮呈深绿色；叶片宽大浓绿，叶柄紫红色。

A.4 蛋黄木薯

矮秆密节，主茎分枝部位适中，分枝短而紧凑，株高 1.5 m～2.0 m；茎干灰褐色。

A.5 华南 5 号（ZM9057）

矮秆密节，顶端分枝部位较低，主茎较矮，分枝较长，色度较大；叶片裂片窄长，呈线形，叶柄红带乳黄色，茎部带乳黄色斑环，成熟老茎外皮灰白色，内皮呈绿色。结薯集中，薯块粗大均匀，浅生易收获，薯外皮浅黄色、光滑，内皮浅红色，高产、优质的优良品系。

A.6 华南 6 号（OMR33 - 10 - 4）

顶端分枝部位高，分枝短，株型紧凑，叶片裂片披针形，暗绿色，叶柄紫红色，叶节密，成熟茎外上皮灰绿色，内皮深绿色。

A.7 华南 7 号（ZM8637）

茎干粗大，植株高大，顶端分枝部位高，一般分叉 3 个～4 个，顶端嫩茎棱边紫红色，成熟老茎外皮红褐色，内皮浅绿色。叶片宽大，裂片倒卵形，暗绿色，叶柄红色。

A.8 华南 8 号（CMR38 - 120 - 10）

顶端分枝部位高，分枝短，株型紧凑，叶片裂片披针形，暗绿色，叶柄绿色，叶节密，成熟茎外上皮灰绿色，内皮深绿色。

A.9 华南 8002

株高 1.5 m～2.5 m，顶端分枝晚，分枝部位高，分枝短而紧凑；茎干粗细适中，叶节密，叶片寿命长。

A.10 华南 8013

顶端分枝适中，分枝短而集中，株型紧凑，茎干较坚硬；叶片宽大，叶节密。

附　录　B
（资料性附录）
木薯种茎质量检测记录

推荐的木薯种茎质量检测记录表如表B.1。

表B.1　木薯种茎质量检测记录

品　　种：＿＿＿＿＿＿＿＿　　　　No：＿＿＿＿＿＿＿＿

育苗单位：＿＿＿＿＿＿＿＿　　　　购苗单位：＿＿＿＿＿＿＿＿

出圃吨数：＿＿＿＿＿＿＿＿　　　　抽检吨数：＿＿＿＿＿＿＿＿

样株号	种茎长度 cm	种茎粗度 cm	节间长度 cm	初评级别

审核人（签字）：　　　　校核人（签字）：　　　　检测人（签字）：　　　　检测日期：　年　月　日

附　录　C
（资料性附录）
木薯种茎质量检验证书

No：__________

育苗单位		购苗单位	
出圃吨数		种茎品种	
品种纯度			
检验结果	其中：一级：　　二级：　　三级：		
检验意见			
证书签发期		证书有效期	
检验单位			
注：本证一式三份，育苗单位、购苗单位、检验单位各一份。			

审核人（签字）：　　　　校核人（签字）：　　　　　　　　检测人（签字）：

附 录 D
(资料性附录)
木薯种茎标签

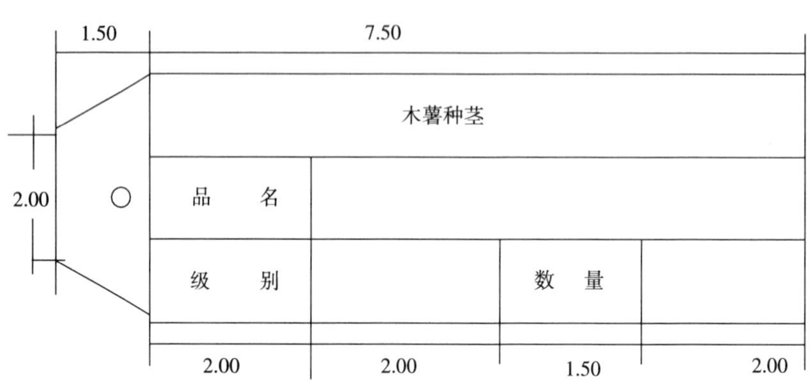

正面

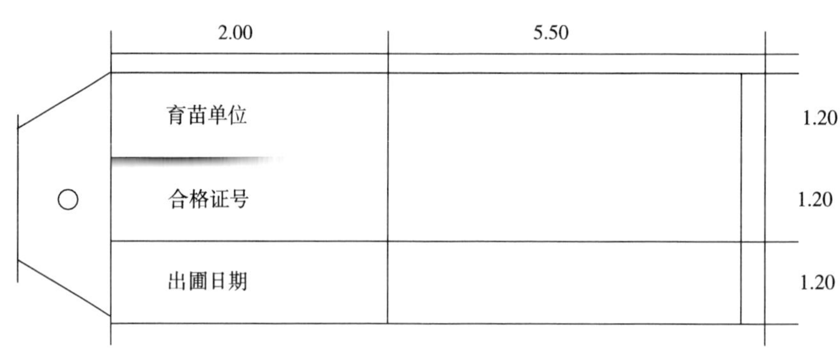

反面

(单位:cm)

注:标签用150 g的牛皮纸。
标签孔用金属包边。

附加说明:

本标准是对NY/T 356—1999《木薯 种茎》进行修订,主要变化为:

—— 对部分术语、定义进行了修改。

—— 种茎级别从三级改为二级。

—— 种茎长度、节间长度、苗龄等指标进行了调整。

—— 抽样单位由株改为吨。

—— 补充了部分品种的特征特性。

本标准的附录A为规范性附录，附录B、附录C和附录D为资料性附录。

本标准由中华人民共和国农业部提出。

本标准由农业部热带作物及制品标准化技术委员会归口。

本标准起草单位：农业部热带作物种子种苗质量监督检验测试中心。

本标准合作单位：中国热带农业科学院热带作物品种资源研究所。

本标准主要起草人：张如莲、李开绵、谢振宇、叶剑秋、洪彩香、漆智平、傅小霞。

本标准所代替标准的历次版本发布情况：

NY/T 356—1999。

中华人民共和国农业行业标准

木　薯

Cassava

NY/T 1520—2007

警示：木薯中含有亚麻苦甙，经水解后可析出游离态的氢氰酸，可致人体组织细胞窒息中毒。鲜木薯不宜生食，应选择适宜的品种并经去毒处理方可食用。

1　范围

本标准规定了木薯的术语和定义、要求、试验方法、检验规则、标签、包装、运输和贮存。

本标准适用于食用和工业用鲜木薯，不包括饲料用木薯。

2　规范性引用文件

下列文件中的条款通过本标准的引用而成为本标准的条款。凡是注日期的引用文件，其随后所有的修改单（不包括勘误的内容）或修订版均不适用于本标准，然而，鼓励根据本标准达成协议的各方研究是否可使用这些文件的最新版本。凡是不注日期的引用文件，其最新版本适用于本标准。

GB/T 5009.9　食品中淀粉的测定

GB/T 5009.11　食品中总砷及无机砷的测定

GB/T 5009.12　食品中铅的测定

GB/T 5009.15　食品中镉的测定

GB/T 5009.17　食品中总汞及有机汞的测定

GB/T 5501　粮食、油料检验　鲜薯检验法

GB/T 8868　蔬菜塑料周转箱

NY/T 761　蔬菜和水果中有机磷、有机氯、拟除虫菊酯和氨基甲酸酯类农药多残留测定方法

NY/T 1096　食品中草甘膦残留量的测定

3　术语和定义

下列术语和定义适用于本标准。

3.1

食用木薯（鲜食木薯）　edible cassava

作为食物热能来源的鲜木薯，主要品种有华南 6068、GR 891 、面包木薯、蛋黄木薯等。

3.2

工业用木薯　industrial cassava

主要用于生产淀粉的鲜木薯。

3.3

中华人民共和国农业部 2007－12－18 发布　　2008－03－01 实施

品种特征　varietal character

该品种应有的典型性状，如块根形状、色泽等。

3.4

病虫斑　plant diseases and insect pests

块根外皮或薯肉遭受病虫危害，以致形成肉眼可见的伤口、病虫斑、水渍斑等。

3.5

机械损伤　mechanical injure

块根收获时或采摘前后受外力碰撞或受压迫、摩擦等造成的损伤。

3.6

裂薯　cracked cassava

表皮破裂，露出薯肉的块根。

3.7

空腔　hollow

植株营养不良，引起块根发育不充分，心室空隙大，块根表面出现棱角现象。

4　要求

4.1　基本要求

食用和工业用木薯应符合表1的要求。

表1　食用和工业用木薯的基本要求

食用木薯	工业用木薯
具有本品种的特征，块根表面光滑，清洁不带杂物，不干皱，无明显缺陷（病虫斑、腐烂、霉斑、裂薯、空腔、畸形、机械损伤），薯形较好，肉质不应有变黑的纹丝	具有本品种的特征，块根表面光滑，清洁不带杂物，不干皱，无显著缺陷（病虫斑、腐烂、霉斑、裂薯、空腔、畸形、机械损伤）
注1：病虫斑、腐烂、机械损伤为主要缺陷； 注2：尾部切割处的直径不应超过2 cm，与根相连的茎长应在1 cm～2.5 cm之间	注1：腐烂、空腔、机械损伤为主要缺陷

4.2　等级

4.2.1　等级划分

在符合基本要求的前提下，食用木薯分为一等品、二等品和三等品，工业用木薯分为一等品和二等品，具体要求应符合表2的规定。

表2　食用和工业用木薯的等级要求

等级划分	要　　求	
	食用木薯	工业用木薯
一等品	具有明显的品种特征 无缺陷，在不影响产品的正常外观的情况下允许有非常微小的损伤	淀粉含量>25.0%
二等品	具有明显的品种特征 在不影响产品的正常外观的情况下，允许有下述缺陷：(1)外形轻微损伤；(2)疤痕面积不超过表面积的5%；(3)坏死部分不超过表面积的10%。产品的损伤部分不影响到果肉部分	淀粉含量为23.0%～25.0%
三等品	保留基本的品种特征 允许存在下述缺陷：(1)外形损伤；(2)疤痕面积不超过表面积的10%；(3)坏死部分不超过表面积的20%。产品的损伤部分不影响到果肉部分	—

4.2.2 等级允许误差

4.2.2.1 食用木薯

a) 不符合一级要求的木薯数量或质量不应超过5%,但这些木薯应符合二级的要求;

b) 不符合二级要求的木薯数量或质量不应超过10%,但这些木薯应符合三级的要求;

c) 不符合三级要求的木薯数量或质量不应超过10%,但这些木薯应符合基本要求。

4.2.2.2 工业用木薯

a) 不符合一级要求的木薯数量或质量不应超过5%,但这些木薯应符合二级的要求;

b) 不符合二级要求的木薯数量或质量不应超过10%,但这些木薯应符合基本要求。

4.3 食用木薯规格

所有等级的食用木薯质量不小于300 g,长度不小于20 cm。

4.3.1 规格划分

以食用木薯最大直径为划分规格的指标,分为大(L)、中(M)、小(S)三个规格,具体要求应符合表3的规定。

表3 食用木薯的规格

单位为厘米

规格	小(S)	中(M)	大(L)
直径	3.0～5.0	5.1～7.0	>7.0

4.3.2 规格允许误差

按数量或质量计,各规格食用木薯允许有10%的产品不符合该规格的要求。

4.4 卫生

应符合表4的规定。

表4 卫生要求

单位为毫克每千克

项　　目	指　　标
无机砷(以As计)	≤0.2
铅(以Pb计)	≤0.6
镉(以Cd计)	≤0.1
总汞(以Hg计)	≤0.01
敌百虫(trichlorfon)	≤0.1
乐果(dimethoate)	≤1
毒死蜱(chlorpyrifos)	≤1
草甘膦(glyphosate)	≤0.1
其他有毒有害物质指标应符合有关国家法律、法规、行政规章和强制性标准的规定。	

5 试验方法

5.1 基本要求、等级和规格

5.1.1 基本要求、等级

按GB/T 5501规定进行抽样。用目测法进行品种特征、薯形、清洁、干皱、病虫斑、腐烂、机械损伤等项目的检测;肉质色泽、空腔应剖开检测。

每批受检样品抽样检验时,对不符合品质要求的木薯做各项记录。如果一个木薯同时出现多种缺陷,选择一种主要的缺陷,按一个缺陷薯计算。不合格率以w计,数值以%表示,按公式(1)计算:

$$w = \frac{n}{N} \times 100 \quad (1)$$

式中：

n——有缺陷的样品个数；

N——检验样本的总个数。

计算结果表示到小数点后一位。

5.1.2 规格

用卡尺测量。

5.1.3 淀粉含量

按 GB/T 5009.9 的规定执行。

5.2 安全指标的检测

5.2.1 无机砷

按 GB/T 5009.11 的规定执行。

5.2.2 铅

按 GB/T 5009.12 的规定执行。

5.2.3 镉

按 GB/T 5009.15 的规定执行。

5.2.4 总汞

按 GB/T 5009.17 的规定执行。

5.2.5 敌百虫、乐果、毒死蜱

按 NY/T 761 的规定执行。

5.2.6 草甘膦

按 NY/T 1096 的规定执行。

6 检验规则

6.1 检验分类

6.1.1 交收检验

每批产品交收前，生产者都应进行交收检验。交收检验内容包括等级和规格、标签和包装。检验合格后并附合格证方可交收。

6.1.2 型式检验

型式检验是对产品进行全面考核，即按本标准规定的全部要求进行检验。有下列情况之一者应进行型式检验：

a) 前后两次抽样检验结果差异较大；

b) 因人为或自然因素使生产环境发生较大变化；

c) 国家质量监督机构或主管部门提出型式检验要求。

6.2 组批

产地抽样以同一品种、同一产地、相同栽培条件、同时采收的木薯作为一个检验批次。流通市场以相同进货渠道的木薯作为一个检验批次。

6.3 抽样方式

按 GB/T 5501 中的规定执行。

6.4 判定规则

6.4.1 每批受检样品基本要求不合格率按其所检单位（如每堆、箱、袋）的平均值计算，不应超过 8%。

6.4.2 基本要求、等级和规格要求不合格或安全要求有一项不合格者，判定该批产品不合格。

6.4.3 标签、包装不合格时，允许整改后重新申请复检一次，以复检结果为准。

7 标签

内容包括产品名称、产品的执行标准、生产者及详细产地、净含量和包装日期等，要求字迹应清晰、完整、准确。

8 包装、运输和贮存

8.1 包装

包装物应整洁、干燥、牢固、透气、无污染、无异味，内壁无尖突物；纸箱无受潮、离层现象；塑料箱应符合 GB/T 8868 的要求。

8.2 运输

8.2.1 木薯产品收获后应就地修整，及时包装、运输。

8.2.2 运输工具应清洁卫生、无污染；装运时，做到轻装、轻卸，严防机械损伤；运输时应防日晒、雨淋，注意通风。

8.3 贮存

木薯不宜在室温下长期存放，室温保存不宜超过 3 d～7 d；贮存的场地应阴凉通风、防日晒、无异味、无污染源。

附　录　A
（资料性附录）
木薯食用注意事项

木薯块根含有亚麻苦甙，经水解后析出有毒的氢氰酸（HCN），尤以鲜嫩部位和皮层为多。据报道，常见木薯的块根氢氰酸含量为 10 mg/kg～370 mg/kg。对所采集的 21 个样品进行检测，试验结果表明，薯肉氢氰酸含量为 11.7 mg/kg～48.7 mg/kg 时，薯皮则为 94.7 mg/kg～476 mg/kg。通常以块根氢氰酸含量的多少将木薯品种分为苦味种与甜味种两大类。甜味种块根氢氰酸含量较低，可作为鲜食品种。常见的鲜食品种有华南 6068、GR 891、面包木薯、蛋黄木薯等。

因此，木薯在食用之前要进行去毒处理，以防发生中毒事故。以下方法可供参考：

1） 去皮，切成薄片，放在流动的水中浸泡 3 d，取出晒干煮熟食用。

2） 去皮，将木薯切成 11 cm～13 cm 长放入锅中煮熟，再纵剖为 4 份晒干贮藏，食用时取出浸水一昼夜，煮熟即可。

3） 去皮，切成薄片，浸水 12 h，煮沸 1 h～2 h 方可食用。

附 录 B
(资料性附录)
主要木薯品种的块根特征和淀粉含量

品种名称	块根特征	淀粉含量,%	备 注
华南 205	粗壮,呈圆锥形	28~30	
华南 124	肥大,大小均匀,长圆锥形	28~30	
华南 6068	粗大,外皮褐色,内皮紫红色,肉质雪白松粉	30~35	鲜食品种
面包木薯(马来红)	外皮深褐色,内皮紫红色	30~35	鲜食品种
华南 102(糯米木薯)	圆柱形,外皮褐色、粗糙,内皮浅红色	30~35	
华南 201(南洋木薯)	长又大,呈纺锤形,表皮黄褐色,内皮红色	25~30	
华南 8002	粗壮,大小均匀	28~30	
华南 8013	粗壮,大小均匀	28~32	
蛋黄木薯	薯肉似蛋黄,肉质细嫩松粉	≥30	鲜食品种
南植 199	薯短,中等大小	>30	
GR 891	长条,中等大小,外皮白色	>31	鲜食品种
GR 911	粗大,短圆形	>27	
桂热 3 号	长短和大小中等	>30	
华南 8	长短和大小中等	>30	

附加说明:

本标准的附录 A、附录 B 为资料性附录。

本标准由中华人民共和国农业部农垦局提出。

本标准由农业部热带作物及制品标准化技术委员会归口。

本标准起草单位:农业部食品质量监督检验测试中心(湛江)、中国热带农业科学院农产品加工研究所。

本标准主要起草人:杨春亮、查玉兵、刘杰、黎珍莲、陈成海。

中华人民共和国农业行业标准

木薯生产良好操作规范(GAP)

Good agricultural practice of cassava production(GAP)

NY/T 1681—2009

引　言

木薯作为部分食品的原料,其生产过程直接影响鲜薯及其加工食品的安全水平。为符合法律法规、相关标准的要求,保证木薯产品安全和促进木薯产业的可持续发展,提出以下要求:

0.1 木薯产品安全管理

本标准采用危害分析与关键控制点(HACCP)方法识别、评价和控制木薯产品安全。在生产过程中,针对木薯生产特点,对田间管理、植物保护的组织管理、记录等提出了要求。

0.2 农业可持续发展的环境保护要求

本标准提出了环境保护的要求,通过要求生产者遵守环境保护的法规和标准,营造木薯生产过程的良性生态环境,协调木薯生产和环境保护的关系。

0.3 员工的职业健康、安全和福利要求

本标准提出了员工职业健康、安全和福利的要求。

0.4 动物福利的要求

本标准提出了动物福利的要求。

本标准将内容条款的控制点划分为3个等级,并遵循引言表1的原则。

表1 等级及级别内容

等级	级别内容
1	基于危害分析与关键控制点(HACCP)和与食品安全直接相关的动物福利的所有食品安全要求
2	基于1级控制点要求的环境保护、员工福利、动物福利的基本要求
3	基于1级及2级控制点要求的环境保护、员工福利、动物福利的持续改善措施要求

中华人民共和国农业部 2009-03-09 发布　　2009-05-01 实施

1 范围

本标准规定了木薯(*Manihot esculenta* Crantz)生产良好操作规范的要求,适用于对木薯生产良好操作规范的符合性判定。

2 规范性引用文件

下列文件中的条款通过本标准的引用而成为本标准的条款。凡是注日期的引用文件,其随后所有的修改单(不包括勘误的内容)或修订版均不适用于本标准,然而,鼓励根据本标准达成协议的各方研究是否可使用这些文件的最新版本。凡是不注日期的引用文件,其最新版本适用于本标准。

GB/T 20014.1 良好农业规范 术语

GB/T 20014.3—2005 良好农业规范 作物基础控制点与符合性规范

3 术语和定义

GB/T 20014.1 确立的术语和定义适用于本标准。

4 要求

4.1 品种、种茎和繁殖材料

4.1.1 品种选择

序号	控 制 点	符合性要求	等级
4.1.1.1	品种选择应适于当地的自然条件和农艺要求	有符合相关规定的证明	2 级

4.1.2 种茎的质量和来源

序号	控 制 点	符合性要求	等级
4.1.2.1	应有种茎质量保证文件(如:无病虫害、病毒等),应包含品种名称、纯度、批号、供应商、种茎质量合格证和检疫证明等内容	有种茎质量、名称、批号和销售商的“种茎经营许可证”	2 级
4.1.2.2	种茎的繁殖记录	有种茎繁殖记录	2 级

4.1.3 繁殖材料

序号	控 制 点	符合性要求	等级
4.1.3.1	购买的繁殖材料应有国家认可的植物检疫证明	有符合国家法规或行业组织规定的出入境植物检疫证明	2 级

4.1.4 转基因作物(GMO)

序号	控 制 点	符合性要求	等级
4.1.4.1	应有转基因木薯的生产批文	有转基因木薯的相关生产批文	1 级
4.1.4.2	应对转基因材料实施风险评估并制定管理方案,使风险降到最低	根据初步风险评估结果,证明已采取相应措施防止意外污染	2 级

4.2 种植基地的选择

4.2.1 选择

序号	控　制　点	符合性要求	等级
4.2.1.1	在选择种植地前,应就其适应性、食品安全、操作人员健康和环境进行风险评估	在使用土地之前,对食品安全、操作人员健康和环境进行书面的风险评估并记录。种植地的环境条件符合相关规定	1级
4.2.1.2	无霜期≥8个月,生长温度≥15℃,年降雨量1 000 mm~2 500 mm,土壤肥力中等以上,排水方便,土壤pH4.5~7.0,坡度≤25°的山地或平地	立地条件符合相关规定	1级

4.2.2 管理

序号	控　制　点	符合性要求	等级
4.2.2.1	每个地块应建立记录系统(方法、数量和日期等)	每块种植地与良好农业规范文件要求相关的所有农事活动,应有文件记录	1级

4.3 土壤管理

4.3.1 土壤耕作

序号	控　制　点	符合性要求	等级
4.3.1.1	应有土壤耕作图	土壤耕作图包括了每个地块的土壤类型	2级
4.3.1.2	应采用适当方法保持水土或改良土壤结构	有适合该地块的耕作方法	3级
4.3.1.3	应采用降低水土流失的耕作技术	有现场的或书面的材料证明采取了防止水土流失的措施	3级

4.4 肥料使用

4.4.1 肥料选择

序号	控　制　点	符合性要求	等级
4.4.1.1	购买化肥应有化学成分的书面证明	最近12个月内,施用化肥的详细化学成分有书面证明	3级
4.4.1.2	使用有机肥前,应有化学成分的书面证明和风险评估	可结合GB/T 20014.3—2005中4.4.5的有机肥料进行检查	2级
4.4.1.3	施肥之前应对重金属和其他污染物的含量进行分析	分析由认可的实验室完成,分析结果有记录并妥善保存	3级

4.4.2 肥料用量

序号	控　制　点	符合性要求	等级
4.4.2.1	肥料施用不应超过使用地规定限量。应避免过量氮、磷和钾肥等肥料对其他作物、地表水和地下水的污染	提供了施肥的记录并在现场证明。可结合GB/T 20014.3—2005中的4.4.2的施肥记录进行检查	2级

4.4.3 肥料储存

序号	控　制　点	符合性要求	等级
4.4.3.1	肥料储存应适当,以降低污染环境、影响人和动物安全的风险	感官评估。可结合GB/T 20014.3—2005中的4.4.4的肥料储存进行检查	3级

4.5 灌溉

4.5.1 灌溉方法

序号	控 制 点	符合性要求	等级
4.5.1.1	应有水管理计划以优化水的用量并减少浪费	有书面的计划,并列出灌溉的方法及步骤	3 级

4.5.2 灌溉用水质量

序号	控 制 点	符合性要求	等级
4.5.2.1	每年应至少分析一次灌溉用水	有分析记录	3 级
4.5.2.2	分析应由有资质的实验室实施	有相关文件或记录证实实验室的资质	3 级
4.5.2.3	分析应考虑到化学的污染	根据风险分析,对相关的化学残留有书面记录	3 级
4.5.2.4	分析应考虑到重金属的污染	根据风险分析,对相关的重金属污染有文件记录	3 级
4.5.2.5	应对出现的异常结果采取措施	对采取的措施及结果有记录	3 级
4.5.2.6	应保留灌溉用水记录	记录包括灌溉日期、方法和灌溉量	2 级

4.6 植物保护

4.6.1 基本要素

序号	控 制 点	符合性要求	等级
4.6.1.1	应通过培训或获得建议,以实施有害生物综合防治(IPM)技术	技术负责人接受正式书面培训和(或)外部有害生物综合防治的咨询服务,能够证实负担技术责任的资格	2 级
4.6.1.2	植保产品的使用应与木薯最佳效果同步,同时应将对非目标物种或作物、环境、地表水和地下水的不利影响降到最低	有记录表明符合要求,包括书面的合理性证据和施用的时机。应使用最低限量植保产品防治病、虫、草害	2 级

4.6.2 选择

序号	控 制 点	符合性要求	等级
4.6.2.1	使用的植保产品应经国家登记许可	植保产品经国家登记许可	1 级
4.6.2.2	负责选择植保产品的农技人员应能胜任相应的工作	获得资格证书或专门培训证书	1 级

4.6.3 残留分析

序号	控 制 点	符合性要求	等级
4.6.3.1	应获得其产品消费地的信息和该市场的最高残留限量(MRL)的要求	掌握其产品消费地市场要求的最高残留限量(MRL)的清单。当目标市场在多个国家时,残留检查系统应满足当前最严格的最高残留限量(MRL)要求	1 级
4.6.3.2	应采取措施使其销售的产品满足预期消费地最高残留限量(MRL)的要求	当产品销售市场的最高残留限量(MRL)严于生产地要求时,在生产周期内已经考虑最高残留限量(MRL)的要求	1 级

4.6.4 植保器械

序号	控 制 点	符合性要求	等级
4.6.4.1	所用植保器械应处于良好的状态	所用植保器械应处于良好的状态。结合 GB/T 20014.3—2005 中 4.6.5 的施用器械进行检查	1 级

4.6.5 防护服装和设备

序号	控 制 点	符合性要求	等级
4.6.5.1	所有的员工应备有合身的防护服,并按说明书使用	遵照植保产品说明书,有整套性能良好的防护服,如:橡胶靴、防水衣、防护连身裤、橡胶手套和面具等	1级
4.6.5.2	应确保植保产品处理人员和操作员工的工作区域附近有清洗设施	感官评估	2级

4.6.6 储存和处置

序号	控 制 点	符合性要求	等级
4.6.6.1	植保产品的储存应符合当地法律法规的要求,以降低污染环境、影响人和动物安全的风险	植保产品的储存应符合当地法律法规的要求。结合GB/T 20014.3—2005 中 4.6.8 的植保产品的储存和处置进行检查	1级

4.6.7 使用记录

序号	控 制 点	符合性要求	等级
4.6.7.1	记录使用植保产品的所有信息	记录使用植保产品的所有信息。结合 GB/T 20014.3—2005 中 4.6.3 的使用记录进行检查	1级

4.7 收获

4.7.1 卫生

序号	控 制 点	符合性要求	等级
4.7.1.1	在收获木薯前,员工应接受过相关卫生要求的基本培训	通过与员工面谈,证明员工懂得基本卫生要求	1级
4.7.1.2	收获过程应执行卫生规程	有收获过程的卫生风险分析和卫生规程,执行书面的卫生规程	1级
4.7.1.3	运输过程应避免鲜薯受到肥料和农药等污染	符合相关规定	1级
4.7.1.4	收获场地附近应有清洁的供员工使用的方便洗手设施	有清洁的洗手设施	2级

4.8 鲜薯的储存

4.8.1 卫生

序号	控 制 点	符合性要求	等级
4.8.1.1	包装袋是清洁的	感官评估。装鲜薯的包装袋是清洁的,即不存放农药、化肥或其他废弃物等	1级
4.8.1.2	清洁干净储存鲜薯的场所	通过与生产经营者面谈和现场检查,证明符合有关规定	1级
4.8.1.3	用于传送和运输鲜薯的设备应彻底清洁	有现场证据,负责员工有清洁意识	1级
4.8.1.4	如果收获前使用了有助于产品储存的植保产品,应记录所使用的产品名称、使用剂量、使用日期、使用理由和操作人员信息	有相关记录	1级

4.9 员工的健康、安全和福利

4.9.1 培训

序号	控 制 点	符合性要求	等级
4.9.1.1	应保存每个员工的培训记录	有每个员工的培训记录,包括培训科目和培训证书等复印件	3级
4.9.1.2	生产过程中,至少应有一个接受过急救方面培训的人在场	生产时,遵守适用的急救培训法规	2级
4.9.1.3	所有员工应接受过事故和紧急情况的处理方法的培训	通过通俗的指导和口头讲解,使员工明确事故和紧急情况的应对措施,并尽可能地在指导书中使用标识	2级
4.9.1.4	所有的员工都应知道个人卫生方面的要求	在明显的地方张贴员工个人卫生规程,以便所有的员工都能看见	3级

4.9.2 设施、设备和事故的处理程序

序号	控 制 点	符合性要求	等级
4.9.2.1	应有事故和紧急情况的处理程序	有书面程序描述如何应对事故或紧急情况,程序应清楚的标明联系人、联系电话和通讯地址等	2级
4.9.2.2	在距植保产品仓库10 m内应有明显的事故处理程序	植保产品存放仓库的附近10 m内,张贴一份所有人均能看到的4.9.2.1的事故处理程序,详细说明处理主要事故和救护的基本步骤	2级
4.9.2.3	应有警示标记清楚地表明危险处	植保产品和肥料存放设施的门上或附近,应有固定的、清楚的危险警示标记	2级
4.9.2.4	操作人员被污染时,应有相应的处理设施	存放植保产品及配药地点的10 m区域内,应有眼睛清洗设施、洁净水源、急救箱以及清晰的事故处理程序,所有设施和标识长期保持且清晰可见	2级

4.9.3 植保产品的处理

序号	控 制 点	符合性要求	等级
4.9.3.1	所有处理和使用植保产品的员工应受过培训	有正式的资质或特定培训证书,证实所有实际处理或使用植保产品的人员都有此能力	2级
4.9.3.2	所有接触植保产品的员工应每年按当地的规定自愿参加体检	按国家、区域或当地的规定,所有接触植保产品的员工每年自愿参加体检	3级

4.9.4 来访者的安全

序号	控 制 点	符合性要求	等级
4.9.4.1	所有来访者应知道个人安全方面的要求	在明显的地方张贴来访者个人安全规程,以便来访者都能看见	2级

4.10 环境问题

4.10.1 野生动物保护

序号	控 制 点	符合性要求	等级
4.10.1.1	应制定野生动物保护管理计划(单独或区域性的)	有书面的野生动物保护说明	2级

附加说明：

本标准由中华人民共和国农业部农垦局提出。

本标准由中华人民共和国农业部农垦局热带作物及制品标准化技术委员会归口。

本标准起草单位：中国热带农业科学院热带作物品种资源研究所、国家重要热带作物工程技术研究中心。

本标准主要起草人：黄洁、张振文、闫庆祥、陆小静、李开绵、叶剑秋、许瑞丽、蒋盛军。

中华人民共和国农业行业标准

木薯嫩茎枝种苗快速繁殖技术规程

Rapid technical propagation rules for young cassava cutting

NY/T 1685—2009

1 范围

本规程规定了木薯(*Manihot esculenta* Crantz)嫩茎枝种苗繁殖的立地条件、品种与嫩茎枝选择、种植方法、温湿调控、水肥管理、病虫草害防治等技术要求。本标准适用于木薯嫩茎枝种苗的快速繁殖生产。

2 规范性引用文件

下列文件中的条款通过本标准的引用而成为本标准的条款。凡是注日期的引用文件，其随后所有的修改单(不包括勘误的内容)或修订版均不适用于本标准，然而，鼓励根据本标准达成协议的各方研究是否可使用这些文件的最新版本。凡是不注日期的引用文件，其最新版本适用于本标准。

GB 4284 农用污泥中污染物控制标准

GB 4285 农药安全使用标准

GB 8172 城镇垃圾农用控制标准

GB 8321 (所有部分)农药合理使用准则

GB 17420 含微量元素叶面肥料

NY/T 227 微生物肥料

NY/T 393 绿色食品 农药使用准则

NY/T 394 绿色食品 肥料使用准则

3 术语和定义

下列术语和定义适用于本标准。

3.1

嫩茎枝 young cassava cutting

为未完全木质化的新鲜主茎和分枝。

3.2

品种纯度 purity of variety

按批次抽检出的某一品种的种茎数占全部抽检数的百分率。

4 立地条件

适宜生长温度 17℃～37℃，最适温度 25℃～30℃。避风避寒、阳光充足、土壤肥沃疏松湿润不积水、排灌方便、病虫害少的缓坡地或平地，避免使用连作木薯地，沙壤土最佳，pH 4.5～7.0。

中华人民共和国农业部 2009-03-09 发布 2009-05-01 实施

5 植前准备

5.1 备耕

深耕 30 cm～40 cm 后，晒地 1 个月，种植前，结合犁耙整地，每公顷施 15 t～45 t 腐熟有机肥，应符合 GB 8172 和 GB 4284 的要求。在病虫草害多发地块，用常规农药进行土壤消毒、杀灭害虫和控制杂草，使用农药应符合 GB 4285 、GB 8321 和 NY/T 393 的要求。

5.2 品种选择

选择适宜本地自然条件、抗逆性较强、高产优质和适销对路的木薯良种。

5.3 嫩茎枝选择

嫩茎枝的皮芽无损，无病虫害，品种纯度达 99%以上，嫩茎枝应当天采，当天种植。

6 定植

6.1 种植条件

在冬春季种植，要保证气温和地温稳定在 17℃以上。低温、连续阴雨、大雨过后和干热风等环境条件不宜种植。

6.2 嫩茎枝准备

嫩茎枝切口平整，切忌撕裂茎枝。嫩茎枝长度为 10 cm～15 cm。在插植嫩茎枝前，可喷洒或浸蘸常规农药溶液消毒，农药使用应符合 GB 4285 、GB 8321 和 NY/T 393 的要求。

6.3 种植密度

直接在大田种植的行距 0.6 m～0.8 m，株距 0.6 m～0.8 m。春夏种植宜密，秋冬种植宜疏。插植苗圃的行距 20 cm～30 cm，株距 10 cm～15 cm。长成小苗后移栽。

6.4 种植方法

按茎枝的幼嫩程度来分批定植，以便管理。宜起低畦直插种植，植深 6 cm～12 cm。在土壤疏松和温度较高的条件下，半木质化的茎枝可平放种植，埋深 5 cm 左右。

7 温湿度调控

秋冬或早春低温的地方，应建温室(棚)保温升温，保证室内 17℃以上。在夏秋季节的发芽和幼苗期，在强光和强蒸腾情况下，宜搭遮光网遮荫保湿。干燥天气，早晚适当喷淋水保湿。遇连续阴雨或大雨时，注意排水防涝。

8 水肥管理

苗高 10 cm 时，淋施腐熟的人畜粪尿或尿素的稀释水肥，避免肥液残留在叶芽上。苗高 20 cm 时，每公顷穴施 30 kg～45 kg 尿素、15 kg～30 kg 氯化钾和 75 kg～150 kg 复合肥(15∶15∶15)。若苗情差，可追施氮磷钾肥、微生物肥和叶面肥等。施肥应符合 GB 17420 、NY/T 394 和 NY/T 227 的要求。

9 病虫草害防治

应用常规农药进行病虫害防治。平放种植用乙草胺进行萌前除草。使用农药应符合 GB 4285 、GB 8321 和 NY/T 393 的要求。

10 去杂

当木薯苗长至 50 cm 以上，根据品种特性进行去杂，保证品种纯度。

11 扩繁

当木薯主茎粗壮且半木质化时，取其嫩茎枝，按照第6～9章所述方法扩繁。

附加说明：

本标准由中华人民共和国农业部农垦局提出。

本标准由农业部农垦局热带作物及制品标准化技术委员会归口。

本标准起草单位：中国热带农业科学院热带作物品种资源研究所、国家重要热带作物工程技术研究中心。

本标准主要起草人：黄洁、李开绵、叶剑秋、许瑞丽、陆小静、蒋盛军、闫庆祥、张振文。

中华人民共和国农业行业标准

农作物种质资源鉴定技术规程 甘蔗

NY/T 1488—2007

Technical code for evaluating germ plasm resources —Sugarcane(*Saccharum* L.)

1 范围

本标准规定了甘蔗属(*Saccharum* L.)种质资源鉴定的要求和方法。

本标准适用于甘蔗属(*Saccharum* L.)种质资源的植物学特征、生物学特性和品质性状的鉴定。芒属(*Miscanthus* Anderss.)、蔗茅属(*Erianthus* Michx. sect. *Ripidium* Henrard)、河八王属(*Narenga* Bor.)和硬穗茅属(*ScLerostachya* Hack A. Camus)等甘蔗野生近缘属植物资源的鉴定可参照执行。

2 要求

2.1 鉴定条件

鉴定材料生长地点应能够满足植株的正常生长及其性状的正常表达。

2.2 鉴定内容

鉴定内容见表1。

表 1 甘蔗种质资源鉴定内容

性 状	鉴 定 项 目	
植物学特征	根	气根
	茎	茎形、节间形状、节间颜色、节间长度、蜡粉带、木栓、生长裂缝、生长带形状、根点排列、芽形、芽位、芽沟
	叶	叶姿、叶色、叶片长度、叶片宽度、脱叶性、叶鞘背(57号)毛群、叶耳(内、外)形状
	花	花序形状、花序颜色
生物学特性	始穗期、花粉成熟率、染色体数目(2 n)	
农艺、工艺性状	株高、茎径、田间锤度、蔗糖分、纤维分	

3 鉴定方法

3.1 植物学特征

3.1.1 气根

在成熟期,观察记录蔗茎上气根生长状况,分为有、无。

3.1.2 茎形

在成熟期,观察蔗茎的整体形状,按图1确定茎形,分为直立(非倒伏情况下,植株整体呈直线状态)和弯曲(非倒伏情况下,植株呈弯曲状态)。

3.1.3 节间形状

在成熟期,观察蔗茎中部节间的形状。按图2以最大相似原则确定,分为圆筒形、腰鼓形、细腰形、

中华人民共和国农业部 2007-12-18 发布 2008-03-01 实施

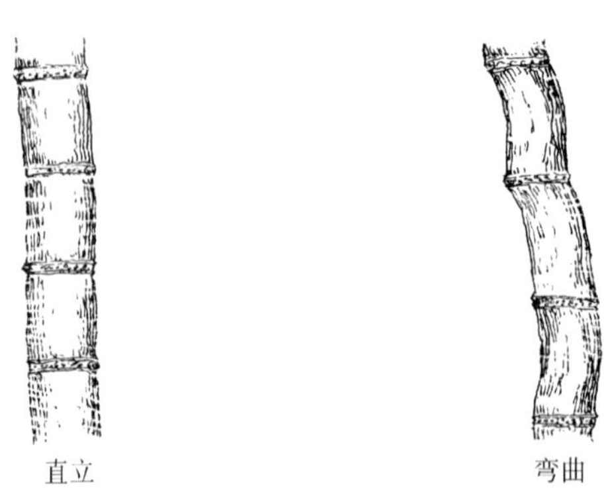

图1 茎 形

圆锥形、倒圆锥形、弯曲形。

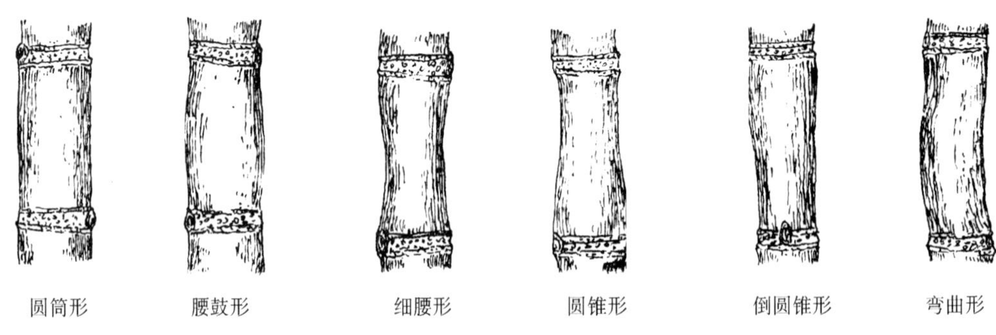

图2 节间形状

3.1.4 曝光前节间颜色

在成熟期，观察蔗茎+6或+7叶（自植株顶端第1片完全展开叶至下数第6或第7片叶）包被的节间茎皮的颜色，分为黄、黄绿、深绿、红、紫、深紫、绿条纹、黄条纹。

3.1.5 曝光后节间颜色

在成熟期，观察蔗茎中部剥叶曝光5 d以上的节间茎皮的颜色，分为黄、黄绿、深绿、红、紫、深紫、绿条纹、黄条纹。

3.1.6 节间长度

在成熟期，随机选择有代表性植株5株，测量蔗茎中部最长节间由生长带至叶痕的长度，结果以平均值表示，精确到0.1 cm。

3.1.7 蜡粉带

在成熟期，观察蔗茎最高可见肥厚带叶鞘包被节间蜡粉的生长状况，分为无、薄、厚。

3.1.8 木栓

在成熟期，观察蔗茎中部节间木栓的有无及其形状，分为无、斑块、条纹。

3.1.9 生长裂缝

在成熟期，观察蔗茎中下部节间生长裂缝的状况，分为无、浅、深。

3.1.10 生长带形状

在成熟期，观察蔗茎中部节间生长带的形状，分为突出、不突出（与节间、根带齐平）。

3.1.11 根点排列

在成熟期，观察蔗茎中部节上根点排列的整齐程度。按图3确定根点排列状况，分为规则、不规则。

3.1.12 芽形状

在成熟期，观察蔗茎中部节间芽的形状。按图4以最大相似原则确定，分为三角形、椭圆形、倒卵

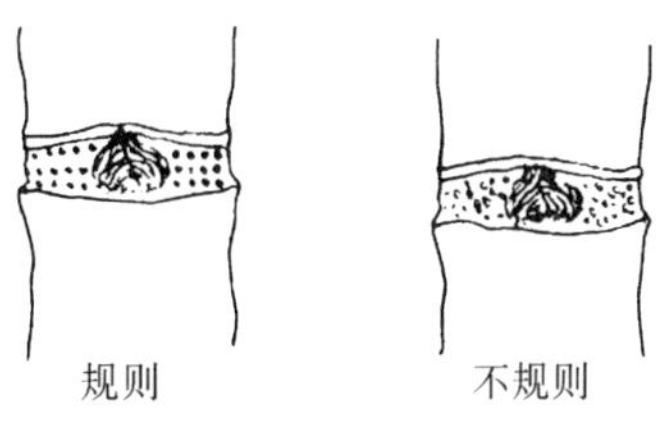

图3　根点排列

形、五角形、菱形、圆形、卵圆形、长方形、鸟嘴形。

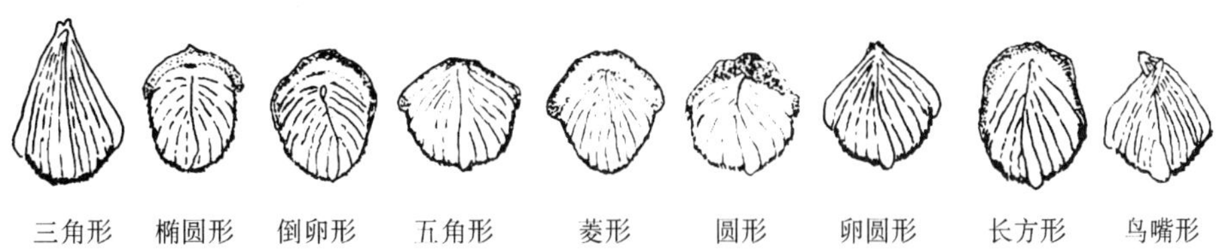

图4　芽形状

3.1.13　芽位

在成熟期，观察蔗茎中部节间芽的着生位置。按图5确定，分为上、平、下。

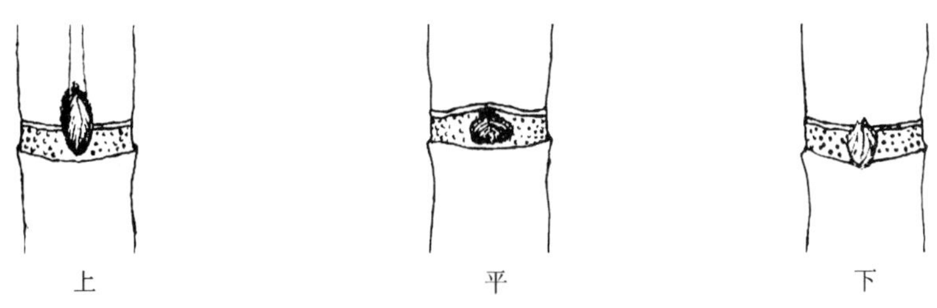

图5　芽着生位置

3.1.14　芽沟

在成熟期，观察蔗茎中下部节间芽沟的深浅程度，分为无、浅、深。

3.1.15　叶姿

在成熟期，观察叶片在空间上举的状态。按图6确定，分为披散、挺直叶尖下垂、挺直。

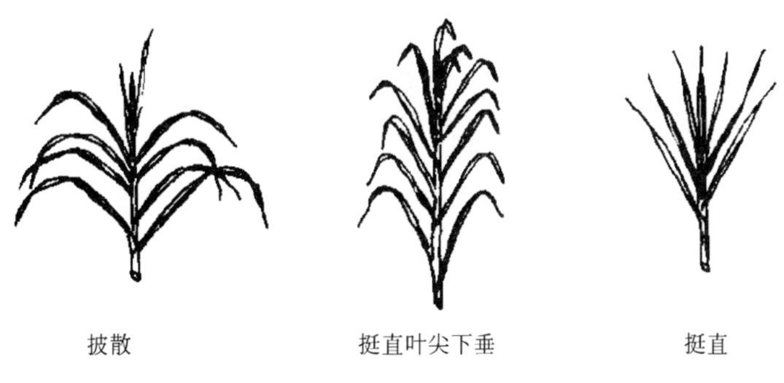

图6　叶　姿

3.1.16　叶色

在成熟期，观察蔗株+3叶的叶片颜色，分为绿、黄绿、深绿、红紫。

3.1.17　叶片长度

在成熟期，随机选择5株甘蔗，测量蔗株+3叶叶片肥厚带至叶尖的长度。结果以平均值表示，精确到 0.1 cm 。

3.1.18 叶片宽度

用 3.1.17 的样本，测量叶片最宽处的长度。结果以平均值表示，精确到 0.1 cm 。

3.1.19 脱叶性

在成熟期，观察蔗茎最下 3 片叶叶鞘包茎的松紧程度，确定脱落的难易程度，分为自动脱落（叶不包茎，卷缩成筒状，在外力作用下自动从叶痕处脱落）、易脱落（叶包茎，用手剥取时易与茎分离）、难脱落（叶包茎，用手剥取时不易与茎分离）。

3.1.20 叶鞘背(57 号)毛群

在成熟期，观察蔗茎最下一片青叶叶鞘背上毛群的状况，分为无、少、多。

3.1.21 内、外叶耳形状

在伸长盛期，观察＋3 叶的内、外叶耳形状。按图 7 以最大相似原则确定，分为退化、三角形、倒钩形、镰刀形、披针形、钩形。

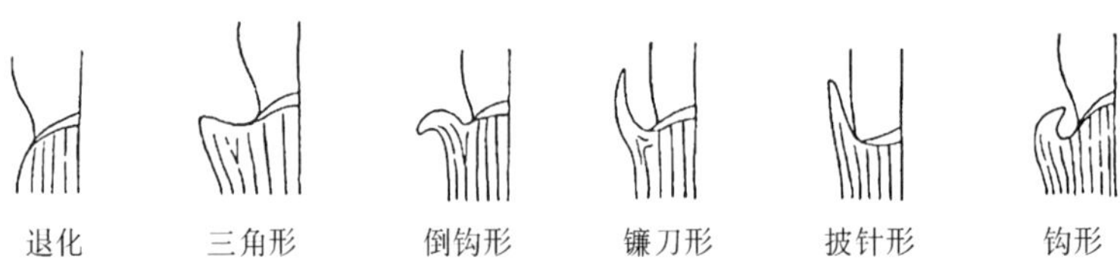

图 7 内、外叶耳形状

3.1.22 花序形状

在盛花期，观察花穗整体形状。按图 8 确定花序形状，分为圆锥形、箭嘴形、扫帚形。

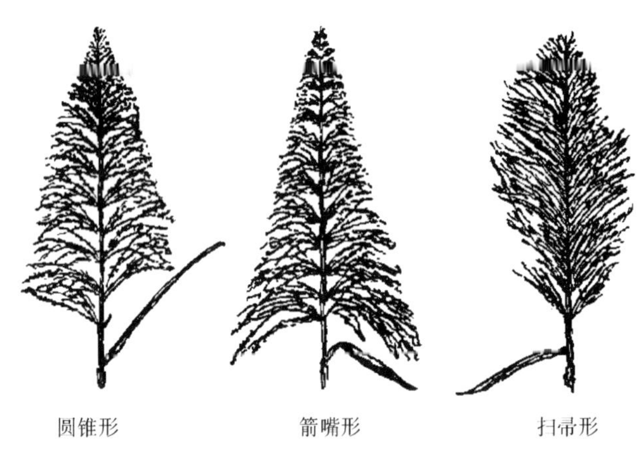

图 8 花序形状

3.1.23 花序颜色

在盛花期，观察花穗整体颜色，分为灰白、淡紫、紫红。

3.2 生物学特性

3.2.1 始穗期

观察记录第一个花穗抽出旗叶的日期。表示方法为“月/日”。

3.2.2 花粉成熟率

在盛花期，于上午随机取适量新鲜花粉置于载玻片上，滴上 1%碘液（KI）进行染色，在显微镜下随机取 5 个视野，观察花粉粒饱满程度。花粉粒呈圆形且染色较深的为成熟较好的花粉；呈三角形、皱缩、不被染色或染色较浅的为不成熟花粉。计算视野中成熟花粉数占观察总花粉数的质量百分数（%），结果以平均值表示，精确到小数点后一位。

3.2.3 染色体数目

对开花材料，采用花粉母细胞染色体数目鉴定方法确定染色体数目，参照附录 A 执行。

3.3 农艺、工艺性状

3.3.1 株高

在成熟期，随机选择 5 株～10 株甘蔗，测量蔗茎从地面至最高可见肥厚带的长度，结果以平均值表示，精确到 1 cm。

3.3.2 茎径

用 3.3.1 的样本，测量植株中部节间蔗茎的直径，结果以平均值表示，精确到 0.1 cm。

3.3.3 田间锤度

在成熟期，随机选择 5 株～10 株甘蔗，取蔗茎中部节间蔗汁（野生种取地上第三节），在田间用手持折光仪测定锤度，结果以平均值表示，精确到小数点后一位。

3.3.4 蔗糖分

对栽培种及其杂交后代、杂交品种进行蔗糖分测定，参照附录 B 进行。

3.3.5 纤维分

对栽培种及其杂交后代、杂交品种进行纤维分测定，参照附录 B 进行。

附 录 A
(资料性附录)
花粉母细胞染色体数目鉴定方法

A.1 适用范围

本附录适用于对甘蔗属种质资源花粉母细胞染色体数目的鉴定。芒属、蔗茅属、河八王属和硬穗茅属等甘蔗野生近缘属植物资源的鉴定可参照执行。

A.2 仪器和试剂

A.2.1 显微镜:低倍(10×)、高倍(40×、100×)。

A.2.2 卡诺固定液:冰乙酸:乙醇=1+3。

A.2.3 70%乙醇:乙醇(分析纯):水=7+3。

A.2.4 改良苯酚品红染色液的配制:称取 3 g 碱性品红,溶于 100 mL 70%乙醇,配制成 A 液;取 A 液 10 mL,加 5%苯酚水溶液 90 mL,充分混合,配制成 B 液;取 B 液 45 mL,加冰醋酸 6 mL 和 37%甲醛 6 mL,充分混合后,配制成 C 液;取 C 液 10 mL,加 45%醋酸 90 mL 和 1 g 山梨醇,混合均匀,配制成改良苯酚品红染色液,室温下保存。

A.3 鉴定步骤

A.3.1 取材和固定

在晴天的上午,于田间剪取即将自旗叶叶鞘露出的幼穗,带回实验室用现配制的卡诺固定液(A.2.2)固定 12 h~24 h,然后用 70%乙醇(A.2.3)洗涤数次,再移入 70%乙醇(A.2.3)中,置于 4℃冰箱中保存备用。

A.3.2 染色制片

取小花 2 朵~3 朵置于载玻片上,用镊子取出花药,并滴约 1/3 滴改良苯酚品红染液(A.2.4),再用镊子将花药夹碎,释放出花粉母细胞并齐除残渣,盖上盖玻片,用解剖针木柄一端轻轻敲打,覆上吸水纸并用力压片,使染色体分散压平,必要时可于酒精灯上烘烤片刻,压片镜检。

A.3.3 镜检

将制备好的玻片置于低倍镜下观察中期至终变期分裂相花粉母细胞,选择染色体着色深、分散好的细胞于高倍镜下观察计数。每份材料观察染色体数目清晰可辨的 5 个~10 个花粉母细胞,以众数确定染色体数目。

附　录　B
（资料性附录）
甘蔗蔗糖分和纤维分测定方法

B.1　范围

本附录规定了甘蔗属栽培种及其杂交后代、杂交品种的蔗糖分和纤维分的测定方法。

本附录适用于甘蔗属栽培种及其杂交后代、杂交品种的蔗糖分和纤维分的测定。

B.2　试剂

B.2.1　碱性醋酸铅[$c(Pb(CH_3COO)_2\ Pb(OH)_2)$]：总铅（以 PbO 计）不少于 76%，碱性铅不少于 33%。

B.2.2　氯化钠溶液[c(NaCl)＝3.96 mol/L]：称取 231.5 g 氯化钠（NaCl）置于烧杯中，加水溶解后移入 1 000 mL 容量瓶中，用水稀释至刻度，混匀。

B.2.3　24.85°Bx 盐酸溶液[c(HCl)，（比重 1.19）]：吸取浓盐酸 156.23 mL 稀释、定容至 250 mL，并用糖锤度计校正至 24.85°Bx。

B.2.4　碳酸钠溶液[$c(Na_2CO_3)$＝0.47 mol/L]：称取 50 g 无水碳酸钠（Na_2CO_3），置于烧杯中，加水溶解后移入 1 000 mL 容量瓶中，用水稀释至刻度。

B.3　仪器

B.3.1　小型压榨机：电动、三辊式，处理能力：5 吨/d。

B.3.2　电子秤：最大称量 20 kg，感量 5 g。

B.3.3　电子天平：最大称量 6 100 g，感量 0.1 g。

B.3.4　糖用折光仪：标准温度 20℃，测定范围 0%～32%，精度 0.1%。

B.3.5　糖锤度计：标尺范围 0%～32%，标尺刻度 0.1% 。

B.3.6　精密温度计：0℃～50℃，刻度 0.1℃。

B.3.7　旋光（检糖）仪：国际糖度（°Z），规定量 26.000 g，精确度 0.1°Z。

B.3.8　观测管：长度 200 mm，斗形侧管。

B.3.9　恒温水浴锅。

B.3.10　蔗渣蒸煮器：高 16 cm、内径 13 cm、厚 0.1 cm，由紫铜板制成，并附压板。

B.3.11　电热鼓风干燥箱。

B.3.12　蔗渣烘干盘。

B.4　分析步骤

B.4.1　试样制备

每试样取 10 株甘蔗，称其鲜样质量，压榨后称蔗渣总质量。将压榨甘蔗汁作为试样备用。

B.4.2　蔗汁蔗糖分的测定

用吸管吸一滴蔗汁放在折光仪棱镜上，观测蔗汁锤度和蔗汁温度。

取蔗汁约 200 mL 于广口瓶中，加适量的碱性醋酸铅(B. 2. 1)，摇匀，过滤。分别吸取 25 mL 滤液两份，分别放入两个 50 mL 容量瓶中。其中一瓶加入 5 mL 的 3.96mol/L 氯化钠溶液(B. 2. 2)，加蒸馏水定容至刻度，摇匀，过滤。将滤液倒入 200 mm 观测管，用旋光(检糖)仪读取旋光读数，读数乘以 2 即为直接旋光读数(P)；另一瓶加入 5 mL 的 24.85°Bx 的盐酸(B. 2. 3)，插入温度计，移至恒温水浴锅中，在 60°C 温度条件下保温 10 min(最初 3 min 要不断摇动)。取出浸入冷水迅速冷却至室温，用蒸馏水将附着于温度计上的糖液洗入容量瓶内，并定容至刻度，摇匀，过滤。将滤液倒入 200 mm 观测管，用旋光(检糖)仪读取旋光读数，读数乘以 2 即为转化旋光读数(－P)，同时用 0.1℃刻度的温度计测定其转化液温度。

B.4.3 蔗渣水分测定

称取 100 g 蔗渣置于蔗渣烘干盘，放入电热鼓风干燥箱中，于 105℃～110℃烘至恒重后称其质量。100 g 蔗渣鲜重减去烘干后质量重即为蔗渣水分。

B.4.4 蔗渣糖分测定

称取蔗渣蒸煮器及压板的质量。迅速称取 100 g 剪碎的蔗渣样品置于蔗渣蒸煮器中，加入 5 mL 0.47 mol/L 的碳酸钠溶液(B. 2. 4)、995 mL 约 70℃的热水，用压板将蔗渣轻轻压平。将蒸煮器置于沸水浴中蒸煮 90 min。蒸煮时每隔 15 min 用压板压一次，共压五次，使糖分充分浸出。蒸煮完毕后，将蒸煮器置冷水中冷却至室温，抹干、称其总质量。再以总质量值减去蔗渣蒸煮器及压板的质量值即为蔗渣与溶液的质量。用压板将溶液挤出，并注入广口瓶中，加入适量碱性醋酸铅(B. 2. 1)，摇匀，过滤。将滤液倒入 200 mm 观测管中，用旋光(检糖)仪读取旋光读数。

B.5 结果计算

B.5.1 蔗汁校正锤度($B_{x改}$)

蔗汁锤度以 20℃为标准，如测定时温度值达不到标准温度，则观测的蔗汁锤度应按公式(B. 1)进行校正。

$$B_{x改}=B_{x观}+[(T-20)/15] \quad \cdots\cdots (B.1)$$

式中：

$B_{x观}$——观测锤度，单位为百分数(%)；

T——观测 $B_{x观}$ 时蔗汁的温度，单位为℃。

B.5.2 蔗汁糖分(S)

蔗汁糖分(S)按公式(B. 2)计算。

$$S=S_1\times(260.73-B_{x观}) \quad \cdots\cdots (B.2)$$

$$S_1=[P-(-P')]\times100/[132.56-0.0794(13-g)-0.53(t-20)]$$

式中：

P——直接旋光读数；

$-P'$——转化旋光读数；

g*——为：[蔗汁改正锤度×相应视密度*(20℃)]/2 的值；

t——观测－P′时的糖液温度，单位为℃。

B.5.3 蔗渣糖分(S_b)

蔗渣糖分(S_b)按公式(B. 3)或公式(B. 4)计算。

$$S_b=26R(W-f)/10\,000 \quad \cdots\cdots (B.3)$$

或：

$$S_b=26R[W-(100-b)]/10\,000 \quad \cdots\cdots (B.4)$$

---

* B. 5. 2 蔗汁糖分(S)计算公式中计算 g 值时“相应视密度 (20℃) ”请查阅《甘蔗制糖日常分析方法》(全国甘蔗糖业标准化与质量检测中心．北京：农业出版社，1985)附录表 17：糖液锤度、视密度、视比重，每 100 mL 含蔗糖克数及波美度对照表”。

$$b=[100-W_1]$$

式中：

W_1——100 g 鲜蔗渣烘干后质量；

S_b——蔗渣糖分(即蔗渣糖度)；

R——用 200 mm 观测管测得的蔗渣蒸煮液旋光读数；

W——100 g 蒸煮后蔗渣加溶液的质量；

f——蔗渣纤维分，单位为百分数(%)；

b——蔗渣水分，单位为百分数(%)。

B.5.4 甘蔗纤维分(F)计算

甘蔗纤维分(F)按公式(B.5)计算：

$$F=(f\times W_b)/W_c \quad \text{(B.5)}$$

$$f=100-(100\times S_b/D+b)$$

$$P_{改}=(260.73-B_{x观})\times P/1\,000$$

$$D=(P_{改}/B_{x改})\times 100$$

式中：

f——蔗渣纤维分，单位为百分数(%)；

S_b——蔗渣糖分，单位为百分数(%)；

D——蔗汁视纯度，单位为百分数(%)；

b——蔗渣水分，单位为百分数(%)；

W_b——蔗渣总质量，单位为克(g)；

$B_{x观}$——蔗汁观测锤度；单位为百分数(%)；

W_c——甘蔗鲜样质量，单位为克(g)；

$P_{改}$——蔗汁改正旋光度，单位为百分数(%)。

B.5.5 甘蔗蔗糖分(S_c)

甘蔗蔗糖分(S_c)按公式(B.6)计算：

$$S_c=(S\times W_j+S_b\times W_b)/W_c \quad \text{(B.6)}$$

$$W_j=W_c-W_b$$

式中：

S——蔗汁蔗糖分，单位为百分数(%)；

W_j——蔗汁质量，单位为克(g)；

S_b——蔗渣糖分，单位为百分数(%)；

W_b——蔗渣总质量，单位为克(g)；

W_c——甘蔗鲜样品质量，单位为克(g)。

附加说明：

本标准的附录 A、附录 B 为资料性附录。

本标准由中华人民共和国农业部提出并归口。

本标准起草单位：云南省农业科学院甘蔗研究所、中国农业科学院农业质量标准与检测技术研究所。

本标准主要起草人：蔡青、范源洪、马丽、应雄美、王丽萍、李文凤、钱永忠。

中华人民共和国农业行业标准

农作物品种试验技术规程　甘蔗

Regulations for the varietiey tests of field crop sugarcane

NY/T 1784—2009

1　范围

本标准规定了甘蔗品种试验中试验点的选择、参试品种确定、试验设计、田间管理、记载项目、数据处理、报告撰写的原则和技术、评价参试品种的办法。

本标准适用于国家和地方甘蔗品种试验方案制定和组织实施。

2　规范性引用文件

下列文件中的条款通过本标准的引用而成为本标准的条款。凡是注日期的引用文件，其随后所有的修改单(不包括勘误的内容)或修订版均不适用于本标准，然而，鼓励根据本标准达成协议的各方研究是否可使用这些文件的最新版本。凡是不注日期的引用文件，其最新版本适用于本标准。

NY/T 1786—2009　农作物品种鉴定规范　甘蔗

中华人民共和国农业部 2001 年第 44 号令　主要农作物品种审定办法

3　术语和定义

下列术语和定义适用于本标准。

3.1

预备试验　pre-registration variety trial

品种试验主管部门为选拔区域试验的参试品种，在全国组织的品种筛选试验。

3.2

区域试验　regional variety trial

在一定生态区域范围内，按照统一方案进行的多品种、多重复、多点次的品种试验。

3.3

生产试验　yield potential trial

在接近生产田的条件下，在多点进行的较大面积的品种表证试验。

4　试验点的选择

试验主管部门依据生态区划、参试品种类型，结合生产实际、耕作制度，确定试验组别；依据试验组别对气候、土壤和栽培类型要求，以及承担单位的物质条件和技术力量，选择试验点。

试验点应具有较好的生态和生产代表性；具有相对稳定的旱涝保收、土壤肥力均匀的试验地；田间试验条件及实验室质量检测设施完善，技术力量较强，人员相对稳定，有能力承担试验任务。

中华人民共和国农业部 2009 - 12 - 22 发布　　2010 - 02 - 01 实施

5 试验设计

5.1 小区面积

预备试验小区面积不小于 20 m^2，种植行数不少于 2 行；区域试验小区面积不小于 33 m^2，种植行数不少于 3 行；生产试验小区面积不小于 300 m^2，种植行数不少于 10 行。

5.2 小区排列

预备试验小区间比法排列，不设重复；区域试验小区随机排列、完全区组设计，3 次重复；生产试验采用间比法排列，可不设重复。试验地周围设立不少于 1 行保护区。

5.3 品种容量

预备试验品种不超过 20 个；区域试验在同一区组内的品种不超过 20 个，少于 4 个则暂停该组试验；生产试验根据实际情况安排品种数量。

5.4 对照品种

选择通过审（鉴、认）定的主栽品种，每组确定 1 个～2 个。试验主管部门依据程序组织更换。

5.5 种植密度

同一组别不同试验点各小区种植密度应一致，其中各试验点的预备试验可采取稀植快繁，提供翌年区试足够用种，区域试验种植密度和生产试验种植密度可依据当地生产种植密度确定。

6 试验年限

预备试验 1 年新植；区域试验 2 年新植 1 年宿根；生产试验 1 年新植，且可与区域试验第 2 年新植同时进行。

7 试验地的选择

选择地势平坦，土壤肥力中等以上、地力均匀，具有排灌能力，有代表性的田块。

8 区域试验品种的确定

依据预备试验结果和区域试验品种容量，综合品种选育单位意见，由区试年会确定参试品种。

9 田间管理

区域试验第 1 年新植试验参试品种及对照种的种苗在当地进行预备试验就地繁殖，并采用相同方式种植。田间管理水平略高于当地生产田，及时中耕培土、施肥、排灌并防治虫害。在进行田间操作时，同一试点、同一区组，同一项技术措施在同一天完成。

10 记载项目和标准

10.1 记载项目

出苗率、宿根发株率、茎蘖数、生长速、有效茎数、株高、茎径、单茎重、蔗茎产量、锤度、蔗糖分、纤维分、蔗糖产量、抽穗开花情况、抗病虫性等。

10.2 记载标准

记载标准见附录 A。

11 品质检测和抗性鉴定

11.1 品质检测

试验主管部门指定通过国家实验室资质认定的部、省级检测机构定点采集样本，按国家标准检测。

11.2 抗病性鉴定

试验主管部门指定通过国家实验室资质认定的部、省级检测机构进行田间接种鉴定。

11.3 抗旱性鉴定

试验主管部门指定通过国家实验室资质认定的部、省级检测机构进行抗旱鉴定。

12 试验检查

试验主管部门组织专家对试验实施情况进行检查,并提交评估报告和建议。

13 试验总结报告

试验结束后,承担单位及时向试验主管部门和试验主持单位提供试验报告、品质检测和抗性鉴定报告;试验主持单位及时汇总结果,撰写总结报告;试验主管部门及时发布试验总结报告。

14 品种的来源和处理

14.1 预备试验

14.1.1 品种来源

甘蔗品种选育单位申报,试验主持单位择优推荐,区试年会审核确定。

14.1.2 品种处理

根据品种表现和区域试验容量,择优推荐参加区域试验的品种。

14.2 区域试验

14.2.1 品种来源

从预备试验中择优推荐,区试年会审核确定。

14.2.2 品种处理

参试品种均应完成两年新植一年宿根的试验程序。对完成一年新植试验程序且达到鉴定标准的品种,在安排一年宿根试验和第二年新植试验的同时,安排进行生产试验。

14.3 品种鉴定

对已完成品种试验程序并符合鉴定标准的品种,选育单位可自愿申报品种鉴定。

附 录 A
（规范性附录）
甘蔗品种试验记载项目与标准

A.1 试验基本情况记载项目

A.1.1 田间设计

参试品种数量、对照品种、小区排列方式、重复次数、种植密度、小区面积等。

A.1.2 气象和地理数据

A.1.2.1 气温

生长期间月平均最高、最低和平均温度。

A.1.2.2 降雨量

生长期间降雨天数、降雨量及分布。

A.1.2.3 初霜时间、终霜时间。

A.1.2.4 试验点的纬度、经度、海拔高度。

A.1.3 试验地基本情况和栽培管理

A.1.3.1 基本情况

前茬、土壤类型、耕整地方式等。

A.1.3.2 栽培管理

播种方式和方法、施肥、中耕除草、灌排水、病虫草害防治等，同时，记载在生长期内发生的特殊事件。

A.2 田间调查记载项目及标准

A.2.1 出苗率

开始出苗后，每隔15天调查1次每小区的出苗数，直至出苗结束，计算其出苗率。

A.2.2 宿根发株率

宿根试验应在开畦松蔸后，调查每小区的蔗头数（即留宿根的蔗茎数），从发株开始，每隔15天调查1次发株数，直至发株结束，计算其发株率。

A.2.3 茎蘖数

自分蘖开始，每隔15天调查1次每小区的茎蘖数，根据基本苗和茎蘖数计算分蘖率。

A.2.4 生长速

自7月起，每隔1个月调查10株甘蔗株高，计算平均株高和月平均生长速。

A.2.5 抗逆性、抗病性调查

台风后，调查每小区的风折茎数和倒伏情况，求其风折茎率；调查每小区的枯心苗数，计算其枯心苗率；观察记载病虫（花叶病、黑穗病、梢腐病、黄叶病等）发生。

A.2.6 抽穗开花情况

发现抽穗开花，应记载抽穗开花品种名称和抽穗开花开始时间。

A.2.7 产量性状调查

12 月下旬调查以下项目：

A.2.7.1 有效茎数

调查每小区的有效茎数，计算公顷平均有效茎数。

A.2.7.2 株高

每小区选择有代表性的蔗株，顺序调查 20 株的株高，计算平均株高。

A.2.7.3 茎径

与调查株高同步进行，每小区调查 20 株蔗茎中部的茎径，计算平均茎径。

A.2.7.4 单茎重

根据经验公式：单茎重＝株高×茎径^2×0.785/1 000

A.2.7.5 蔗产量

根据有效茎数和单茎重，求出小区平均公顷蔗产量。

A.2.8 品质性状调查

A.2.8.1 锤度

从 11 月 15 日开始至翌年 3 月 15 日止，每隔 1 个月每小区顺序调查 10 株蔗茎中部的锤度；在翌年 3 月 15 日前砍收的应留足够的蔗茎供测锤度和化验糖分。

A.2.8.2 蔗糖分

从 11 月 15 日开始至翌年 3 月 15 日止，每 1 个月在取样区取 6 条有代表性的蔗茎化验蔗糖分、重力纯度和纤维分等，在翌年 3 月 15 日前砍收的应留足够的蔗茎供测锤度和化验糖分。早熟组测定 11 月、12 月、1 月蔗糖分，中晚熟组测定 12 月、1 月、2 月、3 月蔗糖分，未指定组别的品种应测定 11 月、12 月、1 月、2 月、3 月蔗糖分。

A.2.8.3 产糖量

根据各小区平均公顷蔗产量和平均蔗糖分计算各小区平均公顷产糖量。

附　录　B
（规范性附录）
国家甘蔗品种试验年度报告格式

国家甘蔗品种试验年度报告

试验年份：____________________

试验类型：____________________

试验地点：____________________

承担单位：____________________

B.1 试验基本情况

参试品种________个，对照品种________________，________排列，重复____次，行长______ m，行距______ cm，株距______ cm，______行区，小区面积______ m^2。

B.2 试验期间气象和地理数据

B.2.1 气象数据

月份	1	2	3	4	5	6	7	8	9	10	11	12
平均温度												
降雨天数												
降雨量												
初霜时间												
终霜时间												

B.2.2 地理数据

纬度________，经度________。海拔高度____________。

B.3 试验地基本情况和栽培管理

B.3.1 基本情况

前作：____________，收获期：____月____日。土壤类型：________，

耕地和整地方式：________________________。

B.3.2 栽培管理

播种期：____月____日，播种方式和方法：____。

中耕除草：____；

施肥：(NPK)比例和数量(kg/hm^2)____；

灌排水：____；

病虫草害防治：____；

生长期间的特殊事件：____。

B.4 主要试验数据汇总

田间性状调查汇总见表 B.1。

B.5 品种评述

B.6 对下年度试验工作的意见和建议

表 B.1 田间性状调查汇总表(一)

年份	地点	新宿	品种	行(序号)	列(重复)	出苗率(%，出苗数/下种量×100)			分蘖率(%，分蘖数/基本苗数×100)					株 高(cm)					
						3月上旬	3月下旬	4月上旬	4月下旬	5月上旬	5月下旬	6月上旬	6月下旬	7月	8月	9月	10月	11月	12月
注：1. 所有上报数据均用 Excel 报表网络上报；2. 有重复试验的数据必须上报小区数据，并注明小区所在的行列标记；3. 蔗糖分可以没有重复，但应根据小区蔗产量计算小区公顷含糖量。																			

表 B.2 田间性状调查汇总表(二)

年份	地点	新宿	品种	行(序号)	列(重复)	产 量 性 状									
						株高(cm)	茎径(cm)	单茎重(kg/条)	有效茎(条/hm^2)	蔗产量(t/hm^2)	为 CK1	为 CK2	含糖量(t/hm^2)	为 CK1	为 CK2

表 B.3 田间性状调查汇总表(三)

年份	地点	新宿	品种	行(序号)	列(重复)	枯心苗率	黑穗病发病率	花叶病发病率	梢腐病发病率	黄叶综合症发病率	倒伏情况	空绵心情况	风折率	孕穗、开花始期

表 B.4 田间性状调查汇总表(四)

年份	地点	新宿	品种	甘蔗锤度					甘蔗糖分(%)									
				11 月	12 月	1 月	2 月	3 月	11 月	12 月	1 月	2 月	3 月	(11 月至翌年 1 月)平均	(12 月至翌年 3 月)平均	全期平均	比 CK1	比 CK2

附加说明:

本标准附录 A、附录 B 为规范性附录。

本标准由中华人民共和国农业部提出并归口。

本标准起草单位:农业部甘蔗及制品质量监督检验测试中心、广东省湛江农垦科学研究所。

本标准主要起草人:罗俊、陈如凯、郑学文、袁照年、高三基、张华、文尚华、邓祖湖。

中华人民共和国农业行业标准

甘蔗种茎生产技术规程

Technical regulations for seedcane culture

NY/T 1785—2009

1 范围

本规程规定了甘蔗种茎生产中的品种选择、种茎繁育、田间管理、病虫害防治及检疫等技术要求与种茎砍收、运输等技术措施。

本规程适用于我国各蔗区甘蔗种茎生产及其管理。

2 术语和定义

下列术语和定义适用于本标准。

2.1

原原种(breeder's stock)

已经通过国家审(鉴)定或省(自治区、直辖市)审(认)定或登记的新品种,在育种者(单位)直接掌控下、并在严格控制的环境条件下,采取常规种茎无性繁殖或脱毒腋芽繁殖生产的纯正、健康的良种无性种茎。

2.2

原种(original seedcane)

原原种经授权委托,由有良种繁殖专业水平的技术人员和机构在一定受控条件下,通过常规种茎繁殖技术生产的高纯度无病虫害的健康良种无性种茎。

2.3

生产用种(seedcane for production)

原种交由具有一定的良种繁育条件和技术水平的机构或个人,通过常规种茎繁殖生产出达到较高纯度、健康的,可直接用于生产的无性种茎。种苗生产要求苗情齐、匀、壮。

2.4

种茎(seedcane)

用于大田种植、具可正常萌发蔗芽的甘蔗茎段。

3 种茎生产

3.1 基地田间生态条件

3.1.1 隔离条件

原原种在网室、塑料大棚或有围墙的田块内繁殖。原种和生产用种的繁殖生产不同品种的田块应相隔 5 m 以上。

3.1.2 灌溉、交通条件

中华人民共和国农业部 2009 - 12 - 22 发布　　2010 - 02 - 01 实施

有便利的排灌条件和交通条件。

3.1.3 土壤条件

甘蔗种茎繁殖地要求前作为其他作物，地势平坦、土质疏松、肥力中等以上。

3.2 品种选择

选择甘蔗产业需求的适应当地蔗区生态条件，经国家审（鉴）定或省（自治区、直辖市）审（认）定或登记的品种。

3.3 繁育方法

3.3.1 种茎繁殖法

3.3.1.1 一年两采法

2 月上中旬种植，早秋采茎；或早秋种植，翌年的早春采茎。

3.3.1.2 两年三采法

2 月中下旬种植，第一次在 9 月上中旬采茎；第二次在翌年的晚春或早夏采茎，第三次采茎在翌年秋末冬初。

3.3.1.3 多次采茎法

供繁蔗茎拔节 5 节～6 节即采苗繁殖，斩成单芽苗，催芽繁殖。采用单芽繁殖时，芽下节间宜留长些，芽上节间留短些。

3.3.2 分株繁殖法

把有 5 片～6 片叶、出了苗根的壮蘖，用手锯连根从母茎切割出来，并剪去上部青叶，在植沟内约与土面成 30°摆放假植，待成活后，移植到苗圃作进一步繁殖。

3.3.3 组织培养繁殖法

利用植物的全能性，应用甘蔗组织、器官快速繁育出根、茎、叶俱全的组培苗，经苗盘假植和田间定植后生产种茎。具繁殖速度快和脱毒复壮的特点。

3.4 生产技术要求

3.4.1 下种前准备

3.4.1.1 整地、开沟或作畦

犁深 20 cm～30 cm，耘碎耙平，前作为甘蔗的，整地时应把旧蔗兜清理出蔗田外以免混杂。行距 80 cm～110 cm。旱地植沟深 20 cm～25 cm，沟底蔗床平整，宽 25 cm。地下水位较高的水田，起畦种植，畦面和沟底要求平整，开播幅宽 20 cm。

3.4.1.2 斩种和蔗种处理

剥掉叶鞘，幼嫩部分则可保留叶鞘，斩成双芽或单芽茎段，斩种时芽向两侧，芽上方留 1/3 节间，芽下方留 2/3 节间，切口应平整不破裂，不伤芽。去除死芽、病虫芽。下种前可用 52℃热水浸种 30 min 或用有效成分为 0.1%的多菌灵（或苯来特）水溶液浸种 10 分钟进行消毒。

3.4.1.3 施基肥

甘蔗种茎生产基肥应占总施肥量的 40%～50%，基肥要求每 667 m^2 施尿素 10 kg～15 kg、钙镁磷肥（或过磷酸钙）40 kg～50 kg、氯化钾 20 kg～25 kg。提倡使用农家肥（或土杂肥）1 000 kg～2 000 kg，使用农家肥时化肥用量酌减。基肥应施于植蔗沟底，并与土壤充分拌匀，腐熟有机肥用于盖种。

3.4.1.4 防治地下害虫

下种后，每 667 m^2 用 10%的益舒宝颗粒剂或 3%呋甲合剂撒 5 kg 施植蔗沟防治蔗龟、天牛等地下害虫。

3.4.2 下种

3.4.2.1 播种量

每 667 m^2 下种量为 1 500 段～2 000 段双芽苗，或 3 000 段～4 000 段单芽苗。为提高繁殖效率，充分利用分蘖，每 667 m^2 下种量可酌减至 1 000 芽。

3.4.2.2 **播种方式**

蔗种平放，芽向两侧，采用双行三角形排列，下种量少时可采用穴植。蔗种要与土壤紧密接触，不架空。

3.4.2.3 **覆土**

下种时土壤水分控制在田间最大持水量的 70%左右，下种后随即用细碎的土壤覆盖种茎 3 cm～4 cm。

3.4.2.4 **芽前除草**

覆土后应喷施除草剂或覆盖除草地膜，除草剂可用 50%的阿特拉津可湿性粉剂，每 667 m^2 用 150 g～200 g，对水 50 kg；或喷施 80%的阿灭净可湿性粉剂，每 667 m^2 用 130 g～150 g，加水 50 kg，或禾耐斯每 667 m^2 用 60 mL，对水 60 kg 均匀喷施。

3.4.2.5 **覆盖地膜**

冬季和早春繁殖苗在下种、覆土、喷施除草剂后，用无色透明、厚度为 0.008 mm～0.01 mm、宽度为 50 cm 的地膜覆盖，地膜边缘用细土压紧，地膜露出透光部分不少于 20 cm。

3.4.3 **田间管理**

3.4.3.1 **揭膜**

当 80%以上蔗苗已长出并穿出膜外，日平均气温稳定超过 20℃时，即可揭膜。

3.4.3.2 **中耕培土**

当蔗苗长到 3 片～4 片真叶或揭膜后应进行第一次中耕除草；蔗苗 6 片～7 片真叶时结合进行第二次中耕除草并小培土，培土高度 2 cm～3 cm 以促进分蘖；分蘖盛期结合施肥、农药后进行中培土，培土高度 10 cm～20 cm。

3.4.3.3 **追肥**

追肥以三次为宜，第一次在甘蔗齐苗后，结合中耕除草每 667 m^2 施尿素 5 kg～7 kg；第二次在分蘖盛期，结合小培土每 667 m^2 施尿素 10 kg～15 kg；第三次结合中培土时施尿素 25 kg～30 kg、氯化钾 15 kg～20 kg。

3.4.3.4 **水分管理**

甘蔗苗期土壤表层 25 cm 的含水量低于最大持水量的 55%要及时进行灌溉，宜浅灌；同时，还应防止田间积水造成烂苗。分蘖期土壤表层 30 cm 的含水量低于最大持水量的 60%要及时进行灌溉，应勤灌、浅灌。伸长期要根据降雨量的变化情况决定灌溉次数和灌溉量，降雨量较少的蔗区或久旱不雨，应及时沟灌保证灌透水，保持土壤表层 50 cm 的含水量保持最大持水量的 80%以上；同时，应注意清理田间排灌沟渠，防止积水。

3.4.4 **病虫害防治**

苗期注意防治螟虫和蓟马，结合小培土每 667 m^2 施 3.6%杀虫双颗粒剂或 5%丁硫克百威 3 kg～4 kg 防治螟虫，蓟马在发生初期用 40%氧化乐果 800 倍液或敌敌畏 1 000 倍液喷杀。发现棉蚜局部危害即进行喷药全面防治，可用 10%的大功臣可湿性粉剂每 667 m^2 用 10 g～20 g，或 50%的辟蚜雾 667 m^2用量 20 g～30 g，对水 30 kg 喷洒防治。

3.5 **种茎砍收**

甘蔗株高达 1.0 m 以上或有效芽节达 10 个以上就可以采收。砍收前，先去杂，连兜挖去混杂株，砍收时再注意去杂，并弃去病苗、虫蛀(害)苗(茎)。如要留宿根，应用小锄低砍，斩口平滑，避免开裂，蔗梢削至生长点，去叶片，留叶鞘。砍收后即开畦松蔸、施肥，做好宿根蔗管理。原种、原原种种苗繁殖整过程的砍、收刀具每次使用之前都要用肥皂水等消毒。

4 种茎检疫

种茎外运前要按有关规定对检疫对象进行产地检疫。

5 包装、运输与贮藏

5.1 包装

种茎以 20 kg～25 kg 为一捆，用包装绳捆扎好，每捆绑两道，并挂上标识，注明品种名称、种茎级别、生产单位、产地、出圃日期。

5.2 运输

长途运输时注意温、湿度变化，冬季要覆盖透气物，夏季要遮阳通风。甘蔗种茎在运输装卸过程中，应注意防止种芽的损伤、标识丢失。

5.3 贮藏

种苗茎收后要及时播种(半年蔗要晒种 1 d～2 d)，尽量减少贮藏时间。若要贮藏，砍收后的甘蔗种茎捆扎好后存放，可用覆盖物遮蔽，避免暴晒、积水或霜冻害，控制蔗堆大小，防堆内温度过高，同时应注意防鼠害。

附加说明：

本标准由中华人民共和国农业部提出并归口。

本标准起草单位：农业部甘蔗及制品质量监督检验测试中心。

本标准主要起草人：邓祖湖、陈如凯、高三基、张华、罗俊、徐良年。

中华人民共和国农业行业标准

农作物品种鉴定规范　甘蔗

Criterion for appraisal of sugarcane variety

NY/T 1786—2009

1　范围

标准规定了甘蔗品种鉴定的术语和定义及品种评价。

本标准适用于甘蔗品种鉴定。

2　规范性引用文件

下列文件中的条款通过本标准的引用而成为本标准的条款。凡是注日期的引用文件，其随后所有的修改单（不包括勘误的内容）或修订版均不适用于本标准，然而，鼓励根据本标准达成协议的各方研究是否可使用这些文件的最新版本。凡是不注日期的引用文件，其最新版本适用于本标准。

GB/T 10498　糖料甘蔗

中华人民共和国农业部2001年第44号令　主要农作物品种审定办法

3　术语和定义

下列术语和定义适用于本标准。

3.1

品种　variety

经过人工选育或自然变异，采用同一繁殖方法形成的个体群，它们作为特定的遗传型，在生产上直接或间接的具备特异性、均一性、稳定性，有适当名称且经国家或地方审（鉴、认）定的品系。

3.2

品种试验　variety trial

国家农作物品种试验主管部门组织的区域试验、生产试验以及抗性鉴定、品质检测等。

3.3

糖料甘蔗　sugarcane

主要利用蔗汁中蔗糖分生产蔗糖的甘蔗品种，其蔗糖分和重力纯度满足制糖工艺要求。

3.4

能源甘蔗　energy sugarcane

主要利用甘蔗中可发酵糖（单糖、双糖、纤维素、半纤维素）进行发酵生产乙醇的甘蔗品种，其蔗茎可溶性总糖能满足乙醇发酵要求。

4　品种评价

完成试验程序的甘蔗品种，依据区域试验和生产试验结果，对其产量、品质、抗性等进行综合评价。

中华人民共和国农业部2009-12-22发布　　2010-02-01实施

4.1 产量品质

4.1.1 糖料甘蔗品种

鉴定品种从11月至翌年1月平均甘蔗蔗糖分不低于13.5%或从12月至翌年3月不低于14.5%，且达到以下条件之一者，可进行鉴定。

4.1.1.1 单位面积蔗糖产量比对照增产5%以上(含5%)。

4.1.1.2 单位面积蔗茎产量比对照减产不超过3%，甘蔗蔗糖分比对照增加0.5个百分点以上(含0.5个百分点)。

4.1.1.3 甘蔗蔗糖分不低于对照0.5个百分点，而单位面积产蔗量比对照品种增加5%以上(含5%)。

4.1.1.4 单位面积蔗茎产量比对照减产不超过3%、甘蔗蔗糖分不低于对照0.5个百分点，在抗病性、抗旱性、抗寒性、宿根性、脱叶性、纤维分等方面有一个以上性状明显优于对照。

4.1.1.5 单位面积蔗茎产量及单位面积蔗糖产量均对照增产。

4.1.2 能源甘蔗品种

收获期生物量(地上部鲜重)比对照品种增加5%以上(含5%)，且生物量(地上部鲜重)达140 t/(hm^2·年)以上，蔗汁可发酵糖含量(锤度)达20%以上，甘蔗纤维分含量12%以上的品种可进行鉴定。

4.2 抗性

参加区域试验的品种应由国家甘蔗品种鉴定委员会指定的专业部门实施抗性鉴定，并出具鉴定报告。鉴定方法按附录A、附录B、附录C的规定执行。鉴定通过的品种至少应抗一种甘蔗主要病害。

附　录　A
（规范性附录）
甘蔗抗黑穗病性鉴定方法

A.1　适用范围

本附录适用于对甘蔗黑穗病的抗性人工接种鉴定。

A.2　仪器和试剂

A.2.1　显微镜：低倍(10×)、高倍(60×)。

A.2.2　培养皿。

A.2.3　病原菌孢子悬浮液的制备：用自来水(加少量吐温 20 作为表面活化剂)调配成孢子浓度约为 5×10^6 cfu/mL 的悬浮液，在放大倍数为 60× 的显微镜下，一个视野约有 40 个孢子，且孢子活力应超过 80%。

A.3　鉴定步骤

A.3.1　孢子活力测定

在无菌操作的条件下，把病原菌孢子用无菌水稀释，借助显微镜检查，调整稀释倍数，使 1 mL 稀释液中约有 20 个孢子，再取 1 mL 均匀地涂布在内有培养基的直径为 9 cm 的培养皿中，封口膜封口后，于 25℃±1℃倒置培养，培养 48 h 后观察菌落数，计算孢子活力。

A.3.2　浸渍接种

将种茎置于已经调好浓度的孢子悬浮液中浸渍 10 min，于 25℃～28℃的条件下保湿 24 h±2 h，促进孢子萌发并侵入蔗芽。

A.3.3　田间种植与数据收集

保湿结束后，种植于田间，常规管理。待苗长齐后，调查基本苗数，分蘖基本结束后，调查总茎蘖数，待第一个黑穗病鞭子长出后，每 14 d 调查一次新长出的鞭子数，直到 10 月底为止。

A.3.4　抗病性的判定

计算鞭子总数占总茎蘖数的百分率，对照分级标准，对检样的抗病性做出判定。

A.4　甘蔗抗黑穗病性评价标准

采用国际通用的浸渍接种法混合孢子接种，按 1 级～9 级标准评价品种的抗性，见表 A.1。

表 A.1　甘蔗抗黑穗病性评价标准

抗性等级	抗病反应型	发病率(%)
1	高抗	0～6.00
2	抗	6.01～11.00
3	抗	11.01～16.00
4	中抗	16.01～20.00
5	中抗	20.01～30.00

表 A.1（续）

抗性等级	抗病反应型	发病率(%)
6	感	30.01～40.00
7	感	40.01～60.00
8	高感	60.01～80.00
9	高感	80.01～100.00

附　录　B
（规范性附录）
甘蔗抗花叶病性鉴定方法

B.1　适用范围

本附录适用于对甘蔗花叶病的抗性人工接种鉴定。

B.2　仪器和试剂

B.2.1　研钵

B.2.2　缓冲液的配制及提取液的制备

B.2.2.1　0.01 mol/L PBS(pH8.0)

Ⅰ液：$Na_2HPO_4 \cdot 12H_2O$　　35.8 g

　　加蒸馏水　　1 000 mL

Ⅱ液：$NaH_2PO_4 \cdot 2H_2O$　　13.9g

　　加蒸馏水　　1 000 mL

将Ⅰ液 39 mL 与Ⅱ液 61 mL 混合后，再加蒸馏水至 1 000 mL，然后用 NaOH 调至 pH8.0 即可。

B.2.2.2　提取缓冲液

0.01 mol/L PBS(pH8.0)1 000 mL，Na_2SO_3 1.0 g。

B.3　鉴定步骤

B.3.1　带有病毒接种物的制备

在春季气温回升至 20℃±2℃，就可采集带有花叶或嵌纹症状的甜高粱（*Sorghum vulgare* cv. Rio）或甘蔗病叶（以嫩叶为好），带回实验室备用。用剪刀把叶片剪碎，于研钵中，加接种用缓冲液（W/V 为 1∶3）和石英砂进行研磨，经过 3 min～5 min 研磨，双层纱布过滤榨汁，滤液即为带有病毒的接种物。

B.3.2　人工接种

采用涂抹接种法，对带有 2 片～4 片完全展开叶的甘蔗小苗进行接种，方法是：洒少量石英砂于甘蔗植株心叶基部，以拇指和食指在接种物中沾湿，在心叶外侧紧捏心叶基部，加压轻轻搓 2～3 下，至擦伤叶表皮为度。接种共进行 3 次，每次间隔 6 天。接种最好在潮湿天气或阴天为佳，晴天应在傍晚进行，且保持土壤湿润。待接种的甘蔗小苗应是无花叶或嵌纹症状。

B.3.3　田间管理与数据收集

接种后田间应保持湿润，尤其是在 3 次接种完成前。记载接种的日期、接种株数、病害症状开始出现的时间、累计感染丛（株）数，每 15 d 调查一次，直到发病基本稳定为止。

B.3.4　抗病性的判定

计算累计感染丛（株）数占总接种丛（株）数的百分率，对照分级标准，对检样的抗病性做出判定。

B.4　甘蔗抗花叶病性评价标准

采用国际通用的相邻种植自然诱发和摩擦接种两种方法。按 1 级～5 级标准决定品种的抗感性。

表 B.1 甘蔗抗花叶病性评价标准

抗性等级	抗病反应型	发病率(%)
1	免疫	0
2	高抗	0.01～10.00
3	中抗	10.01～33.00
4	感	33.01～66.00
5	高感	66.01～100.00

附 录 C
（规范性附录）
甘蔗抗旱性鉴定方法

C.1 适用范围

本附录适用于甘蔗的抗旱性鉴定。

C.2 仪器和试剂

C.2.1 仪器

C.2.1.1 分光光度计：波长 330 nm～900 nm。

C.2.1.2 离心机。

C.2.1.3 水浴锅。

C.2.1.4 天平。

C.2.1.5 研钵。

C.2.1.6 剪刀。

C.2.1.7 刻度离心管（5 mL）。

C.2.1.8 刻度试管（10 mL）。

C.2.1.9 镊子。

C.2.1.10 移液管（5 mL、2 mL、1 mL）。

C.2.1.11 冰箱。

C.2.1.12 钻孔器：孔径为 1 cm。

C.2.1.13 小烧杯。

C.2.1.14 真空干燥器。

C.2.1.15 真空泵。

C.2.1.16 导率仪。

C.2.2 试剂

C.2.2.1 0.05 mol/L pH7.8 磷酸钠缓冲液。

C.2.2.2 石英砂。

C.2.2.3 5%三氯乙酸溶液：称取 5 g 三氯乙酸，先用少量蒸馏水溶解，然后定容到 100 mL。

C.2.2.4 0.5%硫代巴比妥酸溶液：称取 0.5 g 硫代巴比妥酸，用 5%三氯乙酸溶解，定容至 100 mL。

C.3 分析步骤

C.3.1 株高伤害率的测定

采用田间鉴定方法，试验区设 3 次重复。根据各地常年的降水分布和旱情，当土壤含水量下降到临界萎蔫点，或蔗叶整天处于萎蔫状态、清晨无吐水时，试验区两个重复继续干旱胁迫，一个重复浇水灌溉，以保持正常生长。每 10 d 调查 10 株甘蔗的茎、叶生长速度，连续调查 1 个月。分别测定干旱胁迫和正常灌水甘蔗的蔗产量，计算株高伤害率和产量损失率。

C.3.2 水分胁迫处理

试验分水分胁迫处理组和正常供水对照组，每组每份品系种植 20 株，定量供水以保持土壤水分的一致性。甘蔗伸长初期时，除正常供水对照组继续供水外，水分胁迫处理组开始停止供水处理，停水后当蔗叶相对含水量下降 10%～20%或蔗叶整天处于萎蔫状态，清晨无吐水时，每隔 2 d 测定分析丙二醛含量和相对质膜透性，共 4 次。

C.3.3 丙二醛含量的测定

从蔗株上取+1* 叶 5 片，迅速带回实验室，用自来水漂洗叶片以除去表面沾污物，再用去离子水冲洗一次，用干净纱布轻轻吸干表面的水分。称取甘蔗叶片 0.5 g，加入 5 mL10%TCA(三氯醋酸)溶液研磨成匀浆，3 000 r/min 离心 10 min，取上清液 2 mL，加入等体积 0.67% TBA(硫代巴比妥酸)，沸水浴中反应 20 min，冷却后离心，上清液分别在 532 nm 和 600 nm 处测定吸光值。

C.3.4 相对质膜透性的测定

从蔗株上取+1 叶 5 片，迅速带回实验室，用自来水漂洗叶片以除去表面沾污物，再用去离子水冲洗一次，用干净纱布轻轻吸干表面的水分。用孔径为 1 cm 的钻孔器打取圆片(避开中脉)；每个处理分甲乙两组，每组重复 3 次，每份 1.0 g；放入编号的玻璃小烧杯中，用带十字头的小玻璃棒把材料轻轻压住，立即加入 20 mL 去离子水，使样品完全浸没于水中。甲组样品集中放置于真空干燥器中，用真空泵反复抽气，真空压强为 0.04 MPa～0.05 MPa，放气 3～4 次，除去水与叶片表面之间的空气，使叶片与水接触紧密而电解质易于渗出。减压浸渗 30 min 后可恢复常压，在 26℃～30℃间保温 2 h。烧杯中的乙组样品盖上玻璃球后直接置沸水浴上加温 15 min，杀死组织。甲组样品保温后和乙组样品杀死冷却后，把组织外渗液分别倾入洁净的小烧杯中，用电导率仪测定电导率(μΩ/cm)。

C.4 结果计算

C.4.1 株高伤害率

$$株高伤害率(\%)=\frac{正常供水的株高-干旱胁迫的株高}{正常供水的株高}\times 100$$

C.4.2 丙二醛含量

$$丙二醛含量(\mu mol/L)=\frac{OD532-OD600}{\varepsilon\times b}\times\frac{v_1}{v_2}\times 1\ 000$$

式中：ε=155 L/(mmol·cm)；b 为比色杯光程；v_1 为加入提取液的体积；v_2 为吸取上清液的体积。

C.4.3 相对质膜透性

$$相对质膜透性(\%)=\frac{处理电导率}{煮沸电导率}\times 100$$

C.5 甘蔗抗旱性评价标准

受旱 30 d 后株高伤害率、质膜透性低于 30%，丙二醛含量在 7 μmol/g(FW)以内。

附加说明：

本标准的附录 A、附录 B、附录 C 为规范性附录。

本标准由中华人民共和国农业部种植业管理司提出并归口。

本标准起草单位：农业部甘蔗及制品质量监督检验测试中心、广东省湛江农垦科学研究所。

本标准主要起草人：陈如凯、文尚华、张华、罗俊、郑学文、高三基、邓祖湖。

---

* 最高可见肥厚大叶。

中华人民共和国农业行业标准

糖料甘蔗生产技术规程

Technical regulations for sugarcane production

NY/T 1787—2009

1 范围

本标准规定了糖料甘蔗的主要经济技术指标、主要栽培措施和收获。

本标准适用于全国甘蔗产区糖料甘蔗生产。

2 规范性引用文件

下列文件中的条款通过本标准的引用而成为本标准的条款。凡是注日期的引用文件，其随后所有的修改单(不包括勘误的内容)或修订版均不适用于本标准，然而，鼓励根据本标准达成协议的各方研究是否可使用这些文件的最新版本。凡是不注日期的引用文件，其最新版本适用于本标准。

GB/T 10498　糖料甘蔗

GB/T 19566　旱地糖料甘蔗高产栽培技术规程

3 要求

3.1 新植蔗栽培

3.1.1 选用良种与种苗处理

良种必须具有高产高糖和抗逆性、宿根性强等特性，并适应当地环境条件和满足制糖工艺要求。推广增产、增糖率比主栽品种提高5%以上的中、大茎优良品种。

选用健康种苗，从田间选择茎径大小均匀、节间较长、未受棉蚜和粉蚧壳虫为害、不倒伏、经除杂后的新植蔗梢部做种。将种苗上的叶鞘剥去，幼嫩部分可保留叶鞘，砍种时芽向两侧平放，砍种用刀要锋利，达到一刀即断，切忌砍裂蔗种，引发伤口感染发病。去除死芽、坏芽和虫蛀芽，生产上一般砍成双芽段种苗。选择蔗芽饱满、芽鳞新鲜、无病虫、无霉菌、无干瘪的种段，下种前可用有效成分0.1%的多菌灵(或苯来特)水溶液浸种消毒10 min。

3.1.2 整地开植沟

采用机械耙地碎土，再进行机械深耕(深松)，耕深40 cm～45 cm，耕作层要求深、松、碎、平。开植沟行距100 cm～140 cm。旱地开植沟要求深20 cm～25 cm，沟底蔗床平整，宽约25 cm；排水不良、地下水位高的植沟稍浅；水田蔗区由于土层浅薄、地下水位较高，要求起畦种植；深沟板土种植沟深30 cm左右，沟底宽25 cm～30 cm，铲平不松土，一次成型。

3.1.3 施用基肥

基肥应占施肥总量的30%～40%，每667 m^2 施尿素10 kg～15 kg、钙镁磷肥(或过磷酸钙)40 kg～50 kg、氯化钾20 kg～25 kg。提倡使用农家肥(或土杂肥)1 000 kg～2 000 kg，使用农家肥时化肥用量酌减。基肥施于植蔗沟底，与土壤充分拌匀，可用腐熟有机肥盖种。

中华人民共和国农业部 2009-12-22 发布　　2010-02-01 实施

3.1.4 防治地下害虫

下种前或盖土前，每 667 m^2 用 5%的丁硫克百威 3 kg～4 kg 或 3.6%广谱型杀虫双颗粒剂 5 kg 或 10%的益舒宝颗粒剂 5 kg 施于植蔗沟以防治蔗龟、天牛、蝼蛄等地下害虫。

3.1.5 下种

3.1.5.1 下种期

土表 10 cm 内土温稳定在 12℃以上即可下种。秋植蔗在 8～10 月、冬植蔗在 11 月初至翌年 1 月下旬、春植蔗在 2 月初至 3 月下旬下种。

3.1.5.2 下种量

合理密植，要求每 667 m^2 基本苗数为 5 000 株～6 000 株。每 667 m^2 下种量春植蔗为 3 000 段～3 500 段双芽种茎；秋植蔗为 2 500 段～3 000 段双芽种茎；冬植蔗为 3 500 段～4 000 段双芽种茎。

3.1.5.3 下种方式

蔗种双行三角排放，芽向两侧，两行种茎间距离 5 cm～10 cm，蔗种要与土壤紧密接触，不架空。

3.1.6 覆土

旱坡蔗区覆土 7 cm～8 cm；灌溉蔗区覆土可薄，一般 3 cm～5 cm。

3.1.7 芽前除草

下种覆土后喷施除草剂(或使用除草地膜)，如 50%的阿特拉津可湿性粉剂，每 667 m^2 用 150 g～200 g，对水 50 kg。也可使用其他蔗田专用芽前除草剂。

3.1.8 覆盖地膜

冬植蔗和早春植蔗可采用地膜覆盖，在土壤湿润的条件下，选用无色透明、厚为 0.008 mm、宽为 35 cm～40 cm 的地膜，在喷施除草剂后，用地膜覆盖植蔗沟，边缘用细土压紧，地膜露出透光部分不少于 20 cm。

3.1.9 田间管理

3.1.9.1 揭膜

在 60%的蔗苗穿出膜外，气温稳定超过 20℃时，即可揭膜。

3.1.9.2 中耕培土

蔗苗 3 片～4 片真叶时即可进行中耕除草，蔗苗 6～7 片真叶时进行中耕除草、小培土，用行间细土向蔗苗基部培高 3 cm～4 cm；蔗苗高 80 cm～100 cm 时，可进行大培土封垄。

3.1.9.3 追肥

结合大培土，深施、重施追肥，施肥量占施肥总量的 60%～70%，每 667 m^2 施尿素 25 kg～40 kg、氯化钾 10 kg～25 kg；或施甘蔗专用复合肥 40 kg～80 kg。

3.1.9.4 水分管理

甘蔗苗期土壤表层 25 cm 的含水量低于最大持水量的 55%要及时进行灌溉，宜浅灌；同时，还应防止田间积水造成烂苗。分蘖期土壤表层 30 cm 的含水量低于最大持水量的 60%要及时进行灌溉，应勤灌、浅灌。伸长期要根据降水量的变化情况决定灌溉次数和灌溉量，降水量较少的蔗区或久旱不雨，应及时沟灌保证灌透水，保持土壤表层 50 cm 的含水量为最大持水量的 80%以上；同时，应注意清理田间排灌沟渠，防止积水。成熟期需控制灌溉次数和灌溉量，切忌漫灌，保持土壤表层 40 cm 含水量为田间最大持水量的 60%左右，保证表土润而不湿，干而不白。

3.1.9.5 病虫鼠草害防控

苗期可结合小培土每 667 m^2 施 3.6%杀虫双颗粒剂 5 kg 防治螟虫；蓟马发生初期可用 40%氧化乐果 800 倍液或敌敌畏 1 000 倍液喷杀；伸长期发现棉蚜危害应根据实际情况进行局部或全面的喷药防治，可使用 10%的大功臣可湿性粉剂，每 667 m^2 用量 10 g～20 g，或用 50%的辟蚜雾，每 667 m^2 用量 20 g～30 g，对水 30 kg 喷洒防治；可用 5%丁硫克百威等颗粒剂 3 kg～5 kg 防治白蚁；生长后期使用国家规定的灭鼠农药,配制毒饵进行 1 次~2 次投毒灭鼠。

可用阿灭净、阿特拉津、蔗草净等进行田间除草。

提倡采用赤眼蜂生物防治、性诱剂迷向法以及灭虫灯物理防治措施。

3.2 宿根蔗栽培

3.2.1 选留宿根蔗地

选择上季甘蔗每 667 m^2 有效茎不少于 4 500 株,甘蔗长势均匀,无断垄,无严重病、虫、鼠害的蔗地留宿根。留宿根的蔗地宜在"立春"后择晴天砍收,用锋利小锄入土 3 cm~5 cm 砍收,下锄要快、准,切口要平,避免砍裂蔗头,破坏蔗芽。

3.2.2 田间管理

3.2.2.1 蔗叶还田

提倡蔗叶还田,用拖拉机牵引蔗叶粉碎机在田间就地粉碎后还田,或砍收后尽早把每两行的蔗叶集中均匀覆盖在一行的行间,并对清出蔗叶的一行进行开垄松蔸。也可将蔗叶残茎清出蔗园沤肥后再回田。

3.2.2.2 开垄松蔸

先除去秋冬笋,再进行开垄松蔸。开垄要紧贴蔗头两边犁翻,深度达蔗头基部(距蔗头着生点以上 3 cm 左右处)。旱地松蔸深度可浅些,黏重、湿度大的土壤可深些。结合开垄松蔸深施催芽肥,施肥量同新植蔗基肥用量,施肥后薄土覆盖。有条件的地方实行宿根蔗地膜覆盖。

3.2.2.3 查苗补蔸

在蔗蔸未发株之前,若发现有蔗蔸断垄现象,可用同一品种的蔗种补蔸;发株出苗后,若有明显断垄现象可用并蔸或挖旧补新的办法补植。

3.2.2.4 施肥

蔗苗高 80 cm~100 cm 时进行大培土,每 667 m^2 施尿素 35 kg~40 kg 及钾肥 10 kg~25 kg(开垄松蔸时已将钾肥一次性施用的可不再施钾肥),或施甘蔗专用复合肥 40 kg~80 kg。

3.2.2.5 防治病虫鼠草害

在埋蔸和大培土前每 667 m^2 施 3.6%杀虫双颗粒剂或 5%丁硫克百威等颗粒剂 3 kg~5 kg,随即埋蔸、培土,并喷施除草剂。此后田间管理同新植蔗,但管理时间应比新植蔗提早 15 d~30 d。

3.3 收获

一般先砍早、中熟品种,后砍晚熟品种;先砍宿根蔗、秋植蔗,后砍冬植蔗,最后砍春植蔗,留宿根的蔗地最好 1 月以后收获。砍收时蔗梢削去生长点以下 10 cm,蔗茎除净泥土、须根和叶鞘及其他夹杂物。枯死蔗茎和 1 m 以下的蔗笋不能作为原料蔗。砍完甘蔗必须及时运输进厂加工,防止蔗糖分解转化造成损失。

附加说明:

本标准由农业部种植业管理司提出并归口。

本标准起草单位:农业部甘蔗及制品质量监督检验测试中心。

本标准主要起草人:张华、罗俊、陈如凯、高三基、邓祖湖。

中华人民共和国农业行业标准

甘 蔗 种 苗

Seedling of sugarcane

NY/T 1796—2009

1 范围

本标准规定了甘蔗种苗的术语与定义、质量指标、检验方法、包装、标志、运输和贮存的方法。

本标准适用于甘蔗种茎以及通过腋芽或茎尖组织培养技术培育的不带甘蔗花叶病毒[(Sugarcane Mosaic Virus, ScMV)和 Sugarcane Sorghum Mosaic Virus (SrMV)]和甘蔗宿根矮化病菌[*Leifsonia xyli* subsp. *xyli*(Lxx)或 *Clavibacter xyli* subsp. *xyli*(Cxx)]的甘蔗脱毒种苗的质量鉴定。

2 规范性引用文件

下列文件中的条款通过本标准的引用而成为本标准的条款。凡是注日期的引用文件，其随后所有的修改单(不包括勘误的内容)或修订版均不适用于本标准，然而，鼓励根据本标准达成协议的各方研究是否可使用这些文件的最新版本。凡是不注日期的引用文件，其最新版本适用于本标准。

GB 12943 苹果无病毒苗木和苗木检疫规程

NY 357 香蕉 组培苗

3 术语和定义

下列术语与定义适用于本标准。

3.1

甘蔗种苗 sugarcane seedlings

甘蔗种茎和甘蔗脱毒种苗统称甘蔗种苗。

3.2

甘蔗脱毒种苗 virus-free and bacterium-free seedlings of sugarcane

指通过腋芽或茎尖组织培养技术培育的不带本标准规定的检测对象的组培瓶苗、袋栽苗及其无性繁殖后代。

3.3

品种纯度 variety purity

经确认的真实品种种茎数占种茎总数的百分率。

3.4

夹杂物 inclusion

种茎中夹带的蔗叶、已脱落的叶鞘、沙土、腐败茎及其他非蔗物。

3.5

发芽率 germination rate

中华人民共和国农业部 2009-12-22 发布 2010-02-01 实施

在气温20℃以上、土壤最大持水量65%以上播种10 d内的萌芽率。

3.6

甘蔗组织培养技术　sugarcane tissue culture technique

指利用甘蔗的器官、组织细胞作为外植体，采用无菌操作接种于人工配制的培养基上，在一定的光照和温度条件下进行培养，使之生长、分化并发育成完整小植株的技术。

3.7

瓶苗　bottle seedlings

指在培养瓶中生长且已达假植标准的根、茎、叶俱全的完整甘蔗小植株。

3.8

袋栽苗　bag seedlings

指甘蔗瓶苗假植于盛有营养土的特定规格塑料袋或塑料盘中，并经精心管理长成的可供大田定植的种苗。

3.9

变异　variation

在组织培养过程中甘蔗植株的遗传特性发生了变化，其形态表现出有别于原品种植株的特征。主要表现为：白化、假茎和叶片畸形。

3.10

带毒允许率　virus or bacterium allowing rate

指瓶苗、袋栽苗及其无性繁殖后代允许带毒的比率。

3.11

带毒检出率　virus or bacterium detection rate

指甘蔗脱毒种苗中检出的带有检测对象的阳性植株数占总检测植株数的百分率。

3.12

其他主要病害率　rate of other major diseases

指甘蔗脱毒种苗中检出的带有其他主要病害(表3)的植株数占总检测植株数的百分率。

4　质量要求

4.1　甘蔗脱毒瓶苗和袋栽苗

4.1.1　脱毒瓶苗

要求根系有分杈，有主根和侧根，叶色绿，生长正常无变异。脱毒瓶苗按质量要求分为一级和二级两个级别，见表1。低于二级标准的脱毒瓶苗不得作为商品苗，并将结果记入附录A.2规定的记录表中。

表1　甘蔗脱毒瓶苗质量要求

项　目	指　标	
	一　级	二　级
品种纯度，%	100.0	100.0
假茎	有(+)	有(+)
株高，cm	≥5.0	≥3.5，<5.0
1.0 cm以上白色根，条	≥4	≥2
完全展开叶，片	>4	>3
带毒检出率，%	未检出	≤0.5
变异率，%	未检出	未检出

4.1.2 脱毒袋栽苗

要求叶色绿，根系生长良好，叶片无病虫害症状，无明显可辩的变异株，大田种植后变异率小于5%。脱毒袋栽苗按质量要求分为一级和二级两个级别，见表2，低于二级标准的袋栽苗不得作为商品苗，并将结果记入附录A.3规定的记录表中。

表2 脱毒甘蔗袋栽苗质量要求

项　　目	指　　标	
	一　级	二　级
品种纯度，%	100.0	100.0
新出叶，片	>6	≥4
假茎高，cm	≥12.0	≥8.0
假茎粗，cm	>0.3	≥0.2
1.0 cm以上白色根，条	≥4	≥2
其他主要病害率，%	未发现	≤1.0
带毒检出率，%	未检出	≤1.0
注：其他主要病害指其他为害甘蔗的重要病害甘蔗黄叶病、梢腐病、褐条病、黄斑病。		

4.2 甘蔗脱毒种茎

甘蔗种茎和甘蔗脱毒种茎按质量要求分为一级和二级两个级别，见表3，低于二级标准的种茎不得作为商品种茎。并将结果记入附录A.4表中。

表3 甘蔗种茎和甘蔗脱毒种茎质量要求

项　　目	指　　标	
	一　级	二　级
品种纯度，%	100.0	100.0
夹杂物率，%	≤1.0	≤1.0
种茎茎径，cm	≥2.2	>1.8
含水量，%	60～75	60～75
发芽率，%	≥80.0	≥75.0
带毒检出率*，%	≤1.0	≤3.0
其他主要病害率*，%	≤3.0	≤5.0
注：其他主要病害指其他为害甘蔗的重要病害甘蔗黄叶病、梢腐病、褐条病、黄斑病。表3中带*的项目仅对甘蔗脱毒种茎的要求。		

4.3 甘蔗种茎

非脱毒甘蔗种茎质量要求见表4。

表4 甘蔗种茎质量要求

项　　目	指　　标
品种纯度，%	100
夹杂物率，%	≤1.0
种茎茎径，cm	>1.8
含水量，%	60.0～75.0
发芽率，%	≥80.0
病虫害，%	≤5.0

5 检验方法

5.1 甘蔗种茎

5.1.1 品种纯度

通过茎色、节间形状、节间排列、蜡粉带、根点排列、根点行数、芽形、芽沟、芽位、叶鞘颜色、叶鞘57号毛群、叶舌形状、叶耳形状等性状的观察，依公式(1)计算品种纯度。

品种纯度=(样本总数－误名种茎数)/样本总数×100% ……………………(1)

5.1.2 种茎含水量

种茎切段后劈成4份，采用常压烘箱干燥，于105℃烘干至恒重，依公式(2)计算含水量。

种茎含水量=(烘干前重量－烘干后重量)/烘干前重量×100% ………………(2)

5.1.3 种茎发芽率

通过沙培促芽，依公式(3)计算发芽率。

种茎发芽率=萌芽数/总芽数×100% ………………………………(3)

5.1.4 茎径

用游标卡尺测量甘蔗节间中部的直径。

5.1.5 节间长度

用钢卷尺测量留种部分的下部节间长度。

5.1.6 夹杂物率

种茎称重后，随机采整捆种茎一捆，小心轻放，防止夹杂物脱落，附送检卡，依公式(4)计算夹杂物率。

夹杂物率=夹杂物重量/种茎重量×100% …………………………(4)

5.2 甘蔗脱毒种苗

5.2.1 株高

用游标卡尺自基部(含长根部分)量至+1叶(最新完全展开叶)最高可见肥厚带处。

5.2.2 白色根长

用游标卡尺量白色根的长度，记录大于或等于1.0 cm长的白色根条数。

5.2.3 完全展开叶

用感官检测已完全展开的叶片。

5.2.4 新出叶

用感官检测，自假茎基部往上检测瓶苗移栽后假植期间新长出的完全展开绿叶数。

5.2.5 假茎粗

用游标卡尺测量自袋面以上2.0 cm处的最粗直径。

5.2.6 假茎高

用游标卡尺自袋面量至+1叶最高可见肥厚带处。

5.2.7 带毒检测与结果判定

瓶苗、袋栽苗和种茎苗的甘蔗花叶病毒(ScMV或SrMV)带毒检测，可采用叶片表型病害症状与硝酸纤维素膜酶偶联免疫(NCM-ELISA)检测方法(附录D)相结合，也可采用表型与聚合酶链式反应(Polymerase Chain Reaction，PCR)检测方法(附录E)，或叶片表型与指示植物检测法(附录F)相结合；瓶苗和袋栽苗的甘蔗宿根矮化病菌(Lxx或Cxx)带毒检测可采用NCM-ELISA或PCR检测方法，种茎苗可采用蔗茎纵剖表型病害症状和NCM-ELISA或PCR检测方法相结合。只要其中一种方法检出阳性，就可判定该样本带毒。

5.2.8 带毒检出率

采用表型病害症状或 NCM-ELISA 或 PCR 检测方法,判定为带毒的样本数占检测总样本数的百分率,即为带毒检出率。

5.2.9 病害率

检出的带有病害症状种茎的数量占检测总数的百分比。

6 检验规则

6.1 脱毒种苗

6.1.1 组批

同一时间,同一地点,取得同一品种不同单株的外植体经组织培养扩大繁殖后的脱毒苗(含瓶苗、袋栽苗和种茎苗)为同一组批。

6.1.2 抽样

各类脱毒种苗的抽样数量要求见表 5。其中:瓶苗或袋栽苗采用随机抽样,瓶苗以瓶为单位,在出厂前抽取;袋栽苗以株为单位,在出圃前抽取;种茎苗采用五点取样法,在生长过程中或砍种前抽取,以田块为单位进行抽样,如同一田块中品种数超过 1 个,还应该同时考虑不同品种的种植面积。单一田块面积或同一田块中特定品种面积不超过 0.4 hm^2 的,抽 40 个样;超过 0.4 hm^2 但不超过 1.0 hm^2 的,抽 40 个~100 个样;1.0 hm^2 以上的可采用二次抽样,先抽地块,再抽点取样。各取样点的抽样数量按五点平均的数量进行连续取样。取样数量按比例选择。

表 5 抽样数量要求

种苗种类	种苗或面积总量	抽样数量
瓶苗(瓶)或袋栽苗(株)	不超过 1 000	20
	不超过 5 000	40
	不超过 10 000	60
	超过 10 000	80
种茎苗	面积不超过 0.4 hm^2	40
	面积不超过 1.0 hm^2	40~100
	面积超过 1.0 hm^2	150

注:所有甘蔗脱毒种苗均应按本标准中的"检验规则"和"质量要求"进行抽样和带毒率检测。

6.1.3 检验

检验分带毒检验和出(厂)圃检验。

6.1.3.1 带毒率检验

由省(部)级有关部门批准认定具有资质的检测单位执行脱毒瓶苗、脱毒袋栽苗和脱毒种茎带毒率检测,并出具正规的甘蔗种苗带毒检测报告(附录 A)。

6.1.3.2 出(厂)圃检验

由供苗单位的质量检验室执行检验脱毒瓶苗、脱毒袋栽苗脱毒和种茎的出(厂)圃检验,按本标准"质量要求"中表 1、表 2 和表 3 所列的项目(除带毒检出率外)逐项进行,并出具检测报告(附录 A),附上甘蔗种苗质量检验证书。种茎苗检验限于种茎装运地或繁殖地进行。

6.1.4 判定规则

未进行带毒率检验或出(厂)圃检验以及检验结果带毒检出率达不到相应标准的,即判定该批产品不合格。带毒率超过 3%可申请复检,复检结果如合格率在允许范围视为合格,判定该批产品合格;如超过允许范围视为不合格,判定该批产品不合格。

6.2 种茎

有关检验规则同 6.1 中涉及种茎的内容，但不进行带毒率检测。

6.3 种苗销售或调运

必须附有质量检验证书和标签。

7 包装、标志、运输与贮存

7.1 脱毒种苗

7.1.1 包装

甘蔗瓶苗、袋栽苗均应妥善包装，保持正常生长状态。

7.1.2 标志

包装箱内附脱毒种苗出（厂）圃检验合格证、带毒检验报告复印件；外面应注明标准号、生产单位的地址及联系电话。

7.1.3 运输

汽车运输或办理托运至指定地点。瓶苗及时假植，袋装苗尽早定植。

7.2 种茎

7.2.1 包装

甘蔗种茎以 20 kg～25 kg 为一捆，用包装绳捆扎好，并挂上标签。

7.2.2 运输

甘蔗种茎在运输装卸过程中，应注意防止种芽的损伤。

7.2.3 贮存

砍收后的甘蔗种茎包装好后存放，上方可用覆盖物遮蔽，避免曝晒或霜冻害，同时应注意防虫鼠。

附　录　A
（规范性附录）
甘蔗种苗检测报告格式

A.1　甘蔗脱毒种苗带毒检测报告

甘蔗脱毒种苗带毒检测报告

No：______

送样单位：　　　　品种名称：　　　　种苗采集地：

送样时间：　　　　种苗数量：　　　　抽检数量：

带毒检出率：　　　　检验单位（盖章）：

编　号	甘蔗花叶病毒（ScMV）	甘蔗花叶病毒（SrMV）	甘蔗宿根矮化病菌（Lxx 或 Cxx）

审核人（签字）：　　校核人（签字）：　　检测人（签字）：　　检测日期：　年　月　日

A.2 甘蔗瓶苗质量检测记录表

甘蔗瓶苗质量检测记录表

品种名称：　　　　　　　　购苗单位：
供苗单位：　　　　　　　　检验单位：
瓶苗总数：　　　　　　　　抽检瓶数：

No：______

样瓶号	品种纯度，%	假茎	株高，cm	1.0 cm 以上白色根，条	完全展开叶，片
注：假茎检验结果"＋"表示有，"－"表示无。					

审核人(签字)：　　校核人(签字)：　　检测人(签字)：　　　　检测日期：　年　月　日

A.3 甘蔗袋栽苗质量检测记录表

甘蔗袋栽苗质量检测记录表

品种名称：　　　　　　　　购苗单位：
供苗单位：　　　　　　　　检验单位：
总 苗 数：　　　　　　　　抽检苗数：

No：______

样株号	品种纯度，%	新出叶，片	假茎高，cm	假茎粗，cm	其他主要病虫害，%
注：其他主要病害指为害甘蔗的重要病害黄叶病、梢腐病、褐条病、黄斑病。					

审核人(签字)：　　校核人(签字)：　　检测人(签字)：　　　　检测日期：　年　月　日

A.4 甘蔗种茎质量检测记录表

甘蔗种茎质量检测记录表

品种名称： 购苗单位：

供苗单位： 检验单位：

总 苗 数： 抽检苗数：

No：______

编号	品种纯度，%	夹杂物率，%	茎径，cm	含水量，%	发芽率，%	主要病害率，%
注：主要病害指为害甘蔗的重要病害黄叶病、黑穗病、梢腐病、褐条病、黄斑病。						

审核人(签字)： 校核人(签字)： 检测人(签字)： 检测日期： 年 月 日

A.5 甘蔗种苗质量检验证书

甘蔗种苗质量检验证书

No：______

育苗单位		购苗单位	
品种名称		种苗种类	
种苗数量		带毒检出率	
检验结果	其中，一级： 二级：		
检验意见			
证书签发日期		出(厂)圃日期	
注：本证一式三份，育苗单位、购苗单位、检验单位各一份。			

审核人(签字)： 校核人(签字)： 检测人(签字)： 检测日期： 年 月 日

附 录 B
（规范性附录）
硝酸纤维素膜检测法

B.1 溶液配制

B.1.1 TBS(pH7.6)

Tris Base	4.84 g
NaCl	58.44 g
NaN_3	0.40 g

溶于 1 990 mL 蒸馏水中，用 HCl(37%)调 pH 至 7.5，定容至 2 000 mL。

B.1.2 洗涤缓冲液(TTBS)

1.0 mL Tween-20 溶于 2 000 mL TBS 中。

B.1.3 抽提缓冲液

TBS 500 mL Na_2SO_3 1.0 g TBS 缓冲液中加入 0.2%的 Na_2SO_3。

B.1.4 封闭缓冲液(现用现配)

脱脂奶粉	0.50 g
Triton X-100	0.5 mL
TBS	25 mL

先将脱脂奶粉溶解于少量 TBS 中，再用蒸馏水定容至 25 mL。加入 Triton X-100 混合均匀。

B.1.5 抗体缓冲液

脱脂奶粉	1.00 g
TBS	50 mL

B.1.6 底物缓冲液(pH9.5)

Tris Base	6.05 g
NaCl	2.92 g
$MgCl_2 \cdot 6H_2O$	0.51 g
NaN_3	0.40 g

溶于 450 mL 蒸馏水中，用浓盐酸调 pH 至 9.5，用蒸馏水定容至 500 mL。

B.1.7 NBT 和 BCIP 储备液

B.1.7.1 NBT 储备液

硝基蓝四唑盐(NBT)	40 mg
70%二甲基甲酰胺	1.2 mL

混合均匀，4℃避光保存。

B.1.7.2 BCIP 储备液

5-溴-4-氯-3-吲哚磷酸酯(BCIP)	20 mg
70%二甲基甲酰胺	1.2 mL

混合均匀，4℃避光保存。

B.1.8 底物溶液(现用现配)

底物缓冲液	25 mL
NBT 储备液	75 μL
BCIP 储备液	75 μL

先将 NBT 溶于 25 mL 底物缓冲液中,再逐滴中加入 BCIP 储备液,边加边振摇混匀。

B.2 样品制备

B.2.1 甘蔗花叶病毒带毒检测样品制备

所有待检样品(含瓶苗、袋栽苗和种茎)均取叶片,瓶苗以瓶为单位,每瓶取不同丛的 3 株,收集其叶片;袋栽苗以株为单位,取+1、+2 叶和+3 叶基部 1/3 叶片进行混合;田间种茎取+1 叶基部去中脉后的叶片 1 g,在液氮下研磨后转到无菌 1.5 mL 离心管中,加入 1.0 mL 抽提缓冲液(见 B.1.3),4℃下静置 3 000 r/min 离心 5 min,取上清液用于点样。

B.2.2 甘蔗宿根矮化病原菌带毒检测样品制备

瓶苗以瓶为单位,每瓶取 3 株,整株取出后用自来水冲干净培养基,去叶片;袋栽苗以株为单位,取地上部,去叶片。按照 D2.1 的方法,获得上清液用于点样。田间种茎采用取地上部基部第三节的节间髓部 1 cm~2 cm 的方块压汁用于点样。

B.3 操作步骤

B.3.1 点样

将打好方格的硝酸纤维素膜放在干燥、洁净的滤纸上,用干净灭菌的微量移液器,每个样品吸取 17.0 μL 上清液滴在膜上方格的正中,2 次重复。同时,设阳性、阴性和空白对照,干燥 15 min~30 min。

B.3.2 封闭

将干燥后的膜浸泡在封闭缓冲液中,室温下摇床振荡(50 r/min)1 h。

B.3.3 孵育第一抗体

将膜置于用抗体缓冲液稀释至工作浓度的抗血清中,室温下摇床振荡(50 r/min)过夜。

B.3.4 洗涤

用洗涤缓冲液洗膜 3 次,每次摇床振荡(100 r/min)3 min。

B.3.5 孵育第二抗体

将膜置于用抗体缓冲液稀释至工作浓度的酶标抗体中,室温下摇床振荡(50 r/min)1 h。

B.3.6 洗涤

洗涤 4 次,方法同 E3.4。

B.3.7 显色

将膜置于 NBT/BCIP 底物溶液中,室温下摇床振荡(50 r/min)孵育 30 min。

B.3.8 终止反应

弃去底物溶液,并用蒸馏水洗膜 3 次,每次摇床振荡(100 r/min)3 min。

B.3.9 阳性判断

晾干后观察颜色反应,出现蓝紫色后反应的样品为阳性。

附　录　C
（规范性附录）
聚合酶链式反应（PCR）检测法

C.1　甘蔗宿根矮化病菌（Lxx 或 Cxx）检测

C.1.1　引物

Lxx1：5'CCG AAG TGA GCA GAT TGA CC 3'

Lxx2：5'ACC CTG TGT TGT TTT CAA CG 3'

C.1.2　PCR 反应体系

PCR 反应体系见表 C.1。

表 C.1　PCR 反应体系

试　剂	终浓度	单样品体积
ddH_2O		19.75 μL
10×PCR buffer(不含 $MgCl_2$)	1×	5.0 μL
$MgCl_2$(25 mol/L)*	2.5 mmol/L	5.0 μL
1%BSA		5.0 μL
0.8%(w/v)PVP		4.0 μL
dNTPs	0.2 mmol/L	4.0 μL
10 μmol/L Primer 1	0.5 μmol/L	2.5 μL
10 μmol/L Primer 2	0.5 μmol/L	2.5 μL
5 U/μL Taq 酶	0.025 U/μL	0.25 μL
DNA 模板	0.5 ng/μL ～1.0 ng/μL	2.0 μL
总体积		50 μL
注：* 如 PCR 缓冲液中含有 Mg^{2+}，不应再加 $MgCl_2$，而用 5.0 μL ddH_2O 替代。		

C.1.3　DNA 扩增

在 PCR 反应管中按表 C.1 依次加入反应试剂，轻轻混匀，如 PCR 仪无热盖设备，需再加约 5 μL 石蜡油防止蒸发，每个试样 2 次重复。离心 10 s 后，将 PCR 管插入 PCR 仪中进行 DNA 扩增。

采用如下 PCR 循环程序进行 DNA 扩增。95℃预变性 10 min；35 个循环的 PCR(94℃，30 s；56℃，30 s；72℃，30 s)；72℃延伸 4 min 后；4℃保存待分析。

C.1.4　PCR 产物电泳检测

将适量的琼脂糖加入 1×TAE 缓冲液中，加热溶解，配制成浓度为 2.0%(w/v)的琼脂糖溶液，然后按每 100 mL 琼脂糖溶液中加入 5 μL EB 溶液的比例加入 EB 溶液(EB 终浓度为 0.5 μg/mL)，混匀，稍冷却后，将其倒入制胶板上，插上梳板，室温下凝固成凝胶后，放入 1×TAE 缓冲液中，轻轻垂直向上拔去梳板。吸取 5 μL 的 PCR 产物与 1 μL 6×加样缓冲液混合后加入点样孔中，在其中一个点样孔中加入 DNA 分子量标准，接通电源在 5 V/cm 条件下电泳。

C.1.5　凝胶成像分析

电泳结束后，取出琼脂糖凝胶，轻轻地置于凝胶成像仪上或紫外透射仪上成像。根据DNA分子量标准估计扩增条带的大小，将电泳结果采集后形成电子文件存档或用照相系统拍照。根据琼脂糖凝胶电泳结果，对PCR扩增结果进行分析。

C.1.6 阳性判断

试验应设阳性对照，采用甘蔗宿根矮化病菌纯培养物或经检测能扩增出PCR产物长度约438 bp的样品保存备用；试验还应设阴性对照，采用健康且已确认未能扩增出特异片段(约438 bp)的样品保存备用。

结果判定：凡阳性对照有特异条带且阴性对照无特异条带，待检测样品可扩增出特异条带的，判定为阳性；凡阳性对照无特异条带或阴性对照扩增出特异条带，试验结果不能判定，应重新进行检测。

C.2 甘蔗花叶病毒(ScMV或SrMV)检测

C.2.1 引物

检测ScMV采用引物ScF1和ScR1，检测SrMV采用引物SrF1和SrR1。详细序列如下：

ScF1：5'TTT YCA CCA AGC TGG AA 3'

ScR1：5'AGC TGT GTG TCT CTC TGT ATT CTC T 3'

SrF1：5'AAG CAA CAG CAC AAG CAC

SrR1：5'TGA CTC TCA CCG ACA TTC C

C.2.2 样品与引物混合物

按如下反应体系处理样品。

R-引物ScR1或SrR1(60 μmoL/μL)	0.25 μL
ddH_2O	0.25 μL
样品	1.0 μL
总体积	1.5 μL

混合后，置冰浴上，进行下面的操作。

C.2.3 反转录(RT)体系

按照如下比例进行人量混合，根据样品量多少进行放大。

$MgCl_2$(25 mmoL/L)	2.0 μL
10×PCR buffer	1.0 μL
dNTP (each 10 mmmoL/L)	1.0 μL
H_2O	3.5 μL
RNase inhibitor (20 U/μL)	0.5 μL
MuLV 反转录酶 (50 U/ml)	0.5 μL

混合后再加入1.5 μL样品与引物混合物(见C.2.1.2)，总体积10 μL。

(备选项：其中dNTP也可采用dGTP，dCTP，dTTP和dATP替代，各浓度均为10 mmmoL/L，各1.0 μL，但H_2O的用量减少为0.5 μL。)

C.2.4 RT程序

步骤1：37℃，15 min；

步骤2：99℃，5 min；

步骤3：4℃，保存。

C.2.5 PCR体系

按照如下比例在冰浴上进行混合，根据样品量多少进行缩小或放大。如为单管PCR反应，可在上步的基础上，直接加入如下各试剂，操作在冰浴上进行。

$MgCl_2$(25 mM)	4.0 μL	
10×PCR buffer	4.0 μL	
ddH_2O	31.5 μL	
Taq (5 U/μL)	0.25 μL	
F-引物 ScF1 或 SrF1(60 pmoL/μL)	0.25 μL 总体积	40 μL

该混合液与C.2.3反转录(RT)体系10 μL混合后,单管PCR反应体积为50 μL。

C.2.6 PCR程序

PCR程序如下:

步骤1:95℃,5 min;

步骤2:60℃,1 min ;

步骤3:72℃,10 min;

步骤4:94℃,1 min;

步骤5:94℃,1 s;

步骤6:60℃,1 s;

步骤7:72℃,30 s;

步骤8:重复步骤5~7,重复39次,完成39个PCR循环;

步骤9:72℃,5 min;取出置4℃,待分析。

C.2.7 PCR产物电泳检测

将适量的琼脂糖加入1×TAE缓冲液中,加热溶解,配制成浓度为2.0%(w/v)的琼脂糖溶液,然后按每100 mL琼脂糖溶液中加入5 μL EB溶液的比例加入EB溶液(EB终浓度为0.5 μg/mL),混匀,稍冷却后,将其倒入电泳板上,插上梳板,室温下凝固成凝胶后,放入1×TAE缓冲液中,轻轻垂直向上拔去梳板。吸取5 μL的PCR产物与1 μL 6×加样缓冲液混合后加入点样孔中,在其中一个点样孔中加入DNA分子量标准,接通电源在5 V/cm条件下电泳。

C.2.8 凝胶成像分析

电泳结束后,取出琼脂糖凝胶,轻轻地置于凝胶成像仪上或紫外透射仪上成像。根据DNA分子量标准估计扩增条带的大小,将电泳结果采集后形成电子文件存档或用照相系统拍照。根据琼脂糖凝胶电泳结果,对PCR扩增结果进行分析。

C.2.9 阳性判断

试验应设阳性对照,采用甘蔗宿根矮化病菌纯培养物或经检测能扩增出PCR产物长度约889 bp的样品保存备用;试验还应设阴性对照,采用健康且已确认未能扩增出特异片段(约889 bp)的样品保存备用。

结果判定:凡阳性对照有特异条带且阴性对照无特异条带,待检测样品可扩增出特异条带的,判定为阳性;凡阳性对照无特异条带或阴性对照扩增出特异条带,试验结果不能判定,应重新进行检测。

附　录　D
（规范性附录）
指示植物检测法

D.1　繁育指示植物

在25℃左右，防虫条件下种植甜高粱，至1片～2片完全展开叶时接种。

D.2　接种

以待测样品叶片提取液，摩擦接种于甜高粱叶片上。方法是：以手蘸提取液，轻捏甜高粱叶片造成伤口，保湿过夜，每个样品重复接种3株，同时设阳性对照、阴性对照。接种后置防虫室，常规管理。

D.3　阳性判断

根据指示植物症状，确定有无甘蔗花叶病毒。只要有一株指示植物表现系统症状，即视为阳性。

D.4　缓冲液的配制及提取液的制备

D.4.1　0.01 moL/L PBS(pH 8.0)

Ⅰ液：$Na_2HPO_4 \cdot 12H_2O$　35.8 g

加蒸馏水　1 000 mL

Ⅱ液：$NaH_2PO_4 \cdot 2H_2O$　13.9 g

加蒸馏水　1 000 mL

将Ⅰ液39 mL与Ⅱ液61 mL混合后，再加蒸馏水至1 000 mL，然后用NaOH调至pH8.0即可。

D.4.2　提取缓冲液

0.01 moL/L PBS(pH8.0)1 000 mL，Na_2SO_3 1.0 g。

D.4.3　提取液制备

取待测样品新伸长叶片10 g，加提取缓冲液10 mL，经捣碎、榨汁后即成。

附加说明：

本标准的附录A、附录B、附录C、附录D为规范性附录。

本标准由中华人民共和国农业部种植业管理司提出并归口。

本标准的起草单位：农业部甘蔗及制品质量监督检验测试中心。

本标准主要起草人：许莉萍、张华、陈如凯、高三基、罗俊、林彦铨。

中华人民共和国农业行业标准

甘蔗花叶病毒检测技术规范

Technical criterion of Sugarcane mosaic virus detection

NY/T 1804—2009

警告——使用本标准的人员应有正规实验室工作的实践经验。本标准并未指出所有可能的安全问题。使用者有责任采取适当的安全和健康措施,并保证符合国家有关法规规定的条件。

1 范围

本标准规定了甘蔗花叶病毒(*Sugarcane mosaic virus*, SCMV)双抗夹心酶联免疫吸附测定(DAS-ELISA)及反转录-聚合酶链式反应(RT-PCR)分子生物学检测方法。

本标准适用于甘蔗种茎、甘蔗组培苗中的甘蔗花叶病毒的检测。

2 仪器和用具

2.1 主要仪器

台式冷冻离心机、PCR仪、水平电泳装置、凝胶成像系统、水浴锅、酶标仪、恒温培养箱。

2.2 用具及耗材

微量移液器、研钵、酶联板、离心管、PCR管、移液器吸头。

3 取样

3.1 种茎:取腋芽及其周围组织约10 g,心叶约10 g,4℃条件下保存,最多存放7 d。

3.2 组培苗:取叶片1 g~10 g,4℃条件下保存,最多存放7 d。

4 检测方法

4.1 双抗夹心酶联免疫吸附测定(DAS-ELISA)法

4.1.1 样品制备

从取样(保存)材料中切取0.5 g~1.0 g组织,加入5 mL抽提缓冲液研磨,4 000 r/min离心5 min,取上清液作试样,4℃条件下保存备用。

阳性样品为已知带SCMV的材料或试剂盒提供的阳性对照,阴性样品为已知不带SCMV的材料或试剂盒提供的阴性对照,按同样方法制备和保存。

4.1.2 操作步骤

4.1.2.1 包被抗体:每孔加100 μL用包被缓冲液按工作浓度稀释的SCMV抗体,37℃保湿孵育2 h~4 h或4℃条件下保湿过夜。

4.1.2.2 洗板:用PBST洗液洗板4次,每次3 min~5 min。

中华人民共和国农业部 2009-12-22 发布　　2010-02-01 实施

4.1.2.3 封闭：每孔加入 200 μL 封闭液，37℃保湿孵育 1 h～2 h。

4.1.2.4 洗板：同 4.1.2.2。

4.1.2.5 加检测样品：每孔加入 100 μL 试样，设阴性、阳性和空白对照（样品提取缓冲液），可根据需要设置重复，37℃条件下保湿孵育 4 h，或 4℃条件下过夜。

4.1.2.6 洗板：同 4.1.2.2。

4.1.2.7 加酶标抗体：每孔加入 100 μL 经 ECI 缓冲液稀释至工作浓度的碱性磷酸酯酶标记抗体，37℃保湿孵育 2 h～4 h。

4.1.2.8 洗板：同 4.1.2.2。

4.1.2.9 加底物溶液：每孔加入 100 μL 含 1 mg/mL PNP 的底物显色缓冲液，在室温下避光保湿孵育 30 min～60 min。

4.1.2.10 终止反应：每孔加入 50 μL 3 mol/L NaOH 终止反应，在酶标仪上测定波长 405 nm 吸光值（OD_{405}），并打印结果。

4.1.3 结果判定

样品 OD_{405} 值/阴性对照 OD_{405} 值大于或等于 2，判为阳性；

样品 OD_{405} 值/阴性对照 OD_{405} 值小于或等于 1.5 时判为阴性；

样品 OD_{405} 值/阴性对照 OD_{405} 值在 1.5～2 之间，应经进一步确认。

4.2 反转录-多聚合酶链式反应（RT-PCR）检测法

4.2.1 引物

上游引物 SCMV-F5：5′-GAAGAWGTYTTCCAYCAAKCWGGAAC-3′（W=T/A，Y=C/T，K=G/T）；

下游引物 SCMV-R3：5′-AGCTGTGTGTCTCTCTGTATTCTC-3′；

预期扩增片段为 906 bp。

4.2.2 操作步骤

4.2.2.1 总 RNA 提取

从取样（保存）样品中切取 1 g 样品，加液氮在大小合适的离心管或研钵中研磨成粉末，转至 2 mL 离心管，加 600 μL 水饱和酚与 600 μL 2×RNA 抽提缓冲液，混匀，4℃ 12 000 r/min 离心 20 min，上清转移至新离心管，加入等体积 4 mol/L LiCl，混匀后 4℃沉淀过夜，4℃ 12 000 r/min 离心 20 min，沉淀用 70％乙醇漂洗数次，风干，用 30 μL DEPC 处理过的水溶解，－70℃保存备用。采用 RNA 提取试剂盒的，操作步骤参照产品说明书。

阳性样品为已知带 SCMV 的材料或 SCMV 提纯液，阴性样品为已知不带 SCMV 的材料，按同样方法制备和保存。

4.2.2.2 反转录及 PCR 反应

以样品总 RNA，以及阴性、阳性对照总 RNA 为模板，可选用一步法 RT-PCR 试剂盒进行反转录和 PCR 扩增，实验步骤按产品说明书进行。

若不是采用一步法 RT-PCR 试剂盒，以 SCMV-R3 为反转录引物，参照反转录酶产品说明合成 cDNA，然后在 PCR 反应管中依次加入 10×PCR 缓冲液 2 μL、10 mmol/L 的四种脱氧核糖核苷酸（dATP、dCTP、dGTP、dTTP）混合液 0.4 μL、上、下游引物各 0.4 μL、cDNA 模板 10 ng～20 ng、TaqDNA 聚合酶 0.25 μL，根据 cDNA 模板的用量加入无菌重蒸馏水，使 PCR 反应体系达到 20 μL，每个试样 3 次重复。

以 4 000 r/min 离心 10 s 后，将 PCR 管放入 PCR 仪中，94℃预热 4min；进行 35 次扩增循环（94℃变性 30 s，50℃退火 30 s，72℃延伸 1 min）；72℃延伸 5 min。取出 PCR 反应管，对反应产物进行电泳检测或 4℃条件下保存备用。

4.2.2.3 扩增产物的电泳检测

将适量的琼脂糖加入 1×TAE 缓冲液中，加热将其溶解，配制成琼脂糖浓度为 1%的溶液，然后按每 100 mL 琼脂糖溶液中加入 5 μL 溴化乙锭溶液的比例，加入溴化乙锭溶液，混匀，稍适冷却后，将其倒入电泳板上，室温下凝固成凝胶后，放入 1×TAE 缓冲液中。在每个泳道中加入 7.5 μL 的 PCR 产物(需和上样缓冲液混合)，其中一个泳道中加入 DNA 分子量标记，接通电源进行电泳。

4.2.2.4 凝胶成像分析

电泳结束后，将琼脂糖凝胶置于凝胶成像系统成像仪上或紫外投射仪上成像，根据 DNA 分子量标记判断扩增出的目的条带的大小，将电泳结果形成文件存档或用照相系统拍照。

4.2.3 结果判定

如果阳性对照和检测样品中同时出现目的扩增条带，而阴性对照、空白对照均不出现该条带，该样品判为阳性；

如果阳性对照出现目的扩增条带，而阴性对照、空白对照及检测样品中均不出现该条带，则该样品判为阴性；

如果空白、阴性对照出现目的条带，或阳性对照未出现目的条带，应重新进行 RT - PCR 检测。

附　录　A
（规范性附录）
双抗夹心酶联免疫吸附测定（DAS - ELISA）法试剂及缓冲液配制

A.1　抗体或试剂盒

SCMV 单克隆抗体，碱性磷酸酯酶标二抗，DAS - ELISA 检测试剂盒均来自市售。

A.2　缓冲液及配制

除非另有说明，在分析中仅使用分析纯试剂，配制好的溶液在 4℃条件下保存。

A.2.1　PBST 洗液（pH 7.4）

氯化钠（NaCl）8.00 g，氯化钾（KCl）0.20 g，磷酸氢二钠（Na_2HPO_4）1.15 g，磷酸二氢钾（KH_2PO_4）0.20 g，吐温- 20（Tween - 20）0.5 mL，用蒸馏水溶解并定容至 1 000 mL。

A.2.2　ECI 缓冲液

牛血清白蛋白（BSA）2.0 g，聚乙烯吡咯烷酮（PVP，$MW_{24\,000\text{-}40\,000}$）20.0 g，叠氮化钠（$NaN_3$）0.2 g，用蒸馏水溶解并定容至 1 000 mL。

A.2.3　包被液（pH 9.6）

碳酸钠（Na_2CO_3）1.59 g，碳酸氢钠（$NaHCO_3$）2.93 g，用蒸馏水溶解并定容至 1 000 mL。

A.2.4　通用样品提取缓冲液（pH 7.4）

亚硫酸钠（Na_2SO_3）1.3 g，聚乙烯吡咯烷酮（PVP，$MW_{24\,000\text{-}40\,000}$）20.0 g，吐温- 20（Tween - 20）20 mL，鸡蛋清粉 2.0 g，用 PBST 溶解并定容至 1 000 mL。

A.2.5　封闭液（pH 7.4）

牛血清白蛋白（BSA）2.0 g，聚乙烯吡咯烷酮（PVP，$MW_{24\,000\text{-}40\,000}$）20.0 g，用 PBST 溶解并定容至 1 000 mL。

A.2.6　PNP 底物显色缓冲液（pH 9.8）

二乙醇胺（$C_4H_{11}NO_2$）97 mL，氯化镁（$MgCl_2$）0.1 g，用盐酸（HCl）调 pH 至 9.8，用蒸馏水溶解并定容至 1 000 mL。

附　录　B
（规范性附录）
反转录-多聚合酶链式反应（RT - PCR）法试剂及缓冲液配制

除非另有说明，在分析中仅使用分析纯试剂，所用试剂和缓冲液均用 DEPC（焦碳酸二乙酯）处理过的双蒸水配制。

B.1　化学试剂

B.1.1　三羟甲基氨基甲烷（Tris）。

B.1.2　二水乙二胺四乙酸二钠（EDTA - Na • $2H_2O$）。

B.1.3　十二烷基磺酸钠（SDS）。

B.1.4　氯化锂（LiCl）。

B.1.5　三氯甲烷（chloroform）。

B.1.6　异戊醇（isoamyl alcohol）。

B.1.7　氯化钠（NaCl）。

B.1.8　亚硫酸钠（Na_2SO_3）。

B.1.9　溴化乙锭（EB）。

B.2　分子生物学试剂

B.2.1　各 10 mmol/L 的四种脱氧核糖核苷酸（dATP，dCTP，dGTP，dTTP）混合溶液。

B.2.2　Taq DNA 聚合酶（5 单位/μL）及 10×PCR 反应缓冲液（含 25 mmol/L Mg^{2+}）。

B.2.3　植物 RNA 提取试剂盒。

B.2.4　反转录酶及缓冲液，反转录试剂盒。

B.2.5　DNA 分子量标记。

B.2.6　引物溶液：用 DEPC 处理过的水将上、下游引物分别配制成浓度为 10 μmol/L 的水溶液。

B.3　缓冲液

B.3.1　RNA 抽提缓冲液：20 mmol/LTris - HCl（pH8.0），1% 十二烷基磺酸钠，200 mmol/L 氯化钠，5 mmol/L EDTA，1%亚硫酸钠。

B.3.2　加样缓冲液：称取溴酚蓝 250 mg，加水 10 mL，在室温下过夜溶解；再称取二甲苯睛蓝 250 mg，用 10 mL 水溶解；称取蔗糖 50 g，用 30 mL 水溶解，合并三种溶液，用水定容至 100 mL，在 4℃中保存。

B.3.3　50×TAE 缓冲液：取 Tris 242.2 g，先用 300 mL 水加热搅拌溶解后，加 100 mL 500 mmol/L EDTA 的水溶液（pH 8.0），用冰乙酸调 pH 至 8.0，用水定容到 1 000 mL。

附加说明：

本标准的附录 A、附录 B 为规范性附录。

本标准由中华人民共和国农业部提出。

本标准由农业部热带作物及制品标准化委员会归口。

本标准起草单位：中国热带农业科学院热带生物技术研究所、国家重要热带作物工程技术研究中心。

本标准主要起草人：刘志昕、王健华、陈业渊。

中华人民共和国农业行业标准

腌 渍 芒 果

Pickled mango

NY/T 1397—2007

1 范围

本标准规定了腌渍芒果的术语和定义、分类、要求、试验方法、检验规则、标志标签、包装、运输和贮存。

本标准适用于以芒果为原料，经过腌渍、调味等工艺处理的腌渍芒果。

2 规范性引用文件

下列文件中的条款通过本标准的引用而成为本标准的条款。凡是注日期的引用文件，其随后所有的修改单(不包括勘误的内容)或修订版均不适用于本标准，然而，鼓励根据本标准达成协议的各方研究是否可使用这些文件的最新版本。凡是不注日期的引用文件，其最新版本适用于本标准。

GB 191 包装储运图示标志

GB/T 4789.2 食品卫生微生物学检验 菌落总数测定

GB/T 4789.3 食品卫生微生物学检验 大肠菌群测定

GB/T 4789.4 食品卫生微生物学检验 沙门氏菌检验

GB/T 4789.5 食品卫生微生物学检验 志贺氏菌检验

GB/T 4789.10 食品卫生微生物学检验 金黄色葡萄球检验

GB/T 5009.11 食品中总砷及无机砷的测定

GB/T 5009.12 食品中铅的测定

GB/T 5009.17 食品中总汞及有机汞的测定

GB/T 5009.28 食品中糖精钠的测定

GB/T 5009.29 食品中山梨酸、苯甲酸的测定

GB/T 5009.34 食品中亚硫酸盐的测定

GB/T 5009.97 食品中环已基氨基磺酸钠的测定

GB 7718 预包装食品标签通则

GB/T 13393 抽样检查导则

JJF 1070 定量包装商品净含量检验规则

国家质量监督检验检疫总局令(第 75 号) 定量包装商品计量监督管理办法

3 术语和定义

下列术语和定义适用于本标准。

3.1

中华人民共和国农业部 2007 - 06 - 14 发布　　2007 - 09 - 01 实施

腌渍　pickled

原料用盐水或糖水浸泡处理的食品加工过程。

4 分类

4.1 按腌渍芒果的加工工艺分为：

a) 腌渍湿芒果，包装内水分含量大于等于20%（质量份数）。

b) 腌渍芒果干，包装内水分含量小于20%（质量份数）。

5 要求

5.1 感官要求

腌渍芒果的感官要求应符合表1规定。

表1　腌渍芒果感官要求

项　目	分　　类	
	腌渍湿芒果	腌渍芒果干
色泽	呈该产品应有色泽，包装内液体为无色或很浅色泽	褐色或棕褐色
形态	剖块状或条状，饱满	切条状，细长，果皮干爽，有皱纹
滋味和气味	有该产品特有的风味，无苦味及异味	有该产品应有的风味，无苦味及异味
杂质	无外来杂质	无外来杂质

5.2 安全卫生要求

腌渍芒果安全卫生要求应符合表2规定。

表2　腌渍芒果安全卫生要求

项　　目		指　　标
总砷（以As计），mg/kg		≤0.2
铅（以Pb计），mg/kg		≤0.2
总汞（以Hg计），mg/kg		≤0.05
二氧化硫，g/kg	腌渍湿芒果	≤0.1
	腌渍芒果干	≤0.35
糖精钠，g/kg		≤5.0
环己基氨基磺酸钠，g/kg		≤1.0
山梨酸，g/kg		≤0.5
苯甲酸，g/kg		≤0.5
菌落总数，cfu /g		≤1 000
大肠菌群，MPN/100g		≤30
致病菌（沙门氏菌、志贺氏菌、金黄色葡萄球菌）		不得检出

5.3 包装净含量

包装净含量应符合国家质量监督检验检疫总局令（第75号）要求。

6 试验方法

6.1 感官要求

将样本置于自然光下，通过目测色泽、形态、杂质等，尝其滋味，嗅其气味进行感官要求的检测。

6.2 安全卫生要求

6.2.1 总砷的测定

按 GB/T 5009.11 规定执行。

6.2.2 铅的测定

按 GB/T 5009.12 规定执行。

6.2.3 总汞的测定

按 GB/T 5009.17 规定执行。

6.2.4 二氧化硫的测定

按 GB/T 5009.34 规定执行。

6.2.5 糖精钠的测定

按 GB/T 5009.28 规定执行。

6.2.6 环己基氨基磺酸钠的测定

按 GB/T 5009.97 规定执行。

6.2.7 山梨酸、苯甲酸的测定

按 GB/T 5009.29 规定执行。

6.2.8 菌落总数的检验

按 GB/T 4789.2 规定执行。

6.2.9 大肠菌群的检验

按 GB/T 4789.3 规定执行。

6.2.10 沙门氏菌的检验

按 GB/T 4789.4 规定执行。

6.2.11 志贺氏菌的检验

按 GB/T 4789.5 规定执行。

6.2.12 金黄色葡萄球的检验

按 GB/T 4789.10 规定执行。

6.3 包装净含量

按 JJF 1070 规定执行。

7 检验规则

7.1 检验分类

7.1.1 型式检验

型式检验是对产品进行全面考核，即对本标准规定的全部要求进行检验。有下列情形之一者应进行型式检验：

a） 国家质量监督机构或主管部门提出型式检验要求；

b） 前后两次抽样检验结果差异较大；

c） 生产环境、生产工艺发生较大变化。

7.1.2 出厂检验

每批产品交收前，生产单位都要进行出厂检验。出厂检验内容包括感官、净含量、标志、标签和包装等。检验合格并附合格证的产品方可交收。

7.2 组批

同一生产厂家、同一批号、同一类型的产品作为一个检验批次。

7.3 抽样方法

按 GB/T 13393 规定进行抽样。

7.4 判定规则

按本标准进行检验,所检项目的检验结果符合本标准第 5 章要求,该批产品判为合格。

卫生指标一项不合格,该批产品判为不合格。

7.5 复检

卫生指标不得复验。

若贸易双方发生争议,要重新加倍抽样复检,以复检结果为最终判定依据。

8 标志、标签

标志按照 GB 191 规定执行,标签按照 GB 7718 规定执行。

9 包装、贮存与运输

9.1 包装

产品的包装材料要符合食品包装的无毒、无害要求。

9.2 运输

运输工具应清洁,运输过程中不得与有毒、有异味的物品混运。

9.3 贮存

贮存场所应清洁、通风良好、有防晒防雨设施。

附加说明:

本标准由中华人民共和国农业部提出。

本标准由热带作物及制品标准化技术委员会归口。

本标准起草单位:农业部热带农产品质量监督检验测试中心。

本标准主要起草人:吴莉宇、徐志、袁宏球、江俊。

中华人民共和国农业行业标准

芒果病虫害防治技术规范

Technical criterion for mango pest control

NY/T 1476—2007

1 范围

本标准规定了芒果主要病虫害的防治措施和推荐使用药剂等技术。

本标准适用于我国芒果主要病虫害的防治。

2 规范性引用文件

下列文件中的条款通过本标准的引用而成为本标准的条款。凡是注日期的引用文件，其随后所有的修改单(不包括勘误的内容)或修订版均不适用于本标准。然而，鼓励根据本标准达成协议的各方研究是否可使用这些文件的最新版本。凡是不注日期的引用文件，其最新版本适用于本标准。

GB 4285 农药安全使用标准

GB/T 8321(所有部分) 农药合理使用准则

NY/T 5025 无公害食品 芒果生产技术规程

3 推荐使用药剂的说明

本标准推荐选用的杀菌/杀虫剂是经我国药剂管理部门登记允许在芒果或其他水果上使用的。不应使用国家严格禁止在果树上使用的和未登记的农药。

4 芒果主要病虫害及其防治

4.1 芒果主要病虫害及其发生特点

参见附录A、附录B。

4.2 芒果主要病虫害防治的原则

贯彻"预防为主、综合防治"的植保方针，以芒果园整个生态系统为整体，针对主要病虫害的发生特点，综合考虑影响病虫害发生的各种因素，以农业防治为基础，协调生物防治、物理防治和化学防治等措施对病虫害进行有效控制。

4.2.1 选种抗病虫品种。

4.2.2 同一品种集中成片种植，使植株抽梢期整齐，实施病虫害的统一防治。

4.2.3 加强田间巡查监测，掌握病虫害发生动态，根据经验防治指标，及时采取控制措施。

4.2.4 加强水肥与花果管理，提高植株抗性。水肥与花果管理参照NY/T 5025中的6、7、8之要求执行。

4.2.5 搞好果园清洁，控制病虫害的侵染来源。结合果园修剪及时剪除植株上严重受害或干枯的枝叶、花(果)、穗(枝)和果实，及时清除果园地面的落叶、落果等残体，集中烧毁或深埋。修剪或冬季清园

中华人民共和国农业部 2007-12-18 发布　　2008-03-01 实施

后宜及时使用农药进行果园消毒。

4.2.6 鼓励使用微生物源、植物源及矿物源等对天敌、授粉昆虫等有益昆虫及环境与产品影响小的低毒药剂。

4.2.7 使用药剂防治时应参照 GB 4285 和 GB/T 8321 中的有关规定,严格掌握使用浓度或剂量、使用次数、施药方法和安全间隔期,注意药剂的合理轮换使用。

4.2.8 鼓励使用诱虫灯、色板及防虫网等无公害防治措施。

4.3 主要病虫害的防治

4.3.1 芒果炭疽病

4.3.1.1 防治措施

4.3.1.1.1 合理修剪,培养不利于病虫害发生的树形。剪除阴枝、弱枝及多余枝条,改善果园通风透光条件,修剪时及时喷洒杀菌剂,预防剪口感染导致回枯。

4.3.1.1.2 大田重点做好嫩梢期、花期及挂果期的病害防治工作。花期及嫩梢期应及时喷药预防或治疗。在花蕾期、花期及嫩芽期、嫩梢期,干旱天气每 10 d～15 d 喷药 1 次,潮湿天气每 7 d～10 d 喷药 1 次。在挂果期间每月喷药保护 1 次。夏季高温施药时应避开中午高温及控制好使用浓度,避免对果实造成药害。

4.3.1.1.3 及时进行果实采后处理。果实采摘后及时处理,首先剔除有病虫害及机械损伤的果实,用清水或漂白粉水洗果实表皮,再采用保鲜药剂结合热水处理,即在 52℃～55℃下浸泡 10 min 左右,或用防腐药剂浸果 1 min～2 min。晾干后在 13℃以上低温或常温下贮藏。

4.3.1.2 推荐使用的主要杀菌剂及方法

选用 0.5%～1.0%等量式波尔多液于修剪后喷洒植株,预防剪口感染。

选用咪鲜胺、嘧菌酯、丙森锌、氢氧化铜、多菌灵、甲基硫菌灵、百菌清、福美双或多硫悬浮剂等喷洒嫩梢、叶片、花(果)穗及果实。

选用异菌脲、噻菌灵、抑霉唑、醚菌酯、咪鲜胺、咪鲜胺锰络合物或福美双等药剂进行采后浸果。

4.3.2 芒果蒂腐病

4.3.2.1 防治措施

4.3.2.1.1 注意果园修剪、嫁接和果实采收的操作。果园修剪和嫁接应在晴天进行,修剪时应尽量贴近枝条分杈处下剪;采果应安排在果园没有露水时进行,在果柄离层 1 cm 处下剪,果实应小心轻放,放置时果蒂朝下,减少胶乳污染果面。

4.3.2.1.2 使用药剂进行预防处理。田间嫁接苗嫁接存活后及植株枝条修剪时,使用药剂进行预防;在田间从幼果期开始,间隔 10 d～15 d 喷施 1 次药剂保护。果实采摘后再结合炭疽病等的防治采用保鲜药剂进行处理。

4.3.2.2 推荐使用的主要杀菌剂及方法

选用氢氧化铜、多菌灵、甲基硫菌灵、百菌清或多硫悬浮剂等处理嫁接口和修剪切口。

选用氢氧化铜、多菌灵、甲基硫菌灵、百菌清或多硫悬浮剂等喷洒花(果)穗及果实。

选用异菌脲、噻菌灵、抑霉唑、咪鲜胺或咪鲜胺锰络合物等药剂进行浸果。

4.3.3 芒果白粉病

4.3.3.1 防治措施

在芒果嫩梢期、花期及幼果期定期施药防治。

4.3.3.2 推荐使用的主要杀菌剂及方法

选用醚菌酯、硫磺胶悬剂、硫磺·多菌灵、甲基硫菌灵、代森锰锌、多菌灵、三唑酮或腈菌唑等喷洒花序、幼果和嫩梢、嫩叶。

4.3.4 细菌性角斑病

4.3.4.1 防治措施

4.3.4.1.1 加强检疫,防止病原菌随带菌苗木、接穗和果实扩散。

4.3.4.1.2 结合修剪清洁田园。冬季彻底清除落地病叶、病枝、病果;春季对花量、果量过多的果园应适度人工截短花穗、果穗,并协同清除病枝、病叶和病穗;采后应及时修剪密生枝、掩蔽枝、弱枝等,并将病枝、病叶彻底剪除。病叶、病枝、病果等应集中烧毁或深埋。

4.3.4.1.3 营造防护林。在常风较大或向风的果园应建防风林,降低大风造成伤口而加重病害发生。

4.3.4.1.4 新梢转绿前定期喷药防病护梢,每次抽梢喷药 1 次~2 次。每次台风等暴风雨后喷药保护。

4.3.4.2 推荐使用的主要杀菌剂及方法

1%等量式波尔多液于秋剪后喷洒,防病保梢。

选用氧氯化铜、氢氧化铜、甲基硫菌灵、农用链霉素、新植霉素或春雷霉素·王铜等喷洒叶片、枝条及花果。

4.3.5 煤污病

4.3.5.1 防治措施

4.3.5.1.1 合理安排种植密度。种植密度应在每公顷 660 株以下。

4.3.5.1.2 加强果园管理。果园封行后,应重视回缩树冠,增加果园通风透光度,降低果园小气候的湿度;可按中间开心形进行树冠修剪;夏季挂果期应当注意铲除杂草;果实适时套袋。

4.3.5.1.3 于果实生长中、后期定期喷药防病。

4.3.5.2 推荐使用的主要杀菌剂及方法

选用百菌清或甲基硫菌灵等喷洒果实、枝条及叶片。

4.3.6 煤烟病

4.3.6.1 防治措施

4.3.6.1.1 加强果园栽培管理,合理修剪,改善果园的通透性。树龄大的果园回缩树冠,剪除内膛过密枝、无效枝和枯枝,提高透光度,营造不利于叶蝉、蚜虫、介壳虫和蛾蜡蝉及病原菌发生的环境。

4.3.6.1.2 加强果园巡查,及时防治叶蝉、蚜虫、介壳虫和蛾蜡蝉等害虫。

4.3.6.1.3 定期施用杀菌剂抑制霉菌滋生。梢期或花期、果实生长期喷 2 次~3 次,同时使用杀虫剂控制叶蝉、蚜虫、介壳虫和蛾蜡蝉等害虫。

4.3.6.2 推荐使用的主要杀菌剂及方法

选用百菌清、甲基硫菌灵、多菌灵·硫磺等喷洒树冠抑制霉菌滋生。

选用毒死蜱、顺式氯氰菊酯、高效氯氰菊酯、三氟氯氰菊酯、啶虫脒等喷洒树冠、枝条等防治叶蝉、蚜虫、介壳虫和蛾蜡蝉等害虫。

4.3.7 芒果疮痂病

4.3.7.1 防治措施

4.3.7.1.1 实施检疫。依据我国植物检疫有关规定,对调运的芒果作物及产品进行检疫及检疫处理。

4.3.7.1.2 抽梢期和幼果期及时喷药防病。

4.3.7.2 推荐使用的主要杀菌剂及方法

选用甲基硫菌灵、多菌灵、代森锰锌、噻菌酮或百菌清喷洒枝梢和果实。

4.3.8 芒果叶斑病

4.3.8.1 防治措施

重点做好预防及发病初期的防治。对于重病园，重点在夏秋梢抽发期喷药预防。田间巡查一旦发现病情，应及时施药防治。

4.3.8.2 推荐使用的主要杀菌剂及方法

选用氢氧化铜、多菌灵、甲基硫菌灵、百菌清、多硫悬浮剂或异菌脲等叶面喷雾。

4.3.9 芒果藻斑病

4.3.9.1 防治措施

4.3.9.1.1 加强果园管理。重点抓好大龄树的合理修剪，提高果园通风透光度，降低果园湿度，营造不利于该病发生的环境条件；合理施肥和增施有机肥，增强树势和抗性。

4.3.9.1.2 在发病初期，病斑处于灰绿色时喷施药剂防治。

4.3.9.2 推荐使用的主要杀菌剂及方法

使用0.5%等量式波尔多液、氢氧化铜或瑞毒霉锰锌喷洒叶片和枝条。

4.3.10 横线尾夜蛾

4.3.10.1 防治措施

4.3.10.1.1 农业防治。用石灰水涂刷树干，营造不利于幼虫化蛹的环境；在虫害较严重的果园，可在树干上绑扎草把或稻草，诱集老熟幼虫入内化蛹，定期取下烧毁。

4.3.10.1.2 加强田间巡查，掌握好合适的药剂防治时期。重点抓好幼虫刚孵化至3龄前时间段施用药剂，在新梢或花穗开始萌动至新梢转绿或花穗盛花前期定期喷药，或在这个时期当幼虫虫口密度达到每平方米树冠10头以上时立即喷药防治，每隔7 d～10 d 1次，连喷2次～3次。

4.3.10.2 推荐使用的主要杀虫剂及方法

选用敌百虫、敌敌畏、氰戊菊酯、溴氰菊酯或三氟氯氰菊酯等喷施嫩芽、嫩梢及花穗。

4.3.11 脊胸天牛

4.3.11.1 防治措施

4.3.11.1.1 加强田间巡查，及早发现及时防治。巡查应从低龄果园开始，发现受害株应及时将受害枝条剪除，集中烧毁，剪除部位应在最新排粪孔下延10 cm～15 cm处。对受害的大枝干，可使用棉花蘸药剂后堵塞大枝干的虫孔，或人工用铁丝钩杀蛀道中的幼虫或直接向蛀道注射药剂，然后用泥土封闭孔口，熏蒸杀死幼虫。对枝干树冠严重受害的植株，将受害枝干锯除复壮，同时对留用枝干上的虫口按前述方法进行处理。

4.3.11.1.2 诱杀或捕捉成虫。每年3月～6月在园内安装黑光灯诱杀成虫或成虫活动交尾高峰期人工捕捉。

4.3.11.1.3 使用药剂喷雾防治。当田间发现虫口较多，每10株平均有成虫2头以上时，可结合其他害虫的防治喷洒杀虫剂杀灭成虫。

4.3.11.2 推荐使用的主要杀虫剂及方法

使用敌敌畏乳油10倍液向蛀道注射或蘸湿棉花后堵塞虫孔。

选用氯氰菊酯、敌敌畏或毒死蜱等喷洒枝叶。

4.3.12 扁喙叶蝉

4.3.12.1 防治措施

春季花穗期至坐果期、秋梢期、若虫发生高峰期应重点进行喷药防治。在芒果开花、结果期，当每平方米树冠内平均有叶蝉5头以上时，应及时进行喷药防治。每隔7 d～10 d 1次，连喷2次～3次。

4.3.12.2 推荐使用的主要杀虫剂及方法

选用噻嗪酮、叶蝉散、吡虫啉、敌敌畏、氰戊菊酯、溴氰菊酯或顺式氯氰菊酯等喷施嫩芽、嫩梢、花穗和果实。

4.3.13 **芒果叶瘿蚊**

4.3.13.1 **防治措施**

4.3.13.1.1 春梢抽出前，或果园嫩梢受害严重时，对果园进行除草松土，并在树冠滴水线内撒施毒土或使用药剂喷洒地面，杀死在地表化蛹的幼虫及蛹。此法可兼治芒果切叶象甲。

4.3.13.1.2 重点抓好新梢嫩叶抽出3 cm～5 cm、嫩叶展开前后期间进行喷药保护，阻止成虫产卵，杀死初孵幼虫。每隔7 d～10 d 1次，连喷2次～3次。

4.3.13.2 **推荐使用的主要杀虫剂及方法**

选用敌敌畏、辛硫磷、毒死蜱、氯氰菊酯、顺式氯氰菊酯或溴氰菊酯于新梢期喷洒嫩叶。

选用敌敌畏、辛硫磷或毒死蜱等拌制成有效成分含量为0.3%～0.5%的毒土在植株树冠下滴水线范围内撒施，每公顷300 kg～450 kg毒土。

4.3.14 **蚜虫类**

4.3.14.1 **防治措施**

4.3.14.1.1 去梢防虫。结合整枝疏梢工作，剪除不需要留放的有蚜新梢。

4.3.14.1.2 当发现蚜害梢率达25%以上且蚜量较大时，应喷药进行防治。每隔7 d～10 d 1次，连喷2次～3次。

4.3.14.2 **推荐使用的主要杀虫剂及方法**

选用吡虫啉、啶虫脒、阿维菌素、噻嗪酮、敌敌畏、抗蚜威、氰戊菊酯、三氟氯氰菊酯或顺式氯氰菊酯等喷施嫩叶、嫩梢、花穗和幼果。

4.3.15 **蓟马类**

4.3.15.1 **防治措施**

4.3.15.1.1 控制抽生冬梢，减少其食料来源。

4.3.15.1.2 在低龄若虫盛发期前用药防治。每隔7 d～10 d 1次，连喷2次～3次。

4.3.15.2 **推荐使用的主要杀虫剂及方法**

选用氯氰菊酯、噻嗪酮、乐果、毒死蜱、吡虫啉、溴氰菊酯等喷施嫩梢、嫩叶、花穗和幼果。

4.3.16 **芒果毒蛾**

4.3.16.1 **防治措施**

田间重点抓好幼虫刚孵化至3龄前时间段施用药剂。

4.3.16.2 **推荐使用的主要杀虫剂及方法**

选用敌百虫、敌敌畏、毒死蜱、阿维菌素、氰戊菊酯、溴氰菊酯、三氟氯氰菊酯或苏云金杆菌等喷施叶片和果实。

4.3.17 **白蛾蜡蝉**

4.3.17.1 **防治措施**

在成虫盛发期、成虫产卵初期、若虫低龄期进行药剂防治，果园中可根据虫口分布进行挑治。

4.3.17.2 **推荐使用的主要杀虫剂及方法**

选用敌敌畏、敌百虫、毒死蜱或杀灭菊酯喷洒有虫枝叶、花穗及果实。

4.3.18 **介壳虫类**

4.3.18.1 **防治措施**

4.3.18.1.1 掌握好若虫盛孵期使用低毒药剂防治。

4.3.18.1.2 注意保护蚜小蜂、跳小蜂等寄生性天敌及瓢虫、草蛉等捕食性天敌，进行化学防治时选用对这些天敌低毒的杀虫剂，并尽量采取田间挑治的方法。

4.3.18.2 推荐使用的主要杀虫剂及方法

选用顺式氯氰菊酯、高效氯氰菊酯、三氟氯氰菊酯、毒死蜱、毒死蜱·氯氰菊酯或机油乳剂等喷洒有虫部位和有虫植株。

4.3.19 芒果切叶象甲

4.3.19.1 防治措施

4.3.19.1.1 及时收集烧毁被咬断落地的嫩叶，杀灭虫卵。

4.3.19.1.2 结合除草、施肥、灌水或控制冬梢进行松翻园土，杀死土壤中的部分幼虫和蛹。

4.3.19.1.3 重点抓好新梢嫩叶叶龄 5 d 后开始喷药保护，阻止成虫产卵，杀死初孵幼虫。在嫩梢期，每天早上 10 时前和下午 16 时后振动树枝，发现每枝平均有成虫 3 头～5 头起飞时，应进行喷药防治。每隔 7 d～10 d 1 次，连喷 2 次～3 次。在每年 2 月～3 月春雨到来之前，可在树冠滴水线内的地面使用杀虫剂拌制毒土进行杀虫，此法可兼治芒果瘿蚊。对芒果切叶象发生为害严重地段、地块，不定期采用挑治或点治方法喷药防治，重点保护夏梢、秋梢。

4.3.19.2 推荐使用的主要杀虫剂及方法

选用敌敌畏、辛硫磷、毒死蜱、氯氰菊酯、顺式氯氰菊酯或溴氰菊酯于新梢期喷洒嫩叶。

选用敌敌畏、辛硫磷或毒死蜱等拌制成含量为 0.3%～0.5%的毒土在植株树冠下滴水线范围内撒施，每公顷 450 kg 左右。

4.3.20 橘小实蝇

4.3.20.1 防治措施

4.3.20.1.1 依据我国植物检疫的有关规定，对调运的芒果作物及产品进行检疫及检疫处理。

4.3.20.1.2 在冬季或早春于成虫未羽化出土前，翻耕果园地面土层，在树冠滴水线范围内撒施药剂，减少冬季虫口基数。可兼治芒果切叶象甲和芒果瘿蚊。

4.3.20.1.3 选用无纺布等套袋材料进行单果套袋。

4.3.20.1.4 利用性引诱剂或诱饵诱杀成虫。可选用 S(Steiner)诱捕器或 M(Mcphail)诱捕器，在诱芯中加上引诱剂和杀虫剂；或利用蛋白胨配制成 1%浓度加杀虫剂，或利用红糖配制成 3%浓度加杀虫剂喷洒于芒果树冠叶片上诱杀成虫。

4.3.20.2 推荐使用的主要杀虫剂及方法

选用敌百虫、敌敌畏或马拉硫磷等药剂加入到 1%浓度的蛋白胨或 3%浓度的红糖中，配制药液喷树冠浓密处。

使用甲基丁香酚(ME)按(10+2)比例加上 80%的敌敌畏加注于诱芯。

选用敌敌畏、辛硫磷或毒死蜱等拌制成有效成分含量为 0.3%～0.5%的毒土在植株树冠下滴水线范围内撒施，每公顷 450 kg 左右。

4.3.21 芒果褐翅齿螟

4.3.21.1 防治措施

4.3.21.1.1 依据我国植物检疫的有关规定，对调运的芒果作物及产品进行检疫及检疫处理。

4.3.21.1.2 坐果期使用药剂进行保果，重点掌握好幼虫刚孵化至蛀入果实前时间段喷药防治。每隔 10 d～15 d 1 次，连喷 2 次～3 次。

4.3.21.2 推荐使用的主要杀虫剂及方法

选用敌百虫、氯氰菊酯或溴氰菊酯等喷施幼果。

4.3.22 芒果象甲类

4.3.22.1 防治措施

4.3.22.1.1 禁止到芒果象甲发生地调运芒果果实及种子。

4.3.22.1.2　及时捡拾落地受害果集中销毁。

4.3.22.1.3　清除越冬虫源。冬春季节清园，包括铲除果树下杂草、修剪整枝、拾捡落果、锯平断裂枝条、用波尔多液涂白、精细翻耕土层等。

4.3.22.1.4　在芒果象甲发生区，从幼果期开始进行田间巡查，发现为害及时使用药剂进行防治。

4.3.22.2　推荐使用的主要杀虫剂及方法

选用毒死蜱、氯氰菊酯、敌敌畏、氰菊酯或毒死蜱·氯氰菊酯等喷洒树冠。

附 录 A
（资料性附录）
主要病害及发生特点

芒果主要病害及发生特点见表 A.1 所示。

表 A.1　芒果主要病害及发生特点

病害名称及病原菌	发 生 特 点
芒果炭疽病 *Colletotrichum gloeosporioides*	芒果炭疽病主要为害芒果的嫩叶、嫩梢、花和果实，造成生长期叶斑、梢枯、落叶和落花落果及贮藏期果实腐烂。 该病初侵染源主要来自树上的病叶、病枝和落地的病叶、枯枝和病果上的越冬菌丝体。嫩梢及花期，越冬的病残体上产生大量的分生孢子，随风和雨水传到花穗及嫩梢上。该菌可进行潜伏侵染，贮藏期果实的侵染来源主要是果实在采收前被潜伏侵染的病原菌。炭疽病病菌的分生孢子在水膜中萌发，产生芽管，形成吸器侵入寄主组织；20℃～30℃的气温伴以高湿有利于该病发生，发病最适温度为 25℃～28℃、相对湿度在 90%以上，植株幼嫩组织有利于该病的为害。每年的春季嫩梢期、花期和幼果期，若遇上湿暖大雾天气易造成该病严重发生。芒果炭疽病的发生与品种的抗病性有关，台农 1 号、紫花芒、粤西 1 号等为抗病品种；芒果炭疽病的发生与产区的气候条件有关，温度偏低、湿度偏大地区发病严重；芒果采后贮运期间炭疽病的发生，与采前果园防治水平、采收果实成熟度、采收时果实的健康程度有密切关系，果园管理水平高，带菌量少、光滑、无伤的果实贮运期炭疽病发生较慢且轻，采收时已带病的（如细菌性角斑病、煤污病、煤烟病等）果实贮运期发病特别严重且快。
芒果蒂腐病 芒果小穴壳蒂腐霉 *Dothiorella dominicana* 可可球二孢霉 *Botryodiplodia theobromae* 芒果拟茎点霉 *Phomopsis mangiferae*	芒果蒂腐病在芒果果实采前及贮藏期间均可发生，引起芒果蒂腐病的病原主要有 3 种。芒果蒂腐病除为害果实外，还可为害芒果嫁接苗接口和修剪切口而引起苗枯和回枯。 初侵染源为果园病残体及回枯枝梢和病叶，在适合的温湿条件下，病残体及回枯枝梢和病叶大量释放分生孢子，通过雨水、风、劳动工具等进行传播。对于果实，分生孢子随风、雨水等而扩散到果实表面，孢子萌发而通过果实伤口或气孔侵入果皮，在果实生长期，病菌菌丝体在果皮中呈潜伏状态。果实采摘时，果柄切口是病原菌的重要侵入途径。随着果实的成熟病菌活力渐强，并在贮运期表现蒂腐。对于嫁接苗和田间枝条，嫁接口及修剪切口是重要的侵入途径，病原菌随雨水、风及劳动工具而侵染。芒果蒂腐病菌喜高温高湿，最适合的发病温度为 25℃～33℃。常风较大的果园、暴风雨侵袭后病害发生重。
芒果白粉病 *Oidium mangiferae*	芒果白粉病主要在花期、幼果期、嫩叶期、嫩梢期为害。 初侵染源来自老叶或残存花枝。当春季温、湿条件适宜时，在感病枝梢、花梗、叶片和果园杂草等上的病原菌即可产生大量分生孢子，通过风、气流和昆虫等传播到新抽生的花序、嫩梢、嫩叶和幼果上为害。小花梗、花萼最易感病。该病流行迅猛，感病 2 d～3 d 后，表生菌丝产生大量孢子，受害部位出现一些分散的白粉状小斑点，以后逐渐联合成斑块，形成白色绒粉状病斑。如此反复传播侵染，病害发生严重时整株呈白粉色。病原菌对温度的适应性不强，低温和高温对其发生不利，低于 12℃或高于 33℃时，病菌的繁殖力和侵染力明显减弱直至全部丧失，20℃～25℃适宜该病的发生与流行；病原菌对湿度适应性较强，虽喜阴湿，在芒果花期，特别是盛花期，相对湿度在 80%以上时，其孢子萌发率很高，在大雾和降雨频繁时，病菌繁殖侵染迅速，病情上升快，发生为害重，但在气候较干燥，空气湿度偏低的条件下，该病菌仍可侵染为害成灾。暴雨或连降大雨，不利于该病菌的繁殖和侵染，且有一定的抑制作用。品种对该病发生有影响，秋芒、吕宋芒和粤西 1 号等黄色花序品种较抗病，红芒、象牙芒等紫色花序品种较感病。

表 A.1（续）

病害名称及病原菌	发　生　特　点
芒果细菌性角斑病 *Xanthomonas campestris* pv. *mangiferaeindicae*	细菌性角斑病主要为害芒果叶片、枝条、花芽、花和果实。此病为害而形成的伤口还可成为炭疽病菌、蒂腐病菌的侵入口，诱发贮藏期果实大量腐烂。 果园病叶、病枝条、病果、病残体、带病种苗及果园内或周围寄主杂草是芒果细菌性角斑病的初侵染源。病菌可通过气流、带病苗木、风、雨水等进行传播扩散。病菌从叶片和果实的伤口和水孔等自然孔口侵入而致病。病原菌发育的最适温度为20℃～25℃，高温、多雨有利于此病发生，沿海芒果种植区，台风暴雨后易造成病害短时间内流行。秋梢期的台风雨次数和病叶率，与次年黑斑病发生的严重程度呈正相关，可以作为病害流行的预测指标。常风较大地区、向风地带的果园或低洼地发病较重，避风、地势较高的果园发病较轻。目前，主要芒果品种对细菌性黑斑病的抗病性有一定的差异，但没有免疫的品种。
芒果煤污病 *Gloeodes pomigema*	芒果煤污病主要为害芒果的果实、枝条和叶片。真菌近乎表生，不侵入到组织内，可被擦掉，但对受感染果实外观质量及贮藏寿命有很大影响。 病原菌在枝条及叶片上越冬，残存在枝条及叶片上的病原菌主要通过雨水进行传播。病原菌的分生孢子随雨水冲刷到新梢或果实上，在果实、枝条、叶片等部位进行侵染，经2个～3个月，在枝条老熟后或果实生长后期开始出现黑色病斑。该病的发病程度主要和种植密度、树龄、树形有关，其主要是通过影响果园的湿度而引起的。树龄1年～3年的果园少见该病，4龄树果园开始发病，随着树龄增大果园荫蔽度加大，造成果园湿度增高而利于发病；圆形修剪的树冠较塔形或中间开心形修剪的树冠荫蔽度大，所以也有利于病害发生；果园杂草丛生增加了小环境的湿度，对该病的流行有利。
煤烟病 芒果大煤炱菌 *Capnodium mangiferae* 小煤炱菌 *Meliola* spp. 枝孢霉 *Cladosporium herbarum*	芒果煤烟病主要为害花穗、果实和叶片，严重影响芒果树的光合作用、呼吸作用和果实外观质量。 初侵染源来自枝条、老叶。此病的发生与叶蝉、蚜虫、介壳虫和蛾蜡蝉等同翅目昆虫的为害有关。这些害虫在植株上取食为害而在叶片、枝条、果实、花穗上排出"蜜露"，病原菌以这些排泄物为养料而生长繁殖从而造成为害。叶蝉、蚜虫、介壳虫和蛾蜡蝉等发生严重的果园，常诱发煤烟病的严重发生。树龄大、荫蔽、栽培管理差的果园该病发生较严重。
芒果疮痂病 *Sphaceloma mangiferae*	芒果疮痂病主要为害植株的嫩叶和幼果。 初侵染源来自带病老叶，春季病斑上的菌丝体形成分生孢子，靠风雨传播，该病的主要发生期是梢期和幼果期，肥水条件较好、树势旺盛的果园发病较轻，栽培管理较差或失管的果园发病较常见。高温、多雨季节病害重。
芒果叶斑病 盘多毛孢 *Pestalotia mangiferae* 交链孢霉 *Alternaria tenuissima* 大茎点霉 *Macrophoma mangiferae*	芒果叶斑病主要为害芒果叶片。 芒果叶斑病的侵染来源是芒果果园和苗圃植株上的病叶，开春雨季来临后，病原菌产生的分生孢子随雨水、风等传播到健康叶片而引起为害。盘多毛孢叶斑病在管理较差的果园及苗圃地较常见；交链孢霉叶斑病主要为害芒果下层老叶；大茎点霉叶斑病主要在苗圃地和幼龄树的嫩梢期发生。
芒果藻斑病 *Cephaleuros virseus*	芒果藻斑病主要为害中下部枝梢及下层叶片。 初侵染源来自芒果带病的老叶和枝条，果园周边寄主植物上的病叶、病枝等也可成为该病的初侵染源。在植株上，一般树冠发病由下层叶片向上发展，中下部枝梢受害严重。温暖高湿的气候条件下，适宜于孢子囊的产生和传播，降雨频繁、雨量充沛的季节，藻斑病的扩展蔓延迅速。树冠和枝叶密集，过度荫蔽，通风透光不良，果园发病严重。生长衰弱的果园也有利于该病的发生。雨季是该病的主要发生季节。该病还为害油棕、橡胶、胡椒、茶、荔枝、龙眼等多种热带、亚热带作物。

附　录　B
（资料性附录）
主要害虫及发生特点

芒果主要虫害及发生特点见表 B.1 所示。

表 B.1　芒果主要虫害及发生特点

害虫名称	发　生　特　点
横线尾夜蛾 *Chlunetia transvera*	横线尾夜蛾主要为害芒果嫩梢及花穗。横线尾夜蛾以幼虫蛀食嫩梢或花穗的髓部。 横线尾夜蛾年发生多代，历期随季节而变，一般 38 d～60 d，但冬季可长达 110 多天，世代重叠，每年发生 8 代左右。成虫产卵于新梢下部或新梢附近的近成熟叶片上下表面，少数产于嫩枝、叶柄和花序上，每雌虫平均产卵量为 250 粒。幼虫大多数在上午孵化，1 龄～2 龄幼虫主要为害嫩叶叶脉和叶柄，3 龄以上主要钻蛀嫩梢，一头幼虫可转移为害多个嫩梢。老熟幼虫从蛀孔中爬出而在芒果的枯烂部位、枯枝、树皮、天牛排泄物处吐丝封口化蛹。该虫以预蛹、蛹在芒果枯枝、树皮、天牛排泄物处越冬。
脊胸天牛 *Rhytidodera bowingii*	脊胸天牛以幼虫钻蛀芒果枝干、成虫啃食嫩枝皮部而造成为害。 脊胸天牛世代历期长，完成一代需要 300 d～560 d，成虫寿命 20 d～50 d，每年发生 1 代。该虫以成虫产卵于嫩梢的缝隙、老叶的叶腋、枝条的交叉处、残断枝条的皮部与木质部之间的缝隙等部位，卵单产，每雌可产卵 8 粒～20 粒。成虫有趋光性，成虫羽化、交尾、产卵等活动均在夜间进行，白天多栖息在叶片浓密的枝条上。幼虫孵化后即蛀入枝条向主干方向钻蛀。老熟幼虫在蛀道中化蛹。该虫主要以幼虫在蛀道内越冬。成虫出现高峰在 3 月～5 月。脊胸天牛除为害芒果外，还为害腰果树、人面子及细叶榕等。
扁喙叶蝉 *Idioscopus incertus*	扁喙叶蝉以若虫、成虫群集刺吸芒果幼芽、嫩梢、花穗和果实汁液，同时分泌蜜露，诱发煤烟病。 扁喙叶蝉完成一个世代需要 19 d～67 d，成虫寿命 10 d～116 d，在海南每年发生 8 代，田间世代重叠。扁喙叶蝉成虫多栖息于叶片背面和枝条上，遇惊迅速跳跃或横向爬行逃逸。成虫羽化后 8d～34d 开始交尾。卵产于嫩芽、嫩梢、嫩叶中脉、花、花梗的组织内，数粒或 10 多粒连成一片，每头雌虫产卵 150 粒～200 粒。若虫 4 龄，初孵幼虫具有群集性。虫口的发生与嫩梢关系密切，发生时间基本与抽梢、抽花穗的时间同步，每年 3 月～5 月和 8 月～10 月为盛发期。该虫在枝叶或树皮缝中越冬。该虫除为害芒果外，还为害龙眼等果树。
芒果叶瘿蚊 *Erosomyia mangiferae*	芒果叶瘿蚊以幼虫为害芒果嫩梢、嫩叶。 芒果叶瘿蚊完成世代发育需 16 d～17 d，成虫寿命 2 d～3 d，喜栖息于荫蔽处，在海南每年发生 15 代。产卵于嫩叶背面。幼虫孵化后咬破嫩叶表皮钻进叶内取食叶肉，引起水烫状点斑，随幼虫长大，形成小瘤状虫瘿，一叶可有十几个虫瘿。老熟幼虫咬破叶片表皮爬出叶面而后随雨水、露水或由于自身重力落地，沿表土缝隙钻入土表化蛹。干旱对幼虫化蛹不利，落地幼虫在干燥的土壤中常不能正常入土化蛹而被阳光暴晒至死，土壤湿度过大对其存活影响不大。
芒果蚜虫类 芒果蚜 *Toxoptera odinae* 柑橘二叉蚜 *Toxoptera aurantii* 棉蚜 *Aphis gossypii*	为害芒果的蚜虫有芒果蚜、柑橘二叉蚜和棉蚜等 3 种，以成虫、若虫群集于嫩叶、嫩梢、花穗和幼果果柄刺吸组织汁液，同时还分泌蜜露，诱发煤烟病。 芒果蚜虫年发生多代，田间世代重叠，其成虫、若虫具有明显的趋嫩性。芒果蚜繁殖的最适温度为 16℃～24℃。柑橘二叉蚜年发生约 10 代，25℃时对其繁殖最有利，枝叶老化时产生有翅蚜迁移至其他植株上。棉蚜在气温较低的早春和晚秋完成一个世代需要 19 d～20 d，在夏季温暖的条件下只需要 4 d～5 d，芒果种植区年发生约 20 代，棉蚜每个雌蚜可产若蚜 60 余头。16℃～22℃是繁殖的最适宜的温度，干旱干燥气候适于蚜虫的发生。除为害芒果外，棉蚜还为害瓜类、香蕉、棉花等近 300 种作物。

表 B.1（续）

害虫名称	发 生 特 点
芒果蓟马类 茶黄蓟马 *Scirtothrips dorsallis* 红带蓟马 *Selenothrips urbrocinctus* 黄胸蓟马 *Thrips hawaiiensis* 温室蓟马 *Heliothrips haemorrhoidalis*	在芒果上主要有4种蓟马为害，分别为茶黄蓟马、红带蓟马、黄胸蓟马和温室蓟马，其中以茶黄蓟马最为重要，以若虫、成虫在嫩梢、嫩叶背吸食组织汁液。 茶黄蓟马年发生多代，世代重叠，冬季以卵、成虫为主。若虫在早、晚和阴天多在叶面活动，晴天阳光直射则在叶背。老熟若虫多群集在被害叶或附近叶片背凹处，或瘿螨毛毡部，或在蛛网下，或叶片相叠处化蛹。成虫一般爬行，受惊扰时可弹飞。能孤雌生殖，卵散产。一年抽梢次数多且发梢不整齐或有冬梢的果园，为害较严重；春秋干旱，为害严重。
芒果毒蛾 *Lymantria marginata*	为害芒果的毒蛾有近10种，以芒果毒蛾为最重要。 芒果毒蛾以幼虫咬食新梢、花穗、幼果，大发生时可将全树的叶片及花穗吃光，为害甚烈。在果实膨大期为害，果皮粗糙或有缺刻，失去商品价值。 芒果毒蛾完成一个世代平均65 d，成虫寿命7 d～9 d。成虫昼伏夜出，活动能力不强。成虫主要产卵于嫩梢、叶片背面和花穗枝梗上，每雌平均产卵量为300粒。幼虫孵化后，先群集3龄后分散为害，咬食嫩叶，喜食花蕾，并蛀食幼果。幼虫主要在夜晚为害，白天静伏在被害梢上。老熟幼虫在果园杂草上、枯枝落叶中或在表土层结茧化蛹。此虫在海南周年发生。每年发生6代。
白蛾蜡蝉 *Lawana imitata*	白蛾蜡蝉以成虫、若虫群集于较荫蔽的枝条、嫩梢、花穗上吸食汁液，被害处附有许多白色棉絮状的蜡物，其排泄物可诱发煤烟病、黑霉病。 白蛾蜡蝉1年发生2代，第一和第二代若虫发生高峰期分别在4月～5月和7月～8月，成虫高峰期分别在6月～7月和9月～10月。此虫以成虫在茂密的枝条丛中越冬。成虫产卵于嫩梢叶柄组织内，成长方形卵块，平均每雌产卵200粒左右，产卵处微隆起。初孵若虫群集一起，随虫龄增大而略有分散，但仍有三五成群生活。若虫、成虫善跳跃，遇惊迅速跳跃或飞逃，栖息处附有大量白色蜡丝。生长茂密、通风透光差的果园、通风透光差的树冠内膛、在夏秋季遇上阴雨天气等，均有利于该虫发生为害。此虫还为害可可、胡椒、柑橘、菠萝蜜、荔枝、龙眼、茶树等多种作物。
芒果介壳虫类 黑褐圆盾蚧 *Chrysomphalus aonidum* 椰圆盾蚧 *Aspidiotus destrutor* 红蜡蚧 *Ceroplastes rubens* 矢尖蚧 *Unaspis yanonensis*	在芒果上发生为害的介壳虫多达40多种，重要的种类有黑褐圆盾蚧、椰圆盾蚧、红蜡蚧和矢尖蚧等。 芒果介壳虫主要为害枝梢、叶片和果实，吸食组织汁液，同时虫体固着在果皮上造成虫斑，并分泌大量蜜露和蜡类，诱发烟煤病，影响光合作用及果实外观。 芒果介壳虫发育历经卵、若虫、成虫三个阶段，雄性在若虫后还经预蛹和蛹阶段。第一若虫具有爬行活动能力，可通过其爬行或风的作用而在植株间和植株上不同部位间扩散。 黑褐圆盾蚧在海南、广东等地每年发生约6代，成虫需交配后产卵，每雌可产卵400粒，卵产于成虫介壳下，孵化后爬行扩散，可在短时间内猖獗为害。一次脱皮后固定取食。黑褐圆盾蚧除为害芒果外，还为害椰子、柑橘、香蕉、番木瓜、橡胶等几十种作(植)物。黑褐圆盾蚧的发生与蚜小蜂、跳小蜂等天敌关系密切。 红蜡蚧每年发生1代，每雌可产卵数300多粒，卵产于成虫介壳下，初孵若虫离开母体移至新梢，定居后分泌蜡质。每年的5月～7月为成虫产卵高峰。天敌对其发生有重要的限制作用。 椰圆盾蚧在华南地区每年发生7代～12代，每雌可产卵150多粒，除为害芒果外，还为害柑橘、香蕉、椰子、木瓜、可可等多种热带果树、热带作物。田间天敌密度对椰圆盾蚧发生有重要影响。 矢尖蚧每年发生4代左右，世代重叠。卵产于介壳下，每雌产卵130粒～190粒，若虫孵化后爬行寻觅合适的部位，蜕皮后固定取食。并分泌白色蜡质于虫体上呈纵脊状。

表 B.1（续）

害虫名称	发 生 特 点
芒果切叶象 *Deporaus marginatus*	芒果切叶象甲主要为害嫩叶，以成虫咬食叶片和剪切叶片而造成为害。成虫咬食嫩叶上表皮，使叶片卷缩、干枯，雌成虫还在嫩叶上产卵，然后在近叶片基部横向咬断，使带卵部分落地，留下刀剪状的叶基部。 芒果切叶象甲完成1个世代需要30 d～50 d，在海南年发生9代。田间世代重叠。在嫩梢期，雌成虫在嫩叶上取食，并在叶背主脉两侧产卵，每个叶片上的产卵量为10粒～20粒，产卵后，成虫从靠近叶片基部位置平整切断叶片，使带卵叶片落地，卵经2 d～3 d后孵化，幼虫孵化后由主脉向两侧叶肉潜食，6 d～8 d后爬出入表土化蛹。蛹期7 d～18 d。此虫以老熟幼虫在土中越冬，次年春季羽化为成虫，成虫出土为害嫩梢，成虫具向上性、趋嫩性、群集性，若遇惊扰即假死落地或飞逸。温度、土壤湿度和嫩梢情况是影响此虫发生的主要因素。高温条件使落地带卵叶片迅速萎蔫可造成卵和幼虫大量死亡；土壤含水量在10%～30%之间有利于入土幼虫存活；果园梢期不整齐，梢期持续时间长有利于该虫发生。年初气温回升快，芒果树春梢嫩叶抽生早，该虫发生为害亦早，反之则迟。
橘小实蝇 *Bactrocera dorsalis*	橘小实蝇以成虫产卵在将成熟的果实表皮内，孵化后的幼虫在果中取食果肉，引起果肉腐烂，失去食用价值。 橘小实蝇的世代历期在不同地区有较大差异。一般卵期1 d～3 d，幼虫期9 d～35 d，蛹期7 d～14 d，成虫羽化后需经10 d～30 d取食补充营养才开始交尾产卵。在我国芒果种植区，年发生5代～6代，田间世代重叠。雌虫选择黄熟的果实产卵于果皮内，每处产卵5粒～10粒，每只雌虫产卵量160粒～200粒。孵化后幼虫在果肉内蛀食为害，老熟幼虫入土化蛹。成虫喜食带有酸甜味的物质，夜间喜聚在树冠内。早春高温干旱、夏季相对少雨有利于该虫大量发生。该虫除为害芒果外，寄主植物还包括番石榴、杨桃、苹果、番荔枝、刺果番荔枝、甜橙、酸橙、橘、柚等约250余种栽培果、蔬类作物及野生植物，周年有寄主供其繁殖。不同芒果品种对橘小实蝇的抗性不同，本地芒、白花芒等品种较感虫，秋芒、泰国芒、象牙芒、紫花芒、桂香芒、串芒、红象牙等品种抗性较强，其中又以秋芒最为抗虫。
芒果褐翅齿螟 *Pseudonoorda minor*	芒果褐翅齿螟以幼虫钻入果内蛀食果肉，为害造成落果、烂果。 芒果褐翅齿螟在广西年发生1代，以老熟幼虫在枯枝、烂木、树皮下越冬。次年春季化蛹。成虫羽化后即交尾产卵，卵散产在果皮和果柄上。幼虫孵化后先咬食果皮，进而蛀食果肉，一般1个受害果有1头～2头幼虫，多的达10多头，在幼果期为害，幼虫有转果为害习性，造成更多果受害。每年夏季为害最烈，秋季幼虫进入老熟期便爬到树皮、枯枝上化蛹。
芒果象甲类 芒果果肉象 *Sternochetus frigidus* 芒果果实象 *Sternochetus olivieri*	目前，在我国为害芒果果实的象甲有2种，分别为芒果果肉象和芒果果实象，均为我国对外检疫的二类危险性有害生物。 芒果果肉象主要为害芒果果实，以幼虫在果实中取食果肉，成虫还取食嫩叶、嫩梢。芒果果实象主要为害芒果果核，以幼虫在芒果果核内取食。 芒果果肉象世代历期82 d～89 d，成虫寿命长达几百天，每年发生1代。此虫以成虫在树干及枝条树皮裂缝、枝条折断处、树干与枝条上附生的地衣下等部位越冬。3月～4月份天气回暖植株开花、抽梢后成虫开始飞至树梢、花穗处活动，当果实生长至长30 mm左右时开始在果皮下产卵，每果一般只有1粒～2粒卵，幼虫孵出后钻入果肉取食为害。老熟幼虫在果肉中化蛹，至果实成熟时蛹羽化出成虫而从果实中爬出，羽化后的成虫先在枝条上活动，可取食嫩叶、嫩梢，而后寻找适宜的地方越冬。成虫具有假死性。 芒果果实象每年发生1代，成虫寿命长达400 d以上，以成虫在果核、树干及枝条树皮裂缝、枝条折断处、树干与枝条上附生的地衣下、建筑物裂缝等处越冬。越冬成虫在春季芒果开花、抽梢时开始活动，并飞至花穗、嫩梢上取食。卵产在幼果上，每个幼果有卵1粒或数粒，多者达十几粒，每头雌虫产卵几十粒到200多粒。幼虫孵出后钻入果核取食为害，引起落果。老熟幼虫在果核中化蛹，或钻出果核进入土层化蛹。成虫具有假死性。

附加说明：

本标准的附录 A、附录 B 为资料性附录。

本标准由中华人民共和国农业部提出并归口。

本标准起草单位：中国热带农业科学院环境与植物保护研究所。

本标准主要起草人：彭正强、符悦冠、韩冬银、陈万梅、黄武仁、张方平。

中华人民共和国农业行业标准

芒果象甲检疫技术规范

Rules for quarantine of *Sternochetus* spp.

NY/T 1694—2009

1 范围

本标准规定了为害芒果果实的芒果象属 *Sternochetus* 3 个重要种类 *Sternochetus mangiferae* (Fabricius)、*Sternochetus frigidus*(Fabricius)和 *Sternochetus olivieri*(Faust)的与检疫有关的术语、定义和检疫依据及现场检疫、实验室检疫、检疫监管和检疫处理等技术规范。

本标准适用于调运芒果植物种苗、种子和芒果鲜果时对 3 种芒果象甲的检疫监管及检疫处理。

2 规范性引用文件

下列文件中的条款通过本标准的引用而成为本标准的条款。凡是注日期的引用文件，其随后所有的修改单(不包括勘误的内容)或修订版均不适用于本标准，然而，鼓励根据本标准达成协议的各方研究是否可使用这些文件的最新版本。凡是不注日期的引用文件，其最新版本适用于本标准。

SN/T 1401 果核杧果象检疫鉴定方法

SN/T 1402 果肉杧果象检疫鉴定方法

SN/T 1403 印度果核杧果象检疫鉴定方法

3 术语与定义

下列术语与定义适用于本标准。

3.1

非疫区 pest free area

科学证据表明，某种特定的有害生物没有发生并且官方能适时保持此状况的地区。

3.2

非疫产区 pest free place of production

科学证据表明特定有害生物没有发生并且官方能适时在一定时期保持此状况的该特定有害生物寄主植物的种植地区。

3.3

非疫生产点 pest free production site

科学证据表明特定有害生物没有发生并且官方能适时在一定时期保持此状况的一个限定区域，并被作为一个单独的单位同非疫产区一样进行管理。

4 检疫依据

芒果象属 *Sternochetus* spp. 是我国进境植物检疫性有害生物，其中的芒果果肉象甲 *S. frigidus*

中华人民共和国农业部 2009-03-09 发布　　2009-05-01 实施

和芒果果实象甲 *S. olivieri* 同时被列为全国植物检疫性有害生物，其分类地位、种的形态特征、分布、寄主、传播途径和生物学特性是制定该害虫检疫技术规程的依据。

4.1 分类地位

4.1.1 学名

芒果象甲是为害芒果果实的3种象甲的统称，其学名分别为：

芒果果核象 *Sternochetus mangiferae*(Fabricius)

芒果果肉象 *Sternochetus frigidus*(Fabricius)

芒果果实象 *Sternochetus olivieri*(Faust)

4.1.2 异名

4.1.2.1 芒果果核象 ***Sternochetus mangiferae*** **(Fabricius)**的异名

Curculio mangiferae Fabricius 1775

Rhynchaenus mangiferae(Fabricius)1801

Cryptorrhynchus mangiferae(Fabricius)1789

Cryptorrhynchus ineffectus Walker 1859

Acryptorrhynchus mangiferae(Fabricius)1980

4.1.2.2 芒果果肉象 ***Sternochetus frigidus*** **(Fabricius)**的异名

Curculio frigidus Fabricius1787

Rhynchaenus frigidus(Fabricius)1772

Cryptorrhynchus frigidus(Fabricius)1837

Cryptorrhynchus gravis(Fabricius)1914

Acryptorrhynchus frigidus(Fabricius)1980

4.1.2.3 芒果果实象 ***Sternochetus olivieri*** **(Faust)**的异名

Cryptorrhynchus olivieri Faust 1892

Acryptorrhynchus olivieri(Faust)1980

4.1.3 分类地位

芒果象甲隶属于鞘翅目 Coleoptera、象虫科 Curculionidae、隐喙象亚科 Cryptorrhynchinae、芒果象属 *Sternochetus* Pierce。

4.2 鉴定特征

按 SN/T 1401、SN/T 1402 和 SN/T 1403 的 6、7 执行。

4.3 分布

参照附录 A。

4.4 生物学特性

参照附录 B。

5 器具与试剂

5.1 仪器、用具

体视显微镜、生物显微镜、培养箱；养虫笼、解剖刀、解剖针、指形管、滤纸、纱网。

5.2 药剂

75%乙醇，0.5%～1%丙三醇，10%氢氧化钠或氢氧化钾溶液。样品保存液：40 mL 亚硫酸、50 mL 丙三醇、50 g 氯化锌和 1 g 乙酸铜加蒸馏水至 1 000 mL。

6 现场检疫

6.1 芒果鲜果

6.1.1 抽查

植物检疫机构在查验现场，应根据调运的鲜果总件数用随机方法按表1比例抽取鲜果开箱检查。查验时发现可疑疫情的，应适当增加抽查件数。

表1 鲜果数量与随机抽查比例关系

鲜果数量(件)	抽查比例
≤10	100%
11～100	100%～10%
101～300	10%～5%
301～500	5%～4%
501～1 000	4%～3%
1 001～2 000	3%～2%
2 001～5 000	2%～1%
>5 000	1%～0.2%

6.1.2 查验内容

果实有无可疑的虫害症状和可见的虫体，包装箱底部、四周和缝隙是否有幼虫、蛹和成虫；装运水果的集装箱或容器的底部是否有幼虫、蛹和成虫。

6.1.3 抽样

植物检疫机构结合查验情况按表2比例随机抽取代表性复合样品送实验室检查检疫。每份样品2 kg～5 kg。对现场检疫发现的各种虫态的象甲用镊子或毛笔收集，以指形管保存(必要时幼虫用75%乙醇保存液浸泡)，加贴标签，带回实验室鉴定。

表2 不同鲜果数量时的随机抽样数

鲜果数量(件)	抽样数(份)
≤100	1
101～300	1～2
301～500	2～3
501～1 000	3～4
1 001～2 000	4～5
2 001～5 000	5～6
>5 000	每增加5 000件增取1份

6.2 芒果种子和苗木

6.2.1 抽查

在芒果种子或种苗输入或输出现场进行。抽查方法采用随机法进行。抽查数量按总量的5%～20%抽取，最低抽取总量不少于500粒或500株，达不到此数量的全部检查。如有需要可加大抽检比例。

6.2.2 抽样

应重点抽取具有代表性的样品。根据芒果象甲为害的特性，注意抽取长势差和有较明显的虫害为害症状的作为样品。对现场检疫发现的各种虫态的象甲用镊子或毛笔收集，以指形管保存(必要时幼虫用75%乙醇保存液浸泡)，加贴标签，带回实验室鉴定。取样的种子、苗木发现有可疑虫卵、幼虫和蛹的，应及时安全地送往实验室检疫，经室内饲养至成虫再做种类鉴定。

6.2.3 抽样数量

植物检疫机构结合查验情况按表3比例随机抽取芒果种子及苗木代表性复合样品送实验室检查检疫。每份样品为50粒(株)～100粒(株),不足5 000粒(株)的余量计取1份样品。

表3 不同数量芒果种子(苗木)的随机抽样数

芒果种子(苗木)数量(件)	抽样数(份)
≤50	1
51～200	2
201～1 000	3
1 001～5 000	4
≥5 001	每增加5 000粒(株)增取1份

7 实验室检疫

7.1 剖果检验

在室内用解剖刀将可疑的果实剖开,仔细检查果肉和果核内有无幼虫和虫粪堆积而成的蛹室,蛹室内有无蛹或成虫。

7.2 饲养检验

将经7.1检验后发现的幼虫和蛹连同原来的果实,放入衬有滤纸的玻璃缸中,罩上防虫纱网,放入温度25℃～30℃,湿度70%培养箱或室温25℃～26℃下移入养虫笼内饲养观察。待成虫羽化后,制成标本。

7.3 芒果种苗

对抽查的种苗逐株进行检查,重点检查种苗的茎干裂缝、嫩枝嫩梢等处,有无隐藏取食的成虫。

7.4 镜检

将成虫标本置于体视显微镜下观察其形态特征。另将雄成虫用10%氢氧化钠或氢氧化钾溶液煮10 min后进行解剖,用解剖针挑出雄外生殖器,置于生物显微镜下观察。

7.5 种的鉴定

按SN/T 1401、SN/T 1402和SN/T 1403的6、7对成虫进行种类鉴定。

8 检疫监管

芒果种植区禁止输入芒果象甲发生区的果实、果核和苗木。用于种植的芒果苗木(包括种子)的输入,必须证明来自非疫区或非疫产区或非疫生产点。

8.1 调入芒果种子和苗木隔离检疫

调入芒果种子和苗木,经现场检疫和室内检验后,进入专业隔离检疫圃隔离检疫或所在地植物检疫机构指定的隔离检疫场(圃)隔离检疫。隔离时间1年。

对进入隔离检疫圃隔离检疫的种苗,在隔离期间,按有关规定执行检疫监管,疫情监测,定期进行抽查,抽查面积为总面积的5%～20%,随机抽查的选点数按表4要求执行。隔离检疫期间检疫发现害虫时,应采集样品或虫样,在实验室进行人工饲养,进行鉴定。并作好检疫原始记录。一旦发现芒果象甲,及时作除害处理。

表4 检查面积与随机抽查的选点数关系

种植面积(hm^2)	抽查点数
≤0.3	10
0.3<0.6	15

表 4（续）

种植面积（hm^2）	抽查点数
0.6≤3.3	30
3.3<6.6	50
≥6.6	每增加 0.1 hm^2 增加 1 点
注：每点不小于 50 株	

8.2 调出芒果种子和苗木产地检疫

在芒果象甲发生区严禁调出芒果种子和苗木。拟调出的芒果种子和苗木应是非疫产区或非疫生产点的健康芒果种子和苗木。拟调出的芒果种子和苗木应进行产地检疫，抽查点数按表 4 要求执行。

9 检疫处理

输入的芒果果实和芒果种子或苗木被发现带有芒果象时，应进行熏蒸或辐照或销毁处理。

9.1 种子处理

使用溴甲烷进行熏蒸处理，处理剂量为 25℃～30℃常压下 72 g/m^3，熏蒸时间 3 h。

9.2 苗木处理

使用溴甲烷进行熏蒸处理，处理剂量为常温常压下 30 g/m^3～40 g/m^3，熏蒸时间 2 h～4 h。

9.3 鲜果处理

用 γ 射线辐照处理，处理剂量为 500 Gy～850 Gy。

附 录 A
(资料性附录)
地 理 分 布

A.1 芒果果核象 *Sternochetus mangiferae*

亚洲:印度、越南、柬埔寨、泰国、菲律宾、缅甸、马来西亚、印度尼西亚、尼泊尔、巴基斯坦、斯里兰卡、孟加拉国、阿曼、不丹、阿拉伯联合酋长国。

非洲:中非共和国、加蓬、加纳、几内亚、利比亚、马达加斯加、马拉维、毛里求斯、莫桑比克、尼日利亚、留尼汪、黎巴嫩、塞舌尔、南非、坦桑尼亚、乌干达、肯尼亚、赞比亚。

北美洲:美国(夏威夷群岛)。

中美洲和加勒比海地区:巴巴多斯、多美尼加、瓜德罗普、马提尼克岛、美属维尔京群岛、圣卢西亚、特立尼大和多巴哥。

南美洲:法属圭亚那。

大洋洲:澳大利亚、斐济、法属玻利尼西亚(社会群岛)、关岛、新喀里多尼亚、北马里安纳群岛、汤加、瓦利斯和福图纳群岛。

A.2 芒果果肉象 *S. frigidus*

亚洲:缅甸、泰国、马来西亚、印度尼西亚、印度、巴基斯坦、孟加拉国、菲律宾、新加坡、中国(云南)。

大洋洲:巴布亚新几内亚。

A.3 芒果果实象 *S. olivier*

亚洲:孟加拉国、印度、印度尼西亚、马来西亚、巴基斯坦、泰国、菲律宾、缅甸、斯里兰卡、柬埔寨、越南、中国(云南)。

大洋洲:巴布亚新几内亚。

非洲:加蓬、毛里求斯、马达加斯加。

附　录　B
（资料性附录）
芒果象甲生物学特性

B.1　芒果果核象　*Sternochetus mangiferae*

芒果果核象除为害芒果外，成虫可在马铃薯、苹果、桃、李、荔枝和菜豆上产卵，幼虫能钻蛀马铃薯，成虫还能取食苹果和花生，但尚未见到能在芒果以外的其他寄主植物完成生长发育的报道。

芒果果核象发育历经卵、幼虫、蛹和成虫四个阶段。从卵到成虫发育需 35 d～54 d。成虫可在半成熟（绿色）到成熟的果实上产卵，有时卵产于枝条上，产卵期可达 90 d。产卵位置为果皮凹陷处，产卵时，雌虫在果皮上咬一船形凹孔而产卵其中，雌虫分泌褐色物将卵盖住，然后在卵末端附近果实上切出一新月牙形切口，受伤果实流出汁液，凝固后在卵处形成半透明的保护层。单雌每天可产卵 15 粒，在实验室内，3 个月最大的产卵量可达 300 粒。卵期 5 d～7 d，幼虫孵化后钻入果肉，并深入至果核。幼虫 5～7 龄，历期约 30 d。幼虫在果核内取食和化蛹，偶尔在果肉中取食和化蛹，蛹期约 7 d。成虫羽化后即芒果树干松散的树皮下和树枝顶端或芒果树附近洞穴中滞育，持续至第二年芒果结果季节。芒果果核象甲 1 年发生 1 代。

该虫飞翔能力有限，携带幼虫、蛹或成虫的果实调运是其远距离传播扩散的主要途径。有时芒果苗木也携带滞育成虫作远距离扩散。

B.2　芒果果肉象　*S. frigidus*

芒果果肉象只为害芒果。

芒果果肉象主要为害芒果实，以幼虫在果实中取食果肉，成虫还取食嫩叶嫩梢。

芒果果肉象世代历期 82 d～89 d，成虫寿命长达几百天，每年发生 1 代。此虫以成虫在树干及枝条树皮裂缝、枝条折断处、树干与枝条上附生的地衣下等部位越冬。3～4 月份天气回暖植株升花、抽梢后成虫开始飞至树梢、花穗处活动，当果实生长至长 30 mm 左右时开始在果皮下产卵。产卵时雌虫在幼果上咬一小孔，而后将产卵管插入其中产卵，一般一个幼果产卵 1 粒，偶尔也有一幼果产卵 2 粒，卵期 4 d～6 d，幼虫孵出后就在果肉潜食成长，幼虫期 60 d～70 d，预蛹期 2 d～3 d，蛹期约 7 d。幼虫蛀食坑道分布在果肉内部，其深度不达果核。老熟幼虫在果肉中化蛹，至果实成熟时蛹羽化出成虫而从果实中爬出，羽化后的成虫先在枝条上活动，可取食嫩叶嫩梢，而后寻找适宜地方越冬。成虫具有假死性，并且耐饥性强。

该虫飞翔能力较弱，飞行的水平距离仅为 50 cm～90 cm，其传播扩散主要是通过携带幼虫、蛹或成虫的果实调运而引起的。有时芒果苗木也携带滞育成虫作远距离扩散。

B.3　芒果果实象　*S. olivier*

芒果果实象甲只为害芒果。芒果果实象主要为害芒果果核，以幼虫在芒果果核内取食。

芒果果实象每年发生 1 代，世代发育历期约 60 d，其中卵期 7 d～8 d，幼虫期 40 d，预蛹期 2 d，蛹期 9 d，成虫寿命长达 400 d 以上。该虫以成虫在果核、树干及枝条树皮裂缝、折断枝条折断处、树干与枝条上附生的地衣下、建筑物裂缝等处越冬。越冬成虫在春季芒果开花、抽梢时开始活动，并飞至花穗、嫩梢上取食。卵产在幼果上，每个幼果有卵 1 粒或数粒，多者达十几粒，每头雌虫产卵几十粒到 200 多粒。幼虫孵出后钻入果核取食为害，引起落果。幼虫多在核内生活，直到化蛹变成虫，但也有老熟幼虫有些钻出果核进入土层化蛹的。由于幼果生长迅速，产卵孔很快愈合消失，较难于从外观判别受害与否。将有虫果核剖开，可见核内蛀道呈残缺的空洞状，其中充满褐色粉状残物和粒状虫粪。被害果核种仁败坏，丧失发芽力。成虫具有假死性，喜湿润而避过分潮湿或干燥的环境，日间避强光，多隐蔽在花序果枝或叶背的背光处，傍晚以后开始活动和飞翔，午夜以后，活动减少，成虫食性专一，越冬后的成虫取食植株上的幼嫩部分，室内饲养时，成虫喜食幼嫩的茎、叶片。不能随苗木传播。

该虫飞翔能力有限，携带幼虫、蛹或成虫的果实调运是其远距离传播扩散的主要途径。

附加说明：

本标准的附录A、附录B为资料性附录。

本标准由中华人民共和国农业部农垦局提出。

本标准由农业部热带作物及制品标准化技术委员会归口。

本标准起草单位：中国热带农业科学院环境与植物保护研究所、国家重要热带作物工程技术研究中心、农业部热带农林有害生物入侵监测与控制重点开放实验室起草。

本标准主要起草人：符悦冠、李伟东、韩冬银、刘奎、张方平、张敬宝。

中华人民共和国农业行业标准

芒果 种质资源描述规范

NY/T 1808—2009

Descriptors standard for germplasm resources of mango

1 范围

本标准规定了漆树科(Anacardiaceae)芒果属(*Mangifera*)种质资源描述的要求与方法。

本标准适用于芒果属种质资源描述。

2 规范性引用文件

下列标准中的条款通过本标准的引用而成为本标准的条款。凡是注日期的引用文件，其随后所有的修改单(不包括勘误的内容)或修订版均不适用于本标准。然而，鼓励根据本标准达成协议的各方研究是否可使用这些标准的最新版本。凡是不注日期的引用文件，其最新版本适用于本标准。

GB/T 2260 中华人民共和国行政区划代码

GB/T 2659 世界各国和地区名称代码(GB/T 2659—2000,ISO3166:1997,IDT)

GB/T 6195 水果、蔬菜维生素 C含量测定方法(2,6-二氯靛酚滴定法)

GB/T 12143 饮料通用分析方法

GB/T 12316 感官分析方法"A"-非"A"检验

GB/T 15034 芒果 贮藏导则(GB/T 15034—1994,eqvISO6660:1980)

NY/T 492 芒果(NY/T 492—2000,CODEX STAN 184—1993,MOD)

NY/T 1688 腰果种质资源鉴定技术规范

3 要求

3.1 样本采集

在植株进入稳定结果期并在正常生长情况下随机采集的代表性样本。

3.2 描述内容

描述内容见表1。

中华人民共和国农业部 2009-12-22 发布　　2010-02-01 实施

表 1 芒果种质资源描述内容

<table>
<tr><th>描述类别</th><th colspan="2">描 述 内 容</th></tr>
<tr><td>种质基本信息</td><td colspan="2">全国统一编号、种质库编号、种质圃编号、采集号、引种号、种质名称、种质外文名、科名、属名、学名、种质类型、主要特性、主要用途、系谱、遗传背景、繁殖方式、选育单位、育成年份、原产国、原产省、原产地、原产地经度、原产地纬度、原产地海拔、采集地、采集单位、采集时间、采集材料、保存单位、保存单位编号、种质保存名、保存种质的类型、种质定植年份、种质更新年份、图像、特性鉴定评价的机构名称、鉴定评价的地点、备注</td></tr>
<tr><td rowspan="3">植物学特征</td><td>树和枝条</td><td>树姿、树形、枝梢密度、主干颜色、主干光滑度、幼嫩枝条颜色、成熟枝条颜色</td></tr>
<tr><td>叶</td><td>叶形、叶着生姿态、叶片长度、叶片宽度、叶形指数、叶脉、叶片质地、叶尖、叶基、叶缘、叶柄长度、成熟叶颜色、叶气味、幼叶颜色</td></tr>
<tr><td>花序和花</td><td>二次花/多次花、开花规律、花序轴着生姿态、花序着生位置、花序形状、花序长度、花序宽度、小花密度、两性花百分率、花的形态类型、花梗颜色、花盘特性、雄蕊数目、花的直径</td></tr>
<tr><td>农艺性状</td><td colspan="2">抽梢期、花期长短、初花期、盛花期、末花期、开花习性、初果期树龄、大量采果日期、果实成熟特性、单株产量、丰产性、果实收获期、果实耐贮期</td></tr>
<tr><td>品质性状</td><td colspan="2">单果质量、果实纵径、果实横径、果实侧径、果形指数、果实形状、果喙、果窝、果顶、果洼、果颈、腹沟、果肩、果梗着生方式、青熟果果皮颜色、完熟果果皮颜色、果皮厚度、果粉、果皮光滑度、皮孔密度、果皮与果肉的黏着度、果肉颜色、果肉质地、果汁多少、果肉纤维数量、果肉纤维长度、果核质量、果核表面特征、果核脉络形状、果核纵径、果核横径、果核侧径、种仁占种核的比例、种仁形状、种仁纵径、种仁横径、种仁质量、胚类型、果实硬度、可食率、可溶性固形物含量、可溶性糖含量、可滴定酸含量、维生素 C 含量、果实香气、松香味、果实风味、食用品质</td></tr>
</table>

4 描述方法

4.1 种质基本信息

4.1.1 全国统一编号

种质资源的全国统一编号，由树种编号加保存单位代码加上顺序号码组成的字符串(4 位顺序码从“0001”到“9999”)，种质资源编号具有唯一性。

4.1.2 种质库编号

种质资源长期保存库编号，“GP”加 2 位作物代码再加 4 位顺序号组成。每份种质具有唯一的种质库编号。

4.1.3 种质圃编号

种质资源保存圃编号，编号方法同 4.1.2。若种质库与种质圃同时保存的，在种质库编号的基础上加个圃(P)字。

4.1.4 采集号

种质在野外采集时赋予的编号，一般由年份加 2 位省份代码加顺序号组成。

4.1.5 引种号

引种号是由年份加 4 位顺序号组成的 8 位字符串，如“19940024”，前 4 位表示种质从外地引进年份，后 4 位为顺序号，从“0001”到“9999”。每份引进种质具有唯一的引种号。

4.1.6 种质名称

国内种质的原始名称，如果有多个名称，可以放在英文括号内，用英文逗号分隔；国外引进种质如果没有中文译名，可以直接填写种质的外文名。

4.1.7 种质外文名

国外引进种质的外文名和国内种质的汉语拼音名，每个汉字的首字拼音大写，字间用连接符。

4.1.8 科名

漆树科(Anacardiaceae)。

4.1.9 **属名**

芒果属(*Mangifera*)。

4.1.10 **学名**

种质资源的科学名称。

4.1.11 **种质类型**

芒果种质资源的类型，分为野生资源、半野生资源、地方品种(系)、引进品种(系)、选育品种(系)、遗传材料、其他。

4.1.12 **主要特性**

芒果种质资源的主要特性，分为产量、品质、抗性、其他。

4.1.13 **主要用途**

芒果种质资源的主要用途，分为食用、药用、观赏、纤维、材用、砧木用、其他。

4.1.14 **系谱**

芒果选育品种(系)的亲缘关系或杂交组合名称。

4.1.15 **遗传背景**

芒果的遗传背景，分为自花授粉、异花授粉、种间杂交、种内杂交、无性选择、自然突变、人工诱变、其他。

4.1.16 **繁殖方式**

芒果的繁殖方式，分为嫁接、扦插、实生、组织培养、其他。

4.1.17 **选育单位**

选育芒果品种(系)的单位或个人。单位名称应写全称。

4.1.18 **育成年份**

芒果品种(系)通过新品种审定或登记的年份，用4位阿拉伯数字表示。

4.1.19 **原产国**

芒果种质的原产国家、地区或国际组织名称。国家和地区名称参照GB/T 2659，如该国家已不存在，应在原国家名称前加“前”。

4.1.20 **原产省**

省份名称按照GB/T 2260执行。国外引进种质原产省用原产国家一级行政区的名称。

4.1.21 **原产地**

种质的原产县、乡、村名称。县名按照GB/T 2260。

4.1.22 **原产地经度**

种质原产地的经度，单位为度和分。格式为DDDFF，其中DDD为度，FF为分。

4.1.23 **原产地纬度**

种质原产地的纬度，单位为度和分。格式为DDFF，其中DD为度，FF为分。

4.1.24 **原产地海拔**

单位为米(m)。

4.1.25 **采集地**

芒果种质的来源国家、省、县名称，地区名称或国际组织名称。

4.1.26 **采集单位**

芒果种质采集单位或个人全称。

4.1.27 **采集时间**

以“年月日”表示，格式“YYYYMMDD”。

4.1.28 采集材料

芒果种质收集时采集的种质材料类型，分为种子、果实、芽、芽条、花粉、组织培养材料、苗木、其他。

4.1.29 保存单位

负责芒果种质繁殖并提交国家种质资源长期库前的原保存单位或个人全称。

4.1.30 保存单位编号

芒果种质在原保存单位中的种质编号。保存单位编号在同一保存单位应具有唯一性。

4.1.31 种质保存名

芒果种质在资源圃中保存时所用的名称，应与来源名称相一致。

4.1.32 保存种质的类型

保存种质的类型，分为植株、种子、组织培养物、花粉、DNA、其他。

4.1.33 种质定植年份

芒果种质在资源圃中定植的年份。

4.1.34 种质更新年份

芒果种质进行换种或重植的年份。

4.1.35 图像

芒果种质的图像文件名，图像格式为 .jpg。图像文件名由“统一编号”加“-”加序号加“.jpg”组成。图像要求 600 dpi 以上或 1024×768 以上。

4.1.36 特性鉴定评价的机构名称

芒果种质特性鉴定评价的机构名称，单位名称应写全称。

4.1.37 鉴定评价的地点

芒果种质植物学特征和生物学特性的鉴定评价地点，记录到省和县。

4.1.38 备注

资源收集者了解的生态环境的主要信息、产量、栽培实践等。

4.2 植物学特征

4.2.1 树和枝条

4.2.1.1 树姿

在末次秋梢充分老熟以后，取代表性植株 3 株以上，每株测量 3 个基部一级侧枝中心轴线与主干的夹角，按图 1 并依据夹角的平均值确定树姿类型，分为直立（夹角＜30°）、中等（30°≤夹角＜60°）、开张（夹角≥60°）。

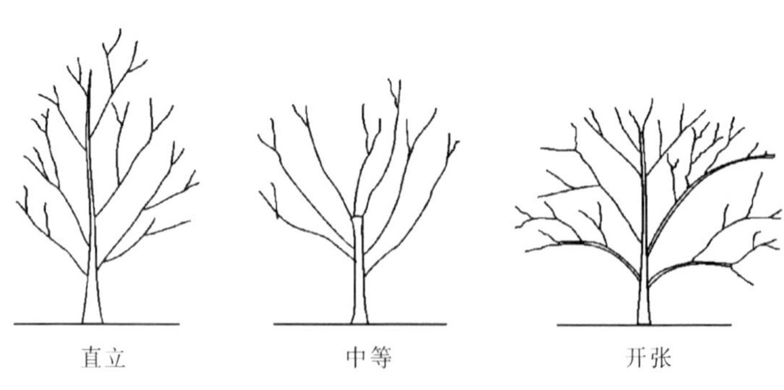

图 1 树 姿

4.2.1.2 树形

用 4.2.1.1 的样本，参照图 2 按最大相似原则确定树形类型，分为椭圆形、塔形、扁圆形、圆头形、其他。

4.2.1.3 枝梢密度

用 4.2.1.1 的样本，确定树冠枝梢的密集程度，分为疏、中等、密。

椭圆形

塔形

扁圆形

圆头形

图2　树　形

4.2.1.4　主干颜色

在秋梢老熟期，观察主干颜色，用标准比色卡按最大相似原则确定主干颜色，分为灰白、灰褐、浅褐、黑褐、其他。

4.2.1.5　主干光滑度

用4.2.1.1的样本，观察实生苗的主干全部或嫁接苗的嫁接口上方主干部分的光滑度，确定植株的主干光滑度，分为光滑、粗糙。

4.2.1.6　幼嫩枝条颜色

在新梢生长期，观察植株幼嫩枝条刚展叶尚未木质化时的表皮颜色，用标准比色卡按最大相似原则确定幼嫩枝条颜色，分为淡绿、紫红、其他。

4.2.1.7　成熟枝条颜色

在末次秋梢充分成熟后至抽梢或开花前，观察植株外围中上部的成熟枝条颜色，用标准比色卡按最大相似原则确定种质的成熟枝条颜色，分为灰白、灰褐、绿色、其他。

4.2.2　叶

4.2.2.1　叶形

在末次秋梢充分成熟后，随机抽取植株外围中上部末次秋梢20片成熟叶，参照图3按最大相似原则确定种质的叶片形状，分为椭圆形、长椭圆形、卵形、倒卵形、披针形、倒披针形、其他。

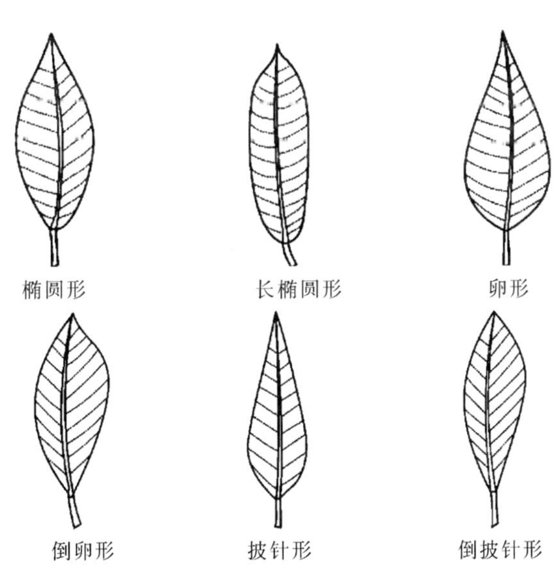

图3　叶　形

4.2.2.2　叶着生姿态

在末次秋梢充分成熟后，观察树冠外围不同方向当年生成熟枝梢，依叶柄与叶身间的弯曲程度，参照图4按最大相似原则确定向上生长枝条上叶的着生姿态，分为直立、水平、半下垂。

4.2.2.3　叶片长度

图4 叶着生的姿态

用 4.2.2.1 的样本，测量叶片基部至叶尖端长度，取平均值。精确到 0.1 cm。

4.2.2.4 叶片宽度

用 4.2.2.1 的样本，测量叶片最宽处的宽度，取平均值。精确到 0.1 cm。

4.2.2.5 叶形指数

用 4.2.2.3 和 4.2.2.4 的结果，计算叶片长度/叶片宽度的比值。精确到 0.1。

4.2.2.6 叶脉

用 4.2.2.1 的样本，观察确定叶侧脉的疏密程度，分为密、中等、疏。

4.2.2.7 叶片质地

用 4.2.2.1 的样本，观察叶片质地，分为革质、膜质、纸质。

4.2.2.8 叶尖

用 4.2.2.1 的样本，参照图 5 按最大相似原则确定叶尖形状，分为钝尖、急尖、渐尖。

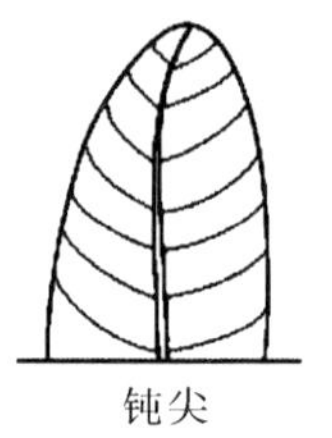

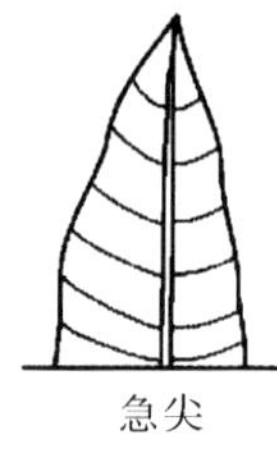

图5 叶尖形状

4.2.2.9 叶基

用 4.2.2.1 的样本，参照图 6 按最大相似原则确定叶基形状，分为楔形、钝形、圆形。

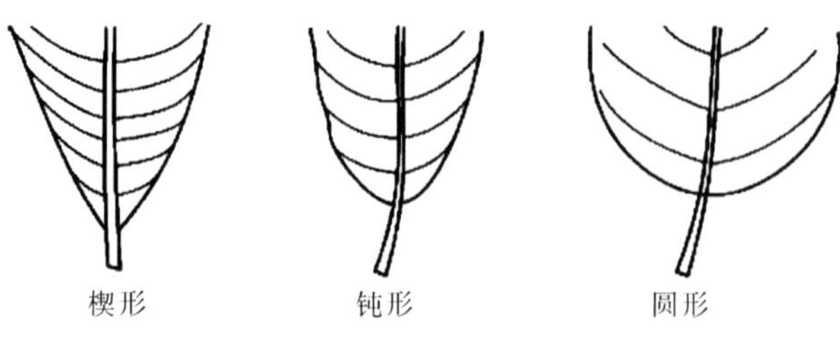

图6 叶基形状

4.2.2.10 叶缘

用 4.2.2.1 的样本，参照图 7 按最大相似原则确定叶缘形状，分为平展形、波浪形、折叠形、皱波形、其他。

图7 叶缘形状

4.2.2.11 叶柄长度

用4.2.2.1的样本，测量叶片的叶柄长度，取平均值。精确到0.1 cm。

4.2.2.12 成熟叶颜色

用4.2.2.1的样本，观察每片成熟叶正面的颜色，用标准比色卡按最大相似原则确定成熟叶颜色，分为浅绿、绿色、深绿、浓绿、其他。

4.2.2.13 叶气味

用4.2.2.1的样本，碾碎并闻其气味，分为无、淡、浓。

4.2.2.14 幼叶颜色

在新梢生长期，目测树冠外围中上部新梢每片完全展开幼叶正面的颜色，用标准比色卡按最大相似原则确定幼叶颜色，分为浅绿、古铜、淡紫、紫、紫红、红、其他。

4.2.3 花序和花

4.2.3.1 二次花/多次花

观察植株二次花、多次花的情况，分为无、少、中等、多。

4.2.3.2 开花规律

观察植株开花的规律，分为每年开花、隔年开花和无规律。

4.2.3.3 花序轴着生姿态

观察花序主轴在枝条上的着生状态，分为半直立、水平、下垂。

4.2.3.4 花序着生位置

在植株开花盛期，观察花序的着生位置，以最多出现的为准，分为顶生、腋生、其他。

4.2.3.5 花序形状

在植株开花盛期，随机选树冠外围不同部位典型花芽抽出的顶端花序10个，测量每个花序的长度和宽度，计算长度/宽度的比值，取平均值，按图8确定花序形状，分为长圆锥形（花序长度/花序宽度≥1.5）、圆锥形（1.0＜花序长度/花序宽度＜1.5）、宽圆锥形（花序长度/花序宽度≤1.0）、其他。

4.2.3.6 花序长度

用4.2.3.5的样本，测量花序基部至先端的长度，取平均值。精确到0.1 cm。

4.2.3.7 花序宽度

用4.2.3.5的样本，测量花序最大处的宽度，取平均值。精确到0.1 cm。

4.2.3.8 小花密度

用4.2.3.5的样本，目测观察花序上小花分布的疏密程度，分为疏散、中等、密集。

4.2.3.9 两性花百分率

用4.2.3.5的样本，人工每天去除一次已经完全开放的花朵，并对花序每天开的两性花的朵数（n_i）

图 8 花序形状

和总的开花朵数(N_i)进行统计,直至花序上所有的花朵完全开放完毕。两性花百分率按公式(1)计算。精确到 0.1%。

$$X = \frac{\sum n_i}{\sum N_i} \times 100 \quad \cdots\cdots (1)$$

式中:

X——两性花百分率,%;

n_i——每天开的两性花的朵数;

N_i——总的开花朵数。

4.2.3.10 花的形态类型

用 4.2.3.5 的样本,观察完全开放花的形态类型,以最多类型出现为主确定花的形态类型,分为五花瓣、四花瓣、混合花瓣、其他。

4.2.3.11 花梗颜色

用 4.2.3.5 的样本,观察花梗颜色,用标准比色卡按最大相似原则,确定种质的花梗颜色,分为浅绿、黄绿、绿带红、浅紫、紫红、红色、其他。

4.2.3.12 花盘特性

用 4.2.3.5 的样本,观察花盘特征,分为花盘肿胀、浅裂,比子房宽大;花盘窄、常常小或无。

4.2.3.13 雄蕊数目

用 4.2.3.5 的样本,观察花朵雄蕊的数目(单位为个)和雄蕊特征(可育、全育),分为 10 个~12 个(4 个~6 个可育)、5 个(全育)、5 个(3 个可育)、5 个(1 个~2 个可育)。

4.2.3.14 花的直径

用 4.2.3.5 的样本,测量正常开放状态花朵的最大直径,计算平均值。精确到 0.1 mm。

4.3 农艺性状

4.3.1 抽梢期

在生长期,以整个试验小区为调查对象,记录 50%植株开始抽生新梢的日期。表示方法为"年月日",格式"YYYYMMDD"。分为春梢、夏梢、秋梢、晚秋梢、冬梢。

4.3.2 花期长短

记录种质同一植株上从第一朵花开放到最后一朵花凋谢所经历的时间。精确到 1 d。

4.3.3 初花期

观察全树初花情况,记录有约 5%花朵开放的日期。以"年月日"表示,格式"YYYYMMDD"。

4.3.4 盛花期

观察全树盛花情况,记录有约 25%花朵开放的日期。以"年月日"表示,格式"YYYYMMDD"。

4.3.5 末花期

观察全树末花情况，记录有约 75%花朵已开放的日期。以“年月日”表示，格式“YYYYMMDD”。

4.3.6 开花习性

按 4.3.3 记录初花期，确定种质的开花习性，分为早、中、晚。

4.3.7 初果期树龄

植株首次开花结果的树龄。单位为 y。

4.3.8 大量采果日期

在果实成熟期，记录种质集中采收果实的日期(75%达到 NY/T 492 中青熟要求)。格式为“MM-DD”。

4.3.9 果实成熟特性

按 4.3.8 记录大量采果日期，确定种质的成熟特性，分为极早、早、中、晚、极晚。

4.3.10 单株产量

在成年结果树果实成熟期，随机取样 3 株以上，称果实质量，计算平均值。精确到 0.1 kg。

4.3.11 丰产性

根据 4.3.10 记载的单株产量，确定植株的丰产性，分为丰产、中等、不丰产。

4.3.12 果实收获期

在结果期，随机抽取 3 株以上正常开花结果植株为调查对象，记载果实第一次采收至最后一次采收之间的天数。精确到 1 d。

4.3.13 果实耐贮期

在采收期，随机抽取 20 个成熟度达到 GB/T 15034 中收获要求的果实，放置常温条件下贮藏的时间。单位为 d。

4.4 品质性状

4.4.1 单果质量

在果实成熟期，从树体上随机抽取 20 个正常果实，称取果实质量，计算平均单果质量。精确到 0.1 g。

4.4.2 果实纵径

用 4.4.1 的样本，测量果实果顶至果基的最长距离，结果以平均值表示。精确到 0.1 cm。

4.4.3 果实横径

用 4.4.1 的样本，测量果实最大横切面的最长距离，结果以平均值表示。精确到 0.1 cm。

4.4.4 果实侧径

用 4.4.1 的样本，测量果实最大横切面垂直方向的最长距离，结果以平均值表示。精确到 0.1 cm。

4.4.5 果形指数

用 4.4.2 和 4.4.3 的结果，计算果实纵径/果实横径的比值，精确到 0.1。

4.4.6 果实形状

用 4.4.1 的样本，参照图 9 按最大相似原则确定种质的果实形状，分为长椭圆形、椭圆形、圆球形、卵形、象牙形、S 形、扁圆形、肾形、其他。

4.4.7 果喙

用 4.4.1 的样本，参照图 10 按最大相似原则确定果喙类型，分为无、点状、突出、乳头状、其他。

4.4.8 果窝

用 4.4.1 的样本，参照图 11 按最大相似原则确定果窝类型，分为无、浅、深。

4.4.9 果顶

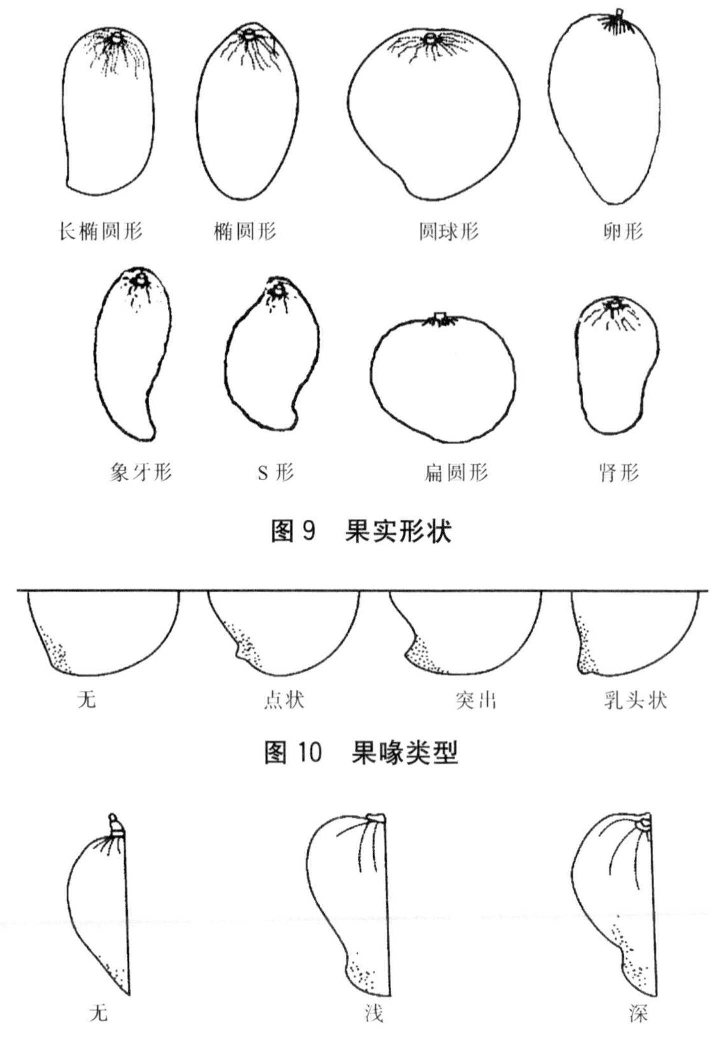

图9　果实形状

图10　果喙类型

图11　果窝类型

用4.4.1的样本，参照图12按最大相似原则确定果顶类型，分为尖、钝、圆、其他。

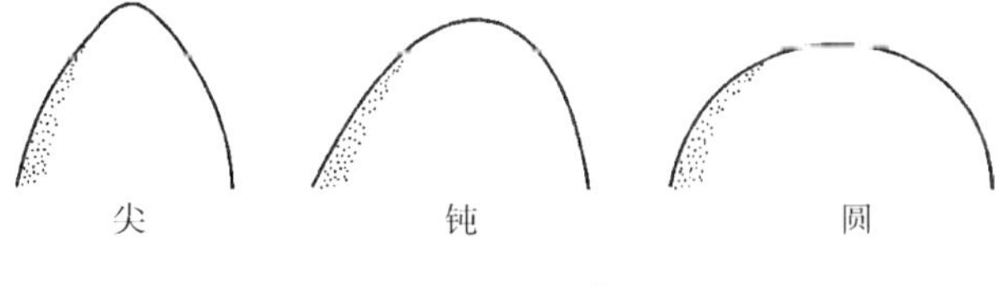

图12　果顶类型

4.4.10　果洼

用4.4.1的样本，参照图13按最大相似原则确定果洼类型，分为无、浅、中等、深、极深。

4.4.11　果颈

用4.4.1的样本，参照图14按最大相似原则确定果颈类型，分为无、微突、中等、极突出。

4.4.12　腹沟

用4.4.1的样本，观察果实腹肩至果腹有无明显的沟槽，确定腹沟的有无，分为无、有。

4.4.13　果肩

用4.4.1的样本，参照图15按最大相似原则，观察果实腹肩和背肩的形状，分为斜平、平、突起。

4.4.14　果梗着生方式

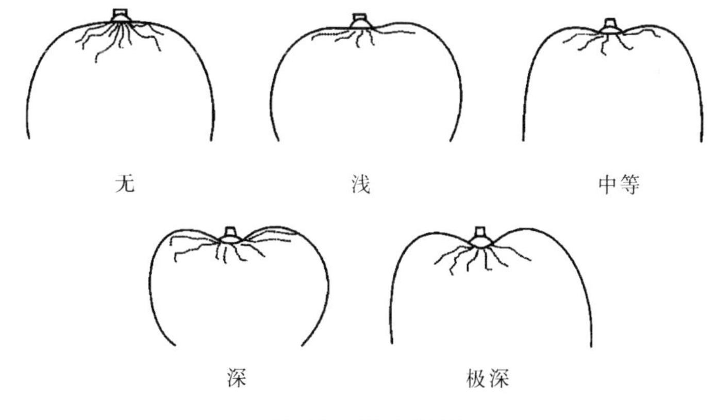

图 13 果洼类型

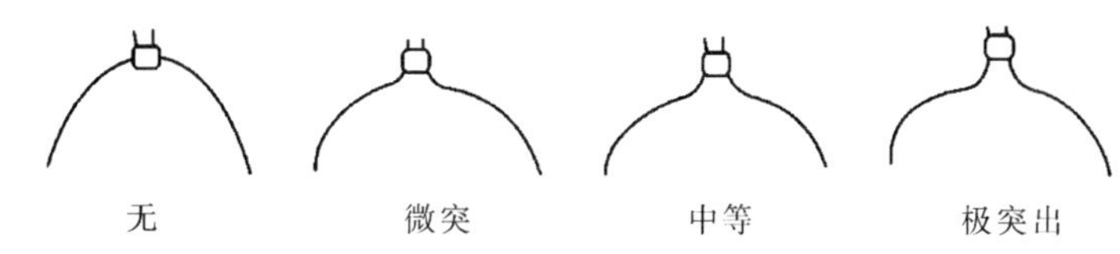

图 14 果颈类型

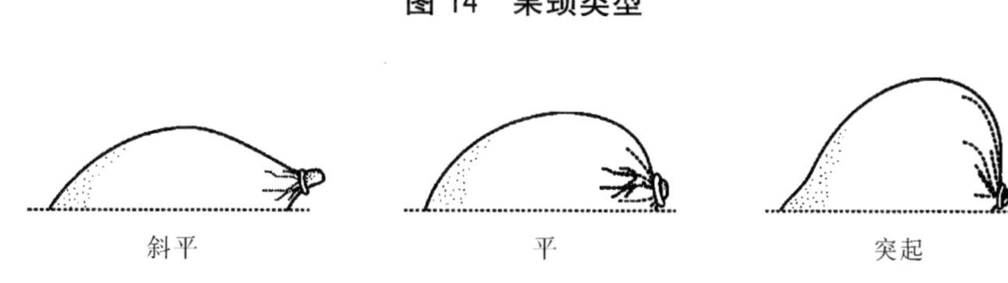

图 15 果肩类型

用 4.4.1 的样本，观察果梗着生方式，分为垂直、倾斜。

4.4.15 青熟果果皮颜色

用 4.4.1 的样本，观察青熟果实外果皮颜色，用标准比色卡按最大相似原则确定种质的青熟果实果皮颜色，分为底色与盖色。

4.4.15.1 底色

果实底色分为绿色、黄色、紫色、红色、其他。

4.4.15.2 盖色

果实盖色分为橙色、紫色、红色、其他。

4.4.16 完熟果果皮颜色

在果实完熟期，随机取 20 个果实，观察完熟果实外果皮颜色，用标准比色卡按最大相似原则确定种质的完熟果实果皮颜色，分为底色与盖色。

4.4.16.1 底色

果实底色分为绿色、黄色、橙色、紫色、红色、其他。

4.4.16.2 盖色

果实盖色分为橙色、紫色、红色、黄色、其他。

4.4.17 果皮厚度

用 4.4.16 的样本，充分去除果肉，测量果实中部外果皮的厚度。结果以平均值表示，精确到 0.1 mm。

4.4.18 果粉

用4.4.16的样本，观察果实表面覆盖的蜡质层确定果粉多少，分为无、薄、中等、厚。

4.4.19 果皮光滑度

用4.4.16的样本，观测果实的外果皮是否光滑，确定外果皮光滑度，分为光滑、粗糙。

4.4.20 皮孔密度

用4.4.16的样本，观察果实的外果皮皮孔的密集程度，分为稀、中等、密。

4.4.21 果皮与果肉的黏着度

用4.4.16的样本，用手剥皮，感知果皮与果肉是否黏着，分为不黏、中等、黏。

4.4.22 果肉颜色

用4.4.16的样本，紧贴种壳剖开果实，用标准比色卡按最大相似原则确定种质的果肉颜色，分为乳白、乳黄、浅黄、金黄、深黄、橙黄、橙红、其他。

4.4.23 果肉质地

用4.4.22的样本，观察确定成熟果实的果肉质地，分为细腻、中等、粗硬。

4.4.24 果汁多少

用4.4.22的样本，观察确定成熟果实果汁的多少，分为少、中等、多。

4.4.25 果肉纤维数量

用4.4.22的样本，观察确定果肉纤维数量，分为无、少、中等、多。

4.4.26 果肉纤维长度

用4.4.22的样本，观察确定果肉纤维长短，分为短、中等、长。

4.4.27 果核质量

用4.4.22的样本，称量果核质量，计算平均值。精确到0.1 g。

4.4.28 果核表面特征

用4.4.27的样本，去除果核表面的纤维，观察并确定种质的果核表面特征，分为平滑、凹陷、隆起。

4.4.29 果核脉络形状

用4.4.27的样本，观察并确定种壳的脉络形状，分为平行、交叉。

4.4.30 果核纵径

用4.4.27的样本，测量果核顶部至基部的最长距离，结果以平均值表示。精确到0.1 cm。

4.4.31 果核横径

用4.4.27的样本，测量果核最宽处的距离，结果以平均值表示。精确到0.1 cm。

4.4.32 果核侧径

用4.4.27的样本，测量果核最厚处的距离，结果以平均值表示。精确到0.1 cm。

4.4.33 种仁占种壳的比例

用4.4.27的样本，打开种壳，观察种仁体积占种壳内腔的比例，分为≤25%、26%～50%、51%～75%、76%～100%。

4.4.34 种仁形状

用4.4.27的样本，去除种壳，取出种仁，按图16观察确定种仁形状，分为椭圆形、长椭圆形、肾形、其他。

4.4.35 种仁纵径

用4.4.34的样本，测量种仁最长处的距离，结果以平均值表示。精确到0.1 cm。

4.4.36 种仁横径

用4.4.34的样本，测量种仁最宽处的距离，结果以平均值表示。精确到0.1 cm。

4.4.37 种仁质量

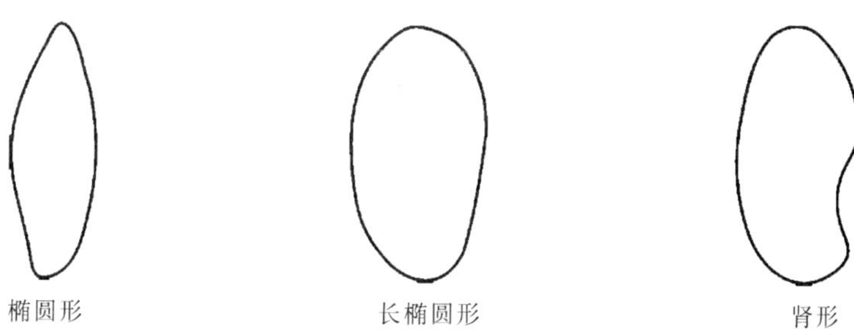

图 16 种仁形状

用 4.4.34 的样本，称量种仁质量，计算平均值。精确到 0.1 g。

4.4.38 胚类型

用 4.4.34 的样本，去除种壳，观察种仁中胚的数目，以最多出现的类型为准，分为单胚、多胚。

4.4.39 果实硬度

果实成熟期，随机抽取 20 个成熟度达到 NY/T 492 芒果中完熟要求的果实，测定每个果实果肉的硬度。结果以平均值表示，精确到 0.1 kg/cm^2。

4.4.40 可食率

用 4.4.39 的样本，称量果实质量，去掉果肉，称量果皮果核质量，依据公式(2)计算可食率。精确到 0.1%。

$$X = \frac{m_1 - m_2}{m_1} \times 100 \quad \cdots\cdots (2)$$

式中：

X——可食率，%；

m_1——果实质量，单位为克(g)；

m_2——果皮和果核质量，单位为克(g)。

4.4.41 可溶性固形物含量

按 GB/T 12143 规定执行。

4.4.42 可溶性糖含量

按 NY/T 1688 附录规定执行。

4.4.43 可滴定酸含量

按 NY/T 1688 附录规定执行。

4.4.44 维生素 C 含量

按 GB/T 6195 规定执行。

4.4.45 果实香气

用 4.4.39 的样本，按 GB/T 12316 检验，以品尝的方式判断果肉的香气，分为淡、中等、浓。

4.4.46 松香味

用 4.4.39 的样本，按 GB/T 12316 检验，以品尝的方式判断果肉的松香味，分为无、淡、中等、浓。

4.4.47 果实风味

用 4.4.39 的样本，以品尝的方式判断果肉风味，分为清甜、甜、浓甜、酸甜、酸。

4.4.48 食用品质

用 4.4.39 的样本，成熟时的香气、酸度、甜度、风味综合评价果实的品质，分为差、中等、佳、极佳。

附加说明:

本标准由中华人民共和国农业部提出。

本标准由农业部热带作物及制品标准化技术委员会归口。

本标准起草单位:中国热带农业科学院南亚热带作物研究所、国家重要热带作物工程技术研究中心。

本标准主要起草人:马蔚红、武红霞、王松标、杜丽清、周毅刚。

中华人民共和国农业行业标准

荔枝冰温贮藏

Controlled Freezing-Point Storage of Litchi

NY/T 1401—2007

1 范围

本标准规定了荔枝果实的术语和定义、采收要求、采后处理、冰温贮藏要求、贮藏期限及出库指标。

本标准适用于妃子笑、黑叶、白腊、淮枝等荔枝品种,其他品种可参照执行。

2 规范性引用文件

下列文件中的条款通过本标准的引用而成为本标准的条款。凡是注日期的引用文件,其随后所有的修改单(不包括勘误的内容)或修订版均不适用于本标准,然而,鼓励根据本标准达成协议的各方研究是否可使用这些文件的最新版本。凡是不注日期的引用文件,其最新版本适用于本标准。

GB 2762 食品中污染物限量

GB 2763 食品中农药最大残留限量

GB/T 5009.34 食品中亚硫酸盐的测定

GB/T 8559—1987 苹果冷藏技术

GB/T 8855 新鲜水果和蔬菜的取样方法

GB/T 12293 水果、蔬菜制品 可滴定酸度的测定

GB/T 12295 水果、蔬菜制品 可溶性固形物含量的测定 折射仪法

NY/T 515—2002 荔枝

SB/T 10093—1992 红枣贮存

3 术语和定义

下列术语和定义适用于本标准。

3.1

冰温 freezing-point temperature

从0℃以下起至各生物组织即将开始结冰时为止的温度。

3.2

冰温贮藏 controlled freezing-point storage

在冰温条件下的一种贮藏方法。

3.3

护色 color-retention

在贮藏过程中,采取一些必要措施恢复荔枝果实的颜色。

3.4

中华人民共和国农业部 2007-06-14 发布 2007-09-01 实施

自然损耗　natural wastage

在贮藏期间水分和干物质的损失。

4　采收要求

4.1　荔枝的采收以八成至九成熟为宜，果皮已基本转红(妃子笑外果皮 1/3～1/2 变红)。

4.2　荔枝采收应在晴天上午露水干后或阴天进行，在烈日中午、雨天或雨后不宜采收。

4.3　采下的荔枝应及时运往阴凉通风处或采后包装场。

4.4　采收过程中应避免各种机械损伤、日光曝晒。

5　采后处理

5.1　预冷

5.1.1　果实采收后应尽快预冷，迅速使果心温度降至 5℃～10℃。

5.1.2　预冷方法可采用强制通风预冷、冰水预冷和真空预冷。

5.2　选果与分级

5.2.1　选果应在阴凉处或低温包装库进行，剔除破烂果、病虫害果及褐变果。

5.2.2　分级按 NY/T 515—2002　中有关规定执行。

5.3　洗果及防腐处理

5.3.1　先用 0.5%的漂白粉浸洗，然后用清水洗净，晾干后再用高效低毒的杀菌剂浸果 1 min～2 min。

5.3.2　用于荔枝防腐的杀菌剂可选用抑霉唑、特克多、施保克、施保功、乙磷铝等。药剂使用浓度为 500 mg/L～1 000 mg/L。杀菌剂的残留限量应符合 GB 2762、GB 2763　的有关规定。

5.3.3　也可将杀菌剂溶于 5℃～10℃的水中，浸果 5 min～10 min，使预冷和防腐处理同时进行。

5.4　护色

5.4.1　在密闭室内进行果实二氧化硫气体熏蒸处理，硫磺粉的用量为 30 g/m³～40 g/m³，处理时间为 15 min～25 min。熏硫过程中盛放荔枝的容器应垫高 20 cm，熏硫后应及时进行通风，排尽二氧化硫气体残留。

5.4.2　熏硫后可用 4%的稀盐酸溶液浸果 1 min～2 min 进行复色，然后晾干。

5.5　包装

5.5.1　包装容器应坚固耐用，清洁卫生，干燥无异味。

5.5.2　包装容器可采用带孔的纸箱、塑料箱和竹箩，装载容量不宜超过 10 kg。

5.5.3　内包装可采用低密度聚乙烯膜袋，膜厚度为 0.02 mm～0.04 mm。

5.5.4　果实装箱后内包装应掩口。不敞口，不扎口。

6　冰温贮藏要求

6.1　库房准备

6.1.1　库房在果实入库前应进行消毒，方法按 GB/T 8559—1987　中附录 C 的规定执行。

6.1.2　荔枝入库前 24 h 应开机降温，使库房温度保持在(−1±1)℃。

6.2　入库

6.2.1　从果实采收到入库应在 6 h～12 h 内完成。

6.2.2　根据不同包装容器合理安排货位，其堆码形式、高度、垫木和货垛排列方式、走向及间隔应与库内空气环流方向一致。

6.2.3 货位堆码方式按 GB/T 8559—1987 中 4.2.4 的要求执行。

6.2.4 垛位不宜过大，入库整理后应及时填写货位标签。

6.3 贮藏管理

6.3.1 温度

6.3.1.1 贮藏温度为－1℃。

6.3.1.2 在贮藏期间要保持库温稳定，库温应维持在(－1±1)℃。

6.3.1.3 温度的测定按 SB/T 10093—1992 中 8.4.1 的规定执行。

6.3.2 湿度

6.3.2.1 贮藏期间库房内相对湿度应保持在 80%～90%。

6.3.2.2 湿度的测定按 SB/T 10093—1992 中 8.4.2 的规定执行。

6.3.3 荔枝质量检验

应定期检验荔枝果皮颜色、好果率、自然损耗率、品质等，检验方法按附录 A 的规定执行。

7 贮藏期限及出库指标

7.1 贮藏期限

在本标准规定的贮藏条件下，果实可贮藏 30 d～40 d。

7.2 货架寿命

出库上架销售可保存 48 h 以内。

7.3 出库指标

7.3.1 贮藏后果实自然损耗率不应超过 10%。

7.3.2 好果率应在 90%以上，风味正常，无异味。

7.3.3 果肉中二氧化硫残留量应符合国家相关规定。二氧化硫残留量的测定按 GB/T 5009.34 的规定执行。

附 录 A
（规范性附录）
荔枝质量检验方法

A.1 可溶性固形物和可滴定酸检验

分别按 GB/T 12295 和 GB/T 12293 的规定执行。

A.2 好果率检验

按 GB/T 8855 的规定取样，将破烂果、病害果、褐变果（果实变褐总面积大于果面的 1/3）剔除后并称重，计算好果率。

A.3 自然损耗率检验

自然损耗率按公式(1)计算：

$$Z=\frac{m_1-m_2}{m_1}\times 100 \qquad (A.1)$$

式中：

Z——自然损耗率，单位为百分率（%）；

m_1——入库时果实质量，单位为克（g）；

m_2——出库时果实质量，单位为克（g）。

附加说明：

本标准的附录 A 为规范性附录。

本标准由中华人民共和国农业部提出。

本标准由农业部热带作物及制品标准化技术委员会归口。

本标准起草单位：中国热带农业科学院南亚热带作物研究所、华南农业大学园艺学院、中国热带农业科学院热带作物品种资源研究所、华南热带农业大学园艺学院。

本标准主要起草人：谢江辉、弓德强、吴振先、孙光明、胡位荣、李伟才、陈业渊、李绍鹏。

中华人民共和国农业行业标准

荔枝病虫害防治技术规范

Technical criterion for lichee pest control

NY/T 1478—2007

1 范围

本标准规定了荔枝主要病虫害防治的原则、措施及推荐使用药剂等技术。

本标准适用于荔枝产区荔枝主要病虫害的防治。

2 规范性引用文件

下列文件中的条款通过本标准的引用而成为本标准的条款。凡是注日期的引用文件,其随后所有的修改单(不包括勘误的内容)或修订版均不适用于本标准,然而,鼓励根据本标准达成协议的各方研究是否可使用这些文件的最新版本。凡是不注日期的引用文件,其最新版本适用于本标准。

GB 4285 农药安全使用标准

GB/T 8321(所有部分)农药合理使用准则

NY/T 5174 无公害食品 荔枝生产技术规程

3 推荐使用药剂的说明

本标准推荐的杀菌/杀虫剂是经我国农药管理部门登记允许在荔枝或其他水果上使用的。不应使用国家严格禁止在果树上使用的和未登记的农药,当新的有效农药出现或者新的管理规定出台时,以最新的规定为准。

4 荔枝主要病虫害及其防治

4.1 主要病虫害及其发生危害特点,参见附录A、附录B

4.2 主要病虫害防治原则

贯彻"预防为主、综合防治"的植保方针,以荔枝作物为单元,针对荔枝大田及采后主要病虫害种类、发生特点和防治要求,综合考虑影响病虫害发生的各种因素,以农业防治为基础,协调应用生物防治、物理防治和化学防治等措施对病虫害进行安全、有效的控制。

4.2.1 同一品种集中成片种植,促使植株抽梢期和结果期一致。

4.2.2 加强田间巡查监测,掌握病虫害发生动态,根据经验防治指标,及时采取控制措施。

4.2.3 加强水肥、树体与花果管理,提高植株抗性。水肥、树体与花果管理参照NY/T 5174的6、7、8和9的要求执行。

4.2.4 搞好果园清洁。结合果园修剪及时剪除植株上严重受害或干枯的枝叶、花(果)穗(枝)和果实,及时清除果园地面的落叶、落果等残体,集中烧毁或深埋。修剪或冬季清园后宜及时使用农药进行果园消毒。

中华人民共和国农业部 2007-12-18 发布 2008-03-01 实施

4.2.5 鼓励使用人工繁殖的平腹小蜂等天敌及诱虫灯、色板、防虫网等无公害措施。

4.2.6 优先使用微生物源、植物源及矿物源等对天敌、授粉昆虫等有益昆虫及环境与产品影响小的低毒药剂。

4.2.7 使用药剂防治时应参照GB 4285和GB/T 8321中的有关规定,严格掌握使用浓度或剂量、使用次数、施药方法和安全间隔期。

4.2.8 应进行药剂的合理轮换使用。

4.3 主要病虫害的防治

4.3.1 荔枝霜疫霉病

4.3.1.1 防治措施

4.3.1.1.1 重点做好花期、果期病害的防治。在花蕾发育期进行一次果园地面、树体(树冠、树干)喷药消毒预防,始花期再喷一次,坐果后每隔10 d~15 d喷药一次预防,直至果实采收安全间隔期前。在果实成熟前及出现利于发病的气候条件时,一旦出现病情应及时喷药进行防治。

4.3.1.1.2 果实采后贮运期的防腐处理。果实采摘后首先剔除有病虫为害的果实,再结合荔枝炭疽病、酸腐病的防治采用保鲜药剂进行处理。

4.3.1.2 推荐使用的主要杀菌剂及方法

选用0.5%等量式波尔多液、氧氯化铜或氢氧化铜等进行消毒清园。

选用醚菌酯、甲霜灵、甲霜灵·锰锌、烯酰吗啉·锰锌、霜脲·锰锌、 霜锰锌、百菌清、代森锰锌或三乙膦酸铝等药剂喷洒花穗、果实及叶片与枝条。代森锰锌可兼防荔枝瘤瘿螨。

选用噻菌灵或异菌脲等药液进行采后浸果2 min~3 min或使用仲丁胺药液浸果10 min。

4.3.2 荔枝炭疽病

4.3.2.1 防治措施

4.3.2.1.1 大田重点做好嫩梢期、花期及挂果期的病害防治。在春、夏、秋梢叶片展开时和在花蕾期、挂果期应喷药预防,干旱时期每10 d~15 d喷药一次,潮湿时期每7 d~10 d喷药一次。在挂果期间每月喷药保护一次。一旦发现梢期、花期及挂果期发病,特别在急性病斑出现,又逢连续下雨,应抢晴及时喷药防治。夏季高温施药应避开中午高温及控制好使用浓度,避免对果实造成药害。在进行嫩梢期和花期及挂果期的病害防治时注意兼防荔枝蝽、尖细蛾等害虫。

4.3.2.1.2 果实采后及时进行处理。果实采摘后,首先剔除有病虫害及机械损伤的果实,再结合霜疫霉病、酸腐病等的防治采用保鲜药剂进行处理。

4.3.2.2 推荐使用的主要杀菌剂及方法

用1%等量式波尔多液于修剪后喷洒植株,预防剪口感染回枯。

选用咪鲜胺、咪鲜胺锰络合物、氢氧化铜、多菌灵、甲基硫菌灵、百菌清或多硫悬浮剂等喷洒嫩梢、叶片、花(果)穗及果实。

选用异菌脲、噻菌灵、抑霉唑、咪鲜胺或咪鲜胺锰络合物等药剂进行采后浸果。

4.3.3 荔枝酸腐病

4.3.3.1 防治措施

4.3.3.1.1 在冬季清园时结合荔枝霜疫霉病、炭疽病的防治,喷施药剂进行田间消毒。

4.3.3.1.2 收获前的果实保护。做好荔枝蒂蛀虫、椿象、吸果夜蛾等的防治,减少虫伤果;加强管理,防止或减少各种生理性裂果、落果;在果实近成熟或生理裂果前,结合霜疫霉病和炭疽病的防治,选用杀菌剂在保证安全间隔期条件下进行预防。

4.3.3.1.3 注意采收,并及时进行采收后处理。采收时尽量减少对果实的损伤。采收后,及时剔除有病虫害及机械损伤的果实,再结合荔枝霜疫霉病、炭疽病的防治采用保鲜药剂进行处理。

4.3.3.2 **推荐使用主要杀菌剂及方法**

选用百菌清、氧氯化铜或甲基硫菌灵进行采前田间果实喷药预防。

采后选用双胍辛烷苯基磺酸盐、抑霉唑或咪鲜·抑霉等浸果 1 min～2 min。

4.3.4 **煤烟病**

4.3.4.1 **防治措施**

4.3.4.1.1 改善果园的通透性，降低园内湿度，营造不利于叶蝉、蚜虫、介壳虫和蛾蜡蝉及病原菌发生的环境。

4.3.4.1.2 加强果园巡査，及时防治叶蝉、蚜虫、介壳虫和蛾蜡蝉等害虫。

4.3.4.1.3 定期施用杀菌剂抑制霉菌滋生。梢期或花期、果实生长期喷 2 次～3 次。

4.3.4.2 **推荐使用的主要杀菌剂及方法**

选用氧氯化铜、百菌清、甲基硫菌灵或多菌灵·硫磺等喷洒树冠。

选用毒死蜱、顺式氯氰菊酯、高效氯氰菊酯、三氟氯氰菊酯、啶虫脒、吡虫啉·噻嗪酮或机油乳剂等喷洒树冠、枝条等控制叶蝉、蚜虫、介壳虫和蛾蜡蝉等。

4.3.5 **叶斑病**

4.3.5.1 **防治措施**

重点做好预防及发病初期的防治。对于重病园，重点在夏秋梢抽发期时喷药预防。田间巡查一旦发现病情，应及时施药防治。

4.3.5.2 **推荐使用的主要杀菌剂及方法**

选用氢氧化铜、氧氯化铜、多菌灵、甲基硫菌灵、百菌清、多硫悬浮剂、戊唑醇或异菌脲等叶面喷雾。

4.3.6 **藻斑病**

4.3.6.1 **防治措施**

4.3.6.1.1 重点抓好大龄树的适度疏剪和短截，提高果园通风透光度，降低果园湿度。

4.3.6.1.2 在发病初期，病斑处于灰绿色时及时喷施药剂防治。发病重的果园，应在冬季清园后喷药消毒预防。

4.3.6.2 **推荐使用的主要药剂及方法**

选用 0.5%等量式波尔多液、氢氧化铜、甲霜灵·锰锌或石硫合剂等喷洒叶片和枝条。

4.3.7 **地衣苔藓病**

4.3.7.1 **防治措施**

4.3.7.1.1 剪除过度荫蔽枝及弱枝，使植株通风透光，降低果园湿度。

4.3.7.1.2 人工防治。对严重发生的零星植株，可人工清除附在植株表面的地衣苔藓并集中烧毁。

4.3.7.1.3 药剂防治。严重发病的果园，冬季清园后，涂药于荔枝的主干和较粗大的枝干。春末夏初，喷药防治。

4.3.7.2 **推荐使用的主要药剂及方法**

用松脂酸钠或 10%～15%石灰乳液涂抹于树干。

选用 1%等量式波尔多液、硫酸亚铁、氧氯化铜或 15%石灰水等药剂于春末夏初喷洒树体。

4.3.8 **荔枝椿象**

4.3.8.1 **防治措施**

4.3.8.1.1 人工捕杀。在冬季低温（温度低于 10℃时）成虫活动能力差时，突然摇树使成虫跌落地下，收集杀死；于 3 月～5 月间人工采摘卵块置于自制的寄生蜂保护器内，让从卵中羽化的寄生蜂飞回果园，而从卵中孵化的若虫集中杀死。

4.3.8.1.2 生物防治。释放平腹小蜂 *Anastatus japonicus* 防治，特别是对树冠高大、枝叶茂密、喷药难以彻底防治的老龄果园。于3月～4月荔枝椿象产卵期，每隔10 d放平腹小蜂1次，共1次～2次。释放量视树龄大小或椿象密度而定，一般300头/(次·株)～500头/(次·株)，如虫口密度大，应先喷敌百虫压低虫口7 d～10 d后才放蜂。

4.3.8.1.3 药剂防治。重点抓好早春(3月中下旬至4月初)对越冬成虫及嫩梢和挂果期(3月～5月)对3龄前若虫的防治。进行田间巡查，在当地越冬成虫恢复活动及卵大量孵化时及时进行挑治或全面防治。

4.3.8.2 推荐使用的主要杀虫剂及方法

选用敌百虫、马拉硫磷、顺式氯氰菊酯、氟氯氰菊酯、溴氰菊酯、敌敌畏、氯氰菊酯、氰戊菊酯或杀灭菊酯等药剂喷洒花穗及果实和叶片。

4.3.9 荔枝蛀蒂虫

4.3.9.1 防治措施

4.3.9.1.1 保护利用天敌。选用对天敌低毒的杀虫剂，在第二次生理落果前和采果后少用药甚至不用药，减少药剂对天敌的伤害，发挥天敌控制作用。

4.3.9.1.2 加强田间巡查，掌握好合适的药剂防治时期。从开花期开始使用药剂进行防治，于花期、幼果期、中果期和果实转色期各喷药一次。同时，检查落果及叶片掌握蛹的羽化情况，蛹累计羽化率在40%进行一次喷药防治，隔7 d～10 d再喷一次。

4.3.9.2 推荐使用的主要杀虫剂及方法

选用敌百虫、杀虫双、氯氰菊酯、顺式氯氰菊酯、溴氰菊酯或杀灭菊酯等于开花期、小果期、中果期及果实转色期进行防治。

其他时期，除可用以上药剂外，还可使用灭幼脲、毒死蜱、毒死蜱·氯氰菊酯或高氯·唑磷等进行树冠喷雾防治。

4.3.10 荔枝尖细蛾

4.3.10.1 防治措施

重点在新梢开始萌动至新梢转绿定期喷药，严重发生的果园，每隔7 d～10 d喷药保梢一次，连喷2次～3次。

4.3.10.2 推荐使用的主要杀虫剂及方法

选用杀虫双、敌百虫、敌敌畏、毒死蜱、毒死蜱·氯氰菊酯、氰戊菊酯、溴氰菊酯、三氟氯氰菊酯、灭幼脲或阿维·灭幼喷施嫩芽嫩梢。

4.3.11 荔枝小灰蝶

4.3.11.1 防治措施

4.3.11.1.1 及时摘除田间虫果，减少虫源；也可根据老熟幼虫化蛹习性，勤于田间查巡，人工捕杀树干裂缝中的蛹。

4.3.11.1.2 重点抓好幼果期的药剂防治。谢花两周后使用杀虫剂第一次喷药防治，在卵的盛孵期或间隔7 d～10 d进行第二次药剂防治，喷洒果穗与树干、树枝。药剂喷洒宜在午后或傍晚进行，以杀死夜里爬出并转果为害的幼虫。

4.3.11.2 推荐使用的主要杀虫剂及方法

选用杀虫双、敌百虫、敌敌畏、氰戊菊酯、溴氰菊酯或三氟氯氰菊酯等喷施幼果，可兼治荔枝蒂蛀虫。

4.3.12 卷叶蛾类

4.3.12.1 防治措施

4.3.12.1.1 人工防治。在荔枝开花期和小果期，加强田间巡查，发现卵块、虫苞及时人工摘除。

4.3.12.1.2　物理防治。使用黑光灯诱杀成虫；或在荔枝结果期用人工配制糖醋药液（红糖∶黄酒∶醋∶水＝2∶1∶1∶4，加适量敌百虫等农药）田间诱杀成虫。

4.3.12.1.3　生物防治。虫害严重地区，可在害虫卵始盛期、盛期各放一次松毛虫赤眼蜂或玉米螟赤眼蜂。

4.3.12.1.4　药剂防治。重点抓好荔枝抽梢期、开花前和谢花后至幼果期的药剂防治；加强田间巡查，在幼虫盛孵期喷药防治。

4.3.12.2　推荐使用的主要杀虫剂及方法

选用苏云金杆菌、敌百虫、氰戊菊酯、溴氰菊酯、三氟氯氰菊酯、阿维菌素或毒死蜱等于幼虫盛孵期喷洒嫩叶、嫩梢和花穗、果穗。

4.3.13　蓟马类

4.3.13.1　防治措施

4.3.13.1.1　控制抽生冬梢，减少其食料来源。

4.3.13.1.2　重点抓好嫩梢期、花期和幼果期的药剂防治。对发生严重的果园，于嫩梢期、花蕾期、幼果期喷药防治，同时，在低龄若虫盛发期时用药防治，每隔 7 d～10 d 一次，连喷 2 次～3 次。

4.3.13.2　推荐使用的主要杀虫剂及方法

选用吡虫啉、啶虫脒、阿维菌素、噻虫嗪、溴氰菊酯、氯氰菊酯、乐果或毒死蜱等重点喷施嫩梢、嫩叶、花蕾和幼果。

4.3.14　天牛类

4.3.14.1　防治措施

4.3.14.1.1　人工防治。利用龟背天牛成虫的假死性，在成虫羽化高峰期用竹竿轻打树枝，待成虫坠落地面后捕杀。在成虫产卵前，用塑料包扎树干上星天牛的主要产卵部位。在成虫产卵高峰期，常检查产卵部位，用小刀刺刮树皮下的卵。发现受害枝条或树干，用小刀或硬铁丝刮刺蛀道中的幼虫。

4.3.14.1.2　药剂防治。加强田间巡查，发现有受天牛为害，且见有虫粪排出的枝条、树干，往虫孔注射化学药剂或昆虫病原线虫 *Steinernema carpocapsae* 制剂，或用化学药剂蘸湿棉花后堵塞虫孔，熏杀蛀道内幼虫。在当年第一批天牛羽化出孔高峰期及幼虫孵化高峰期，用杀虫剂喷洒树体内膛枝条及树干进行防治。

4.3.14.2　推荐使用的主要杀虫剂及方法

选用敌敌畏乳油 10 倍液向蛀道注射或蘸湿棉花后堵塞虫孔；选用氯氰菊酯、敌敌畏或毒死蜱等喷洒枝条、树干。

4.3.15　荔枝瘤瘿螨

4.3.15.1　防治措施

4.3.15.1.1　生物防治。荔枝园中适当留生藿香蓟等良性杂草，在果园使用药剂时选用对天敌低毒的药剂，保护利用捕食螨等天敌。

4.3.15.1.2　药剂防治。加强田间巡查，重点做好嫩梢期、花蕾期及幼果期的药剂防治。

4.3.15.2　推荐使用的主要杀虫剂及方法

选用硫磺悬浮剂、炔螨特、阿维菌素、唑螨酯或达螨酮等进行喷雾。使用代森锰锌防治荔枝霜疫霉等病害时对瘤瘿螨也有一定防治效果。

4.3.16　荔枝叶瘿蚊

4.3.16.1　防治措施

4.3.16.1.1　结合修剪，剪除有虫瘿枝梢并集中烧毁。

4.3.16.1.2　春梢抽出前，或果园嫩梢受害时，对果园进行除草松土，并在树冠滴水线内撒施毒土或使用药剂喷洒地面，杀死在地表化蛹的幼虫及蛹。

4.3.16.1.3 加强田间巡查，掌握好合适的药剂防治时期。重点抓好新梢嫩叶抽出 3 cm～5 cm、嫩叶展开前后这段时期进行喷药保护，阻止成虫产卵，杀死初孵幼虫。每隔 7 d～10 d 喷一次，连喷 2 次～3 次。

4.3.16.2 推荐使用的主要杀虫剂及方法

选用敌敌畏、辛硫磷、毒死蜱、氯氰菊酯、顺式氯氰菊酯或溴氰菊酯于新梢期喷洒嫩叶。

选用敌敌畏、辛硫磷或毒死蜱等拌制成有效成分含量为 0.3%～0.5%的毒土在植株树冠下滴水线范围内撒施，每公顷 300 kg～450 kg 毒土。

4.3.17 蠹蛾类

4.3.17.1 防治措施

4.3.17.1.1 人工捕杀。3 月～4 月和 8 月～9 月间用铁丝刺杀幼虫或用新黏土、竹签等堵塞虫坑道杀死幼虫；用小刀或竹片刮除荔枝拟木蠹蛾等在树干或枝条上以虫丝将虫粪和取食排除的木屑粘连而形成隧道，杀死其中幼虫。

4.3.17.1.2 药剂防治。选用杀虫剂或昆虫病原线虫进行防治，防治时期宜选在幼虫低龄期。

4.3.17.2 推荐使用的主要杀虫剂及方法

选用敌敌畏或辛硫磷等药剂 10 倍液向蛀孔坑道内注射，每坑道 0.5 mL～1.0 mL，注后用泥土或牛粪或棉花堵住蛀孔。

选用敌敌畏湿润的棉花堵塞虫孔。

选用敌百虫晶体、溴氰菊酯、氯氰菊酯、乙酰甲胺磷或三唑磷等喷洒于坑道及附近枝干表皮。

4.3.18 介壳虫类

4.3.18.1 防治措施

4.3.18.1.1 掌握好若虫盛孵期使用低毒药剂防治。

4.3.18.1.2 注意保护蚜小蜂、跳小蜂等寄生性天敌及瓢虫、草蛉等捕食性天敌，进行化学防治时选用对这些天敌低毒的杀虫剂，并尽量采取田间挑治，少用全面喷雾。

4.3.18.2 推荐使用的主要杀虫剂及方法

选用噻嗪酮、顺式氯氰菊酯、高效氯氰菊酯、三氟氯氰菊酯、机油乳剂、毒死蜱或毒死蜱·氯氰菊酯等喷洒有虫植株和有虫部位。

附 录 A
(资料性附录)
荔枝主要病害及发生特点

荔枝主要病害及发生特点见表A.1。

表 A.1 荔枝主要病害及发生特点

病害名称	发 生 特 点
荔枝霜疫霉病	由荔枝霜疫霉 *Peronophthora litchi* 引起,主要为害荔枝的花穗和近成熟的果实,也可为害幼果、叶片和结果小枝 潮湿时,花穗、果实及叶片的发病部位表面常会长出白色霉状物,具明显病症,但其霉菌白而稀疏是区别荔枝炭疽病和荔枝酸腐病的主要特征 较高的温度与湿度对该病发生有利,温度为22℃~25℃,久雨不晴或热雷阵雨时发病严重 植株花期、果实近成熟期和嫩叶期有利于发病,接近成熟的果实,发病最重 该病除为害荔枝外,还为害龙眼等果树
荔枝炭疽病	由胶孢炭疽菌 *Colletotrichum gloeosporioides* 和荔枝炭疽菌 *C. litchi* 引起,主要为害叶片、花穗和成熟或近成熟时的果实。病斑表面橙红色病症是该病区别于荔枝霜疫霉病和酸腐病的主要特征 荔枝炭疽病在13℃~38℃时均能发病,最适发生温度为22℃~29℃,较高的温度对其发生有一定抑制 荔枝炭疽病在高湿时容易发病,连续降雨的高温天气有利于病害大发生 不同荔枝品种与物候对病害发生有重要影响。桂味、糯米糍、淮枝较感,三月红、黑叶等发病轻;植株在嫩梢期,开花期、幼果和果实成熟期,最易受害,近成熟果比青果容易受害;抽梢期嫩叶受虫害及暴风雨等为害形成伤口及树势衰弱的植株容易发病
荔枝酸腐病	由荔枝酸腐病菌 *Geotrichum candidum*、节卵孢菌 *Oospra* sp. 和白球拟酵母菌 *Torulopsis candida* 引起,在田间荔枝果实成熟时及采收贮运期间发生为害果实。贮运期间病果与健果的相互接触可造成病害传染。病原菌容易从果实的伤口侵入,蒂蛀虫等害虫为害严重及采收时遭机械伤的果实发病严重 荔枝酸腐病病部长出白色粉状霉层呈湿棉花状或白色粉状是其区别荔枝炭疽病和荔枝霜疫霉病的主要特征 高温高湿有利于该病害的发生
煤烟病	引起荔枝煤烟病的病原菌有10余种,煤炱菌 *Capnodium* spp.、小煤炱菌 *Meliola* spp. 和新煤炱菌 *Neocapnodium* spp. 等为主要种类。煤烟病主要为害叶片、枝梢、花穗和果实 荔枝煤烟病的发生与叶蝉、蚜虫、介壳虫和蛾蜡蝉等同翅目害虫的为害密切相关,这些害虫在植株上取食为害,而在叶片、枝条、果实、花穗上排出“蜜露”,病原菌以这些排泄物为养料生长繁殖从而造成为害。叶蝉、蚜虫、介壳虫和蛾蜡蝉等发生严重的果园,常诱发煤烟病的严重发生。树龄大、荫蔽、栽培管理差的果园该病发生较严重
叶斑病	荔枝叶斑病是由多种病原菌引起,引起荔枝叶斑病的病原菌主要有3种,分别为多毛盘孢菌 *Pestalotia* spp.、叶点霉 *phyllosticta* spp. 和壳二孢霉叶斑病 *Ascochyta* sp.,其共同症状是叶片上出现黄褐色、褐色或其他颜色的病斑 荔枝叶斑病周年发生,但在夏秋高温高湿季节为主要发生时期。管理不善、低洼、常积水、荫蔽度过大和虫害严重的果园有利于叶斑病的发生

表 A.1（续）

病害名称	发　生　特　点
藻斑病	荔枝藻斑病是由寄生性藻类头孢藻 *Cephaleuros virseus* 引起的病害，主要为害植株中下层枝梢及叶片 荔枝藻斑病一般在温暖、高湿的条件下或在雨季侵害蔓延迅速。在植株的枝叶密集荫蔽、通风透光差、土壤瘠薄和地势低洼、管理水平低的果园或老树果园，此病发生为害较严重
地衣苔藓病	荔枝地衣苔藓病主要为害荔枝老树的树干和粗枝干，引起荔枝地衣苔藓病的地衣主要有树发地衣 *Alectoria* spp. 和 *Parmelia* spp.，而引起该病的苔藓主要有耳叶苔 *Frullaoia* spp.、*Bardella* spp. 和 *Meteorium* spp. 地衣苔藓在温暖、潮湿的季节繁殖迅速。冬季生长缓慢，春末夏初发展迅速；夏季和秋季遇高温干旱天气不利其附生为害；秋末继续发生。老龄树由于长势弱，树皮粗糙，易被附生，受害较重。果园的地势低洼、排水不良、荫蔽潮湿以及管理粗放等，均易发生为害

附　录　B
（资料性附录）
荔枝主要害虫及发生特点

荔枝主要害虫及发生特点见表B.1。

表B.1　荔枝主要害虫及发生特点

主要害虫名称	发　生　特　点
荔枝椿象 *Tessaratoma papillosa*	荔枝椿象以成虫及若虫刺吸荔枝嫩梢、枝叶、花穗及幼果汁液。初孵若虫群集为害。荔枝椿象除为害荔枝外，还为害龙眼、柑橘、番木瓜、香蕉、咖啡等20多种植物 荔枝椿象完成一个世代需89 d～107 d，成虫寿命203 d～371 d，每年发生1代。以性未成熟成虫在荔枝、龙眼或其他寄主植物上越冬，翌年春暖时开始活动、取食、交尾和产卵，每雌可产卵5次～10次，产卵量为140粒左右，每次14粒～28粒，产于叶面或片背，常14粒集中产在一起 荔枝椿象嗜食嫩梢、花穗和幼果，虫口多分布在花多、果多或嫩梢多的荔枝树，当新梢老化和果实成熟时，成虫将迁移到具有嫩梢或幼果的龙眼或其他寄主植物。荔枝椿象若虫具有假死性，遇惊或人为摇动树干可假死坠地
荔枝蒂蛀虫 *Conopomorpha sinensis*	荔枝蛀蒂虫以幼虫蛀食荔枝的果实、花穗、嫩梢和新叶而造成为害，其中以为害花果造成的损失最大 荔枝蒂蛀虫世代历期20 d～24 d，成虫平均寿命13 d。在珠江三角洲地区年发生10代～11代，田间世代重叠。该虫以幼虫在冬梢枝条或早熟品种花穗近顶端的轴内越冬，翌年春暖后化蛹，越冬代成虫出现于早熟荔枝的开花期或幼果期及晚熟品种的花蕾期。成虫喜在荫蔽、潮湿、通风透气差的树上产卵，有明显的趋果性和趋嫩性。为害幼果时，卵喜产在幼果中、下部位，幼虫蛀食果核，果实成熟前，则卵喜产在近果蒂部龟裂片缝间，幼虫在果蒂内蛀食种柄，在梢上卵多产于小叶柄和叶柄间有稍凹陷处。每雌平均可产卵133粒～157粒，多的达223粒。幼虫不转果为害，虫粪也积留在蛀道中。老熟幼虫咬破一圆孔从果中或叶片中爬出而在叶面或叶背吐丝结一近圆形或椭圆形丝质薄膜状茧内化蛹。早、中、晚熟品种混合种植的荔枝林有利于该虫大发生
荔枝尖细蛾 *Conopomorpha litchielle*	荔枝尖细蛾以幼虫为害嫩叶、嫩梢、花穗，不为害果，这是与荔枝蛀蒂虫为害特征的本质区别 荔枝尖细蛾在广东、海南地区年发生约10代，田间世代重叠。以幼虫在荔枝、龙眼的冬梢、花穗和叶脉中越冬，成虫多产卵于幼叶中脉两侧和嫩梢上，散产。幼虫孵化自卵壳底面入侵，被害叶主脉外部可见若干个排粪小孔。幼虫可吐丝悬坠转梢、转叶为害，老熟幼虫从蛀道爬出而在受害叶附近的叶片上结茧化蛹
荔枝小灰蝶 *Deudorix epijarbas*	荔枝小灰蝶以幼虫为害荔枝果实，蛀食果核，但不为害果肉已发育将果核全部包住的果实 荔枝小灰蝶世代历期28 d～36 d，以幼虫多在树干裂缝处越冬。成虫产卵于幼果蒂基部，孵化后从果实中部或肩部蛀入，蛀食果核时常以臀板顶住虫孔，虫粪直接从孔口落地。幼虫有夜出转果为害习性，每头幼虫可为害2个～3个果实，但当果肉包满果核时则不能侵入为害。老熟幼虫从果中爬出，在树干表皮裂缝处化蛹，少数在果内化蛹。荔枝小灰蝶除为害荔枝外，还为害龙眼、澳洲坚果、番石榴等作物

表 B.1（续）

主要害虫名称	发生特点
卷叶蛾类 黑点褐卷叶蛾 *Cryptophelebia ombrodelta* 褐带长卷叶蛾 *Homona Coffearia* 拟小黄卷叶蛾 *Adoxophyes cyrtosema* 黄三角卷叶蛾 *Statherotis leucospis* 圆角卷叶蛾 *Eboda cellerigera* 灰白条卷叶蛾 *Dudua aprobola*	为害荔枝的卷叶蛾类有 10 多种，常见的有黑点褐卷叶蛾、褐带长卷叶蛾、拟小黄卷叶蛾、圆角卷叶蛾、黄三角卷叶蛾和灰白条卷叶蛾等 卷叶蛾类害虫以幼虫吐丝卷叶，藏匿其中咬食嫩叶而造成缺刻，严重时可将叶片吃光，或以幼虫蛀食果实果核、花穗和嫩梢的髓部，造成幼果大量落果及嫩梢与花穗枯死 黑点褐卷叶蛾常与荔枝蒂蛀虫、小灰蝶、褐带长卷叶蛾等混合发生。该虫除为害荔枝外，还为害龙眼、杨桃、牛角树等植物。该虫卵产于龙眼等作物叶上，初孵幼虫分散在果壳龟裂片缝间蛀食果皮，2 龄后蛀入果核，一般一个果内只有 1 头幼虫。老熟幼虫在蛀果内或爬出而在附近杂草内化蛹。该虫还蛀食寄主嫩茎 褐带长卷叶蛾除为害荔枝外，还能为害龙眼、柑橘、枇杷、梨等果树。在荔枝的结果初期常与荔枝小灰蝶、拟小黄卷叶蛾混合为害，而在中后期则与荔枝蒂蛀虫、小灰蝶和黑点褐卷叶蛾混合为害。该虫以幼虫在荔枝卷叶或附近杂草中越冬，气候回暖后恢复活动并在花穗或叶片上取食，荔枝挂果后转为为害幼果，随着果实发育果皮和果核变硬，其转为为害嫩叶嫩梢和龙眼幼果。成虫主要产卵于叶面。幼虫有转果和转叶苞为害习性。幼虫常在卷叶内、老叶间化蛹，部分为害果实的幼虫在果中化蛹。该虫在广东 6 月～7 月，完成世代发育需 31 d～52 d。雌蛾繁殖力强，每雌平均产卵达约 330 粒，年发生 7 代左右 拟小黄卷叶蛾以幼虫吐丝缀合叶片在其中越冬，也有少数以蛹越冬。该虫田间世代重叠，能为害嫩叶、嫩梢及幼果。在珠江三角洲地区每年发生 8 代～9 代。卵多产于叶的正面，能为害嫩叶、嫩梢及幼果。幼虫极为活泼，有转果为害习性。成虫喜吸食糖醋及发酵物质 圆角卷叶蛾以幼虫为害嫩梢、嫩叶和功能叶，没发现为害果实 黄三角卷叶蛾除主要为害荔枝外，还为害龙眼和柑橘，主要为害嫩梢、嫩叶和花穗，没发现为害果实。在广西南宁地区，一年发生 9 个世代，世代重叠 灰白条卷叶蛾主要为害嫩叶和花穗。广西南宁地区，7 月～11 月发生量较大，尤其是 7 月～8 月，常与黄三角小卷蛾混合发生
蓟马类 红带网纹蓟马 *Selenothrips rubirocintus* 茶黄蓟马 *Scirtothrips dorsalis* 黄胸蓟马 *Thrips hawaiiensis*	在荔枝上有多种蓟马为害，主要种类有红带网纹蓟马、茶黄蓟马和黄胸蓟马等 3 种 红带网纹蓟马、茶黄蓟马和黄胸蓟马均以若虫和成虫锉吸植物组织的汁液。红带网纹蓟马主要在已充分展开，但仍带有淡绿色的嫩叶上为害。茶黄蓟马主要在未展开的嫩叶、嫩梢以及顶芽上为害。黄胸蓟马主要在荔枝花期为害 红带网纹蓟马和茶黄蓟马田间常多种虫态并存，在珠江三角洲地区每年发生 10 代～11 代，黄胸蓟马每年发生 20 多代，田间世代重叠。红带网纹蓟马在夏季世代历期 22 d～24 d。红带网纹蓟马和茶黄蓟马的盛发期与梢期相一致，一年抽梢次数多且发梢不整齐或有冬梢的果园，为害较严重；春秋干旱对其发生有利。红带网纹蓟马、茶黄蓟马和黄胸蓟马除为害荔枝外，还为害龙眼、荔枝、咖啡、腰果、柑橘等多种植物
天牛类 龟背天牛 *Aristobia testudo* 星天牛 *Anoplophora chinensis*	为害荔枝的天牛主要有龟背天牛和星天牛等两种 龟背天牛和星天牛以幼虫蛀食植株树干、枝条及以成虫咬食树干枝条而造成为害 龟背天牛在南方地区每年发生一代，以幼虫或蛹在蛀道内越冬，在广东成虫出现于 6 月份，高峰期为 7 月份，8 月份为产卵盛期。龟背天牛初孵幼虫在树皮下为害，越冬后的幼虫钻蛀至树干与枝条的木质部而形成长蛀道。成虫产卵于成虫咬食树干枝条而形成的半环形伤口中。龟背天牛发生与品种及树龄有一定关系，早熟种三叶红和晚熟品种糯米糍受害最轻，而中早熟的妃子笑、黑叶被害最重，低龄果园一般比高龄果园受害重 星天牛年发生一代，以高龄幼虫在树干基部或主根蛀道内越冬。5 月～6 月为羽化盛期，成虫羽化后在蛹室内停留 5 d～8 d，外出飞向树冠，咬食细枝皮层，并交尾产卵。成虫产卵产于接近地面的树干处，产卵处伤口呈 L 或“上”形，幼虫孵化后在皮下蛀食约 2 个～4 个月后深入木质部蛀成隧道，星天牛主要在靠近地面的树干及主根内蛀食为害，蛀道多与树干平行。老熟幼虫在蛀道中化蛹。该种寄主多，除为害荔枝、龙眼外，还为害柑橘、苦楝、桑树等植物

表 B.1(续)

主要害虫名称	发生特点
荔枝瘤瘿螨 *Aceria litchii*	荔枝瘤瘿螨以成螨和若螨在荔枝的嫩芽(梢)、叶片及花穗和幼果上为害 荔枝瘤瘿螨在华南地区每年发生10多代,田间世代重叠。该螨喜幼嫩的叶片、花穗及幼果,以植株抽梢期、花期和幼果期发生严重,尤其以春、秋梢期的新梢刚萌动至小叶复叶展开时受害最重,小复叶展开后受害变轻。荔枝瘤瘿螨喜阴怕光,在幼芽米粒大小时便开始为害,叶片转绿后即使有瘿螨于其上也不出现绒毛。树冠稠密、光照不良易引起发生。荔枝植株上的捕食螨对荔枝瘤瘿有控制作用。该螨可借苗木、昆虫、农具等传播蔓延;台风、暴雨对瘿螨有影响,在暴风雨后虫口密度下降。荔枝品种以黑叶、淮枝受害最重,桂味、糯米糍居中,早熟种三月红最轻
荔枝叶瘿蚊 *Dasineura* sp.	荔枝叶瘿蚊以幼虫为害嫩梢、嫩叶 荔枝叶瘿蚊完成世代发育需25 d～45 d。在广东、海南每年发生7代。以幼虫在虫瘿中越冬。成虫产卵于嫩叶背面,每叶上的卵可达数十粒到数百粒,幼虫孵化后咬破嫩叶表皮钻进叶内取食叶肉而形成虫瘿,老熟幼虫钻出虫瘿而后随雨水、露水或由于自身重力的落地,沿表土缝钻入表土约15 cm处化蛹,叶片转绿后受害不形成虫瘿。干旱对幼虫化蛹不利,落地幼虫在干燥的土壤中常不能正常入土化蛹而被阳光曝晒至死,荫蔽、潮湿或梢期不齐的果园往往发生严重
蠹蛾类 荔枝拟木蠹蛾 *Arbela dea* 相思拟木蠹蛾 *Arbela baibarana* 咖啡豹蠹蛾 *Zeuzera coffeae*	国内为害荔枝的蠹蛾类害虫主要有荔枝拟木蠹蛾、相思拟木蠹蛾及咖啡豹蠹蛾 蠹蛾类害虫以幼虫钻蛀为害。咖啡豹蠹蛾钻蛀树干和枝条的木质部,荔枝拟木蠹以幼虫从树干分杈处钻蛀树干,形成坑道而成为藏匿场所,其幼虫还在坑外树干树皮上以虫丝将虫粪和取食排除的木屑粘连而形成隧道,夜间沿着隧道外出啃食树皮 荔枝拟木蠹蛾年发生一代,以幼虫在蛀道内越冬,成虫出现时间为4月～6月,初羽化的成虫栖息在蛀道附近的枝干上,当天可交尾产卵,成虫多将卵产于直径10 cm以上的枝干皮破伤处,块产,每雌可产卵5个～13个卵块,卵数在350粒以上。初孵幼虫经2 h～4 h扩散活动,即在枝杈、伤口或皮层断裂处蛀害。并吐丝将虫粪、枝干皮屑缀成隧道掩盖其体,继而向枝干钻蛀成坑道;幼虫白天藏匿于坑道内,夜间沿隧道外出啃食树皮。老熟幼虫在坑道缀以薄丝,在坑道中化蛹。成虫有弱趋光性,能作短距离飞翔。荔枝拟木蠹蛾除为害荔枝外,还为害龙眼、杧果、橡胶、石榴等20多科的40多种寄主植物 相思拟木蠹蛾在广州地区每年一代,每年4月～5月越冬幼虫化蛹,蛹期27 d～46 d。5月～7月羽化,成虫产卵于寄主的主干或大枝上,卵块呈鱼鳞状排列,覆盖黑褐色胶状物。每雌产卵百余粒,幼虫5月中下旬孵出,多从伤口、树枝分杈处蛀入木质部形成蛀道。白天匿居其中蛀食。蛀道口外有由吐丝将虫粪、树皮碎屑缀合成的黑褐色隧道,幼虫傍晚沿隧道外出啃食附近的树皮。隧道随虫龄增长而增长,通常20 cm～40 cm。在同一林带,相思拟木蠹蛾常与荔枝拟木蠹蛾混合发生 咖啡豹蠹蛾在广东、海南、广西、福建等荔枝主产区年发生2代。以幼虫在被害枝干内越冬,卵散产在小枝嫩梢顶端或腋芽处,每雌可产卵224粒～1 132粒,平均约600粒。初孵幼虫先从枝条顶端或腋芽处蛀入,然后向枝条上部蛀食。当被害处以上部位枯萎,幼虫钻出枝条外,向下转移为害多次。老熟幼虫在蛀道内吐丝结缀,以木屑堵塞两端作蛹室,在蛹室上方咬一圆形羽化孔;羽化前蛹体移动至孔口,并大半露出孔外,羽化后蛹壳夹留孔口。成虫有趋光性

表 B.1(续)

主要害虫名称	发 生 特 点
介壳虫类 垫囊绿绵蚧 *Chloropulrinaria psidii* 堆蜡粉蚧 *Nipaecoccus vastater*	在荔枝上发生的介壳虫达 20 多种,重要的种类有蜡蚧科的垫囊绿绵蚧、粉蚧科的堆蜡粉蚧、盾蚧科的杧果轮盾蚧 *Aulacaspis tubercularis* (Newst) 和荔枝缨单蜕蚧 *Thysanofiorinia leei* Williams 等 荔枝介壳虫以若虫和成虫为害树冠的枝梢、叶片和果实,吸食其组织的汁液,虫体分泌的大量"蜜露"和蜡类还可诱发煤烟病。除荔枝缨单蜕蚧只为害荔枝外,垫囊绿绵蚧、堆蜡粉蚧和杧果轮盾蚧等可为害龙眼、杧果、柑橘、番石榴等多种寄主 垫囊绿绵蚧在海南、广东等地每年发生 3 代～4 代,该虫在广东 3 月～5 月为发生高峰期,5 月～6 月为煤烟病发生严重。每雌可产卵 230 粒～540 粒,卵产于成虫卵囊中,孵化后爬行扩散,可在短时间内猖獗为害。干旱对此虫发生有利 堆蜡粉蚧在海南、广东等地每年发生 5 代～6 代,世代重叠。每年的 4 月～5 月和 10 月～11 月为害严重。主要营孤雌生殖,每雌可产卵数 300 多粒,卵产于卵囊中。干旱季节有利于该虫发生。田间有多种瓢虫、草蛉和寄生蜂对该虫有抑制作用

附加说明:

本标准的附录 A、附录 B 为资料性附录。

本标准由中华人民共和国农业部提出并归口。

本标准起草单位:中国热带农业科学院环境与植物保护研究所。

本标准主要起草人:符悦冠、张方平、陈万梅、黄武仁、刘奎、韩冬银。

中华人民共和国农业行业标准

荔枝等级规格

Grades and specifications of lichee

NY/T 1648—2008

1 范围

本标准规定了荔枝等级规格的术语和定义、要求、抽样方法、包装及标志。

本标准适用于新鲜荔枝的等级规格划分。

2 规范性引用文件

下列文件中的条款通过本标准的引用而成为本标准的条款。凡是注日期的引用文件，其随后所有的修改单(不包括勘误的内容)或修订版均不适用于本标准，然而，鼓励根据本标准达成协议的各方研究是否可使用这些文件的最新版本。凡是不注日期的引用文件，其最新版本适用于本标准。

GB/T 191 包装贮运图示标志

GB/T 5737 食品塑料周转箱

GB/T 6543 瓦楞纸箱

GB/T 8855 新鲜水果和蔬菜的取样方法

国家质量监督检验检疫总局2005年75号令《定量包装商品计量监督管理办法》

3 术语和定义

下列术语和定义适用于本标准。

3.1

缺陷果 defective fruit

机械伤、病虫害等造成创伤的果实或未发育成熟的畸形果。

3.2

一般缺陷 general defection

荔枝果皮受到介壳虫等为害或轻微机械伤而影响果实外观，但尚未影响果实品质。

3.3

严重缺陷 serious defection

荔枝果实受到荔枝柱果害虫、荔枝椿象、吸果夜蛾、荔枝霜疫霉病等病虫的为害或严重机械伤，导致严重影响果实外观和品质。

4 要求

4.1 等级

4.1.1 基本要求

中华人民共和国农业部 2008-07-14 发布　　2008-08-10 实施

根据对每个等级的规定和允许误差，同一品种荔枝应符合下列基本条件：

——果实新鲜，发育完整，果形正常，其成熟度达到鲜销、正常运输和装卸的要求；

——果实完好，无腐烂或变质的果实，无严重缺陷果；

——清洁，无外来物；

——表面无异常水分，但冷藏后取出形成的凝结水除外；

——无异常气味和味道。

4.1.2 等级划分

在符合基本要求的前提下，荔枝分为特级、一级和二级。各等级的划分应符合表1的规定。

表1 荔枝等级

等　级	要　求
特　级	具有该荔枝品种应有的颜色，且色泽均匀一致，无褐斑；果实大小均匀；无机械伤、病虫害、未发育成熟的缺陷果
一　级	具有该荔枝品种应有的颜色，且色泽较均匀一致，基本无褐斑；果实大小较均匀；基本无机械伤、病虫害、未发育成熟的缺陷果
二　级	基本具有该荔枝品种应有的颜色，且色泽基本均匀一致，少量褐斑；果实大小基本均匀；少量机械伤、病虫害、未发育成熟的缺陷果

4.1.3 允许误差范围

允许误差按质量计：

a) 特级允许有5%的产品不符合该等级的要求，但应符合一级的要求；

b) 一级允许有8%的产品不符合该等级的要求，但应符合二级的要求；

c) 二级允许有10%的产品不符合该等级的要求，但应符合基本要求。

4.2 规格

4.2.1 规格划分

以果实千克粒数为指标，荔枝分为大(L)、中(M)、小(S)三个规格。各规格的划分应符合表2的规定。

表2 荔枝规格　　单位为粒每千克

规　格	大(L)	中(M)	小(S)
果实千克粒数	<38	38～44	>44
同一包装中的最多和最少数量的差异	≤6	≤8	≤12

4.2.2 允许误差范围

允许误差按数量计：

a) 特级荔枝允许有5%的产品不符合该规格的要求；

b) 一、二级荔枝允许有10%的产品不符合该规格的要求。

5 抽样方法

抽样按GB/T 8855的规定执行。

6 包装

6.1 基本要求

同一包装内产品的产地、等级、规格应一致，包装内的产品可视部分应具有整个包装产品的代表性。

6.2 包装材质

包装容器(箱、袋等)要求大小一致、清洁、干燥、牢固、透气、无污染、无异味。塑料箱应符合GB/T 5737的规定,纸箱应符合GB/T 6543的规定。

6.3 净含量及允许误差范围

每个包装单位净含量及允许负偏差应符合国家质量监督检验检疫总局2005年75号令的要求。

6.4 限度范围

每批受检样品,等级或规格的允许误差按其所检单位的平均值计算,其值不应超过规定的限度,且任何所检单位的允许误差不应超过规定值的2倍。

7 标识

包装上应有明显标识,内容包括:产品名称、等级、规格、产品执行标准编号、生产者、供应商、详细地址、净含量和采收、包装日期等,若需冷藏保存,应注明其保存方式。标注内容要求字迹清晰、完整、准确、且不易褪色。包装、贮运、图示应符合GB 191的要求。

8 参考图片

8.1 荔枝包装方式实物参考图片

荔枝包装方式实物参考图片见图1。

图1　荔枝包装方式

8.2 各等级荔枝实物参考图片

各等级荔枝实物参考图片见图2。

图2　荔枝等级

8.3 各规格荔枝实物参考图片

各规格荔枝实物参考图片见图 3。

注 1:参考图片中荔枝品种为妃子笑;

注 2:妃子笑的规格划分为:大(L)约 34 粒/kg(约 30 g/粒);中(M)约 43 粒/kg(约 23 g/粒);小(S)约 58 粒/kg(约 17 g/粒)。

图 3　各规格荔枝

附加说明:

本标准由中华人民共和国农业部提出并归口。

本标准起草单位:农业部蔬菜水果质量监督检验测试中心(广州)。

本标准主要起草人:王富华、万凯、王旭、杨慧、王瑞婷、赵沛华、张冲。

中华人民共和国农业行业标准

荔枝、龙眼种质资源描述规范

Descriptors standard for germplasm of litchi and longan

NY/T 1691—2009

1 范围

本标准规定了无患子科(Sapindaceae)荔枝属(*Litchi* Sonn.)和龙眼属(*Dimocarpus* Lour.)种质资源的基本信息、植物学特征、生物学特性和品质性状的描述方法。

本标准适用于荔枝、龙眼种质资源的描述。

2 规范性引用文件

下列文件中的条款通过本标准的引用而成为本标准的条款。凡是注日期的引用文件,其随后所有的修改单(不包括勘误的内容)或修订版均不适用于本标准。然而,鼓励根据本标准达成协议的各方研究是否可使用这些文件的最新版本。凡是不注日期的引用文件,其最新版本适用于本标准。

GB/T 2260 中华人民共和国行政区划代码

GB/T 2659 世界各国和地区名称代码

GB/T 6195 水果、蔬菜维生素C含量测定法(2,6-二氯靛酚滴定法)

GB/T 12295 水果、蔬菜制品可溶性固形物含量的测定——折射仪法

GB/T 12404 单位隶属关系代码

ISO 3166 国家名表示代码(Codes for the Representation of Names of Countries)

3 描述方法

3.1 种质基本信息

3.1.1 全国统一编号

种质资源的全国统一编号。荔枝为"LZO"加4位顺序号组成,龙眼为"LYM"加4位顺序号组成。全国统一编号具有唯一性。

3.1.2 种质库编号

种质资源长期保存库编号。"GP"加2位作物代码再加4位顺序号组成。每份种质具有唯一的种质库编号。

3.1.3 种质圃编号

种质资源保存圃编号。每份种质具有唯一的种质圃编号。

3.1.4 采集号

种质在野外采集时赋予的编号。由年份加2位省份代码加顺序号组成。

3.1.5 引种号

引种号由年份加4位顺序号组成8位字符串。如"19940024",前4位表示种质从外地引进年份,后

中华人民共和国农业部 2009-03-09 发布

2009-05-01 实施

4位为顺序号，从“0001”到“9999”。每份引进种质具有唯一的引种号。

3.1.6 **种质名称**

国内种质的原始名称。如果有多个名称，可以放在英文括号内，用英文逗号分隔；国外引进种质如果没有中文译名，可以直接填写种质的外文名。

3.1.7 **种质外文名**

国外引进种质的外文名和国内种质的汉语拼音名。每个汉字的首字拼音大写，字间用连接符。

3.1.8 **科名**

无患子科(Sapindaceae)。

3.1.9 **属名**

种质资源在植物分类学上的属名。

3.1.10 **学名**

种质资源的科学名称。学名由拉丁名加括号内的中文名组成。如没有中文名，直接填写拉丁名。

3.1.11 **种质类型**

荔枝、龙眼种质资源的类型分为：1. 野生资源；2. 地方品种(品系)；3. 引进品种(品系)；4. 选育品种(品系)；5. 特殊遗传材料；6. 其他。

3.1.12 **主要用途**

1. 食用；2. 药用；3. 观赏；4. 纤维；5. 材用；6. 砧木；7. 育种；8. 其他。

3.1.13 **系谱**

荔枝、龙眼选育品种(系)的亲缘关系。

3.1.14 **遗传背景**

1. 自花授粉；2. 自然授粉；3. 异花授粉；4. 种间杂交；5. 种内杂交；6. 无性选择；7. 自然突变；8. 人工诱变；9. 其他

3.1.15 **无性系特点**

1. 接穗/砧木；2. 扦插植株；3. 根接植株；4. 组织培养材料；5. 其他。

3.1.16 **带毒状况**

1. 无病毒；2. 有病毒；3. 没有检测；4. 脱毒。

3.1.17 **选育单位**

选育荔枝、龙眼品种(系)的单位名称或个人。单位名称应写全称。

3.1.18 **育成年份**

荔枝、龙眼品种(系)通过新品种审定或登记的年份。用4位阿拉伯数字表示。

3.1.19 **原产国**

荔枝、龙眼种质原产国家名称、地区名称或国际组织名称。国家和地区名称参照ISO 3166-1、ISO 3166-2和ISO 3166-3，如该国家已不存在，应在原国家名称前加“前”。

3.1.20 **原产省**

省份名称按照GB/T 2260执行。

3.1.21 **原产地**

荔枝、龙眼种质的原产县、乡、村名称。县名按照GB/T 2260执行。

3.1.22 **原产地经度**

单位为度(°)和分(′)。格式为DDDFF，其中DDD为度(°)，FF为分(′)。

3.1.23 **原产地纬度**

单位为度(°)和分(′)。格式为DDFF，其中DD为度(°)，FF为分(′)。

3.1.24 **原产地海拔**

单位为米(m)。

3.1.25 **采集地**

荔枝、龙眼种质的来源国家、省、县名称,地区名称或国际组织名称。

3.1.26 **采集单位**

荔枝、龙眼种质采集单位名称或个人。单位名称应写全称,例如"中国热带农业科学院南亚热带作物研究所"。

3.1.27 **采集时间**

采集荔枝、龙眼种质的年份。以年月日表示,格式为 YYYYMMDD。

3.1.28 **保存单位**

负责荔枝、龙眼种质繁殖并提交国家种质资源长期库之前的原保存单位名称。单位名称应写全称。

3.1.29 **保存单位编号**

荔枝、龙眼种质在原保存单位中的种质编号。保存单位编号在同一保存单位应具有唯一性。

3.1.30 **种质保存名**

荔枝、龙眼种质在资源圃中保存时所用的名称。应与来源号相一致。

3.1.31 **保存种质的类型**

保存荔枝、龙眼种质的类型。分为:1. 植株;2. 种子;3. 组织培养物;4. 花粉;5. 其他。

3.1.32 **种质定植年份**

荔枝、龙眼种质在种质圃中定植的年份。以年月日表示,格式为 YYYYMMDD。

3.1.33 **种质更新年份**

荔枝、龙眼种质进行高接换种或重植的年份。以年月日表示,格式为 YYYYMMDD。

3.1.34 **图像**

荔枝、龙眼种质的图像文件名。图像格式为 .jpg。图像文件名由统一编号加一加序号加 .jpg 组成。图像要求 600 dpi 以上或 1 024×768 以上。

3.1.35 **特性鉴定评价的机构名称**

荔枝、龙眼种质特性鉴定评价的机构名称。单位名称应写全称。

3.1.36 **鉴定评价的地点**

荔枝、龙眼种质形态特征和生物学特性的鉴定评价地点。记录到省和县名。

3.1.37 **备注**

资源收集者了解的生态环境的主要信息、产量、栽培实践等。

3.2 **植物学特征**

3.2.1 **树姿**

取代表性植株 3 株以上,每株测量 3 个基部主枝中心轴线与主干的夹角。依据夹角的平均值确定树姿类型。分为:1. 直立(夹角<40°);2. 半开张(40°≤夹角<60°);3. 开张(60°≤夹角<80°);4. 下垂(夹角≥80°)。

3.2.2 **树形**

用 3.2.1 的样本,参照图 1 确定树形类型。分为:1. 圆形;2. 半圆形;3. 椭圆形;4. 扁圆形;5. 不规则形。

3.2.3 **主干颜色**

用 3.2.1 的样本,观察种质主干树皮颜色。分为:1. 灰色;2. 灰白色;3. 灰褐色;4. 青褐色;5. 黄色;6. 黄褐色;7. 褐色。

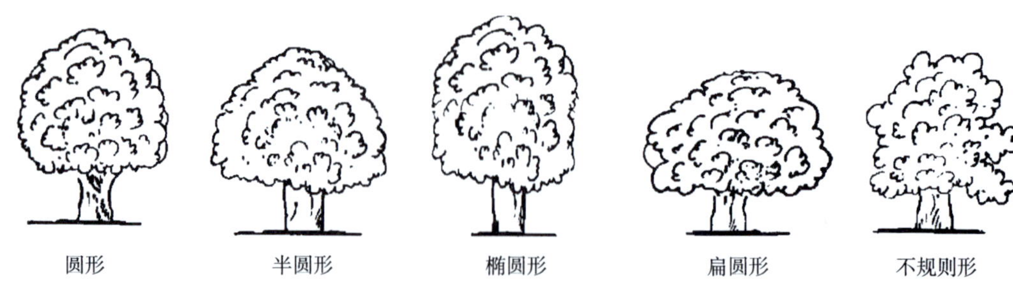

图 1 树 形

3.2.4 主干表皮特征

用 3.2.1 的样本，观察种质主干表皮光滑度、裂纹特征。分为：1. 光滑（主干树皮光滑，无或几乎无裂纹）；2. 纵裂（主干树皮裂纹小而浅）；3. 深度纵裂（主干树皮裂纹大而深）。

3.2.5 一年生秋梢颜色

在秋梢老熟期，选择树冠外围发育充实的一年生秋梢 10 条，观察秋梢中部向阳面表皮颜色。分为：1. 灰白色；2. 黄色；3. 黄绿色；4. 青褐色；5. 黄褐色；6. 灰褐色；7. 褐色；8. 黑褐色。

3.2.6 复叶叶柄颜色

用 3.2.5 的样本，取秋梢中部复叶 10 片，观察复叶叶柄颜色。分为：1. 灰白色；2. 灰青色；3. 暗灰色；4. 绿色；5. 绿褐色；6. 红褐色；7. 褐色。

3.2.7 小叶排列方式

用 3.2.6 的样本，参照图 2 确定小叶排列方式。分为：1. 互生；2. 对生。

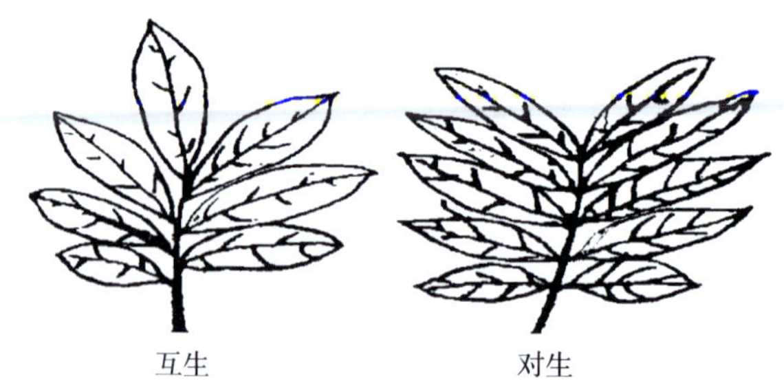

图 2 小叶排列方式

3.2.8 小叶对数

用 3.2.6 的样本，观察记录每片复叶中小叶的对数。结果以平均数表示，精确到 0.1。

3.2.9 叶面颜色

用 3.2.6 的样本，选择复叶叶轴先端向下第 2、3 对成熟叶片的叶面，观察叶面颜色。分为：1. 浅绿色；2. 绿色；3. 深绿色。

3.2.10 叶背颜色

用 3.2.9 的样本，观察叶片的叶背颜色。分为：1. 灰白色；2. 灰绿色；3. 褐绿色。

3.2.11 小叶形状

用 3.2.10 的样本，参照图 3 确定小叶形状。分为：1. 披针形；2. 卵圆形；3. 倒卵圆形；4. 椭圆形；5. 长椭圆形。

3.2.12 叶尖形状

用 3.2.10 的样本，参照图 4 确定叶尖形状。分为：1. 钝尖；2. 渐尖；3. 急尖；4. 长渐尖。

3.2.13 叶基形状

用 3.2.10 的样本，参照图 5 确定叶基形状。分为：1. 圆形；2. 楔形；3. 阔楔形；4. 心脏形；5. 截形。

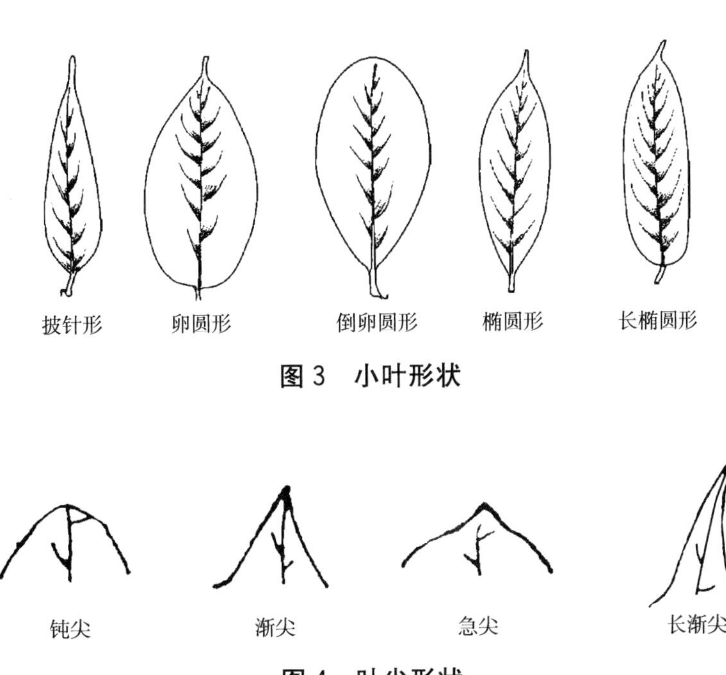

图3 小叶形状

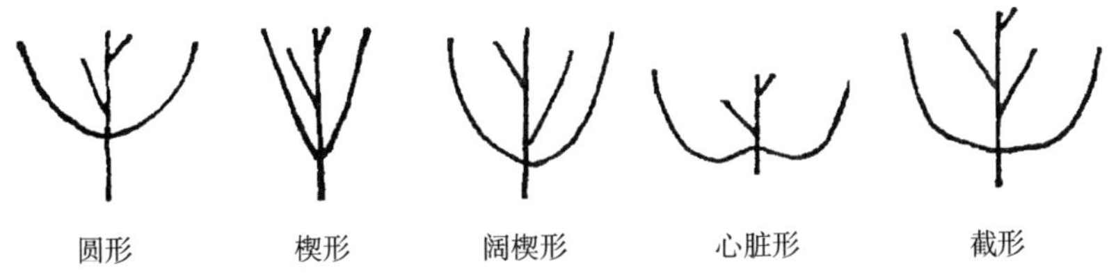

图4 叶尖形状

圆形 楔形 阔楔形 心脏形 截形

图5 叶基形状

3.2.14 叶面状态

用3.2.10的样本，观察小叶表面状态。分为：1. 平直形；2. 皱褶形；3. 其他。

3.2.15 叶脉

用3.2.10的样本，观测小叶背面的叶脉明显程度。分为：1. 不明显；2. 明显。

3.2.16 叶缘形状

用3.2.10的样本，参照图6确定小叶叶缘形状。分为：1. 平滑；2. 微波浪；3. 波浪状。

图6 叶缘形状

3.2.17 花序主轴颜色

在初花期，选取树冠外围不同部位发育正常的花序10个，观察记载花序主轴的表皮颜色。分为：1. 绿色；2. 黄绿；3. 浅绿；4. 红褐色；5. 紫褐色。

3.2.18 **花序支轴紧密度**

用 3.2.17 的样本,观察花序一级支轴间的疏密程度。分为:1. 疏散;2. 中等;3. 紧密。

3.2.19 **柱头形态**

在盛花期,观察当天开放的雌花,参照图 7 确定柱头形状。分为:1. 叉形;2. r 形;3. 眉月双弯形;4. 蝴蝶须。

图 7 柱头形态

3.2.20 **果实形状**

在果实的成熟期,随机选取 10 个果实,参照图 8 确定果实形状。分为:1. 扁圆形;2. 近圆形;3. 卵圆形;4. 长椭圆形;5. 椭圆形;6. 心形;7. 长心形。

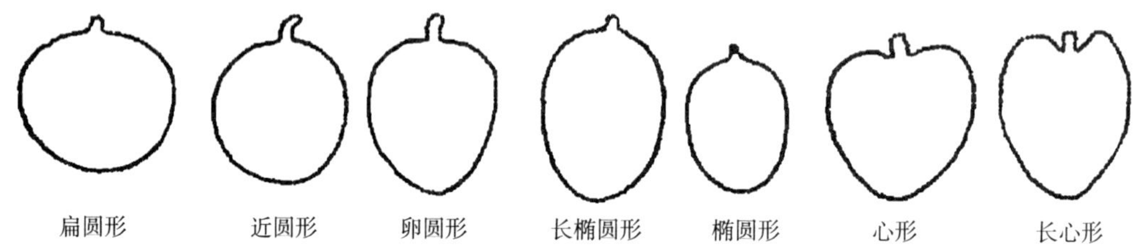

图 8 果实形状

3.2.21 **果肩形状**

用 3.2.20 的样本,参照图 9 确定果肩形状。分为:1. 双肩斜;2. 双肩平;3. 一平一隆;4. 一斜一隆;5. 双肩微隆;6. 双肩隆。

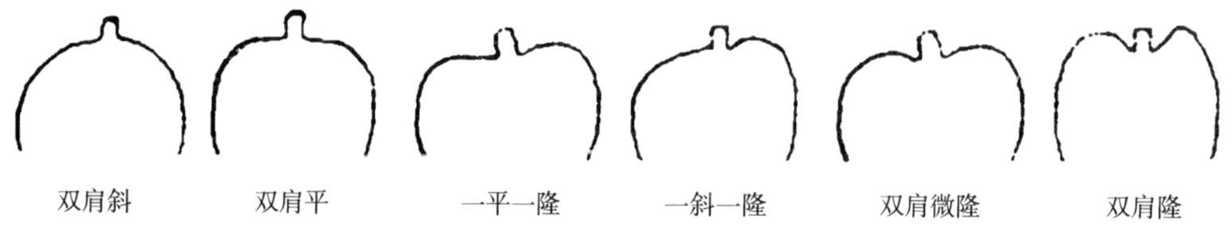

图 9 果肩形状

3.2.22 **果顶形状**

用 3.2.20 的样本,参照图 10 确定果顶形状。分为:1. 尖圆;2. 钝圆;3. 渐圆;4. 圆形;5. 浑圆。

图 10 果顶形状

3.2.23 **龟裂片形状**

用 3.2.20 的样本,参照图 11 确定果皮龟裂片形状。分为:1. 锥尖状突起;2. 乳头状突起;3. 隆起;4. 平滑;5. 微凹;6. 无。

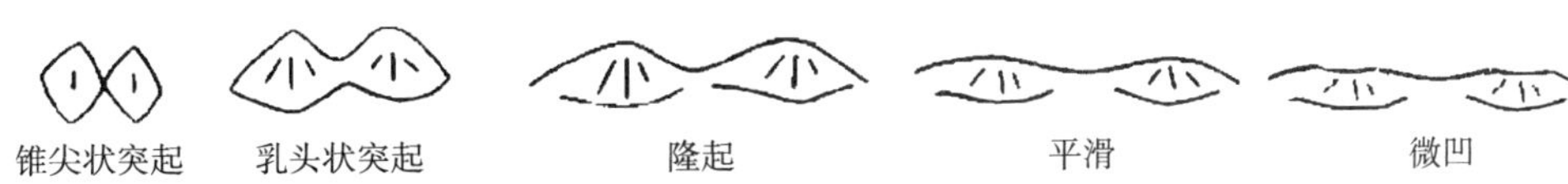

图 11　龟裂片形状

3.2.24　裂片峰形状

用 3.2.20 的样本，参照图 12 确定果皮裂片峰形状。分为：1. 锐尖；2. 毛尖；3. 楔形；4. 钝形；5. 平滑；6. 无。

图 12　裂片峰形状

3.2.25　缝合线

用 3.2.20 的样本，观测果皮缝合线的深浅程度。分为：1. 无；2. 平；3. 浅；4. 中；5. 深。

3.2.26　龟裂纹

用 3.2.20 的样本，观测果实表面龟裂纹的明显程度。分为：1. 无；2. 不明显；3. 较明显；4. 明显。

3.2.27　疣状突起

用 3.2.20 的样本，观测果实表面疣状突起的明显程度。分为：1. 无；2. 不明显；3. 较明显；4. 明显。

3.2.28　放射纹

用 3.2.20 的样本，观察果实果基向果顶辐射的条纹明显程度。分为：1. 无；2. 不明显；3. 较明显；4. 明显。

3.2.29　果皮颜色

用 3.2.20 的样本，观察果皮颜色。分为：1. 黄白色；2. 青褐色；3. 灰褐色；4. 黄褐色；5. 棕褐色；6. 赤褐色；7. 黑褐色；8. 红带绿；9. 淡红带微黄；10. 浅红；11. 鲜红；12. 暗红；13. 暗红带墨绿。

3.2.30　种子形状

用 3.2.20 的样本，取出种子，参照图 13 确定种子形状。分为：1. 扁圆形；2. 近圆形；3. 椭圆形；4. 长椭圆形；5. 不规则形。

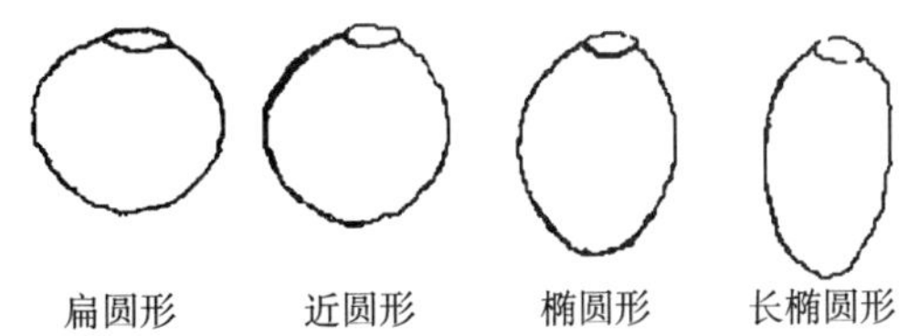

图 13　种子形状

3.2.31　种皮颜色

用 3.2.30 的样本，观察种子表皮颜色。分为：1. 白色；2. 红褐色；3. 赤褐；4. 黄褐色；5. 浅褐；6. 深褐；7. 紫黑色；8. 漆黑色。

3.2.32　种皮光滑度

用 3.2.30 的样本，观察种子表面光滑程度。分为：1. 皱；2. 较光滑；3. 光滑。

3.2.33　种子顶面观

用 3.2.30 的样本，参照图 14 确定种子顶面观。分为：1. 近圆形；2. 椭圆形；3. 菱形；4. 不规则形。

3.2.34　种脐形状

用 3.2.30 的样本，参照图 15 确定种子脐部形状。分为：1. 近圆形；2. 椭圆形；3. 长椭圆形；4. 不

近圆形

椭圆形

菱形

图 14　种子顶面观

规则形。

椭圆形

长椭圆形

图 15　种脐形状

3.3　生物学特性

3.3.1　树势

在秋梢停止生长期，观察植株的生长势、叶幕层和新梢生长情况，确定树势类型。分为：1. 弱；2. 中等；3. 强。

3.3.2　一年生秋梢长度

在末次秋梢停止生长期，随机选取树冠外围不同部位、生长正常、当年生充实秋梢 10 条，测量秋梢基部至顶端的长度。结果以平均值表示，精确到 0.1 cm。

3.3.3　一年生秋梢粗度

用 3.3.2 的样本，测量距秋梢基部 3 cm 处枝条的粗度。结果以平均值表示，精确到 0.1 mm。

3.3.4　一年生秋梢节间长度

用 3.3.2 样本，计算长度大于 0.5 cm 的节数，测量对应总长度，计算平均节间长度。精确到 0.1 cm。

3.3.5　复叶主轴长度

用 3.2.6 的样本，测量中部正常复叶主轴基部至先端的长度。结果以平均值表示，精确到 0.1 cm。

3.3.6　复叶叶柄长度

用 3.2.6 样本，测量复叶主轴基部至第一片小叶之间的长度。结果以平均值表示，精确到 0.1 cm。

3.3.7　小叶长度

用 3.2.11 的样本，测量小叶基部至叶尖的长度。结果以平均值表示，精确到 0.1 cm。

3.3.8　小叶宽度

用 3.2.11 的样本，测量小叶最宽处的宽度。结果以平均值表示，精确到 0.1 cm。

3.3.9　小叶叶柄长度

用 3.2.11 的样本，测量小叶叶柄长度。结果以平均值表示，精确到 0.1 cm。

3.3.10　花序长度

在初花期，选择不同部位发育正常的花序 10 个，测量花序基部至先端的长度。结果以平均值表示，精确到 0.1 cm。

3.3.11　花序宽度

用 3.3.10 的样本，测量花序最大处宽度。结果以平均值表示，精确到 0.1 cm。

3.3.12　花性比例

选择不同部位有代表性的花序 10 个挂牌，分别统计每花序上雄花、雌花、中性花、两性花和变态花的数量。计算雄花、雌花、中性花、两性花和变态花的比值。结果以平均值表示，精确到 0.1。

3.3.13 雄花雄蕊数

在盛花期，选取当天开放的雄花 10 朵，观察记录每朵雄花雄蕊数。结果以平均值表示，精确到 0.1 个。

3.3.14 新梢萌发期

观察全树新梢的萌发情况，以约 50%以上枝梢顶芽生长至约 2 cm 时的日期为新梢萌发期。以年月日表示，格式为 YYYYMMDD。

3.3.15 侧花序分化期

观察记录全树约 10%花序主轴叶腋间出现侧花序原基的日期。以年月日表示，格式为 YYYYMMDD。

3.3.16 初花期

观察全树初花情况，以约 5%花朵开放的日期为初花期。以年月日表示，格式为 YYYYMMDD。

3.3.17 盛花期

观察全树盛花情况，以 25%～75%花朵开放的日期为盛花期。以年月日表示，格式为 YYYYMMDD～YYYYMMDD。

3.3.18 末花期

观察全树末花情况，以约 75%花朵已开放的日期为末花期。以年月日表示，格式为 YYYYMMDD。

3.3.19 果穗长度

在果实成熟期，选择不同部位有代表性的果穗 10 个，测量果穗基部至先端的长度。结果以平均值表示，精确到 0.1 cm。

3.3.20 果穗宽度

用 3.3.20 的样本，测量果穗主轴垂直方向的最大宽度。结果以平均值表示，精确到 0.1 cm。

3.3.21 果穗重

用 3.3.20 的样本，称量每个果穗的质量。结果以平均值表示，精确到 1 g。

3.3.22 穗粒数

用 3.3.20 的样本，计数每个果穗的果粒数。结果以平均值表示，精确到 0.1 个。

3.3.23 坐果率

选择不同部位有代表性的花序 10 个挂牌，记录每穗雌花总数。采收前，调查每穗坐果数，计算坐果数占雌花总数的百分率。结果以平均值表示，精确到 0.1%。

3.3.24 果实成熟期

指全树有 50%～80%果实大小已长定而逐步出现应有的色、香、味等成熟特征的时期。以年月日表示，格式为 YYYYMMDD～YYYYMMDD。

3.3.25 果实整齐度

用 3.3.20 的样本，观察果实的大小及形状的一致性，确定果实的整齐度。分为：1. 差(果实的大小和形状差异明显)；2. 中(果实的大小和形状较整齐)；3. 好(果实的大小和形状整齐)。

3.3.26 单果重

在果实的成熟期，随机选取 10 个果实称其质量，计算平均单果重。精确到 0.1 g。

3.3.27 果实纵径

用 3.3.26 的样本，测量果实果顶至果基间的最大距离。结果以平均值表示，精确到 0.1 mm。

3.3.28 果实横径

用 3.3.26 的样本，测量果实最大横切面的最大直径。结果以平均值表示，精确到 0.1 mm。

3.3.29 **果实侧径**

用 3.3.26 的样本，测量果实最大横切面垂直方向的最大直径。结果以平均值表示，精确到 0.1 mm。

3.3.30 **种子重**

用 3.3.26 的样本，取出种子称取质量。结果以平均值表示，精确到 0.1 g。

3.3.31 **种子纵径**

用 3.3.30 的样本，测量种子顶部至脐部的最大距离。结果以平均值表示，精确到 0.1 mm。

3.3.32 **种子横径**

用 3.3.30 的样本，测量种子最大横切面的最大直径。结果以平均值表示，精确到 0.1 mm。

3.3.33 **种子侧径**

用 3.3.30 的样本，测量种子最大横切面垂直方向的最大直径。结果以平均值表示，精确到 0.1 mm。

3.3.34 **种子发育程度**

用 3.3.30 的样本，观察种子的发育程度。分为：1. 无核；2. 焦核；3. 饱满。

3.3.35 **种脐大小**

用 3.3.30 的样本，观察种子脐部的大小。分为：1. 小；2. 中；3. 大。

3.4 **品质性状**

3.4.1 **果皮厚度**

用 3.2.20 的样本，剥取果皮，测量赤道面果皮厚度。结果以平均值表示，精确到 0.1 mm。

3.4.2 **果肉厚度**

用 3.2.20 的样本，沿果肩中部纵切，测量果实纵切面赤道面的果肉厚度。结果以平均值表示，精确到 0.1 mm。

3.4.3 **果肉颜色**

用 3.4.2 的样本，观察果实果肉颜色。分为：1. 蜡黄色；2. 蜡白色；3. 乳白色；4. 乳白色带血丝；5. 黄白色；6. 粉红色。

3.4.4 **果肉透明度**

用 3.4.2 的样本，观测果实的果肉透明度。分为：1. 不透明；2. 半透明；3. 透明。

3.4.5 **流汁情况**

用 3.2.20 的样本，剥开果皮，观察果肉表面是否有果汁溢出的情况。分为：1. 无；2. 轻度流汁；3. 重度流汁。

3.4.6 **果肉质地**

用 3.4.5 的样本，品尝判断果肉的质地。分为：1. 细嫩；2. 软滑；3. 软韧；4. 稍脆；5. 爽脆；6. 粗糙。

3.4.7 **汁液比例**

用 3.4.5 的样本，以压榨方式测定果汁占果肉的比例。结果以平均值表示，精确到 0.1%。

3.4.8 **风味**

用 3.4.5 的样本，品尝判断果肉风味。分为：1. 清甜；2. 酸甜适度；3. 酸；4. 极酸。

3.4.9 **香气**

用 3.4.5 的样本，品尝判断果肉香气。分为：1. 无；2. 微香；3. 浓香；4. 特殊香味；5. 异味。

3.4.10 **离核难易**

用3.4.5的样本，剥去果肉，观察果肉脱离果核的难易程度。分为：1. 难（粘核）；2. 较易（较易离核）；3. 易（易离核）。

3.4.11 **焦核率**

在果实的成熟期，随机选取30个以上果实，观察种子的发育程度，计算焦核果数占总果数的百分率。结果以平均值表示，精确到0.1%。

3.4.12 **可食率**

用3.2.20的样本，剪去果梗后称取总质量，剥取果肉，称取果肉质量，计算果肉质量占全果重的百分率。结果以平均值表示，精确到0.1%。

3.4.13 **可溶性固形物含量**

按GB/T 12295规定执行。

3.4.14 **可溶性糖含量**

按附录A执行。

3.4.15 **可滴定酸含量**

按附录B执行。

3.4.16 **维生素C含量**

按GB/T 6195规定执行。

附　录　A
（规范性附录）
可溶性糖测定法

A.1　范围

本附录适用于荔枝、龙眼果实可溶性糖的测定。

A.2　测定原理

在沸热条件下，用还原糖溶液滴定一定量的费林试剂时将费林试剂中的二价铜还原为一价铜，以亚甲基蓝为指示剂，稍过量的还原糖立即使蓝色的氧化型亚甲基蓝还原为无色的还原型亚甲基蓝。

A.3　仪器设备

a. 高速组织捣碎机；

b. 电热恒温水浴；

c. 1 000 W 调温电炉；

d. 玻璃仪器：200 mL，250 mL 容量瓶；250 mL 锥形瓶；50 mL 碱式滴定管。

A.4　试剂配制

A.4.1　费林试剂甲

称取硫酸铜（$CuSO_4 \cdot 5H_2O$，分析纯）34.6 g 溶于水中，稀释至 500 mL，过滤，贮于棕色瓶内。

A.4.2　费林试剂乙

称取氢氧化钠 50 g 和酒石酸钾钠（$KNaC_4O_6H_4 \cdot 4H_2O$，分析纯）138 g 溶于水中，稀释至 500 mL，用石棉垫漏斗抽滤。

A.4.3　转化糖标准溶液

称取 9.5 g 蔗糖（分析纯）用水溶解后转入 1 000 mL 容量瓶中，加入 6 mol HCl 分析纯）10 mL，加水至 100 mL。在 20℃～25℃下放置 3d 或在 25℃下保温 24 h，然后用水定容（此为酸化的 1%转化糖液，可保存 3～4 个月）。测定时，取 1%转化糖液 25.00 mL 放入 250 mL 容量瓶中，加入甲基红指示剂 1 滴，用 1 mol NaOH 溶液中和后用水定容，即为 1 mg/mL 转化糖标准溶液。

A.4.4　亚甲基蓝溶液

称取 0.5 g 亚甲基蓝（分析纯）溶于 100 mL 水中。

A.4.5　乙酸锌溶液

称取 21.9 g 乙酸锌[$Zn(OAC)_2 \cdot 2H_2O$，分析纯]溶于水中，加冰乙酸 3 mL，稀释至 100 mL。

A.4.6　亚铁氰化钾溶液

称取 10.6 g 亚铁氰化钾[$K_4Fe(CN)_6 \cdot 3H_2O$，分析纯]溶于水中，稀释至 100 mL。

A.5　样品提取液制备

取待测样品适量，洗净，用不锈钢刀将可食部分切成适当小块充分混匀后，按四分法取样。称取 100 g 鲜样加入等质量的水，放入组织捣碎机中捣成 1：1 匀浆，荔枝、龙眼果肉匀浆比例可适当调整。

称取匀浆 25.0 g 或 50.0 g(相当于样品 12.5 g 或 25.0 g)放入 150 mL 烧杯中，含有机酸较多的材料加 0.5 g～2.0 g 粉状 $CaCO_3$ 调至中性(广泛试纸检试)。用水将样液全部转入 250 mL 容量瓶中，并调整体积至约 200 mL。置 80±2℃水浴保温 30 min，其间摇动数次，取出加入乙酸锌溶液及亚铁氰化钾溶液各 2 mL～5 mL，冷却至室温后，用水定容，过滤备用。

A.6 还原糖测定

A.6.1 费林试剂的标定

取费林试剂甲、乙各 5.00 mL 或在测定前先等体积混合后取 10.00 mL 混合液于 250 mL 锥形瓶中，放入玻璃珠 4～5 粒，先加入比预测(按 A.6.2 进行预测)仅少 0.5 mL 的 1 mg/mL 转化糖标准液。将此混合液置 1 000 W 电炉上加热，使其在 2 min 左右沸腾，准确煮沸 2 min，此时不离开电炉，立即加入 0.5%亚甲基蓝指示剂 6 滴，并继续以每 4～5 s 的滴速滴加标准糖液，直至二价铜离子完全被还原生成砖红色氧化亚铜沉淀，溶液蓝色褪尽为终点。用准确滴定标准糖液的毫升数 V_1，乘以标准糖液浓度(mg/mL)，即得 10 mL 费林试剂所相当的糖的毫克数。

注：无色的还原型亚甲基蓝极易被空气中的氧所氧化，应调节电炉温度使瓶内溶液始终保持沸腾状态，液面覆盖水蒸气不与空气接触。整个滴定过程锥形瓶不能离开电炉随意摇动。

A.6.2 预测

取费林试剂甲、乙各 5.00 mL 或 10.00 mL 混合液于 250 mL 锥形瓶中，由滴定管加入待测糖液约 15 mL，在电炉上加热至沸，约 15 s 后迅速滴加待测糖液，至呈现极轻微的蓝色为止，此时加入 0.5%亚甲基蓝指示剂 6 滴，继续滴加待测糖液，直至溶液蓝色褪尽为止，记下待测糖液的用量 V_2(毫升数)。

A.6.3 准确测定

取费林试剂甲、乙各 5.00 mL 或 10.00 mL 混合液加入锥形瓶中，由滴定管加入比预测仅少 0.5 mL 的待测糖液，并补加 V_1-V_2 毫升水(标定费林试剂所消耗的标准糖液毫升数 V_1 减去预测消耗的待测糖液毫升数 V_2，即为应补加水的毫升数)，使其与标定费林试剂时的反应体积一致。以下按费林试剂标定同样操作，继续滴至终点。前后沸热时间须在 3 min 左右。待测糖液消耗量应控制在 15 mL～50 mL 范围内，不能大于标定费林试剂所用标准糖液体积 V_1。否则应增减称样量重新制备待测液。

A.7 可溶性总糖测定

取已经制备的待测液 100 mL 于 200 mL 容量瓶中，加 6 mol HCl 10 mL。在 80±2℃水浴加热 10 min，放入冷水槽中冷却后，加甲基红指示剂 2 滴用 6 mol 及 1 mol NaOH 溶液中和，用水定容。以下步骤同 A.6.2、A.6.3。

A.8 结果计算

A.8.1 计算式

a. 还原糖 X_1(%)按式(A.1)计算：

$$X_1(\%，以转化糖计)=\frac{G}{V}\times\frac{250}{W\times 1\,000}\times 100 \qquad \text{(A.1)}$$

式中：

X_1——还原糖(%，以转化糖计)；

G——10 mL 费林试剂相当的转化糖，单位为毫克(mg)；

V——准确滴定时所用待测液的体积，单位为毫升(mL)；

W——样品重量，单位为克(g)；

250——定容体积，单位为毫升(mL)；

1 000——由毫克(mg)换算为克(g)。

b. 可溶性总糖 X_2(%)按式(A.2)计算：

$$X_2(\%,以转化糖计)=\frac{G}{V}\times\frac{A}{W}\times\frac{250}{1\,000}\times 100 \quad\cdots\cdots\cdots\cdots (A.2)$$

式中：

X_2——还原糖(%,以转化糖计)；

A——稀释倍数；

其余符号同式(A.1)。

c. 非还原糖 X_3(%)按式(A.3)计算：

$$X_3(\%,以蔗糖计)=(X_2-X_1)\times 0.95 \quad\cdots\cdots\cdots\cdots (A.3)$$

式中：

X_3——非还原糖(%,以蔗糖计)；

0.95——由转化糖换算成蔗糖的因数。

A.8.2 结果表示

测定结果计算到小数点后二位，两次平行试验结果相对相差，含量在5%以下的不得超过3%，含量在5%～10%的不得超过2%，含量在10%以上的不得超过1%。鲜样以鲜基表示，风干样以风干基表示。

注：还原糖及可溶性总糖也可用葡萄糖表示，费林试剂需另用葡萄糖标定，非还原糖用转化糖换算成蔗糖形式表示。

附 录 B
（规范性附录）
可滴定酸度的测定

B.1 范围

本附录规定了荔枝、龙眼果实可滴定酸度的两种测定方法，即电位滴定法和指示剂滴定法。

本附录适用于测定荔枝、龙眼果实的可滴定酸度。电位滴定法为仲裁法，指示剂滴定法为常规法。

指示剂滴定法不适用于浸出液颜色较深的试样。

B.2 样液制备

B.2.1 仪器

a) 高速组织捣碎机：10 000 r/min～12 000 r/min。

b) 架盘天平：感量 0.01 g。

c) 电热恒温水浴锅。

d) 移液管：50 mL。

e) 烧杯：100 mL、600 mL。

f) 容量瓶：250 mL。

g) 漏斗：直径 7 cm。

h) 锥形瓶：250 mL。

i) 快速滤纸：直径 12.5 cm。

B.2.2 制备方法

本试验用水应是不含二氧化碳的或中性蒸馏水，可在使用前将蒸馏水煮沸、放冷或加入酚酞指示剂用 0.1 mol/L 氢氧化钠溶液中和至出现微红色。

剔除试样的非可食部分（冷冻制品预先在加盖的容器中解冻），用四分法分取可食部分切碎混匀，称取 250 g，准确至 0.1 g，放入高速组织捣碎机内，加入等量水，捣碎 1 min～2 min。每 2 g 匀浆折算为 1 g 试样，称取匀浆 50 g～100 g，准确至 0.1 g，用 100 mL 水洗入 250 mL 容器瓶，置 75℃～80℃水浴上加热 30 min，其间摇动数次，取出冷却，加水至刻度，摇匀过滤。

B.3 测定方法

B.3.1 电位滴定法

B.3.1.1 原理

试样浸出液用 0.1 mol/L 氢氧化钠标准溶液进行电位滴定，以 pH 8.1 为滴定终点。

B.3.1.2 试剂

pH 4.01 标准缓冲液（25℃）。

pH 9.18 标准缓冲液（25℃）。

氢氧化钠（GB 629）标准溶液：c(NaOH)＝0.1 mol/L，参照 GB 601《标准溶液的制备方法》准确标定。

B.3.1.3 仪器

a) 酸度计：用 pH 4.01 标准缓冲液校正后，测定 pH 9.18 标准缓冲液，测定误差不大于 0.05。

b) 玻璃电极和甘汞电极。

c) 磁力搅拌器。

d) 搅拌棒。

e) 移液管：50 mL、100 mL。

f) 烧杯：100 mL、250 mL。

g) 滴定管：碱式，10 mL、25 mL。

B.3.1.4 测定步骤

用 pH 4.01 和 pH 9.18 标准缓冲液按仪器说明书校正酸度计。

根据预测酸度，用移液管吸取 50 mL 或 100 mL 试样浸出液（见 B.2.2），放入适当大小的烧杯中，使氢氧化钠标准溶液的滴定体积不小于 5 mL。

将盛样液的烧杯置于磁力搅拌器上，放入搅拌棒，插入玻璃电极和甘汞电极，滴定管尖端插入样液内 0.5 cm～1.0 cm，在不断搅拌下用氢氧化钠溶液迅速滴定至 pH 6 而后减慢滴定速度。当接近 pH 7.5 时，每次加入 0.1 mL～0.2 mL，并于每次加入后记录 pH 读数和氢氧化钠溶液的总体积，继续滴定至少 pH 8.3，在 pH 8.1±0.2 的范围内，用内插法求出滴定至 pH 8.1 所消耗的氢氧化钠溶液体积。

B.3.2 指示剂滴定法

B.3.2.1 原理

试样浸出液以酚酞为指示剂，用 0.1 mol/L 氢氧化钠标准溶液滴定。

B.3.2.2 试剂

氢氧化钠标准溶液：0.1 mol/L（见 B.3.1.2）。

酚酞指示剂：10 g/L 的 95%（V/V）乙醇（GB 697）溶液。

B.3.2.3 仪器

a) 移液管：50 mL、100 mL。

b) 锥形瓶：150 mL、250 mL。

c) 滴定管：碱式，10 mL、25 mL。

B.3.2.4 测定步骤

根据预测酸度，用移液管吸取 50 mL 或 100 mL 样液（见 B.2.2），加入酚酞指示剂 5～10 滴，用氢氧化钠标准溶液滴定，至出现微红色 30 s 内不褪色为终点，记下所消耗的体积。

注：如果样液滴定至接近终点时出现黄褐色，这时可加入样液体积 1～2 倍的热水稀释，加入酚酞指示剂 0.5 mL～1 mL，再继续滴定，使酚酞变色易于观察。

B.4 测定结果的计算

B.4.1 计算公式

a) 试样的可滴定酸度（A_1）以每 100 g 或 100 mL 中氢离子毫摩尔数表示，按式（B.1）计算：

$$A_1[\text{mmol}/100\ \text{g(mL)}] = \frac{c \times V_1}{V_0} \times \frac{250}{m(V)} \times 100 \quad \cdots\cdots (B.1)$$

式中：

A_1——试样的可滴定酸度，单位为 mmol/100 g(mL)；

c——氢氧化钠标准溶液摩尔浓度；

V_1——滴定时所消耗的氢氧化钠标准溶液体积，单位为 mL；

V_0——吸取滴定用的样液体积，单位为 mL；

$m(V)$——试样质量，单位为 g（或试样体积，单位为 mL）；

250——试样浸提后定容体积，单位为 mL。

b) 试样的可滴定酸度(A_2)以苹果酸的百分含量表示,按式(B.2)计算:

$$A_2(\%)=\frac{c\times V\times 0.067}{V_0}\times\frac{250}{m(V)}\times 100 \quad\cdots\cdots\cdots\cdots (B.2)$$

式中:

A_2——试样的可滴定酸度,以苹果酸的百分含量(%)表示;

0.067——换算为苹果酸克数的系数。

其余符号同式(B.1)。

B.4.2 结果表示

同一试样取两个平行样测定,以其算术平均值作为测定结果。用每 100 g 或 100 mL 中氢离子毫摩尔数表示的,保留一位小数;用酸的百分含量表示的,保留二位小数。

B.4.3 允许差

两个平行样的测定值相差不得大于平均值的 2%。

注:报告检验结果应注明所用的测定方法。

附加说明:

本标准中附录 A、附录 B 为规范性附录。

本标准由中华人民共和国农业部农垦局提出。

本标准由农业部热带作物及制品标准化技术委员会归口。

本标准起草单位:中国热带农业科学院南亚热带作物研究所、国家重要热带作物工程技术研究中心、福建省农业科学院果树研究所、广东省农业科学院果树研究所。

本标准主要起草人:杜丽清、陆超忠、郑少泉、欧良喜、邹明宏、曾辉、罗炼芳、张汉周。

中华人民共和国农业行业标准

农作物种质资源鉴定技术规程 龙眼

NY/T 1305—2007

Technical code for evaluating germplasm resources longan
(*Dimocarpus longan* Lour.)

1 范围

本标准规定了龙眼(*Dimocarpus longan* Lour.)种质资源鉴定的技术要求和方法。

本标准适用于龙眼(*Dimocarpus longan* Lour.)种质资源的植物学特征、生物学特性、果实性状的鉴定，亦可供龙眼属其他种的资源鉴定参照执行。

2 规范性引用文件

下列文件中的条款通过本标准的引用而成为本标准的条款。凡是注日期的引用文件，其随后所有的修改单(不包括勘误的内容)或修订版均不适用于本标准，然而，鼓励根据本标准达成协议的各方研究是否可使用这些文件的最新版本。凡是不注日期的引用文件，其最新版本适用于本标准。

GB/T 6194 水果、蔬菜可溶性糖测定法

GB/T 6195 水果、蔬菜维生素C含量测定法(2,6-二氯靛酚滴定)

GB/T 12295 水果、蔬菜制品可溶性固形物含量的测定——折射仪法

3 要求

3.1 样本采集

样本应采自生长正常且达到稳定结果树龄的植株。

3.2 鉴定内容

鉴定内容见表1。

表1 龙眼种质资源鉴定内容

性状	鉴 定 项 目
植物学特征	树姿、主干颜色、主干树皮裂纹、一年生秋梢颜色、叶柄颜色、小叶对数、小叶排列方式、小叶重叠程度、小叶形状、叶片颜色、叶尖形状、叶基形状、叶缘形状、花序支轴紧密度、柱头形状、雄花雄蕊数、雄花直径
生物学特性	树势、一年生秋梢长度、一年生秋梢粗度、复叶主轴长度、小叶长度、小叶宽度、花序长度、花序宽度、花序支轴数、花性比例、坐果率、新梢萌发期、侧花序分化期、初花期、盛花期、末花期、果实成熟期
果实性状	果穗长度、果穗宽度、果穗重、穗粒数、果实整齐度、果形、单果重、果实纵径、果实横径、果实侧径、果肩、果顶、龟裂纹、疣状突起、放射纹、果皮颜色、果肉厚度、果皮厚度、果肉颜色、果肉透明度、流汁程度、离核难易、汁液、果肉质地、化渣程度、风味、香味、可食率、种子重、种子形状、种子顶面观、种皮颜色、种脐形状、种脐大小、可溶性固形物含量、可溶性糖含量、维生素C含量

中华人民共和国农业部 2007-04-17 发布　　2007-07-01 实施

4 鉴定方法

4.1 植物学特征

4.1.1 树姿

取代表性植株3株以上，每株测量3个基部主枝中心轴线与主干的夹角，依据夹角的平均值确定树姿类型。分为直立(夹角<40°)、半开张(40°≤夹角<60°)、开张(60°≤夹角<80°)、下垂(夹角≥80°)。

4.1.2 主干颜色

采用目测法观察或用标准比色卡，按最大相似原则确定植株主干表皮颜色。分为灰白色、灰褐色、黄褐色、黑褐色。

4.1.3 主干树皮裂纹

采用目测法观察正常成年植株主干表皮开裂程度。分为不明显、较明显、明显。

4.1.4 一年生秋梢颜色

在秋梢停止生长期，采用目测法观察或用标准比色卡，按最大相似原则确定植株秋梢的表皮颜色。分为灰白色、灰绿色、黄绿色、黄褐色、暗褐色。

4.1.5 叶柄颜色

在秋梢停止生长期，选择树冠外围不同部位当年生、充实秋梢10条，取秋梢中部复叶10片，采用目测法观察或用标准比色卡，按最大相似原则确定叶柄颜色。分为灰白色、灰青色、暗灰色。

4.1.6 小叶对数

用4.1.5的样本，观察记录每片复叶中的小叶对数，结果以平均值表示，精确到0.1。

4.1.7 小叶排列方式

用4.1.5的样本，观察每片复叶中的小叶排列方式，以最多出现的情况为准。分为互生、对生。

4.1.8 小叶重叠程度

用4.1.5的样本，观察复叶中的小叶间重叠程度状况，依据小叶间重叠程度确定小叶间重叠类型。分为不重叠(小叶间不重叠)、稍重叠(小叶的叶缘相接或稍微重叠)、明显重叠(小叶间重叠明显)。

4.1.9 小叶形状

用4.1.5的样本，观察复叶叶轴先端向下第2、3对完整小叶，按图1以最大相似原则确定小叶形状。分为披针形、长椭圆形、卵圆形。

图1 小叶形状

4.1.10 叶片颜色

用4.1.9的样本，采用目测法观察或用标准比色卡，按最大相似原则确定小叶正面颜色。分为淡绿色、绿色、浓绿色。

4.1.11 叶尖形状

用4.1.9的样本，按图2以最大相似原则确定叶尖形状。分为钝尖、渐尖、急尖、长渐尖。

4.1.12 叶基形状

图 2　叶尖形状

用 4.1.9 的样本，按图 3 以最大相似原则确定叶基形状。分为狭楔形、楔形、宽楔形、钝圆形、心脏形。

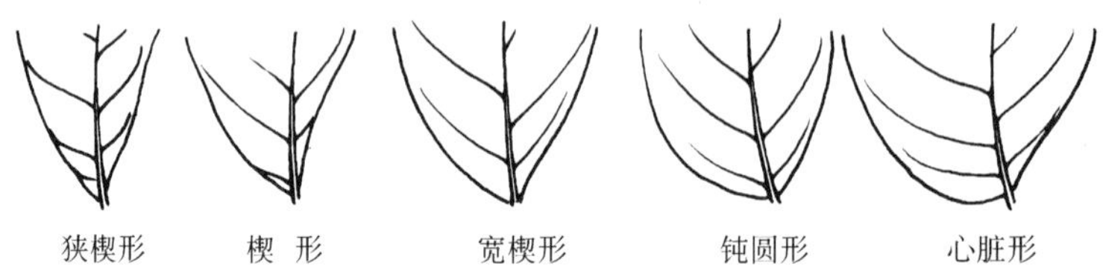

图 3　叶基形状

4.1.13　叶缘形状

用 4.1.9 的样本，观察小叶的叶缘形状，按最大相似原则确定叶缘形状。分为平展、微波浪形、波浪形。

4.1.14　花序支轴紧密度

在初花期，观察花序一级支轴间的疏密程度。分为疏散、中等、紧密。

4.1.15　柱头形状

在雌花开放时，按图 4 以最大相似原则确定柱头形状。分为叉形、r 形、眉月双弯形。

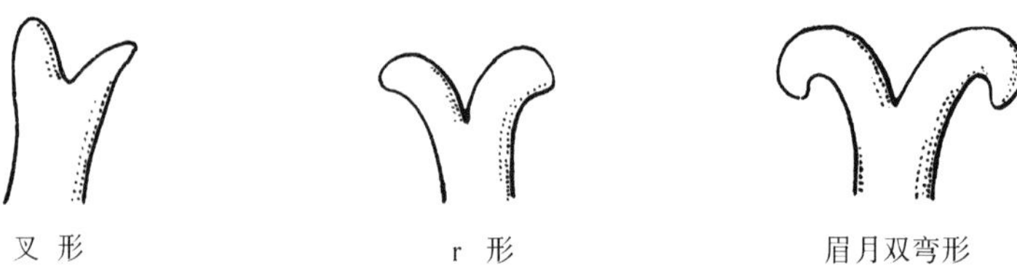

图 4　柱头形状

4.1.16　雄花雄蕊数

在盛花期，选取当天开放的雄花 10 朵，观察记录雄花雄蕊数。结果以平均值表示，精确到 0.1。

4.1.17　雄花直径

用 4.1.16 的样本，测量每朵雄花的最大直径。结果以平均值表示，精确到 0.1 mm。

4.2　生物学特性

4.2.1　树势

在秋梢停止生长期，观察植株的生长势、叶幕层和新梢生长情况，按最大相似原则确定树势类型。分为强、中、弱。

4.2.2　一年生秋梢长度

在秋梢停止生长期，随机选取树冠外围不同部位、生长正常的、当年生充实秋梢 10 条，测量长度。结果以平均值表示，精确到 0.1 cm。

4.2.3　一年生秋梢粗度

用 4.2.2 的样本，测量距基部 3 cm 处枝条粗度。结果以平均值表示，精确到 0.1 mm。

4.2.4 复叶主轴长度

用4.2.2的样本，取秋梢中部复叶10片，测量复叶主轴的长度。结果以平均值表示，精确到0.1 cm。

4.2.5 小叶长度

用4.2.4的样本，选取复叶叶轴先端向下第2、3对完整小叶共10片，测量长度。结果以平均值表示，精确到0.1 cm。

4.2.6 小叶宽度

用4.2.4的样本，测量小叶最大宽度。结果以平均值表示，精确到0.1 cm。

4.2.7 花序长度

在初花期，选取不同部位发育正常的花序10个，测量花序基部到花序先端的长度。结果以平均值表示，精确到0.1 cm。

4.2.8 花序宽度

用4.2.7的样本，测量花序主轴垂直方向的最大直径。结果以平均值表示，精确到0.1 cm。

4.2.9 花序支轴数

用4.2.7的样本，计数花序一级支轴数。结果以平均值表示，精确到0.1。

4.2.10 花性比例

在初花期，选取不同部位有代表性的花序10个挂牌，分别统计每花序中雄花、雌花、中性花的数量，计算雄花∶雌花∶中性花的比值。结果以平均值表示，精确到0.1。

4.2.11 坐果率

在初花期，选取不同部位生长发育正常的秋梢上花序10个挂牌，记录每穗雌花总数。生理落果后，调查并记录每穗坐果数，计算坐果数占雌花总数的百分数(%)。结果以平均值表示，精确到小数点后一位。

4.2.12 新梢萌发期

观测全树新梢萌发情况，记录有50%以上枝梢顶芽生长至约2 cm时的日期，表示方法为"月日"。

4.2.13 侧花序分化期("鱼只"期)

观察记载全树约有10%花序上主轴叶腋间出现紫红色的侧花序原基(俗称"鱼只"期)的日期，表示方法为"月日"。

4.2.14 初花期

观察全树初花情况，记录约有5%花朵开放的日期。表示方法为"月日"。

4.2.15 盛花期

观察全树盛花情况，记录约有25%花朵开放的日期。表示方法为"月日"。

4.2.16 末花期

观察全树末花情况，记录约有75%花朵已开放的日期。表示方法为"月日"。

4.2.17 果实成熟期

在果实近成熟期，测定可溶性固形物含量，以可溶性固形物含量达到最高值的稳定期作为果实成熟期。表示方法为"月日"。

4.3 果实性状

4.3.1 果穗长度

在果实成熟期，选取树冠不同部位具有代表性的果穗10个，测量果穗长度。结果以平均值表示，精确到0.1 cm。

4.3.2 果穗宽度

用 4.3.1 的样本，测量果穗主轴垂直方向的最大宽度。结果以平均值表示，精确到 0.1 cm。

4.3.3 果穗重

用 4.3.1 的样本，称取每个果穗的质量。结果以平均值表示，精确到 0.1 g。

4.3.4 穗粒数

用 4.3.1 的样本，计数每个果穗的果粒数。结果以平均值表示，精确到 0.1。

4.3.5 果实整齐度

用 4.3.1 的样本，观察果实大小和形状，按果实大小及形状的一致性，确定果实的整齐度。分为差(果实大小和形状差异明显)、中(果实大小和形状较整齐)、好(果实大小和形状整齐)。

4.3.6 果形

用 4.3.1 的样本，选取 10 个代表性果实，按图 5 以最大相似原则确定果实形状。分为扁圆形、近圆形、侧扁圆形、椭圆形、心脏形。

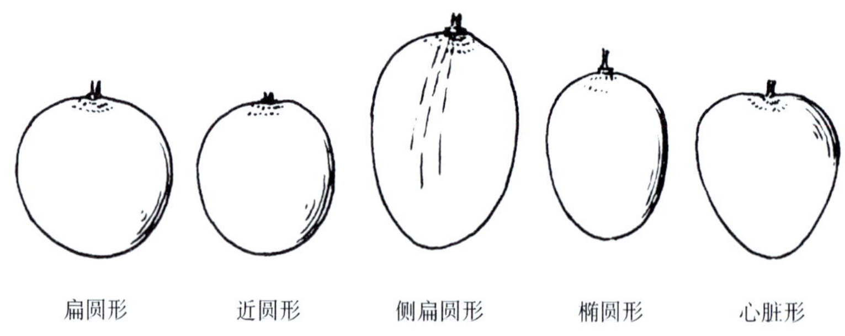

图 5 果 形

4.3.7 单果重

用 4.3.6 的样本，称取果实的质量，计算单果质量，精确到 0.1 g。

4.3.8 果实纵径

用 4.3.6 的样本，测量从顶部到果基的最大长度。结果以平均值表示，精确到 0.1 cm。

4.3.9 果实横径

用 4.3.6 的样本，测量果实最大横切面的最大直径。结果以平均值表示，精确到 0.1 cm。

4.3.10 果实侧径

用 4.3.6 的样本，测量果实最大横切面的最小直径。结果以平均值表示，精确到 0.1 cm。

4.3.11 果肩

用 4.3.6 的样本，按图 6 以最大相似原则确定果肩形状。分为平广、单肩微耸、双肩耸起、下斜。

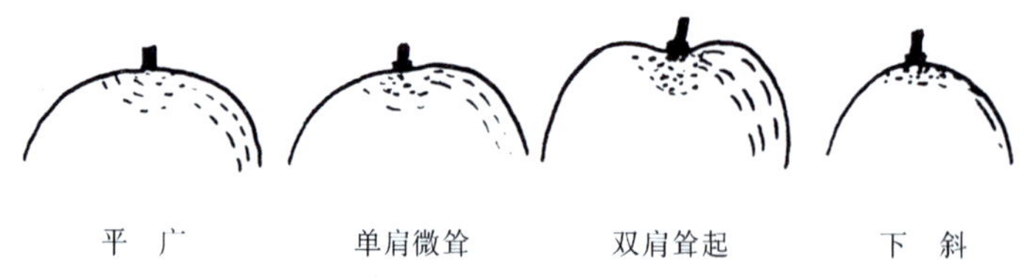

图 6 果肩形状

4.3.12 果顶

用 4.3.6 的样本，按图 7 以最大相似原则确定果顶形状。分为钝圆、浑圆、尖圆。

4.3.13 龟裂纹

用 4.3.6 的样本，观察果实表面龟裂纹的明显程度。分为不明显、较明显、明显。

4.3.14 疣状突起

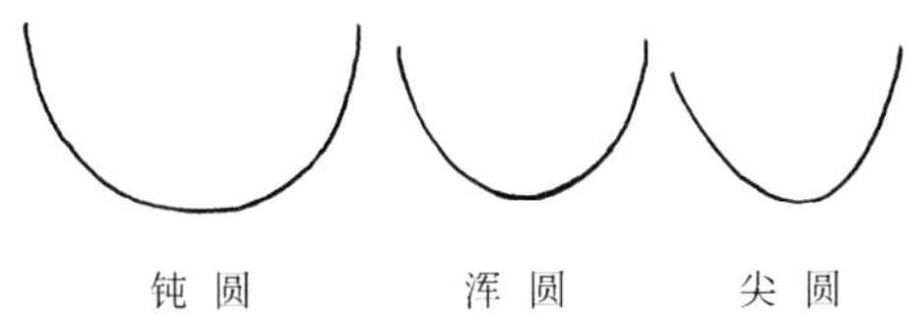

图7 果顶形状

用4.3.6的样本，观察果实表皮疣状突起的明显程度。分为不明显、较明显、明显。

4.3.15 放射纹

用4.3.6的样本，观察果实表面从果基向果顶辐射的条纹明显程度。分为不明显、较明显、明显。

4.3.16 果皮颜色

用4.3.6的样本，采用目测法观察或用标准比色卡，按最大相似原则确定果皮颜色。分为黄白色、青褐色、灰褐色、黄褐色、棕褐色、赤褐色、黑褐色。

4.3.17 果肉厚度

用4.3.6的样本，沿果肩中部纵切，测量果实纵切面赤道处的果肉厚度。结果以平均值表示，精确到0.1 mm。

4.3.18 果皮厚度

用4.3.17的样本，剥取果皮，测量果皮厚度，计算单果果皮厚度，精确到0.1 mm。

4.3.19 果肉颜色

用4.3.17的样本，剥去果皮，采用目测法观察或用标准比色卡，按最大相似原则确定果肉颜色。分为蜡白色、乳白色、乳白色带血丝、黄白色、粉红色。

4.3.20 果肉透明度

用4.3.19的样本，观察果肉透明状况。分为不透明(看不到种子)、半透明(略可见种子)、透明(种子可见)。

4.3.21 流汁程度

用4.3.1的样本，选取10个代表性果实，剥开果皮，观察果肉表面是否有汁液流出。分为不流汁、梢流汁、流汁。

4.3.22 离核难易

用4.3.21的样本，以品尝的方式判断果肉与核分离的难易程度。分为难(粘核)、较易(较易离核)、易(易离核)。

4.3.23 汁液

用4.3.21的样本，以品尝的方式判断汁液状况。分为少、中、多。

4.3.24 果肉质地

用4.3.21的样本，以品尝的方式判断果肉质地状况。分为细嫩、软韧、稍脆、韧脆、脆、爽脆。

4.3.25 化渣程度

用4.3.21的样本，以品尝的方式判断果肉化渣程度。分为不化渣、较化渣、化渣。

4.3.26 风味

用4.3.21的样本，以品尝的方式判断风味。分为淡甜、甜、浓甜。

4.3.27 香味

用4.3.21的样本，以品尝的方式确定香味的有无和浓淡。分为无、淡、浓、异味。

4.3.28 可食率

用4.2.21的样本，选取10个代表性果实，剪去果梗后称取总质量，称取果皮、种子等不可食部分的总质量，计算可食率。结果以%表示，精确到小数点后一位。

4.3.29 种子重

用4.3.28的样本，取出种子，称取总质量，计算单粒种子质量，精确到0.1g。

4.3.30 种子形状

用4.3.29的样本，观察种子的形状，按最大相似原则确定种子的形状。分为扁圆形、近圆形、椭圆形、不规则形。

4.3.31 种子顶面观

用4.3.29的样本，观察种子顶部正面观的形状，按最大相似原则确定种子顶部的形状。分为近圆形、椭圆形、菱形、不规则形。

4.3.32 种皮颜色

用4.3.29的样本，采用目测法观察或用标准比色卡，按最大相似原则确定种皮颜色。分为白色、红褐色、赤褐色、紫黑色、漆黑色。

4.3.33 种脐形状

用4.3.29的样本，观察种子脐部形状，按最大相似原则确定种脐的形状。分为近圆形、椭圆形、长椭圆形、不规则形。

4.3.34 种脐大小

用4.3.29的样本，观察种子脐部的大小。分为小、中、大。

4.3.35 可溶性固形物含量

按GB/T 12295执行。

4.3.36 可溶性糖含量

按GB/T 6194执行。

4.3.37 维生素C含量

按GB/T 6195执行。

附加说明：

本标准由中华人民共和国农业部提出并归口。

本标准起草单位：福建省农业科学院果树研究所、中国农业科学院农业质量标准与检测技术研究所。

本标准起草人：郑少泉、陈秀萍、许秀淡、蒋际谋、黄爱萍、张守梅、邓朝军、钱永忠。

中华人民共和国农业行业标准

龙眼　种苗

Longan grafting

NY/T 1472—2007

1　范围

本标准规定了龙眼(*Dimocarpus longana* Lour.)种苗相关的术语和定义、要求、试验方法、检测规则、包装、标签、运输和贮存。

本标准适用于龙眼种苗。

2　规范性引用文件

下列文件中的条款通过本标准的引用而成为本标准的条款。凡是注日期的引用文件，其随后所有的修改单(不包括勘误的内容)或修订版均不适用于本标准，然而，鼓励根据本标准达成协议的各方研究是否可使用这些文件和最新版本。凡是不注日期的引用文件，其最新版本适用于本标准。

GB 9847　苹果苗木

GB 15569　农业植物调运检疫规程

中华人民共和国国务院　植物检疫条例

中华人民共和国农业部　植物检疫条例实施细则(农业部分)

3　术语和定义

下列术语和定义适用于本标准。

3.1

嫁接苗　grafted seedling

用特定的砧木和接穗，通过嫁接方法繁育的种苗。

3.2

分枝数　number of ramification

从接穗抽生的主干上的分枝数量。

3.3

容器苗　container seedling

在特定容器和营养土中培育的种苗。

4　要求

4.1　基本要求

4.1.1　品种纯度≥98.0%。

中华人民共和国农业部 2007-12-18 发布　　2008-03-01 实施

4.1.2 出圃时营养袋基本完好，营养土柱完整不松散，土柱直径≥11 cm，高≥21 cm。

4.1.3 植株生长正常，无明显机械性损伤，叶色正常。

4.2 疫情要求

无检疫性病虫害。

4.3 分级指标

龙眼种苗分为一级、二级两个级别，各级别的种苗应符合表1规定。

表1 龙眼种苗分级指标

项目	等级	
	一级	二级
种苗高，cm	≥60	≥45
新梢茎粗，cm	≥0.9	≥0.5
新梢长度，cm	≥40	≥30
分枝数，个	≥3	≥1
嫁接口高度，cm	10～30	

5 试验方法

5.1 纯度检验

将种苗按附录A逐株用目测法检验，根据指定品种的主要特征，确定指定品种的种苗数。纯度按公式(1)计算。

$$P = \frac{n_1}{N_1} \times 100 \quad \cdots\cdots (1)$$

式中：

P——品种纯度，单位为百分数(%)，保留一位小数；

n_1——样品中鉴定品种株数，单位为株；

N_1——抽样总株数，单位为株。

5.2 外观

植株外观、营养袋、营养土的完整度用目测法检验，土柱的直径、高用钢卷尺测量。

5.3 疫情检验

按中华人民共和国国务院《植物检疫条例》和中华人民共和国农业部《植物检疫条例实施细则(农业部分)》中有关规定进行。

5.4 分级检验

5.4.1 种苗高度

用钢卷尺测量营养土面至种苗顶端的距离(精确至±1 cm)，保留整数。

5.4.2 新梢茎粗

用游标卡尺测量嫁接口以上3 cm(精确至±1.0 cm)处种苗的直径，保留一位小数。

5.4.3 新梢长度

用钢卷尺测量嫁接口基部至种苗新梢顶芽基部的距离(精确至±1 cm)，保留整数。

5.4.4 分枝数

用肉眼观察，点数新梢主干上抽生的分枝数量。

5.4.5 嫁接口高度

用钢卷尺测量从土面至嫁接口基部的距离(精确至±1 cm),保留整数。将检测结果记入龙眼嫁接苗质量检测记录表中附录B规定的表B.1中。

6 检测规则

6.1 组批

凡同品种、同等级、同一批种苗可作为一个检验批次。检验限于种苗装运地或繁殖地进行。

6.2 抽样

按GB 9847中的规定进行,采用随机抽样法。种苗基数在999株以下(含999株),按基数的10%抽样,并按公式(2)计算抽样量;种苗基数在1 000株以上时,按公式(3)计算抽样量。具体计算公式如下:

$$y_1 = y_2 \times 10\% \qquad (2)$$

$$y_3 = 100 + (y_2 - 999) \times 2\% \qquad (3)$$

式中:

y_1——种苗基数在999株以下的抽样量,单位为株,保留整数;

y_2——种苗基数;

y_3——种苗基数在1 000株以上的抽样量,单位为株,保留整数。

6.3 判定规则

6.3.1 如达不到4.1和4.2中的某一项要求,则判该批种苗为不合格。

6.3.2 同一批检验的一级种苗中,允许有5%的种苗低于一级苗标准,但应达到二级苗标准,超过此范围,则判该批种苗为二级种苗。同一批检验的二级种苗中,允许有5%的种苗低于二级种苗标准,超过此范围,则判该批种苗为不合格种苗。

6.4 复检

如果对检验结果产生异议,允许采用备用样品(如条件允许,可再抽一次样)复检一次,复检结果为最终结果。

7 包装、标签、运输和贮存

7.1 包装

袋装苗如果袋不严重破损,且土团不松散的,一般不需包装,如袋破损而土团完好,种苗销售或调运时必须包装好,包装容器应方便、牢固,以免损伤种苗。

7.2 标签

种苗销售或调运时必须附有质量检验证书和标签。推荐的检验证书参见附录C,推荐的标签参见附录D。

7.3 运输

种苗应按不同品种、不同级别装运;应小心轻放,防止土柱松散;在运输过程中,应保持一定的湿度和通风透气,但应防止日晒、雨淋。

7.4 贮存

种苗运到目的地后应尽快种植,如短时间内不能定植的,应置于荫棚或阴凉处,并注意淋水,保持湿润。

附 录 A
(规范性附录)
龙眼主要品种特征

A.1 储良

树冠高大,半开张型,叶梢小狭长,叶长约13.4 cm,叶宽3.3 cm~4.2 cm,长/宽为3.1~4.2,叶色浓绿,稍具光泽,叶面平展,叶缘无明显波浪状,小叶多3对~4对。叶尖锐尖或渐尖,幼树干、枝条手感粗糙。

A.2 石硖

树长势稍弱,开张型,叶中等大,较宽,叶长约12.4 cm,叶宽3.8 cm~5.1 cm,长/宽为2.4~3.3,叶色深绿,稍具光泽,叶缘较明显波浪状上卷,小叶3对~5对,多数4对。叶尖渐尖或钝尖,幼树干、枝条、叶柄手感较光滑,新梢叶柄紫褐色。

A.3 广眼

树冠半开张型,叶小狭长,叶长约11.6 cm,叶宽2.9 cm~3.6 cm,长/宽3.0~3.9,叶色青绿,叶缘较明显波浪上卷,小叶3对~5对,多数5对,叶尖尾尖或钝尖,幼树干和枝条稍粗糙。

A.4 立冬本

树冠圆头形,树姿开张,半矮化。树干灰褐色,龟裂纹细,树皮细韧,分枝较多。叶色浓绿,小叶多为4对,叶片较小,披针形。叶缘波浪状扭曲,先端尖,叶基钝圆。果穗和花朵稍小。果实近圆球形,果大、均匀、整齐,平均单果重12.8 g~15.6 g,最大达23.6 g,可食率65.6%。果皮灰褐色,带青,龟裂纹明显,瘤状突起不明显。肉质细嫩,化渣,汁多,表面较易流汁,味浓甜,品质中上。成熟期10月上中旬,是目前国内最迟熟的经济栽培良种。

A.5 松风本

树冠圆头形,半开张,树势中等。叶较小,狭椭圆形,叶面平展,叶尖渐尖,叶色淡绿,果穗大。果实近圆形黄褐色,龟纹不明显,纵纹和瘤状突起较明显,平均单果重12.9 g~13.9 g,可溶性固形物21.5%~24.0%,可食率68.5%,果肉乳白半透明,质优,味浓甜,易离核,不流汁。发枝力较强,花量大,坐果率高,丰产性好,挂果时间长,成熟期9月下旬至10月上中旬,是较理想的晚熟鲜食品种。

A.6 大乌圆

广州大乌圆龙眼树势强壮,树形高大,树冠半圆形,开张。叶片深绿色,表面有光泽,小叶8片~10片,长椭圆形,较宽大。果穗较大,果穗分枝较细,果粒着生较紧凑,大小均匀。果实圆球形,单果重12 g~16 g,果面淡黄带褐绿色,较薄,果肉淡乳白色,半透明,肉厚0.60 cm~0.80 cm,离核,肉质软滑带韧,汁多,味甜偏淡,品质中等。种子大,近圆形,黑褐色。果实可食率66%~70%。含可溶性固形物16.0%~18.0%,全糖15.0%,酸0.18%,每100 mL果汁含维生素C36.80 mg。果实在8月上中旬成熟。种子大而充实,播种成苗率高,生长快,是常用的砧木品种。

附　录　B
（资料性附录）
龙眼嫁接苗质量检测记录

表 B.1　龙眼嫁接苗质量检测记录表

品　　种：____________　　　　No：____________

育苗单位：____________　　　　购苗单位：____________

出圃株数：____________　　　　抽检株数：____________

样株号	种苗高度 cm	新梢茎粗 cm	新梢长度 cm	分枝数 个	嫁接口高度 cm	初评级别

审核人(签字)：　　　校核人(签字)：　　　检测人(签字)：　　　检测日期：　年　月　日

附 录 C
(资料性附录)
龙眼嫁接苗质量检验证书

表 C.1 龙眼嫁接苗质量检验证书

No：

育苗单位		购苗单位	
出圃株数		苗木品种	
品种纯度，%			
检验结果	一级： 株；二级： 株		
检验意见			
证书签发期		证书有效期	
检验单位			
注：本证一式三份，育苗单位、购苗单位、检验单位各一份。			

审核人（签字）： 校核人（签字）： 检测人（签字）：

附 录 D
(资料性附录)
龙眼嫁接苗标签

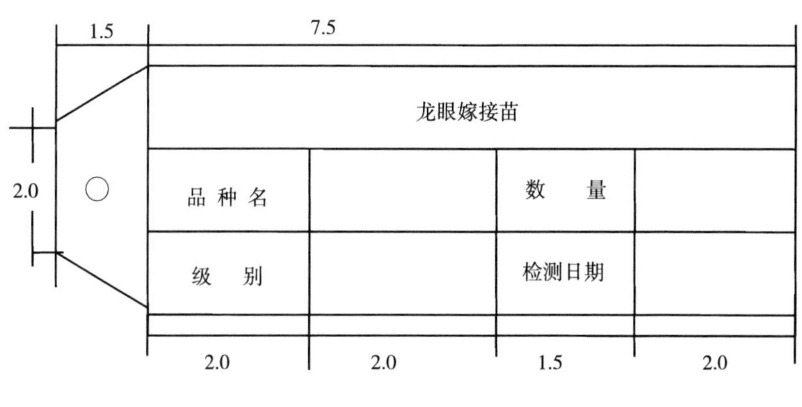

正面

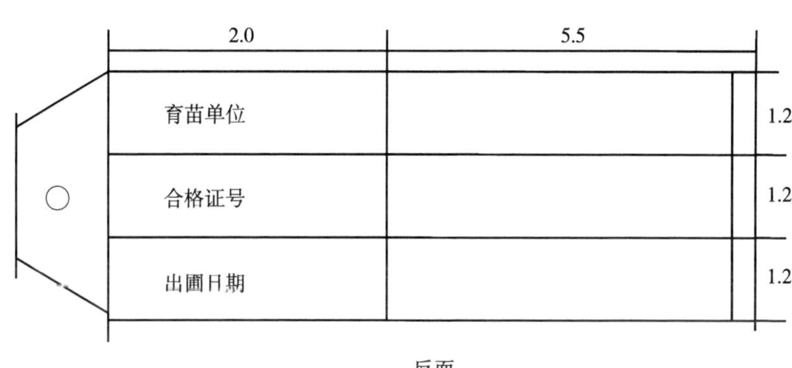

反面

注:标签用 150 g 的牛皮纸。标签孔用金属包边。

图 D.1 龙眼嫁接苗标签(单位:cm)

附加说明:

本标准是对 NY/T 354—1999《龙眼 种苗》的修订。

本标准与 NY/T 354—1999 主要差异为:

——对部分术语、定义进行了修改、补充。

——种苗等级原分三级改为分二级。

——标准参数进行了调整,删去根系指标,增加了分枝数指标。

——指标范围进行了调整。

——补充了部分品种的特征特性。

本标准的附录 A 为规范性附录,附录 B、附录 C 和附录 D 为资料性附录。

本标准由中华人民共和国农业部提出。

本标准由农业部热带作物及制品标准化技术委员会归口。

本标准起草单位:农业部热带作物种子种苗质量监督检验测试中心。

本标准主要起草人:张如莲、洪彩香、陈业渊、谢振宇、龙开意、漆智平。

本标准于1999年首次发布。本次为第二次发布。

中华人民共和国农业行业标准

龙眼病虫害防治技术规范

Technical criterion for longan pest control

NY/T 1479—2007

1 范围

本标准规定了龙眼主要病虫害防治的原则、措施及推荐使用药剂等技术。

本标准适用于我国龙眼产区龙眼主要病虫害的防治。

2 规范性引用文件

下列文件中的条款通过本标准的引用而成为本标准的条款。凡是注日期的引用文件，其随后所有的修改单(不包括勘误的内容)或修订版均不适用于本标准，然而，鼓励根据本标准达成协议的各方研究是否可使用这些文件的最新版本。凡是不注日期的引用文件，其最新版本适用于本标准。

GB 4285 农药安全使用标准

GB/T 8321 (所有部分)农药合理使用准则

NY/T 354 龙眼种苗

NY/T 5176 无公害食品 龙眼生产技术规程

3 推荐使用药剂的说明

本标准推荐的杀菌/杀虫剂是经我国农药管理部门登记允许在龙眼或其他水果上使用的。不应使用国家严格禁止在果树上使用的和未登记的农药，当新的有效农药出现或者新的管理规定出台时，以最新的规定为准。

4 龙眼主要病虫害及防治

4.1 主要病虫害及其发生危害特点，参见附录A、附录B。

4.2 主要病虫害防治原则

应贯彻“预防为主、综合防治”的植保方针，以龙眼作物为单元，针对龙眼大田及采后主要病虫害种类及发生特点，综合考虑影响病虫害发生与为害的各种因素，以农业防治为基础，协调应用检疫、生物防治、物理防治和化学防治等措施对病虫害进行安全和有效控制。

4.2.1 选择适应当地气候和抗病虫性强的优良品种，并严格选择健康苗木，苗木质量应符合NY/T 354之要求。

4.2.2 进行同一品种集中种植，使植株抽梢期整齐，实施病虫统一防治。

4.2.3 加强田间巡查监测，掌握病虫害发生动态，根据经验防治指标，及时采取控制措施。

4.2.4 加强水肥、树体与花果管理，提高植株抗性及创造不利于病虫害发生的环境。水肥、树体与花果管理参照NY/T 5176中的3.5、3.6、3.7之要求执行。

中华人民共和国农业部 2007-12-18 发布 2008-03-01 实施

4.2.5 搞好果园清洁。结合果园修剪及时剪除植株上严重受害或干枯的枝叶、花(果)穗(枝)和果实,及时清除果园地面的落叶、落果等残体,集中烧毁或深埋。修剪或冬季清园后宜及时使用农药进行果园消毒。

4.2.6 鼓励使用人工繁殖的平腹小蜂等天敌及诱虫灯、色板、防虫网等无公害措施。

4.2.7 优先使用微生物源、植物源及矿物源等的对天敌、授粉昆虫等有益昆虫及环境与产品影响小的低毒药剂。

4.2.8 使用药剂防治时应参照 GB 4285 和 GB/T 8321 中的有关规定,严格掌握使用浓度或剂量、使用次数、施药方法和安全间隔期。应进行药剂的合理轮换使用。

4.3 主要病虫害的防治

4.3.1 龙眼鬼帚病

4.3.1.1 防治措施

4.3.1.1.1 检疫防治。按照我国检疫的有关规定,对调运的龙眼种子、种苗及接穗进行检疫及检疫处理。

4.3.1.1.2 建立无病苗圃,培育无病种苗。应从无病区或病区中的无病果园选取品质优良的无病单株作为母树,取其种子或接穗进行育苗。

4.3.1.1.3 及时处理发病植株。在苗圃及新建果园,田间巡查一旦发现病株,应立即使用药剂杀灭荔枝椿象、龙眼角颊木虱和龙眼瘿螨等媒介害虫后及时砍除并烧毁。在老病区,对重病树应喷药杀灭传播媒介昆虫后砍除烧毁,对轻病树,应及早剪除病枝、病穗,并加强水肥管理,缓和病势、延长结果年限。

4.3.1.1.4 药剂防治。使用杀虫剂防治荔枝椿象、龙眼角颊木虱和龙眼瘿螨等媒介昆虫,控制该病通过媒介昆虫传播扩散;使用防治病毒类药剂对轻病树进行治疗。

4.3.1.2 推荐使用的防治药剂及方法

选用病毒必克或植病灵等药剂对轻病树进行喷雾治疗。

选用敌百虫、顺式氯氰菊酯、氯氟氰菊酯、溴氰菊酯、氯氰菊酯或氰戊菊酯等进行喷雾防治荔枝椿象。

选用吡虫啉、啶虫脒、丁硫克百威、毒死蜱、氰戊菊酯、三氟氯氰菊酯、阿维菌素、顺式氯氰菊酯或机油乳剂等喷雾防治龙眼角颊木虱。

选用硫磺悬浮剂、炔螨特、阿维菌素或达螨酮等喷雾防治龙眼瘿螨。

4.3.2 霜疫霉病

4.3.2.1 防治措施

4.3.2.1.1 重点做好花期、果期病害的防治。在花蕾发育期进行一次果园地面、树体(树冠、树干)喷药消毒预防,始花期再喷一次,坐果后每隔 10 d~15 d 喷药一次预防。在果实成熟前及出现利于发病的气候条件时,一旦出现病情应及时喷药进行防治。

4.3.2.1.2 果实采后贮运期的防腐处理。果实采摘后首先剔除有病虫害为害的果实,再结合荔枝炭疽病、酸腐病的防治采用保鲜药剂进行处理。

4.3.2.2 推荐使用的主要杀菌剂及方法

选用 0.5%等量式波尔多液、氧氯化铜或氢氧化铜等进行消毒清园。

选用醚菌酯、嘧菌酯、甲霜灵、甲霜灵·锰锌、烯酰吗啉·锰锌、霜脲·锰锌、 霜锰锌、百菌清、代森锰锌或三乙膦酸铝等药剂喷洒花穗、果实及叶片与枝条。代森锰锌可兼防瘤瘿螨。

使用噻菌灵或异菌脲等药液进行采后浸果 2 min~3 min 或使用仲丁胺药液浸果 10 min。

4.3.3 酸腐病

4.3.3.1 防治措施

4.3.3.1.1 收获前的果实保护。做好荔枝蒂蛀虫、椿象、吸果夜蛾等的防治，减少虫伤果；加强管理，防止或减少各种生理性裂果、落果；在果实近成熟或生理裂果前，结合霜疫霉病和炭疽病的防治，选用杀菌剂在保证安全间隔期条件下进行预防。

4.3.3.1.2 注意采收，并及时进行采收后处理。采收时尽量减少对果实的损伤。采收后，及时剔除有病虫害及机械损伤的果实，再结合龙眼霜疫霉病、炭疽病的防治采用保鲜药剂进行处理。

4.3.3.2 **推荐使用的主要杀菌剂及方法**

选用甲基硫菌灵、百菌清或氧氯化铜进行采前田间果实喷药预防。

采后用双胍辛烷苯基磺酸盐或抑霉唑等浸果 1 min～2 min。

4.3.4 **叶斑病**

4.3.4.1 **防治措施**

4.3.4.1.1 对重病区按 4.2.5 之要求清除果园、苗圃地面的病残体和植株病叶，以减少侵染来源。

4.3.4.1.2 注意做好预防及发病初期的防治。对于重病园，重点在夏秋梢抽发期时喷药预防。田间巡查一旦发现病情，应及时施药防治。

4.3.4.2 **推荐使用的主要杀菌剂及方法**

选用氢氧化铜、氧氯化铜、多菌灵、甲基硫菌灵、百菌清、多硫悬浮剂或异菌脲等叶面喷雾。

4.3.5 **炭疽病**

4.3.5.1 **防治措施**

4.3.5.1.1 大田重点做好嫩梢期、花期及挂果期的病害防治。在春、夏、秋梢叶片展开时和在花蕾期、挂果期应喷药预防，干旱时期每 10 d～15 d 喷药一次，潮湿时期每 7 d～10 d 喷药一次。在挂果期间每月喷药保护一次，最后一次使用药剂应符合安全间隔期。巡查一旦发现嫩梢期、花期及挂果期发病，特别在急性病斑出现，又逢连续下雨，应抢晴及时喷药防治。夏季高温施药应避开中午高温及控制好使用浓度，避免对果实造成药害。在进行梢期和花期及挂果期的病害防治时注意兼防荔枝蝽、尖细蛾等害虫。

4.3.5.1.2 果实采后及时进行处理。果实采摘后，首先剔除有病虫害及机械损伤的果实，再结合霜疫霉病、酸腐病等的防治采用保鲜药剂进行处理。

4.3.5.2 **推荐使用的主要杀菌剂及方法**

用 1%等量式波尔多液于修剪后喷洒植株，预防剪口感染回枯。

选用咪鲜胺、咪鲜胺锰络合物、氢氧化铜、多菌灵、甲基硫菌灵、百菌清或多硫悬浮剂等喷洒嫩梢、叶片、花(果)穗及果实。

选用异菌脲、噻菌灵、抑霉唑、咪鲜胺或咪鲜胺锰络合物等药剂进行采后浸果。

4.3.6 **荔枝椿象**

4.3.6.1 **防治措施**

4.3.6.1.1 人工捕杀：利用冬季低温(温度低于 10℃时)时成虫活动能力差特点，突然摇树使成虫跌落地下，收集杀死；于 3 月～5 月间人工采摘卵块置于自制的寄生蜂保护器内，让从卵中羽化的寄生蜂飞回果园，而从卵中孵化的若虫集中杀死。

4.3.6.1.2 生物防治：释放平腹小蜂 *Anastatus japonicus* 防治，特别是对树冠高大、枝叶茂密、喷药难以彻底防治的老龄果园。于 3 月～4 月荔枝椿象产卵期，每隔 10 d 放平腹小蜂一次，共 1 次～2 次，释放量视树龄大小或椿象密度而定，一般 300 头/(次·株)～500 头/(次·株)，如虫口密度大，应先喷敌百虫压低虫口 7 d～10 d 后才放蜂。

4.3.6.1.3 药剂防治：重点抓好早春(3 月中下旬至 4 月初)对越冬成虫及嫩梢和挂果期(3 月～5 月)对 3 龄前若虫的防治。进行田间巡查，在当地越冬成虫恢复活动及卵大量孵化时适时进行挑治或全面防治。

4.3.6.2 **推荐使用的主要杀虫剂及方法**

选用敌百虫、顺式氯氰菊酯、氯氟氰菊酯、溴氰菊酯、敌敌畏、氯氰菊酯、氰戊菊酯或杀灭菊酯等药剂喷洒花穗及果实和叶片。

4.3.7 **荔枝蛀蒂虫**

4.3.7.1 **防治措施**

4.3.7.1.1 保护利用天敌。选用对天敌低毒的杀虫剂，在第二次生理落果前和采果后少用药甚至不用药，减少药剂对天敌的伤害，发挥天敌控制作用。

4.3.7.1.2 加强田间巡查，掌握好合适的药剂防治时期。从开花期开始进行防治，于花期、幼果期、中果期和果实转色期各喷药一次。同时，检查落果及叶片掌握蛹的羽化情况，蛹累计羽化率在40%时进行一次防治，隔7 d～10 d再喷1次。

4.3.7.2 **推荐使用的主要杀虫剂及方法**

选用敌百虫、杀虫双、氯氰菊酯、顺式氯氰菊酯、溴氰菊酯、杀灭菊酯、灭幼脲、毒死蜱或毒死蜱·氯氰菊酯等进行树冠喷雾防治。

4.3.8 **荔枝尖细蛾**

4.3.8.1 **防治措施**

重点在新梢开始萌动至新梢转绿期定期喷药，严重发生的果园，每隔7 d～10 d喷药保梢一次，连喷2次～3次。

4.3.8.2 **推荐使用的主要杀虫剂及方法**

选用杀虫双、敌百虫、敌敌畏、氰戊菊酯、溴氰菊酯或三氟氯氰菊酯喷施嫩芽、嫩梢和嫩叶。

4.3.9 **荔枝小灰蝶**

4.3.9.1 **防治措施**

4.3.9.1.1 及时摘除田间虫果，减少虫源；也可根据老熟幼虫化蛹习性，勤于田间巡查，人工捕杀树干裂缝中的蛹。

4.3.9.1.2 重点抓好幼果期的药剂防治。谢花两周后使用杀虫剂第一次喷药防治，在卵的盛孵期或间隔7 d～10 d进行第二次药剂防治，喷洒果穗与树干、树枝。药剂喷洒宜在午后或傍晚进行，以杀死夜里爬出并转果为害的幼虫。

4.3.9.2 **推荐使用的主要杀虫剂及方法**

选用杀虫双、敌百虫、敌敌畏、氰戊菊酯、溴氰菊酯或三氟氯氰菊酯等喷施幼果，可兼治蒂蛀虫。

4.3.10 **卷叶蛾类**

4.3.10.1 **防治措施**

4.3.10.1.1 人工防治：在龙眼开花期和小果期，加强田间巡查，发现卵块、虫苞及时人工摘除。

4.3.10.1.2 物理防治：用黑光灯进行诱杀；或在龙眼结果期用人工配制的糖醋药液（红糖：黄酒：醋：水=2：1：1：4，加适量敌百虫等农药）田间诱杀成虫。

4.3.10.1.3 生物防治：虫害严重地区，可在害虫卵始盛期、盛期各放一次松毛虫赤眼蜂或玉米螟赤眼蜂。

4.3.10.1.4 药剂防治：重点抓好龙眼抽梢期、开花前和谢花后至幼果期的药剂防治；加强田间巡查，在幼虫盛孵期喷药防治。

4.3.10.2 **推荐使用的主要杀虫剂及方法**

选用苏云金杆菌、杀虫病毒制剂、敌百虫、氰戊菊酯、溴氰菊酯、三氟氯氰菊酯、阿维菌素或毒死蜱等于幼虫盛孵期喷洒嫩叶、嫩梢和花穗、果穗。

4.3.11 **龙眼亥麦蛾**

4.3.11.1 **防治措施**

4.3.11.1.1 加强田间巡查,巡查应在龙眼亥麦蛾零星发生时开始。发现为害时及时剪除被害枝梢,然后集中烧毁。剪除被害枝梢应掌握幼虫仍在梢内蛀食时进行。

4.3.11.1.2 重点抓好嫩梢期的防治。对于普遍严重发生的果园,应在龙眼每次新梢抽发初期,尤其是春梢或花穗抽发初期,用化学药剂进行防治,以后根据虫情,隔 7 d~10 d 后再喷一次。

4.3.11.2 **推荐使用的主要杀虫剂及方法**

选用高效氯氰菊酯、氯氰菊酯、溴氰菊酯、毒死蜱、乐果或杀虫双等喷洒嫩梢及初抽花穗,其可兼治龙眼角颊木虱等害虫。

4.3.12 **龙眼角颊木虱**

4.3.12.1 **防治措施**

在抽梢及花穗初抽生期使用药剂进行防治,尤其应重视做好春、秋梢的保护。加强田间巡查,从新梢开始萌动开始,掌握好在若虫盛孵高峰期施药。严重发生的果园,隔 7 d~10 d 左右喷药保梢一次,连喷 2 次~3 次。其他果园可进行挑治。

4.3.12.2 **推荐使用的主要杀虫剂及方法**

选用吡虫啉、啶虫脒、噻虫嗪、杀虫双、敌敌畏、毒死蜱、氰戊菊酯、三氟氯氰菊酯、阿维菌素、顺式氯氰菊酯或高渗甲氨基阿维菌素苯甲酸盐等喷施嫩叶、嫩梢、花穗。

4.3.13 **瘿螨类**

4.3.13.1 **防治措施**

4.3.13.1.1 生物防治:在园中及周边适当留生藿香蓟等良性杂草,在果园使用药剂时选用对天敌低毒的药剂,保护利用捕食螨等天敌。

4.3.13.1.2 药剂防治:加强田间巡查,重点做好嫩梢期、花蕾期及幼果期的药剂防治。

4.3.13.2 **推荐使用的主要杀虫剂及方法**

选用硫磺悬浮剂、炔螨特、唑螨酯、阿维菌素或达螨酮等进行喷雾。

4.3.14 **蓟马类**

4.3.14.1 **防治措施**

4.3.14.1.1 控制好冬梢,减少其食料来源。

4.3.14.1.2 加强田间巡查,重点抓好花蕾期、嫩梢期的药剂防治。对发生严重的果园,于嫩梢期、花蕾期、幼果期喷药防治,同时,在低龄若虫盛发期时用药防治,每隔 7 d~10 d 一次,连喷 2 次~3 次。

4.3.14.2 **推荐使用的主要杀虫剂及方法**

选用吡虫啉、啶虫脒、阿维菌素、氯氰菊酯、乐果、毒死蜱、溴氰菊酯等重点喷施嫩梢、嫩叶及花蕾和幼果。

4.3.15 **天牛类**

4.3.15.1 **防治措施**

4.3.15.1.1 人工防治:利用龟背天牛成虫的假死性,在成虫羽化高峰期用竹竿轻打树枝,待成虫坠落地面后捕杀。在成虫产卵前,用塑料包扎树干上星天牛的主要产卵部位。在成虫产卵高峰期,常检查产卵部位,用小刀刺刮树皮下的卵。发现受害枝条或树干,用小刀或硬铁丝刮刺蛀道中的幼虫。

4.3.15.1.2 药剂防治:加强田间巡查,发现有受天牛为害,且见有虫粪排出的枝条、树干,往虫孔注射化学药剂或昆虫病原线虫制剂(*Steinernema carpocapsae*),或用化学药剂蘸湿棉花后堵塞虫孔,熏杀蛀道内幼虫。在当年第一批天牛羽化出孔高峰期及幼虫孵化高峰期,用杀虫剂喷洒树体内膛枝条及树干进行防治。

4.3.15.2 **推荐使用的主要杀虫剂及方法**

用敌敌畏乳油10倍液向蛀道注射或蘸湿棉花后堵塞虫孔；选用氯氰菊酯、敌敌畏或毒死蜱等喷洒枝条、树干。

4.3.16 **蠹蛾类**

4.3.16.1 **防治措施**

4.3.16.1.1 人工捕杀：3月～4月和8月～9月间用铁丝刺杀幼虫或用新黏土、竹签等堵塞虫坑道杀灭幼虫；用小刀或竹片刮除荔枝拟木蠹蛾等在树干或枝条上以虫丝将虫粪和取食排除的木屑粘连而形成隧道，杀死部分幼虫。

4.3.16.1.2 药剂防治：使用杀虫剂或昆虫病原线虫进行防治，防治时期宜选在低龄幼虫期。

4.3.16.2 **推荐使用的主要杀虫剂及方法**

选用敌敌畏或辛硫磷等药剂10倍液向蛀孔坑道内注射，每坑道0.5 mL～1.0 mL，注后用泥土或牛粪或棉花堵住蛀孔。

选用敌敌畏湿润棉花堵塞虫孔。

选用敌百虫、溴氰菊酯、氯氰菊酯、乙酰甲胺磷或三唑磷等喷洒于坑道及附近枝干表皮。

4.3.17 **介壳虫类**

4.3.17.1 **防治措施**

4.3.17.1.1 掌握好防治适期及时利用化学药剂进行防治。通过田间调查，在若虫盛孵期及时利用低毒高效杀虫剂进行防治。

4.3.17.1.2 保护利用天敌。保护利用蚜小蜂、跳小蜂等寄生性天敌及瓢虫、草蛉等捕食性天敌，防治时应尽量采取田间挑治，少用全面喷雾。

4.3.17.2 **推荐使用的主要杀虫剂及方法**

选用毒死蜱、噻嗪酮、顺式氯氰菊酯、高效氯氰菊酯、三氟氯氰菊酯、毒死蜱·氯氰菊酯或机油乳剂等喷洒有虫植株和有虫部位。

附　录　A
（资料性附录）
龙眼主要病害及发生特点

龙眼主要病害及发生特点见表 A.1。

表 A.1　龙眼主要病害及发生特点

主要病害名称	发　生　特　点
龙眼鬼帚病	龙眼鬼帚病是由龙眼鬼帚病毒 Longan witche's broom virus 引起的病害，主要为害嫩梢和花穗 龙眼鬼帚病可以通过接穗、种子和苗木进行传播，在龙眼种植新区，初次侵染来源是带病苗木或带毒种子，而在老区病害的初次侵染来源是田间的病株。在自然界则可通过介体昆虫传播，荔枝椿象和龙眼角颊木虱是重要的传播媒介昆虫，白蛾蜡蝉 *Lawana imitata* 和龙眼瘿螨也可能是传病媒介。病株花粉能携带病毒，也能起到传病作用。远距离传播主要靠带病的苗木、接穗的调运 龙眼鬼帚病的发生与介体昆虫的发生数量、龙眼品种、树龄和管理水平等关系非常密切。荔枝椿象和龙眼角颊木虱发生数量多且具有发病植株的果园往往发病率高。龙眼中的福眼、红孩核等品种感病，而信代本、冬壁等品种抗病。幼龄树比成年树容易发病，高空压条苗比实生苗发病率高
龙眼霜疫霉病 *Peronophthora litchi*	龙眼霜疫霉病是由荔枝霜疫霉引起的病害，主要为害龙眼的花穗和近成熟的果实，也可为害幼果、叶片和结果小枝 较高的温度与湿度对该病发生有利，温度为 22℃～25℃，久雨不晴或热雷阵雨时发病严重 植株花期、果实近成熟期和嫩叶期有利于发病，接近成熟的果实，发病最重 田间枝叶繁茂，结果多的树，发病较重，同一株树，树冠下部荫蔽处，果实发病较早而严重。该病在园地低洼、排水不良的果园发病重。此病菌除为害龙眼外，对荔枝具有更大的为害性
龙眼果实酸腐病 酸腐病菌 *Geotrichum candidum* 节卵孢菌 *Oospra* sp. 白球拟酵母菌 *Torulopsis candida*	龙眼酸腐病由荔枝酸腐病菌、节卵孢菌和白球拟酵母菌等多种真菌引起，主要发生于龙眼果实采收后的贮运与销售期间 病原菌以菌丝体在烂果中或土壤中的有机质中越冬，翌年龙眼果实成熟时，病菌产生的分生孢子经风雨或昆虫传播至果实上而引起发病，病部产生大量孢子进行再次侵染。贮运期间病果与健果的相互接触可造成病害传染。病原菌容易从果实的伤口侵入，蒂蛀虫等害虫为害严重及采收时遭机械损伤的果实发病严重 高温高湿有利于该病害的发生
龙眼叶斑病 桂圆拟茎点霉 *Phomopsis guiyuan* 多毛盘孢叶斑病 *Pestalotia* spp. 龙眼拟茎点霉 *Phomopsis Longanae* 壳二孢菌 *Ascochyta longan*	龙眼叶斑病由多种病原菌引起，主要种类有桂圆拟茎点霉、龙眼拟茎点霉、壳二孢褐斑病和多毛盘孢叶斑病等 龙眼叶斑病的病原菌均以菌丝体或子实体在龙眼果园和苗圃植株上的病叶或病落叶上越冬。开春雨季来临后，病原菌产生的分生孢子随雨水、风等传播到健康叶片而引起初侵染。龙眼叶斑病周年发生，但在夏季高温高湿季节为主要发生时期。管理不善、低洼、湿度大、荫蔽度过大和虫害严重的果园有利于叶斑病的发生

表 A.1（续）

主要病害名称	发 生 特 点
龙眼炭疽病 *Colletotrichum litchi*	龙眼炭疽病由胶孢炭疽菌引起，为害龙眼的叶片、枝梢、花和果实，造成生长期叶斑、梢枯、落叶和落花落果及贮藏期果实腐烂，但主要为害龙眼幼苗期的叶片 病菌主要以菌丝体、分生孢子盘在植株的病枝、病叶、病果上或随落地的病枝、病叶、病果而在土壤中越冬。翌年春季，植株上的病组织或地上病残体产生分生孢子，孢子经风雨及昆虫传播，孢子萌发侵入花穗和春梢，引起初侵染；龙眼炭疽病在13℃～38℃时均能发生，但最适发生温度为22℃～29℃。龙眼炭疽病在高湿时容易发病，连续降雨的高温天气有利于病害大发生，干旱对其发生不利。植株在嫩梢期，开花期、幼果和果实成熟期，最易受害，近成熟果比青果容易受害；幼龄树比老龄树发病重。管理粗放的果园、抽梢期嫩叶受虫害及暴风雨为害形成伤口及树势衰弱的植株容易发病

附 录 B
（资料性附录）
龙眼主要害虫及发生特点

龙眼主要害虫及发生特点见表B.1。

表B.1 龙眼主要害虫及发生特点

主要害虫	发 生 特 点
荔枝椿象 *Tessaratoma papillosa*	荔枝椿象以成虫及若虫刺吸荔枝嫩梢、枝叶、花穗及幼果汁液。初孵若虫群集为害。荔枝椿象除为害龙眼外，还为害荔枝、柑橘、番木瓜、香蕉、咖啡等20多种植物 荔枝椿象完成一个世代需89 d～107 d，成虫寿命203 d～371 d，每年发生1代，以性未成熟成虫在荔枝、龙眼或其他寄主植物上越冬，翌年春暖时开始活动、取食、交尾和产卵，每雌可产卵5次～10次，产卵量为140粒左右，每次14粒～28粒，产于叶面或片背，常14粒集中产在一起 荔枝椿象嗜食嫩梢、花穗和幼果，虫口多分布在花多、果多或嫩梢多的荔枝树，当新梢老化和果实成熟时，成虫将迁移到具有嫩梢或幼果的龙眼或其他寄主植物。荔枝椿象若虫具有假死性，遇惊或人为摇动树干可假死坠地
荔枝蛀蒂虫 *Conopomorpha sinensis*	荔枝蛀蒂虫以幼虫蛀食荔枝的果实、花穗、嫩梢和新叶，其中以为害花果造成的损失最大 荔枝蒂蛀虫世代历期20 d～24 d，成虫平均寿命13 d。在广东三角洲地区年发生10代～11代，田间世代重叠。该虫以幼虫在冬梢枝条或早熟品种花穗近顶端的轴内越冬，翌年春暖后化蛹，越冬代成虫出现于早熟荔枝的开花期或幼果期及晚熟品种的花蕾期。成虫喜在荫蔽、潮湿、通风透气差的树上产卵，有明显的趋果性和趋嫩性。为害幼果时，卵喜产在幼果中、下部位，幼虫蛀食果核，果实成熟前，则卵喜产在近果蒂部龟裂片缝间，幼虫在果蒂内蛀食种柄，在梢上卵多产于小叶柄和叶柄间有稍凹陷处。每雌平均可产卵133粒～157粒，多的达223粒。幼虫不转果为害，虫粪也积留在蛀道中。老熟幼虫咬破一圆孔从果中或叶片中爬出而在叶面或叶背吐丝结一近圆形或椭圆形丝质薄膜状茧内化蛹。早、中、晚熟品种混合种植的荔枝林有利于该虫大发生
荔枝尖细蛾 *Conopomorpha litchielle*	荔枝尖细蛾以幼虫为害嫩叶、嫩梢、花穗，不为害果，这是与荔枝蛀蒂虫为害特征的本质区别 荔枝尖细蛾在广东、海南地区年发生约10代，田间世代重叠。以幼虫在荔枝、龙眼的冬梢、花穗和叶脉中越冬，成虫多产卵于幼叶中脉两侧和嫩梢上，散产。幼虫孵化自卵壳底面入侵，被害叶主脉外部可见若干个排粪小孔。幼虫可吐丝悬坠转梢、转叶为害，老熟幼虫从蛀道爬出而在受害叶附近的叶片上结茧化蛹
荔枝小灰蝶 *Deudorix epijarbas*	荔枝小灰蝶以幼虫为害龙眼果实，蛀食果核，但不为害果肉已发育将果核全部包住的果实 荔枝小灰蝶世代历期28 d～36 d，以幼虫多在树干裂缝处越冬。成虫产卵于幼果蒂基部，孵化后从果实中部或肩部蛀入，蛀食果核时常以臀板顶住虫孔，虫粪直接从孔口落地。幼虫有夜出转果为害习性，每头幼虫可为害2个～3个果实，但当果肉包满果核时则不能侵入为害。老熟幼虫从果中爬出，在树干表皮裂缝处化蛹，少数在果内化蛹。荔枝小灰蝶除为害龙眼外，还为害荔枝、澳洲坚果、番石榴等作物

表 B.1（续）

主要害虫	发　生　特　点
卷叶蛾类 黑点褐卷叶蛾 *Cryptophelebia ombrodelta* 褐带长卷叶蛾 *Homona coffearia* 拟小黄卷叶蛾 *Adoxophyes cyrtosema* 黄三角卷叶蛾 *Statherotis leucospis* 圆角卷叶蛾 *Eboda cellerigera* 灰白条卷叶蛾 *Dudua aprobola*	为害龙眼的卷叶蛾类主要有黑点褐卷叶蛾、褐带长卷叶蛾、拟小黄卷叶蛾、圆角卷叶蛾、黄三角卷叶蛾、灰白条卷叶蛾等 卷叶蛾类害虫以幼虫吐丝卷叶，藏匿其中咬食嫩叶而造成缺刻，严重时可将叶片吃光，或以幼虫蛀食果实果核、花穗和嫩梢的髓部，造成幼果大量落果及嫩梢与花穗枯死 黑点褐卷叶蛾常与荔枝蒂蛀虫、小灰蝶、褐带长卷叶蛾等混合发生。该虫除为害龙眼外，还为害荔枝、杨桃、牛角树等植物。该虫卵产于龙眼等作物叶上，初孵幼虫分散在果壳龟裂片缝间蛀食果皮，2 龄后蛀入果核，一般一个果内只有 1 头幼虫。老熟幼虫在蛀果内或爬出而在附近杂草内化蛹。该虫还蛀食寄主嫩茎 褐带长卷叶蛾除为害龙眼外，还为害荔枝、柑橘、枇杷、梨等果树。在荔枝和龙眼的结果初期常与荔枝小灰蝶、拟小黄卷叶蛾混合为害，而在中后期则与荔枝蒂蛀虫、小灰蝶和黑点褐卷叶蛾混合为害。该虫以幼虫在荔枝卷叶或附近杂草中越冬，气候回暖后恢复活动并在花穗或叶片上取食，荔枝挂果后转为为害幼果，随着果实发育果皮和果核变硬，其转为为害嫩叶嫩梢和龙眼幼果。成虫主要产卵于叶面。在花期和幼果期，初孵幼虫咬食幼果果皮，2 龄～3 龄幼虫钻入幼果内蛀食。幼虫有转果和转叶苞为害习性。幼虫常在卷叶内、老叶间化蛹，部分为害果的幼虫在果中化蛹。该虫在广东 6 月～7 月，完成世代发育需 31 d～52 d，年发生 7 代左右 拟小黄卷叶蛾以幼虫吐丝缀合叶片在其中越冬，也有少数以蛹越冬。该虫田间世代重叠，在珠江三角洲地区每年发生 8 代～9 代。卵多产于叶的正面，能为害嫩叶、嫩梢及幼果。幼虫极为活泼，有转果为害习性。当受惊时，即急剧退后跳动，吐丝下垂跌落地面。成虫喜吸食糖醋及发酵物质 圆角卷叶蛾主要在广西为害龙眼、荔枝等作物，以幼虫为害嫩梢、嫩叶和功能叶，没发现为害果实 黄三角卷叶蛾除为害龙眼外，还为害荔枝和柑橘，主要为害嫩梢、嫩叶和花穗，没发现为害果实。在广西南宁地区，一年发生 9 个世代，世代重叠 灰白条卷叶蛾主要为害嫩叶和花穗，广西南宁地区，7 月～11 月发生量较大，尤其是 7 月～8 月，常与黄三角小卷蛾混合发生
龙眼亥麦蛾 *Hypitima longanae*	龙眼亥麦蛾以幼虫在龙眼的枝梢、嫩茎、花穗梗的髓部蛀食而造成为害 龙眼亥麦蛾每年发生 5 代，世代重叠，以老熟幼虫在 11 月中旬左右在枝梢隧道内开始越冬，越冬幼虫在 12 月至翌年 1 月陆续化蛹。在广东，第一代幼虫为害春梢及花穗，第二代幼虫主要为害夏梢及夏延秋梢，第三代幼虫为害秋梢，第四代幼虫为害秋梢和冬梢，第五代幼虫为害冬梢 龙眼亥麦蛾成虫的卵散产于新梢顶芽夹缝及幼嫩小叶背面叶脉间隙，或在花穗小枝梗及嫩梢表皮裂缝处。初孵幼虫由卵底直接蛀入取食，后转移到嫩梢上为害，幼虫一生均在蛀道内生活，一条害梢一般仅有一头幼虫，若害梢老化，幼虫无法继续往下蛀食，即行转梢为害，一般转梢 1 次～2 次。管理不善、梢期不整齐的果园往往受害严重
龙眼角颊木虱 *Cornegenapsylla sinica*	龙眼角颊木虱目前只发现为害龙眼。该虫以成虫和若虫吸食龙眼嫩芽、幼叶、花穗汁液。龙眼角颊木还可以传播鬼帚病病毒 龙眼角颊木虱在广州地区年发生 7 代，在福建发生 3 代～4 代，田间世代重叠。该虫以若虫在龙眼被害叶片的凹陷内越冬，在福建若虫滞育现象明显。角颊木虱发生与龙眼的物候和品种关系密切。角颊木虱成虫与卵的发生高峰期与龙眼的抽梢期基本上相吻合，一年通常有 5 个发生高峰，但若虫密度以夏季为最高，成虫只产卵于梢期的紫红色幼叶的叶背，散产，在转绿的叶片上成虫不产卵，每雌产卵量可高达 100 多粒。初孵若虫可爬动，在嫩叶爬行至合适的部位时开始取食，2 d～3 d 后在叶片上形成凹陷的，整个若虫期在其中生活，直到羽化。青壳石硖最易受害，储良品种的抗虫性较好

表 B.1（续）

主要害虫	发　生　特　点
瘿螨类 荔枝瘤瘿螨 *Aceria litchii*(Keifer) 龙眼瘿螨 *Eriophyes dimocarpi* Kuang	荔枝瘤瘿螨以成螨和若螨在龙眼的嫩芽(梢)、叶片及花穗和幼果上为害，该螨还为害荔枝 龙眼瘿螨以成螨和若螨在龙眼的嫩芽和新梢未展开的嫩叶及花穗上为害 荔枝瘤瘿螨在华南地区年发生10多代，田间世代重叠，在28.7℃时世代历期为15 d左右。以成螨在晚秋梢或冬梢上的毛毡中越冬，无真正的休眠。该螨喜幼嫩的叶片、花穗及幼果，以植株抽梢期、花期和幼果期发生严重，尤其以春、秋梢期的新梢刚萌动至小叶复叶展开时受害最重，小复叶展开后受害变轻。荔枝瘤瘿螨喜阴怕光，在幼芽米粒大小时便开始为害，叶片转绿后即使有瘿螨于其上也不出现绒毛。树冠稠密，光照不良易引起发生。龙眼植株上的捕食螨对荔枝瘤瘿螨有控制作用。该螨可借苗木、昆虫、农具等传播蔓延；台风、暴雨对瘿螨有影响，在暴风雨后虫口密度下降 龙眼瘿螨畏光，多栖息于内膛阴枝叶梢顶芽内和未展开的复叶及花穗的小花内为害。在管理不善的果园及树势弱的植株上往往为害严重
蓟马类 红带网纹蓟马 *Selenothrips rubirocintus* 茶黄蓟马 *Scirtothrips dorsalis* 黄胸蓟马 *Thrips hawaiiensis*	在龙眼上为害的蓟马主要有茶黄蓟马、红带网纹蓟马和黄胸蓟马等3种 茶黄蓟马、红带网纹蓟马和黄胸蓟马均以若虫和成虫锉吸植物组织的汁液。茶黄蓟马主要在未展开的嫩叶、嫩梢以及顶芽上为害，红带网纹蓟马主要在已充分展开但仍带有淡绿色的嫩叶上为害，而黄胸蓟马主要在荔枝花期为害 茶黄蓟马和红带网纹蓟马田间常多种虫态并存，在珠江三角洲地区每年发生10代～11代，黄胸蓟马每年发生20多代，田间世代重叠。红带网纹蓟马在夏季世代历期22 d～24 d，而冬季达150多d。红带网纹蓟马和茶黄蓟马的盛发期与梢期相一致，一年抽梢次数多且发梢不整齐或有冬梢的果园，为害较严重；春秋干旱对其发生有利。红带网纹蓟马、茶黄蓟马和黄胸蓟马除为害龙眼外，还为害荔枝、杧果、茶树等多种植物
天牛类 龟背天牛 *Aristobia testudo* 星天牛 *Anoplophora chinensis*	为害龙眼的天牛主要有龟背天牛和星天牛等两种 龟背天牛和星天牛以幼虫蛀食植株树干、枝条及以成虫咬食树干枝条而造成为害 龟背天牛在南方地区每年发生一代，以幼虫或蛹在蛀道内越冬，在广东成虫出现于6月份，高峰期为7月份，8月份为产卵盛期。龟背天牛初孵幼虫在树皮下为害，越冬后的幼虫钻蛀至树干与枝条的木质部而形成长蛀道。成虫产卵于成虫咬食树干枝条而形成的半环形伤口中。龟背天牛发生与品种及树龄有一定关系，低龄果园一般比高龄果园受害重 星天牛年发生1代，以高龄幼虫在树干基部或主根蛀道内越冬。5月～6月份为羽化盛期，成虫羽化后在蛹室内停留5 d～8 d，外出飞向树冠，咬食细枝皮层，并交尾产卵。成虫产卵产于接近地面的树干处，产卵处伤口呈L或⊥形，幼虫孵化后在皮下蛀食约2个～4个月后深入木质部蛀成隧道，星天牛主要在靠近地面的树干及主根内蛀食为害，蛀道多与树干平行。老熟幼虫在蛀道中化蛹。该种寄主多，除为害荔枝、龙眼外，还为害柑橘、苦楝、桑树等植物

表 B.1（续）

主要害虫	发　生　特　点
蠹蛾类 荔枝拟木蠹蛾 *Arbela dea* 相思拟木蠹蛾 *Arbela baibarana* 咖啡豹蠹蛾 *Zeuzera coffeae*	为害龙眼主要种类为荔枝拟木蠹蛾、相思拟木蠹蛾及咖啡豹蠹蛾。蠹蛾类害虫以幼虫钻蛀为害 咖啡豹蠹蛾钻蛀树干和枝条的木质部，严重时将髓部食空。荔枝拟木蠹蛾以幼虫从树干分杈处钻蛀树干，形成坑道而成为藏匿场所，其幼虫还在坑外树干、树皮上以虫丝将虫粪和取食排除的木屑粘连而形成隧道，夜间沿着隧道外出啃食树皮 荔枝拟木蠹蛾年发生1代。以幼虫在蛀道内越冬，成虫出现时间为4月～6月，初羽化的成虫栖息在蛀道附近的枝干上，当天可交尾产卵，成虫多将卵产于直径10 cm以上的枝干皮破伤处，块产，每雌可产卵5个～13个卵块，卵数在350粒以上。初孵幼虫经2 h～4 h扩散活动，即在枝杈、伤口或皮层断裂处蛀害。老熟幼虫在坑道缀以薄丝，在坑道中化蛹。成虫有弱趋光性，能作短距离飞翔。荔枝拟木蠹蛾除为害荔枝外，还为害龙眼、杧果、橡胶、石榴等20多科的40多种寄主植物 相思拟木蠹蛾在广州地区每年1代，以老熟幼虫在蛀道内越冬。每年4月～5月越冬幼虫化蛹，5月～7月羽化，成虫产卵于寄主的主干或大枝上，卵块呈鱼鳞状排列，覆盖黑褐色胶状物。每雌产卵百余粒，幼虫5月中下旬孵出，多从伤口、树枝分杈处蛀入木质部形成蛀道。白天匿居其中蛀食。蛀道口外有由吐丝将虫粪、树皮碎屑缀合成的黑褐色隧道，幼虫傍晚沿隧道外出，啃食附近的树皮。隧道随虫龄增长而增长，通常20 cm～40 cm。在同一林带，相思拟木蠹蛾常与荔枝拟木蠹蛾混合发生 咖啡豹蠹蛾在广东、海南、广西、福建等龙眼主产区年发生2代。以幼虫在被害枝干内越冬，卵散产在小枝嫩梢顶端或腋芽处，每雌可产卵224粒～1 132粒，平均约600粒。初孵幼虫先从枝条顶端或腋芽处蛀入，然后向枝条上部蛀食。当被害处以上部位枯萎，幼虫钻出枝条外，向下转移为害多次。老熟幼虫在蛀道内吐丝结缀，以木屑堵塞两端作蛹室，在蛹室上方咬一圆形羽化孔；羽化前蛹体移动至孔口，并大半露出孔外，羽化后蛹壳夹留孔口。成虫有趋光性
蚧类 垫囊绿绵蚧 *Chloropulrinaria psidii* 堆蜡粉蚧 *Nipaecoccus vastater* 杧果轮盾蚧 *Aulacaspis tubercularis* (Newst) 龙眼缨单蜕蚧 *Thysanofiorinia nephelii*	在我国龙眼上发生的介壳虫种类达20多种，主要有垫囊绿绵蚧、堆蜡粉蚧、杧果轮盾蚧和龙眼缨单蜕蚧等 龙眼介壳虫主要以若虫和成虫为害树冠的枝梢、叶片和果实，吸食其组织的汁液而引起为害。虫体分泌的"蜜露"和蜡类还可诱发煤烟病。除龙眼缨单蜕蚧只为害龙眼外，垫囊绿绵蚧、堆蜡粉蚧和杧果轮盾蚧等可为害荔枝、柑橘、杧果、番石榴等多种寄主 垫囊绿绵蚧在海南、广东等地每年发生3代～4代，以若虫和未有卵囊的雌成虫在荔枝、龙眼叶片、嫩枝、嫩梢上越冬，该虫在广东3月～5月为发生高峰期，5月～6月煤烟病发生严重。每雌可产卵230粒～540粒，卵产于成虫卵囊中，孵化后爬行扩散，可在短时间内猖獗为害。干旱对此虫发生有利。田间有多种寄生蜂和瓢虫、草蛉等捕食性天敌对该虫有寄生和捕食作用 堆蜡粉蚧在海南、广东等地每年发生5代～6代，世代重叠。以若虫、成虫在荔枝、龙眼的树干和枝条的裂缝、卷叶和蚁窝中越冬，每年的4月～5月和10月～11月为害严重。主要营孤雌生殖，每雌可产卵数300多粒，卵产于卵囊中。干旱季节有利于该虫发生。田间有多种瓢虫、草蛉和寄生蜂对该虫有抑制作用

附加说明：

本标准的附录 A、附录 B 为资料性附录。

本标准由中华人民共和国农业部提出并归口。

本标准起草单位：中国热带农业科学院环境与植物保护研究所。

本标准主要起草人：符悦冠、黄武仁、韩冬银、张方平、刘奎、陈伟、张敬宝。

中华人民共和国农业行业标准

龙眼、荔枝产后贮运保鲜技术规程

Technical regulation for storage and transportation of longan and litchi after harvest

NY/T 1530—2007

1 范围

本标准规定了龙眼和荔枝果实的采收、采后处理保鲜工艺条件、贮藏运输要求、贮藏期限指标。

本标准适用于储良、石硖、古山二号、东壁、乌龙岭等龙眼品种和妃子笑、黑叶、白腊、玉荷包、桂味、糯米糍、淮枝等荔枝品种，其他品种可参照执行。

2 规范性引用文件

下列文件中的条款通过本标准的引用而成为本标准的条款。凡是注日期的引用文件，其随后所有的修改单(不包括勘误的内容)或修订版均不适用于本标准，然而，鼓励根据本标准达成协议的各方研究是否可使用这些文件的最新版本。凡是不注日期的引用文件，其最新版本适用于本标准。

GB 2763 食品中农药最大残留限量

GB/T 5737 食品塑料周转箱

GB/T 6543 瓦楞纸箱

GB/T 8559 苹果冷藏技术

GB/T 8855 新鲜水果和蔬菜的取样方法

GB 9687 食品包装用聚乙烯成型品卫生标准

GB/T 12293 水果、蔬菜制品 可滴定酸度的测定

GB/T 12295 水果、蔬菜制品 可溶性固形物含量的测定 折射仪法

NY/T 515 荔枝

NY/T 516 龙眼

NY 5173 无公害食品 荔枝、龙眼、红毛丹

NY/T 5174 无公害食品 荔枝生产技术规程

NY/T 5176 无公害食品 龙眼生产技术规程

3 术语和定义

下列术语和定义适用于本标准。

3.1

缺陷果 defective fruit

由于外界力量如机械伤、病虫害对果实造成的创伤或畸形果。

3.2

冷害 chilling injury

中华人民共和国农业部 2007-12-18 发布 2008-03-01 实施

果实在冰点以上低温所造成的生理失调。

3.3

预冷　pre-cooling

果实采后迅速排除田间热的过程。

3.4

自然损耗　natural loss

在贮藏运输期间水分和干物质的损失。

4　采收

4.1　产品质量安全要求

龙眼和荔枝的生产应按 NY/T 5176 和 NY/T 5174 的规定进行，产品安全质量标准按 NY 5173 执行。

4.2　成熟度

4.2.1　成熟度要求

龙眼和荔枝的采收成熟度应根据销售市场远近及贮藏期间长短而定，一般以八成至九成熟为宜。

4.2.2　判断标准

a）龙眼：果皮光滑，黄褐色，果实柔软而富有弹性，果肉浓甜或清甜，果核充分硬化，呈棕红色或褐红色，具有该品种所特有的风味。

b）荔枝：外果皮已基本转红，内果皮基本为白色，具有该品种果实特有风味。

4.3　采收时间

龙眼和荔枝采收应在晴天上午露水干后或阴天进行，不宜在烈日中午、雨天或雨后采收。

4.4　采收方法

整穗采收，用枝剪将成穗果实剪下。对于成熟度不均匀的树，可分批采收。采收时应轻采轻放，尽可能避免机械损伤。也可根据客户要求单果采收。采收后果实不要堆放在烈日下曝晒，采后应放在阴凉处，尽快运到加工厂进行处理。

5　采后处理

5.1　挑选

挑选时应剔除病果、虫果、褐变果、腐烂果、裂果、未成熟或过熟果、无果蒂果及其他缺陷果。

5.2　分级

龙眼果实的分级标准按 NY/T 516 规定执行。荔枝果实的分级标准按 NY/T 515 规定执行。

5.3　清洗及防腐处理

龙眼和荔枝经挑选分级后，可用 0.1%的漂白粉溶液清洗。防腐处理可用 500 mg/kg 的咪鲜胺类杀菌剂、500 mg/kg 的抑霉唑或 1 000 mg/kg 的噻菌灵溶液浸果 1 min，然后取出晾干。杀菌剂的残留量应符合 GB 2763 的有关规定。

5.4　包装

5.4.1　包装材料

龙眼和荔枝的外包装可根据市场要求选用纸箱、塑料箱、泡沫箱、竹篓等。内包装可使用聚乙烯薄膜袋（0.02 mm～0.03 mm）或防雾聚乙烯袋（0.02 mm～0.03 mm）。

5.4.2　包装要求

牢固、通气、洁净无毒。纸箱包装应符合 GB/T 6543 的规定，塑料筐应符合 GB/T 5737 的规定，聚乙烯薄膜袋应符合 GB 9687 的规定。所有包装材料均应符合国家相关规定。

5.4.3 包装容量

纸箱、小竹篓容量一般不超过5 kg，塑料筐容量和泡沫箱包装容量一般不超过10 kg，也可根据签订的合同规定包装。

5.4.4 标志与标签

包装上应有如下标志：

——产品名称、品种名称及商标；

——执行的产品标准编号；

——生产企业（或经销商）名称、详细地址、邮政编码及电话；

——产地（包括省、市、县名，若为出口产品，还应冠上国名）；

——等级；

——净含量；

——采收日期；

——标注文字应清晰，不易褪色，无毒。

5.5 预冷

5.5.1 预冷要求

龙眼和荔枝采后应尽快进行预冷。要求采收后6 h内进行预冷，24 h内使果心温度降低到10℃以下。

5.5.2 预冷方法

可根据当地实际情况，采用强制通风预冷、冰水预冷、冷库预冷等方法进行预冷，尽快排除田间热，降低果实的温度。

5.5.2.1 强制通风预冷

将果实按包装的通风孔对齐堆叠好，以强力抽风机让冷风经过果实货堆，在30 min～50 min内让果心温度降低到10℃以下。

5.5.2.2 冰水预冷

将果实浸泡在0℃～2℃的冰水中10 min～15 min，使果心温度降至10℃以下（包装需要使用塑料筐、竹箩等耐水材料）。

5.5.2.3 冷库预冷

将果实包装堆放于0℃～3℃的冷库中，堆垛高度不应超过5层，堆垛方向应顺着冷库冷风的流动方向，在24 h内使果心温度降至10℃以下。

6 贮藏

6.1 贮藏条件

龙眼和荔枝最适贮藏条件为3℃～5℃，相对湿度为90%～95%。

6.2 贮藏库管理

贮藏前应先对库内外进行彻底的消毒，方法按GB/T 8559中附录C的规定执行。

6.2.1 货位堆码方式按GB/T 8559中4.2.4的要求执行。根据不同包装容器合理安排货位，其堆码形式、高度、垫木和货垛排列方式、走向应与库内空气环流方向一致。

6.2.2 果实入库前，应先将库温降到3℃左右。

6.2.3 贮藏期间冷库温度应避免波动，保持温度的稳定。

6.3 贮藏期

在适宜的低温下，龙眼的贮藏期约为30 d，荔枝20 d～30 d，货架期24 h～48 h。可根据市场需求灵活掌握贮藏时间，但不应超过其最长贮藏期限。

在贮藏期限内，好果率在90%以上，自然损耗率应不超过2%。贮藏后应基本保持果实原有的色泽和风味。

6.4 果实质量检验

应定期检验龙眼、荔枝果皮颜色、好果率、自然损耗率、品质等，检验方法按附录A的规定执行。

7 运输

7.1 运输方法

7.1.1 常温运输

适于短途运输，时间约1 d～2 d，到达目的地市场后及时销售。可使用普通货车或保温车进行运输。如果采用保温汽车运输，应在车厢内加冰降温。包装可使用普通竹箩、纸箱包装，也可使用泡沫箱加冰的方式。泡沫箱加冰方式运输时间可延长到3 d～4 d。

7.1.2 低温运输

可采用冷藏车、冷藏集装箱进行运输。适宜的低温运输条件为温度3℃～5℃。适用于20 d以内的运输。

7.2 运输要求

装车卸车速度要快，要轻装轻卸，运输途中应避免温度的大幅度波动，避免果实被日晒雨淋。

附 录 A
（规范性附录）
龙眼、荔枝质量检验方法

A.1 可溶性固形物和可滴定酸检验

分别按 GB/T 12295 和 GB/T 12293 的规定执行。

A.2 好果率检验

按 GB/T 8855 的规定取样，将破烂果、病害果、褐变果（果实变褐总面积大于果面的 1/3）剔除后并称量，每次统计应至少重复 3 次。

好果率以 3 次重复的平均结果表示，按公式（A.1）计算：

$$R = \frac{R_1}{R_t} \times 100 \quad \cdots\cdots (A.1)$$

式中：

R——好果率，单位为百分数（%）；

R_1——贮运后好果的质量，单位为千克（kg）；

R_t——贮运后果实的总质量，单位为千克（kg）。

计算结果精确到小数点后两位。

A.3 自然损耗率检验

自然损耗率按公式（A.2）计算：

$$Z = \frac{m_1 - m_2}{m_1} \times 100 \quad \cdots\cdots (A.2)$$

式中：

Z——自然损耗率，单位为百分数（%）；

m_1——入库时果实质量，单位为克（g）；

m_2——出库时果实质量，单位为克（g）。

附加说明：

本标准的附录 A 为规范性附录。

本标准由中华人民共和国农业部提出。

本标准由农业部农产品加工局归口。

本标准起草单位：华南农业大学园艺学院、广东省农业科学院果树研究所。

本标准主要起草人：吴振先、陈维信、苏美霞、韩冬梅、季作梁。

中华人民共和国农业行业标准

菠萝栽培技术规程

Technical code for cultivating pineapple

NY/T 1442—2007

1 范围

本标准规定了菠萝[*Ananas comosus*(L.)Merr.]园地选择、园地规划、种植、田间管理、病虫鼠害防治、防寒、采收的技术要求。

本标准适用于菠萝的栽培。

2 规范性引用文件

下列文件中的条款通过本标准的引用而成为本标准的条款。凡是注日期的引用文件，其随后所有的修改单(不包括勘误的内容)或修订版均不适用于本标准，然而，鼓励根据本标准达成协议的各方研究是否可使用这些文件的最新版本。凡是不注日期的引用文件，其最新版本适用于本标准。

GB 4284—1984 农用污泥中污染物控制标准

GB 4285—1989 农药安全使用标准

GB 5084—1992 农田灌溉水质标准

GB 8172—1987 城镇垃圾农用控制标准

GB/T 8321 (所有部分)农药合理使用准则

GB 15618—1995 土壤环境质量标准

NY/T 451 菠萝 种苗

NY/T 496—2002 肥料合理使用准则 通则

NY 5023 无公害食品 热带水果产地环境条件

3 园地选择

3.1 气候条件

适宜的气候应是冬季无霜或少霜。年均温在20℃以上，最冷月均温12℃以上，绝对最低温0℃以上，基本无霜；≥10℃年积温值6 500℃～9 000℃，极端最高气温值≤43℃，阳光充足。

3.2 土壤环境质量

园地的土壤环境质量除应符合GB 15618—1995中的第4章规定的二级标准以上(包括二级)外，还应是疏松透气、肥沃、富含有机质、pH在4.5～6的土壤。

3.3 园地环境

园地应选择在生态环境良好，远离污染源，交通较方便、水源充足、坡度宜小于20°、霜线以上且冷空气不容易沉积的地方。

3.4 灌溉水

中华人民共和国农业部 2007-09-14 发布　　2007-12-01 实施

灌溉水的质量应符合 GB 5084—1992 的第 4 章规定的旱作标准值。

3.5 环境空气

菠萝园地的环境空气质量应符合 NY 5023 规定。

4 园地规划

4.1 用地

用地规划应根据菠萝生长要求的环境条件制定，以可持续发展为前提，水土保持、水源林、排灌系统、道路系统、种植小区、生活及产品处理地等项目综合规划。种植用地与非种植用地的面积比宜为 10∶4，各非生产用地项目的占用量视实际情况而定。对于坡度大于 15°的丘陵地，山顶上应保留水源林，其面积视实际情况而定，但不宜少于该丘陵总面积的 10%。

4.2 小区

按同一小区的坡向、土质和肥力相对一致的原则，将全园分为若干小区，每个小区面积1.5 hm^2～3 hm^2。缓坡地采用长方形小区。

4.3 道路

根据园地的地形地势以及面积的大小，分别设立主干道、支干道和小型农机用道。

4.4 防护林

园区应设立防风林。按实际情况结合道路建设，将园地划分为若干区，在小区四周种植抗风力强且非菠萝病虫害寄主的树种，种植数量视实际情况而定。丘陵地的防风林应按地势进行规划。在等高梯田的梯边或等高平台的台边应培养（或种植）低矮植被植物。

4.5 排灌系统

园区应设立排灌系统，畦沟应具备排水功能，同时视具体情况另行修建排洪道、山塘水库或蓄水池，优先考虑建设喷灌系统或滴灌系统。

4.6 肥池

按实际需要在园区内修建一定数量的无渗漏肥池。

4.7 品种

根据环境、气候条件和市场需求进行品种规划，选用优质高产品种。

5 种植

5.1 园地准备

5.1.1 整地

定植前 2～3 个月备耕。垦地时要注意多犁少耙，尽量保持径宽在 5 cm～6 cm 的团块状土块占多数，犁地深 30 cm 以上，轮作地应将前茬作物的易腐败部分翻压到地下作有机肥；除净硬骨草和茅草等恶性杂草。

5.1.2 整畦

坡度小于 5°的开阔地应尽可能东西向起平畦，畦宽 110 cm～150 cm，畦沟宽 30 cm～40 cm；坡度 5°～10°时应起等高垄畦，畦宽 110 cm～150 cm，畦沟起在畦的靠山顶一侧，畦沟宽同前；坡度大于 10°时，应修建等高梯田或平台，梯田（平台）宽度视实际情况而定，畦沟宽同前；梯田（平台）水平走向宜有 3‰～5‰的比降。

5.1.3 挖种植沟

沿畦的走向挖宽 40 cm～50 cm、深约 30 cm 的种植沟，沟底再挖松 5 cm～10 cm 深。

5.1.4 施基肥

以有机肥为主，如堆肥、沤肥、厩肥（畜栏肥）、粪便肥、泥肥、生活垃圾、秸秆肥、饼肥和绿肥等，配以部分化肥。推荐的施用方法为：对于新植园，将绿肥置于定植沟内，按每 667 m^2 100 kg 石灰撒施（土壤 pH≤4.5 时）于其上，覆盖一薄层表土，然后将与过磷酸钙混合堆制腐熟好的畜栏肥等农家肥与化肥和微生物肥一起与挖种植沟时起出的土壤拌匀后回填，最后覆盖一层约 5 cm 表土，使土面高出地面 20 cm 左右。各类肥料施用量可占第一造果施肥总量的比例为：N，25%；P_2O_5，70%～80%；K_2O，20%。

5.1.5 覆盖

5.1.5.1 农用塑料膜覆盖

种植前用农用塑料膜平铺于平整好的畦面上，四周用土壤压紧。

5.1.5.2 其他材料覆盖

除农用塑料膜覆盖外，还可以用干草、稻草、蔗渣等能起到覆盖作用的材料，均匀地铺放在畦面作覆盖物。覆盖厚度以 3 cm～5 cm 为宜。

5.2 定植

5.2.1 种苗质量要求

按 NY/T 451 的规定执行。

5.2.2 种植密度

种植密度因品种、土壤、地形地势、栽培管理水平和计划单果重或单位面积产量不同而异。平缓开阔且肥力较好的果园种植密度宜小些。

5.2.3 种植规格

根据地形和冷冬期长短等因素选用单行、品字型双行、三行或多行式，大行距 120 cm～150 cm；小行距：卡因类品种 35 cm～50 cm，皇后类品种 30 cm～40 cm，台农系列品种 50 cm～70 cm；株距：卡因类品种 25 cm～30 cm，皇后类品种 20 cm～25 cm，台农系列品种 30 cm～40 cm。

5.2.4 种植季节

宜在 4～10 月定植。

5.2.5 种苗植前处理

剥除种苗基部干枯叶和果瘤，剪除过长叶片后，用 800～1 000 倍托布津或多菌灵和 800～1 000 倍敌敌畏混合液浸泡种苗苗基部 10 min～15 min，浸泡后晾干待植。

5.2.6 定植方法

根据不同的芽苗，进行分类、分区种植。菠萝应浅种，种植深度：冠芽苗 3 cm～4 cm，裔芽苗 5 cm～6 cm，吸芽苗 6 cm～8 cm。选择晴天定植，在已完成 5.1.4 操作的种植沟按株距开定植穴，下苗后用手扶正植株、培土并压实植株周围土壤，淋足定根水。操作时要防止土壤盖过或落入株心。

6 田间管理

6.1 查苗补苗

植后 3～4 周后应经常查苗，发现倒株要及时扶正，缺株即补，病苗和劣苗即换。

6.2 园地覆盖

除了进行 5.1.5 的死物覆盖外，园地内还可以进行活物覆盖。活物覆盖主要是在大行间种植低矮绿肥或保留低矮的非恶性杂草。

6.3 除草

新植园地应勤除草早除草，一年进行 4～5 次，在 4～9 月的杂草生长旺季，应 1～2 个月除草一次，秋冬季之间再进行一次。将要投产或已投产的园地，除草可减少至每年 2 次，一次在 5～6 月，另一次在秋冬季之间。畦面或小行间杂草用人工清除，大行间的恶草可用人工或化学除草剂防除。喷药时，应防止除草剂喷到植株和苗叶片上。

6.4 中耕培土

新植和尚未投产的菠萝园，在雨后应结合松土进行轻培土至根系不裸露为宜；冬季前，结合施冬肥进行中耕培土护苗。次造园应适时进行中耕培土，培土的高度要盖过吸芽的基部，中耕深度以 10 cm～15 cm 为宜，春季宜浅、秋季宜深。

6.5 排灌

6.5.1 雨后应及时排除积水。

6.5.2 除定植后遇到旱情要及时灌溉外，苗期、花蕾抽生期、果实发育期和吸芽抽生期遇连续 15 d 不下雨时，亦应及时灌溉。灌溉方法首选喷灌或滴灌。

6.6 施肥

6.6.1 合理施肥原则

除按 NY/T 496—2002 的 4.3 规定执行外，前期勤施薄施，中期重施，后期补施，前期多施氮、磷肥，后期重施钾肥。有条件的地方应采取测土配方法和营养诊断法施肥。

6.6.2 允许使用的肥料种类

6.6.2.1 农家肥，包括堆肥、沤肥、厩肥（畜栏肥）、粪肥、沼气肥、泥肥、生活垃圾、秸秆肥、饼肥和绿肥等。堆肥、沤肥、厩肥（畜栏肥）、粪肥、沼气肥等应经发酵，充分腐熟，并经检验无危害之后才能施用；饼肥应沤制腐熟后施用；生活垃圾、污泥等应经过无害化处理后分别达到 GB 8172—1987 第 1 章和 GB 4284—1984 第 1 章规定的标准值后才能使用。

6.6.2.2 符合国家法规规定，受国家有关部门管理，以商品形式出售的肥料，包括商品有机肥、有机复合肥、无机（矿质）肥、腐殖酸类肥、微生物肥和叶面肥等。

6.6.2.3 经过无害化处理的食品残渣、家禽家畜加工废料以及骨头等制成的，有毒有害物质含量不超过有关法规规定的肥料。

6.6.3 作为追肥使用的化学肥料应在采果前 30 d 停止使用，作叶面追肥的肥料应在采果前 20 d 停止使用。

6.6.4 施肥方法

根际施肥宜用水施（有条件的用稀粪水配）、沟施和穴施，施后盖土；根外追肥采用叶面喷施。

6.6.5 施肥量

6.6.5.1 提倡用目标产量配方法或田间试验配方法确定施肥量。在目标产量配方法的计算中，每产 1 000 kg果施 N 7 kg～8 kg，P_2O_5 1.5 kg～2.0 kg，K_2O 14 kg～15 kg。

6.6.5.2 根据现有的推荐施肥量估算。如果条件不足以实施 6.6.5.1，可利用其他现有的推荐施肥量，结合当地实际情况进行施肥量的确定。我国部分标准或地区推荐的菠萝施肥量和氮、五氧化二磷和氧化钾比例参见附录 A。

6.6.6 壮苗肥

壮苗肥中的 N、P_2O_5 和 K_2O 施用量分别占当造果施肥总量的 50%、10%～20%和 30%。按苗期又分成：小苗肥，施肥量占当造果总施 N 量的 10%，宜分成二次施用，第一次在植株开始抽新叶时水施，第二次在新叶长出 4～5 张时水施；中苗肥，N、P_2O_5 和 K_2O 施肥量分别占当造果总施肥量的 20%、5%～10%和 10%，沟施或穴施，宜分成二次施用；大苗肥，N、P_2O_5 和 K_2O 施肥量分别占当造果总施肥量的 20%、5%～10%和 15%，沟施或穴施，一次施完。

6.6.7 催花壮蕾肥

在花芽分化前期至花蕾抽发前期施用，宜施用的肥料为氮磷钾复合肥＋硫酸钾＋饼肥，N、P_2O_5 和 K_2O 用肥量分别占当造果总施量的 10%、5%～10%和 20%，水施。饼肥中的氮素应占本次施用氮素量的 50%以上。

6.6.8 壮果催芽肥

在谢花后施用，宜施用的肥料为氮磷钾复合肥＋硫酸钾＋饼肥，N、P_2O_5和K_2O用肥量分别占当造果总施量的10%、5%～10%和30%，水施，饼肥中的氮素应占本次施用氮素量的50%以上，宜分二次施用，第二次在第一次施后的20 d左右进行，水施。

6.6.9 壮芽肥

采果后水施0.5%尿素，占当造总施氮量的5%。

6.6.10 叶面追肥

6.6.10.1 定植30 d后，每月喷施一次10 g/L尿素＋2 g/L磷酸二氢钾混合溶液，用量为20 mL/株，或使用NY/T 394推荐的商品叶面肥，用量按产品说明书规定执行。

注：用10 g/L尿素＋2 g/L磷酸二氢钾混合溶液作叶面肥时，按次数累计施肥量，并且从壮苗肥和催花壮蕾肥中扣减。用商品叶面肥时，亦应按产品说明书标明的各元素含量计算出它们的质量，然后作扣减。

6.6.10.2 在大苗期、花芽分化期、谢花后和采果后10 d左右分别喷施一次浓度为0.1%含微量元素锌、硼、钼的叶面肥。

6.6.10.3 在生长期内，如发现植株缺素，应用叶面追肥法施用所缺的营养元素。

6.7 催花

6.7.1 时期

株龄达11～13个月，皇后类品种长出长35 cm以上叶片多于40片，卡因类品种长出长40 cm的叶片多于45片时，即可催花。次适宜区的催花宜在3～7月，其余地区除寒冷低温阴雨天及霜冻天外，全年均可催花。催花前一个月停施氮肥。

6.7.2 药物和方法

用含有10 g/L～20 g/L尿素和5 g/L硫酸钾的300 mg/L～500 mg/L乙烯利溶液灌施株心，每株25 mL～40 mL。

6.8 除芽

6.8.1 除冠芽

对不留作种苗用的冠芽在其长至3 cm～4 cm时用挖顶法除去，或在其长至5 cm～6 cm时摘除；对留作种苗用的冠芽，一是待其长到基本成熟时摘除直接作种苗；二是待其长到5 cm～6 cm时摘除，然后经苗床培育成种苗。鲜食果的冠芽不宜除去。

6.8.2 除裔芽、吸芽和块茎芽

当果柄上的裔芽长到3 cm～4 cm时，除留作种苗用的（近基部的1～2个）之外，应分批摘除，每次1～2个；除了着生位置低，生长健壮留作下造母株的吸芽外，其余的吸芽在采果后及时起出（可用作种苗）；块茎芽应在采果后及时摘除。

6.9 壮果

宜在谢花末期用50 mg/L～60 mg/L赤霉素＋1 g/L磷酸二氢钾＋1 g/L螯合稀土钼（CRMB）混合溶液喷施第一次，15 d～20 d后再用80 mg/L～100 mg/L赤霉素＋1 g/L磷酸二氢钾＋1 g/L螯合稀土钼（CRMB）混合溶液喷施第二次。以均匀喷湿果面为宜。

注：用赤霉素壮果，若浓度过高或剂量过大，均会导致果实品质下降，甚至会引发黑腐病。用前应做试验验证适合当地的使用浓度并且严格控制施用量。

6.10 护果

6.10.1 防晒

在日晒较强的季节，果实收获前1个月用稻草、杂草或遮荫网等覆盖果实，亦可套纸袋或束叶护果。

6.10.2 防冻

在辐射霜冻期，应用稻草、杂草或农用塑料薄膜等能挡霜的材料覆盖于植株顶部，在平流低温阴雨天，用农用塑料薄膜覆盖的效果最佳。霜冻期或低温阴雨天一过，即将覆盖物移去。

6.11 催熟

可对自然状态下成熟度达到七成的果实进行催熟以满足市场需要，催熟剂要选用有关法规准用的产品，如乙烯利。催熟剂的使用浓度视果实的自然成熟度、催熟速度和当时气温等因素而定。用乙烯利作催熟剂时，使用质量浓度宜为 300 mg/L～1 000 mg/L。处理方法为直接均匀喷湿果面。操作时注意不能将药物喷到或流到叶腋、茎部或小吸芽上。

6.12 采果后园地管理

6.12.1 正造果采后应及时进行除草、清除非预留吸芽、清理菠萝干叶、残叶和老叶并进行培土，并利用上述操作所得的植物残体(杂草要晒干)压在畦面作覆盖。

6.12.2 补植

在缺株处挖穴，用大吸芽苗进行补植。

6.12.3 沟施下造果的基肥，施肥量为第一造果基肥量的 70%。

6.12.4 完成一个生产周期末造果采摘后，应将菠萝残株打碎并犁翻压于地下作另一生产周期的绿肥。

6.13 分苗和留苗

采果后，待预留的吸芽长到 30 cm 高时，应进行分苗和留苗，双株留苗宜采用对称位；分苗留苗应遵循去老弱留粗壮，去高位留低位的原则，每棵母株留 1～2 苗(留大去小，两苗相对位、大小相近则留双苗)，留苗量：60 000 株/hm^2～75 000 株/hm^2。

注：采用一造一种时，6.12～6.13 可以省略。

6.14 生产周期

推荐的生产周期为 1～3 年，采用一造一种或三年两造制。

6.15 轮作

园地种植菠萝 1～2 周期后，应种植甘蔗、绿肥、花生或其他豆科作物进行轮作。

7 病虫鼠害防治

7.1 防治原则

贯彻“预防为主，综合防治”的植保方针，以农业防治为基础，提倡生物防治和物理防治。加强病虫害的预测预报工作，按照病虫害发生规律和经济阈值，做到对症下药，适时用药。使用化学农药时，应严格执行 GB/T 8321 规定，合理使用高效、低毒、低残留化学农药，限制使用中等毒性农药，禁用高毒、高残留的化学农药。

7.2 农业防治

7.2.1 植物检疫

种苗及其他繁殖材料应经过检疫，严禁使用携带有检疫对象的种苗。

7.2.2 选用抗病虫害或耐病虫害优良品种。

7.2.3 加强田间管理，提高植株抗病能力、消灭病虫害和破坏其繁衍的环境。及时清除枯叶、病虫叶、病株和病芽。除枯叶留作覆盖物或回田外，其余的清除对象应集中销毁并消毒。

7.2.4 采用轮作制度，创造良好的生态环境。

7.3 物理防治

7.3.1 使用灯光诱杀技术。

7.3.2 人工捕捉老鼠、东风螺等害虫。

7.3.3 采用盖遮盖物或用束叶等技术措施防止日灼病。

7.4 生物防治

7.4.1 结合防风林的建设，栽植多层次防护林，推广活物覆盖，营造有利于害虫天敌繁衍的生态环境，充分发挥天敌自控能力。

7.4.2 繁殖、释放和人工引移或助迁害虫天敌并加强对其的保护。

7.4.3 推广使用微生物源农药和植物源农药。

7.5 化学防治

7.5.1 使用法规准用的化学农药时，执行 GB 4285 和 GB/T 8321 的相关规定，农药混剂的安全间隔期执行其中残留量最大的成分的安全间隔期。

7.5.2 强化预测预报，抓关键期防治

根据病虫害的繁衍规律和以往经验及时测报，在病虫数量达到防治指标时用药杀灭。

7.5.3 合理混用、轮换交替使用不同作用机理或不易产生抗药性的药剂，防止和推迟病虫抗药性的产生和发展。

7.6 菠萝常见主要病虫害、发生的物候期、症状及防治措施参见附录 B。

8 防寒

8.1 选栽耐寒品种，选择其生长最适宜或适宜区建园。

8.2 采用种前深耕、冬前培土、增施肥料和调节生长期的栽培技术。

8.3 在冬季寒冷期采用 6.10.2 所述的覆盖措施。

9 采收

9.1 采收成熟度

根据品种、用途和市场需要决定采收期。本地销售的鲜食果宜在成熟度达九成时采收，即有 1/3 的果实转为黄色。外销的鲜食果应视运输的远近和是否作采后催熟等因素决定，但其成熟度应达七成以上，即 1/3 果实基部出现隐黄色。冬春季采收的果实成熟度应比夏秋季采收的果实成熟度稍高。加工用果由加工厂决定。

9.2 采收要求

果实采收应在晴天上午或阴天进行。采收时留 2 cm～3 cm 长的果柄。鲜食用果根据客户要求去或留顶芽。采收、搬运过程应小心进行，装运时使用的工具应能保证产品可避免任何内在的或外来的损害，产品堆高以不造成果实产生压伤为宜。田间临时堆放时应对果实进行遮荫和防雨。

9.3 果实采后处理

9.3.1 加工用果

用于加工的果实，采后及时送往加工厂。

9.3.2 鲜食果

果实采收后，应在 24 h 内进行如下处理：

——清洁果面，除去枯叶、裔芽和可见污染物；

——将长于 2 cm 的果柄用利器截除，并用国家法律法规准用的防腐剂，如苯甲酸(钠)，处理果柄切口及茎侧伤口；

——分级；

——包装。

9.3.3 应使用果蜡对鲜食果实进行过蜡处理。

9.3.4 采前未进行过催熟处理过的果实，可进行催熟处理。催熟时间视实际需要而定，可选择装箱前或上货架前，方法同 6.11。实施冷链贮运者，宜选择上货架前催熟。

附 录 A
（资料性附录）
菠萝施肥量及氮、五氧化二磷和氧化钾比例

表 A.1 我国部分标准或地区推荐的菠萝施肥量和氮、五氧化二磷和氧化钾比例一览表

标准或地点	品种	氮 kg/hm^2	五氧化二磷 kg/hm^2	氧化钾 kg/hm^2	氮磷钾比例 ($N:P_2O_5:K_2O$)
NY/T 5178—2002无公害食品菠萝生产技术规程		655.59～756.5	169.3～229.6	638.4～864.2	1∶0.26∶0.97～1∶0.23∶0.87
DBDNB/T 440800/3—2003徐闻菠萝栽培技术规程		513.5	419.0	528	1∶0.82∶1.03
台湾	卡因	720.0	120.0	720.0	1∶0.17∶1.0
福建	台农	769.5	150.0	600.0	1∶0.19∶0.78
广东	巴厘	526.5	286.5	630.0	1∶0.54∶1.2
广西	巴厘	526.5	150.0	600.0	1∶0.31∶1.33

附　录　B
（资料性附录）
菠萝常见主要病虫害及防治方法

表B.1给出了菠萝常见主要病虫害及防治方法。

表B.1　菠萝常见主要病虫害及防治方法

病虫害名称	发生的物候期	症　　状	防治措施
心腐病	小苗期	发病叶片暗淡无光泽，心叶逐渐变为黄绿或红黄色，叶尖变褐、变枯，叶基部出现淡褐、水渍状，伴有臭味。后期在病部与健部交界处形成波浪形深褐色条纹，腐烂组织软化成奶酪状，最后全株枯死	1. 选择健康的新壮苗，植前将种苗基部的枯叶剥离，用合适浓度的杀菌剂（如多菌灵可湿性粉剂）溶液浸苗的基部10 min～15 min，倒置晾干后种植 2. 改善园地排水系统，避免积水 3. 中耕除草时避免损伤基部茎叶 4. 勤观察，及时发现病株并拔除和销毁。病穴要换土并采取撒施石灰消毒等措施 5. 发病初期用合适浓度的杀菌剂（如多菌灵可湿性粉剂）溶液每隔15 d喷药一次，连续施药3次 6. 深耕浅种，定植时切忌让土粒落入株心 7. 种苗的切口干燥后方可种植 8. 合理平衡施肥，不偏施氮肥
凋萎病	干旱季节	病株首先从根部开始受害，根系停止生长，随之叶尖开始失水变皱，叶肉组织逐步坏死，基部叶片发黄软垂，以后逐步发展到叶片枯黄凋萎，根系腐烂，果实萎缩，全株逐渐枯死	1. 消灭菠萝粉介壳虫 2. 用合适浓度的杀菌剂（如多菌灵可湿性粉剂）溶液喷洒叶面 3. 及时发现并拔除病株并销毁 4. 选用无病虫健康苗及抗病良种
茎腐病	全生长期	病部出现水渍状红褐色病斑，继而扩大至整个茎部，叶片褪绿，变为黄色，叶尖变褐，叶鞘变为淡褐色软腐状，有臭味	1. 植前保持种苗表面干燥 2. 进行田间管理时，要避免菠萝植株受外伤 3. 设防风林，以防冬季冷风危害 4. 实施5.2.5的规定
黑腐病	果实成长期及采收后	得病初期出现小而圆的水渍状软斑，继而病斑逐步扩大到整个果实，形成黑色大斑块，组织由黄白色变为灰褐色或黑色，并腐烂，有发酵臭味，变成半透明蓝或淡褐色水渍状斑点，而后渐变成褐色或黑褐色，由基部扩大到果心的果目，最后呈褐色或黑色	1. 不用带病种苗 2. 植前种苗进行消毒 3. 生长后期少施或不施氮肥 4. 禁用萘乙酸和三十烷醇 5. 果实留2 cm长的果柄及顶芽，用法规准用的防腐剂（如苯甲酸钠）溶液涂抹切口 6. 采收时轻拿轻放，防止碰伤
黑心病	花期	小果及小果子房壁受害变成褐色或黑褐色，并逐步木栓化，使果肉变硬。用手弹果实时，产生的声音如同水响声	1. 在花期每隔2～3周喷1次1%等量式波尔多液，同时增施钾肥 2. 选用抗病良种 3. 改善果园排水条件，合理密植

表 B.1（续）

病虫害名称	发生的物候期	症　　状	防治措施
蛴螬	全生长期	为害根与茎，造成全株干枯而死	1. 用合适浓度的敌百虫溶液喷淋植株和根部，杀灭其幼虫 2. 在成虫发生期用黑光灯诱杀 3. 人工捕杀
粉蚧	全生长期	粉蚧潜入菠萝根、茎隐蔽处吮吸汁液，被害植株叶片褪色变黄至红黄，软化下垂呈凋萎状；被害果实生长不良，失去光泽，并可诱发煤烟病，传染凋萎病	1. 种苗植前用合适浓度的杀虫剂（如敌百虫）溶液浸苗 10 min～15 min 2. 在粉蚧大量发生时，喷洒松脂合剂，夏季用 20 倍液，冬季用 10 倍液 3. 喷洒合适浓度的杀虫剂（如敌百虫）溶液消灭蚂蚁 4. 拔除病株，集中销毁，植穴洒施合适浓度的杀虫剂
根际线虫	全生长期	根系膨大，形成大小不等的瘤，根系盘结成团，使根吸收机能受损，叶片逐步变为紫红色，软化下垂，严重的逐渐枯死	1. 做好种苗的检疫工作，杜绝带虫种苗引进无病区 2. 在行间开沟淋施法规准用的防治根际线虫的农药，然后回土压实 3. 适当施用质地较为疏松的有机肥，如牛粪等，促发新根，增强树势
菠萝红蜘蛛	全生长期	成虫吸吮植株汁液，使受害部位呈褐色，严重时叶片凋萎，果实干缩，甚至全株枯死	在夏、秋高温干旱季节，菠萝红蜘蛛盛发前，用 0.3 波美度的石硫合剂或用 25%亚胺硫磷乳油配成适合的溶液等进行喷杀
鼠	果实成熟期	咬吃果实	人工捕杀和毒饵诱杀
大蟋蟀	果实成熟期	咬吃果实	1. 毒饵诱杀 2. 用适宜浓度的触杀型农药喷施毒杀
东风螺	果实成熟期	咬吃果实	1. 人工捕杀 2. 在园地周边撒布石灰，防止东风螺进入

附加说明：

本标准的附录 A 和附录 B 为资料性附录。

本标准由中华人民共和国农业部提出。

本标准由农业部热带作物及制品标准化技术委员会归口。

本标准起草单位：农业部亚热带果品蔬菜质量监督检验测试中心。

本标准主要起草人：黄强、农耀京、梁宏合、黄国弟、陈强。

中华人民共和国农业行业标准

菠萝病虫害防治技术规范

Technical criterion for pineapple pest control

NY/T 1477—2007

1 范围

本标准规定了菠萝主要病虫害的防治措施及推荐使用药剂等技术。

本标准适用于我国菠萝种植区主要病虫害的防治。

2 规范性引用文件

下列文件中的条款通过本标准的引用而成为本标准的条款。凡是注日期的引用文件,其随后所有的修改单(不包括勘误的内容)或修订版均不适用于本标准,然而,鼓励根据本标准达成协议的各方研究是否可使用这些文件的最新版本。凡是不注日期的引用文件,其最新版本适用于本标准。

GB 4285 农药安全使用标准

GB/T 8321(所有部分)农药合理使用准则

NY/T 354 菠萝种苗

NY/T 5178 无公害食品 菠萝生产技术规程

3 推荐使用药剂的说明

本标准推荐的杀菌/杀虫剂是经我国农药管理部门登记允许在菠萝或其他水果上使用的。不应使用国家严格禁止在果树上使用的和未登记的农药。当新的有效农药出现或者新的管理规定出台时,以最新的规定为准。

4 菠萝主要病虫害及防治

4.1 主要病虫害及其发生为害特点,参见附录 A。

4.2 主要病虫害防治原则

应贯彻"预防为主、综合防治"的植保方针,以菠萝大田及采后主要病虫害为对象,综合考虑影响病虫害发生的各种因素,以农业防治为基础,协调使用化学防治等措施对病虫害进行有效控制。

4.2.1 选择适应当地气候和抗病虫性强的优良品种,并严格选择健康苗木,苗木质量应符合 NY/T 354 之要求。

4.2.2 加强田间巡查监测,掌握病虫害发生动态,根据经验防治指标,及时采取控制措施。

4.2.3 加强水肥与花果管理,提高植株抗性,创造不利于病虫害发生的环境。水肥与花果管理参照 NY/T 5178 中 8、9 之要求执行。

4.2.4 防治时要充分考虑各防治措施对病、虫的影响,注意轮换药剂,防止或减轻这些有害生物对药剂产生抗药性。

中华人民共和国农业部 2007-12-18 发布　　2008-03-01 实施

4.2.5 最后一次用药与收获期的时间间隔应符合 GB 4285、GB/T 8321 规定的安全间隔期。

4.2.6 严格按照药剂推荐使用浓度进行使用。

4.2.7 应选用对天敌、环境与产品影响小的低毒药剂，鼓励选用微生物源、植物源和矿物源农药，鼓励使用诱虫灯、色板、防虫网等无公害措施。

4.3 主要病虫害的防治

4.3.1 菠萝黑心病

4.3.1.1 防治措施

4.3.1.1.1 合理施肥。施足有机基肥，注意氮磷钾平衡施肥，前期以氮为主，后期以磷、钾为主。

4.3.1.1.2 控制激素用量。严格控制赤霉素、乙烯利催果时的使用浓度和次数。从谢花期开始使用，每隔 10 d～15 d 滴施或喷施 1 次，一个果季使用不超过 2 次。

4.3.1.1.3 在果实增大期，宜追施一些氯化钙等钙质肥，以提高果实的抗黑心能力。氯化钙可根施或喷施，喷施浓度应控制在 1%～2%。

4.3.1.1.4 适时采收和合理贮运。根据季节和运输距离适时采收。雨天或露水未干时不宜采收。贮运温度宜控制在 10℃左右。

4.3.2 菠萝黑腐病

4.3.2.1 防治措施

4.3.2.1.1 选择适宜时间去除顶芽和托芽。去除顶芽时间应保证采收时伤口已愈合。去除顶芽宜选择晴天进行。在湿度较高的地区或季节，应在顶芽去除时及时喷施杀菌剂保护伤口。

4.3.2.1.2 选用壮苗，种植前，应经 7 d～10 d 的阴干，该病发生较严重的果园重种时应使用杀菌剂浸泡后晾干，并选晴天种植，发现病苗及时拔除，同时使用杀菌剂保护邻近植株。

4.3.2.1.3 加强果园管理，防止果园积水。

4.3.2.1.4 采摘宜在晴天进行，采摘及采后贮运应小心操作，避免造成果皮受伤。贮运期间一发现病果，应马上清理。对远途运输的果实，采后宜使用杀菌剂处理。

4.3.2.2 推荐使用的主要杀菌剂及方法

选用多菌灵、百菌清、代森锰锌、甲基硫菌灵等保护去除顶芽所造成的伤口及病株周边的植株。

选用异菌脲、噻菌灵、抑霉唑、咪鲜胺锰络合物、咪鲜胺等浸果 1 min～2 min，后晾干包装。

4.3.3 菠萝心腐病

4.3.3.1 防治措施

4.3.3.1.1 搞好园地备耕，并建设排水系统，保证园地不积水。

4.3.3.1.2 选用健壮种苗，并剥去种苗基部枯黄叶片，用杀菌剂处理并晾干后再行定植，种植时应清除苗木吸芽里的泥土，不能深种，在病区宜选择晴朗天气定植。

4.3.3.1.3 加强栽培管理。中耕除草时，尽量避免损伤植株基部。雨季及时排水，避免积水。加强田间巡查，发现病苗要及时拔除烧毁，病穴经翻晒和用石灰或药剂消毒后再补苗。

4.3.3.1.4 使用药剂进行防治。在易发病季节，田间开始发病时，及时处理病株和病穴，同时，宜对病株周围植株和易感地块喷洒杀菌剂防治，每 10 d 左右一次，喷 2 次～3 次。

4.3.3.2 推荐使用的主要杀菌剂及方法

选用代森锰锌、三乙膦酸铝、甲霜灵 · 锰锌等药液浸苗基部 10 min～15 min；使用三乙膦酸铝淋灌病穴；选用代森锰锌、三乙膦酸铝、甲霜灵、甲霜灵 · 锰锌、烯酰吗啉 · 锰锌、霜脲 · 锰锌、噁霜锰锌等药剂喷洒菠萝植株。

4.3.4 菠萝炭疽病

4.3.4.1 **防治措施**

4.3.4.1.1 清除病残老叶集中烧毁。

4.3.4.1.2 加强田间巡查,田间出现病情,且出现温暖、多雨、高湿度天气情况时使用药剂防治保护新叶。可根据情况进行挑治。

4.3.4.2 **推荐使用的主要杀菌剂及方法**

选用氢氧化铜、多菌灵、甲基硫菌灵、百菌清、咪鲜胺、多硫悬浮剂等喷洒叶片。10 d左右1次,可连用2次～3次。

4.3.5 **菠萝叶斑病**

4.3.5.1 **防治措施**

4.3.5.1.1 加强管理。合理平衡施肥,增强植株抗性;雨后及时排水避免积水。

4.3.5.1.2 加强田间巡查,发现病害普遍发生时使用药剂防治。

4.3.5.2 **推荐使用的主要杀菌剂及方法**

选用多菌灵、代森锰锌、百菌清、甲基硫菌灵·硫磺、多菌灵·硫磺、腐霉利等药剂进行叶片喷雾。

4.3.6 **菠萝凋萎病**

4.3.6.1 **防治措施**

4.3.6.1.1 加强检疫,控制病区和病田的种苗作为种植材料输入新植区或新园。同时,加强巡查,对携带有该病可能媒介菠萝粉蚧的种苗,在定植前应使用药剂浸泡晾干方可种植。

4.3.6.1.2 改良园地环境,加强管理,采用高畦种植,避免积水;高岭土或重黏土区应增施有机肥。

4.3.6.1.3 加强田间巡查,发现零星病株时在使用药剂杀灭菠萝粉蚧等害虫后及时拔除烧毁;当在菠萝凋萎病发生园区发现菠萝粉蚧发生时使用药剂进行防虫控病。

4.3.6.2 **推荐使用的防治药剂及方法**

选用乐果、敌敌畏、辛硫磷、毒死蜱等药液浸泡菠萝种苗基部。

选用乐果、敌敌畏、辛硫磷、毒死蜱等药液浇淋菠萝植株或将药剂制成有效成分约为0.3%～0.5%的毒土进行畦上撒施。

4.3.7 **根线虫病**

4.3.7.1 **防治措施**

4.3.7.1.1 选用无虫健康种苗,不在根线虫病区采购种苗,禁止带有线虫病根的植株移植到无病区。避免人为传播。

4.3.7.1.2 对已发病菠萝园,应加强管理,增施有机肥,促发新根,增强树势,减轻受害。

4.3.7.1.3 重病园实行轮作或休耕。可轮种甘蔗、花生、番薯、木薯、旱稻等作物,条件许可时宜实行休耕。

4.3.7.1.4 在根线虫严重发生区,在菠萝栽种时用杀线虫剂处理植穴及其基肥,并加强田间巡查,在发病园地施用杀线虫剂进行防治。

4.3.7.2 **推荐使用的主要杀线虫剂及方法**

选用阿维菌素、氯唑磷或辛硫磷颗粒剂处理植穴和基肥或撒施于大田植株蔸部进行防治。

选用毒死蜱或辛硫磷等加泥沙拌成0.3%～0.5%左右的毒土撒施植株蔸部,每公顷300 kg～450 kg毒土。

4.3.8 **菠萝粉蚧**

4.3.8.1 **防治措施**

4.3.8.1.1 加强检疫,控制菠萝粉蚧随种苗调运而扩散。

4.3.8.1.2　严格选择种苗。应在无菠萝粉蚧为害，或菠萝粉蚧为害较轻的果园选择壮苗作为种植材料，从菠萝粉蚧为害果园挑选种苗时，应经过杀虫处理后方可栽种。方法是把种苗摊开，用杀虫剂喷洒并晾放 3 d～5 d 后栽种，或将种苗在药液中浸泡 2 min～3 min 再晾干后种植。可与菠萝长叶螨的防治结合处理。

4.3.8.1.3　加强田间巡查，植株或果园初现受害状时及时使用药剂进行防治，可根据情况挑治或全面施治。对严重受害植株宜连根挖除，集中烧毁，并用药剂处理植穴。

4.3.8.2　推荐使用的主要杀虫剂及方法

选用乐果、毒死蜱、吡虫啉、顺式氯氰菊酯、高效氯氰菊酯、三氟氯氰菊酯、毒死蜱·氯氰菊酯等药液喷洒或浸泡种苗。

使用前列药液对田间植株进行淋浇，每株 20 mL 左右药液，可兼治菠萝金龟子类害虫。三氟氯氰菊酯等可兼治菠萝长叶螨。

4.3.9　菠萝长叶螨

4.3.9.1　防治措施

4.3.9.1.1　严格选择种苗。应在菠萝长叶螨为害较轻的果园选择壮苗。将种苗在杀虫(螨)剂药液中浸泡 2 min～3 min 后再晾干后种植。可与菠萝粉蚧的防治结合处理。

4.3.9.1.2　加强田间巡查，尤其在夏秋高温干旱季节应在植株或果园初现受害状时及时使用药剂进行防治，可根据情况挑治或全面施治。对严重受害植株宜连根挖除，集中烧毁，并用药剂处理植穴。

4.3.9.2　推荐使用的主要杀虫剂及方法

选用阿维菌素、浏阳霉素、苦参碱、速螨酮、三唑锡、炔螨特、噻螨酮、三氟氯氰菊酯等药液进行浸泡种苗。使用上述药剂的药液对田间植株进行淋浇，每株 20 mL 左右药液。三氟氯氰菊酯可兼治菠萝粉蚧。

4.3.10　金龟子类害虫

4.3.10.1　防治措施

4.3.10.1.1　深耕翻土。于备耕时深耕翻土，或在夏季高温时犁地暴晒，杀死部分幼虫和蛹，有条件的还可灌水浸地杀死幼虫和蛹。

4.3.10.1.2　灯光诱杀和人工捕捉。于成虫发生期，在菠萝地安装诱虫灯诱杀成虫，利用成虫的假死性进行人工捕捉。

4.3.10.1.3　使用药剂防治。常年发生的田块，结合施肥，将药剂与基肥混匀后施于植株蔸部；加强田间巡查，发现为害及时施药防治，可利用药剂对植株进行淋灌或将药剂撒施于植株蔸部。

4.3.10.2　推荐使用的主要杀虫剂

使用氯唑磷或辛硫磷颗粒剂与基肥混匀后撒施。

选用毒死蜱、辛硫磷、敌敌畏、乐果、顺式氯氰菊酯、高效氯氰菊酯、三氟氯氰菊酯、毒死蜱·氯氰菊酯等对田间植株进行淋浇，每株 20 mL 左右药液，可兼治菠萝粉蚧。

选用毒死蜱、辛硫磷等加泥沙拌成 0.3%～0.5%左右的毒土撒施植株蔸部，每公顷 300 kg～450 kg 毒土。

附 录 A
(资料性附录)
菠萝主要病虫害及发生特点

菠萝主要病虫害及发生特点见表 A.1。

表 A.1 菠萝主要病虫害及发生特点

病虫害名称	发 生 特 点
菠萝黑心病	菠萝黑心病是菠萝采后贮运期重要病害，目前病因尚不清楚，有人认为是低温或养分不平衡引起的生理病害，也有人认为是由真菌和细菌引起的 菠萝黑心病的发生与果实收获季节、收获期及气候、品种、采前管理水平关系密切 夏果或温度高于 25℃的自然环境下，一般不产生黑心，黑心主要发生在秋、冬果上，冬果发病率最高。在 20℃～25℃的温度范围，尤其是变温条件最易引起病害的发生，在 7℃～20℃范围内，温度越高，发病越重，因此，相对低湿和变温是此病发生流行的主导因素。在 7℃下，发病程度大大减轻。果实采收时的成熟度越高，越利于发病，一般成熟度低于六成即果肉未转黄、无菠萝特有的芳香味前不发生为害 该病在巴厘、无刺卡因等品种上发生重，但南园 5 号具有中等抗性 偏施或迟施氮肥、赤霉素和乙烯利等植物激素使用次数过多或浓度过大也会加重病害的发生程度。此外，光照不良、凹地或向北地段的果实发病也较重
菠萝黑腐病 *Thielaviopsis paradoxa*	菠萝黑腐病由奇异根串珠霉引起。未成熟果和成熟果均可受害，但多发生于成熟果，此外，还可为害植株的茎叶 该病菌以菌丝体或厚壁孢子潜伏在土壤或病残组织中越冬。厚壁孢子在田间可借雨水溅散或借气流和昆虫传播。在果实运输、贮藏期间主要通过接触传染。该病菌的寄生性很弱，只能通过伤口侵染，田间去除顶芽、托芽及采收和贮运等过程中对菠萝果实上所造成伤口为侵染的主要途径。该病菌的生长温度为 13℃～34℃，以 28℃为最适，高湿度对该病发生有利，一般以夏季发病严重。雨天打顶(除冠芽)或摘除冠芽过迟，伤口过大而在采收时仍未愈合时，利于发病。受低温霜冻为害的果实也易发病。较甜的品种对发病有利。幼苗移栽时遇温暖潮湿的天气容易发病
菠萝心腐病 *Phytophthora nicotianae* *Phytophthora palmivora* *Phytophthora citrophthora*	菠萝心腐病主要由烟草疫霉引起，此外还有棕榈疫霉和柑橘褐腐疫霉等 该病主要在幼苗期发生，但成株也可发病 在菠萝新植园，心腐病的初次侵染来源主要是带病种苗，而在重茬地其侵染来源主要是在土壤中的病残体上越冬的病原菌。气候条件适合时病原菌游动孢子萌发而借风雨、流水进行侵染。病原菌先从植株近地面的基部幼嫩部分或伤口侵入引起发病。病部产生的病菌再借风雨、流水、昆虫和农事操作进行传播而重复侵染、蔓延。高温多雨季节，特别是秋季定植后遇暴雨，病害往往发生较重；土壤黏重或排水不良而易渍水的果园亦利于病害发展流行。在广东，一年有两次发病高峰，即春季的 3 月～4 月和秋季的 10 月～11 月
菠萝炭疽病 *Colletotrichum gloeosporioides*	菠萝炭疽病由胶孢炭疽菌引起，主要为害叶片 病菌以菌丝体和分生孢子盘在病株和病残体上存活越冬，以分生孢子借风雨传播完成其周年侵染循环。炭疽病病菌的分生孢子在水膜中萌发，产生芽管，形成吸器侵入寄主组织；温暖、多雨、重雾或湿度大时有利发病，发病最适温度为 25℃～28℃、相对湿度在 90%以上。夏季 30℃以上高温对该病发生有一定抑制作用。植株偏施氮肥会加重发病
菠萝叶斑病 *Curvularia eragrostidis* *Drechslera fugax* *Annellolacinia dinemasporioides* *Cladosporium cladosporioides*	引起菠萝叶斑病的病原菌有多种，可为害叶片和花 菠萝叶斑病病原菌以分生孢子或菌丝体等在病部或病残体上越冬，多雨、高湿有利于病害发生。不同品种对叶斑病的抗性有较大差异

表 A.1（续）

病虫害名称	发 生 特 点
菠萝凋萎病	菠萝凋萎病也称“菠萝瘟”，其病原目前尚无定论，有人认为是菠萝粉蚧为害所致，也有人认为是一种生理病害，还有人认为是由粉蚧传播的病毒病引起 由于病原尚无定论，所以初侵染源也未清楚。有观点认为病株和带毒种苗是菠萝凋萎病的初侵染源，其通过菠萝粉蚧来传毒和扩散。该病周年发生，但一般以高温、干旱的秋季和冬季易发病，在海南省多发生于11月至翌年1月～2月；肥水足、生长旺盛的植株易发病；田间积水、种植密度过高的果园往往发病严重；蛴螬、线虫等地下根部害虫为害严重也可加重凋萎病的发生。卡因种较感病
根线虫病 短根腐线虫 *Pratylenchus brachyurus* 肾形肾状线虫 *Rotylenchulus reniformis* 南方根结线虫 *Meloidogyne incognita* 双宫螺旋线虫 *Helicotylenchus dihystera*	在我国菠萝上报道的线虫有20多种，主要种类有如短根腐线虫、肾形肾状线虫、南方根结线虫和双宫螺旋线虫等 菠萝线虫的主要侵染源是带线虫的土壤和种苗及病残体，带病种苗是本病远距离传播的主要途径；水流是果园内传播的主要途径；带有线虫的肥料、农具也可以传播此病 病原线虫主要以卵及雌虫越冬。当外界环境条件适合，卵孵化为幼虫。幼虫侵入菠萝嫩根。线虫喜好疏松的砂质土壤或冲积土，在砂质土壤或冲积土上的菠萝园发病较黏质土壤菠萝园发病重。干旱有利于线虫发生
菠萝粉蚧 *Dysmicoccus brevipes*	菠萝粉蚧以雌成蚧和若虫主要群集于根、地下茎及下层叶鞘等部位为害，也在菠萝地上部分的叶鞘、叶片主脉两侧、果梗、果蒂及果缝隙处和叶芽间吸汁为害。菠萝粉蚧分泌的“蜜露”还可诱发煤烟病，有人认为该虫还可传播菠萝凋萎病 菠萝粉蚧完成1个世代需要40 d～65 d。成虫寿命40 d～55 d，多行孤雌生殖，条件变劣时营两性生殖，卵胎生为主，少数卵生，卵生时卵产于雌虫棉絮状的卵囊内。每雌可产后代20头～50头。初产若虫开始多集中在母体腹部下，数日后迁移至植株的隐蔽部位，成虫活动性差。田间世代重叠。在海南及粤西地区，每年发生6代～8代，在菠萝整个生长期和贮藏期间都有发生，5月～9月为主要为害时期。菠萝粉蚧还可通过借助蚂蚁搬迁而迁移到新的栖息处
菠萝长叶螨 *Dolichotetranychus floridanus*	菠萝长叶螨以幼螨、若螨、成螨主要聚集于菠萝叶鞘基部呈白色部位取食，用口针刺破表皮而吸吮汁液。夏秋高温干旱季节利于发生，管理粗放果园容易严重发生
菠萝金龟子类 褐条绿金龟 *Anomala varcolis* 双结菠萝鳃金龟 *Asactopholis bituberculata*	为害菠萝的金龟子有10多种，主要种类有褐条绿金龟、双结菠萝鳃金龟等 金龟子类害虫以幼虫（蛴螬）和成虫进行为害。幼虫为害菠萝地下根茎，成虫为害菠萝的地上叶片、心叶和花果，金龟子类食性杂，除为害菠萝外，还为害甘蔗、荔枝、龙眼等多种作物 金龟子类害虫世代历期较长，一年一代，以幼虫在土中越冬。成虫日伏夜出，有趋光性和假死性。有机质含量高、土壤质地疏松、地形平缓的种植地有利于金龟子产卵和幼虫的生长发育，因而受害特别严重，施用未熟厩肥和未加杀虫剂的堆肥、垃圾、猪牛粪等作基肥，也容易加重该虫发生。土壤含水量过高或过低均不利于成虫产卵和幼虫存活

附加说明：

本标准的附录A为资料性附录。

本标准由中华人民共和国农业部提出并归口。

本标准起草单位：中国热带农业科学院环境与植物保护研究所。

本标准主要起草人：彭正强、韩冬银、符悦冠、刘奎、张方平、黄武仁、张敬宝。

中华人民共和国农业行业标准

椰　子　油

Coconut oil

NY/T 230—2006

代替 NY/T 230—1994,NY/T 231—1994

1　范围

本标准规定了椰子油的定义、分类、质量要求、试验方法、检验规则及标签、包装、贮存和运输。

本标准适用于以椰肉为原料生产的椰子油,不适用于其他原料生产的椰子油。

2　规范性引用文件

下列文件中的条款通过本标准的引用而成为本标准的条款。凡是注日期的引用文件,其随后所有的修改单(不包括勘误的内容)或修订版均不适用于本标准,然而,鼓励根据本标准达成协议的各方研究是否可使用这些文件的最新版本。凡是不注日期的引用文件,其最新版本适用于本标准。

GB 2716　食用植物油卫生标准

GB 2760　食品添加剂使用卫生标准

GB/T 5009.37　食用植物油卫生标准的分析方法

GB/T 5524　植物油脂检验　扦样、分样法

GB/T 5525　植物油脂检验　透明度、色泽、气味、滋味鉴定法

GB/T 5526　植物油脂检验　比重测定法

GB/T 5527　植物油脂检验　折光指数测定法

GB/T 5528　植物油脂水分及挥发物含量测定法

GB/T 5529　植物油脂检验　杂质测定法

GB/T 5530　植物油脂检验　酸价和酸度测定

GB/T 5532　植物油碘价测定

GB/T 5534　动植物油脂皂化值的测定

GB/T 5535　植物油脂检验　不皂化物测定

GB/T 5538　油脂过氧化值测定

GB 7718　食品标签通用标准

GB/T 17376　动植物油脂　脂肪酸甲酯制备

GB/T 17377　动植物油脂　脂肪酸甲酯的气相色谱分析

3　术语和定义

下列术语和定义适用于标准。

3.1

椰子原油　crude coconut oil

中华人民共和国农业部 2006-01-26 发布　　2006-04-01 实施

以椰肉为原料，经压榨或浸出工艺制取的油。

3.2

精炼椰子油　refined coconut oil

椰子原油经过脱胶、脱酸、脱色、脱臭等精炼工艺处理制取的椰子油。

4　分类

椰子油分为椰子原油和精炼椰子油两类。

5　技术质量要求

5.1　特征指标

折光指数 n^{40}：		1.4480～1.4500
相对密度 d_{20}^{40}：		0.908～0.921
碘值(I)/(g/100 g)：		7.0～12.5
皂化值(KOH)/(mg/g)：		250～264
不皂化物/(g/kg)：		≤15
脂肪酸组成/(%)：		
己酸	C6：0	ND
辛酸	C8：0	4.6～10.0
癸酸	C10：0	5.5～8.0
月桂酸	C12：0	45.1～50.3
豆蔻酸	C14：0	16.8～21.0
棕榈酸	C16：0	7.5～10.2
棕榈一烯酸	C16：1	ND
十七烷酸	C17：0	ND
十七碳一烯酸	C17：1	ND
硬脂酸	C18：0	2.0～4.0
油酸	C18：1	5.0～10.0
亚油酸	C18：2	1.0～2.5
亚麻酸	C18：3	ND～0.2
花生酸	C20：0	ND～0.2
花生一烯酸	C20：1	ND～0.2
花生二烯酸	C20：2	ND
山嵛酸	C22：0	ND
芥酸	C22：1	ND
二十二碳二烯酸	C22：2	ND
木焦油酸	C24：0	ND
二十二碳二烯酸	C24：1	ND

注1：上列指标与国际食品法典委员会标准 Codex Stan 210:1999《指定的植物油法典标准》的指标一致。

注2：ND 表示未检出，定义为 0.05%。

5.2　质量指标

椰子油的质量指标见表1。

表 1 椰子油质量指标

项目		质量指标	
		椰子原油	精炼椰子油
色泽	(罗维朋比色槽 25.4 mm) ≤		黄 30 红 3
	(罗维朋比色槽 133.4 mm) ≤	黄 50 红 15	
气味、滋味		具有椰子油固有的气味和滋味,无异味	具有椰子油固有的气味和滋味,滋味正常,无异味
水分及挥发物,% ≤		0.20	0.10
不溶性杂质,% ≤		0.2	0.1
酸值(KOH),mg/g ≤		8.0	0.3
过氧化值,mmol/100 g ≤		7.5	5.0

5.3 卫生指标

精炼椰子油的卫生指标按 GB 2716、GB 2760 和国家有关规定执行。

5.4 其他

椰子油中不得掺有其他动植物油脂;精炼椰子油 40℃时观察不含沉淀物和悬浮物。

6 检验方法

6.1 气味、滋味、色泽检验

按 GB/T 5525—1985 执行。

6.2 相对密度检验

按 GB/T 5526 执行。

6.3 折光指数检验

油温在 40℃的条件下,按 GB/T 5527 的方法进行测定,结果以仪器读数表示。

6.4 水分及挥发物检验

按 GB/T 5528 执行。

6.5 不溶性杂质检验

按 GB/5529 执行。

6.6 酸值检验

按 GB/T 5530 执行。

6.7 碘值检验

按 GB/5532 执行。

6.8 皂化值检验

按 GB/T 5534 执行。

6.9 不皂化物检验

按 GB/T 5535 执行。

6.10 过氧化值检验

按 GB/T 5538 执行。

6.11 脂肪酸组成检验

按 GB/T 17376—17377 执行。

6.12 卫生指标检验

按 GB/T 5009.37 执行。

7 检验规则

7.1 抽样

椰子油的抽样方法按照 GB/T 5524 的要求执行。

7.2 出厂检验

7.2.1 应逐批检验，并出具检验报告。

7.2.2 按照 5.2 规定的项目进行检验。

7.3 型式检验

7.3.1 当原料、设备、工艺有较大的变化或质量监督部门提出要求时，均应进行型式检验。

7.3.2 按照第 5 章的规定检验。

7.4 判定规则

7.4.1 产品未标注椰子油类别时，按不合格判定。

7.4.2 检验结果中有 1 项指标不符合第 5 章的要求时，即判定该类产品不合格。

7.4.3 如对检验结果有争议，可加倍抽样复验一次，如仍不合格，则判该类产品不合格。

8 标签

需要进行标示的椰子油应符合 GB 7718 的要求。

9 包装、贮存和运输

9.1 包装

椰子油包装容器的类型、规格尺寸、外观要求由供需双方商定。

9.2 贮存

椰子油应贮存于阴凉、干燥及避光处。不得与有害、有毒物品一同存放。

9.3 运输

运输过程中应注意安全，防止日晒、雨淋、渗透、污染和标签脱落。

附加说明：

本标准是对 NY/T 230—1994《椰油　食用椰子油》、NY/T 231—1994《椰油　工业用椰子油》的修订与合并。

本标准与 NY/T 230—1994、NY/T 231—1994 的主要差异：

——本标准的结构、技术要素及表述规则按 GB/T 1.1—2000《标准化工作导则　第一部分：标准的结构和编写规则》进行修改；

——对椰子油进行分类；

——对质量要求中的项目进行了调整；

——对部分指标进行了修订；

——重新制定了椰子油的检验规则；

本标准参照国际食品法典委员会的标准，修改了有关指标。

本标准自实施之日起，代替 NY/T 230—1994《椰油　食用椰子油》、NY/T 231—1994《椰油　工业用椰子油》。

本标准由中华人民共和国农业部提出。

本标准由农业部热带作物及制品标准化技术委员会归口。

本标准起草单位：中国热带农业科学院椰子研究所、农业部食品质量监督检验测试中心(湛江)。

本标准主要起草人：赵松林、陈成海、陈华、张木炎、李新菊。

本标准所代替标准历次版本发布情况为：NY/T 230—1994、NY/T 231—1994。

中华人民共和国农业行业标准

椰子产品　椰青

Coconut Product Tender Coconut

NY/T 1441—2007

1　范围

本标准规定了椰青的术语和定义、分类、要求、试验方法、检验规则、包装、标签、标志、运输和贮存。

本标准适用于以椰子嫩果为原料，经整形或去皮抛光后再经过保鲜处理所生产的供鲜食的椰子产品。

2　规范性引用文件

下列文件中的条款通过本标准的引用而成为本标准的条款。凡是注日期的引用文件，其随后所有的修改单(不包括勘误的内容)或修订版均不适用于本标准，然而，鼓励根据本标准达成协议的各方研究是否可使用这些文件的最新版本。凡是不注日期的引用文件，其最新版本适用于本标准。

GB 191　包装储运图示标志

GB 2760　食品添加剂使用卫生标准

GB/T 4789.2　食品卫生微生物学检验　菌落总数测定

GB/T 4789.3　食品卫生微生物学检验　大肠菌群测定

GB/T 4789.4　食品卫生微生物学检验　沙门氏菌检验

GB/T 4789.5　食品卫生微生物学检验　志贺氏菌检验

GB/T 4789.10　食品卫生微生物学检验　金黄色葡萄球菌检验

GB/T 4789.15　食品卫生微生物学检验　霉菌和酵母计数

GB/T 5009.11　食品中总砷及无机砷的测定

GB/T 5009.12　食品中铅的测定

GB/T 5009.13　食品中铜的测定

GB/T 5009.34　食品中亚硫酸盐的测定

GB 7718　预包装食品标签通则

GB 8210　出口柑橘鲜果检验方法

GB/T 10468　水果和蔬菜产品 pH 值的测定方法

3　术语和定义

下列术语和定义适用于本标准。

3.1

椰青　tender coconut

以新鲜、未响水、无腐烂的椰子嫩果为原料经加工整形或去皮抛光后再经过保鲜处理生产的椰子

中华人民共和国农业部 2007-09-14 发布　　2007-12-01 实施

产品。

3.2

圆锥形椰青 coniform tender coconut

除去少部分椰子外衣，外表形状下部为圆柱形、上部为圆锥形的椰青。

3.3

未抛光椰青 unpolished tender coconut

除去全部或大部分椰子外衣，未对硬壳进行抛光处理的椰青。

3.4

抛光椰青 polished tender coconut

除去全部或大部分椰子外衣，并对硬壳进行抛光处理的椰青。

4 要求

4.1 原料

4.1.1 椰子

应为表皮光滑、新鲜、未响水的椰子嫩果。

4.1.2 加工辅料与助剂

椰青的加工辅料与助剂应符合 GB 2760 的规定，质量应符合相应的标准和有关规定。

4.2 感官要求

感官要求符合表 1 的规定。

表 1 感官要求

项目		要求
外观	圆锥形椰青	呈圆锥形，无霉变，浅褐色，允许有少量其他色斑，无裂痕
	未抛光椰青	无霉变，浅褐色，无明显黑色和红褐色，无裂痕
	抛光椰青	外表光滑，无霉变，浅褐色，无明显黑色和红褐色，无裂痕
风味、质地		椰子肉和椰子水具有其特有的气味和滋味，无异味；椰子肉质地柔软，咀嚼无渣

4.3 理化指标

理化指标应符合表 2 的规定。

表 2 理化指标

项目		指标（椰子水部分）
pH		4.3～6.0
总糖（以葡萄糖计），%	≥	3.0

4.4 卫生指标

卫生指标应符合表 3 的规定。

表 3 卫生指标

项目		指标	
		椰子外衣	椰子水
总砷（以 As 计）， mg/kg	≤	—	0.2
铅（Pb）， mg/kg	≤	—	0.05

表 3（续）

项目	指标	
	椰子外衣	椰子水
铜(Cu)，mg/kg ≤	—	10
二氧化硫残留量，mg/kg ≤	—	50
菌落总数，cfu/g ≤	—	100
大肠菌群，MPN/100 g ≤	—	30
霉菌，cfu/g ≤	100	—
致病菌(沙门氏菌、志贺氏菌、金黄色葡萄球菌)	—	不得检出

5 试验方法

5.1 感官

将样品平铺于清洁白纸上，在自然光线下，用肉眼观察其外观、形状，嗅其风味，并对椰子水和椰子肉进行品尝。

5.2 pH

按 GB/T 10468 执行。

5.3 总糖

按 GB 8210 第 5.7.6 条执行。

5.4 二氧化硫

按 GB/T 5009.34 执行。

5.5 总砷

按 GB/T 5009.11 执行。

5.6 铅

按 GB/T 5009.12 执行。

5.7 铜

按 GB/T 5009.13 执行。

5.8 菌落总数

按 GB/T 4789.2 执行。

5.9 大肠菌群

按 GB/T 4789.3 执行。

5.10 沙门氏菌

按 GB/T 4789.4 执行。

5.11 志贺氏菌

按 GB/T 4789.5 执行。

5.12 金黄色葡萄球菌

按 GB/T 4789.10 执行。

5.13 霉菌

按 GB/T 4789.15 执行。

6 检验规则

6.1 组批

以同一天、同班次生产的产品为一批。

6.2 抽样

每批产品按0.3%的比例进行随机抽样,但不得少于12个。

6.3 出厂检验

6.3.1 产品出厂前由生产厂的检验部门按产品标准逐批进行检验,符合标准方可出厂。

6.3.2 出厂检验项目为感官指标、pH、总糖、二氧化硫残留量。

6.4 型式检验

当有下列情况之一时,应进行型式检验。型式检验项目为本标准规定的全部项目。

a) 长期停产后,恢复生产时;

b) 当原料、工艺及设备有较大改动、可能影响产品质量时;

c) 出厂检验结果与上次例行(型式)检验结果差异较大时;

d) 国家质量监督检验机构认为需要时。

6.5 判定规则

6.5.1 检验结果全部项目符合本标准要求时,判定该批产品为合格产品。

6.5.2 卫生指标有一项检验结果不符合本标准要求时,判定该批产品为不合格品,不得复验。

6.5.3 除卫生指标外,其他项目检验结果如有异议时,可以在原批次产品中加倍抽样复验一次,判定以复验结果为准,若仍有一项指标不合格,则判该批产品为不合格品。

7 包装、标志和标签、贮存、运输和保质期

7.1 包装

包装材料及方式以确保产品的安全和卫生为原则,由供需双方确定。

7.2 标志和标签

标志按GB 191执行;标签按GB 7718执行,并对最小销售单元标明食用方法。

7.3 贮存

贮存库内应清洁、卫生、干燥、通风良好,室温25℃以下。不应与有毒、有异味、发霉、易于传播病虫的物品同处贮存。产品堆放不应直接落地、靠墙,应留有通道,并注意防鼠、防虫。

7.4 运输

运输工具应清洁、卫生、防雨、防潮、隔热。产品不应与有毒、有异味、有害物品混装、混运。

7.5 保质期

在符合本标准规定的条件下,保质期不少于20 d。

附加说明:

本标准由中华人民共和国农业部提出。

本标准由农业部热带作物及制品标准化技术委员会归口。

本标准起草单位:中国热带农业科学院椰子研究所。

本标准主要起草人:赵松林、陈华、张木炎、李新菊。

中华人民共和国农业行业标准

椰子产品　椰纤果

Coconut product Nata de coco

NY/T 1522—2007

1　范围

本标准规定了椰纤果的术语和定义、分类、要求、试验方法、检验规则、包装、标志、标签、运输和贮存。

本标准适用于以椰子水或椰子汁(乳)等为主要原料,经木葡糖酸醋杆菌(*Gluconacetobacter xylinus*)发酵制成的一种纤维素凝胶物质,供作食品加工原料使用,经加工后可直接食用。

2　规范性引用文件

下列文件中的条款通过本标准的引用而成为本标准的条款。凡是注日期的引用文件,其随后所有的修改单(不包括勘误的内容)或修订版均不适用于本标准,然而,鼓励根据本标准达成协议的各方研究是否可使用这些文件的最新版本。凡是不注日期的引用文件,其最新版本适用于本标准。

GB 191　包装储运图示标志

GB 2760　食品添加剂使用卫生标准

GB/T 4789.2　食品卫生微生物学检验　菌落总数测定

GB/T 4789.3　食品卫生微生物学检验　大肠菌群测定

GB/T 4789.4　食品卫生微生物学检验　沙门氏菌检验

GB/T 4789.5　食品卫生微生物学检验　志贺氏菌检验

GB/T 4789.10　食品卫生微生物学检验　金黄色葡萄球菌检验

GB/T 4789.15　食品卫生微生物学检验　霉菌和酵母计数

GB/T 5009.10　植物类食品中粗纤维的测定

GB/T 5009.11　食品中总砷及无机砷的测定

GB/T 5009.12　食品中铅的测定

GB/T 5009.33　食品中亚硝酸盐与硝酸盐的测定

GB/T 5009.123　食品中铬的测定

GB 5749　生活饮用水卫生标准

GB 7718　预包装食品标签通则

JJF 1070　定量包装商品净含量计量检验规则

国家质量监督检验检疫总局 2005 年第 75 号令《定量包装商品计量监督管理办法》

3　术语和定义

下列术语和定义适用于本标准。

中华人民共和国农业部 2007 - 12 - 18 发布　　2008 - 03 - 01 实施

3.1

椰纤果　nata de coco

以椰子水或椰子汁(乳)等为主要原料,经木葡糖酸醋杆菌(*Gluconacetobacter xylinus*)发酵制成的一种纤维素凝胶物质,也称为椰果、椰子纳塔或高纤椰果。

3.2

酸渍椰纤果　acidified nata de coco

加食用酸保存的椰纤果。

3.3

蜜制椰纤果　sweetened nata de coco

经蜜制工序加工而成的椰纤果。

3.4

压缩椰纤果　dehydrated nata de coco

利用机械等方法脱去一定水分的椰纤果。

3.5

杀菌椰纤果　sterilized nata de coco

以加热煮沸等方式杀菌、密封保存的椰纤果。

3.6

粗制椰纤果　crude nata de coco

发酵形成凝胶后未经压缩、酸渍、蜜制、杀菌等处理的椰纤果。

4　分类

椰纤果分为粗制椰纤果、杀菌椰纤果、酸渍椰纤果、蜜制椰纤果、压缩椰纤果五类。

5　要求

5.1　原料要求

5.1.1　椰子水

椰子水应具有正常的色泽,无异物,允许有正常发酵产酸的气味,无霉变,无腐臭味。

5.1.2　椰子汁(乳)

应具有新鲜椰子汁(乳)的气味和滋味,无腐败变质,无不良气味和异味,无异物。

5.1.3　水

应符合 GB 5749 的规定。

5.1.4　加工辅料与助剂

椰纤果的加工辅料与加工助剂必须是食品原料或符合 GB 2760 规定的食品添加剂(加工助剂),质量应符合相应的标准和有关规定。

5.1.5　发酵菌种

椰纤果发酵菌种为木葡糖酸醋杆菌(*Gluconacetobacter xylinus*),若改变菌种,则应在投入生产前经过菌种鉴定和安全性评价。

5.2　感官要求

感官要求应符合表 1 的规定。

表 1 感官要求

项目		要求
气味(杀菌椰纤果、酸渍椰纤果、粗制椰纤果、蜜制椰纤果、压缩椰纤果)		具有该产品应有的气味,无异味
色泽(杀菌椰纤果、酸渍椰纤果、粗制椰纤果、蜜制椰纤果、压缩椰纤果)		应具有该产品正常的色泽,色泽均匀,无异常颜色
外形	杀菌椰纤果、酸渍椰纤果、粗制椰纤果、蜜制椰纤果	呈凝胶状,质地结实,有弹性,无霉变
	压缩椰纤果	呈薄片状,外形干瘪,质地柔韧,无霉变
杂质(杀菌椰纤果、酸渍椰纤果、粗制椰纤果、蜜制椰纤果、压缩椰纤果)		无肉眼可见的外来杂质

5.3 理化指标

理化指标应符合表 2 的规定。

表 2 理化指标

项目		指标			
		粗制椰纤果	酸渍椰纤果	压缩椰纤果	杀菌椰纤果、蜜制椰纤果
过氧化氢,mg/kg	≤	—	7.0	7.0	3.5
粗纤维,%	≥	0.05			

5.4 卫生指标

卫生指标应符合表 3 的规定。

表 3 卫生指标

项目		指标			
		粗制椰纤果	酸渍椰纤果	压缩椰纤果	杀菌椰纤果、蜜制椰纤果
总砷(以 As 计),mg/kg	≤	0.5			
铅(Pb),mg/kg	≤	0.5			
铬(Cr),mg/kg	≤	1.0			
亚硝酸盐,mg/kg	≤	2.0			
菌落总数,cfu/g	≤	—	—	—	100
大肠菌群,MPN/100g	≤	—	—	—	30
霉菌,cfu/g	≤	—	—	—	20
致病菌(沙门氏菌、志贺氏菌、金黄色葡萄球菌)		不得检出			

5.5 净含量

应符合国家质量监督检验检疫总局 2005 年第 75 号令《定量包装商品计量监督管理办法》。

6 检验方法

6.1 凡含有浸泡液的椰纤果或经复水的压缩椰纤果,应遵照附录 A 的规定进行试样处理,再取样测定。

6.2 感官

将样品倒入白瓷盘内,嗅其风味,在明亮的自然光处观察其色泽、外形及杂质。

6.3 过氧化氢

见附录 B。

6.4 粗纤维

按 GB/T 5009.10 执行。

6.5　**总砷**

按 GB/T 5009.11 执行。

6.6　**铅**

按 GB/T 5009.12 执行。

6.7　**铬**

按 GB/T 5009.123 执行。

6.8　**亚硝酸盐**

按 GB/T 5009.33 执行。

6.9　**菌落总数**

按 GB/T 4789.2 执行。

6.10　**大肠菌群**

按 GB/T 4789.3 执行。

6.11　**沙门氏菌**

按 GB/T 4789.4 执行。

6.12　**志贺氏菌**

按 GB/T 4789.5 执行。

6.13　**金黄色葡萄球菌**

按 GB/T 4789.10 执行。

6.14　**霉菌**

按 GB/T 4789.15 执行。

6.15　**净含量**

按 JJF 1070 执行。

7　检验规则

7.1　**组批**

以同一天、同班次生产的同一类型产品为一批。

7.2　**抽样**

每批产品按 3‰随机抽样，最低不得少于 3 件，从抽样件数中每件抽取 1 kg，样品总重量不得少于 3 kg。

7.3　**出厂检验**

7.3.1　产品出厂前应由生产技术检验部门按本标准检验，检验合格方可出厂。

7.3.2　酸渍椰纤果、粗制椰纤果和压缩椰纤果出厂检验项目为感官指标和净含量，杀菌椰纤果和蜜制椰纤果增加检验菌落总数和大肠菌群项目。

7.4　**型式检验**

当有下列情况之一时，应进行型式检验。型式检验项目为本标准规定的全部项目。

a)　长期停产后，恢复生产时；

b)　当原料、工艺及设备有较大改动、可能影响产品质量时；

c)　出厂检验结果与上次例行(型式)检验结果差异较大时；

d)　国家质量监督检验机构认为需要时；

e)　菌种改变时，在投入生产前必须经过菌种鉴定和安全性评价。

7.5　**判定规则**

7.5.1 检验结果全部项目符合本标准要求时,判定该批产品为合格产品。

7.5.2 卫生指标有一项检验结果不符合本标准要求时,判为不合格品,不得复验。

7.5.3 除卫生指标外,其他项目检验结果如有异议时,可以在原批次产品中加倍抽样复验一次,判定以复验结果为准,若仍有一项指标不合格,则判该批产品为不合格品。

8 包装、标志、标签、贮存、运输及保质期

8.1 包装

包装材料应符合有关标准的规定。

8.2 标志、标签

标志按 GB 191 执行;标签按 GB 7718 执行,粗制椰纤果的标签由供需双方确定。

8.3 贮存

产品应贮存在清洁、干燥、通风良好的场所,不应与有毒、有害、有异味、易挥发、易腐蚀或其他影响产品质量的物品一同贮存。

8.4 运输

产品运输时,运输工具必须清洁、干净,应避免日晒、雨淋,不应与有毒、有害、有异味或其他影响产品质量的物品混合装运。

8.5 保质期

在符合本标准规定的条件下,粗制椰纤果保质期不少于 24 h。其他种类的椰纤果,保质期不少于 3 个月。

附　录　A
（规范性附录）
试样的处理

A.1　范围

本附录规定了椰纤果试样的处理方法。

A.2　试样的处理

A.2.1　压缩椰纤果的复水

A.2.1.1　将待验每一单件包装压缩椰纤果等量分成 N 份分别倒入 N 个 100 L 的容器中，加水（25℃±5℃）浸泡使椰纤果充分接触水溶液（始终保持水和椰纤果的比例在 1∶1 左右），并持续充分搅拌。

A.2.1.2　随着椰纤果的吸水涨大，及时补充水量，使椰纤果能够自由展开吸收水分，并易于搅拌，以加快复水的速度。

A.2.1.3　压缩椰纤果充分搅拌，直至椰纤果达到其规定的规格，方算恢复完全。

A.2.1.4　N 的数值

压缩后复水前的单件包装椰纤果重量×压缩倍数≤50 kg　　N=1

压缩后复水前的单件包装椰纤果重量×压缩倍数=50 kg～100 kg　　N=2

压缩后复水前的单件包装椰纤果重量×压缩倍数=100 kg～150 kg　　N=3

压缩后复水前的单件包装椰纤果重量×压缩倍数=150 kg～200 kg　　N=4

压缩后复水前的单件包装椰纤果重量×压缩倍数=200 kg～250 kg　　N=5

依次类推。

A.2.2　凡含有浸泡液的椰纤果或经复水的压缩椰纤果，检验时应先根据抽样量的多少分批倒入内衬垫 100 目滤网的周边带孔漏液容器中，该漏液容器的周边孔径应小于被检测椰纤果的规格，在不受外力挤压的前提下静置 30 s 滤去浸泡液，然后快速称重（10 s 内完成），再取样测定。

附　录　B
（规范性附录）
过氧化氢的测定

B.1　范围

本附录规定了椰纤果中过氧化氢的测定方法。

本附录适用于椰纤果中过氧化氢的测定。

B.2　原理

过氧化物在稀硫酸溶液中能使碘化钾氧化，产生定量的碘，以淀粉作指示剂，用硫代硫酸钠标准滴定溶液滴定，同时用过氧化氢酶分解过氧化氢，再用硫代硫酸钠标准滴定溶液滴定除过氧化氢外的过氧化物。根据未加过氧化氢酶样品和加入过氧化氢酶样品所消耗的硫代硫酸钠标准滴定溶液的体积之差，计算过氧化氢的含量。化学反应式为：

$$2KI+H_2SO_4+H_2O_2=K_2SO_4+2H_2O+I_2$$

$$I_2+2Na_2S_2O_3=Na_2S_4O_6+2NaI$$

$$2H_2O_2=2H_2O+O_2$$

B.3　试剂与材料

除非另有规定，仅使用分析纯试剂。

B.3.1　水，GB/T 6682，三级。

B.3.2　过氧化氢酶：固体试剂，规格为酶活力不低于 1 870 U/mg。

B.3.3　过氧化氢酶溶液（5 g/L）：称取 0.50 g 过氧化氢酶，用 100 mL 水分多次将其溶解，此溶液临用现配。

B.3.4　碘化钾溶液（100 g/L）：称取 10 g 碘化钾，加入 100 mL 水溶解，冷却后贮存于棕色瓶中。

B.3.5　硫酸溶液（1+9）。

B.3.6　钼酸铵溶液（30 g/L）。

B.3.7　硫代硫酸钠标准滴定溶液[$c(Na_2S_2O_3)=0.002\ 5\ mol/L$]：临用前取 0.100 0 mol/L 的硫代硫酸钠标准滴定溶液加新煮沸并冷却的水稀释制成，必要时重新标定。

B.3.8　淀粉指示液（10 g/L）：称取 1 g 可溶性淀粉，用少许水调成糊状，缓缓倾入 100 mL 沸水中调匀，煮沸，放冷备用，此溶液临用现配。

B.4　仪器

B.4.1　组织捣碎机。

B.4.2　真空干燥箱。

B.4.3　尼龙布滤袋：100 目，规格 20 cm×25 cm。

B.4.4　碘量瓶：250 mL。

B.4.5　酸式滴定管：50 mL。

B.5 试样处理

含有浸泡液的椰纤果或经复水的压缩椰纤果，按附录 A 的第 A.2.1 条要求滤去试样中的浸泡液后，取试样 200 g，用组织捣碎机制成匀浆，再倒入滤袋内，挤出汁液，待测。

B.6 测定

B.6.1 椰纤果中水分的测定

取沥去浸泡液的试样，在真空干燥箱内于 70℃、0.6 Pa 条件下，按 GB/T 5009.3 规定的方法测定。

B.6.2 过氧化氢测定

准确称取 20.0 g～25.0 g 待测试样汁液于 250 mL 的碘量瓶中，取 A、B 二瓶；B 瓶中加入 5.0 mL 过氧化氢酶溶液(5 g/L)，混匀，放置过 10 min(放置过程中摇动数次)，在 A、B 两瓶中各加入 5.0 mL 硫酸溶液(1+9)，5.0 mL 碘化钾溶液(100 g/L)，并各加 3 滴钼酸铵溶液(30 g/L)，混匀，置暗处放置 10 min，各加水 75 mL，分别用 0.002 5 mol/L 硫代硫酸钠标准滴定溶液滴定，待滴至微黄色时，加 0.5 mL 淀粉指示液(10 g/L)，继续滴至蓝色消失，分别记录 A、B 二瓶消耗硫代硫酸钠标准滴定溶液的毫升数。

B.7 结果计算

B.7.1 含有浸泡液的椰纤果试样过氧化氢含量按式(1)计算：

$$X = \frac{(V_A - V_B) \times c \times 34.02}{m} \times W \times 1\,000 \quad \cdots\cdots (1)$$

式中：

X——试样中过氧化氢含量，单位为毫克每千克(mg/kg)；

V_A——A 瓶中消耗硫代硫酸钠标准滴定溶液体积，单位为毫升(mL)；

V_B——B 瓶中消耗硫代硫酸钠标准滴定溶液体积，单位为毫升(mL)；

c——硫代硫酸钠标准滴定溶液的浓度，单位为摩尔每升(mol/L)；

m——测定时称取的试样汁液质量，单位为克(g)；

W——试样水分质量百分率，%。

计算结果保留到小数点后一位数字。

B.7.2 压缩椰纤果试样过氧化氢含量按式(2)计算：

$$X = \frac{(V_A - V_B) \times c \times 34.02}{m_3 \times m_1 / m_2} \times W \times 1\,000 \quad \cdots\cdots (2)$$

式中：

X——试样中过氧化氢含量，单位为毫克每千克(mg/kg)；

V_A——A 瓶中消耗硫代硫酸钠标准滴定溶液体积，单位为毫升(mL)；

V_B——B 瓶中消耗硫代硫酸钠标准滴定溶液体积，单位为毫升(mL)；

c——硫代硫酸钠标准滴定溶液浓度的准确数值，单位为摩尔每升(mol/L)；

m_1——复水前的试样质量，单位为克(g)；

m_2——复水后的试样质量，单位为克(g)；

m_3——测定时称取的待测试样(汁液)质量，单位为克(g)；

W——试样水分质量百分率，%。

计算结果保留到小数点后一位数字。

B.7.3 精确度

在重复性条件下获得的两次独立测定结果的绝对差值不得超过算术平均值的10%。

附加说明：

本标准的附录A和附录B为规范性附录。

本标准由中华人民共和国农业部提出。

本标准由农业部热带作物及制品标准化技术委员会归口。

本标准起草单位：中国热带农业科学院椰子研究所、海南椰国食品有限公司、海南亿德食品有限公司。

本标准主要起草人：赵松林、陈华、钟春燕、彭继明、张木炎、李新菊。

中华人民共和国农业行业标准

椰纤果生产良好操作规范

Good manufacturing practice for nata de coco processing

NY/T 1682—2009

1 范围

本规范规定了椰纤果生产工厂厂区环境、厂房及设施、设备、机构与人员、卫生管理、生产过程管理、品质管理、贮存与运输管理、管理制度的建立和考核和标识等方面的良好操作规范。

本规范适用于生产椰纤果的工厂。

2 规范性引用文件

下列文件中的条款通过本标准的引用而成为本标准的条款。凡是注日期的引用文件，其随后所有的修改单(不包括勘误的内容)或修订版均不适用于本标准，然而，鼓励根据本标准达成协议的各方研究是否可使用这些文件的最新版本。凡是不注日期的引用文件，其最新版本适用于本标准。

GB 191 包装储运图示标志

GB 2760 食品添加剂使用卫生标准

GB 5749 生活饮用水卫生标准

GB 7718 预包装食品标签通则

GB 14881 食品企业通用卫生规范

GB/T 15091 食品工业基本术语

NY/T 1522 椰子产品 椰纤果

3 术语和定义

GB/T 15091 和 NY/T 1522 确立的以及下列术语和定义适用本标准。

4 厂区环境

4.1 凡新建、扩建、改建的椰纤果生产工程项目(厂、车间)中有关食品卫生部分均应按本规范和GB 14881的有关规定进行设计施工。

4.2 工厂应设于不易遭受污染的地区，厂区周围不应有粉尘、有害气体、放射性物质和其他扩散性污染源，不得有昆虫大量滋生的潜在场所，否则应有严格的食品污染防治措施。

4.3 厂区四周环境应易于随时保持清洁，地面不得有严重积水、泥泞、污秽等。厂区的空地应铺设混凝土、沥青，进行绿化。

4.4 厂区邻近及厂内道路，应采用便于清洗的混凝土、沥青及其他硬质材料铺设，防止扬尘及积水。

4.5 厂区内不得有发生不良气味、有害(毒)气体、煤烟或其他有碍卫生的设施。

4.6 厂区应有顺畅的排水系统，不应有严重积水、渗漏、淤泥、污秽、破损或滋生有害动物而造成污染的

中华人民共和国农业部 2009-03-09 发布　　2009-05-01 实施

可能。

4.7 厂区如有员工宿舍及附设的餐厅等生活区，应与生产作业场所、贮存食品或食品原材料的场所隔离。

4.8 锅炉、废弃物存放场所等易产生污染的设施应处于全年最大风向频率的下风侧。

4.9 厂区内禁止饲养禽、畜。

5 厂房及设施

5.1 厂房及车间布局

5.1.1 生产加工和贮存场所的配置及使用面积应与生产能力相适应。

5.1.2 厂房及车间应按照工艺流程需要及卫生质量要求有序地配置。

5.1.3 厂区内运输原料、成品应与运送垃圾、废料等分开设门，防止交叉污染；厂区和车间内的水、电应走向合理；锅炉房和厂区厕所、垃圾临时存放场地应处于生产车间的下风侧。

5.1.4 工厂应设有验收场、原料仓库、原料处理场、配料加工间、装盘间、发酵间、漂洗加工间、包装间、容器和工具洗涤消毒间、菌种培养间、菌种保藏室、检验室、成品仓库、更衣室及洗手消毒室等其他为生产服务所设置的必要场所。

5.1.5 菌种保藏、菌种培养、装盘接种和发酵车间应与其他车间分隔，防止杂菌对生产菌种和培养基的污染。

5.1.6 各生产车间应依其清洁要求程度，分为食品生产辅助区、一般作业区、准清洁作业区及清洁作业区，各区之间应视清洁程度给予有效隔离，防止交叉污染。

5.1.6.1 食品生产辅助区：办公室、配电、动力装备等。

5.1.6.2 一般作业区：品质实验室、椰纤果发酵工序、原料处理、仓库、外包装等。

5.1.6.3 准清洁作业区：菌种培养间、杀菌工序、配料工序、预包装清洗消毒等。

5.1.6.4 清洁作业区：包装工序等。

5.2 厂房建筑要求

5.2.1 厂房应用适合的建筑材料建造，坚固耐用、易于维修和保持清洁，并能防止原料、半成品、食品接触面及内包装材料遭受污染（如害虫的侵入、栖息、繁殖等）。

5.2.2 为防止交叉污染，应分别设置人员通道及物料运输通道，各通道应装有空气幕（即风幕）或水幕，塑料门帘或双向弹簧门。不同清洁区之间人员通道和物料运输应有缓冲室。

5.2.3 应将通向外界的管路、门窗和通风道四周的空隙完全充填，所有窗户、通风口和风机开口均应装上防护网。

5.2.4 生产厂房的高度应能满足工艺、卫生要求，以及设备安装、维护、保养的需要。

5.2.5 漂洗池的内壁宜使用不锈钢制作或其他耐酸腐蚀、不溶出有害物质的食品级环氧树脂材料制造。

5.2.6 椰纤果果片贮存罐（池）应能防止灰尘、昆虫和其他异物进入，贮存缸（池）宜建筑在地面之上，使之易于排水、通风、检修，其容量大小应根据生产能力而定；池内壁及建筑用料应耐酸蚀、不溶出有害物质和易清洗。

5.3 安全设施

5.3.1 厂房内电源必须有接地线和漏电保护系统，不同电压的插座必须明确标示。

5.3.2 高湿度环境使用的插座和电源应具有防水功能。

5.3.3 防火、防爆及消防设施的设置应满足消防法规要求。

5.3.4 在适当地点应设有急救器材和设备。

5.3.5 有液体流至地面的生产场所，生产环境潮湿或以水洗方式清洗的区域应配置防水、防滑安全工作鞋。

5.4 地面与排水

5.4.1 地面应使用无毒、不渗水、不吸水、防滑、无裂缝、耐腐蚀、易于清洗消毒的建筑材料铺砌（如耐酸砖、水磨石、混凝土等），地面坡度以0.5%～1.5%为宜。

5.4.2 在生产时有液体流至地面、生产环境经常潮湿或以水洗方式清洗作业的区域，其地面的坡度应根据流量大小设计在1.0%～3.0%之间。

5.4.3 地面应设足够的排水口。排水口不得直接设在生产设备的下方。所有排水口均应设置存水弯头，并配有相应大小的滤网，防止异味产生及固体废弃物堵塞排水管道。

5.4.4 排水沟的侧面与底面交接处应有适当的弧度（曲率半径在3 cm以上），排水沟应有约3.0%的倾斜度，其流向应由高清洁区流向低清洁区，并有防止逆流的设计。

5.4.5 排水出口应有防止有害动物侵入的装置。

5.4.6 废水应排至废水处理系统或经其他适当方式处理。

5.4.7 排水沟内不得配有其他管道。

5.5 屋顶及天花板

5.5.1 生产、包装、储存等场所的室内屋顶应选用不吸水、无异味、表面光洁、易清洗、耐腐蚀、耐温的浅色材料覆涂或装修，不得有长霉或成片剥落现象存在。

5.5.2 食品及食品接触面暴露的上方不应设有蒸汽、水、电气等辅助管道，以防止灰尘及冷凝水等落入。

5.6 墙壁与门窗

5.6.1 管制作业区的内墙装修材料应采用无毒、不吸水、不渗水、防霉、平滑、易清洗的浅色防腐材料，不得使用含铅涂料，并用白瓷砖或其他防腐蚀性材料作为装修墙裙，墙裙高度不低于1.8 m。

5.6.2 管制作业区和潮湿环境内，墙壁与墙壁之间、墙壁与天花板之间、墙壁与地面之间的连接处应有适当弧度（曲率半径应在3 cm以上），以便于清洗和消毒。

5.6.3 生产车间的所有门窗应采用防锈、防潮、易清洗的密封框架，不应使用木质门窗。

5.6.4 作业时需要打开的窗户，应装设易拆卸清洗的26目以上的双层不生锈纱网。

5.6.5 管制作业区对外出入口应有隔离缓冲室，并装置缓冲设施（如空气帘、塑料门帘、能自动关闭的纱门等），及（或）清洗消毒鞋底的设备，门应以平滑、易清洗、不透水的坚固材料制作，并经常保持关闭。

5.7 照明设施

5.7.1 车间应有充足的自然采光或人工照明，加工场所和内包装作业面混合照度不应低于220 lx，检查作业台面不应低于540 lx。

5.7.2 照明设施不应安装于暴露食品的直接上方，并装上防护罩，不得采用水银灯泡或含水银的设施。

5.8 通风设施

5.8.1 车间必须通风良好，保持室内空气清新。必要时，应装置通风设备。空气流向应从高清洁区域流向低清洁区域。

5.8.2 通风排气装置应易于拆卸清洗、维修或更换，通风口应装有耐腐蚀网罩。进气口必须距地面2 m以上，并远离污染源和排气口。排气口要防止有害动物侵入。

5.8.3 准清洁区及清洁区应相对密闭，并设有空气消毒设施。

5.9 供水设施

5.9.1 生产用水必须符合 GB 5749 的规定。

5.9.2 供水设施应能提供各部门所需要的充足水量，并有足够的压力，必要时要有储水设备。

5.9.3 储水设备(池、塔、槽)、与水直接接触的供水管道、器具等应使用无毒、无异味、防腐的材料，并有防污染设备，应定期清洗消毒。

5.9.4 供水设施出入口应设置安全卫生设施，防止有害动物及其他有害物质进入导致食品污染。

5.9.5 不使用自来水而使用自备水源的，应根据当地水质特点设置水质净化或消毒设施(如沉淀、过滤、除铁、除锰、除氟、消毒等)，保证水质符合 GB 5749 规定。

5.9.6 不与产品接触的非饮用水(如冷却水、污水或废水等)的管道系统与生产原料用水及饮用水的管道系统应以不同颜色以明显区分，并以完全分离的管道输送，不得有逆流或相互交接现象。

5.10 污水排放与废弃物处理系统

5.10.1 必须设有废水排放及废弃物处理系统。

5.10.2 所有废水排放管道(包括下水道)必须能适应排放高峰的需要，建造方式应避免对生产用水及饮用水的污染。

5.10.3 应设有密闭式废弃物贮存设施，该设施能防止有害动物的侵入，不得有不良气味或有毒、有害气体溢出，便于清洗消毒。

5.11 洗手设施和消毒池

5.11.1 洗手设施应以不锈钢或陶瓷等不透水材料制造，且易于清洗消毒。

5.11.2 洗手设施应设置在车间进口处和车间内适当的地点，采用非手动式水龙头(包括按压自动关水式、肘动式等)。

5.11.3 在洗手设施附近应备有液体清洁消毒剂及简明易懂的洗手方法说明。洗手设施中应包括免关式洗涤剂和消毒液的分配器、干手器或擦手纸巾等，纸巾使用后应丢入脚踏开盖的垃圾桶内。

5.11.4 洗手设施的排水应直接接入下水管道，有防止逆流、防止有害动物侵入及防止臭味产生的装置。

5.11.5 管制作业区的入口处应设置鞋靴消毒池或鞋底清洁设施。需保持干燥的清洁作业场所应有换鞋设施。

5.11.6 消毒池壁内侧与墙体成 45°角坡形，其规格应按生产经营人员必须经过消毒池方能进入车间来设计。

5.12 更衣室

5.12.1 更衣室应设于生产车间进口处，并靠近洗手设施。进口处设向里开的单向弹簧门。

5.12.2 更衣室应男女分设，其大小与生产人员数量应相适应，更衣室内照明、通风良好，有消毒装置。

5.12.3 更衣室内应有足够的储衣柜、鞋架，并有供生产人员自检用的穿衣镜。

5.13 仓库

5.13.1 工厂应设置与生产能力相适应的仓库，储存的物品应隔墙离地各 10 cm 以上。

5.13.2 原材料仓库及成品仓库应隔离或分别放置，同一仓库储存性质不同物品时，应当明确标示。

5.13.3 贮存包装容器的仓库必须清洁，并有防尘、防污染设施。新包装容器、回收包装容器应分类堆放。

5.13.4 仓库应以无毒、坚固的材料建成，并有防止贮存物品受到污染的措施。

5.13.5 仓库须有防止有害动物侵入的装置(如库门口应设防鼠板或防鼠沟等)。

5.13.6 仓库应根据贮存物品的不同贮存要求设置温度记录仪和湿度记录仪。

5.13.7 工厂应设置辅助储存区，储存危险品、水处理用化学品、洗消剂、酸碱等，储存区域应远离生产车间及食品仓库,并安装通风系统。

5.14 厕所

5.14.1 厕所地点应有利于生产和卫生,厕所应为水冲式,备有洗手设施,出入口不得正对车间门,要避开通道,厕所门应设自动关闭装置,要有良好的排风及照明设备。

5.14.2 厕所的地面、墙壁、天花板、隔板和门要用易清洗、不透气的材料建造。

5.14.3 厕所排污管道应与车间排水管道分设,且有可靠的防臭气水封。

6 设备

6.1 生产设备

6.1.1 所有生产设备应排列有序,使生产作业能顺利进行,并避免引起交叉污染,而各种设备的生产能力应相互匹配。

6.1.2 设计

6.1.2.1 与椰纤果产品生产有关的机器设备,其设计应能防止危害食品卫生安全,易于清洗消毒,易于检查,并能避免机器润滑油、金属碎屑、污水或其他污染物混入食品。

6.1.2.2 生产设备及容器与食品接触的表面应平滑、无凹陷或裂隙,不受洗涤剂及消毒剂的影响,耐腐蚀、无毒。蒸煮锅、调配桶、储存槽(桶)及其他类似的容器设备应无死角。

6.1.2.3 设备、管路、器皿及有关材料(密封圈、垫片等)应能承受所采用的热消毒温度。

6.1.2.4 所有悬空的传送带、电动机或齿轮箱均应安装滴油盘,并确保泵和搅拌器的密封结构能防止润滑剂、齿轮油或密封水渗入或漏入食品及食品接触面。

6.1.3 材质

6.1.3.1 所有用于原料或产品处理的设备、工具及原料贮存罐(池)、配料罐、发酵盘等容器及其内壁涂料,应当以无毒、耐腐蚀、耐重复清洗消毒、无异味、非吸收性的材料制作,其材质应符合相应的食品包装材料卫生标准和卫生要求。

6.1.3.2 椰子水原料贮存容器宜使用不锈钢或其他耐酸腐蚀、不溶出有害物质的材料制造。

6.1.3.3 食品接触面原则上不得使用木质材料。

6.1.3.4 与原材料和产品接触的设备所使用的润滑剂必须是食品级的。

6.2 品质管理设备

6.2.1 工厂必须设有与生产能力相适应的卫生质量检验室,检验室应具备产品标准所规定的检验项目所需要的场所和仪器设备。未开展检测的项目,可委托当地卫生行政部门认可的食品卫生检测机构进行检测。

6.2.2 检验室应配备的仪器设备为:pH 计、分析天平、温度计、无菌工作台、折光仪、一般化学分析用的玻璃仪器等。

6.2.3 品质管理设备应定期校正,与食品卫生安全有密切关系的加热杀菌设备所装置的温度计与压力计,每年至少应委托权威机构校正一次。

7 机构与人员

7.1 机构与职责

7.1.1 工厂必须建立全面卫生质量管理组织,并设有品质管理部门,由总经理(厂长)直接负责,对本单位的食品卫生工作进行全面管理。

7.1.2 品质管理部门负责制定《质量管理手册》,宣传贯彻食品卫生法律、法规和有关规章制度,并监督、检查执行情况,定期向卫生监督部门报告;组织卫生宣传教育工作;培训生产经营人员,定期组织生产经营人员进行健康检查，并做好记录工作。

7.2 人员与资格

7.2.1 品质管理部门应配备掌握专业知识的专职食品卫生管理人员。

7.2.2 品质管理人员应经过培训，并具备两年以上食品卫生管理经验，熟悉掌握食品卫生法律、法规和规章。

7.2.3 质量检验员应具有相关资质能力，上岗前应取得有关部门核发的检验资格证书。

7.3 教育与培训

工厂应对新上岗人员进行卫生安全教育，每季度进行一次全厂性的食品安全相关法律法规的学习活动。技术人员应学习掌握最新技术信息，做到教育有计划，考核有标准，卫生培训制度化和规范化。

8 卫生管理

8.1 卫生制度

8.1.1 工厂各部门应按本规范内容制定相应的卫生制度，由品质管理部门监督执行。

8.1.2 品质管理部门制定检查方案并负责实施。

8.1.2.1 每日由班组卫生管理人员对本岗位的卫生制度执行情况进行检查。

8.1.2.2 品质管理部门组织相关的卫生管理人员至少每月进行一次卫生检查。

8.1.3 每次检查应有记录并存档备案。

8.2 环境卫生

8.2.1 厂区内环境卫生应符合第4章的要求。

8.2.2 应保证生产过程中产生的废气、废水、废弃物等不污染环境。

8.2.3 污水排放及废弃物存放设施应符合5.10的要求。

8.2.4 污水排放管道应保持通畅，不得有淤泥蓄积及污水外溢。

8.3 厂房设施卫生

8.3.1 应建立厂房设施维修保养制度，并按规定对厂房设施进行维护、保养和检修，确保厂房卫生状况良好。

8.3.2 厂房内各项设施应随时保持清洁，及时维修、更新，厂房屋顶、天花板及墙壁有破损时，应及时维修，地面不得破损或积水。

8.3.3 原材料预处埋场所、加工制造场所、厕所、更衣室、淋浴室等(包括地面、水沟、墙壁等)，每天开工前和下班后应及时清洗消毒，必要时增加清洗消毒频次。洗手、干手器应定期进行卫生控制与检查，避免成为污染源。

8.3.4 菌种保藏及培养间、接种装盘间、发酵间应定期消毒。

8.3.5 班后应进行车间清洁及空气消毒。

8.3.6 车间内通风设备、空调、空气净化器进气口及滤网应保持清洁。

8.3.7 作业中产生的蒸汽，应采用通风设施导至厂外。

8.3.8 灯具及其配管的外表，应定期清洁。

8.3.9 地下排水管道应定期清理，保持通畅。

8.3.10 生产作业场所及仓库等，应采用纱窗、纱网、空气帘、栅栏或捕虫灯等有效措施防止有害动物侵入。

8.3.11 在原材料处理、加工、包装、贮存等场所内的适当位置，放置不透水、易清洗消毒(一次性使用者除外)、加盖(或密封)的存放废弃物的容器，并定时(至少每天1次)搬离厂房。盛装废弃物的容器不得与盛装原料、产品的容器混用，并应有明显的区别标志。反复使用的容器在丢弃内容物后，应及时清洗消毒。

8.3.12 原料、配料及内包装材料或其他物品需现领现用。管制作业区不得堆放非即用物品、内包装材料及其他不必要的物品。生产车间严禁存放有毒物品。供车间内部使用的清洁消毒用品，应设专区或专柜存放，并明确标示，有专人负责管理。

8.3.13 车间储水槽(塔、池)应定期清洗并于每天上班前检查消毒情况。使用自备水源的，每年至少两次送有关检验机构检验，确保生产用水水质符合 GB 5749 规定。

8.4 机器设备卫生

8.4.1 各种机器设备应定期检修，保持良好的工作状态。

8.4.2 机器运转所用的润滑油不得滴漏而污染食品。

8.4.3 各种机器设备及生产用具在生产前后应彻底清洗及消毒并确保没有消毒剂残留。

8.4.4 清洗和消毒过的机器设备及生产用具应保持清洁，保证再次生产时食品接触面不受污染。

8.4.5 用于制造食品的机器设备和场所不得提供给非食品生产用。

8.5 人员卫生

应符合 GB 14881 的规定。

8.6 清洗和消毒

8.6.1 工厂应制定清洗、消毒的措施和制度，保证工厂所有场所、设备和工器具的清洁卫生。

8.6.2 所有设备和工器具必须经常清洗和消毒；接触湿物料的表面使用后应立即清洗；接触干物料的表面使用后应立即采用干法清扫(必要时采用湿法清洗)。

8.6.3 直接用于清洁食品设备、工器具及包装材料的清洁剂必须是食品级清洁剂，不得使用非食品级清洁剂。

8.6.4 禁止使用金属材料(如钢丝绒)清洗设备和工器具。

8.6.5 须原地清洗的设备和管路应先用清水冲洗(水温一般不超过 45℃)，然后使用洗剂或消毒剂。同时应经常检查冲洗器的喷嘴，以保证洗涤剂或消毒剂均匀喷洒。

8.6.6 清洗消毒的方法必须安全、卫生，使用的消毒剂、洗涤剂必须在使用状态下安全、适用。

8.6.7 废弃物及时清除后，其容器应严格清洗消毒。

8.7 除虫灭害

应符合 GB 14881 的规定。

8.8 污水污物管理

8.8.1 对生产过程中产生的污水、污物要加强管理并进行无害化处理，以免污染周围环境。

8.8.2 污物应在专用场所密闭保管并及时清理，清理后的存放场所及设施应及时清洗消毒。

8.9 锅炉房

8.9.1 锅炉操作人员须经过职业技能培训，持证上岗。

8.9.2 严格按有关管理部门的要求对锅炉进行安全操作与维修、保养。炉内水处理药剂必须无毒并严格控制用量，定期排污(有排污记录)。

9 生产过程管理

9.1 工厂应制订与执行《椰纤果生产操作规程》。

9.2 原材料管理

9.2.1 原辅料的采购需符合采购标准及相应产品标准，投产前的原辅料应做感官检查并经过严格检验,不合格或过期的原辅料不得使用。覆盖发酵盘口的纸张应干净卫生,使用前须经过热力或气雾消毒。

9.2.2 应按照生产能力与生产计划制订进货品种和数量,避免积压。

9.2.3 合格与不合格原材料应分别存放,并有明确醒目的标识加以区分。

9.2.4 原材料的储存条件应能避免受到污染,损坏和品质下降要减至最低限度。

9.2.5 原料的入库和使用应本着先进先出的原则,按入库的先后批次、生产日期分开存放。仓储记录要完整。

9.2.6 可重复使用(如返工料)或继续使用的物料应存放在清洁、加盖的容器中,并在容器外明确标识。

9.2.7 原材料清洗用水不得使用静止水,洗涤用水不得再循环使用,以免造成二次污染。

9.2.8 生产结束而未使用完的原料等应妥善存放于适当的保存场所,防止污染,并在保质期内尽快使用。

9.2.9 食品添加剂和生产助剂的使用应符合 GB 2760 和 NY/T 1522 的规定。

9.3 菌种的管理

9.3.1 椰纤果发酵使用的菌种必须经省部级以上有关技术部门鉴定和安全性评价,并提供来源证明。

9.3.2 每批菌种在投入生产使用前,必须严格检验其各项特性,确保其活性和未受其他杂菌污染。

9.3.3 建立生产菌种管理制度,定期纯化、复壮,并应作好菌种保藏工作。

9.4 生产作业

9.4.1 生产操作应符合安全、卫生的原则,应在尽可能减低有害微生物生长速度和食品污染的控制条件下进行。

9.4.2 原料的使用应符合 NY/T 1522 的规定。

9.4.3 生产过程应严格按照《生产操作规程》进行。

9.4.4 在进行菌种的接种操作时,应在无菌室或超净工作台中进行。

9.4.5 菌种瓶、发酵盘(桶)、包扎发酵盘口所用的纸张及接触生产培养基的容器、管道、工具,使用前应严格消毒。

9.4.6 应采取有效措施,防止在生产过程中或在贮存时被二次污染。

9.4.7 用于输送、装载、贮存原材料(半成品、成品)的设备、容器及用具,其操作、使用与维护应避免对加工或贮存中的产品造成污染。与原料或污染物接触过的设备、容器及用具,必须经彻底清洗和消毒,否则不可用于处理产品。生产过程中所有盛放半成品的容器不可直接放在地面或已被污染的潮湿表面上,以防溅水污染或由容器底外面污染所引起的间接污染。

9.4.8 应采取有效措施(如筛网、捕集器、磁铁、电子金属检查器等)防止金属或其他外来杂物混入产品中。

9.4.9 生产过程中应避免大面积冲洗工作,必要时须尽可能放低喷头近距离冲洗,以减少水滴四溅,防止飞溅污染。

9.4.10 不应在生产过程中进行电焊、切割、打磨等工作,以免产生异味、碎屑污染。

9.4.11 清洁作业区内在生产时,不得打开窗户。

9.4.12 应加强设备的日常维护和保养,保持设备清洁、卫生。设备的维护必须严格执行正确的操作程序。设备出现故障应及时排除,防止影响产品质量卫生。每次生产前应检查设备是否处于正常状态。所有生产设备应进行定期的检修并做好维修记录。

9.4.13 应对生产过程中出现的异常情况采取合适的处理措施,做好防止再次发生的预防措施并做好记录。

9.4.14 食品添加剂的使用、计算、称量等应由专人负责，应有两人核对，防止投料种类和数量有误。

10 品质管理

10.1 质量管理手册的制定与执行

10.1.1 工厂由品质管理部门制定《质量管理手册》，经生产部门认可后实施，应包括 10.2、10.3、10.4 的内容。

10.1.2 工厂对《质量管理手册》中规定的管理措施应建立内部检查监督制度，做到有效实施并有记录。

10.2 原料的品质管理

10.2.1 《质量管理手册》应详细制定原料及其包装材料的品质、规格、检验项目、检验方法、验收标准、抽样计划及检验方法等内容。

10.2.2 应符合 9.2 的规定。

10.2.3 食品添加剂应设专柜储放，专人负责管理，登记记录使用的种类、供货单位卫生许可证号、进货量及使用量等。

10.2.4 **菌种**

应符合 9.3 的规定。

10.2.5 生产用水水质除应有主管部门定期检验外，工厂应定期自检。

10.2.6 原材料进厂应根据生产日期、供应商的编号等编制批号。该批号应一直延用至生产记录表，便于事后追溯。

10.3 加工中的品质管理

10.3.1 生产过程中要对菌种状态、原料质量、杀菌温度和时间、漂洗时间等关键点制定相应的控制措施并落实执行。

10.3.2 严格执行生产操作规程，其配方及工艺条件不经批准不得随意更改。加工中如发现异常现象时，应迅速查明原因并及时纠正。

10.3.3 应检查设备、工器具、容器在使用前是否保持清洁、适用状态。

10.3.4 为掌握每一步生产过程的质量情况及便于事后追溯，工厂应在生产过程控制点抽检半成品，并制作质量记录表、生产记录表等管理报表。

10.3.5 不合格半成品不得直接进入下一道工序，应予以适当处理，并做好处理记录。

10.3.6 杀菌过程应有温度、时间记录图或记录表，并定时检查是否符合工艺要求。

10.3.7 每批成品入库前应有检验记录，不合格的应予以适当处理，并做好处理记录。

10.3.8 品管部门应按 NY/T 1522 的规定的检验方法进行相应的检验，检验记录必须定期统计分析并会同有关部门核阅。

10.4 成品的品质管理

10.4.1 《质量管理手册》中应规定成品的品质、规格、检验项目、检验标准、抽样及检验方法等内容。

10.4.2 产品出厂前应按 NY/T 1522 的规定的出厂检验项目随机抽样进行检验，检验合格后方可出厂，无法检验的项目可委托具有法律效力的食品卫生检验机构代为检验。每年至少两次委托具有法律效力的食品卫生检验机构进行型式检验。

10.4.3 制订成品留样计划，每批成品应留样保存，以便在必要的质量检测及产生质量纠纷时备检。必要时，应做成品的保质期内稳定性试验。

10.4.4 每批产品入库前，应有检查记录，不合格者不得入库出厂且必须有适当处理办法。

10.4.5 成品出库时应检查生产日期及保质期，注意对外观质量再做检查，禁止运输中无法保持成品质量完好的车辆出货等。

10.4.6 成品售后意见处理

10.4.6.1 工厂应建立消费者举报制度，对消费者投诉的质量问题，品质部门应立即查明原因，妥善解决。

10.4.6.2 建立消费者举报处理及成品回收记录，注明产品名称、生产日期或批号、数量、处理方法和处理日期等。

11 仓储与运输管理

应符合 GB 14881 的规定。

12 记录管理

12.1 记录

12.1.1 卫生管理部门除记录定期检查结果外，还应填报每天卫生管理记录表，内容包括当日执行的清洗消毒工作及人员卫生状况，并详细记录异常情况的处理结果及防止再次发生的措施。

12.1.2 质量管理部门应详细记录从原材料进厂到成品出厂整个过程的质量管理活动及结果，并和原定的目标相比较、核对，记录异常情况的处理结果和防止再次发生的措施。

12.1.3 生产部门应填报生产记录及生产管理记录，详细记录异常处理结果及防止再次发生的措施。

12.1.4 各项记录均应由执行人员和有关管理人员复核签名或签章。记录必须真实，与现场检验或监控同步，不得事先预记和事后追记。记录必须规范、清晰。记录内容如有修改，不得涂改原始记录，修改后由修改人在修改文字附近签章。

12.2 记录核对

卫生、生产、质量管理记录应分别由卫生、生产、质量管理部门及时审核，以确定全部作业是否符合本规范，发现异常应及时处理。

12.3 记录保存

工厂对本规范所规定的有关记录的保存时间应符合国家相关规定。

13 管理制度的建立和考核

13.1 工厂应建立具有整体性的、有效的执行本规范的管理制度，整体协调工厂各部门贯彻本规范各项制度。

13.2 管理制度的考核

13.2.1 工厂应建立由各级管理层组成的内部考核组，对工厂执行本规范情况进行定期或不定期的检查，对存在的问题，予以合理解决与追踪。

13.2.2 内部考核组组成人员，须经一定的培训，并做好培训记录。

13.2.3 工厂应制订内部考核计划，确定检查、考核周期(一般以半年一次为原则)，切实执行并做好记录。

13.3 管理制度的制定、修订及废止

工厂应建立执行本规范的相关管理制度的制定、修订及废止的作业程序，以确保质量管理者持有有效版本的作业文件，并根据有效版本执行。

14 标识

14.1 产品标签及说明书应符合 GB 7718、《中华人民共和国食品卫生法》及其他相应产品标准的规定。

14.2　包装、贮运标志应符合 GB 191 的规定。

附加说明：

本标准由中华人民共和国农业部农垦局提出。

本标准由农业部热带作物及制品标准化技术委员会归口。

本标准起草单位：中国热带农业科学院椰子研究所、国家重要热带作物工程技术研究中心、海南椰国食品有限公司和海南亿德食品有限公司。

本标准主要起草人：陈华、赵松林、吴永辉、钟春燕、李新菊、郑亚军、张木炎、夏秋瑜、李瑞、陈卫军、张永凤。

中华人民共和国农业行业标准

椰心叶甲检疫技术规范

Rules for quarantine of *Brontispa longissima* (Gestro)

NY/T 1695—2009

1 范围

本标准规定了棕榈科植物重要害虫椰心叶甲的与检疫有关的术语和定义、检疫依据、现场检疫、实验室检疫、检疫监管和检疫处理等技术规范。

本标准适用于棕榈科植物苗木、植株、鲜切叶调运时对椰心叶甲的检疫监管和检疫处理。

2 规范性引用文件

下列文件中的条款通过本标准的引用而成为本标准的条款。凡是注日期的引用文件,其随后所有的修改单(不包括勘误的内容)或修订版均不适用于本标准,然而,鼓励根据本标准达成协议的各方研究是否可使用这些文件的最新版本。凡是不注日期的引用文件,其最新版本适用于本标准。

SN/T 1147 椰心叶甲检疫鉴定方法

3 术语与定义

下列术语与定义适用于本标准。

3.1

非疫区 pest free area

科学证据表明,某种特定的有害生物没有发生并且官方能适时保持此状况的地区。

3.2

非疫产区 pest free place of production

科学证据表明特定有害生物没有发生并且官方能适时在一定时期保持此状况的该特定有害生物寄主植物的种植地区。

3.3

非疫生产点 pest free production site

科学证据表明特定有害生物没有发生并且官方能适时在一定时期保持此状况的一个限定区域,并被作为一个单独的单位同非疫产区一样进行管理。

4 检疫依据

椰心叶甲是我国进境植物检疫性有害生物,同时也被列入林业检疫性有害生物名单和全国农业植物检疫性有害生物名单,其分类地位、鉴定特征、寄主与分布、生物学特性等是制定该害虫检疫技术规程的依据。

4.1 分类地位

中华人民共和国农业部 2009-03-09 发布　　2009-05-01 实施

4.1.1 学名

Brontispa longissima (Gestro)

4.1.2 异名

Brontispa castanea Lea

B. froggatti Sharp

B. javana Weise

B. reicherti Uhmann

B. selebensis Gestro

B. simmondsi Maulik

B. longissima var. *javana* Weise

B. longissima var. *selebensis* Gestro

Oxycephala longipennis Gestro

O. longissima Gestro

4.1.3 英文名

Coconut leaf beetle;Coconut hispid;Coconut leaf hispid;Coconut hispine beetle;Palm leaf beetle;Palm heart leafminer;New hebrides coconut hispid;Coconut leaf bud hispa;Brontispa;Coconut hispid beetle。

4.1.4 分类地位

椰心叶甲隶属鞘翅目 Coleoptera、铁甲科 Hispidae、潜甲亚科 Anisoderinae、Cryptonychini 族、*Brontispa* 属。

4.2 鉴定特征

按 SN/T 1147 的 7.2 执行。

4.3 寄主与分布

参照附录 A。

4.4 生物学特性

参照附录 B。

5 仪器设备与试剂

5.1 仪器、用具

放大镜、体视显微镜、显微镜;小毛笔、镊子、剪刀、白瓷盘、解剖针、指形管、标签等。

5.2 试剂

75%乙醇—甘油保存液、10%氢氧化钠溶液、二甲苯、加拿大树胶。

6 现场检疫

6.1 抽查

6.1.1 在棕榈科植物种苗、植株和离体叶片输入或输出现场进行。

6.1.2 抽查方法要视装载的棕榈科植物植株大小而定,苗木、植株和鲜切叶可采用随机法进行,以开顶集装交通工具装运的成株要逐株进行查验。

6.1.3 抽查数量按总量的5%~20%抽取,苗木和植株最低抽取总量不少于500株,离体叶片最低抽取总量不少于1 500支,达不到此数量的全部检查。如有需要可加大抽检比例。

6.2 抽样

6.2.1 抽样原则

应重点抽取具有代表性的样品。根据椰心叶甲为害的特性，注意抽取长势差和叶片有较明显的害虫为害状的作为样品。

6.2.2 抽样数量

植物检疫机构结合查验情况按表1、表2比例随机抽取代表性复合样品送实验室检查检疫。苗木和植株每份样品为50株～100株，不足5 000株的余量计取1份样品，离体叶片每份样品为10支，不足5 000支的余量计取1份样品。

表1 苗木和植株的随机抽样数

苗木和植株数量(件)	抽样数(份)
≤50	1
51～200	2
201～1 000	3
1 001～5 000	4
≥5 001	每增加5 000株增取1份

表2 鲜切叶的随机抽样数

鲜切叶数量(件)	抽样数(份)
≤100	1
101～500	2
501～2 000	3
2 001～5 000	4
≥5 001	每增加5 000支增取1份

6.3 检疫方法

6.3.1 现场检疫

在现场用放大镜对出入境棕榈科植物植株或叶片等仔细查找。

先观察植株外围老叶是否有椰心叶甲取食形成的褐色条状"灼伤"为害状；检查植株未展开的心叶、周边叶和离体叶片，检查有无取食为害状、成虫、卵、幼虫和蛹，检查心叶时可用手紧压心叶，将接合缝打开，顺势展开心叶；对集装箱、外包装纸箱等装载容器查看有无脱落为害叶、成虫、幼虫和蛹；对现场检疫发现的各种虫态害虫用镊子或毛笔收集，以指形管保存(必要时幼虫用75%乙醇保存液浸泡)，加贴标签，带回实验室鉴定。

6.3.2 取样检疫

发现有可疑虫卵、幼虫和蛹的棕榈科植物植株及叶片，应将寄主一并取样，及时安全地送往实验室检疫，经室内饲养至成虫再做种类鉴定。

7 实验室鉴定

7.1 用现场检疫同样的方法对取回的棕榈科植物植株或种苗的叶片进行认真检疫，有灼烧褐斑为害状的叶片上要重点检查卵，检查时需注意卵的体形较小，红褐色，多位于成虫取食后的食痕内且周围常有叶片碎片和排泄物，要用解剖针将上述杂物剔除。幼虫和蛹白色至乳白色，应在心叶部位仔细查找。

7.2 饲养检疫

对送达实验室的疑似椰心叶甲卵、幼虫和蛹等未成熟虫态，先进行初步鉴定，然后饲养至成虫再做进一步鉴定。

7.3 镜检

在室内对疑似带虫的样品特别是卵和低龄幼虫等虫态的观察，肉眼较难判定，需借助显微镜观察；

现场取样的成虫、幼虫和蛹也要用体视显微镜进行鉴定。

7.4 鉴定

按照 SN/T 1147 的 7.2 对标本进行鉴定。

8 检疫监管

8.1 严禁从发生区输入棕榈科植物苗木、植株及鲜切叶片。

8.2 调入棕榈科植物苗木隔离检疫

调入棕榈科植物苗木，经现场检疫和室内检验后，进入专业隔离检疫圃隔离检疫或所在地植物检疫机构指定的隔离检疫场(圃)隔离检疫。隔离时间 1 年。

对进入隔离检疫圃隔离检疫的棕榈科植物苗木和植株，在隔离期间，按有关规定执行检疫监管和疫情监测，定期进行抽查，抽查面积为总面积的 5%～20%，随机抽查的选点数按表 3 要求执行。隔离检疫期间检疫发现害虫时，应采集样品或虫样，在实验室进行人工饲养和鉴定，并作好检疫原始记录。一旦发现椰心叶甲，及时作除害处理。

表 3 检查面积与随机抽查的选点数关系表

种植面积(hm^2)	抽查点数
≤0.3	10
0.3<0.6	15
0.6≤3.3	30
3.3<6.6	50
≥6.6	每增加 0.1 hm^2 增加 1 点
注：每点不小于 50 株。	

8.3 调出棕榈科植物苗木产地检疫

严禁从椰心叶甲发生区调出棕榈科植物苗木。拟调出的棕榈科植物苗木应是非疫产区或非疫生产点的健康苗木。进行产地检疫，抽查点数按表 3 要求执行。

9 检疫处理

9.1 棕榈科植物苗木调运检疫过程中，一旦发现椰心叶甲，应立即进行除害处理，在非疫区发现调入棕榈植物携带椰心叶甲时，应在熏蒸除害处理后进行销毁。

9.2 熏蒸处理方法：熏蒸剂为溴甲烷，常温常压下，30 g/m^3～40 g/m^3，熏蒸时间 2 h～4 h。

附 录 A
（资料性附录）
椰心叶甲寄主与分布

A.1 寄主

椰子（*Cocos nucifera*）、槟榔（*Areca catechu*）、假槟榔（*Archontophoenix alexandrae*）、山葵（*Arecastrum romanzoffianum*）、省藤（*Calamus rotang*）、鱼尾葵（*Caryota ochlandra*）、散尾葵（*Chrysalidocarpus lutescens*）、西谷椰子（*Metroxylon sagu*）、大王椰子（*Roystonea regia*）、棕榈（*Trachycarpus fortunei*）、华盛顿椰子（*Washingtonia robusta*）、卡喷特木（*Carpentaria acuminata*）、油棕（*Elaeis guineensis*）、蒲葵（*Livistona chinensis*）、短穗鱼尾葵（*Caryota mitis*）、软叶刺葵（*Phoenix roebelenii*）、象牙椰子（*Phytelephas macrocarpa*）、酒瓶椰子（*Hyophorbe lagenicaulis*）、公主棕（*Dictyosperma album*）、红槟榔（*Cyrtastachys renda*）、*Bentinckia nicobarica*、青棕（*Ptychosperma macarthuri*）、海桃椰子（*Ptychosperma elegans*）、老人葵（*Washingtonia filifera*）、海枣（*Phoenix dactylifera*）、隐萼椰（*Laccospadix australasica*）、小叶豆棕（*Thrinax parviflora*）、日本葵（Phoenix roebelinii）、斐济榈（*Pritchardia pacifica*）、短蒲葵（*Livistona muelleri*）、*Gulubia costata*、红棕榈（*Latania lontaroides*）、刺葵（*Phoenix loureirii*）、岩海枣（*Phoenix rupicoda*）、孔雀椰子（*Caryota urens*）等棕榈科植物，其中椰子为最主要的寄主。

A.2 分布

亚洲：中国（台湾、香港、澳门、海南、广东、广西、云南）、印度尼西亚、越南、泰国、缅甸、老挝、柬埔寨、马来西亚、新加坡、菲律宾、马尔代夫。

大洋洲：澳大利亚、巴布亚新几内亚、所罗门群岛、新喀里多尼亚、萨摩亚群岛、法属波利尼西亚、新赫布里底群岛、俾斯麦群岛、社会群岛、塔西提岛、关岛、斐济群岛、瓦努阿图、瑙鲁、法属瓦利斯和富图纳群岛。

非洲：马达加斯加、毛里求斯、塞舌尔。

附 录 B
(资料性附录)
椰心叶甲生物学特性

椰心叶甲食性较单一,只为害棕榈科植物。

椰心叶甲以幼虫和成虫在寄主植物未展开的心叶为害,其纵向取食叶肉组织,形成与叶脉平行的狭长褐色条纹,被害叶表面常有破裂虫道和虫子排泄物,造成叶片坏死、植株顶冠褐色、顶枯如火烧状。叶展开后呈大型褐色坏死条斑,在比较严重的情况下,椰叶皱缩、卷曲、枯萎、形成特别的"灼伤"症状,甚至大面积折落,留下部分叶脉架。

该虫具有较强的趋嫩性,心叶一经展开,就会转移到下张新的嫩叶为害。成虫和幼虫均具有负趋光性、假死性。

椰心叶甲世代发育历经卵、幼虫、蛹和成虫 4 个阶段。卵期 4 d～6 d,幼虫 3 龄～6 龄,发育历期约 30 d～40 d,预蛹期 3 d,蛹期为 5 d～6 d,成虫寿命为 90 d～235 d。从卵到成虫羽化需 42 d～61 d。在海南每年发生 4 代～6 代,世代重叠。产卵前期约 20 d,卵散产,通常产于心叶虫道内,1 粒～3 粒呈一纵列,少数超过 4 粒,成虫产卵期长,产卵量大,单雌平均产卵 119 粒,最多可达 196 粒。雌雄性比 1∶1;雌雄虫一生均可交配多次。成虫、幼虫和蛹往往藏匿于未展开的心叶内,成虫有群集为害的习性,1 个叶片上可发现多对椰心叶甲为害和取食。

该虫具有一定的飞翔能力,雌虫飞行能力比雄虫强,24 h 未取食成虫最远飞行距离可超过 100 m,近距离的扩散可通过成虫飞翔,而远距离的扩散主要通过染虫植物的调运。

附加说明:

本标准附录 A、附录 B 为资料性附录。

本标准由中华人民共和国农业部农垦局提出。

本标准由农业部热带作物及制品标准化技术委员会归口。

本标准起草单位:中国热带农业科学院环境与植物保护研究所、国家重要热带作物工程技术研究中心、热带农林有害生物入侵监测与控制农业部重点开放实验室起草。

本标准主要起草人:彭正强、李伟东、符悦冠、韩冬银、张方平、刘奎。

中华人民共和国农业行业标准

椰子 种质资源描述规范

Descriptors standard for germplasm resources of coconut

NY/T 1810—2009

1 范围

本标准规定了棕榈科(*Arecaceae*)椰子属(*Cocos*)中的椰子(*Cocos nucifera* L.)种质资源描述的要求和方法。

本标准适用于椰子种质资源的描述。

2 规范性引用文件

下列文件中的条款通过本标准的引用而成为本标准的条款。凡是注日期的引用文件，其随后所有的修改单(不包括勘误的内容)或修订版均不适用于本标准，然而，鼓励根据本标准达成协议的各方研究是否可使用这些文件的最新版本。凡是不注日期的引用文件，其最新版本适用于本标准。

GB/T 2260 中华人民共和国行政区划代码

GB/T 2659 世界各国和地区名称代码(2659—2000,ISO 3166:年号,IDT)

GB/T 2906 谷类、油料作物种子粗脂肪测定方法(油重法)

GB/T 5009.5 食品中蛋白质的测定

GB/T 5009.82 食品中维生素 A 和维生素 E 的测定

GB/T 5512 粮油检验 粮食中粗脂肪含量测定

GB/T 5530 动植物油脂酸值和酸度的测定

GB/T 12143.1 软饮料中可溶性固形物的测定方法

GB/T 17377 动植物油脂 脂肪酸甲酯的气相色谱分析

GB/T 18147.3 大麻纤维试验方法 第3部分:长度试验方法

3 要求

3.1 样本采集

在植株达到稳定结果期并在正常生长情况下采集代表性样本。

3.2 描述内容

描述内容见表1。

中华人民共和国农业部 2009-12-22 发布 2010-02-01 实施

表 1 椰子种质资源描述内容

描述记载类别	描述记载内容
种质基本信息	全国统一编号、种质库编号、种质圃编号、采集号、引种号、种质名称、种质外文名称、科名、属名、学名、种质类型、主要特性、主要用途、系谱、遗传背景、繁殖方式、带毒状况、选育单位、育成年份、原产国、原产省、原产地、原产地经度、原产地纬度、原产地海拔、采集地、采集单位、采集时间、采集材料、保存单位、保存单位编号、种质保存名、保存种质的类型、种质定植年份、种质更新年份、图像、特性鉴定评价的机构名称、鉴定评价的地点、备注
植物学特征	树龄、树冠形态、树体状况、株高、20 cm 高处茎围、1.5 m 高处茎围、顶端茎围、茎高、茎干形态、葫芦头类型、叶片总数、叶片着生螺旋方向、叶痕宽度、10 个叶痕的高度、叶痕间平均距离、叶片长度、叶柄颜色、叶柄长、叶柄厚、叶柄宽、叶轴长、小叶数、小叶长、小叶宽、小叶颜色、花穗类型、花穗柄颜色、花穗颜色、雌花颜色、雄花颜色、花中轴长度、花柄长度、花柄基部周长、带雌花的小穗数、不带雌花的小穗数、最长花穗的长度、小穗长度、雌花数、雌花的直径、每株年花穗数、花期协调性、从出现花苞到开放的时间、雄花开放时间、雌花开放的时间、雌雄花开放重叠、不同花穗间开放重叠、抽花期、抽苞期、始花期、第一次现花苞时叶片数、果形、果纵剖面形状、果实长度、果实纵向围径、果实宽度、果实横向围径、果皮颜色、核果外形、核果长度、核果纵向围径、核果宽度、核果最大周长
农艺性状	种果苗(胚组培苗)的采收日期、发芽日期、最大发芽率、25%发芽率天数、50%发芽率天数、75%发芽率天数、最大发芽率天数、种苗叶柄颜色、种植密度、定植日期、定植天数、产量特征、初花期、初果期、椰果成熟期、果数、果穗数、成熟果数、果实性状、果重、核果重、椰纤维重、去水核果重、椰水重、椰肉重、椰肉厚度、椰壳厚度、椰干含量、单果椰干重、椰水中可溶性固形物含量、椰水芳香或其他气味、果实纤维颜色、椰花汁
品质性状	样品制备、粗蛋白质含量、椰干粗脂肪、鲜椰肉粗脂肪含量、游离脂肪酸含量、月桂酸、维生素 E、纤维长度、纤维张力等

4 描述方法

4.1 种质基本信息

4.1.1 全国统一编号

椰子种质资源采用全国统一的唯一编号，为“YZ”加 6 位为顺序号组成。

4.1.2 种质库编号

种质资源长期保存库编号，“GP”加 2 位作物代码再加 4 位顺序号组成。每份种质具有唯一的种质库编号。

4.1.3 种质圃编号

种质资源在保存圃编号方法同 4.1.2，若种质库与种质圃同时保存的，在种质圃编号的基础上加个圃(P)字。

4.1.4 采集号

种质在野外采集时赋予的编号，由年份加 2 位省份代码加顺序号组成。

4.1.5 引种号

引种号是由年份加 4 位顺序号组成的 8 位字符串，如“19940024”，前 4 位表示种质从外地引进年份，后 4 位为顺序号，从“0001”到“9999”。每份引进种质具有唯一的引种号。

4.1.6 种质名称

国内种质的原始名称，如果有多个名称，可以放在括号内，用英文逗号分隔；国外引进种质如果没有中文译名，可以直接填写种质的外文名。

4.1.7 种质外文名

国外引进种质的外文名和国内种质的汉语拼音名，每个汉字的首字拼音大写，字间用连接符。

4.1.8 科名

棕榈科(Arecaceae)。

4.1.9 **属名**

椰子属(Cocos)。

4.1.10 **学名**

种质资源的科学名称。

4.1.11 **种质类型**

种质资源的类型,分为野生资源、地方品种(品系)、引进品种(品系)、选育品种(品系)、特殊遗传材料、其他。

4.1.12 **主要特性**

种质资源的主要特性,分为产量、品质、抗性、其他。

4.1.13 **主要用途**

种质资源的主要用途,分为食用、药用、观赏、纤维、材用、育种、其他。

4.1.14 **系谱**

椰子选育品种(系)的亲缘关系。

4.1.15 **遗传背景**

种质资源的遗传背景情况。分为自花授粉、异花授粉、种间杂交、种内杂交、无性选择、自然突变、人工诱变、其他。

4.1.16 **繁殖方式**

种质资源繁殖方式分为实生植株、组织培养材料、其他。

4.1.17 **带毒状况**

种质资源的植株携带病毒的情况,分为无病毒、有病毒、没有检测。

4.1.18 **选育单位**

选育椰子品种(系)的单位名称或个人,单位名称应写全称。

4.1.19 **育成年份**

椰子品种(系)通过新品种审定或登记的年份,用4位阿拉伯数字表示。

4.1.20 **原产国**

种质原产国家名称、地区名称或国际组织名称。国家和地区名称参照GB/T 2659,如该国家已不存在,应在原国家名称前加“前”。

4.1.21 **原产省**

种质原产省份名称,省份名称按照GB/T 2260;国外引进种质原产省用原产国家一级行政区的名称。

4.1.22 **原产地**

种质的原产县、乡、村名称。县名按照GB/T 2260执行。

4.1.23 **原产地经度**

种质原产地的经度,单位为度和分。格式为DDDFF,其中DDD为度,FF为分。

4.1.24 **原产地纬度**

种质原产地的纬度,单位为度和分。格式为DDFF,其中DD为度,FF为分。

4.1.25 **原产地海拔**

种质原产地的海拔,单位为米(m)。

4.1.26 **采集地**

种质的来源国家、省、县名称,地区名称或国际组织名称。

4.1.27 **采集单位**

种质采集单位名称或个人。单位名称应写全称,例如"中国热带农业科学院椰子研究所"。

4.1.28 **采集时间**

以"年月日"表示,格式"YYYYMMDD"。

4.1.29 **采集材料**

种质收集时其采集的种质材料类型。分为种子、果实、DNA、花粉、组织培养材料、苗木、其他。

4.1.30 **保存单位**

负责种质繁殖提交国家种质资源长期库前的原保存单位名称或个人名称全称。

4.1.31 **保存单位编号**

种质在原保存单位中的种质编号。保存单位编号在同一保存单位应具有唯一性。

4.1.32 **种质保存名**

种质在资源圃中保存时所用的名称,应与来源号相一致。

4.1.33 **保存种质的类型**

保存种质的类型。分为植株、种子、组织培养物、花粉、DNA、其他。

4.1.34 **种质定植年份**

种质在种质圃中定植的年份。

4.1.35 **种质更新年份**

种质进行换种或重植年份。

4.1.36 **图像**

种质的图像文件名,图像格式为 .jpg。图像文件名由统一编号加"—"加序号加".jpg"组成。图像要求 600 dpi 以上或 1 024×768 以上。

4.1.37 **特性鉴定评价的机构名称**

种质特性鉴定评价的机构名称,单位名称应写全称。

4.1.38 **鉴定评价的地点**

种质形态特征和生物学特性的鉴定评价地点,记录到省和县名。

4.1.39 **备注**

资源收集者了解的生态环境的主要信息、产量、栽培实践等。

4.2 **植物学特征**

4.2.1 **树龄**

从每个小区随机取样 5 株以上作为样本,从植株定植至观测时的时间,单位为月(M)。精确到 1 M。

4.2.2 **树冠形态**

以整个试验区该种质的所有植株为对象,参照图 1,观测树冠总体形状,并根据最大相似原则确定样本植株形态。分为球形、半球形、X 形、V 形、其他。

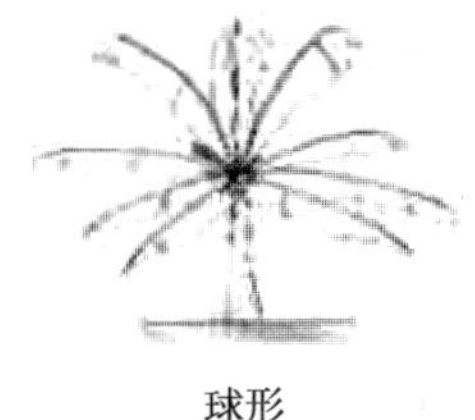

球形

半球形

X 形

V 形

图 1 树冠形态

4.2.3 **树体状况**

样本同 4.2.1,观测记载树体状况。分为未结果幼树、初结果树、成年结果树、成年病弱树、衰老树、垂死树、其他。

4.2.4 株高

样本同 4.2.1,测量植株从地面到最高叶片顶端的自然高度,计算平均值。单位为米(m),精确到 0.1 m。

4.2.5 20 cm 高处茎围

样本同 4.2.1,测量离地面 20 cm 高处的周长,计算平均值。单位为厘米(cm),精确到 0.1 cm。

4.2.6 1.5 m 高处茎围

样本同 4.2.1,测量离地面 1.5 m 高处的周长,计算平均值。单位为厘米(cm),精确到 0.1 cm。

4.2.7 顶端茎围

样本同 4.2.1,测量最基部一片绿叶着生处的周长,计算平均值。单位为厘米(cm),精确到 0.1 cm。

4.2.8 茎高

样本同 4.2.1,测量茎干从地面到最基部的一片绿叶着生处的高度,计算平均值。单位为米(m),精确到 0.1 m。

4.2.9 茎干形态

样本同 4.2.1,目测参照图 2,根据最大相似原则观察茎干形态。分为直立、角形、弯弓形、曲线形。

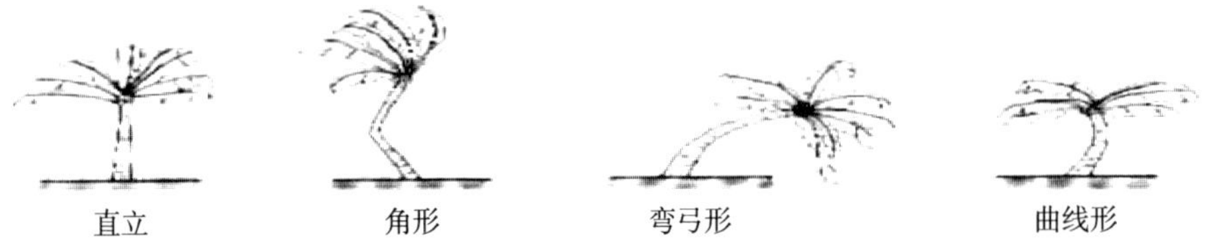

图 2 茎干形态

4.2.10 葫芦头类型

样本同 4.2.1,观测树体茎干基部葫芦头类型,参照图 3,根据最大相似原则观察葫芦头类型。分为无、低、高。

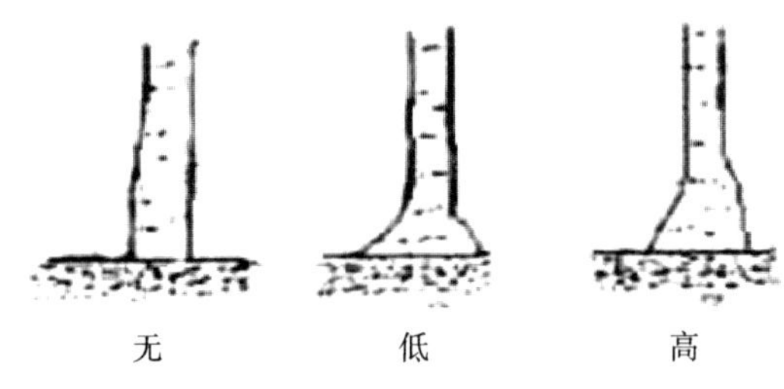

图 3 葫芦头类型

4.2.11 叶片总数

样本同 4.2.1,记载植株从第一片羽裂叶算起的叶片总数,计算平均数,单位为张。精确到 1 张。

4.2.12 叶片着生螺旋方向

样本同 4.2.1,观察叶片从上到下的着生螺旋方向,以最多出现的情形为准。分为左旋、右旋。

4.2.13 叶痕宽度

样本同 4.2.1,测量离地面 1.5 m 高处单个叶痕宽度,计算平均值。单位为厘米(cm),精确到 0.1 cm。

4.2.14 10 个叶痕的高度

样本同 4.2.1,测量离地面 1.5 m 高处开始的 10 个叶痕的高度(两轮叶痕高),计算平均值。单位为 cm，精确到 0.1 cm。

4.2.15 叶痕间平均距离

按 4.2.14，结果计算叶痕间的平均距离，单位为厘米（cm），精确到 0.1 cm。

4.2.16 叶片长度

样本同 4.2.1，用标尺测量从第一片羽裂叶算起的第 14 张叶（如果不是这张叶，需说明被测的是第几张）长度，计算平均值。单位为米（m），精确到 0.01 m。

4.2.17 叶柄颜色

样本同 4.2.16，目测根据最大相似原则确定叶柄颜色。分为绿、红、黄、棕、其他。

4.2.18 叶柄长

样本同 4.2.16，测量叶柄从基部到最靠近的第一片小叶处的长度，计算平均值。单位为厘米（cm），精确到 0.1 cm。

4.2.19 叶柄厚

样本同 4.2.16，用游标卡尺测量第一片小叶着生处的叶柄厚度，计算平均值。单位为厘米（cm），精确到 0.1 cm。

4.2.20 叶柄宽

样本同 4.2.16，测量叶柄基部宽度，计算平均值。单位为厘米（cm），精确到 0.1 cm。

4.2.21 叶轴长

样本同 4.2.16，测量叶轴从叶柄基部到顶点的长度，计算平均值。单位为米（m），精确到 0.01m。

4.2.22 小叶数

样本同 4.2.16，记载最靠近基部的第一片小叶一侧的小叶数，计算平均值。单位为片，精确到 1 片。

4.2.23 小叶长

样本同 4.2.16，测量叶柄中部两侧最长小叶的长度，计算平均值。单位为厘米（cm），精确到 0.1 cm。

4.2.24 小叶宽

样本同 4.2.23，测量小叶最宽处宽度，计算平均值。单位为厘米（cm），精确到 0.1 cm。

4.2.25 小叶颜色

样本同 4.2.23，观察并根据最大相似原则确定小叶颜色。分为绿、红、黄、棕、其他。

4.2.26 花穗类型

样本同 4.2.1，观察花穗类型，以最多出现的类型为准。分为正常型、穗状花序（全部或部分）、雄性单性生殖、雌性单性生殖、附加佛焰苞或苞叶、其他。

4.2.27 花穗柄颜色

样本同 4.2.26，观察并根据最大相似原则确定花穗柄颜色。分为绿、红、黄和棕。

4.2.28 花穗颜色

样本同 4.2.26，观察并根据最大相似原则确定花穗颜色。分为绿、红、黄和棕。

4.2.29 雌花颜色

样本同 4.2.26，观察并根据最大相似原则确定雌花颜色。分为绿、红、黄和棕。

4.2.30 雄花颜色

样本同 4.2.26，观察并根据最大相似原则确定花穗柄颜色。分为绿、红、黄和棕。

4.2.31 花中轴长度

样本同 4.2.26，每株选取同一株椰树中最长花穗，用标尺测量花中轴从第一个小穗到先端的长度，计算平均值。单位为厘米(cm),精确到 0.1 cm。

4.2.32 花柄长度

样本同 4.2.31,测量花柄从花穗在植株上的着生点到第一个穗基部的长度,计算平均值。单位为 cm,精确到 0.1 cm。

4.2.33 花柄基部周长

样本同 4.2.31,测量花柄基部周长,计算平均值。单位为厘米(cm),精确到 0.1 cm。

4.2.34 带雌花的小穗数

样本同 4.2.31,记载每个花穗上带有雌花的小穗总数,计算平均值。单位为个,精确到 1 个。

4.2.35 不带雌花的小穗数

样本同 4.2.31,记载每个花穗上没有雌花的小穗总数,计算平均值。单位为个,精确到 1 个。

4.2.36 最长花穗的长度

样本同 4.2.4,用标尺测量各单株最长花穗从基部到顶端的长度,计算平均值。单位为厘米(cm),精确到 0.1 cm。

4.2.37 小穗长度

样本同 4.2.31,用标尺测量着生果实的第一个小穗的长度,计算平均值。单位为厘米(cm),精确到 0.1 cm。

4.2.38 雌花数

样本同 4.2.31,记载每个花穗上雌花总数(如果脱落,应将落痕数统计在内),计算平均数,单位为个,精确到 1 个。

4.2.39 雌花的直径

样本同 4.2.31,在雌花可受粉时(柱头露白),用卡尺测量雌花的最宽部分宽度,计算平均值。单位为(cm),精确到 0.1 cm。

4.2.40 每株年花穗数

样本同 4.2.1,记录每年抽花的穗数,计算平均值,单位为个,精确到 1 个。

4.2.41 花期协调性

样本同 4.2.1,记载在雌花受粉期间雄花开放的百分率,计算平均数,单位为%,精确到 1%。

4.2.42 从出现花苞到开放的时间

样本同 4.2.1,记载从出现花苞到开放的时间,计算平均数,单位为天(d),精确到 1 d。

4.2.43 雄花开放时间

样本同 4.2.31,每个花穗记载 10 朵雄花从开放到脱落的平均时间,计算平均数,单位为天(d),精确到 1 d。

4.2.44 雌花开放的时间

样本同 4.2.31,每个花穗记载 3 朵雌花开放的时间,计算平均数,单位为天(d),精确到 1 d。

4.2.45 雌雄花开放重叠

样本同 4.2.31,采用目测法观测同一花穗内雌雄花开放重叠情况,以最多出现的情形为准。分为不重叠、重叠。

4.2.46 不同花穗间开放重叠

样本同 4.2.31,采用目测法观测不同花穗间雌雄花开放重叠情况,以最多出现的情形为准。分为不重叠、重叠。

4.2.47 抽花期

样本同 4.2.1,记载从定植到 50%植株抽花的时间,计算平均数,单位为月(M),精确到 1 M。

4.2.48 **抽苞期**

样本同 4.2.1,记载从定植到 50%的植株出现第一个未开放的佛焰苞的时间,计算平均数,单位为月(M),精确到 1 M。

4.2.49 **始花期**

样本同 4.2.1,记载从定植到 50%的植株出现第一个开放的花穗的时间,计算平均数,单位为月(M),精确到 1 M。

4.2.50 **第一次现花苞时叶数**

样本同 4.2.1,记载第一个花苞出现时的树上着生的叶数,计算平均数。单位为张,精确到 1 张。

4.2.51 **果形**

植株样本同 4.2.1,选成熟初期果穗,每株选取发育正常、果皮变干、且带有部分鲜果颜色(至少在花萼上)的椰果,参照椰子图 4,目测并根据最大相似原则确定椰果的外表纵面形状。分为长圆形、卵圆形、菱角形、圆形、其他。

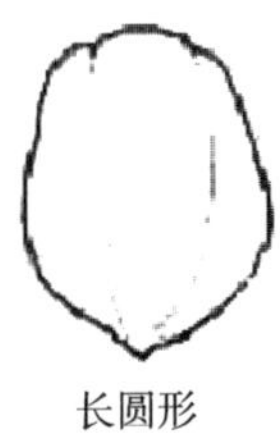
长圆形

卵圆形

菱角形

圆形

图 4　果　形

4.2.52 **果纵剖面形状**

样本同 4.2.51,目测并根据最大相似原则确定椰果纵剖面形状。分为圆形、卵形、梨形、椭圆形。

4.2.53 **果实长度**

样本同 4.2.51,测量每个带果皮椰果最长纵向长度,计算平均值。单位为厘米(cm),精确到 0.1 cm。

4.2.54 **果实纵向周长**

样本同 4.2.51,测量每个带果皮椰果最宽纵向周长,计算平均值。单位为厘米(cm),精确到 0.1 cm。

4.2.55 **果实宽度**

样本同 4.2.51,测量每个带果皮椰果最大横向距离,计算平均值。单位为厘米(cm),精确到 0.1 cm。

4.2.56 **果实横向周长**

样本同 4.2.51,测量每个带果皮椰果横向最大周长,计算平均值。单位为厘米(cm),精确到 0.1 cm。

4.2.57 **果皮颜色**

植株样本同 4.2.51,观察并根据最大相似原则确定嫩果表皮的颜色。分为绿、红、黄和棕。

4.2.58 **核果外形**

样本同 4.2.51,去除椰纤维(外果皮和中果皮),参照图 5,目测并根据最大相似原则确定核果(去果皮)外表形状。分为尖角型、卵形、近圆形、扁圆形、其他。

尖角形

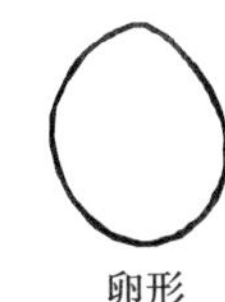
卵形

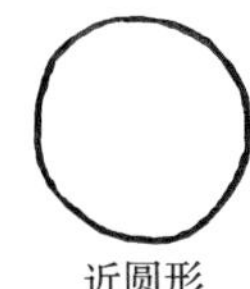
近圆形

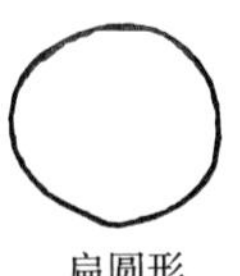
扁圆形

图 5　核果外形

4.2.59 **核果长度**

样本同 4.2.58,测量核果纵向长度,计算平均值。单位为厘米(cm),精确到 0.1 cm。

4.2.60 核果纵向周长

样本同 4.2.58,测量每个核果纵向周长,计算平均值。单位为厘米(cm),精确到 0.1 cm。

4.2.61 核果宽度

样本同 4.2.58,测量每个核果最大横向宽度,计算平均值。单位为厘米(cm),精确到 0.1 cm。

4.2.62 核果最大周长

样本同 4.2.51,测量每个核果横向最大周长,计算平均值。单位为厘米(cm),精确到 0.1 cm。

4.3 农艺性状

4.3.1 种果苗

4.3.1.1 采收日期

种果的采收时间,表示为“年月日”,格式“YYYYMMDD”。

4.3.1.2 发芽日期

同一批采收的种果,50%种果苗发芽的时间,表示为“年月日”,格式“YYYYMMDD”。

4.3.1.3 最大发芽率

到种果不再发芽时,计算已发芽种果占育苗种果总数的百分率,单位为%,精确到 1%。

4.3.1.4 25%发芽率天数

记载从播种到 25%种果发芽时的天数,单位为天(d),精确到 1 d。

4.3.1.5 50%发芽率天数

记载从播种到 50%种果发芽时的天数,单位为天(d),精确到 1 d。

4.3.1.6 75%发芽率天数

记载从播种到 75%种果发芽时的天数,单位为天(d),精确到 1 d。

4.3.1.7 最大发芽率天数

记载从播种到最多种果发芽时的天数。单位为天(d),精确到 1 d。

4.3.2 胚组培苗

4.3.2.1 25%发芽率天数

记载从组培到 25%胚发芽时的天数,单位为天(d),精确到 1 d。

4.3.2.2 50%发芽率天数

记载从组培到 50%胚发芽时的天数,单位为天(d),精确到 1 d。

4.3.2.3 75%发芽率天数

记载从组培到 75%胚发芽时的天数,单位为天(d),精确到 1 d。

4.3.2.4 最大发芽率天数

记载从组培到最多胚发芽时的天数,单位为天(d),精确到 1 d。

4.3.2.5 种苗叶柄颜色

目测并根据最大相似原则确定胚组培苗叶柄颜色。分为绿、红、黄、棕、其他。

4.3.3 种植密度

记载种植密度,单位为株/hm^2,精确到 1 株/hm^2。

4.3.4 定植日期

记载定植日期。表示为“年月日”,格式“YYYYMMDD”。

4.3.5 定植天数

记载定植到调查时的天数。单位为天(d),精确到 1 d。

4.3.6 产量特征

每样本选 5 株正常样株,连续观测 2 年,每 3 个月记载一次产量。

4.3.6.1 **初花期**

样本同 4.3.6,记载从定植到第一个花苞出现时的时间。单位为月(M),精确到 1 M。

4.3.6.2 **初果期**

样本同 4.3.6,记录从定植到第一个成熟椰果收获时的时间。单位为月(M),精确到 1 M。

4.3.6.3 **椰果成熟期**

样本同 4.3.6,记录从授粉到椰果成熟的时间。单位为天(d),精确到 1 d。

4.3.6.4 **果数**

样本同 4.3.6,记录每年每株椰子结果数,单位为个/(株・年),精确到 1 个/(株・年)。

4.3.6.5 **果穗数**

样本同 4.3.6,记录每株每年产果穗数,单位为穗/(株・年),精确到 1 穗/(株・年)。

4.3.6.6 **成熟果数**

样本同 4.3.6,记录每株每年收获的成熟果数,单位为个/(株・年),精确到 1 个/(株・年)。

4.3.7 **果实性状**

样本同 4.3.6,在每年主要收获期中取样,随机抽取 10 个正常果。

4.3.7.1 **果重**

样本同 4.3.7,称取其质量。计算平均数,单位为克(g),精确到 0.1 g。

4.3.7.2 **核果重**

样本同 4.3.7,分开椰纤维和核果,称取其质量。计算平均数,单位为克(g),精确到 0.1 g。

4.3.7.3 **椰纤维重中外果皮**

采用 4.3.7.1 和 4.3.7.2 的数据,用“用果重减去核果重”计算椰纤维重。计算平均值,单位为克(g),精确到 0.1 g。

4.3.7.4 **去水核果重**

样本同 4.3.7.2,去除椰子水,称取去水核果的质量。计算平均值,单位为克(g),精确到 0.1 g。

4.3.7.5 **椰子水重**

采用 4.3.7.2 和 4.3.7.4 的数据,用“核果重减去去水核果重”计算椰水重。计算平均值,单位为克(g),精确到 0.1 g。

4.3.7.6 **椰肉重**

样本同 4.3.7.2,去除椰壳,称取椰肉质量,计算平均数。单位为克(g),精确到 0.1 g。

4.3.7.7 **椰肉厚度**

样本同 4.3.7.6,破开核果挖出椰肉,用游标卡尺测量椰肉最厚横切面处的厚度,计算平均数。单位为毫米(mm),精确到 0.1 mm。

4.3.7.8 **椰壳厚度**

样本同 4.3.7.6,用游标卡尺测核果最厚部位椰壳厚度,计算平均数。单位为(厘米 cm),精确到 0.1 cm。

4.3.7.9 **椰干含量**

样本同 4.3.7.7,破开核果挖出椰肉,每个椰果称取 100 g 左右鲜椰肉,在 105℃的恒温状态下烘干直至恒定,称取其质量,按公式(1)计算椰干含量,结果以平均值表示,精确到 1%。

$$Y = \frac{m_1}{m_2} \times 100 \quad \cdots\cdots (1)$$

式中:

Y——椰干含量,以百分率(%)表示;

m_1——干重,单位为克(g);

m_2——鲜重,单位为克(g)。

4.3.7.10 **单果椰干重**

采用4.3.7.6和4.3.7.9的数据,按公式(2)计算单果椰干重,结果以平均值表示,精确到0.1 g。

$$Z = m \times Y \quad \cdots\cdots (2)$$

式中:

Z——单果椰干质量,单位为克(g);

m——单果鲜肉质量,单位为克(g);

Y——椰干含量,单位为百分率(%)。

4.3.7.11 **椰子水中可溶性固形物含量**

按GB/T 12143.1执行。

4.3.7.12 **椰子水芳香或其他气味**

样本同4.3.7.2,味觉测定并根据最大相似原则确定椰水气味。分为无、有。

4.3.7.13 **果实纤维颜色**

样本同4.3.7,目测并根据最大相似原则确定刚切开果实纤维颜色。分为白、红。

4.3.8 **椰花汁**

在花苞即将开放前,用细绳紧密缠绕,数日敲打5 d后从顶端割开花苞,取其花汁,每株测量一个花苞的椰花汁产量,计算平均数,单位为L/株,精确到1 L/株。

4.4 **品质性状**

4.4.1 **样品制备**

样本同4.2.51,取出相应测试组分样本,混匀,待测。

4.4.2 **粗蛋白质含量**

样本同4.4.1,按GB/T 5009.5规定执行。

4.4.3 **椰干粗脂肪**

样本同4.4.1,按GB/T 2906规定执行。

4.4.4 **鲜椰肉粗脂肪含量**

样本同4.4.1,按GB/T 5512规定执行。

4.4.5 **游离脂肪酸含量**

样本同4.4.1,按GB/T 5530规定执行。

4.4.6 **月桂酸(肉豆蔻油率)**

样本同4.4.1,按GB/T 17377规定执行。

4.4.7 **维生素E**

样本同4.4.1,按GB/T 5009.82规定执行。

4.4.8 **纤维长度**

按GB/T 18147.3规定执行。

4.4.9 **纤维张力**

样本同4.4.1,用张力计测量纤维拉断前的最大张力。测定3次,计算平均数,单位为抗张指数(knm/kg),精确到0.1 knm/kg。

附加说明：

本标准由中华人民共和国农业部农垦局提出。

本标准由农业部热带作物及制品标准化技术委员会归口。

本标准起草单位：中国热带农业科学院椰子研究所、国家重要热带作物工程技术研究中心。

本标准主要起草人：唐龙祥、范海阔、黄丽云、陈良秋、曹红星、张军、覃伟权、陈华。

中华人民共和国农业行业标准

槟榔　种苗

Areca seedling

NY/T 1398—2007

1　范围

本标准规定了槟榔(*Arecae catechu* L.)种苗的要求、试验方法、检验规则、标识、包装、运输和保存。

本标准适用于槟榔种苗。

2　规范性引用文件

下列文件中的条款通过本标准的引用而成为本标准的条款。凡是注日期的引用文件,其随后所有的修改单(不包括勘误的内容)或修订版均不适用于本标准,然而,鼓励根据本标准达成协议的各方研究是否可使用这些文件的最新版本。凡是不注日期的引用文件,其最新版本适用于本标准。

GB 6000—1999　主要造林树种苗木质量分级

GB 15569　农业植物调运检疫规程

中华人民共和国国务院 1992 第 98 号令《植物检疫条例》

中华人民共和国农业部 1995 第 5 号令《植物检疫条例实施细则(农业部分)》

3　要求

3.1　基本要求

3.1.1　种源来自品种纯正、优质高产的母本园或母株,品种纯度≥95% 。

3.1.2　植株无病虫害危害。

3.1.3　无机械性损伤。

3.1.4　出圃时塑料袋完好,土柱完整不松散。

3.1.5　植株主干直立,生长健壮,叶片浓绿、正常。

3.2　分级

槟榔种苗分为一级和二级,各等级在满足基本要求的前提下,应符合表 1 的规定。

表 1　槟榔种苗分级指标

项　　目	等　　级	
	一　级	二　级
苗高,cm	>65.0	60.0～65.0
茎粗,cm	>0.90	0.70～0.90
叶片数,片	>6	4～6

中华人民共和国农业部 2007-06-14 发布　　　　2007-09-01 实施

4 试验方法

4.1 外观检测

用目测法检测植株的生长情况、病虫害、机械损伤和土柱完整情况。

4.2 分级检验

4.2.1 苗高

用直尺或钢卷尺测量种苗土表至最高叶片顶端的高度,结果精确到小数点后一位。

4.2.2 茎粗

用游标卡尺测量种苗土表以上 5 cm 处茎干的直径,结果精确到小数点后二位。

4.2.3 将苗高、茎粗、叶片数的测量数据记入附录 A 的表格中。

4.3 品种纯度检测

用目测法观察其形态特征,确定指定品种的样品数。品种纯度按公式(1)计算:

$$P=\frac{n_1}{N_1}\times 100 \qquad (1)$$

式中:

P——品种纯度,单位为百分率(%);

n_1——样品中指定品种样品株数,单位为株;

N_1——所检样品总数,单位为株。

计算结果精确到小数点后一位。

将检测结果记入附录 B 的表格中。

4.4 疫情检验

按 GB 15569、中华人民共和国国务院令第 98 号《植物检疫条例》和中华人民共和国农业部令第 5 号《植物检疫条例实施细则(农业部分)》的有关规定进行。

5 检验规则

5.1 组批

同一品种、同一产地、同时出圃的种苗作为一检验批。

5.2 抽样

按 GB 6000—1999 中 4.1.1 的规定执行。

5.3 交收检验

每批种苗交收前,生产单位应进行交收检验。交收检验内容包括外观、包装和标识等。检验合格并附检验证书(见附录 B)和检疫部门颁发的检疫合格证书方可交收。

5.4 判定规则

同一批检验的一级种苗中,允许有 5%的种苗低于一级标准,但应达到二级标准,超过此范围,则为二级种苗;同一批检验的二级种苗中,允许有 5%的种苗低于二级标准,但应达到 3.1 的要求,超过此范围,则该批种苗为不合格。

5.5 复验

当贸易双方对检验结果有异议时,应加倍抽样复验一次,以复验结果为最终结果。

6 标识

种苗出圃时应附有标签,标签内容和规格参见附录 C。

7 包装、运输和贮存

7.1 包装

应用硬质包装箱包装。

7.2 运输

运输过程中应保持一定的湿度和通风透气，避免日晒、雨淋。

7.3 贮存

出圃后应在当日装运，到达目的地后要尽快种植。如短时间内无法定植，可将种苗置于荫棚中，并注意淋水，保持湿润。

附 录 A
(资料性附录)

表 A.1 槟榔种苗检测记录表

<table>
<tr><td>育苗单位</td><td colspan="5"></td><td>No</td><td></td></tr>
<tr><td>购苗单位</td><td colspan="7"></td></tr>
<tr><td>品　　种</td><td></td><td>报检株数</td><td></td><td>所检株数</td><td></td><td>级别</td><td></td></tr>
</table>

样株号	苗高 cm	苗茎粗 cm	叶片数 片	初评级别		
				一级	二级	不合格

审核人(签字)：　　校核人(签字)：　　检测人(签字)：　　检测日期：　年　月　日

附 录 B
（资料性附录）

表 B.1 槟榔种苗检验证书

编号：＿＿＿＿＿＿

<table>
<tr><td>育苗单位</td><td colspan="4"></td></tr>
<tr><td>购买单位</td><td colspan="4"></td></tr>
<tr><td>品　　种</td><td colspan="4"></td></tr>
<tr><td>出圃株数</td><td></td><td colspan="2">抽样数</td><td></td></tr>
<tr><td rowspan="4">分级检验</td><td>等级</td><td>一级</td><td>二级</td><td>不合格</td></tr>
<tr><td>样品中各级别种苗株数</td><td></td><td></td><td></td></tr>
<tr><td>样品中各级别种苗株数占抽检种苗株数的比例，%</td><td></td><td></td><td></td></tr>
<tr><td>检验结果</td><td>A：一级</td><td>B：二级</td><td>C：不合格</td></tr>
<tr><td>品种纯度，%</td><td colspan="4"></td></tr>
<tr><td>有无检验检疫证明</td><td colspan="4"></td></tr>
<tr><td>检验结论</td><td colspan="4"></td></tr>
<tr><td>检验单位（章）</td><td></td><td colspan="2">检验人（签字）</td><td></td></tr>
<tr><td>证书有效期</td><td colspan="4">年　　月　　日至　　年　　月　　日</td></tr>
</table>

附　录　C
（资料性附录）

图 C.1　槟榔种苗标签

（单位：cm）

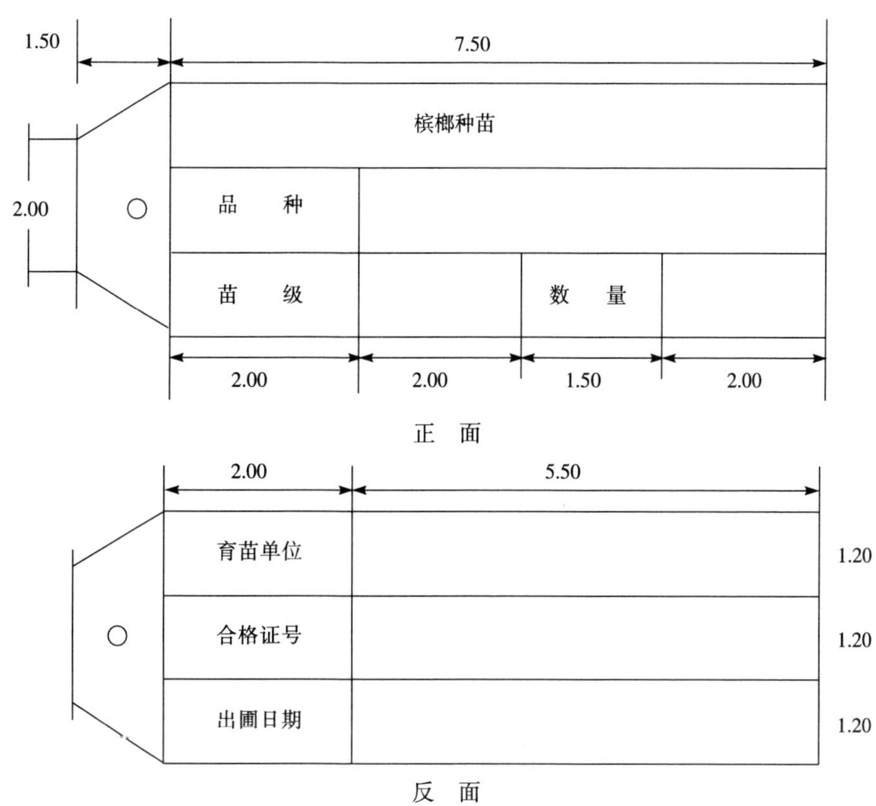

注：标签用 150 g 的牛皮纸。
标签孔用金属包边。

附加说明：

本标准的附录 A、附录 B 和附录 C 为资料性附录。

本标准由中华人民共和国农业部提出。

本标准由农业部热带作物及制品标准化技术委员会归口。

本标准起草单位：中国热带农业科学院热带作物品种资源研究所。

本标准主要起草人：王祝年、邹冬梅、庞玉新。

中华人民共和国农业行业标准

益智 种苗

Alpinia seedling

NY/T 1474—2007

1 范围

本标准规定了益智(*Alpinia oxyphylla* Miq.)种苗的术语和定义、要求、试验方法、检验规则、包装、标签、运输和贮存。

本标准适用于益智种苗。

2 规范性引用文件

下列文件中的条款通过本标准的引用而成为本标准的条款。凡是注日期的引用文件,其随后所有的修改单(不包括勘误的内容)或修订版均不适用于本标准,然而,鼓励根据本标准达成协议的各方研究是否可使用这些文件的最新版本。凡是不注日期的引用文件,其最新版本适用于本标准。

GB 6000 主要造林树种苗木质量分级

GB 15569 农业植物调运检疫规程

中华人民共和国国务院 植物检疫条例

中华人民共和国农业部 植物检疫条例实施细则(农业部分)

3 术语和定义

下列术语和定义适用于本标准。

3.1

分株苗 tillering seedling

将地下部或近地面茎节上的分蘖株从母株分离出来而得到的植株。

3.2

种子苗 seed seedling

用种子繁殖的实生苗,经培育形成的丛生苗。

3.3

分蘖 tiller

在茎基部密集的节上或根状茎上生长出腋芽的现象。

4 要求

4.1 基本要求

4.1.1 种源应来自经确认的品种纯正、优质高产的母本园或母株,供检种苗品种纯度≥95%。

4.1.2 植株无检疫性病虫害。

中华人民共和国农业部 2007-12-18 发布　　2008-03-01 实施

4.1.3 茎无机械性损伤。

4.1.4 分株苗，要选择1年～2年生的健壮、茎粗壮、叶浓绿、尚未开花结果的分蘖苗；分株苗采挖应把地下茎及连带的新芽从母株上分离出来，不应伤断根状茎和笋芽，可适当修剪叶片和过长的老根，新芽应整个保留。

4.1.5 植株主干直立，生长健壮，根系发达，叶正常。

4.2 分级指标

益智种苗分为一级、二级两个级别，各等级种苗的分级指标应符合表1的规定。

表 1 益智种苗分级指标

项　目	等　　级			
	分株苗		种子苗	
	一级	二级	一级	二级
苗高，cm	≥60	≥50	≥40	≥30
茎粗，cm	≥0.8	≥0.6	≥0.5	≥0.3
分蘖数，个	≥4	≥2	≥5	≥3

5 试验方法

5.1 纯度检验

参照附录A，逐株观察样品种苗的形态特征，确定指定品种的种苗数。品种纯度按式(1)计算：

$$P = \frac{n_1}{N_1} \times 100 \quad \cdots\cdots (1)$$

式中：

P——品种纯度，单位为百分数(%)；

n_1——样品中指定品种的种苗株数，单位为株；

N_1——抽样总株数，单位为株。

计算结果精确到小数点后一位。

将检验结果记入附录B的表格中。

5.2 疫情检验

按GB 15569、中华人民共和国国务院《植物检疫条例》和中华人民共和国农业部《植物检疫条例实施细则(农业部分)》的有关规定进行。

5.3 外观检验

用目测法检测植株的生长情况、病虫害和机械损伤。

5.4 分级检验

5.4.1 苗高

用直尺或钢卷尺测量土表(或土表痕迹)至植株最高叶片处的自然高度，精确到1 cm。

5.4.2 茎粗

用游标卡尺测量自土表(或土表痕迹)以上最粗茎干10 cm±1 cm处的最大直径，精确到0.1 cm。

5.4.3 分蘖数

用目测法观测种苗的分蘖数量。

5.4.4 将苗高、茎粗、分蘖数的测量数据记入附录C相应的表格中。

6 检验规则

6.1 组批

同一批种苗作为一检验批次。

6.2 抽样

按 GB 6000 的规定执行。

6.3 交收检验

每批种苗交收前,生产单位都应进行交收检验。交收检验应于种苗出圃时在苗圃进行,交收检验内容项目包括第 4 章规定的全部内容。检验合格并附质量检验证书(附录 B)和检疫部门颁发的检疫合格证书方可交收。

6.4 判定规则

6.4.1 如达不到 4.1 中的某一项要求,则判该批种苗不合格。

6.4.2 同一批检验的一级种苗中,允许有 5%的种苗低于一级标准,但必须达到二级标准,超过此范围,则判为二级种苗;同一批检验的二级种苗中,允许有 5%的种苗低于二级标准,但应达到基本要求,超过此范围,则判该批种苗不合格。

6.5 复验

当贸易双方对检验结果有异议时,应加倍抽样复验一次,以复验结果为最终结果。

7 包装、标签、运输和贮存

7.1 包装

苗木根部用塑料薄膜包扎。外包装用硬质包装箱包装。

7.2 标签

种苗出圃时应附有标签,标签内容和规格参见附录 D。

7.3 运输

运输过程中应保持一定的湿度和通风透气,避免日晒、雨淋。

7.4 贮存

种苗出圃后应在当日装运,运达目的地后要尽快种植。如短时间内无法定植,种苗置于荫棚中,并注意淋水,保持湿润。

附　录　A
（资料性附录）
益智形态特征

益智（*Alpinia oxyphylla* Miq.）为姜科山姜属植物，生于林下阴湿处或栽培，分布于海南、广东、广西。植株高 1 m～3 m；茎丛生；根茎短，长 3 m～5 m。叶片披针形，长 25 cm～35 cm，宽 3 cm～6 cm，顶端渐狭，具尾尖，基部近圆形，边缘具脱落性小刚毛；叶柄短；叶舌膜质，2 裂；裂片长 1 cm～2 cm，稀更长，被淡棕色疏柔毛。总状花序在花蕾时全部包藏于一帽状总苞片中，花时整个脱落，花序轴被极短的柔毛；大苞片极短，膜质，棕色；花萼筒状，长约 1.2 cm，一侧开裂至中部，先端具 3 齿裂，外被短柔毛；花冠管长 8 mm～10 mm，花冠裂片长圆形，后方的 1 枚稍大，白色，外被疏柔毛；侧生退化雄蕊钻形，长约 2 mm；唇瓣倒卵形，长约 2 cm，粉白色而具红色脉纹，先端边缘皱波状；子房密被茸毛。蒴果鲜时球形，干时纺锤形，被短柔毛，果皮上有隆起的维管束线条，顶端有花萼管的残迹；种子不规则扁圆形，被淡黄色假种皮。花期 3 月～5 月，果期 4 月～9 月。

附　录　B
（资料性附录）
益智种苗质量检验证书

益智种苗质量检验证书如表 B.1 所示。

表 B.1　益智种苗质量检验证书

编号：__________

<table>
<tr><td>育苗单位</td><td colspan="4"></td></tr>
<tr><td>购买单位</td><td colspan="4"></td></tr>
<tr><td>品　　种</td><td colspan="2"></td><td>种苗类别</td><td></td></tr>
<tr><td>出圃株数</td><td></td><td colspan="2">抽样数</td><td></td></tr>
<tr><td rowspan="4">分级检验</td><td>等　级</td><td>一级</td><td>二级</td><td>不合格</td></tr>
<tr><td>样品中各级别种苗株数</td><td></td><td></td><td></td></tr>
<tr><td>样品中各级别种苗株数占抽检种苗株数的比例,%</td><td></td><td></td><td></td></tr>
<tr><td>检验结果</td><td colspan="3">A:一级　　B:二级　　C:不合格</td></tr>
<tr><td>品种纯度,%</td><td colspan="4"></td></tr>
<tr><td>有无检疫证明</td><td colspan="4"></td></tr>
<tr><td>检验结论</td><td colspan="4"></td></tr>
<tr><td>检验单位(章)</td><td colspan="2"></td><td>检验人(签字)</td><td></td></tr>
<tr><td>证书有效期</td><td colspan="4">年　　月　　日至　　　年　　月　　日</td></tr>
</table>

附 录 C
（资料性附录）
益智种苗检测记录

益智种苗检测记录如表C.1所示。

表C.1 益智种苗检测记录表

<table>
<tr><td>育苗单位</td><td colspan="7"></td><td>No</td><td></td></tr>
<tr><td>购苗单位</td><td colspan="9"></td></tr>
<tr><td>品　　种</td><td></td><td colspan="2">报检株数</td><td colspan="2"></td><td>所检株数</td><td></td><td>检测苗类</td><td></td></tr>
<tr><td rowspan="2">样株号</td><td colspan="2" rowspan="2">苗高(cm)</td><td colspan="2" rowspan="2">茎粗(cm)</td><td colspan="2" rowspan="2">分蘖数(个)</td><td colspan="3">初评级别</td></tr>
<tr><td>一级</td><td>二级</td><td>不合格</td></tr>
<tr><td></td><td colspan="2"></td><td colspan="2"></td><td colspan="2"></td><td></td><td></td><td></td></tr>
<tr><td></td><td colspan="2"></td><td colspan="2"></td><td colspan="2"></td><td></td><td></td><td></td></tr>
<tr><td></td><td colspan="2"></td><td colspan="2"></td><td colspan="2"></td><td></td><td></td><td></td></tr>
<tr><td></td><td colspan="2"></td><td colspan="2"></td><td colspan="2"></td><td></td><td></td><td></td></tr>
<tr><td></td><td colspan="2"></td><td colspan="2"></td><td colspan="2"></td><td></td><td></td><td></td></tr>
<tr><td></td><td colspan="2"></td><td colspan="2"></td><td colspan="2"></td><td></td><td></td><td></td></tr>
<tr><td></td><td colspan="2"></td><td colspan="2"></td><td colspan="2"></td><td></td><td></td><td></td></tr>
<tr><td></td><td colspan="2"></td><td colspan="2"></td><td colspan="2"></td><td></td><td></td><td></td></tr>
<tr><td></td><td colspan="2"></td><td colspan="2"></td><td colspan="2"></td><td></td><td></td><td></td></tr>
<tr><td></td><td colspan="2"></td><td colspan="2"></td><td colspan="2"></td><td></td><td></td><td></td></tr>
<tr><td></td><td colspan="2"></td><td colspan="2"></td><td colspan="2"></td><td></td><td></td><td></td></tr>
<tr><td></td><td colspan="2"></td><td colspan="2"></td><td colspan="2"></td><td></td><td></td><td></td></tr>
<tr><td></td><td colspan="2"></td><td colspan="2"></td><td colspan="2"></td><td></td><td></td><td></td></tr>
<tr><td></td><td colspan="2"></td><td colspan="2"></td><td colspan="2"></td><td></td><td></td><td></td></tr>
<tr><td></td><td colspan="2"></td><td colspan="2"></td><td colspan="2"></td><td></td><td></td><td></td></tr>
<tr><td></td><td colspan="2"></td><td colspan="2"></td><td colspan="2"></td><td></td><td></td><td></td></tr>
<tr><td></td><td colspan="2"></td><td colspan="2"></td><td colspan="2"></td><td></td><td></td><td></td></tr>
<tr><td></td><td colspan="2"></td><td colspan="2"></td><td colspan="2"></td><td></td><td></td><td></td></tr>
<tr><td></td><td colspan="2"></td><td colspan="2"></td><td colspan="2"></td><td></td><td></td><td></td></tr>
<tr><td></td><td colspan="2"></td><td colspan="2"></td><td colspan="2"></td><td></td><td></td><td></td></tr>
<tr><td></td><td colspan="2"></td><td colspan="2"></td><td colspan="2"></td><td></td><td></td><td></td></tr>
<tr><td></td><td colspan="2"></td><td colspan="2"></td><td colspan="2"></td><td></td><td></td><td></td></tr>
<tr><td></td><td colspan="2"></td><td colspan="2"></td><td colspan="2"></td><td></td><td></td><td></td></tr>
<tr><td></td><td colspan="2"></td><td colspan="2"></td><td colspan="2"></td><td></td><td></td><td></td></tr>
<tr><td></td><td colspan="2"></td><td colspan="2"></td><td colspan="2"></td><td></td><td></td><td></td></tr>
<tr><td></td><td colspan="2"></td><td colspan="2"></td><td colspan="2"></td><td></td><td></td><td></td></tr>
<tr><td></td><td colspan="2"></td><td colspan="2"></td><td colspan="2"></td><td></td><td></td><td></td></tr>
<tr><td></td><td colspan="2"></td><td colspan="2"></td><td colspan="2"></td><td></td><td></td><td></td></tr>
</table>

审核人(签字)：　　　　校核人(签字)：　　　　检测人(签字)：　　　　检测日期：　年　月　日

附 录 D
（资料性附录）
益 智 种 苗 标 签

单位:cm

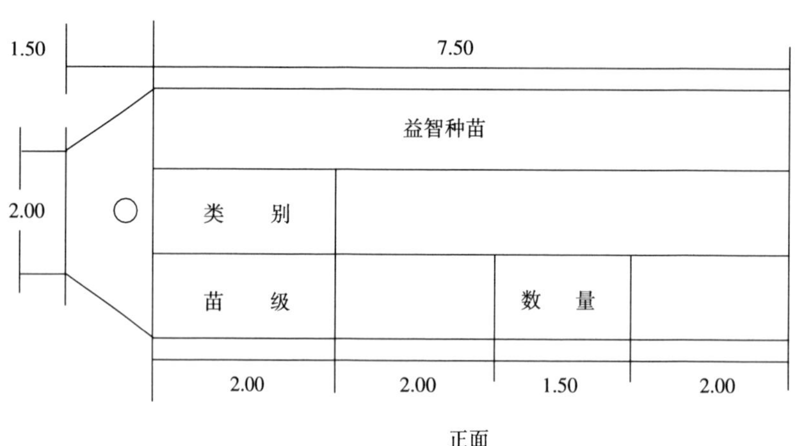

正面

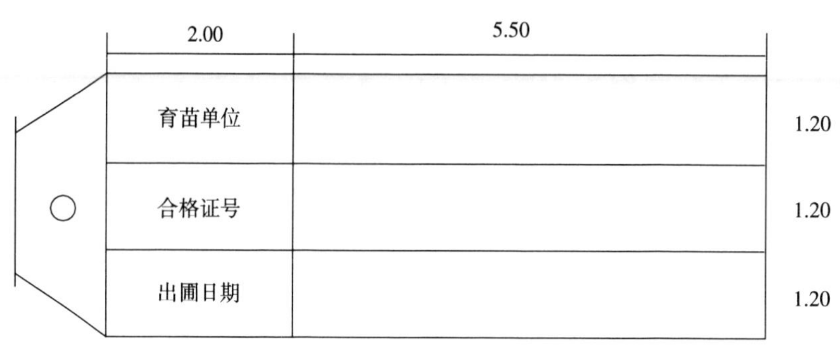

反面

注:标签用 150 g 的牛皮纸。
标签孔用金属包边。

图 D.1 益智种苗标签

附加说明:

本标准的附录 A、附录 B、附录 C、附录 D 为资料性附录。

本标准由中华人民共和国农业部提出。

本标准由农业部热带作物及制品标准化技术委员会归口。

本标准起草单位:中国热带农业科学院热带作物品种资源研究所。

本标准主要起草人:邹冬梅、王祝年、王建荣、晏小霞。

中华人民共和国农业行业标准

NY/T 604—2006

代替 NY/T 604—2002

生　咖　啡

Green coffee

1 范围

本标准规定了生咖啡的术语和定义、要求、试验方法、判定规则以及包装、标识、贮存和运输。

本标准适用于小粒种咖啡(也称阿拉伯咖啡,学名为 *Coffee arabica* Linnaeus)湿法加工的生咖啡的质量鉴定及其贸易,小粒种咖啡干法加工的生咖啡,中粒种(也称罗巴斯塔咖啡,学名为 *Coffee canephora* Pierre ex Froehner)的生咖啡也可参照使用。

2 规范性引用文件

下列文件中的条款通过本标准的引用而成为本标准的条款。凡是注日期的引用文件,其随后所有的修改单(不包括勘误的内容)或修订版均不适用于本标准,然而,鼓励根据本标准达成协议的各方研究是否可使用这些文件的最新版本。凡是不注日期的引用文件,其最新版本适用于本标准。

GB/T 5009.4　食品中灰分的测定

GB/T 5009.11　食品中总砷及无机砷的测定

GB/T 5009.12　食品中铅的测定

GB/T 5009.19　食品中六六六、滴滴涕残留量的测定

GB/T 15033　生咖啡　嗅觉和肉眼以及杂质和缺陷的测定(eqv ISO 4149:1980)

GBT 18007　咖啡及其制品　术语

GBT 19182　咖啡　咖啡因含量的测定　高效液相色谱法(ISO 10095:1995,IDT)

ISO 1447　生咖啡——含水量的测定(常规法)[Green coffee —— Determination of moisture content(Routine method)]

ISO 4072　袋装生咖啡　取样(Green coffee in bags —— Sampling)

ISO 4150　生咖啡　粒度分析　手筛法(Green coffee —— Size analysis —— Manual sieving)

ISO 8455　袋装生咖啡　储藏和运输指南(Green coffee in bags _Guide to storage and transport)

3 术语和定义

GB/T 18007 确立的以及下列术语和定义适用于本标准。

杯品　cup tasting

指利用人的视觉、嗅觉和味觉等生理功能对咖啡质量进行综合评价。

4 要求

4.1 外观和感官特性

中华人民共和国农业部 2006-02-22 发布　　2006-05-01 实施

生咖啡分为一级、二级、三级,各等级的生咖啡的外观和感官特性应符合表1的要求。

表1 外观和感官特性要求

项目	要求		
	一级	二级	三级
感官	香气浓郁,无异气味,品味和口感都很好(杯品一级)	香气好,无异气味、品味和口感都较好(杯品二级)	香气稍差,无异气味,品味和口感都较差(杯品三级)
外观	颜色应为浅蓝色或浅绿色,气味清新,无异味。圆形或椭圆形		

4.2 理化特性

生咖啡分为一级、二级、三级,各等级的生咖啡的理化特性应分别符合表2和表3的要求。

表2 物理特性要求

项目	要求			检验方法
	一级	二级	三级	
粒度,cm,>	0.65	0.55	0.45	ISO 4150
缺陷豆,%,≤	6	8	10	GB/T 15033
外来杂质,%,≤	0.1	0.2	0.3	GB/T 15033
注:粒度只适用于小粒种咖啡,达到同等级的粒度要求不应少于95%。				

表3 化学特性要求

特性	要求	检验方法
水分,%,≤	12.0	ISO 1447
灰分,%,≤	5.5	GB/T 5009.4
咖啡因,%,≥	0.8	ISO 10095
注:水分测定也可用110℃、60min烘箱法,当对测量结果有异议时,ISO 1447法为仲裁测量方法。		

4.3 卫生指标

各等级的生咖啡的卫生指标应符合表4要求。

表4 卫生指标

项目	要求	检验方法
砷(以As计),mg/kg,≤	0.5	GB/T 5009.11
铅(以Pb计),mg/kg,≤	0.5	GB/T 5009.12
六六六,mg/kg,≤	0.2	GB/T 5009.19
滴滴涕,mg/kg,≤	0.2	GB/T 5009.19

5 取样

按ISO 4072的规定执行。

6 试验方法

6.1 外观和感官特性

6.1.1 外观特性

按GB/T 15033—1994中3.1和3.2的规定检验样品的气味、颜色、银皮除净程度及污染情况。

6.1.2 感官特性

按附录A的规定执行。

6.2 理化特性

分别按表2和表3中规定的相应检验方法进行。

6.3 卫生指标

按表4中规定的相应检验方法进行。

7 判定规则及复检规则

7.1 判定规则

7.1.1 产品中只要有一项卫生指标不合格，则该产品被判为不合格产品，并且不得复检。

7.1.2 检验结果符合本标准要求时，按检验结果判为相应的等级。

7.2 复检规则

除卫生指标外，当其他项目检验结果产生异议时，可加倍抽样复检。复检以一次为限，复检结果为最终结果。

8 包装、标识、贮存和运输

8.1 包装

8.1.1 每袋生咖啡必须是同一产区、同一品种、同一等级的产品。每袋净重量60 kg±0.2 kg，用缝包机缝口或手工缝口。

8.1.2 包装物必须用牢固、干燥、洁净、无异味、完好无损的麻袋，麻袋规格为100 cm×70 cm。

8.2 标识

在每一个包装袋的正面和放在包内的标志卡应清晰地标明下列项目：

a) 产品名称、产品标准编号、商标；

b) 生产企业或包装企业名称、详细地址、产品原产地；

c) 净重、毛重；

d) 产品等级；

e) 收获年份及包装日期；

f) 生产国(对出口产品而言)；

g) 到岸港口/城镇(对出口产品而言)。

8.3 贮存和运输

按ISO 8455的规定执行。

附　录　A
（规范性附录）
咖啡杯品技术

A.1　范围

本附录规定了咖啡杯品的操作方法和结果评价。

A.2　术语和定义

下列术语和定义适用于本附录。

A.2.1

杯品　cup tasting

利用人的视觉、嗅觉和味觉的生理功能对咖啡的质量进行综合评价。

A.2.2

气味　odour

指用嗅觉器官闻到咖啡的各种气味。

A.2.3

品味　tasting

经口感感觉咖啡的味道。

A.2.4

口感　texture

经口感感觉咖啡的浓厚度（body），风味等。

A.2.5

焙炒　roasting

通过热处理使生咖啡豆的结构和成分发生根本的化学变化和物理变化，导致咖啡变深棕色和发出焙炒咖啡特有的气味。

A.2.6

磨碎　grinding

将焙炒的咖啡豆用机械磨碎成咖啡粉。

A.2.7

咖啡杯品时常见的气味　common odours

A.2.7.1

酸味　sour taste

由果酸引起，如柠檬酸、苹果酸等，这种酸味令人愉快，是上乘咖啡味道。

A.2.7.2

苦味　bitter taste

咖啡因、奎宁和一些生物碱导致的，苦味是咖啡的一个基本特色。

A.2.7.3

甜味　sweet taste

咖啡中的蔗糖和果糖导致的，这个味道通常与果糖、巧克力及焦糖味一起出现，是咖啡的一种风味。

A. 2. 7. 4

浓厚度　body

咖啡喝后，整个口腔有充实感，较长时间不会消失，是上乘咖啡的特征。

A. 2. 7. 5

鲜花味　flowery　odour

这种味道像茉莉花、蒲公英味，是愉快的味道。

A. 2. 7. 6

果味　berry flavour

这种味道常来自咖啡浆果，在酸味较强的咖啡中，具有这种风味。

A. 2. 7. 7

蔬菜味　vegetable odour

有这种气味，说明咖啡原料新鲜且质量好。

A. 2. 7. 8

杏仁味　almond flavour

是新鲜咖啡原料中特有的风味。

A. 2. 7. 9

焦味　burnt flavour

这个气味与烧焦的食品气味一样，通常是在深度焙炒的咖啡中出现。

A. 2. 7. 10

泥土味　earthy flavour

这个气味像污泥，也像土豆味，咖啡不能有这个气味。

A. 2. 7. 11

化学药品味　chemicals odour

通常是咖啡残留的化学药品味。

A. 2. 7. 12

木头味　woody flavour

这种气味像木柴或橡树桶味，属不愉快的气味。

A. 2. 7. 13

烟草味　tobacco smell

这是一种消极的气味，变质的咖啡中会出现这种气味。

A. 2. 7. 14

酸败味或腐烂味　deteriorated flavour or rotten flavour

通常指脂肪氧化后的气味。腐烂味指的是蔬菜腐烂的气味，当咖啡出现这种气味时，说明咖啡已经变质。

A. 3　器具

所有器具必须洁净、无异味。

A. 3. 1　咖啡器具

A. 3. 1. 1　咖啡焙炒机

A. 3. 1. 2　咖啡研磨机

A. 3. 1. 3　称量天平

A. 3. 1. 4　测色仪

A. 3. 2　品尝用具

A. 3. 2. 1　杯、瓷碗

A.3.2.2 不锈钢勺

A.3.2.3 杯品桌

A.4 操作

A.4.1 取样

取样方法,按 ISO 4072 的规定执行。将样品混合均匀后,每个杯品样称取 100 g 作焙炒之用。

A.4.2 样品焙炒

A.4.2.1 温度调控

将样品放入焙炒机进行焙炒,控制温度在 150℃～170℃之间。

A.4.2.2 色度要求

焙炒过程中不断观察炉内豆的颜色变化,其色度要求以测色仪的读数 120 CTN 作为标准色度,并与样品的颜色进行对比,一般要求样品的焙炒色度的正常范围在 117～123 之间。

A.4.3 研磨

取出经焙炒的样品豆,待稍冷却后分为三等份,各份单独研磨成粉状,粒粗 0.4 mm～0.5 mm,每份咖啡粉样品置于容量为 150 ml 的瓷碗中。

A.4.4 杯品

A.4.4.1 设杯品标准样

A.4.4.2 每个小碗放入咖啡粉样品 6 g,每碗标明编号。

A.4.4.3 用刚沸的开水冲入碗中趁热品尝,并将结果填入记录表。

A.4.5 品尝内容

A.4.5.1 气味

用嗅觉器官分辨咖啡液中的鲜花味、蔬菜味、杏仁味、焦味、泥土味、化学药品味、木头味、烟草味、酸败味或腐烂味等。

A.4.5.2 品味

用口品尝咖啡的酸味、苦味、甜味、果味和杏仁味等。

A.4.5.3 口感

咖啡喝下后,感觉口腔咖啡香味浓厚度情况及有无涩味等。

A.5 评价

咖啡具有果味、酸味、甜味、鲜花味、浓厚度等,这些气味越浓则质量越好。烟草味、木头味等气味属不愉快的气味,影响咖啡豆的质量。而化学药品味、泥土味以及发酵过度的酸败味或腐烂味称为异味,会严重降低咖啡豆的质量。

杯品评定结果的评价见表 A.1。

表 A.1 杯品评定记录表

评定级别	一 级	二 级	三 级
杯品质量	气味、品味和口感很好,具有浓郁的咖啡芳香味	气味、品味和口感都较好,具有较强的咖啡芳香味	气味、品味和口感较差,有较弱的咖啡芳香味

A.6 品尝规则

A.6.1 参与杯品人数至少 3 人,多则 4～5 人,杯品人员必须经专业培训并取得培训合格证书。

A.6.2 杯品要求在明亮、通风、清洁、无异味的环境中进行。

附加说明：

本标准是 NY/T 604—2002《生咖啡》的修订版。

本标准代替 NY/T 604—2002《生咖啡》。

本标准与 NY/T 604—2002 的主要差异如下：

——删去了 4.4 表 4 中铜的限量要求；

——将 4.4 表 4 中铅的限量改为 0.5 mg/kg；

——将 4.4 表 4 中六六六、滴滴涕的限量要求改为 0.2 mg/kg。

本标准的附录 A 为规范性附录。

本标准由中华人民共和国农业部提出。

本标准由农业部热带作物及制品标准化技术委员会归口。

本标准由中国热带农业科学院农产品加工研究所负责起草，云南咖啡厂、云南农垦局参加起草。

本标准主要起草人：陈成海、董志华、周仕峥、陈民。

本标准为第二次发布。

中华人民共和国农业行业标准

NY/T 605—2006

代替 NY/T 605—2002

焙炒咖啡

Roasted coffee

1 范围

本标准规定了焙炒咖啡的要求、试验方法、检验规则以及包装、标识、运输和储存。

本标准适用于焙炒咖啡豆和焙炒咖啡粉。

2 规范性引用文件

下列文件中的条款通过本标准的引用而成为本标准的条款。凡是注日期的引用文件，其随后所有的修改单(不包括勘误的内容)或修订版均不适用于本标准，然而，鼓励根据本标准达成协议的各方研究是否可使用这些文件的最新版本。凡是不注日期的引用文件，其最新版本适用于本标准。

GB 4789.4 食品卫生微生物学检验 沙门氏菌检验

GB 4789.5 食品卫生微生物学检验 志贺氏菌检验

GB 4789.10 食品卫生微生物学检验 金黄色葡萄球菌检验

GB 4789.11 食品卫生微生物学检验 溶血性链球菌检验

GB/T 5009.3 食品中水分的测定

GB/T 5009.11 食品中总砷及无机砷的测定

GB/T 5009.12 食品中铅的测定

GB/T 5009.19 食品中六六六、滴滴涕残留量的测定

GB 6543 瓦楞纸箱

GB 7718 预包装食品标签通则

GB 9683 复合食品包装袋卫生标准

GB/T 19182 咖啡 咖啡因含量的测定 高效液相色谱法(ISO 10095:1995,IDT)

NY/T 604—2006 生咖啡

3 要求

3.1 原料

一、二、三级焙炒咖啡应用符合 NY/T 604—2006 要求的相应等级的生咖啡作为原料。

3.2 外观和感官特性

焙炒咖啡的外观和感官特性应符合表 1 的要求。

中华人民共和国农业部 2006-02-22 发布　　2006-05-01 实施

表 1　外观和感官特性要求

<table>
<tr><th colspan="2" rowspan="2">项　目</th><th colspan="3">要　　求</th></tr>
<tr><th>一　级</th><th>二　级</th><th>三　级</th></tr>
<tr><td colspan="2">感　官</td><td>香气浓郁，无异气味，品味和口感都很好(杯品一级)</td><td>香气好，无异气味，品味和口感都较好(杯品二级)</td><td>香气稍差，无异气味，品味和口感较差(杯品三级)</td></tr>
<tr><td rowspan="2">外观</td><td>色泽</td><td colspan="3">根据焙炒度的不同，要求整体色泽均匀一致</td></tr>
<tr><td>形态</td><td colspan="3">椭圆或圆形，颗粒均匀</td></tr>
<tr><td colspan="5">注：形态要求仅指焙炒咖啡豆</td></tr>
</table>

3.3　理化特性

焙炒咖啡的理化特性应符合表 2 的要求。

表 2　理化特性要求

项　目	要　求	检验方法
水分，%，≤	5.0	GB/T 5009.3
咖啡因，%，≥	0.8	GB/T 19182
注：不适用于已除咖啡因的焙炒咖啡。		

3.4　卫生指标

焙炒咖啡的卫生指标应符合表 3 的规定。

表 3　卫生指标

项　目	要　求	检验方法
砷(以 As 计)，mg/kg，≤	0.5	GB/T 5009.11
铅(以 Pb 计)，mg/kg，≤	0.5	GB/T 5009.12
六六六，mg/kg，≤	0.2	GB/T 5009.19
滴滴涕，mg/kg，≤	0.2	GB/T 5009.19
致病菌(沙门氏菌、志贺氏菌、金黄色葡萄球菌、溶血性链球菌)	不得检出	GB/T 4789.4、GB/T 4789.5、GB/T 4789.10、GB/T 4789.11

4　试验方法

4.1　外观

从样品中随机抽取试样 50 g，置于清洁白纸上，在自然光下观察其色泽及组织形态。

4.2　感观

按 NY/T 604—2006 的附录 A 的规定进行。

4.3　理化特性

按表 2 中规定的相应的检验方法进行。

4.4　卫生指标

按表 3 中规定的相应的检验方法进行。

5　检验规则

5.1　组批及抽样

产品按生产班次组批。每批产品中随机抽取样品数为产品总数的千分之一，不满一千者亦以千计。

5.2　出厂检验

a)　产品出厂前应由生产技术检验部门按本标准检验，检验合格方可出厂，产品出厂时须有质量合格证书；

b） 出厂检验项目为外观和感官、水分和卫生指标及包装要求。

5.3 型式检验

当有下列情况之一时，应进行型式检验。型式检验项目为本标准规定的全部项目。

a） 长期停产后，协复生产时；

b） 当原料、工艺及设备有较大改动、可能影响产品质量时；

c） 出厂检验结果与上次例行(型式)检验结果差异较大时；

d） 国家质量监督检验机构认为需要时。

5.4 判定规则

a） 卫生指标有一项不合格，则判为不合格产品，并且不得复检；

b） 检验结果符合本标准要求时，按检验结果判为相应的等级；

c） 产品包装不符合 6.1.1 的规定时，应重新包装；不符合 6.1.2 的规定时，则判为不合格产品，并且不得复检。

5.5 复检规则

除卫生指标和 6.1.2 的规定外，当其他检验结果不符合本标准质量要求的规定或产生异议时，可加倍抽样复检，其中感官指标应组织 5 人以上复检。复检以一次为限，复检结果为最终结果。

6 包装、标识、运输、储存

6.1 包装

6.1.1 外包装用的瓦楞纸箱所用材料卫生要求应符合 GB 6543 的规定。

6.1.2 内包装用的铝塑复合食品包装袋或马口铁罐所用材料的卫生要求应符合 GB 9683 的规定。

6.2 标识

按 GB 7718 执行。

6.3 运输

产品运输时，车、船必须遮盖，避免日晒雨淋，同时要小心轻放，避免剧烈震动，严禁与有毒、有害、有异味的物品混装运输。

6.4 储存

产品储藏库应通风良好，保持干燥，堆放时与周围墙壁隔离 20 cm 以外，离地面 10 cm 以上，不应与潮湿、有异味的物品堆放在一起。

附加说明：

本标准是NY/T 605—2002《焙炒咖啡豆》的修订版。

本标准代替NY/T 605—2002《焙炒咖啡豆》。

本标准与NY/T 605—2002的主要差异如下：

——将标准名称改为焙炒咖啡；

——删去了3.4表3中铜的限量要求；

——将3.4表3中铅的限量要求改为0.5 mg/kg；

——将3.4表3中六六六、滴滴涕的限量要求改为0.2 mg/kg。

本标准由中华人民共和国农业部提出。

本标准由中华人民共和国农业部热带作物及制品标准化技术委员会归口。

本标准由中国热带农业科学院农产品加工研究所负责起草，云南咖啡厂参加起草。

本标准主要起草人：陈成海、董志华、王木荣、陈民。

本标准为第二次发布。

中华人民共和国农业行业标准

小粒种咖啡病虫害防治技术规程

Technical rules for arabica coffee pest control

NY/T 1698—2009

1 范围

本标准规定了小粒种咖啡(*Coffea arabica* L.)主要病虫害防治的原则、措施及推荐使用药剂等技术。

本标准适用于中国咖啡产区小粒种咖啡主要病虫害的防治。

2 规范性引用文件

下列文件中的条款通过本标准的引用而成为本标准的条款。凡是注日期的引用文件,其随后所有的修改单(不包括勘误的内容)或修订版均不适用于本标准,然而,鼓励根据本标准达成协议的各方研究是否可使用这些文件的最新版本。凡是不注日期的引用文件,其最新版本适用于本标准。

GB 4285 农药安全使用标准

GB/T 8321 农药合理使用准则

NY/T 359—1999 咖啡 种苗

NY/T 922—2004 咖啡栽培技术规程

3 术语与定义

3.1

台面 ridge

指咖啡园的墒。

3.2

死覆盖 mulching material

指用稻草、杂草、薄膜等覆盖咖啡根部台面。

3.3

多干轮换整形 rehabilitation of multiple system

咖啡截干复壮后留2个~3个主干轮换结果。

4 推荐使用的药剂说明

本标准推荐的药剂是经我国农药管理部门允许在果树上使用的。不得使用国家严格禁止在果树上使用的农药,当新的有效农药出现或者新的管理规定出台时,以最新的规定为准。

5 小粒种咖啡主要病虫害和防治

5.1 小粒种咖啡病虫害及其发生危害特点。

中华人民共和国农业部 2009-03-09 发布　　2009-05-01 实施

5.1.1 小粒种咖啡病害及其发生危害特点参见附录A。

5.1.2 小粒种咖啡虫害及其发生危害特点参见附录B。

5.2 防治原则

贯彻“预防为主，综合防治”的植保方针，针对咖啡病虫害种类及发生特点，综合考虑影响病虫害发生与危害的各种因素，以农业防治为基础，协调应用检疫、生物防治、物理防治和化学防治等措施对病虫害进行安全和有效防治。

5.2.1 选择适应性和抗性强的优良品种，并严格选择健康苗木，苗木质量指标应符合NY/T 359—1999之要求。

5.2.2 合理布局咖啡抗锈品种种植区域。抗锈品种不得与不抗锈品种混种，以提高咖啡抗锈品种的持久抗锈性。

5.2.3 加强田间监测，掌握病虫害发生动态，及时采取控制措施。

5.2.4 加强栽培管理，提高植株抗性及营造不利于病虫害发生的环境。有关栽培管理措施参照NY/T 922—2004中的7、9.3之要求执行。

5.2.5 整形修剪参照NY/T 922—2004中的10.2之要求进行。对剪下的虫伤枝集中烧毁或放入水池浸泡10 d～15 d，以彻底杀灭天牛幼虫和未出孔的成虫，减少虫源。

5.2.6 在海拔1 000 m以下、温度较高的种植区，推荐复合栽培技术种植咖啡，提供咖啡荫蔽条件，有利于控制咖啡早衰和天牛的为害。

5.2.7 优先使用对天敌、环境和产品影响小的低毒药剂。

5.2.8 使用药剂防治时应参照GB 4285和GB/T 8321中的有关规定，严格掌握其浓度和用量、施用次数、施药方法和安全间隔期，并进行药剂的合理轮换使用。

5.3 主要病虫害的防治

5.3.1 咖啡锈病

5.3.1.1 防治措施

5.3.1.1.1 加强抚育管理，合理施肥、灌溉、修枝整形，适当种植荫蔽树，使咖啡生长良好，增强抗病力。在早春使用药剂一次，减少初侵染源。在流行期每20 d～30 d喷药一次，以预防锈病发生。

5.3.1.1.2 种植抗病品种。合理配置不同类型的抗锈咖啡品种。

5.3.1.2 推荐使用的主要杀菌剂及方法

选用0.5%～1%波尔多液、15%粉锈宁可湿性粉剂1 000～1 500倍液、10%苯醚甲环唑(世高)2 000～2 500倍液、70%代森锰锌可湿性粉剂600～800倍液、65%代森锌可湿性粉剂400～500倍液和27.12%铜高尚悬浮剂500～800倍液等对树体进行喷雾防治。为了提高防效，可采用波尔多液与其他药剂交替使用。

5.3.2 咖啡炭疽病

5.3.2.1 防治措施

加强抚育管理，包括合理施肥、中耕除草、行间覆盖、修枝整形清除枯枝落叶，控制结果量，使植株生长旺盛，增强抗病力。在发病严重季节，每隔7 d～10 d用杀菌剂喷树体一次。

5.3.2.2 推荐使用的主要杀菌剂及方法

选用0.5%～1%波尔多液、25%多菌灵可湿性粉剂250～500倍液、75%百菌清可湿性粉剂600～700倍液、80%代森锰锌可湿性粉剂600～800倍液、50%甲基托布津可湿性粉剂800～1 200倍液、27.12%铜高尚悬浮剂500～800倍液喷树体。

5.3.3 咖啡褐斑病

5.3.3.1 防治措施

加强栽培管理，合理施肥和适当荫蔽。植株发病严重时喷施杀菌剂。

5.3.3.2　**推荐使用的主要杀菌剂及方法**

选用0.5%～1%波尔多液、25%多菌灵可湿性粉剂250～500倍液、80%代森锰锌可湿性粉剂600～800倍液、50%甲基托布津可湿性粉剂800～1 200倍液、65%代森锌可湿性粉剂400～500倍液等喷树体。

5.3.4　**咖啡煤烟病**

5.3.4.1　**防治措施**

做好修枝整形，保持树体通风透光良好。防治措施以引发本病的害虫为主。

5.3.4.2　**推荐使用的主要药剂及方法**

选用30%乙酰甲胺磷乳油500～1 000倍液、48%乐斯本乳油1 000～2 000倍液、25%扑虱灵可湿性粉剂1 500～2 000倍液、0.3%苦参碱水剂200～300倍液、2.5%功夫乳油1 000～3 000倍液等防治蚧类、蚜虫等害虫。

5.3.5　**咖啡茎干溃疡病**

5.3.5.1　**防治措施**

5.3.5.1.1　旱季对咖啡幼树进行死覆盖，或适度荫蔽，植株生势强。

5.3.5.1.2　冬春季节采用石灰水涂干，石灰水剂配制比例为水20份，生石灰5份，食盐0.5份，以减轻幼树茎干受辐射寒害和太阳灼伤的程度；在定植当年10月份结合松土除草，在根茎处垒高土护干，避免根茎裸露受害。

5.3.6　**咖啡枝枯病**

5.3.6.1　**防治措施**

5.3.6.1.1　创造适当的荫蔽环境。在无荫蔽咖啡园采用多干轮换整形，保持植株的营养生长与生殖生长的平衡，控制结果量。

5.3.6.1.2　咖啡园台面覆盖厚草，保护根系，调节地上部分与根系之间的平衡。在咖啡盛果期适当增施钾肥。

5.3.6.1.3　注意防治咖啡锈病、褐斑病和炭疽病，可减少该病的发生。

5.3.7　**咖啡幼苗立枯病**

5.3.7.1　**防治措施**

5.3.7.1.1　苗圃地不宜连作，整地要细致、平整，高畦育苗，避免苗圃积水。

5.3.7.1.2　播种不宜过密，适当淋水，保持田间清洁。

5.3.7.1.3　苗床播种覆盖沙土前进行土壤消毒。

5.3.7.2　**推荐使用的主要杀菌剂及方法**

选用45%代森铵水剂300～400倍、20%萎锈灵乳油900～1 000倍喷洒畦面，及时拔除病株，对病株周围的健株树冠及根茎喷0.5%～1%波尔多液控制病害蔓延。

5.3.8　**咖啡灭字脊虎天牛**

5.3.8.1　**防治措施**

5.3.8.1.1　种植抗逆性强、高产、密集矮生品种，适度荫蔽，合理密植。

5.3.8.1.2　采果结束后，对虫害枝干进行一次全园清除，及时处理虫害树。

5.3.8.1.3　人工捕杀害虫。适宜在4月～6月12时～14时捕捉成虫，产卵和幼虫孵化高峰期抹干。

5.3.8.1.4　清除野生寄主及园内虫源。保护天敌，发挥其生防作用。

5.3.8.2　**推荐使用的主要杀虫剂及方法**

3月～10月份每月用药剂喷树干杀卵一次。可用50%杀螟丹可湿性粉剂500～700倍液、30%乙酰甲胺磷乳油400～800倍液等杀虫剂喷茎干木栓化部位。

5.3.9 咖啡旋皮天牛

5.3.9.1 防治措施

5.3.9.1.1 清除野生寄主,保护天敌。

5.3.9.1.2 5月下旬即成虫羽化前,用1份药剂、25份新鲜牛粪、10份黏土和15水份调成糊状涂刷树干基部防止成虫产卵。也可在5月~7月份每月用药剂喷树干基部一次。

5.3.9.2 推荐使用的主要杀虫剂及方法

作涂剂的杀虫剂可选用50%杀螟丹可湿性粉剂、敌毒粉(敌百虫+毒死蜱)等按5.3.9.1.2推荐的比例配制;喷干可用50%杀螟丹可湿性粉剂500~700倍液、30%乙酰甲胺磷乳油400~800倍液等杀虫剂喷杀茎干木栓化部位。

5.3.10 咖啡木蠹蛾

5.3.10.1 防治措施

经常检查,结合修枝整形,如发现虫伤枝,特别是幼嫩受害枝条应从虫孔下方剪除并烧毁,消灭枝中害虫,防止咖啡木蠹蛾幼虫转入咖啡主茎钻蛀造成主茎折断。

5.3.10.2 推荐使用的主要杀虫剂及方法

选用25%杀虫双水剂500倍液、25%扑虱灵可湿性粉剂1 500~2 000倍液、50%辛硫磷乳油1 000~1 500倍液、90%晶体敌百虫1 000倍液、30%乙酰甲胺磷乳油500~1 000倍液、40%烟碱800~1 000倍液等喷树体。

5.3.11 咖啡根粉蚧

5.3.11.1 防治措施

5.3.11.1.1 咖啡根粉蚧的寄主范围广,应做好其他寄主的根粉蚧防治,消除虫源。

5.3.11.1.2 定植时,用5%特丁磷(地虫灵)颗粒剂拌土施入植穴,每亩施用量2 kg~3 kg。

5.3.11.1.3 用30%乙酰甲胺磷乳油600倍液每株300 mL~500 mL灌根。

5.3.11.1.4 注意防治传播媒介蚂蚁,可用50%敌敌畏乳油1 000~1 500倍液、90%晶体敌百虫500~1 000倍液喷杀。

5.3.12 咖啡绿蚧

5.3.12.1 防治措施

5.3.12.1.1 保护和利用天敌。

5.3.12.1.2 在旱季虫害严重发生时使用药剂防治。

5.3.12.2 推荐使用的主要杀虫剂及方法

选用30%乙酰甲胺磷乳油500~1 000倍液、48%乐斯本乳油1 000~2 000倍液、25%扑虱灵可湿性粉剂1 500~2 000倍液、0.3%苦参碱水剂200~300倍液、2.5%功夫乳油1 000~3 000倍液等喷树体。

5.3.13 咖啡盔蚧

5.3.13.1 防治措施

5.3.13.1.1 保护和利用天敌。

5.3.13.1.2 加强咖啡园的管理,提高咖啡树的抗虫能力,发现虫枝及时剪除。同时,还要防止蚂蚁上树传播盔蚧。

5.3.13.1.3 在若虫高峰期可使用药剂防治。

5.3.13.2 推荐使用的主要杀虫剂及方法

选用30%乙酰甲胺磷乳油500~1 000倍液、48%乐斯本乳油1 000~2 000倍液、25%扑虱灵可湿性粉剂1 500~2 000倍液、0.3%苦参碱水剂200~300倍液、2.5%功夫乳油1 000~3 000倍液等喷树体。

附 录 A
(资料性附录)
小粒种咖啡主要病害及发生特点

主要病害	发 生 特 点
咖啡锈病 *Hemileia vastatrix* Berk. et Br.	咖啡锈病是由咖啡驼孢锈菌引起的病害,主要侵染叶片,有时也危害幼果和嫩枝。受害的叶片后期脱落,易导致枝条干枯;咖啡树结果越多,锈病越重。大量的落叶使尚未成熟的咖啡果实得不到充足的养分供应,产生大量干果、僵果,严重影响咖啡产量和质量。 病株上残留的叶片是主要侵染来源。锈菌以菌丝体渡过不良环境。小粒种咖啡锈菌夏孢子在温度适宜(14℃~30℃)有水湿条件时萌芽,在树荫下或叶背面,夏孢子的萌芽率很高,而明亮的光线对夏孢子萌芽有明显的抑制作用。夏孢子形成后,靠气流、风、雨、人畜和昆虫传播。 咖啡锈病的发生与种植品种和生理小种种类分布的关系密切,由于寄主—病原菌—环境的相互作用,使咖啡锈病生理小种不断变异,一些抗锈品种会因相对应的新小种出现而丧失抗锈性。因此,在推广新的抗锈品种和使用多品种混种时更要注意品种的合理布局,延长抗锈品种的抗病性。
咖啡炭疽病 *Colletotrichum coffeanum* Noack	咖啡炭疽病是一种发生很普遍的病害。它除了危害叶片外,还可侵害枝条和果实,引起枝条回枯和僵果。果实感病后,果皮紧贴在种肉上,使脱皮困难,严重时造成落果。 分生孢子萌发时对湿度要求很高,在饱和的相对湿度或有水膜的情况下,温度为20℃时,持续7个小时才能萌芽。孢子萌芽后,芽管直接从叶表皮、果实和枝条的伤口侵入,病害在冷凉及高湿季节,特别是长期干旱后的雨季,发生较严重。一般从11月中旬开始出现病害,3、4个星期后发展较快,翌年1月份后病情才逐渐稳定。
咖啡褐斑病 *Cercospora coffeicola* Berk. et Cooke	咖啡褐斑病是半知菌尾孢属病菌引起的病害。该病主要危害生势弱、无荫蔽、结果多的咖啡树的叶片和果实。 病原菌常以菌丝在病组织内越冬,有些地方无越冬现象,整年均可以分生孢子借风传播。发芽适温范围为15℃~30℃,最适温度25℃。在叶上孢子通过气孔侵入,在果上则通过伤口侵入。已发现蓖麻是它的野生寄主。本菌是弱寄生菌,在寄主受到不良环境影响,抗病力削弱的情况下严重发病。通常土壤瘠薄或管理粗放的咖啡植株,以及无荫蔽条件的咖啡幼树发病较重。相对湿度在95%以上或咖啡植株立地环境长期荫湿最有利于该病发生。
咖啡煤烟病 *Capnodium brasiliense* Pullemans	咖啡煤烟病是子囊菌引起的病害,受害咖啡叶片上有粉状的黑色物,后期在叶面上散生黑色小点,容易被水冲去。
咖啡茎干溃疡病 *Gibberella stilboides* Gordon ex Booth	咖啡茎干溃疡病是镰刀菌引起的病害。典型症状是根茎交界部位出现溃疡。也常在植株中部某节茎干或一分枝基部发生,严重时受害部位呈缢缩状,俗称"吊颈子"。 此菌在咖啡茎干木栓化组织上以腐生形态存活,当植株受不良环境刺激或损伤时而受侵染。病菌侵入树皮的木栓形成层危害,引起树皮爆裂,形成溃疡病灶,最后造成整株死亡。种植1~2年生的幼龄咖啡树,因树龄小,根茎木栓化程度不高,抗逆能力差,冬季植株正北面受辐射寒害或正阳面(西晒)受日灼出现木质部损伤变黑,有利于病原菌的入侵。在雨量稀少、气候长期干旱的年份,无荫蔽条件和栽培管理差的咖啡幼树发生枯萎病较重。
咖啡枝枯病	咖啡枝枯病是咖啡树的一种生理性病害,是因咖啡结果过多,植株养分(特别是糖分)消耗过多而造成的,能使植株的中层结果枝大量死亡,造成树型破损,严重时整株死亡。 此病的发生与林地有无荫蔽、结果数量、土壤肥瘠、肥水管理水平等有密切关系。一般是无荫蔽、施肥(特别是钾肥)少、管理差、结果过多、枝条瘦弱、咖啡锈病落叶严重的植株发病较重,因此在那些无荫蔽、结果过多或管理差的咖啡园严重发生。
咖啡幼苗立枯病 *Rhizoctonia solani* Kuhn.	此病是由立枯丝核菌引起的病害。主要危害幼苗茎基部或茎干,受害部位出现环状缢缩,造成顶端叶片凋萎,整株青枯死亡,是咖啡幼苗期的重要病害。 在高温高湿、地势低洼、排水不良或淋水过多、苗床过分荫蔽、连作或存在其他枯死植物残屑,都利于该病发生。

附 录 B
（资料性附录）
小粒种咖啡主要害虫及发生特点

主要病害	发 生 特 点
咖啡灭字脊虎天牛 *Xylotrechus quadripes* Chevr	咖啡灭字脊虎天牛以幼虫钻蛀咖啡枝茎，先在树表皮下蛀食，随着虫龄增大，潜入木质部和髓部沿树心向上下蛀食，使咖啡植株枯萎易折断，若是向下蛀入根部，常导致整株枯死。 咖啡灭字脊虎天牛在不同咖啡植区的发生规律，因越冬虫态和气温不同而有差异。以幼虫在茎干内越冬的翌年主要发生2代，部分以成虫越冬的第2代成虫始见期早，若气温较高，旱季长，1年能发生3代，田间世代重叠。 各代成虫出孔后晴天喜在阳坡咖啡树干上活动，交配后的雌虫即在树干粗皮裂缝处产卵。卵散产，一般3～8粒一排，每个雌虫产卵可历时3 d～5 d，产卵量80粒～150粒。 咖啡灭字脊虎天牛危害程度有一个蔓延累积过程，一般规律是4龄以上的咖啡树虫害才逐渐加重，但靠近虫源寄主，该虫害发生早且重。种植密度稀和栽培管理粗放的咖啡园虫害发生较重。
咖啡旋皮天牛 *Acalolepta cervina*（Hope）	咖啡旋皮天牛以幼虫危害咖啡树干基部，被害植株外表呈螺旋伤痕，叶片变黄下垂，整株呈现枯萎状，重者死亡，轻者来年不能正常开花结果，需很长时间才能恢复生势。 旋皮天牛在云南1年发生1代，以幼虫在寄主内越冬，越冬幼虫于次年3月下旬开始化蛹，羽化后成虫于4月上旬开始啮羽化孔飞出，并取食交尾和产卵，雌虫产卵时先把树皮咬成1 mm～2 mm宽的裂缝，每1裂缝产卵1粒。每1株树一般产卵1粒～2粒，多的可超过5粒。 咖啡旋皮天牛喜欢危害咖啡幼树，当咖啡植株直径达到1.5 cm时，就可被天牛产卵危害，产卵部位多在距地面10 cm～20 cm处。树的向阳面产卵多于背阳面。因此，有荫蔽的咖啡树受害较轻。幼虫孵化后即在树干皮层下作螺旋状旋钻蛀取食。由于树茎被连续蛀食3～4圈，韧皮部全部被切断，植株到8、9月份开始表现出树势衰弱，枝叶枯黄。10月份进入旱季，被害植株缺乏营养和水分，导致受害重的植株死亡。由于幼虫早期都在咖啡树茎干基部皮层旋蛀，在没有蛀入木质部就被天敌捕杀，所以该虫在咖啡树上很少能完成一个世代，为害咖啡的虫源主要是来自野生寄主。
咖啡木蠹蛾 *Zeuzera coffeae*（Nietn）	咖啡木蠹蛾是一个危害多种经济作物的害虫。以幼虫为害树干或枝条，致被害处以上部位黄化、枯死或受大风而折断。为害咖啡树的虫源主要来自咖啡园附近的野生寄主。 咖啡木蠹蛾寄主较多，在同一个地方因寄主不同，其生活史也有差异。在云南德宏地区，为害铁刀木的咖啡木蠹蛾，1年发生1代，幼虫在枝干内越冬，翌年化蛹，蛹期25 d～28 d，成虫于4月开始出现。为害喜树的咖啡木蠹蛾1年发生2代，第2代7、8月化蛹，蛹期17 d～19 d，初羽化的成虫不活动，经数小时后才进行交尾产卵活动。卵产于小枝、嫩梢顶端或腋芽处，卵单粒散产。每一雌虫平均产卵600粒左右，产卵期约2 d，卵期约20 d左右。 初孵化的幼虫先从枝条顶端的腋叶处蛀入，向枝条上部蛀食，3 d～5 d内被害处以上出现枯萎，这时幼虫钻出枝条外，向下转移，在不远处节间又蛀入枝内，继续为害，经多次如此转移，幼虫长大，便向下部枝条转移危害，一般侵入离地15 cm～20 cm的主干部。蛀入孔为圆形，常有黄色木屑排出孔外。幼虫蛀道不规则，侵入后先在木质部与韧皮部之间枝条蛀食一圈，然后多数向上钻蛀，但也有向下蛀或横向蛀食。
咖啡根粉蚧 *Planococcus lilacinus* Cockrell	咖啡根粉蚧主要以若虫和雌成虫寄生在咖啡根部，初期先在根颈2 cm～3 cm处为害，以后逐渐蔓延至主根、侧根遍布整个根系，吸食其液汁，严重地消耗植株养分及影响根系生长，使植株早衰，叶黄枝枯，最后因根部发黑腐烂，整株凋萎枯死。 咖啡根粉蚧一般1年发生2代。以若虫在土壤湿润的寄主根部越冬，翌春3～4月为第1代成虫盛期，6月～7月第2代成虫盛期。世代重叠，一般完成一个世代约经60 d，卵期2 d～3 d，若虫期50 d，雌成虫寿命15 d，雄成虫寿命3 d～4 d。 主要靠蚂蚁传播，蚂蚁取食其分泌的蜜露，并为之起保护作用。一般喜欢在土壤肥沃疏松、富含有机质和稍湿润的园地发生。

（续）

主要害虫	发　生　特　点
咖啡绿蚧 *Coccus viridis* （Green）	以成虫和若虫固定在叶背、枝条及果上危害，尤其以嫩部分受害较重。除直接吸取寄主汁液外，排泄蜜露积在叶片上，诱致煤烟病发生，妨碍光合作用，植株被害后生势衰弱，严重被害的幼果果皮皱缩，果柄发黄，幼果未成熟即脱落，使得咖啡产量减少，质量降低。 咖啡绿蚧一代历期 28 d～42 d，若虫 3 龄。孤雌生殖一雌虫一生可产卵数百粒，卵置于母体下面。初孵化的若虫在母体下面作短暂的停留，而后分散外出，非常活跃，四处爬行，寻找适宜的场所，定居后不再移动。 干旱季节和阴湿且通风不良的环境有利于其发生。雨季害虫能被真菌寄生，使虫口密度急剧下降。该虫在叶片上的分布以叶脉两侧较多，嫩枝上多分布在纵形的稍微凹陷处。低温季节绿蚧繁殖速度下降，为害程度亦减轻。
咖啡盔蚧 *Parasaissetia takahashi* sp.	咖啡盔蚧以成虫和若虫有规律地排在叶背、枝条及果上为害。除大量吸取寄主营养物质外，其分泌大量的蜜露成为霉菌的天然培养基，易诱发煤烟病，妨碍光合作用。该虫大发生时，其密被于枝、叶表面，严重影响了咖啡树的呼吸作用，造成植株生势衰弱。 咖啡盔蚧种群完全由雌性个体组成，成虫孤雌生殖，繁殖力强，世代重叠，一雌虫可产卵数百粒至上千粒，保护于母体分泌形成的蜡质介壳下。咖啡盔蚧发育要经历 3 个龄期。一龄若虫个体很小，有显著的触角和足，能快速爬行，分散到刚抽出的新枝梢上，也可借助风力、蚂蚁传播蔓延。 在干旱季节此虫发生严重，咖啡园荫湿和通风不良的环境条件有利于害虫的发生。

附加说明：

本标准的附录 A、附录 B 为资料性附录。

本标准由中华人民共和国农业部提出。

本标准由农业部热带作物及制品标准化技术委员会归口。

本标准起草单位：云南省热带作物学会，云南省德宏热带农业科学研究所。

本标准主要起草人：李维锐、张洪波、李文伟。

中华人民共和国农业行业标准

胡椒栽培技术规程

Technical ruels for pepper cultivation

NY/T 969—2006

1 范围

本标准规定了胡椒(*Piper nigrum* L.)生产的术语与定义、园地选择与规划设计、开垦与定植、幼龄胡椒管理、结果胡椒管理、胡椒主要病虫害防治、采收与加工等技术要求。

本标准适用于胡椒生产。

2 规范性引用文件

下列标准中的条款通过在本标准中的引用而构成本标准的条款。凡是注日期的引用文件,其随后所有的修改单(不包括勘误的内容)或修订版均不适用于本标准,然而,鼓励根据本标准达成协议的各方研究是否可使用这些文件的最新版本。凡是不注日期的引用文件,其最新版本适用于本标准。

GB 4285 农药安全使用标准

GB/T 8321 (所有部分) 农药合理使用准则

NY/T 360 胡椒插条

3 术语与定义

以下术语与定义适用于本标准。

3.1

黑胡椒 black pepper

有外果皮的胡椒干果。

3.2

白胡椒 white pepper

去掉外果皮的胡椒干果。

4 园地选择与规划设计

4.1 园地选择

4.1.1 立地条件

胡椒园地宜选择有水源,静风,排水良好,交通方便的缓坡地或平地,土壤和气候等条件适合胡椒生长。

4.1.2 土壤条件

胡椒要求土层深厚、质地疏松、土壤 pH 为 5.5～7.0、富含有机质的砂壤土、红壤土、砖红壤土或冲积土。重砂土、重黏土及低洼易涝地不宜种植胡椒。

中华人民共和国农业部 2006-01-26 发布 2006-04-01 实施

4.1.3 气候条件

年均温 21℃～26℃适于胡椒生长，日最低温度 10℃以下嫩叶开始受害；日最低温度 6℃以下持续 2 d～3 d，嫩蔓嫩枝受害，且断顶；日最低温度 3℃以下枝节脱落，主蔓干枯。

4.2 园地规划

4.2.1 规划内容

胡椒园地选择好后应进行规划，内容包括林段小区、防护林、道路系统、排水与灌水系统、居民点及沤肥池等。

4.2.2 小区

建议小区面积以 0.20 hm^2 左右为宜，形状因地形地势而定，划为方形或长方形。长方形胡椒园最好东西走向。

4.2.3 防护林

4.2.3.1 防护林位置

胡椒园四周要营造防护林。主林带设在较高的迎风处，与主风方向垂直，宽 10 m 左右，副防护林带与主林带垂直，一般宽 6 m～8 m。

4.2.3.2 防护林树种

防护林树种可选马占相思、木麻黄、黄皮、竹柏、小叶桉或刚果 12 号桉等。

4.2.3.3 防护林株、行距

防护林种植株、行距为 1 m×(1.5～2) m，防护林一般离胡椒 4.5 m。

4.2.4 园间道路

胡椒种植规模大时，胡椒园之间要修主干道和小路。主干道与公路相连，宽 3 m～4 m；小路与主干道相连，宽 1 m。

4.2.5 排水与灌水系统

4.2.5.1 无论平地或坡地，在胡椒园四周都应开好环园沟、园内纵沟和垄间小沟，将环园沟、纵沟与垄间小沟全部贯通。

4.2.5.2 环园沟距胡椒 2 m，距林带 2 m，沟宽 0.8 m，深 0.8 m～1 m。在行间每隔 12～15 株胡椒开一条纵沟，宽 0.5 m，深 0.4 m。

4.2.5.3 若无自流灌溉条件，应做好蓄水或引提水工程。条件许可者可设置喷灌设施。

4.2.6 沤肥池

胡椒沤肥池应修建在主干道旁边，沤肥池的大小根据胡椒园的面积来决定。

5 开垦与定植

5.1 垦地

胡椒定植前 3～4 个月应对园地进行全垦，深度 50 cm 左右。地里的树根、杂草、石头等要清除干净。

5.2 修梯田

土壤深耕后，随即平整，缓坡地应等高修筑梯田。5°以上坡地宜筑小梯田，梯田面宽 2.5 m～3 m，向内稍倾斜，并在内侧开一条排水沟，深 15 cm，宽 20 cm，单行种植。5°以下的缓坡地，可筑大梯田，面宽 5 m～6 m，双行起垄种植，垄高 20 cm～30 cm，沟宽 30 cm～35 cm。

5.3 挖穴

一般在定植前 2 个月挖穴，穴宽 80 cm，深 70 cm。表土、底土要分开放置。

5.4 回土与施基肥

定植前半个月放入基肥并回土。先将表土回穴至1/3，然后每穴将充分腐熟、细碎、干净的基肥15 kg～25 kg（过磷酸钙0.25 kg～0.5 kg与基肥一起混堆）与表土充分混匀回穴踏紧，随后继续填入表土，做成比地面稍高一点的土堆，准备定植。

5.5 种苗

目前，我国普遍栽培的胡椒品种为印尼大叶种。

定植时要选用壮苗，具体按照NY/T 360的规定。

5.6 定植时间

一般在春季和秋季定植，在海南春季干旱缺水的地区秋季种下较好，云南、广东春季温度低，应在初夏种下。宜选阴天下午定植，雨后土壤湿度大时不宜定植。

5.7 种植密度

5.7.1 胡椒的种植密度可以根据不同地形、气候、土壤条件和支柱长短决定。土壤肥沃、水热条件好、胡椒生长后冠幅大，宜疏植；土壤瘦瘠，水热条件差，胡椒生长后冠幅小，宜密植。一般高柱疏植，矮柱密植。

5.7.2 建议平地或缓坡地，支柱长度2.2 m（地上部分，下同）以上时，株行距可采用2 m×(2～2.5) m（667 m^2 植166～133株）；土壤肥沃，坡度大些，株行距可采用2 m×(2.5～3) m（667 m^2 植133～111株）；胡椒柱矮（柱高1.5 m），株行距可采用1.8 m×2 m（667 m^2 植185株）。

5.8 种植方法

5.8.1 胡椒种植前，在植穴的一边离穴壁15 cm处插上标棍或临时支柱。种植方向应与梯田走向一致，胡椒头不要向西，避免太阳晒伤椒头。

5.8.2 然后距标棍10 cm处挖一深30 cm～40 cm的"V"型小穴，小穴面一边倾斜45°～60°，将斜面压紧。

5.8.3 采用双苗定植，种苗对着标棍呈八字形放在斜面上，种苗上端第二个节刚好露出地面。种苗根系紧贴斜面，分布均匀，自然伸展，随后由下向上压上细碎的表土。并在种苗的两侧施5 kg充分腐熟的有机肥做辅助基地（俗语称"送嫁肥"），最后回土填满植穴，小心压实。

5.8.4 在种苗周围做一土兜，上面盖草，淋足定根水，插上芒萁搞好荫蔽，荫蔽度达90%以上。

6 幼龄胡椒管理

6.1 定植后淋水

胡椒定植7 d～15 d后开始长出新根。因此，定植后要连续淋水3 d。以后每隔1 d～2 d淋水一次，保持土壤湿润，成活后淋水次数可逐渐减少。

6.2 查苗补苗

植后20 d要全面检查种苗成活情况，进行查苗补苗，保证全部种苗成活。荫蔽物受损的，也要及时补插。

6.3 施水肥

6.3.1 胡椒种植成活后就可以施水肥。幼龄胡椒施肥应贯彻勤施、薄施、生长旺季多施液肥的原则。

6.3.2 水肥可以用人畜粪尿、绿叶、饼肥等浸沤。

6.3.3 一般每月施水肥1～2次，在植株冠外10 cm浅沟施，沟长60 cm，宽20 cm，深10 cm。水肥太浓可以用水冲稀后再施用。一般一龄胡椒每株每次施水肥2 kg～3 kg，二龄胡椒每株每次施水肥4 kg～5 kg，三龄胡椒每株每次施水肥6 kg～8 kg，施后复土。

6.3.4 建议胡椒在剪蔓前或剪蔓后一周，可以安排施一次水肥，有助于植株抽出新蔓。

6.4 深翻扩穴

6.4.1 春季施迟效的有机肥和磷肥。结合施有机肥进行深翻扩穴，宜在植株正面和两侧轮流穴施。一般穴长 80 cm，宽 40 cm～50 cm，深 70 cm～80 cm。

6.4.2 一般每穴施腐熟、干净、细碎的牛粪堆肥 30 kg 左右，过磷酸钙 0.25 kg～0.5 kg(红壤土可用 0.5 kg～1.0 kg)。

6.4.3 深翻扩穴工作应在胡椒封顶放花前分次完成。

6.5 除草

胡椒园要根据杂草生长情况，及时铲除。一般 1～2 个月人工锄草一次。

6.6 松土

幼龄胡椒松土分为浅松土和深松土两种。浅松土是在雨后和结合施肥时进行，深度 10 cm。深松土每年进行 2 次，分别在 3～4 月和 11～12 月间进行。先在树冠周围浅松，然后逐渐往树冠外围及行间深松，深度约 20 cm。

6.7 覆盖

建议在旱季趁松土之后用椰糠或稻草进行覆盖。

6.8 竖柱

6.8.1 胡椒定植成活后要及时插上永久支柱(石柱或水泥柱)，以便将抽出的新蔓绑在支柱上。

6.8.2 支柱长度 2.5 m～2.8 m，头径 12 cm×(12～14) cm，尾径 10 cm×12 cm，并且要均匀。

6.8.3 支柱离胡椒头 20 cm，埋入地下深度 70 cm。

6.9 绑蔓

6.9.1 胡椒抽出新蔓长出 3～4 个节时就开始绑蔓，以后每隔 10 d 左右绑一次。绑蔓宜在上午露水干后或下午进行。

6.9.2 绑蔓用柔软的塑料绳或麻绳在蔓节下将几条主蔓合理分布绑于支柱上，并调整分枝让其自然伸展。一般每 2 个节绑一道，松紧要适度。准备做种苗的主蔓，最好做到节节都绑。

6.9.3 待胡椒主蔓木栓化后再用尼龙绳绑好。

6.10 摘花

幼龄胡椒在养分充足时往往开花，有时还开很多花，为保证植株的营养生长，尽快形成树冠和封顶，这些花应及时摘掉。

6.11 剪蔓

6.11.1 我国采用留蔓 6 条～8 条，剪蔓 4 次～5 次的整形方法。

6.11.2 剪蔓一般上半年在 3～4 月、下半年在 8 月下旬至 10 月进行(云南下半年低温期来得早，可根据具体情况提前到 8 月剪蔓)，不宜在高温干旱、低温干旱季节和发生胡椒瘟病时剪蔓。

6.11.3 胡椒植后 6～8 个月，大部分植株高达 1.2 m 时进行第一次剪蔓。在离地面 20 cm～30 cm(3～6 个节)处剪蔓，保留 1～2 层枝序，并在每条蔓切口下 1～3 节处选留 2～4 条健壮的新蔓。

6.11.4 第 2、3、4 次剪蔓，应在所选留的新蔓长高 1 m 左右时进行，在前一次切口上 3～4 节处剪蔓。

6.11.5 第 5 次剪蔓部位是在新蔓第二层分枝之上。

6.11.6 每次剪蔓都要使几条蔓的切口高度基本保持一致，剪蔓后都选留切口下长出的新蔓 6～8 条。

6.11.7 最后 1 次剪蔓后，待新蔓生长超过支柱 30 cm 时，将几条主蔓向支柱顶部中心靠拢，按顺序交叉绑好，这叫封顶。再在离交叉点上 3 节处将几条主蔓去顶，使之逐渐形成圆柱形树冠。

6.12 修芽

胡椒剪蔓后，生势旺盛，往往大量萌芽，抽出新蔓。整株胡椒应按照留强去弱的原则，留足 6～8 条主蔓，多余的芽和蔓应及时切除。

6.13 剪除“送嫁枝”

在第2次剪蔓后新长出的枝叶能荫蔽胡椒头时，就将种苗带来的两条“送嫁枝”剪除。

7 结果胡椒管理

7.1 摘花

胡椒主花期因不同地区气候差异而有不同。在海南放秋花(9～11月)，湛江放春花(3～5月)，云南放夏花(5～7月)。但结果胡椒在养分充足时，一年四季均可来花，因此，在胡椒生产管理中，非放花季节来的花，应及时摘掉。

7.2 修徒长蔓

结果胡椒在养分充足时，其树冠内部也会抽出新蔓，这些蔓缺少光照，纤弱徒长，称为徒长蔓，应及时剪除。

7.3 去顶芽

结果胡椒每年都会从原来封顶的地方抽出许多新蔓，这些新蔓称为顶芽，也应及时在原来封顶的位置将这些顶芽剪除。

7.4 加固

7.4.1 海南、广东台风次数多，云南季节性阵风大，结果胡椒要用较粗的尼龙绳将主蔓绑在支柱上。一般40 cm绑一道，每道绳子绕两圈，松紧适度，要打活结。

7.4.2 每年台风、阵风季节到来之前都应检查，尼龙绳断的要重新绑好。

7.5 灌水

在干旱季节，土壤水分不足，往往会影响胡椒的正常生长和果实发育，引起植株落叶、落果，甚至由于干旱而枯死。因此，干旱季节应及时灌水。灌水一般在上午、傍晚或夜间土温不高时进行。沟灌时，水位不宜超过垄高的2/3，让其慢慢渗透，不宜淹灌。有条件的，可采用喷灌。

7.6 排水

7.6.1 在雨季到来之前，认真检修胡椒园的排水系统，将环园沟、纵沟与垄间小沟进行清理沟通，填平凹地。

7.6.2 大雨过后，逐园检查，及时排除园中积水。

7.7 松土

胡椒园土壤每年都要松土，一般在每年立冬和施攻花肥时各进行一次全园松土，先在树冠周围浅松，然后逐渐往树冠外围深松，深度15 cm～20 cm。松土时要将土块略加打碎，并结合松土维修梯田和胡椒垄。

7.8 覆盖

建议在冬季干旱季节趁松土之后用椰糠或稻草进行冠外覆盖，但胡椒瘟病园不宜覆盖。

7.9 培土

在每年或隔年的冬春季节培土1次，每次每株培上50 kg～75 kg较为肥沃的新土。培土前先扫净树冠下的枯枝落叶，进行浅松土，然后把土均匀培在胡椒头周围。

7.10 施肥

结果胡椒施肥一般每个结果周期施肥4次～5次。应把握好每一次肥的施用量，各种肥料的配比和施肥时间。

7.10.1 允许使用的肥料种类

7.10.1.1 有机肥和商品肥料施用种类参照NY/T 394的规定执行。

7.10.1.2 有机肥应堆放，经≥50℃发酵并翻动3次～4次，使肥料达到腐熟、干净、细碎、混匀后才能施用。

7.10.1.3 微生物肥料种类与使用参照 NY/T 227 的规定执行。

7.10.2 不应使用的肥料

7.10.2.1 禁止使用含有重金属和有害物质的城市生活垃圾、工业垃圾、污泥和医院的粪便垃圾。

7.10.2.2 不使用未经国家有关部门批准登记的商品肥料产品(包括叶面肥)。

7.10.3 第一次重施攻花肥

时间约在8月(湛江放春花约在3月施攻花肥,云南放夏花约在5月上中旬施攻花肥),在雨下透土的情况下,植株中部枝条侧芽萌动时施下。每株施腐熟细碎的有机肥 15 kg,饼肥 0.5 kg,过磷酸钙 0.25 kg～0.5 kg(饼肥、过磷酸钙均与有机肥混堆),水肥 10 kg～20 kg,复合肥 0.2 kg～0.3 kg,尿素 0.15 kg～0.2 kg,氯化钾 0.15 kg。可以在植株两旁半月形沟施,或在植株两旁和后面"马蹄"形环沟施。沟离树冠叶缘 10 cm 左右,沟深 10 cm～15 cm。先施水肥,水肥干后施干肥或化肥,然后覆土。若当年胡椒产量高,植株生势较差,也可以在7月初先施干肥,8月才施化肥。

7.10.4 第二次施辅助攻花肥

约在9月胡椒萌芽期(湛江约在4月,云南约在6月)根据植株生势适当施速效肥料。每株浅沟施水肥 20 kg,水肥干后施尿素 0.1 kg～0.15 kg,沟离树冠叶缘 10 cm,深 10 cm。以满足开花结果的需要,有利花穗伸长,提高稔实率。

7.10.5 第3次施保果肥

约在11月,幼果如绿豆般大小时施下(湛江和云南也应根据幼果发育情况在相应时间施下)。每株冠外 10 cm 浅沟施水肥 10 kg,饼肥 0.25 kg(沤水肥),水肥干后施复合肥 0.15 kg～0.25 kg,尿素 0.1 kg～0.15 kg,氯化钾 0.15 kg。

7.10.6 第4次施壮果养树肥

这次肥一般在翌年3～4月施下(湛江约在9～10月,云南约在11～12月施下)。每株施腐熟细碎的有机肥 15 kg,过磷酸钙 0.25 kg,饼肥 0.25 kg～0.5 kg(过磷酸钙饼肥均与有机肥混堆),复合肥 0.15 kg～0.25 kg,氯化钾 0.1 kg～0.15 kg,尿素 0.1 kg。在植株后面、两侧或四株之间轮穴施。

7.10.7 多施一次水肥

结果多、生势差的植株还要多施一次水肥,每株施 10 kg,尿素 0.1 kg。

7.10.8 注意不同情况

由于各地自然气候条件、植株生长发育情况、留花季节、采果时间不同,应根据这些情况适当提前或稍推迟施肥,适当增减施肥量。

7.11 胡椒肥害处理

7.11.1 由水肥、化肥引起的肥害,可先把肥沟挖开,用清水冲肥沟,使其淡化,减轻肥害,肥沟干后回新土压实。

7.11.2 有机肥引起的肥害,应及时将肥挖出来,用清水冲洗肥穴。严重受害的根系必须切除,切口用58%的雷多米尔500倍液或有效浓度为1%的霜疫灵喷射保护,填回新土稍压实。

8 胡椒主要病虫害防治

8.1 病虫害防治原则

按照"预防为主、综合防治"的植保方针,以农业措施防治为基础,科学使用化学防治,参照执行 GB 4285、GB/T 8321 中有关的农药使用准则和规定,实现病虫害的有效控制,并对环境和产品无不良影响。

8.2 胡椒瘟病综合防治

8.2.1 农业措施

8.2.1.1 新植区严格检疫，选用无病种苗。

8.2.1.2 胡椒园面积不宜太大，要营造防护林，设置排水系统。要等高修梯田或起垅栽培。

8.2.1.3 清除园内枯枝落叶集中烧毁，旱季开始时，要松土晒土；适当修剪植株基部枝条，并进行培土。

8.2.1.4 发现病情，立即隔离。

8.2.1.5 要注意雨情和台风预报，及时做好预防工作。

8.2.2 药物防治

8.2.2.1 出现病株时，在露水干后摘去病叶（病叶要集中烧毁），用 1∶2∶100 的波尔多液或有效浓度 1%霜疫灵或 400～500 倍甲霜灵（25%的可湿性粉剂）液喷射，直到无新病叶产生。

8.2.2.2 中心病区树冠下土壤用有效浓度 1%霜疫灵或 64%杀毒矾 500～750 倍液消毒，株行间土壤用 1%硫酸铜溶液消毒。

8.2.3 病死株处理

天气干旱时，及时挖掉病死株，植穴内的根系要清理干净，植穴经曝晒或淋药消毒土壤。

8.3 胡椒细菌性叶斑病防治

8.3.1 农业措施

8.3.1.1 新植区严格检疫，选用无病健壮的种苗。

8.3.1.2 胡椒园以 0.2 hm^2 左右为宜，营造防护林，设置排水系统。

8.3.1.3 加强管理，多施有机肥，提高抗病能力。

8.3.1.4 清除园内枯枝落叶集中烧毁，并进行松土培土。

8.3.2 病株处理和药物防治

出现中心病株，及时摘除病叶及其周围 40 cm 范围内的叶片和病花、病果，剪除病枝集中烧毁。然后喷射 1%波尔多液或有效浓度 1%霜疫灵保护健康叶片。每隔 7 d～10 d 检查处理 1 次，连续 2 次～3 次。

8.4 胡椒花叶病防治

8.4.1 农业措施

8.4.1.1 选用健康无病种苗。

8.4.1.2 加强管理，合理施肥和排灌，避免肥害和水害。

8.4.1.3 不在高温干旱时期割蔓，割蔓前后要施足水肥。

8.4.1.4 注意防治胡椒根结（瘤）线虫。

8.4.2 药物防治

发现传毒昆虫，如蚜虫和棉蚜，应用 40%乐果 500～800 倍液喷射，杀死传毒昆虫。

8.4.3 病株处理

发现花叶症状严重的植株，苗期就应及时挖掉烧毁，然后补植；花叶症状较轻的植株，在比花叶部位低 1～2 节的位置剪掉，加强水肥管理，争取恢复。

8.5 胡椒炭疽病防治

对植株加强管理，增施肥料，提高抗病能力；感病植株要及时摘除病叶，用 1%波尔多液或有效浓度 1%霜疫灵或 70%甲基托布津 600～800 倍液喷射。

8.6 胡椒根结（瘤）线虫病防治

8.6.1 不宜选用前作（寄主）严重感病的地块培育胡椒苗或种植胡椒。

8.6.2 深翻土壤 40 cm～60 cm，翻晒 2 次～3 次。有条件的可引水浸园 2 个月以上，排水干燥后再整地种植胡椒。

8.6.3 多施腐熟有机肥，椒园进行覆盖，提高抗线虫能力。

8.6.4 发病植株可以适当用米乐尔、爱福丁等杀线虫剂处理土壤。可以将植株受害根切除，填回新土，加强管理，使其恢复生长。

8.7 粉蚧类害虫防治

粉蚧为害胡椒时，应用40%乐果500～800倍溶液喷射2次～3次。

9 胡椒采收与加工

9.1 采收

9.1.1 一般胡椒果穗上有2～4粒果变红或者整穗果变黄都可整穗采收。

9.1.2 胡椒采收期因品种、地区和放花时间的不同而异。我国栽培的大叶种在海南放秋花的收获期为5～7月，其他地区放春花的收获期为1～2月，云南地区放夏花，收获期为4～5月。整个收获期要采果5～6次，每隔7 d～10 d采1次。海南一般应在7月下旬把果采完。

9.2 胡椒加工

9.2.1 黑胡椒加工方法

将采收的果穗置于晒场上晒4 d～5 d，经脱粒，除去果梗及其他杂物，再充分晒干即成为商品黑胡椒。

9.2.2 白胡椒加工方法

9.2.2.1 浸泡：将采收的成熟果穗放入加工池内（或装入袋中），在缓慢流水中浸泡，浸7 d～15 d，至果皮、果肉腐烂为止。

9.2.2.2 洗涤：当果皮腐烂时，放入木桶或直接在池内用脚踩踏，用水反复冲洗，除去果皮、果梗，直至洗净为止。

9.2.2.3 干燥：将洗净的胡椒粒均匀放在晒场或草席上，晒2 d～3 d或放在烘干房中烘干，至胡椒粒充分干燥为止（含水量12%～14%）。风选后便成为商品白胡椒。

附加说明：

本标准由中华人民共和国农业部提出。

本标准由农业部热带作物及制品标准化技术委员会归口。

本标准起草单位：中国热带农业科学院香料饮料研究所。

标准主要起草人：邢谷杨、谭乐和、邬华松、郑维全。

中华人民共和国农业行业标准

NY/T 1805—2009

胡椒种苗黄瓜花叶病毒检测技术规范

Technical criterion of *Cucumber mosaic virus* detection on pepper

警告——使用本标准的人员应有正规实验室工作的实践经验。本标准并未指出所有可能的安全问题。使用者有责任采取适当的安全和健康措施,并保证符合国家有关法规规定的条件。

1 范围

本标准规定了胡椒种苗黄瓜花叶病毒(*Cucumber mosaic virus*, CMV)双抗夹心酶联免疫吸附测定(DAS - ELISA)及反转录-聚合酶链式反应(RT - PCR)分子生物学检测方法。

本标准适用于胡椒插条苗以及插条苗枝序中的黄瓜花叶病毒的检测。

2 规范性引用文件

下列文件中的条款通过本标准的引用而成为本标准的条款。凡是注日期的引用文件,其随后所有的修改单(不包括勘误的内容)或修订版均不适用于本标准,然而,鼓励根据本标准达成协议的各方研究是否可使用这些文件的最新版本。凡是不注日期的引用文件,其最新版本适用于本标准。

NY/T 360　胡椒插条苗

3 仪器和用具

3.1 主要仪器

台式冷冻离心机、PCR 仪、水平电泳装置、凝胶成像系统、电冰箱、水浴锅、酶标仪、恒温培养箱。

3.2 用具及耗材

微量移液器、研钵、酶联板、离心管、PCR 管、移液器吸头。

4 取样

出现花叶症状的疑似病株或插条苗(见 NY/T 360),取显症叶片 3 片～5 片;无症状植株或插条苗,取完全展开的淡绿期叶片 3 片～5 片。于 4℃条件下保湿存放待检,最多存放 7 d。制样时从不同叶片剪取适量叶片组织,制备成混合样品。

5 检测方法

5.1 双抗夹心酶联免疫吸附测定(DAS - ELISA)法

5.1.1 样品制备

从取样(保存)材料中切取 0.5 g～1.0 g 组织,加入 5 mL 抽提缓冲液研磨,4 000 r/min 离心 5 min,取上清液作试样,4℃条件下保存备用。

中华人民共和国农业部 2009 - 12 - 22 发布　　　　2010 - 02 - 01 实施

阳性样品为已知带CMV的材料或试剂盒提供的阳性对照，阴性样品为已知不带CMV的材料或试剂盒提供的阴性对照，按同样方法制备和保存。

5.1.2 操作步骤

5.1.2.1 包被抗体：每孔加100 μL用包被缓冲液按工作浓度稀释的CMV抗体，37℃保湿孵育2 h～4 h或4℃条件下保湿过夜。

5.1.2.2 洗板：用PBST洗液洗板4次，每次3 min～5 min。

5.1.2.3 封闭：每孔加入200 μL封闭液，37℃保湿孵育1 h～2 h。

5.1.2.4 洗板：同5.1.2.2。

5.1.2.5 加检测样品：每孔加入100 μL试样，设阴性、阳性和空白对照(样品提取缓冲液)，可根据需要设置重复，37℃条件下保湿孵育4 h，或4℃条件下过夜。

5.1.2.6 洗板：同5.1.2.2。

5.1.2.7 加酶标抗体：每孔加入100 μL经ECI缓冲液稀释至工作浓度的碱性磷酸酯酶标记抗体，37℃保湿孵育2 h～4 h。

5.1.2.8 洗板：同5.1.2.2。

5.1.2.9 加底物溶液：每孔加入100 μL含1 mg/mL PNP的底物显色缓冲液，在室温下避光保湿孵育30 min～60 min。

5.1.2.10 终止反应：每孔加入50 μL 3 mol/L NaOH终止反应，在酶标仪上测定波长405 nm吸光值(OD_{405})，并打印结果。

5.1.3 结果判定

样品OD_{405}值/阴性对照OD_{405}值大于或等于2，判为阳性；

样品OD_{405}值/阴性对照OD_{405}值小于或等于1.5时判为阴性；

样品OD_{405}值/阴性对照OD_{405}值在1.5至2之间，应经进一步确认。

5.2 反转录-多聚合酶链式反应(RT-PCR)检测法

5.2.1 引物

上游引物P1：5′-GATGGACAAATCTGAATC-3′；

下游引物P2：5′-TCAAACTGGGAGCACC-3′；

预期扩增片段大小为657 bp。

5.2.2 操作步骤

5.2.2.1 总RNA提取

取1 g样品加液氮在大小合适的离心管或研钵中研磨成粉末，转至2 mL离心管，加600 μL水饱和酚与600 μL 2×RNA抽提缓冲液，混匀，4℃ 12 000 r/min离心20 min，上清液转移至新离心管，加入等体积4 mol/L LiCl，混匀后4℃沉淀过夜，4℃ 12 000 r/min离心20 min，沉淀用70%乙醇漂洗数次，风干，用30 μL DEPC处理过的水溶解，−70℃保存备用。采用RNA提取试剂盒的，操作步骤参照产品说明书。

阳性样品为已知带CMV的材料或CMV提纯液，阴性样品为已知不带CMV的材料，按同样方法制备和保存。

5.2.2.2 反转录及PCR反应

以样品总RNA，以及阴性、阳性对照总RNA为模板，可选用一步法RT-PCR试剂盒进行反转录和PCR扩增，实验步骤按产品说明书进行。

若不是采用一步法RT-PCR试剂盒，以P2为反转录引物，参照反转录酶产品说明合成cDNA，然后，在PCR反应管中依次加入10×PCR缓冲液3 μL、10 mmol/L的四种脱氧核糖核苷酸(dATP、 dCTP、dGTP、dTTP)混合液 2.5 μL、引物溶液(含上下游引物)各 2 μL、cDNA 模板 20 ng～25 ng、TaqDNA 聚合酶(5 U/μL)0.5 μL,根据 cDNA 模板的用量加入无菌重蒸馏水,使 PCR 反应体系达到 30 μL,每个试样 3 次重复。

以 4 000 r/min 离心 10 s 后,将 PCR 管放入 PCR 仪中。94℃预变性 2 min;94℃变性 30 s,54℃退火 30 s,72℃延伸 1 min,30 个循环,最后 72℃延伸 10 min。取出 PCR 反应管,对反应产物进行电泳检测或 4℃条件下保存。

5.2.2.3 扩增产物的电泳检测

将适量的琼脂糖加入 1×TAE 缓冲液中,加热将其溶解,配制成琼脂糖浓度为 1%的溶液,然后按每 100 mL 琼脂糖溶液中加入 5 μL 溴化乙锭溶液的比例,加入溴化乙锭溶液,混匀,稍冷却后,将其倒入电泳板上,室温下凝固成凝胶后,放入 1×TAE 缓冲液中。在每个泳道中加入 7.5 μL 的 PCR 产物(需和上样缓冲液混合),其中一个泳道中加入 DNA 分子量标记,接通电源进行电泳。

5.2.2.4 凝胶成像分析

电泳结束后,将琼脂糖凝胶置于凝胶成像系统成像仪上或紫外投射仪上成像,根据 DNA 分子量标记判断扩增出的目的条带的大小,将电泳结果形成文件存档或用照相系统拍照。

5.2.3 结果判定

如果阳性对照和检测样品中同时出现目的扩增条带,而阴性对照、空白对照均不出现该条带,该样品判为阳性;

如果阳性对照出现目的扩增条带,而阴性对照、空白对照及检测样品中均不出现该条带,则该样品判为阴性;

如果空白、阴性对照出现目的条带,或阳性对照未出现目的条带,应重新进行 RT - PCR 检测。

附　录　A
（规范性附录）
双抗夹心酶联免疫吸附测定(DAS-ELISA)法试剂及缓冲液配制

A.1　抗体或试剂盒

CMV 抗血清或单克隆抗体，碱性磷酸酯酶标二抗，DAS-ELISA 检测试剂盒均来自市售。

A.2　缓冲液及配制

除非另有说明，在分析中仅使用分析纯试剂，配制好的溶液在 4℃条件下保存。

A.2.1　PBST 洗液(pH7.4)

氯化钠(NaCl)8.00 g，氯化钾(KCl)0.20 g，磷酸氢二钠(Na_2HPO_4)1.15 g，磷酸二氢钾(KH_2PO_4)0.20 g，吐温-20(Tween-20)0.5 mL，用蒸馏水溶解并定容至 1 000 mL。

A.2.2　ECI 缓冲液

牛血清白蛋白(BSA)2.0 g，聚乙烯吡咯烷酮(PVP，$MW_{24\,000\text{-}40\,000}$)20.0 g，叠氮化钠($NaN_3$)0.2 g，用蒸馏水溶解并定容至 1 000 mL。

A.2.3　包被液(pH 9.6)

碳酸钠(Na_2CO_3)1.59 g，碳酸氢钠($NaHCO_3$)2.93 g，用蒸馏水溶解并定容至 1 000 mL。

A.2.4　通用样品提取缓冲液(pH 7.4)

亚硫酸钠(Na_2SO_3)1.3 g，聚乙烯吡咯烷酮(PVP，$MW_{24\,000\text{-}40\,000}$)20.0 g，吐温-20(Tween-20)20 mL，鸡蛋清粉 2.0 g，用 PBST 溶解并定容至 1 000 mL。

A.2.5　封闭液(pH 7.4)

牛血清白蛋白(BSA)2.0 g，聚乙烯吡咯烷酮(PVP，$MW_{24\,000\text{-}40\,000}$)20.0 g，用 PBST 溶解并定容至 1 000 mL。

A.2.6　PNP 底物显色缓冲液(pH 9.8)

二乙醇胺($C_4H_{11}NO_2$)97 mL，氯化镁($MgCl_2$)0.1 g，用盐酸(HCl)调 pH 至 9.8，用蒸馏水溶解并定容至 1 000 mL。

附　录　B
（规范性附录）
反转录-多聚合酶链式反应（RT-PCR）检测法试剂及缓冲液配制

除非另有说明，在分析中仅使用分析纯试剂，所用试剂和缓冲液均用DEPC（焦碳酸二乙酯）处理过的双蒸水配制。

B.1　化学试剂

B.1.1　三羟甲基氨基甲烷（Tris）。

B.1.2　二水乙二胺四乙酸二钠（EDTA-2Na·$2H_2O$）。

B.1.3　十二烷基磺酸钠（SDS）。

B.1.4　氯化锂（LiCl）。

B.1.5　三氯甲烷（chloroform）。

B.1.6　异戊醇（isoamyl alcohol）。

B.1.7　氯化钠（NaCl）。

B.1.8　亚硫酸钠（Na_2SO_3）。

B.1.9　溴化乙锭（EB）。

B.2　分子生物学试剂

B.2.1　各10 mmol/L的四种脱氧核糖核苷酸（dATP，dCTP，dGTP，dTTP）混合溶液。

B.2.2　Taq DNA聚合酶（5单位/uL）及10×PCR反应缓冲液（含25 mmol/L Mg^{2+}）。

B.2.3　植物RNA提取试剂盒。

B.2.4　反转录酶及缓冲液，反转录试剂盒。

B.2.5　DNA分子量标记。

B.2.6　引物溶液：用DEPC处理过的水将上、下游引物分别配制成浓度为10 μmol/L的水溶液。

B.3　缓冲液

B.3.1　RNA抽提缓冲液：20 mmol/L Tris-HCl（pH8.0），1%十二烷基磺酸钠，200 mmol/L氯化钠，5 mmol/L EDTA，1%亚硫酸钠。

B.3.2　加样缓冲液：称取溴酚蓝250 mg，加水10 mL，在室温下过夜溶解；再称取二甲苯腈蓝250 mg，用10 mL水溶解；称取蔗糖50 g，用30 mL水溶解。合并三种溶液，用水定容至100 mL，在4℃中保存。

B.3.3　50×TAE缓冲液：取Tris 242.2 g，先用300 mL水加热搅拌溶解后，加100 mL 500 mmol/L EDTA的水溶液（pH 8.0），用冰乙酸调pH至8.0，然后用水定容到1 000 mL。

附加说明：

本标准的附录 A、附录 B 为规范性附录。

本标准由中华人民共和国农业部提出。

本标准由农业部热带作物及制品标准化委员会归口。

本标准起草单位：中国热带农业科学院热带生物技术研究所、国家重要热带作物工程技术研究中心。

本标准主要起草人：刘志昕、王健华、牛立霞、陈业渊。

中华人民共和国农业行业标准

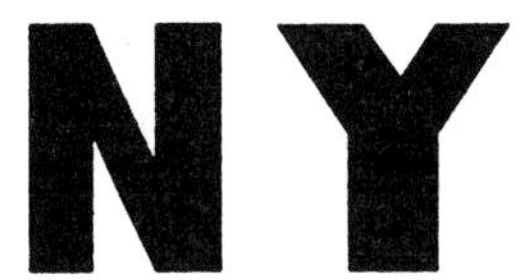

香荚兰栽培技术规程

Technical rules for vanilla cultivation

NY/T 968—2006

1 范围

本标准规定了属于 *Vanilla fragrans* (Salisbury) Ames-Syn. (*V. planifolia* Andrews) 种的香荚兰生产的园地选择与规划、垦地与定植、田间管理、主要病虫害防治、采收与加工等技术要求。

本标准适用于香荚兰的栽培管理。

2 规范性引用文件

下列标准中的条款通过在本标准中的引用而构成本标准的条款。凡是注明日期的引用文件，其随后所有的修改单（不包括勘误的内容）或修订版均不适用于本标准，然而，鼓励根据本标准达成协议的各方研究是否可使用这些文件的最新版本。凡是不注明日期的引用文件，其最新版本适用于本标准。

GB 4285　农药安全使用标准

GB/T 8321　（所有部分）农药合理使用准则

NY/T 362—1999　香荚兰　种苗

NY/T 483—2002　香荚兰

3 术语和定义

下列术语和定义适用于本标准。

3.1

种蔓

增殖圃中尚未开花结荚的香荚兰茎蔓。

3.2

种蔓粗度

切口以上 20 cm 处的直径。

3.3

腋芽

叶片与主蔓间的休眠芽。

3.4

抽生新蔓粗度

抽生点（芽点）以上 10 cm 处的直径。

3.5

抽生新蔓长度

中华人民共和国农业部 2006-01-26 发布　　2006-04-01 实施

抽生点以上至尾部稳定叶片长度。

3.6

根节

插条长根的节。

3.7

香荚兰鲜荚

香荚兰植株上已成熟的荚。

3.8

香荚兰豆

成熟的香荚兰鲜荚经过初加工后得到的成品干豆荚。

4 园地选择

4.1 气候条件

年均气温24℃左右,月均气温21℃～29℃。最冷月平均气温和年平均气温都在19℃以上适宜香荚兰生长,月均温低于20℃香荚兰的生长缓慢,持续5 d日均温低于15℃茎蔓生长停止;绝对低温6.7℃～10.8℃持续9 d,嫩蔓出现轻微寒害。香荚兰茎蔓生长期相对湿度为80%～90%香荚兰生长正常,低于75%生长缓慢,高于90%则易感病。

4.2 土壤条件

香荚兰要求土层深厚、质地疏松、土壤pH为6.0～7.0、物理性状良好,有机质含量丰富(1.5%～2.5%)的砂壤土、砂砾土、黑色石灰土或沉积土。重砂土、重粘土及低洼易涝地不宜种植香荚兰。

4.3 立地条件

香荚兰园地宜选择近水源,排水良好,有良好防风屏障的较静风的缓坡地或平地,土壤和气候等条件适合香荚兰生长。

5 园地规划

香荚兰园地选择好后应进行规划,内容包括防护林、道路系统、排水与灌水系统、有机肥堆沤点等。

5.1 小区与防护林

5.1.1 小区面积

根据香荚兰的生长特点、荫蔽系统的抗风性、有利于病虫害防治和管理,不宜连片种植,小区面积以0.2 hm^2 左右为宜。

5.1.2 防护林设置

海南台风较多,在较空旷地建立香荚兰种植园,建议每2 hm^2 设较宽的周边防风林(主林带),林带宽度为6 m～9 m;每0.5 hm^2 间设隔离防风林(副林带),林带宽度为4 m～5 m,可设计成“田”字型,既可以减少风害损失,又可使种植园形成一个静风多湿的优良小环境。云南西双版纳也要根据季风情况设置防护林。防护林树种可选马占相思、木麻黄、竹柏、小叶桉或刚果12号桉等,防护林种植株行距为1 m×(1.5～2) m,防护林一般离香荚兰4 m～5 m。香荚兰种植园与四周荒山陡坡、林地及农田交界处应设隔离沟。

5.2 排灌系统

香荚兰的生长既需充足的水分供应,又要求遇暴雨时能迅速将积水排出。因此,建园时宜建立种植园节水灌溉系统,同时应科学规划设置排水系统,园内除设主排水系统外,每一小区还应设置排水沟与主排水沟相通,保证雨季排水畅通。

5.3 道路系统

根据香荚兰种植园规模、地形和地貌等条件，设置合理的道路系统，包括主干道、支道、步行道和地头小道。大中型种植园以加工厂总部为中心，与各区、片、块有道路相通，规模较小的种植园设支道、步行道和地头小道即可。

5.4 堆肥点

香荚兰有机肥堆沤点应修建在主干道旁边，远离居民点，场地的大小根据香荚兰园的面积来决定。

6 垦地与定植

6.1 垦地

香荚兰定植前1个月应对园地进行全垦，深度30 cm左右。地里的树根、杂草、石头等要清除干净。香荚兰种植园的开垦应注意水土保持，根据不同坡度和地形，选择适宜的时期、方法和施工技术进行开垦。平地和坡度10°以下的缓坡地等高开垦；坡度10°以上的园地不宜人工荫棚种植香荚兰。

6.2 建立荫蔽系统

香荚兰属热带攀缘半阴性植物，喜朝夕阳光、斜光，但忌强光烈日和寒风，因而需要科学设置支柱攀缘并要求适度荫蔽，适宜香荚兰生长发育的荫蔽度为60%～70%。营养生长期以70%较好，生殖期以60%较好。

6.2.1 活荫蔽树系统

因树皮具有保湿能力，可保证香荚兰气生根的良好生长，因此，选择天然次生林或人工种植速生、耐修剪、根系深、粗生、分枝低矮，且病虫害不与香荚兰相互侵染的常绿树种作为活支柱，以控制活支柱的树冠来调节园内荫蔽度。可采用的荫蔽树种有木麻黄、麻疯树、甜荚树、番石榴、银合欢、刺桐、龙血树等。国外以甜荚树、麻疯树作为活荫蔽树，效果很好。

6.2.2 人工荫棚系统

人工荫棚栽培香荚兰，可用石柱、水泥柱或木柱等作攀缘材料；香荚兰园棚架系统高度以2.0 m为宜。攀缘柱露地1.4 m～1.6 m，攀缘柱间距及行距为1.2 m×1.8 m，3.6 m×3.6 m处为棚架支柱（高柱）；棚架支柱规格为（12～15）cm×（10～12）cm×（260～280）cm（宽×窄×高），入土深度为60 cm～80 cm；攀缘柱规格为（10～12）cm×（8～10）cm×（160～180）cm，入土深度为40 cm。隔几行（最好隔1行）架设镀锌水管支撑棚架，同时也可作喷灌设备，余下的行可用钢筋或铁线代替。遮光网（荫蔽度60%～70%）走向与水管走向（即香荚兰行向）一致，并固定于棚架顶部，垂直行的网上部再架设钢筋或铁线增强抗风性能。

6.3 起畦、施基肥与投放覆盖物

6.3.1 起畦

建好荫棚系统后，即可起畦，先将植地全垦耙碎、除净杂草杂物，并用石灰粉进行土壤消毒处理。畦面龟背形，走向与攀缘柱的行向一致，畦面宽80 cm，高15 cm～20 cm，攀缘柱在畦的中央。

6.3.2 施基肥

将腐熟的有机肥均匀地薄洒于整理好的畦面（7 500 kg/hm^2，厚4 cm～5 cm），并与10 cm厚的土层混匀。

6.3.3 投放覆盖物

在每2条攀缘柱间投放腐熟的椰糠3 kg（或用干杂草、枯枝落叶等替代），并摊匀准备定植。

6.4 定植

6.4.1 种苗

我国目前普遍栽培的香荚兰品种为墨西哥大叶种。定植时要选用长壮苗，具体按照NY/T 362的规定。

6.4.2 定植时间

在温度较高的季节定植香荚兰有利于生根发芽，海南适宜定植季节为春季4～5月和秋季9～10月。在海南春季干旱缺水的地区秋季定植较好。云南西双版纳地区则以5～6月定植为宜。

6.4.3 定植密度

合理密植有利于提高单位面积产量，香荚兰适宜的株行距为1.2 m×1.8 m双苗定植(即每条柱的两边各植1株)，也可采用1.2 m×1.6 m或1.2 m×2.0 m的株行距。

6.4.4 定植方法

从母株上直接割取的种苗，先用药剂(1%波尔多液等)对切口进行消毒处理后，置于阴凉处饿苗2 d～3 d再运输或定植。从苗圃中取的种苗要及时运输和定植，以免根系(特别是根毛)干死，影响成活。从母株上直接割取的种苗定植时，用手指在攀缘柱的两边地面各划一条深2 cm～3 cm的浅沟，将苗平放于浅沟中，盖上1 cm～2 cm覆盖物，苗顶端指向攀缘柱，露出叶片和切口处一个茎节，防止烂苗，茎蔓顶端用软质材料制成的细绳轻轻固定于攀缘柱上；若种苗来自繁殖苗圃，定植时要尽量用覆盖物将新根盖住，以便植后能尽快恢复生长。

7 田间管理

7.1 定植后淋水和查苗补苗

7.1.1 定植后淋水

从母株上直接割取的茎蔓在定植7 d～15 d后开始长出新根并抽生新的嫩芽。因此，定植后每隔2 d～3 d淋一次水，保持土壤湿润，成活后淋水次数可逐渐减少。

7.1.2 查苗补苗

植后30 d内要全面检查种苗成活情况，进行查苗补苗(一般1次/4 d)，发现病蔓及时处理或补苗，保证全部种苗成活。

7.2 施肥

香荚兰种植园以施有机肥为主，尽量少施化学肥料，禁止单纯施用化学肥料和矿物源肥料。

7.2.1 有机肥

1～3龄香荚兰园施腐熟的有机肥(2～3)次/年[一般施(5 000～7 000) kg/(hm^2·次)]，成龄香荚兰园施(3～4)次/年；香荚兰是典型的喜钙作物，因此根据土壤情况在有机肥堆沤过程中加入适量的熟石灰，不仅可促进香荚兰茎蔓生长，提高单位面积产量，还可提高抗病能力。

7.2.2 根外追肥

香荚兰种植园一般根外追肥2～3次/月，一龄的香荚兰喷施或淋施0.5%复合肥和0.5%尿素(1～2)次/月，2～3龄的香荚兰喷施或淋施(2～3)次/月；成龄香荚兰园4～6月果荚生长期喷施0.5%复合肥和0.5%氯化钾或硫酸钾(1～2)次/月，10～12月花芽分化前期喷施0.5%复合肥和1.0%过磷酸钙浸沉出液(1～2)次/月，并喷施2～3次0.5%磷酸二氢钾，1～3月和7～9月为香荚兰营养生长期，可根据苗蔓生长情况喷施或淋施0.5%复合肥和0.5%尿素(1～2)次/月。

7.3 除草、覆盖与整理畦面

7.3.1 除草

清除香荚兰园内杂草一般用手拔除，需用锄头、铁锹等除草工具时，应避免伤害根系[一般拔草(1～2)次/月]。

7.3.2 覆盖

香荚兰根系分布浅，主要集中在0 cm～5 cm的土层中，对旱、寒等不利条件的抵抗力较弱，采用椰糠、干杂草或经过初步分解的枯枝落叶等进行周年根际死覆盖，可有效改善根系的生长环境。幼龄香荚兰园增添覆盖物1次/季度，使畦面终年保持3 cm～4 cm的覆盖，而成龄香荚兰园则在每年花芽分化期后(1月底2月初)和末花期后(5月底6月初)各进行一次全园覆盖。

7.3.3 整理畦面

大雨过后或多次淋水之后，香荚兰园畦面边缘由于水的冲刷而塌陷，应及时修整，保持畦面的完整[一般(1～2)次/年]。

7.4 引蔓与修剪

7.4.1 引蔓

香荚兰植后新抽生的茎蔓应及时用软绳子将其轻轻固定在攀缘柱上，当茎蔓长到一定长度(1.0 m～1.5 m)时，将其拉成圈吊在横架上或缠绕于铁线上，使其环状生长。

7.4.2 修剪

每年11月底或12月初对成龄香荚兰园进行全面修剪，修剪掉上两年已开花结荚过的老蔓及弱病蔓，同时摘去茎蔓顶端4～5个茎蔓节，长度为40 cm～50 cm(可用于育苗)，并将去顶后30 d～45 d内的萌芽及时全面抹除，控制其营养生长，促进花芽分化。

7.5 加固

海南台风频繁，每年台风季节到来之前都应全面检查荫棚系统，及时修补加固。台风后要及时修补受损遮荫网，加固松动的支柱和棚架系统。云南西双版纳植区在季风过后也要及时加固荫棚系统。

7.6 浇水与排水

7.6.1 浇水

在干旱季节，土壤水分不足，往往会影响香荚兰的正常生长和幼荚发育，严重时叶片萎蔫变黄、茎蔓皱缩、落荚等，甚至由于干旱而枯死。因此，干旱季节应及时浇水(喷灌或滴灌)。浇水一般在傍晚(18:00以后)或夜间土温不高时进行。

7.6.2 排水

在雨季到来之前，认真检修香荚兰园内及四周的排水系统，将主排水沟与区间小排水沟进行清理疏通。大雨过后，逐园检查，及时排除园中积水。

7.7 荫蔽树的修剪和防护林的管理

7.7.1 荫蔽树的修剪

根据香荚兰不同生长期和不同季节对荫蔽度的要求，对荫蔽树进行适当的修剪，将荫蔽树高度控制在1.5 m～2.0 m，培养荫蔽树在1.2 m～1.5 m高处的分枝2～3条，作为香荚兰的攀缘枝。

7.7.2 防护林的管理

及时修剪延伸到香荚兰棚架上的防护林枝条，避免台风到来时损坏荫棚系统。同时在防护林边缘挖条深80 cm～100 cm，宽30 cm～40 cm的隔离沟，避免其庞大的根系与香荚兰争夺水肥。

7.8 土壤管理

定期监测香荚兰种植园土壤肥力水平和重金属元素含量，一般检测1次/2年，根据检测结果有针对地采取土壤改良措施。

7.9 人工授粉与控制落荚

7.9.1 人工授粉

香荚兰因为其花的结构特殊，无法进行昆虫等传媒的自然授粉，必须进行人工授粉。

7.9.1.1 授粉时间

香荚兰一般在3月中下旬开始开花，5月上旬基本结束。小花完全开放时间为清晨6:00～9:00，随着气温的升高，11:00以后花被开始收拢逐渐闭合。香荚兰最佳授粉时间为当天上午6:30～10:30，一般不宜超过中午12:00，阴(雨)天小花开放会延迟，可适当延长授粉时间。

7.9.1.2 授粉方法

左手中指和无名指夹住花的中下部，右手持授粉用具轻轻挑起唇瓣(蕊喙)，再用左手拇指和食指夹住的另一条授粉用具或直接用左手拇指将花粉囊压向柱头,轻轻挤压一下即可。

7.9.2 控制落荚

香荚兰的果荚生长发育期具有严重的生理落荚现象,必须采取必要措施才能提高其产量。一般采取综合技术措施加以控制。

7.9.2.1 农业措施

根据香荚兰植株的长势和株龄,早期摘除过多的花序及已有足数幼荚的花序上方的顶中花蕾。适时疏花、合理留荚,一般单株单条结荚蔓保留 8～12 个花序,每个花序留荚 8～10 条;5 月上旬修剪结穗上方抽生的侧蔓,5 月中旬进行全面摘顶。

7.9.2.2 化学方法

加强各项田间管理,并结合根外追肥在幼荚发育期(末花期)定期喷施含硼(B)、锌(Zn)、锰(Mn)等微量元素的植物生长调节剂。

8 主要病虫害防治

按照“预防为主、综合防治”的原则,以农业措施防治为基础,科学使用化学防治,参照执行 GB 4285、GB/T 8321 中有关的农药使用准则和规定,实现病虫害的有效控制,并对环境和产品无不良影响。

8.1 香荚兰镰刀菌根(茎)腐病综合防治

8.1.1 农业措施

香荚兰新植区严格检疫,选用无病种苗;加强田间管理,施足腐熟的基肥,不偏施氮(N)肥;及时适度灌溉,雨后及时排除田间积水;保持适度荫蔽,严格控制单株结荚量;田间劳作时尽量避免人为造成植株伤口;及时检查并清除病死株,重病茎蔓、叶片或果荚及时剪除并涂药保护切口,清除的植株病体及时带到园外较远地带集中烧毁。

8.1.2 药物防治

根系初染病的植株,用 50%多菌灵 800 倍液或 70%甲基托布津 1 000 倍液淋灌病株及四周土壤2～3 次(1 次/月);茎蔓、叶片或果荚初染病时,及时用小刀切除感病部分,后用多菌灵粉剂涂擦伤口处,同时用 50%多菌灵 1 000 倍液或 70%甲基托布津 1 000～1 500 倍液喷施周围的茎蔓、叶片和果荚。

8.2 香荚兰细菌性软腐病防治

8.2.1 农业措施

香荚兰新植区严格检疫,选用无病健壮的种苗;加强管理,多施有机肥,提高抗病能力;田间管理过程中尽量减少机械损伤,避免人为产生伤口;及时检查并清除病死植株,切除病蔓、病叶带到园外较远地方集中烧毁。

8.2.2 药物防治

雨季到来之前全面喷施一次 0.5%～1.0%波尔多液;将病蔓、病叶处理后及时喷施 500 万单位农用链霉素(珠海斗门应用技术研究所)800～1 000 倍液、47%加瑞农可湿性粉剂(日本进口)800 倍液、77%氢氧化铜可湿性粉剂(可杀得)500～800 倍液(日本进口)或 64%杀毒矾可湿性粉剂 500 倍液(日本进口)保护。每周检查处理 1 次,连续 2 次～3 次。

8.3 香荚兰炭疽病防治

8.3.1 农业措施

加强田间管理,施足基肥,避免过度荫蔽,保持通风透气,雨后及时排除积水,尽量避免人为碰伤;及时清除(最好选晴天)重病株的病蔓、病叶、病果,并带出园外集中烧毁,减少侵染源。

8.3.2 药物防治

初发病时剪除病叶、病果带出园外烧毁,并喷施 50%多菌灵 1 000 倍液或 75%百菌清 800 倍液或 0.5%～1.0%波尔多液,每 7 d 1 次,连喷 2 次～3 次。

8.4 香荚兰疫病

8.4.1 农业措施

选用无病健壮种苗，按园地规划以 0.2 hm^2 为一小区种植，避免大面积连片种植，施足基肥，及时适度灌溉，雨后及时排除积水，避免过度荫蔽，保持通风透气，尽量避免人为碰伤，及时清除病死株，切除重病茎蔓、病叶和染病果荚，并涂药保护切口，清除的植株病体带出园外集中烧毁。清除病株的地方，其土壤撒施生石灰粉或淋灌 77%氢氧化铜可湿性粉剂(可杀得)500～800 倍液消毒。

8.4.2 药物防治

根系初染病的植株，用 25%瑞毒霉(甲霜灵)200 倍液或 40%乙磷铝(霜疫灵)200 倍液或 64%杀毒矾 500 倍液淋灌病株根颈部及四周土壤，每月 1 次，共 2 次～3 次；茎蔓叶片或果荚初染病时及时用小刀切除染病部分，随即用 1%波尔多液或瑞毒霉或杀毒矾或乙磷铝或可杀得喷施周围的茎蔓、叶片和果荚。

9 采收与加工

9.1 采收

9.1.1 采收时间

在海南香荚兰种植区 10 月下旬至 11 月上旬鲜荚开始成熟，采收时间一般持续 2 个月左右(即 11 月初至翌年 1 月初完成采收)。云南西双版纳种植区的采收时间为 11 月底至翌年 2 月底，有的年份 3 月上旬才采收完(林下种植)。

9.1.2 采收依据

香荚兰从开花授粉到果荚成熟的时间需 8 个月左右。当鲜荚从深绿色转为浅绿色，略微晕黄或果荚末端 0.2 cm～0.5 cm 处略见微黄时为最佳采收时期，一般每周采收 1 次～2 次。

9.2 加工

将采收的香荚兰鲜荚在 24 h 内进行分级、清洗、杀青，经酶促、干燥和陈化生香三道基本工序即成为成品香荚兰豆。具体按 NY/T 483—2002 执行。

附加说明：

本标准由中华人民共和国农业部提出。

本标准由农业部热带作物及制品标准化技术委员会归口。

本标准起草单位：中国热带农业科学院香料饮料研究所。

本标准主要起草人：宋应辉、赵建平、赖剑雄、朱自慧、朱红英、宗迎。

中华人民共和国农业行业标准

NY 5323—2006

无公害食品　香辛料

1　范围

本标准规定了无公害食品香辛料的术语和定义、要求、试验方法、检验规则、标志、标签、包装、运输和贮存。

本标准适用于无公害食品香辛料干品。

2　规范性引用文件

下列文件中的条款通过本标准的引用而成为本标准的条款，凡是注日期的引用文件，其随后所有的修改单(不包括勘误的内容)或修订版均不适用于本标准，然而，鼓励根据本标准达成协议的各方研究是否可使用这些文件的最新版本。凡是不注日期的引用文件，其最新版本适用于本标准。

GB/T 4789.3　食品卫生微生物学检验　大肠菌群测定

GB/T 4789.4　食品卫生微生物学检验　沙门氏菌检验

GB/T 4789.5　食品卫生微生物学检验　志贺氏菌检验

GB/T 4789.10　食品卫生微生物学检验　金黄色葡萄球菌检验

GB/T 4789.15　食品卫生微生物学检验　霉菌和酵母计数

GB/T 5009.12　食品中铅的测定

GB/T 5009.15　食品中镉的测定

GB/T 5009.17　食品中总汞及有机汞的测定

GB 7718　预包装食品标签通则

GB/T 12729.2　香辛料和调味品　取样方法

NY/T 761　蔬菜和水果中有机磷、有机氯、拟除虫菊酯和氨基甲酸酯类农药多残留检测方法

3　术语和定义

下列术语和定义适用于本标准。

3.1

香辛料　spice

可用于各类食品加香调味，能赋予食物以香、辛、辣等风味的植物性物质。

3.2

缺陷品　defective spice

未成熟品、虫蚀品、病斑品、破损品、霉变品和畸形品等外观有缺陷的香辛料产品。

中华人民共和国农业部 2006-01-26 发布　　2006-04-01 实施

4 要求

4.1 感官

具有本品种成熟时应有的色泽，特有的香（辛或辣）风味，无异味，无霉变，杂质≤1%，缺陷品率≤7%。

4.2 理化指标

应符合表1的规定。

表1 理化指标

项 目	指 标
水分，%	≤14

4.3 安全指标

应符合表2的规定。

表2 安全指标

项 目	指 标
铅（以 Pb 计），mg/kg	≤1
镉（以 Cd 计），mg/kg	≤0.5
总汞（以 Hg 计），mg/kg	≤0.01
乐果（dimethoate），mg/kg	≤1
杀螟硫磷（fenitrothion），mg/kg	≤0.1
毒死蜱（chlorpyifos），mg/kg	≤0.5
马拉硫磷（malathion），mg/kg	≤0.5
氯氰菊酯（cypermethrin），mg/kg	≤0.5
大肠菌群，MPN/100 g	≤30
霉菌，cfu/g	≤10 000
致病菌（沙门氏菌、志贺氏菌、金黄色葡萄球菌）	不得检出
注1：其他有害物质应符合有关规定 注2：不直接食用的香辛料不检测微生物指标	

5 试验方法

5.1 感官

5.1.1 色泽、气味与滋味

随机抽取样品10 g，平铺于清洁的白瓷盘中，在自然光线下，用肉眼观察其色泽，闻其香味，并取少许放于舌尖，涂布满口，仔细品尝其滋味。

5.1.2 杂质

用感量0.01 g的天平称取试样100 g～200 g，平摊于瓷盘中，拣出杂质，用天平分别称量。按式(1)计算杂质率：

$$\omega_1=\frac{m_1}{m_2}\times 100 \qquad (1)$$

式中：

ω_1 ——杂质率，单位为克每百克，%；

m_1 ——杂质质量，单位为克，g；

m_2 ——试样质量，单位为克，g。

5.1.3 缺陷品

用感量 0.01 g 的天平称取试样 100 g～200 g，平摊于瓷盘中，拣出缺陷品，用天平分别称量。缺陷品率按式(2)计算：

$$\omega_2=\frac{m_3}{m_4}\times 100 \quad\cdots\cdots(2)$$

式中：

ω_2 ——缺陷品率，单位为克每百克，%；

m_3 ——缺陷品质量，单位为克，g；

m_4 ——试样质量，单位为克，g。

5.2 理化指标

5.2.1 水分

按 GB/T 12729.6 规定执行。

5.3 安全指标

5.3.1 铅

按 GB/T 5009.12 规定执行。

5.3.2 镉

按 GB/T 5009.15 规定执行。

5.3.3 总汞

按 GB/T 5009.17 规定执行。

5.3.4 乐果、杀螟硫磷、毒死蜱、马拉硫磷、氯氰菊酯

按 NY/T 761 规定执行。

5.3.5 大肠菌群

按 GB/T 4789.3 规定执行。

5.3.6 霉菌

按 GB/T 4789.15 规定执行。

5.3.7 致病菌

按 GB/T 4789.4，GB/T 4789.5，GB/T 4789.10 规定执行。

6 检验规则

6.1 组批

以同一品种，同时采收，同期生产的产品为一批。

6.2 抽样

按 GB/T 12729.2 规定执行。

6.3 检验类型

6.3.1 交收检验

每批产品在交收前应进行交收检验。交收检验的项目包括感官指标、理化指标、标志、标签和包装。

6.3.2 型式检验

型式检验的项目包括本标准感官指标、理化指标和卫生指标中的全部项目。

当出现下列情况之一时，应进行型式检验：

a） 申请无公害农产品认证时；

b） 生产环境发生较大变化时；

c） 前后两次抽样检验结果差异较大时；

d） 国家质量监督机关或主管部门提出型式检验时。

6.4 判定规则

6.4.1 每批受检产品的感官不合格率按其所检单位的平均值计算，其值不超过5%。其中任一件的不合格率不超过10%，判为感官合格品。

6.4.2 所检项目全部符合本标准要求时，判为合格品。

6.4.3 理化指标、标志、标签、包装如有一项不符合本标准要求，可进行复检一次。

6.4.4 感官、卫生指标如有一项不符合本标准，判为不合格品，不得复检。

7 标志、标签

7.1 标志

按无公害食品标志的有关规定执行。

7.2 标签

产品的标签应符合GB 7718的规定。

8 包装、运输和贮存

8.1 包装

包装材料应有利保护产品质量，符合食品卫生要求。

8.2 运输

运输工具应清洁、卫生、防雨、防潮、隔热。产品不应与有毒、有异味、有害物品混装、混运。

8.3 贮存

贮存库内应清洁卫生、干燥、通风良好。不应与有毒、有异味、发霉、易于传播病虫的物品混存。产品堆放不应直接落地或靠墙，应留有通道。并注意防鼠、防虫。

附加说明：

本标准由中华人民共和国农业部提出并归口。

本标准起草单位：农业部食品质量监督检验测试中心（成都）。

本标准主要起草人：雷绍荣、胡述楫、欧阳华学、郭灵安。

中华人民共和国农业行业标准

木 菠 萝 干

Jackfruit chips

NY/T 949—2006

1 范围

本标准规定了木菠萝干的要求、试验方法、检验规则、标志、标签、包装、运输和贮存。

本标准适用于以木菠萝为原料、经加工制成的木菠萝干。

2 规范性引用文件

下列文件中的条款通过本标准的引用而成为本标准的条款，凡是注明日期的引用文件，其随后所有的修改单(不包括勘误的内容)或修订版均不适用于本标准，然而，鼓励根据本标准达成协议的各方研究是否可使用这些文件和最新版本。凡是不注日期的引用文件，其最新版本适用于本标准。

GB 191 包装储运图示标志

GB/T 4789.2 食品卫生微生物学检验 菌落总数测定

GB/T 4789.3 食品卫生微生物学检验 大肠菌群测定

GB/T 4789.5 食品卫生微生物学检验 志贺氏菌检验

GB/T 4789.10 食品卫生微生物学检验 金黄色葡萄球菌检验

GB/T 5009.11 食品中总砷及无机砷的测定

GB/T 5009.12 食品中铅的测定

GB/T 5009.30 食品中叔丁基羟基茴香醚(BHA)与2,6-二叔丁基甲酚(BHT)的测定

GB/T 5009.37 食用植物油卫生标准的分析方法

GB/T 5009.56—2003 糕点卫生标准的分析方法

GB 7102 食用煎炸油卫生标准

GB 7718 食品标签通用标准

GB/T 14769 食品中水分的测定方法

JJF 1070 定量包装商品净含量计量检验规则

3 要求

3.1 原料

3.1.1 木菠萝果实要求成熟、新鲜，果苞完整，无霉烂。

3.1.2 植物油应符合GB 7102的规定。

3.2 感官

感官应符合表1规定。

中华人民共和国农业部 2006-01-26 发布　　2006-04-01 实施

表 1 感官要求

项 目	要 求
色泽	呈淡黄色或黄色，无霉变
滋味和口感	具有木菠萝干特有的滋味和香气，味甜，口感酥脆，无异味
形态	片状基本完整
杂质	无肉眼可见外来杂质

3.3 理化

理化要求应符合表 2 规定。

表 2 理化要求

项 目		指 标
净含量允许负偏差，%	≤200 g/袋	≤4.5（每批平均净含量不应低于标明量）
	>200 g/袋	≤9.0（每批平均净含量不应低于标明量）
水分，%		≤5.0
酸价，mg/g		≤3
过氧化值，g/100 g		≤0.25

3.4 卫生

卫生要求应符合表 3 规定。

表 3 卫生要求

项 目	指 标
铅(以 Pb 计)，mg/kg	≤1.0
砷(以 As 计)，mg/kg	≤0.5
抗氧化剂(BHA+BHT)，g/kg	≤0.2
菌落总数，个/g	≤1 000
大肠菌群，个/100 g	≤30
致病菌(志贺氏菌、金黄色葡萄球菌)	不得检出

4 试验方法

4.1 感官检验

将 200 g 被测样品放置在洁净的白瓷盘中，在自然光下用肉眼直接观察其色泽、形态和杂质，嗅其气味，品尝滋味。

4.2 理化要求检测

4.2.1 净含量

按 JJF 1070 规定执行。

4.2.2 水分

按 GB/T 14769 规定执行。

4.2.3 酸价

按 GB/T 5009.56 中 4.2.2 条的方法提取脂肪，按 GB/T 5009.37 中 4.1 条规定执行。

4.2.4 过氧化值

按 GB/T 5009.56 中 4.2.2 条的方法提取脂肪，按 GB/T 5009.37 中 4.2 条规定执行。

4.3 卫生指标检测

4.3.1 砷

按 GB/T 5009.11 规定执行。

4.3.2 铅

按 GB/T 5009.12 规定执行。

4.3.3 抗氧化剂

按照 GB/T 5009.30 规定执行。

4.3.4 菌落总数

按 GB/T 4789.2 规定执行。

4.3.5 大肠菌群

按 GB/T 4789.3 规定执行。

4.3.6 致病菌

按 GB/T 4789.5、GB/T 4789.10 规定执行。

5 检验规则

5.1 组批规则

同一批原料、同一生产日期生产的包装完好的同一规格产品为一组批。

5.2 抽样方式

按 JJF 1070 规定执行。

5.3 检验分类

5.3.1 出厂检验

5.3.1.1 每组批产品出厂前应由生产厂的技术检验部门按本标准进行检验，检验合格，出具合格证，方可出厂。

5.3.1.2 出厂检验项目包括感官要求、净含量允许负偏差、水分、过氧化值及微生物指标。

5.3.2 型式检验

5.3.2.1 型式检验的项目应包括本标准规定的全部项目。

5.3.2.2 出现下列情况之一时，应进行型式检验。

a) 新产品定型鉴定时；

b) 原材料、设备或工艺有改变时；

c) 每三个月进行一次检验；

d) 产品质量不稳定，两次检验结果差异较大时；

e) 国家质量监督机构或主管部门提出型式检验要求时。

5.4 判定规则

5.4.1 检验结果全部符合本标准规定要求的该批产品为合格品。卫生要求有一项不合格，判定该批产品为不合格。

5.4.2 若检验结果中理化要求出现不符合本标准规定的指标，允许复验一次，复验应在同一批产品中加倍抽样，判定以复验结果为准。若检验结果中感官、卫生要求出现不符合本标准规定的指标，不进行复验。

6 标志、标签

6.1 标志

按 GB 191 规定执行。

6.2 标签

按 GB 7718 规定执行。

7 包装、运输和贮存

7.1 包装材料应符合食品卫生要求。

7.2 运输工具应清洁卫生且具有防晒、防雨等设施。运输中不应与有毒、有害、有腐蚀、有异味的物品混运,搬运时应轻拿轻放。

7.3 产品应贮存于清洁卫生、通风干燥、无污染,具有防潮、防尘等设施的仓库内。堆放时要离开地面 10 cm 以上,离四周墙壁 20 cm 以上。

附加说明:

本标准由中华人民共和国农业部提出。

本标准由农业部热带作物及制品标准化技术委员会归口。

本标准起草单位:农业部热带农产品质量监督检验测试中心。

本标准主要起草人:章程辉、谢德芳、叶海辉、陈雪华。

中华人民共和国农业行业标准

木菠萝　种苗

Jackfruit seedling

NY/T 1473—2007

1　范围

本标准规定了木菠萝(*Artocarpus heterophyllus* Lam.)种苗的术语和定义、要求、试验方法、检验规则、包装、标签、运输和贮存。

本标准适用于木菠萝嫁接苗。

2　规范性引用文件

下列文件中的条款通过本标准的引用而成为本标准的条款。凡是注日期的引用文件,其随后所有的修改单(不包括勘误的内容)或修订版均不适用于本标准,然而,鼓励根据本标准达成协议的各方研究是否可使用这些文件和最新版本。凡是不注日期的引用文件,其最新版本适用于本标准。

GB 9847　苹果苗木

GB 15569　农业植物调运检疫规程

中华人民共和国国务院　《植物检疫条例》

中华人民共和国农业部　《植物检疫条例实施细则(农业部分)》

3　术语和定义

下列术语和定义适用于本标准。

嫁接苗　grafted seedling

用特定的砧木和接穗,通过嫁接方法繁育的种苗。

4　要求

4.1　基本要求

4.1.1　品种纯度要求≥98%。

4.1.2　出圃时容器基本完好,营养土柱直径≥11 cm,高≥25 cm。

4.1.3　植株主干直立、生长正常,没有明显机械损伤。

4.1.4　嫁接口上下平滑,愈合良好。

4.2　检疫

没有检疫性病虫害。

4.3　分级指标

木菠萝种苗分为一级、二级两个级别,各级别的种苗应符合表1的规定。

中华人民共和国农业部 2007-12-18 发布　　　　2008-03-01 实施

表 1 木菠萝种苗分级指标

项 目	级 别	
	一级	二级
种苗高度,cm	≥50	≥30
嫁接口高度,cm	≤20	≤30
砧木粗度,cm	≥1.0	≥0.6
茎干粗度,cm	≥0.5	≥0.3

5 试验方法

5.1 纯度检验

根据指定品种的主要特征,用目测法观察所检样品种苗,确定指定品种的种苗数。品种纯度按公式(1)计算:

$$P = \frac{n_1}{N_1} \times 100 \quad \cdots\cdots (1)$$

式中:

P——品种纯度,单位为百分数(%);

n_1——样品中鉴定品种株数,单位为株;

N_1——抽样总株数,单位为株。

计算结果保留一位小数,记入附录 B 的表格中。

5.2 外观检验

用目视检测生长情况、嫁接口愈合程度、病虫为害和机械损伤等情况。

5.3 疫情检验

按中华人民共和国国务院《植物检疫条例》、中华人民共和国农业部《植物检疫条例实施细则(农业部分)》和 GB 15569 的有关规定执行。

5.4 分级检验

5.4.1 种苗高度

用钢卷尺测量从营养土面至种苗顶端的距离(精确至±1 cm),保留整数。

5.4.2 嫁接口高度

用钢卷尺测量从营养土面至嫁接口基部的距离(精确至±1 cm),保留整数。

5.4.3 砧木粗度

用游标卡尺测量营养土面以上 5 cm 处(精确至±1.0 cm)的砧木直径,保留一位小数。

5.4.4 茎干粗度

用游标卡尺测量嫁接口以上 5 cm 处的茎干最粗直径(精确至±1.0 cm),保留一位小数。将检验结果记入附录 A 的表格中。

6 检验规则

6.1 组批

同一产地、同时出圃的嫁接苗作为一个检验批次,检验限于种苗装运地或繁殖地进行。

6.2 抽样

按 GB 9847 的规定执行,采用随机抽样法。种苗基数在 999 株以下(含 999 株),按基数的 10%抽样,并按公式(2)计算抽样量;种苗基数在 1 000 株以上时,按公式(3)计算抽样量。具体计算公式如下:

$$y_1 = y_2 \times 10\% \quad (2)$$

$$y_3 = 100 + (y_2 - 999) \times 2\% \quad (3)$$

式中：

y_1——种苗基数在999株以下的抽样量，单位为株，保留整数；

y_2——种苗基数；

y_3——种苗基数在1 000株以上的抽样量，单位为株，保留整数。

6.3 判定规则

6.3.1 如达不到4.1和4.2中的某一项要求，则判该批种苗不合格。

6.3.2 同一批检验的一级种苗中，允许有5%的种苗低于一级标准，但必须达到二级标准，超过此范围，则判为二级种苗；同一批检验的二级种苗中，允许有5%的种苗低于二级标准，但应达到基本要求，超过此范围，则判该批种苗不合格。

6.4 复检

如果对检验结果产生异议，允许采用备用样品（如条件允许，可再抽一次样）复检一次，复检结果为最终结果。

7 包装、标签、运输和贮存

7.1 包装、标签

容器苗如果容器破损不严重，且营养土柱不松散的，一般不需包装。如容器破损而营养土柱完好，种苗销售或调运时必须重新包装好。包装容器应方便、牢固，以免损伤种苗。

种苗销售或调运时必须附有质量检验证书和标签。推荐的检验证书参见附录B，推荐的标签参见附录C。

7.2 运输、贮存

种苗应按不同品种、不同级别装运；应小心轻放，防止营养土柱松散；在运输过程中，应保持一定的湿度和通风透气，并防止日晒、雨淋。

种苗运到目的地后应尽快种植，如短时间内不能定植的，应置于荫棚或阴凉处，并注意淋水，保持湿润。

附　录　A
（资料性附录）
木菠萝种苗质量检测记录

表 A.1　木菠萝种苗质量检测记录表

品　　种：________________　　　　No：________________
育苗单位：________________　　　　购苗单位：________________
出圃株数：________________　　　　抽检株数：________________

样株号	种苗高度（cm）	嫁接口高度（cm）	砧木粗度（cm）	茎干粗度（cm）	初评级别

审核人（签字）：　　校核人（签字）：　　检测人（签字）：　　检测日期：　年　月　日

附 录 B
（资料性附录）
木菠萝种苗检验证书

表 B.1 木菠萝种苗检验证书

No：________________

育苗单位		购苗单位	
出圃株数		苗木品种	
品种纯度，%			
检验结果	一级：　　株；二级：　　株		
检验意见			
证书签发期		证书有效期	
检验单位			
注：本证一式三份，育苗单位、购苗单位、检验单位各一份。			

审核人（签字）：　　　　校核人（签字）：　　　　检测人（签字）：

附 录 C
(资料性附录)
木菠萝种苗标签

木菠萝种苗标签见图 C.1。

单位:cm

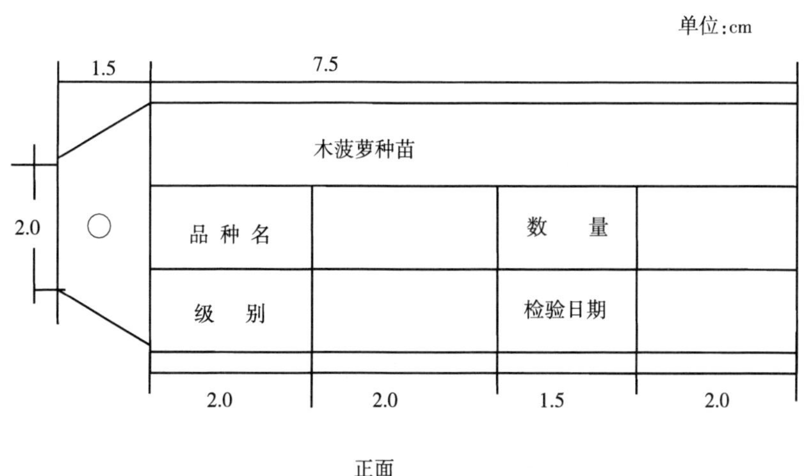

正面

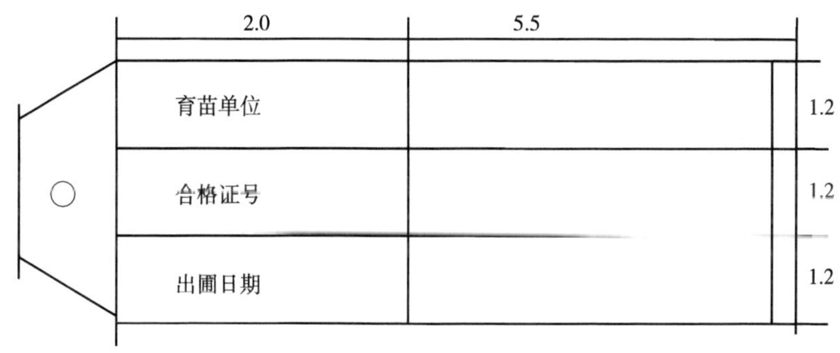

反面

注:标签用 150 g 的牛皮纸,标签孔用金属包边。

图 C.1 木菠萝种苗标签

附加说明:

本标准的附录 A、附录 B 和附录 C 为资料性附录。

本标准由中华人民共和国农业部提出。

本标准由农业部热带作物及制品标准化技术委员会归口。

本标准起草单位:中国热带农业科学院香料饮料研究所。

本标准主要起草人:谭乐和、刘爱勤、郑维全、陈海平。

中华人民共和国农业行业标准

无公害食品　杨桃生产技术规程

NY/T 5183—2006

代替 NY/T 5183—2002

1　范围

本标准规定了杨桃(*Averrhoa carambola* L.)园地选择、园地规划、建园与定植、土壤管理、水分管理、施肥管理、整形修剪、花果管理、自然灾害的预防和处理、病虫害防治、采收等技术要求。

本标准适用于杨桃生产。

2　规范性引用文件

下列文件中的条款通过本标准的引用而成为本标准的条款。凡是注日期的引用文件,其随后所有的修改单(不包括勘误的内容)或修订版均不适用于本标准,然而,鼓励根据本标准达成协议的各方研究是否可使用这些文件的最新版本。凡是不注日期的引用文件,其最新版本适用于本标准。

GB 4284　农用污泥中污染物控制标准

GB 4285　农药安全使用标准

GB 8172　城镇垃圾农用控制标准

GB/T 8321　农药合理使用准则

NY 5023　无公害食品　热带水果产地环境条件

NY/T 227　微生物肥料

NY/T 394　绿色食品肥料使用准则

NY/T 452　杨桃　嫁接苗

3　园地选择

3.1　气候条件

适宜的气候条件为年均温≥21℃,≥10℃的年活动积温≥7 000℃,极端最低温在2℃以上,冬季基本无霜。

3.2　土壤条件

土壤条件按NY 5023规定执行外,宜选择土层厚1 m以上,地下水位低于1 m,土壤肥沃,pH 5.5～6.5,结构良好,保水保肥力强的地段建园。不宜选用土壤过于瘠薄且水源水足的沙砾地。

3.3　立地条件

杨桃园宜建在海拔400 m以下的地方。选择生态环境良好,开阔向阳、避风寒,有灌溉条件,交通方便的地方建立果园,不宜在大风口以及坡度超过15°的坡地建园。

3.4　产地灌溉水与空气质量

应符合NY 5023的规定。

中华人民共和国农业部2006-01-26发布　　2006-04-01实施

4 园地规划

4.1 小区

按同一小区的光照条件、土壤条件相对一致、利于减少风害、利于运输与机械化作业等原则，将全园划分为若干小区（或称林段、作业区、栽植区），每个小区面积 1 hm^2～3 hm^2，小区以长方形为宜。

4.2 防护林

沿海台风地区和冬春风害较严重区域的果园周围宜设置防护林带。主林带设在迎风面，与主风向垂直（偏角应小于 15°），副林带设在园内道路、排灌系统的边沿。选用的防护林树种应适应当地气候土壤条件，但不应与杨桃具有相同的病虫害。防护林带株距 1 m，行距 2 m，品字形栽植。坡度平缓开阔的杨桃园，防护林面积一般占种植面积 10%；风速大或受台风影响的杨桃园，防护林应占种植面积的 15%，防护林离杨桃树的直线距离应为 5 m～6 m，并且应挖宽、深各 80 cm～100 cm 的隔离沟，以阻止防护林树根进入杨桃园。

4.3 道路系统

园区设主路、支道和小路。主路应贯穿全园并与公路、包装房等相接，路宽 5 m～6 m，在山地建园可呈之形绕山而上，上升的斜度不应超过 8°。支路修在适中位置，把大区分成小区，路宽 3 m～4 m。小区间设小路，路宽 2 m～3 m。

4.4 排溉系统

将园地分为若干小区后，在园地四周设总排灌沟，园内设纵横大沟并与畦沟相连，坡地建园还应在坡上设深、宽各 70 cm～100 cm 的防洪沟，以减少水土冲刷。根据地势确定各排水沟的大小与深浅，以在短时间内能迅速排除园内积水为宜。无自流灌溉条件的杨桃园，应做好蓄水或引堤水工程。条件允许者，杨桃园内应设置滴灌、喷灌或喷带灌等节水灌溉设施。

4.5 栽植密度

根据杨桃品种、土壤肥力、果园机械化程度、栽培管理水平等确定适宜的种植密度，推荐株行距为 5 m×6 m、4.5 m×6.5 m、4 m×5 m，330 株/hm^2～495 株/hm^2；也可采用 3 m×5 m 或 3 m×4 m，660 株/hm^2 或 840 株/hm^2。待结果若干年后树冠交叉时，间伐成 6 m×5 m 或 6 m×4 m，每公顷保留 330 株或 420 株。

4.6 品种选择

依地区性、土壤肥力、管理水平及园地小气候等选择品种，宜选择本地适栽、抗逆性较强、高产优质和市场畅销的品种。

4.7 授粉树配置

种植自花授粉坐果率低的品种时，应配置花期和果实成熟期与之大致相同的其他品种作为授粉树。采用 8 株主栽品种中间栽植 1 株授粉树，或沿小区的长边方向按行列式配置授粉树，每 4 行～8 行主栽品种栽植 1 行授粉树，平地配置授粉树的比例可少些，山地及常风较大的地区比例可大些。

4.8 包装房

在田间设立包装房，其房顶应能遮阳挡雨，四周通透，内设清洗池、称重、保鲜和包装等采后商品化处理设施。

4.9 其他设施

配置水肥池、肥药仓库、工具房、农机房等生产设施，及住房、办公室等生活设施。

5 园地准备与定植

5.1 园地开垦与整地

5°以下平缓地修筑沟埂梯田；5°～10°坡地修筑等高梯田；10°以上坡地修筑等高环山行，行面宽

2 m～2.5 m，向内倾斜 8°～10°。梯田修筑后应充分犁耙，使土壤疏松细碎，并清除土壤中的树桩和树根。修筑环山行时，应留下表土作为穴土。

5.2 种苗要求

按照 NY/T 452 规定执行。

5.3 植穴准备

植穴可采用人工挖穴或机械挖穴，其中修筑环山行时应采用人工挖穴。人工挖穴的规格为面宽 80 cm～100 cm，深 70 cm～80 cm，底宽60 cm～70 cm，表土与心土分开堆放。机械挖穴的规格为直径 60 cm～70 cm，深 60 cm～70 cm。回土时将杂草或绿肥 10 kg～20 kg 放在穴底，撒上石灰 0.5 kg，再填入 20 cm 厚的表土，加入腐熟有机肥 20 kg～30 kg，过磷酸钙或钙镁磷肥 0.5 kg～1 kg，与表土充分混匀后回土，回穴后的穴面应高于地面 20 cm～30 cm，以备下陷。定植前 1 个月应完成植穴准备工作。

5.4 定植季节

根据当地的气候条件确定适宜的定植季节，宜选择春植、夏植或秋植，冬季有霜冻或气温过低的时期不宜定植。

5.5 定植技术

定植时嫁接袋装苗的袋土应硬实不松散，应按种苗级别分小区定植；定植时应先从底部边去除塑料袋边填土，种植深度以土柱上表面与地面持平，覆土后盖过土柱上表面 1 cm～2 cm 为宜；边种边覆土并分层压紧土柱周围的土壤，但定植过程中应保持土柱不松散。植后以苗为中心修筑树盘，覆盖树盘，并浇足定根水，以后酌情浇水，直至成活；植后应及时立柱护苗，直至苗木正常生长；前期应适当遮荫。

6 土壤管理

6.1 间作

栽植后 1 年～2 年的幼龄果园，可在行间间种豆类、绿肥、蔬菜或牧草等短期作物或让其自然生草。间作作物宜距杨桃树冠滴水线 50 cm 以上。不宜间作甘蔗、木薯或玉米等高秆作物或耗肥力强的作物。

6.2 土壤覆盖

提倡杨桃园，尤其幼龄杨桃园周年树盘盖草或全园盖草，干草厚 10 cm～15 cm，并在其上压少量泥土，盖草不应接触树干。

6.3 中耕除草

利用人工、机械或除草剂及时防除果园杂草 1 月～2 月除草 1 次。采用人工、机械或除草剂控制株行间杂草，采用人工拔除或铲除树盘杂草。旱季来临前，进行中耕松土保墒，松土深度为 10 cm～15 cm。

6.4 深翻扩穴改土

定植后第二或第三年起，每年于夏季或冬季，进行深翻扩穴压青施肥，以改良土壤。沿原植穴壁向外挖宽、深各 40 cm，长 80 cm～100 cm 的施肥沟，挖沟数量及沟长度可依劳力及肥源等而定。在沟内施入的秸秆、杂草、绿肥，并撒上石灰后，再施入腐熟禽畜粪肥或土杂肥约 10 kg 和钙镁磷肥或过磷酸钙 300 g，施后盖土。

7 水分管理

7.1 灌溉

7.1.1 幼龄树

定植后 1 周内如遇旱，每天适当淋水 1 次，往后每 5 d～7 d 淋水 1 次，直至抽出新梢。成活后遇旱需灌水或施用水肥防旱，一般在旱季(11 月至次年 4 月)每月灌水 2 次～3 次。

7.1.2 成龄结果树

在抽梢期、抽花期、盛花期、果实生长发育期，如遇干旱应及时灌水，每 5 d～7 d 灌水 1 次，应灌透

30 cm土层。

7.2 排水

无论是幼龄树还是结果树，应及时排除园内积水，避免发生涝害。

8 施肥管理

8.1 施肥原则

应充分满足杨桃对各种营养元素的需求，提倡采用平衡施肥和营养诊断配方施肥，有机肥与化肥、微生物肥配合施用。根据园地肥力状况和杨桃不同发育阶段及时追肥。土壤微量元素缺乏的地区，还应针对缺素的状况增加追肥的种类和数量。

8.1.1 农家肥和商品肥料种类的使用参照 NY/T 394 的规定执行。

8.1.2 微生物肥料种类与使用参照 NY/T 227 的规定执行。

8.1.3 农家肥应堆放，经≥50℃发酵 15 d 以上充分腐熟后才能施用；沼气肥需经密封储存 30 d 以上才能使用。

8.1.4 不应使用未经国家有关部门批准登记的商品肥料产品(包括叶面肥)。

8.1.5 禁止使用含有重金属和有害物质的城市生活垃圾、工业垃圾、污泥和医院的粪便垃圾。

8.1.6 经无害化处理后，达到 GB 8172 规定的城镇垃圾、达到 GB 4284 的规定的污泥可作基肥。

8.2 幼龄树施肥

幼树宜勤施薄肥，施肥以氮肥为主，适当配合磷、钾、钙、镁肥。定植后待第一次新梢老熟后萌发第二次新梢时开始追肥，每株每次施腐熟稀薄人畜粪尿或用饼肥沤制的稀薄水肥 1 kg～2 kg，离幼树主干基部 20 cm 处淋施。以后每月施肥 1 次～2 次，浓度与用量可逐渐增加。除可施水肥外，也可每次每株施用尿素或硫酸钾复合肥(15+15+15)30 g～50 g，在树冠滴水线处开浅沟施，施后盖土。冬季结合深翻扩穴施 1 次过冬肥(参照 6.4 规定执行)。定植后第二年的 3 月～9 月，每月施肥 1 次，施肥量与方法与第一年相同，施肥量可适当增加 0.5 倍～1 倍。

8.3 成龄结果树施肥

8.3.1 施肥量与配比

推荐每株每年施用有机肥 20 kg～40 kg 作为基肥外，施用无机肥料作为追肥，追肥 $N+P_2O_5+K_2O$ 比例为 1+(0.4～0.8)+(1.4～2.2)，其中施用 N 1.7 kg(以每株年产 60 kg 果实的高产结果树为例)，P_2O_5 0.7 kg～1.4 kg，K_2O 2.4 kg～2.7 kg。具体根据结果量、土壤肥力等酌情调整施肥量。

8.3.2 施肥次数

全年追肥施用量，于 3 月～12 月分 6 次～8 次施用为宜。

8.3.3 施肥时期

8.3.3.1 采后肥

每造果采收后施肥，以有机肥为主，并配合施氮磷钾复合肥和尿素加过磷酸钙。

8.3.3.2 壮梢促花肥

果后新梢萌发时施追施，以氮肥为主，辅以钾肥，以促进新梢生长及提高花质。

8.3.3.3 壮果肥

谢花约 15 d 后幼果进入迅速膨大期，施用追肥以促进果实生长，以钾肥、复合肥为主，适量施用镁肥，配合施用饼肥，避免施用尿素。

8.3.3.4 壮果促花肥

当第一批果实定形充实，又有一批花继续开放，再施一次追肥，施肥种类参照 8.3.3.3 规定执行。

8.3.3.5 促花促熟肥

当果实将成熟，施一次速效氮、磷肥或腐熟人畜粪尿和饼肥。

8.3.3.6 越冬肥

于 12 月份，每株重施禽畜粪便等优质有机肥作为基肥，配合施用磷肥。

8.3.4 施肥方法

基肥(含过磷酸钙或钙镁磷肥)采用穴施或深沟施，应经常更换位置；无机肥料采用侧沟施，在树冠滴水线处均匀挖深约 15 cm，直径 15 cm～20 cm 的肥穴 4 个～6 个或采用条状沟施肥，施后盖土。条件允许者应采用灌溉式施肥。

8.3.5 叶面肥

除土壤施肥外，在新梢转绿期、花蕾期、幼果期、果实膨大期，根据树体生长状况各追施 1 次～3 次叶面肥，间隔 7 d～10 d。叶面可喷施 0.4%尿素＋0.2%磷酸二氢钾＋0.2%硫酸镁＋0.2%硫酸锌＋0.2%硼酸水溶液，或氨基酸叶面肥、微量元素叶面肥，腐殖酸叶面肥等，具体施用技术严格按照说明书要求进行。

9 整形与修剪

9.1 幼龄树整形修剪

9.1.1 树形

促进植株分枝，增加枝条数量，迅速扩大树冠，并通过枝条的调整，创造一个骨架牢固、骨干枝分布均匀、通风透光的理想树冠结构，一般以自然圆头形树冠为宜。

9.1.2 整形修剪步骤

9.1.2.1 定干

根据地势、种植密度、树形等确定主干高度，一般在苗高 40 cm～60 cm 处截顶，促进苗木分枝，并及时剪除主干基部的萌蘖。

9.1.2.2 培养主枝

选留分布均匀、长势均衡的分枝 3 条～5 条作为主枝，其余分枝剪除，用拉、撑、顶、吊、弯等方法调整主枝生长角度和方位，使主枝分布均匀，主枝与主干的夹角以 45°～60°为宜。

9.1.2.3 培养副主枝

当主枝 40 cm～50 cm 长时，在每一主枝距主干 30 cm～40 cm 处摘心或短截，促进分枝，选留其上 2 条分枝作为副主枝，其余剪除。

9.1.2.4 结果枝群

按副主枝培养方法依次培养各级结果枝群。

9.1.2.5 修剪

用拉枝、摘心、短截、疏删等方法抑制枝梢生长和促进分枝，控制枝条徒长，使各级枝条分布合理，保持从属性，以培养通风透光良好的树冠。多留斜生枝、下垂枝，适当控制徒长枝及直立枝。

9.2 成龄结果树修剪

9.2.1 修剪时期

成龄树一般每年修剪 3 次，以冬季修剪为主。

9.2.1.1 冬果采收后进行冬季修剪，以疏剪过多的大枝为主，适当剪除病虫枝、枯枝、过密枝、交叉枝、重叠枝、纤弱枝等无效枝。对衰老枝进行适当短截，以培养较多健壮新梢。

9.2.1.2 春梢形成转绿期进行轻度修剪，以疏剪徒长枝、枯枝、树冠中下层过密枝为主，防止枝叶过密；对较直立的新枝，于晴天中午对之进行弯枝。

9.2.1.3 每批果采收后进行轻度修剪，以疏剪徒长枝、过密枝、内向枝、交叉枝、重叠枝等为主。

9.2.2 修剪方法

9.2.2.1 修剪时应尽量保留树冠中下部枝条,包括易结果的下垂枝,适当控制直生枝,控上促下,防止树冠过高过密,使植株保持主枝、副主枝、其他分枝分布均匀,疏密适当,成层状排列,通风透光的自然圆头形树冠。

9.2.2.2 对直立枝、徒长枝采取拉枝或扭枝等方法使其斜生,疏剪过多、过密的直立枝。

9.2.2.3 疏剪时,应留 1 cm～2 cm 长的枝桩,使其枝端结果。

9.2.2.4 树冠高度宜控制在 2.5 m 以内。

9.2.2.5 应防止修剪程度过重,以防烈日晒伤主枝或树干,必要时暂留树冠顶部少量徒长枝。

9.3 老弱树更新复壮

9.3.1 修剪对象

结果约 15 年后,或因病虫害导致树体衰老、产量低、质量差、次年难以正常开花结果的植株。

9.3.2 修剪时期

以天气凉爽、阳光和煦的季节进行更新修剪为宜,一般在秋冬收完果后至春芽萌动前进行。

9.3.3 修剪方法

在主枝或副主枝离基部 30 cm～40 cm 处锯断,促进新梢抽生。要求锯口向外向下倾斜,用稻草等材料捆绑包扎主干,对骨干枝用石灰水涂刷;在距主干约 2 m 处挖深、宽各 40 cm 的施肥沟,先压青并撒上石灰后,施入禽畜粪肥等有机肥和磷肥,具体施肥量参照 6.4 规定执行,施后盖土,以促进根系更新;新梢抽生后应加强抹芽留梢、病虫害防治、土肥水管理等,并参照 9.1.2 的有关规定重新培养骨干枝及结果枝群,以恢复树冠和开花结果。

10 花果管理

10.1 改善授粉条件

同品种的杨桃园应搭配一定比例的其他品种作为授粉树,具体参照 4.7 执行:如果建园时未配置授粉树,一般可在定植后第二年在每株树的树冠中上部选 1 个～3 个枝条,嫁接其他优良品种作为授粉枝。

10.2 疏花

杨桃花为簇生穗状花穗,当花穗抽出后进行适当疏花,一般以疏去总花量的 1/2 为宜。

10.3 疏果

10.3.1 疏果时期

疏果分两次进行,第一次宜在坐果后 4 d～5 d 进行;第二次宜在坐果后 20 d～30 d、果实纵径3 cm～6 cm 时进行。

10.3.2 蔬果方法

第一次疏果,先疏去小果约 1/3;第二次疏果,先除去病虫害果、畸形果、着果太密的小果后,再根据树势及结果情况疏除部分发育正常的小果,保留果形端正、个大、着生在较粗壮枝条上的小果。一个花序只留 1 个～3 个果。弱小枝少留果,壮枝多留果。壮树、大树多留,弱树、小树少留。

10.4 果实套袋

10.4.1 套袋时期

在幼果发育至纵径达 3 cm～6 cm 时套袋。

10.4.2 套袋材料

选用报纸袋、白色牛皮纸袋、无纺布袋、塑料薄膜袋或杨桃专用纸袋等,袋子规格(长×宽)一般为 30 cm×(15～20) cm。其中塑料薄膜袋只能在秋冬季使用。

10.4.3 套袋方法

套袋前全园喷一次杀虫杀菌剂，于上午露水干后套上袋子，连果枝一起绑扎。每批套袋务必挂牌标明日期，或用不同材料标志加以区分，以便分批采收。

10.5 撑枝护果

树体挂果后，应在树冠四周用竹木支撑易下垂的枝条，支撑点应位于枝条长度的2/3处，使枝条保持与主干延长线成45°～60°。

11 自然灾害的预防和处理

11.1 风害

风害后及时对断枝、折枝进行修剪，清理果园，喷药防治细菌性褐斑病等病害。

11.2 寒害

在寒潮来临前采取四周设置防风墙，果园充分灌水，果园熏烟，重施过冬肥，用塑料薄膜覆盖地面或对果实进行套袋等措施进行预防。若下霜，可于深夜或第二天早晨喷水洗去叶面积霜。

12 病虫害防治

12.1 主要防治对象

12.1.1 主要病害

赤斑病、炭疽病、细菌性褐斑病、白纹羽病、煤烟病、枯萎病、赤衣病等。

12.1.2 主要虫害

乌羽蛾、卷叶蛾类、介壳虫类、食蝇类、红蜘蛛（叶螨）、丽绿刺蛾等。

12.2 防治原则

贯彻"预防为主，综合防治"的植保方针，以改善杨桃园生态环境，加强栽培管理为基础，综合应用各种防治措施，优先采用农业防治、生物防治和物理防治措施，科学合理进行化学防治。

12.3 农业防治

12.3.1 选用适应性强、抗病虫能力强的优良品种，使用无病虫害苗木。

12.3.2 加强土肥水管理，促植株生长健壮，提高树体自身抗病虫害能力。

12.3.3 在建园和栽培管理过程中，综合运用防护林带、行间间作或生草等技术，减少病源虫源并创造有利于杨桃生长和天敌生存而不利于病虫滋生的生态环境，保持生物多样化和生态平衡。

12.3.4 宜采用测土平衡配方施肥，增施生态有机复合肥或施用充分腐熟的有机肥，少施化肥，创造良好土壤结构，培养健壮树体。

12.3.5 加强修剪，去除交叉枝、过密枝、病虫害枝、叶、花、果并集中进行无害化处理，加强冬季清园，减少病害侵染源和虫源。

12.4 物理机械防治

12.4.1 使用诱虫灯诱杀夜间活动的害虫。

12.4.2 采用果实套袋技术防止病虫直接为害果实。

12.5 生物防治

12.5.1 优先使用微生物源、植物源生物农药。

12.5.2 选用对捕食螨、食螨瓢虫等天敌杀伤力小的杀虫剂。

12.5.3 保护或人工释放捕食性或寄生性天敌。

12.5.4 尽可能实行机械和人工除草，在果园周围种植蜜源植物，以创造有利于天敌繁衍的生态环境。

12.6 化学防治

12.6.1 推荐使用植物源杀虫剂、微生物源杀虫杀菌剂、昆虫生长调节剂、矿物源杀虫杀菌剂以及低毒、低残留化学农药。限制使用中等毒性的化学农药。

12.6.2 不应使用未经国家有关部门登记和许可生产的农药。

12.6.3 禁止使用剧毒、高毒、高残留或具有致畸、致癌、致突变的农药(见附录A)。

12.6.4 使用化学农药时,参照GB 4285、GB/T 8321中有关的农药使用准则和规定,严格掌握施用剂量、施药次数和安全间隔期。对标准规定的农药,要严格按照该农药说明书中的规定进行使用,不得随意加大剂量和浓度。对限制使用的中等毒性农药,应针对不同病虫害防治对象,使用其浓度允许范围的下限。

12.6.5 在杨桃生产中,提倡将不同类型农药交替使用和合理混用,防止病原体和害虫产生抗药性。

12.7 杨桃主要病虫害防治方法

参见附录B。

13 采收

13.1 根据用途、市场需要分期分批采收。如远地销售或加工蜜饯时,进行青果采收,即在果实尚未充分成熟,果色淡绿略透黄时采收;而就地销售或加工果汁时,进行红果采收,即在果实充分成熟,果色转为红黄蜡色、风味最佳时进行采收。

13.2 无伤采果,整个采收过程中应轻采、轻放、轻运,避免机械损伤、暴晒。采收宜选晴天或阴天,雨天或中午烈日不宜采收。

13.3 采收后,24 h内进行果品的分级、保鲜、包装与贮运。

13.4 采收完毕后及时清洁田园,将枯枝、落叶、落果等集中进行无害化处理。

附 录 A
(规范性附录)
杨桃生产应禁止使用的农药

六六六,滴滴涕,毒杀芬,二溴氯丙烷,杀虫脒,二溴乙烷,除草醚,艾氏剂,狄氏剂,汞制剂,砷、铅类,敌枯双,氟乙酰胺,甘氟,毒鼠强,氟乙酸钠,氟硅酸钠,甲胺磷,甲基对硫磷,甲拌磷,对硫磷,久效磷,磷胺,甲拌磷,甲基异硫磷,特丁硫磷,甲基硫环磷,治螟磷,内吸磷,克百威,涕灭威,灭多威,灭线磷,蝇毒磷,氧乐果,水胺硫磷,地虫硫磷,五氯酚钠,林丹,2,4-D,B_9,氯丹,以及国家规定禁止使用的其他农药。

附　录　B
（资料性附录）
杨桃主要病虫害防治方法

表 B.1　杨桃主要病害防治方法

<table>
<tr><th rowspan="2">防治对象</th><th rowspan="2">农药名称</th><th colspan="2">药剂防治</th><th rowspan="2">其他防治</th></tr>
<tr><th>使用浓度</th><th>施用时期与方式</th></tr>
<tr><td rowspan="2">赤斑病</td><td>25%咪鲜胺乳油
30%氧氯化铜可湿性粉剂
70%甲基硫菌灵可湿性粉剂
50%多菌灵可湿性粉剂
75%百菌清可湿性粉剂</td><td>500 倍～1 000 倍液
600 倍～800 倍液
800 倍～1 000 倍液
800 倍～1 000 倍液
700 倍～800 倍液</td><td>春梢抽生期喷雾预防，田间发病时喷药防治</td><td rowspan="2">加强管理，增强树势；
增施有机肥，防止偏施氮肥；
冬春季清园，将病枝、枯枝、病叶、落叶、病果、烂果集中烧毁</td></tr>
<tr><td>0.5%波尔多液</td><td>石灰倍量式</td><td>台风暴雨后喷雾</td></tr>
<tr><td rowspan="2">炭疽病</td><td>1%波尔多液
40%硫磺胶悬剂</td><td>石灰等量式
300 倍液</td><td>冬、夏清园后喷雾</td><td rowspan="2">冬夏季结合修剪进行清园，将病枝、枯枝、病叶、落叶集中烧毁；
采果、包装过程中防止机械损伤</td></tr>
<tr><td>50%咪鲜胺锰络合物可湿性粉剂
75%百菌清可湿性粉剂
80%炭疽福美可湿性粉剂
77%氢氧化铜可湿性粉剂
80%代森锰锌可湿性粉剂
50%多菌灵可湿性粉剂</td><td>1 000 倍～2 600 倍液
700 倍～800 倍液
600 倍液
400 倍～600 倍液
600 倍～800 倍液
800 倍～1 000 倍液</td><td>主要开花前、谢花后和幼果期喷雾</td></tr>
<tr><td>细菌性褐斑病</td><td>30%氧氯化铜可湿性粉剂
10%农用链霉素可湿性粉剂
0.5%波尔多液</td><td>600 倍液
1 000 倍液
石灰倍量式</td><td>台风之后及时喷雾</td><td>套袋护果</td></tr>
<tr><td rowspan="2">白纹羽病</td><td>5%菌毒清水剂
80%代森锰锌可湿性粉剂</td><td>200 倍～300 倍液
600 倍～800 倍液</td><td>发病初期，将根颈处附近土壤扒开暴晒后，淋灌于树干周围 1 m 直径范围内</td><td rowspan="2">加强排水，避免大田漫灌；
清除罹病植株；
增施有机肥</td></tr>
<tr><td>40%稻瘟灵可湿性粉剂</td><td>每株 25 g</td><td>于病区罹病株更新前一周施于树干周围 35 cm直径土壤中</td></tr>
<tr><td>煤烟病</td><td>0.5%波尔多液
30%氧氯化铜可湿性粉剂
石灰硫磺合剂</td><td>石灰等量式
600 倍～800 倍液
0.5 波美度</td><td>采果后喷雾</td><td>加强防治介壳虫、蚜虫等害虫；
加强修剪，使果园通风透光</td></tr>
<tr><td>枯萎病</td><td>5%菌毒清水剂
40%硫磺胶悬剂
2%农抗 120 水剂</td><td>200 倍液
300 倍液
200 倍液</td><td>发病初期喷雾</td><td>加强检疫；
及时排除园内积水；
有机肥应腐熟后施用；
及时拔除病株并集中烧毁，原穴位施用石灰</td></tr>
<tr><td rowspan="2">赤衣病</td><td>50%多菌灵可湿性粉剂</td><td>800 倍～1 000 倍液</td><td>春季菌丝尚未侵入树体组织时，树干喷雾</td><td></td></tr>
<tr><td>10%波尔多液</td><td>液浆</td><td>及时刮除病斑后，涂抹患处</td><td>加强修剪，使果园通风透光</td></tr>
</table>

表 B.2　杨桃主要虫害防治方法

<table>
<tr><th rowspan="2">防治对象</th><th colspan="3">药剂防治</th><th rowspan="2">其他防治</th></tr>
<tr><th>农药名称</th><th>使用浓度</th><th>施用时期与方式</th></tr>
<tr><td rowspan="2">乌羽蛾</td><td>80%敌敌畏乳油
20%氰戊菊酯乳油
5%鱼藤酮乳油
90%敌百虫晶体
Bt 乳剂(含活芽孢 100 亿个)
40%乐果乳油</td><td>1 500 倍～2 000 倍液
3 000 倍～4 000 倍液
800 倍～1 000 倍液
800 倍～1 000 倍液
500 倍～800 倍液
1 000 倍～1 500 倍液</td><td>在开花前、谢花期至幼果转蒂下垂喷药</td><td rowspan="2">冬季清园;
定期中耕除草</td></tr>
<tr><td>5%辛硫磷乳油
5%喹硫磷颗粒剂</td><td>30 kg/ hm^2 ～ 37.5 kg/ hm^2 20 倍液,制成毒土</td><td>在出现花蕾前撒施地面,早春撒施树冠下地面</td></tr>
<tr><td>卷叶蛾类</td><td>Bt 乳剂(含活芽孢 100 亿个)
90%敌百虫晶体
40%敌敌畏乳油
20%氰戊菊酯乳油
48%毒死蜱乳油
10%吡虫啉可湿性粉剂
25%灭幼脲胶悬剂</td><td>500 倍液
800 倍～1 000 倍液
800 倍～1 000 倍液
2 500 倍～3 000 倍液
2 000 倍～3 000 倍液
4 000 倍～6 000 倍液
1 000 倍～2 000 倍液</td><td>约于 7 月～9 月,幼虫盛孵高峰期,喷雾</td><td>及时清除地上落果、烂果,并深埋到 50 cm 以上的土壤中;
从始蛾期开始用黑光灯诱杀成虫</td></tr>
<tr><td>介壳虫类</td><td>50%马拉硫磷乳油
20%吡虫啉乳油
50%胶体硫胶悬剂</td><td>800 倍液
3 000 倍～5 000 倍液
300 倍液</td><td>春秋新梢抽生期喷雾</td><td>做好清园工作;
果实套袋;
释放天敌台湾小瓢虫或小毛瓢虫</td></tr>
<tr><td rowspan="2">食蝇类</td><td>90%敌百虫晶体</td><td>800 倍～1 000 倍液</td><td>在成虫盛发期,喷洒树冠和树冠下表土</td><td rowspan="2">加强检疫;
冬季清园,冬耕灭蛹;
及早摘除被害果,集中深埋在 50 cm 以下的土壤中,或烧毁;
果实套袋;
释放雄性不育果实蝇</td></tr>
<tr><td>50%辛硫磷乳油
25%喹硫磷乳油
50%倍硫磷乳油</td><td>1 000 倍～1 500 倍液
500 倍～750 倍液
1 000 倍～2 000 倍液</td><td>成虫盛发期前2 d～3 d 喷雾树冠下表土</td></tr>
<tr><td>红蜘蛛(叶螨)</td><td>1.8%阿维菌素乳油
10%浏阳霉素乳油
0.2%苦参碱乳剂
73%克螨特乳油
5%速螨酮乳油
5%噻螨酮乳油</td><td>4 000 倍～6 000 倍液
1 000 倍～2 000 倍液
200 倍～300 倍液
2 000 倍～3 000 倍液
1 500 倍～2 000 倍液
1 000 倍～2 000 倍液</td><td>叶片出现为害状,叶片上有活虫口时喷药防治</td><td>加强管理,增施有机肥;冬季清园;
保护利用天敌拟小食螨瓢虫</td></tr>
<tr><td>丽绿刺蛾</td><td>25%灭幼脲胶悬剂
90%敌百虫晶体
80%敌敌畏</td><td>1 500 倍～2 000 倍液
800 倍～1 000 倍液
1 500 倍～2 000 倍液</td><td>主要在幼虫期喷雾</td><td>人工摘除虫茧</td></tr>
</table>

附加说明：

本标准代替 NY/T 5183—2002《无公害食品　杨桃生产技术规程》。

本标准与 NY/T 5183—2002 相比，主要有以下变化：

——园地选择增加了对气候条件、立地条件的规定。

——园地规划增加了对授粉树配置、包装房等的规定。

——增加了园地准备与定植的规定。

——施肥管理调整了施肥比例，增加了幼龄树施肥的规定。

——增加了幼龄树整形修剪，老弱树更新复壮的规定。

——花果管理增加了改善授粉条件、疏花疏果、撑枝护果的规定。

——增加了自然灾害的预防与处理的规定。

——杨桃主要病虫害防治增加了化学防治的规定。

——删除推荐使用的具体农药种类的规定。

——删除限用的具体中等毒性有机农药种类的规定。

本标准的附录 A 为规范性附录、附录 B 为资料性附录。

本标准由中华人民共和国农业部提出。

本标准由农业部热带作物及制品标准化技术委员会归口。

本标准修订单位：华南热带农业大学园艺学院、中国热带农业科学院热带作物品种资源研究所。

本标准主要修订人：李绍鹏、刘德兵、蔡胜忠、李茂富、魏守兴、陈业渊、王成英。

本标准于 2002 年首次发布。

中华人民共和国农业行业标准

番 荔 枝

Annonas

NY/T 950—2006

1 范围

本标准规定了番荔枝的术语和定义、要求、试验方法、检验规则、标志、包装、贮存和运输。

本标准适用于鲜食的番荔枝，不适用于加工用的番荔枝。

2 规范性引用文件

下列文件中的条款通过本标准的引用而成为本标准的条款。凡是注日期的引用文件，其随后所有的修改单(不包括勘误的内容)或修订版均不适用于本标准，然而，鼓励根据本标准达成协议的各方研究是否可使用这些文件的最新版本。凡是不注日期的引用文件，其最新版本适用于本标准。

GB 191 包装储运图示标志

GB/T 5009.11 食品中总砷及无机砷的测定

GB/T 5009.12 食品中铅的测定

GB/T 5009.15 食品中镉的测定

GB/T 5009.17 食品中总汞及有机汞的测定

GB/T 5009.20 食品中有机磷农药残留量的测定

GB/T 5009.188 蔬菜、水果中甲基托布津、多菌灵的测定

GB/T 5737 食品塑料周转箱

GB 6543 瓦楞纸箱

GB 7718 食品标签通用标准

GB/T 8855 新鲜水果和蔬菜的取样方法

GB 11680 食品包装用原纸卫生标准

NY/T 761 蔬菜和水果中有机磷、有机氯、拟除虫菊酯和氨基甲酸酯类农药多种残留检测方法

3 术语和定义

下列术语和定义适用于本标准。

3.1

裂果 cracks

果皮开裂，露出果肉或流出果汁的果实。

3.2

后熟 afterripening

在采收后继续发育完成成熟的过程。

中华人民共和国农业部 2006-01-26 发布　　2006-04-01 实施

3.3

日灼　sunburn

过于强烈的阳光照射，果皮出现坏死，严重时坏死成为斑块。

3.4

机械伤　physical damage

果实受到机械力作用，而造成的伤害。

注：机械伤包括擦伤、刺伤、碰伤、压伤等。

3.5

斑痕　scar

由于日灼坏死、机械伤和病虫害愈合等留下的痕迹。

3.6

冷害　cold injure

因低温造成的果实外观变黑、失水、变硬、无法完成后熟软化等伤害。

3.7

异常的外部水分　abnormal external moisture

果实经雨淋或用水冲洗后表面残留的水分。

3.8

质量缺陷　quality defect

影响果实质量的缺陷。

注：质量缺陷包括形状、成熟度、机械伤、斑痕、冷害、病虫害、风味等。

4　要求

4.1　基本要求

所有级别的番荔枝，除各个级别的特殊要求和容许度范围外，应满足下列要求：

——果形完整；

——果实完好，无腐烂变质；

——清洁、不含肉眼可见的异物；

——无害虫，无虫害造成的损伤；

——无低温造成的冷害；

——无异常的外部水分，但冷藏取出后的冷凝水除外；

——无异味；

——果柄长度不超过 1 cm。

4.2　成熟度要求

——秘鲁番荔枝(*Annona cherimola* Mill.)：采收时，果皮颜色呈淡绿色，果实表面鳞目突起，鳞沟不明显。

——普通番荔枝(*Annona squamosa* L.)：采收时，果实表面鳞目明显，鳞沟颜色由淡绿变为黄色；

——阿蒂莫耶番荔枝 *Annona cherimola* Mill. ×*Annona squamosa* L.)：采收时，果实表面鳞目间的鳞沟颜色由淡绿变为黄色；

——刺番荔枝(*Annona muricata* L.)：采收时，果皮颜色呈淡绿色，果实表面鳞目突起，鳞沟不明显。果皮颜色由暗绿变为淡绿，果皮表面有轻微的肉质突起，两突起间距大约 15 mm。

4.3　等级

在符合基本要求和成熟度要求的前提下，番荔枝分为优等品、一等品和二等品三个等级。各等级应符合表1的规定。

表1 番荔枝等级

等级	要求
优等品	除刺番荔枝允许有轻微的果鳞擦伤，无其他质量缺陷
一等品	除刺番荔枝容许有轻微的果鳞擦伤或轻微的裂果，有已愈合的机械伤等轻微的其他质量缺陷，但果皮的缺陷面积不超过整个果面的5%
二等品	除刺番荔枝容许有轻微的果鳞擦伤或轻微的裂果及其他缺陷，有已愈合的机械伤等明显的其他质量缺陷，但果皮的缺陷面积不超过整个果面的15%

4.4 等级容许度

a) 按质量计，优等品允许有不超过5%的果实不符合该等级的要求，但应符合一等品要求。

b) 按质量计，一等品允许有不超过10%的果实不符合该等级的要求，但应符合二等品要求。

c) 按质量计，二等品允许有不超过10%的果实不符合该等级的要求，但符合基本品质要求。

4.5 规格要求

4.5.1 秘鲁番荔枝、普通番荔枝和阿蒂莫耶番荔枝

按大小分为特大、大、中和小四个规格，各规格应符合表2的规定。

表2 秘鲁番荔枝、普通番荔枝和阿蒂莫耶番荔枝规格

规格	特大	大	中	小
单果质量，g	>825	426～825	226～425	100～225

4.5.2 刺番荔枝

按大小分为八个规格，各规格应符合表3的规定。

表3 刺番荔枝规格

规格	1	2	3	4	5	6	7	8
单果质量，g	981～1 200	801～980	651～800	541～650	441～540	351～440	271～350	200～270

4.5.3 规格容许度

按质量计，所有的等级中，每一包装内允许有10%的果实超过该规格规定的范围，秘鲁番荔枝、普通番荔枝和阿蒂莫耶番荔枝最小果不小于80 g，刺番荔枝最小果不小于160 g。

4.6 卫生要求

卫生要求应符合表4规定。

表4 番荔枝卫生指标

单位为毫克每千克

序号	项目	指标
1	多菌灵(carbendazim)	≤0.5
2	毒死蜱(chlorpyrifos)	≤2
3	溴氰菊酯(deltamethrin)	≤0.05
4	敌敌畏(dichlorvos)	≤0.2
5	乐果(dimethoate)	≤2
6	敌百虫(trichlorfon)	≤0.1
7	砷(以As计)	≤0.05
8	镉(以Cd计)	≤0.05
9	汞(以Hg计)	≤0.01
10	铅(以Pb计)	≤0.1

5 试验方法

5.1 等级检验

5.1.1 将样品放在洁净的检验台上，观察其外观、成熟度、异物、异常外部水分等。

5.1.2 尝或嗅检验其果实风味或异味。

5.1.3 目测果面的机械伤、病虫害和斑痕等。测量果皮的缺陷面积，用塑料透明薄膜覆盖果皮的缺陷部位绘出面积，再将已绘出果皮的缺陷范围的塑料透明薄膜覆盖到小方格纸上计算总面积。

5.2 规格

用台秤称量果实的质量。

5.3 容许度

按4.3和4.5的要求，在样品中分别检出符合质量，不符合质量和大小要求的果实，用台称分别称量。

按式(1)计算等级容许度和大小容许度，结果精确到小数点后一位：

$$X(\%)=\frac{m_1}{m_1+m_2}\times 100 \qquad (1)$$

式中：

X ——不符合质量或不符合大小要求的果实质量百分比，%；

m_1——不符合质量或不符合大小要求的果实质量，单位为克(g)；

m_2——符合质量或符合大小要求的果实质量，单位为克(g)。

5.4 卫生要求检测

5.4.1 多菌灵

按GB/T 5009.188的规定执行。

5.4.2 毒死蜱、敌敌畏、乐果、敌百虫、溴氰菊酯

按NY/T 761的规定执行。

5.4.3 砷

按GB/T 5009.11的规定执行。

5.4.4 镉

按GB/T 5009.15的规定执行。

5.4.5 汞

按GB/T 5009.17的规定执行。

5.4.6 铅

按GB/T 5009.12的规定执行。

6 检验规则

6.1 检验分类

6.1.1 型式检验

型式检验是对产品进行全面考核，即对本标准规定的全部要求进行检验。有下列情形之一者应进行型式检验。

a) 国家质量监督机构或行业主管部门提出型式检验要求；

b) 前后两次抽样检验结果差异较大；

c) 因人为或自然因素使生产环境发生较大变化。

6.1.2 交收检验

每批产品交收前，生产单位都要进行交收检验。交收检验内容包括感官和标志。检验合格后并附合格证方可交收。

6.2 组批

凡同规格、同等级、同一批收购的番荔枝作为一个检验批次。

6.3 抽样

按照 GB/T 8855 的规定执行。

6.4 判定规则

6.4.1 卫生指标中有一项不合格者，判该批次产品为不合格。

6.4.2 限度范围 每批受检样品不符合等级、规格要求的容许度按所检单位的平均值计算，其值不应超过规定的限度，且任何所检单位的容许度不应超过规定值的 2 倍。

6.4.3 该批次样本标志、包装、净含量不合格者，允许生产单位进行整改后申请复验一次，复检结果为最终结果。感官和卫生要求检测不合格不进行复验。

7 标志

标志按照 GB 191 规定执行，标签按照 GB 7718 规定执行。

8 包装、运输和贮存

8.1 包装

8.1.1 包装要求

同一包装箱内，应为同一等级和同一规格的产品，包装内的产品可视部分应具有整个包装产品的代表性。

8.1.2 包装

包装容器应符合质量、卫生、透气性和强度要求，以适宜番荔枝运输和贮存。包装容器如采用纸箱，应符合 GB 6543 的规定，如采用塑料箱，应符合 GB/T 5737 的规定；内包装应采用新的、符合卫生要求的包装材料，如采用纸质内包装，应符合 GB 11680 的规定。

8.2 贮存

果实应存放在阴凉、通风的库房内，不受阳光照射和雨淋。如冷库储存：冷库温度 15℃～20℃ 为宜，并保持库内相对湿度 85％～90％。果实不应与有毒、有异味的物品混合贮存。

8.3 运输

运输工具应清洁卫生，防雨、防晒，严禁与有毒有害和有异味的物品混装运，应小心装卸运输。

附加说明：

本标准对应于 UNECE STANDARD FFV - 47 联合国欧洲经济委员会的《UNECE 番荔枝》(英文版)，与 UNECE STANDARD FFV - 47《UNECE 番荔枝》的一致性程度为非等效。

本标准由中华人民共和国农业部提出。

本标准由农业部热带作物及制品标准化技术委员会归口。

本标准起草单位：中国热带农业科学院南亚热带作物研究所。

本标准主要起草人：陆超忠、李伟才、曾辉、陈菁、窦美安。

中华人民共和国农业行业标准

番荔枝　嫁接苗

Annonas grafting

NY/T 1399—2007

1　范围

本标准规定了番荔枝嫁接苗的术语和定义、要求、试验方法、检验规则、标识、包装、运输和贮存。

本标准适用于番荔枝嫁接苗。

2　规范性引用文件

下列文件中的条款通过本标准的引用而成为本标准的条款。凡是注日期的引用文件，其随后所有的修改单(不包括勘误的内容)或修订版均不适用于本标准，然而，鼓励根据本标准达成协议的各方研究是否可使用这些文件的最新版本。凡是不注日期的引用文件，其最新版本适用于本标准。

GB 9847—2003　苹果苗木

GB 15569　农业植物调运检疫规程

NY/T 355—1999　荔枝种苗

NY/T 454—2001　澳洲坚果　种苗

中华人民共和国国务院令　第98号《植物检疫条例》(1992)

中华人民共和国农业部令　第39号《植物检疫条例实施细则(农业部分)》(1997)

3　术语和定义

NY/T 355—1999中所确立的砧木、接穗、嫁接口愈合正常和NY/T 454—2001中所确立的嫁接苗、品种纯度、容器苗、合格率以及下列术语和定义适用于本标准。

3.1

嫁接苗高度　height of grafted seedling

土面至嫁接苗枝梢最高顶端的垂直距离。

3.2

抽梢茎粗　diameter of shoot

嫁接芽抽出的梢基部以上5 cm处直径。

3.3

抽梢长度　length of shoot

嫁接芽抽出的梢基部至枝梢顶端的直线距离。

3.4

嫁接口高度　height of graft union

土面至嫁接口基部的垂直距离。

中华人民共和国农业部2007-06-14发布　　2007-09-01实施

4 要求

4.1 基本要求

4.1.1 种源来自经确认的品种纯正、优质高产的母本园或母株，品种纯度≥98%。

4.1.2 嫁接口愈合正常，叶片充分老熟。

4.1.3 植株无病虫害危害。

4.1.4 植株无新损伤口。

4.1.5 容器苗的容器不严重破损，土柱不松散，土柱直径≥9.5 cm，高度≥13.5 cm。裸根苗主根长度≥20.0 cm，长度≥5.0 cm 的一级侧根数量不少于 8 条。

4.1.6 嫁接口高度为 10 cm，不应超过 25 cm。

4.2 分级

在符合基本要求的前提下，各等级指标应符合表 1 的规定。

表 1 分级指标

单位为厘米

指　　标	等　　级	
	一级	二级
嫁接苗高度	≥60	≥40
抽梢茎粗	≥0.55	≥0.45
抽梢长度	≥25	≥25

5 试验方法

5.1 品种纯度检测

目视观察叶片形态特征，确定指定品种的嫁接苗数量。品种纯度按公式(1)计算。

$$P=\frac{n_1}{N_1}\times 100 \quad (1)$$

式中：

P ——品种纯度，单位为百分率(%)；

n_1——样品中指定品种株数，单位为株；

N_1——所检验样品总数，单位为株。

计算结果保留整数。检验结果记录入附录 A 的记录表中。

5.2 外观检测

按 4.1.2～4.1.6 的要求，样品逐株用目视检验种苗生长情况、病虫为害、嫁接口愈合和容器包装情况。

5.3 疫情检测

按 GB 15569 中华人民共和国国务院令　第 98 号《植物检疫条例》(1992)和中华人民共和国农业部令　第 39 号《植物检疫条例实施细则(农业部分)》(1997)中有关规定进行。

5.4 分级检验

采用钢卷尺测量土柱高度、裸根苗主根长度、一级侧根长度、嫁接苗高度、抽梢长度和嫁接口高度；采用游标卡尺测量土柱直径和抽梢茎粗度。

6 检验规则

6.1 组批

同一品种,同一产地,同时出圃的种苗作为一检验批。

6.2 抽样

按 GB 9847—2003 中 5.1.2 规定进行。

6.3 交收检验

每批种苗交收前,生产单位应进行交收检验。交收检验内容包括外观、包装和标识等。检验合格并附质量检验证书(见附录 B)和检疫部门颁发的本批有效的检疫合格证书方可交收。

6.4 判定规则

6.4.1 判定

同一批检验的一级种苗中,允许有 5%的种苗低于一级标准,但应达到二级标准,超过此范围,则为二级种苗;同一批检验的二级种苗中,允许有 5%的种苗低于二级标准,但应达到 4.1 的要求,超过此范围,则该批种苗不合格。

6.4.2 复检

若供需双方对检验结果有异议,应加倍抽样复检一次,以复检结果为最终结果。

7 标识

嫁接苗出圃时应挂标签,标签内容与规格见附录 C。

8 包装、运输、贮存

8.1 包装

容器苗短途运输可不包装,长途运输应用硬质容器包装,裸根苗起苗后要求立即浆根并用不透水的塑料薄膜包裹根部。

8.2 运输

运输过程不应重压、日晒、雨淋,保持通风透气,如运输时间超过 6 h,每间隔 2～4 h 对嫁接苗洒水保湿。

8.3 贮存

嫁接苗到达目的地后,应置于阴凉处,立即对嫁接苗洒水保湿,并及早定植或假植,裸根苗起苗后应在 3 d 内定植或假植。

附 录 A
（资料性附录）
表 A.1 番荔枝嫁接苗检测记录表

育苗单位：____________

购苗单位：____________

No：________

<table>
<tr><td rowspan="2">报检情况</td><td colspan="3">报检品种</td><td colspan="3"></td><td colspan="3">实际出圃合格苗总株数</td></tr>
<tr><td colspan="3">报检总株数</td><td colspan="3"></td><td colspan="3"></td></tr>
<tr><td rowspan="5">检验结果</td><td colspan="3">抽检样品总株数</td><td colspan="6"></td></tr>
<tr><td colspan="3">指定品种种苗株数</td><td colspan="2"></td><td colspan="2">品种纯度%</td><td colspan="2"></td></tr>
<tr><td colspan="3">级别</td><td colspan="2">一</td><td colspan="2">二</td><td colspan="2">不合格</td></tr>
<tr><td colspan="3">样品中各级别指定品种种苗株数</td><td colspan="2"></td><td colspan="2"></td><td colspan="2"></td></tr>
<tr><td colspan="3">样品中各级别指定品种种苗株数占种苗总株数的%</td><td colspan="2"></td><td colspan="2"></td><td colspan="2"></td></tr>
<tr><td rowspan="8">检验记录</td><td>样株号</td><td>嫁接苗高度
cm</td><td>抽梢茎粗度
cm</td><td>抽梢长度
cm</td><td>嫁接口高度
cm</td><td>主根长度
cm</td><td>≥5.0 cm的一级侧根数</td><td>初评级别</td><td>备 注</td></tr>
<tr><td></td><td></td><td></td><td></td><td></td><td></td><td></td><td></td><td></td></tr>
<tr><td></td><td></td><td></td><td></td><td></td><td></td><td></td><td></td><td></td></tr>
<tr><td></td><td></td><td></td><td></td><td></td><td></td><td></td><td></td><td></td></tr>
<tr><td></td><td></td><td></td><td></td><td></td><td></td><td></td><td></td><td></td></tr>
<tr><td></td><td></td><td></td><td></td><td></td><td></td><td></td><td></td><td></td></tr>
<tr><td></td><td></td><td></td><td></td><td></td><td></td><td></td><td></td><td></td></tr>
<tr><td></td><td></td><td></td><td></td><td></td><td></td><td></td><td></td><td></td></tr>
<tr><td colspan="10">注：检验记录中主根长度和≥5.0 cm的一级侧根数为裸根苗检验项目。</td></tr>
</table>

审核人（签字）： 校核人（签字）： 检验人（签字）： 检验日期： 年 月 日

附　录　B
（资料性附录）
表 B.1　番荔枝嫁接苗检验证明书

签证日期：　　年　　月　　日　　　　　　No：________

<table>
<tr><td>育苗单位</td><td colspan="3"></td><td>检验意见</td></tr>
<tr><td>购苗单位</td><td colspan="3"></td><td rowspan="6">检验单位（章）</td></tr>
<tr><td>种苗品种</td><td colspan="3"></td></tr>
<tr><td>出圃株数</td><td colspan="3"></td></tr>
<tr><td rowspan="2">检验结果</td><td>一级苗（株）</td><td>二级苗（株）</td><td>品种纯度%</td></tr>
<tr><td></td><td></td><td></td></tr>
<tr><td colspan="4">证书有效期　　年　　月　　日至　　年　　月　　日</td></tr>
</table>

审核人（签字）：　　　　校核人（签字）：　　　　检验人（签字）：

附 录 C
(资料性附录)
图 C.1 番荔枝嫁接苗标签

单位:cm

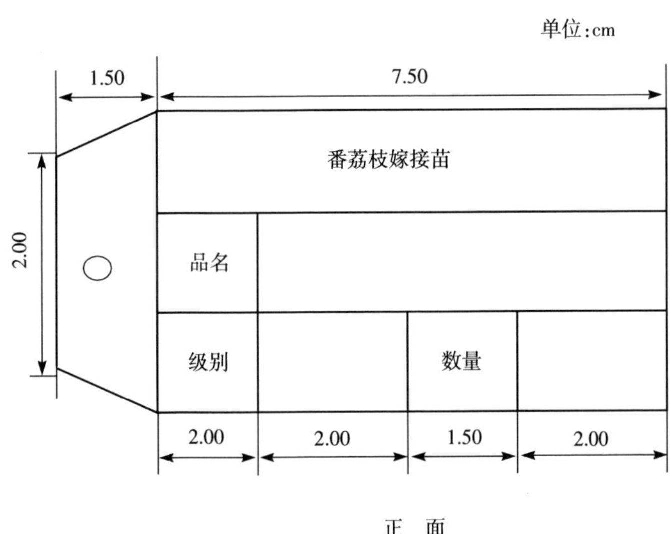

正 面

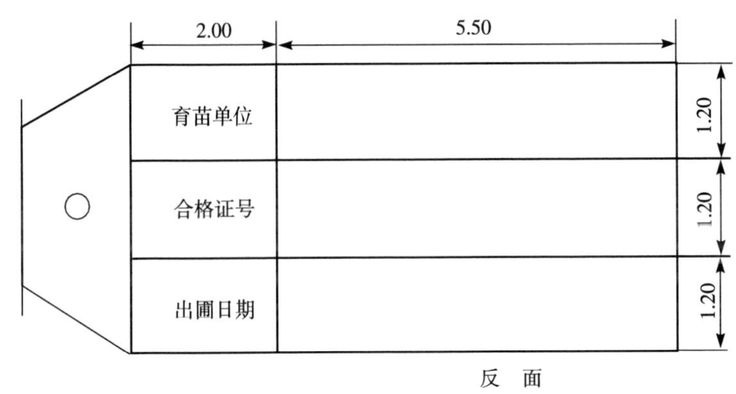

反 面

注:标签用材为厚度约 0.3 mm 的白色聚乙烯塑料薄片或牛皮纸。

附加说明:

本标准的附录 A、附录 B、附录 C 为资料性附录。

本标准由中华人民共和国农业部提出。

本标准由农业部热带作物及制品标准化技术委员会归口。

本标准起草单位:中国热带农业科学院南亚热带作物研究所。

本标准主要起草人:雷新涛、姚全胜、冯文星、罗文扬、苏俊波、王一承、邓旭。

中华人民共和国农业行业标准

番荔枝 种质资源描述规范

Descriptors standard for germplasm resources of *Annona*

NY/T 1809—2009

1 范围

本标准规定了番荔枝科(Annonaceae)番荔枝属(*Annona*)种质资源描述的要求与方法。

本标准适用于番荔枝种质资源描述。

2 规范性引用文件

下列文件中的条款通过本标准的引用而成为本标准的条款。凡是注日期的引用文件，其随后所有的修改单(不包括勘误的内容)或修订版均不适用于本标准，然而，鼓励根据本标准达成协议的各方研究是否可使用这些文件的最新版本。凡是不注日期的引用文件，其最新版本适用于本标准。

GB/T 2260 中华人民共和国行政区划代码

GB/T 2659 世界各国和地区名称代码(2659—2000,ISO 3166:1997,IDT)

GB/T 6195 水果、蔬菜维生素C含量测定法(2,6-二氯靛酚滴定法)

GB/T 12143 饮料通用分析方法

NY/T 1688 腰果种质资源鉴定技术规范

3 要求

3.1 样本采集

在植株达到稳定结果期并在正常生长情况下随机采集的代表性样本。

3.2 描述内容

描述内容见表1。

表1 番荔枝种质资源描述内容

描述类别	描 述 内 容
种质基本信息	全国统一编号、种质库编号、种质圃编号、采集号、引种号、种质名称、种质外文名、科名、属名、学名、种质类型、主要特性、主要用途、系谱、遗传背景、繁殖方式、选育单位、育成年份、原产国、原产省、原产地、原产地经度、原产地纬度、原产地海拔、采集地、采集单位、采集时间、采集材料、保存单位、保存单位编号、种质保存名、保存种质的类型、种质定植年份、种质更新年份、图像、特性鉴定评价的机构名称、鉴定评价的地点、备注
植物学特征	树姿、树形、主干颜色、主干表皮特征、枝条密度、一年生枝颜色、新梢茸毛、叶片茸毛、叶片颜色、叶片形状、叶尖形状、叶基形状、叶面状态、叶脉、叶缘、叶片质地、花着生位置、一节上的花数、盛开花花冠状态、花瓣颜色、花瓣形状、花瓣相对位置、果实形状、果肩形状、果顶形状、果皮鳞目形状、鳞沟、果皮颜色、果皮光滑度、种子形状、种脐形状、种尖形状、种皮颜色、种皮光滑度

中华人民共和国农业部 2009-12-22 发布　　2010-02-01 实施

表 1（续）

描述类别	描 述 内 容
农艺性状	树势、一年生枝长度、一年生枝粗度、叶片长度、叶片宽度、叶柄长度、新梢萌发期、初花期、盛花期、末花期、果实成熟期、果实整齐度、单果质量、果实长度、果实宽度、果柄长度、种子质量、种子纵径、种子横径、种子侧径、单果种子数
品质性状	果皮厚度、果肉厚度、果肉颜色、果肉质地、汁液比例、风味、香气、可食率、裂果率、可溶性固形物含量、可溶性糖含量、可滴定酸含量、维生素 C 含量

4 描述方法

4.1 种质基本信息

4.1.1 全国统一编号

种质资源的全国统一编号，由树种编号加保存单位代码加上 4 位顺序号码组成的字符串（4 位顺序码从“0001”到“9999”，下同），种质资源编号具有唯一性。

4.1.2 种质库编号

种质资源长期保存库编号，“GP”加 2 位作物代码再加 4 位顺序号组成。每份种质具有唯一的种质库编号。

4.1.3 种质圃编号

种质资源保存圃编号，编号方法同 4.1.2。若种质库与种质圃同时保存的，在种质库编号的基础上加个（P）字。

4.1.4 采集号

种质在野外采集时赋予的编号，由年份加 2 位省份代码加顺序号组成。

4.1.5 引种号

引种号是由年份加 4 位顺序号组成的 8 位字符串，如“19940024”，前 4 位表示种质从外地引进年份，后 4 位为顺序号，从“0001”到“9999”。每份引进种质具有唯一的引种号。

4.1.6 种质名称

国内种质的原始名称，如果有多个名称，可以放在英文括号内，用英文逗号分隔；国外引进种质如果没有中文译名，可以直接填写种质的外文名。

4.1.7 种质外文名

国外引进种质的外文名和国内种质的汉语拼音名，每个汉字的首字拼音大写，字间用连接符。

4.1.8 科名

番荔枝科（Annonaceae）。

4.1.9 属名

番荔枝属（*Annona*）。

4.1.10 学名

种质资源的科学名称。

4.1.11 种质类型

番荔枝种质资源的类型，分为野生资源、地方品种（系）、引进品种（系）、选育品种（系）、特殊遗传材料、其他。

4.1.12 主要特性

番荔枝种质资源的主要特性，分为产量、品质、抗性、其他。

4.1.13 主要用途

番荔枝种质资源的主要用途，分为食用、药用、观赏、材用、砧木、育种、其他。

4.1.14 系谱

番荔枝选育品种（系）的亲缘关系。

4.1.15 遗传背景

番荔枝的遗传背景，分为自花授粉、自然授粉、异花授粉、种间杂交、种内杂交、无性选择、自然突变、人工诱变、其他。

4.1.16 繁殖方式

番荔枝的繁殖方式，分为嫁接、扦插、实生、组织培养、其他。

4.1.17 选育单位

选育番荔枝品种（系）的单位或个人全称。

4.1.18 育成年份

番荔枝品种（系）通过新品种审定或登记的年份，用4位阿拉伯数字表示。

4.1.19 原产国

番荔枝种质的原产国家、地区或国际组织名称。国家和地区名称参照GB/T 2659执行，如该国家名称现不使用，应在原国家名称前加“前”。

4.1.20 原产省

省份名称参照GB/T 2260执行。国外引进种质原产省用原产国家一级行政区的名称。

4.1.21 原产地

番荔枝种质的原产县、乡、村名称。县名参照GB/T 2260执行。

4.1.22 原产地经度

单位为度和分。格式为DDDFF，其中DDD为度，FF为分。

4.1.23 原产地纬度

单位为度和分。格式为DDFF，其中DD为度，FF为分。

4.1.24 原产地海拔

单位为米（m）。

4.1.25 采集地

番荔枝种质的来源国家、省、县名称，地区名称或国际组织名称。

4.1.26 采集单位

番荔枝种质采集单位或个人全称。

4.1.27 采集时间

以“年月日”表示，格式“YYYYMMDD”。

4.1.28 采集材料

番荔枝种质收集时其采集的种质材料类型，分为种子、果实、芽、芽条、花粉、组织培养材料、苗木、其他。

4.1.29 保存单位

负责番荔枝种质繁殖并提交国家种质资源长期库前的原保存单位或个人全称。

4.1.30 保存单位编号

番荔枝种质在原保存单位中的种质编号。保存单位编号在同一保存单位应具有唯一性。

4.1.31 种质保存名

番荔枝种质在资源圃中保存时所用的名称，应与来源号相一致。

4.1.32 **保存种质的类型**

保存番荔枝种质资源的类型，分为植株、种子、组织培养物、花粉、其他。

4.1.33 **种质定植年份**

番荔枝种质在种质圃中定植的年份。以“年月日”表示，格式“YYYYMMDD”。

4.1.34 **种质更新年份**

番荔枝种质进行高接换种或重植年份。以“年月日”表示，格式“YYYYMMDD”。

4.1.35 **图像**

番荔枝种质的图像文件名，图像格式为 .jpg。图像文件名由统一编号加“-”加序号加“.jpg”组成。图像要求 600 dpi 以上或 1024×768 以上。

4.1.36 **特性鉴定评价的机构名称**

番荔枝种质特性鉴定评价的机构名称，单位名称应写全称。

4.1.37 **鉴定评价的地点**

番荔枝种质形态特征和生物学特性的鉴定评价地点，记录到省和县名。

4.1.38 **备注**

资源收集者了解的生态环境的主要信息、产量、栽培实践等。

4.2 **植物学特征**

4.2.1 **树姿**

取代表性植株 3 株以上，每株测量 3 个基部主枝中心轴线与主干的夹角，依据夹角的平均值确定树姿类型，分为直立(夹角<40°)、半开张(40°≤夹角<60°)、开张(60°≤夹角<80°)、下垂(夹角≥80°)。

4.2.2 **树形**

用 4.2.1 的样本，参照图 1 按最大相似原则确定树形类型，分为圆形、半圆形、圆锥形、其他。

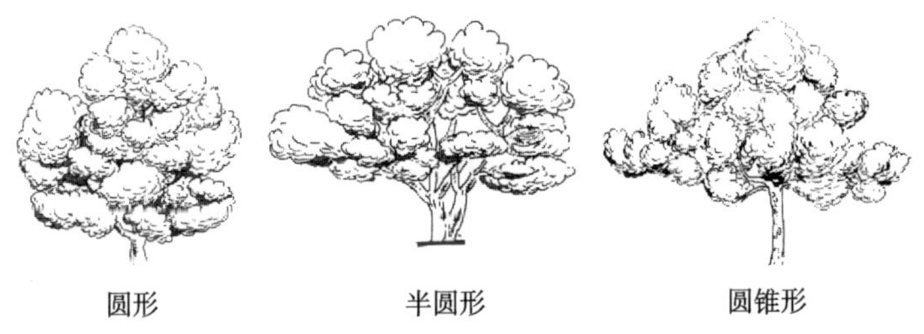

图 1 树 形

4.2.3 **主干颜色**

用 4.2.1 的样本，观察种质主干树皮颜色，用标准比色卡按最大相似原则确定主干颜色。

4.2.4 **主干表皮特征**

用 4.2.1 的样本，观察种质主干树皮表皮特征，分为光滑、有花纹、有花纹与裂纹。

4.2.5 **枝条密度**

用 4.2.1 的样本，观察整个植株枝条的疏密程度，分为稀、中等、密。

4.2.6 **一年生枝颜色**

在春梢老熟期，选择树冠外围发育充实的一年生梢 10 条，用标准比色卡按最大相似原则确定枝条中部向阳面颜色。

4.2.7 **新梢茸毛**

在春梢生长初期，观察新梢茸毛的有无和多少，分为无、少、中、多。

4.2.8 **叶片茸毛**

在春梢抽生初期，观察幼叶茸毛的有无和多少，分为无、少、中、多。

4.2.9 叶片颜色

用 4.2.6 样本，选取枝条中部成熟叶片的 10 片，用标准比色卡按最大相似原则确定叶片颜色。

4.2.10 叶片形状

用 4.2.9 的样本，参照图 2 按最大相似原则确定叶片形状，分为卵形、披针形、宽椭圆形、长椭圆形、倒卵圆形、其他。

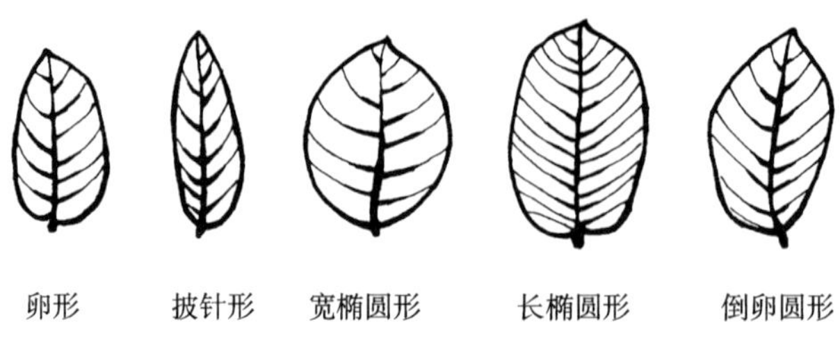

图 2 叶片形状

4.2.11 叶尖形状

用 4.2.9 的样本，参照图 3 按最大相似原则确定叶尖形状，分为渐尖、急尖、钝形。

图 3 叶尖形状

4.2.12 叶基形状

用 4.2.9 的样本，参照图 4 按最大相似原则确定叶基形状，分为钝形、楔形、心形、偏斜形。

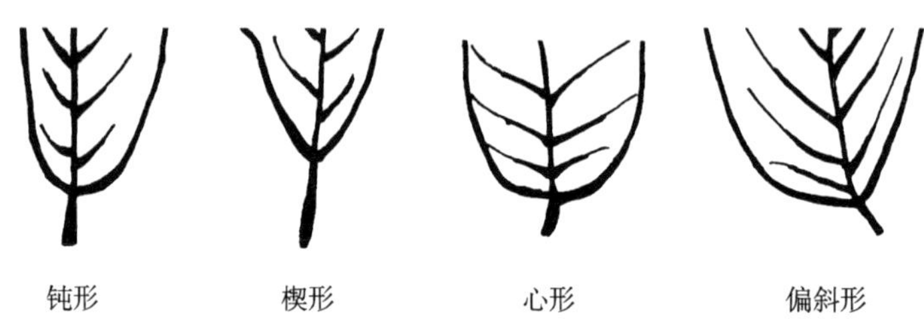

图 4 叶基形状

4.2.13 叶面状态

用 4.2.9 的样本，参照图 5 按最大相似原则确定叶片表面状态，分为平直形、V 形。

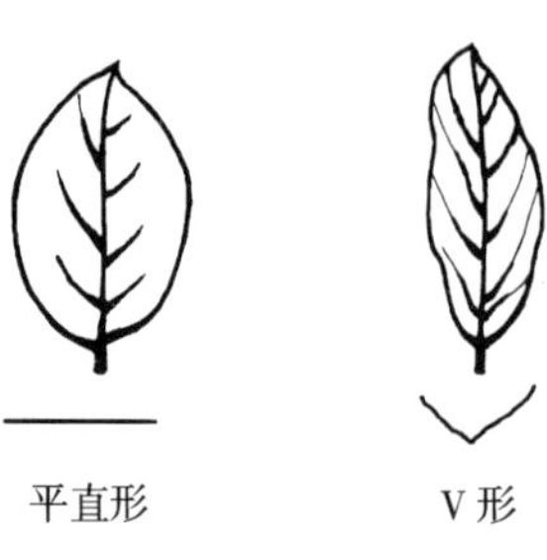

图 5 叶面状态

4.2.14 叶脉

用4.2.9的样本，观察叶片背面的叶脉明显程度，分为不明显、明显。

4.2.15 叶缘

用4.2.9的样本，参照图6按最大相似原则确定叶片叶缘状况，分为全缘、波状。

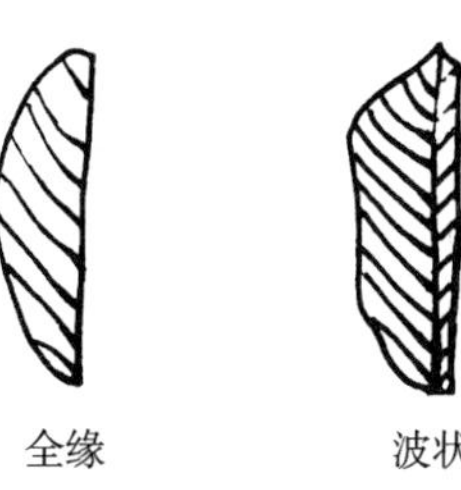

图6 叶 缘

4.2.16 叶片质地

用4.2.9的样本，观察完整老熟叶片质地状况，分为纸质、革质。

4.2.17 花着生位置

在花期，观察花朵在枝条上的着生位置，分为顶生、与叶对生。

4.2.18 一节上的花数

用4.2.17的样本，观察一节上的花朵个数，分为单生、2朵～5朵集生、多朵簇生。

4.2.19 盛开花花冠状态

用4.2.17的样本，在花开放时观察盛开花形状，参照图7按最大相似原则确定盛开花形状，分为钟状、筒状、球状、其他。

图7 盛开花花冠状态

4.2.20 花瓣颜色

在盛花期，观察盛开花花瓣颜色，用标准比色卡按最大相似原则确定花瓣颜色。

4.2.21 花瓣形状

用4.2.20的样本，参照图8按最大相似原则确定花瓣形状，分为卵状三角形、披针形、其他。

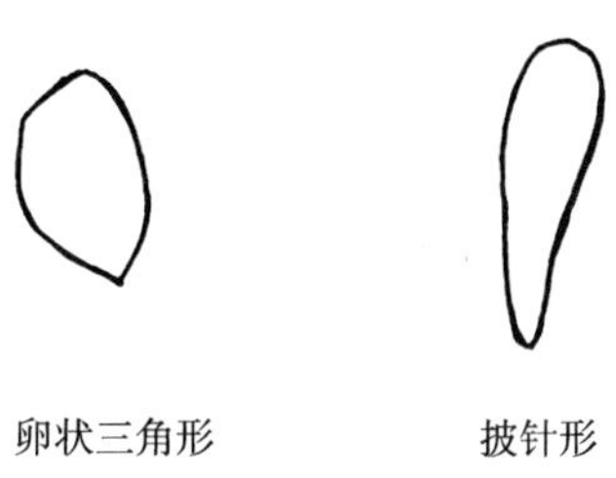

图8 花瓣形状

4.2.22 花瓣相对位置

用4.2.20的样本，参照图9按最大相似原则确定花瓣相对位置，分为邻近、重叠。

图 9 花瓣相对位置

4.2.23 **果实形状**

在正造果的成熟期，随机选取 10 个果实，参照图 10 按最大相似原则确定果实形状，分为心脏形、卵形、椭圆形、圆锥形、圆心脏形。

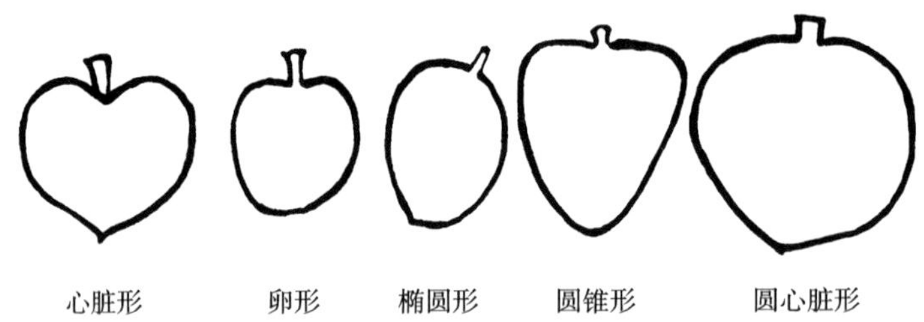

图 10 果实形状

4.2.24 **果肩形状**

用 4.2.23 的样本，参照图 11 按最大相似原则确定果肩形状，分为一平一隆、双肩隆、双肩斜。

图 11 果肩形状

4.2.25 **果顶形状**

用 4.2.23 的样本，参照图 12 按最大相似原则确定果顶形状，分为尖圆、钝圆、浑圆。

图 12 果顶形状

4.2.26 **果皮鳞目形状**

用 4.2.23 的样本，参照图 13 以最大相似的原则确定果皮鳞目形状，分为片状突起、椭圆状突起、鸡嘴状突起、刺状突起、片状微凹、无。

4.2.27 **鳞沟**

用 4.2.23 的样本，观察果实表面鳞沟的明显程度，分为不明显、较明显、明显。

4.2.28 **果皮颜色**

用 4.2.23 的样本，用标准比色卡按最大相似的原则确定果实果皮颜色。

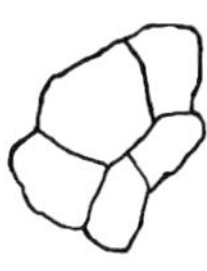

图 13 果皮鳞目形状

4.2.29 果皮光滑度

用 4.2.23 的样本，观察果皮表面光滑程度，分为光滑无毛、光滑有粗毛、粗糙。

4.2.30 种子形状

用 4.2.23 的样本，取出种子，按照图 14 以最大相似的原则确定种子形状。分为椭圆形、近圆形、卵形、倒卵形、其他。

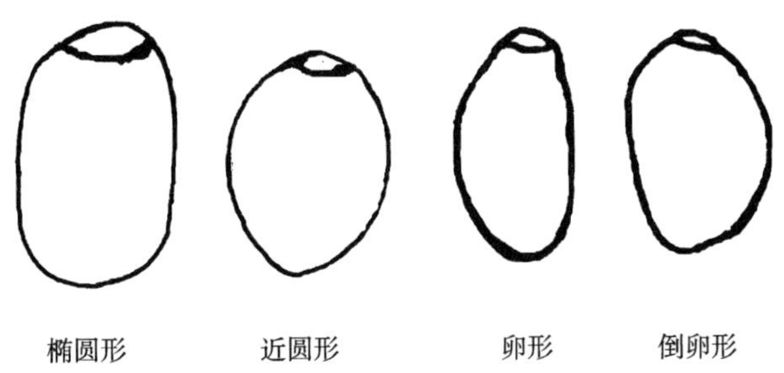

图 14 种子形状

4.2.31 种脐形状

用 4.2.30 的样本，参照图 15 按最大相似原则确定种子脐部形状，分为近圆形、椭圆形、菱形、长椭圆形、其他。

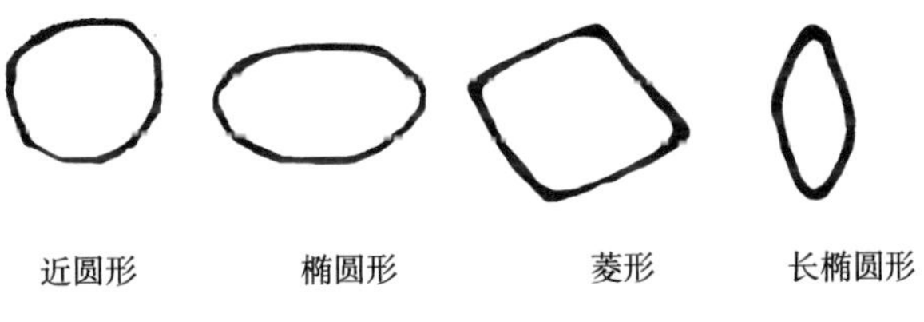

图 15 种脐形状

4.2.32 种尖形状

用 4.2.30 的样本，参照图 16 按最大相似原则确定种子顶部形状，分为尖圆、钝圆、浑圆。

图 16 种尖形状

4.2.33 种皮颜色

用 4.2.30 的样本，用标准比色卡按最大相似原则确定种子表皮颜色。

4.2.34 种皮光滑度

用 4.2.30 的样本，观察种子表面光滑程度，分为皱、较光滑、光滑。

4.3 农艺性状

4.3.1 树势

在春梢停止生长期，观察植株的长势、叶幕层和新梢生长情况，确定树势类型，分为弱、中等、强。

4.3.2 一年生枝长度

在春梢停止生长期，从树冠外围不同部位，选择发育充实的 10 条一年生枝，测量长度。结果以平均值表示，精确到 0.1 cm。

4.3.3 一年生枝粗度

用 4.3.2 的样本，测量距基部 3 cm 处枝条的直径。结果以平均值表示，精确到 0.1 cm。

4.3.4 叶片长度

用 4.2.6 的样本，测量叶片基部至叶尖的最长距离。结果以平均值表示，精确到 0.1 cm。

4.3.5 叶片宽度

用 4.2.6 的样本，测量叶片最宽处的宽度。结果以平均值表示，精确到 0.1 cm。

4.3.6 叶柄长度

用 4.2.6 的样本，测量叶柄长度。结果以平均值表示，精确到 0.1 cm。

4.3.7 新梢萌发期

观察全树记录有约 50%以上枝梢顶芽生长至约 2 cm 时的日期。以“年月日”表示，格式“YYYYMMDD”。

4.3.8 初花期

观察全树初花情况，记录有约 5%花朵开放的日期。以“年月日”表示，格式“YYYYMMDD”。

4.3.9 盛花期

观察全树盛花情况，以有 25%～75%花朵开放的日期为盛花期。以“年月日”表示，格式“YYYYMMDD～YYYYMMDD”。

4.3.10 末花期

观察全树末花情况，记录有约 75%花朵已开放的日期。以“年月日”表示，格式“YYYYMMDD”。

4.3.11 果实成熟期

指全树有 50%～80%果实大小已长定而逐步出现应有的色、香、味等成熟特征时期。以“年月日”表示，格式“YYYYMMDD～YYYYMMDD”。

4.3.12 果实整齐度

在果实的成熟期，观察果实的大小及形状的一致性，确定果实的整齐度，分为：差（果实的大小和形状差异明显）、中（果实的大小和形状较整齐）、好（果实的大小和形状整齐）。

4.3.13 单果质量

用 4.2.23 的样本，称量果实质量，计算平均单果质量，精确到 0.1 g。

4.3.14 果实长度

用 4.2.23 的样本，测量果顶至果基的最大距离。结果以平均值表示，精确到 0.1 cm。

4.3.15 果实宽度

用 4.2.23 的样本，测量果实最大横切面的最大距离。结果以平均值表示，精确到 0.1 cm。

4.3.16 果柄长度

用 4.2.23 的样本，测量果柄长度。结果以平均值表示，精确到 0.1 cm。

4.3.17 种子质量

用 4.2.30 的样本，称取质量。结果以平均值表示，精确到 0.1 g。

4.3.18 种子纵径

用4.2.30的样本，测量种子顶部至脐部的最大距离。结果以平均值表示，精确到0.1 mm。

4.3.19 种子横径

用4.2.30的样本，测量种子横向的最大距离。结果以平均值表示，精确到0.1 mm。

4.3.20 种子侧径

用4.2.30的样本，测量种子横向水平垂直方向的最大距离。结果以平均值表示，精确到0.1 mm。

4.3.21 单果种子数

用4.2.23的样本，取出种子，计数每个果的种子粒数。结果以平均值表示，精确到0.1个。

4.4 品质性状

4.4.1 果皮厚度

用4.2.23的样本，剥去果皮，测量果皮厚度。结果以平均值表示，精确到0.1 mm。

4.4.2 果肉厚度

用4.2.23的样本，沿果肩中部纵切，测量果实纵切面赤道处的果肉厚度。结果以平均值表示，精确到0.1 mm。

4.4.3 果肉颜色

用4.4.2的样本，用标准比色卡按最大相似原则确定果实果肉颜色。

4.4.4 果肉质地

用4.4.2的样本，品尝判断果肉的质地，分为细嫩、软滑、软韧、稍脆、爽脆、粗糙。

4.4.5 汁液比例

用4.4.2的样本，压榨计算果汁占果肉的比例。结果以平均值表示，精确到0.1%。

4.4.6 风味

用4.4.2的样本，品尝判断果肉风味，分为浓甜、清甜、酸甜适度、酸、涩。

4.4.7 香气

用4.4.2的样本，品尝判断果肉香气，分为无、微香、浓香、特殊香味、异味。

4.4.8 可食率

用4.2.23的样本，剪去果梗后称取总质量，剥取果肉，称取果肉质量，计算果肉质量占全果重的百分率。结果以平均值表示，精确到0.1%。

4.4.9 裂果率

在果实的成熟期，随机选取树冠外围30个果实，观察并计算果皮开裂的果实个数，计算裂果占总调查果数的百分率。精确到0.1%。

4.4.10 可溶性固形物含量

按GB/T 12143规定执行。

4.4.11 可溶性糖含量

按NY/T 1688规定执行。

4.4.12 可滴定酸含量

按NY/T 1688规定执行。

4.4.13 维生素C含量

按GB/T 6195规定执行。

附加说明：

本标准由中华人民共和国农业部提出。

本标准由农业部热带作物及制品标准化技术委员会归口。

本标准起草单位：中国热带农业科学院南亚热带作物研究所、国家重要热带作物工程技术研究中心。

本标准主要起草人：臧小平、郑良永、杜丽清、李伟才、谢江辉。

中国农业标准经典收藏系列

最新中国农业热带作物标准

2005—2010

下

农业部农产品质量安全监管局
农业部农垦局
中国农垦经济发展中心
农业部热带作物及制品标准化技术委员会
编

中国农业出版社

目　　录

天然橡胶类

硬质纤维类

热带作物机械类

中华人民共和国农业行业标准

黄皮　嫁接苗

Wampee grafting

NY/T 1400—2007

1　范围

本标准规定了黄皮[*Clausena lansium*(Lour)Skeels]嫁接苗的术语和定义、要求、试验方法、检验规则、标识以及包装、运输和贮存。

本标准适用于黄皮嫁接苗。

2　规范性引用文件

下列文件中的条款通过本标准的引用而成为本标准的条款。凡是注日期的引用文件，其随后所有的修改单(不包括勘误的内容)或修订版均不适用于本标准，然而，鼓励根据本标准达成协议的各方研究是否可使用这些文件的最新版本。凡是不注日期的引用文件，其最新版本适用于本标准。

GB 9847—2003　苹果苗木

GB 15569　农业植物调运检疫规程

NY/T 454—2001　澳洲坚果　种苗

中华人民共和国国务院令 1992 年第 98 号 《植物检疫条例》

中华人民共和国农业部令 1995 年第 5 号 《植物检疫条例实施细则(农业部分)》

3　术语和定义

NY/T 454—2001 中所确立的嫁接苗、嫁接口高度、嫁接苗高度、品种纯度、容器苗、合格率以及下列术语和定义适用于本标准。

3.1

茎干粗度　diameter of stem

嫁接口部位以上 10 cm 处的茎干直径。

3.2

抽梢长度　length of shoot

嫁接口部位至最高顶芽的距离。

4　要求

4.1　基本要求

4.1.1　种源来自经确认的品种纯正、优质高产的母本园或母株，品种纯度≥98%。

4.1.2　嫁接口上下平滑，愈合良好。

4.1.3　嫁接苗至少抽生二次梢，叶片生长正常，浓绿老熟。

中华人民共和国农业部 2007－06－14 发布　　2007－09－01 实施

4.1.4 无病虫危害。

4.1.5 无机械损伤。

4.1.6 嫁接口高度10 cm,不应超过30 cm。

4.1.7 抽梢长度≥20 cm。

4.2 分级

在符合基本要求的前提下,各等级指标应符合表1的规定。

表1 分级指标

单位为厘米

项　目	等　级	
	一　级	二　级
嫁接苗高度	≥50	≥40
茎干粗度	≥0.80	≥0.60

5 试验方法

5.1 外观检测

用目视检测生长情况、嫁接口愈合程度、病虫害危害和机械损伤情况。

5.2 分级检验

用钢卷尺测量种苗高度、嫁接口高度、抽梢长度;用游标卡尺测量茎干粗度。检验结果记录入附录A规定的记录表中。

5.3 品种纯度检验

用目视观察其形态特征,确定特定品种的嫁接苗数量。品种纯度按下式(1)计算。

$$P=\frac{n_1}{N_1}\times 100 \qquad (1)$$

式中:

P——品种纯度,单位为百分率(%);

n_1——样品中制定品种株数,单位为株;

N_1——所检样品总株数,单位为株。

计算结果保留到整数。

检验结果记录入附录A规定的记录表中。检验结果记录表参见附录A。

5.4 疫情检验

按GB 15569、中华人民共和国国务院令1992年第98号和中华人民共和国农业部令1995年第5号《植物检疫条例实施细则(农业部分)》的有关规定执行。

6 检验规则

6.1 组批

同一产地、同时出圃的嫁接苗作为一检验批次。

6.2 抽样

按GB 9847—2003中5.1.2规定进行。

6.3 交收检验

每批嫁接苗交收前,生产单位都应进行交收检验。交收检验内容包括外观、包装和标识等。检验合格并附检验证书(参见附录B)和检疫部门颁发的检疫合格证书,方可交收。

6.4 判定规则

6.4.1 判定

同一批检验的一级苗中,允许有5%的苗低于一级标准,但应达到二级标准,超过此范围,则为二级苗;同一批检验的二级苗中,允许有5%的苗低于二级标准,但应符合基本要求,超过此范围,则该批苗为不合格。

6.4.2 复验

当贸易双方对判定结果有异议时,应加倍抽样进行复验一次,以复验结果为最终结果。

7 标识

嫁接苗出圃应有种苗标签。标签的内容和规格见附录C。

8 包装、运输和贮存

8.1 包装

8.1.1 裸根苗

起苗后根部及时浆根,剪除叶片约1/3。每25或50株为一捆,应注意根部保湿,宜用稻草、麻袋或塑料薄膜等将根部包裹绑牢待运。

8.1.2 容器苗

容器苗的容器和土柱完好时,可直接装运。如容器严重破损,而土柱完好,可用相同容器重新装回并捆绑;如土柱破损,则按裸根苗进行处理。

8.2 运输

嫁接苗要按不同品种、级别分别装运,在运输过程中应防止日晒雨淋,保证通风透气。

8.3 贮存

嫁接苗运到目的地后,置于阴凉处,尽早定植或假植。如短时间内无法种植或假植,可将嫁接苗置于荫棚中,并注意淋水,保持湿润。

附 录 A
（资料性附录）

表 A.1 黄皮嫁接苗检验记录表

育苗单位：

购苗单位： No：____________

<table>
<tr><td rowspan="2">报检情况</td><td>报检品种</td><td colspan="2"></td><td>实际出圃合格苗总株数</td></tr>
<tr><td>报检总株数</td><td colspan="2"></td><td></td></tr>
<tr><td rowspan="5">检验结果</td><td>抽检样品总株数</td><td colspan="3"></td></tr>
<tr><td>品种纯度%</td><td colspan="3"></td></tr>
<tr><td>级　　别</td><td>一</td><td>二</td><td>不合格苗</td></tr>
<tr><td>样品中各级别嫁接苗的株数</td><td></td><td></td><td></td></tr>
<tr><td>样品中各级别嫁接苗株数占嫁接苗总株数的%</td><td></td><td></td><td></td></tr>
</table>

<table>
<tr><td rowspan="9">检验记录</td><td>样株号</td><td>嫁接苗高度
cm</td><td>抽梢长度
cm</td><td>茎干粗度
cm</td><td>嫁接口高度
cm</td><td>级别</td><td>备注</td></tr>
<tr><td></td><td></td><td></td><td></td><td></td><td></td><td></td></tr>
<tr><td></td><td></td><td></td><td></td><td></td><td></td><td></td></tr>
<tr><td></td><td></td><td></td><td></td><td></td><td></td><td></td></tr>
<tr><td></td><td></td><td></td><td></td><td></td><td></td><td></td></tr>
<tr><td></td><td></td><td></td><td></td><td></td><td></td><td></td></tr>
<tr><td></td><td></td><td></td><td></td><td></td><td></td><td></td></tr>
<tr><td></td><td></td><td></td><td></td><td></td><td></td><td></td></tr>
<tr><td></td><td></td><td></td><td></td><td></td><td></td><td></td></tr>
</table>

审核人(签字) 校核人(签字) 检验人(签字) 检验日期： 年 月 日

附　录　B
（资料性附录）

表 B.1　黄皮嫁接苗检验证书

签证日期：　　　年　　月　　日　　　　　　　　　　　　　　　　　　No：________

<table>
<tr><td>育苗单位</td><td colspan="3"></td><td>检验意见</td></tr>
<tr><td>购苗单位</td><td colspan="3"></td><td rowspan="5">

检验单位（章）</td></tr>
<tr><td>嫁接苗品种</td><td colspan="3"></td></tr>
<tr><td>出圃株数</td><td colspan="3"></td></tr>
<tr><td rowspan="2">检
验
结
果</td><td>一级苗
（株）</td><td>二级苗
（株）</td><td>品种纯度
%</td></tr>
<tr><td></td><td></td><td></td></tr>
<tr><td colspan="5">证书有效期　　　年　　月　　日至　　　年　　月　　日</td></tr>
</table>

审核人（签字）　　　　　　　　　　校核人（签字）　　　　　　　　　　检验人（签字）

附 录 C
（资料性附录）
图 C.1 黄皮嫁接苗标签

单位：cm

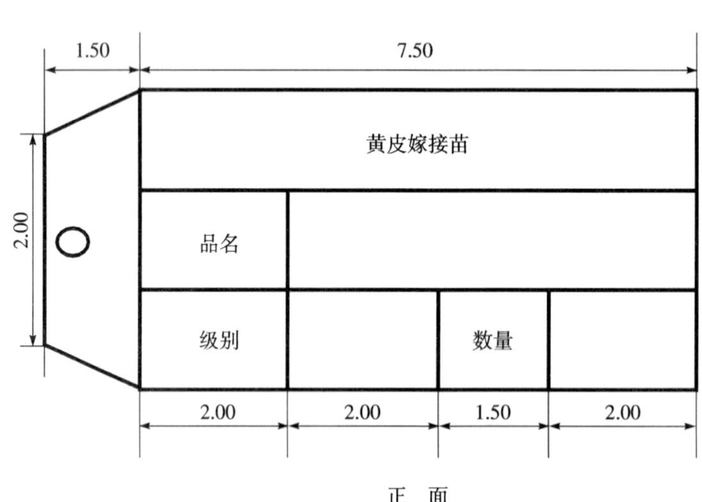

正 面

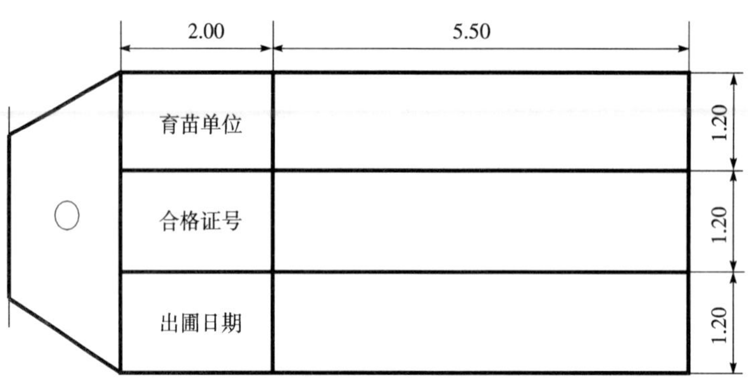

反 面

注：标签用材为厚度约 0.3 mm 的白色聚乙烯塑料薄片或牛皮纸。

附加说明：

本标准的附录 A、附录 B、附录 C 为资料性附录。

本标准由中华人民共和国农业部提出。

本标准由农业部热带作物及制品标准化技术委员会归口。

本标准的起草单位：中国热带农业科学院南亚热带作物研究所。

本标准的起草人：窦美安、陆超忠、武丽琼、谢江辉、雷新涛、马蔚红、王松标、武红霞。

中华人民共和国农业行业标准

山　竹　子

Mangosteen

NY/T 1396—2007

1　范围

本标准规定了山竹子(*Garcinia mangostana* L.)鲜果的要求、试验方法、检验规则、包装和标志、运输和贮存。

本标准适用于山竹子鲜果,加工用的山竹子也可参照使用。

2　规范性引用文件

下列文件中的条款通过本标准的引用而成为本标准的条款。凡是注日期的引用文件,其随后所有的修改单(不包括勘误的内容)或修订版均不适用于本标准,然而,鼓励根据本标准达成协议的各方研究是否可使用这些文件和最新版本。凡是不注日期的引用文件,其最新版本适用于本标准。

GB/T 6543　瓦楞纸箱

GB/T 10788　罐头食品中可溶性固形物含量的测定　折光计法(GB/T 10788—1989,eqv ISO 2173:1978)

GB/T 191　包装贮运图示标志

GB 2762　食品中污染物限量

GB 2763　食品中农药残留最大限量

GB 7718　预包装食品标签通则

3　要求

3.1　基本要求

山竹子鲜果应符合下列基本要求:

——果实新鲜饱满,色泽紫红至深紫色,具明显光泽,全果着色均匀;

——果实外观洁净,无任何异常色斑;

——果柄和花萼新鲜,色泽青绿,无黄褐斑,无皱缩;

——无任何异味;

——无病虫害;

——无明显损伤;

——外部无外来水,但冷凝水除外;

——果肉白色或乳白色,无任何损伤、变色或变质。

3.2　等级规格

在符合基本要求的前提下,山竹子鲜果按品质和限度要求分为优等品、一等品和二等品。各等级规

中华人民共和国农业部 2007-06-14 发布　　　　2007-09-01 实施

格应符合表 1 规定。

表 1 山竹子鲜果等级规格

项目		等级		
		优等品	一等品	二等品
品质要求	果实完好	匀称,无损伤,带完整的果柄和花萼	匀称,无损伤,带完整的果柄,允许花萼有轻微残缺	稍不匀称;果柄或花萼有明显残缺;表面有轻微损伤痕迹
	单果质量,g	≥130	≥100	≥70
品质要求	果实大小,cm	横径≥6.5 纵径≥5.8	横径≥6.1 纵径≥5.3	横径≥5.2 纵径≥4.6
	可食率,%	≥33	≥30	≥29
	可溶性固形物,%	≥13.0		
限度		品质要求不合格率不应超过5%,不合格部分应达一等品要求	品质要求不合格率不应超过5%,不合格部分应达二等品要求	品质要求不合格率不应超过10%,不合格部分应符合基本要求

3.3 卫生指标

应符合 GB 2762 和 GB 2763 的规定。

3.4 包装和标志

应符合第 6 章的规定。

4 试验方法

4.1 基本要求检验

4.1.1 外观检验

外观检验包括果实完整、饱满匀称、色泽、病虫害、损伤、外来水等项目,用目测法检验。

4.1.2 异味

用嗅的方法检验。

4.1.3 果肉

取样果洗净、切开,观察果肉颜色,品尝果肉味道。

4.1.4 基本要求不合格率

对样果应逐个进行基本要求的判定和记录。当一个样果不符合一项或多项基本要求的,按一个不合格果的质量计算。基本要求不合格率以质量分数 x 计,数值以百分率(%)表示,按式(1)计算。

$$x=\frac{m_1}{m_0} \qquad (1)$$

式中:

m_0 ——样果的总质量,单位为千克(kg);

m_1 ——不合格样果的质量,单位为千克(kg)。

计算结果表示到小数点后二位。

4.2 等级规格检验

4.2.1 单果质量

用精度为±0.1 g 的天平称量。

4.2.2 果实大小

用精度为±0.01 cm 的游标卡尺测量。

4.2.3 可食率

取样果8个～10个，准确称量，将果肉与果皮、果核、果柄和花萼等不可食部分分开，准确称量不可食部分质量。可食率以质量分数 x_1 计，数值以百分率(%)表示，按式(2)计算。

$$x_1 = \frac{m_2 - m_3}{m_2} \quad \cdots\cdots (2)$$

式中：

m_2 ——样果质量，单位为克(g)；

m_3 ——不可食部分质量，单位为克(g)。

计算结果表示到小数点后一位。

4.2.4 可溶性固形物

按GB/T 10788的规定执行。

4.2.5 等级规格不合格率

基本要求检测合格后，应按品质要求进行各项检验。一个样果出现一项或多项缺陷的，按一个不合格果的质量计算。等级不合格率以质量分数 x_2 计，数值以百分率(%)表示，按式(3)计算。

$$x_2 = \frac{m_5}{m_4} \quad \cdots\cdots (3)$$

式中：

m_4 ——检验的样果总质量，单位为千克(kg)；

m_5 ——不合格样果的质量，单位为千克(kg)。

计算结果表示到小数点后两位。

4.3 卫生指标的检验

检测方法按GB 2762和GB 2763的规定执行。

4.4 包装检验

在外观检验前进行，对样品件的净含量和标志进行100%检验，对包装材料按相关(法律法规规定的)规定的方法进行检验。

5 检验规则

5.1 组批规则

5.1.1 进境的山竹子鲜果，按等级、同一独立运输工具(如集装箱、车辆、船舶等)作为一个检验批次。

5.1.2 市场销售的山竹子鲜果，同一批发市场、同产地、同规格的山竹子鲜果作为一个检验批次。农贸市场和超市相同进货渠道的山竹子鲜果作为一个检验批次。

5.2 抽样方法

按随机和代表性原则多点抽样检查，每一检验批次抽取的件数和取样量按表2规定执行。

表2 样品抽取件数和取样量

总数(件)	抽取数量(件)	取样量(kg)
≤500	10(不足10件的，全部检验)	5
501～1 000	11～15	6～10
1 001～3 000	16～20	11～15
3 001～5 000	21～25	16～20
5 001～50 000	26～100	21～50
>50 000	100	50

5.3 判定规则

符合本标准第3章要求的相应等级产品，判为相应等级的合格产品。

5.3.1 基本要求不合格率大于2%，该批货物为不合格。

5.3.2 等级规格不合格率超出限度范围，该批货物为不合格。

5.3.3 卫生指标检验结果中有一项指标不合格，该批货物为不合格。

5.3.4 包装和标志检验不合格，该批货物为不合格。

5.4 复验

贸易双方对检验结果有异议时，可重新加倍抽样复检，复检以一次为限，以复检结果判定。

6 包装和标志

6.1 包装

6.1.1 进境山竹子鲜果的包装材料应遵守中华人民共和国有关法律、法规的规定，禁止传带检疫性有害有毒生物和有害有毒物质。

6.1.2 应按同产地、同等级规格、同批采收的山竹子鲜果分别包装。

6.1.3 每批报检验的山竹子鲜果其包装规格、单位净含量应一致。

6.1.4 国产山竹子鲜果的包装材料应符合GB/T 6543的要求。

6.2 包装标志

6.2.1 同一批货物的包装标志，应与内装物完全一致。

6.2.2 包装容器上的同一部位应标有不易抹掉文字和标记，应字迹清晰、容易辨认。

6.2.3 标志内容应标明品名、等级、产地、净重、发货人名、包装日期、出厂检验员代号、运储要求或标志等。

6.2.4 国产山竹子鲜果的标签、标志应按GB 191和GB 7718中的规定执行。

7 运输和贮存

7.1 运输

运输工具应清洁并符合卫生要求，有防晒、防雨和通风设施，山竹子鲜果不应与有毒、有害和有异味的物品混装、混运和混放。

7.2 贮存

7.2.1 山竹子鲜果应贮存于清洁、凉爽通风、有防晒防雨设施的库房中，不应与有毒、有害和有异味的物品混存。

7.2.2 应按等级规格分别堆码，货堆不应过大，保持通风散热。

附加说明：

本标准由中华人民共和国农业部提出。

本标准由农业部热带作物及制品标准化技术委员会归口。

本标准起草单位：中国热带农业科学院热带作物品种资源研究所、农业部热带农产品质量监督检验测试中心。

本标准主要起草人：陈业渊、邓穗生、贺军虎、吴莉宇、魏守兴、许桂莺。

中华人民共和国农业行业标准

莲　雾

Wax apple

NY/T 1436—2007

1　范围

本标准规定了莲雾(*Syqygium samarangense* Merr. et Perry)鲜果的要求、试验方法、检验规则、标志、标签、包装、运输和贮存。

本标准适用于莲雾鲜果。

2　规范性引用文件

下列文件中的条款通过本标准的应用而成为本标准的条款。凡是注日期的文件,其随后所有的修改单(不包括勘误的内容)或修订版均不适用于本标准,然而,鼓励根据本标准达成协议的各方研究是否可使用这些文件和最新版本。凡是不注日期的引用文件,其最新版本适用于本标准。

GB/T 191　包装储运图示标志

GB/T 5009.11　食品中总砷及无机砷的测定

GB/T 5009.12　食品中铅的测定

GB/T 5009.17　食品中总汞及有机汞的测定

GB/T 5009.188　蔬菜、水果中甲基托布津、多菌灵的测定

GB/T 8855　新鲜水果和蔬菜的取样方法

GB/T 12143.1　软饮料中可溶性固形物的测定方法

GB/T 12456　食品中总酸量的测定

NY/T 761　蔬菜和水果中有机磷、有机氯、拟除虫菊酯及氨基甲酸酯类农药多残留测定

3　要求

3.1　规格

莲雾的规格按单果质量分为特大、大、中、小四个规格,各级别应符合表1的规定。

表1　规格要求

单位为克

规格	特大	大	中	小
单果重	>110	110～81	80～50	<50

3.2　等级

莲雾分为优等、一等、二等三个等级,各等级的要求应符合表2的规定。

中华人民共和国农业部 2007-09-14 发布　　　　2007-12-01 实施

表 2 等级要求

等级	优等	一等	二等
果形	果形端正，具该品种固有的果形特性	果形端正，具该品种固有的果形特性	果形正常，具该品种应有的果形特性，容许有轻微缺陷
色泽	具有本品种成熟果固有的优良色泽	具有本品种成熟果固有的优良色泽	具有本品种成熟果应有的色泽
风味	肉脆、爽口、味甜、无异味	肉脆、爽口、味甜、无异味	肉脆、爽口、味甜、无异味
果面缺陷	无腐烂、虫伤、刺伤、药害、日灼、冻害、磨伤、碰压伤、裂果等果面缺陷	无腐烂。虫伤、刺伤、药害、日灼、冻害、磨伤、碰压伤、裂果等果面缺陷轻微	无腐烂。虫伤、刺伤、药害、日灼、冻害、磨伤、碰压伤、裂果等果面缺陷较重

3.3 容许度

3.3.1 每一包装件中的果实，如不符合该规格等级规定的指标，对不合格部分允许有一定的容许度。

3.3.2 容许度的测定是抽检每一个包装件后，按抽检数综合计算的平均数，以果实的质量或数量加以确定。

3.3.3 优等品

允许有 5.0%质量或数量的莲雾不符合优等品的要求，但应符合一等品的要求。

3.3.4 一等品

允许有 10.0%质量或数量的莲雾不符合一等品的要求，但应符合二等品的要求。

3.3.5 二等品

允许有 10.0%质量或数量的莲雾不符合二等品的要求，但不能有影响消费的腐烂变质和异味。

3.3.6 规格

允许有 10.0%质量或数量莲雾的规格不符合要求。不符合要求的部分，应该在该规格所示的上下规格中。

3.4 理化指标

各等级莲雾的理化指标应符合表 3 的要求。

表 3 理化指标　　单位为克每百克

项目	理化指标
可溶性固形物	≥6.5
总酸量(以柠檬酸计)	≤0.3

3.5 卫生指标

卫生要求应符合表 4 规定。

表 4 卫生指标　　单位为毫克每千克

项目	指标
无机砷(以 As 计)	≤0.05
铅(以 Pb 计)	≤0.1
总汞(以 Hg 计)	≤0.01
敌敌畏(dichiorvos)	≤0.2
乐果(dimethoate)	≤1
杀螟硫磷(fenitrothion)	≤0.5
溴氰菊酯(deltamethrin)	≤0.1

表 4（续）

项　　目	指　　标
氰戊菊酯(fenvalerate)	≤0.2
多菌灵(carbendazim)	≤3
百菌清(chlorothalonil)	≤5
其他有毒有害物质指标应符合有关国家法律、法规、行政规章和强制性标准的规定。	

4 试验方法

4.1 等级规格检验

4.1.1 试验程序

将 500 g 样品逐件铺放在检验台上，按 3.1、3.2、3.3 要求检出不合格果，以件为计算单位分项记录，每批样果检验完后，计算检验结果，评定该批果品的品质等级。

4.1.2 评定方法

4.1.2.1 果实的大小级别采用感量小于 0.1 g 的台秤称量果实的质量判定。

4.1.2.2 果实的果形、色泽、风味均由感官鉴定。

4.1.2.3 果面缺陷用肉眼或用放大镜检查果实的外表征状，并记录。

4.1.2.4 在同一果实上有二项及其以上不同缺陷与损伤项目者，可只记录其中对品质影响较重的一项。

4.2 理化检验

4.2.1 可溶性固形物

4.2.1.1 试样的制备

取样品可食部分置于组织捣碎机中捣碎，用四层纱布挤出滤液，弃去最初几滴，收集滤液供测试用。

4.2.1.2 分析步骤

按 GB/T 12143.1 规定执行。

4.2.2 总酸量(以柠檬酸计)

按 GB/T 12456 规定执行。

4.3 卫生检验

4.3.1 无机砷

按 GB/T 5009.11 规定执行。

4.3.2 铅

按 GB/T 5009.12 规定执行。

4.3.3 总汞

按 GB/T 5009.17 规定执行。

4.3.4 敌敌畏、乐果、杀螟硫磷、溴氰菊酯、氰戊菊酯和百菌清

按 NY/T 761 规定执行。

4.3.5 多菌灵

按 GB/T 5009.188 规定执行。

4.4 容许度检验

取同一包装内的全部样果按该规格等级要求进行逐项检验，并分项称量或计数，按式(1)计算容许度

$$x=\frac{m_1}{m_2}\times 100 \qquad (1)$$

式中：

x ——单项不合格百分率，%；

m_1 ——单项不合格品的质量或个数，单位为千克(kg)或个；

m_2 ——检验样品的质量或个数，单位为千克(kg)或个。

结果保留一位小数。

5 检验规则

5.1 组批

同一品种、同一规格、同一等级、同一批采收的莲雾作为一个检验批次。

5.2 抽样

按 GB/T 8855 规定执行。

5.3 检验分类

5.3.1 型式检验

型式检验是对产品进行全面考核，即对本标准的全部要求(指标)进行检验。有下列情况之一者应进行型式检验：

——前后两次抽样检验结果差异较大；

——因人为或自然因素使生产环境发生较大变化；

——国家质量监督机构或主管部门提出型式检验要求。

5.3.2 交收检验

每批产品交收前，生产单位应进行交收检验。交收检验内容包括感官要求、包装、标志等要求，卫生指标由交易双方根据合同选测，检验合格方可交收。

5.4 判定规则

5.4.1 经检验符合第 3 章要求的产品，该批产品判定为相应规格等级的合格产品。

5.4.2 卫生指标检验结果中一项指标不合格，该批产品按本标准判定为不合格产品。

5.5 复检

若贸易双方对检验结果有异议时，可重新加倍抽样复检，复检一次为限，以复检结果为最终评定判定依据。卫生指标不合格产品，不予复检。

6 标签、标志

包装箱外应标明品名、品种、规格、等级、净含量、毛含量、产地、采摘日期、生产单位、符合标准号等。

标志按照 GB/T 191 规定执行。

7 包装、运输和贮存

7.1 包装

同一包装容器内的莲雾应是同一品种、同一产地、同一规格、同一等级。包装内可见部分的果实应和不可见部分的果实相一致。

包装容器应符合卫生、透气性和强度要求，保证莲雾适宜处理、运输和贮存。

7.2 运输

运输工具应清洁，有防晒、防雨和通风设施。

运输过程中不应与有毒、有害物质混运，小心装卸，严禁重压。

7.3 贮存

贮存场地应清洁、阴凉通风，有防晒、防雨设施，不应与有毒、有异味的物品混存。应按种类、等级、规格堆放，批次分明，堆码整齐，层数不宜过多。堆放和装卸时要轻搬轻放。

附加说明：

本标准由中华人民共和国农业部提出。

本标准由农业部热带作物及制品标准化技术委员会归口。

本标准起草单位：农业部热带农产品质量监督检验测试中心。

本标准主要起草人：谢德芳、吴莉宇、尹桂豪、王秀兰。

中华人民共和国农业行业标准

榴　　莲

Durian

NY/T 1437—2007

1　范围

本标准规定了榴莲[*Durio Zibethinus*(L.)Murr.]鲜果的等级、要求、试验方法、检验规则、包装、贮存和运输。

本标准适用于榴莲鲜果。

2　规范性引用文件

下列文件中的条款通过本标准的引用而成为本标准的条款。凡是注日期的引用文件，其随后所有的修改单(不包括勘误的内容)或修订版均不适用于本标准，然而，鼓励根据本标准达成协议的各方研究是否可使用这些文件的最新版本。凡是不注日期的引用文件，其最新版本适用于本标准。

GB/T 191　包装储运图示标志

GB/T 5009.11　食品中总砷及无机砷的测定

GB/T 5009.12　食品中铅的测定

GB/T 5009.18　食品中氟的测定

NY/T 761　蔬菜和水果中有机磷、有机氯、拟除虫菊酯及氨基甲酸酯类农药多残留测定

3　要求

3.1　基本要求

在所有级别中，榴莲鲜果应满足下列要求：

——包装箱体内外无虫体、霉菌及其他污物；

——无因环境的污染所造成的异味；

——无腐烂和霉变；

——无裂果。

3.2　规格

榴莲鲜果按质量大小分成大、中、小3个规格，各规格的要求应符合表1的规定。

表1　规格指标　　单位为千克

规　格	单果质量
大	≥3.0
中	1.5～3.0
小	≤1.5

中华人民共和国农业部 2007-09-14 发布　　2007-12-01 实施

3.3 质量等级

榴莲分为优等、一等、二等3个等级，各等级及类别应符合表2的规定。

表2 质量等级指标

项　目	优　等	一　等	二　等
果皮缺陷	单果果面缺陷大于20 cm^2 的果实	单果果面缺陷大于20 cm^2 的果实不超过5%	单果果面缺陷大于20 cm^2 的果实不超过10%
可食率	≥35%	≥30%	≥30%
注：果皮缺陷面积包括虫果、病果、机械损伤等的面积总和。			

3.4 容许度

每一包装件中的果实，容许有一定量的果实不符合该规格和等级：

——优等品允许有10%质量的榴莲不符合优等品的要求，但应符合一等品的要求；

——一等品允许有20%质量的榴莲不符合一等品的要求，但应符合二等品的要求；

——二等品允许有20%质量的榴莲不符合二等品的要求；

——允许有20%质量榴莲的大小不符合该规格的要求，不符合要求的部分，应该在该大小类别所示的上下类别中。

3.5 卫生要求

卫生指标及相应的检测方法应符合表3的要求。

表3 卫生指标及相应的检测方法　　单位为毫克每千克

项　目	限量指标(MRLs)
无机砷(As)	≤0.05
铅(Pb)	≤0.1
氟(F)	≤0.5
敌敌畏(dichiorvos)	≤0.2
杀螟硫磷(fenitrothion)	≤0.5
倍硫磷(fenthion)	≤0.05
乙酰甲胺磷(acephate)	≤0.5
氰戊菊酯(fenvalerate)	≤0.2
其他有毒有害物质指标应符合有关国家法律、法规、行政规章和强制性标准的规定。	

4 试验方法

4.1 基本要求检验

将5个样品逐件铺放在检验台上，观察记录包装箱体内外有无虫体、霉菌及其他污染物；有无因环境的污染所造成的异味；有无腐烂和霉变；有无裂果。并记录结果。

4.2 果实质量

按由小到大的次序称量果实质量记录与类别要求不符的果的单个质量，单位为千克(kg)，结果精确到小数点后一位。

4.3 果皮缺陷面积

将单个果实表面有大于1 cm^2 的果皮缺陷面积进行逐个测量，测得面积相加，按式(1)计算果皮缺陷，结果精确到小数点后一位。

$$X_1 = M_2 / M_1 \times 100 \qquad (1)$$

式中：

X_1——不合格果质量分数，%；

M_2——不合格果质量，单位为千克(kg)；

M_1——抽取样品总果质量，单位为千克(kg)。

4.4 可食率

称取总果实质量、皮质量加果核的质量，计算可食率(样品应包含4.2、4.3项目检验捡出的果)按式(2)计算可食率，结果精确到小数点后一位。

$$X_2 = (M_3 - M_4 - M_5) / M_3 \times 100 \qquad (2)$$

式中：

X_2——可食率质量分数，%；

M_5——选取样品果皮(含果柄)质量，单位为千克(kg)；

M_4——选取样品果核质量，单位为千克(kg)；

M_3——选取样品的果质量，单位为千克(kg)。

4.5 容许度

对抽检的每个包装分别计算容许度后，按抽检数综合计算的平均数确定该批样品的容许度。

4.6 卫生检验

4.6.1 无机砷

按GB/T 5009.11规定执行。

4.6.2 铅

按GB/T 5009.12规定执行。

4.6.3 氟

按GB/T 5009.18规定执行。

4.6.4 敌敌畏、杀螟硫磷、倍硫磷、乙酰甲胺磷和氰戊菊酯

按NY/T 761规定执行。

5 检验规则

5.1 抽样

每一独立运输工具(如集装箱、车辆、船舶等)，每一品种抽取件数和取样数量按表4规定执行，每批取样不少于5个。

表4 样品抽取件数和取样数量

总　数 (件)	抽取数量 (件)	取样量 (kg)
≤500	10(不足10件的，全部检验)	5
501～1 000	11～15	6～10
1 001～3 000	16～20	11～15
3 001～5 000	21～25	16～20
5 001～50 000	26～100	21～50
>50 000	100	50

5.2 判定规则

5.2.1 经检验符合第3章要求的产品，该批产品判定为相应等级规格的合格产品。卫生指标检验中一项不合格则该批产品判定为不合格。

5.2.2 贸易双方对检验结果产生争议时，可增加抽样量，扩大检验范围，并以复检结果为准。复检以一次为限。卫生指标不合格产品，不予复检。

6 包装及包装标志

6.1 包装标签应标明品种、等级、产地、生产商、保存条件和时间、销售商(进口商)、符合的标准号等的规定。

6.2 包装标志应符合 GB/T 191 的规定。

7 贮存和运输

7.1 贮存场地要求：清洁、阴凉通风，有防晒、防雨设施，不应与有毒、有异味的物品混存。

7.2 应分种类、等级堆放，应批次分明，堆码整齐，层数不宜过多。堆放和装卸时要轻搬轻放。

7.3 运输工具应清洁，有防晒、防雨和通风设施或制冷设施。

7.4 运输过程中不应与有毒物质、有害物质混运，小心装卸，严禁重压。

附加说明：

本标准由中华人民共和国农业部提出。

本标准由农业部热带作物与制品标准化技术委员会归口。

本标准起草单位：农业部热带农产品质量监督检验测试中心。

本标准主要起草人：汤建彪、彭黎旭、王明月、周永华。

中华人民共和国农业行业标准

可可 种苗

Cocoa grafting

NY/T 1074—2006

1 范围

本标准规定了可可（*Theobroma cacao* L.）种苗的术语和定义、要求、试验方法、检验规则及包装、标签、运输和贮存。

本标准适用于可可种苗。

2 规范性引用文件

下列文件中的条款通过本标准的引用而成为本标准的条款。凡是注日期的引用文件，其随后所有的修改单（不包括勘误的内容）或修订版均不适用于本标准，然而，鼓励根据本标准达成协议的各方研究是否可使用这些文件的最新版本。凡是不注日期的引用文件，其最新版本适用于本标准。

GB 6000—1999 主要造林树种苗木质量分级

GB 15569—1998 农业植物调运检疫规程

中华人民共和国国务院令 第98号《植物检疫条例》

中华人民共和国农业部令 第5号《植物检疫条例实施细则（农业部分）》

3 术语和定义

下列术语和定义适用于本标准。

3.1

苗高 height of seedling

自土表至苗木最高新梢顶端处的自然高度。

3.2

茎粗 caudex wide

自土表面以上茎干10 cm处横切面的直径。

3.3

袋装苗 bag seedling

在特定规格并装有营养土的塑料袋中培育的苗木。

4 要求

4.1 基本要求

4.1.1 外观

种源来自经确认的品种纯正、优质高产的母本园或母株，品种纯度要求实生苗≥95%、嫁接苗≥

中华人民共和国农业部 2006-07-10 发布　　　　2006-10-01 实施

98％；出圃时营养袋完好，营养土完整不松散，土团直径≥15 cm，高≥20 cm；植株主干直立，生长健壮，叶片浓绿、正常，无机械损伤。砧木生长健壮、根系发达，与接穗亲和力强，嫁接成活率高。

4.1.2 检疫

不携带检疫性病虫害，植株无病虫危害。

4.2 质量要求

可可种苗分为一级、二级两个级别，各级别的质量要求应符合表1的规定。

表1 可可种苗质量指标

项 目	分 级			
	一 级		二 级	
	实生苗	嫁接苗	实生苗	嫁接苗
苗高，cm	>40.0	>30	30.0～40.0	25.0～30.0
茎粗，cm	>0.60	>0.60	0.40～0.60	0.4～0.6
新梢长，cm	—	>20.0	—	15.0～20.0
新梢粗，cm	—	>0.40	—	0.3～0.4

5 试验方法

5.1 外观检验

用目测法检测植株的生长情况、根系颜色、叶片颜色、病虫害、机械损伤、嫁接口愈合程度。

5.2 疫情检验

按中华人民共和国国务院令 第98号和中华人民共和国农业部令第5号及GB 15569—1998的有关规定进行。

5.3 质量检验

5.3.1 苗高

用直尺或钢卷尺测量土表至苗木最高新梢顶端处的自然高度，精确到小数点后1位。

5.3.2 茎粗

用游标卡尺测量自土表以上10 cm处茎干的直径。

5.3.3 新梢长

用直尺或钢卷尺测量接口至新梢顶端的长度。

5.3.4 新梢粗

用游标卡尺测量接口以上3 cm处新梢直径。

5.4 将苗高、茎粗、新梢长、新梢粗的测量数据记入附录A的表格中。

6 检验规则

6.1 检验批次

同一产地、同时出圃的种苗作为一个检验批次。

6.2 抽样

按GB 6000—1999中4.1.1的规定执行。

6.3 判定规则

6.3.1 判定

同一批检验的一级种苗中，允许有5％的种苗低于一级标准，但必须达到二级标准，超过此范围，则为二级种苗；同一批检验的二级种苗中，允许有5%的种苗低于二级标准，超过此范围，则视该批种苗为等外苗。

6.3.2 复验

对质量要求的判定有异义时，应进行复验，并以复验结果为准。疫情指标不复检。

7 标识

种苗出圃时应附有标签，项目栏内用记录笔填写。标签参见附录C。

8 包装、运输和贮存

8.1 包装

可可苗在出圃前应逐渐减少荫蔽，锻炼种苗，在大田荫蔽不足的植区，尤应如此。起苗前停止灌水，起苗后剪除病叶、虫叶、老叶和过长的根系。全株用消毒液喷洒，晾干水分。营养袋完好的苗不需要包装可直接运输。

8.2 运输

种苗在短途运输过程中应保持一定的湿度和通风透气，避免日晒、雨淋；长途运输时应选用配备空调设备的交通工具。

8.3 贮存

种苗出圃后应在当日装运，运达目的地后要尽快定植或假植。如短时间内无法定植，袋装苗置于荫棚中，并注意淋水，保持湿润。

附　录　A
（资料性附录）
可可种苗质量检测记录表

No

育苗单位							
购苗单位							
品　　种			报检株数		抽检株数		
样株号	苗高 cm	苗茎粗 cm	新梢长 cm	新梢粗 cm	初评级别		
					一级	二级	等外

审核人(签字)：　　　　校核人(签字)：　　　　检测人(签字)：　　　　检测日期：　　年　月　日

附　录　B
（资料性附录）
可可种苗质量检验证书

<table>
<tr><td>育苗单位</td><td colspan="3"></td><td>No</td><td></td></tr>
<tr><td>购苗单位</td><td colspan="5"></td></tr>
<tr><td>种苗品种</td><td></td><td>种苗类型</td><td colspan="3"></td></tr>
<tr><td>出圃株数</td><td></td><td>抽样株数</td><td colspan="3"></td></tr>
<tr><td>检验结果</td><td colspan="5">一级：　　%　　　二级：　　%　　　等外：　　%</td></tr>
<tr><td>检验意见</td><td colspan="5"></td></tr>
<tr><td>检验单位
（章）</td><td colspan="5"></td></tr>
<tr><td>证书有效期</td><td colspan="5">年　　月　　日　　至　　年　　月　　日</td></tr>
<tr><td colspan="6">注：本证一式两份，育苗单位和购苗单位各一份。</td></tr>
</table>

审核人（签字）：　　　　　　校核人（签字）：　　　　　　检测人（签字）：

附 录 C
(资料性附录)
可可种苗标签

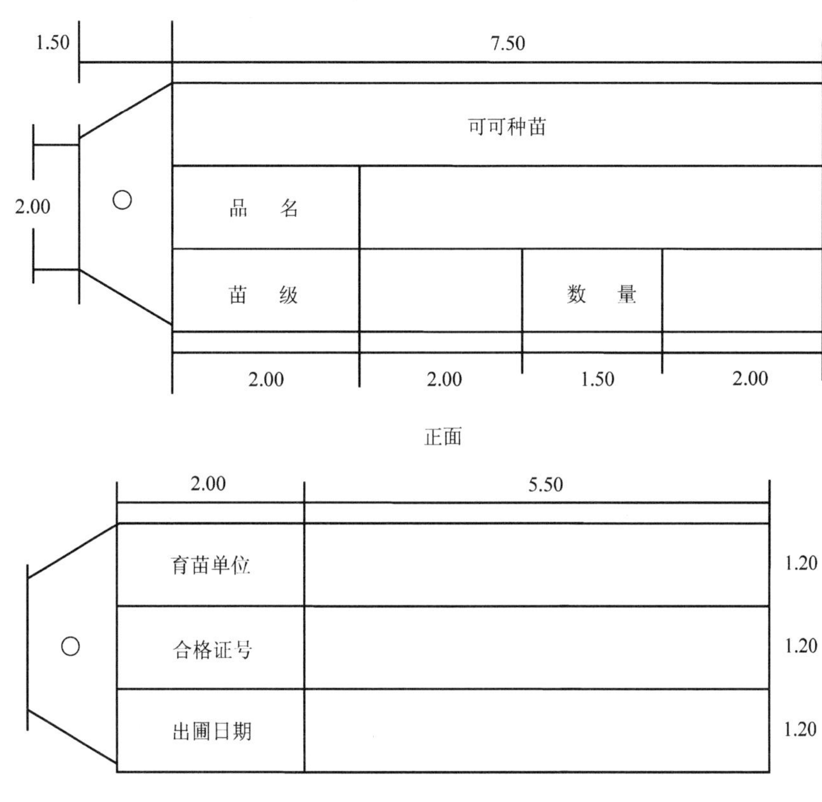

注:标签用 150 g 的牛皮纸。 (单位:cm)

标签孔用金属包边。

附加说明:

本标准的附录 A、附录 B 和附录 C 为资料性附录。

本标准由中华人民共和国农业部提出。

本标准由农业部热带作物及制品标准化技术委员会归口。

本标准起草单位:农业部热带作物种子种苗质量监督检验测试中心。

本标准主要起草人:邹冬梅、张如莲、龙开意、漆智平。

中华人民共和国农业行业标准

澳洲坚果　带壳果

Macadamia nuts　In - shell

NY/T 1521—2007

1　范围

本标准规定了澳洲坚果(*Macadamia integrifolia* & *Macadamia tetraphylla*)带壳果的术语和定义、要求、试验方法、检验规则、包装、标志、贮存和运输。

本标准适用于澳洲坚果带壳果。

2　规范性引用文件

下列文件中的条款通过本标准的引用而成为本标准的条款。凡是注日期的引用文件,其随后所有的修改单(不包括勘误的内容)或修订版均不适用于本标准,然而,鼓励根据本标准达成协议的各方研究是否可使用这些文件的最新版本。凡是不注日期的引用文件,其最新版本适用于本标准。

GB/T 191　包装储运图示标志

GB/T 5048　防潮包装

GB 5491—1985　粮食、油料检验　扦样、分样法

GB/T 5497—1985　粮食、油料检验　水分的测定

GB 7718　预包装食品标签通则

NY/T 693—2003　澳洲坚果　果仁

3　术语和定义

下列术语和定义适用于本标准。

3.1

带壳果　inshell macadamia nut

成熟的澳洲坚果果实除去果皮后经干燥得到的产品。

3.2

缺陷　defect

空壳果、发育不完全果、果壳破损,果壳表面存在虫蛀痕迹、霉斑、黏壳果皮、污染物、影响到壳内的果仁质量的裂痕,壳内的果仁存在虫蛀、色斑、皱缩、黑心和霉变等情况。

4　要求

4.1　基本要求

发育良好,完整、干燥、无霉味、无虫害、无杂质,壳内的果仁的气味和滋味正常。除菌落总数、大肠菌群和致病菌外,壳内果仁的卫生指标应符合 NY/T 693—2003 的 4.3 要求。

中华人民共和国农业部 2007 - 12 - 18 发布　　2008 - 03 - 01 实施

4.2 果实大小规格

带壳果实大小规格见表1。

表1 带壳果果实大小规格

单位为毫米

果 型	直 径
特大型	≥28
大型	23～27.9
中 型	18～22.9
小 型	15.9～17.9
小型以下	<15.9

4.3 分级指标

在符合基本要求的前提下，带壳果分级指标见表2。

表2 分级指标

项 目	指 标	
	一级	二级
品种特征	有相似的品种特征	—
杂质，%	≤1	≤2
缺陷果，%	≤5	≤7
出仁率，%	≥30	≥25
果仁水分，%	≤3	

5 试验方法

5.1 感官

5.1.1 用天平称取1 000 g样品，准确到1 g，记录为m，除气味和霉味用鼻嗅法检验外，其余缺陷和杂质用目测法检验。

5.1.2 敲破5.1.1挑出的非缺陷果硬壳，取出果仁，目测检验果仁的缺陷。

5.1.3 用口尝法检验果仁的滋味。

5.2 果实大小规格

取5 000 g样果，准确到5 g，按包装标签标明的果型选用适宜孔径的网筛将果样过筛，称量通过网筛的样果质量。果样中果实大小规格不合格率(x)以通过网筛的样果的质量分数(%)表示，按公式(1)计算：

$$x = \frac{m_1}{m_2} \times 100 \quad \cdots\cdots (1)$$

式中：

m_1——通过网筛的样果质量数值，单位为克(g)；

m_2——样品总质量数值，单位为克(g)。

所得结果保留整数。

5.3 分级

5.3.1 杂质

将5.1.1挑出的杂质称量，准确到1 g。果样中杂质含量(x_1)以杂质的质量分数(%)表示，按公式(2)计算：

$$x_1 = \frac{m_3}{m} \times 100 \quad \cdots\cdots (2)$$

式中：

m_3——杂质质量数值，单位为克(g)；

m ——同 5.1.1 的 m。

所得结果保留整数。

5.3.2 缺陷果

将 5.1.1 挑出的缺陷果和 5.1.2 挑出的缺陷果仁及原有的外壳一起称量，准确到 1 g。样品中缺陷果含量(x_2)以缺陷果的质量分数(%)表示，按公式(2)计算：

$$x_2 = \frac{m_4}{m} \times 100 \quad \cdots\cdots (3)$$

式中：

m_4——缺陷果质量数值，单位为克(g)；

m ——同 5.1.1 的 m。

所得结果保留整数。

5.3.3 出仁率

用天平随机称取 100 g 样品，准确到 1 g，敲破硬壳，取出果仁后将非缺陷果仁称量，出仁率(x_3)以非缺陷果仁的质量分数(%)表示，按公式(3)计算：

$$x_3 = \frac{m_5}{m_6} \times 100 \quad \cdots\cdots (4)$$

式中：

m_5——非缺陷果仁的质量数值，单位为克(g)；

m_6——样品总质量数值，单位为克(g)。

所得结果保留整数。

5.3.4 水分

按 GB/T 5497—1985 的第 1 章规定进行。

5.4 卫生指标

按 NY/T 693—2003 的 5.3.1、5.3.2 和 5.3.4～5.3.10 规定进行。

6 检验规则

6.1 检验分类

6.1.1 型式检验

型式检验的项目包括本标准规定的全部项目。有下列情形之一者应进行型式检验：

a) 前后两次抽样检验结果差异较大；

b) 因人为或自然因素使生产环境发生较大变化；

c) 国家质量监督机构或主管部门提出进行型式检验要求。

6.1.2 交收检验

每批产品交收前，生产单位应进行交收检验，交收检验内容为除卫生指标外的第 4 章和第 7 章全部项目，或合同要求的项目，检验合格后附上合格证方可交收。

6.2 组批

同品种、同等级、同一批收购(出售)的产品作为一个检验批次。

6.3 抽样方法

按 GB 5491—1985 中的 2.1、2.2.1、2.3.2 和 3.1 规定进行。

6.4 容许度

一级果容许含有5%的二级果，但不应含有等外果，二级果容许含有5%的等外果；果实大小规格不合格率应等于或小于5%。

6.5 判定规则

6.5.1 经检验符合第4章和第7章要求的产品，判定为相应等级的合格产品。

6.5.2 凡卫生指标中有一项不合格者，判为不合格产品。

6.5.3 无标签或有标签但缺“等级”内容，判为未分级产品。

6.6 复检

除卫生指标外，如果对检验结果有异议，允许用备用样品(如条件允许，可再抽一次样)复检一次，复检结果为最终结果。

7 标志、标签

标志按GB/T 191规定执行，标签按GB 7718规定执行。

8 包装、运输和贮存

8.1 包装

产品的包装材料应符合食品卫生要求，其强度能满足装卸和运输要求。防潮按GB/T 5048规定执行。

8.2 运输

运输工具应清洁卫生、防雨，严禁与有毒、有害、有异味、发霉以及其他易于传播病虫的物品混合运输。

8.3 贮存

贮存库应清洁卫生和干燥，严禁与有毒、有害、有异味、发霉以及其他易于传播病虫的物品混存。堆垛应留有通道，产品堆放应至少离库墙25 cm，地面应有至少10 cm以上的防潮垫。产品宜在0℃～5℃的冷库中贮存。

附加说明：

本标准由中华人民共和国农业部农垦局提出。

本标准由农业部热带作物及制品标准化技术委员会归口。

本标准起草单位：农业部亚热带果品蔬菜质量监督检验测试中心、中国热带农业科学院南亚热带作物研究所。

本标准主要起草人：陈强、梁宏合、陆超忠、陈显国、梁立娟、甘志勇。

中华人民共和国农业行业标准

澳洲坚果种质资源鉴定技术规范

Technical code for evaluating germplasm of macadamia nut

NY/T 1687—2009

1 范围

本标准规定了澳洲坚果(*Macadamia integrifolia* Maiden & Betche 和 *M. tetraphylla* L. A. S. Johnson)种质资源的植物学特征、生物学特性和果实性状的鉴定方法。

本标准适用于澳洲坚果种质资源的鉴定。

2 规范性引用文件

下列文件中的条款通过本标准的引用而成为本标准的条款。凡是注日期的引用文件,其随后所有的修改单(不包括勘误的内容)或修订版均不适用于本标准,然而,鼓励根据本标准达成协议的各方研究是否可使用这些文件的最新版本。凡是不注日期的引用文件,其最新版本适用于本标准。

GB/T 5009.5　食品中蛋白质的测定

GB/T 5512　粮食、油料检验　粗脂肪的测定方法

GB/T 6195　水果、蔬菜维生素C含量测定法(2,6-二氯靛酚滴定法)

3 鉴定方法

3.1 植物学特征

3.1.1 树姿

选取有代表性正常成年植株3株～5株,测量三个基部主枝中心轴线与主干夹角。依据夹角的平均值确定树姿。分为:1. 直立(<30°);2. 半开张(≥30°,<60°);3. 开张(≥60°)。

3.1.2 树形

采用3.1.1的样本,参照图1,观察植株的自然树冠形状。分为:1. 圆形; 2. 半圆形; 3. 圆锥形; 4. 阔圆形;5. 不规则形。

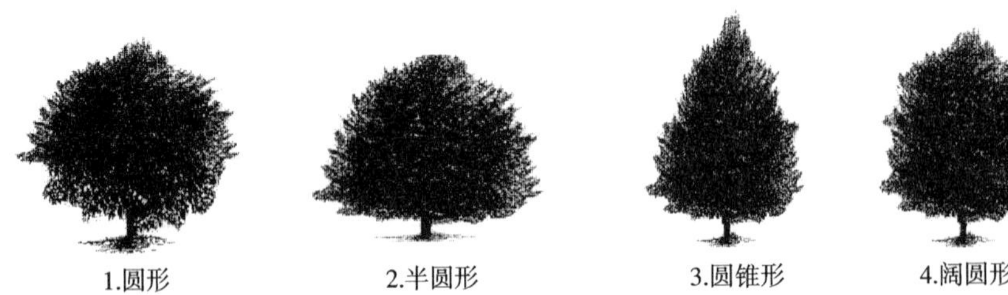

图1　树　形

中华人民共和国农业部 2009-03-09 发布　　2009-05-01 实施

3.1.3 主干光滑度

采用 3.1.1 的样本，观察并触摸主干，确定主干光滑度。分为：1. 光滑（无明显裂隙、突起和凹陷，无粗糙感）；2. 粗糙（有明显裂隙、突起和凹陷，有粗糙感）。

3.1.4 嫩枝颜色

在新梢生长期，在树冠外围中上部随机选取尚未木质化的正常嫩枝 10 个，观察确定嫩枝颜色。分为：1. 绿色；2. 粉红色；3. 紫红色；4. 其他。

3.1.5 叶序

在树冠外围中上部随机选取 10 个生长正常的枝条，观察叶片在枝条上的着生情况。分为：1. 对生；2. 三叶轮生；3. 四叶轮生；4. 五叶轮生。

3.1.6 叶片形状

在树冠外围中上部随机选取生长正常的成熟叶 60 片，参照图 2，确定叶片形状。分为：1. 倒卵形；2. 卵圆形；3. 椭圆形；4. 长椭圆形；5. 倒披针形；6. 其他。

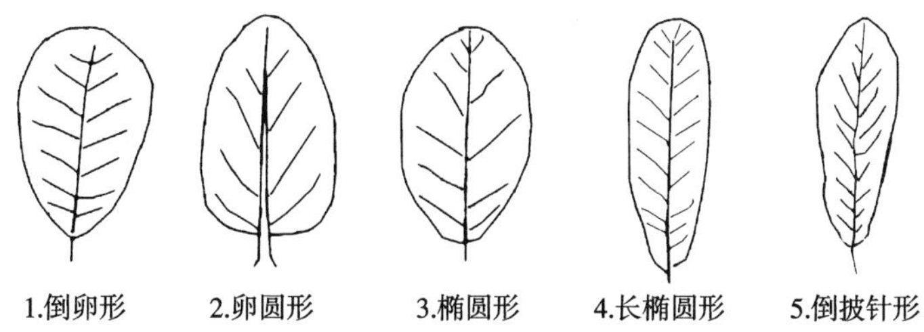

图 2 叶片形状

3.1.7 叶尖形状

采用 3.1.6 的样本，参照图 3，确定叶尖形状。分为：1. 截形；2. 钝尖；3. 急尖；4. 锐尖。

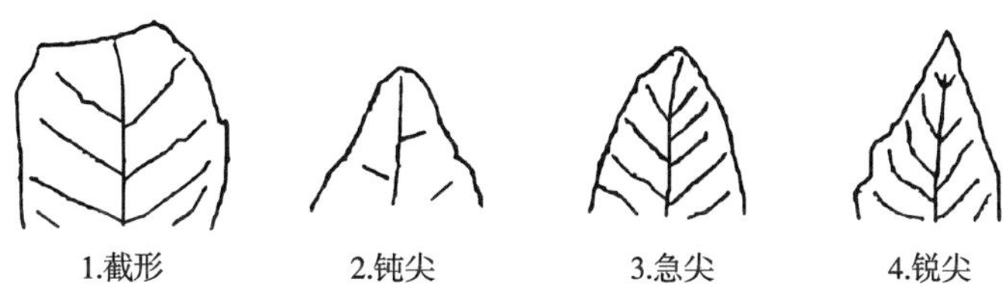

图 3 叶尖形状

3.1.8 叶基形状

采用 3.1.6 的样本，参照图 4，确定叶基形状。分为：1. 渐尖；2. 急尖；3. 截形；4. 其他。

图 4 叶基形状

3.1.9 叶缘形状

采用 3.1.6 的样本，参照图 5，确定叶缘形状。分为：1. 平滑；2. 波浪状；3. 极明显波浪状。

3.1.10 叶缘刺

采用 3.1.6 的样本，计数叶片每一侧缘叶缘刺的数量，结果用平均值表示，精确到 0.1。根据叶缘刺数量多少，分为：1. 无（<0.5）；2. 少（≥0.5，<7.2）；3. 较多（≥7.2，<25）；4. 多（≥25）。

3.1.11 嫩叶颜色

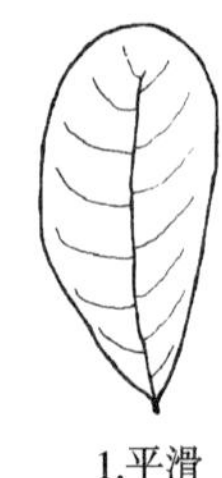
1.平滑

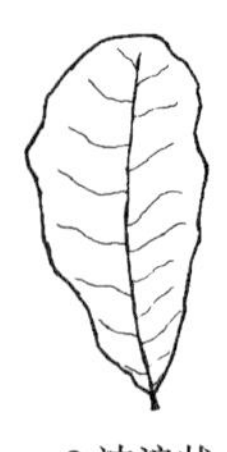
2.波浪状

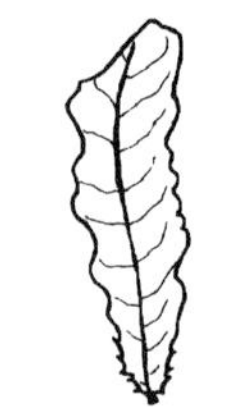
3.极明显波浪状

图5 叶缘形状

在树冠外围中上部随机选取生长正常的未成熟嫩叶60片，观察确定嫩叶颜色。分为：1. 浅绿；2. 绿；3. 粉红；4. 紫红；5. 其他。

3.1.12 成熟叶颜色

采用3.1.6的样本，观察确定成熟叶颜色。分为：1. 浅绿；2. 绿；3. 墨绿；4. 黄绿；5. 红褐；6. 其他。

3.1.13 叶面状态

采用3.1.6的样本，参照图6，确定叶面状态。分为：1. 平展（叶面平展，横断面呈直线状）；2. 下弯（叶面下弯或反卷，横断面呈弧形下弯或下卷）；3. 内弯（叶面内弯，横断面呈弧形或V形上弯）；4. 扭曲（叶面扭曲，横断面呈螺旋状扭曲）。

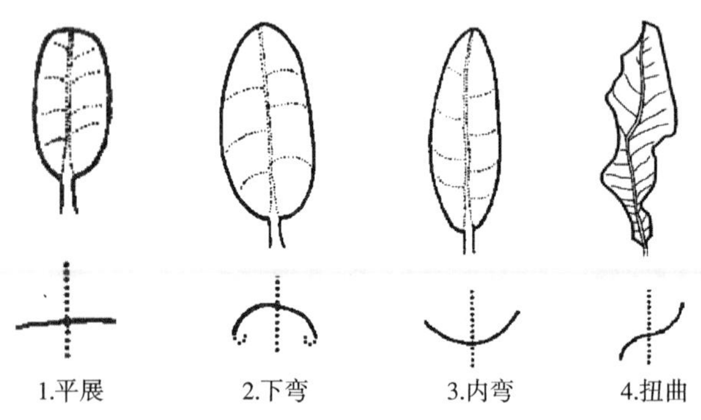

图6 叶面状态

3.1.14 小花颜色

在植株盛花期，从树冠外围随机选取生长正常的花序20个，观察确定小花颜色。分为：1. 白色；2. 乳白色；3. 粉红色；4. 其他。

3.1.15 小花开放顺序

采用3.1.14的样本，观察花序中小花的开放顺序。分为：1. 花轴基部的花先开，然后向顶端顺序推进，依次开放；2. 花轴中部的花先开，然后向两端推进，依次开放；3. 花轴顶端的花先开，然后向基部顺序推进，依次开放；4. 无规则。

3.2 生物学特性

3.2.1 树势

在新梢停止生长期，根据植株的生长势、叶幕层和新梢生长情况确定树势。分为：1. 弱；2. 中；3. 强。

3.2.2 新梢萌发期

定期观察全树新梢萌发情况，记录50%以上已萌发幼芽生长至约2 cm的日期。表示方法为“年月日”，记录格式为“YYYYMMDD”。春梢、夏梢、秋梢、冬梢各次梢分别记录，没有该次梢的记为0。

3.2.3 新梢老熟期

定期观察全树新梢生长情况，记录95%新梢的新叶稳定转为绿色的日期。表示方法为“年月日”，记录格式为“YYYYMMDD”。春梢、夏梢、秋梢、冬梢各次梢分别记录，没有该次梢的记为0。

3.2.4 新梢长度

在新梢停止生长后，随机选择20个新枝，测量其伸展长度。结果以平均值表示，精确到0.1 cm。

3.2.5 成熟枝条节间长度

在树冠外围的不同方位，选取5个成熟的春梢，分别测定其节间长度。结果以平均值表示，精确到0.1 cm。

3.2.6 叶片长度

采用3.1.6的样本，分别测量叶片从基部至叶尖的长度，结果以平均值表示，精确到0.1 cm。

3.2.7 叶片宽度

采用3.1.6的样本，分别测量叶片最大宽度，结果以平均值表示，精确到0.1 cm。

3.2.8 叶柄长度

采用3.1.6的样本，分别测量叶片的叶柄长度。结果以平均值表示，精确到1 mm。

3.2.9 花序长度

采用3.1.14的样本，分别测量花序主轴的长度。结果以平均值表示，精确到0.1 cm。

3.2.10 初花期

在花序萌发初期，从树冠中部外围随机选取生长正常的花序20个，定期观察，记录约有5%花朵开放的日期。表示方法为“年月日”，记录格式为“YYYYMMDD”。

3.2.11 盛花期

采用3.2.10的样本，定期观察，记录有25%～75%花朵开放的日期。表示方法为“年月日～年月日”，记录格式为“YYYYMMDD～YYYYMMDD”。

3.2.12 末花期

采用3.2.10的样本，定期观察，记录约有75%花朵开放的日期。表示方法为“年月日”，记录格式为“YYYYMMDD”。

3.2.13 有无多次开花

在正常生长和栽培管理条件下，观察植株有无多次开花现象。分为无(一年一次)、有(一年多次)。

3.2.14 坐果率

采用3.2.10的样本，在收获期记录每个花序最终坐果数量，计算坐果数占花序小花数量的百分率(%)。结果以平均值表示，精确到0.1%。

3.2.15 成熟果自然脱落状况

采用3.2.10的样本，在成熟期观察成熟果自然脱落状况。分为：1. 少量脱落；2. 脱落。

3.2.16 果实成熟期

观察植株果实成熟情况，记录全树有50%～80%果实成熟的时间。表示方法为“年月日～年月日”，记录格式为“YYYYMMDD～YYYYMMDD”。

3.2.17 单株产量

收获期测定单株带壳果鲜重。精确到0.1 kg。

3.3 果实性状

3.3.1 带皮果

3.3.1.1 果实重量

在果实成熟期，随机选取生长正常的成熟新鲜带皮果60个，分别称量各个果实的重量。结果以平均值表示，精确到0.1 g。

3.3.1.2 **果实大小**

采用 3.3.1.1 的样本，分别测量果实的纵径和横径，结果以平均值表示，精确到 0.1 mm。

3.3.1.3 **果皮颜色**

采用 3.3.1.1 的样本，观察每个果实的外果皮颜色。分为：1. 绿色；2. 亮绿色。

3.3.1.4 **果实腹缝线**

采用 3.3.1.1 的样本，观察果实外果皮的腹缝线是否明显。分为：1. 明显；2. 不明显。

3.3.1.5 **果皮光滑度**

采用 3.3.1.1 的样本，观察果实外果皮的光滑程度，确定果皮光滑度。分为：1. 光滑；2. 粗糙。

3.3.1.6 **果皮厚度**

采用 3.3.1.1 的样本，剥开果皮，测定果皮中部的厚度。结果以平均值表示，精确到 0.1 mm。

3.3.1.7 **果柄长度**

采用 3.3.1.1 的样本，测量每个果实的果柄长度。结果以平均值表示，精确到 1 mm。

3.3.1.8 **果颈**

采用 3.3.1.1 的样本，参照图 7，观察果颈有无及长短，确定果颈类型。分为：1. 无；2. 短；3. 长。

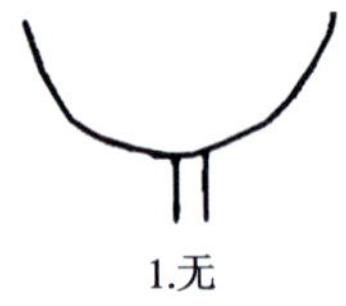

1.无

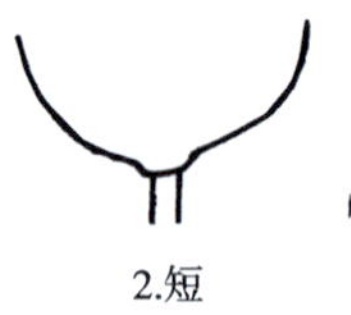

2.短

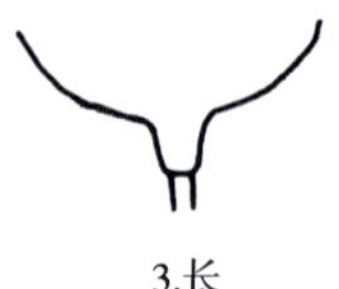

3.长

图 7 果 颈

3.3.1.9 **果实形状**

采用 3.3.1.1 的样本，参照图 8，观察确定果实形状。分为：1. 球形；2. 卵圆形；3. 椭圆形；4. 其他。

1.球形

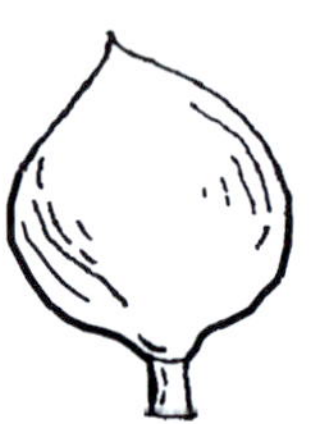

2.卵圆形

3.椭圆形

图 8 果实形状

3.3.1.10 **果顶形状**

采用 3.3.1.1 的样本，观察成熟带皮果的果顶形状，参照图 9，确定果顶形状。分为：1. 乳头状突起不明显；2. 乳头状突起明显；3. 乳头状突起极明显。

1.乳头状突起不明显

2.乳头状突起明显

3.乳头状突起极明显

图 9 果顶形状

3.3.2 **带壳果**

3.3.2.1 **壳果重量**

采用3.3.1.1的样本，去皮。将带壳果依次在38℃、45℃、60℃下分别干燥48 h，当果仁含水量降至(1.5±0.5)%时，把干燥的带壳果冷却降温，分别称量各个带壳果的重量。结果以平均值表示，精确到0.1 g。

3.3.2.2 壳果大小

采用3.3.2.1的样本，分别测量壳果的纵径和横径，结果以平均值表示，精确到0.1 mm。

3.3.2.3 果壳厚度

采用3.3.2.1的样本，剖开果壳，测量果壳中部的厚度。精确到0.1 mm。

3.3.2.4 果壳光滑度

采用3.3.1.1的样本，去皮。观察果壳的光滑程度。分为粗糙、光滑。

3.3.2.5 壳果形状

采用3.3.2.4的样本，参照图10，确定壳果形状。分为：1. 扁圆形；2. 圆球形；3. 卵圆形；4. 椭圆形；5. 半球形；6. 其他。

1.扁圆形

2.圆球形

3.卵圆形

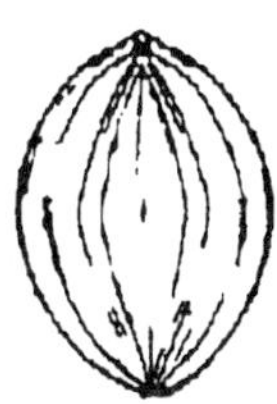
4.椭圆形

5.半球形

图10 壳果形状

3.3.2.6 果壳斑纹多少

采用3.3.2.4的样本，观察带壳果表面果实斑纹的多少。分为：1. 很少；2. 少；3. 多。

3.3.2.7 果壳斑纹分布

采用3.3.2.4的样本，观察带壳果表面果实斑纹的分布情况。分为：1. 集中在萌发孔附近；2. 集中在萌发孔附近及基部；3. 集中在中部；4. 集中在基部；5. 分散。

3.3.2.8 壳果腹缝线

采用3.3.2.4的样本，观察带壳果表面腹缝线的明显程度。分为：1. 不明显（呈不完整浅槽状或条纹状）；2. 明显（呈完整条纹状）；3. 极明显（呈完整槽状或沟状）。

3.3.2.9 萌发孔大小

采用3.3.2.4的样本，观察带壳果表面萌发孔的大小。分为：1. 小；2. 大。

3.3.3 果仁

3.3.3.1 果仁重量

采用3.3.2.1的样本，去壳。分别称量单个果仁重量，结果以平均值表示，精确到0.1 g。

3.3.3.2 果仁大小

采用3.3.3.1的样本，分别测量果仁纵径与横径。结果以平均值表示，精确到0.1 mm。

3.3.3.3 果仁颜色

采用3.3.3.1的样本，观察每个果仁的颜色。分为：1. 白色；2. 乳白色；3. 乳黄色；4. 其他。

3.3.3.4 出仁率

采用3.3.3.1的样本，分别称取果仁和带壳果重量。计算果仁重量占带壳果重量的百分率(%)，结果以平均值表示，精确到0.1%。

3.3.3.5 一级果仁率

采用3.3.3.1的样本，将处理所得果仁倒入清水中静置，把悬浮在水中和水面上的果仁与沉在水底的果仁捡出分开放置,用98%的乙醇脱水并分别称重,计算悬浮在水中和水面上的果仁重量占果仁总重量的百分率(%)。重量精确到0.1 g,一级果仁率精确到0.1%。

3.3.3.6 果仁含油率

采用3.3.3.1的样本,将处理所得果仁按GB/T 5512方法测定果仁含油率。

3.3.3.7 果仁蛋白质含量

利用3.3.3.1的样本,将处理所得果仁按GB/T 5009.5方法测定果仁蛋白质含量。

3.3.3.8 果仁可溶性糖含量

采用3.3.3.1的样本,将处理所得果仁按附录A方法测定果仁可溶性糖含量。

附　录　A
（规范性附录）
可溶性糖测定法

A.1　范围

本附录适用于澳洲坚果果仁可溶性糖的测定。

A.2　测定原理

在沸热条件下，用还原糖溶液滴定一定量的费林试剂时将费林试剂中的二价铜还原为一价铜，以亚甲基蓝为指示剂，稍过量的还原糖立即使蓝色的氧化型亚甲基蓝还原为无色的还原型亚甲基蓝。

A.3　仪器设备

a)　高速组织捣碎机；

b)　电热恒温水浴；

c)　1000 W 调温电炉；

d)　玻璃仪器：200 mL，250 mL 容量瓶；250 mL 锥形瓶；50 mL 碱式滴定管。

A.4　试剂配制

A.4.1　费林试剂甲

称取硫酸铜（$CuSO_4 \cdot 5H_2O$，分析纯）34.6 g 溶于水中，稀释至 500 mL，过滤，贮于棕色瓶内。

A.4.2　费林试剂乙

称取氢氧化钠 50 g 和酒石酸钾钠（$KNaC_4O_6H_4 \cdot 4H_2O$，分析纯）138 g 溶于水中，稀释至 500 mL，用石棉垫漏斗抽滤。

A.4.3　转化糖标准溶液

称取 9.5 g 蔗糖（分析纯）用水溶解后转入 1 000 mL 容量瓶中，加入 6 mol/L 的 HCl（分析纯）10 mL，加水至 100 mL。在 20℃～25℃下放置 3 d 或在 25℃保温 24 h，然后用水定容（此为酸化的 1% 转化糖液，可保存 3～4 个月）。测定时，取 1%转化糖液 25.00 mL 放入 250 mL 容量瓶中，加入甲基红指示剂 1 滴，用 1 mol/L 的 NaOH 溶液中和后用水定容，即为 1 mg/mL 转化糖标准溶液。

A.4.4　亚甲基蓝溶液

称取 0.5 g 亚甲基蓝（分析纯）溶于 100 mL 水中。

A.4.5　乙酸锌溶液

称取 21.9 g 乙酸锌[$Zn(OAC)_2 \cdot 2H_2O$，分析纯]溶于水中，加冰乙酸 3 mL，稀释至 100 mL。

A.4.6　亚铁氰化钾溶液

称取 10.6 g 亚铁氰化钾[$K_4Fe(CN)_6 \cdot 3H_2O$，分析纯]溶于水，稀释至 100 mL。

A.5　样品提取液制备

取待测样品适量，洗净，用不锈钢刀将可食部分切成适当小块充分混匀后，按四分法取样。称取 100 g 鲜样加入等重量的水，放入组织捣碎机中捣成 1∶1 匀浆，澳洲坚果果仁匀浆比例可适当调整。称取匀浆 25.0 g 或 50.0 g(相当于样品 12.5 g 或 25.0 g)放入 150 mL 烧杯中，含有机酸较多的材料加 0.5 g～2.0 g 粉状 $CaCO_3$ 调至中性(广范试纸检试)。用水将样液全部转入 250 mL 容量瓶中，并调整体积约为 200 mL。置(80±2)℃水浴保温 30 min，其间摇动数次，取出加入乙酸锌溶液及亚铁氰化钾溶液各 2 mL～5 mL，冷却至室温后，用水定容，过滤备用。

A.6 还原糖测定

A.6.1 费林试剂的标定

取费林试剂甲、乙各 5.00 mL 或在测定前先等体积混合后取 10.00 mL 混合液于 250 mL 锥形瓶中，放入玻璃珠 4 粒～5 粒，先加入比预测(按 A.6.2 进行预测)仅少 0.5 mL 的 1 mg/mL 转化糖标准液。将此混合液置 1 000 W 电炉上加热，使其在 2 min 左右沸腾，准确煮沸 2 min，此时不离开电炉，立即加入 0.5%亚甲基蓝指示剂 6 滴，并继续以每 4 s～5 s 一滴的滴速滴加标准糖液，直至二价铜离子完全被还原生成砖红色氧化亚铜沉淀，溶液蓝色褪尽为终点。用准确滴定标准糖液的毫升数 V_1，乘以标准糖液浓度(mg/mL)，即得 10 mL 费林试剂所相当的糖的毫克数。

注：无色的还原型亚甲基蓝极易被空气中的氧所氧化，应调节电炉温度使瓶内溶液始终保持沸腾状态，液面覆盖水蒸气不与空气接触。整个滴定过程锥形瓶不能离开电炉随意摇动。

A.6.2 预测

取费林试剂甲、乙各 5.00 mL 或 10.00 mL 混合液于 250 mL 锥形瓶中，由滴定管加入待测糖液约 15 mL，在电炉上加热至沸，约沸 15 s 后迅速滴加待测糖液，至呈现极轻微的蓝色为止，此时加入 0.5%亚甲基蓝指示剂 6 滴，继续滴加待测糖液，直至溶液蓝色褪尽为止，记下待测糖液的用量 V_2(毫升数)。

A.6.3 准确测定

取费林试剂甲、乙各 5.00 mL 或 10.00 mL 混合液加入锥形瓶中，由滴定管加入比预测仅少 0.5 mL 的待测糖液，并补加 V_1-V_2 毫升水(标定费林试剂所消耗的标准糖液毫升数 V_1 减去预测消耗的待测糖液毫升数 V_2，即为应补加水的毫升数)，使其与标定费林试剂时的反应体积一致。以下按费林试剂标定同样操作，继续滴至终点。前后沸热时间须在 3 min 左右。待测糖液消耗量应控制在 15 mL～50 mL 范围内，不能大于标定费林试剂所用标准糖液体积 V_1。否则应增减称样量重新制备待测液。

A.7 可溶性总糖测定

取已经制备的待测液 100 mL 于 200 mL 容量瓶中，加 6 mol/L 的 HCl 10 mL。在(80±2)℃水浴加热 10 min，放入冷水槽中冷却后，加甲基红指示剂 2 滴用 6 mol/L 的及 1 mol/ L 的 NaOH 溶液中和，用水定容。以下步骤同 A.6.2、A.6.3。

A.8 结果计算

A.8.1 计算式

a) 还原糖 X_1 按式(A.1)计算：

$$X_1=\frac{G}{V}\times\frac{250}{W\times1000}\times100 \quad\cdots\cdots(A.1)$$

式中：

X_1——还原糖(%，以转化糖计)；

G——10 mL 费林试剂相当的转化糖，单位为毫克(mg)；

V——准确滴定时所用待测液的体积，单位为毫升(mL)；

W——样品重量，单位为克(g)；

250——定容体积，单位为毫升(mL)；

1000——由毫克(mg)换算为克(g)。

b) 可溶性总糖 X_2按式(A.2)计算：

$$X_2 = \frac{G}{V} \times \frac{A}{W} \times \frac{250}{1000} \times 100 \quad \text{(A.2)}$$

式中：

X_2——还原糖(%,以转化糖计)；

A——稀释倍数；

其余符号同式(A.1)。

c) 非还原糖 X_3按式(A.3)计算：

$$X_3 = (X_2 - X_1) \times 0.95 \quad \text{(A.3)}$$

式中：

X_3——非还原糖(%,以蔗糖计)；

0.95——由转化糖换算成蔗糖的因数。

A.8.2 结果表示

测定结果精确到小数点后二位，两次平行试验结果相对相差，含量在5%以下的不得超过3%；含量在5%～10%的不得超过2%；含量在10%以上的不得超过1%。鲜样以鲜基表示，风干样以风干基表示。

注：还原糖及可溶性总糖也可用葡萄糖表示，费林试剂需另用葡萄糖标定，非还原糖用转化糖换算成蔗糖形式表示。

附加说明：

本标准的附录A为规范性附录。

本标准由中华人民共和国农业部农垦局提出。

本标准由农业部热带作物及制品标准化技术委员会归口。

本标准起草单位：中国热带农业科学院南亚热带作物研究所、国家重要热带作物工程技术研究中心、中国热带农业科学院热带作物品种资源研究所。

本标准主要起草人：邹明宏、陆超忠、梁李宏、杜丽清、曾辉、黄伟坚、罗炼芳、张汉周。

中华人民共和国农业行业标准

腰果种质资源鉴定技术规范

Technical code for evaluating germplasm of cashew

NY/T 1688—2009

1 范围

本标准规定了腰果(*Anacardium occidentale* L.)种质资源的植物学特征、生物学特性和果实性状的鉴定方法。

本标准适用于腰果种质资源的鉴定。

2 规范性引用文件

下列文件中的条款通过本标准的引用而成为本标准的条款。凡是注日期的引用文件,其随后所有的修改单(不包括勘误的内容)或修订版均不适用于本标准,然而,鼓励根据本标准达成协议的各方研究是否可使用这些文件的最新版本。凡是不注日期的引用文件,其最新版本适用于本标准。

GB/T 5009.5 食品中蛋白质的测定

GB/T 5512 粮食、油料检验 粗脂肪的测定方法

GB/T 6195 水果、蔬菜维生素C含量测定法(2,6-二氯靛酚滴定法)

GB/T 18010 腰果仁 规格

3 鉴定方法

3.1 植物学特征

3.1.1 树姿

选取有代表性的正常成年植株3株～5株,测量三个基部主枝中心轴线与主干夹角。依据平均值确定树姿。分为:Ⅰ.直立(<30°);Ⅱ.半开张(≥30°,<60°);Ⅲ.开张(≥60°)。

3.1.2 主干光滑度

采用3.1.1的样本,观察并触摸主干,确定主干光滑度。分为:Ⅰ.光滑(无明显裂隙、突起和凹陷,无粗糙感);Ⅱ.粗糙(有明显裂隙、突起和凹陷,有粗糙感)。

3.1.3 主枝分枝角度

采用3.1.1的样本,测量第一主枝中心轴线与主干夹角。参照图1确定主枝分枝角度。分为:Ⅰ.锐角(<90°);Ⅱ.钝角(≥90°)。

3.1.4 嫩枝颜色

在新梢生长期,在树冠中部外围随机选取20条嫩枝,观察嫩枝尚未木质化时的表皮颜色。分为:Ⅰ.绿色(淡绿色、绿色、深绿色);Ⅱ.红色(粉红色、红色、暗红色)。

3.1.5 嫩枝剥皮难易度

采用3.1.4的样本,手工剥离树皮,确定嫩枝剥皮难易度。分为:Ⅰ.难;Ⅱ.易。

中华人民共和国农业部2009-03-09发布 2009-05-01实施

图 1　主枝分枝角度

3.1.6　嫩枝伸展

采用 3.1.4 的样本，观察嫩枝分枝的角度，参照图 2，确定嫩枝伸展。分为：Ⅰ. 开展；Ⅱ. 紧凑。

图 2　嫩枝伸展

3.1.7　叶片形状

在树冠中部外围随机选取 10 条枝条，每枝条取从基部到顶部的第四至第五片成熟叶，共 20 片，参照图 3，确定叶片形状。分为：Ⅰ. 倒卵形；Ⅱ. 卵圆形；Ⅲ. 椭圆形；Ⅳ. 圆形；Ⅴ. 其他。

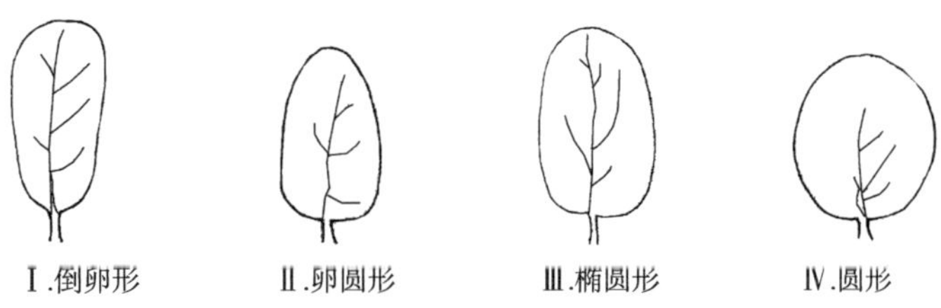

图 3　叶片形状

3.1.8　叶尖形状

采用 3.1.7 的样本，参照图 4，确定叶尖形状。分为：Ⅰ. 尖；Ⅱ. 圆；Ⅲ. 齿形。

图 4　叶尖形状

3.1.9　叶缘形状

采用 3.1.7 的样本，参照图 5，确定叶缘形状。分为：Ⅰ. 平滑；Ⅱ. 波浪状。

3.1.10　叶片横断面

采用 3.1.7 的样本，参照图 6 确定叶片横断面形状。分为：Ⅰ. 平展（叶面平展，横断面呈直线状）；Ⅱ. 下弯（叶缘下弯，横断面呈弧形下弯）；Ⅲ. 内弯（叶缘内弯，横断面呈弧形上弯）；Ⅳ. 扭曲（叶面扭曲，横断面呈螺旋状扭曲）。

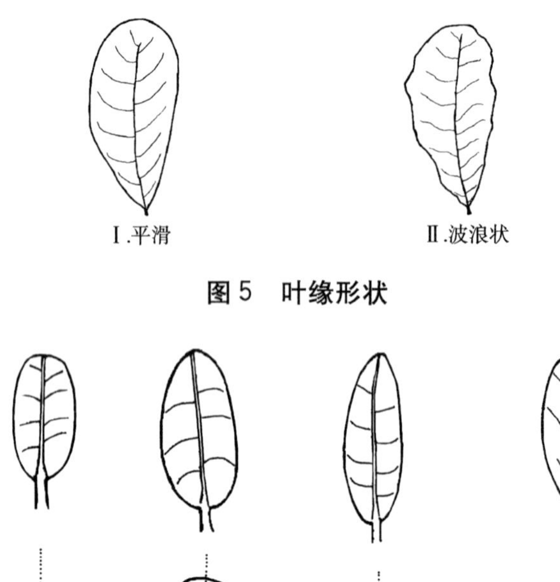

图5　叶缘形状

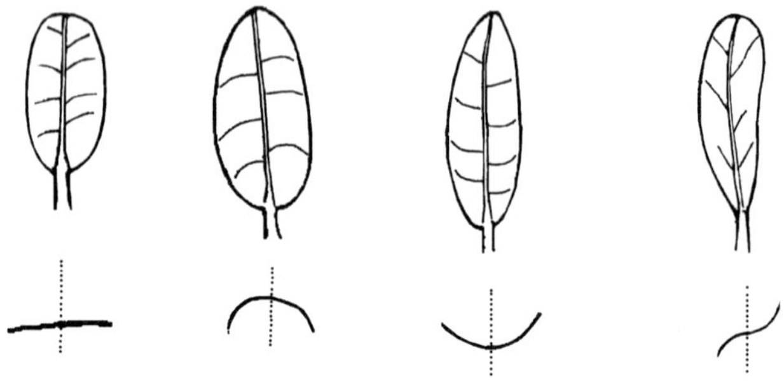

图6　叶片横断面

3.1.11　叶片(柄)着生角度

采用3.1.7的样本,参照图7,确定叶片(柄)着生角度。分为:Ⅰ.锐角(<90°);Ⅱ.钝角(>90°)。

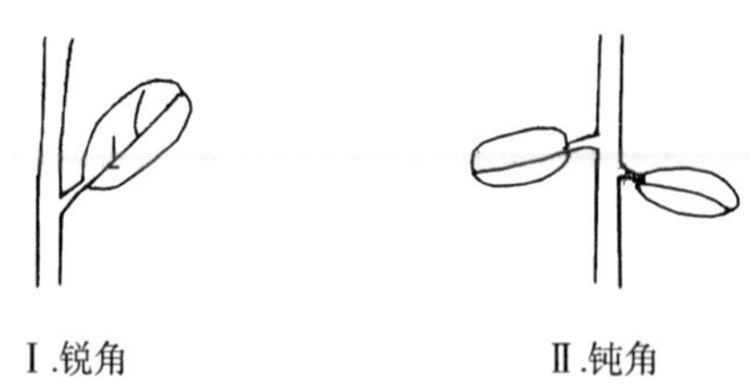

图7　叶片(柄)着生角度

3.1.12　叶脉对数

采用3.1.7的样本,计数每片叶的叶脉对数,计算平均值,结果保留到整数。

3.1.13　嫩叶颜色

在新梢生长期,在树冠中部外围随机选取嫩枝10条,每枝条取从顶部到基部的第二至第三片嫩叶,共20片,观察确定嫩叶颜色。分为:Ⅰ.淡黄色;Ⅱ.绿色;Ⅲ.橙色;Ⅳ.淡粉红色;Ⅴ.红色;Ⅵ.褐(棕)色;Ⅶ.古铜色;Ⅷ.其他。

3.1.14　成熟叶颜色

采用3.1.7的样本,观察确定成熟叶颜色。分为:Ⅰ.淡绿色;Ⅱ.绿色;Ⅲ.深绿色。

3.1.15　叶片气味

采用3.1.7的样本,柔碎后嗅闻叶片气味。分为:Ⅰ.芒果味;Ⅱ.松脂味;Ⅲ.其他。

3.1.16　花序形状

在植株盛花期,从树冠中部外围随机选取20个花序,参照图8,确定花序形状。分为:Ⅰ.圆锥形(狭金字塔形);Ⅱ.金字塔形;Ⅲ.宽金字塔形。

3.1.17　花序紧凑度

采用3.1.16的样本,观察花序上小花枝着生状态,确定花序紧凑度。分为:Ⅰ.松散;Ⅱ.紧凑。

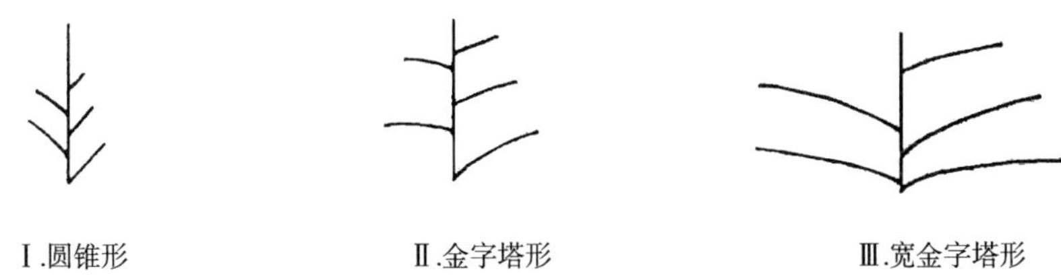

图 8　花序形状

3.1.18　**花序花枝类型**

采用 3.1.16 的样本，观察花序上花枝着生情况，确定花序花枝类型。分为：Ⅰ. 集中（花枝分布在主花轴四周）；Ⅱ. 两边（花枝沿主花轴两侧对生）。

3.1.19　**当天开花的花瓣颜色**

采用 3.1.16 的样本，于上午 9 时左右观察当天开放的两性花或雄花花瓣颜色，确定当天开花的花瓣颜色。分为：Ⅰ. 白色；Ⅱ. 乳白色；Ⅲ. 粉红色；Ⅳ. 其他。

3.1.20　**开花 2 d 后的花瓣颜色**

采用 3.1.16 的样本，在当天开放的两性花或雄花花瓣上做好标记，2 d 后观察花瓣颜色，确定开花 2 d 后的花瓣颜色。分为：Ⅰ. 白色；Ⅱ. 乳白色；Ⅲ. 粉红色；Ⅳ. 红色；Ⅴ. 其他。

3.2　**生物学特性**

3.2.1　**树势**

在第二次至第三次新梢生长期，根据植株的生长势、叶幕层确定树势。分为：Ⅰ. 弱；Ⅱ. 中；Ⅲ. 强。

3.2.2　**第一主枝高度**

采用 3.1.1 的样本，以地面为起点测量第一主枝高度，计算平均值，精确到 0.1 m。

3.2.3　**成熟枝条节间长度**

在树冠外围的不同方位，分别选取 5 条成熟枝条，共 20 条，测量从基部到顶部第四至第五片叶节间的长度。结果以平均值表示，精确到 0.1 cm。

3.2.4　**叶片长度**

采用 3.1.7 的样本，测量叶片从基部至叶尖的长度，结果以平均值表示，精确到 0.1 cm。

3.2.5　**叶片宽度**

采用 3.1.7 的样本，测量叶片最大宽度，结果以平均值表示，精确到 0.1 cm。

3.2.6　**花序长度**

采用 3.1.16 的样本，测量花序主轴的长度。结果以平均值表示，精确到 0.1 cm。

3.2.7　**花性比率**

在自然授粉条件下，分别在树冠中部外围的不同方位，随机选取 1 个花序，共 4 个，每个花序从第一朵花开放开始，记录每个花序中两性花、雄花及退化花数量，分别计算各种花占总花量的百分率（%）。结果以平均值表示，精确到 0.1%。

3.2.8　**初花期**

在花序萌发初期，从树冠外围随机选取 20 个花序，观察、记录约有 5%花朵开放的日期。表示方法为"年月日"，记录格式为"YYYYMMDD"。

3.2.9　**盛花期**

采用 3.2.8 的样本，观察、记录约有 25%～75%花朵开放的日期。表示方法为"年月日～年月日"，记录格式为"YYYYMMDD～YYYYMMDD"。

3.2.10　**末花期**

采用 3.2.8 的样本，观察、记录约有 75%花朵开放的日期。表示方法为“年月日”，记录格式为“YYYYMMDD”。

3.2.11 有无多次开花

在正常生长和栽培管理条件下，观察植株有无多次开花现象。分为：Ⅰ．无(一年一次)；Ⅱ．有(一年多次)。

3.2.12 果梨发育所需天数

采用 3.1.16 的样本，每个花序随机选择三个已经坐果的果实，观察果梨从坐果至发育成熟所需要的时间，单位为天，用 d 表示，精确到 1 d。

3.2.13 坐果率

采用 3.2.7 的样本，记录每个花序坐果数量，计算坐果数占两性花数量的百分率(%)。结果以平均值表示，精确到 0.1%。

3.2.14 果实成熟期

观察植株果实成熟情况，记录约有 50%～80%果实成熟并从树体掉落的时间。表示方法为“年月日～年月日”，记录格式为“YYYYMMDD～YYYYMMDD”。

3.3 果实性状

3.3.1 果梨

3.3.1.1 果梨重量

在果实收获期，随机选取 20 个成熟果实，用天平分别称取每个果梨重量。结果以平均值表示，精确到 0.1 g。

3.3.1.2 果梨大小

采用 3.3.1.1 的样本，参照图 9，分别测量每个果梨的纵径和横径。分别计算果梨纵径和横径的平均值，结果以平均值表示，精确到 0.1 cm。

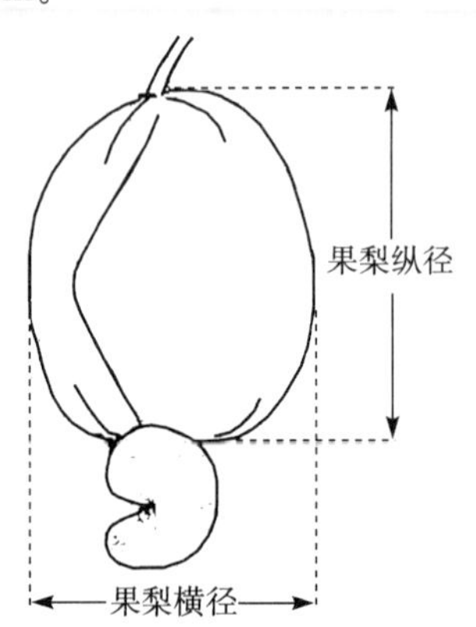

图 9 腰果果实

3.3.1.3 成熟果梨颜色

采用 3.3.1.1 的样本，观察果梨表皮，确定成熟果梨颜色。分为：Ⅰ．黄；Ⅱ．红黄杂色；Ⅲ．鲜红；Ⅳ．深红；Ⅴ．其他。

3.3.1.4 果梨形状

采用 3.3.1.1 的样本，参照图 10 确定果梨形状。分为：Ⅰ．圆柱形；Ⅱ．圆锥形；Ⅲ．梨形；Ⅳ．长梨形；Ⅴ．圆形；Ⅵ．扁圆形；Ⅶ．葫芦形；Ⅷ．其他。

3.3.1.5 果梨基部形状

采用 3.3.1.1 的样本，观察果梨基部形状，参照图 11，确定果梨基部形状。分为：Ⅰ．尖；Ⅱ．圆；Ⅲ．平；Ⅳ．斜平。

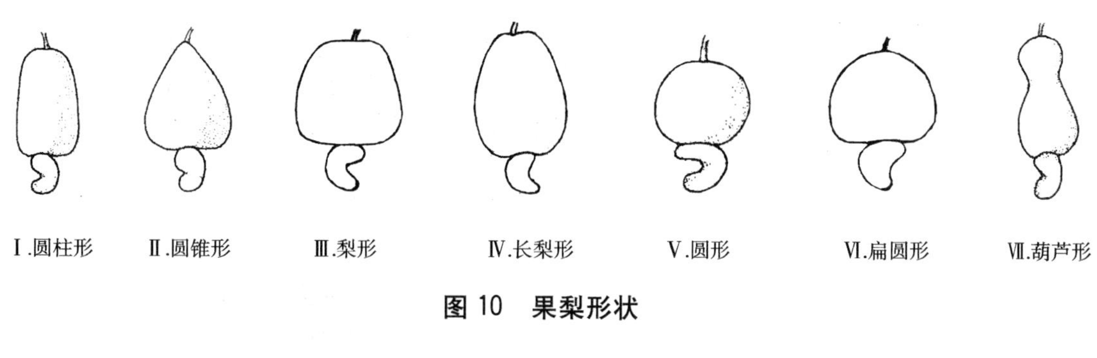

图 10　果梨形状

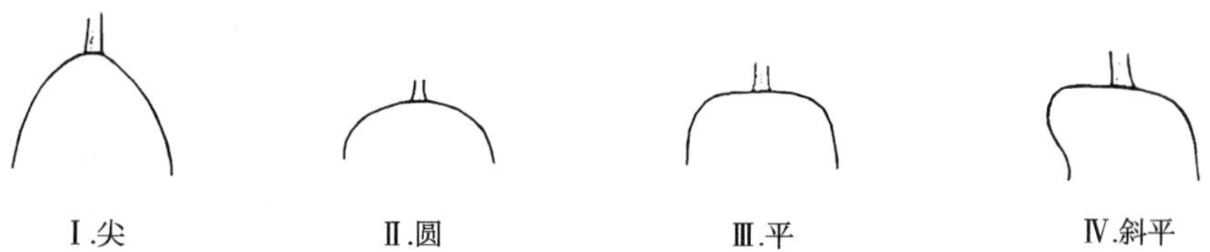

图 11　果梨基部形状

3.3.1.6　果梨顶部形状

采用 3.3.1.1 的样本，参照图 12，确定果梨顶部形状。分为：Ⅰ. 水平；Ⅱ. 倾斜。

图 12　果梨顶部形状

3.3.1.7　果梨脊

采用 3.3.1.1 的样本，参照图 13 果梨脊，观察果梨脊有无及完整性。分为：Ⅰ. 无；Ⅱ. 不完整；Ⅲ. 完整。

图 13　果梨脊

3.3.1.8　果梨顶部槽(沟)

采用 3.3.1.1 的样本，观察果梨顶部槽(沟)有无及深浅。分为：Ⅰ. 无；Ⅱ. 浅；Ⅲ. 深。

3.3.1.9　果梨顶部腔

采用 3.3.1.1 的样本，参照图 14，观察果梨顶部腔有无及深浅。分为：Ⅰ. 无；Ⅱ. 浅；Ⅲ. 深。

3.3.1.10　果梨果肉颜色

采用 3.3.1.1 的样本，切开果梨后，观察确定果梨果肉颜色。分为：Ⅰ. 白色；Ⅱ. 乳白色；Ⅲ. 黄色；Ⅳ. 其他。

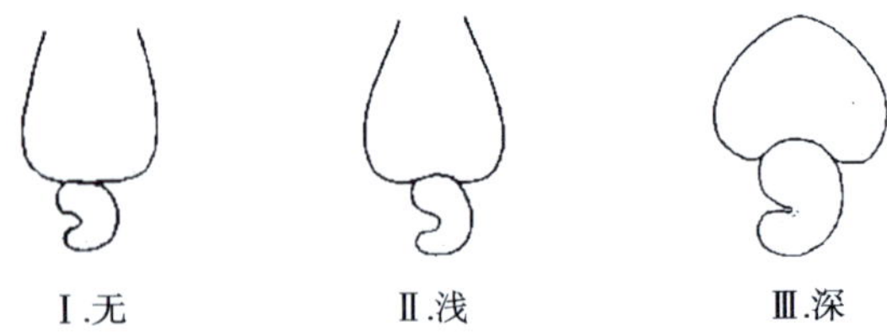

图 14 果梨顶部槽(沟)

3.3.1.11 果梨脱皮难易度

采用3.3.1.1的样本,人工剥离果梨外表皮,确定果梨脱皮难易程度。分为:Ⅰ. 容易;Ⅱ. 困难。

3.3.1.12 果梨果汁含量

随机选取10个成熟果梨,称重后记录重量;果梨榨汁后,收集果梨汁称重。重量精确到0.1g。计算果梨汁重量占果梨重量的百分率(%),精确到0.1%。

3.3.1.13 果梨汁可溶性糖含量

随机选取10个成熟果梨,按附录A方法测定果梨汁可溶性糖含量。

3.3.1.14 果梨汁可滴定酸含量

随机选取10个成熟果梨,按附录B方法测定果梨汁可滴定酸含量。

3.3.1.15 果梨汁维生素C含量

随机选取10个成熟果梨,按GB/T 6195方法测定果梨汁维生素C含量。

3.3.2 坚果

3.3.2.1 果梨与坚果比例

采用3.3.1.1的样本,摘下坚果后,用天平称量单个果梨和坚果的重量,精确到0.1 g。计算果梨重量占坚果重量的比例,结果以平均值表示,精确到0.1。

3.3.2.2 坚果的花柱痕

采用3.3.2.1的样本,观察坚果顶部花柱痕的大小状况。分为:Ⅰ. 小;Ⅱ. 大。

3.3.2.3 坚果重量

采用3.3.2.1的样本,用天平称量各个坚果的重量,结果以平均值表示,精确到0.1 g。

3.3.2.4 坚果大小

采用3.3.2.1的样本,用游标卡尺分别测量坚果的长度、宽度和厚度。分别计算坚果长度、宽度和厚度的平均值,精确到0.1 mm。

3.3.2.5 成熟坚果果壳颜色

采用3.3.2.1的样本,观察确定成熟坚果果壳颜色。分为:Ⅰ. 灰;Ⅱ. 灰白;Ⅲ. 暗黄(米色);Ⅳ. 粉红;Ⅴ. 深红;Ⅵ. 其他。

3.3.2.6 坚果形状

采用3.3.2.1的样本,参照图15,确定坚果的形状。分为:Ⅰ. 肾形;Ⅱ. 椭圆形;Ⅲ. 椭圆球形;Ⅳ. 其他。

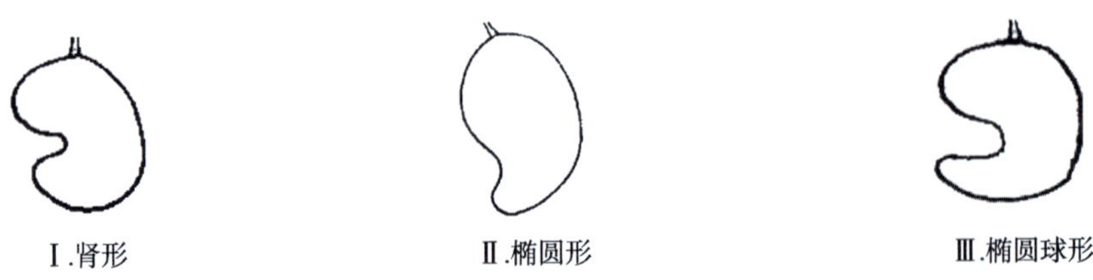

图 15 坚果形状

3.3.2.7 **坚果基部形状**

采用3.3.2.1的样本，参照图16，确定坚果基部的形状。分为：Ⅰ．圆形；Ⅱ．水平；Ⅲ．椭圆形；Ⅳ．角形。

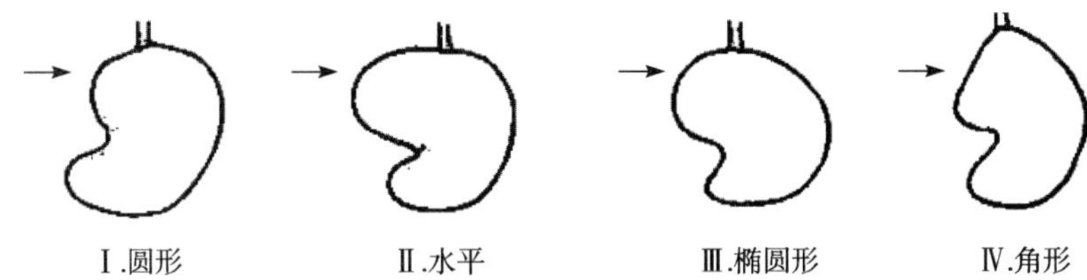

图16 坚果基部形状

3.3.2.8 **坚果顶部形状**

采用3.3.2.1的样本，参照图17，确定坚果顶部的形状。分为：Ⅰ．圆；Ⅱ．钝；Ⅲ．尖。

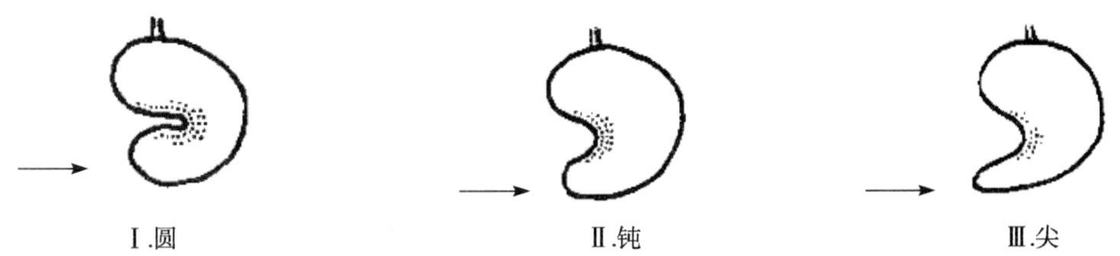

图17 坚果顶部形状

3.3.2.9 **坚果侧面形状**

采用3.3.2.1的样本，观察坚果侧面的形状，参照图18，确定其类别。分为：Ⅰ．平坦；Ⅱ．凸起；Ⅲ．圆形。

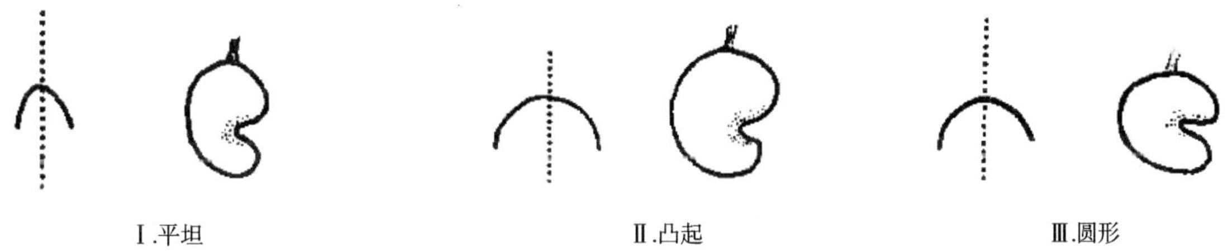

图18 坚果侧面形状

3.3.2.10 **坚果缝合线与顶点相对位置**

采用3.3.2.1的样本，参照图19，观察坚果缝合线与坚果顶点的相对位置。分为：Ⅰ．缝合线在顶点前面；Ⅱ．缝合线与顶点在同一条线上；Ⅲ．缝合线在顶点后面。

图19 坚果缝合性与顶点相对位置

3.3.2.11 **坚果缝合线形状**

采用3.3.2.1的样本，参照图20，观察坚果缝合线的形状，确定其类别。分为：Ⅰ．圆形（不明显）；Ⅱ．角形（明显）。

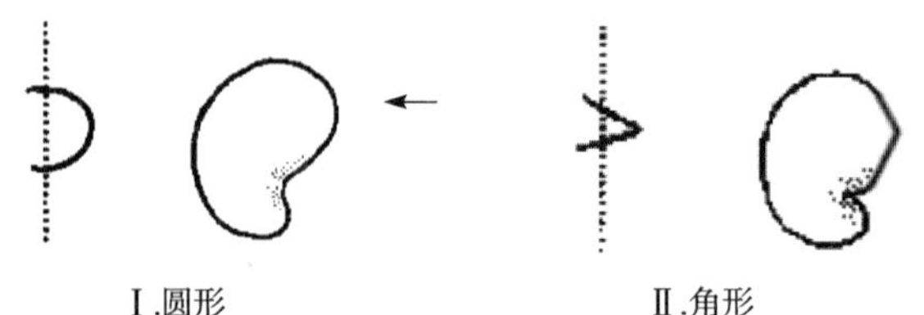

图 20　坚果缝合线形状

3.3.2.12　果壳壳液含量

在果实收获期，随机选取 10 kg 晒干的坚果，开壳后称量果壳的重量；果壳用榨油机榨出壳液后，再称量壳液的重量。重量精确到 0.1 kg。计算果壳壳液重量占果壳重量的百分率(%)，精确到 0.1%。

3.3.3　果仁

3.3.3.1　子叶槽(沟)

采用 3.3.2.1 的样本，去壳后剥去种皮，观察两片子叶间槽(沟)的深浅。分为：Ⅰ. 浅；Ⅱ. 深。

3.3.3.2　果仁重量

采用 3.3.2.1 的样本，去壳后用天平称量单个果仁重量(含种皮重量)，结果以平均值表示，精确到 0.1 g。

3.3.3.3　果仁大小

采用 3.3.3.2 的样本，参照图 21，用游标卡尺测量果仁长度、宽度和厚度。分别计算果仁长度、宽度和厚度的平均值，精确到 0.1 mm。

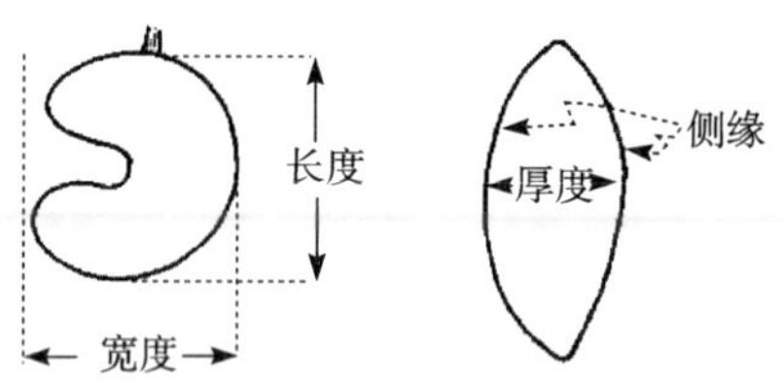

图 21　果仁大小

3.3.3.4　出仁率

采用 3.3.2.12 的样本，称量果仁重量(含种皮重量)。计算果仁重量占坚果重量的百分率(%)，精确到 0.1%。

3.3.3.5　整仁果仁等级

采用 3.3.2.12 的样本，按 GB/T 18010 方法划分整仁果仁等级。

3.3.3.6　果仁含油率

按 GB/T 5512 方法执行。

3.3.3.7　果仁蛋白质含量

按 GB/T 5009.5 方法执行。

附　录　A
（规范性附录）
可溶性糖测定法

A.1　范围

本附录适用于腰果果梨可溶性糖的测定。

A.2　测定原理

在沸热条件下，用还原糖溶液滴定一定量的费林试剂时将费林试剂中的二价铜还原为一价铜，以亚甲基蓝为指示剂，稍过量的还原糖立即使蓝色的氧化型亚甲基蓝还原为无色的还原型亚甲基蓝。

A.3　仪器设备

a. 高速组织捣碎机；

b. 电热恒温水浴；

c. 1 000 W 调温电炉；

d. 玻璃仪器：200 mL，250 mL 容量瓶；250 mL 锥形瓶；50 mL 碱式滴定管。

A.4　试剂配制

A.4.1　费林试剂甲

称取硫酸铜（$CuSO_4 \cdot 5H_2O$，分析纯）34.6 g 溶于水中，稀释至 500 mL，过滤，贮于棕色瓶内。

A.4.2　费林试剂乙

称取氢氧化钠 50 g 和酒石酸钾钠（$KNaC_4O_6H_4 \cdot 4H_2O$，分析纯）138 g 溶于水中，稀释至 500 mL，用石棉垫漏斗抽滤。

A.4.3　转化糖标准溶液

称取 9.5 g 蔗糖（分析纯）用水溶解后转入 1 000 mL 容量瓶中，加入 6 mol 分析纯 HCl10 mL，加水至 100 mL。在 20℃～25℃下放置 3 d 或在 25℃保温 24 h，然后用水定容（此为酸化的 1%转化糖液，可保存 3 个～4 个月）。测定时，取 1%转化糖液 25.00 mL 放入 250 mL 容量瓶中，加入甲基红指示剂 1 滴，用 1 mol NaOH 溶液中和后用水定容，即为 1 mg/ mL 转化糖标准溶液。

A.4.4　亚甲基蓝溶液

称取 0.5 g 亚甲基蓝（分析纯）溶于 100 mL 水中。

A.4.5　乙酸锌溶液

称取 21.9 g 乙酸锌[$Zn(OAC)_2 \cdot 2H_2O$，分析纯]溶于水中，加冰乙酸 3 mL，稀释至 100 mL。

A.4.6　亚铁氰化钾溶液

称取 10.6 g 亚铁氰化钾[$K_4Fe(CN)_6 \cdot 3H_2O$，分析纯]溶于水中，稀释至 100 mL。

A.5　样品提取液制备

取待测样品适量，洗净，用不锈钢刀将可食部分切成适当小块充分混匀后，按四分法取样。称取 100 g 鲜样加入等重量的水，放入组织捣碎机中捣成 1∶1 匀浆。称取匀浆 25.0 g 或 50.0 g（相当于样品

12.5 g或25.0 g)放入150 mL烧杯中,含有机酸较多的材料加0.5 g～2.0 g粉状$CaCO_3$调至中性(广范试纸检试)。用水将样液全部转入250 mL容量瓶中,并调整体积约为200 mL。置(80±2)℃水浴保温30 min,其间摇动数次,取出加入乙酸锌溶液及亚铁氰化钾溶液各2 mL～5 mL,冷却至室温后,用水定容,过滤备用。

A.6 还原糖测定

A.6.1 费林试剂的标定

取费林试剂甲、乙各5.00 mL,或在测定前先等体积混合后取10.00 mL混合液于250 mL锥形瓶中,放入玻璃珠4粒～5粒,先加入比预测(按A.6.2进行预测)仅少0.5 mL的1 mg/mL转化糖标准液。将此混合液置1 000 W电炉上加热,使其在2 min左右沸腾,准确煮沸2 min,此时不离开电炉,立即加入0.5%亚甲基蓝指示剂6滴,并继续以每4 s～5 s的滴速滴加标准糖液,直至二价铜离子完全被还原生成砖红色氧化亚铜沉淀,溶液蓝色褪尽为终点。用准确滴定标准糖液的毫升数V_1,乘以标准糖液浓度(mg/mL),即得10 mL费林试剂所相当的糖的毫克数。

注:无色的还原型亚甲基蓝极易被空气中的氧所氧化,应调节电炉温度使瓶内溶液始终保持沸腾状态,液面覆盖水蒸气不与空气接触。整个滴定过程锥形瓶不能离开电炉随意摇动。

A.6.2 预测

取费林试剂甲、乙各5.00 mL或10.00 mL混合液于250 mL锥形瓶中,由滴定管加入待测糖液约15 mL,在电炉上加热至沸,约沸15 s后迅速滴加待测糖液,至呈现极轻微的蓝色为止,此时加入0.5%亚甲基蓝指示剂6滴,继续滴加待测糖液,直至溶液蓝色褪尽为止,记下待测糖液的用量V_2(毫升数)。

A.6.3 准确测定

取费林试剂甲、乙各5.00 mL或10.00 mL混合液加入锥形瓶中,由滴定管加入比预测仅少0.5 mL的待测糖液,并补加V_1-V_2毫升水(标定费林试剂所消耗的标准糖液毫升数V_1减去预测消耗的待测糖液毫升数V_2,即为应补加水的毫升数),使其与标定费林试剂时的反应体积一致。以下按费林试剂标定同样操作,继续滴至终点。前后沸热时间须在3 min左右。待测糖液消耗量应控制在15 mL～50 mL范围内,不能大于标定费林试剂所用标准糖液体积V_1。否则应增减称样量重新制备待测液。

A.7 可溶性总糖测定

取已经制备的待测液100 mL于200 mL容量瓶中,加6 mol HCl 10 mL。在(80±2)℃水浴加热10 min,放入冷水槽中冷却后,加甲基红指示剂2滴,用6 mol及1 mol NaOH溶液中和,用水定容。以下步骤同A.6.2、A.6.3。

A.8 结果计算

A.8.1 计算式

a. 还原糖X_1(%)按式(A.1)计算:

$$X_1(\%,\text{以转化糖计})=\frac{G}{V}\times\frac{250}{W\times 1\,000}\times 100 \qquad \text{(A.1)}$$

式中:

X_1——还原糖(%,以转化糖计);

G——10 mL费林试剂相当的转化糖,单位为毫克(mg);

V——准确滴定时所用待测液的体积,单位为毫升(mL);

W——样品重量,单位为克(g);

250——定容体积,单位为毫升(mL);

1 000——由毫克(mg)换算为克(g)。

b. 可溶性总糖 X_2(%)按式(A.2)计算：

$$X_2(\%,以转化糖计)=\frac{G}{V}\times\frac{A}{W}\times\frac{250}{1\,000}\times 100 \quad\cdots\cdots\cdots\cdots\cdots\cdots\cdots\cdots \text{(A.2)}$$

式中：

X_2——还原糖(%，以转化糖计)；

A——稀释倍数；

其余符号同式(A.1)。

c. 非还原糖 X_3(%)按式(A.3)计算：

$$X_3(\%,以蔗糖计)=(X_2-X_1)\times 0.95 \quad\cdots\cdots\cdots\cdots\cdots\cdots\cdots\cdots \text{(A.3)}$$

式中：

X_3——非还原糖(%，以蔗糖计)；

0.95——由转化糖换算成蔗糖的因数。

A.8.2 结果表示

测定结果计算到小数点后二位，两次平行试验结果相对相差，含量在5%以下的不得超过3%；含量在5%～10%的不得超过2%；含量在10%以上的不得超过1%。鲜样以鲜基表示，风干样以风干基表示。

注：还原糖及可溶性总糖也可用葡萄糖表示，费林试剂需另用葡萄糖标定，非还原糖用转化糖换算成蔗糖形式表示。

附 录 B
（规范性附录）
可滴定酸度的测定

B.1 范围

本附录规定了腰果果梨汁可滴定酸度的两种测定方法，即电位滴定法和指示剂滴定法。

本附录适用于测定腰果果梨汁的可滴定酸度。电位滴定法为仲裁法，指示剂滴定法为常规法。指示剂滴定法不适用于浸出液颜色较深的试样。

B.2 样液制备

B.2.1 仪器

a. 高速组织捣碎机：10 000 r/min～12 000 r/min。

b. 架盘天平：感量 0.01 g。

c. 电热恒温水浴锅。

d. 移液管：50 mL。

e. 烧杯：100 mL、600 mL。

f. 容量瓶：250 mL。

g. 漏斗：直径 7 cm。

h. 锥形瓶：250 mL。

i. 快速滤纸：直径 12.5 cm。

B.2.2 制备方法

本试验用水应是不含二氧化碳的或中性蒸馏水，可在使用前将蒸馏水煮沸、放冷，或加入酚酞指示剂，用 0.1 mol/L 氢氧化钠溶液中和至出现微红色。

剔除试样的非可食部分（冷冻制品预先在加盖的容器中解冻），用四分法分取可食部分切碎混匀，称取 250 g，准确至 0.1 g，放入高速组织捣碎机内，加入等量水，捣碎 1 min～2 min。每 2 g 匀浆折算为 1 g 试样，称取匀浆 50 g～100 g，准确至 0.1 g，用 100 mL 水洗入 250 mL 容器瓶，置 75℃～80℃水浴上加热 30 min，其间摇动数次，取出冷却，加水至刻度，摇匀过滤。

B.3 测定方法

B.3.1 电位滴定法

B.3.1.1 原理

试样浸出液用 0.1 mol/L 氢氧化钠标准溶液进行电位滴定，以 pH 8.1 为滴定终点。

B.3.1.2 试剂

pH 4.01 标准缓冲液（25℃）。

pH 9.18 标准缓冲液（25℃）。

氢氧化钠（GB 629）标准溶液：c(NaOH)＝0.1 mol/L，参照 GB 601《标准溶液的制备方法》准确标定。

B.3.1.3 仪器

a. 酸度计：用 pH 4.01 标准缓冲液校正后，测定 pH 9.18 标准缓冲液，pH 测定误差不大于 0.05。

b. 玻璃电极和甘汞电极。

c. 磁力搅拌器。

d. 搅拌棒。

e. 移液管：50 mL、100 mL。

f. 烧杯：100 mL、250 mL。

g. 滴定管：碱式，10 mL、25 mL。

B.3.1.4 测定步骤

用 pH 4.01 和 pH 9.18 标准缓冲液按仪器说明书校正酸度计。

根据预测酸度，用移液管吸取 50 mL 或 100 mL 试样浸出液（见 B.2.2），放入适当大小的烧杯中，使氢氧化钠标准溶液的滴定体积不小于 5 mL。

将盛样液的烧杯置于磁力搅拌器上，放入搅拌棒，插入玻璃电极和甘汞电极，滴定管尖端插入样液内 0.5 cm～1 cm，在不断搅拌下用氢氧化钠溶液迅速滴定至 pH 6，而后减慢滴定速度。当接近 pH 7.5 时，每次加入 0.1 mL～0.2 mL，并于每次加入后记录 pH 读数和氢氧化钠溶液的总体积，继续滴定至少 pH 8.3，在 pH(8.1±0.2) 的范围内，用内插法求出滴定至 pH 8.1 所消耗的氢氧化钠溶液体积。

B.3.2 指示剂滴定法

B.3.2.1 原理

试样浸出液以酚酞为指示剂，用 0.1 mol/L 氢氧化钠标准溶液滴定。

B.3.2.2 试剂

氢氧化钠标准溶液：0.1 mol/L（见 B.3.1.2）。

酚酞指示剂：10 g/L 的 95%(V/V)乙醇(GB 697)溶液。

B.3.2.3 仪器

a. 移液管：50 mL、100 mL。

b. 锥形瓶：150 mL、250 mL。

c. 滴定管：碱式，10 mL、25 mL。

B.3.2.4 测定步骤

根据预测酸度，用移液管吸取 50 mL 或 100 mL 样液（见 B.2.2），加入酚酞指示剂 5 滴～10 滴，用氢氧化钠标准溶液滴定，至出现微红色 30 s 内不退色为终点，记下所消耗的体积。

注：如果样液滴定至接近终点时出现黄褐色，这时可加入样液体积的 1 倍～2 倍热水稀释，加入酚酞指示剂 0.5 mL～1 mL，再继续滴定，使酚酞变色易于观察。

B.4 测定结果的计算

B.4.1 计算公式

a. 试样的可滴定酸度(A_1)以每 100 g 或 100 mL 中氢离子毫摩尔数表示，按式(B.1)计算：

$$A_1[\mathrm{mmol}/100\ \mathrm{g(mL)}] = \frac{c \times V_1}{V_0} \times \frac{250}{m(V)} \times 100 \quad \cdots\cdots (B.1)$$

式中：

A_1——试样的可滴定酸度，单位为 mmol/100 g(mL)；

c——氢氧化钠标准溶液摩尔浓度；

V_1——滴定时所消耗的氢氧化钠标准溶液体积，单位为 mL；

V_0——吸取滴定用的样液体积，单位为 mL；

$m(V)$——试样质量，单位为 g；或试样体积，单位为 mL；

250——试样浸提后定容体积，单位为 mL。

b. 试样的可滴定酸度(A_2)以苹果酸的百分含量表示,按式(B.2)计算:

$$A_2(\%)=\frac{c\times V_1\times 0.067}{V_0}\times\frac{250}{m(V)}\times 100 \quad \text{(B.2)}$$

式中:

A_2——试样的可滴定酸度,以苹果酸的百分含量(%)表示;

0.067——换算为苹果酸克数的系数。

其余符号同式(B.1)。

B.4.2 结果表示

同一试样取两个平行样测定,以其算术平均值作为测定结果。用每 100 g 或 100 mL 中氢离子毫摩尔数表示的,保留一位小数;用酸的百分含量表示的,保留两位小数。

B.4.3 允许差

两个平行样的测定值相差不得大于平均值的 2%。

注:报告检验结果应注明所用的测定方法。

附加说明:

本标准中附录 A、附录 B 为规范性附录。

本标准由中华人民共和国农业部农垦局提出。

本标准由农业部热带作物及制品标准化技术委员会归口。

本标准起草单位:中国热带农业科学院南亚热带作物研究所、国家重要热带作物工程技术研究中心、中国热带农业科学院热带作物品种资源研究所。

本标准主要起草人:邹明宏、陆超忠、梁李宏、杜丽清、曾辉、黄伟坚、罗炼芳、张汉周。

中华人民共和国农业行业标准

红江橙主要病虫害防治技术规程

Technical criterion of hongjiang orange pest control

NY/T 1806—2009

1 范围

本标准规定了红江橙生产上的主要病虫害防治技术。

本标准适用于红江橙产区的红江橙生产。

2 规范性引用文件

下列文件中的条款通过本标准的引用而成为本标准的条款。凡是注日期的引用文件，其随后所有的修改单(不包括勘误的内容)或修订版均不适用于本标准，然而，鼓励根据本标准达成协议的各方研究是否可使用这些文件的最新版本。凡是不注日期的引用文件，其最新版本适用于本标准。

GB 4285 农药安全使用标准

GB 8321 农药合理使用标准

NY/T 795 红江橙苗木繁育规程

NY/T 975 柑橘栽培技术规程

3 红江橙主要病虫害防治

3.1 防治原则

贯彻"预防为主，综合防治"的方针。判别红江橙主要病虫害，参见附录 A，并根据病虫害的发生规律，综合协调农业、生物、物理和化学防治措施。使用农药应符合 GB 4285 和 GB/T 8321 的规定。禁止使用农药应按附录 B 规定执行。

3.2 黄龙病防治技术

3.2.1 果园规划

新建果园与感病果园应保持 1 000 m 以上的间隔距离。

3.2.2 严格检疫

种苗应符合 NY/T 795 规定，并严格检疫，杜绝带病种苗进入新种植区。

3.2.3 挖除病株

经诊断确定为黄龙病株的，先用杀虫剂扑杀木虱，并立即彻底挖除。

3.2.4 防治柑橘木虱

柑橘木虱(*Diaphorina citri*)是传播黄龙病的介体昆虫。在新梢萌发初期和冬季进行全园喷洒杀虫剂防治木虱，推荐使用药剂主要有：10%吡虫啉可湿性粉剂 800 倍液，3%啶虫脒乳油 800 倍液。在果园周围栽种防护林和对木虱有驱避作用的植物。

3.2.5 推行适度密植

中华人民共和国农业部 2009 - 12 - 22 发布　　2010 - 02 - 01 实施

采取宽行窄株种植，即在保持足够行距的前提下，适当提高株距的种植密度。提倡行距为 4 m，株距为 1.5 m～2.0 m，种植密度为每公顷 1 250 株～1 650 株。

3.2.6 加强水肥管理

参照 NY/T 975 标准执行，加强果园的土、肥、水管理，增强红江橙的树势，提高树体的抗病和耐病能力。

3.3 衰退病防治技术

3.3.1 严格检疫

种苗应符合 NY/T 795 规定，对母本园种质材料定期监检，并严格检疫，杜绝带病种苗传入新区。

3.3.2 挖除病株

经诊断确定为衰退病株的，先用杀虫剂扑杀蚜虫，并尽快彻底铲除。

3.3.3 使用脱毒种苗

选用酸橘、红橘耐病砧木，种植脱毒无病苗。

3.3.4 防治传毒蚜虫

在红江橙生长期应及时防治传播衰退病的各种蚜虫，特别应防治好橘蚜。推荐使用药剂主要有：50%辟蚜雾可湿性粉剂 2 000 倍～3 000 倍液，10%吡虫啉可湿性粉剂 2 000 倍液，27.5%油酸烟碱乳剂 500 倍液，2.5%鱼藤精乳油 800 倍液等。

3.3.5 加强水肥管理

参照 NY/T 975 标准执行，并施用有机生物肥，加强水肥管理，增强红江橙树势，提高树体的抗病和耐病能力。

3.4 溃疡病防治技术

3.4.1 严格检疫

培育种苗按 NY/T 795 的规定执行。调运和使用种苗，严格控制病苗、病果、病枝、病叶等从病区传到非病区。

3.4.2 清除病源

在每次新梢萌发前剪除有病枝叶，集中深埋或烧毁；在结果期应及时剪除感病严重的病枝和病果。

3.4.3 科学放梢

抹除零星萌发的新梢，避免在多风雨的时段放夏梢；在春、夏、秋梢萌发前施用促梢肥，集中促放新梢；在每批新梢自剪后及时追肥和喷施根外肥，促使新梢加快转绿，减少溃疡病侵染的机会；在果园四周和主要路段设置防风林，减轻强风对新梢的损伤。

3.4.4 化学防治

春、夏、秋季新梢萌发期、幼果膨大期或大风雨后，及时喷施 0.5%波尔多液，或 30%氧氯化铜悬浮剂 700 倍液，或 72%农用链霉素 3 000 倍液等 1 次～2 次。同时在新梢萌发期间，喷药 2 次～3 次防治潜叶蛾、凤蝶等害虫，减少虫害伤口，避免病菌从伤口侵入。推荐使用药剂有：98%巴丹可湿性粉剂 1 500倍～2 000 倍液，20%灭多威乳油 1 500 倍～2 000 倍液，2.5%溴氰菊酯 3 000 倍～4 000 倍液，2.5%三氟氯氰菊酯乳油 3 000 倍～4 000 倍液等。

3.5 裙腐病防治技术

3.5.1 农业措施

选用酸橘、红橘等抗病砧木，种植时嫁接口位置，应离地面 10 cm 以上。加强田间管理，及时排清积水，保持树干(树头)清洁；环割促花的刀具要注意消毒；防止田间作业对树干的损伤。

3.5.2 化学防治

经常检查果园发病情况，发现病情，寻找出病斑，把根颈病部土壤扒开，用利刀刮去发病组织及病健交界处组织，深达木质部，然后涂药治疗。可连续涂药2次～3次，直至将伤口治愈，再填回新土。推荐使用涂剂主要有：25%瑞毒霉锰锌可湿性粉剂400倍液，90%乙磷铝可溶性粉剂200倍液，90%乙磷铝可湿性粉剂100倍液加鲜牛粪制浆，80%大生M45可湿性粉剂300倍液加2%腐殖酸钠加泥制浆等。

3.6 炭疽病防治技术

3.6.1 加强管理

合理配套排水工程，及时排除积水。参照NY/T 975标准，施用有机生物肥，避免偏施氮肥，适当增施磷、钾肥及微肥，增强树势，提高抗病力。

3.6.2 清除病源

结合修剪，剪除病果、病枝，集中深埋或烧毁；及时清除落叶落果，减少初侵染来源。

3.6.3 化学防治

在春、夏、秋梢嫩叶期和谢花至幼果期，各喷1次～2次药剂保护。推荐使用药剂主要有：0.5%波尔多液，50%甲基托布津可湿性粉剂800倍～1 000倍液，40%灭病威胶悬剂500倍液，65%代森锌可湿性粉剂600倍液，50%代森铵水剂800倍液，50%退菌特可湿性粉剂500倍～800倍液，50%多菌灵可湿性粉剂800倍液。

3.7 树脂病防治技术

3.7.1 农业防治

加强栽培管理，重视增施采果前后肥，保持良好树势，提高抗病力。夏、秋天为保护树干，防止日灼伤，在盛暑前用白涂剂刷白树干(白涂剂用生石灰5 kg、食盐0.5 kg、动物油75 g，水20 kg～25 kg配制而成)。

3.7.2 喷药保护

在春梢萌发前、落花2/3时以及幼果期各喷1次药，以保护枝梢和果实。推荐使用药剂主要有：0.5%波尔多液，50%甲基托布津可湿性粉剂500倍～800倍液，50%多菌灵可湿性粉剂600倍～800倍液，50%退菌特可湿性粉剂600倍～800倍液。

3.7.3 病树治疗

在发现初病树时，应及早剪除病枝或把病部组织刮除，伤口用1%硫酸铜或4%～10%冰醋酸消毒，再涂药治疗。推荐使用涂剂主要有：50%多菌灵可湿性粉剂100倍～200倍液，浓度为1波美度的石硫合剂，50%退菌特可湿性粉剂200倍～300倍液。

3.8 螨类防治技术

3.8.1 农业防治

结合冬季清园，剪除病虫枝叶、过密枝，减少越冬虫源，推迟发虫高峰期；增施有机肥，避免偏施氮肥，在梢叶转绿后，喷施叶面肥，促进新叶整齐老熟；种植豆科绿肥或实行园地生草栽培；干旱时在果园喷淋水，保持果园有一定的湿润度，以不利于螨虫繁衍。

3.8.2 生物防治

在果园内外种植藿香蓟(白花草)等有利于天敌繁衍的植物，以保护草蛉、食螨瓢虫、蓟马、多毛菌等天敌；在春、秋梢叶片物候稳定时(红蜘蛛和锈蜘蛛等害螨发生盛期)，在果园放养捕食螨，以螨治螨。为有效控制害螨，应勿滥用菊酯类、铜制剂等对天敌伤害较重的农药。

3.8.3 化学防治

以红江橙园的甜橙型分离枝(株)作重点观测对象(没发现甜橙型分离枝的，也可选红江橙枝)，从4月开始检查果园，随机抽查果和叶若干，以平均每个放大镜视野有螨卵达6个或2头成螨时即必须喷药，以均匀喷洒防治。为防止害螨的抗药性发生，必须轮换使用农药。

推荐使用药剂主要有：5%噻螨酮乳油2 000倍液，20%螨克乳油1 000倍～1 500倍液，1.8%阿维菌素乳油2 000倍～3 000倍液，70%克螨特乳油1 500倍液，机油乳剂200倍～400倍液，50%苯丁锡可湿性粉剂 1 500 倍～2 000 倍液等。

3.9 潜叶蛾防治技术

3.9.1 农业防治

在新梢盛发期抹除过早、过迟抽发的零星不整齐的嫩梢，中断或限制害虫食料来源，以控减害虫数量；通过虫情测报，选择在害虫发生低峰期统一放梢；采取"一梢三肥"法促放新梢，即分别在放梢前 15 d 施促梢肥，在放梢前 2 d～3 d 施攻梢肥，在放梢后 3 d～4 d 施壮梢肥。

3.9.2 化学防治

采取"一梢三药"法治蛾护梢，即在新梢长出 0.5 cm～1.0 cm 时实施第 1 次喷药，以后隔 7 d～10 d 喷药 1 次，连喷 2 次～3 次。喷药时间较宜选择蛾虫活动高峰期的黄昏。推荐药剂主要有：1.8%阿维菌素乳油 3 000 倍～4 000 倍液，98%巴丹可湿性粉剂 1 500 倍～2 000 倍液，10%吡虫啉可湿性粉剂 1 500倍液，10%氯氰菊酯乳油 2 000 倍液，25%杀虫双水剂 800 倍液，80%敌百虫可溶性粉剂 800 倍液等。

3.10 白粉虱防治技术

3.10.1 农业措施

科学密植，结合修枝整形，营造良好的通风透光环境。清除果园周围的勾簕等寄主植物，减少虫源。

3.10.2 药剂防治

监测虫情，应在若虫盛发期至初龄幼虫出现高峰期施药。幼虫羽化为成虫后，根据害虫易迁飞扩散的特点，必须采取成片连防连治的办法。推荐使用药剂有：10%吡虫啉可湿性粉剂 1 000 倍～1 500 倍液，48%毒死蜱乳油 800 倍液，25%噻嗪酮可湿性粉剂 1 000 倍液等。

3.11 矢尖蚧防治技术

3.11.1 清除虫源

结合冬剪，剪除病虫枝、荫蔽枝、干枯枝，集中烧毁，减少越冬虫源。在盛果期，经常查园，将矢尖蚧为害的枝果及时清理，防止其扩展为害。

3.11.2 保护天敌

保护利用蚜小蜂、日本方头甲等寄生和捕食性天敌，以控制矢尖蚧的繁衍为害。

3.11.3 化学防治

调查虫情，针对第 1 代初孵 1 龄～2 龄若虫，抓紧喷药防治。虫情较轻果园，根据矢尖蚧初发阶段，呈星点分布特点，应采取单株挑治的办法。虫情严重的果园，视虫害发生分布情况，采取集中扑杀的办法实施喷药，并于 7 d 后重复喷药 1 次。推荐使用药剂有：48%毒死蜱乳油 800 倍液，40%速扑杀乳油 1 000倍液，25%噻嗪酮可湿性粉剂 800 倍液，20%松脂合剂 10 倍～15 倍液，机油乳剂 200 倍液等。

3.12 星天牛防治技术

3.12.1 人工捕杀

在 5 月～6 月星天牛成虫发生盛期，组织人力于中午前后捕杀成虫，及在夜晚用灯光引诱捕杀。巡视果园，发现产卵痕迹，用小刀刮挖出虫卵，并将其戳死。根据排屑孔排出的木屑颜色、粗细、湿润度判断蛀食部位后，用钢丝插入蛀道刺杀或钩出幼虫。

3.12.2 阻止产卵

在星天牛产卵前的春季，用生石灰 10 kg、硫黄粉 1 kg、牛胶 0.5 kg，加水 40 kg 均匀搅拌配制成白涂剂，自主干基部围绕树干涂刷 0.5 m～1.0 m 高，以防止星天牛产卵。

3.12.3 化学防治

对已蛀入木质部的幼虫，可用锥子裹小棉球蘸药剂放入蛀道内熏杀，或用注射器向虫道里注入药剂毒杀。推荐使用药剂主要有：80%敌敌畏乳油，40%乐果乳油，48%毒死蜱乳油等的 10 倍～20 倍液。

附 录 A
（资料性附录）
红江橙主要病虫害症状

A.1 黄龙病

黄龙病（huanglongbing，HLB），又名黄梢病，是红江橙生产中一种毁灭性病害。红江橙易感黄龙病，主要种植区均有传播蔓延。

黄龙病的病原为韧皮部杆菌（*Candidatus liberobacter asiaticum* Jagoueix et al）。发病初期，树冠上一至几个枝条的叶片出现均匀黄化的"黄梢"，常常在夏、秋梢表现明显。病枝的病叶为花叶黄化、叶脉肿大、叶角夹小。有些叶片从叶脉基部和边缘开始黄化，形成不规则的黄绿相间的斑驳。在病枝上再抽发的新梢叶片，其主、侧脉附近保持绿色，叶肉黄化，类似缺锌、缺锰病状。病叶早落，枝条枯死。春天提前开花，花量多而结实少。果小，果蒂附近提早变橙红色或畸形，病树新根少，并出现烂根。

病原通过带病的接穗、苗木和带菌的柑橘木虱传播。田间近距离的传播是由带菌的柑橘木虱引起的，远距离的传播主要通过带病的接穗和苗木调运，新区或新果园病害主要来自带病的接穗及苗木。

A.2 衰退病

衰退病（tristeza）是一种线状病毒（*Citrus tristeza disease virus*，CTV），大小为 2 000 μm×（10～12）μm。该病在全世界普遍发生，红江橙受该病的为害较普遍。

植株开始发病时新梢抽发少，老叶失去光泽，主侧脉附近明显黄化，类似缺素症状，不久脱落，病枝从上向下枯死，病树生长慢慢衰退，表现缓慢的凋萎，有时病的叶片可以突然萎蔫，但不脱落。枝条去皮后木质部可见大量虚线状的凹陷。

苗木、接穗是初次侵染的主要来源，橘蚜、棉蚜、橘二叉蚜等是传播媒介。一般用酸橙作砧木的红江橙高度感病，用酸橘、红橘作砧木的较耐病不易表现症状。

A.3 溃疡病

溃疡病（canker）是由地毯草黄单胞杆菌（*Xanthomonas axonopodis* pv. *citri*）引起的红江橙检疫性病害。该病可为害红江橙的枝、叶、果，造成植株落叶、枝枯、落果，引起减产、降低果实品质。

受害病叶开始在叶背出现淡黄色针头大小的油渍状的斑点，继而发展成近圆形、淡褐色或褐色病斑，病斑在叶正、背两面隆起，呈近圆形木栓化，四周有黄色或黄绿色晕圈，以后病斑中心向下陷而破裂，呈溃疡状。病枝、病果与病叶的症状相似。

A.4 裙腐病

裙腐病（foot rot）又称脚腐病，由寄生疫霉菌（*Phytophthora parasitica* Dastur）侵染引起。该病在高温多雨季节、树兜下陷、土壤黏重、排水不良而积水和树皮受伤的情况下极易发生。

病部常呈不规则的黄褐色水渍状腐烂，有酒糟味，天气潮湿时，病部常流出胶液，干燥时，病斑开裂变硬结成块，而后扩展到形成层，甚至木质部。导致树上的叶片变黄、落叶、树木枯死。

A.5 炭疽病

炭疽病（colletotrichum）病原属半知菌亚门真菌（*Colletotrichum gloeosporioides* Penz）。该病是红

江橙常见的病害。常造成大量落叶,枝条枯死,大量落果和果实腐烂。

叶片上病斑常发生于边缘和叶尖,圆形或不规则形,黄褐色,正背面散生黑色小点呈同心圆排列。枝条发病时,由上而下枯死,叶片脱落,或萎干暂留枝条上。果实染病,可分两种类型。干斑类型在比较干燥的条件下发生,病斑黄褐色,凹陷,革质。果腐型多在贮运期发生,多半从蒂部或近蒂部开始,病斑褐色,逐渐扩展,终导致全果腐烂。

A.6 树脂病

树脂病(melanose)又叫流胶病。有性世代属子囊菌亚门真菌[*Diaporthe citri*(Faw.)Wolf],无性世代属子囊壳球形真菌(*Phomopsis citri* Fawcett)。

病菌侵染枝条时叫树脂病,为害叶片和小枝称沙皮病,发生在果实叫蒂腐病。严重时,可使枝条和整株树枯死,甚至造成果园被毁。在贮运过程中,常造成大量烂果。

枝干受害,在病健交界处常有小滴树脂渗出,并有一条黄褐色或黑褐色明显隆起的带痕,有时流胶并有腥臭味,受害部位可见到许多小黑点。病部皮层坏死,并侵害木质部,呈浅灰褐色。田间叶片和果实受害病部表面有许多黑色硬胶质小粒点,呈“沙皮”或“黑点”状,果实贮运期侵染为害发生果实蒂腐。

A.7 红蜘蛛

红蜘蛛(*Panonychus citri* McGregor)又称全爪螨。红蜘蛛的成、若螨均吸食红江橙的叶片、小枝、花蕾和果实的汁液。叶片受害呈灰白色的斑点,失去光泽,严重时会导致叶片脱落。

A.8 锈蜘蛛

锈蜘蛛(*Phyllocoptruta oleivora* Ashmead)又称锈壁虱,主要为害红江橙的叶片和果实,吸食嫩枝、嫩叶和果实的汁液,破坏其细胞。受害后的果实,称为“黑皮果”。

A.9 潜叶蛾

潜叶蛾(*Phyllocnistis citrella* Stainton)又名绘图虫,是为害红江橙嫩梢、叶片最严重的害虫之一。该虫以幼虫潜入嫩枝、嫩叶表面下蛀食,形成白色弯曲虫道,使叶片卷曲变形,影响树势和抽梢,为害的伤口,容易受溃疡病菌的侵入,常引起溃疡病的大发生。

A.10 白粉虱

白粉虱(*Dialeurodes citri* Ashmead)属同翅目、粉虱科,具两对白色的翅。主要为害红江橙的枝、叶、果。常群集于叶背(阴暗的地方)为害,并诱发煤烟病,产生类红菌体,使树体的生长和果实的发育受到抑制,至使树势衰退。

A.11 矢尖蚧

矢尖蚧(*Unaspis yanonensis* Kuwana)又名矢尖介壳虫。以雌成虫、若虫固着于叶片、果实和嫩梢上吸食汁液,被害处形成黄斑,导致叶片畸形、卷曲、枝叶干枯。果实受害处成黄绿色,外观果质变差。严重影响树势、产量和果实品质,还可诱发烟煤病。在红江橙主产区均有分布,其发生期为每年的5月~10月。

A.12 星天牛

星天牛(*Anoplophora chinensis* Forster)属鞘翅目、天牛科,又名花牯牛、盘根虫。每年发生一代,以幼虫在树干基部或主根内越冬。幼虫为害主干基部和主根,侵入木质部蛀成虫道及蛹室,严重的可导致植株枯死。

附 录 B
（规范性附录）
柑橘生产中禁止使用的农药

农业部公告规定：六六六，滴滴涕，毒杀芬，二溴氯丙烷，杀虫脒，二溴乙烷，除草醚，艾氏剂，狄氏剂，汞制剂，砷类，铅类，敌枯双，氟乙酰胺，甘氟，毒鼠强，氟乙酸钠，毒鼠硅，甲胺磷，甲基对硫磷，对硫磷，久效磷，磷胺23种农药禁止使用；甲拌磷，甲基异柳磷，特丁硫磷，甲基硫环磷，治螟磷，内吸磷，克百威，涕灭威，灭线磷，硫环磷，蝇毒磷，地虫硫磷，氯唑磷，苯线磷禁止在蔬菜、果树、茶叶、中草药材上使用。

附加说明：
本标准的附录A为资料性附录，附录B为规范性附录。
本标准由中华人民共和国农业部提出。
本标准由农业部热带作物及制品标准化技术委员会归口。
本标准起草单位：广东省湛江农垦局、广东省农业科学院植物保护研究所。
本标准主要起草人：文尚华、李敦松、张伟雄。

中华人民共和国农业行业标准

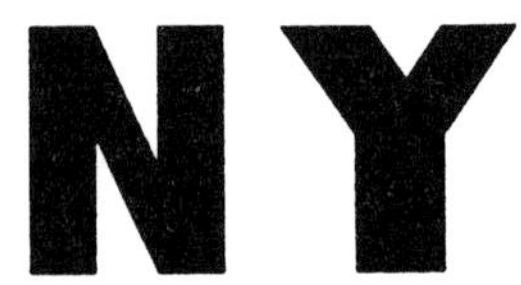

番木瓜　种苗

Papaya seedling

NY/T 1438—2007

1　范围

本标准规定了番木瓜(*Cacrica papaya* L.)种苗的术语和定义、要求、试验方法、检测规则、包装、标签和运输。

本标准适用于番木瓜种苗。

2　规范性引用文件

下列文件中的条款通过本标准的引用而成为本标准的条款。凡是注日期的引用文件,其随后所有的修改单(不包括勘误的内容)或修订版均不适用于本标准,然而,鼓励根据本标准达成协议的各方研究是否可使用这些文件和最新版本。凡是不注日期的引用文件,其最新版本适用于本标准。

GB/T 3543.5　农作物种子检验规程　真实性和品种纯度鉴定

GB 9847—1988　苹果苗木

中华人民共和国国务院令　1992 年第 98 号《植物检疫条例》

中华人民共和国农业部令　1995 年第 5 号《植物检疫条例实施细则(农业部分)》

3　术语和定义

下列术语和定义适用于本标准。

3.1

种苗　seedling

种子播种后萌发可以用于大田定植的幼苗。

3.2

叶片数　leaf number

植株上生长正常的完全展开叶片的数量。

4　要求

4.1　外观

植株生长正常,无机械性损伤,叶片浓绿;种苗的苗龄春夏播苗≥40 d,秋播苗≥60 d,炼苗时间不少于 10 d;出圃时营养袋(杯)完好,营养土完整不松散。

4.2　疫情

无检疫性病虫害。

4.3　质量

中华人民共和国农业部 2007-09-14 发布　　2007-12-01 实施

种苗质量应符合表1的规定。

表1 种苗质量指标

项 目	等 级		
	一级	二级	三级
种苗高,cm	≥18.0	≥15.0	≥12.0
种苗粗,cm	≥0.50	≥0.40	≥0.30
叶片数,片	≥6	5	4
品种纯度,%	≥98.0		

5 试验方法

5.1 外观检验

植株外观、营养袋(杯)、营养土的完整度用目测法检验,苗龄根据育苗档案核定。

5.2 疫情检验

按中华人民共和国国务院令1992年第98号和中华人民共和国农业部令1995年第5号中有关规定进行。

5.3 质量检验

5.3.1 种苗高度

用钢卷尺测量营养土面至种苗顶端的高度,单位为厘米(cm),保留一位小数。

5.3.2 种茎粗度

用游标卡尺测量离营养土面1 cm处种苗的直径,单位为厘米(cm),保留两位小数。

5.3.3 叶片数

用目测法观测,记录叶片的数量。

将检测结果记入附录B规定的表B.1中。

5.3.4 纯度检验

按照GB/T 3543.5 规定执行。采用田间小区的植株鉴定法,将样品按附录A逐株检验,根据其品种的主要特征,记录本品种的植株数、其他品种或变异植株的数量,并计算百分率。纯度按公式(1)计算。

$$X=\frac{A}{B}\times 100 \quad \cdots\cdots (1)$$

式中:

X——品种纯度,单位为%;

A——样品中本品种株数,单位为株;

B——鉴定总株数,单位为株。

计算结果保留一位小数。

6 检测规则

6.1 组批

同品种、同一产地、同一批种苗作为一个检验批。种苗在出圃前现场检验。

6.2 抽样

按GB 9847中6.2的规定进行,采用随机抽样法。种苗基数在1 000株以下(含1 000株),按基数的10%抽样,并按公式(2)计算抽样量;种苗基数在1 000株以上时,按公式(3)计算抽样量。具体计算公式如下：

$$n_1 = N \times 10\% \quad (2)$$

$$n_2 = 100 + (N \times 2\%) \quad (3)$$

式中：

n_1——1 000 株以下的抽样数；

n_2——1 000 株以上的抽样数；

N——具体株数。

计算结果保留整数。

7 判定规则

7.1 一级苗评判

同一批检验种苗中，允许有 5%的种苗低于一级苗标准，但应达到二级苗标准，超过此范围，则为二级苗。

7.2 二级苗评判

同一批检验种苗中，允许有 5%的种苗低于二级苗标准，但应达到三级苗标准，超过此范围，则为三级苗。

7.3 三级苗评判

同一批检验种苗中，允许有 5%的种苗低于三级苗标准，超过此范围，该批种苗为不合格种苗。

7.4 复检规则

如果对检验结果产生异议，允许采用备用样品（如条件允许，可再抽一次样）复检一次，复检结果为最终结果。

8 包装、标签和运输

8.1 包装

种苗销售或调运时应包装完好，包装容器应方便、牢固。

8.2 标签

种苗销售或调运时应附有质量检验证书和标签。推荐的检验证书参见附录 C，推荐的标签参见附录 D。

8.3 运输

种苗在运输装卸过程中，应注意防止日晒、雨淋，用有篷车运输。当运到目的地后立即卸苗，置于荫棚或阴凉处，并及早定植。

附 录 A
（规范性附录）
番木瓜主要品种特征

A.1 穗中红 48：株型偏矮，茎干偏细，幼苗期红色，大田植株灰绿色。叶略小，缺刻较多而略深，色绿，叶端稍下垂，叶柄短，黄绿色。

A.2 苏鲁(Solo)：植株粗壮。单果较小，平均果重约 500 g，果肉深橙色、肉厚、质细滑、糖分高、气味芬芳。

A.3 美中红：该品种株高 153 cm～156 cm，茎粗 29 cm～32 cm，叶片数 70 片～74 片，主要结果株占 90%以上。单株当年平均产果 22 个～25 个，单果重 400 g～700 g。

A.4 优 8：株型较矮，平均株高 120 cm～145 cm，茎干适中，茎周 27 cm～28 cm，灰绿色，叶形略小，缺刻多，色绿偏深，叶端较平直，叶柄短。单果重 1 000 g～1 400 g。

A.5 泰国红肉：茎干灰绿色，较细而韧。叶大，缺刻少而深。雌花的果实呈心形，两性花果实长圆形，果中等大，成熟时黄红色，果肉厚，红色，肉质滑，味清甜。

A.6 台农 5 号：株高 114 cm～185 cm，矮生，离地约 56 cm 即开始结果。叶柄长约 67 cm，叶柄紫红色，抗病能力强，耐病毒病和轮点病。果实中雌性果纺锤形，单果重约 550 g。

A.7 日升：株高约 100 cm，叶柄长约 65 cm，早熟。属小果型，果实长圆形，果沟不明显，雌果近球形，两性果洋梨形，单果重约 400 g，果肉红色，单株挂果数 30 个～40 个，挂果株 80%以上。

附　录　B
（资料性附录）
番木瓜种苗质量检测记录

表 B.1　番木瓜种苗质量检测记录表

品　　种：________　　　　No.：________
育苗单位：________　　　　购苗单位：________
出圃株数：________　　　　抽检株数：________

样 株 号	种苗高度 cm	种苗粗度 cm	叶片数 片	初评级别

审核人（签字）：　　　　校核人（签字）：　　　　检测人（签字）：　　　　检测日期：　年　月

附　录　C
（资料性附录）
番木瓜种苗质量检验证书

表 C.1　番木瓜种苗质量检验证书

No. ________________

育苗单位		购苗单位	
出圃株数		种苗品种	
品种纯度			
检验结果	一级：　　株；　　二级：　　株；　　三级：　　株；		
检验意见			
证书签发期		证书有效期	
检验单位			
注：本证一式三份，育苗单位、购苗单位、检验单位各一份。			

审核人（签字）：　　　　　　　　校核人（签字）：　　　　　　　　检测人（签字）：

附 录 D
(资料性附录)
番木瓜种苗标签

番木瓜种苗标签见图 D.1(单位:cm)

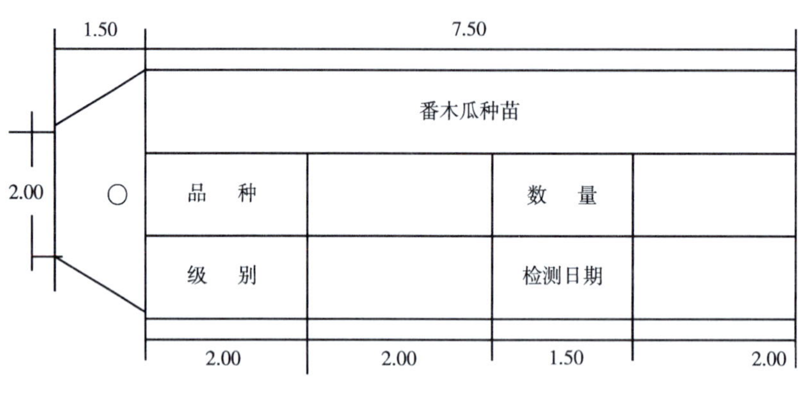

正 面

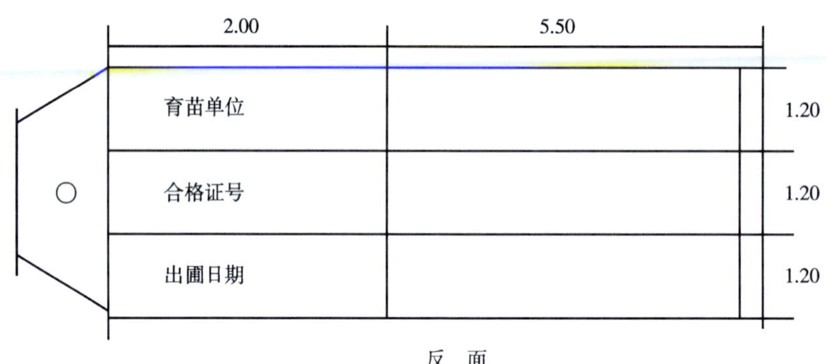

反 面

注:标签用 150 g 的牛皮纸。标签孔用金属包边。

图 D.1 番木瓜种苗标签

附加说明:

本标准的附录 A 为规范性附录,附录 B、附录 C 和附录 D 为资料性附录。

本标准由中华人民共和国农业部提出。

本标准由农业部热带作物及制品标准化技术委员会归口。

本标准起草单位:农业部热带作物种子种苗质量监督检验测试中心。

本标准主要起草人:张如莲、谢振宇、洪彩香、龙开意、漆智平。

中华人民共和国农业行业标准

番木瓜病虫害防治技术规范

Technical criterion of papaya pest control

NY/T 1697—2009

1 范围

本标准规定了番木瓜(*Carica papaya* Linn.)病虫害防治技术规范的术语和定义、防治对象及防治要求等技术。

本标准适用于我国番木瓜主要病虫害的防治。

2 规范性引用文件

下列文件中的条款通过本标准的引用而成为本标准的条款。凡是注日期的引用文件,其随后所有的修改单(不包括勘误的内容)或修订版均不适用于本标准。然而,鼓励根据本标准达成协议的各方研究是否可使用这些文件的最新版本。凡是不注日期的引用文件,其最新版本适用于本标准。

NY/T 227 复合微生物肥料

3 术语和定义

下列术语和定义适用于本标准。

3.1

真菌病害 fungal disease

由病原真菌引起的植物病害。

3.2

细菌病害 bacteria disease

由病原细菌引起的植物病害。

3.3

病毒病害 virus disease

由植物病毒寄生引起的病害。

3.4

线虫病害 nematode disease

由植物寄生线虫侵袭和寄生引起的植物病害。

3.5

生理性病害 physiological disease

由环境中不适合的化学或物理因素直接或间接引起的病害。

3.6

总体措施 general measures

中华人民共和国农业部 2009-03-09 发布　　2009-05-01 实施

指番木瓜病虫害防治上通用的防治方法。

3.7

具体措施　practical measures

指番木瓜病虫害防治上针对具体病虫害的操作方法。

3.8

安全间隔期　preharvest interval

最后一次施药至作物收获时允许的间隔天数。

4　防治对象

4.1　番木瓜主要病害

番木瓜主要病害及各病害的病原和症状特点参见附录A。

4.2　番木瓜主要害虫

番木瓜害虫名录及主要害虫的形态特征和为害状参见附录B。

5　防治要求

5.1　防治原则

贯彻"预防为主,综合防治"的植保方针,以改善番木瓜园生态环境为核心,加强栽培管理为基础,搞好果园清洁,选用抗病虫、耐病虫的优良品种,注意保护天敌,综合应用各种防治措施。

5.2　农业防治

5.2.1　选用抗病虫能力强的优良品种。

5.2.2　培育健苗壮苗。

5.2.3　搞好果园清洁。经常巡查,及时灭除果园内外杂草,摘除枯枝、残叶、残果集中烧毁或深埋,减少初侵染源。

5.2.4　园内合理间作,适当疏植(推荐株行距:1.5 m×2.35 m)。注意瓜园内通风透光,避免过度密植,创造良好的生态环境,利于保护天敌。

5.2.5　加强田间肥水管理,搞好果园的排水系统,避免积水。氮、磷、钾肥应合理搭施,避免偏施氮肥,增施有机肥和复合微生物肥。促进植株健壮生长,增强植株抗病虫害的能力。

5.2.6　番木瓜瘤肿病属于缺硼的生理性病害,要及时补充硼元素。在植株现蕾时,于植株旁挖一小穴,每穴施硼砂2 g～5 g或硼酸3 g,1～2次。或用0.12%硼酸喷洒叶面,每隔7 d喷1次,连喷3～5次。

5.3　生物防治

保护和利用天敌。采用助育和人工饲放天敌控制害虫,利用昆虫性外激素诱杀或干扰成虫交配。

5.4　物理防治

通过灯光诱杀、人工捕捉、果实套袋等措施防治病虫害。

5.5　化学防治

5.5.1　本标准推荐的药剂是经我国农药管理部门登记允许使用的。当新的有效农药出现或者新的管理规定出台时,以最新的规定为准。

5.5.2　宜使用生物源农药、矿物源农药以及低毒低残留农药。

5.5.2.1　杀虫剂:克螨特、啶虫脒、苏云金杆菌、灭蚧、农地乐、蚧敌、扑虱灵、敌百虫、阿维菌素、多虫清、鱼藤酮、除虫菊、吡虫啉等。

5.5.2.2　杀菌剂:甲基托布津、多菌灵、粉锈宁、腈菌唑、戊唑醇、甲霜灵·锰锌、波尔多液、农用链霉素、乙磷·锰锌、普力克、大生、施保功、特克多、咪鲜胺、敌力脱、百菌清、施保克、三唑酮、噻菌灵、灭病威等。

5.5.3 限用中等毒性有机农药:毒死蜱、抗蚜威、敌敌畏、溴氰菊酯、乐果、米乐尔、杀虫双、速螨酮等。

5.5.4 不应使用国家严令禁止的农药:敌枯双、二溴氯丙烷(DBCP)、普特丹、培福朗、18%蝇毒磷乳粉、六六六和滴滴涕、二溴乙烷(EDB)、杀虫脒、氟乙酰胺、艾氏剂和狄氏剂、汞制剂、毒鼠强、甘氟、甲胺磷、甲基对硫磷、对硫磷、久效磷、磷胺、甲拌磷、甲基异柳磷、特丁硫磷、甲基硫环磷、治螟磷、内吸磷、克百威、涕灭威、灭线磷、硫环磷、蝇毒磷、地虫硫磷、氯唑磷、苯线磷等。

5.5.5 **主要病害的化学防治**

5.5.5.1 真菌病害化学防治

5.5.5.1.1 **采后果腐病** 果实用46℃~48℃、含1 000 μg/L特克多或500 μg/L咪鲜胺的热水浸泡20 min,也可用含这些药剂剂量的54℃热水喷雾处理3 min。

5.5.5.1.2 **炭疽病** 用70%甲基托布津可湿性粉剂800~1 000倍液,或40%灭病威悬浮液250~300倍液,或50%多菌灵可湿性粉剂800倍液,或50%施保功可湿性粉剂1 500~2 500倍液,在发病季节每隔10 d~15 d喷药1次,连续3次。药剂轮换使用。

5.5.5.1.3 **叶斑病** 发病初期用80%大生可湿性粉剂500~600倍液,或70%甲基托布津可湿性粉剂600倍液喷雾,每隔7d~10d喷1次,连施2~3次。

5.5.5.1.4 **白粉病** 发病期间定期喷胶体硫250倍液,或0.2~0.3波美度石硫合剂,或25%粉锈宁可湿性粉剂1 500倍液,或43%戊唑醇悬浮剂4 000倍液,或12.5%腈菌唑乳油1 000倍液。

5.5.5.1.5 **根腐病** 用72.2%普力克水剂4 000倍液或50%多菌灵可湿性粉剂500倍液对初发病植株灌根,每隔10 d 1次,连续2~3次。

5.5.5.1.6 **疫病** 发病初期喷洒58%甲霜灵·锰锌可湿性粉剂600倍液或72%霜脲锰锌可湿性粉剂500倍液。

5.5.5.1.7 **黑腐病** 用72.2%普力克水剂4 000倍液或50%多菌灵可湿性粉剂500倍液对初发病植株灌根,每隔10 d 1次,连续2~3次。

5.5.5.1.8 **霜疫病** 发病初期喷洒58%甲霜灵·锰锌可湿性粉剂600倍液,或70%乙磷·锰锌可湿性粉剂500倍液,或72%杜邦克露可湿性粉剂600倍液,或50%安克可湿性粉剂800倍液。

5.5.5.2 **细菌病害化学防治** 发病初期喷施波尔多液或农用链霉素,使用浓度为700~1 000单位,或喷施0.2~0.3波美度的石硫合剂。

5.5.5.3 **线虫病害化学防治** 发病严重的果园用杀线剂施药2次,隔10 d施一次。可用10%噻唑磷颗粒剂,用量12.5 kg/hm^2~15 kg/hm^2,在离番木瓜茎基部20 cm左右处的东、南、西、北四个方位拨开5 cm表土后埋施;或5%丁硫克百威颗粒剂,用量45 kg/hm^2~50 kg/hm^2,施药方法与噻唑磷颗粒剂相同;或1.5%二硫氰基甲烷可湿性粉剂,用量10 kg/hm^2~20 kg/hm^2,用清水配成药液,在离番木瓜茎基部20 cm左右处的东、南、西、北4个方位拨开5 cm表土后灌根。

5.5.5.4 **病毒病害化学防治** 蚜虫是病毒病传播的主要媒介,药剂防除传播花叶病的蚜虫,在蚜虫初发期喷药灭蚜。

5.5.6 **主要害虫的化学防治**

5.5.6.1 **蚜虫类** 用50%抗蚜威可湿性粉剂2 000~3 000倍液,或20%啶虫脒乳油4 000~6 000倍液喷雾,或10%吡虫啉可湿性粉剂1 500~2 000倍液。

5.5.6.2 **朱砂叶螨** 用杀螨剂73%克螨特乳油1 500~2 000倍液喷雾,或5%尼索朗乳油2 000倍液喷雾,或50%托尔克可湿性粉剂2 000~2 500倍液喷雾。注意尽可能选用对朱砂叶螨的天敌食螨瓢虫、亚非草蛉及塔六点蓟马、钝绥螨和蜘蛛类等杀伤作用小的化学药剂。

5.5.6.3 **双线盗毒蛾** 用2.5%溴氰菊酯乳油3 000~5 000倍液,或16 000 IU/mg苏云金杆菌可湿性粉剂500倍液,或5%抑太保乳油1 000倍液,或52.25%农地乐乳油1 500倍液,或1%甲氨基阿维菌素苯甲酸盐乳油 3 000 倍液喷雾。

5.5.6.4 蚧类 在若虫初孵期，用 40%速扑杀乳油 1 000～1 500 倍液，或 45%灭蚧可溶性粉剂 100～150 倍液，或 0.1～0.5 波美度石硫合剂，或 80%敌敌畏乳油 1 500～2 000 倍液，或 20%害扑威乳油 600～800 倍液，或 25%扑虱灵可湿性粉剂 1 500～2 000 倍液，或 95%蚧敌乳剂 800 倍液喷雾防治。

5.5.6.5 柑橘小实蝇 用 80%敌敌畏乳油，或 90%敌百虫晶体轮用，用水稀释 800～1 000 倍喷雾。

附 录 A
（资料性附录）
番木瓜主要病害

A.1 真菌病害

A.1.1 番木瓜采后果腐病

A.1.1.1 胶孢炭疽果腐病

病原物为胶孢炭疽菌(*Colletotrichum gloeosporioides*)。果实上产生圆形、近圆形病斑，褐色，水渍状，中央凹陷，湿度大时果实表面密生橙红色黏质粒或小黑点，即病原菌的黏孢团或分生孢子盘，子实体呈同心轮纹排列，果肉褐色，腐烂。具有潜伏侵染的特性，果实采收后继续为害，造成采前大量落果，采收后储藏中严重果腐。

A.1.1.2 辣椒炭疽果腐病

病原物为辣椒炭疽菌(*Colletotrichum capcisi*)。果实受害后，病害发展初期，病部为污黄色水渍状的小斑点，随后扩大为 5 mm～6 mm 的鲜黄色圆斑，其上吐露许多小颗粒，病斑继续扩展并相互愈合成不规则条带形，后期病斑部位果实硬化，容易脱落。果实成熟期和储藏期严重为害。

A.1.1.3 匍枝根霉果腐病

病原物为匍枝根霉(*Rhizopus stolonifer*)，为害果实，初期形成圆形水渍状病斑，边界明显，稍凹陷，病斑上有浓密的灰白色至灰色的棉状菌丝体，后期病斑迅速扩展，边界不明显，菌丝体上密被小黑点，即病原菌的子实体。一般为害采后果实，田间果实较少受害，一旦发生容易扩展，造成较大损失。

A.1.1.4 黄曲霉果腐病

病原物为黄曲霉(*Aspergillus flavus*)。果实受害后，初期形成圆形至不规则形水渍状病斑，病斑处凹陷，病斑上生白色霉层，后病斑扩大并愈合，形成大的不规则病斑，病斑的边缘霉层白色，病斑中央白色霉层变成黄绿色，即病原菌的子实体，后期果实腐烂，不能食用。主要发生在果实成熟期、储运期，为害不严重。

A.1.1.5 生枝孢果腐病

病原物为生枝孢(*Cladosporium caricinum*)。为害果实时，病斑圆形，具灰绿色霉层，后期连接成片至不规则形，成熟果实较容易感病，青果不易感病。叶片病斑呈多角形灰褐色，毛绒状，点状分布，叶背面密生橄榄褐色点状霉层，引起叶霉病。

A.1.1.6 可可球二孢果腐病

病原物为可可球二孢(*Botryodiplodia theobromae*)。*B. theobromae* 的寄主范围非常广泛，可导致叶斑、溃疡、根腐、蒂腐等症状。在番木瓜果实上主要引起果腐，症状主要表现为果皮棕褐色、果肉软化、变质、不可食用。

A.1.1.7 球腔菌果腐病

病原物为球腔菌(*Mycosphaerella* sp.)。此病在不同环境下侵染表现有所差别。在印度和巴西主要表现为果实表面病斑，而在夏威夷则主要表现为蒂腐病。也有报道本病可侵染叶片、花和幼果。果实表面病斑略似日灼伤状，圆形，黑色，直径约 4 cm，边缘亮褐色，透明，表面干燥，老化病斑表面皱缩，黑色，覆盖有子实层。潮湿条件下可见器孢子流出。受感染果实组织干瘪，开始时亮色，最终变为黑色。蒂腐病的病斑形态与上述相似。侵染花絮、幼果以及幼嫩组织时的症状类似于炭疽病。

A.1.2 番木瓜炭疽病

A.1.2.1 胶孢炭疽病

病原物为胶孢炭疽菌(*Colletotrichum gloeosporioides*)。为在叶尖叶缘形成不规则形病斑，在叶片内部形成圆形病斑，直径 1 cm～5 cm，中央黄色，边缘褐色，病健分界明显，水渍状。为害叶柄时，叶柄上密生轮纹排列的小黑点，即病原菌的子实体。此病是番木瓜最主要的真菌病害，可以严重为害叶片、叶柄、花和幼苗。

A.1.3 番木瓜叶斑病

A.1.3.1 色二孢叶斑病

病原物为色二孢(*Diplodia*)。在叶片正面形成圆形至不规则形病斑，病斑中央黄褐色，边缘有明显的浅黄色褪绿晕圈，病斑背面褐色。后期可见小黑点，即病原菌的子实体。本病在秋季常发生，但一般不严重。

A.1.3.2 橘生棒孢叶斑病

病原物为橘生棒孢(*Corynespora citricola*)。该病害为害植株叶片，在叶片上形成灰白色的圆形、椭圆形致不规则形病斑，病斑褐色，边缘水渍状，分界明显，病斑形成同心轮纹，叶片背面也形成同心轮纹斑，湿度大时可见灰褐色霉层。本病主要发生于植株叶片，接种果实后在果实上形成圆形病斑，其上被灰褐色霉层，扩展较慢，为害不大。未见田间侵染成株期叶片和果实。

A.1.3.3 山扁豆生棒孢叶斑病

病原物为山扁豆生棒孢(*Corynespora cassiicola*)。为害叶片、叶柄和茎秆，形成圆形、椭圆形或梭形枯黄病斑，表面具灰褐色霉层；也可为害果实，多发生于果蒂附近，病斑圆形、水渍状，具褐色霉层，成熟的果实和下部叶片比幼嫩果实和叶片更容易被侵染。

A.1.4 番木瓜白粉病

A.1.4.1 番木瓜粉孢白粉病

病原物为番木瓜粉孢(*Oidium caricae*)。病斑叶两面生，圆形，白色，粉状，边缘不明显，后期可联合。一般发生在旱季，严重时植株生长不良。

A.1.4.2 番木瓜生粉孢白粉病

病原物为番木瓜生粉孢(*Oidium caricae-papaya*)。番木瓜生粉孢引起的白粉病常从番木瓜植株下部叶片正面开始出现黄绿斑，边界不明显，病斑多出现在叶脉附近，有时也侵染上部叶片，叶片背面可见白色粉状物，叶片正面没有白粉，后期病斑可愈合，叶片、花梗、茎秆和果实均可被侵染，温室内的秧苗容易被侵染，造成顶部坏死。一般为害老叶，在适宜的雨水和温度条件下也侵染秧苗，并造成严重为害，每年的 10 月～11 月，光照较弱，湿度较高，雨水和温度条件都比较适宜，发生严重，严重时引起落叶。

A.1.5 番木瓜根腐病

病原菌为瓜果腐霉(*Pythium aphanidermatum*)和钟器腐霉(*Pythium vexans*)。幼苗受害，在茎基部出现水渍状病斑，病斑处皱缩，迅速扩展一周后，幼苗碎倒死亡，湿度大地下根部腐烂。春季多雨，或淋水较多容易造成营养杯幼苗猝倒死亡。为害果实，形成圆形水渍状病斑，边界不明显，病斑处稍凹陷，病斑上长满浓厚的白色菌丝，病斑扩展迅速，引起果实腐烂。储藏期为害果实病情扩展快，易造成较大损失。

A.1.6 番木瓜疫病

病原菌为棕榈疫霉(*Phytophthora palmivora*)。可以为害果实、根以及茎基部。果实受害初期形成水渍状、圆形至不规则形病斑，边缘褐色，其后迅速扩展至整个果实引起软腐，果肉变褐色，湿度稍大时病斑上密被白色棉絮状霉层即病原菌的菌丝体和子实体。根、茎基部受害后，地上部分初期中部叶片发黄，然后蔓延形成半边黄，半边绿，植株停止生长，生长点（顶中心）皱缩成团，使顶部外围叶片明显高于顶中心，后期由顶部枯萎蔓延至整株萎蔫枯死。地下根部变红腐烂，须根稀少，根部及茎基部维管束变褐坏死。本病在我国发生较严重，为害根、茎基部后造成整株死亡，为害果实病情扩展迅速，造成较大损失。高温多雨季节，发病严重。

A.1.7 番木瓜黑腐病

A.1.7.1 番木瓜酵母黑腐病

病原菌为番木瓜酵母菌（*Asperisporium caricae*）。病斑开始呈水渍状，以后逐渐转变为枯斑。多个病斑汇合成直径约 4 mm 的圆形病斑，病斑周围常可见黄色晕圈。对应于病斑处的叶片背面分生孢子堆黑色，清晰可见。主要为害受伤、老龄叶片，一般不为害健康嫩叶。其为害造成的落叶可达 50%，导致树体长势严重减弱。在果实上也可以为害，导致的病斑形态与叶片上非常相似，但大小稍微大些（直径约 1 cm），且不会导致组织枯死。

A.1.7.2 尾孢黑腐病

病原菌为尾孢属（*Cercospora* sp.）。本病可为害果实和叶片。果实受害，开始呈黑色小点，而后逐渐扩大成直径约 3 mm 的病斑，病斑表生，略凸起。切开病斑处的果实表皮，可见下面组织呈软木状，但这些组织不会腐烂。病斑在果实绿色的时候有点模糊，但随着果实颜色转黄，病斑清晰可见。叶片上的病斑形状不规则，灰白色，直径 1 mm～5 mm。本病主要影响果实外观，对树体长势和产量一般没有太大影响。但在管理不良、湿度大的果园，仍然会导致叶片黄化、叶片组织枯死和落叶。

A.1.8 番木瓜霜疫病

番木瓜霜疫病的病原菌为荔枝霜疫霉（*Peronophthora litchii*）。主要为害番木瓜幼苗，引起不规则形、水渍状的褐色叶斑，潮湿时对应于病斑处的叶片背面产生白霉状物。茎秆发病呈深褐色，水渍状腐烂，表面也有白霉状物。

A.2 细菌病害

番木瓜细菌性叶斑病

番木瓜细菌性叶斑病已报道的病原菌有胡萝卜欧氏杆菌黑胫亚种（*Erwinia carotovora* subsp. *atroseptica*）和番木瓜假单胞菌（*Pseudomonas caricapapayae*）。主要为害叶片。病斑呈多角形，暗褐到黑色，油质，水渍状，在叶片背面可见比较容易辨别。最典型的症状是整张叶片黄化、枯萎或甚至死亡。为害叶柄时表现为水渍状斑，与在叶脉上表面上的症状特点相同。本病严重时可导致落叶，主芽腐烂或甚至整株死亡。蜗牛对本病起传播作用。

A.3 线虫病害

番木瓜线虫病

由根结线虫（*Meloidogyne incognita* spp.）引起的线虫病

严重为害的植株地上部分表现为矮化，叶片组织枯死，有的甚至枯萎。根部呈不同程度的根结，根系发育不良。雌虫完全埋藏于根组织内。本病在沙壤土为害比较严重，苗期比成龄树严重。

由小肾状线虫（*Rotylenchulus parvus*）、双宫螺旋线虫（*Helicotylenchus dihystera*）和穿刺短体线虫（*Pratylenchus penetrans*）引起的线虫病

R. parvus 在根部取食导致根形态严重变形，但不大范围形成枯死病斑。地上部分表现为叶片黄化、整株矮化和早衰。

H. dihystera 的为害症状主要表现为叶片黄化、叶片组织坏死，根系稀疏，植株矮化，严重为害的，整株植株死亡。

P. penetrans 的主要为害状是根系上出现大量、清晰的病斑，病斑长条形，浅黄到棕色，多个病斑沿

根的纵向方向平行排列，受害根系总体颜色呈锈状，形态呈“鬼帚”状。整株植株长势弱、矮化、早衰，干旱时枯萎。果实偏小。

A.4 病毒病害

番木瓜环斑病毒(*Papaya ringspot virus*)引起的病毒病

植株发病初期，在茎、叶脉及嫩叶的支脉间出现水渍状，在病果表皮上出现水渍状圆斑，几个圆斑可联合成不规则形状。在温暖干燥年份，该病发生严重。一年可出现两个发病高峰期和一个病株回绿期。4～5月及10～11月上旬，月平均温度为20℃～25℃，发病最多，症状最明显。7～9月，月平均温度为27℃～28℃，病株回绿，病状消失或减缓。据研究证实：西葫芦、南瓜、黄瓜、丝瓜、西瓜等瓜类为其中间寄主。本病传播快，为害大，是番木瓜上一种毁灭性病害。

A.5 生理性病害

番木瓜瘤肿病

在嫩叶、花、茎秆、果实上有乳汁流出，并在流出部位有白色干结物。果实在幼果期乃至成熟初期均有乳汁流出症状，果皮流出汁液后会慢慢溃烂，溃烂部分变褐色。没有溃烂的果实，有瘤状突起。病株花穗干枯脱落，有些花及小果未变烂已黄化脱落。在沙质土和干旱天气此病发生较多。

附 录 B
（资料性附录）
番木瓜主要虫害

B.1 桃蚜 *Myzus persicae*(Sulzer)(别名:烟蚜、菜蚜、桃赤蚜、波斯蚜)

B.1.1 形态特征

成虫:有翅胎生雌蚜体长 2 mm 左右,翅展 6.6 mm,头胸部黑色,触角黑色,丝状,共 6 节,第 3 节有一列圆形感觉孔 9～11 个。复眼赤褐色。腹部绿色、黄绿、红褐色或褐色。腹部背面中央有 1 个方块形斑纹,两侧各具有 1 列小黑斑。腹管圆筒形,黑色,中后部膨大,尾端明显收缩,具瓦片纹。尾片黑色,圆锥形,中部收缩,有曲毛 3 对。无翅胎生雌蚜体长大约 2 mm,体宽约 1 mm,体型近卵圆形。体色有绿色、青绿色、黄绿色、淡粉红色、橘红色或褐色。额瘤显明,其他体征与有翅胎生雌蚜相似。

卵:长椭圆形,长 0.44 mm。初产时淡黄色后变黑色,有光泽。

若蚜:似无翅胎生雌蚜,粉红色,体形较小,若有翅若蚜,若虫胸部发达,有翅芽。

B.1.2 为害特征

成虫、若虫群集植物芽、嫩叶、嫩梢上为害,刺吸汁液,被害虫叶片背面弯曲,植株受害后生长缓慢,并可传播病毒病,蚜虫排出的蜜露可引致煤烟病的发生,使植物、作物产量下降,产品质量变差。

B.2 棉蚜 *Aphis gossypii* Glover(别名:瓜蚜、草绵蚜虫)

B.2.1 形态特征

成虫:有翅胎生雌蚜体长 1.2 mm～1.9 mm,头部黑色,触角 6 节,丝状,第 6 节鞭节长度为基节部的 3 倍,第 3 节有感觉圈 4～10 个,多为 6～7 个。腹部黄色、黄绿色、深绿色或棕色。腹部末端具 1 对腹管,较短,圆筒形,暗色,黑色或青色,有复瓦状纹,尾片乳头状,青绿色,两侧各有刚毛 3 根。无翅胎生雌蚜,体长 1.5 mm～1.9 mm,体色多变,为黄色、绿色、深绿色、蓝黑色、黑色或棕色,前胸背板黑色。前胸背板两侧各有 1 锥状小突起,第 3、4 节无感觉孔,第 5 节末端及第 6 节膨大处各有 1 感觉孔。腹管、尾片及触角同有翅胎生雌蚜。卵:椭圆形,长 0.5 mm～0.7 mm,初产时橙黄色,后变深褐色,有光泽。若虫:与无翅胎生雌蚜相似,体形较小,尾片相对较短。有翅若蚜胸部发达,具翅芽。

B.2.2 为害特征

成蚜、若蚜群集于植株芽、叶、幼果刺吸汁液,被害叶片变形弯曲。棉蚜排泄的蜜露导致煤烟病发生。棉蚜为害使植物生长缓慢,产量下降,质量变劣。

B.3 橘二叉蚜 *Toxoptera aurantii* Boyer de Fonscolombe(别名:茶蚜、茶二叉蚜、可可蚜)

B.3.1 形态特征

成虫:有翅胎生雌蚜体长 1.6 mm,翅展 2.5 mm～3.0 mm,黑褐色,触角蜡黄色,第 3 节具 5～6 个感觉孔。翅无色透明,前翅中脉仅有 1 开支,形成二叉状。腹背两侧各有 4 个黑斑,腹管黑色,长度比尾片长。

无翅胎生雌蚜:体长 2 mm,近圆形,体色暗褐色或黑褐色,胸腹部背面有网纹,足淡黄色。

卵:长椭圆形,黑色,有光泽。

若虫:若虫与无翅胎生雌蚜相似,无翅,体较小,淡黄绿色或淡棕色。

B.3.2 为害特征

成蚜、若蚜群集嫩芽、嫩叶上为害，刺吸汁液，被害叶片大多扭曲变形，受害严重新梢不能抽出。排泄蜜露引致煤烟病发生。

B.4 苜蓿蚜 *Aphis craccivora* Koch（别名：花生蚜、蚕豆蚜、菜豆蚜、槐蚜）

B.4.1 形态特征

有翅胎生雌蚜：体长 1.5 mm～1.8 mm，黑色或黑绿色，有光泽。触角 6 节，淡黄色，与体长约等同，第 3 节具感觉孔 4～7 个，多数具 5～6 个，第 1、2 节黑褐色，第 3～6 节黄白色。复眼黑褐色，翅为橙黄色。足黄白色，前足胫节端部、跗节和后足基节、转节、腿节、胫节端部褐色。腹部第 1～6 节背面各有条纹斑，第 1 节和第 7 节各有 1 对腹侧突。腹管细长，圆筒状，端部稍细，为尾片的 3 倍，漆黑色。尾片乳突状，黑色，茎部缢缩，两侧各有刚毛 3 根。

无翅胎生雌蚜：体长 1.8 mm～2 mm，黑色、黑绿色，有亮光，体被薄的蜡粉，有的胸部和腹部前半部有灰色斑。触角 6 节，长度为体长的 2/3，第 1、2 节和第 5 节端部和第 6 节黑色，其余白色。腹管圆筒形，长为尾片的 2 倍。尾片与有翅胎生雌蚜相似。

卵：长椭圆形，较肥大，初产淡黄色，后变草绿色，最后至黑色。

有翅胎生若蚜：体黄褐色，体被蜡粉。腹管细长，黑色，为尾片的 5～6 倍。

无翅胎生若雌蚜：黑褐色或灰紫色，体节明显。

B.4.2 为害特征

成蚜、若蚜聚集在植物嫩茎、嫩梢、嫩芽上刺吸为害，严重时植株生长停滞、矮小，叶片卷曲，分泌蜜露引致煤烟病。

B.5 番木瓜圆蚧 *Aonidiella orientalis* Newstea（别名：东方肾圆蚧、东方片圆蚧、番木瓜蚧）

B.5.1 形态特征

成虫：雌成虫圆形或近圆形，暗紫色。具 2 个蜕皮壳，第 1 个在介壳中央，深紫色，第 2 个蜕皮壳褐色，与第 1 个蜕皮壳重叠。雌成虫在介壳下面，虫体圆形，体长 1 mm，体色鲜黄色，头胸部较宽，呈马蹄形。翅、触角及足退化，口器可见。臀板上有 3 对，臀叶外侧的臀栉梳状分裂仅 1 瓣。雄虫介壳比雌成虫小，长椭圆形，第 1 次蜕皮在介壳的一侧，虫体淡橙黄色，体长约 1 mm，触角丝状，有半透明前翅 1 对，腹末有产卵器。

卵：较小，生产于介壳之下。

B.5.2 为害特征

成虫、若虫在植株主干、果实、嫩芽、叶、果柄上为害，刺吸组织汁液，被害部位不转黄色。被害植株长势不良，生长缓慢，抗寒性下降，受害果不能正常成熟，味淡肉硬，品质变劣。

B.6 朱砂叶螨 *Tetranychus cinnabarinus*（Boisduval）（别名：棉红蜘蛛、棉叶螨、红叶螨）

B.6.1 形态特征

成螨：雌螨体长 0.48 mm～0.55 mm，体宽 0.32 mm。椭圆形，体色随不同寄主而不同，大多为锈红色或深红色，体背两侧各具 1 对黑斑，肤纹突三角形至半圆形。雄螨体长 0.36 mm，体宽 0.2 mm，虫体两侧各具 1 条长形条斑，有时断开分成 2 段。前端圆形，腹末稍尖，体色较淡。足 4 对，无爪，足及虫体前具毛，虫体背面具长毛 4 列。

卵：圆球形，直径 0.13 mm，淡黄色，孵化前为淡红色。

幼螨：足 3 对，近圆形，透明，取食后变绿色。

若螨：足 4 对，与成螨相似，后期体色变红。

B.6.2 为害特征

成螨、幼螨、若螨群聚在植株叶、果实、叶芽、果柄吸食汁液。被害部位出现无数灰白斑点，使植株长势减弱，影响植物光合作用，严重为害会出现落果、落叶现象。

B.7 双线盗毒蛾 *Orgyia antiqua* Linnaeus（别名：棕衣黄毒蛾、黄尾毒蛾）

B.7.1 形态特征

成虫：体长 10 mm～13 mm，翅展 20 mm～38 mm，体色黄褐色，头部橙黄色，胸部棕褐色，腹部褐色，前翅赤褐色，略带紫色闪光，胸部有 2 条黄色弧状曲横线，前缘、外缘和缘毛柠檬黄色，外缘和缘毛被 3 个浅黄色斑分割。后翅黄色。

卵：近扁圆形，直径约 0.7 mm，卵粒排列成块状，覆盖有黄褐色或棕色绒毛，初时白色，后变为红褐色。

幼虫：体长约 22 mm，大多灰黑色，有长毒毛。头浅褐色，前胸橙红色，后胸红色，体色黄黑相间，背面中央贯穿有红色线，各腹节两侧各有黑色毛瘤。

蛹：褐色，长约 13 mm，圆锥形，化于疏松薄茧中。

B.7.2 为害特征

以幼虫为害植株的嫩芽、嫩叶、花蕾和幼果，取食叶片形成缺刻或孔洞，甚至将叶片完全食光，仅留叶脉，啃食嫩芽及幼果，使果皮粗糙木栓化。

B.8 柑橘小实蝇 *Bactrocera dorsalis*（Hendel）（别名：橘小实蝇、东方果实蝇）

B.8.1 形态特征

成虫：体长 7 mm～8 mm，虫体黄色与深黑色相间。复眼之间黄色，单眼 3 个，排列成正三角形，单眼区黑色。胸部背面大部分黑色，前胸肩胛鲜黄色，中胸背板两侧各有 1 黄色纵线，与黄色小盾片形成一鲜黄色"U"字。翅透明，翅脉黄褐色，翅前缘中部至翅端有带状灰褐色斑纹。腹椭圆形，黄色至赤黄色，第 1、2 节背面各有一黑色横带，从第 3 节开始腹部背面中央有 1 纵带直抵腹端，形成一明显"T"字斑纹。雄虫腹部 4 节，雌虫腹部 5 节，雌虫产卵器发达，由 3 节组成。

卵：长约 1 mm，宽约 0.1 mm，乳白色，梭形。

幼虫：蛆形，体长约 10 mm。

蛹：椭圆形，体长约 5 mm，宽 2.5 mm，淡黄色。

B.8.2 为害特征

成虫产卵于果实，幼虫孵化后在果实中蛀食。被害果常未熟先落，常常造成严重落果。

附加说明：

本标准的附录 A、附录 B 为资料性附录。

本标准由中华人民共和国农业部农垦局提出。

本标准由农业部热带作物及制品标准化技术委员会归口。

本标准起草单位：中国热带农业科学院环境与植物保护研究所、国家重要热带作物工程技术研究中心。

本标准主要起草人：郑服丛、贺春萍、陈泽坦、郑肖兰、吴伟怀、余贤美、李锐。

中华人民共和国农业行业标准

非洲菊切花种苗等级规格

Product grade for young plants of cut *Gerbera jamesonii*

NY/T 1592—2008

1 范围

本标准规定了非洲菊切花种苗的等级划分、抽样方法、检测方法、判定原则以及包装和贮运的技术要求。

本标准适用于花卉生产及贸易中花卉种苗的等级划分。

2 规范性引用文件

下列文件中的条款通过本标准的引用而成为本标准的条款。凡是注日期的引用文件，其随后所有的修改单(不包括勘误的内容)或修订版均不适用于本标准，然而，鼓励根据本标准达成协议的各方研究是否可使用这些文件的最新版本。凡是不注日期的引用文件，其最新版本适用于本标准。

GB 2828—1987　逐批检查计数抽样程序及抽样表

3 术语和定义

下列术语和定义适用于本标准。

3.1

组培苗　tissue-cultured plantlet

通过组织培养快繁技术繁殖，并通过室外一段时间栽培驯化能适应大田栽培的种苗。

3.2

苗高　height of young plant

种苗植株在自然生长状态下，从根与茎结合部至种苗最高一片叶子顶端的高度。

3.3

地径　stem base

种苗植株在离根与茎结合部最近一节中间处的最大直径。

3.4

叶片数　number of leaf

种苗植株上着生的所有叶片数。

3.5

根长　length of root

种苗茎基部至根系自然下垂的最下端的长度。

3.6

主根　taproot

根系中明显较粗，且附生许多须根的根。

中华人民共和国农业部 2008-05-16 发布　　2008-07-01 实施

3.7

根系状况　state of root system

根的丰满程度、颜色、新鲜感等。

3.8

穴盘苗　tray plantlet

以穴盘为容器培养的种苗。

3.9

整体感　whole display

种苗植株的外形整体感观，包括植株的长势、茎叶色泽、健康状况、缺损情况等。

3.10

病虫害　pest and disease damage

种苗植株受病虫危害及携带病虫的情况和程度。

3.11

药害、肥害及药渍　trail of pesticide harm or fertilizer harm

种苗植株因农药、肥料使用不当导致茎叶受损伤或留下残渍。

3.12

机械损伤　mechanical injury

种苗植株在生产、贮运过程中受到人工或机械损伤。

4　质量分级

非洲菊切花种苗根据其地径、苗高、根系发育情况、病虫害情况等综合因素，分为优级苗和合格苗两级。具体规定见表1。

表1　非洲菊切花种苗质量等级表

评价项目		质　量　等　级	
		优 级 苗	合 格 苗
1	苗高，cm	10～15	8～18
2	地径，cm	≥0.7	≥0.3
3	叶片数，片	5～8	≥4
4	根系长，cm	≥10	≥5
5	主根数，根	≥5	≥3
6	根系状况	根系丰满，无单边偏缺，新根多，白根为主	根系较丰满，稍有偏但无单边缺根，根以白色，黄色为主
7	整体感	植株矮壮，长势旺，叶深绿肥厚，无畸形，无药害、肥害和损伤	植株健康，长势旺，叶绿，允许底部一片叶可能发黄，无严重畸形，无明显药害、肥害，无严重损伤
8	病虫害	无病虫，无病毒为害症状	无病斑病症、偶有虫害症状，但无活虫存在，无明显病毒症状
9	包装	符合包装要求	符合包装要求
10	备注	穴盘苗、纸钵苗根长，主根数不作为检测指标，以根系状况作检测指标	

5　检测方法

5.1　抽样

5.1.1 同一产地、同一品种、同一批次的产品作为一个检测批次。

5.1.2 抽样时按一个检测批次，实行群体随机抽样。田间抽样以平面对角线设抽样点。包装产品抽样，按立体对角线设抽样点。总抽样点不少于5个点，不多于20个点。

5.1.3 对成批种苗产品进行检测时，各评价项目的级别分别按表1的规定进行评定，抽样样本数和每批次质量等级的判定均执行GB 2828—1987中的一般检查水平Ⅰ。按正常检查二次抽样方案执行，合格质量水平(AQL)为4，见表2。

表2 抽样表

批量范围	样本	样本大小	累计样本大小	合格判定数 Ac	不合格判定数 Rc
501～1 200	第一	20	20	1	3
	第二	20	40	4	5
1 201～10 000	第一	50	50	3	6
	第二	50	100	9	10
10 001～150 000	第一	125	125	7	11
	第二	125	250	18	19
150 000 以上	第一	200	200	11	16
	第二	200	400	26	27

5.2 检测

5.2.1 苗高

用钢直尺测量，检测数值精确到0.1 cm。

5.2.2 地径

用游标卡尺测量，检测数值精确到0.01 cm。

5.2.3 叶片数

目测计数，检测数值应为整数。如有未展开心叶，则根据心叶与相邻叶的比较来定，若心叶长超过相邻叶1/2时计为1片叶，短于相邻叶长1/2则不计数。

5.2.4 根长

将直尺垂直竖于桌面，把被测种苗靠近直尺，量自然下垂状况的根的长度，从根与茎结合部量至根的最下端，检测数值精确至0.01 cm。

5.2.5 根系状况

目测，穴盘苗应观察基质块四周是否布满新根，来判定是否丰满。

5.2.6 整体感

目测。

5.2.7 病虫害

先进行目测，主要看有无病征及害虫为害症状，如发现症状，则应进一步用显微镜镜检害虫或病原体，若关系到检疫性病害则应进一步分离培养鉴定。

5.2.8 药害、肥害及药渍，机械损伤

目测。

5.3 判定

5.3.1 单株级别的判定

5.3.1.1 单项级别判定：单株单项检测结果与表1的相应项目某一级别相符合，则此株单项即为此级别。如同时符合几个级别要求时，以最高级别定级。

5.3.1.2 按照表1的质量要求内容，对种苗样本单株进行逐项检测，如完全符合某等级所有项目要求时，则该单株可判定为此等级种苗。

当达不到某等级的任一项目的质量要求时，则按此一项目能达到的级别来判定该单株的等级。

5.3.2 整批次级别判定

5.3.2.1 所有样本单株判定级别后，根据表2最后判定整批次质量等级。

5.3.2.2 级别判定时先从最高级别开始，如不合格，再从下一级别判定，依此类推。

5.3.2.3 先对第一样本进行判定，如发现不合格品数小于或等于第一合格判定数，则判该批是合格批。如发现不合格品数大于或等于第一不合格判定数，则判该批是不合格批。如发现不合格品数大于第一合格判定数又小于第一不合格判定数，则要对抽取的第二个样本进行检测。

5.3.2.4 第二样本检测后，将不合格品数与第一样本不合格品数相加，如两者之和小于或等于第二合格判定数，则判该批产品合格，如两者之和大于或等于第二不合格判定数，则判该批产品不合格。

5.3.3 整批次产品单个项目的评价判定

对整批产品单个项目判定，可根据每个样本单位在该项目上所达到的级别然后按照5.3.2中规定的判定方法，最后判定该批产品在该项目上达到的级别。

6 包装、标识、贮藏和运输

6.1 包装

6.1.1 种苗先用专用种苗袋包装，种苗袋用0.05 mm～0.08 mm透明塑料薄膜制成，大小35 cm×35 cm。袋上打12个～16个直径5 mm的透气孔，每袋装种苗30株～50株，装袋时须将带基质的根部朝下，茎叶部朝上整齐排列。

6.1.2 种苗装袋后再装入专用种苗箱，种苗箱需用具有良好承载能力和耐湿性好的瓦楞卡通纸板制成，一般宽40 cm，长60 cm，高20 cm～22 cm，纸箱两侧需留有透气孔。袋装苗装箱时，应直立放，一箱放300株～500株，装箱后用胶带封好箱口。

6.2 标识

必须注明种苗种类、品种名称、质量级别、装箱数量、生产单位、产地、生产日期，如有品牌还应有品牌标识，还应有方向性、防雨防湿、防挤压及保鲜温度要求等标识，以免运输中的机械损伤。

6.3 贮藏

种苗装箱后，短期贮藏不超过3天，应将包装箱袋打开，分散置于阴凉潮湿的库房中，冬季注意温度不要低于10℃，夏季不要超过28℃。包装袋务必要口朝上直立，保持种苗茎叶朝上的姿态。

6.4 运输

一般采用带少量基质装箱运输，种苗箱叠放时应注意方向，叠放层次不能太多，以免压坏纸箱，损伤种苗。穴盘苗运输尽量带盘装箱运输。夏季运输应有冷藏条件，保持10℃～15℃。

附加说明：

本标准由中华人民共和国农业部种植业管理司提出并归口。

本标准起草单位：农业部花卉产品质量监督检验测试中心(上海)、农业部花卉产品质量监督检验测试中心(昆明)、农业部花卉产品质量监督检验测试中心(广州)。

本标准主要起草人：林大为、戴咏梅、衡辉、孙强、顾梅俏、毕云青、谢向坚。

中华人民共和国农业行业标准

柱花草　种子

Stylo seed

NY/T 1194—2006

1　范围

本标准规定了柱花草(*Stylosanthes* SW.)种子的术语和定义、要求、分级依据、检验方法以及贮存、包装、标签和运输。

本标准适用于圭亚那柱花草[*Stylosanthes guianensis*(Aubl.)SW.]、西卡柱花草(*Stylosanthes scabra* Vog.)、有钩柱花草[*Stylosanthes hamata*(Linn.)Taub.],也可作为其他柱花草种子检验参考。

2　规范性引用文件

下列文件中的条款通过本标准的引用而成为本标准的条款。凡是注日期的引用文件,其随后所有的修改单(不包括勘误的内容)或修订版均不适用于本标准,然而,鼓励根据本标准达成协议的各方研究是否可使用这些文件的最新版本。凡是不注日期的引用文件,其最新版本适用于本标准。

GB/T 2930.1—2001　牧草种子检验规程　扦样

GB/T 2930.2—2001　牧草种子检验规程　净度分析

GB/T 2930.4—2001　牧草种子检验规程　发芽试验

GB/T 2930.8—2001　牧草种子检验规程　水分测定

中华人民共和国国务院令第 98 号　《植物检疫条例》1992

中华人民共和国农业部令第 5 号　《植物检疫条例实施细则(农业部分)》1995

3　术语和定义

下列术语和定义适用于本标准。

3.1

硬实种子　hard seeds

试验期间不能吸水而始终保持坚硬的种子。

3.2

虫伤种子　insect-damaged seeds

种子含有幼虫、虫粪或有害虫侵害的迹象,并已影响到发芽能力。

4　要求

4.1　基本要求

4.1.1　外观

种子淡黄褐色、有的黑色,有或无喙,无光泽,椭圆形或肾形,虫伤种子不超过 5%。

中华人民共和国农业部 2006-12-06 发布　　2007-02-01 实施

4.1.2 检疫

柱花草种子无检疫性病虫害。

4.2 质量要求

柱花草种子质量分级应符合表1的规定。

表1 柱花草种子质量分级指标

品种	圭亚那柱花草			西卡柱花草（灌木状）			有钩柱花草（加勒比海柱花草）		
级别	1	2	3	1	2	3	1	2	3
品种纯度，%	≥99	≥98	≥97	≥99	≥98	≥97	≥99	≥98	≥97
种子净度，%	≥99	≥98	≥97	≥99	≥98	≥97	≥99	≥98	≥97
种子发芽率，%	≥85	≥80	≥75	≥75	≥70	≥65	≥65	≥60	≥55
水分，%	≤12.0	≤12.0	≤12.0	≤12.0	≤12.0	≤12.0	≤12.0	≤12.0	≤12.0

5 检验方法

5.1 外观检验

用目测法检测柱花草种子的颜色、形状、光泽、虫伤。

5.2 疫情检验

按中华人民共和国国务院令第98号《植物检疫条例》和中华人民共和国农业部令第5号《植物检疫条例实施细则（农业部分）》及GB/T 2930.6的有关规定进行。

5.3 质量检验

5.3.1 纯度检验

采用形态鉴定法检验品种纯度。随机数取送检样品100粒种子，重复4次。根据种子的形态特征与标准样品进行观察，记录具有鉴定特征的种子数。纯度按公式(1)计算：

$$X=\frac{A}{B}\times 100 \quad \cdots\cdots (1)$$

式中：

X——品种纯度，%；

A——样品中鉴定品种粒数，单位为粒；

B——抽样总粒数，单位为粒。

纯度原始记录表见附录A表A.4。

5.3.2 净度检验

按GB/T 2930.2—2001的规定执行。对结果进行记录，推荐的净度原始记录表见附录A表A.1。

5.3.3 发芽率检验

按GB/T 2930.4—2001的规定执行。对结果进行记录，推荐的发芽率原始记录表见附录A表A.2。

5.3.4 水分检验

按GB/T 2930.8—2001的规定执行。对结果进行记录，推荐的水分原始记录表见附录A表A.3。

6 检验准则

6.1 检验批次

同一产地、同一批种子统一检测。

6.2 扦样

按 GB/T 2930.1—2001 的规定执行。

7 判定规则

本标准中用于质量分级的指标是净度、发芽率、含水量和纯度。

依据表 1 的指标从一级开始定级，若各项指标中有一或多项达不到第一级别，则按第二级指标进行评级，如这些项目的指标达不到第二级别时，再用下一级指标评级，直到评出级别。若有指标达不到第三级别时，则判该批种子不合格。

8 贮存、包装、标签和运输

8.1 贮存

柱花草种子应贮存于通风、阴凉、干燥的地方。

8.2 包装

柱花草种子的包装应为内层为塑料、外层为纤维的双层袋，每袋净重 50 kg。

8.3 标签

种子袋表面必须以明显字标明种子名称、产地、收种时间等。袋中必须附有检验合格证书。

8.4 运输

运输过程注意防雨、防潮。

附 录 A
(资料性附录)
柱花草种子各类检测原始记录表

表 A.1 柱花草种子检测(净度)原始记录表

<table>
<tr><td colspan="3">样品名称</td><td colspan="3"></td><td colspan="3">样品编号</td><td colspan="4"></td></tr>
<tr><td colspan="3">执行标准或方法</td><td colspan="3"></td><td colspan="3">仪器名称型号及编号</td><td colspan="4"></td></tr>
<tr><td colspan="3">温　度</td><td colspan="3"></td><td colspan="3">湿　度</td><td colspan="4"></td></tr>
<tr><td colspan="3">检 测 室</td><td colspan="3"></td><td colspan="3">检验日期</td><td colspan="4"></td></tr>
<tr><td rowspan="2">平行号</td><td rowspan="2">重量(g)</td><td rowspan="2">各成分总和(g)</td><td colspan="3">杂质</td><td colspan="3">其他植物种子</td><td colspan="3">净种子</td><td>净度</td></tr>
<tr><td>g</td><td>%</td><td>平均</td><td>g</td><td>%</td><td>平均</td><td>g</td><td>%</td><td>平均</td><td>%</td></tr>
<tr><td></td><td></td><td></td><td></td><td></td><td></td><td></td><td></td><td></td><td></td><td></td><td></td><td></td></tr>
<tr><td></td><td></td><td></td><td></td><td></td><td></td><td></td><td></td><td></td><td></td><td></td><td></td><td></td></tr>
<tr><td colspan="2">备 注</td><td colspan="11"></td></tr>
<tr><td colspan="2">审核人</td><td colspan="2"></td><td colspan="2">校核人</td><td colspan="2"></td><td colspan="2">检测人</td><td colspan="3"></td></tr>
<tr><td colspan="2">日 期</td><td colspan="2"></td><td colspan="2">日 期</td><td colspan="2"></td><td colspan="2">日 期</td><td colspan="3"></td></tr>
</table>

表 A.2 柱花草种子检测(发芽率)原始记录表

<table>
<tr><td colspan="4">样品名称</td><td colspan="5"></td><td colspan="4">样品编号</td><td colspan="4"></td></tr>
<tr><td colspan="4">执行标准或方法</td><td colspan="5"></td><td colspan="4">仪器名称型号及编号</td><td colspan="4"></td></tr>
<tr><td colspan="4">温　度</td><td colspan="5"></td><td colspan="4">湿　度</td><td colspan="4"></td></tr>
<tr><td colspan="4">发 芽 床</td><td colspan="5"></td><td colspan="4">预 处 理</td><td colspan="4"></td></tr>
<tr><td colspan="4">检 测 室</td><td colspan="5"></td><td colspan="4">检验日期</td><td colspan="4"></td></tr>
<tr><td rowspan="2">平行号</td><td rowspan="2">日/月</td><td rowspan="2">日/月</td><td rowspan="2">日/月</td><td rowspan="2">日/月</td><td colspan="2">初期发芽</td><td rowspan="2">日/月</td><td rowspan="2">日/月</td><td rowspan="2">日/月</td><td rowspan="2">日/月</td><td rowspan="2">日/月</td><td rowspan="2">日/月</td><td colspan="2">末期发芽</td><td rowspan="2">发芽率(%)</td><td rowspan="2">平均(%)</td></tr>
<tr><td>天数</td><td>发芽数</td><td>天数</td><td>发芽数</td></tr>
<tr><td></td><td></td><td></td><td></td><td></td><td></td><td></td><td></td><td></td><td></td><td></td><td></td><td></td><td></td><td></td><td></td><td></td></tr>
<tr><td></td><td></td><td></td><td></td><td></td><td></td><td></td><td></td><td></td><td></td><td></td><td></td><td></td><td></td><td></td><td></td><td></td></tr>
<tr><td></td><td></td><td></td><td></td><td></td><td></td><td></td><td></td><td></td><td></td><td></td><td></td><td></td><td></td><td></td><td></td><td></td></tr>
<tr><td></td><td></td><td></td><td></td><td></td><td></td><td></td><td></td><td></td><td></td><td></td><td></td><td></td><td></td><td></td><td></td><td></td></tr>
<tr><td></td><td></td><td></td><td></td><td></td><td></td><td></td><td></td><td></td><td></td><td></td><td></td><td></td><td></td><td></td><td></td><td></td></tr>
<tr><td colspan="4">正常苗(其中硬实),%</td><td colspan="5"></td><td colspan="4">新鲜未发芽,%</td><td colspan="4"></td></tr>
<tr><td colspan="4">不正常苗,%</td><td colspan="5"></td><td colspan="4">死种子,%</td><td colspan="4"></td></tr>
<tr><td colspan="3">备 注</td><td colspan="14"></td></tr>
<tr><td colspan="3">审核人</td><td colspan="3"></td><td colspan="3">校核人</td><td colspan="2"></td><td colspan="3">检测人</td><td colspan="3"></td></tr>
<tr><td colspan="3">日 期</td><td colspan="3"></td><td colspan="3">日 期</td><td colspan="2"></td><td colspan="3">日 期</td><td colspan="3"></td></tr>
</table>

表 A.3　柱花草种子检测(水分)原始记录表

<table>
<tr><td colspan="2">样品名称</td><td colspan="2"></td><td colspan="2">样品编号</td><td colspan="2"></td></tr>
<tr><td colspan="2">执行标准或方法</td><td colspan="2"></td><td colspan="2">仪器名称型号及编号</td><td colspan="2"></td></tr>
<tr><td colspan="2">温　　度</td><td colspan="2"></td><td colspan="2">湿　　度</td><td colspan="2"></td></tr>
<tr><td colspan="2">检 测 室</td><td colspan="2"></td><td colspan="2">检验日期</td><td colspan="2"></td></tr>
<tr><td>平行号</td><td>皿号</td><td>皿重
(g)</td><td>烘前样重
(g)</td><td>烘后样重+皿重
(g)</td><td>烘后样重
(g)</td><td>水分
(%)</td><td>平均
(%)</td></tr>
<tr><td></td><td></td><td></td><td></td><td></td><td></td><td></td><td></td></tr>
<tr><td></td><td></td><td></td><td></td><td></td><td></td><td></td><td></td></tr>
<tr><td>备　注</td><td colspan="7"></td></tr>
<tr><td>审核人</td><td></td><td>校核人</td><td></td><td>检测人</td><td></td></tr>
<tr><td>日　期</td><td></td><td>日　期</td><td></td><td>日　期</td><td></td></tr>
</table>

表 A.4　柱花草种子检测(纯度)原始记录表

<table>
<tr><td>样品名称</td><td colspan="2"></td><td colspan="2">样品编号</td><td></td></tr>
<tr><td>执行标准或方法</td><td colspan="2"></td><td colspan="2">仪器名称型号及编号</td><td></td></tr>
<tr><td>温　　度</td><td colspan="2"></td><td colspan="2">湿　　度</td><td></td></tr>
<tr><td>检 测 室</td><td colspan="2"></td><td colspan="2">检验日期</td><td></td></tr>
<tr><td>平行号</td><td>试样数量
(粒)</td><td>本品种数量
(粒)</td><td>异品种数量
(粒)</td><td>纯度
(%)</td><td>平均
(%)</td></tr>
<tr><td></td><td></td><td></td><td></td><td></td><td rowspan="4"></td></tr>
<tr><td></td><td></td><td></td><td></td><td></td></tr>
<tr><td></td><td></td><td></td><td></td><td></td></tr>
<tr><td></td><td></td><td></td><td></td><td></td></tr>
<tr><td>备　注</td><td colspan="5"></td></tr>
<tr><td>审核人</td><td></td><td>校核人</td><td></td><td>检测人</td><td></td></tr>
<tr><td>日　期</td><td></td><td>日　期</td><td></td><td>日　期</td><td></td></tr>
</table>

附　录　B
（资料性附录）
柱花草种子质量检验合格证书

№：＿＿＿＿＿＿

育种单位		购种单位	
种子数量		牧草种子	
检验结果	其中：一级：　　二级：　　三级：		
检验意见			
证书签发期		证书有效期	
注：本证一式三份，育种单位、购种单位、检验单位各一份。			

审核人（签字）：　　　　　　校核人（签字）：　　　　　　检测人（签字）：

附 录 C
(资料性附录)
柱花草种子标签

单位为厘米

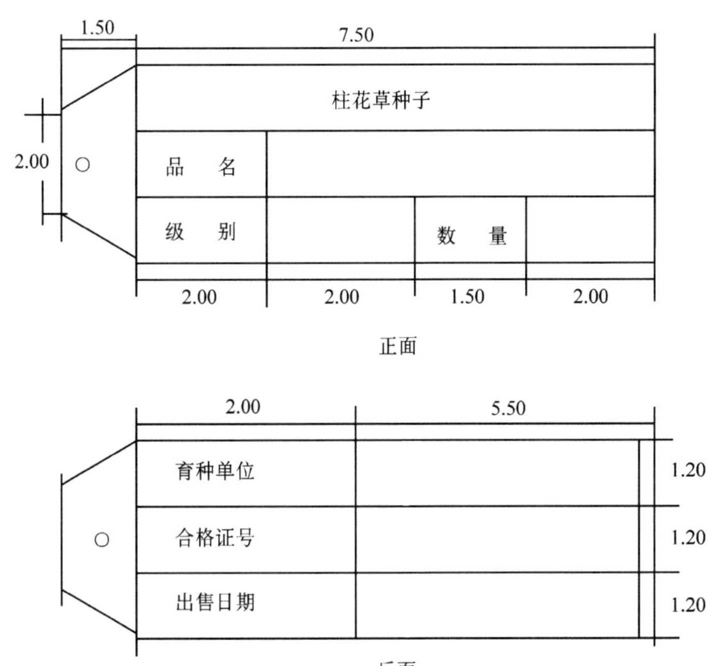

注:标签用 150 g 的牛皮纸。标签孔用金属包边。

附加说明:

本标准的附录 A、附录 B 和附录 C 为资料性附录。

本标准由中华人民共和国农业部提出。

本标准由农业部热带作物及制品标准化技术委员会归口。

本标准起草单位:农业部热带作物种子种苗质量监督检验测试中心。

本标准主要起草人:龙开意、邹冬梅、谢振宇、漆智平。

中华人民共和国行业标准

银合欢 种子

Leucaena seed

NY/T 1195—2006

1 范围

本标准规定了银合欢[*Leucaena leucocephala*(Lam) de Wit]种子的术语和定义、要求、试验方法、检验规则、判定规则以及贮存、包装、标签和运输方法。

本标准适用于银合欢种子。

2 规范性引用文件

下列文件中的条款通过本标准的引用而成为本标准的条款。凡是注日期的引用文件，其随后所有的修改单(不包括勘误的内容)或修订版均不适用于本标准，然而，鼓励根据本标准达成协议的各方研究是否可使用这些文件的最新版本。凡是不注日期的引用文件，其最新版本适用于本标准。

GB/T 2930.1～2930.11 牧草种子检验规程

中华人民共和国国务院令第98号《植物检疫条例》1992

中华人民共和国农业部令第5号《植物检疫条例实施细则(农业部分)》1995

3 术语和定义

下列术语和定义适用于本标准。

3.1

硬实种子 hard seeds

试验期间不能吸水而始终保持坚硬的种子。

3.2

虫伤种子 insect-damaged seeds

种子含有幼虫、虫粪或有害虫侵害的迹象，并已影响到发芽能力。

4 要求

4.1 基本要求

4.1.1 外观

种子褐色，具有光泽，光滑扁平，虫伤种子不超过10%。

4.1.2 检疫

应无检疫性病虫害。

4.2 质量要求

银合欢种子形态特征参见附录A，质量分级指标见表1。

中华人民共和国农业部 2006-12-06 发布　　　　2007-02-01 实施

表 1 银合欢质量分级指标

项 目	分 级					
	新银合欢 *L. leucocephala* cv. Reyan No. 1			肯宁汉银合欢 *L. leucocephala* cv. Cuninhum		
	一级	二级	三级	一级	二级	三级
品种纯度,%	≥99	≥98	≥97	≥99	≥98	≥97
净度,%	≥99.0	≥97.0	≥95.0	≥99.0	≥97.0	≥95.0
发芽率,%	≥70	≥65	≥60	≥75	≥70	≥65
水分,%	≤12.0	≤12.0	≤12.0	≤12.0	≤12.0	≤12.0

5 试验方法

5.1 外观

用目测法检测银合欢种子的颜色、形状、光泽、虫伤。

5.2 疫情

按中华人民共和国国务院令第 98 号和中华人民共和国农业部令第 5 号及 GB/T 2930.6 的有关规定执行。

5.3 纯度

采用形态鉴定法检验品种纯度。随机数取送检样品 100 粒种子。根据种子的形态特征与标准样品进行观察,记录具有鉴定特征的种子数,原始记录表见附录 B 表 B.1。

纯度以 X_1 计,按公式(1)计算:

$$X_1=\frac{m-m_1}{m}\times 100 \qquad (1)$$

式中:

X_1 ——纯度,%;

m ——取样总粒数,单位为粒;

m_1 ——杂种粒数,单位为粒。

计算结果精确到小数点后一位。

5.4 净度

用天平(精度为±0.001 g)称取两份约相等重量的送检样品于净度检测台(最低重量 100 g),将样品分成净种子、其他植物种子、杂质三部分,分别称量,记录结果,原始记录表见附录 B 表 B.2。

净度以 X_2 计,按公式(2)计算:

$$X_2=\frac{M-m_2}{M}\times 100 \qquad (2)$$

式中:

X_2 ——净度,%;

M ——取样总重量,单位为克(g);

m_2 ——净种子重量,单位为克(g)。

计算结果精确到小数点后一位。

5.5 发芽率

从净种子中随机取 400 粒种子,用 80℃水浸泡种子 3 min~4 min,置于培养皿(120 mm)纸上,25℃~30℃温度进行发芽试验,重复 4 次。初次计算天数为 4 d,末次计算天数为 10 d。记录结果,原始记录表见附录 B 表 B.3。

发芽率以粒数的百分率 X_3 计，按公式(3)计算：

$$X_3 = \frac{m_3}{100} \times 100 \quad \cdots\cdots (3)$$

式中：

X_3 ——发芽率，%；

m_3 ——正常幼苗数，单位为株。

计算结果保留整数。

5.6 水分

采用高恒温烘干法。取送检样品磨碎，用天平称取样品 6 g～7 g(精确至±0.001 g)，重复 2 次，在 130℃～133℃条件下干燥 2 h，于干燥器冷至室温，称重。对结果进行记录，两次重复的测定之间的差距不超过 0.3%，原始记录表见附录 B 表 B.4。

水分以重量百分率 X_4 计，按公式(4)计算：

$$X_4 = \frac{M_2 - M_3}{M_2 - M_1} \times 100 \quad \cdots\cdots (4)$$

式中：

X_4 ——含水率，%；

M_1 ——样品盒和盖的重量，单位为克(g)；

M_2 ——样品盒和盖及样品的烘前重量，单位为克(g)；

M_3 ——样品盒和盖及样品的烘后重量，单位为克(g)。

计算结果精确到小数点后一位。

5.7 百粒重

从净种子中数出 100 粒种子，重复 8 次，称重，计算平均数，容许差距不超过 5%。结果保留小数 3 位。记录结果，原始记录表见附录 B 表 B.5。

5.8 种子生活力

采用四唑测定法。随机数取净种子 50 粒，重复 4 次。用水室温浸种 18 h～24 h 后，纵向切开种皮或横向切去种子顶端，用 1%的四唑染色溶液 30℃染色 20 h，取出洗净，露胚置滤纸上逐粒鉴定观察(1/2胚根或 1/2 子叶末端)，记录结果，原始记录表见附录 B 表 B.6。详细测定方法见 GB/T 2930.5 牧草种子检验规程生活力的生物化学(四唑)测定。

5.9 健康测定

测定方法见 GB/T 2930.6 牧草种子检验规程健康测定。

6 检验规则

6.1 批次

品种、产地、生长年限和收获时期相同以及质量基本一致的同一批种子为一个检验批次。

6.2 扦样

按 GB/T 2930.1 的规定执行。

7 判定规则

外观和检疫任何一项不合格及质量指标任何一项达不到三级品要求时判为不合格品。依据纯度、净度、发芽率和水分指标进行分级。但应以净度和发芽率为关键性指标，然后结合种子水分和纯度两项指标进行综合定级。各项指标均达同一级别，按达标的级别定级。指标中若一或多项达不到同一级别，以发芽率和净度作为主要指标，并权衡水分和纯度按下列程序综合定级。

7.1 依据净度和发芽率初步定级

净度和发芽率实测值若达到标准中同一级别，则将该级作为种子的初步质量级；若其实测值所达标准级别不一致，则采用种子用价作为替代指标进行初步定级，按公式(5)计算：

$$S = Z \times Y \times 100 \quad \cdots\cdots (5)$$

式中：

S——种子用价，%；

Z——净度，%；

Y——发芽率，%。

7.2 结合水分和纯度综合定级

7.2.1 若水分和纯度有一项不合格，在初步定级基础上下降一级为综合质量级。

7.2.2 若水分合格，纯度级别等于或高于初步质量级时，综合质量级等于初步质量级。

8 贮存、包装、标签和运输

8.1 贮存

种子贮藏前用 3 g/m^3～4 g/m^3 的磷化铝密闭熏蒸种子 2 d～3 d，处理两次。然后于通风、阴凉和干燥的地方保存。

8.2 包装

种子的包装应为内层为塑料、外层为纤维的双层袋，每袋种子净重视需要可自定。

8.3 标签

种子袋表面必须以明显字标明种子名称、产地、收种时间、净重等。袋中必须附有检验合作证书。

8.4 运输

运输过程注意防雨、防潮。

附 录 A
（资料性附录）
银合欢形态特征

银合欢为含羞草亚科银合欢属。根系较深，树干直立，高 2 m～10 m 或更高，幼枝被短柔毛，老枝无毛，具褐色皮孔。叶为偶数羽状复叶，有羽片 4 对～8 对，叶片长 6 cm～9 cm，叶轴长 12 cm～19 cm，基部膨大，膨大部分径粗 1.5 mm～2.5 mm，被柔毛；在第一对羽片着生处各有腺体一枚，椭圆形，中间凹陷呈碗状，基部一枚较大，长 2 mm～3 mm，宽约 2.3 mm，顶端一枚较小，长 1.5 mm～2 mm，宽约 1.5 mm；每个羽片有小叶 5 对～15 对，小叶线状长椭圆形，长约 1.6 cm，宽约 0.5 cm，顶端钝或急尖，两侧不等宽。头状花序，单生或腋生，直径约 2.5 cm，约有小花 164 朵；每个小花有花瓣 5 枚，极狭，白色，分离，长约为雄蕊的 1/3；雄蕊 10 枚，长而突出，通常被疏柔毛；子房极短，被柔毛，柱头凹下呈杯状。荚果薄而扁平，带状，无毛，有网纹，顶端突尖，长约 24.5 cm，宽约 2.5 cm，纵裂；每个头状花序仅有数朵至十余朵发育成荚果，每个荚果有种子约 22 粒；种子褐色，具有光泽，光滑扁平，百粒重 5.0 g～6.5 g。

附 录 B
（资料性附录）
银合欢种子各类检测原始记录表

表 B.1 银合欢种子检测(纯度)原始记录表

样品名称			样品编号		
执行标准或方法			仪器名称型号及编号		
温　　度			湿　　度		
检 测 室			检验日期		
平行号	试样数量（粒）	本品种数量（粒）	异品种数量（粒）	纯度（%）	平均（%）
备　注					
审核人		校核人		检测人	
日　期		日　期		日　期	

表 B.2 银合欢种子检测(净度)原始记录表

样品名称					样品编号							
执行标准或方法					仪器名称型号及编号							
温　　度					湿　　度							
检 测 室					检验日期							
平行号	重量（g）	各成分总和（g）	杂质			其他植物种子			净种子			净度
			g	%	平均	g	%	平均	g	%	平均	%
备　注												
审核人				校核人			检测人					
日　期				日　期			日　期					

表 B.3 银合欢种子检测(发芽率)原始记录表

<table>
<tr><td colspan="3">样品名称</td><td colspan="4"></td><td colspan="5">样品编号</td><td colspan="5"></td></tr>
<tr><td colspan="3">执行标准或方法</td><td colspan="4"></td><td colspan="5">仪器名称型号及编号</td><td colspan="5"></td></tr>
<tr><td colspan="3">温 度</td><td colspan="4"></td><td colspan="5">湿 度</td><td colspan="5"></td></tr>
<tr><td colspan="3">发 芽 床</td><td colspan="4"></td><td colspan="5">预 处 理</td><td colspan="5"></td></tr>
<tr><td colspan="3">检 测 室</td><td colspan="4"></td><td colspan="5">检验日期</td><td colspan="5"></td></tr>
<tr><td rowspan="2">平行号</td><td rowspan="2">日/月</td><td rowspan="2">日/月</td><td rowspan="2">日/月</td><td rowspan="2">日/月</td><td colspan="2">初期发芽</td><td rowspan="2">日/月</td><td rowspan="2">日/月</td><td rowspan="2">日/月</td><td rowspan="2">日/月</td><td rowspan="2">日/月</td><td rowspan="2">日/月</td><td colspan="2">末期发芽</td><td rowspan="2">发芽率(%)</td><td rowspan="2">平均(%)</td></tr>
<tr><td>天数</td><td>发芽数</td><td>天数</td><td>发芽数</td></tr>
<tr><td></td><td></td><td></td><td></td><td></td><td></td><td></td><td></td><td></td><td></td><td></td><td></td><td></td><td></td><td></td><td></td><td></td></tr>
<tr><td></td><td></td><td></td><td></td><td></td><td></td><td></td><td></td><td></td><td></td><td></td><td></td><td></td><td></td><td></td><td></td><td></td></tr>
<tr><td></td><td></td><td></td><td></td><td></td><td></td><td></td><td></td><td></td><td></td><td></td><td></td><td></td><td></td><td></td><td></td><td></td></tr>
<tr><td></td><td></td><td></td><td></td><td></td><td></td><td></td><td></td><td></td><td></td><td></td><td></td><td></td><td></td><td></td><td></td><td></td></tr>
<tr><td></td><td></td><td></td><td></td><td></td><td></td><td></td><td></td><td></td><td></td><td></td><td></td><td></td><td></td><td></td><td></td><td></td></tr>
<tr><td colspan="3">正常苗(其中硬实),%</td><td colspan="4"></td><td colspan="5">新鲜未发芽,%</td><td colspan="5"></td></tr>
<tr><td colspan="3">不正常苗,%</td><td colspan="4"></td><td colspan="5">死种子,%</td><td colspan="5"></td></tr>
<tr><td colspan="2">备 注</td><td colspan="15"></td></tr>
<tr><td colspan="2">审核人</td><td colspan="3"></td><td colspan="3">校核人</td><td colspan="3"></td><td colspan="3">检测人</td><td colspan="3"></td></tr>
<tr><td colspan="2">日 期</td><td colspan="3"></td><td colspan="3">日 期</td><td colspan="3"></td><td colspan="3">日 期</td><td colspan="3"></td></tr>
</table>

表 B.4 银合欢种子检测(水分)原始记录表

<table>
<tr><td colspan="2">样品名称</td><td colspan="2"></td><td colspan="2">样品编号</td><td colspan="2"></td></tr>
<tr><td colspan="2">执行标准或方法</td><td colspan="2"></td><td colspan="2">仪器名称型号及编号</td><td colspan="2"></td></tr>
<tr><td colspan="2">温 度</td><td colspan="2"></td><td colspan="2">湿 度</td><td colspan="2"></td></tr>
<tr><td colspan="2">检 测 室</td><td colspan="2"></td><td colspan="2">检验日期</td><td colspan="2"></td></tr>
<tr><td>平行号</td><td>皿号</td><td>皿重(g)</td><td>烘前样重(g)</td><td>烘后样重+皿重(g)</td><td>烘后样重(g)</td><td>水分(%)</td><td>平均(%)</td></tr>
<tr><td></td><td></td><td></td><td></td><td></td><td></td><td></td><td></td></tr>
<tr><td></td><td></td><td></td><td></td><td></td><td></td><td></td><td></td></tr>
<tr><td>备 注</td><td colspan="7"></td></tr>
<tr><td>审核人</td><td colspan="2"></td><td>校核人</td><td colspan="2"></td><td>检测人</td><td></td></tr>
<tr><td>日 期</td><td colspan="2"></td><td>日 期</td><td colspan="2"></td><td>日 期</td><td></td></tr>
</table>

表 B.5 银合欢种子检测(百粒重)原始记录表

样品名称		样品编号	
执行标准或方法		仪器名称型号及编号	
温　度		湿　度	
检 测 室		检验日期	
平行号	百粒重 (g)		平均 (g)

备 注					
审核人		校核人		检测人	
日　期		日　期		日　期	

表 B.6 银合欢种子检测(生活力)原始记录表

样品名称		样品编号	
执行标准或方法		仪器名称型号及编号	
温　度		湿　度	
检 测 室		检验日期	

平行号	测定种子 (数)	种子状况				染色粒数 (粒)	测定结果		生命力 (%)	平均 (%)
		空瘪 (粒)	腐烂 (粒)	病虫 (粒)	正常 (粒)		无生活力 (粒)	有生活力 (粒)		

备 注					
审核人		校核人		检测人	
日　期		日　期		日　期	

附　录　C
（资料性附录）
银合欢种子质量检验合格证书

№：＿＿＿＿＿＿

育种单位		购种单位	
种子数量		银合欢种子	
检验结果	其中：一级：　二级：　三级：		
检验意见			
证书签发期		证书有效期	
注：本证一式三份，育种单位、购种单位、检验单位各一份。			

审核人（签字）：　　　　校核人（签字）：　　　　检测人（签字）：

附　录　D
（资料性附录）
银合欢种子标签

（单位为厘米）

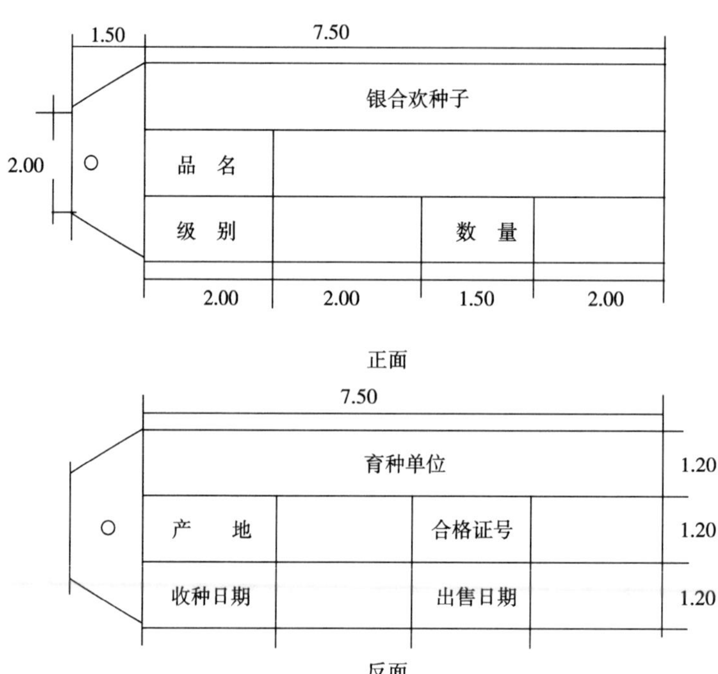

注：标签用 150 g 的牛皮纸。标签孔用金属包边。

附加说明：

本标准的附录 A、附录 B、附录 C 和附录 D 为资料性附录。

本标准由中华人民共和国农业部提出。

本标准由农业部热带作物及制品标准化技术委员会归口。

本标准起草单位：农业部热带作物种子种苗质量监督检验测试中心。

本标准主要起草人：邹冬梅、龙开意、覃新导、漆智平。

中华人民共和国行业标准

主要热带草坪草种子　种苗

Main tropical turfgrass seeds(seedlings)

NY/T 1683—2009

1　范围

本标准规定了热带草坪草的术语和定义、要求、试验方法、检验规则、标签、包装、运输和贮存。

本标准适用于狗牙根 *Cynodon dactylon*(L.)Pers.、地毯草 *Axonopus compressus*(Swartz)Beauv.、华南半细叶结缕草 *Zoysia matrella* cv. Huanan、平托花生 *Arachis pintoi* cv. Amarillo 的种子种苗。

2　规范性引用文件

下列文件中的条款通过本标准的引用而成为本标准的条款。凡是注日期的引用文件，其随后所有的修改单(不包括勘误的内容)或修订版均不适用于本标准，然而，鼓励根据本标准达成协议的各方研究是否可使用这些文件的最新版本。凡是不注日期的引用文件，其最新版本适用于本标准。

GB/T 2930.1　牧草种子检验规程　扦样

GB/T 2930.2　牧草种子检验规程　净度分析

GB/T 2930.3　牧草种子检验规程　其他植物种子数测定

GB/T 2930.4　牧草种子检验规程　发芽试验

GB/T 2930.8　牧草种子检验规程　水分测定

GB/T 2930.11　牧草种子检验规程　检验报告

GB/T 18247.7 主要花卉产品等级　第7部分：草坪

3　术语和定义

下列术语和定义适用于本标准。

3.1

热带草坪草　tropical turfgrass

在热带地区，能形成草皮或草坪，并能耐受定期修剪或适度践踏的草本植物种或品种。

3.2

盖度　coverage

热带草坪草种苗的地上部分垂直投影面积与取样面积的百分比。

3.3

色泽　color

人对热带草坪草颜色深浅、颜色均匀度等的感受程度。

3.4

病虫侵害率　infectious rate of disease and insects

中华人民共和国农业部 2009-03-09 发布　　2009-05-01 实施

单位面积病虫对热带草坪草种苗侵染危害的比率。表示病虫侵染危害种苗的程度。

3.5

杂草率 the rate of weeds

单位面积热带草坪草种苗总体中杂草(非目标草)所占的比率。表示杂草侵染种苗的程度。

3.6

新鲜度 freshness

热带草坪草种苗植株新鲜程度。

4 要求

4.1 种子质量分级

种子质量分为三个等级,分级指标见表1。4项指标中任何一项不能满足某一等级要求的,做降级处理。种子有休眠现象时,以种子生活力取代发芽率指标。不符合最低等级者,视为等外级。

表 1 主要热带草坪草种子分级标准

中文名	拉丁名	等级	净度,% ≥	发芽率,% ≥	其他种子含量,% ≤	含水量,% ≤
狗牙根	*Cynodon dactylon*(L.) Pers.	1	95	85	0.5	12
		2	90	80	1.0	12
		3	85	75	1.5	12
地毯草	*Axonopus compressus* (Swartz)Beauv.	1	95	80	0.5	12
		2	90	70	1.0	12
		3	85	60	1.5	12
华南半细叶结缕草	*Zoysia matrella* cv. Huanan	1	90	70	1.0	12
		2	85	60	1.5	12
		3	80	50	2.0	12
平托花生	*Arachis pintoi* cv. Amarillo	1	90	70	1.0	12
		2	85	60	1.5	12
		3	80	50	2.0	12

4.2 种苗质量分级

种苗质量分为三个等级,分级指标见表2。5项指标中任何一项不能满足某一等级要求的,做降级处理。不符合最低等级者,视为等外级。

表 2 主要热带草坪草种苗分级标准

中文名	拉丁名	等级	盖度,% ≥	色泽	病虫侵害率,% ≤	杂草率,% ≤	新鲜度
狗牙根	*Cynodon dactylon*(L.) Pers.	1	95	颜色均匀一致,色墨绿或深绿	1	1	鲜嫩,含水量>70%
		2	90	颜色欠均匀一致,色浅绿或淡绿	3	3	叶微卷,60%<含水量<70%
		3	85	颜色不均一,色黄绿,黄色<20%	5	5	叶稍卷,45%<含水量<60%

表 2（续）

中文名	拉丁名	等级	盖度，% ≥	色泽	病虫侵害率，% ≤	杂草率，% ≤	新鲜度
地毯草	*Axonopus compressus* (Swartz) Beauv.	1	95	颜色均匀一致，色墨绿或深绿	1	1	鲜嫩，含水量>70%
		2	90	颜色欠均匀一致，色浅绿或淡绿	3	3	叶微卷，60%<含水量<70%
		3	85	颜色不均一，色黄绿，黄色<20%	5	5	叶稍卷，45%<含水量<60%
华南半细叶结缕草	*Zoysia matrella* cv. Huanan	1	95	颜色均匀一致，色深绿	1	1	鲜嫩，含水量>70%
		2	90	颜色欠均匀一致，色浅绿或淡绿	3	3	叶微卷，60%<含水量<70%
		3	85	颜色不均一，色黄绿，黄色<20%	5	5	叶稍卷，45%<含水量<60%
平托花生	*Arachis pintoi* cv. Amarillo	1	95	颜色均匀一致，色深绿	1	1	鲜嫩，含水量>70%
		2	90	颜色欠均匀一致，色浅绿或淡绿	3	3	叶微卷，60%<含水量<70%
		3	85	颜色不均一，色黄绿，黄色<20%	5	5	叶稍卷，45%<含水量<60%

5 试验方法

5.1 取样

5.1.1 种子

草坪草种子按 GB/T 2930.1 规定的方法进行取样。

5.1.2 种苗取样

草坪草种苗按 GB/T 18247.7 中 5.2.1.5 规定的方法取样。

5.2 测定方法

5.2.1 种子净度

按照 GB/T 2930.2 规定执行。

5.2.2 种子发芽率

按照 GB/T 2930.4 规定执行。

5.2.3 其他种子含量

按照 GB/T 2930.3 规定执行。

5.2.4 含水量

按照 GB/T 2930.8 规定执行。

5.2.5 盖度

按 GB/T 18247.7 中 5.2.2 规定执行。

5.2.6 色泽

按GB/T 18247.7中5.2.2规定执行。

5.2.7 病虫侵害率

按GB/T 18247.7中5.2.2规定执行。

5.2.8 杂草率

按GB/T 18247.7中5.2.2规定执行。

5.2.9 新鲜度

按GB/T 18247.7中5.2.2规定执行。

6 检验规则

6.1 草坪草种子

草坪草种子质量由种子质量检验部门或由检验部门委托的单位进行检验，若检验合格则签发“草坪草种子质量检验合格证书”(参见附录A)并附合格标签(参见附录B)。若进行田间纯度检验的种子田，则签发“草坪草种子田间检验报告书”(参见附录C)。

6.2 草坪草种苗

草坪草种苗质量由种苗质量检验部门或由检验部门委托的单位进行检验，种苗检验限在苗圃中进行，检验结果记入“草坪草种苗检验报告书”(参见附录D)，经检验合格后可签发“草坪草种苗质量检验证书”(参见附录E)并附上合格标签(参见附录F)。

7 标签

种子袋表面应明显标明种子名称、产地、净重等内容，袋中应附有检验合格证书；种苗应挂上标签，标签主要包括种苗名称、等级、生产单位及其地址等内容。

8 包装、运输和贮存

8.1 包装

草坪草种子的包装应为双层袋，内层为塑料，外层为纤维，每袋草坪草种子净重为25kg，亦可根据用户需求改为小包装，如1 kg、5 kg和10 kg等；种苗应分品种和等级包装，注意种苗的保湿。

8.2 运输

种子运输过程注意防雨、防潮；种苗运输过程中注意防雨、防晒、防重压、防发热。

8.3 贮存

草坪草种子应贮藏于通风、阴凉、干燥的地方；种苗应放在阴凉的地方，避免暴晒。

附 录 A
（资料性附录）
草坪草种子质量检验合格证书

草坪草品种		种子数量	
生产单位		购种单位	
检验结果			
检验意见			
证书签发期		证书有效期	
注：本证书一式三份，生产单位、购种单位、检验单位各一份			

审核人（签字）： 校核人（签字）： 检测人（签字）：

附　录　B
（资料性附录）
草坪草种子标签
（单位:cm）

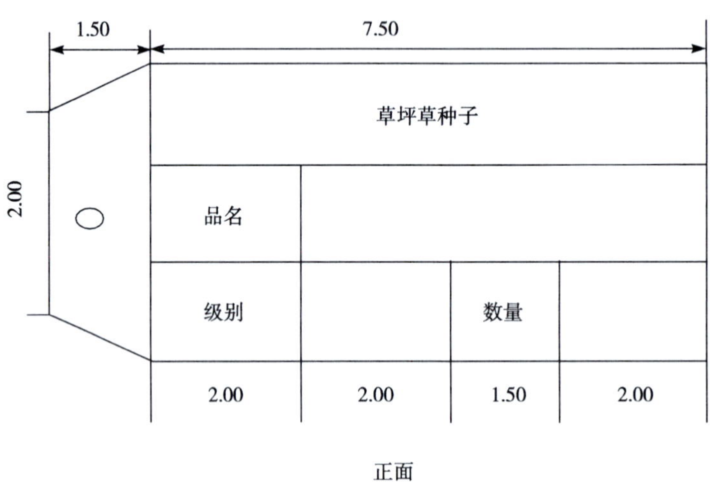

正面

反面

注:标签用材为厚度约0.3mm的白色聚乙烯塑料薄片或牛皮纸。

附 录 C
（资料性附录）
草坪草种子田间检验报告书

草坪草品种：________________ 检验编号：________________

种子来源：________________ 种植地点：________________

种植面积：________________ 生育情况：________________

检验日期：________________

结果分析

品种特征：____

栽培管理：____

鉴定面积：____

品种纯度(%)：________________ 鉴定总株(穗)数：________________

异　　种(%)：____

杂　　草(%)：____

感染病虫害(%)：____

鉴定意见：____

____

____

鉴定单位：____

附 录 D
（资料性附录）
草坪草种苗检验报告书

检验项目	标准值			实测值	单项结论
	1级	2级	3级		
盖度，% ≥					
色泽					
病虫侵害率，% ≤					
杂草率，% ≤					
新鲜度，%					
综合判定					
备 注					

附 录 E
（资料性附录）
草坪草种苗质量检验证书

草坪草品种			
育苗单位		购苗单位	
检验结果			
检验意见			
证书签发期		证书有效期	
注：本证书一式三份，育苗单位、购苗单位、检验单位各一份			

审核人（签字）： 校核人（签字）： 检测人（签字）：

附　录　F
（资料性附录）
草坪草种苗标签
（单位：cm）

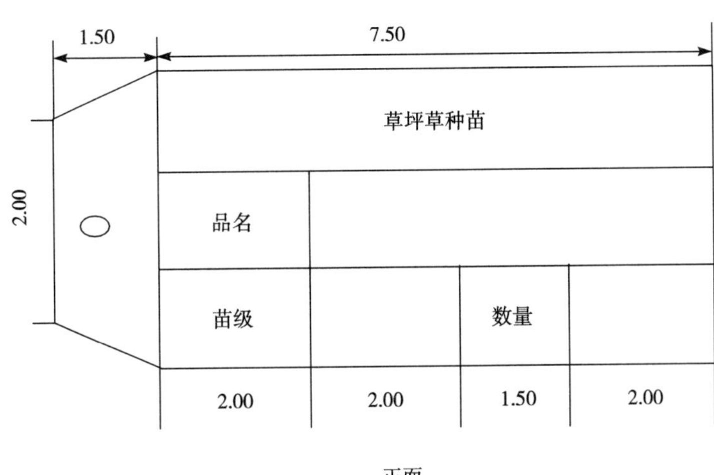

正面

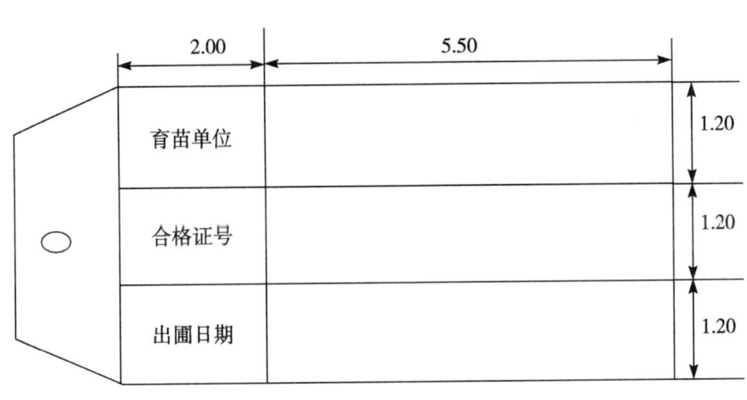

反面

注：标签用材为厚度约 0.3mm 的白色聚乙烯塑料薄片或牛皮纸。

附加说明：

本标准的附录 A、附录 B、附录 C、附录 D、附录 E 和附录 F 为资料性附录。

本标准由中华人民共和国农业部农垦局提出。

本标准由农业部热带作物及制品标准化技术委员会归口。

本标准起草单位：中国热带农业科学院南亚热带作物研究所、国家重要热带作物工程技术研究中心。

本标准主要起草人：易克贤、陈河龙、罗萍、孙德权、吕玲玲、徐雪荣、龙开意。

中华人民共和国行业标准

柱花草种子生产技术规程

Technical rules for stylo of seeds production

NY/T 1684—2009

1 范围

本标准规定了柱花草(*Stylosanthes* spp.)种子生产的术语和定义、生产用地选择、育苗、垦地与定植、田间管理、主要病虫害防治、采收等技术及种子生产单位和个人资质的要求。

本标准适用于柱花草种子的生产。

2 规范性引用文件

下列文件中的条款通过本标准的引用而成为本标准的条款。凡是注日期的引用文件,其随后所有的修改单(不包括勘误的内容)或修订版均不适用于本标准。然而,鼓励根据本标准达成协议的各方研究可使用这些文件和最新版本。凡是不注日期的引用文件,其最新版本适用于本标准。

GB/T 2930.7—2001 牧草种子检验规程 种及品种鉴定

GB 4285 农药安全使用标准

GB/T 8321(所有部分) 农药合理使用准则

NY/T 1194—2006 柱花草 种子

NY/T 351—1999 热带牧草 种子

中华人民共和国种子法

中华人民共和国种子管理条例

3 术语和定义

下列术语和定义适用于本标准。

3.1

原原种 breeder seeds

是由育种单位或育种家育成某新品种时的种子,该种子长成的植株代表该品种的典型性状和固有特征特性。

3.2

原种 foundation seeds

是由原原种繁育而来的,完全保持该品种特定的遗传一致性和纯度的纯净种子。

3.3

母种 parent seeds

指由原种生产的种子。保持该品种特定的遗传一致性和纯度。

中华人民共和国农业部 2009-03-09 发布 2009-05-01 实施

3.4

生产种　production seeds

由母种种子扩繁而来，是销售到生产单位或商业用种单位用的种子。

3.5

幼稚期　cubhood period

从种子出芽开始，植株只进行营养生长，对诱导开花的刺激无反应的时期，一般为 45 d～84 d。

3.6

始花期　beginning of blooming period

指 5%的植株开花的时期。

3.7

初花期　early blooming period

指 20%的植株开花的时期。

3.8

盛花期　full bloom period

指 80%的植株开花的时期。

3.9

结荚期　legumen period

指 20%的植株出现荚果的时期。

3.10

成熟期　maturation period

指植株 80%种子成熟的时期。

4　生产用地选择

4.1　气候条件

柱花草适宜高温、多雨、潮湿气候，但不耐霜冻。生产种子应选在年平均气温 21.7℃～27.0℃、年降雨量 1 000 mm 以上无霜地区进行。

4.2　立地条件

柱花草种子生产田适宜选择坡度≤15°、面积开阔(连片面积≥0.33 hm^2)、排水良好的地块，从沙质土至黏土均可，但以土层深厚、质地疏松、pH5.5～7、有机质丰富的地块最好。

5　种植方法

5.1　种子直播

柱花草种子生产可采用直播方法，其中有撒播、穴播、点播，一般播种量≥7.5 kg/hm^2。

5.2　育苗

5.2.1　种子处理

播种前应按附录 A 的方法对种子进行处理和消毒。

5.2.2　苗床选地

选择水源充足、便于灌溉，通风透光、肥沃的沙壤缓坡地或平地。

5.2.3　起畦

备耕好苗圃地、除净杂草杂物后开沟起畦，畦宽 80 cm～100 cm，高 15 cm～20 cm，下足基肥，耙平畦面。

5.2.4 苗床基肥

基肥用量:火烧土 300 g/m^2～400 g/m^2,过磷酸钙 20 g/m^2～40 g/m^2,均匀地撒在畦面上,并与泥土拌匀。

5.2.5 育苗期

海南省、广西壮族自治区及广东省一般选在 3 月份至 5 月份;在其他省区可根据当地情况及时进行,以保证幼苗能尽快渡过幼稚期(初花期前至少应有 4 个月的生长时间)。

5.2.6 最适播种温度

20℃～25℃。

5.2.7 苗床播种量及可移栽面积

每 200 m^2～260 m^2 苗床(旱坡地苗圃宜用地 200 m^2,水田苗圃宜用地 260 m^2)可播种子 1 kg,种苗可移栽 0.67 hm^2～1.33 hm^2。

5.2.8 育苗方法

将处理过的种子晾干后均匀地撒入苗床,轻耙二遍,一般不覆土,但可以覆盖遮荫物。另一种方法是将种子催芽露白后再播入苗床,并浅盖土 1 cm。播种后 3 d 将覆盖遮荫物移去,持续早晚淋水 30 d～35 d。为防蚁害,可在畦的四周撒上药物。在没有种过柱花草的地方,应采集柱花草或豇豆的根际土壤拌入苗床。

5.2.9 幼苗管理

及时拔除杂草和间苗,在苗龄 35 d～40 d 时,喷施一次 0.25%～0.1%磷酸二氢钾或其他叶面肥,以后则停止水肥锻炼幼苗。出圃时应按附录 B 的规定喷洒一次多菌灵溶液。

6 垦地与定植

6.1 垦地

选择地势稍平、排水良好的沙壤或沙土坡地作种子田,在定植前备耕好。

6.2 种苗

苗龄 45 d～60 d,苗高 20 cm～50 cm 时即可出圃,出圃后定植前宜将根部泥土抖净并浆根。

6.3 定植时间

在海南省 5 月份至 6 月份较好,最迟不应超过 7 月份。其他南方省份宜适当提前。

6.4 定植密度

早熟品种株行距 60 cm×80 cm,中晚熟品种 80 cm×80 cm 或 100 cm×100 cm。每穴 2 株。

7 田间管理

7.1 淋水及查苗补苗

浆根定植一般不淋水,但在土壤干燥时应及时淋定根水。定植后 12 d 内检查种苗成活情况,及时补苗,一般 4 d 进行 1 次。

7.2 中耕除草

定植后应及时中耕除草,一般第 20 天开始第一次锄草,50 d 左右进行第二次除草,以后视杂草情况,每月锄草 1～2 次。

7.2.1 选用除草剂

在植株封行后仍有许多杂草时,视杂草种类不同,按附录 B 的规定喷洒选择性除草剂,如盖草能、2,4-D丁酯等。

7.2.2 田间检验品种(系)纯度

由专业人员根据 NY/T 351—1999 中的 3.5 规定的内容和时间及 GB/T 2930.7—2001 中的 7.5

规定的程序鉴定田间品种(系)的真实性。

7.2.3 清除杂株

经专业人员对植株进行鉴别后,要拔除其中的杂株,杂株率的最高含量不得超过下列要求:

育种家种子田 0%;基础原种种子田 1%;母种种子田 2%。

7.3 水肥管理

7.3.1 有机肥

应在第一次中耕除草时沟施或穴施有机肥 15 000 kg/hm^2～22 500 kg/hm^2。

7.3.2 无机肥

无机肥既可与有机肥同时施用,也可在接近封行时撒入田内,用量为过磷酸钙 150 kg/hm^2～200 kg/hm^2,氯化钾 100 kg/hm^2～150 kg/hm^2。

7.3.3 根外追肥

从初花期开始喷施 0.5%的磷酸二氢钾或其他壮果叶面肥,每月 1 次～2 次。

7.3.4 控徒长、控水和灌溉

初花期前 2 个月,如植株过于茂密,宜适当控制徒长和控水,初花期过后宜适当灌溉。

8 主要病虫害防治

8.1 柱花草炭疽病

8.1.1 选用抗病耐病品种

炭疽病(*Colletotrichum gloeosporioides*)是柱花草属植物的主要病害,抗病耐病品种与感病品种在感病方面有极显著差异,可从附录 C 中选用抗耐病品种(系)。

8.1.2 药物防治

杀灭炭疽菌的药物有多菌灵、代森锌等,可在播种前按附录 A 的消毒方法对种子进行处理,对苗床及种子生产田按附录 B 的规定进行防治,在高温高湿或台风季节过后要及时进行,一般每月喷药 1 次。

8.2 柱花草类菌原体(MLO)

MLO 是一种类菌原体,目前还无有效的防治办法,该病主要通过刀口、虫口、畜口传播,一旦发现病株(叶变黄变小,丛枝状),应先灭虫(如叶蝉等),后拔除病株并集中烧毁,同时应预防通过割草或放牧使病原扩散。

8.3 黏虫

黏虫(*Mythimna separate* Walker)主要危害柱花草花序,特别是气候干旱时较为严重,往往会造成种子失收。发现黏虫可参照 GB 4285、GB/T 8321 的规定,在幼虫低龄阶段喷洒敌百虫、除虫脲以及氯菊酯等农药。

8.4 蓟马

中华简管蓟马(*Haplothrips chinensis* Priesner)是严重危害柱花草花器的害虫,在初花期到盛花期,按附录 B、GB 4285 和 GB/T 8321 的规定每月喷药 1 次～2 次。

8.5 蚂蚁

蚂蚁主要危害柱花草种子。在播种后的 3 d 内可在沟内灌水,用水线保护。在种子成熟期,应采取相应的灭蚁措施。

9 采收

9.1 采收期

植株上的种子 80%成熟时即为采收期,采收期的计算大概是从初花期后 45 d～50 d。

9.2 采收方法

在种子采收期，尽量在露水未干时将花序（连同种子）割下，置室内后熟 2 d～3 d，再晒干脱粒。

9.3 质量与包装

种子质量按 NY/T 1194—2006 规定执行。

10 生产单位和个人资质

柱花草种子生产单位和个人资质应符合中华人民共和国种子法和中华人民共和国种子管理条例（参见附录 D）规定。

附 录 A
（规范性附录）
柱花草种子催芽处理及消毒方法

品种名称	催芽浸种水温 ℃	热水浸种时间 min	多菌灵浓度 %	多菌灵浸药时间 min
圭亚那柱花草（热研 2 号、5 号、7 号、10 号、13 号柱花草，907 柱花草等）	80	3～5	0.8	15
西卡柱花草（灌木柱花草）	80	3～5 后骤冷	0.1	15
加勒比柱花草（有钩柱花草）	80	3～5 后骤冷	0.1	15

附 录 B
（资料性附录）
柱花草种子生产常用的农药

通用名	剂型及含量	主要防治对象	制剂施用量或 稀释倍数（有效成分浓度）	注意事项
草甘膦	20%水剂	一年生或多年生杂草	每 667 m^2 15 000～2 000 mL	会药害柱花草
高盖(R)注册商标	每升含 108 g 的 Haloxyfop-(R)甲酯	防除一年生禾本科杂草	每 667 m^2 15 mL～30 mL 或 15 kg 水加 15 mL 药液	柱花草可承受
草甘膦＋ 2 甲 4 氯钠盐	10%水剂＋ 20%水剂	恶性杂草，如鸭跖草	每 667 m^2 750 mL～1 000 mL 每 667 m^2 100 mL～150 mL	会药害柱花草
2,4-D丁酯＋ 柴油	72%乳油＋ 100%柴油	恶性灌木	按 1∶3 混合涂抹在截面上	会药害柱花草
2,4-D丁酯	72%乳油	柱花草以外的其他阔叶杂草	每 667 m^2 400 mL～600 mL 或 15 kg 水加 200 mL～300 mL 乳油	柱花草可承受
多菌灵	50%可湿性粉剂	炭疽病	800～1 000 倍液	
乐果	40%乳油	叶蝉、蓟马等	1 000～1 500 倍液	
菊酯类		黏虫等	参照 GB/T 8321	

附 录 C
（资料性附录）
主要柱花草品种（系）简介

C.1 圭亚那柱花草

C.1.1 热研 2 号柱花草（*Stylosanthes guianensis* cv. Reyan No.2）

品种来源：1982 年从国际热带农业中心（CIAT）引进（CIAT184）。登记日期：1991 年 5 月 20 日。品种登记号：099。该品种属中熟品种，在海南省儋州地区种植，10 月初初花，开花所需日照时数 11.2 h～11.7 h 左右，10 月下旬盛花，11 月下旬至 12 月种子开始成熟。

C.1.2 热研 5 号柱花草（*Stylosanthes guianensis* cv. Reyan No.5）

品种来源：1982 年从 CIAT 引进（CIAT184 生产田中发现）。登记日期：1999 年 12 月 10 日。品种登记号：206。该品种稍耐寒冷和阴雨天，属早熟品种，在海南儋州地区种植，9 月底至 10 月中旬初花，开花所需日照时数 11.7 h 左右，10 月下旬盛花，11 月下旬种子开始成熟，一般比热研 2 号柱花草提前 25 d～40 d 开花。

C.1.3 热研 7 号柱花草（*Stylosanthes guianensis* cv. Reyan No.7）

品种来源：1982 年从 CIAT 引进（CIAT136）。登记日期：2001 年 12 月 22 日。品种登记号：226。该品种属晚熟品种，在海南儋州地区种植，11 月中初花，开花所需日照时数 11.2 h 左右，11 月下旬盛花，12 月下旬种子开始成熟。耐旱、耐酸瘠土，抗病，但不耐荫和渍水。

C.1.4 热研 10 号柱花草（*Stylosanthes guianensis* cv. Reyan No.10）

品种来源:1982 年从 CIAT 引进(CIAT1283 种质中的异株)。登记日期:2000 年 12 月 25 日。品种登记号:217。属晚熟品种,抗炭疽病及耐寒能力比热研 2 号柱花草强,在海南儋州地区 11 月中旬始花,开花所需日照时数 11.2 h 左右,11 月底至 12 月盛花,翌年 1 月下旬种子才成熟。

C.1.5 格拉姆柱花草(*Stylosanthes guianensis* Sw. cv. Graham)

品种来源:1981 年从澳大利亚引进(格雷厄姆柱花草)。登记日期:1988 年 4 月 7 日。品种登记号:026。属早熟品种,在广西南部 10 月中旬开花,开花所需日照时数 12.7 h 左右,12 月种子成熟。在海南儋州地区种植,8 月底初花,9 月初盛花,9 月中下旬种子开始成熟。由于经过多年栽培后,目前该品种的抗炭疽病能力下降,已成为高感病品种。

C.1.6 907 柱花草

品种来源:从 CIAT184 柱花草群体中筛选出较抗病的单株,经$^{60}Co-\gamma$射线处理种子育成的抗炭疽病新品种。登记日期:1998 年 11 月 30 日。品种登记号:189。该种属中熟品种,在海南儋州地区种植,10 月上旬始花,开花所需日照时数 11.7 h 左右,10 月下旬盛花,11 月下旬至 12 月种子开始成熟。种子产量比原推广品种增产 27.4%～65.5%。该品种具有较强的抗炭疽病能力。同时较耐干旱,耐酸性瘦土。

C.1.7 热研 13 号柱花草(*Stylosanthes guianensis* cv. Reyan No. 13)

品种来源:1984 年从 CIAT 引进(CIAT1044)。登记日期:2003 年 12 月 7 日。品种登记号:257。属晚花品种,比热研 2 号晚开花 25 d 左右,在海南儋州地区 11 月中旬始花,开花所需日照时数 11.2 h 左右,11 月底至 12 月盛花,翌年 1 月种子成熟。

C.2 西卡柱花草

西卡柱花草(*Stylosanthes scabra* cv. Seca)

品种来源:1981 年从澳大利亚引进(灌木柱花草)。登记日期:2001 年 12 月 22 日。品种登记号:225。为豆科柱花草属多年生亚灌木状植物。该品种属早熟品种,在海南儋州地区种植,7 月中下旬初花,开花所需日照时数 13.1 h 左右,8 月上旬盛花,8 月下旬至 9 月初种子开始成熟。其根系发达,且分布深广,可吸收深层土壤中的水分和养分,故极耐干旱,在年降水 500 mm 以上的地区生长良好。对土壤的适应性广泛,耐酸瘦土壤。

C.3 加勒比柱花草

加勒比柱花草(*Stylosanthes hamata* cv. Verano)

品种来源:1981 年从澳大利亚引进(有钩柱花草)。登记日期:1991 年 5 月 20 日。品种登记号:098。该品种适应性强,对土壤要求不严,耐瘠、耐酸、抗病虫、耐旱,在年降水量 800 mm～1 000 mm 的热带地区能正常生长。该种属早熟品种,种子产量高,一般年公顷种子产量 450 kg～900 kg。在海南儋州地区种植,5 月下旬初花,开花所需日照时数 13.0 h 左右,6 月盛花,7 月后不断有种子成熟,直到翌年 1 月可收获全部种子。该品种缺点是:不耐霜冻。

附 录 D
(规范性附录)
种子生产相关的法律法规条文

D.1 中华人民共和国种子法(自2000年12月1日起施行)

第四章

第二十一条　申请领取种子生产许可证的单位和个人,应当具备下列条件:

(一)具有繁殖种子的隔离和培育条件;

(二)具有无检疫性病虫害的种子生产地点或者县级以上人民政府林业行政主管部门确定的采种林;

(三)具有与种子生产相适应的资金和生产、检验设施;

(四)具有相应的专业种子生产和检验技术人员;

(五)法律、法规规定的其他条件。

申请领取具有植物新品种权的种子生产许可证的,应当征得品种权人的书面同意。

D.2 中华人民共和国种子管理条例(自1989年5月1日起施行)

第四章

第十六条　商品种子生产单位和个人,必须具有与种子生产任务相适应的技术力量和生产条件,并由县级以上人民政府农业、林业主管部门核发《种子生产许可证》。

商品种子生产必须遵守技术操作规程。

附加说明:

本标准的附录A、附录D为规范性附录,附录B、附录C为资料性附录。

本标准由中华人民共和国农业部农垦局提出。

本标准由农业部热带作物及制品标准化技术委员会归口。

本标准起草单位:中国热带农业科学院热带作物品种资源研究所热带牧草研究中心、国家重要热带作物工程技术研究中心。

本标准主要起草人:何华玄、刘国道、白昌军、王东劲、唐军、李志丹、王文强、陈志权、虞道耿。

中华人民共和国行业标准

NY/T 1692—2009

热带牧草品种资源抗性鉴定 柱花草抗炭疽病鉴定技术规程

Guideline for identifying stylo with resistance to anthracnose Fastness identification for tropical forage resources

1 范围

本标准规定了柱花草抗炭疽病[*Colletotrichum gloeosporioides*(Penz.)Sacc.]鉴定的术语定义、试验方法和基本要求。

本标准适用于柱花草(*Stylosanthes* spp)品种及其种质对炭疽病的抗性鉴定。

2 术语和定义

下列术语和定义适用于本标准。

2.1

抗病性 resistance

植物的抗病性是指植物避免、中止或阻滞病原物侵入与扩展,减轻发病和损失程度的一类特性。

2.2

抗病性鉴定 disease resistance identification

以叶片上炭疽病发生程度为衡量指标评价柱花草品种抵抗炭疽病能力的方法和过程。

2.3

对照品种 reference cultivars

被作为抗病性参照的、对柱花草炭疽病具有中等抗病能力的柱花草品种。

2.4

柱花草炭疽病 anthracnose of stylo

由胶孢炭疽菌(*colletotrichum gloeosporioides*)侵染引起的柱花草病害。

3 仪器设备及试剂

3.1 仪器设备

高压灭菌锅、超净工作台、恒温培养箱、移液枪、培养皿、培养盆、温度计、烧杯、封口膜、显微镜。

3.2 试剂

葡萄糖、琼脂、灭菌水。

4 鉴定步骤

4.1 孢子悬浮液的准备

将活化后的炭疽病原菌丝块接种到马铃薯培养基(200 g/L 马铃薯,20 g/L 葡萄糖,20 g/L 琼脂)上,28℃恒温培养箱培养 3 d~5 d,用灭菌水从马铃薯培养基上洗下孢子,经无菌白纱布过滤,用计数板

中华人民共和国农业部 2009-03-09 发布 2009-05-01 实施

在显微镜下观察，调整孢子悬浮液的浓度约为 10^6 个孢子/mL。现配现用。

4.2 植株接种试验

用1%的次氯酸钠溶液浸泡柱花草种子 5 min，灭菌水冲洗 3 次，室温下，在湿润的滤纸上发芽，出芽后转至培养盆中（含等体积混合的表土、塘泥、沙，并以每千克混合物补充 3.6 g 的 N－P－K 复合肥）。每盆 1 株，每个品种 10 盆，3 次重复。盆栽植株在网室（自然光、温度 20℃～30℃）生长 30 d 后，每株喷洒孢子悬浮液直至叶片出现水滴。将植株转移到湿度>90%、温度在 25℃～28℃ 的暗房中培养 2 d，然后将植株转入温度为 19℃～30℃ 的网室中培养。

5 调查、记录和计算方法

5.1 病害分级

根据发病叶片数占总叶片的百分率对植物炭疽病进行分级（表 1）。

表 1 柱花草炭疽病的分级标准

病害级别	发病叶片数占总叶片的百分率（x）
0	$x=0$
1	$0<x\leqslant 10\%$
3	$10\%<x\leqslant 25\%$
5	$25\%<x\leqslant 50\%$
7	$50\%<x\leqslant 75\%$
9	$x>75\%$

5.2 调查方法

以已经报道的柱花草炭疽病症状特点，在接种后 7 d，判断待鉴定材料是否出现炭疽病，同时根据病害分级标准（表 1）判定、记录各试验小区的总叶片数和各级病叶片数。获得的数据填入附录 A。

5.3 计算方法

试验结果以小区为单元进行病情指数统计。病情指数按照式（1）计算。

$$DS=\frac{\sum(A_i\times B_i)}{C\times 9}\times 100 \qquad (1)$$

式中：

DS——病情指数；

A_i——各病级值，其下标 i 的取值为 0、1、3、5、7 和 9；

B_i——对应于 A_i 病害级别的病叶数；

C——接种的叶片总数。

6 抗病性判别

6.1 未取得对照品种抗病性资料的抗病性判别

将每次试验各处理的所有重复的病情指数加和平均，然后再将多次试验的病情指数加和平均值平均，得到的病情指数平均值用 ADS 表示。用 ADS 判断柱花草对炭疽病的抗病性（表 2）。

表 2 未取得对照品种抗病性资料的柱花草对炭疽病抗病性的判断标准

病情指数平均值(ADS)	抗病性
ADS=0	免疫
0<ADS≤3%	高抗

表2（续）

病情指数平均值(ADS)	抗病性
3%<ADS≤10%	中抗
10%<ADS≤20%	中感
ADS>20%	高感

6.2 已经取得对照品种抗病性资料的抗病性判别

以ADS数据进行方差分析，并用邓肯氏新复极差(DMRT)法对试验数据进行统计分析。根据统计结论，按表3的判断标准判断柱花草对炭疽病的抗病性。

表3 已经取得对照品种抗病性资料的柱花草对炭疽病抗病性的判断标准

统计结论	抗病性
ADS=0的品种	免疫
ADS大于0并且在1%的显著性水平上显著低于对照品种的ADS的品种	高抗
ADS在1%的显著性水平上与对照品种的ADS差异不显著的品种	中抗
ADS在1%的显著性水平上显著高于对照品种的ADS的品种	中感

6.3 自然发病鉴定

6.3.1 根据以往经验或根据探索性试验表明待鉴定材料不用人工接种时炭疽病也能严重发生的情况下，必须进行自然发病鉴定。

6.3.2 自然发病鉴定除了以清水代替人工接种鉴定中的接种体(孢子悬浮液)外，其他的材料要求、试验方法、操作过程、结果统计和抗病性判别方法与人工接种鉴定的相同。

7 结果

用正规格式写出鉴定结论报告，并对试验结果加以分析，原始资料应保存备考察验证。

附 录 A
(资料性附录)
柱花草炭疽病抗性鉴定试验记录表

调查时间:	
柱花草品种:	
试验小区代号:	
病害级别(A_i)	病叶指数(B_i)
0	
1	
3	
5	
7	
9	

附加说明:

本标准的附录 A 为资料性附录。

本标准由中华人民共和国农业部农垦局提出。

本标准由农业部热带作物及制品标准化技术委员会归口。

本标准由中国热带农业科学院热带生物技术研究所、中国热带农业科学院国家重要热带作物工程技术研究中心、中国热带农业科学院热带作物品种资源研究所、海南大学环境与植物保护学院负责起草。

本标准主要起草人:蒋昌顺、邹冬梅、刘文波、刘志昕。

中华人民共和国农业行业标准

热带水果橘小实蝇防治技术规范

Technical criterion for *Bactrocera dorsalis* (Hendel) control

NY/T 1480—2007

1 范围

本标准规定了热带水果橘小实蝇 *Bactrocera dorsalis*（Hendel）防治的有关术语与定义及防治要求等技术。

本标准适用于我国热带水果种植区域热带水果的橘小实蝇防治。

2 规范性引用文件

下列文件中的条款通过本标准的引用而成为本标准的条款。凡是注日期的引用文件，其随后所有的修改单（不包括勘误的内容）或修订版均不适用于本标准，然而，鼓励根据本标准达成协议的各方研究是否可使用这些文件的最新版本。凡是不注日期的引用文件，其最新版本适用于本标准。

GB 4285　农药安全使用标准

GB/T 8321　（所有部分）农药合理使用准则

3 术语与定义

下列术语与定义适用于本标准。

3.1

监测

长期的、固定的、连续不断的监督测试工作，具体表现为通过一定的技术手段而摸清某种有害生物的发生区域、发生时期及发生数量等。

3.2

调查监测

通过调查而掌握靶标生物发生区域、发生期及发生程度等行为。

3.3

引诱剂监测

使用引诱物质实施有害生物监测的行为。

3.4

发生区

有害生物发生的区域。

3.5

发生期

有害生物发生的时期。

中华人民共和国农业部 2007 - 12 - 18 发布　　2008 - 03 - 01 实施

3.6

发生量

有害生物发生的数量。

3.7

物候期

作物所处的发育时期。

4 防治要求

4.1 橘小实蝇的识别及发生特点，参照附录 A。

4.2 防治原则

贯彻“预防为主、综合防治”的植保方针，以按照国家有关法律法规实施检疫控制橘小实蝇传入热带水果种植区为第一关口，同时通过实施橘小实蝇发生区、发生期、发生量的监测，结合热带水果物候期而确定防治区域、防治适期和防治方法，在防治中以农业防治为基础，协调应用生物防治、物理防治和化学防治等措施对橘小实蝇在大田及热带水果采后进行有效控制。

4.3 田间监测

通过田间调查、性引诱剂或诱饵诱集等方法对橘小实蝇发生区、发生期和发生量进行监测。监测方法参照附录 B。

4.4 检疫

依据我国植物及产品检疫的有关规定，对调运的热带果树及产品进行检疫及检疫处理。

4.5 农业防治

4.5.1 合理安排种植结构。宜进行区域或小区品种单一栽培，成片种植单一热带水果种类或品种，同一种植园地及附近应避免种植橘小实蝇嗜食的不同成熟期的寄主作物；或合理安排种植期，使热带水果的果实成熟期避开橘小实蝇的发生高峰期。

4.5.2 搞好田园清洁。从果实膨大期开始，及时收集田间虫害烂果、落地果，或及时摘除被害果，集中深埋、火烧、沤浸或用杀虫药液浸泡，深埋的深度至少要在 45 cm 以上。

4.5.3 翻耕灭虫。结合冬春季节清园，在热带水果种植园地翻耕地面土层，有条件的可灌水 2 次～3 次，杀死土中的幼虫、蛹和刚羽化成虫。

4.5.4 选用抗性品种。选种抗性品种或果实膨大成熟期与橘小实蝇发生高峰期不一致的品种。

4.6 物理防治

4.6.1 大田果实套袋。在幼果期，对经济价值高、易操作的热带水果应选择质地好、透气性较强的套袋材料如无纺布等及时进行果实套袋，套袋时扎口朝下。

4.6.2 果实采后处理。可使用热水、蒸汽、冷藏或辐射对热带水果产品进行采后处理。处理时应根据水果种类及品种的不同而选择处理时间、温度或剂量。具体处理方法参照附录 C。

4.7 生物防治

4.7.1 保护和利用天敌。使用对橘小实蝇 3 龄老熟幼虫具有强侵染力的小卷蛾斯氏线虫 *Steinernema carpocapsae* A11 品系等天敌产品于种植园地土壤中施放，使用剂量为 300 条/cm^2；或在种植园进行药剂防治时宜选择对橘小实蝇成虫毒性较高但对天敌低毒性的药剂，保护利用实蝇茧蜂、跳小蜂、黄金小蜂及蚂蚁、隐翅虫、步行虫等橘小实蝇的寄生和捕食性天敌。

4.7.2 应用不育成虫防治。采用剂量为 90 Gy～95 Gy 的 ^{60}Co 对橘小实蝇蛹进行辐射不育处理，成虫羽化后投放到野外，其中经处理的雄性成虫与野外的雌性成虫正常交配，但雌性成虫所产下的卵不育。

4.8 化学防治

4.8.1 **农药使用选择**

4.8.1.1 不应使用国家严格禁止在果蔬上使用的杀虫剂(见附录D)和未登记的农药。

4.8.1.2 推荐的杀虫剂是经我国药剂管理部门登记允许在水果上使用的,所有允许使用药剂应参照GB 4285和GB/T 8321中的有关使用准则和规定,严格掌握使用剂量、使用方法和安全间隔期。推荐使用的药剂见附录E。

4.8.2 **药剂使用方法**

4.8.2.1 田间喷雾。根据监测结果,田间成虫发生高峰期,或从热带水果的果实膨大期开始,使用杀虫剂喷洒树冠和地面。喷药时间宜选在上午10时前或下午4时~6时,每7 d~10 d喷药1次,连续喷药3~5次。

4.8.2.2 地面撒施。选用农药颗粒剂或使用药剂与细沙或细土拌制成有效成分含量为0.3%~0.5%毒土而在植株树冠下滴水线范围内撒施,毒土使用量为450 kg/hm^{2}左右。

4.8.2.3 诱杀成虫。在成虫羽化高峰至产卵前期,可采用如下方法诱杀成虫:采用附录B.2中的诱捕器诱杀:以4 cm×4 cm×1.0 cm的高密度海绵或棉条或5 cm×5 cm×0.2 cm低密度纤维板做诱芯,在诱芯的一头滴入1.5 mL~2.0 mL甲基丁香酚引诱剂,另一头滴入0.3 mL敌敌畏或1 mL的马拉硫磷商品制剂,诱捕器悬挂于树上,离地1.0 m~1.5 m,每公顷挂置75个左右,每20 d添加一次引诱剂,10 d添加一次毒杀剂;采用纤维板为载体诱杀:用甲基丁香酚加二溴磷混合液(甲基丁香酚∶二溴磷=95∶5)浸泡或喷洒低密度纤维板(5.7 cm×5.7 cm×1.0 cm),而后散发在树荫下或悬挂在树上,约50块/km^2,在成虫发生期每月散放或挂置1次~2次;在植株树冠喷洒毒饵进行诱杀:使用90%敌百虫1 000倍液加3%红糖,或用1%水解蛋白液加入0.1%马拉硫磷,每隔15 d左右喷药1次,每次喷1/3株数,根据虫情确定喷药次数。

附　录　A
（资料性附录）
橘小实蝇概述

A.1　学名

橘小实蝇 *Bactrocera dorsalis*（Hendel）（Oriental fruit fly）又名柑橘小实蝇、东方实蝇、黄实蝇，隶属双翅目 Diptera、实蝇科 Tephritidae、寡鬃实蝇亚科 Dacinae、寡鬃实蝇族 Dacini、果实蝇属 *Bactrocera* Macquart，异名有 *Dacus dorsalis* Hendel、*Musca ferruginea* Fabricius、*Bactrocera conformis* Doleschall、*Chaetodacus ferrugineus* var. *okinawanus* Shiraki 和 *Strumeta dorsalis* Okinawana（Shiraki）等。

A.2　形态识别

成虫体长 7 mm～8 mm，具翅 1 对，雌成虫体深黑色，复眼黄色，胸背黑褐色，具 2 条黄色纵纹，小盾片黄色，腹部赤黄色，有“丁”字形黑纹；翅透明，长约为宽的 2.5 倍，翅脉黑褐色。卵长圆形，长约 0.8 mm～1.2 mm，宽约 0.1 mm～0.3 mm，一端较尖细，另一端略钝，初产时白色透明，后渐变成乳黄色。幼虫圆锥形，黄白色，蛆形，前端小而尖，后端大而圆。口钩黑色。幼虫分 3 龄，1 龄幼虫体长 1.56 mm～4.0 mm，2 龄幼虫体长 2.86 mm～4.5 mm，老熟幼虫 6 mm～10 mm。蛹体长 4.40 mm～5.50 mm，宽 1.80 mm～2.20 mm，椭圆形，初化蛹时淡黄色，后逐步变成红褐色。

A.3　分布与危害

橘小实蝇原产于亚洲热带和亚热带地区，我国台湾于 1911 年发现，我国大陆 1937 年有记载，现在我国已分布于海南、广东、广西、福建、云南、四川、贵州、湖南、台湾、香港等地。在华南、西南地区有逐年加剧蔓延和猖獗趋势。

根据对橘小实蝇适生区域的分析结果，橘小实蝇在我国的最适宜分布区是华南地区全部以及广西省全境和云南西双版纳、四川攀西地区的金沙江河谷地区；适宜分布区包括西南地区的四川、云南两省以及福建沿海地区；次适宜分布区是长江以南与北纬 25°以北的地区，包括湖南、江西、浙江以及湖北的一部分地区；我国的其余地区均为非适生区。

橘小实蝇的寄主范围很广，可为害 46 科 250 多种果树、蔬菜和花卉。主要为害柑橘类、番石榴、杨桃、芒果、香蕉、莲雾、番木瓜、番荔枝、枇杷、龙眼、荔枝、青枣、黄皮、咖啡、蒲桃、红毛丹、人心果、桃、李、苹果、杏、梨、柿、石榴、无花果及辣椒、番茄、丝瓜、苦瓜、黄瓜等瓜果。

橘小实蝇主要为害寄主果实。成虫产卵于寄主果实内，幼虫孵化后在果内为害果肉，引起果肉腐烂，常常造成果实在田间裂果、烂果、落果，或采摘后出现腐烂，引致减产或失去食用价值。切开受害果，其中可发现有蛆在为害。成虫产卵时在果实表面形成伤口，致使汁液大量溢出，伤口愈合后在果实表面形成疤痕。成虫产卵所形成的伤口容易导致病原微生物的侵入，使果实腐烂。在热带地区，橘小实蝇常与寡鬃实蝇属 *Dacus*、果实蝇属 *Bactrocera* 种类混合发生。

A.4　生物学特性

橘小实蝇卵期 1 d～3 d，幼虫期 9 d～35 d，蛹期 7 d～14 d，成虫羽化后需经 10 d～30 d 取食补充营养才开始交尾产卵。雌虫主要选择黄熟的果实产卵，小果上不产卵，在完全膨大但未成熟的果实上有少量产卵。产卵于果皮内，每处产卵 5 粒～10 粒，每雌虫产卵量最高可达 1 000 多粒。孵化后幼虫在果肉内蛀食为害，老熟幼虫弹跳或爬行到潮湿疏松的土表下 2 cm～3 cm 化蛹。成虫喜食带有酸甜味的物质，具趋光性和喜低栖阴凉环境的习性。

橘小实蝇在我国适生区域内，每年可发生多代，发生的代数与该地的气候、食物等关系密切。田间世代重叠，该虫在广东三角洲地区、海南每年可发生 9 代～10 代，在福建厦门、云南西双版纳等地，每年发生约 5 代～6 代，冬季没有明显休眠。在云南西双版纳、元江等地区，6 月～8 月是成虫发生高峰期，在广东，6 月～8 月和 11 月～12 月为成虫发生高峰。

温、湿度及食物是影响橘小实蝇发育、存活和繁殖的主要因素。

橘小实蝇各虫态适宜发育的平均气温在 14℃以上，最适发育温度为 25℃～30℃。气温高于 34℃或低于 15℃均对其发育不利，会造成成虫大量死亡，7℃～10℃不能完成世代发育。整个世代的发育起点温度为 12.19℃，完成整个生活史所需的有效积温为 334.4℃。

湿度与降雨主要影响成虫产卵及幼虫化蛹。月降雨量低于 50 mm 以下对橘小实蝇种群不利，而 100 mm～200 mm 的月降雨量有助于橘小实蝇种群的增长。月降雨量大于 250 mm 以上将导致橘小实蝇种群数量下降。土壤的湿度(含水量)对老熟幼虫化蛹有重要影响。土壤含水量在 60%～70%时幼虫入土快，预蛹期短，蛹羽化率高；土壤含水量低于 40%或高于 80%时，老熟幼虫入土慢，幼虫和蛹的死亡率高。

橘小实蝇的寄主种类多达 46 科 250 多种，但不同寄主种类、同种寄主果实的不同成熟度对其取食、繁殖等具有不同的影响。成虫对番石榴等 12 种寄主食物的产卵、取食嗜好性强弱表现为番石榴＞杨桃＞芒果＞番荔枝＞番橄榄＞黄皮果＞枇杷＞人心果＞莲雾＞油梨＞橙＞柑橘。雌成虫易受成熟度高、软、挥发物气味浓的水果气味的吸引，小果、膨大期果实及完全膨大但不成熟的果实受害较轻。果壳较厚、硬的品种受害也较果壳薄、软的轻。在芒果上，雌虫对黄软芒果气味的趋性最强。此外，产于寄主组织中的卵发育快、孵化率高；而裸露或非湿润状态下的卵发育迟缓且很少能孵化。

附 录 B
（资料性附录）
橘小实蝇的田间调查方法

B.1 田间调查监测

从种植园地随机采摘和收集地面的落果，在实验室内检查有虫果，饲养至成虫并进行鉴定，监测有无实蝇为害及实蝇的种类和数量。

B.2 性引诱剂和诱饵诱集监测

监测区的设置：选择在当地有代表性的果园及其附近区域设置监测区域，每监测区设置 4 个～6 个监测点（果园内 2 个～3 个、附近区域 2 个～3 个），每个监测点面积可为 4 000 m^2，在该区域内选择 3 个面积约 667 m^2 位点，每个位点悬挂 4 个诱捕器，诱捕器之间的距离约 20 m～30 m，悬挂于离地面 1.0 m～1.5 m 的高度。

诱捕器：可选用 S(Steiner)诱捕器、M(Mcphail)诱捕器或自制引诱瓶（使用 15 cm×25 cm 的黄色塑料瓶或可乐瓶，在半壁开 5 cm×5 cm 小孔口，把盖封紧，用铁线穿过瓶盖，铁线于瓶内可固定挂置诱芯）。

引诱剂和诱饵：可使用甲基丁香酚引诱剂 methylengenol(Me)进行诱集，也可以使用蛋白胨诱饵诱集。

监测方法：使用以上诱捕器，采用 4 cm×4 cm×1.0 cm 的高密度海绵或棉条或 5cm×5 cm×0.2 cm 低密度纤维板做诱芯，在诱芯的一头滴入 1.5 mL 的引诱剂或酪蛋白胨，另一头滴入 0.3 mL 敌敌畏或 1 mL 的马拉硫磷杀虫剂商品制剂，将其挂置于监测点中，要求诱捕器不受树叶遮蔽，没有直接阳光暴晒，通风良好。每 7 d 收集 1 次诱集的实蝇成虫，每 14 d 加 1 次引诱剂和杀虫剂，统计成虫数量，明确成虫发生高峰。根据实际情况更换诱芯，当诱芯严重变形、严重受脏物污染、吸附能力明显减低等时应及时更换。

附 录 C
（资料性附录）
橘小实蝇的在几种热带果实中的杀灭处理方法

C.1 热与蒸汽处理

对芒果：将果实在46℃热水中浸泡60 min；或将虫害果先在42℃的温水中浸泡30 min，然后立即在49℃的温水中浸泡30 min；或将果品投入40℃的热水中预热10 min，然后将水温升至46℃，至果心温度达到此温度后，继续浸泡10 min；或用蒸热处理的方法，即将果品温度从室温下提高至43℃，然后再在50%～80%相对湿度下将温度提高至果心温度达47℃，保持10 min～20 min。

对荔枝、龙眼：利用蒸汽将果肉温度升达30℃，然后在50 min内使果肉温度从30℃上升到41℃，再让果肉温度继续上升到46.5℃（此时处理容器内饱和水蒸汽温度在46.6℃或以上）并维持10 min。或通过蒸热将荔枝果实中心温度升至46℃时，保持10 min，然后再将果实移至2℃的温度下储存40 h以上；或通过蒸热将荔枝果实中心温度升至47℃时，保持15 min，或将荔枝果实中心温度升至46℃时，保持20 min，然后降至常温。

C.2 冷藏处理

对荔枝：将荔枝果实置于2℃温度下保持14 d。

对龙眼：将龙眼果实置于1.0℃保持13 d，或在1.38℃保持18 d。

对柚子：将沙田柚置于冷藏条件下，至果心温度达到1.0℃～2.0℃时保持14 d。

对橙子：将橙子置于2.0℃条件下保持14 d。

C.3 辐射处理

可用^{60}Co- γ射线0.30 kGy～1.90 kGy照射果实，使果实中的实蝇幼虫多数不能化蛹，或化蛹但不能羽化为成虫。

附　录　D
（规范性附录）
禁止使用防治橘小实蝇的剧毒、高毒和高残留杀虫剂

在橘小实蝇防治中禁止使用甲拌磷、乙拌磷、久效磷、对硫磷、甲胺磷、水胺硫磷、甲基对硫磷、甲基异柳磷、氧化乐果、磷胺、甲基硫环磷、特丁硫磷、治螟磷、内吸磷、硫环磷、蝇毒磷、地虫硫磷、氯唑磷、苯线磷、灭线磷、克百威、涕灭威、灭多威、杀虫脒、滴滴涕、六六六、林丹、毒杀芬、艾氏剂、狄氏剂、汞制剂、砷类、铅类等以及国家规定禁止使用的其他农药。

附　录　E
（规范性附录）
推荐使用的主要杀虫剂

E.1　使用阿维菌素、氯氰菊酯、氟氯氰菊酯、三氟氯氰菊酯、马拉硫磷、三唑磷或毒死蜱等进行田间喷雾，按照 GB 4285 和 GB/T 8321 的安全间隔期要求确定采果前最后 1 次使用时间。

E.2　使用敌百虫、敌敌畏、马拉硫磷、二溴磷或毒死蜱作为毒杀剂与性引诱剂或其他诱饵诱杀成虫。

E.3　使用辛硫磷、毒死蜱配制成药液喷湿地面或将其拌制成毒土在植株树冠下滴水线范围内撒施。

附加说明：

本标准的附录 A、B、C 为资料性附录，附录 D 和 E 为规范性附录。

本标准由中华人民共和国农业部提出并归口。

本标准起草单位：中国热带农业科学院环境与植物保护研究所。

本标准主要起草人：符悦冠、朱俊宏、张方平、韩冬银、黄武仁、刘奎、张敬宝。

中华人民共和国农业行业标准

棕榈象甲检疫技术规范

Rules for quarantine of *Rhynchophorus palmarum* (Linnaeus)

NY/T 1696—2009

1 范围

本标准规定了棕榈科植物重要害虫棕榈象甲的检疫依据及现场检疫、实验室检疫、检疫监管和检疫处理等技术规范。

本标准适用于棕榈科植物种苗调运时对棕榈象甲的检疫监管和检疫处理。

2 规范性引用文件

下列文件中的条款通过本标准的引用而成为本标准的条款。凡是注日期的引用文件，其随后所有的修改单(不包括勘误的内容)或修订版均不适用于本标准，然而，鼓励根据本标准达成协议的各方研究是否可使用这些文件的最新版本。凡是不注日期的引用文件，其最新版本适用于本标准。

SN/T 1160 棕榈象甲检疫鉴定方法

3 检疫依据

棕榈象甲是我国进境植物检疫性有害生物，其形态特征、分布、寄主、传播途径和生物学特性是制定该害虫检疫技术规程的依据。

3.1 分类地位

3.1.1 学名

Rhynchophorus palmarum (Linnaeus)1758

3.1.2 异名

Calandra palmarum (Linnaeus)1801

Cordyle barbirostris Thunberg 1797

Cordyle palmarum (Linnaeus)1797

Curculio palmarum Linnaeus 1758

Rhynchophorus cycadis Erichson 1847

Rhynchophorus depressus Chevrolet 1880

Rhynchophorus languinosus Chevrolet 1880

3.1.3 英文名

Palm weevil; Giant palm weevil; South American palm weevil; Grugru beetle; Black palm weevil.

3.1.4 分类地位

棕榈象甲属鞘翅目 Coleoptera、象虫科 Curculionidae、隐颏象亚科 Rynchophorinae、隐颏象属 *Rhynchophorus*。

中华人民共和国农业部 2009-03-09 发布　　2009-05-01 实施

3.2 鉴定特征

按 SN/T 1160 的 5.2、6.3 执行。

3.3 寄主与分布

参照附录 A。

3.4 生物学特性

参照附录 B。

4 仪器设备与试剂

4.1 仪器、用具

放大镜、体视显微镜、显微镜、小毛笔、镊子、剪刀、白瓷盘、解剖针、指形管、标签等。

4.2 试剂

75%乙醇—甘油保存液，10%氢氧化钠溶液，二甲苯，加拿大树胶。

5 现场检疫

5.1 抽查

5.1.1 在棕榈科植物种苗、植株输入或输出现场进行。

5.1.2 抽查方法要视装载的棕榈科植物植株大小而定，种苗可采用随机法进行，以开顶集装交通工具装运的成树要逐株全部进行查验。

5.1.3 抽查数量按总量的 5%～20%抽取，最低抽取总量不少于 500 株，达不到此数量的全部检查。如有需要可加大抽检比例。

5.2 抽样

5.2.1 抽样原则

应重点抽取具有代表性的样品。根据棕榈象甲为害的特性，注意抽取长势差和有较明显的害虫为害状的作为样品。

5.2.2 抽样数量

植物检疫机构结合查验情况按表 1 比例随机抽取代表性复合样品送实验室检查检疫。植株每份样品为 5 株，不足 5 000 株的余量计取 1 份样品。

表 1 植株的随机抽样数

植株数量(件)	抽样数(份)
≤50	1
51～200	2
201～1 000	3
1 001～5 000	4
≥5 001	每增加 5 000 株增取 1 份

5.3 检疫方法

5.3.1 现场检疫

在现场的棕榈科植物种苗或植株中仔细查找，先观察植株外围是否有钻蛀孔，同时注意对集装箱、外包装纸箱等装载容器进行检查，对现场检疫发现的各种虫态害虫用镊子或毛笔收集，以指形管保存(必要时幼虫用 75%乙醇—甘油保存液浸泡)，加贴标签，带回实验室鉴定。

5.3.2 取样检疫

发现有可疑虫卵、幼虫和蛹的棕榈科植物种苗或植株，应将寄主一并取样，及时安全地送往实验室检疫，经室内饲养至成虫做种类鉴定。

6 实验室鉴定

6.1 饲养检疫

对送达实验室的疑似棕榈象甲卵、幼虫和蛹等未成熟虫态，先进行初步鉴定，然后饲养至成虫再做进一步鉴定。

6.2 标本的处理

按照 SN/T 1160 的 5.1 进行标本处理。

6.3 标本鉴定

按照 SN/T 1160 的 5.2、6.3 进行鉴定。

7 检疫监管

7.1 严禁从发生区输入棕榈科植物

7.2 隔离检疫

7.2.1 调入棕榈科植物苗木，经现场检疫和室内检验后，进入专业隔离检疫圃隔离检疫或所在地植物检疫机构指定的隔离检疫场(圃)隔离检疫。隔离期为 1 年。

7.2.2 对进入隔离检疫圃隔离检疫的植物苗木，在隔离期间，按有关规定执行定期抽查和疫情监测，抽查面积不小于总面积的 5%～20%，随机抽查的选点数按表 2 要求执行。

7.2.3 隔离检疫期间检疫发现害虫时，应采集样品或虫样，在实验室进行人工饲养，进行鉴定。并作好检疫原始记录。一旦发现棕榈象甲，及时作除害处理。

表 2 检查面积与随机抽查的选点数关系表

种植面积(hm^2)	抽查点数
≤0.3	10
0.3<0.6	15
0.6≤3.3	30
3.3<6.6	50
≥6.6	每增加 0.1hm^2 增加 1 点
注：每点不小于 50 株，如数量小于规定数量全检。	

8 检疫处理

8.1 在棕榈科植物苗木调运检疫过程中，一旦发现棕榈象甲，应进行熏蒸或销毁处理。熏蒸处理后再进行隔离种植观察。

8.2 熏蒸处理方法：熏蒸剂为溴甲烷，常温常压下，30 g/m^3～40 g/m^3，熏蒸时间 2 h～4 h。

附 录 A
(资料性附录)
寄主与分布

A.1 寄主

Acrocomia aculeate 格鲁刺棕
Acrocomia sclerocarpa 厚皮刺棕
Attalea cohune 亚利特棕
Bactris marjor 大刺棒棕(红棕)
Chrysalidocarpus lutescens 散尾葵
Cocos coronata 花环椰子
Cocos fusiformis 纺锤椰子
Cocos nucifera 椰子
Cocos romanzofiana 罗曼椰子
Cocos schizopylla 裂叶椰子
Cocos vegans
Desmoncus major 束藤(黑幕棕属)
Elaeis guineensis 油棕
Elaeis uterpe
Euterpe edulis 阿沙依椰子
Gullelma sp. 粮棕
Gynerium saccharoides
Juracatia dodecaphylla
Manicaria saccifera 母树棕(袖棕属)
Maximiliana caribaea 加勒比棕(巴西棕榈属)
Metroxylon sagu 西谷椰子
Euterpe oleracea Mart. 甘蓝棕榈
Oreodoxa oleracea 莱棕
Phoenix canariensis 加拿利海枣
Phoenix dactylifera 海枣
Sabal umbraculifera 伞形蓑棕
Sabal spp. 蓑棕属植物
Saccharum officinarum 甘蔗
Ananas comosus 菠萝
Annona reticulate 牛心番荔枝
Artocarpus altilis 面包树
Musa spp. 香蕉属植物
Carica papaya 番木瓜
Theobroma cacao 可可

Citrus spp. 柑橘属植物

Mangifera indica 芒果

Persea americana 油梨

Psidium guajava 番石榴

Ricimus spp. 蓖麻属植物

A.2 地理分布

北美洲:墨西哥。

加勒比海和中美洲:伯利兹、哥斯达黎加、古巴、多米尼加、萨尔瓦多、格林纳达、瓜德罗普岛、危地马拉、洪都拉斯、马提尼克岛、尼加拉瓜、巴拿马、波多黎各、圣文森特、特立尼特和多巴、海地。

南美洲:阿根廷、玻利维亚、巴西、哥伦比亚、厄瓜多尔、法属圭亚那、圭亚那、巴拉圭、秘鲁、苏里南、乌拉圭、委内瑞拉。

附　录　B
（资料性附录）
棕榈象甲生物学特性

棕榈象甲主要为害椰子、油棕等棕榈植物，但也为害香焦、木瓜、甘蔗等作物。

棕榈象甲发育历经卵、幼虫、蛹和成虫 4 个虫态，幼虫 6～10 龄。在室温条件下（20℃～35℃，相对湿度 62%～92%），卵期 3.2 d±0.93 d，幼虫期 52.0 d±10.0 d，预蛹期 4 d～17 d，蛹期 8 d～23 d，新羽化成虫在茧内停留 7.8 d±3.4 d，羽化后 5 d～11 d 雌虫开始产卵。完成 1 个世代可长达 100 d。雄成虫寿命 44.7 d±17.2 d，雌成虫寿命 40.7 d±15.5 d。

棕榈象甲在棕榈植株的叶柄、树干的伤口或树皮裂缝处以及倒伐的树桩处产卵，产卵时咬一个 3 mm～7 mm深的穴，将卵产在穴中。卵单产，产卵后分泌蜡质物将穴盖住。幼虫孵化后在树干蛀食，老熟幼虫移动到树干周围，在树皮下做茧化蛹。茧由纤维构成。羽化孔由纤维物质堵住，新羽化成虫在茧里停留几天后钻出而寻找寄主及适合部位产卵。成虫白天隐藏在叶腋基部或茎干基部或棕榈园附近的垃圾堆或椰壳堆里，上午 9 时～11 时及傍晚最活跃。成虫具有一定飞翔和扩散能力，飞翔速度每秒可达 6 m，可连续飞翔 4 km～6 km。

棕榈象甲以幼虫蛀食树冠和树干进行为害。蛀食后，植株生长点周围的组织不久坏死并且腐烂，产生一种特殊难闻的气味，为害严重的导致植株枯死。幼虫在茎干输导组织内取食，在树干中蛀成长 1m 的隧道，树势渐趋衰弱。受害植株最初出现的外部症状为树冠四周的叶变黄枯死，随后逐渐向树冠中心扩展使里层的叶也呈萎黄。受害严重的树干被蛀成空壳。棕榈象甲还是椰子红环腐线虫（*Bursaphelenchus cocophilus* Cobb.）的传播介体。

棕榈象甲虽具有一定的飞翔扩散能力，但长距离的传播主要是随寄主植物的种苗及以寄主植物为材料制成的包装物而进行的。

附加说明：

本标准附录 A、附录 B 为资料性附录。

本标准由中华人民共和国农业部农垦局提出。

本标准由农业部热带作物及制品标准化技术委员会归口。

本标准起草单位：中国热带农业科学院环境与植物保护研究所、国家重要热带作物工程技术研究中心、农业部热带农林有害生物入侵监测与控制重点开放实验室起草。

本标准主要起草人：符悦冠、李伟东、韩冬银、张方平、刘奎、黄武仁。

中华人民共和国农业行业标准

NY 5321—2006

无公害食品　荚果

1　范围

本标准规定了无公害农产品荚果的要求、试验方法、检验规则、标志、标签、包装、运输和贮存。

本标准适用于无公害农产品酸豆、角豆、苹婆等荚果。

2　规范性引用文件

下列文件中的条款通过本标准的引用而成为本标准的条款。凡是注日期的引用文件，其随后所有的修改单(不包括勘误的内容)或修订版均不适用于本标准，然而，鼓励根据本标准达成协议的各方研究是否可使用这些文件的最新版本。凡是不注日期的引用文件，其最新版本适用于本标准。

GB/T 5009.11　食品中总砷及无机砷的测定

GB/T 5009.12　食品中铅的测定

GB/T 5009.17　食品中总汞及有机汞的测定

GB/T 5009.188　蔬菜、水果中甲基托布津、多菌灵的测定

GB/T 8855　新鲜水果和蔬菜的取样方法

NY/T 761　蔬菜和水果中有机磷、有机氯、拟除虫菊酯及氨基甲酸酯类农药多残留检测方法

3　要求

3.1　感官

色泽正常，无腐烂、霉变、病虫害、异味、裂果等主要缺陷。

3.2　安全指标

安全指标应符合表1的规定。

表1　安全指标

单位为毫克每千克

项　　目	指　　标
总汞(以 Hg 计)	≤0.01
无机砷(以 As 计)	≤0.05
铅(以 Pb 计)	≤0.2
多菌灵(carbendazim)	≤0.5
乐果(dimethoate)	≤2
敌敌畏(dichlorvos)	≤0.2
百菌清(chlorothalonil)	≤1
注:其他有毒有害物质指标应符合有关国家法律、法规、行政规章和强制性标准的规定	

中华人民共和国农业部 2006-01-26 发布　　　　2006-04-01 实施

4 试验方法

4.1 感官

将样品置于自然光下，用目测法检验色泽和有无腐烂、霉变、病虫害、裂果。

异味用嗅的方法检验。

如果一个样品同时出现多种缺陷，选择一种主要的缺陷，按一个缺陷计。不合格品的百分率按式(1)计算，结果保留一位小数。

$$X(\%)=\frac{m_1}{m_2}\times 100 \qquad (1)$$

式中：

X——单项不合格百分率；

m_1——单项不合格品的质量，单位为克，g；

m_2——检验样本的质量，单位为克，g。

各单项不合格品百分率之和即为总不合格百分率。

4.2 安全指标

4.2.1 砷

按 GB/T 5009.11 规定执行。

4.2.2 铅

按 GB/T 5009.12 规定执行。

4.2.3 汞

按 GBT 5009.17 规定执行。

4.2.4 多菌灵

按 GBT 5009.188 规定执行。

4.2.5 乐果、敌敌畏、百菌清

按 NY/T 761 规定执行。

5 检验规则

5.1 组批规则

同一品种、同一产地、同时采收的果品作为一个检验批次。

5.2 抽样方式

按 GB/T 8855 规定执行。

5.3 检验分类

5.3.1 型式检验

型式检验是对产品进行全面考核，即对本标准的全部要求(指标)进行检验。有下列情况之一者应进行型式检验：

a) 申请无公害农产品认证时；

b) 前后两次抽样检验结果差异较大时；

c) 因人为或自然因素使生产环境发生较大变化时；

d) 国家质量监督机构或主管部门提出型式检验要求时。

5.3.2 交收检验

每批产品交收前，应进行交收检验。交收检验内容包括感官要求、包装、标志等要求，安全指标由交易双方根据合同选择，检验合格方可交收。

5.4 **判定规则**

5.4.1 感官和安全指标均合格则判该批产品为合格。

5.4.2 每批受检样品抽样检验时，对感官有缺陷的样品做记录，不合格百分率按有缺陷果的质量计。每批受检样品的平均不合格率不应超过 5.0%，其中单件的不合格率不超过 10.0%。

5.4.3 安全指标有一项不合格，则该批产品为不合格。

5.4.4 **复检**

标志、包装、净含量不合格时，允许复检一次。感官、安全指标不合格不进行复检。

6 标志、标签

6.1 无公害农产品标志的使用应符合有关规定。

6.2 应有标签，内容包括产品名称、产品标准编号、商标、生产单位（或企业）名称、详细地址、产地、规格、净含量和包装日期等，标志上的字迹应清晰、完整、准确。

7 包装、运输和贮存

7.1 **包装**

包装物应清洁、牢固、透气性好、无毒、无污染、无异味，容器的容量以不超过 10 kg 为宜。

7.2 **运输**

运输工具应清洁卫生且具有防晒、防雨等设施。运输中不得与有毒、有害、有腐蚀、有异味的物品混运，搬运时应轻拿轻放。

7.3 **贮存**

产品应贮存于清洁卫生、通风、无污染，具有防潮、防鼠等设施的仓库内，不应与有毒、有害、有异味的物质混存。

附加说明：

本标准由中华人民共和国农业部提出并归口。

本标准起草单位：农业部热带农产品质量监督检验测试中心。

本标准主要起草人：章程辉、谢德芳、尹桂豪、周永华、王秀兰。

中华人民共和国农业行业标准

无公害食品 （常绿果树）坚（壳）果

NY 5324—2006

1 范围

本标准规定了无公害农产品（常绿果树）坚（壳）果的要求、试验方法、检验规则、标志、标签、包装、运输和贮存。

本标准适用于无公害农产品腰果、椰子、槟榔、澳洲坚果等（常绿果树）坚（壳）果。

2 规范性引用文件

下列文件中的条款通过本标准的引用而成为本标准的条款。凡是注日期的引用文件，其随后所有的修改单（不包括勘误的内容）或修订版均不适用于本标准，然而，鼓励根据本标准达成协议的各方研究是否可使用这些文件的最新版本。凡是不注日期的引用文件，其最新版本适用于本标准。

GB/T 5009.12 食品中铅的测定

GB/T 5009.15 食品中镉的测定

GB/T 5009.17 食品中总汞及有机汞的测定

GB/T 5009.188 蔬菜、水果中甲基托布津、多菌灵的测定

GB/T 8855 新鲜水果和蔬菜的取样方法

3 要求

3.1 感官

果实无霉变，无病虫害，无异味，无腐烂。

3.2 安全指标

安全指标应符合表1的规定。

表1 安全指标

单位为毫克每千克

项目	指标
铅（以 Pb 计）	≤0.2
总汞（以 Hg 计）	≤0.05
镉（以 Cd 计）	≤0.05
多菌灵（carbendazim）	≤0.5
注：其他有毒有害物质的指标应符合国家有关法律法规、行政规章和强制性标准的规定	

中华人民共和国农业部 2006-01-26 发布　　2006-04-01 实施

4 试验方法

4.1 感官

取约 3 kg(椰子不少于 10 个),将样品置于自然光下对样品进行感官检验,样品的感官检验不合格率按式(1)计算,结果保留整数。

$$X(\%)=\frac{m_1}{m_2}\times 100 \tag{1}$$

式中:

X——感官检验不合格率;

m_1——感官检验不合格样品的质量,单位为千克,kg;

m_2——检验样品的质量,单位为千克,kg。

4.2 安全指标

4.2.1 铅

按 GB/T 5009.12 规定执行。

4.2.2 总汞

按 GB/T 5009.17 规定执行。

4.2.3 镉

按 GB/T 5009.15 规定执行。

4.2.4 多菌灵

按 GB/T 5009.188 规定执行。

5 检验规则

5.1 组批规则

同一品种、同一产地、同时采收的果品作为一个检验批次。

5.2 抽样方式

按 GB/T 8855 规定执行。

5.3 检验分类

5.3.1 型式检验

型式检验是对产品进行全面考核,即对本标准的全部要求(指标)进行检验。有下列情况之一者应进行型式检验:

a) 申请无公害农产品认证时;

b) 前后两次抽样检验结果差异较大时;

c) 因人为或自然因素使生产环境发生较大变化时;

d) 国家质量监督机构或主管部门提出型式检验要求时。

5.3.2 交收检验

每批产品交收前,生产单位应进行交收检验。交收检验内容包括感官要求、包装、标志、标签等要求。安全指标由交易双方根据合同选测,检验合格方可交收。

5.4 判定规则

5.4.1 感官检验不合格率不超过 5%,单件不合格率不超过 10%,且安全指标合格,则该批产品判为合格。

5.4.2 安全指标有一项不合格,则该批产品判为不合格。

5.5 复检

产品标志、标签和包装不合格时，允许复检一次。感官、安全指标不合格不进行复检。

6 标志、标签

6.1 标志

无公害农产品标志的使用应符合有关规定。

6.2 标签

应有标签，标明产品名称、产品标准编号、商标、生产单位（或企业）名称、详细地址、产地、规格、净含量和包装日期等，标志上的字迹应清晰、完整、准确。

7 包装、运输和贮存

7.1 包装

包装物应清洁、牢固、透气性好，不会造成污染。

7.2 运输

运输工具应清洁卫生且具有防晒、防雨等设施。运输中不应与有毒、有害、有腐蚀、有异味的物品混运，搬运时应轻拿轻放。

7.3 贮存

产品应贮存于清洁卫生、通风、无污染，具有防潮、防鼠等设施的仓库内，不应与有毒、有害、有异味的物质混存。

附加说明：

本标准由中华人民共和国农业部提出并归口。

本标准起草单位：中国热带农业科学院分析测试中心。

本标准主要起草人：吴莉宇、徐志、袁宏球、汤建彪。

中华人民共和国农业行业标准

热带水果中二氧化硫残留限量

Maximum limit of sulphur dioxide residue in tropical fruits

NY 1440—2007

1 范围

本标准规定了热带水果中二氧化硫残留限量指标。

本标准适用于荔枝、龙眼鲜果，本标准不适用于热带水果干果和制品。

2 规范性引用文件

下列文件中的条款通过本标准的引用而成为本标准的条款。凡是注日期的引用文件，其随后所有的修改单(不包括勘误的内容)或修订版均不适用于本标准，然而，鼓励根据本标准达成协议的各方研究是否可使用这些文件的最新版本。凡是不注日期的引用文件，其最新版本适用于本标准。

GB/T 8855 新鲜水果和蔬菜的取样方法

NY/T 1435—2007 水果、蔬菜及其制品中二氧化硫总量的测定

3 二氧化硫残留限量指标

热带水果中二氧化硫残留限量指标见表1。

表1 热带水果中二氧化硫残留限量指标

单位为毫克每千克

热带水果名称	指　标
荔　枝	≤30
龙　眼	

4 试验方法

4.1 取样

按 GB/T 8855 规定的方法进行取样。

4.2 检验方法

按 NY/T 1435—2007 的规定执行。

中华人民共和国农业部 2007-09-14 发布　　2007-12-01 实施

附加说明：

本标准由中华人民共和国农业部提出。

本标准由农业部热带作物及制品标准化技术委员会归口。

本标准起草单位：农业部食品质量监督检验测试中心(湛江)。

本标准主要起草人：杨春亮、张北龙、黎珍莲、周惠玲、郑龙、查玉兵。

天然橡胶类

中华人民共和国农业行业标准

橡胶树栽培技术规程

Technical regulations for cultivation of rubber tree

NY/T 221—2006

代替 NY/T 221—1993

1 范围

本标准规定了橡胶树栽培有关的术语、定义、规划设计、防护林营造与改造、种植材料、开垦、定植、抚育管理、割胶、病虫害防治和更新的要求等。

本标准适用于国内橡胶树栽培。橡胶树生产主管部门管理和植胶者生产实践时参照使用。

2 规范性引用文件

下列文件中的条款通过本标准的引用而成为本标准的条款。所有引用文件的最新版本均适用于本标准。

GB/T 17822.1—1999 橡胶树种子

GB/T 17822.2—1999 橡胶树苗木

JTJ 001—1997 公路工程技术标准

NY/T 88—2003 橡胶树品种

NY/T 1088—2006 橡胶树割胶技术规程

NY/T 1089—2006 橡胶树白粉病测报技术规程

3 术语和定义

下列术语和定义适用于本规程。

3.1

寒害类型 type of chilling injury

因不同性质降温造成的橡胶树寒害种类。

3.2

主风向 the main direction of gale

可引起某地橡胶树出现风害的主要风向。

3.3

芽条复壮 budwood rejuvenation

在第一次锯芽条处的下方截断，使留下的接穗再抽新芽条。

3.4

子苗芽接 mini-seedling budding

一种芽接方式，用子苗作砧木进行芽接。

3.5

反倾斜 slope laterally inwards

中华人民共和国农业部 2006-12-06 发布　　2007-02-01 实施

梯田田面的倾斜方向与坡面相反。

3.6

沟埂梯田　gully and dike system

一种农田，修筑于平缓地(<5°)，平行于胶行或沿等高方向修筑；长度不定，宽度为1行～2行橡胶树的距离；在下田内侧挖沟，在上田外缘筑埂，埂连沟断。

3.7

等高梯田或水平梯田　contour terrace or bench terrance

一种农田，修筑于5°～15°的坡地，沿等高方向修筑；长度不定，宽度5.5 m～1.5 m，在田块内侧取土，在外缘填土筑埂，并使田块地面水平或略反倾斜。

3.8

(等高)环山行　contour ledge

一种农田，修筑于>5°的坡地，沿等高或接近等高方向修筑，长度不定，(种植带)宽度1.5 m～2.5 m，挖高填低，外缘高内侧低，呈反倾斜8°～15°。

3.9

定植材料　permanent planting material

橡胶树苗木总称，包括裸根苗和容器苗。

3.10

高截干定植成功率　planting success rate of high stumped budding

高截干定植成活且在离地面高≥1.8 m(云南≥2.5 m)处抽芽的株数占总定植株数的百分比。

3.11

抹芽　debudding

用手或其他工具在新芽未生长新叶之前从幼芽基部将幼芽抹除。

3.12

树头　rhizome neck nearby

橡胶树根颈处附近。

3.13

植胶带　rubber planting strip

成行种植橡胶树所形成的带状耕作区。

3.14

萌生带　shrub and ruderal zone

在相邻两植胶带之间保留并控制自然植被生长的地带。

3.15

地播苗　seedling or ground-growing seedling

一种苗木，栽种在苗圃地上的实生苗。

3.16

控萌　slashing control

一种胶园抚管作业，用刀具等将萌生带的杂草灌木等自然植被的高度控制在10 cm～20 cm。

3.17

压青　green manuring

一种施肥方法，将各种植物、作物的枝叶、秸秆材料埋填于胶园的肥穴中。

3.18

覆盖作物　cover crops

一类作物，种植在胶园行间以保护、改善土壤肥力和提供有机肥源。

3.19

死覆盖　mulching

一类覆盖物，铺盖在树头附近、植胶带地面上的各种植物、作物的枝叶、秸秆材料。

3.20

恶草　malign grasses

一类杂草，常指大芒、茅草、鸭跖草等与橡胶树竞争水、肥能力强、不易灭除的杂草。

3.21

烂脚　frostbitten rhizome

一种寒害现象，橡胶树根颈附近因辐射低温所致的皮内凝胶、爆皮流胶和树皮溃烂等症状。

4　规划设计

4.1　规划原则

在区域发展总体规划基础上，橡胶林地实行山、水、园、林、路统一规划，既要有利于生产，又要保护和建设良好的生态环境。大面积的土地未经规划设计不得开垦种胶。

4.2　橡胶宜林地选择

凡有下列情况之一者，不宜作为橡胶宜林地：

——经常受台风侵袭，橡胶树风害严重的地区；

——历年橡胶树寒害严重，目前国家推广品种不能安全越冬，在重寒害年份平均寒害级别≥3 级的地区；

——地下水位<1 m，排水困难的低洼地；

——坡度>35°的地段（云南植胶区>25°的阴坡）；

——土层厚度<1 m，且下层为坚硬基岩或不利根系生长的坚硬层的地带；

——瘠瘦、干旱的沙土地带；

——海南、广东和云南东部植胶区海拔≥350 m（云南西部≥900 m）的地带。

4.3　橡胶宜林地等级划分

橡胶宜林地的等级划分，以风害、寒害作为限制性条件，综合考虑其他自然环境条件和胶园生产力等因素，具体划分如表 1 所示。

表 1　橡胶宜林地等级要求

类别		等级		
		甲等	乙等	丙等
一、主要气候条件	年平均气温，℃	>22 >21[a]	21～22 20～21[a]	<21 19～20[a]
	月平均气温≥18℃月数，个	>8 9[a]	7～8 8～9[a]	<7 7～8[a]
	年降水量，mm	>1 500 >1 200[a]	1 200～1 500 1 100～1 200[a]	<1 200 1 000～1 100[a]
	平均风速，m/s	<2.0	2.0～3.0	>3.0
二、橡胶园生产力	年产胶能力，kg/hm²	>1 500	1 200～1 500	<1 200
	定植起至达开割标准的月数，个	≤84	85～107	≥108

表 1（续）

<table>
<tr><td colspan="2" rowspan="2">类　别</td><td colspan="3">等　　级</td></tr>
<tr><td>甲等</td><td>乙等</td><td>丙等</td></tr>
<tr><td rowspan="3">三、限制因素</td><td>近 50 年出现最低温≤0℃的低温天气[b] 次数，次</td><td>0</td><td>1～2</td><td>>2</td></tr>
<tr><td>近 50 年出现持续阴雨天≥20 天，期内平均气温≤10℃的低温天气次数，次</td><td>0</td><td>1～2</td><td>>2</td></tr>
<tr><td>近 50 年出现风力>12 级(32.6m/s)的台风天气次数，次</td><td>≤2</td><td>3～5</td><td>>5</td></tr>
<tr><td colspan="5">a　数据为云南植胶区的指标。
b　指较大面积出现该天气现象。</td></tr>
</table>

4.4　环境类型小区的划分及土地综合利用

在划分橡胶宜林地等级的基础上，根据立地条件划分环境类型小区。同一环境类型小区可划分为若干橡胶林段。橡胶林段面积，根据当地的风害大小、寒害类型以及经营管理要求而定，风寒害严重地区宜小，无风寒害地区宜大些，一般为 1.3 hm^2～2.7 hm^2，通常以林带划分；在无需营造防护林带的地区，可以道路、坡面、山头或沟壑溪流等天然界线划分。

在缺乏燃料和木材的地方，应规划营造一定面积的薪炭林、用材林。零星土地，可结合生产或绿化要求，种植无害于橡胶树生长的作(植)物。

凡在胶园附近的非橡胶用地，不能种植有害于橡胶树生长的作(植)物，也不能经营有碍于橡胶树生长、生产的项目。

4.5　植胶区道路规划

在环境类型区和橡胶林段划分的同时，应根据生产需要和道路建设要求规划出林间道路系统。植胶区域的道路干线支线，按 JTJ 001—1997 中的 3 级和 4 级公路的规定修筑。林间道路路面宽一般为 3 m～4 m。

4.6　收胶点布局

在大面积植胶区域，应合理布局收胶点，要求在开割投产后便于机动车辆收集和运输胶乳、凝胶等中间产品。

5　防护林营造与改造

5.1　营造原则

在风害较重的地区应营造防护林，并将防护林作为生产项目经营。在风小、坡陡、雾大，冬季辐射降温寒害严重的地区，一般不设防护林带。防护林带的设置，要因地制宜，因害设防，节约土地，提高效能。

5.2　林带设置

防护林主林带走向一般垂直于主风向，但在丘陵地区，防护林主林带沿山脊建造。相对高差 60 m 以上的山岭，山顶部至少留 1/4 的块状林。迎风山谷加设林带。水库边、河岸、路旁应留林或造林。防护林主林带宽 12 m～15 m，副林带宽 8 m～12 m，山脊林带宽不少于 20 m。防护林带与橡胶树距离不小于 6 m。

5.3　树种选择与搭配

防护林树种宜选择速生抗风、适应性强、树体较高、种源丰富、容易造林，且木材经济价值较高的树种；防护林树种结构要合理搭配。在强台风多发地区应营造上密下疏结构的林带。

5.4 营造时间

防护林种植应与橡胶树种植同步进行，在有条件的地方应提前 2 年～3 年营造防护林。

5.5 林带更新

防护林更新一般应与橡胶园更新同步，也可根据木材利用的要求适时间伐更新，但要服从防护橡胶园的需要。林相残缺、林木稀疏、起不到防护作用的林带应更新改造。风害较重的地区应采取隔林带或半边林带分步进行的方法更新改造。

6 种植材料

6.1 采种

各类型植胶区应按植胶总面积的 0.5%～1.0%的比例集中建立种子园。

采用优良种子育苗。培育砧木用的种子应采自经鉴定或主管部门认定的合格采种区；培育直接用于大田定植的优良实生材料的种子，只能采集于经省级主管部门批准的种子园。

种子园建设要求按省级主管部门的规定执行。种子质量要求应符合 GB/T 17822.1—1999 中第 3 章的规定。

6.2 育苗

6.2.1 苗圃地选择

苗圃地应选择靠近水源、土层深厚、土壤肥沃、静风向阳、地势平缓、非根病区、交通方便，并尽可能靠近定植地。

6.2.2 育苗计划

根据大田生产种植计划，提前半年到 2 年培育由木。补换植所需的苗木应列入育苗计划。苗圃和拟种植胶园的面积比例为：增殖苗圃∶地播苗圃∶拟种植胶园＝1∶10∶400。以裸根芽接桩作为定植材料的，同时培育占计划定植苗木数量约 15%的容器苗和约 3%高截干。以容器苗作为定植材料的，同时培育占计划定植苗木数量约 10%的大容器苗和约 1%高截干。

6.2.3 育苗密度

单位面积苗圃育苗量为：地播苗的移苗量＜54 750 株/hm^2[株行距为 30 cm×(30 cm＋80 cm)]；容器苗(芽接桩装袋苗)育苗量＜75 000 株/hm^2[株行距为 20 cm×(40 cm＋80 cm)]；高截干育苗量 9 990 株/hm^2～22 500 株/hm^2(约留 10%的地面作小路)。

6.2.4 子苗选择

选择在播种后 20 d 以前萌发的、植株健壮的子苗用于培育砧木；其余子苗，包括播种 20 d 后萌发的和植株弱小的子苗全部淘汰。

6.3 品种使用与芽条增殖

6.3.1 品种选择

除试验试种外，品种的使用应符合 NY/T 88—2003 中 6.1 的规定，并结合当地的环境类型小区特点，因地制宜，对口使用。具体要求应符合 GB/T 17822.2—1999 中 3.1.2 的规定。

6.3.2 芽条来源

在橡胶研究单位或育种单位设原种增殖苗圃。其他单位的生产性增殖苗圃应从原种增殖苗圃引种，方能进一步增殖芽条。

6.3.3 芽条增殖与复壮

根据生产计划制定芽条增殖计划。一般要比拟采芽条年份提前 2 年建立增殖苗圃。增殖苗圃应每年进行品种保纯 1 次～2 次。品种保纯方法应符合 NY/T 88—2003 中 6.4 的规定。生产性增殖苗圃应每 4 年复壮芽条 1 次。

6.3.4 芽条采集与运输

芽条出圃前要进行品种纯度鉴定,出圃芽条的品种纯度应达到100%。芽条出圃前2个月内增殖苗圃不宜用化学除草剂除草或用锄头除草,不宜施用化肥。芽条出圃时应具有正常叶蓬数≥5蓬叶。正常叶蓬数<5蓬叶时,其顶蓬叶应处在完全稳定或抽芽阶段。出圃过程中,每次芽条采集、包装(标记)作业只能有1个品种。芽条作长途运输时,用有通气孔的木箱包装,木箱内用充分发酵过的谷壳或锯末与芽条分层叠放并填实多余空间;作短途运输时,用湿麻袋或芭蕉假茎片包装捆实。芽条运输过程中,应严防品种混杂和避免芽条损伤。芽条临时存放时,应置于荫凉通风处并淋水保湿。

6.4 芽接与苗木出圃

6.4.1 砧木选择

选择植株健壮、生势良好并且茎粗达到芽接要求的苗木作为砧木进行芽接。弱、病、畸形苗以及连续2次~3次芽接不成活的苗木,不宜作砧木材料,应予淘汰。在芽接前2个月内砧木苗圃内不宜用化学除草剂除草或用锄头除草,不宜施用化肥。

6.4.2 芽接时间

芽接一般在4月~10月的晴天进行。

6.4.3 芽眼选择

优先选用芽眼发育良好的叶芽、鳞片芽等作为接芽;死芽、蟹眼芽、老萌动芽、针眼芽和假芽等不宜选用。

6.4.4 芽接方式选择

根据实生砧木和芽条的大小等情况适当采用褐色芽片芽接、绿色芽片芽接、小苗芽接或籽苗芽接。

6.4.5 解绑和出圃前处理

一般在芽接后20 d~25 d解绑。具体解绑时间视芽接方法和芽接季节而定。

芽接桩解绑1周后才可以锯砧。芽接桩在定植前15 d~20 d锯砧,待接穗抽芽长度为1.0 cm~15 cm时起苗出圃。起苗前应采用适当的护芽方法护好芽。小芽接桩(芽接位上方砧木直径<1.8 cm)培育成袋装苗等再用于大田定植。

容器苗在拟起苗前一周内移动容器,切断穿袋根并且停止淋水。

高截干应在拟起苗前20 d~60 d作断主根处理,在拟起苗前15 d~20 d时锯干并涂封锯口,待锯口附近的茎干上的芽眼萌动后起苗。

其他苗木可根据GB/T 17822.2—1999中橡胶树苗木质量技术要求确定苗木出圃标准并做好苗木出圃前处理。

6.4.6 苗木质量要求

橡胶树苗木质量要求应符合GB/T 17822.2—1999中第3章的规定。

7 开垦与定植

7.1 开垦

7.1.1 开垦原则

胶园开垦要集中连片进行。先完成拟垦地区的林间道路的修建,然后在较短的时间内完成一个小生态区域的开垦和定植工作。开垦利用土地,要重视水土保持,防止水土冲刷。

7.1.2 制定开垦方案

开垦前根据规划设计方案和当年任务,确定开垦地点,制定施工计划,做好准备工作,按计划开垦。

7.1.3 清除根病寄主和恶草

开垦前,应查明拟垦园区内能引发橡胶树根病的病原菌寄主,逐一标记,并做彻底清除处理。对拟垦园区内的恶草,应在定植前采用化学或人工方法灭除。

7.1.4 禁止烧岜与小烧岜

开垦时,应先开好拟垦地段四周的防火线,更新胶园不得烧岜,新垦植胶园只能小烧岜。

7.1.5 种植密度和形式

橡胶树种植密度和形式依胶园所处地形、拟采用品种习性和经营方式等因素而定。种植密度一般为每 450 株/hm^2～600 株/hm^2。其中风害较重、土壤瘦瘠地区可适当密植；寒害较重、土壤肥沃地区可适当疏植。一般采用宽行密株种植形式，但株距不小于 2.0 m，在海南和云南植胶区，株距不小于 2.5 m。

7.1.6 土地整理

除平缓地外，胶园应采用等高开垦。5°以下的平缓地，可全垦，用十字线定标，植胶后修筑沟埂梯田；5°～15°的坡地，采用等高定标，修筑水平梯田或环山行；>5°的坡地，采用水平定标，修筑环山行。当两胶行的实际行距大于设计行距的 150%，并且可以种植≥4 株橡胶树时可设插行，或者调整附近两行橡胶树的株距，以维持拟定的种植密度，尽量避免插行、短行。最高一行梯田或环山行的上方修建"拦水沟"。林段下方有农田的，在农田上缘修建环山引泄水沟。

7.1.7 植穴要求

一般植穴规格为面宽×深×底宽＝70 cm×60 cm×50 cm，挖穴机作业的植穴为直径×深＝70 cm×70 cm 或 80 cm×80 cm。在有条件的地方宜挖大植穴，规格为面宽×深×底宽＝80 cm×70 cm×60 cm，或者开种植沟。

7.1.8 作业要求

挖植穴和修筑梯田、环山行宜同时进行。作业时应保留足够用于回穴的表土，将挖出的心土用于修筑梯田埂或填于环山行外缘。

7.1.9 作业时间

胶园开垦时间一般在(胶工)农闲季节。挖植穴一般在定植前一个月以上完成，但在根病区域，应在定植前两个月完成，并彻底清除根病树头和其他根病传染源，让阳光充分暴晒植穴。

7.2 定植

7.2.1 植穴准备

定植前，将基肥(包括腐熟的土杂肥、牛栏肥和磷肥等)与表土均匀混合后回填于植穴内。

7.2.2 定植材料选择

应根据定植季节、胶园环境条件、投资额度和不同定植材料的特点等确定采用何种定植材料。裸根芽接桩和容器苗一般作为大面积种植定植材料；高截干和大袋装苗一般作为补换植材料。

7.2.3 定植时间

应争取在春季气温回暖后定植苗木，在干旱地区应采用各种抗旱定植技术定植苗木。裸根芽接桩和较小的容器苗力争在 4 月份前完成定植，最迟不应晚于 6 月底。大袋苗(3 蓬叶以上)应在 8 月底以前定植。高截干应在 3 月底以前定植。

7.2.4 苗木分级定植

定植前应根据苗木大小等质量性状对苗木进行分级，然后按便于生产管理和提高林相整齐度的要求分片逐级定植。

7.2.5 定植方法

苗木定植时，芽接位离植穴表面高度约 2 cm，在有条件的地方提倡深种；分层回土压实；淋足定根水，并适当遮荫、盖草保湿。

7.2.6 定植要求

裸根芽接桩和容器苗的定植成活率应分别达到 95%和 99%以上；高截干的定植成功率应达到 85%以上。

7.3 建立林谱档案

定植后应逐个林段建立林谱档案。林谱档案格式应符合附录 A 的规定。其中，定植当年的幼树一般只观测树高或叶蓬数(含落叶部分);2 龄以上的橡胶树测量茎干离地 100 cm 处的围茎。有条件的地方应建立电子林谱档案。

8 抚育管理

8.1 补换植与修芽

定植当年,胶园中的缺株、病弱株和实生苗,应在 8 月底前用与原定植品种一致的苗木及时进行补换植,使保苗率达到 100%。定植后第二年的缺苗、病弱苗,用与原定植品种、比现有幼树植株略大的高截干或容器苗及时补换植,确保胶园保苗率在 98%以上。

及时修除砧木芽、多余的接芽和离地 2.5 m 高以下的侧芽、侧枝。

8.2 覆盖与间作

8.2.1 建立覆盖时间

新建胶园应尽早建立胶园覆盖。不间作的胶园在开垦后植胶前建立活覆盖,最迟应在橡胶定植当年底完成。死覆盖在定植后建立。

8.2.2 铺设死覆盖

在树头周围或植胶带铺设覆盖材料。除鸭跖草、香附子、海芋等复生力强的恶草或带有恶草种子的秸秆材料外,其他各种植(作)物的枝叶、秸秆材料均可作为覆盖材料。覆盖材料应离开树头约 10 cm,覆盖物厚为 15 cm~20 cm。易出现霜冻地区应在入冬前,干旱地区在旱季之初在覆盖物上方盖土。

8.2.3 建立活覆盖

在胶园荫生带种植覆盖作物。推荐的覆盖作物有爪哇葛藤、蓝花毛蔓豆、无刺含羞草、巴西苜蓿、蝴蝶豆等豆科植物。在覆盖作物种植初期应进行除草、施肥等管理,使之尽快覆盖胶园行、株间的裸露地面,同时要防止覆盖作物缠绕橡胶树。

8.2.4 间作原则

平缓地胶园的行间可间种其他作物,但禁止在胶园内间种木薯等可能引发橡胶树根病或严重消耗地力的作(植)物。

8.2.5 间作要求

间种矮秆、浅根作(植)物的,间作物与橡胶树的距离不得少于 1 m;间种高秆、根系较大的作(植)物的,间作物与橡胶树的距离应在 2 m 以上;间种咖啡、茶叶等长期作物,间作物与橡胶树的距离不得少于 3 m。间种应进行等高耕作,合理轮作,加强施肥管理,避免造成严重水土流失。

8.3 除草与控萌

8.3.1 除草原则

应经常保持树头周围无杂草。胶行内的恶草要采用各种措施及早彻底灭除。

8.3.2 除草注意事项

橡胶树较弱小时,不宜使用化学除草剂进行树头周围和植胶带除草;茎干木栓化后且下垂叶片高于 1 m 的幼树胶园和成龄胶园,可使用化学除草剂进行树头周围和植胶带除草,但化学除草剂不能直接喷洒在橡胶树上。严禁在胶园内及其附近铲草皮或铲草皮积肥。

8.3.3 荫生带控萌

荫生带上的其他杂草只作控萌处理,不宜灭除。坡度较大或不宜间作的胶园,应保留荫生带原有草灌植被(除橡胶树根病寄主和恶草外)并及时进行控萌管理。

8.4 扩穴、挖肥穴与维修梯田

8.4.1 扩挖(肥)穴原则

扩挖(肥)穴应和维护梯田结合进行,用扩挖(肥)穴取出的心土维修梯田埂或环山行外缘,表土用于培土护根。

8.4.2 扩挖(肥)穴方法

平缓地胶园,可逐行机犁通沟,通沟位置在橡胶树树冠外垂线处连线上,宽 40 cm～80 cm、深 40 cm～50 cm,也可人工挖(扩)穴。

坡地胶园的扩挖(肥)穴位置和方法因开垦方式和树龄而异。定植后第二至第四年,每年在原植穴旁边挖肥穴(称扩穴)。扩穴位置在株间内侧。肥穴的长×宽×深＝60 cm～100 cm×40 cm～60 cm×40 cm。定植后第五年(行间橡胶树树冠基本相连)起,坡度≤15°的胶园,在橡胶树行间挖肥穴。肥穴的长×宽×深＝100 cm～200 cm×60 cm×40 cm。坡度＞15°的胶园,可沿环山行内侧挖肥沟。肥沟的宽 30 cm～40 cm、深 40 cm、长相当于株距的肥沟。若坡度＞25°或环山行内壁高于 70 cm 时,肥穴位置应在内壁外侧。

8.4.3 维修梯田

除在扩挖肥穴时维持梯田外,每当发现梯田崩缺时应及时维修。

8.5 压青与施肥

8.5.1 施肥原则

在有条件的地方应采用营养诊断技术指导施肥。目前尚缺乏条件的地方,除施有机肥外,应施用橡胶树专用肥,或施用高质量的复合肥。

8.5.2 有机肥施用

除压青外,有条件的地方应每年施用厩肥、堆肥、沤肥等其他有机肥料。有机肥可以周年施用,一般施在肥穴或通沟里,施肥量不限,但偏酸、碱性的有机肥料或鱼肥宜分次穴施。

8.5.3 压青

定植后第二年起,应给胶园压青。一般每年(7 月～10 月)压青一次,在有条件的地方年压青两次,分别在每年的 7 月前和 11 月各压青一次。压青量为每个肥穴或每段通沟约 50 kg 或更多的压青材料。除恶草或带有(未腐熟)恶草种子的秸秆材料外,其他植物、作物的枝叶、秸秆材料均可作为压青材料。压青时将压青材料填入肥穴,踩实,穴面回少量表土覆盖压青材料。

8.5.4 追肥量及追肥时间

推荐的施肥量参见附录 B。化肥每年一般分 3 次施,第一次在当年第一蓬叶抽生初期:第二次在第二蓬叶抽生期间;第三次在第三蓬叶抽生期或 9 月。

8.5.5 追肥施用

追肥一般施在树冠外垂线处、离地表 5 cm～40 cm 深的土层里。化肥应采用沟施或穴施,也可结合压青同时施用,但磷肥应与有机肥混合穴施。禁止将化肥直接撒施在地表上。

8.6 修枝整形

在中、重风害区,每年在幼树在大部分叶片脱落后至萌生第一蓬新叶之前修枝一次。采用疏剪和短截相结合的方法,修去生势过旺并明显偏斜、着生太密集、上下重叠等枝条的部分叶蓬或部分枝条。修枝时应禁止乱砍乱锯。在轻风害地区 PR107 等抗风性强的品种的幼树和成龄树,一般不作抗风修剪。

8.7 防寒

在易发生寒害的地区,10 月要增施钾肥,入冬前应完成控萌工作,修剪橡胶树下垂枝条,砍低胶园内及四周较高的杂草。

8.8 防旱

在易发生旱害的地区,雨季结束后给胶园浅松土,厚盖草,有条件的地区实施胶园灌溉。

8.9 防畜、兽为害

有牛羊或野兽严重为害橡胶树的地区,应在种植橡胶苗之前完成围栏,或种刺树,或挖防牛沟等防护工程。

8.10 胶园防火

干旱季节，应培土压盖死覆盖物，移走或及时清除堆放于胶园内的其他易燃物，如间作物秸秆等和胶园附近的火灾隐患。严禁在胶园和防护林内及其附近烧火。

8.11 除寄生

冬季至开春前，采用化学方法或人工方法灭除橡胶树上的寄生植物。

8.12 风、寒害树处理

8.12.1 风害处理

风害发生后，要及时开展风害调查，橡胶树风害分级标准见附录C中的表C.1；对于3级风害幼树（2龄内），应作低锯处理，重新培养主干；对于4级风害的幼树，应以略大的苗木补换植；对于3级～5级风害的大树（>2龄），则应及时在断折处下方5 cm斜锯、修平，锯口和其他伤口涂上防虫防腐药剂，但5级风害的开割树，则可适当强割，在强割至没有可利用的胶乳时砍伐掉；对于斜、倒风害的幼龄和中龄橡胶树应尽快排去树头周围淤泥，扶正和培土；对于3级风害以下或6级风害的风害树一般只清理胶园，不对橡胶树作风后处理。

8.12.2 寒害处理

寒害发生后，要及时开展寒害调查，橡胶树寒害分级标准见附录C中的表C.2；较大的爆皮流胶伤口和其他溃烂面应做防虫防腐处理；干枯的树干和大枝，在寒害症状稳定后锯掉，锯口应及时修平，涂上防虫防腐药剂，并选留、保护新萌生的枝条。

9 割胶

按NY/T 1008—2006橡胶树割胶技术规程的规定执行。

10 病虫害防治

10.1 橡胶树病害

10.1.1 橡胶树白粉病

10.1.1.1 加强预测预报，按防治适期进行防治

预测预报按NY/T 1089—2006橡胶树白粉病测报规程的规定执行。根据预报结果进行及时防治。抓好中心病株（区）、流行期、迟抽植株三个主要环节的防治工作。

10.1.1.2 药剂防治

在胶树抽叶30%以后，叶片物候处古铜盛期或淡绿盛期时，发病率为20%～30%时用硫磺粉（325号筛目）9 kg/(hm^2·次)～12 kg/(hm^2·次)喷洒或用15%粉锈宁烟雾剂0.75 kg/(hm^2·次)～0.9 kg/(hm^2·次)烟熏。轻病年不施药或局部施药1次；特重病年和重病年全园施药2次～3次。不同农药交替使用。

防治质量要求：轻病年，3级病株不超过3%；4、5级病株不超过1%。中病年（区）3级病株不超过7%；4、5级病株不超过2%。重病年（区），3级病株不超过10%；4、5级病株不超过3%。特重病年（区），3级病株不超过15%；4、5级病株不超过4%。

10.1.2 橡胶树炭疽病

10.1.2.1 加强预测预报，按防治适期进行防治

预测预报网点与橡胶树白粉病的共用。

10.1.2.2 药剂防治

用多菌灵（Ⅱ烟堆）12 kg/(hm^2·次)～15 kg/(hm^2·次)，或用50%克病威粉剂（兼防橡胶树白粉病）9 kg/(hm^2·次)～12 kg/(hm^2·次)或用75%百菌清可湿性粉剂600倍～800倍液，在易感病品系的叶片古铜期和历年重病区的橡胶树30%抽芽时，在低温阴雨天来临前3 d，及时烟熏或喷施。

10.1.3 橡胶树割面条溃疡病

10.1.3.1 **加强预防**

采用农业措施:加强林段管理,降低林下湿度;秋冬期割胶贯彻“一浅四不割”。

10.1.3.2 **药剂防治**

发现扩展型病斑时要及时切除病灶,并及时用4%瑞毒霉、1%乙磷铝等杀菌剂涂抹割面。

10.1.4 **橡胶树根病**

10.1.4.1 **加强预防**

新胶园垦前调查并毒杀或清除林地中寄主植物。老胶园更新前调查并毒杀或清除已染病的橡胶树。有条件的,开垦时清除树头,机耕全垦,并尽快种上豆科覆盖作物。选用无病健壮苗定植,定植后头3年开展调查并及时清除病树。

10.1.4.2 **药剂防治**

在6月～7月小心刨出病树树头四周半径约1 m～2 m内的根系,将十三吗啉乳油30 ml/株次,加2 000 ml水混匀,用一半药液均匀淋洒在刨出的根系上,待药液下渗后回土至满,然后将剩余药液均匀淋灌在填回表土上。此后再淋灌药液4次～5次,每次施药间隔期为6个月。病树周边的健康树作预防灌药处理:在树头四周挖一条半径约2 m、深20 cm的环形沟,用同量的药液淋灌在环形沟内,回填环形沟,剩余药液淋灌在回填土上。

10.2 **橡胶树虫害**

10.2.1 **六点始叶螨(橡胶树黄蜘蛛)**

10.2.1.1 **注意保护天敌**

使用对捕食螨、食螨瓢虫等天敌低毒的药剂,保护利用天敌。

10.2.1.2 **药剂防治**

在橡胶树春季新抽第一蓬叶老化后1个月内,当100片叶中螨虫数量达400头～800头时,用15%达螨灵烟雾剂(商品药)1 500 mL/hm^2～1 800 mL/hm^2烟熏或用三氯杀螨醇500倍～600倍液喷雾。

10.2.2 **小蠹虫类**

10.2.2.1 **保护创面**

在风害、寒害后要及时清除橡胶树上枯死枝干,清理裸露木质部,然后用40%乐果(加1/3煤油)250倍液朝木质部创面喷雾,然后涂上沥青。

10.2.2.2 **药剂防治**

用80%敌敌畏乳油200倍液涂抹已被侵染的木质部,然后涂上沥青。

10.2.3 **介壳虫**

10.2.3.1 **加强预防**

加强橡胶园“三保一护”,增施肥料,降低割胶强度。剪除虫害较重的垂枝、弱枝、病残枝,并集中烧毁,减少越冬病虫和寄生载体。

10.2.3.2 **药剂防治**

重点做好1龄～2龄虫高峰期防治。在3月初、6月～7月抽叶期(繁殖高峰期)和9月～10月(越冬繁殖高峰期),用3%啶虫脒、三氟氯氰菊酯1 000倍～1 500倍液或2.5%杀蚧螨倍液在晴天上午和下午4时后喷施,或用15%毒死蜱烟雾剂1.5 kg/hm^2～1.88 kg/hm^2在晴朗的晚上3时～4时熏烟。

11 更新

11.1 更新标准

经过多年刺激割胶,胶园单位面积产量低于该类型区平均单产的60%的低产胶园,或有效割株＜225株/hm^2(云南植胶区＜150株/hm^2)的残旧胶园应予更新。

达到或超过割胶年限，更新后可以明显提高生产效益，且符合地区内整体胶园更新规划的老龄胶园可以更新。

11.2 更新原则

做好更新规划，根据宜林地的等级先优后次的原则，有计划地更新老龄、低产胶园。在拟更新前3年～4年做好更新实施方案。

11.3 更新准备

应在比拟更新年份前1年～2年培育苗木，备足种植材料。应在拟倒树前3年～4年对拟更新胶园进行强割。应在倒树前标记所有患根病的橡胶树并给予毒杀。倒树前要做好橡胶木材的收获和利用计划。

11.4 更新方法

更新方法一般采用全面更新法。

11.4.1 机械更新

除毒树外，其他作业均使用各种类型的机械作业。工作的程序是：毒树、倒树、犁地、清除树根、挖穴和修筑平台。机械更新的工效高、成本低，但因机械的投资大，仅在比较大面积地区更新时才经济合算。在小面积更新地区机械浪费大和停工时间多，不经济，不宜采用。

11.4.2 人工更新

全部更新作业由人工完成。工作的程序是：毒树、倒树、挖穴和修筑平台。使用的工具较简单，劳动强度大，工效较低，只限于地形复杂，坡度较大，农机具无法使用的胶园，或面积很小又没有机具设备的胶园更新。

11.4.3 人机结合更新

倒树、断木、集材、运输、土地机耕由机械作业，毒树、修筑梯田和挖穴由人工作业。此种更新方法，既用机械降低劳动强度，又用人力保证开垦质量，同时也节约了时间，不但适用于平坦地区，亦可用于缓坡丘陵地。

11.5 更新胶园开垦和种植

更新胶园的开垦和种植管理可参照4～11的规定执行。

附 录 A
（规范性附录）
胶园林谱档案格式

表 A.1～A.2 给出了未开割胶园林谱档案格式，表 A.3～A.4 给出了开割胶园林谱档案格式。

表 A.1 未开割胶园林谱档案

地点： 建档日期 年 月 日

<table>
<tr><td>垦前植被</td><td></td><td>土壤类型</td><td></td><td>坡向</td><td></td><td>坡度</td><td></td><td>海拔
m</td><td></td><td>面积
hm^2</td><td></td></tr>
<tr><td rowspan="2">品种</td><td rowspan="2"></td><td rowspan="2">定植材料</td><td rowspan="2"></td><td rowspan="2">定植日期</td><td rowspan="2"></td><td rowspan="2">定植株数</td><td rowspan="2"></td><td colspan="2">株行距，m×m</td><td colspan="2"></td></tr>
<tr><td colspan="2">开割日期</td><td colspan="2">年 月 日</td></tr>
</table>

<table>
<tr><td>抚管项目</td><td colspan="2">年</td><td colspan="2">年</td><td colspan="2">年</td><td colspan="2">年</td><td colspan="2">年</td><td colspan="2">年</td><td colspan="2">年</td><td colspan="2">年</td><td colspan="2">年</td></tr>
<tr><td>施肥量</td><td colspan="2"></td><td colspan="2"></td><td colspan="2"></td><td colspan="2"></td><td colspan="2"></td><td colspan="2"></td><td colspan="2"></td><td colspan="2"></td><td colspan="2"></td></tr>
<tr><td>肥料种类或组分</td><td colspan="2"></td><td colspan="2"></td><td colspan="2"></td><td colspan="2"></td><td colspan="2"></td><td colspan="2"></td><td colspan="2"></td><td colspan="2"></td><td colspan="2"></td></tr>
<tr><td>施肥时间</td><td colspan="2"></td><td colspan="2"></td><td colspan="2"></td><td colspan="2"></td><td colspan="2"></td><td colspan="2"></td><td colspan="2"></td><td colspan="2"></td><td colspan="2"></td></tr>
<tr><td>除草/控萌日期</td><td colspan="2"></td><td colspan="2"></td><td colspan="2"></td><td colspan="2"></td><td colspan="2"></td><td colspan="2"></td><td colspan="2"></td><td colspan="2"></td><td colspan="2"></td></tr>
<tr><td>修剪方法和次数</td><td colspan="2"></td><td colspan="2"></td><td colspan="2"></td><td colspan="2"></td><td colspan="2"></td><td colspan="2"></td><td colspan="2"></td><td colspan="2"></td><td colspan="2"></td></tr>
<tr><td>水土保持设施维护</td><td colspan="2"></td><td colspan="2"></td><td colspan="2"></td><td colspan="2"></td><td colspan="2"></td><td colspan="2"></td><td colspan="2"></td><td colspan="2"></td><td colspan="2"></td></tr>
<tr><td>自然灾害及防治情况</td><td colspan="2"></td><td colspan="2"></td><td colspan="2"></td><td colspan="2"></td><td colspan="2"></td><td colspan="2"></td><td colspan="2"></td><td colspan="2"></td><td colspan="2"></td></tr>
<tr><td>定植当年树高，m</td><td colspan="6"></td><td colspan="6">定植当年叶蓬数，蓬</td><td colspan="6"></td></tr>
<tr><td></td><td>累计</td><td>本年增减</td><td>累计</td><td>本年增减</td><td>累计</td><td>本年增减</td><td>累计</td><td>本年增减</td><td>累计</td><td>本年增减</td><td>累计</td><td>本年增减</td><td>累计</td><td>本年增减</td><td>累计</td><td>本年增减</td><td>累计</td><td>本年增减</td></tr>
<tr><td>平均围茎，cm</td><td></td><td></td><td></td><td></td><td></td><td></td><td></td><td></td><td></td><td></td><td></td><td></td><td></td><td></td><td></td><td></td><td></td><td></td></tr>
<tr><td>围茎变异系数</td><td></td><td></td><td></td><td></td><td></td><td></td><td></td><td></td><td></td><td></td><td></td><td></td><td></td><td></td><td></td><td></td><td></td><td></td></tr>
<tr><td>存苗株数</td><td></td><td></td><td></td><td></td><td></td><td></td><td></td><td></td><td></td><td></td><td></td><td></td><td></td><td></td><td></td><td></td><td></td><td></td></tr>
<tr><td colspan="19">注：定植当年，不量围茎只量树高和观测叶蓬数（含已落叶的叶蓬）；从定植第二年起至开割前，测量茎干 100 cm 处的围茎。</td></tr>
</table>

表 A.2 橡胶树围茎测量记录表

地点： 量苗日期： 年 月 日 量苗人： 表______

行株号	围茎，cm									
	年	年	年	年	年	年	年	年	年	年

表 A.3　开割胶园林谱档案

地点(林段号)：　　　　　　　　　　　　　　　　　　树位号：

林段面积,hm^2		原定植株				开割年度			
年份	年	年	年	年	年	年	年	年	年
胶工姓名									
施肥量									
肥料种类或组分									
施肥时间									
除草/控萌日期									
修剪方法和次数									
水土保持设施维护措施									
自然灾害及防治情况									
开割株数									
未开割株数									
一面死皮株数									
二面死皮株数									
缺株、淘汰株									
割胶制度									
开割日期									
停割日期									
胶乳产量,kg									
十胶含量,%									
总产干胶,kg									
平均株产,kg									
平均单产,kg/hm^2									

表 A.4 开割胶园林谱档案树况记录

地点(林段号):　　　　　　　　　　　　　　　　　　　　　　树位号:

行株号	年	年	年	年	年	年	年	年	年	年
注:树况包括开割与否;死皮与否;风害、寒害情况等。										

附　录　B
（资料性附录）
大田橡胶树施肥量参考量

表B.1给出了大田橡胶树施肥量参考量。

表B.1　大田橡胶树施肥量参考量

肥料种类	施肥量,kg/(株·年)			说　明
	1龄~2龄幼树	3龄至开割前幼树	开割树	
优质有机肥	>10	>15	>25	以腐熟垫栏肥计
尿素	0.23~0.55	0.46~0.68	0.68~0.91	
过磷酸钙	0.3~0.5	0.2~0.3	0.4~0.5	
氯化钾	0.05~0.1	0.05~0.1	0.2~0.3	缺钾或重寒害地区用
硫酸镁	0.08~0.16	0.1~0.15	0.15~0.2	缺镁地区用

注1:施用其他化肥时,按表列品种肥分含量折算。

注2:最适施肥量应通过营养诊断确定。

注3:有拮抗作用的化肥应分别使用。

附 录 C
（规范性附录）
橡胶树风害、寒害分级标准

表C.1～C.2给出了橡胶树风害、寒害分级标准。

表C.1 橡胶树风害分级标准

级别	类别	
	未分枝幼树	已分枝胶树
0	不受害	不受害
1	叶子破损，断茎不到1/3	叶子破损，小枝折断条数少于1/3或树冠叶量损失<1/3
2	断茎1/3～2/3	主枝折断条数1/3～2/3，或树冠叶量损失>1/3～2/3
3	断茎2/3以上，但留有接穗	主枝折断条数多于2/3，或树冠叶量损失>2/3
4	接穗劈裂，无法重萌	全部主枝折断或一条主枝劈裂，或主干2 m以上折断
5		主干2 m以下折断
6		接穗全部断损
倾斜		主干倾斜<30°
半倒		主干倾斜30°～45°
倒伏		主干倾斜超过45°
注：断倒株数=4级株数+5级株数+6级株数+倒伏株数。		

表C.2 橡胶树寒害分级标准

级别	类别			
	未分枝幼树	已分枝幼树	主干树皮	茎基[a]树皮
0	不受害	不受害	不受害	不受害
1	茎干枯不到1/3	树冠干枯不到1/3	坏死宽度<5 cm	坏死宽度<5 cm
2	茎干枯1/3～2/3	树冠干枯1/3～2/3	坏死宽度占全树周2/6	坏死宽度占全树周2/6
3	茎干枯2/3以上，但接穗尚活	树冠干枯2/3以上	坏死宽度占全树周3/6	坏死宽度占全树周3/6
4	接穗全部枯死	树冠全部干枯，主干干枯至1 m以上	坏死宽度占全树周4/6，或虽超过4/6但在离地1 m以上	坏死宽度占全树周4/6
5		主干干枯至1 m以下	离地1 m以上，坏死宽度占全树周5/6	坏死宽度占全树周5/6
6		接穗全部枯死	离地1 m以下，坏死宽度占全树周5/6以上直至环枯	离地1 m以上，坏死宽度占全树周5/6以上直至环枯
注：茎基指芽接树结合线以上15 cm，实生树地面以上30 cm的茎部。芽接树砧木受害另行登记，不列入茎基树皮寒害。				

附加说明：

本标准按 GB/T 1.1—2000 的规定对 NYT 221—1993 进行修订。

本标准代替 NY/T 221—1993《橡胶树栽培技术规程》。

本标准与 NY/T 221—1993 相比，主要的差异如下：

根据 GB/T 1.1—2000 的规定，全面改写了 NY/T 221—1993 文本格式，增加了规范性引用文件及术语和定义两部分，删去了割胶和病虫害防治两部分的具体内容及有关附件(另行制定技术规程)，由原 9 部分增加至 11 部分。本标准根据国内外有关技术进展和生产发展的要求，结合中华人民共和国农业部农垦函[1995]13 号文批准的《橡胶树栽培技术规程》中的要求，对 NY/T 221—1993 的规定做了大量的修改和补充，一些内容做了进一步细化，使各项规定更为具体和可操作。

本标准的附录 A 和附录 C 为规范性附录；附录 B 为资料性附录。

本标准由中华人民共和国农业部提出。

本标准由全国热带作物及制品标准化技术委员会归口。

本标准起草单位：中国热带农业科学院、海南省农垦总局、云南省农垦总局和广东省农垦总局。

本标准主要起草人：林位夫、吴嘉涟、陈积贤、刘远清、谢贵水。

本标准于 1993 年首次发布，于 2004 年第一次修订。

中华人民共和国农业行业标准

NY/T 229—2009
代替 NY/T 229—1994

天然生胶 胶清橡胶

Raw natural rubber - Skim rubber

1 范围

本标准规定了天然生胶 胶清橡胶二个级别的要求、试验方法、包装、标识、贮存和运输。

本标准适用于天然胶乳离心浓缩过程中分离出来的胶清经加工而成的胶清橡胶。

2 规范性引用文件

下列文件中的条款通过本标准的引用而成为本标准的条款。凡是注日期的引用文件,其随后所有的修改单(不包括勘误的内容)或修订版均不适用于本标准,然而,鼓励根据本标准达成协议的各方研究是否可使用这些文件的最新版本。凡是不注日期的引用文件,其最新版本适用于本标准。

GB/T 3510 未硫化胶 塑性的测定 快速塑性计法(GB/T 3510—2006,ISO 2007:1991,IDT)

GB/T 3517 天然生胶 塑性保持率(*PRI*)的测定(GB/T 3517—2002,ISO 2930:1995,MOD)

GB/T 4498 橡胶 灰分的测定(GB/T 4498—1997,eqv ISO 247:1990)

GB/T 8082 天然生胶 标准橡胶 包装、标志、贮存和运输

GB/T 8086 天然生胶 杂质含量的测定(GB/T 8086—2008,ISO 249:1995,MOD)

GB/T 8088 天然生胶和天然胶乳 氮含量的测定(GB/T 8088—2008,ISO 1656:1996,MOD)

GB/T 15340 天然、合成橡胶 取样及其制样方法(GB/T 15340—2008,ISO 1795:2000,IDT)

ISO 248 生橡胶 挥发分含量的测定(ISO 248:2005 Rubber raw-Determination of volatile-matter content)

3 要求

根据胶清橡胶性能差异分为 2 个级别,各级别应符合表 1 的要求。

表 1 胶清橡胶技术要求

质 量 项 目	级 别 限 值	
	1 级	2 级
留在 45 μm 筛上的杂质(质量分数)/%,最大值	0.05	0.10
塑性初值(P_0),最小值	25	25
塑性保持率(*PRI*),最小值	30	16
氮含量(质量分数)/%,最大值	2.4	2.6
挥发分(质量分数)/%,最大值	1.8	1.8
灰分(质量分数)/%,最大值	0.8	1.0

中华人民共和国农业部 2009-12-22 发布 2010-02-01 实施

4 试验方法

4.1 杂质含量

按 GB/T 8086 规定的方法进行。

试验时应注意：加热溶解时，溶解温度不应超过 150℃。尤其是在未充分溶解之前，加热过程中偶尔用手摇动烧杯或用玻璃棒搅动烧瓶中的内容物，以防橡胶黏结在烧杯或烧瓶底，甚至焦化。若已焦化应重新试验。

4.2 塑性初值(P_0)

按 GB/T 3510 规定的方法进行。

4.3 塑性保持率(*PRI*)

按 GB/T 3517 规定的方法进行。

4.4 氮含量

按 GB/T 8088 规定的方法进行。根据胶清橡胶氮含量高的特点，可适当地增加硫酸标准溶液的浓度。

4.5 挥发分

按 ISO 248(烘箱法 A)规定的方法进行。

4.6 灰分

按 GB/T 4498 规定的方法进行。

5 检验规则

5.1 检验分类

5.1.1 型式检验

型式检验是对胶清橡胶质量进行全面考核，即按表 1 中的相应要求进行检验。出现下列情况之一时，应进行型式检验。

a) 停产后复产时；

b) 材料或工艺或设备有较大的变动，可能影响产品质量时；

c) 出厂检验与上次型式检验结果差异较大时；

d) 质量监督检验机构认为需要时；

e) 合同规定时。

5.1.2 出厂检验

出厂检验由胶清橡胶生产厂技术检验部门人员对胶清橡胶的杂质含量、塑性初值(P_0)、塑性保持率(*PRI*)以及包装、标识进行检验，检验合格发给合格证书，方可出厂。

5.2 组批规则和抽样方法

5.2.1 组批规则

每 25 t 作为一个检验批次，不足 25 t 的，也做为一个批次检验。

5.2.2 抽样及制样方法

按 GB/T 15340 规定的方法进行。

5.3 判定规则和复验规则

检验结果符合本标准要求时，按检验结果判为相应的级别。

如果批样中只有一个胶包的某一项性能测定值的结果超出表 1 所列的极限值，同时有另一个胶包的另外一项性能测定值的结果超出其极限值，则应认为这一批胶清橡胶仍符合本标准规格的要求。此外，也可以由有关各方协商以确定合格的条件。

6 包装、标识、贮存和运输

6.1 包装

按 GB/T 8082 规定的方法进行。

注：胶清橡胶非胶组分较高，很容易吸潮，应充分干燥，及时严密包装，以防受潮而导致橡胶变质。

6.2 标识

在胶包最大的一面，用黑色字体注明：胶清橡胶（SCRG）以及级别、净含量、生产厂名或代号、生产日期。

6.3 贮存和运输

按 GB/T 8082 规定的方法进行。

附加说明：

本标准代替 NY/T 229—1994《天然生胶　胶清橡胶》。

本标准与 NY/T 229—1994 相比主要差异如下：

——将技术要求 3 个等级改为 2 个等级：1 级胶清橡胶的塑性保持率（*PRI*）由 35 改为 30，挥发分由 2.0 改为 1.8。2 级胶清橡胶的杂质由 0.07 改为 0.10，塑性保持率由 25 改为 16，挥发分由 2.0 改为 1.8；

——增加了 4.5 挥发分含量和 4.6 灰分含量的试验方法；

——重新编写了第 5 章检验规则和第 6 章包装、标识、贮存和运输；

——按 GB/T 1.1—2000 和 GB/T 1.2—2002 的规定作了编辑性修改。

本标准由中华人民共和国农业部提出。

本标准由农业部热带作物及制品标准化技术委员会天然橡胶分技术委员会归口。

本标准起草单位：中国热带农业科学院农产品加工研究所、国家重要热带作物工程技术研究中心、广垦橡胶集团有限公司茂名分公司。

本标准主要起草人：陈成海、邓维用、彭海方。

本标准于 1994 年首次发布。

中华人民共和国农业行业标准

天然纤维地毯背衬海绵配合胶乳

Compounding latex for natural fibre carpet lined sponge

NY/T 1035—2006

1 范围

本标准规定了天然纤维(如剑麻、水草、黄麻等)地毯背衬海绵配合胶乳的技术要求、试验方法、检验规则及包装、标志、贮存和运输。

本标准适合于用浓缩天然胶乳生产的地毯背衬海绵配合胶乳。

2 规范性引用文件

下列文件中的条款通过本标准的引用而成为本标准的条款。凡是注日期的引用文件，其随后所有的修改单(不包括勘误的内容)或修订版均不适用于本标准，然而，鼓励根据本标准达成协议的各方研究是否可使用这些文件的最新版本。凡是不注日期的引用文件，其最新版本适用于本标准。

GB/T 8290 天然浓缩胶乳 取样(GB/T 8290—1987,neq ISO 706:1985)

GB/T 8298 浓缩天然胶乳 总固体含量的测定(GB/T 8298—2001,idt ISO 124:1997)

GB/T 18012 天然胶乳 pH 值的测定(GB/T 18012—1999,neq ISO 976:1996)

3 术语和定义

下列术语和定义适用于本标准。

3.1

地毯背衬海绵配合胶乳 compounding latex for carpet lined sponge

经起泡机打泡,涂敷于地毯背面的配合胶乳,干燥后形成海绵层。由A料、B料和C料组成。

——A料:配合胶乳的主体材料,含浓缩天然胶乳、稳定剂、分散剂、填充剂、起泡剂和增稠剂等。

——B料:混合硫化助剂,含硫化剂、促进剂、活性剂和分散剂等。

——C料:热敏胶凝剂,主要成分为醋酸铵。

3.2

湿泡沫配合胶乳 compoundinf wet foam latex

将A料、B料和C料配合好,经起泡机打泡,涂敷于地毯背面用的配合胶乳。

4 技术要求

4.1 配合胶乳的技术指标

配合胶乳的各项技术指标应符合表1要求。

中华人民共和国农业部 2006-01-26 发布　　2006-04-01 实施

表 1 技术要求

项　　目	限　　值		
	A 料	B 料	C 料
总固体含量(最小),%(质量分数)	70	50	
浓度,%(质量分数)			20
pH	9～10	9～10	9～10
黏度(最小),mPa·s	2 500	分散体	
密度,g/L	1 100～1 300		

4.2 配合胶乳使用性能要求

4.2.1 三种料的混合比例应根据生产线的具体情况而定。

4.2.2 湿泡沫配合胶乳密度为 180 g/L±10 g/L。

5 试验方法

5.1 A 料、B 料的总固体含量

按 GB/T 8298 的规定进行。

5.2 C 料的浓度

用 200 mL 玻璃量筒,量取 150 mL 样品,用精度为 0.001 的密度计测定。

5.3 pH

按 GB/T 18012 的规定进行。

5.4 A 料的黏度

按附录 A 的规定进行。

5.5 配合胶乳中 A 料的密度

按附录 B 的规定进行。

5.6 湿泡沫配合胶乳的密度

取 1 L 的量杯盛湿泡沫胶乳,称重,然后减去量杯的质量来计算湿泡沫胶乳的密度。

6 检验规则

6.1 检验分类

6.1.1 型式检验

型式检验是对天然纤维地毯背衬海绵配合胶乳中的 A 料质量进行全面考核,即按表 1 中的相应要求进行检验。出现下列情况之一时,应进行型式检验。

a) 停产后复产时;

b) 材料或工艺或设备有较大的变动时,可能影响产品质量时;

c) 出厂检验与上次型式检验结果差异较大时;

d) 质量监督检验机构认为需要时;

e) 合同规定时。

6.1.2 出厂检验

出厂检验由配合胶乳生产厂技术检验人员对配合胶乳中的 A 料和 B 料的总固体含量进行检验,检验合格发给合格证书,方可出厂。

6.2 组批规则和抽样方法

6.2.1 组批规则

每 25 t 的同配方、同工艺产品作为一个检验批次。

6.2.2 抽样方法

按 GB/T 8290 的规定进行。

6.3 判定规则和复验规则

检验结果中的总固体含量、pH 和黏度等三项指标中只要有一项指标不符合表 1 的要求，则判该批产品不合格；如对检验结果有争议，可加倍抽样复验一次，如仍不合格，则判该批产品为不合格。

7 包装、标志、贮存和运输

7.1 包装

配合胶乳采用下列形式包装：

—— A 料：采用开口直径为 150 mm 可容净质量 1 000 kg 的塑料罐密封包装、罐外应用角铁加固。

—— B 料：采用可容净质量为 50 kg 的塑料罐密封包装。

—— C 料：采用可容净质量 200 kg 的塑料罐密封包装。

7.2 标志

在每个包装罐外的最大一面标志注明：

a) 产品名称；

b) 产品的标准编号；

c) 产品的商标名称；

d) 产品的净质量和毛质量；

e) 生产厂名称、地址；

f) 产品生产日期、生产批号；

g) 防止日晒和倒置的标志。

7.3 贮存和运输

7.3.1 贮存

配合胶乳应置于 10℃～35℃下阴凉通风处贮存，贮存期间应防止阳光照射；配合胶乳中的 A、B、C 三种材料必须单独贮存；配合胶乳的有效使用期为 6 个月。

7.3.2 运输

配合胶乳无毒、呈碱性，对无保护层的铁器有轻度腐蚀。配合胶乳在运输过程中应避免阳光照射和剧烈震动，以免损坏包装容器。

附 录 A
（规范性附录）
黏 度 测 定

A.1 仪器

LV型(Brookfield)黏度计、玻璃烧杯和水浴锅。

A.2 操作方法

A.2.1 量取约250 ml样品胶乳置于测量烧杯中。

A.2.2 将黏度计的旋转频率指示器置于30 r/min±0.2 r/min的位置。

A.2.3 把转子牢固地装在电动机轴上，并将防护装置牢固地接在黏度计的电动机机壳上。

A.2.4 将4#转子和防护装置小心插入样品胶乳中，防止夹入空气，直到样品表面达到转轴上凹槽中间刻度处。转子应垂直放入样品中，并处于测量烧杯的中心位置。

A.2.5 依照制造厂的操作说明，启动黏度计的电动机。2 min～3 min后，读取最靠近分度单位的平衡读数。

A.2.6 测定结果的表示

按照使用说明书上提供的相应因子来计算样品的黏度，以mPa·s表示，即将刻度盘上0～100的读数换算成mPa·s所需要因子。在30 r/min±0.2 r/min的旋转频率时，采用4#转子，测定结果为读数×200。

附 录 B
（规范性附录）
密 度 测 定

B.1 仪器

普通实验室仪器、水浴锅、50 ml 或 100 ml 沥青密度瓶。

B.2 操作方法

B.2.1 取样

按附录 A 方法进行。

B.2.2 调整恒温水浴温度使达 30℃±2℃。

B.2.3 将样品注入一个锥形烧瓶(sh-1)并将其置于水浴中。同样装入适量新鲜蒸馏水于第二个锥形烧瓶(sh-2)并置于同一水浴中。

B.2.4 称量一个清洁且干燥的密度瓶(Bh)精确到 0.001 g，并将其连同磨口玻璃浸入水浴中直到颈部。让(sh-1)、(sh-2)、(Bh)三者的温度达到平衡(约需 3 h)。

B.3 测定

B.3.1 从(sh-1)吸出足量的样品胶乳慢慢注满(Bh)，插入瓶塞并立即将顶部表面擦干净。要小心不要弄掉毛细管内的任何样品胶乳，从水浴中取出(Bh)，抹干其外表，然后称重精确到 0.001 g。

B.3.2 排空(Bn)，用蒸馏水清洗到没有样品胶乳为止。如 B-2.4 所述将其浸入水浴中约 5 min 后，把(sh-2)的蒸馏水吸出注入其中，然后按 B-3.1 操作测量。

B.4 结果表示

在恒温水浴中的样品胶乳密度为 kg/L，按式(B.1)计算：

$$\rho=\frac{m_L \cdot \rho_w}{m_w} \qquad \text{(B.1)}$$

式中：

m_L——密度瓶内样品胶乳的质量，单位为克，g；

m_w——密度瓶内蒸馏水的质量，单位为克，g；

ρ_w——恒温水浴中水的密度，单位为克每升，g/L。

附加说明：

天然纤维地毯背衬海绵配合胶乳是20世纪90年代初期开发的一种以天然胶乳为主体的专用胶乳。

本标准的附录A、附录B为规范性附录。

本标准由中华人民共和国农业部提出。

本标准由农业部热带作物及制品标准化技术委员会归口。

本标准由华南热带农产品加工设计研究所负责起草，广东湛江东方剑麻地毯厂参加起草。

本标准主要起草人：黄茂芳、许逵、陈鹰、陈成海、陈晓光、谢钦鹏。

中华人民共和国农业行业标准

NY/T 1037—2006

天然胶乳 表观黏度的测定 旋转黏度计法

Natural rubber latex - Determination of apparent viscosity by the Brookfield test(ISO 1652:2004 Rubber latex - Determination of apparent Viscosity by the Brookfield test,MOD)

警告:使用本标准的人员应该熟悉正规实验室的操作规程。本标准无意涉及因使用本标准可能出现的所有安全问题。使用者应制定相应的安全和健康细则,并确保符合国家有关法规规定。

1 范围

本标准规定了用L型旋转黏度计测定天然胶乳黏度的方法。

本标准适用于天然胶乳黏度的测定,也适用于以天然胶乳为原料制备的特种胶乳表观黏度的测定。

2 规范性引用文件

下列文件中的条款通过本标准的引用而成为本标准的条款。凡是注日期的引用文件,其随后所有的修改单(不包括勘误的内容)或修订版均不适用于本标准,然而,鼓励根据本标准达成协议的各方研究是否可使用这些文件的最新版本。凡是不注日期的引用文件,其最新版本适用于本标准。

GB/T 8290 天然浓缩胶乳 取样(GB/T 8290—1987,eqv IS/ 123:1985)

GB/T 8298 浓缩天然胶乳 总固体含量的测定(GB/T 8298—2001,idt IS/ 124:1997)

3 术语和定义

下列术语和定义适用于本标准。

3.1

试样 test sample

按GB/T 8290规定取适量的试验胶乳,搅拌均匀作为实验室样品。

4 原理

用旋转黏度计测定黏度,即将一个特定的转子浸入胶乳至规定的深度,在以恒定的旋转频率和可控制的剪切速率下旋转,以所产生的力矩确定胶乳的黏度。用随旋转频率和转子大小而定的系数乘以转矩读数得到黏度。对未稀释或稀释至所需总固体含量的胶乳均可进行测定。

本标准涉及原理是用手操作的黏度计型号,而不是用手指进行操作。最好查阅操作说明书。

5 仪器

5.1 黏度计

黏度计由一台同步电动机组成,电动机在恒定的旋转频率下带动一个转轴,轴上可以接上不同形状和尺寸的转子。能够从转速数表选择转动频率。本标准的本意是规定一个转速,但实际上其他转速也

中华人民共和国农业部 2006-01-26 发布 2006-04-01 实施

可使用。将转子浸入胶乳至规定的深度,使转子在胶乳中转动,这时,对转子的阻力会使转轴产生一个力矩。由此产生的平衡力矩由指针表示在刻有 0~100 个单位的刻度盘上[①]。

L 型黏度计在满刻度偏转时,耗费的弹簧力矩为 67.37 μN.m±0.07 μN.m(即 673.7 dyn.cm±0.7 dyn.cm)。

转子应按图 1 精密加工,其尺寸见表 1。它们应该有一个凹槽或其他标记,指示转子需要浸入胶乳的深度。

表 1　转子尺寸

单位为毫米

转子号数	A ±1.3	B ±0.03	C ±0.03	D ±0.06	E ±1.3	F ±0.15
L1	115.1	3.18	18.84	65.10	—	81.0
L2	115.1	3.18	18.72	6.86	25.4	50.0
L3	115.1	3.18	12.70	1.65	25.4	50.0

电动机机壳上应安装酒精水准仪,以指示连接在电动机轴上的转子是否垂直。

为了在操作过程中保护转子,应使用防护装置,防护装置由弯成 U 形的矩形条钢制成,截面约为 9.5 mm×3 mm,棱角锉圆。

防护装置垂直部分的上端应牢牢地接在电动机机壳上,但可拆卸,以便清洗。防护装置的水平部分则通过内半径约为 6 mm 的圆弧与垂直部分相接。

注:虽然防护装置的第一功能是保护,它是仪器不可缺少的部分,如果不安装它,测定的黏度很可能变化。

当防护装置牢接在电动机机壳上时,防护装置两个垂直部分的内表面之间的直线距离应为 31.8 mm±0.8 mm。当防护装置接牢在电动机机壳上而转子又装在电动机轴上时,防护装置水平部分的上表面与转轴底部之间的垂直距离不得小于 10 mm。

5.2　玻璃烧杯

内径至少 85 mm,容量至少 600 mL。

烧杯的大小影响测定黏度的实际值,因此应注意确保使用容器大小的前后一致。

5.3　水浴

一般能保持 23℃±2℃,在热带气候下允许 27℃±2℃。

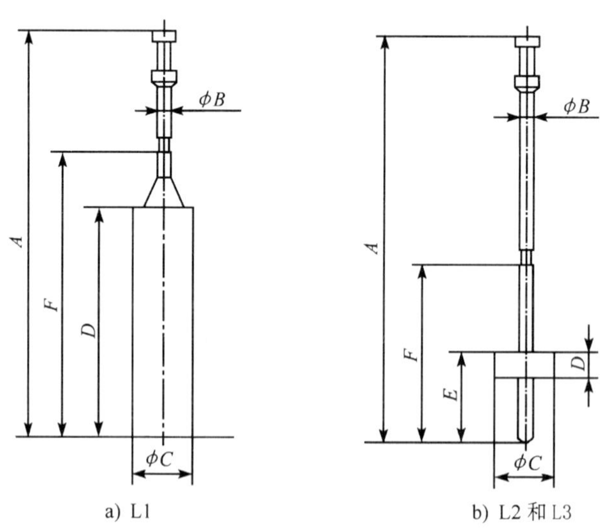

a) L1　　b) L2 和 L3

图 1　转子

① 合适的仪器可以从下列几个地方得到:如 Brookfield Engineering Laboratorie, Inc., Stoughton, Mass. 02072, USA(LVF 型和 LVT 型符合 L 型仪器的要求);Gebruder Haake GmbH, Dieselstr. 4, D—76227 Karlsruhe, Germany. 这信息是为本标准的使用者提供便利,并不是本标准对该产品的认定,本标准可不选定这个产品。

6 取样

按照GB/T 8290规定的方法取样。

7 试样制备

按照GB/T 8298测定样品的总固体含量，必要时用蒸馏水或纯度与之相当的水将总固体含量精确地调节到需要的数值。把水慢慢地加入样品中，再将此混合物轻轻地搅拌5 min，小心避免混入空气。

如果样品含有混入空气且其黏度小于200 mPa. s(即200 cP)，则可将样品在常温下静置24 h以除去空气。

如果样品只夹带空气而没有其他的挥发组分，且其黏度又大于200 mPa. s(即200 cP)，则可将样品在真空下脱气，直至不再有气泡逸出。

8 操作步骤

将样品(见7)倒入烧杯(5.2)，然后将烧杯放在23℃±2℃或27℃±2℃的水浴(5.3)中，慢慢搅拌样品直至其恒温。记下准确温度，立即将转子牢固地连接在电动机轴上，并将防护装置牢接在黏度计(5.1)的电动机机壳上。将转子和防护装置小心缓慢地插入样品中，直到样品表面位于转子轴上凹槽的中间刻线处，应避免带入空气。转子应垂直放入样品中(通过电动机机壳上的酒精水准仪调节)，并处于烧杯的中心。

选择黏度计的旋转频率为：60 r. min^{-1}±0.2 r. min^{-1}(1 r. s^{-1}±0.003 r. s^{-1})；

按照仪器的操作说明书启动黏度计的电动机并读取最靠近分刻度单位的平衡读数。在达到平衡读数之前，可能要经过20 s～30 s。

应使用能测定黏度的最小号数的转子。

在10～90刻度单位之间的读数是可信的。如果读数小于10刻度单位或大于90刻度单位，那么应分别使用更大或更小的转子进一步测定，使用数字精度的黏度计是不实际的。

如果方法被使用作监控或质量控制目的，应注意确保转子大小和旋转频率是恒定的。

如需要转换旋转频率测定黏度，在重新开始另一个转速之前，应将黏度计电源断开，样品至少停放30 s。如果使用了高于以上规定的旋转频率和转速，应写在试验报告中。

9 结果表述

测得读数后，使用表2中所列相应的因子来计算胶乳的黏度，以mPa. s(即cP)来表示。

表2 将刻度盘上0～100的读数换算成mPa. s(即cP)所需的因子

转子号数	因　　子
L1	×1
L2	×5
L3	×20

10 允许误差

平行测定的两个结果之差≤5%。

11 试验报告

试验报告应包括下列各项：

a) 本标准的编号；

b) 试样的制备;
c) 试验结果和表述方法;
d) 使用仪器;
e) 转子号数;
f) 胶乳的总固体含量和胶乳是否被稀释;
g) 试验温度;
h) 试验过程中注意到的任何不正常现象;
i) 不包括在本标准或引用标准中的任何操作,以及认为是非强制性的任何操作;
j) 试验日期。

附加说明:

本标准修改采用IS 1652:2004《胶乳 表观黏度的测定 黏度计法》。

本标准与IS 1652相比主要差异如下:

——本标准仅适用于天然胶乳及以天然胶乳为原料制备的特种胶乳;

——本标准仅规定了L型旋转黏度计一种型号的测量仪器;

——本标准增加了测定的允许误差;

——本标准删去了附录A。

本标准由中华人民共和国农业部提出。

本标准由农业部热带作物及制品标准化技术委员会天然橡胶分技术委员会归口。

本标准起草单位:中国热带农业科学院农产品加工研究所、广州黄埔出入境检验检疫局、广东省广垦橡胶产业发展有限公司茂垦分公司。

本标准主要起草人:陈成海、张北龙、邓维用、黄茂芳、邹思红、彭海方。

中华人民共和国农业行业标准

NY/T 1038—2006

天然生胶初加工原料 凝胶 验收方法

Material for primary processing-Natural coagulate rebber-Method of check and accept

1 范围

本标准规定了天然生胶初加工原料——凝胶的外观分级及其含胶量的测定。

2 规范性引用文件

下列文件中的条款通过本标准的引用而成为本标准的条款。凡是注明日期的引用文件，其随后所有的修改单(不包括勘误的内容)或修订本均不适合本标准。然而，鼓励根据本标准达成协议的各方研究是否可使用这些文件的最新版本。凡是不注日期的引用文件，其最新版本适用于本标准。

GB/T 14795 天然生胶 术语

3 术语和定义

GB/T 14795 中所确立的以及下列术语和定义适用于本标准。

3.1

凝胶 natural coagulate rubber

采胶过程形成的胶团，杯凝胶、胶线、泥胶以及胶乳加工过程产生的碎胶屑，泡沫胶和各种原因形成的熟化胶块。

3.2

批 batch

同一次交付的一组凝胶。

3.3

大样本 sample size

选取出能代表整批凝胶的一组凝胶。

3.4

样品 sample

从大样本凝胶的相同级别凝胶中所取出的胶样。

3.5

试样 test piece

将样品混合均匀，从其中取部分供试验使用的橡胶。

4 验收操作流程及设备

4.1 操作流程

中华人民共和国农业部 2006-01-26 发布 2006-04-01 实施

操作流程如图 1 所示

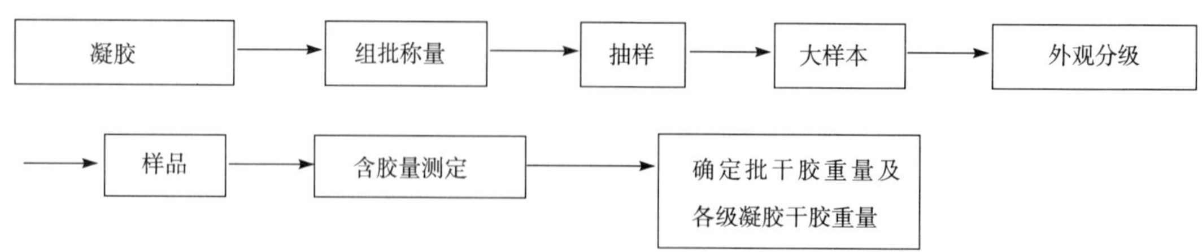

图 1 凝胶验收操作流程

4.2 设备

地磅、磅秤(量程 200 kg)、绉片机(直径 350 mm、速比 1∶1.5)、厚薄规、取样刀、电子秤(5 kg、分度值为 5 g)、分析天平(分度值为 0.1 mg)、恒温干燥箱、干燥器等。

5 操作要求与外观评价

5.1 凝胶的组批及称量

5.1.1 凝胶的批量定为 20 t(含 20 t 以下)为一批。

5.1.2 凝胶经地磅称量并记录，批凝胶应集中堆放。

5.2 批凝胶的抽样与外观分级

5.2.1 从凝胶批堆的四周随机选取四个取样点及堆中间点分别抽出占批凝胶总重量约 1%的小样本，然后集中放置，5 个小样本组成大样本，大样本总重量约占批凝胶的 5%。大样本集中称量、记录。

5.2.2 从大样本中分出一级凝胶、二级凝胶、等外凝胶 3 个级别，然后分别称量，并根据 3 个级别凝胶所占比例换算出各级凝胶的重量。

5.2.3 凝胶的外观分级，其要求符合表 1 规定。

表 1 外观分级要求

级 别	外 观 要 求
一级凝胶	凝胶表面干爽不滴水，且表面或内部不黏附任何塑料薄膜、纤维、粗泥沙等外来杂质；无有已硫化橡胶、泥胶、树皮胶线、严重发黏与掺假的凝胶
二级凝胶	凝胶表面干爽不滴水，表面或内部黏附少量能剥离的塑料薄膜，纤维、粗泥沙等外来杂质；无有已硫化橡胶、泥胶、树皮胶线、严重发黏与掺假的凝胶
等外凝胶	凝胶严重发黏或含有大量泥沙、泥胶、树皮胶线、泡沫胶等；含有不能剥离塑料薄膜、纤维的凝胶

6 凝胶含胶量的测定

一级凝胶、二级凝胶、等外凝胶的含胶量与干胶重量按附录 A 规定分别测定。

7 验收报告

验收报告应包括以下内容：

本标准的编号；

批凝胶的编号；

样品标记的详细内容；

验收结果(各等级凝胶所占比例、重量与含胶量)；

验收日期；

验收人员签字。

附 录 A
（规范性附录）
凝胶含胶量与干胶重量的测定

A.1 仪器与设备

绉片机（直径 350 mm、速比 1∶1.5）、电子秤（5 kg、分度值为 5 g）、分析天平（分度值为 0.1 mg）、厚薄规、恒温干燥箱、干燥器等。

A.2 凝胶含胶量与干胶重量的测定

A.2.1 抽样

A.2.1.1 大样本的一级凝胶（或二级凝胶）分为胶团（或胶块）、杯凝胶、胶线三类，等外凝胶分为胶团（或胶块）、杯凝胶、胶线、泥胶四类，然后分别称量、记录，再分别计算各类凝胶在各等级凝胶中所占的比例。

A.2.1.2 从大样本的一级凝胶（或二级凝胶或等外凝胶）中按上述各类凝胶所占比例抽取总重量约 5 kg 组成混合样品，然后用电子秤称量（m_1）、记录。

A.2.1.3 二级凝胶（或等外凝胶）的混合样品采用手工剥离其外来杂质（特别是塑料薄膜、树皮等）再进行压绉操作。

A.2.2 压绉

将绉片机辊距调至 0.05 mm±0.02 mm，接通水源喷水，启动绉片机后将混合样品充分湿过辊 10 次。第 2 次至第 9 次过辊时，将绉片叠成两层放入辊筒过辊，散落的碎胶全部捡回混入绉片中，然后关闭水源，再将混合样品绉片干过辊 10 次。第 2 次至第 9 次过辊时，将绉片叠成两层后过辊，散落碎胶全部捡回混入绉片中，第 10 次过辊后下片，电子秤称量、记录。

A.2.3 测试

从干过辊后的绉片（m_2）中剪取约 100 g（精确至 0.01 g）试样（m_3），将试样剪成宽 2 mm 条状胶，然后将其置入温度为 100℃±5℃，带有抽风设备的电热烘干箱中，干燥 4 h 左右，试样干透后，取出放入干燥器中冷却至室温，称量、记录，再将试样在上述干燥条件下干燥 30 min，然后取出放入干燥器中冷却至室温，称量、记录，直至连续两次称量之差小于 10 mg 时，取最低质量（m_4）进行计算。

A.3 结果计算

A.3.1 混合样品含胶量计算

混合样品含胶量以样品干胶质量分数 X（%）计，按下列公式计算：

$$X(\%)=\frac{m_2 \cdot m_4}{m_1 \cdot m_3}\times 100 \quad \cdots\cdots (A.1)$$

式中：

m_1——混合样品的重量的数值，单位为千克，kg；

m_2——干过辊绉片的重量的数值，单位为千克，kg；

m_3——试样的重量的数值，单位为克，g；

m_4——干试样的重量的数值，单位为克，g。

A.3.2 批凝胶的一级凝胶(或二级凝胶或等外凝胶)干胶重量计算

批凝胶中一级凝胶(或二级凝胶或等外凝胶)的干胶重量以 G(kg)计,按下列公式计算:

$$G=\frac{G_1 \cdot G_3 \cdot X(\%)}{G_2} \quad \text{(A.2)}$$

式中:

G_1——批凝胶的重量的数值,单位为千克,kg;

G_2——批凝胶大样本的重量的数值,单位为千克,kg;

G_3——大样本中一级凝胶(或二级凝胶或等外凝胶)的重量的数值,单位为千克,kg。

A.3.3 批凝胶的干胶重量

批凝胶干胶总重量为批一级凝胶、二级凝胶、等外凝胶干胶重量之和。

附加说明:

本标准的附录 A 为规范性附录。

本标准由中华人民共和国农业部提出。

本标准由农业部热带作物及制品标准化技术委员会天然橡胶分技术委员会归口。

本标准起草单位:农业部天然橡胶质量监督检验测试中心。

本标准主要起草人:杨全运、黄向前、符永胜、赖广廉、吴小虎。

中华人民共和国农业行业标准

橡胶树割胶技术规程

Technical regulations for exploitation of rubber tree

NY/T 1088—2006

1 范围

本标准界定了橡胶树割胶有关的术语和定义，确定了橡胶树割胶技术的要求并形成条文。

本标准适用于橡胶树割胶，是中国橡胶树生产主管部门和植胶单位规范橡胶树割胶技术的依据。

2 规范性引用文件

下列文件中的条款通过本标准的引用而成为本标准的条款。所引用文件的更新版本适用于本标准。

NY/T 607—2002 橡胶树育种技术规程

NY/T 221—2006 橡胶树栽培技术规程

3 术语和定义

下列术语和定义适用于本标准。

3.1

割胶 exploitation

指采用特制的工具（胶刀）从橡胶树树干割口处切割树皮使胶乳从割口处流出以获取橡胶的操作。

3.2

橡胶树的产胶类型 latex producing type of rubber tree

根据橡胶树的产胶特性划分为若干个类型，作为设计割胶制度的依据。

3.3

产胶能力 latex producing ability

橡胶树生产橡胶的能力。

3.4

林段 stand

根据地形和管理方便而划分的一块橡胶林，一般以道路或防护林带为界限。

3.5

割胶树位 tapping task

胶工每次割胶和管理时应完成的胶园区域，此种区域有相对固定的割胶面积或胶树株数。

3.6

胶工 tapper

从事割胶操作的人员。

中华人民共和国农业部 2006-07-10 发布　　2006-10-01 实施

3.7

割胶辅导员　tapping counselor

从事割胶生产技术辅导的人员。

3.8

开割标准　standards of tappability

一个橡胶林段橡胶树达到开割投产时的树围标准及达标准胶树所占的比例标准。

3.9

割胶制度　tapping system

在一定时间内，割胶时所采用的割线条数、形式和长度，割胶频率，割面轮换，化学刺激剂等所构成的规范模式，简称割制。

3.10

割胶强度　tapping intensity

割胶时所采用的割线条数、形式和长度、割胶频率、割胶期的总和。

3.11

刺激强度　stimulating intensity

对橡胶树实行刺激割胶时所采用的刺激剂种类、刺激剂型、刺激浓度、刺激剂量、刺激周期、刺激频率的总和。

3.12

排胶强度　intensity of latex flow

由割胶强度和刺激强度所影响的橡胶树单位时间内(每割次、每周期、每年)排出胶乳的量度。

3.13

割线　tapping cut

在树干上沿固定的方向和形式切割树皮薄片以获取胶乳的地方。割线类型为螺旋割线，用字母 s 表示；割线长度的符号一般以割线的水平长度占树周的相对比例来表示，如半树周螺旋割线用 s/2 表示；割线方向向下割时，称阳刀割胶，割线称阳线，用符号 ↓ 表示(常省去)，向上割时，称阴刀割胶，割线称阴线，用符号 ↑ 表示。

3.14

割胶频率　tapping frequency

割次之间的间隔期，以天为单位。割胶频率的符号是以天(d)为单位的分数。分子是 d，分母表示几天的间隔期，如 d/1 表示每日割，d/2 表示隔日割(2 天割 1 次)，d/5 表示 5 日割(5 天内割 1 次)，d/0.5表示 1 天割 2 次，等。

3.15

刺激剂　stimulant

能刺激橡胶树提高胶乳产量的化学药品。当前生产上广泛应用的是乙烯利(Ethrel)，在割胶制度符号中用 ET 表示。

3.16

割面规划　panel programme

科学合理地安排割胶树整个生产周期中的割胶部位，包括开割高度、割线方向、斜度和长度，以及割面转换等的技术措施。

3.17

刺激技术　stimulation technology

所采用的刺激剂、浓度、剂型、剂量、刺激频率、刺激时间、刺激方法。

3.18

割胶刀数 the number of tapping

割胶的次数。

3.19

开割期 opening period

每年开始割胶的日期。

3.20

停割期 stoppage period

每年停止割胶的日期。

3.21

割胶深度 cutting depth

割胶时割去树皮的内切口与形成层的距离(cm)。

3.22

树皮消耗量 bark consumption

每割一刀或一定时间内(1个月、1年)切割树皮的厚度(cm)。

3.23

死皮病 tapping panel dryness(TPD)

橡胶树乳管丧失产胶功能所表现的割胶时割线的全部或局部不能排胶的症状。

3.24

死皮率 TPD rate

出现死皮株数占调查总株数(或割线死皮长度占所调查割线总长度)的百分比。

3.25

伤树(口)率 rate of wounded tree(wounded place)

一个月内割胶时伤及形成层的橡胶树(伤口)数占所调查总株数的百分率。

3.26

干胶含量 dry rubber content(DRC)

胶乳中橡胶烃占胶乳总重量的百分比,简称干含。

4 割胶原则

4.1 正确处理管、养、割三者的关系,实行科学割胶,采用合理的割胶强度和刺激强度,保护和提高橡胶树的产胶能力,保持排胶强度与产胶潜力平衡,使整个生产周期持续高产稳产。

4.2 正确划分橡胶树的产胶类型,按橡胶树的品种特性、树龄和生产条件,规划设计割胶制度和化学刺激措施。

4.3 积极采用先进科学技术,提高割胶劳动生产率和单位面积产量,降低生产成本,以提高我国天然橡胶产品的竞争力。

5 割胶前准备

5.1 对达到开割标准的林段,按每个胶工(家庭)应负担的割胶面积或株数编好树位号,长期承包给割胶工人(家庭)割胶与管理。每个树位都应建立"开割胶园林谱档案"(见附录D)。

5.2 新胶工应经过严格培训,经考核技术合格者才能上岗。老胶工在每年开割前进行技术复训、考核,作为技术晋级依据。

5.3 割胶单位(生产队)每100个树位配备割胶辅导员1名,割胶农场按割胶面积大小,配备割胶总辅导员1～2名,负责割胶技术辅导、检查工作。民营胶主管部门要配备相应的技术人员,加强割胶技术指导与辅导。

6 开割标准与割面规划

6.1 开割标准

同林段内,芽接树离地100 cm处或优良实生树离地50 cm处树围达50 cm,重风、重寒害区及树龄已达12年相应树围45 cm以上的胶树占林段总株数50%时,正式割胶。

6.2 割面规划

芽接树刺激割胶新割线下端离地面高度,第一、第二割面110 cm～130 cm,再生皮的割面高度不变;芽接树非刺激割胶第一割面新割线下端离地高度为130 cm～150 cm,第二割面为150 cm。同一林段内割线方向应一致。

优良实生树第一割面离地高度为50 cm～80 cm,以后各割面离地均为110 cm。

6.3 割线倾斜度

阳刀割线(↓)自左上方向右下方倾斜25°～30°,阴刀割线(↑)自左上方向右下方倾斜40°～45°。

7 割胶制度

7.1 乙烯利(ET)刺激割胶

7.1.1 刺激割胶制度

①单阳线隔2 d～4 d割刺激割制:

s/2 d/3～5+ET

②双短线阴阳刀隔2 d～4 d割刺激割制:

(s/4+s/4↑) d/3～5+ET

③高低阴阳线轮换隔2 d～4 d割刺激割制:

(s/2,s/2↑) d/3～5(m,m)+ET

④高低双阳线轮换隔2 d～4 d割刺激割制:

(s/2,s/2) d/3～5(4 m,4 m)+ET

各地区(单位)可根据具体情况,选择以上一种或多种割制,但一个单位(农场)只能选择其中的1～2种割制,以便于生产技术管理。②、③、④三种割制需到第5割年以后才能采用,两条割线的距离不得小于40 cm。

7.1.2 刺激浓度

采用d/3割制,耐刺激的品种如PR107、PB86、GT1等开割头3年可用0.5%～1%乙烯利刺激割胶,随着割龄的增长刺激浓度可逐步提高,但最高不超过4%;不耐刺激的品种如RRIM600等开割头3年不进行刺激割胶,第4～5年可用0.5%乙烯利刺激割胶,随着割龄的增长刺激浓度可逐步提高,但最高不能超过3%。

若采用d/4～5割制,乙烯利浓度可比d/3割制相同割龄分别增加0.5个～1个百分点。

更新前三年可适当提高刺激浓度。

7.1.3 刺激剂剂型

糊剂和水剂,以糊剂为主。为提高橡胶树的产胶潜力,提高干胶含量,减少死皮,应施用通过成果鉴定或获国家专利,并经中间试验的复方药剂。

7.1.4 施用剂量

每株次涂稀释药剂1.5 g～2.0 g。PR107初产期(即1～5割年)采用月周期,年涂5次～7次;其余采用 d/3 割制的为半月周期，年涂 10 次～14 次；采用 d/4 割制的，每 12 d 为一涂药周期，年涂药 14 次～16 次；采用 d/5 割制的，10 d 为一施药周期，年涂药 16 次～18 次。

每个生产单位要有专人管药、配药、发药，严禁擅自提高施药浓度或增加施药次数。

7.1.5 施药方法

选择晴天涂药。涂药时，沿割线和割线上方新割面 2 cm 宽处均匀涂药。涂药 6 h 后遇暴雨冲刷，不用补涂；在 2 h 内遇暴雨冲刷，要补涂；在 2 h～6 h 内遇暴雨冲刷，可根据施药后第一刀的产量情况，适当缩短涂药周期。为获得高效刀产量，涂药后 24 h 内不得割胶。

7.1.6 割胶刀数

采用 d/3 割制，每周期割 4 刀～5 刀，年割 60 刀～80 刀；采用 d/4 割制，每周期割 3 刀，年割 50 刀～60 刀；采用 d/5 割制，每周期割 2 刀，年割 50 刀。不能连刀、加刀，所缺涂药周期和割胶刀数可推后补齐，以达到所规定的全年割胶刀数为准。

7.2 非刺激割胶（常规割胶）

采用 s/2 d/2 不进行刺激的常规割胶制度（半树周隔日割制），年割胶刀数海南 120 刀～135 刀，云南、广东 105 刀～110 刀，s/2 d/3 割制刀数酌减。

8 割胶生产技术指标

8.1 开割期

云南地区以树位为单位第一蓬叶稳定转绿植株达 70％以上，可动刀开割；其他地区，同林段内，第一蓬叶已老化的植株达 80％以上，方可动刀开割。未达标植株不能割。对物候不整齐的植株，叶片老化比例达 80％以上的，按达标植株对待。

8.2 停割期

有下列情况之一者停割：

a） 单株有黄叶 50％以上，单株停割；有 50％植株停割的，整个树位停割；有 50％树位停割的，全场停割。

b） 早上八时气温低于 15 ℃当天停割，连续 3 d～6 d 当年停割。

c） 年割胶刀数或耗皮量达到规定指标的停割。

8.3 短期休割与浅割

干胶含量低于 25％时短期休割；发现二级以上死皮树时，单株停止涂药，并实行浅割；低温排胶时间过长时浅割。

8.4 割胶深度

刺激割胶制度 PR107 等较耐刺激品种不小于 0.18 cm，RRIM600 等较不耐刺激品种不小于 0.20 cm；非刺激割胶树在 0.12 cm～0.18 cm 之间。

8.5 树皮消耗量

d/2～3 割制，阳线每刀耗皮量不大于 0.14 cm，阴线每刀耗皮量不大于 0.18 cm；d/4 割制分别为 0.16 cm 和 0.20 cm；d/5 割制则分别为 0.17 cm 和 0.21 cm。按年规定刀数计算耗皮量，每年开割前在树上做出标记。

8.6 死皮率

当年新增四级以上死皮率不超过 0.5％。

8.7 伤口率

消灭特伤，大伤伤口率低于 5％，小伤伤口率少于 20％。月终点漆和检查，以便考核。

8.8 干胶含量

PR107、PB86、GT1 等耐刺激割胶品种年均 27％以上；RRIM600、海垦 2 等不耐刺激割胶品种年均

25%以上。各地区可根据树龄、品种制定冬季干胶含量控制指标。

9 风、寒害树复割

9.1 风害树复割

风害3级树新抽叶稳定后复割;4级树的新枝条,抽叶3蓬~4蓬,形成一定树冠后复割;5级树新枝条抽叶5蓬以上复割。

9.2 寒害树复割

树冠寒害1级~2级树第一蓬叶老化后复割,3级树第二蓬叶老化后复割,4级~5级树形成一定树冠后复割;茎干、烂脚寒害树,待寒害稳定病灶周围开始长出愈伤组织,并对病灶进行防虫防腐处理后复割。

风、寒害分级标准参照NY/T 221—2006执行。风、寒害达到复割标准开始割胶时要适当浅割。

10 割胶要求

10.1 使用小圆口推刀或拉刀割胶,禁用三角刀。刀口要保持锋利、平整。割胶操作要做到深度均匀,割线顺直,下收刀整齐。

10.2 搞好"六清洁"(胶杯、胶刮、胶桶、胶舌、树身、树头清洁)。及时回收长流胶和杂胶。

11 病虫害防治

按NY/T 221—2006执行。

12 开割胶园管理

按NY/T 221—2006执行。

附 录 A
（规范性附录）
割胶质量考核项目与评分标准

表 A.1 割胶质量考核项目与评分标准

项目	评分标准与适用范围				等级	分数	
	评分条件		割胶制度			树位检查	树桩考核
			常规割胶	刺激割胶			
割胶深度	离前后水线 2.0 cm 处及割线中间各测 1 点（每株 3 个点）	3 点符合 2 点符合 1 点符合 全不符合	0.12～0.18 cm	PR107 等≥0.18 cm RRIM600 等≥0.20 cm	优 良 及格 不及格	26 23 20 16	22 20 17 13
耗皮量	离前后水线 5 cm 处与割线垂直测量的平均数（每刀耗皮超 0.05 cm 的，在耗皮量中扣 1 分，扣完为止，如扣完，耗皮得分等于 0 分）		阳线刀耗皮 <0.120 cm 0.121～0.127 cm 0.128～0.133 cm >0.133 cm	阴线刀耗皮 d/3≤0.140 cm，d/4≤0.160 cm d/3 0.141～0.142 cm，d/4 0.161～0.162 cm d/3 0.143～0.144 cm，d/4 0.163～0.164 cm d/3≥0.144 cm，d/4≥0.164 cm	优 良 及格 不及格	24 21 18 14	21 18 15 11
割面均匀	割面 90%以上均匀 割面 80%～90%均匀 割面 70%～80%均匀 割面 70%以下均匀		（同左）	（同左）	优 良 及格 不及格	22 20 17 13	15 14 13 10
割线斜度	斜度合适，平而顺直 斜度合适，割线有点波浪 斜度合适，割线波浪较大 斜度合适，割线波浪明显		阳线斜度要求 25°～30°	阳线斜度要求 25°～30° 阴线斜度要求 40°～45°	优 良 及格 不及格	14 12 9 7	8 7 6 5
下刀	在下刀 0.5 cm 处 够深、整齐 够深、稍整齐 稍够深、稍整齐 不够深或超深、不够整齐		（同左）	（同左）	优 良 及格 不及格	7 6 5 3	5 4 3 2
收刀	够深、整齐 够深、稍整齐 稍够深、稍整齐 不够深或超深、不够整齐		（同左）	（同左）	优 良 及格 不及格	7 6 5 3	5 4 3 2
伤口	树位（树桩）消灭特伤口和大伤口的奖 10 分，每一个特伤口扣 4 分，一个大伤口扣 2 分；小伤口：树位不奖不扣，树桩每一个小伤口扣 1 分，有多少扣多少						

表 A.1（续）

项目	评分标准与适用范围				等级	分数	
	评分条件		割胶制度			树位检查	树桩考核
			常规割胶	刺激割胶			
割胶速度	以长度 30 cm 的割线为准，割 15 刀，平均每刀耗时	14 s	—	—	优	—	10
		15 s			良		8
		16 s			及格		6
		17 s			不及格		4
切片均匀	近长方皮，有效皮占 90%以上		—	—	优	—	7
	有效皮占 80.1%～89.9%				良		6
	有效皮占 70.1%～79.9%				及格		5
	有效皮占 70%以下				不及格		4
切片数	以长度 30 cm 割线的切片数（缩短或延长割线的按此类推）	少于 30 片	—	—	优	—	7
		31～35 片			良		6
		36～40 片			及格		5
		多于 40 片			不及格		4

注：1. 每个树位检查 25 株，阴阳线割胶的阴线 10 株、阳线 15 株。
2. 割胶深度：每树位检查 5 株，阴阳线割胶的阴线 2 株、阳线 3 株。
3. 全部推广小圆杆胶刀割胶，树位割胶用三角刀和大圆杆刀的，一律定为等外胶工，三角刀和大圆杆刀一律不准参加比赛。
4. 超线扣分：每超 0.25 cm 扣 2 分，不足 0.25 cm 的部分不扣分；超多少扣多少。
5. 割线倾斜度每大于或小于 2 度的各扣 1 分，超多少扣多少。
6. 以株以项计分，最后以其所占的得分比例计算总分。树桩考核：90 分及以上为一等，75.0～89.9 分为二等，60.0～74.9 分为三等，60.0 分以下为等外。树位检查：85.0 分及以上为一等，75.0～84.9 分为二等，60.0～74.9 分为三等，60.0 分以下为等外。
7. 伤口标准：特伤：伤口面积 0.4 cm×1.0 cm；小伤：伤口面积 0.25 cm×0.25 cm；大伤：介于特伤和小伤之间。

附　录　B
（规范性附录）
割胶技术检查原始记录表

单位：　　　　　胶工姓名：　　　　　林段编号：　　　　品种：　　　　　检查日期：

树号	割胶深度				耗皮 cm	整齐度				伤口			六清洁	
	上	中	下	等级		割面	割线	下刀	收刀	特伤	大伤	小伤	胶树	胶杯
1														
2														
3														
4														
5														
6														
7														
8														
9														
10														
11														
12														
13														
14														
15														
16														
17														
18														
19														
20														
21														
22														
23														
24														
25														
合计														
总计														

综合评定			
项目			分数
割胶深度	优		
	良		
	及格		
	不及格		
耗皮	实际		
	标准		
整齐度	割面		
	割线		
	下刀		
	收刀		
伤树情况	伤树（株）		
	特伤（个）		
	大伤（个）		
	小伤（个）		
六清洁			
实际割胶刀数			刀
胶刀			等
总分			
等级			

注：割胶深度每树位检查5株，其他项目检查25株。

检查人：

附　录　C
（规范性附录）
树位死皮情况调查表

单位：　　　　胶工姓名：　　　　林段编号：　　　　品种：　　　　检查日期：

树号	割线死皮长度			死皮级别							死皮指数
	割线长度	死皮长度	死皮率	一级	二级	三级	四级	五级	死皮率	四、五级死皮率	
1											
2											
3											
4											
5											
6											
7											
8											
9											
10											
11											
12											
13											
14											
15											
16											
17											
18											
19											
20											
合计											
平均											

调查人：

注：死皮分级标准：0 级：无病；1 级：死皮长度在 2 cm 以下；2 级：死皮长度为 2 cm 至割线的 1/4；3 级：死皮长度为割线的 1/4～2/4；4 级：死皮长度为割线的 2/4～3/4；5 级：死皮长度为割线的 3/4～全线。死皮率和死皮指数计算方法：死皮率（%）＝发病株数/调查总株数×100；死皮指数＝（各病级值×该级别株数）相加之和/最高病级值×调查总株数。死皮率及死皮指数以树位为单位计。

附 录 D
（规范性附录）
开割胶园林谱档案

表 D.1 开割胶园林谱档案

地点（林段号）： 树位号：

树位面积，hm^2		种植株数			种植年度			开割年度		
年份										
胶工姓名										
肥料种类或组分										
施肥量										
施肥时间										
除草/控萌日期										
修剪方法和次数										
水土保持设施维护										
自然灾害及防治情况										
开割株数										
未开割株数										
死皮株数										
缺株、淘汰株										
割胶制度										
开割日期										
停割日期										
胶乳产量，kg										
干胶含量，%										
总产干胶，kg										
平均株产，kg										
平均 667 m^2 产量，kg										

表 D.2 开割胶园林谱档案记录

地点(林段号):　　　　　　　　　　　　　　　　　　　　树位号:

	树　况*									
行株号	年	年	年	年	年	年	年	年	年	年

* 树况包括开割与否;死皮与否;风、寒害情况等

附加说明:

本标准的附录 A、附录 B、附录 C、附录 D 为规范性附录。

本标准由中华人民共和国农业部提出。

本标准由农业部热带作物及制品标准化技术委员会归口。

本标准起草单位:中国热带农业科学院、海南省农垦总局、云南省农垦总局和广东省农垦总局。

本标准主要起草人:魏小弟、校现周、吴嘉涟、李传辉、蔡汉荣、罗世巧。

中华人民共和国农业行业标准

NY/T 1089—2006

橡胶树白粉病测报技术规程

Technical procedure for forecasting the powdery mildew of rubber trees

1 范围

本标准规定了橡胶树白粉病测报的术语定义、预测预报网点建设与管理、预测预报数据的收集和统计、流行强度划分、预测预报等技术方法。

本标准适用于中国橡胶树白粉病的测报。

2 规范性引用文件

下列文件中的条款通过本标准的引用而成为本标准的条款。凡是注日期的引用文件，其随后所有的修改单(不包括勘误的内容)或修订版均不适用于本标准，然而，鼓励根据本标准达成协议的各方研究是否可使用这些文件的最新版本。凡是不注日期的引用文件，其最新版本适用于本标准。

《橡胶树植物保护技术规程》，1986 农(垦)字 168 号。

3 术语和定义

下列术语和定义适用于本标准。

3.1

橡胶树白粉病　powdery mildew of rubber trees

由橡胶树粉孢(*Oidium heveae* Steinm)侵染引起的一种真菌性病害，造成橡胶树不正常落叶或叶片组织坏死。

3.2

抽芽期　budding period

指大部分橡胶树处于新芽状态至芽张开小叶前的时期。

3.3

古铜期　period of bronze-coloured leaves

指橡胶树新长出的叶片大部分处于呈古铜颜色的时期。

3.4

淡绿期　period of green leaves

成林橡胶树在一个生长季节中的一个物候阶段，指橡胶树新长出的叶片大部分处于呈淡绿颜色的时期。

3.5

老化期　period of ageing leaves

指橡胶树新长出的叶片大部分转变为成熟的叶片的时期。

中华人民共和国农业部 2006-07-10 发布　　2006-10-01 实施

3.6

林段　stands

根据地形和栽培管理方便、由道路或防风林分隔开的橡胶林。

3.7

越冬菌量　inoculation quantity at the end of over-winter

橡胶树在春季抽芽前残存的白粉病菌的数量。

3.8

系统观察　systemic survey on the disease

对橡胶树白粉病的整个发生发展过程进行定期观察、记录的操作。

3.9

冬抽嫩梢　new twigs in winter

橡胶树在冬天长出的枝条。

3.10

冬抽嫩梢量　number of new twigs in winter

橡胶树整株抽芽率达到5%时的冬抽嫩梢枝条数。

3.11

越冬老叶　ageing leaves in winter

在橡胶树过冬期间仍然保持生理活性状态的老叶片。

3.12

越冬老叶存量　number of ageing leaves staying in trees in winter

整株抽芽率达到5%时，橡胶树上的越冬老叶量。

3.13

病害始见期　time of disease first appeared

橡胶树当年新抽出的叶片上首次发现白粉病的日期。

3.14

预测预报　forecast and prediction of plant diseases

依据病害的流行规律，利用经验或系统模拟的方法估计一定时限之后病害的流行状况称为预测。由权威机构发布预测结果称为预报。

4　测报网点的建设和管理

橡胶树白粉病测报网点由中心测报站、农场测报点和生产队观察点组成。

4.1　中心测报站

4.1.1　中心测报站的数量

一个省(自治区)的中心测报站的数量应2个～4个。

4.1.2　中心测报站地点的确定

中心测报站在生态环境、气候情况和橡胶树品种或品系方面应具有比较广泛的代表性。

4.1.3　中心测报站的观察点的确定

在每个中心测报站内选择生态环境、小气候和橡胶树品种或品系方面具有代表性的林段3个～4个，作为观察点。在这些林段中，采用“隔行连株”法，每个林段选择100株橡胶树，加以编号，作为物候和病情的调查对象。

被确定为观察点的林段，在白粉病流行期间，不进行针对白粉病的任何防治操作。

4.1.4　中心测报站应配备的条件

每个中心测报站需配备植保干部1名~2名,技术员2名。

省(自治区)的橡胶生产主管部门应为中心测报站配备相应的设备,包括孢子捕捉器、生物显微镜和计算机等。并尽可能连接互联网络,以便通过计算机网络收集数据和发布测报信息。

4.1.5 中心测报站的任务

4.1.5.1 收集病情与物候数据

从5%的橡胶植株抽芽开始到95%的植株新叶老化后20 d止,每3 d一次,对本中心测报站的观察点进行系统观察,记录和收集病情与物候数据。

4.1.5.2 收集气象数据

所在地附近有气象观测站的中心测报站,可利用该气象观测站的气象数据。否则,中心测报站应自行收集、积累当地的气象资料。

4.1.5.3 整理和统计有关数据

对病情、物候和气象进行系统整理和统计分析,并形成测报报告,向省(自治区)橡胶生产技术主管部门上报。

4.1.5.4 研究测报技术

中心测报站应积极开展白粉病预报技术研究,以提高预报准确率。

4.1.5.5 妥善保存有关数据

中心测报站应对历年来收集到的数据(包括纸质和电子资料)加以系统存档,妥善保存。

4.2 农场测报点

4.2.1 农场测报点的数量

每个农场应设立一个测报点。

4.2.2 农场测报点的观察点数量和地点的确定

每个测报点应选择在小气候、橡胶树品种或品系方面能比较广泛地代表本农场情况的林段2个~3个,作为本测报点的观察点。在这些林段中,采用"隔行连株"法,每个林段选择100株橡胶树,加以编号,作为物候和病情的调查对象。

被确定为观察点的林段,在白粉病流行期间,不进行针对白粉病的任何防治操作。

4.2.3 农场测报点应配备的条件

每个农场测报点应配备植保员1名和经过训练的技工1名。

农场测报点所在的农场应为农场测报点配备相应的设备,包括孢子捕捉器、生物显微镜和计算机等。并尽可能连接互联网络,以便通过计算机网络了解中心测报站发布的测报信息和发布本场测报信息。

4.2.4 农场测报点的任务

4.2.4.1 收集病情与物候数据

从5%的橡胶植株抽芽开始到95%的植株新叶老化后20 d止,每3 d一次,对本测报点的各个观察点进行系统调查,记录和收集病情与物候数据。

系统积累病情、物候和气象数据,并妥善保存;逐年更新、改进本场的测报模式,提高测报准确性。

4.2.4.2 收集气象数据

所在地附近有气象观测站的农场测报点,可利用该气象观测站的气象数据。否则,农场测报点应自行收集、积累本农场的气象资料。

4.2.4.3 整理和统计有关数据

对数据进行整理和统计分析,形成整个农场的病情动态报告,上报给本场技术主管部门(生产科)和当地中心测报站。

4.2.4.4 **形成本农场各个生产队的测报报告**

根据预测模式,以生产队观察点报送的病情、物候数据和本场的气象数据为基础,形成测报报告,上报给本场技术主管部门。

4.2.4.5 **研究测报技术**

逐年更新、改进本场的测报模式,提高测报准确性。

4.2.4.6 **妥善保存有关数据**

系统积累病情、物候和气象数据,并妥善保存。

4.3 生产队观察点

在各个农场的每个生产队,选择能代表该生产队小环境和品系类型的林段 2 个,作为固定观察点。并按照中心测报站建立观察点的方法,在每个林段中选 100 株树,作为物候和病情的调查的对象。作为固定观察点的林段,可按正常的植保、栽培操作管理。

每个生产队观察点需配备一名经过植保培训的技工。其职责主要包括:从 5%的橡胶植株抽叶开始到 95%的植株新叶老化时止,每 3 d 一次,对本观察点进行系统观察,记录本观察点的病情和物候数据,上报给本农场的测报点。

5 测报数据的收集和统计

5.1 落叶和抽叶的分级和调查统计

5.1.1 落叶的分级标准

橡胶树的落叶按表 A.1 进行分级。

5.1.2 **落叶的调查**

中心测报站从胶树越冬落叶开始,农场测报点和生产队观察点从 5%植株抽芽开始,每相隔 3 d 一次,观测已经编号的各株橡胶树的落叶级别和抽叶级别,直至当年新叶老化植株达 95%时停止。每次观测结果填入表 B.1。

5.1.3 **落叶的统计**

橡胶树落叶量用落叶指数综合衡量,其以株为单位,根据公式(1)计算。

$$LFI(\%) = \frac{\sum (FN \times LR)}{TN \times 4} \times 100 \qquad (1)$$

式中:

LFI ——落叶指数;

FN ——对应于各落叶级别的植株数;

LR ——落叶级别,其数值等于表 A.1 中的落叶级值,当落叶状态为 0 时、落叶级值 0,落叶状态为 1 时、落叶级值为 1,落叶状态为 2 时、落叶级值 2,依此类推;

TN ——调查总株数。

5.1.4 **抽叶量的分级**

橡胶树的抽叶量按表 A.2 进行分级。

5.1.5 **抽叶量的统计**

橡胶树抽叶量用抽叶率衡量,其以株为单位,根据公式(2)计算。

$$SP(\%) = \frac{\sum SPR_i}{TN} \times 100 \qquad (2)$$

式中:

SP ——抽叶率;

SPR_i ——不同抽叶级别的植株数,下标 i 的值为 1~4;

TN ——调查总株数。

5.1.6 落叶类型的划分标准

落叶类型以抽叶率约为5%时的落叶指数进行划分，其划分标准见表A.3。

5.2 越冬菌量的调查和统计

在橡胶树整株抽芽达到约5%时，与物候观测工作同时进行，只调查一次。调查的内容包括：越冬老叶的病情、冬抽嫩梢数及其病情。调查结果填入表A.4的相应栏目中。

5.2.1 越冬老叶病情的调查和统计

在观察林段中编好号的植株中随机选取20株树，每株随机取两蓬绿色的老叶，每蓬随机取5片中间小叶，共200片。

越冬老叶病情以发病率衡量，其按公式(3)计算。

$$OLDS(\%)=\frac{DLN}{TLN}\times 100 \qquad (3)$$

式中：

$OLDS$ ——越冬老叶发病率；

DLN ——有病叶片数；

TLN ——调查总叶片数。

5.2.2 冬抽嫩梢病情的调查和统计

用于调查的橡胶树的选取方法与4.2.1相同。叶片量视当时嫩梢数量多少取样，一般每株取1条～2条嫩梢，每条梢取5片～10片叶，共100片～200片叶。

病情以发病率衡量，其按公式(4)计算。

$$OTD(\%)=\frac{DLN}{TLN}\times 100 \qquad (4)$$

式中：

OTD ——冬抽嫩梢发病率；

DLN ——有病叶片数；

TLN ——调查总叶片数。

5.2.3 冬抽嫩梢的总条数的调查方法

在观察林段中随机取100株树(包括正常树和断倒树)，计数这100株数中冬抽嫩梢的总条数。

5.2.4 越冬菌量的统计

橡胶树白粉病的越冬菌量以橡胶树整株抽芽达到5%时的越冬叶片量及其发病率综合衡量，其按公式(5)统计。

$$OPN=OLN\times OLDS(\%)+OSN\times OTDS(\%) \qquad (5)$$

式中：

OPN ——越冬菌量；

OLN ——越冬老叶存量，其值为100%至抽芽5%时的落叶指数[式(1)中的LFI数值]；

$OLDS$ ——越冬老叶发病率[式(3)中的OLDS数值]；

OSN ——100株橡胶树的越冬抽嫩梢总条数；

$OTDS$ ——冬抽嫩梢发病率[式(4)中$OTDS$的数值]。

5.3 病情的调查、分级标准和统计

5.3.1 叶片病情的调查、分级标准和统计

中心测报站和农场测报点从5%的橡胶树抽芽时起到95%的植株的新叶老化后20 d止，生产队观察点从5%的橡胶植株抽叶开始到95%的植株新叶老化时止，每3 d一次，从观察林段中编好号的植株上随机剪取20蓬叶，每蓬叶随机摘取5片中心小叶，共100片叶片，根据表A.5的标准对病害严重度进

行分级。

病情指数按式(6)计算,发病率按式(7)计算。

调查和统计结果填入表 B.2。

$$DID = \frac{\sum (DDLN_i \times I)}{TSLN \times 5} \times 100 \quad \cdots\cdots (6)$$

式中:

DID ——以叶片为单位计算的病情指数;

$DDLN_i$——各病级的叶片数,下标 i 代表病级,i 值为 0~5 的整数;

I ——表 A.5 中的病级别,即,0 病级叶片的 I 值为 0,1 病级叶片的 I 值为 1,2 病级叶片的 I 值为 2,依此类推;

$TSLN$ ——调查总叶数。

$$DI(\%) = 100 - DDLN_0 \quad \cdots\cdots (7)$$

式中:

DI ——以叶片为单位计算的发病率;

$DDLN_0$——病级为 0 的叶片数。

5.3.2 整株病情的调查、分级标准和统计

在 95%橡胶树植株的新叶老化后 20 d,用目测法观察记录观察林段所有编号植株的白粉病病情。

整株病情按整株有病叶片占整株总叶片数的比率分为 6 级,分级标准见表 A.6。

根据抽查的橡胶植株的病害轻重,按照整株病情分级标准分级和统计各级别的株数,然后按照公式(8)计算病情指数。

$$TTDI = \frac{\sum (DDTN_i \times I)}{TSTN \times 5} \times 100 \quad \cdots\cdots (8)$$

式中:

$TTDI$ ——以植株为单位计算的病情指数;

$DDTN_i$ ——各级病级的植株数,下标 i 代表病级,i 值为 0~5 的整数;

I ——表 A.6 中的病级别,即,0 病级植株的 I 值为 0,1 级病植株的 I 值为 1,2 病级植株的 I 值为 2,依此类推。

调查和统计结果填入表 B.3。

5.4 总发病率的统计

橡胶树白粉病的总发病率根据公式(9)进行计算。

$$TDII(\%) = DI \times SP \times 100 \quad \cdots\cdots (9)$$

式中:

$TDII$ ——总发病率;

DI ——以叶片为单位计算的发病率[式(7)中的 DI 值];

SP ——抽叶率[式(2)的 SP 数值]。

5.5 空中孢子的捕捉和数量统计

将 B_2-Ⅱ型孢子捕捉器安装在观察林段中间或林段的边缘,高度以该林段的橡胶树树冠中部为宜。从橡胶树抽芽率 50%开始,至第一次橡胶树白粉病防治行动时止,每天在 14 和 16 时将涂抹有凡士林的载玻片安放到孢子捕捉器中,开动孢子捕捉器,转动 10 min 后取出载玻片,根据橡胶树白粉病的孢子形态特征,在生物显微镜用低倍视野检查,观察、记录每个视野的孢子数,换算成每个载玻片的孢子数量。取每天 2 次的观察结果的平均值。

如果遇上大风和下雨等异常天气,应提前或推后 1 个~2 个小时进行孢子收集。

5.6 气象资料的收集和统计

中心测报站和农场测报点应系统收集当地橡胶树白粉病流行期间的气象资料。收集的气象资料包括日均气温、湿度、降雨量等。如果所在地附近有气象观测站，可利用该气象观测站的气象数据。如果农场测报点环境及橡胶树品系与中心测报站的相接近，可以利用该中心测报站的气象数据。否则，应按照气象部门的标准方法和度量进行观察记录。

6 流行强度的划分

根据橡胶树整株病情，将橡胶树白粉病流行强度按表 A.7 的标准划分为 4 个等级。

7 流行区的类型划分

根据历年来橡胶树白粉病的发生、流行强度，将我国橡胶植区划分为表 A.8 所列三个白粉病流行区。

8 测报方法

橡胶树白粉病的测报分为中期和短期测报两种方法。

8.1 中期测报

在白粉病发生以前或发生过程中，根据橡胶树落叶、抽芽情况、越冬菌量的大小、当时的气候条件及 2 月～4 月份(抽嫩叶期)的天气预报，可以预测当年白粉病的流行强度。中期测报信息由中心测报站向该站所代表的地区、由农场测报点向该场各生产队发布。

8.1.1 利用定量方法进行中期测报

利用历年积累的越冬菌量、物候和气象资料等为自变量，以最终病情为因变量，采取多元回归分析方法或拟合逻辑斯蒂生长曲线[公式(10)]的方法，可以建立橡胶树白粉病的测报数学模式。

$$x_t/(1-x_t)=x_0\cdot e^{rt}/(1-x_0) \quad\cdots\cdots (10)$$

式中：

t——测报当天到目标日期的天数；

x_t——t 日后的病情；

x_0——测报当天的病情，可以是病情指数或发病率；

e——自然对数底数；

r——白粉病的病情日增长量。

海南和广东农垦的橡胶树白粉病，可参考表 1 中的数学模式进行测报。

表 1 海南和广东垦区橡胶树白粉病流行测报数学模式

地　　区	数　学　模　式
海南东部地区	$Y=87.6-0.43X_1-0.75X_3$
海南南部地区	$Y=114.3-0.79X_1-0.325X_4+0.024X_5$
海南西部地区	$Y=27.6-0.33X_4+1.15X_{20}$
海南中部地区	$Y=65.8-0.5X_1+0.26X_2$
广东湛江地区中部	$Y=71.2-0.72X_1+4.72X_2-0.88X_3+2.2X_{19}$

表 1 的式中：

Y——当年橡胶树白粉病最终病情指数；

X_1——橡胶树越冬落叶量；

X_2——越冬菌量；

X_3——5%抽芽期，海南东部以1月20日为0，中部以1月15日为0，向后推算，每顺延1天加1；

X_4——12月和1月的雨量；

X_5——12月平均温度；

X_{19}——2月中旬平均温度；

X_{20}——橡胶树越冬期存叶量。

有孢子捕捉设备的，可以根据公式(11)进行测报。

$$Y = 67.5 - 0.46X \quad \cdots\cdots (11)$$

式中：

Y——最终病情指数；

X——平均每载玻片的孢子个数。

8.1.2 利用定性方法进行中期测报

海南和广东垦区，可以根据表2中的情况，对当年橡胶树白粉病是否流行作出判断。

表2 海南和广东垦区橡胶树白粉病流行情况判断表

序号	流 行 因 素	判断结果(测报信息)
1	从1月中下旬开始至2月中旬，平均温度在17℃以上	当年橡胶树白粉病流行的可能性大
2	橡胶树抽芽率5%左右，越冬落叶量在70%以下，橡胶树在2月中旬以前抽芽，抽芽参差不齐	
3	在病害易发区，其越冬菌量大，病害始见期早	
4	气象预报2月下旬至3月中旬平均温度18℃～21℃或同期有12 d以上的冷空气影响，平均温度12℃～20℃，极端低温8℃以上(海南省西部、东部、北部及粤西地区)	
5	海南省西部、中部、北部及广东省湛江地区，除参考上述指标外，如果预报2月下旬至4月上旬共有18 d以上的冷空气天气(温度指标同序号4)	不管是否出现1、2、3项指标，当年橡胶树白粉病流行的可能性很大

8.1.3 中期测报的修订

各个中心测报站和农场测报点应在历年积累的橡胶树物候、最终病情指数和当地的小气候环境等数据的基础上，利用当年新增的数据，对原有的中期测报方法加以修订，使其不断完善和更加贴近当地的实际情况。

8.2 短期测报

橡胶树白粉病的短期测报是在橡胶树抽叶初期，根据病害发生发展和橡胶树抽叶情况，预测白粉病在小区范围内的发展趋势，决定是否需要防治及防治时间，以指导近期的防治工作的预报。

负责生产队观察点工作的植保员应及时将调查结果向农场测报点。农场测报点根据生产队观察点上报的物候和病情资料，结合本测报点的获得的数据，按有关判断标准，做出是否采取全面喷药、何时对何林段采取喷药行动的判断，在征得农场的上级技术主管部门同意后，向本场各个生产队发布预报信息。

8.2.1 短期测报方法

8.2.1.1 总发病率法

从5%橡胶植株抽叶开始到95%植株新叶老化时止，每隔3 d一次，对观察林段进行系统观察，记录病情和物候数据。当生产队观察林段的叶片总发病率(见5.4)达到2%左右时，由负责生产队观察点工作的植保员，根据该队的橡胶林段的物候进程和小环境的相似性，将该队的所有橡胶林段分成几种类型，然后从每个类型中选取1个～2个代表林段，组织有关人员对这些代表林段进行一次物候和病情调查。

调查方法：首先以植株为单位，每林段随机调查100株树，用目测法观察各植株树冠上的物候，以占多数的抽叶级别（见表B.1）为该植株的物候，如，某株橡胶树古铜叶片最多，则该树的物候为古铜，依次类推。将观察记录结果统计获得该林段的各物候的比例和抽叶率[见式(2)]。然后按该物候比例在本林段中选取20株树，每株树随机剪取2蓬叶，从每蓬叶中随机摘取5片中间小叶，共200片叶，不分叶龄、不分病级统计这200片叶中有白粉病病斑的叶片数，计算发病率（有白粉病病斑的叶片数除以2）和总发病率[见式(9)]。

总发病率法的判断标准见表3。

表3 总发病率法的判断标准

判断序号	判断条件			判断结果（测报信息）
	总发病率（%）	抽叶率（%）	其他条件	
1	≤3（实生树）或≤5（芽接树）	≤20	正常天气#	在4 d内全面喷药*
		20～50	正常天气	在3 d内全面喷药
		51～85	正常天气	在5 d内全面喷药
2	≤3（实生树和芽接树）	≥85	正常天气	不用全面喷药，但3 d内对林段中物候进程较晚的植株进行局部喷药
3	/	/	正常天气；第一或第二次全面喷药8 d后；叶片老化植株≤50%	在4 d内再次全面喷药
4	≥20	/	叶片老化植株≥60%	在4 d内对林段中物候进程较晚的植株进行局部喷药
5	/	/	中期测报结果为特大流行的年份	在判断序号1～3的判断结果基础上提早1 d喷药
6	/	/	防治药剂为粉锈宁	在判断序号1～4的判断结果基础上提早1～2 d喷药

指没有低温阴雨或冷空气等异常天气；* 除判断序号6以外，均以硫磺粉为防治药剂。

8.2.1.2 嫩叶病率法

调查时间及方法与总发病率法相同。但在采叶调查病情时，只采古铜叶和淡绿叶，不采老化叶，并且仅计算古铜叶和淡绿叶的发病率（嫩叶发病率）。根据嫩叶发病率，按照表4的判断标准进行预报。

表4 嫩叶病率法的判断标准

判断序号	判断条件		判断结果（测报信息）
	物候	嫩叶发病率（%）	
1	抽叶率≤30%	≥20	不用全面喷药，但2 d内对林段中物候进程较晚的植株进行局部喷药
2	抽叶率30%～50%	≥20	在2 d内进行全面喷药
3	抽叶率50至叶片老化40%	≥25	
4	叶片老化40%～70%	≥50	
5	叶片老化率≥70%	/	不用全面喷药，但2 d内对林段中物候进程较晚的植株进行局部喷药
6	前一次喷药行动后8 d再次调查。根据调查结果，按判断序号1～5再次判断，直至橡胶树新叶90%老化为止		

8.2.1.3 孢子捕捉法

孢子数据和物候数据的采集方法分别见5.6和8.2.1.1。根据收集观察到的孢子数量，按表5的判断标准进行预报。

表5 孢子捕捉法的判断标准

判断序号	判断条件		判断结果(测报信息)
	每玻片上孢子数量达到8个以上时橡胶林段所的物候	其他条件	
1	古铜叶的植株占大多数	/	在3 d～5 d后进行第一次全面喷药
2	淡绿叶的植株占大多数	/	在5 d～7 d后进行第一次全面喷药
3	叶片老化率≥70%	第一次喷药后7 d～9 d	在2 d～3 d内进行第二次全面喷药
4	叶片老化率≥70%	第一次喷药后7 d～9 d;未来3d的天气预报日均温≤24℃	不用全面喷药,但2 d内对林段中物候进程较晚的植株进行局部喷药
5	叶片老化率≥70%	第一次喷药后7 d～9 d;未来3 d的天气预报日均温≥24℃	不用采取喷药行动

8.2.1.4 病害始见期法

从5%橡胶植株抽芽开始,每3 d一次,对观察林段进行系统观察,记录病情和物候数据。若病害始见期出现在70%抽叶率以前,病害将严重或中度流行。并根据病害上升速度,在病害始见期出现后9 d～13 d进行第一次全面喷药防治。

8.2.1.5 病情指数法

生产队观察点的观察林段的物候达到20%的抽新叶率时,对该队的所有林段进行物候和病情调查,每3 d～5 d一次,直至采取第一次全面喷药行动时止。根据调查和统计得出的病情指数[计算方法见式(8)]和物候状态,按照表6的判断标准进行预报。

表6 病情指数法的判断标准

判断序号	判断条件		判断结果(测报信息)
	物候状态	病情指数	
1	古铜叶的植株占大多数	≥1	在2 d～3 d内进行第一次全面喷药
2	淡绿叶的植株占大多数	≥4	在2 d～3 d内进行第一次全面喷药
3	叶片老化的植株占大多数,但老化植株百分率≤70%	/	不用全面喷药,视天气和病情对林段中物候进程较晚的植株进行局部喷药
4	第一次全面喷药后7 d调查结果仍然满足判断序号1～2的喷药条件		在2 d～3 d内进行第二次全面喷药
5	前一次全面喷药后7 d调查结果仍然满足判断序号1～2的喷药条件		在2 d～3 d内再次全面喷药

8.2.1.6 利用定量方法进行短期测报

各农场测报点可以在历年积累的橡胶树物候、病情和当地的小气候环境等数据的基础上,以物候状态、气象资料和病情基数等为自变量,以预报日与采取防治行动日的间隔天数为因变量,建立适合本地实际的经验预测模式进行测报。

8.2.2 短期测报方法的选择

各农场测报点应根据当地的小环境、人力、设备条件等实际情况,从上述短期测报方法中选择适合自身的一种进行测报。

8.2.3 短期测报方法的修订

各个农场测报点应在历年积累的橡胶树物候、最终病情指数和当地的小气候环境等数据的基础上,利用当年新增的数据,对原有的短期测报方法加以修订,使其不断完善和更加贴近当地的实际情况。

9 测报数据的共享

各中心测报站和农场测报点获得的测报数据，应按照本技术规程进行整理，并在我国橡胶种植业的生产、科教、管理部门中无偿共享。

附 录 A
（规范性附录）
橡胶树物候和白粉病病情统计

表 A.1 橡胶树的落叶分级标准

落叶级别	衰老脱落或已经变黄的叶片占整株叶片的百分率(x)
0	$x<3\%$
1	$3\%\leqslant x<25\%$
2	$25\%\leqslant x<50\%$
3	$50\%\leqslant x<75\%$
4	$x\geqslant 75\%$

表 A.2 橡胶树的抽叶量分级标准

抽叶级别	抽 叶 状 态
1	大多数枝条处于抽芽阶段(芽长 1 cm 左右至芽张开成小叶前)
2	大多数叶片为古铜色(新抽小叶至转变成淡绿色前)
3	大多数叶片为淡绿色，叶质柔软下垂
4	大多数新生的叶片已转化为成熟叶片，其叶质挺伸硬化，具光泽

表 A.3 橡胶树的落叶类型的划分标准

落叶类型	落叶指数(%)(x)
落叶极彻底	$x\geqslant 99$
落叶彻底	$99>x\geqslant 90$
落叶不彻底	$90>x\geqslant 80$
落叶极不彻底	$x<80$

表 A.4 橡胶树白粉病越冬菌量调查和统计表

林段名称： 调查日期：

调 查 内 容		调查结果
越冬老叶病情	调查叶片总数	
	有病叶片数[1]	
	越冬老叶发病率(%)	
冬抽嫩梢病情	调查叶片总数	
	有病叶片数[1]	
	冬抽嫩梢发病率(%)	
	100 株橡胶树的冬抽嫩梢总条数	
[1] 只将新鲜的白粉病病斑的叶片归入病叶，已经稳定的褐斑归入健康叶。		

表 A.5 橡胶树叶片病情分级标准

病害级别	叶片上的病情[1]
0	整张叶片无病灶
1	叶片上病斑面积占叶片总面积的十六分之一
2	叶片上病斑面积占叶片总面积的八分之一
3	叶片上病斑面积占叶片总面积的四分之一，或叶片因病而轻度皱缩
4	叶片上病斑面积占叶片总面积的二分之一，或叶片因病而中度皱缩
5	叶片上病斑面积占叶片总面积的四分之三，或叶片因病而严重皱缩
1) 叶片病斑双面重叠只计一面。	

表 A.6 橡胶树整株病情分级标准

级别	整株叶片的病情
0	整株叶片健康
1	少数叶片有少量病斑
2	多数叶片有较多病斑
3	病斑累累，或叶片轻度皱缩，或因病落叶十分之一
4	叶片严重皱缩，或因病落叶三分之一
5	因病落叶二分之一以上

表 A.7 橡胶树白粉病流行强度划分标准

整株病情指数	流行强度
<20%	轻度流行
20%～40%	中度流行
40%～60%	大流行
>60%	特大流行

表 A.8 橡胶树白粉病流行区的划分

流行情况	流行区的类型	主要包括的地区
多数年份轻病，个别年份重病	病害偶发区	海南西部、东北部的文昌、海口及粤西的徐闻、阳江、阳春等地以及广西的其他地区和福建等地
多数年份病情中等，个别年份重病或者轻病	病害易发区	海南万宁、琼海、定安、粤西化州、高州、电白等地以及云南的河口、广西的陆川和钦州等地区
病害流行频率高，多数年份重病	病害常发区	海南三亚、保亭、陵水、乐东、琼中、云南的版纳等地区

附　录　B
（资料性附录）
橡胶树物候和白粉病病情登记表

表 B.1　橡胶树的物候记录表

林段名称：　　　　　　　　　　　　　　　　调查日期：

落叶级别	株数	抽叶级别	株数
0 级		1 级	
1 级		2 级	
2 级		3 级	
3 级		4 级	
4 级			
落叶指数(%)		抽叶量(%)	

表 B.2　橡胶树白粉病病情调查记录表

林段名称：　　　　　　　　　　　　　　　　调查日期：

病害级别	叶片数
0 级	
1 级	
2 级	
3 级	
4 级	
5 级	
总叶片	100
发病率(%)	
发病指数	

表 B.3　橡胶树整株病情调查记录表

林段名称：　　　　　　　　　　　　　　　　调查日期：

病害级别	叶片数
0 级	
1 级	
2 级	

表 B.3（续）

林段名称：　　　　　　　　　　　　　　　　　　　　　　　　　　调查日期：

病害级别	叶片数
3 级	
4 级	
5 级	
发病指数	

附加说明：
本标准的附录 A 是规范性附录，附录 B 是资料性附录。
本标准由中华人民共和国农业部提出并归口。
本标准起草单位：中国热带农业科学院环境与植物保护研究所、海南省农垦总局、云南省农垦总局。
本标准主要起草人：郑服丛、黄宏才、贺春萍、陈积贤、郑肖兰。

中华人民共和国农业行业标准

NY/T 1131—2006

浓缩天然胶乳包装容器　钢桶

Packing containers of natural rubber latex concentrate—Steel drum

1　范围

本标准规定了浓缩天然胶乳包装容器钢桶的型式、规格、表示方法、要求、试验方法、检验规则以及标志等。

本标准适用于浓缩天然胶乳包装容器钢桶的制造、流通、使用和监督检验等。

2　规范性引用文件

下列文件中的条款通过本标准的引用而成为本标准的条款。凡是注日期的引用文件，其随后所有的修改单(不包括勘误的内容)或修订版均不适用于本标准，然而，鼓励根据本标准达成协议的各方研究是否可使用这些文件的最新版本。凡是不注日期的引用文件，其最新版本适用于本标准。

GB/T 325—2000　包装容器　钢桶

GB/T 2828　逐批检查计数抽样程序及抽样表(适应于连续批的检查)

GB/T 4857.3　包装　运输包装件　静负荷堆码试验方法

GB/T 4857.5　包装　运输包装件　跌落试验方法

GB/T 13040　包装术语　金属容器

GB/T 13251　包装容器　钢桶封闭器

GB/T 17344　包装　包装容器　气密试验方法

YB/T 5037　200 升油桶用热轧碳素结构薄钢板

3　术语和定义

GB/T 13040 规定的术语和定义适用于本标准。

4　钢桶的型式、公称容量、结构尺寸和材料厚度

4.1　钢桶的型式

钢桶型式为小开口闭口钢桶。

4.2　钢桶的结构

钢桶结构见图 1。

中华人民共和国农业部 2006 - 07 - 10 发布　　　　2006 - 10 - 01 实施

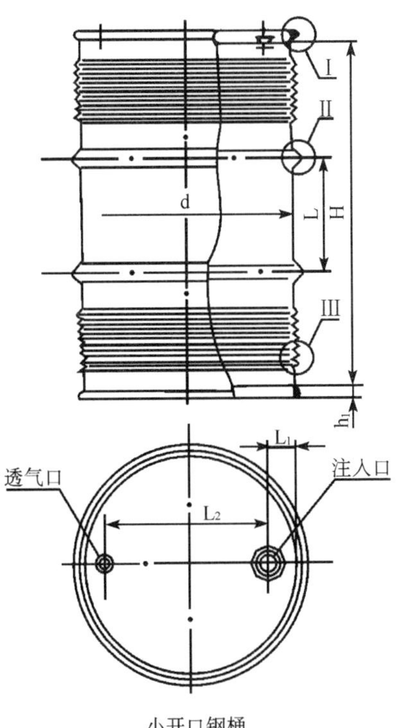

小开口钢桶

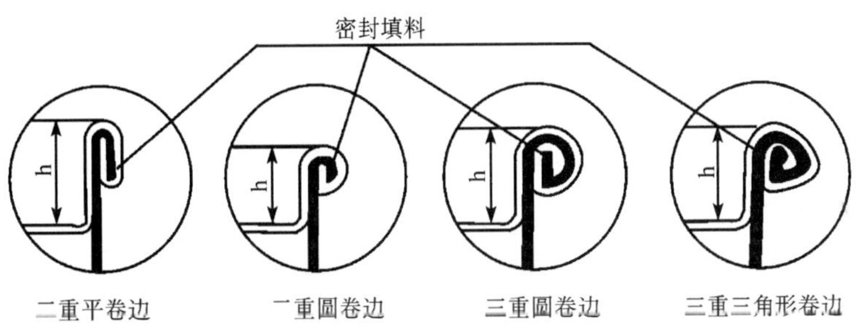

I 卷边型式

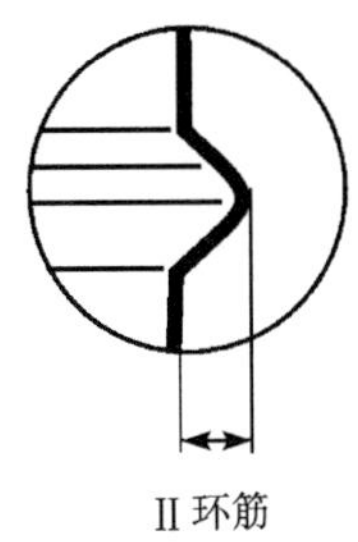

II 环筋

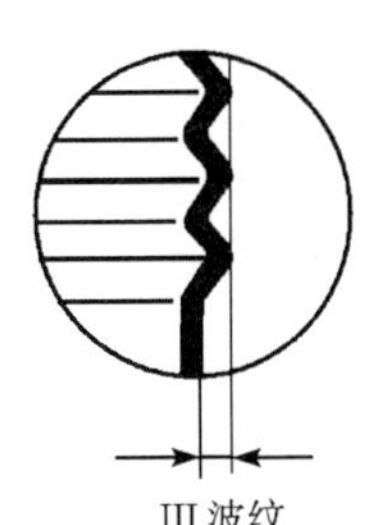

III 波纹

d——内径；

H——内高；

L——环筋间距；

L_1——注入口中心至卷边内侧距离；

L_2——注入口中心至透气口中心的距离；

h——桶顶深；

h_1——桶底深；

h_4——环筋高；

h_5——波纹高。

图 1　钢桶结构图

4.3 钢桶的公称容量和结构尺寸

钢桶的公称容量和结构尺寸见表 1。

表 1　钢桶的公称容量和结构尺寸

钢桶类别	钢桶型式	公称容量 L	d		H		h_4		L		hs		h		h_1		L_1		L_2	
			基本尺寸 mm	极限偏差 mm	基本尺寸 mm	极限偏差 mm	基本尺寸 mm	极限偏差 mm	基本尺寸 mm	极限偏差 mm	基本尺寸 mm	极限偏差 mm	基本尺寸 mm	极限偏差 mm	基本尺寸 mm	极限偏差 mm	基本尺寸 mm	极限偏差 mm	基本尺寸 mm	极限偏差 mm
闭口钢桶	小开口钢桶	208	571.5	±2	863	±3	8	±1	280	±3	3	±1	15	±1	15	±1	75	±2	426	±4
		200	560		845		14	±2					19		19				415	

4.4　钢桶材料厚度

钢桶材料厚度为 0.9 mm～1.0 mm。

5　要求

5.1　基本要求

5.1.1　钢桶公称容量和结构尺寸应符合 4.2 和 4.3 的规定。

5.1.2　桶身、桶顶和桶底均由整张薄钢板制成，不允许拼接。

5.1.3　桶身焊缝用电阻焊焊接。

5.1.4　桶身型式采用下列规定的一种：

a)　具有 2 道环筋；

b)　具有 2 道环筋，环筋至桶顶，环筋至桶底之间具有 3 道～7 道波纹。

桶身型式根据用户要求可以商定。

5.1.5　桶身与桶顶、桶底的卷封按需要充填密封填料，其型式可采用下列规定的一种：

a)　二重平卷边；

b)　二重圆卷边；

c)　三重圆卷边，三重三角形卷边。

5.1.6　桶顶上应设置封闭器，可采用下列规定的一种：

a)　螺旋式注入口封闭器一个；

b)　螺旋式注入口和透气口封闭器各一个。

5.1.7　钢桶内外表面应涂保护层。

5.2　性能要求

性能要求应符合表 2 的规定。

表 2　钢桶的性能要求

序号	项　目	试验条件	合格标准
1	气密试验　压强，kPa	30	保压 5 min 不渗漏
2	液压试验　压强，kPa	100	保压 5 min 不渗漏
3	堆码试验　负载，N	17150	无明显变形与破损
4	跌落试验　高度，m	1.2	达到内外压平衡时不渗漏

5.3　质量要求

5.3.1　封闭器装配质量

封闭器装配质量应符合下列规定：

a） 封闭器配套齐全，装配后密封良好，并保证配合件的互换性。

b） 封闭器装配后的高度低于卷边沿口。

5.3.2 钢桶内外表面保护层质量

钢桶内外表面保护层的质量应达到漆膜附着力不低于 GB/T 325—2000 附录 A 中规定的 3 级的要求。

5.3.3 钢桶外观质量

钢桶外观质量应符合下列规定：

a） 钢桶圆整、无毛刺、机械损伤和卷边无铁舌；

b） 钢桶的凹瘪不多于 2 处，每处面积不大于桶身面积的 1%；

c） 桶身直缝补焊不多于 2 处，焊疤表面平整，宽度不大于原焊缝的一倍，总长度不大于直缝长度的 10%，环筋顶部不允许补焊；

d） 钢桶卷边允许整圈补焊，焊缝平整均匀；

e） 桶内干净，无锈、无渣及其他杂质；

f） 漆膜平整光滑，颜色均匀，无起皱和流淌等缺陷。

5.4 材料要求

5.4.1 钢板

钢板应优先选用冷轧薄钢板，也可按 YB/T 5037 的规定选用油桶用热轧碳素结构钢薄钢板。还可根据用户要求选用，但不能选用性能低于 YB/T 5037 规定的其他薄钢板。

5.4.2 密封填料

密封填料采用密封性能好，与胶乳相适应的耐热、耐候、耐久和具有抗溶性的材料。可优先选用以天然胶乳为主要原料的密封填料。

5.4.3 外表面涂料、内表面涂料

外表面涂料采用附着力强、耐候和耐久性好的材料；内表面涂料采用不影响胶乳品质的材料。

6 试验方法

6.1 结构尺寸

结构尺寸采用精度为 0.5 mm 的通用量具检测。

6.2 气密试验

按照 GB/T 17344 规定的方法进行，试验压力为 30 kPa，保压 5 min，检查样桶有无渗漏。

6.3 液压试验

将桶内注满水，把压力表与加压泵连接，并通过连通部件固定在注入口上，往桶内加压，压力达到 100 kPa 后，保压 5 min，检查样桶有无渗漏。

6.4 跌落试验

按 GB/T 4857.5 规定的方法进行，向钢桶内灌装其容量 98% 的清水，选钢桶边缘最薄弱部位跌落，跌落后在钢桶最高部位钻孔，达到内外压平衡时不渗漏。

6.5 堆码试验

按 GB/T 4857.3 规定的方法进行，试验时间为 24 h，负载为 17 150 N，经检查钢桶不应有可能降低其强度或引起堆码不稳定的任何变形和严重破损。

6.6 封闭器装配质量

按 GB/T 13251 规定的方法进行。

6.7 内外表面保护层质量

漆膜附着力按本标准5.3.2规定检测。

6.8 **外观质量**

采用手感、目测和通用量具检验。

7 检验规则

7.1 钢桶由制造厂质量检验部门或有关质量检验部门按本标准进行检验，并盖合格章或出具合格证。

7.2 钢桶检验分出厂检验和型式检验。

7.2.1 **出厂检验**

7.2.1.1 每月产量为一批。

7.2.1.2 按GB/T 2828正常检查一次抽样方案：

a) 本标准5.1和5.3为出厂检验项目，其检查水平为特殊检验水平S-3和合格质量水平6.5。抽样数和合格判定数见表3；

表3 特殊检验水平S-3和合格质量水平6.5的抽样数和合格判定数

批量范围	正常一次抽样		
	IL=S-3		AQL=6.5
	样本数	合格判定数	不合格判定数
1～50	2	0	1
51～500	8	1	2
501～3 200	13	2	3
3 201～35 000	20	3	4
35 001以上	32	5	6

b) 本标准5.2中的气密试验为出厂检验项目，其检查水平为特殊检验水平S-1和合格质量水平2.5。抽样数和合格判定数见表4。

表4 特殊检验水平S-1和合格质量水平2.5的抽样数和合格判定数

批量范围	正常一次抽样		
	IL=S-1		AQL=2.5
	样本数	合格判定数	不合格判定数
1～∞	5	0	1

7.2.2 **型式检验**

7.2.2.1 本标准5.1、5.2和5.3为型式检验项目，抽样数为9个，检验程序如下：

a) 取3个样桶对5.1和5.3进行检验，然后用此3个样桶进行气密试验，再用此3个样桶进行液压试验；

b) 余下的6个样桶，取3个样桶进行堆码试验，然后用这6个样桶进行跌落试验。

7.2.2.2 钢桶有下列情况之一时，应进行型式检验：

a) 新产品投产或老产品转产的试制定型鉴定；

b) 当结构、材料、工艺改变，可能影响产品性能时；

c) 正常生产时,每半年进行一次检验;

d) 产品长期停产后,恢复生产时;

e) 出厂检验结果与上次型式检验结果有较大差异时;

f) 国家质量监督机构提出进行型式检验的要求时;

g) 合同规定时。

7.3 判定规则

7.3.1 出厂检验判定规则

当5.1和5.3中若有4项以上不合格,则判定该样品为不合格。当5.2中气密试验不合格,则判定该样品为不合格。当不合格样品数大于或等于表3和表4规定的不合格判定数时,则判定该批产品不合格。

7.3.2 型式检验判定规则

7.3.2.1 当5.1和5.3中若有4项以上不合格,则判定该样品为不合格;如1个样品不合格,则判定该批不合格。

7.3.2.2 按本标准5.2进行检验,当1个样品不合格则判定该项不合格;如1项不合格则判定该批不合格。

7.3.3 不合格批中的钢桶经剔出后,再次提交检验,其严格度不变。仍不合格时,判定该批为不合格品。

7.3.4 钢桶交货条件

钢桶交货以制造厂出具合格证为依据,用户对质量发生异议时,有权按本标准技术要求规定的项目进行检验,若检验符合本标准规定,为合格品,样桶应作为交货实数。

8 标志、包装、运输和贮存

按GB/T 325—2000中第8章规定进行。

9 回收钢桶的使用

9.1 回收

回收钢桶是指已盛装过浓缩天然胶乳的钢桶。禁止盛装过化工、农药、油脂等类的旧钢桶作为胶乳包装桶。

回收钢桶应经修复、检验合格后方可重新作为胶乳包装桶使用。

9.2 修复

清洗,包括清除桶内残留物和清洗桶内外表面。

整形,包括试漏和涂漆。

9.3 要求

外形基本完整;封闭器配套齐全;漆层均匀。

9.4 检验

外观质量采用手感与目测;每个修复桶需经20 kPa整桶气密试验。

9.5 标识

按用户要求做好标识。

附加说明：

本标准的 5.2 和 9.1 为强制性条款，其余为推荐性条款。

本标准由中华人民共和国农业部提出。

本标准由全国热带作物及制品标准化技术委员会归口。

本标准起草单位：海南省农垦总局工业处、海南金鼎实业发展有限公司、中国热带农业科学院农产品加工研究所、农业部天然橡胶质量监督检验测试中心。

本标准主要起草人：林泽川、林新华、陈成海、黄向前、曾伟胜、许斯诚、许继明、余成达、王录雄。

中华人民共和国农业行业标准

浓缩天然胶乳初加工原料　鲜胶乳

NY/T 1219—2006

Material for primary processing of natural rubber latex concentrate—Fresh rubber latex

1　范围

本标准规定了由巴西橡胶树流出而未经加工的鲜胶乳的术语和定义、质量要求与试验方法、检验规则，以及包装、贮存和运输等。

本标准适用于加工氨保存离心或膏化浓缩天然胶乳的鲜胶乳，也适用于加工胶乳标准橡胶的鲜胶乳。

2　规范性引用文件

下列文件中的条款通过本标准的引用而成为本标准的条款。凡是注日期的引用文件，其随后所有的修改单（不包括勘误的内容）或修订版均不适用于本标准，然而，鼓励根据本标准达成协议的各方研究是否可使用这些文件的最新版本。凡是不注日期的引用文件，其最新版本适用于本标准。

GB/T 8292　浓缩天然胶乳　挥发脂肪酸值的测定(GB/T 8292—2001,idt ISO 506：1992)

3　术语和定义

下列术语和定义适用于本标准。

3.1

天然胶乳　natural rubber latex

由巴西橡胶树取得的胶乳。

3.2

浓缩天然胶乳　natural rubber latex concentrate

经过浓缩加工、干胶含量最小值为60.0%的天然胶乳。

3.3

鲜胶乳　fresh rubber latex

又称田间胶乳。由巴西橡胶树流出加氨保存而未经加工的鲜胶乳。

3.4

干胶含量　dry rubber content

胶乳凝固后所含干橡胶占胶乳的质量分数。

3.5

氨含量　ammonia content

胶乳含氨的质量分数。

中华人民共和国农业部 2006-12-06 发布　　2007-02-01 实施

3.6

挥发脂肪酸值 volatile fatty acid number

中和含有 100 g 总固体的胶乳中的挥发脂肪酸所需的氢氧化钾的克数。

4 质量要求与试验方法

浓缩天然胶乳初加工原料鲜胶乳的质量要求与试验方法应符合表 1 的规定。

表 1 浓缩天然胶乳初加工原料鲜胶乳的质量要求

项 目	限 值	试验方法
干胶含量(最小),%(质量分数)	22.0	附录 A
氨含量(最大),按胶乳计,%(质量分数)	0.15	附录 B
挥发脂肪酸值(VFA),(最大)	0.10	GB/T 8292

5 检验规则

5.1 交收检验

交收检验由收胶站/胶厂技术检验人员用公称孔径为(180±5)μm(40 目)筛网对鲜胶乳进行严格过滤,除去树皮、杂物和凝块后,测定干胶含量、氨含量和挥发脂肪酸值(挥发脂肪酸值可每天测定 1~2 批次,时间选在每天下午易变质的胶乳),符合表 1 的要求,方可交收。

5.2 组批规则和抽样方法

5.2.1 组批规则

交收检验以槽/车一个检验批次。

5.2.2 抽样方法

按供需双方认可的方法进行。

5.3 判定规则和复验规则

检验结果中只要有一项不符合表 1 的要求,则判该批鲜胶乳为不合格;如有争议,可加倍抽样复验一次,如仍不合格,则判该批鲜胶乳为不合格。

6 包装、贮存和运输

6.1 包装

鲜胶乳必须使用干净的容器或胶乳专用集装箱包装,也可用罐车装运。

6.2 贮存和运输

贮存/待运和运输途中应有遮盖,切忌暴晒,并应保持在 2℃~35℃的范围之内。

附 录 A
(规范性附录)
鲜胶乳干胶含量的测定——快速测定法

A.1 原理

鲜胶乳干胶含量的测定——快速测定法是将试样置于铝盘加热,使鲜胶乳的水分和挥发物逸出,然后通过计算加热前后试样的质量变化,再乘以比例常数——胶乳的干总比来快速测定鲜胶乳的干胶含量。

A.2 仪器

A.2.1 普通的实验室仪器。

A.2.2 内径约为 7 cm 的铝盘。

A.3 测定步骤

A.3.1 取样

搅拌混合池中鲜胶乳 5 min,然后分别在混合池中不同的 4 个点各取鲜胶乳 50 ml,将其混合作为本次测定样品。

A.3.2 测定

将内径约为 7 cm 的铝盘洗净、烘干,将其称重,精确至 0.01 g。往铝盘中倒入 2.0 g±0.5 g 的鲜胶乳,精确至 0.01 g,加入质量分数为 5%的醋酸溶液 3 滴,转动铝盘使试样与醋酸溶液混合均匀。将铝盘置于酒精灯或电炉的石棉网上加热,同时用平头玻璃棒按压以助干燥,直至试样干透呈黄色透明为止(注意控制温度,防止烧焦胶膜)。用镊子将铝盘取下,置干燥器中冷却 5 min,然后将其称重,精确至 0.01 g。

A.4 结果计算

鲜胶乳干胶含量(DRC)以干胶的质量分数计,数值以%表示,按公式(A.1)计算:

$$\mathrm{DRC}=\frac{m_2-m_1}{m_0}\times G\times 100 \qquad \text{(A.1)}$$

式中:

DRC ——干胶含量,%;

m_0 ——试样的质量,单位为克(g);

m_1 ——铝盘的质量,单位为克(g);

m_2 ——干燥后总质量,单位为克(g);

G ——胶乳的干总比,一般采用 0.93,也可根据阶段性生产实际测定的结果。

进行双份测定,双份测定结果之差不应大于质量分数 0.5%,然后取算术平均值,精确到 0.01。

鲜胶乳干胶含量还可用微波法测定。

附 录 B
（规范性附录）
鲜胶乳氨含量的测定

B.1 原理

氨是碱性物质，与酸进行中和反应，可以测定胶乳中氨的含量。

B.2 反应式

$$NH_4OH + HCl = NH_4Cl + H_2O$$

B.3 试剂

B.3.1 等级

用于标定的试剂为分析纯级试剂。

B.3.2 盐酸

分子式：HCl，分子量：36.46，密度：1.18，纯度为质量分数 36%～38%。

B.3.3 乙醇

分子式：C_2H_5OH，分子量：46.07，密度：0.816（15.56℃），纯度不低于质量分数 95%。

B.3.4 甲基红

分子式：$C_{15}H_{15}N_3O_2$，分子量：269.29，pH 变色范围 4.2（红）～6.2（黄）。

B.4 仪器

普通的实验室仪器。

B.5 测定步骤

B.5.1 试验溶液的制备

B.5.1.1 盐酸标准溶液 $c(HCl)=0.1\ mol/L$ 的制备

用无水碳酸钠滴定法标定盐酸标准贮备溶液。

B.5.1.2 盐酸标准溶液 $c(HCl)=0.02\ mol/L$ 的制备

用 50 mL 移液管吸取 50.00 mL $c(HCl)=0.1\ mol/L$ 的盐酸标准溶液（B.5.1.1）放于 250 mL 容量瓶中，用蒸馏水稀释至刻度，摇匀。此溶液准确浓度按标准贮备溶液的 1/5 计算。

B.5.1.3 0.1%的甲基红乙醇指示溶液的制备

称取 0.1 g 甲基红，溶于 100 mL 质量分数为 95%乙醇的滴瓶中，摇匀即可。

B.5.2 取样

搅拌混合池中鲜胶乳 5 min，然后分别在混合池中不同的 4 个点各取鲜胶乳 50 mL，将其混合作为本次测定样品。

B.5.3 测定

用 1 mL 的吸管准确吸取 1 mL 鲜胶乳（计算时近似作为 1 g），用滤纸把吸管口外的胶乳擦干净，放入已装有约 50 mL 蒸馏水的锥形瓶中，吸管中粘附着的胶乳用蒸馏水洗入锥形瓶。然后加入 2 滴～3

滴的甲基红乙醇指示溶液(B.5.1.3),用0.02 mol/L盐酸标准滴定溶液(B.5.1.2)进行滴定,当颜色由淡黄变成粉红色时即为终点,记下消耗盐酸标准滴定溶液的毫升数。

B.6 结果计算

鲜胶乳氨含量(NH_3)以氨的质量分数计,数值以%表示,按公式(B.1)计算:

$$NH_3 = \frac{17cV/1\,000}{m} \times 100 \quad \cdots\cdots\cdots (B.1)$$

式中:

NH_3 ——氨含量,%;

c ——盐酸标准滴定溶液的浓度,单位为摩尔每升(mol/L);

V ——消耗盐酸标准滴定溶液的量,单位为毫升(mL);

m ——试样的质量,单位为克(g)。

进行两份测定,双份测定结果之差不应大于质量分数0.5%,然后取算术平均值,精确到0.01。

附加说明:

本标准的附录A和附录B为规范性附录。

本标准由中华人民共和国农业部提出。

本标准由农业部热带作物及制品标准化技术委员会天然橡胶分会归口。

本标准由中国热带农业科学院农产品加工研究所负责起草,广东农垦局、海南农垦局、云南农垦局参加起草。

本标准主要起草人:陈成海、杨春亮、彭海方、林泽川、缪桂兰。

中华人民共和国农业行业标准

NY/T 1314—2007

农作物种质资源鉴定技术规程 橡胶树

Technical code for evaluating germplasm resources
——Rubber tree(*Hevea brasiliensis* Muell. —Arg.)

1 范围

本标准规定了橡胶树(*Hevea brasiliensis* Muell.-Arg.)种质资源主要性状鉴定的技术要求和方法。

本标准适用于橡胶树(*Hevea brasiliensis* Muell.-Arg.)种质资源的植物学特征、生物学特性和抗逆性的鉴定。

2 规范性引用文件

下列文件中的条款通过本标准的引用而成为本标准的条款。凡是注日期的引用文件,其随后所有的修改单(不包括勘误的内容)或修订版均不适用于本标准,然而,鼓励根据本标准达成协议的各方研究是否可使用这些文件的最新版本。凡是不注日期的引用文件,其最新版本适用于本标准。

NY/T 221 橡胶树栽培技术规程

NY/T 607 橡胶树育种技术规程

NY/T 688 橡胶树品种

3 术语和定义

下列术语和定义适用于本标准。

3.1

苗圃鉴定 nursery evaluation

对以苗圃形式保存的橡胶树种质材料进行鉴定。

3.2

产量预测 yield prediction

对未达到开割标准的幼龄橡胶树提前进行产量测定。

3.3

大田鉴定 field evaluation

对按常规生产技术要求种植于大田的种质材料进行鉴定。

3.4

叶蓬 leaf storey

橡胶树的茎干或枝条伸长生长时,蓬状长出的多枚复叶。

3.5

中华人民共和国农业部 2007-04-17 发布 2007-07-01 实施

大叶柄 common petiole

支撑橡胶树三出复叶的柄。

3.6

叶枕 pulvinus

大叶柄基部的膨大部分。

3.7

小叶柄 petiolule

支撑三出复叶每片小叶的柄。

3.8

腺点 gland

着生于大、小叶柄结合部位上方的点状物。

3.9

蜜腺 nectary

着生于大叶柄先端上的全部腺点所组成的群体。

4 技术要求

4.1 样本采集

应在植株正常生长情况下采集样本。大田鉴定的样本采集应在橡胶树成龄开割后进行，取样株不少于5株；苗圃鉴定的样本取样株数为2株～5株。

4.2 鉴定内容

鉴定内容见表1。

表1 橡胶树种质资源鉴定内容

苗圃鉴定	植物学特征		叶痕形状、托叶痕着生形态、鳞片痕和托叶痕联成的形状、芽眼形态、芽眼与叶痕距离、叶蓬形状、大叶柄形状、叶枕伸展形态、叶枕沟、叶枕膨大形态、小叶柄形态、小叶柄长度、小叶柄沟、小叶枕膨大、小叶枕膨大长度、蜜腺形态、腺点着生状态、腺点排列方式、腺点边缘、腺点面形态、叶形、叶基形状、两侧小叶基外缘形态、叶端形状、叶缘波浪、叶面平滑状况、叶面光泽、叶片颜色、三小叶间距、胶乳颜色
	产量预测		小叶柄胶法、试割法
	抗逆性	耐寒性	苗圃调查、人工模拟鉴定
		抗病性	抗白粉病、抗炭疽病
大田鉴定	生长速度		
	产量		
	抗逆性		抗风性、耐寒性、抗病性(抗白粉病、抗炭疽病)

5 苗圃鉴定评价方法

5.1 植物学特征

选取已长出4蓬叶或4蓬叶以上的苗，并以顶蓬的下一蓬作为形态鉴定的标准叶蓬；对大叶柄、小叶柄、蜜腺的鉴定，以随机选取的标准叶蓬中部生长的5片复叶为观测对象；对叶片的鉴定，以复叶中间的小叶为观测对象。

5.1.1 叶痕形状

观察标准叶蓬下的叶痕,按图1确定叶痕形状。叶痕形状分为半圆形、马蹄形、心脏形、三角形、菱角形、近圆形。

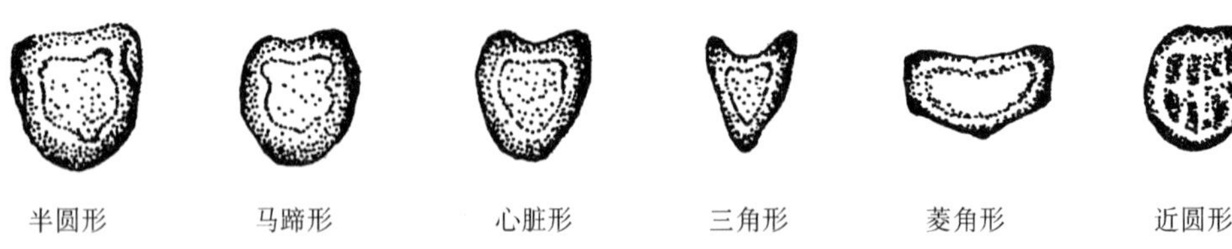

图1 叶痕形状

5.1.2 托叶痕着生形态

取半木栓化茎干,观察托叶痕在叶痕上部平面所成的伸展形态,确定托叶痕着生形态。托叶痕着生形态分为平伸、上仰、下垂。

5.1.3 鳞片痕和托叶痕联成的形状

用5.1.2的样本,按图2确定鳞片痕和托叶痕联成的形状。鳞片痕和托叶痕联成的形状分为一字形,新月形、袋形。

图2 鳞片痕和托叶痕联成的形状

5.1.4 芽眼形态

用5.1.2的样本,观察芽眼与茎干的高差,确定芽眼形态。芽眼形态分为平、凸、凹。

5.1.5 芽眼与叶痕距离

用5.1.2的样本,测量芽眼与叶痕上部平面间的距离,计算平均值。依据平均值将芽眼与叶痕距离分为近(<1.0 cm)、远(≥1.0 cm)。

5.1.6 叶蓬形状

观察标准叶蓬,按图3确定叶蓬形状。叶蓬形状分为半球形、弧形、截顶圆锥形、圆锥形。

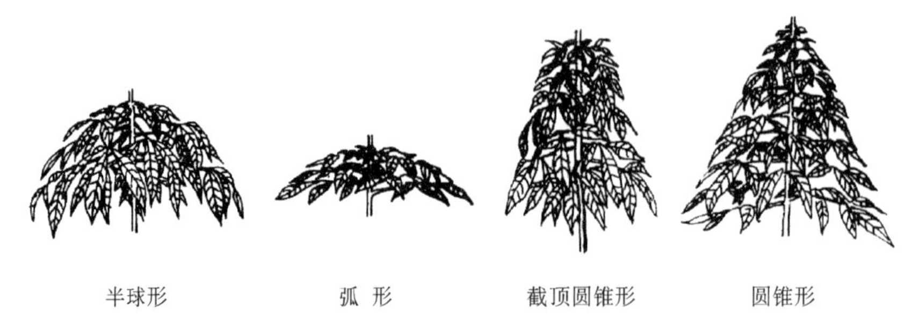

图3 叶蓬形状

5.1.7 大叶柄形状

观察大叶柄,按图4确定大叶柄形状。大叶柄形状分为直、弓形、反弓形、S形。

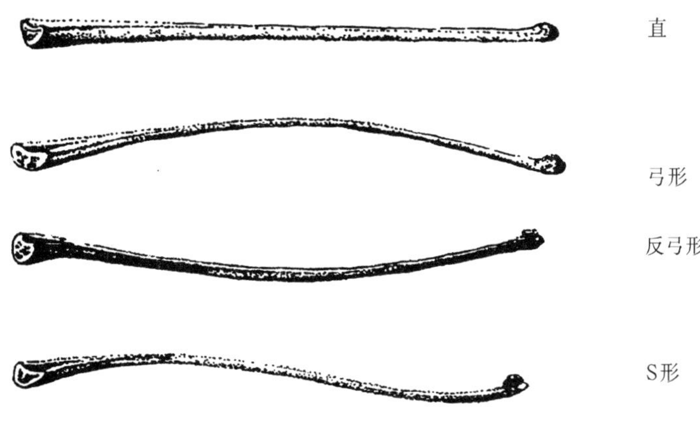

图 4　大叶柄形状

5.1.8　叶枕伸展形态

观察叶枕，按图 5 确定叶枕伸展形态。叶枕伸展形态分为平伸、上仰、下垂。

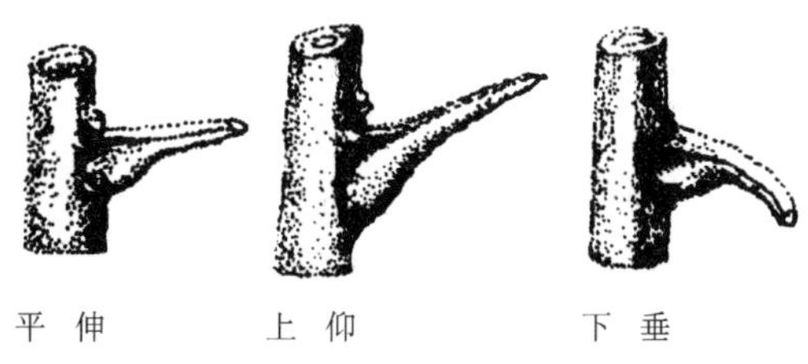

图 5　叶枕伸展形态

5.1.9　叶枕沟

用 5.1.8 的样本，观察叶枕有无条沟，以“无”、“有”表示。

5.1.10　叶枕膨大形态

用 5.1.8 的样本，按图 6 确定叶枕膨大形态。叶枕膨大形态分为顺大、突大。

图 6　叶枕膨大形态

5.1.11　小叶柄形态

观察小叶柄，按图 7 确定小叶柄形态。小叶柄形态分为平伸（三出复叶上的三个小叶柄平直地伸出）、上仰（三出复叶上的三个小叶柄向上倾斜伸出，如烟斗状）、内弯（三出复叶上的三个小叶柄平直地伸出，但两侧小叶柄稍向中间小叶柄方向弯折）。

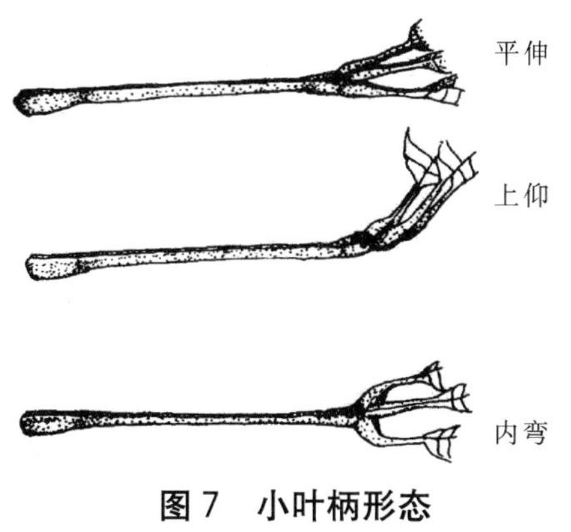

图 7　小叶柄形态

5.1.12 小叶柄长度

用5.1.11的样本，测量小叶柄的长度，计算平均值。依据平均值将小叶柄长度分为短(<1.3 cm)、中等(1.3 cm～2.0 cm)、长(≥2.0 cm)。

5.1.13 小叶柄沟

用5.1.11的样本，观察小叶柄有无条沟，以"无"、"有"表示。

5.1.14 小叶枕膨大

用5.1.11的样本，观察小叶柄基部膨大的显著与否，以"不显著"、"显著"表示。

5.1.15 小叶枕膨大长度

用5.1.11的样本，观察复叶中间小叶的小叶枕占小叶柄长度的比例，依据比例将小叶枕膨大长度分为短(<1/4)、中等(1/4～1/2)、长(≥1/2)。

5.1.16 蜜腺形态

观察蜜腺与大叶柄先端的高差，确定蜜腺形态。蜜腺形态分为平(蜜腺与大叶柄先端的平面齐平)、微突起(腺点的周边或腺点的一部分稍凸出于大叶柄的平面之上)、突起(整个腺点完全凸出于大叶柄的平面)、显著突起(腺点的突起程度极为明显)。

5.1.17 腺点着生状态

用5.1.16的样本，观察腺点在大叶柄先端分布的离散状态，确定腺点着生状态。腺点着生状态分为连生(部分或全部腺点溶合在一起，不能明确区分腺点的个数)、分离(各腺点之间能够明显区分开)。

5.1.18 腺点排列方式

用5.1.16的样本，按图8确定腺点排列方式。腺点排列方式分为前后、品字形、方形、11字形、不规则。

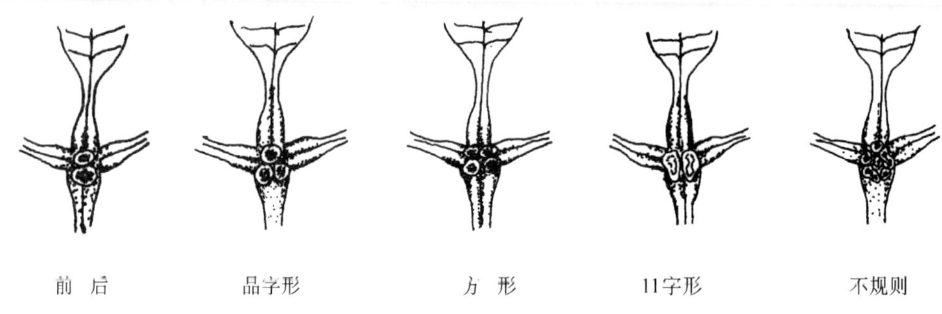

图8　腺点排列方式

5.1.19 腺点边缘

用5.1.16的样本，观察腺点边缘明显与否，分为无(不能分辨出腺点是否具有边缘)、不明显(可模糊分辨出腺点具有边缘)、明显(可明显分辨出腺点具有边缘)。

5.1.20 腺点面形态

用5.1.16的样本，观察腺点顶部与腺点边缘所成的平面状态，确定腺点面形态。腺点面形态分为平、突起、下陷。

5.1.21 叶形

观察复叶中间小叶，按图9确定叶形。叶形分为倒卵形、卵形、倒卵状椭圆形、椭圆形、菱形。

5.1.22 叶基形状

用5.1.21的样本，按图10确定叶基形状。叶基形状分为渐尖(小叶两缘呈弧线形渐窄至叶基)、楔形(自小叶的中部起，两缘呈直线渐窄至叶基)、钝尖(小叶两缘呈较大弧线形渐窄至叶基)。

5.1.23 两侧小叶基外缘形态

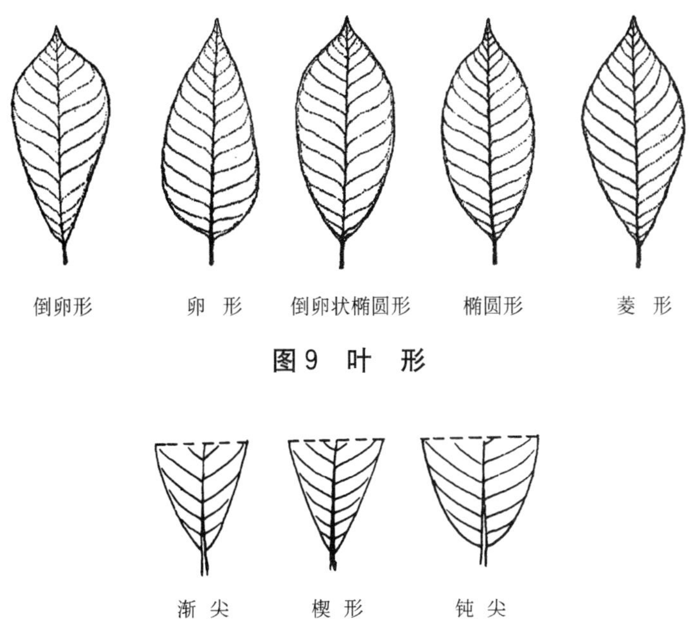

图9 叶 形

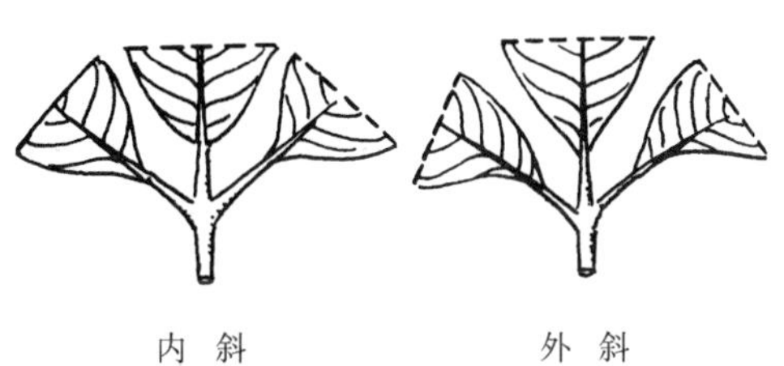

图10 叶基形状

观察复叶两侧小叶叶基，按图11确定两侧小叶基外缘形态。两侧小叶基外缘形态分为完整(一个复叶两侧小叶叶基部没有向内或向外翻转)、内斜(一个复叶两侧小叶叶基部的内侧叶缘向内翻转，呈倾斜状)、外斜(一个复叶两侧小叶叶基部的外侧叶缘向内翻转，呈倾斜状)。

图11 两侧小叶基外缘形态

5.1.24 叶端形状

用5.1.21的样本，按图12确定叶端形状。叶端形状分为芒尖、钝尖、急尖。

图12 叶端形状

5.1.25 叶缘波浪

用5.1.21的样本，观察叶缘波浪情况，叶缘波浪分为无波(叶片边缘平顺无起伏波浪)、小波(波浪起伏差低，波长较短)、中波(波浪起伏差中等，波长中等)、大波(波浪起伏差大，波长较长)。

5.1.26 叶面光滑状况

观察并触摸5.1.21的叶面，确定叶面平滑状况，以“不平滑”、“平滑”表示。

5.1.27 叶面光泽

观察5.1.21的叶面，确定叶面光泽是否明显，以“不明显”、“明显”表示。

5.1.28 叶片颜色

观察5.1.21的叶片颜色。叶片颜色分为绿色、深绿、黄绿。

5.1.29 三小叶间距

观察复叶三小叶间靠近的状态，按图13确定三小叶间距。三小叶间距分为重叠、靠近、分离、显著分离。

图13 三小叶间距

5.1.30 胶乳颜色

用尖锐小刀刺入橡胶树茎干树皮，观察流出的新鲜胶乳所呈现出的颜色，分为白、浅黄、黄、深黄。

5.2 产量预测

5.2.1 小叶柄胶法

按附录A执行。

5.2.2 试割法

按附录B执行。

5.3 抗逆性

5.3.1 耐寒性

5.3.1.1 苗圃调查

遇寒害年份，对苗圃种植的材料进行寒害调查。寒害分级按NY/T 221中未分枝苗寒害分级方法执行，按附录C中公式(C1)计算寒害平均级别，确定耐寒性。

5.3.1.2 人工模拟鉴定

按附录C执行。

5.3.2 抗病性

5.3.2.1 抗白粉病

按附录D执行。

5.3.2.2 抗炭疽病

按附录E执行。

6 大田鉴定评价方法

6.1 生长速度

按NY/T 607执行。

根据种质茎围为对照品种“RRIM600”茎围的百分比(精确到0.1%)，分为慢(＜60.0%)、较慢(60.0%～80.0%)、中等(80.0%～100.0%)、较快(100.0%～120.0%)、快(≥120.0%)。

6.2 产量

按 NY/T 607 执行。

根据种质干胶产量为对照品种“RRIM600”干胶产量的百分比(精确到 0.1%),分为低(<60.0%)、较低(60.0%~80.0%)、中等(80.0%~100.0%)、较高(100.0%~120.0%)、高(≥120.0%)。

6.3 抗逆性

6.3.1 抗风性

对常规生产种植的材料,在台风或大风危害后作详细调查。以多年调查结果为基础,计算(4~6)级风害株数和倒伏株数之和占第一次调查总株数的比例[在历次的调查中,(4~6)级风害株数和倒伏株数不重复计算,结果精确到 0.1%]。橡胶树风害分级按 NY/T 221 执行。

6.3.2 耐寒性

对常规生产种植的材料,在有寒害年份第二年的(3~4)月作详细调查。依据橡胶树的不同树龄、部位,选择性地对未分枝苗、已分枝树、主干树皮、茎基树皮的寒害等级进行观察记录,计算寒害平均级。未分枝苗、已分枝树、主干树皮、茎基树皮寒害的分级按 NY/T 221 执行。寒害平均级的计算按附录 C 中公式(C1)进行。

6.3.3 抗病性

6.3.3.1 抗白粉病

按 NY/T 607 计算白粉病发病指数。

按历年最高发病指数分为抗病(<30.0)、中抗(30.0~40.0)、中感(40.0~60.0)、高感(≥60.0)。

6.3.3.2 抗炭疽病

按 NY/T 607 计算炭疽病发病指数。

附 录 A
(规范性附录)
小叶柄胶法产量预测

A.1 适用范围

本附录适用于橡胶树种质资源小叶柄胶法产量预测。

A.2 步骤

A.2.1 材料的选取

选取顶芽稳定或刚萌动、具有3个或3个以上叶蓬且1年生的小苗作样株,以标准叶蓬中下部的3个正常复叶为材料。

A.2.2 操作方法

将复叶中间小叶从叶柄基部向上折断,让其自然排胶,排胶完毕后,将小叶柄断口处的胶涂抹于事先已秤重的白纸片上,将粘胶的纸和叶片分别置于60℃~70℃烘箱中烘至恒重,称重,精确到0.01。

A.3 结果计算

小叶柄胶值(PL)按式(A.1)计算:

$$PL=\frac{P_w}{L_w} \qquad (A.1)$$

式中:

PL ——小叶柄胶值,单位为毫克每克(mg/g);

P_w ——小叶柄胶重,单位为毫克(mg);

L_w ——干叶重,单位为克(g)。

计算结果表示到小数点后两位。

A.4 评价标准

以同圃同龄的品种“RRIM600”为对照,计算PL值占对照PL值的百分率,结果精确到0.1%,根据百分比,按表A.1确定产量级别。

表A.1 橡胶树小叶柄胶法预测产量的评价标准

产量级别	百分比%
低	<60.0
较低	60.0~80.0
中等	80.0~100.0
较高	100.0~120.0
高	≥120.0

附　录　B
（规范性附录）
试割法产量预测

B.1　适用范围

本附录适用于橡胶树种质资源试割法产量预测。

B.2　步骤

B.2.1　材料的选取

选取(3～4)龄幼树为材料。

B.2.2　操作方法

在离地 50 cm 高处按 45°角由左向右逆时针向下开割线，采用 s/2・d/2 割制，分别于 5 月、7 月和 10 月三个月进行试割，第一个月连续割胶 10 刀，后两个月每月连续割胶 8 刀，每月用“杯凝法”测定后 5 刀干胶产量。单位为 g/(株・次)，精确到 0.1 g/(株・次)。

B.3　结果计算

以同圃同龄的品种“RRIM600”为对照，计算试割产量占对照试割产量的百分比，精确到 0.1%。根据百分比，按表 B.1 确定产量级别。

表 B.1　橡胶树试割法预测产量鉴定评价标准

产量级别	百分比%
低	<80.0
中等	80.0～100.0
高	≥100.0

附 录 C
（规范性附录）
人工模拟耐寒性鉴定

C.1 适用范围

本附录适用于橡胶树种质资源人工模拟耐寒性的鉴定。

C.2 步骤

C.2.1 材料的选取

选取(1～2)年生顶芽稳定的苗木为材料。

C.2.2 操作方法

于每年的(1～2)月取带顶端生长点的芽条(3～5)根，每根长度 1 m，去掉叶片，保留 1 cm 长大叶柄，芽条切口封蜡。随机排列，每 10 根为一束，插在装有 40 cm 厚湿木屑的木箱中(同时进行 93－114、GT1 的人工模拟鉴定)。将木箱置于人工气候箱内，在温度为 10℃、相对湿度为 80%、光照强度为 60 Lx 的条件下预冷 23 h，然后降温至 0℃处理 15 h，将木箱移至室外阳光充足的地方放置 1 d，再移入人工气候箱内，于同样光照、湿度条件下，用－1℃或－2℃继续处理 15 h。再取出冲洗干净，插入水深 40 cm 的水槽中，并设支架固定芽条垂直，置于自然光的照射下 30 d～33 d 后进行耐寒性鉴定。

C.3 结果计算

C.3.1 芽条受害分级

调查每根芽条干枯的比例，根据干枯比例，按表 C.1 记录芽条受害级别。

表 C.1 橡胶树芽条受害分级

受害级别	受 害 情 况
0 级	芽条颜色正常，无干枯现象
1 级	顶枯、梢枯或 1/5 芽条干枯
2 级	2/5 芽条干枯或 2/5 处芽条环枯
3 级	3/5 芽条干枯或 3/5 处芽条环枯
4 级	4/5 芽条干枯或 4/5 处芽条环枯
5 级	芽条全枯

C.3.2 芽条寒害平均级

按下列公式(C.1)计算：

$$BTc = \frac{\sum (N_i \times i)}{M} \quad \cdots\cdots (C.1)$$

式中：

BTc ——芽条寒害平均级；

i ——寒害级；

N_i ——第 i 寒害级的芽条数；

M ——调查总芽条数。

计算结果表示到小数点后一位。

附 录 D
（规范性附录）
白粉病抗性鉴定

D.1 适用范围

本附录适用于橡胶树种质资源中橡胶树白粉病(*Oidium heveae* Steinm)抗性的鉴定。

D.2 步骤

D.2.1 材料的选取

选取小古铜期叶片为材料。

D.2.2 操作方法

用0.5 cm直径的玻璃棒沾取新鲜病菌孢子接种于新鲜的叶片上，放入培养皿常温保湿培养10 h，用0.5%棉兰乳酚固定染色，然后在显微镜下测量菌丝长度。每片叶片测量25个发芽孢子；每份待测材料每次接种10个叶片，重复3次。

D.3 结果计算

以品种“RRIC52”为对照，计算种质的孢子平均菌丝长度占对照孢子菌丝长度的百分比，精确到0.1%。根据百分比，按表D.1确定抗病性。

表D.1 橡胶树白粉病抗性鉴定评价标准

抗性级别	百分比%
强	<107.0
中等	107.0～150.0
弱	≥150.0

附　录　E
（规范性附录）
炭疽病抗性鉴定

E.1　适用范围

本附录适用于橡胶树种质资源中橡胶树炭疽病（*Colletotrichum gloeosporioides* f. *heveae* Penz.）抗性的鉴定。

E.2　步骤

E.2.1　材料的选取

选取小古铜期叶片为材料。

E.2.2　操作方法

叶片用自来水冲洗晾干，在叶片的两边各滴1滴含20万个分生孢子/mL的病菌悬浮液，30 min后放入培养皿中常温保湿培养2 d，然后检查发病情况。每份待测材料每次接种50个叶片，重复3次。

E.3　结果计算

根据叶片发病级别情况按NY/T 6071中的规定计算发病指数，确定抗病性。

附加说明：

本标准中附录A、附录B、附录C、附录D、附录E为规范性附录。

本标准由中华人民共和国农业部提出并归口。

本标准起草单位：中国热带农业科学院橡胶研究所、中国农业科学院农业质量标准与检测技术研究所。

本标准主要起草人：黄华孙、曾霞、胡彦师、钱永忠。

中华人民共和国农业行业标准

NY/T 1389—2007

天然胶乳　游离钙镁含量的测定

Natural Rubber Latex
Determination of Free Calcium and Magnesium Content

1　范围

本标准规定了天然胶乳游离钙镁含量的测定方法。

本标准适用于浓缩天然胶乳游离钙镁含量的测定，也适用于新鲜天然胶乳游离钙镁含量的测定。

2　规范性引用文件

下列文件中的条款通过本标准的引用而成为本标准的条款。凡是注日期的引用文件，其随后所有的修改单(不包括勘误的内容)或修订版均不适合本标准，然而，鼓励根据本标准达成协议的各方研究是否可使用这些文件的最新版本。凡是不注日期的引用文件，其最新版本适用于本标准。

GB/T 601—2002　化学试剂　滴定分析(容量分析)用标准溶液的制备

GB/T 6682　分析实验室用水规格和试验方法(GB/T 6682—1992，neq ISO 3696:1987)

GB/T 8290　浓缩天然胶乳　取样(GB/T 8290—1987. neq ISO 123:1985)

3　术语和定义

本标准采用下列术语和定义。

天然胶乳游离钙镁含量　free calcium and magnesium content of natural rubber latex(*FCMC*)

指胶乳经离心沉淀除去以磷酸盐结合形态的钙镁后，每千克胶乳中含钙离子和镁离子总量的毫摩尔数。

4　原理

本方法采用乙二胺四乙酸二钠(简称 EDTA)与胶乳中的游离钙镁生成络合物，以铬黑 T(简称 EBT)作指示剂，在 pH=10 时，无色的 EDTA 离子与钙离子(Ca^{2+})、镁离子(Mg^{2+})形成的无色络合物较蓝色的 EBT 离子与钙离子、镁离子所形成的酒红色络合物稳定。其稳定性的关系如下：

$$CaEDTA > MgEDTA > Mg(EBT)_2 > Ca(EBT)_2$$

在 pH=10 时，滴定前加入的少量 EBT 离子先与一部分 Mg^{2+} 形成酒红色的络合物：

$$\underset{(蓝色)}{Mg^{2+} + 2EBT^{-}} \rightleftharpoons \underset{(酒红色)}{Mg(EBT)_2}$$

此时，过量的 Mg^{2+} 和 Ca^{2+} 仍为游离状态。开始滴入 EDTA 后，EDTA 离子先与 Ca^{2+}，再与 Mg^{2+} 形成稳定的无色络合物。

$$Ca^{2+} + EDTA^{2-} \rightleftharpoons CaEDTA$$

$$Mg^{2+} + EDTA^{2-} \rightleftharpoons MgEDTA$$

中华人民共和国农业部 2007-06-14 发布　　2007-09-01 实施

当接近物质的等量点时，Ca^{2+}和Mg^{2+}全部被络合后，酒红色络合物$Mg(EBT)_2$中的Mg^{2+}逐步被EDTA夺去，溶液开始出现呈蓝色的EBT离子：

$$\underset{\text{(酒红色)}}{Mg(EBT)_2} + EDTA^{2-} \rightleftharpoons MgEDTA + \underset{\text{(蓝色)}}{2EBT^-}$$

当到达等量点后，溶液完全变为蓝色，指示到达终点。

5 试剂

5.1 通则

除非另有说明，在分析中仅使用确认为分析纯的试剂和蒸馏水或GB/T 6682规定的3级以上的水。

5.2 乙二胺四乙酸二钠(简称EDTA)

化学式：$[-CH_2N(CH_2COONa)CH_2COOH]_2 \cdot 2H_2O$，式量：372.24。

5.3 四硼酸钠

化学式：$Na_2B_4O_7 \cdot 10H_2O$，式量：381.43，密度：1.73。

5.4 氢氢化钠

化学式：NaOH，式量：40.01，密度：2.13(25℃)。

5.5 氯化钠

化学式：NaCl，式量：58.5，密度：2.17。

5.6 无水乙醇

化学式：C_2H_5OH，式量：46.07，密度：0.798(15.56℃)。

5.7 铬黑T

化学式：$HOC_{10}H_6N:NC_{10}H_4(OH)(NO_2)SO_3Na$，式量：461.38。

6 仪器

6.1 普通的实验室仪器。

6.2 配有容量为20 mL～25 mL玻璃离心管的角度式电动离心机。

7 取样

按GB/T 8290规定的方法取样。

8 分析步骤

8.1 试验溶液的制备

8.1.1 EDTA标准溶液

8.1.1.1 EDTA标准贮备溶液，浓度为0.02 mol/L：

按GB/T 601—2002中的4.15制备。

8.1.1.2 EDTA标准滴定溶液，浓度为0.001 mol/L：

用50 mL移液管吸取50.00 mL浓度为0.02 mol/L的EDTA标准贮备溶液(8.1.1.1)于1 000 mL容量瓶中，用蒸馏水稀释至刻度，摇匀。此溶液准确浓度按标准贮备溶液实际浓度的1/20计算。

8.1.2 pH=10的四硼酸钠缓冲溶液

a) 称取4.0 g四硼酸钠(5.3)精确到0.1 g溶于80 mL蒸馏水中；
b) 称取1.0 g氢氧化钠(5.4)精确到0.1 g和0.5 g氯化钠(5.5)精确到0.1 g一起溶于10 mL蒸馏水中；

待上述a、b溶液冷却后合并，并用蒸馏水稀释至100 mL。

8.1.3 铬黑T指示剂

8.1.3.1 铬黑T(4g/L)无水乙醇溶液：

称取0.2 g铬黑T指示剂，溶于50 mL无水乙醇中，摇匀即可，但使用期不应超过1个月。

8.1.3.2 铬黑T固体指示剂：

按铬黑T：氯化钠=1：100的比例将铬黑T与氯化钠混合均匀，研细，存放于称量瓶中，存入干燥器备用(可用一年)。需要时配成铬黑T(4 g/L)无水乙醇溶液使用。

8.2 试验

8.2.1 取15 mL胶乳放于洗净烘干的20 mL～25 mL玻璃离心管(使用二支玻璃离心管，以便互相平衡)中，并将玻璃离心管末端盖住以避免在离心时胶乳表面形成结皮。如胶乳氨含量不足质量分数0.5%，则取胶乳100 g放于小广口瓶中，补加化学纯氨水使胶乳氨含量至质量分数0.5%～0.7%，摇匀，静置30 min。用角度式电动离心机在转速为2 500 r/min下离心约30 min。

8.2.2 离心完毕，用角匙将玻璃离心管中的上层胶乳移入容量为30 mL的滴瓶中，再用胶头吸管自上而下吸取玻璃离心管中上层约4/5的胶乳(不要触及沉淀)一并放入小滴瓶中，摇匀。

8.2.3 称取上述滴瓶(8.2.2)中胶乳约1 g(精确至0.1 mg)放于盛有80 mL蒸馏水的250 mL锥形瓶中，摇匀。加入2 mL四硼酸钠缓冲溶液(8.1.2)，再加入6滴铬黑T指示剂(8.1.3.1)或适量的固体铬黑T(8.1.3.2)，立即用装于酸式滴定管(推荐用容量为10 mL分度值为0.02 mL的半微量滴定管进行此项操作)浓度为0.001 mol/L的cEDTA标准滴定溶液(8.1.1.2)进行滴定(近终点时要缓慢滴定，并小心观察)至酒红色完全消失，出现稳定的蓝色为终点，记下消耗EDTA的毫升数。

进行双份测定，取其算术平均值表示该胶乳的游离钙镁含量。二次测定值之差与平均值之比不应超过5%，否则应重新测定。

9 试验结果的计算

按下式计算试验结果

$$FCMC=\frac{cV}{m}\times(1\,000+x)$$

式中：

$FCMC$——1 000 g胶乳中游离钙镁的含量，m mol/kg；

c——EDTA标准滴定溶液的实际浓度，mol/L；

V——滴定时所消耗的EDTA标准滴定溶液的用量，mL；

m——用于滴定胶乳样品的质量，g；

x——1 000 g胶乳应补加浓氨水的质量，g。

计算结果表示到小数点后一位。

10 试验报告

试验报告应包括下列内容：

a) 识别被试样品所需的全部细节；

b) 本标准的标准号；

c) 试验结果，包括各单次试验结果和它们的平均值，按第9章的规定计算；

d) 在试验过程中观察到的异常现象；

e) 不包括在本标准或规范性引用文件的任何操作以及被认为是可选择的任何操作；

f) 试验日期。

附加说明：

本标准由中华人民共和国农业部提出。
本标准由农业部热带作物及制品标准化技术委员会天然橡胶分技术委员会归口。
本标准起草单位：农业部天然橡胶质量监督检验测试中心。
本标准主要起草人：谭杰、赖广廉、符永胜、杨全运、黄向前、方忠民。

中华人民共和国农业行业标准

NY/T 1402.1—2007

天然生胶　蓖麻油含量的测定
第1部分：蓖麻油甘油酯含量的测定薄层色谱法

Rubber, Raw, Natural—Determination of castor Oil Content—Part1: Determination of castor oil glycerides content—Thin layer chromatographic method(ISO 6225.1:1984, MOD)

1 范围

本部分规定了用于测定生橡胶的蓖麻油和蓖麻油甘油酯含量的薄层色谱法。

本部分适用于所有等级的天然橡胶。本部分规定的方法对于蓖麻油甘油酯的最低检测限量的质量分数约为0.05%。

2 规范性引用文件

下列文件中的条款通过本部分的引用而成为本部分的条款。凡是注日期的引用文件，其随后所有的修改单（不包括勘误的内容）或修订版均不适用于本部分，然而，鼓励根据本部分达成协议的各方研究是否可使用这些文件的最新版本。凡是不注日期的引用文件，其最新版本适用于本部分。

GB/T 3516　橡胶中溶剂抽出物的测定(GB/T 3516—1994, eqv ISO 1407:1988)

GB/T 15340　天然生胶　取样和制样方法(GB/T 15340—1994, idt ISO 1795:1992)

3 原理

用丙酮抽提试料，再用薄层色谱法把蓖麻油甘油酯从其他的可抽出物中分离出来，然后用磷钼酸或对甲氧基苯甲醛使蓖麻油甘油酯斑点展开，再用目测或光谱进行测定。

4 试剂

在分析过程中只能使用确认的分析级试剂，也只能使用蒸馏水或纯度与蒸馏水相当的水。

4.1 硅胶

薄层色谱级，GF 254适用。

4.2 展开剂

制备石油醚（沸程为40℃～60℃）、乙醚和冰醋酸的混合物，三者之体积比为50∶50∶1。

4.3 喷雾剂

4.3.1 磷钼酸乙醇溶液

15 g磷钼酸溶解于100 mL的95%（体积分数）乙醇中。

4.3.2 对甲氧基苯甲醛

将10 mL乙醇、0.5 mL硫酸（ρ=1.84 g/mL）和0.5 mL的对甲氧基苯甲醛混合在一起。

中华人民共和国农业部 2007-06-14 发布　　　　2007-09-01 实施

4.4 溶剂

4.4.1 丙酮

双蒸馏。

4.4.2 二氯甲烷。

4.5 标准蓖麻油溶液

4.5.1 精确称取 0.5 g±0.01 g 药剂级蓖麻油，置于单标容量瓶(5.9)中，并用二氯甲烷(4.4.2)稀释至 100 mL 以制备标准贮备液。

4.5.2 当用 5 g 橡胶进行分析时，将贮备溶液(4.5.1)的 2、4、6、8 和 10 mL 的等分部分再在单标容量瓶中用二氯甲烷(4.4.2)稀释至 10 mL，以制备相当于 0.2、0.4、0.6、0.8 和 1.0%(质量分数)的蓖麻油(按橡胶计)的溶液。

5 仪器

5.1 普通的实验室仪器。

5.2 全玻璃的抽提装置(见 GB/T 3516 的图 1 和图 2)。

5.3 水浴或电热板。

5.4 薄层色谱板　称取 2 g 硅胶(4.1)加水调成糊状，在尺寸为 200 mm×200 mm 玻璃板上涂覆一层厚度约 0.25 mm 的硅胶糊，稍干后于 110℃活化 1 h，取出置于干燥器内备用。也可使用商品板。

5.5 薄层敷板器。

5.6 展开槽：尺寸可容纳薄层色谱板。

5.7 喷雾器，用于使用喷雾剂(4.3)。

5.8 烘箱：能使温度保持在 100℃±5℃。

5.9 单标容量瓶：容量为 5 mL、10 mL 和 100 mL。

5.10 离心机：4 000 r/min。

5.11 分光计：能进行精确测量(在 700 nm±1 nm 处的总光度达±1%)，配备有光程长度为 10 mm 的池。

为达到最佳性能，应按照仪器说明书操作分光计。

6 试样的制备

从胶包取一块至少重 10 g 的橡胶并切成小块(约 1 mm×3 mm)。

如果有过量的蓖麻油，则在胶包的表面很易感觉到油腻。在这种情况下，则应选择足够数量的胶块(每块至少 10 g)以便有充分的代表性。分别制样和测定每块胶块，确保在制备过程中不发生交叉污染。

注 1：由于在一块胶块上可能会有大量的蓖麻油，如果将这种橡胶进行碾磨，则可能会损失一些蓖麻油，所以不能使用 GB/T 15340 所述的均匀化操作。

7 操作步骤

7.1 试料

精确地称取 5 g±0.1 g 试样并将其放入抽提装置(5.2)的抽提套管中。如果样品呈片状，则将其包卷在滤纸或滤布中以防黏结。

7.2 测定

7.2.1 把套管放入虹吸杯中，在抽提瓶里加入 100 mL 丙酮(4.4.1)将试料抽提 16 h，用水浴或电热板

(5.3)保持足够温度,使回流的丙酮每小时注满抽提杯 10～20 次。

7.2.2 将丙酮从抽提瓶内的抽提物中蒸发出来,例如用水浴蒸发,直到剩留液约 2 mL 为止。

7.2.3 将抽提物转入一 10 mL 的单标容量瓶(5.9)中,用二氯甲烷(4.4.2)漂洗,然后再加二氯甲烷(4.4.2)至刻度。

7.2.4 将 5 μL 试液(7.2.3)以及 5 μL 每一种稀释的标准蓖麻油溶液(4.5.2)点在薄层色谱板(5.4)上。

7.2.5 在展开槽中用展开剂(4.2)将薄层色谱板展开至 100 mm 高度。

7.2.6 取出薄层色谱板,让其在空气中干燥,再用磷钼酸溶液(4.3.1)或对甲氧基苯甲醛溶液(4.3.2)喷涂。放入烘箱(5.8)内烘烤,直到浅色的背景上显出深色的展开为止;烘烤时间约需要10 min。

注 2:对于相对"清洁"的橡胶而言(即抽出物含量较少的橡胶),使用磷钼酸已足够了;然而,对一些不太"清洁"的橡胶来说,主要的蓖麻油斑点会被另一种也呈蓝色的斑点重叠。避免这种干扰的办法是使用对甲氧基苯甲醛溶液(4.3.2),这种溶液显现的斑点最初呈淡紫色,很快转成绿色。

7.2.7 如果使用磷钼酸溶液,可按 8.1 至 8.2.4 的规定用目测或分光计测定蓖麻油的含量;如果使用对甲氧基苯甲醛溶液,则按 8.1 的规定目测蓖麻油的含量。

8 鉴定

8.1 将两个蓝色斑点中较大的斑点(相当蓖麻油酸的甘油酯,其 R_f 值约为 0.2)的面积与各标准溶液的面积比较,再目测估计试料的蓖麻油含量(以质量分数表示)。

8.2 如果需提高精确度,可从薄层色谱板上刮取较大的斑点,再按下述的方法以分光计鉴定蓝色。

8.2.1 将由试料以及由每个标准溶液的生成的两个蓝色斑点(见 8.1)中较大的斑点定量刮下,并用 1 mL水浸渍,将此液用离心机(5.10)进行离心以获得清亮的溶液,再将上层清液转入一个 5 mL 单标容量瓶中(如果所得的溶液太浓,也可使用较大的容量瓶),并加水定量至刻度,这一过程要确保没有硅胶进入容量瓶。

8.2.2 用分光计(5.11)测量每个溶液(见 8.2.1)在 700 nm 处的吸光度(光密度),以水作参比液。

8.2.3 使用从各标准溶液所得的斑点的数值,以吸光度和蓖麻油含量(以质量分数表示)作坐标绘制校准曲线。

8.2.4 从校准曲线读取试料的蓖麻油含量(以质量分数表示)。

8.3 试验结果精确到 0.05%。

9 试验报告

试验报告应包括下列内容:

a) 本部分的标准号;

b) 样品的标识;

c) 测定结果和使用的鉴定方法;

d) 可能影响试验结果的任何异常现象;

e) 试验日期。

附加说明：

天然生胶蓖麻油含量的测定分为2个部分：

——第1部分：蓖麻油甘油酯含量的测定　薄层色谱法；

——第2部分：总蓖麻油酸含量的测定　气相色谱法。

本部分为天然生胶蓖麻油含量的测定的第1部分：蓖麻油甘油酯含量的测定　薄层色谱法。

本部分修改采用ISO 6225.1：1984《天然生胶　蓖麻油含量的测定　第1部分：蓖麻油甘油酯含量的测定　薄层色谱法》。

本部分与ISO 6225.1：1984相比，主要差异如下：

——删去ISO 6225.1：1984的前言部分；

——在4.1中列出了经过验证适用的硅胶型号：GF254；

——为本部分的使用者提供方便，在5.4中详细列出了薄层色谱板的制备方法；

——在ISO 6225.1：1984的8.2.1中试液是需要离心的，但没有规定离心机，为了方便并经过验证，增加：5.10离心机。

本部分由中华人民共和国农业部提出。

本部分由农业部热带作物及制品标准化技术委员会归口。

本部分由中国热带农业科学院农产品加工研究所负责起草，农业部食品质量监督检验测试中心(湛江)、中华人民共和国黄埔出入境检验检疫局、云南省天然橡胶和咖啡产品质量检验站参加起草。

本部分主要起草人：张北龙、周慧玲、陈成海、黄茂芳、邹思红、周旭晖。

中华人民共和国农业行业标准

NY/T 1402.2—2007/ISO 6225.2:1990

天然生胶　蓖麻油含量的测定
第2部分:总蓖麻油酸含量的测定气相色谱法

Rubber, raw, natural—Determination of castor oil content
Part 2: Determination of total ricinoleic acid content by gas chromatography (ISO 6225.2:1990, IDT)

警告:使用本部分的人员应有正规实验室的实践经验。本部分并未指出所有可能的安全问题。使用者有责任采取适当的安全和健康措施,并保证符合国家有关法规规定的条件。

1 范围

本部分规定了天然生胶总蓖麻油酸含量的测定——气相色谱法。

本部分适用于所有级别的天然橡胶。

2 规范性引用文件

下列文件中的条款通过本部分的引用而成为本部分的条款。凡是注日期的引用文件,其随后所有的修改单(不包括勘误的内容)或修订版均不适用于本部分,然而,鼓励根据本部分达成协议的各方研究是否可使用这些文件的最新版本。凡是不注日期的引用文件,其最新版本适用于本部分。

GB/T 6682　分析实验室用水规格和试验方法(GB/T 6682—1992,neq ISO 3696:1987)

GB/T 15340　天然、合成生胶　取样及制样方法(GB/T 15340—1994,idt ISO 1795:1992)

3 原理

提取橡胶中所有的游离蓖麻油酸并转化为甲基蓖麻醇酸酯醋酸盐。

提取橡胶中所有的蓖麻油甘油酯,水解成为蓖麻油酸,并转化为相应的甲基蓖麻醇酸酯醋酸盐。

以蓖麻油酸或一种蓖麻油水解制备的蓖麻油酸作参比物,用气相色谱法测定总甲基蓖麻醇酸酯醋酸盐。

4 试剂

除非另有说明,只使用确认的分析纯试剂和蒸馏水(GB/T 6682 规定的3级)或相当纯度的水。

4.1 氢氧化钾乙醇溶液

把65 g氢氧化钾(KOH)溶解于1L95%(体积分数)的乙醇中。

4.2 氯化钠溶液

把10 g氯化钠溶解于100 mL的热水中。

4.3 盐酸

ρ=1.19 Mg/m^3。

中华人民共和国农业部 2007-12-18 发布　　2008-03-01 实施

4.4 二氯甲烷

4.5 甲苯

4.6 硫酸甲醇溶液

把 4 g(ρ=1.84 Mg/m^3)的硫酸与 100 mL 甲醇小心混合。

4.7 吡啶醋酸酐溶液

把最小纯度为 97%(质量分数)的醋酸酐和沸点范围为 113℃～117℃的吡啶等体积小心混合。

4.8 蓖麻油参比溶液

称取 0.05 g～0.1 g 医用级的蓖麻油,准确至 0.1 mg,放入装有 70 mL 氢氧化钾乙醇溶液(4.1)的烧瓶中。

用上端配置有二氧化碳吸收保护管的冷凝器(5.2)回流 6 h。

4.9 蓖麻油酸参比溶液

称取 0.05 g～0.1 g 技术级的蓖麻油酸,精确至 0.1 mg,放入已有 25 mL 硫酸甲醇溶液(4.6)的烧瓶中溶解。

用上端配置有水分吸收保护管的冷凝器(5.2)回流 2 h。

5 仪器

实验室常规仪器。

5.1 水浴锅

5.2 回流冷凝器

配置有二氧化碳或水分吸收保护管的回流冷凝器。

5.3 配置双重火焰-离子化发生器的气相色谱仪

为了达到最佳的效果,气相色谱仪应由专业人员按照厂家提供的说明书进行操作。

5.4 气相色谱柱

能从其他组分中灵敏分离出甲基蓖麻醇酸酯醋酸盐的气相色谱柱都可使用。

5.4.1 极性柱

长 2.5 m、内径 4 mm 的不锈钢管,用质量分数为 10%的聚乙二醇 20 M[1] 填充红色硅藻土色谱载体 AW-HMDS[1]。

5.4.2 非极性柱

长 2 m、内径 4 mm 的不锈钢管,用质量分数为 10%的硅橡胶 SE 30[1] 填充红色硅藻土色谱载体 AW-HMDS[1]。

5.5 天平

精度为 0.1 mg。

5.6 圆底烧瓶

容量 250 mL 和 50 mL。

6 试样的制备

按 GB/T 15340 的要求从胶包切取一块胶样,称取至少 12 g 作为实验室样品,将它从实验室开炼机最小的辊距过辊一次,以获得薄的试样,应避免过多混炼以减少蓖麻油的损失。如果不能够获得薄的试样,可使用边料或碎片作为实验室试样。

1) 聚乙二醇(Carbowax)20 M,红色硅藻土色谱载体(Chromosorb)AW-HMDS 和 SE 30 是市场上可买到的适用产品的例子。给出这一信息是为了方便本部分的使用者,并不表示对这一产品的认可。

如果胶包的蓖麻油含量不均匀，应选择足够数量的胶样，每个至少 12 g，获得充分的代表性。分别制备和测定各个试样，保证在制样过程中不发生交叉污染。以各试样的蓖麻油含量的平均值作为该批样品的蓖麻油含量的测定值。

7 操作步骤

7.1 试料的制备

称取试样10g±0.1g，准确至0.1mg，剪成小块，放入装有70mL氢氧化钾乙醇溶液(4.1)的250 mL烧瓶(5.6)中，放入初期应不时搅拌，使胶块分离。

7.2 测定

7.2.1 用上端配置有二氧化碳吸收保护管的冷凝器(5.2)在水浴回流 6 h。

7.2.2 回流完毕后，除去保护管，通过冷凝器加入几毫升甲醇到烧瓶中。将烧瓶从热源移开，冷却，把烧瓶中的提取物移入磁蒸发皿。保留烧瓶内的橡胶。

7.2.3 再连接冷凝器，并通过冷凝器往烧瓶中加入 50 mL 水，在回流装置中重复回流 30 min 后，冷却，把冷却的提取物移到同一蒸发皿中。

7.2.4 重复 7.2.3 的操作，将同一蒸发皿中提取物混合，去掉橡胶。在水浴(5.1)中浓缩溶液至体积约 30 mL。

7.2.5 将溶液移入分液漏斗，用水冲洗蒸发皿数次。把冲洗液也加入分液漏斗的提取物中。

用盐酸溶液(4.3，约 8 mL)酸化水溶液，并每次用 25 mL 二氯甲烷(4.4)洗涤提取物 3 次。将二氯甲烷溶液合并到另一分液漏斗中。

每次用氯化钠溶液(4.2)25 mL 洗涤二氯甲烷溶液 3 次，将二氯甲烷溶液移入 250 mL 的烧杯中，倒掉水层。

在水浴上蒸发二氯甲烷，把残留物溶于 25 mL 硫酸甲醇溶液(4.6)里。用上端配置有水分吸收保护管和冷凝器的 250 mL 烧瓶(5.6)回流所得的溶液 2 h。

7.2.6 冷却烧瓶，除去保护管，通过冷凝器加入 100 mL 热水到烧瓶中，把溶液移到分液漏斗。用小部分的二氯甲烷冲洗烧瓶，将所有冲洗液合并到分液漏斗。

每次用 25 mL 二氯甲烷抽提水溶液 4 次，如果水溶液层仍然混浊，再用二氯甲烷重复抽提 3 次。

用 100 mL 氯化钠溶液(4.2)洗涤混合的二氯甲烷溶液。

把混合的二氯甲烷溶液移到锥形瓶，蒸发所有的二氯甲烷。

7.2.7 把残渣溶解于 2 mL 吡啶醋酸酐溶液(4.7)中。用上端配置有水分吸收保护管的冷凝器，在 50 mL的圆底烧瓶(5.6)回流溶液 3 h。

7.2.8 回流结束后，除去保护管，冷却烧瓶，通过冷凝器加入 25 mL 热水到烧瓶中，回流 10 min。

7.2.9 冷却烧瓶，将含抽提物的水溶液移到分液漏斗，用几毫升二氯甲烷冲洗烧瓶。把洗液也加入到分液漏斗的提取物中。

然后每次用 25 mL 的二氯甲烷抽提水溶液 4 次，把二氯甲烷溶液合并到另一分液漏斗中。再用 100 mL 氯化钠溶液(4.2)洗涤二氯甲烷溶液。

将二氯甲烷溶液移入一烧杯中蒸发，直至溶液的体积减至大约 2 mL。

7.2.10 将二氯甲烷溶液移入 10 mL 容量瓶中，用甲苯(4.5)定量至刻度即为试验溶液。

7.2.11 将气相色谱仪调整到适当的操作条件。色谱柱和入口端的温度宜为 200℃左右。将适量的试验溶液(7.2.10)注入气相色谱仪(5.3)中，记录层析谱。测定甲基蓖麻醇酸酯醋酸盐的峰面积(A_X)。

7.2.12 如果测定蓖麻油含量，蓖麻油的参比溶液(4.8)就按 7.2.2 至 7.2.10 处理。

如果测定总蓖麻油酸含量，蓖麻油酸的参比溶液(4.9)就按 7.2.6 至 7.2.10 处理。

用与测定(7.2.11)所用的等量处理参比溶液,将参比溶液注入气相色谱仪中,记录层析谱。测定甲基蓖麻醇酸酯醋酸盐的峰面积(A_R)。

8 结果的表示

总蓖麻油酸或蓖麻油含量(W_a)以质量分数表示,按公式(1)计算:

$$W_a = \frac{m_R \times A_X}{m_X \times A_R} \times 100 \quad (1)$$

式中:

m_R ——参比溶液所含蓖麻油酸或蓖麻油的质量,单位为克(g);

m_X ——试料的质量,单位为克(g);

A_R ——参比峰的面积;

A_X ——试料峰的面积。

结果表示精确至质量分数的0.05%。

注:如果参比溶液(4.8)使用的蓖麻油与橡胶中的蓖麻油不同,蓖麻油含量的数值可能不准确。

9 试验报告

试验报告应包括下列内容:

a) 本部分的标准号;

b) 标识样品的所有详细内容;

c) 测定结果;

d) 可能影响试验结果的任何异常现象;

e) 试验日期。

附加说明:

天然生胶中蓖麻油含量的测定分为2个部分:

——第1部分:蓖麻油甘油酯含量的测定 薄层色谱法(NY/T 1402.1—2007);

——第2部分:总蓖麻油酸含量的测定 气相色谱法。

本部分为天然生胶中蓖麻油含量的测定的第2部分:总蓖麻油酸含量的测定——气相色谱法。

本部分等同采用ISO 6225.2:1990《天然生胶 蓖麻油含量的测定 第2部分:总蓖麻油酸含量的测定 气相色谱法》(英文版)。

本部分与ISO 6225.2:1990相比,主要差异如下:

——删去ISO 6225.2:1990的前言部分。

本部分由中华人民共和国农业部提出。

本部分由农业部热带作物及制品标准化技术委员会归口。

本部分由中国热带农业科学院农产品加工研究所负责起草,农业部食品质量监督检验测试中心(湛江)、海南省产品质量监督检验所参加起草。

本部分主要起草人:张北龙、丁丽、陈成海、周敏、吴毓炜、黄茂芳。

中华人民共和国农业行业标准

天然橡胶　评价方法

Natural rubber(NR)—Evaluation procedure
(ISO 1658:1994, IDT)

NY/T 1403—2007

1　范围

本标准规定了天然生胶的物理和化学试验方法，以及评价天然橡胶硫化特性使用的标准材料、标准试验配方、设备和操作方法。

2　规范性引用文件

下列文件中的条款通过本标准的引用而成为本标准的条款。凡是注日期的引用文件，其随后所有的修改单(不包括勘误的内容)或修订版均不适用于本标准，然而，鼓励根据本标准达成协议的各方研究是否可使用这些文件的最新版本。凡是不注日期的引用文件，其最新版本适用于本标准。

GB/T 528　橡胶或热塑性橡胶　拉伸应力应变性能的测定(GB/T 528—1998, eqv ISO 37:1994)

GB/T 1232.1　未硫化橡胶　用圆盘剪切粘度计进行测定　第1部分：门尼黏度的测定(GB/T 1232.1—2000, idt ISO 289.1—1994)

GB/T 2941　橡胶试样环境调节和试验的标准温度、湿度及时间(GB/T 2941—1991, eqv ISO 471:1983)

GB/T 3510　生胶和混炼胶的塑性测定　快速塑性计法(GB/T 3510—1992, eqv ISO 2007:1991)

GB/T 6038　橡胶试验胶料的配料、混炼和硫化设备及操作程序(GB/T 6038—1993, neq ISO 2393:1989)

GB/T 6737—1997　生橡胶　挥发分含量的测定(eqv ISO 248:1991)

GB/T 9869　橡胶胶料硫化特性的测定　(圆盘振荡硫化仪法)(GB/T 9869—1997, idt ISO 3417:1991)

GB/T 15340—1994　天然、合成生胶取样及制样方法(idt ISO 1795:1992)

GB/T 16584　橡胶　用无转子硫化仪测定硫化特性(GB/T 16584—1996, eqv ISO 6502:1991)

3　取样和制样方法

3.1　按GB/T 15340—1994中第5章规定的方法取一质量约为1 500 g的实验室样品。

3.2　按GB/T 15340—1994中的8.1规定的方法制备试样。

4　生胶的物理和化学试验

4.1　门尼黏度

取按3.2规定制备的试样，按GB/T 1232.1测定试样的门尼黏度，记录以ML(1+4)100℃表示的试验结果。

中华人民共和国农业部2007-06-14发布　　　　2007-09-01实施

4.2 挥发分

取按3.2规定制备的试样，按GB/T 6737—1997中第5章规定的方法测定试样的挥发分含量。

5 试验胶料的制备

推荐三个配方：

a) 两个纯胶配方，用于天然橡胶非炭黑填充胶料的硫化特性的比较试验。

b) 一个填充炭黑配方，用于天然橡胶炭黑填充胶料的比较试验。

注：b) 中所述配方也适用于异戊二烯橡胶(IR)。

5.1 标准试验配方

标准试验配方如表1所示。

所用的材料应是国家标准参比材料或国际标准参比材料。

表1 标准试验配方

材料	质量份数		
	配方1 ACS1	配方2 TBBS	配方3 填充炭黑
天然橡胶	100.00	100.00	100.00
氧化锌	6.00	6.00	5.00
硫黄	3.50	3.50	2.25
硬脂酸	0.50	0.50	2.00
油炉法炭黑 (高耐磨炉黑)	—	—	35.00
MBT[1)]	0.50	—	—
TBBS[2)]	—	0.70	0.70
合计	110.50	110.70	144.95

1) 硫醇基苯并噻唑。

2) 叔丁基-2-苯并噻唑次磺酰胺，粉末状，醚或乙醇不溶物含量应小于0.3%(质量分数)。应在室温下保存于密闭容器内，并每六个月检验醚或乙醇不溶物含量一次。如果此含量超过0.75%(质量分数)，则应将此材料废弃或重结晶。

5.2 操作程序

5.2.1 设备和操作程序

配料、混炼和硫化的设备及操作程序应符合GB/T 6038的规定。混炼过程中，开炼机辊筒表面的温度应保持在70℃±5℃。试样应按GB/T 15340—1994中的8.1所述的方法均匀化。

5.2.2 配方1和配方2(纯胶胶料)的混炼程序

	所需时间(min)
a) 调节开炼机的辊距至0.2 mm，在不包辊的情况下将橡胶薄通两次。	—
b) 调节开炼机的辊距至1.4 mm，将橡胶包辊压炼。当获得表面光滑的包辊胶时，调节辊距至1.8 mm。	4
c) 加氧化锌、硬脂酸、硫黄和MBT或TBBS。	4
d) 每边作3/4割刀三次。	3
e) 从开炼机上取下胶料，打卷，调节辊距至0.8mm，将胶料竖插入辊筒间隙滚压，如此重复六次。	2
总时间	13

f) 检核胶料的质量(见 GB/T 6038),如果该质量与所有材料总量相差超过 0.5%,则应将该胶料废弃并重新混炼。

g) 从胶料上剪下足够供硫化仪试验用的材料,如果需要,还剪下按 GB/T 1232.1 测定未硫化胶料门尼黏度用的材料。将胶料压成约 2.2 mm 厚的胶片以制备试片,或压成适当的厚度以制备环状试片。

h) 胶料混炼后至硫化前经 2 h～24 h 的环境调节,如有可能则采用 GB/T 2941 规定的标准温度和湿度。

5.2.3 使用母炼胶时配方 1 和配方 2(纯胶胶料)的混炼程序

可将配合剂如填充剂、促进剂或硫黄混合到橡胶中以形成母炼胶。这项技术可改善配合剂配比的准确度并使操作更为方便。

纯胶配方制备母炼胶和试验胶料的程序见附录 A。

5.2.4 配方 3(炭黑填充胶料)的混炼程序

调节开炼机的辊距至 0.5 mm,将橡胶加到炼胶机上塑炼至获得表面光滑的包辊胶和滚动的积胶为止。

塑炼后,按 GB/T 3510 测定快速塑性值,快速塑性值不应超过 45。这大约相当于门尼黏度值 70(按 GB/T 1232.1 测定)。

	所需时间(min)
a) 调节开炼机的辊距至 1.4 mm,使橡胶包辊塑炼。	1
b) 加硬脂酸,每边作 3/4 割刀一次。	1
c) 加氧化锌、硫黄,每边作 3/4 割刀一次。	2
d) 以一致的速度将炭黑从炼胶机辊筒的一头到另一头均匀加入橡胶中。当约一半炭黑混入胶料时,将辊距调至 1.9 mm,每边作 3/4 割刀一次。然后加入剩余的炭黑。当所有的炭黑都混入胶料时,每边作 3/4 割刀一次。应将落在接料盘中的炭黑加入胶料中。	10
e) 加 TBBS。每边作 3/4 割刀三次。	3
f) 从开炼机上取下胶料,打卷,调节辊距至 0.8 mm,将胶料竖插入辊筒间隙滚压。如此重复六次。	3
总时间	20

g) 检核胶料的质量,如果该质量与所有原材料总量相差超过 0.5%,则应将胶料废弃并重新混炼。

h) 从胶料上剪下足够供硫化仪试验用的材料,如果需要,还剪下按 GB/T 1232.1 测定未硫化胶料门尼黏度用的材料。将胶料压成约 2.2 mm 厚的胶片以制备试片,或压成适当的厚度以制备环状试片。

i) 胶料混炼后至硫化前应经 2 h～24 h 的环境调节,如有可能则采用 GB/T 2941 规定的标准温度和湿度。

6 用硫化仪进行试验评价硫化特性

6.1 用圆盘振荡硫化仪

按 GB/T 9869 测定如下标准试验参数:

M_L、M_{HR}、t_{s1}、$t'_{c(50)}$、$t'_{c(90)}$。

试验条件为:

振荡频率　　1.7 Hz(100 r/min)

振幅　　　　1°(可选择 3°)
量程选择　　选择在最大转距(M_{HR})时应至少能达到全量程的 75%
模腔温度　　160℃±0.3℃
预热时间　　无

6.2 用无转子硫化仪

按 GB/T 16584 测定如下标准试验参数：

F_L、F_{HR}、t_{si}、$t'_{c(50)}$、$t'_{c(90)}$。

试验条件为：

振荡频率　　1.7 Hz(100 r/min)
振幅　　　　0.5°
量程选择　　选择在 F_{HR} 时应至少能达到全量程的 75%
模腔温度　　160℃±0.3℃
预热时间　　无

7 硫化试验胶料拉伸应力——应变性能的评价

在 140℃的温度下将胶料分别以 20 min、30 min、40 min 和 60 min 的时间进行硫化。已硫化的胶片经 16 h～96 h 的环境调节，如有可能则采用 GB/T 2941 规定的标准温度和湿度。按 GB/T 528 测定应力——应变性能。

8 试验报告

试验报告应包括以下内容：

a) 本标准的编号；
b) 样品标记的详细内容；
c) 使用的标准试验配方；
d) 使用的参比材料；
e) 测定挥发分含量使用的方法；
f) 测定硫化特性使用的方法(GB/T 9869 或 GB/T 16584)；
g) 在测定过程中注意到的任何不正常现象；
h) 不包括在本标准和本标准的规范性引用文件中的任何操作，以及被认为是可选择的任何操作，例如是否使用母炼胶等；
i) 试验结果及其单位；
j) 试验日期。

附　录　A
（规范性附录）
使用母炼胶制备纯胶胶料的程序

A.1　母炼胶配方

制备母炼胶所用的橡胶应与试验用的橡胶具有相同的品质。表 A.1 列出了所用配合剂的质量比。

表 A.1　母炼胶配方

母炼胶	MBT	硫黄	TBBS
材料	质量份数		
天然橡胶	100	100	100
氧化锌	120	120	120
硬脂酸	10	10	10
MBT	20	—	—
TBBS	—	—	28
硫黄	—	140	—
合　计	250	370	258

A.2　试验胶料配方

表 A.2 中给出试验胶料配方。

表 A.2　试验胶料配方

材　　料	质　量　份　数	
	ACS1	TBBS
试验橡胶	95.00	95.00
MBT 母炼胶	6.25	—
TBBS 母炼胶	—	6.45
硫黄母炼胶	9.25	9.25
合　计	110.50	110.70

A.3　用开炼机制备母炼胶的混炼程序

在混炼的过程中，用自来水使炼胶机辊筒保持冷却状态。

所需时间
(min)

a)　调节开炼机的辊距至 0.6 mm，使橡胶包辊塑炼。　1

b)　加氧化锌、硬脂酸和 MBT 或 TBBS 或硫黄。逐渐加大辊距并保持滚动的积胶。当约 80%配合剂混入胶料时（辊距约为 1.0 mm），每边作 3/4 割刀一次。　2

c) 将剩余的配合剂混入胶料中，当粉料全部吃尽时，每边作 3/4 割刀一次，直至分散完全均匀。 5

总时间 8

d) 从开炼机上取下母炼胶并检核其总质量。

e) 用环境温度的自来水冷却辊筒至 27℃±5℃。

f) 调节辊距至尽量小的间隙，将母炼胶薄通三次。每薄通一次的同时，将胶料打成三角包。

g) 调节辊距至 1.4 mm，将母炼胶下片。

将母炼胶贮存在环境温度为 23℃±2℃的密闭容器内。贮存期不超过三个月。

A.4 试验胶料的制备

在混炼的全过程中，开炼机辊筒表面的温度应保持在 70℃±5℃。

	所需时间 (min)
a) 调节辊距至 0.8 mm，使橡胶包辊塑炼。每边作 3/4 割刀两次。	0.75
b) 加 MBT 母炼胶或 TBBS 母炼胶、硫黄母炼胶。每边作 3/4 割刀六次。	2.00
c) 从开炼机上取下全部胶料。将胶料打卷后竖插入两辊筒间滚压，如此重复两次。	0.25
总时间	3.00

d) 调节辊距至 1.4 mm，将胶料下片。

e) 胶料混炼后至硫化前应经 2 h～24 h 的环境调节，如有可能则采用 GB/T 2941 规定的标准温度和湿度。

附加说明：

本标准等同采用国际标准 ISO 1658:1994《天然橡胶　评价方法》(英文版)。

本标准代替 GB/T 15340—1994 中的附录 A 和附录 B。

本标准的附录 A 为规范性附录。

本标准由中华人民共和国农业部提出。

本标准由全国橡胶与橡胶制品标准化技术委员会天然橡胶分技术委员会归口。

本标准由中国热带农业科学院农产品加工研究所负责起草，北京橡胶工业研究设计院、农业部天然橡胶质量监督检验测试中心参加起草。

标准主要起草人：陈成海、马维德、赖广廉、黄茂芳、张北龙。

中华人民共和国农业行业标准

天然橡胶初加工企业安全技术规范

Safety technical norm for primary processing enterprise of natural rubber

NY 1404—2007

1 范围

本标准规定了天然橡胶初加工企业标准橡胶生产厂和浓缩胶乳生产厂安全生产的技术规范。

本标准适用于天然橡胶初加工企业标准橡胶生产厂及浓缩胶乳生产厂安全生产的管理。

2 规范性引用文件

下列文件中的条款通过本标准的引用而成为本标准的条款。凡是注日期的引用文件，其随后所有的修改单(不包括勘误的内容)或修订版均不适用于本标准，然而，鼓励根据本标准达成协议的各方研究是否可使用这些文件的最新版本。凡是不注日期的引用文件，其最新版本适用于本标准。

GB 2894 安全标志

GB/T 15226.1 工业机械电器设备 第一部分:通用技术条件

GB/T 8082 天然生胶 标准橡胶包装、标志、贮存和运输

GB 8196 机械设备防护罩安全要求

GB 15603 常用化学危险品贮藏通则

GB 16179 安全标志使用导则

GB 16754 机械安全 急停 设计原则

NY/T 385 天然生胶 浅色标准橡胶生产工艺规程

NY 687 天然橡胶初加工废水排放标准

NY/T 734 天然生胶 通用橡胶生产工艺规程

NY/T 735 天然生胶 子午线轮胎专用橡胶生产工艺规程

NY/T 924 浓缩天然胶乳生产工艺规程

NY/T 925 天然生胶 胶乳标准橡胶生产工艺规程

NY/T 926 天然生胶 恒粘橡胶生产工艺规程

3 通用安全规范

3.1 厂区安全

3.1.1 厂区应保持清洁卫生，绿化良好。

3.1.2 厂区道路应平坦，供排水道应通畅。

3.1.3 厂区厕所应有冲水、洗手装置，并应经常清洗、消毒，保持清洁卫生。

3.1.4 厂房内应空气流通，采光良好。空气严重污染的作业区应设有排风装置，高温作业区应设有降温装置。

中华人民共和国农业部 2007-06-14 发布　　2007-09-01 实施

3.1.5 厂房内的原材料、半成品、成品及其他物品的堆放应整齐有序、方便搬运操作，车间内应留有足够货物进出的通道。

3.1.6 化工原料及产品仓库应分开，产品仓库应设有防潮、防水、防火装置。

3.1.7 非生产人员，未经许可，不应擅自进入生产车间。

3.1.8 不准个人携带易燃物品进入工厂，严禁在油库、仓库、贮藏易燃易爆物品等场所吸烟、生火或操作电焊、电割、气焊、气割。

3.1.9 厂内应根据不同设施、设备的防火、防爆要求，设置足够的有针对性的灭火、防爆器材。

3.1.10 定期对消防器材进行检查，及时维修、更换过期或失效的消防器具。

3.1.11 建立消防安全监督组织，制定消防应急措施方案，分期分批对员工进行消防知识培训及考核。

3.1.12 厂区内应设有足够的安全防雷设施，防雷设施的设置应符合相关标准的要求。

3.1.13 厂区应合理布置供电设施，提供足够的用电容量。

3.1.14 定期检查供电线路、电器及保护装置，及时排除事故隐患。

3.1.15 应由持有合法有效证件的专业人员进行电器及线路的安装、维修及保养。

3.1.16 所有的照明灯应固定悬挂，高度不低于 2.5 m，安装应符合相关标准要求。

3.1.17 产品仓库、油库、废水处理池、供配电装置等危险地带应设有安全警示标志及防护措施。警示标志应符合 GB 2894 及 GB 16179 的规定要求。

3.2 设备的安装、保养与维修安全

3.2.1 机器及电器的设置应符合生产工艺及操作人员的安全要求，方便安全生产操作及保养维修。

3.2.2 设备安装基础的浇灌应符合设备安装说明书的要求，安装平面应平整。

3.2.3 设备的安装应按照设备安装说明书要求执行，吊装绳索应满足额定负荷的强度要求，吊装过程操作人员不应正处吊装机器下方。

3.2.4 设有电动机的设备的带传动、链传动、齿轮传动及轴系等外露的运动件应有防护装置，防护装置应具备足够不变形的强度和刚度，防护装置的网孔应保证人体任何部位不会触及到运动部件，并符合 GB 8196 的要求。

3.2.5 每台设备应设单独开关，不允许多台设备共用一个开关，大型或高速运转的机器还应在操作位置设紧急停车装置，急停装置应符合 GB 16754 的要求。

3.2.6 所有的电控装置及电动机应有可靠的接地措施，并符合 GB/T 5226.1 的规定。

3.2.7 设备安装后，应在基础浇灌 15 d 以上方能试运转机器，机器的试运转时间不应少于 2 h。

3.2.8 定期检查机器设备零部件的损耗、各连接处的紧固、润滑油的消耗状况，及时处理相应出现的不良情况。

3.2.9 设备的润滑保养应根据不同设备的使用情况定期进行，严禁在机器运转时加注润滑油。

3.2.10 设备运转时出现异常响声、发热、震动或其他变异，应停机检查，排除事故隐患后才能继续开机。严禁机器运转时排除故障、擦洗机器、清除杂质。

3.2.11 离心机应定期进行探伤、动平衡检测。

3.2.12 采购化工原料时，应注意盛装化工原料的设备的安全因素。

3.2.13 维修设备前，应切断电源，设立有效的警示标志。

3.2.14 应建立设备维修、保养、更换零件原始记录登记制度。

3.3 实验室安全

3.3.1 实验室各岗位应建立相应的岗位操作规程。

3.3.2 实验人员应经过专业培训，熟悉各检验项目的检验方法、操作技巧，经考核获上岗证才能上岗。

3.3.3 实验室内各种化学试剂应分类存放，各类溶液应编写标签。

3.3.4 有毒有害、易燃易爆物品应专人、专柜或专门地点妥善保管、贮存，贮存的方法应符合 GB 15603 的规定。

3.3.5 实验室内应配备专门的劳保用品：口罩、手套、防护眼镜、防护服、胶鞋等用具。

3.3.6 实验人员配制酸、碱等各类溶液时，应戴好防护用具，严格按照操作规程进行。

3.3.7 应按使用说明书要求及岗位操作规程使用电器设备。

3.3.8 使用玻璃仪器应轻拿轻放，如有破损、碎裂，应及时清除整理干净。

3.3.9 应定期检查实验室的水阀、电闸开关、插座、插头的完好性，有破损件应及时修理或更换。

3.3.10 所有检验应做好原始记录。

3.3.11 应建立剧毒药品的进账、使用、消耗登记制度。

3.3.12 所有实验人员应熟悉各种不同消防器具的使用。

3.4 环境保护安全

3.4.1 天然橡胶初加工企业应具备废水处理设施，应在排放口设置永久性排放口标志和废水监测装置。

3.4.2 生产过程排出的废水应经处理并符合 NY 687 的规定才能排放。

3.4.3 剧毒及严重腐蚀的废物、废液应按相关国家规定的方法进行处理。

4 标准橡胶生产安全技术规范

标准橡胶安全生产除执行 NY/T 385、NY/T 734、NY/T 735、NY/T 925、NY/T 926 的规定外，还应遵守 4.1、4.2 和 4.3 的规定。

4.1 运输、凝固岗位安全

4.1.1 运胶车车厢不应人胶混装，行车前胶乳罐顶盖及出口应关紧，车厢后板应扣好。

4.1.2 清洗胶乳罐前应将上罐口及卸胶乳阀打开，然后喷洒清水冲洗，确认氨气基本排尽后才能进入罐内清除凝胶块。进入罐内时，罐外应有人协助、守护。

4.1.3 按操作规程启动离心沉降器，在离心沉降器转鼓完全停稳后方能拆洗收集罩及转鼓。使用完毕，应及时切断离心沉降器的电源。

4.1.4 凝固工段应配备眼镜、胶手套、胶围裙、胶水鞋等凝固操作防护用具。

4.1.5 配制酸液时，操作人员应戴好防护用具，严格按照操作规程进行操作，避免正面对酸罐口，防止酸液伤人。

4.1.6 泄漏地面的酸液应及时用水冲洗掉。

4.1.7 不应在混合池边俯身用手捞取池中的杂物。

4.1.8 建立凝固工段的胶乳情况(干胶含量、氨含量)及用酸量的记录制度，做好原始记录。

4.1.9 凝固完毕，应清洗干净凝固用具、混合池，将混合池周围地面积水清除干净。

4.2 造粒岗位安全

4.2.1 严格按照操作程序启动造粒设备，非正常停机时，机器不应带负荷启动。

4.2.2 压薄机运转时，不应站在压薄机前的凝固槽上拉胶喂料。倒片时，不能踩踏、拖拉胶片。

4.2.3 绉片机运转时，不应直接用手将打滑胶块推压进辊筒。

4.2.4 输送带运转时，不应伸手取拿失落在辊筒与输送胶带间的胶块。

4.2.5 洗涤法洗涤胶料时，不应将手伸进运转的洗涤箱中拾取杂物或推动胶团。

4.2.6 凝块标准橡胶连续法生产时，不应将手伸进运转的破碎机、双螺杆切胶机、胶料提升斗、碎胶机中拾取杂物或推动胶团。

4.2.7 凝块标准橡胶连续法生产时，不应在清洗池边俯身捞取池中的杂物。

4.2.8 不应在设备的喷淋装置下洗手、洗物。

4.2.9 造粒完毕应清洗干净设备、设施，然后将车间地面的积水清除。

4.2.10 工作人员离岗前应将造粒设备的总开关关闭。

4.3 干燥、包装、贮存岗位安全

4.3.1 应按操作程序进行燃炉点火，点火时操作人员不应正面对炉口。

4.3.2 燃煤干燥炉点火前应检查炉膛内的耐火材料是否脱落、煤炉加热管是否破裂，发现问题应立即停止使用，修复清理后才能使用。

4.3.3 应严格控制升温及产品的正常出车时间，并建立干燥温度及进出车记录制度。

4.3.4 非正常停机时，应迅速关闭油路、气路，再次点火前，应抽风 1 min～2 min。

4.3.5 胶料卸车时，不应在吊起的干燥车箱体下进行操作。

4.3.6 严格按操作程序启动、运作橡胶压包机，压头应对准压包箱才向下压包。

4.3.7 压包过程中，不应将手伸入压头与压包箱之间拔胶或加胶。

4.3.8 装袋、封袋过程应认真、小心操作，防止将锥子、缝针等物件封入袋中。

4.3.9 胶包入库堆叠应整齐、稳固，并符合 GB/T 8082 中的规定。

5 浓缩天然胶乳生产安全技术规范

浓缩天然胶乳安全生产除执行 NY/T 924 的规定外，还应遵守 5.1、5.2、5.3 的规定。

5.1 运输、澄清岗位安全

5.1.1 浓缩天然胶乳生产的运输岗位安全条例应按 4.1.1、4.1.2 的规定执行。

5.1.2 澄清罐的进料口应备盖，不卸胶乳时应盖好盖子。

5.1.3 为胶乳加补氨时，氨罐出口开关应在上方。

5.1.4 鲜胶乳补氨前，应检查加氨管道是否畅通或有泄漏，加氨开关是否灵敏。加氨完毕，立即从澄清罐取出加氨管，清洗干净。

5.1.5 清洗澄清罐前，应打开盖口，启动鼓风机或抽风机驱除氨气，确定罐内基本没有氨味，清洗人员方可入罐清洗。

5.1.6 清洗操作应 2 人以上在场，下罐前应系好安全带，打开照明灯，利用扶梯清洗内壁时，应有人固定扶梯。

5.2 离心车间岗位安全

5.2.1 应按操作程序启动、停止、拆洗、装合离心机。

5.2.2 启动前应检查各管道、开关、流槽及其他用具是否并接装好，刹车装置是否放开，不应同时启动多台离心机。

5.2.3 严禁离心机尚未完全停转就拆机清洗。

5.2.4 拆卸时应按顺序摆放各部件，不应用铁器敲、撬难拆部件；清洗时不应用铁器刮除杂质；装合时应按拆卸的反顺序进行，检查连接环的符号是否正对顶盖符号，转鼓是否能自由转动，收集罩、调节斗的出口是否正确。

5.2.5 清洗完离心转鼓后，及时将工作场所地面积水清扫干净。

5.3 浓乳车间岗位安全

5.3.1 浓乳车间的补氨操作应按 5.1.3、5.1.4 的规定执行。

5.3.2 浓乳积聚罐的进料口应盖好，必要时应上锁。

5.3.3 浓乳积聚罐的清洗应按5.1.5、5.1.6的要求执行。

5.4 胶清车间岗位安全

胶清车间的岗位安全操作应按第4章的规定执行。

附加说明：

本标准由中华人民共和国农业部提出。

本标准由农业部热带作物及制品标准化技术委员会归口。

本标准由中国热带农业科学院农产品加工研究所负责起草。

本标准主要起草人：陆衡湘、陈成海、刘培铭、张北龙、邓维用。

中华人民共和国农业行业标准

胶乳黏合纤维垫

Fibre cushion rubberized by latex

NY/T 1525—2007

1 范围

本标准规定了胶乳黏合纤维垫的要求、试验方法、检验规则及包装、标志、贮存和运输。

本标准适用于加入配合剂的天然胶乳、合成胶乳或两者的混合胶料作黏合剂，对椰棕、剑麻、山棕纤维进行黏合，并经硫化的纤维垫；不一定适用于用合成树脂作黏合剂对椰棕、剑麻、山棕纤维进行黏合的纤维垫。

2 规范性引用文件

下列文件中的条款通过本标准的引用而成为本标准的条款。凡是注日期的引用文件，其随后所有的修改单(不包括勘误的内容)或修订版均不适用于本标准，然而，鼓励根据本标准达成协议的各方研究是否可使用这些文件和最新版本。凡是不注日期的引用文件，其最新版本适用于本标准。

GB/T 2912.1 纺织品 甲醛的测定 第1部分:游离水解的甲醛(水萃取法)

GB 17927—1999 软体家具 弹簧软床垫和沙发抗引燃特性的评定

3 术语和定义

下列术语和定义适用于本标准。

3.1

胶乳黏合纤维垫 fibres cushion rubberized by latex

由卷曲的椰棕、剑麻、山棕纤维经用加入配合剂的天然胶乳或合成胶乳或该二种胶乳混合胶料黏合，并经过硫化的多孔弹性材料。

3.2

凹入硬度 indentation hardness

用标准仪器按规定的试验方法，对标准试样产生一定凹入度所需要的力。

3.3

压缩永久变形 compression set

指试样的初始厚度与在一定时间、一定温度和一定压缩率压缩后，经过一定恢复时间的试样最终厚度差异。

4 产品分类

胶乳黏合纤维垫分为如下三种类型：

——平板垫，厚度≤12 mm；

中华人民共和国农业部 2007-12-18 发布 2008-03-01 实施

——座靠垫,厚度≥13 mm,长宽度 501 mm～800 mm;

——床垫,厚度≥13 mm,长宽度≥801 mm。

5 要求

5.1 胶乳黏合纤维垫尺寸应符合表 1 的规定。

5.2 胶乳黏合纤维垫的外观质量应符合表 2 的规定。

5.3 胶乳黏合纤维垫的理化性能应符合表 3 的规定。

5.4 胶乳黏合纤维垫应通过 GB 17927—1999 中规定的抗香烟引燃试验。

表 1 胶乳黏合纤维垫尺寸要求

单位为毫米

厚度尺寸	公差		长宽度尺寸	公差	
	+	－		+	－
≤12	3	0	≤500	10	0
13～30	6	3	501～800	15	3
31～45	8	4	801～1 200	20	4
46～60	10	5	1 201～1 500	30	6
61～100	12	6	1 501～1 800	40	8
>100	15	6	>1 800	50	10

表 2 胶乳黏合纤维垫外观质量要求

项目	床垫		座靠垫		平板垫	
	一级品	二级品	一级品	二级品	一级品	二级品
塌陷	1. 表面可有面积不大于 50 cm², 深度不大于 1 cm 的塌陷 4 处。 2. 四周 1.6 m 长度上可有面积不大于本面积的 25%,深度不大于 0.8 cm 的塌陷 2 处。	1. 表面可有面积不大于 50 cm², 深度不大于1.5 cm 的塌陷 4 处。 2. 四周 1.6 m 长度上可有面积不大于本面积的 25%,深度不大于 1.0 cm 的塌陷 2 处。	1. 表面可有面积不大于 20 cm², 深度不大于 0.5 cm 的塌陷 2 处。 2. 四周允许有深度不大于 0.8 cm 的塌陷 2 处。	1. 表面可有面积不大于 20 cm², 深度不大于 0.8 cm 的塌陷 2 处。 2. 四周可有深度不大于 1.0 cm 的塌陷 2 处。	表面可有面积不大于该面面积 10%,深度不大于其厚度 10% 的塌陷 4 处。	表面可有面积不大于该面面积 15%, 深度不大于其厚度 10% 的塌陷 4 处。
脱层	四周 1.6 m 长度的范围内可有不大于 5.0 cm 的脱层 1 处。	四周 1.6 m 长度的范围内可有不大于 10.0 cm 的脱层 1 处。	四周可有不大于 5.0 cm 的脱层 1 处。	四周可有不大于 5.0 cm 的脱层 2 处。	不应有脱层。	不应有脱层。
钉和硬块	手压表面不应有明显的凸钉和硬块感觉。	手压表面不应有明显的凸钉感觉,但允许有 2 处硬块感觉。	手压表面不应有明显的凸钉和硬块感觉。	手压表面不应有明显的凸钉感觉,但允许有 2 处硬块感觉。	手压表面不应有明显的凸钉和硬块感觉。	手压表面不应有明显的凸钉和硬块感觉。
卫生	1. 不应使用各种废旧材料; 2. 肉眼观察不应检出蚤、蜱、臭虫等虫类及虫卵,不应有虫蛀现象; 3. 不应夹杂泥沙或金属等杂物; 4. 无腐朽、霉变或霉烂现象,无刺鼻异味。					

表 3 胶乳黏合纤维垫的理化性能要求

级 别	凹入硬度 (kN/m²)	密度[a] (kg/m³)	压缩永久变形[b] (%)	甲醛含量 (mg/kg)	水分含量 (%)
软	3.0～5.9	40～59	≤25	≤300	≤12.0
中 等	6.0～8.9	60～69			
硬	9.0～11.9	70～79			
特 硬	12.0～14.9	80～99			
超 硬	≥15.0	≥100			

a) 密度值仅用于指导生产；

b) 平板垫的理化性能要求不包括压缩永久变形。

6 试验方法

6.1 胶乳黏合纤维垫尺寸和密度的测定

按附录 A 的规定进行。

6.2 胶乳黏合纤维垫的外观质量检验

通过目测、手感和钢尺或金属卷尺来检验胶乳黏合纤维垫的外观质量。

6.3 胶乳黏合纤维垫凹入硬度的测定

按附录 B 的规定进行。

6.4 胶乳黏合纤维垫压缩永久变形的测定

按附录 C 的规定进行。

6.5 胶乳黏合纤维垫甲醛含量的测定

按 GB/T 2912.1 的规定进行。

6.6 胶乳黏合纤维垫水分含量的测定

按附录 D 的规定进行。

6.7 胶乳黏合纤维垫阻燃性试验

按 GB 17927—1999 中规定的抗香烟引燃试验方法进行。

7 检验规则

7.1 检验分类

产品检验分为型式检验和出厂检验。

7.1.1 型式检验

7.1.1.1 型式检验是对胶乳黏合纤维垫质量进行全面考核，即按 4.1、4.2、4.3 和 4.4 的要求进行检验。

7.1.1.2 出现下列情况之一时，应进行型式检验：

a) 产品试制定型鉴定或停产后复产时；

b) 产品结构、材料、工艺或设备有较大的变动，可能影响产品质量时；

c) 正常生产时，定期或积累一定产量后，应周期性进行一次检验，周期检验一般为一年；

d) 出厂检验与上次型式检验结果差异较大时；

e) 质量监督机构认为需要时；

f) 合同规定时。

7.1.1.3 组批规则

床垫、座靠垫每 5 000 m^2，平板垫每 10 000 m^2 的同配方、同工艺产品作为一个检验批次；或不超过半个月生产的同配方、同工艺产品作为一个检验批次。

7.1.1.4 **抽样方法**

应在近期内生产的产品批次中随机抽取 2 件，1 件送检，1 件封存备用；也可按有关的协议进行抽样。

试样应从样品的中心割取。试验宜在割取后 24 h 内进行试验。

当成品因形状复杂、尺寸大小或其他原因不能进行试验或不能制备试样时，应制备标准试样。

试验应在样品硫化后的 48 h 以后进行。样品应尽可能避光，在试验前不应对样品施加任何压力或张力。

试样的初始厚度低于 38 mm 时，应将最少数量的几块试样重叠成总厚度约 38 mm，并以此测量试样的初始厚度。

7.1.1.5 **判定规则和复验规则**

检验结果中的尺寸、凹入硬度、压缩永久变形、甲醛和水分含量等项指标中只要有 1 项指标不符合表 1 或表 3 的要求，则判定该批产品不合格。检验结果中的外观质量要求如不符合表 2 中一级品的，可降为二级品；如仍不符合二级品的，则判定该批产品不合格。

对检验结果有争议的，可进行复检。复检应对封存的备用抽样样品进行检验。如复检仍不合格，则判定该批产品为不合格。

7.1.2 **出厂检验**

7.1.2.1 出厂检验应在产品型式检验合格的有效期内，对产品的尺寸、外观及标志和包装进行检验，检验合格发给合格证书，方可出厂。

7.1.2.2 **抽样方法**

出厂检验应进行全数检验。因批量大，进行全数检验有困难时可实行抽样检验。抽样检验方法及合格判定方法按表 4 进行。

7.1.2.3 出厂检验由企业质量检验部门进行。

7.1.2.4 出厂检验判定规则见表 4。

表 4 出厂检验的抽样数量及判定规则

单位为件

本批次产品数	样本数	合格判定数(Ac)	不合格判数(Re)
26～50	8	1	2
51～90	13	2	3
91～150	20	3	4
151～280	32	5	6
281～500	50	7	8
501～1 200	80	10	11
1 201～3 200	125	14	15

8 包装、标志、贮存和运输

8.1 包装

产品应包装，防止污染和损坏。

8.2 标志

产品标志至少应包括以下内容：

a) 产品名称；

b) 产品型号、规格、代号和批号；

c) 执行标准编号(即本标准编号)；

d) 生产日期；

e) 出厂检验合格证；

f) 生产厂名、厂址、联系电话。

8.3 贮存

8.3.1 产品应贮存在干燥、通风良好、清洁卫生的仓库内，室内温度不应超过35℃，相对湿度应在80%以下。

8.3.2 产品应放置离地面20 mm以上的支架上，堆垛不宜超过1.5 m，以免受压变形。

8.3.3 产品应避免阳光直接照射，并距离热源不少于1 m。

8.3.4 产品贮存仓库内应采取防火措施。

8.4 运输

8.4.1 产品在运输途中应有遮盖物，切忌日晒，防止受潮。

8.4.2 产品搬运时，应防止撕裂和受压变形。

8.4.3 产品在运输时不应接触酸、碱、油脂和溶剂等物质。

附　录　A
（规范性附录）
胶乳黏合纤维垫尺寸及密度的测定

A.1　长度和宽度的测定

用钢尺或金属卷尺测量样品的长度和宽度，精确至 1 mm，确保测量是沿着样品相对两边的垂直线进行的。

A.2　厚度的测定

A.2.1　试验样品厚度的测定

从样品上割取一块 100 mm×100 mm 的试样，将试样放在两块较大的水平板之间，在其上表面加 2 N的负荷（含上水平板）。在每一边的中心处测量两板之间的距离，精确至 1 mm。取四个读数的平均值作为样品的厚度。

A.2.2　整个样品厚度的测定

A.2.2.1　仪器

测量厚度的仪器包括一支长 250 mm、直径 4 mm～5 mm 的坚固测量针，测量针由合适的材料制成，并经过精修，使之具有光滑的抛光面。测量针的一端垂直地固定在一块抛光板的中心，抛光板厚度为 3 mm，尺寸为 50 mm×50 mm。测量针的另一端逐渐细成针尖，以利于插入胶乳黏合纤维垫。整支测量针上都标有刻度，间隔为 1 mm，针和板固定处的刻度为“0”，从这一点起，每隔 5 mm 和 10 mm 都有明显的标记。测量仪器也包括一块直径 35 mm、荷重 2 N 的圆片，圆片中央开孔以利负荷沿着整支测量针上下移动。

A.2.2.2　操作步骤

测量整个样品厚度时，将测量针插过胶乳黏合纤维垫的底面，使测量针垂直胶乳黏合纤维垫的自由表面，测量仪器的底板则同胶乳黏合纤维垫的底面接触。然后将滑动负荷套在测量针的凸出部分上，从测量针上直接读出胶乳黏合纤维垫和滑动负荷合在一起的厚度，精确至 1 mm。从读数中减去滑动负荷的厚度，即得试样的厚度。在试样上至少随机取 4 个点进行测量，将其平均数作为整个样品的厚度。

A.3　密度的测定

A.3.1　按附录 A.1 和 A.2 所述的方法，测定样品的长度、宽度和厚度。

A.3.2　将样品称量，精确至 0.01 g。

A.3.3　结果的表示

胶乳黏合纤维垫的密度按（A.1）式计算，单位为千克每立方米（kg/m^3）：

$$密度 = \frac{m}{l \cdot w \cdot t} \times 10^6 \quad \cdots\cdots (A.1)$$

式中：

m——试样的质量，单位为克（g）；

l——试样的长度，单位为毫米（mm）；

w——试样的宽度，单位为毫米（mm）；

t——试样的厚度，单位为毫米（mm）。

附　录　B
（规范性附录）
胶乳黏合纤维垫凹入硬度的测定

B.1　样品

B.1.1　从样品上割取一块 100 mm×100 mm 的试样，在割取试样时应至少离整块样品边 25 mm。

B.1.2　试样应在 27℃±2℃的温度和 65%±5%的相对湿度下调节 24 h，然后立即进行试验，试验也应在与上述相同的条件下进行。

B.2　试验机

凹入硬度试验机见图 B.1。

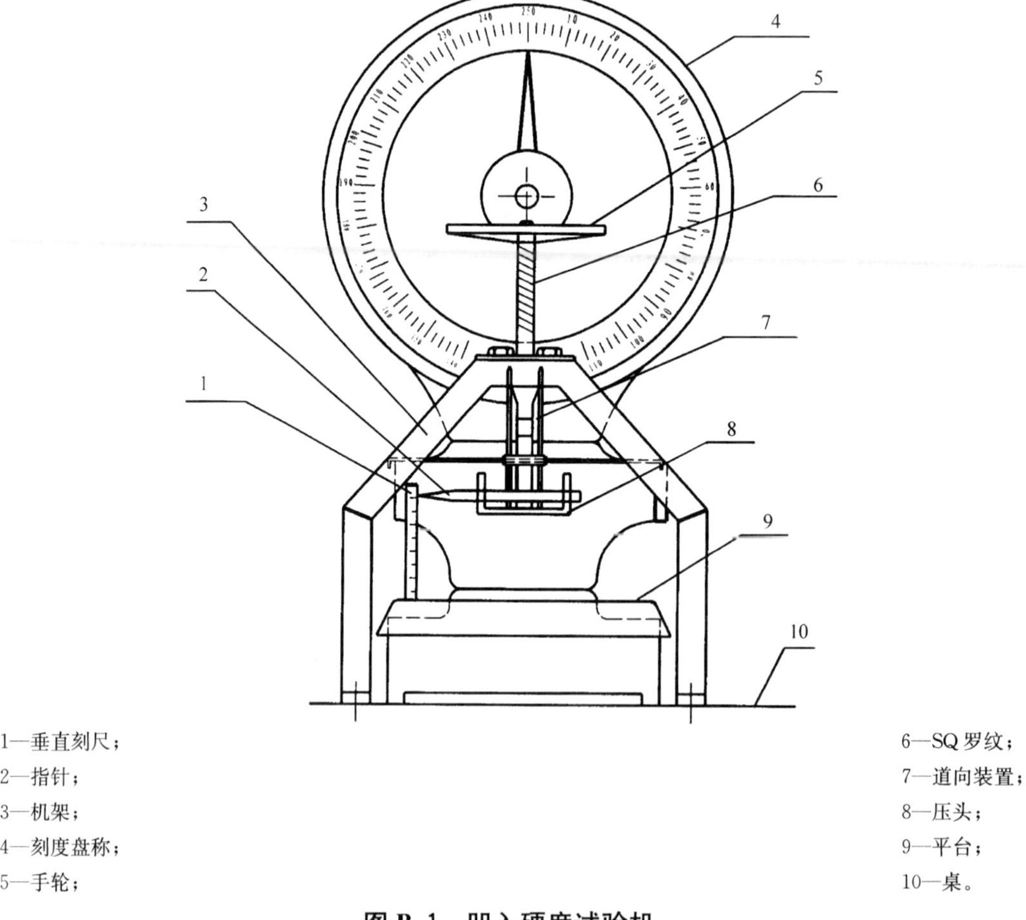

1—垂直刻尺；
2—指针；
3—机架；
4—刻度盘称；
5—手轮；
6—SQ 罗纹；
7—道向装置；
8—压头；
9—平台；
10—桌。

图 B.1　凹入硬度试验机

B.2.1　试验机的主要部件是一个可调节的压头，压头是一块厚 3 mm、长宽为 105 mm×105 mm 的方形不锈钢板，通过球窝节安装在螺纹轴上，从而使压头的表面能自动调节以适合试样的外形。

B.2.2　压头通过用手轮操纵的螺纹轴可以垂直上下移动，螺纹则通过具有相同距离和尺寸的套筒进行工作。套筒安装在机架上，机架放置在桌子的水平面而不与刻度盘秤的平台接触，刻度盘秤的最大负荷量为 250 N，分刻度为 0.5 N。

B.2.3 试验机应能使压头以 5 N/min 的速率在样品上垂直施加负荷，并具备合适的刻度盘台秤以测量产生规定压缩率时所需的负荷。样品应放在刻度盘秤平台的光滑水平表面上，平台的表面应比样品大。

B.2.4 样品的厚度可由安装在压头上的指针来测量，压头应有合适的导向装置并能在垂直刻度尺的前方滑动，刻度尺的刻度为毫米。调节指针，使压头接触刻度盘秤的平台时，指针在刻度尺上读数为"0"。

B.3 操作步骤

B.3.1 试样的尺寸应为 100 mm×100 mm。

B.3.2 按附录 A 的方法测量试样的厚度。

B.3.3 将压头升高至高出样品的厚度，并将样品放在压头下面的刻度盘秤平台上，从刻度盘上读出样品本身的荷重（xN）。启动试验机压头下降，将样品压向刻度盘秤的平台。当刻度盘的读数达到 2 N+xN 时，记下指针在刻度尺上的读数作为样品的厚度（t）。

B.3.4 逐渐降下压头，使之以 5 N/min 的速率施加负荷，直至样品的厚度压缩至 t 的 60%。这时，在刻度盘上记下的负荷。

B.4 结果的计算

胶乳黏合纤维垫的凹入硬度按（B.1）式计算，单位为千牛顿每平方米（kN/m^2）。

$$\text{凹入硬度} = \frac{F}{l \cdot w} \times 1\,000 \quad \cdots\cdots (B.1)$$

式中：

F——压缩至规定压缩率时，试验机刻度盘上的读数，单位为牛顿（N）；

l——试样的实际长度，单位为毫米（mm）；

w——试样的实际宽度，单位为毫米（mm）。

附　录　C
（规范性附录）
胶乳黏合纤维垫压缩永久变形的测定

C.1　原理

在规定时间、规定温度，使试样保持恒定的变形，记下卸压后试样厚度的变化。

C.2　试样

C.2.1　试样的长宽尺寸应为 100 mm×100 mm。

C.2.2　试样应在 27℃±2℃的温度和 65%±5%的相对湿度下调节 24 h，然后立即进行试验，试验也应在与上述相同的条件下进行。

C.3　压缩器

由两块平板组成，平板应具有调距和夹持功能。两板保持互相平行，两板间的距离可调节到变形所需要的厚度。平板应比试样大，并留有足够空隙让试样在压缩时有倾斜的余地。

C.4　操作步骤

C.4.1　按附录 A 所述的方法精确测量试样的初始厚度(t_0)。

C.4.2　将试样放在压缩器的两块平板之间，压缩至初始厚度(t_0)的 60%，置于 70℃±2℃的恒温箱内 22 h。

C.4.3　从恒温箱取出压缩器，将试样在 1 min 内从夹板中取出，置于 27℃±2℃的温度和 65%±5%的相对湿度下恢复 3 h，并在原测量位置测量试样的厚度。

C.5　结果的表示

胶乳黏合纤维垫的压缩永久变形按(C.1)式计算，以百分数表示：

$$压缩永久变形 = \frac{t_0 - t_1}{t_0} \times 100 \qquad (C.1)$$

式中：

t_0——试样的初始厚度，单位为毫米(mm)；

t_1——试样压缩后经过恢复的厚度，单位为毫米(mm)。

至少要用两块试样进行试验，取其算术平均值作为试样的压缩永久变形。

附 录 D
（规范性附录）
胶乳黏合纤维垫水分含量的测定

D.1 原理

将试样在100℃±2℃和在大气压下干燥至恒重（两次称量间之差小于0.1 g）时，试样干燥前后质量的变化。

D.2 试样

试样的长宽尺寸应为100 mm×100 mm。

D.3 空气对流恒温干燥箱

恒温灵敏度±2℃，温度范围40℃～200℃。

D.4 操作步骤

将试样进行称量，精确至0.01 g。把称量后的试样放入温度控制在100℃±2℃的空气对流恒温干燥箱，干燥60 min后取出放入干燥器内冷却至室温，称重，精确至0.01 g；再将试样放入空气对流恒温干燥箱干燥30 min，取出置于干燥器内冷却至室温再称重。重复此操作，直至前后两次称量之差小于0.1 g。

D.5 结果的表示

胶乳黏合纤维垫的水分含量按（D.1）式计算，以质量百分数表示：

$$\text{水分含量} = \frac{m_0 - m_1}{m_0} \times 100 \qquad \cdots\cdots (D.1)$$

式中：

m_0——试样干燥前的质量，单位为克（g）；

m_1——试样干燥后的质量，单位为克（g）。

附加说明：

本标准的附录A、附录B、附录C和附录D为规范性附录。

本标准由中华人民共和国农业部农垦局提出。

本标准由农业部热带作物及制品标准化技术委员会归口。

本标准由中国热带农业科学院农产品加工研究所负责起草，中国热带农业科学院椰子研究所、江西德畅集团参加起草。

本标准主要起草人：张北龙、陈成海、邓维用、张木炎、郭兆忠、黄茂芳、刘培铭、陆衡湘。

中华人民共和国农业行业标准

天然生胶　水溶物含量的测定

Raw natural rubber—Determination of water solubles content

NY/T 1527—2007

警告：使用本标准的人员应有正规实验室工作的实践经验，本标准并未指出所有可能的安全问题。使用者有责任采取适当的安全和健康措施，并保证符合国家有关法规规定的条件。

1　范围

本标准规定了天然生胶中水溶物含量的测定方法。

本标准适用于生胶、混炼胶料等未硫化橡胶的水溶物含量的测定。

2　规范性引用文件

下列文件中的条款通过本标准的引用而成为本标准的条款。凡是注日期的引用文件，其随后所有的修改单(不包括勘误的内容)或修订版均不适用于本标准，然而，鼓励根据本标准达成协议的各方研究是否可使用这些文件的最新版本。凡是不注日期的引用文件，其最新版本适用于本标准。

GB/T 1914　化学分析滤纸(GB/T 1914—1993，neq ASTM E832－81)

GB/T 6682　分析实验室用水规格和试验方法(GB/T 6682—1992，neq ISO 3696:1987)

GB/T 15340　天然、合成生胶取样及制样方法(GB/T 15340—1994，idt ISO 1795:1992)

3　术语和定义

下列术语和定义适用于本标准。

3.1

水溶物　water solubles

天然生胶中能溶于水的物质的总称。

3.2

水溶物含量　water solubles content

天然生胶中含水溶物的质量分数。

4　原理

采用水作为溶剂对已知质量的试样进行热煮萃取，然后过滤并对含有水溶物的萃取液进行蒸发、干燥、称量，从而求出试样的水溶物含量。

5　试剂与材料

5.1　水符合 GB/T 6682 规定的三级以上。

中华人民共和国农业部 2007－12－18 发布　　　　2008－03－01 实施

5.2 定性滤纸符合 GB/T 1914 的规定。

6 仪器

实验室常规仪器以及：

6.1 恒温水浴锅，能控制水温在(100±5)℃。

6.2 电热板，能自动控制加热温度，最大加热温度(450±50)℃。

6.3 电热干燥箱，能在(70±2)℃下恒温。

6.4 分析天平，精度为 0.1 mg。

7 操作程序

7.1 按 GB/T 15340 的规定方法取样和制样，并从均匀化的实验室样品中切取适量的试料，通过开炼机冷辊(辊距调至压出胶片厚度小于 2 mm)压薄两次后，称取约 5 g(准确至 0.1 mg)试样，用剪刀剪成宽约 1 mm 的条状。

7.2 试样放入 250 mL 高型烧杯中，加 80 mL 水(5.1)，并用弯曲的玻棒将试样全部压入水中，盖上表面皿，在沸水浴中加热萃取 2 h。在室温下浸放(16±2)h 后用定性滤纸(5.2)过滤到已知质量的 100 mL 烧杯中，再用适量的水(5.1)洗涤高型烧杯和试样 2 至 3 次，一并过滤到该烧杯中，用电热板加热该烧杯至使其中的滤液蒸发至近干。

7.3 将该 100 mL 烧杯移入(70±2)℃的恒温干燥箱内，烘 2 h，取出放入干燥器内冷却至室温后称量(准确至 0.1 mg)。重复干燥和称量操作，直至最后两次称量之差不大于 1 mg。

两次平行测定，取其算术平均值表示该胶样的水溶物含量。两次测定值之差与平均值之比不应超过 5%，否则应重新测定。

8 结果的表示

水溶物含量用 W_A 表示，按公式(1)计算：

$$W_A = \frac{m_2 - m_1}{m} \times 100 \quad \cdots\cdots (1)$$

式中：

W_A——质量分数，单位为百分数(%)；

m——试样的质量，单位为克(g)；

m_1——空烧杯的质量，单位为克(g)；

m_2——水溶物连同烧杯的质量，单位为克(g)。

9 试验报告

试验报告应包括下列内容：

a) 本标准的编号；

b) 关于样品的详细说明；

c) 测定结果；

d) 测定过程中任何异常现象；

e) 试验环境条件；

f) 试验日期。

附加说明：
本标准由中华人民共和国农业部提出。
本标准由农业部热带作物及制品标准化技术委员会归口。
本标准起草单位:农业部天然橡胶质量监督检验测试中心。
本标准主要起草人:吴小虎、赖广廉、蒋菊生、杨全运、符永胜。

中华人民共和国农业行业标准

浓缩天然胶乳　化学稳定性的测定

Natural rubber latex—Determination of chemical stability

NY/T 1528—2007

警告:使用本标准的人员应有正规实验室工作的实践经验。本标准并未指出所有可能的安全问题。使用者有责任采取适当的安全和健康措施,并保证符合国家的有关法规规定的条件。

1　范围

本标准规定了浓缩天然胶乳化学稳定性的测定方法。

本标准适用于巴西橡胶树胶乳生产的浓缩胶乳,也适用于预硫化天然胶乳。

2　规范性引用文件

下列文件中的条款通过本标准的引用而成为本标准的条款。凡是注日期的引用文件,其随后所有的修改单(不包括勘误的内容)或修订版均不适用于本标准,然而,鼓励根据本标准达成协议的各方研究是否可使用这些文件的最新版本。凡是不注日期的引用文件,其最新版本适用于本标准。

GB/T 6003.1　金属丝编织网试验筛(GB/T 6003.1—1997 eqv ISO 3310—1:1990)

GB/T 6682　分析实验室用水规格和试验方法(GB/T 6682—1992,eqv ISO 3696:1987)

GB/T 8290　天然浓缩胶乳　取样(GB/T 8290—1987,eqv ISO 123:1985)

GB/T 8298　浓缩天然胶乳　总固体含量的测定(GB/T 8298—2001,eqv ISO 124:1997)

GB/T 8300　浓缩天然胶乳　碱度的测定(GB/T 8300—2001,idt ISO 125:1990)

GB/T 8301　浓缩天然胶乳　机械稳定度的测定(GB/T 8301—2001,idt ISO 35:1995)

3　术语和定义

下列术语和定义适用于本标准。

3.1

浓缩天然胶乳　natural rubber latex concentrate

含氨保存剂,并经某种浓缩加工的天然胶乳。

3.2

化学稳定性　chemical stability

又称化学稳定度。胶乳在一定条件与化学药品接触后发生凝固的程度,用秒表示。

4　原理

加入化学药品(通常用氧化锌)的胶乳在高速搅拌作用下,胶乳的稳定性降低,记录开始至最初絮凝所需的时间(s)表示浓缩天然胶乳的化学稳定性,以氧化锌对天然胶乳化学稳定性的影响来表征胶乳的

中华人民共和国农业部 2007-12-18 发布　　2008-03-10 实施

化学稳定性。

本方法使用的是氧化锌，其与胶乳反应的机制如下：

氧化锌在水中的溶解度很小，但能溶于铵盐中。在加氨保存的胶乳中，有游离氨，也有铵离子，它们之间存在如下平衡关系：

$$NH_3 + H_2O \rightleftharpoons NH_4^{+} + OH^-$$

氧化锌加入胶乳后，通常生成锌铵络合物而溶解。一般在常温和胶乳氨含量正常的情况下，主要生成四氨的锌铵络离子，反应式为：

$$ZnO + 2NH_4^{+} + 2NH_3 \rightleftharpoons Zn(NH_3)_4^{2+} + H_2O$$

当温度升高或 pH 降低时，氨分子减少：

$$Zn(NH_3)_4^{2+} \rightleftharpoons Zn(NH_3)_3^{2+} + NH_3 \rightleftharpoons Zn(NH_3)_2^{2+} + 2NH_3$$

氨分子越少，则络离子的迁移率及电荷密度就越大，活性度也越大，它一方面中和胶粒的负电荷，降低胶粒的电动电位；另一方面又与吸附在胶粒保护层的皂生成不溶性锌皂：

$$Zn(NH_3)n^{2+} + 2RCOO^- \longrightarrow Zn(RCOO)_2 + nNH_3$$

使胶粒脱水，而使胶乳出现增稠或胶凝现象。

5 试剂

除非另有说明，在分析中仅使用确认为分析纯的试剂和蒸馏水或 GB/T 6682 中 3 级以上的水。

5.1 氧化锌

5.2 油酸

5.3 氢氧化钾

5.4 甲醛

5.5 氢氧化铵

5.6 油酸钾

油酸与氢氧化钾反应生成的油酸钾。质量分数为 15%油酸钾溶液配方(质量分数)如下：

油酸	12
氢氧化钾	3
水	85

配制方法：

a) 将油酸加热至 70℃～80℃；

b) 将水溶解的氢氧化钾加热至 70℃～80℃；

c) 在急剧搅拌下将(b)倒入(a)中，继续搅拌 15 min；

d) pH 控制在 10.0～10.5。

6 仪器

实验室常规仪器和 GB/T 8301 规定的仪器及酸度计。

注：酸度计要具有高碱度玻璃电极和甘汞电极。

7 取样

按 GB/T 8290 规定的方法取样。

8 分析步骤

8.1 质量分数为 15%的油酸钾溶液的制备

用适量的氢氧化钾溶液及水将油酸钾溶液的 pH 值调到 10.0～10.5，质量分数为 15%。

8.2 试验

8.2.1 用纱布过滤胶乳，并称取含有 100.0 g 总固体的胶乳(m_1)于 250 mL 烧杯中，一边搅拌，一边用滴定管徐徐加入质量分数为 15%的油酸钾溶液 6.7 mL(5.6)(干重为胶乳总固形物的 1.0%)，然后用酸度计测定其 pH，如 pH 不到 10.3 时，用氢氧化铵调至 10.3，并记下氢氧化铵用量(m_3)；再用甲醛调整胶乳 pH 稳定在 9.8(在加入甲醛溶液时，应边搅拌边用滴定管一滴一滴加入)，记下甲醛的用量(m_2)；加入水(m)将胶乳总固体含量稀释至质量分数为 55.0%±0.2%，这时的 pH 应控制在9.75～9.80 之间。按公式(1)计算蒸水的用量(m)：

$$m = 175 - m_1 - m_2 - m_3 \quad (1)$$

式中：

m——总固体调至质量分数为 55.0%时应加水的质量，单位为克(g)；

m_1——胶乳实际用量，单位为克(g)；

m_2——甲醛的实际用量，单位为克(g)；

m_3——氨水的实际用量，单位为克(g)。

注：如果浓缩胶乳的总固体未知，则应按 GB/T 8298 进行测定。

8.2.2 将胶乳放在(30±1)℃的恒温水浴中，保温 15 min，用表面皿称取 5.0 g 氧化锌(5.1)，并用药匙将结团压碎，使胶乳在保温和机械搅拌下，徐徐加入氧化锌(5.1)(搅拌的速度应以使氧化锌能迅速浸入胶乳液面以下，这一操作应控制在 10 min 内完成)。加完氧化锌(5.1)后继续搅拌 5 min，盖上表面皿，让其置于(30±1)℃水浴中再停放 45 min。将胶乳从水浴中移出，并用符合公称尺寸为 180 μm±7.6 μm 要求的不锈钢实验筛过滤，称取该胶乳 80.0 g 置于胶乳容器中，并立即测定机械稳定度按 GB/T 8301 规定。剩余胶乳仍保温，用同样方法再测一次。

9 结果表示

将开始搅拌至到达终点的时间(s)作为浓缩胶乳的化学稳定性。两次开始测定化学稳定性的间隔时间不应超过 12 min，两次测定值之差不超过第二次测定值的 10%，然后取第一次测定值作为胶乳的化学稳定性。

10 试验报告

试验报告应包括下列内容：

a) 识别试样的全部细节；
b) 使用标准的标准号；
c) 胶乳的化学稳定性，准确至 1 s；
d) 在试验过程中观察到的异常现象；
e) 不包括在本标准引用标准的任何操作以及被认为是可选择的任何操作；
f) 试验日期。

附加说明：

本标准由中华人民共和国农业部提出。

本标准由农业部热带作物及制品标准化技术委员会归口。

本标准起草单位：农业部天然橡胶质量监督检验测试中心。

本标准主要起草人：谭杰、符永胜、戴建辉、赖广廉。

中华人民共和国农业行业标准

橡胶树育苗技术规程

Technical regulations for raising rubber budlings and seedlings

NY/T 1686—2009

1 适用范围

本标准规定了橡胶树苗木培育术语定义、原种圃建设与原种增殖、增殖圃建设与芽条增殖、橡胶树种子生产、地播苗圃建设与实生苗培育、芽接、芽接桩苗起苗、芽接桩袋装苗培育、袋育芽接苗培育、高截干培育和有性系树桩培育的要求等。

本标准适用于国内橡胶树育苗生产和管理。

2 规范性引用文件

下列文件中的条款通过本标准的引用而成为本标准的条款。凡是注明日期的引用文件，其随后所有的修改单（不包括勘误的内容）或修订版均不适用于本标准，然而，鼓励根据本标准达成协议的各方研究是否可使用这些文件的最新版本。凡是不注日期的引用文件，其最新版本适用于本标准。

NY/T 221—2006 橡胶树栽培技术规程

NY/T 688—2003 橡胶树品种

NY/T 1088—2006 橡胶树割胶技术规程

NY/T 1089—2006 橡胶树白粉病测报技术规程

3 术语与定义

GB/T 17822.1、GB/T 17822.2、NY/T 221 中所确立的以及下列术语和定义适用于本标准。

3.1

原种圃 rubber budwood source nursery

一种苗圃。保存、纯化和复壮橡胶树品种和繁育其幼态（生长阶段）芽条。

3.2

增殖圃 bud wood nursery

一种苗圃。繁殖生产性芽条。

3.3

地播苗圃 ground nursery, rootstock nursery

一种苗圃。将苗木直接栽种于地上培植成定植材料。

3.4

袋苗苗圃 polybag nursery

一种苗圃。将苗木栽种于营养袋内培植成定植材料。

中华人民共和国农业部 2009-03-09 发布　　2009-05-01 实施

3.5

叶片物候　leaf phenophase

一蓬叶中大多数叶片所处的生长发育阶段。通常根据叶片形态和质地分若干个物候期。

3.6

芽片　bud patch

一种接穗材料。有1个或多个芽点的枝茎部的薄切片。

3.7

芽接位　budgrafting position

茎干上芽接的部位。实生(砧)苗的芽接位一般离地面高约2 cm～5 cm,最高至15 cm处的茎干基部。

3.8

芽接口　budding panel

芽接时剥开舌形树皮后露出的伤口或其疤痕。

3.9

芽接　budgraft,budding

一种嫁接方法。在茎干开出舌形芽接口,将备好的芽片放入芽接口,然后用塑料绑带等将芽片紧密捆绑固定在芽接口中间。

3.10

包(腹囊)皮(片)芽接　potbelly budding

一种芽接方法。保留全部或大部舌形树皮并将其捆绑覆盖在芽片上方。

注:剥开的舌形树皮俗称“腹囊皮”。

3.11

开窗芽接　fenestration-budding

一种芽接方法。切去全部腹囊皮。

3.12

半开窗芽接　semi-fenestration-budding

一种芽接方法。切去部分腹囊皮。

3.13

褐色芽接　brown budding

一种芽接方法。从半木栓化—木栓化(褐色)的芽条(直径一般>1.3 cm)上切取出芽片,芽接于木栓化(褐色)的实生(砧)苗上。

3.14

绿色芽接　green budding

一种芽接方法。从绿色(未木栓化)的芽条(直径一般<1.3 cm)上切取出芽片,芽接于较细小的实生(砧)苗(直径一般<1.4 cm)上。

3.15

籽苗芽接　mini-seedling budding

一种芽接方法。用真叶完全展开前的籽苗作砧木进行离土芽接,然后移栽,芽接成活后留叶打顶,并控制砧木芽生长等。

3.16

解绑　unwrap

松开用于固定芽片的绑带。若包片芽接的,还需将腹囊皮剔除让接片露出。

3.17

锯砧　cut back

用锯子或手剪锯(剪)去芽接口上方的茎干。

3.18

锯口　kerf

锯杆后在树桩上留下的断口截面。

3.19

起苗　uproot,lift

从苗床中将树桩挖起来或将营养袋苗搬出。

3.20

修根　prune root

用锋利刀具修剪去树桩苗过长的或妨碍生产操作的部分树根。

3.21

浆根　slime root,mud root

将树桩苗的根系部分蘸浸在泥浆中并使根系表面包裹一层泥浆。

4　原种圃建设与原种增殖

4.1　原种增殖计划编制

根据拟种植区域的面积、品种配置要求和增殖圃更新规定等制订年度原种芽条增殖计划和原种苗圃建设计划方案,指导原种苗圃建设和芽条增殖工作。

4.2　园地选择

土地平坦或较平坦,土壤肥沃,热量充足,光照充沛,水源丰富,避风避寒;与生产性胶园相距百米以上或具备有效隔离措施;没有橡胶树根病或根病寄主作物种植史。

4.3　苗圃基础设施

具备可满足生产需要的道路系统,排灌系统,水土保持及肥池、防御风寒设施和保存档案等配套设备。

4.4　种植材料来源

从所需的品种原始或经幼态复壮的芽接树的健壮植株上采集芽条,在生产苗圃选择健康粗壮的实生苗作砧木,芽接培育而成的苗木。

4.5　种植密度与形式

生产褐色芽条的种植密度为 4 500 株/hm^2～6 000 株/hm^2;生产绿色芽条的种植密度 6 500 株/hm^2～7 500 株/hm^2。株行距为 1.0 m～1.5 m×1.0 m～1.5 m。

4.6　备耕、定植与抚管

4.6.1　备耕

作适当土地整理。全垦,犁地深 45 cm。晒地 1 个月以上。作十字定标。挖植穴,植穴规格为 40 cm×40 cm×40 cm。下腐熟基肥,5 kg/穴。

4.6.2　定植

不同品种的苗木应分地块种植。按常规方法定植,定植后淋水,保湿遮阴。

4.6.3　土壤管理

在 11 月份完成半根幅深松土,同时结合重施有机肥。在芽条出圃前 1 个月内不宜施化肥,不宜施用化学除草剂。

4.6.4 根病等病株处理

及时发现和铲除根病和丛枝病病株。处理要求:将病株整株(包括根系)挖出,移出到销毁场地全部销毁,同时对病株根系所及的土壤用熟石灰等进行消毒处理。

4.7 品种保纯

按 NY/T 688—2003 中 6.4.1 的规定执行。品种甄别由高级橡胶树栽培工以上资格的人员实施。

注:橡胶树栽培工资格要求参见《橡胶树栽培工》(国家职业标准),下同。

4.8 芽条复壮

每 5 年更新一次,用重复芽接复壮法培育的幼态芽条芽接于健康粗壮的实生砧苗上育成的苗木作更新种植材料。

4.9 芽条出圃

4.9.1 芽条采集

由中级橡胶树栽培工以上资格的人员锯取芽条。芽条枝龄在一年半生以内,且粗壮、无病,且芽条韧皮部形成层活动十分活跃。不同品种的芽条不应同时锯取。锯下的芽条应及时去叶和封蜡锯口,并在芽条基部标注品种名称,然后包装。不同品种、不同批次的芽条应分别按 NY/T 688—2003 中 6.5.1 的规定作包装和标志。每一包装单位应附有标志,标明芽条品种、数量、苗圃名称、采集时间和采集人。芽条标志格式按附录 B。

注:基部标注:在芽条基部用刀削出一块长约 4 cm、宽约 1 cm,表面平滑的木部伤口,在伤口上作标注品种名称。

4.9.2 芽条包装与贮运

按 NY/T 688—2003 中 6.5.1 的规定操作。

4.10 原种圃档案建设

由专人负责记载和保管原种圃建设、芽条生产重要活动和芽条出圃数量和质量的档案。原种圃档案格式见附录 A。

5 增殖圃建设与芽条增殖

5.1 增殖圃面积

按总种植面积、拟新种面积和增殖圃面积比 9 000∶300∶1 推算拟建设的增殖圃面积。

5.2 芽条增殖计划编制

根据拟种植区域的面积和品种配置要求等制订年度芽条增殖计划,指导增殖苗圃建设和芽条增殖工作。

5.3 园地选择

土壤肥沃,平坦或较平坦,便于运输,光照充足,水源充沛,避风避寒;与生产性胶园相距百米以上或具备有效隔离措施;没有橡胶树根病或根病寄主作物种植史。

5.4 苗圃基础设施

具备可满足生产需要的道路系统、排灌系统、水土保持等基础设施及水肥池、防御风寒等设施。大型苗圃应有芽条临时存放、人员避雨避雷、生产物资仓储和档案保存等配套设施。

5.5 增殖材料来源

采用原种圃生产的芽条和合格的生产苗圃中健壮的实生苗作砧木芽接培育的种植材料。

5.6 种植密度与形式

生产褐色芽条的种植密度为 9 000 株/hm^2～9 500 株/hm^2;生产绿色芽条的种植密度 9 500 株/hm^2～10 500 株/hm^2。株行距为 0.8 m～1.2 m×0.8 m～1.2 m。

5.7 备耕、定植与抚管

同 4.6 的规定。

5.8 品种保纯

同 4.7 的规定。

5.9 芽条复壮

每 4～5 年复壮一次。复壮方式包括短截原砧木然后重新芽接或更新重种，所用芽条全部来源于原种圃。

5.10 芽条出圃

同 4.9 的规定。

5.11 增殖圃档案建设

档案格式按附录 A。

6 橡胶树种子生产

6.1 种子园建设

6.1.1 种子园面积

按总种植面积、拟新种面积和种子园面积比约 7 000：200：1 推算拟建设的种子园面积。

6.1.2 园地选择

地形平坦或比较平坦，土壤肥沃，热量丰富、光照充足，避寒(春花期低温阴雨天气少)避风(台风袭扰少)，水源充沛。与生产性胶园相距百米以上或有具备有效隔离措施；没有橡胶树根病或根病寄主作物种植史。

6.1.3 种子园基础设施

具备可满足生产需要的道路系统、排灌系统、水土保持设施以及水肥池、抗风御寒等设施。大型种子园应有种子临时存贮、人员避雨避雷、生产物资仓储和质量内控等配套设施等。

6.1.4 种子园建立与抚管

按 NY/T 688—2003 中 6.3 的规定。种植密度 375 株/hm^2～450 株/hm^2，种植形式正方形设计。按常规要求种植，抚管过程中宜增施磷肥，并及时做好橡胶树白粉病、橡胶树炭疽病等病虫害的防治工作。按 NY/T 1088—2006 的要求，用 67%的强度割胶。

6.2 采种区认定与管理

6.2.1 采种区认定

由生产单位申报，省级主管部门组织专家或省级以上品种审定委员会到实地勘查确定。

6.2.2 采种区抚管

按生产性胶园要求抚育管理，同时适当增施磷肥和及时做好橡胶树白粉病、炭疽病等病虫害的防治工作，按 NY/T 1088—2006 的要求割胶。

6.3 种子采收

在种子开始爆落前，清除园内及附近的杂草和填平深坑，在种子爆落后及时将外观饱满，有光泽，无破损的种子捡起，存放于荫凉处备用，并将不符合上述外观条件的捡出另作它用。

6.4 种子存放与运输

种子采集后，做到随采、随运、随播。临时存放时应将种子平摊于荫凉处，并适当喷水保湿。临时存放和运输的总时间不应超过 5 d。

6.5 种子园档案建设

由专人负责记载和保管种子档案。种子园档案格式见 GB/T 17822.1—2009 中的附录 A。

6.6 种子检疫

一般不宜跨省区采种。如有必要，须事先确定拟采种胶园无检疫性病虫害，并对所采集的种子做消毒处理后方可起运，或将种子送检疫部门进行检疫。检疫对象按 GB/T 17822.1—2009 中 4.5 的规定。检疫结果记录于种子档案中。

6.7 种子质量分级

商业性橡胶树种子的质量确定按 GB/T 17822.1—2009 中第 3～6 章的规定执行。

7 地播苗圃建设与实生苗培育

7.1 制订育苗计划

根据拟种植区地点、胶园面积、种植密度、苗木类型等，推算出育苗数量和种子数量，据此再制订当年采种计划和地播苗圃建设计划，包括拟采集种子的品种、采集数量和地点。

7.2 地播苗圃面积

按总种植面积、拟新种面积和地播苗圃面积比 1 400：40：1 推算拟建设的地播苗圃面积。

7.3 园地选址

土壤肥沃，土层深达 45 cm 以上，平坦或较平坦，有充足水源，光照充足，避风避寒，便于运输；与生产性胶园相距百米以上或具备有效隔离措施；没有橡胶树根病或根病寄主作物种植史。禁止在橡胶园内或橡胶树林下建立生产苗圃。

7.4 苗圃基础设施

具备可满足生产需要的道路系统、排灌系统、预防水土流失设施以及水肥池、抗风御寒等设施。每块苗圃有必要的供水管道口或渠道口，有条件的宜安装微喷灌、喷灌灌溉系统。大型生产性苗圃应有催芽床、荫棚、人员避雨避雷、生产物资仓储和质量内控办公等配套设施。

7.5 种植密度与形式

生产大田定植用的裸根芽接桩苗的种植密度，约 54 000 株/hm^2；生产装袋用的裸根芽接桩苗的种植密度约为 60 000 株/hm^2～67 500 株/hm^2。种植形式推荐采用双行大小行，如(25 cm～30 cm)×(30 cm～40 cm＋70 cm)[注：株距×(小行距＋大行距)]。

7.6 备耕

作适当土地整理。全垦，犁地深 45 cm 以上。晒地 1 个月以上。撒施腐熟基肥，每 667 m^2 基肥量约 2 000 kg，耙地整平，起畦或不起畦，修排水沟渠和水土保持设施。

7.7 种子来源

培育橡胶树有性系苗的种子应采自经认证的有性系种子园。培育砧木用的种子应优先采自经认证或推荐的砧木种子园，不足部分可到经认证的采种区采集。在没有砧木种子园和采种区的地方，可临时在 GT1 胶园和 PR107 与 RRIM600、PR107 与 GT1 等混种的胶园或这些品种胶园的交界处采集种子。不应采用实生树胶园的种子。

7.8 种子催芽

7.8.1 建立沙床

在苗圃内选择一块管理方便、不淹渍的地块，整平，用沙铺起高约 15 cm、宽 80 cm～100 cm(长视地块情况而定)的沙床，沙床相隔(沟宽)70 cm～80 cm。沙床面积按每平方米播种约 5 kg 种子的规模建设。沙床上搭建荫棚。

7.8.2 播种

根据种子外观进行精选后于沙床播种催芽。播种密度约 1 100 粒/m^2；种子播种龟背朝上或朝侧面，以淋水后微露龟背为宜。播种后淋水保湿和遮阴。

7.8.3 移栽前淘汰劣苗

在移栽前根据籽苗的外观进行优选，将黄化苗、畸形苗、病苗和纤弱苗以及播后 20 d 以上才发芽的籽苗拔除，淘汰率大于等于萌发种子总数的 30%。

7.9 移苗

籽苗高 3 cm 以上至真叶展开前移栽。在上午 10 时前和下午 4 时后或阴天移栽籽苗。移栽后及时淋足定根水保苗。

7.10 土壤管理

移栽后要及时控制杂草。苗木茎干木栓化前采用人工除草，木栓化后可采用化学除草。年追肥 3 次～5 次。推荐施用沤制液肥和有机肥。在芽接前 1 个月内不宜施肥和除草。在 9 月份以后不再施氮肥，适当增施磷、钾肥或火烧土等。

7.11 病虫害防治

由中级橡胶树栽培工以上资格人员负责定点定期观察，预测病虫害发生程度、时间，在达到防治指标时施药。重点控制白粉病、炭疽病、麻点病和介壳虫以及根病等。橡胶树白粉病测报按 NY/T 1089—2006 的规定。橡胶树炭疽病、根病和介壳虫等的防治按 NY/T 221—2006 中第 10 章的规定。麻点病的防治主要是按要求建立苗圃，加强抚育管理，在病害流行季节到来之前，可用 0.3%代森锰(maneb)每 5 d 喷一次，共喷 5 次～6 次，或在发病前用 0.15%代森锌(zineb)水溶液或 0.5%百菌清(chlorothalonil)喷雾。发现丛枝病、根病病株及时整株清除。

7.12 风害和寒害管理

在风后及时扶正苗木，加强水肥管理。发生平流型降温时可在上风处设风障；发生辐射型降温时可在苗圃内外烟熏防霜冻。结霜时应在日出前用清水洗霜。出现寒害后可加强水肥管理，如淋水和喷施叶面肥等。

7.13 实生砧苗圃档案建设

由专人负责记载和保管生产苗圃建设、实生砧苗培育生产重要活动的档案。将本标准 7.7 至 7.8 的重要作业记录于附录表 A.1，其余的重要作业记录于实生砧苗档案。实生砧苗档案格式见附录 A。

8 芽接

8.1 芽接技术

推荐采用绿色芽接技术和籽苗芽接技术。

8.2 选定芽接技术

茎干基部(根颈上方约 5 cm)直径 1.5 cm～3.0 cm 的砧木苗宜采用褐色芽接技术；直径 0.6 cm～1.4 cm 的砧木苗宜采用绿色芽接技术；幼茎(最宽处)直径>0.3 cm，且比较顺直，幼茎长达约 15 cm，真叶完全展开之前的籽苗可采用籽苗芽接技术。

8.3 确定芽接时间

在实生(砧)苗和芽条生长旺期，且多数苗木的顶蓬叶处于稳定期至新叶蓬伸长期，或多数苗木具有多于 4 蓬正常叶蓬时，可选择晴朗、无大风、气温 20℃～35℃的天气进行芽接。

8.4 芽接工

经过培训并取得资格证书或中级橡胶树栽培工资格以上人员。

8.5 芽条品种

按 NY/T 688—2003 中 6.1 的规定执行。

8.6 芽片

选用芽点发育良好的叶芽、大鳞片芽或芽眼较大的密节芽；不应选用死芽、蟹眼芽、萌动芽、假芽等。

8.7 解绑

包片芽接的在芽接后 20 d～25 d 解绑；开窗或半开窗芽接的在芽接后 25 d～40 d 解绑。具体时间视实生(砧)苗长势、季节等而定，开窗芽接可在看到芽接口愈伤组织木栓后解绑。

8.8 芽接档案

由专人负责记载和保管芽接品种及来源、实生(砧)苗情况、芽接日期、芽接成活率和芽接人等档案。芽接生产技术档案格式见附录A。

9 芽接桩起苗

9.1 锯砧

9.1.1 时间

芽接树桩在解绑10 d以后，且在起苗前10 d以上锯砧。

9.1.2 叶片物候

小芽接树桩(锯口处茎粗<1.8 cm)具≥3蓬正常叶蓬且顶蓬叶处老化期至抽芽期；大芽接树桩(锯口处茎粗≥1.8 cm)的顶蓬叶处老化期至抽芽期；带杆过冬芽接苗在翌年第一蓬叶展叶初期以前或第二蓬叶抽芽时。

9.1.3 锯砧高度

小芽接树桩在芽接位上方7 cm至第一蓬叶密节芽下方锯砧。大芽接树桩在接芽上方约5 cm(带杆过冬苗)或约7 cm(其他时段苗木)处锯砧。经检查确认芽接成活的方可锯砧。锯口倾斜约30°，斜面背向芽接口。若砧木第一蓬叶蓬距较短，可适当降低锯砧高度，锯口要用石蜡等涂封。

9.2 起苗时间

在接芽伸长2 cm～5 cm时起苗。

9.3 护芽

在起苗前用用竹筒或塑料管做成的护罩罩住接芽，并将护罩等牢固捆绑于砧木上。

9.4 起苗

在芽接树桩一侧斜向下挖土至45 cm深以上，在40 cm以下处切断主根，再切断其余侧根，用手握住芽接口上方轻轻拔出。

9.5 淘汰

将植株畸形(如树桩根茎盘典、无明显主根等)、接芽损坏或无接芽、根茎劈裂、主根过短(<30 cm)、有病害等的植株捡出丢弃。

9.6 修根

用锋利砍刀修主根，用手剪修侧根，根的断口整齐，并不损伤其他部分。裸根芽接桩苗的主根长≥35 cm，侧根长5 cm～10 cm；装袋用芽接桩苗的主根长≥32 cm，侧根长2 cm～3 cm。

9.7 浆根

用黄泥浆或黄泥牛粪浆等浆根。

9.8 包装与运输

短途运输的做临时包装：将每10株或20株芽接树桩齐头排好，在上、下部分别用绳子捆绑，绳子不宜直接捆绑在接芽上。长途运输的宜用木箱包装：每50株一箱，箱内植株间空隙填充发酵过的谷壳等。每一包装张贴或拴挂一个质量标签，标明苗木品种(接芽与砧木材料)、出圃日期、质检人员编号和生产苗圃(单位)名称等。标签格式按附录B2。短途运输的，芽接树桩平放叠放；长途或长时间(4h以上)运输的，芽接桩竖立要放置。运输过程避免苗木挤压、划伤、曝晒和风吹等。

9.9 存放

临时存放(4 h以内)的，芽接树桩平放叠放；一至数天存放的，芽接桩竖立放置，同时避免曝晒、风吹、挤压和划伤等，并淋水保湿。

9.10 苗木出圃档案建设

由专人负责记载和保管锯砧、护芽、起苗、浆根等重要生产活动的档案。苗木出圃档案格式见附录A.5-1。

9.11 苗木检疫

一般不宜跨省区苗木引种。如有必要，须事先确定拟引进苗木所在区域无检疫性病虫害，并须将苗木送检疫部门检疫，通过检疫后方可启运。检疫对象按 GB/T 17822.2—2009 中 5.4 的规定。检疫结果记录于育苗档案中。

9.12 苗木质量分级

商业性橡胶树苗木质量确定按 GB/T 17822.2—2009 第 4～7 章的规定执行。

10 芽接桩袋装苗培育

10.1 制订育苗计划

根据拟种植区地点、胶园面积、种植密度等，推算出育苗数量和苗圃面积。本育苗计划应纳入地栽苗育苗计划，调协两者的总育苗量。

10.2 园地选址

地形平坦或较平坦，水源充足，光照充沛，避风避寒，便于运输；与生产性胶园相距百米以上。禁止在橡胶园内或橡胶树林下建立袋装苗圃。

10.3 苗圃基础设施

具备可满足生产需要的道路系统、排灌系统和预防水土流失设施。每块苗圃有必要的供水管道口或渠道口，有条件的宜安装微喷灌、喷灌灌溉系统和防风、御寒的大棚设施。生产性苗圃应有荫棚、人员避雨避雷、生产物资仓储和质量内控配套设施等。

10.4 营养袋和营养土准备

10.4.1 营养袋尺寸

用于培育 2 蓬叶袋苗(含小苗芽接袋育苗)的营养袋的最小尺寸为：38 cm×18 cm(长×宽，平放)；籽苗芽接苗：33 cm×15 cm(长×宽，平放)。

10.4.2 营养土

在没有橡胶树根病或根病寄主作物种植史的地块采集肥沃的表土，与腐熟的厩肥按 9∶1，并掺入少量过磷酸钙，混合均匀，堆沤 7 d 以上。

10.5 装土和移栽

(1)先装入约袋高 1/5 的营养土撑开袋底，将芽接桩置于袋子中间，让接芽刚露出营养袋口，然后在芽接桩四周一边装土一边捣土，装至离营养袋口 1 cm～2 cm 处，使袋内营养土紧实均匀，土柱不断折。

(2)先装入约为袋高 1/5 的营养土，蹾实后一边装土一边捣土，装至离营养袋口 1 cm～2 cm 处，使袋内营养土均匀紧实，土柱不断折。然后用圆木棒在袋子中央扎出一个直径约 6 cm、深度>32 cm 的土洞，放入芽接桩，然后用木棒从四周将土挤靠紧芽接桩，填满空穴。装好土后解开护芽材料，淋足定根水。

10.6 营养袋排列

培育 2 蓬～3 蓬叶袋苗(含小苗芽接袋育苗)的营养袋排放密度<120 000 株/hm^2。推荐的排列形式：双行大小行。如 12 cm×(20 cm+75 cm)[注：株距×(小行距+大行距)]。按大小行开浅沟(如宽、深各约 12 cm)，将装满土的营养袋逐一排列于沟内，并将挖沟掏出来的土壅培于营养袋旁边护住营养袋。

10.7 抚管

淋水保湿，及时抹芽、除草。营养袋内杂草用手工拔除。年施肥 4 次～8 次，推荐施用沤制的水肥。

10.8 病虫害防治

按 7.11 的规定。

10.9 炼苗

出圃前1周停止淋水，在袋土已结团时将顶蓬叶为稳定—老化期的苗木（连营养袋一起）明显移动一下，或根据植株大小分别集中于炼苗棚下，移动时将穿出营养袋的根剪断。

10.10 分类与标志

出圃前，根据叶蓬数和茎粗大小将苗木分成若干批次。每株作为一个包装单位，逐株拴挂质量合格标签，标明苗木品种（接芽与砧木材料）、出圃日期、质检员编号和生产单位名称等。标签格式按附录B。

10.11 出圃与运输

在确定营养土结团后，将拟出圃袋苗用手逐一搬出。短途运输的一般不作苗木叠放；长途或长时间运输的应隔层分别放置。运输过程避免苗木挤压、划伤、曝晒和风吹等。

10.12 临时存放

未能及时定植的袋苗，应及时遮阴，少量洒水保湿。

10.13 袋装苗档案建设

由专人负责记载和保管袋苗苗圃建设、抚育、出圃处理等重要生产活动的档案。袋装苗档案格式见附录A。

10.14 苗木检疫和质量确定

分别按9.11、9.12的规定执行。

11 袋育苗培育

11.1 育苗计划、苗圃选址、苗圃基础设施、营养袋准备、种子催芽

分别按10.1、10.2、10.3、10.4、7.8的规定执行。

11.2 移栽

在装满营养土的营养袋中央，用圆木棒扎出2个直径大于种子大小、深度大于籽苗根长的土洞，各放入已萌发的种子2粒或籽苗1株，用木棒从四周将土挤靠紧籽苗，填满空穴。淋水保湿、遮阴。

11.3 抚管

按10.7的规定执行。

11.4 淘汰劣苗

在第一蓬叶稳定后，根据实生小苗的生长情况，将生势纤弱和生长缓慢的小苗淘汰。

11.5 芽接

按第8章的规定。推荐采用绿色芽接技术和籽苗芽接技术。籽苗芽接技术：选择基部（根颈上方约5 cm）幼茎（最宽处）直径＞0.35 cm且比较顺直，幼茎长达约15 cm至真叶完全展开前的籽苗，选用芽点发育良好的小鳞片芽等的芽片进行离土芽接。芽接成活后在小砧木苗的真叶上方截干。

11.6 病虫害防治、炼苗、分类与标志、出圃与运输、临时存放、袋育苗档案建设、苗木检疫、苗木质量分级分别按7.11、10.9、10.10、10.11、10.12、10.13、9.11、9.12的规定执行。

12 高截干培育

12.1 制订育苗计划、苗圃选址、苗圃基础设施

分别按10.1、10.2、10.3的规定执行。

12.2 种植密度与形式

种植密度约6 900株/hm^2～15 600株/hm^2。种植形式为正方形或长方形，如80 cm～120 cm×80 cm～120 cm。

12.3 备耕

做适当土地整理。十字定标。挖植穴，植穴规格为40 cm×40 cm×40 cm。修排水沟渠和水土保持设施。

12.4 定植

用芽接苗或有性系树桩苗按生产胶园要求定植，定植后淋足定根水，以后淋水保湿。

12.5 土壤管理

及时除草，茎干木栓化后可采用除草剂除草。年施肥4次～6次。

12.6 病虫害防治

按7.11的规定。

12.7 出圃前处理

出圃前20 d～60 d挖土切断半幅侧根和主根，回土；出圃前15 d～20 d在茎干离地面高220 cm～250 cm处的叶蓬密节芽下方约2 cm处锯砧。

12.8 出圃与运输

宜将苗木分级分批出圃。在茎干顶端的芽眼开始萌动时起苗。挖断植株另一侧的其余根系，轻轻拔出植株。起苗后及时修根，保留主根长约50cm、侧根长15cm～25cm，用泥浆等浆根。每一株作一个包装单位。每一包装张贴或拴挂一个质量标签，标明苗木品种(接芽与砧木材料)、出圃日期、质检人员编号和生产苗圃(单位)名称等。标签格式按附录B。运输过程苗木应竖立放置。运输过程避免苗木挤压、划伤、曝晒和风吹等。

12.9 建立高截干苗圃档案

高截干苗圃档案格式见附录A。

12.10 苗木检疫和质量确定

分别按9.11、9.12的规定执行。

13 有性系树桩培育

有性系树桩在离地高约30 cm处锯砧，其他按照第7章和第12章的规定执行。

附　录　A
（规范性附录）
橡胶树育苗档案格式

表 A.1　橡胶树原种圃/增殖圃生产技术记录档案

生产单位名称：　　　　　　　　　　　　生产单位负责人：　　　　　　　　　　　　№：

苗圃名称	建设地点	苗圃面积(hm^2)	建设日期	负责人	其他

品种	地点或地块	种植面积(hm^2)	种植株数	种植日期	更新/复壮日期	更新/复壮方式	实施人	出圃日期	出圃数量(m)	包装方式	锯芽条人	用户姓名	用户地址

记录人(签字)：　　　　　　　　　　　　　年　　月　　日

表 A.2 橡胶树实生(砧)苗种子来源及播种记录档案表

生产单位名称： 生产单位负责人： №：

采收日期	采集地点	采收数量	父本	母本	采收人	播种日期	播种地点或地块	播种数量	开始萌发日期	播后25 d萌发率	淘汰率	实施人	移栽日期	移栽地点或地块	移栽株数	苗木类型	种植形式	移栽成活率	实施人

记录人(签字)： 年 月 日

表 A.3　橡胶树地栽苗圃生产技术记录档案

生产单位名称：　　　　　　　　　　　　生产单位负责人：　　　　　　　　　　　　№：

苗圃名称	建设地点	苗圃面积(hm²)	建设日期	负责人	其他

日期	地点或地块	补植	补植成活率	苗木类型	化学除草	人工除草	施肥类型与数量	施肥方式	出现何种虫害	处理措施	出现何种病害	处理措施	风寒害	处理措施	实施人

记录人(签字)：　　　　　　　　　　　　年　　月　　日

表 A.4-1　橡胶树芽接生产技术记录档案

生产单位名称：　　　　　　　　　　　　生产单位负责人：　　　　　　　　　　　　№：

苗圃名称	建设地点	苗圃面积(hm^2)	建设日期	负责人	其他

日期	地点或地块	移栽株数	第一次芽接				第二次芽接			
			品种及来源	株数	成活率(%)	芽接人	品种及来源	株数	成活率(%)	芽接人

记录人(签字)：　　　　　　　　　　年　　月　　日

表 A.4-2 芽接记录表

生产单位名称： 生产单位负责人： №：

芽接人姓名	芽接日期	芽接地点/地块	品种名称	芽接株数	解绑日期	成活数	成活率(%)

记录人(签字)： 年 月 日

表 A.5-1 橡胶树苗木出圃生产技术记录档案(裸根芽接桩苗)

生产单位名称：　　　　　　　　　　　　生产单位负责人：　　　　　　　　　　　　No：

苗圃名称	建设地点	苗圃面积(hm^2)	建设日期	负责人	其他

日期	地点或地块	芽接日期	解绑日期	锯砧日期	锯砧时叶蓬数和物候	起苗日期	出苗数量	合格率	用户姓名	用户地址

记录人(签字)：　　　　　　　　　　　　年　　月　　日

表 A.5-2　橡胶树苗木出圃生产技术记录档案(容器苗)

生产单位名称：　　　　　　　　　　　　生产单位负责人：　　　　　　　　　　　　№：

苗圃名称	建设地点	苗圃面积(hm²)	建设日期	负责人	其他

日期	地点或地块	练苗期	练苗方式	出苗时叶蓬数及物候	出苗日期	出苗数量	合格率	用户姓名	用户地址

记录人(签字)：　　　　　　　　　　　　年　　月　　日

表 A.6　橡胶树容器苗圃生产技术记录档案

生产单位名称：　　　　　　　　　　　生产单位负责人：　　　　　　　　　　　No：

苗圃名称	建设地点	苗圃面积(hm^2)	建设日期	负责人	其他

日期	地点或地块	营养袋尺寸	营养土配比	排列方式	移栽	化学除草	人工除草	施肥类型与数量	施肥方式	出现何种虫害	处理措施	出现何种病害	处理措施	风害、寒害	处理措施	实施人

记录人(签字)：　　　　　　　　　　年　　月　　日

表 A.7 橡胶树高截干苗圃生产技术记录档案

生产单位名称： 生产单位负责人： №：

苗圃名称	建设地点	苗圃面积(hm^2)	建设日期	负责人	其他

日期	地点或地块	种植形式	移栽	化学除草	人工除草	施肥类型与数量	施肥方式	出现何种虫害	处理措施	出现何种病害	处理措施	断主根长度	截干长度	干末端抽芽数量	起苗时间	实施人

记录人(签字)： 年 月 日

附 录 B
(资料性附录)
橡胶树苗木等质量标志格式

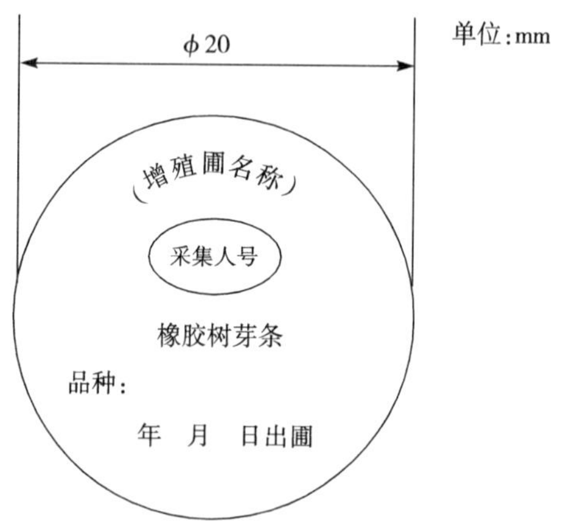

图 B.1-1 橡胶树芽条质量标签(张贴用)

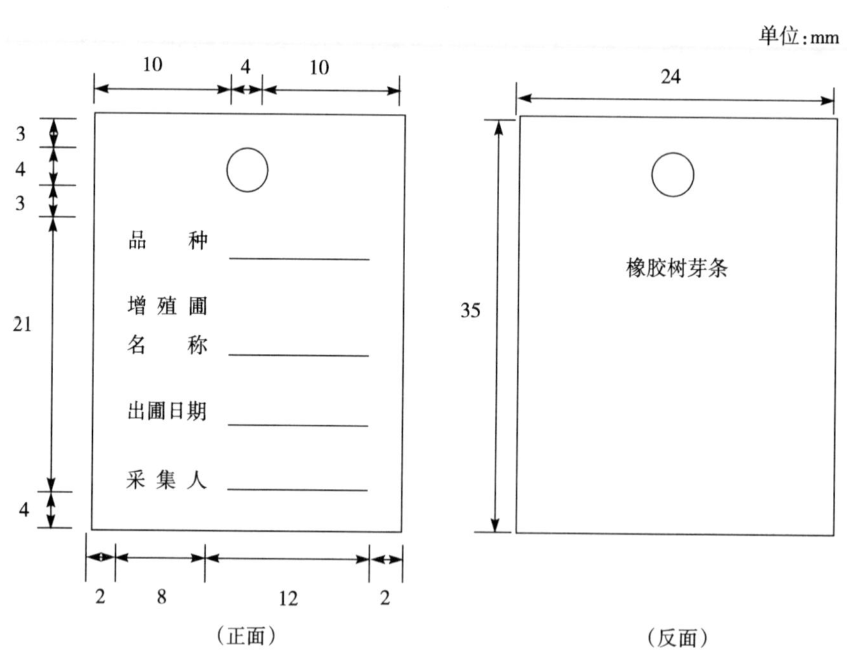

图 B.1-2 橡胶树芽条质量标签(拴挂用)

注:标签的用材为厚度约 0.3 mm 的白色聚乙烯塑料薄片或牛皮纸;标签正反面均用黑色 6 号宋体字打印;标签项目内容用圆珠笔填写。

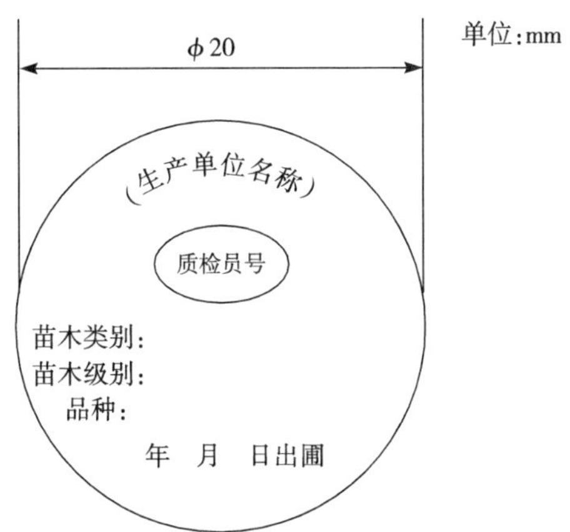

图 B.2-1 橡胶树苗木质量标签(张贴用)

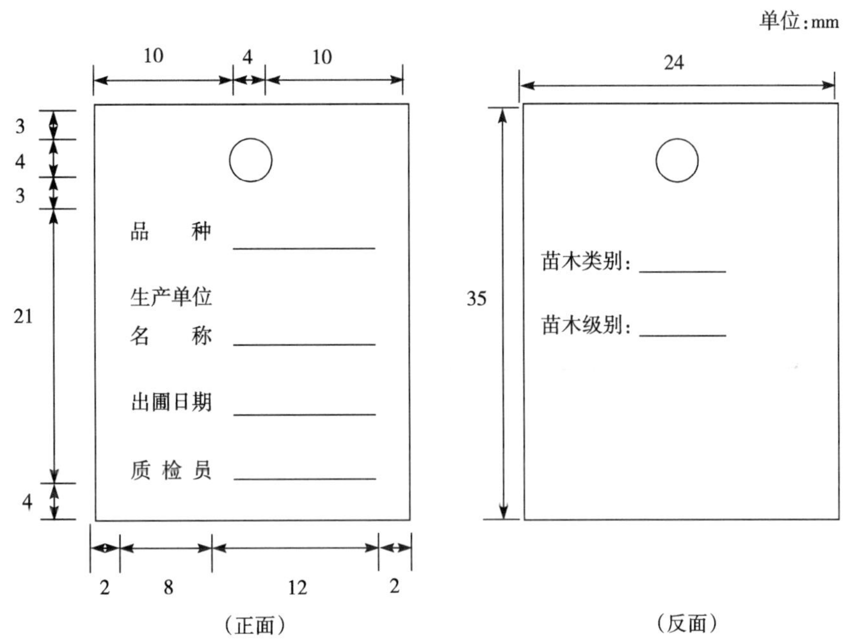

图 B.2-2 橡胶树苗木质量标签(拴挂用)

注:标签的用材为厚度约 0.3 mm 的白色聚乙烯塑料薄片或牛皮纸;标签正反面均用黑色 6 号宋体字打印;标签项目内容用圆珠笔填写。

附加说明:

本标准的附录 A 为规范性附录,附录 B 为资料性附录。

本标准由中华人民共和国农业部农垦局提出。

本标准由农业部热带作物及制品标准化技术委员会归口。

本标准起草单位:中国热带农业科学院橡胶研究所、国家重要热带作物工程技术研究中心。

本标准主要起草人:林位夫、李智全、刘平东、蔡汉荣、安锋。

中华人民共和国农业行业标准

天然生胶　凝胶标准橡胶生产技术规程

Raw natural rubber—Technical rules for production of coagulum standard rubber

NY/T 1811—2009

1　范围

本标准规定了凝胶标准橡胶生产工艺流程及设备、设施、生产工艺控制及技术要求以及产品质量控制。

本标准适用于用杯凝胶、胶线、早凝胶块、胶园及收胶站凝固的凝块生产标准橡胶。

2　规范引用文件

下列文件中的条款通过本标准的引用而成为本标准的条款。凡是注日期的引用文件，其随后所有的修改单(不包括勘误的内容)或修订版均不适用于本标准，然而，鼓励根据本标准达成协议的各方研究是否可使用这些文件的最新版本。凡是不注日期的引用文件，其最新版本适用于本标准。

GB/T 3510　未硫化胶　塑性的测定　快速塑性计法(GB/T 3510—2006,ISO 2007:1991,IDT)

GB/T 3517　天然生胶　塑性保持率(*PRI*)的测定(GB/T 3517—2002,ISO 2930:1995,MOD)

GB/T 4498　橡胶　灰分的测定(GB/T 4498—1997,eqv ISO 247:1990)

GB/T 8081　天然生胶　技术分级橡胶(TSR)规格导则(GB/T 8081—2008,ISO 2000:2003,IDT)

GB/T 8082　天然生胶　标准橡胶　包装、标志、贮存和运输

GB/T 8086　天然生胶　杂质含量的测定(GB/T 8086—2008,ISO 249:1995,MOD)

GB/T 8088　天然生胶和天然胶乳　氮含量的测定(GBT/8088—2008,ISO 1656:1996,MOD)

ISO 248　生橡胶　挥发分含量的测定(ISO 248:2005 Rubber raw - Determination of volatile - matter content)

3　生产工艺流程及生产设备、设施

3.1　生产工艺流程

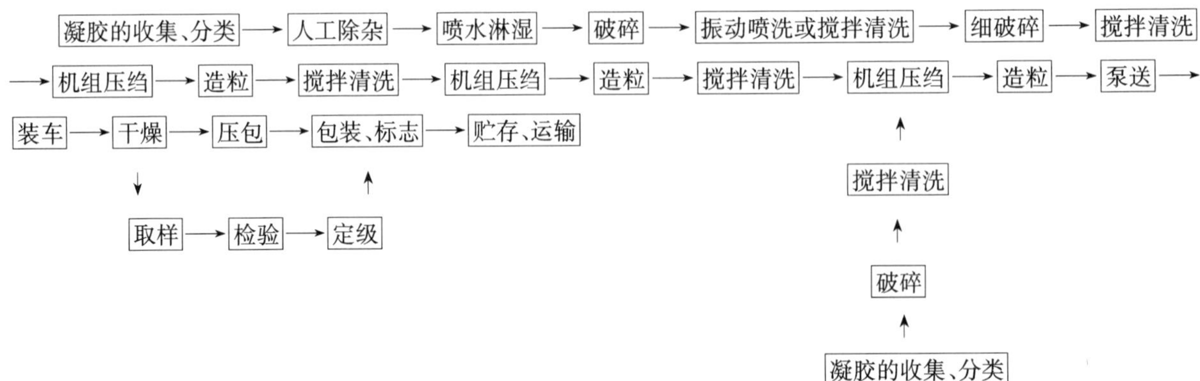

中华人民共和国农业部 2009-12-22 发布　　2010-02-01 实施

3.2 生产设备、设施

凝胶料贮存间、输送带、破碎机、振动清洗装置、清洗池、清洗搅拌器、斗升机、双螺杆切胶机(细破碎)、绉片机、造粒机、胶粒泵、振动下料筛、干燥车、渡车、推进器、干燥柜、供热设备(包括燃油炉或电炉、煤炉、燃油器、风机、供热管、温度计等)及打包机、产品检验设备等。

4 生产工艺控制及技术要求

4.1 胶料的收集与分类

4.1.1 胶园凝胶(杯凝胶、胶线)及早凝胶块应在割胶的第二天回收,除去树叶、树皮屑、塑料薄膜、石头、金属等杂物,及时送往胶厂加工,如不能及时加工的胶料应置阴凉、干燥处存放。

4.1.2 生胶片应按不同的干湿度进行分类,除去泥沙、石头、金属等各类杂物后及时送往胶厂加工,不能及时加工的胶片应置阴凉、干燥处存放。

4.1.3 分散凝固的胶乳,凝固前应用网孔基本尺寸为 250 μm(20 目)的不锈钢筛网过滤,凝固后的凝块(或压成片状的胶料)应在第二天运往胶厂加工,如不能及时运往胶厂的可置阴凉、通风处存放。

4.1.4 不同类别的凝胶应分别存放。

4.2 胶料的预处理及造粒

4.2.1 胶厂胶料存放工段应建立胶料的来源、存放时间、胶料含胶量(测定方法按附录 A 的规定)等原始记录,以利于产品质量监控。

4.2.2 已存放一段时间的凝胶料应进行淋水软化或浸泡。

4.2.3 大凝块加工前应切割成少于 5 kg 的胶块。

4.2.4 胶料加工前,应根据原料的种类、质量、加工品种要求制定工艺方案(包括不同种类胶料的配比、工艺流程、工艺要求、控制方法等),以利于提高产品质量。

4.2.5 破碎、清洗、压绉、造粒前,应认真检查和调试好各种设备、设施,添加各机器的润滑油,清除各清洗池的脏水,注入清水,保证所有设备、设施处于良好的待机状态。

4.2.6 启动设备时,注意每一台机的启动电流、启动时间等启动状况,设备运转正常后,适量调节设备的喷水,随后进料。

4.2.7 生产过程中,应注意和遵守如下事项:

——关注整条生产线上各台机器的电流值、声音、振动等状况,保证设备的安全运行;

——关注整条生产线上各台机器的运转速度是否同步。加工不同类型的胶料,设备技术状态应做相应的调整,保证产品质量和生产效率;

——根据破碎、造粒设备后各清洗池的肮脏程度,相应放掉部分池底脏水,同时加入部分清水;

——根据绉片机的出料速度及绉片状况,调节绉片机的滚筒间隙;

——根据绉片机组的出料速度,调节绉片机组间输送带的速度,避免拉片和堆片;

——根据造粒出来的粒子大小,调节造粒机定刀与动刀的间距,避免出现较大片状胶料;

——不应在破碎机、双螺杆切胶机、胶料提升斗、造粒机中拾取杂物或推动胶团;

——不应在各机台的喷水装置上洗手,不应在清洗池壁头上拾捡池中杂物。

4.2.8 生产完毕,应继续用水冲洗设备 2 min~3 min,然后停机清洗场地。

4.3 胶料装车与干燥

4.3.1 每次装胶料前,应将干燥车上干燥过的残留胶粒及杂物清除干净。

4.3.2 湿胶料装入干燥车时,应疏松、均匀,避免捏压成团,装胶高度应平整一致。

4.3.3 散落地面的胶粒,清洗干净后装入干燥车干燥。

4.3.4 干燥工段各工序的操作应遵守如下规定。

——湿胶料应放置滴水 10 min 以上，随后推入干燥设备进行干燥。

——干燥过程应随时注意燃料的燃烧状况，调节好燃料与气量比，以求燃料燃烧完全。

——干燥温度和时间的控制：进口热风温度应在 115℃±5℃之内，干燥时间不超过 4.5 h。

——停止供热后，使用砖砌炉膛的燃炉，继续抽风 20 min；使用不锈钢制圆筒式燃炉，继续抽风至进口温度 85℃～90℃；以保证产品质量及炉膛使用寿命。

——经常检查干燥设备上的密封胶皮，破损及密封性能不好的胶皮应及时更换，以防密封不好引起严重漏风而影响干燥效果。

——干燥后的橡胶应及时冷却，冷却后的橡胶胶温不应超过 60℃。

——干燥工段应建立干燥时间、温度、出胶情况、进出车号等生产记录，以利于干燥情况的监控。

4.4 压包

4.4.1 干燥后的橡胶应冷却至 60℃以下，方可进行压包。

4.4.2 压包前应抽取胶块切割检查是否存在夹生胶，夹生粒过大过多应重新干燥。

5 产品的质量控制

5.1 组批、抽样及样品制备

按附录 B 中的规定进行产品的组批、抽样及样品制备。

5.2 检测

按 GB/T 3510、GB/T 3517、GB/T 4498、ISO 248、GB/T 8086、GB/T 8088 的规定进行样品检测。

5.3 定级

按 GB/T 8081 的规定进行产品定级。

6 包装、标志、贮存与运输

按 GB/T 8082 的规定进行产品包装、标志、贮存与运输。包装也可按相关各方的要求进行。

附　录　A
（规范性附录）
凝胶含胶量的测定

A.1　仪器与设备

A.1.1　绉片机（直径 350 mm、速比 1∶1.5）。

A.1.2　电子秤（5 kg、分度值为 5 g）。

A.1.3　分析天平（分度值为 0.1 mg）。

A.1.4　厚薄规。

A.1.5　恒温干燥箱。

A.2　凝胶含胶量的测定

A.2.1　抽样

A.2.1.1　大样本的一级凝胶（或二级凝胶）分为胶团（或胶块）、杯凝胶、胶线三类，等外凝胶分为胶团（或胶块）、杯凝胶、胶线、胶泥四类，然后分别称量、记录，再分别计算各类凝胶在各等级凝胶中所占的比例。

A.2.1.2　从大样本的一级凝胶（或二级凝胶或等外凝胶）中按上述各类凝胶所占比例抽取总重量约 5 kg组成混合样品，然后用电子秤称量（m_1）、记录。

A.2.1.3　二级凝胶（或等外凝胶）的混合样品采用手工剥离其外来杂质（特别是塑料薄膜、树皮等）再进行压绉操作。

A.2.2　压绉

将绉片机辊距调至 0.05 mm±0.02 mm，接通水源喷水，启动绉片机后将混合样品充分湿过辊 10 次。第二次至第九次过辊时，将绉片叠成两层放入辊筒过辊，散落的碎胶全部检回混入绉片中，然后关闭水源，再将混合样品绉片干过辊 10 次。第二次至第九次过辊时，将绉片叠成两层后过辊，散落碎胶全部检回混入绉片中，第 10 次过辊后下片，电子秤称量、记录。

A.2.3　测试

从干过辊后的绉片（m_2）中剪取 100 g（精确至 0.01 g）试样（m_3），将试样剪成宽 2 mm 条状胶，然后将其置入温度为 100℃±5℃，带有抽风设备的电热烘干箱中，干燥 4 h 左右，试样干透后，取出放入干燥器中冷确至室温，称量、记录，再将试样在上述干燥条件下干燥 30 min，然后取出放入干燥器中冷却至室温，称量、记录，直至连续两次称量之差小于 10 mg 时，取最低质量（m_4）进行计算。

A.3　结果计算

A.3.1　混合样品含胶量计算

混合样品含胶量以样品干胶质量分数 X（%）计，按下列公式计算：

$$X = \frac{m_2 \times m_4}{m_1 \times m_3} \times 100 \qquad (A.1)$$

式中：

m_1——混合样品的质量的数值，单位为千克（kg）；

m_2——干过辊绉片的质量的数值，单位为千克(kg)；
m_3——试样的质量的数值，单位为克(g)；
m_4——干试样的质量的数值，单位为克(g)。

附　录　B
（规范性附录）
凝胶标准橡胶的生产检测

B.1　仪器与设备

B.1.1　实验室炼胶机。

B.1.2　取样刀。

B.2　生产检验步骤及要求

B.2.1　抽样频率

抽样频率以胶包计，5号胶抽样频率为2.5%，10号、20号、等外胶抽样频率为10%。

B.2.2　取样方法

B.2.2.1　压包后，按抽样频率抽取胶包，从抽取的胶包中每包取一个样品。

B.2.2.2　将经过打包机压实尚未包装的胶块放在干净的平台上，使最短的棱边处于垂直方向。用清洁、干净的刀沿胶块的垂直边切割下去，割出一块三角形的小胶块（约50 mm×50 mm×70 mm），其质量不少于180 g。再在对角的垂直边割取同样大小的三角形小胶块合在一起，组成代表这包胶的实验室样品，连同标签装入聚乙烯袋中，立即封好袋口。

B.2.3　样品的均匀化

将实验室样品称量，精确至0.1 g。将开炼机辊距调至1.3 mm±0.15 mm，辊温保持在70℃±5℃，过辊10次使实验室样品均匀。第2～9次过辊时，将胶片打卷后把胶卷一端垂直放入两辊筒间再次过辊，散落的碎胶全部混入样品胶中过辊；第十次过辊后下片，将胶片再次称量，精确至0.1 g。

B.2.4　检验要求

B.2.4.1　样品按GB/T 3510、GB/T 3517、GB/T 4498、ISO 248、GB/T 8086、GB/T 8088的规定进行检测。

B.2.4.2　样本中的每个样品均进行杂质含量、塑性初值、塑性保持率测定，每隔3个样品取一个样品进行灰分测定，每隔6个样品取一个样品进行挥发分含量、氮含量测定（但如果发现灰分、挥发分含量、氮含量超标，则样本中的每一个样品均应进行该项测定）。

附加说明：

本标准附录A、附录B为规范性附录。

本标准由中华人民共和国农业部提出。

本标准由农业部热带作物及制品标准化技术委员会天然橡胶分技术委员会归口。

本标准负责起草单位：中国热带农业科学院农产品加工研究所。

本标准参加起草单位：国家重要热带作物工程技术研究中心。

本标准主要起草人：陆衡湘、刘培铭、陈成海。

中华人民共和国农业行业标准

天然棕麻纤维软垫粘合专用胶乳

Special latex binder for natural fibre cushion from coir and sisal

NY/T 1812—2009

1 范围

本标准规定了用浓缩天然胶乳与尿素—甲醛/尿素—三聚氰胺树脂为原料制备的天然棕麻纤维软垫粘合专用胶乳的技术要求、试验方法、检验规则及包装、标识、贮存和运输。

本标准适用于巴西橡胶树所产的、浓缩后高氨保存的胶乳与尿素—甲醛/尿素—三聚氰胺树脂制备的天然棕麻纤维软垫粘合专用胶乳。

2 规范性引用文件

下列文件中的条款通过本标准的引用而成为本标准的条款。凡是注日期的引用文件，其随后所有的修改单(不包括勘误的内容)或修订版均不适用于本标准，然而，鼓励根据本标准达成协议的各方研究是否可使用这些文件和最新版本。凡是不注日期的引用文件，其最新版本适用于本标准。

GB/T 5544 树脂整理剂中游离甲醛含量的测定方法

GB/T 8290 浓缩天然胶乳 取样(GB/T 8290—2008,ISO 123:2001,MOD)

GB/T 8298 浓缩天然胶乳 总固体含量的测定(GB/T 8298—2008,ISO 124:1997,MOD)

GB/T 8300 浓缩天然胶乳 碱度的测定(GB/T 8300—2008,idt ISO 125:1990)

GB/T 18012 天然胶乳 pH的测定(GB/T 18012—2008,ISO 976:1996,MOD)

NY/T 1037 天然胶乳 黏度的测定 旋转黏度计法(NY/T 1037—2006,ISO 1652:2004,MOD)

3 术语和定义

下列术语和定义适用于本标准。

天然棕麻纤维软垫粘合专用胶乳 special latex binder for natural fibre cushion from coir and sisal

由浓缩天然胶乳加入配合剂经配合、硫化(A部分)，并加入一定量的尿素—甲醛/尿素—三聚氰胺树脂(B部分)混合而成，专门用于粘合椰棕、剑麻、山棕纤维软垫的一种复合胶乳。

4 技术要求

4.1 A部分胶乳中除了必不可少的硫化剂、硫化助剂和防老剂外，不应加有填充剂。B部分中各组分为：

——尿素6%～8%；

——三聚氰胺25%～30%；

——甲醛50%～65%；

中华人民共和国农业部 2009-12-22 发布 2010-02-01 实施

——三乙醇胺 2%～4%。

4.2 天然棕麻纤维软垫粘合专用胶乳的质量要求应符合表 1、表 2 的规定。

表 1 天然棕麻纤维软垫粘合专用胶乳组成成分的质量要求

名 称	项 目	要 求
A 部分:硫化胶乳	总固体含量(质量分数)/%,最小 碱度(NH_3)按胶乳含氨计算(质量分数)/%,最小 黏度/mPa·s,最大 pH,最小 氯仿值(硫化程度)	50.0 0.65 50.0 10.5 二初至二末
B 部分:尿素—甲醛/尿素—三聚氰胺树脂	总固体含量(质量分数)/% 游离甲醛含量(质量分数)/%,最大	25.0～30.0 1.0
注:胶乳与尿素—甲醛/尿素—三聚氰胺树脂混合后混合胶乳会逐渐增稠。因此,A 部分胶乳与 B 部分树脂应分开贮存,需用时按所需比例现配。		

表 2 混合后天然棕麻纤维软垫粘合专用胶乳的质量要求

名 称	项 目	要 求
粘合专用胶乳	总固体含量(质量分数)/%,最小 碱度(NH_3)按胶乳含氨计算(质量分数)/%,最小 黏度/mPa·s 游离甲醛含量(质量分数)/%,最大	40.0 0.65 50.0 0.5
注:A 部分的胶乳与 B 部分的尿素—甲醛/尿素—三聚氰胺树脂在使用前根据需要按 1∶0.2～0.6 的比例制备混合胶乳,并用水稀释至 40%(质量分数)的总固体含量使用,如需要可进一步稀释。两部分混合后应 3 d～4 d 使用完毕。		

5 试验方法

5.1 胶乳总固体含量

按 GB/T 8298 的规定进行。

5.2 碱度

按 GB/T 8300 的规定进行。

5.3 pH

按 GB/T 18012 的规定进行。

5.4 黏度

按 NY/T 1037 的规定进行。

5.5 氯仿值

按附录 A 的规定进行。

5.6 游离甲醛含量

按 GB/T 5544 的规定进行。

5.7 尿素—甲醛/尿素—三聚氰胺树脂总固体含量

按附录 B 的规定进行。

6 检验规则

6.1 出厂检验

出厂检验由生产厂技术人员对天然棕麻纤维软垫粘合专用胶乳的组成成分按表 1 的要求进行检验，检验合格发给合格证书，方可出厂。

6.2 组批规则和抽样方法

6.2.1 组批规则

6.2.1.1 A 部分胶乳

A 部分胶乳的同一配方、同一工艺产品宜每 25 t 作为一个检验批次。

6.2.1.2 B 部分尿素—甲醛/尿素—三聚氰胺树脂

B 部分尿素—甲醛/尿素—三聚氰胺树脂宜每 5 t 作为一个检验批次。

6.2.2 抽样方法

按 GB/T 8290 的规定进行。

6.3 判定规则和复验规则

检验结果中 A 部分胶乳中的总固体含量、碱度、黏度、pH、氯仿值 5 项指标中只要有 1 项指标不符合表 1 中 A 部分的要求，则判定该批 A 部分胶乳不合格；B 部分的尿素—甲醛/尿素—三聚氰胺树脂中的总固体含量、游离甲醛含量 2 项指标中只要有 1 项指标不符合表 1 中 B 部分的要求，则判定该批 B 部分尿素—甲醛/尿素—三聚氰胺树脂不合格。如对检验结果有争议，可重复抽样复检一次，如仍不合格，则判该批产品为不合格。

7 包装、标识、贮存和运输

7.1 包装

7.1.1 A 部分的胶乳和 B 部分的尿素—甲醛/尿素—三聚氰胺树脂应分开包装。

7.1.2 可采用铁桶包装。包装容器应彻底洗净，内壁均匀涂上一层对胶乳和尿素—甲醛/尿素—三聚氰胺树脂无害的耐碱涂料。包装时，小心将胶乳或尿素—甲醛/尿素—三聚氰胺树脂装入容器，同时防止带入油类、铁屑等杂物，并防止胶乳或尿素—甲醛/尿素—三聚氰胺树脂溢出容器外。如有外溢要及时处理干净，否则不能按正品包装。

7.2 标识

包装桶上至少应标明：产品名称、执行标准编号、生产厂名、厂址、批号、桶号、毛重、净含量、生产日期。

7.3 贮存

A 部分胶乳和 B 部分尿素—甲醛/尿素—三聚氰胺树脂的贮存温度应保持在 2℃～30℃的范围内，注意防晒，并经常检查，如发现泄漏，应另行包装。

7.4 运输

搬运桶装物时，应轻放和慢慢滚动，不应碰撞，以免损坏。产品待运和运输途中应有遮盖，切忌日晒，其温度应保持在 2℃～35℃的范围内。

附　录　A
（规范性附录）
硫化胶乳氯仿值的测定

A.1　仪器

实验室普通仪器。

A.2　操作程序

用吸管取 2 mL～3 mL 的硫化胶乳置于小烧杯中，按 1：2 的体积加入三氯甲烷（氯仿），用玻璃棒搅拌混合使其胶凝，静置 30 s～6 0s，然后取出用手拉伸、扯断、揉捏，视这几方面情况和黏着性，用凝胶状态表示硫化程度，如图 A.1。

A.3　级别划分

硫化胶乳的硫化级别具体划分如下：

一级　生胶乳。

二级　二初：凝胶呈面团状，可拉很长并带有黏性。

二中：凝胶呈面团状，可拉相当程度不断。

二末：凝胶呈面团状，稍拉长即断，但较韧。

三级　三初：凝胶呈面团状，一拉就断，但胶团比较细滑。

三中：凝胶呈颗粒状，表面较粗糙。

三末：凝胶呈颗粒状，可以捏成团，除去压力后，凝胶显著收缩。

四级　四初：凝胶呈颗粒状，可以捏成团，但颗粒和结团较粗糙，除去压力后，凝胶稍有收缩。

四中：凝胶呈颗粒状，不易成团，有细碎趋势，无收缩现象。

四末：凝胶全部呈极小颗粒状态。

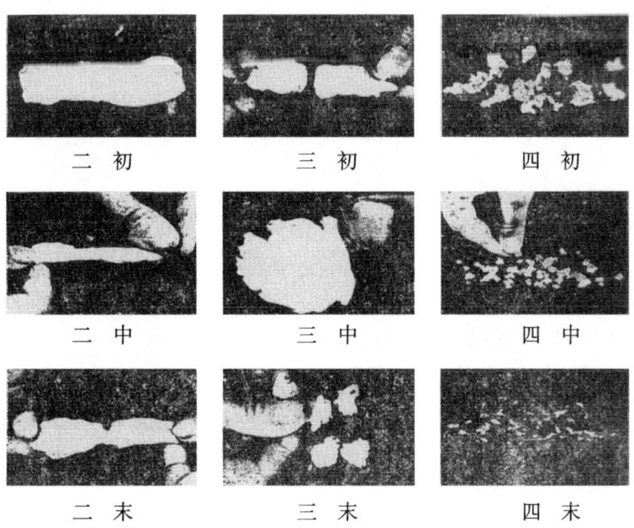

图 A.1　用三氯甲烷（氯仿）凝胶状态表示的硫化程度

附 录 B
（规范性附录）
尿素—甲醛/尿素—三聚氰胺树脂总固体含量的测定

B.1 原理

将试样放在烘箱内，在常压条件下按规定加热至恒重，通过加热前后试样的质量变化来测定总固体含量。

B.2 仪器

实验室普通仪器，以及如下仪器、设备。

B.2.1 平底皿，直径约 60 mm。

B.2.2 烘箱，能在(80±5)℃下恒温。

B.2.3 天平，精度为 0.1 mg。

B.3 操作程序

将平底皿称量，精确至 0.1 mg。加入约 4.0 g 的尿素—甲醛/尿素—三聚氰胺树脂，称量，精确至 0.1 mg。轻轻转动平底皿，使里面的树脂覆盖皿底。

将平底皿放入烘箱使其水平放置，在(80±5)℃加热至树脂干燥时取出，在干燥器内冷却至室温后称量。然后再放入烘箱在(80±5)℃下加热 30 min 后取出，在干燥器内冷却至室温后称量。重复此操作，直至前后两次称量之差小于 0.5 mg。

B.4 结果的表示

尿素—甲醛/尿素—三聚氰胺树脂总固体含量按式(B.1)计算，以质量分数 w 表示：

$$w=\frac{m_1}{m_0}\times 100 \qquad \text{(B.1)}$$

式中：

m_0——干燥前试样的质量，单位为克(g)；

m_1——干燥后试样的质量，单位为克(g)。

双份平行测定结果之差不应大于 0.2%，然后取平均值。

附加说明：

本标准的附录 A、附录 B 为规范性附录。

本标准由中华人民共和国农业部提出。

本标准由农业部热带作物及制品标准化技术委员会天然橡胶分技术委员会归口。

本标准起草单位：中国热带农业科学院农产品加工研究所、国家重要热带作物工程技术研究中心、中国热带农业科学院椰子研究所、江西德畅集团。

本标准主要起草人：张北龙、丁丽、陈成海、张木炎、郭兆忠、黄茂芳、邓维用。

中华人民共和国农业行业标准

NY/T 1813—2009

浓缩天然胶乳 氨保存离心低蛋白质胶乳生产技术规程

Natural rubber latex concentrate centrifuged low protein, ammonia-preserved types-technical rules for production

1 范围

本标准规定了浓缩天然胶乳氨保存离心低蛋白质胶乳的生产工艺流程及设施、生产操作要求及质量控制、包装、标识、贮存和运输。

本标准适用于以鲜胶乳为原料经蛋白酶水解、离心生产的氨保存低蛋白质胶乳。

2 规范性引用文件

下列文件中的条款通过本标准的引用而成为本标准的条款。凡是注日期的引用文件,其随后所有的修改单(不包括勘误的内容)或修订版均不适用于本标准,然而,鼓励根据本标准达成协议的各方研究是否可使用这些文件的最新版本。凡是不注日期的引用文件,其最新版本适用于本标准。

GB/T 8088 天然生胶和天然胶乳 氮含量的测定(GB/T 8088—2008,ISO 1656:1996,MOD)

GB/T 8290 浓缩天然胶乳 取样(GB/T 8290—2008,ISO 123:2001,MOD)

GB/T 8291 浓缩天然胶乳 凝块含量(筛余物)的测定(GB/T 8291—2008,ISO 706:2004,MOD)

GB/T 8292 浓缩天然胶乳 挥发脂肪酸值的测定(GB/T 8292—2008,ISO 506:1992,IDT)

GB/T 8293 浓缩天然胶乳 残渣含量的测定(GB/T 8293—2008,ISO 2005:1992,IDT)

GB/T 8295 天然橡胶和胶乳 铜含量的测定 光度法(GB/T 8295—2008,ISO 8053:1995,MOD)

GB/T 8296 天然生胶和胶乳 锰含量的测定 高碘酸钠光度测定法(GB/T 8296—2008,ISO 7780:1998,MOD)

GB/T 8297 浓缩天然胶乳 氢氧化钾(KOH)值的测定(GB/T 8297—2008,ISO 127:1995,MOD)

GB/T 8298 浓缩天然胶乳 总固体含量的测定(GB/T 8298—2008,ISO 124:1997,MOD)

GB/T 8299 浓缩天然胶乳 干胶含量的测定(GB/T 8299—2008,ISO 126:2005,IDT)

GB/T 8300 浓缩天然胶乳 碱度的测定(GB/T 8300—2008,ISO 125:2003,IDT)

GB/T 8301 浓缩天然胶乳 机械稳定度的测定(GB/T 8301—2008,ISO 35:2004,IDT)

NY/T 732 浓缩天然胶乳 氨保存低蛋白质胶乳

NY/T 924 浓缩天然胶乳 氨保存离心胶乳生产工艺规程

3 生产工艺流程及设施

3.1 生产工艺流程

氨保存低蛋白质胶乳生产工艺流程如图1所示。

中华人民共和国农业部 2009-12-22 发布　　2010-02-01 实施

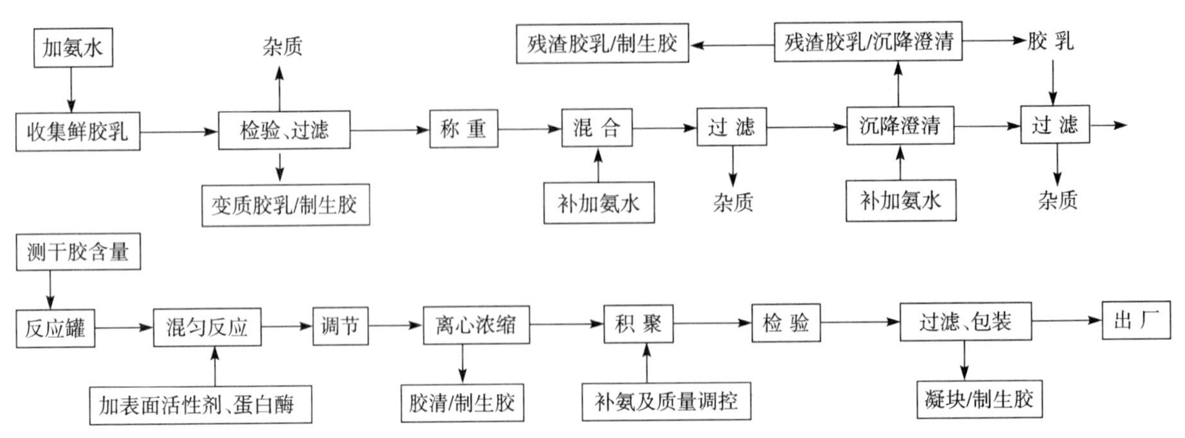

图1　氨保存离心低蛋白质胶乳生产工艺流程

3.2　设备及设施

胶乳运输罐、胶乳过滤筛、胶乳压送罐、空气压缩机(或泵)、胶乳过滤缓冲池、胶乳澄清池、胶乳调节池、胶乳混匀反应罐及搅拌机、调节池浮子、调节池滤网、胶乳输送管道、胶乳分离机及备用转鼓、转鼓拆架、洗碟盘、浓缩胶乳与胶清管道、积聚罐/池及搅拌机、贮氨及配料罐、加氨和加表面活性剂及蛋白酶溶液的管道及计量仪表等。

4　生产操作要求及质量控制

4.1　鲜胶乳的收集、保存和运输

可按 NY/T 924 的规定进行,但氨含量应控制在 0.15%～0.30%,且不应加入 TT/ZnO。

4.2　鲜胶乳的处理

可按 NY/T 924 的规定进行,但氨含量应控制在 0.15%～0.30%,干胶含量在 30%左右,挥发脂肪酸值≤0.08。

4.3　酶解反应

经处理澄清后的鲜胶乳通过胶乳管道引入反应罐,然后加入表面活性剂、氢氧化钾和蛋白酶混匀,加入量按干胶与其质量比分别为 1∶0.004 5～0.005、1∶0.002～0.002 5 和 1∶0.004～0.006(表面活性剂配成 10%的水溶液,氢氧化钾配成 15%水溶液,蛋白酶配成 5%的水溶液),温度范围 45℃～50℃,反应时间 10 h～20 h。

注:表面活性剂推荐使用十二烷基硫酸钠等阴离子表面活性剂,蛋白酶推荐使用 2709 等碱性蛋白酶。

4.4　低蛋白胶乳的离心浓缩、质量控制与要求

4.4.1　离心浓缩

可按 NY/T 924 的规定进行。

4.4.2　质量控制与要求

低蛋白质胶乳应符合 NY/T 732 的技术要求,见表 1。

表1　技术要求

项　　目	限　　值	
	高　氨	低　氨
总固体含量,%(质量分数),最小	61.5	61.5
干胶含量,%(质量分数),最小	60.0	60.0
非胶固体,%(质量分数),最大	2.0	2.0

表 1（续）

项目	限值	
	高氨	低氨
碱度(NH_3)，%(质量分数)，按浓缩胶乳计算	0.6 最小	0.29 最大
机械稳定度，秒	400～1 000	400～1 000
凝块含量，%(质量分数)，最大	0.05	0.05
铜含量，mg/kg 总固体，最大	8	8
锰含量，mg/kg 总固体，最大	8	8
残渣含量，%(质量分数)，最大	0.10	0.10
挥发脂肪酸(VFA)值，最大	0.08	0.08
KOH 值，最大	1.0	1.0
氮含量，%(质量分数)	0.06～0.12	0.06～0.15

注 1：总固体含量为非强制性项目，其余为强制性项目。

注 2：总固体含量与干胶含量之差为非胶固体。

注 3：如果氨保存低蛋白质浓缩天然胶乳加入氨以外的其他保存剂，则应说明这些保存剂的化学性质和大约用量。

4.5 积聚、检验

4.5.1 积聚

从离心机分离出来的低蛋白质胶乳经管道流入积聚罐/池(管道应保持干净，积聚罐/池在使用前应用浓氨水消毒一次)，并补加液氨和少量表面活性剂(胶乳量的 0.02%)，使氨保存的低蛋白质胶乳的氨含量达到 NY/T 732 的要求后进行积聚。低蛋白质胶乳在积聚罐/池内贮存 1 个月以上。出厂时，如稳定性达不到要求，可适当加入表面活性剂提高其机械稳定性。

在正常生产中，每罐/池要检验 3～4 次，即在胶乳装至 1/3 罐/池、1/2 罐/池、2/3 罐/池及满罐/池时，都应搅拌均匀，按 GB/T 8290 规定的方法取样，按 GB/T 8300、GB/T 8299 规定的方法测定氨含量和干胶含量。

对积聚罐/池中的低蛋白质胶乳应及时进行除泡，以减少凝块含量和结皮现象；积聚罐/池中的胶乳应保持密封，定期检查，注意质量变化，及时调整有关含量和补足氨含量，每隔一段时间应搅拌，以防止上层结皮。

4.5.2 检验

每罐/池低蛋白质胶乳作为一批产品，每批胶乳都应搅拌均匀，按 GB/T 8290 规定的方法取样，按 GB/T 8300、GB/T 8298、GB/T 8299、GB/T 8292 和 GB/T 8088 规定的方法测定氨含量、总固体含量、干胶含量、挥发脂肪酸值和氮含量；必要时，还应按 GB/T 8301、GB/T 8297、GB/T 8293、GB/T 8295、GB/T 8296 和 GB/T 8291 规定的方法测定浓缩胶乳的机械稳定度、氢氧化钾值以及残渣、铜、锰和凝块含量。包装前产品的各项质量指标应达到 NY/T 732 的规定要求。

5 包装、标识、贮存和运输

按 NY/T 732 的规定进行。

附加说明：

本标准由中华人民共和国农业部农垦局提出。

本标准由热带作物及制品标准化技术委员会归口。

本标准起草单位：中国热带农业科学院农产品加工研究所、国家重要热带作物工程技术研究中心、农业部天然橡胶质量监督检验测试中心。

本标准主要起草人：黄茂芳、陈成海、谭杰。

硬质纤维类

中华人民共和国农业行业标准

剑麻纱线细度均匀度的测定 片段长度称重法

NY/T 247—2009

代替 NY/T 247—1995

Determination of the fineness uniformity for sisal yarn Segment length weighing method

1 范围

本标准规定了用片段长度称重法测定剑麻纱线细度均匀度的方法。

本标准适用于剑麻纤维为原料纺制的纱线。

2 规范性引用文件

下列文件中的条款通过本标准的引用而成为本标准的条款。凡是注日期的引用文件,其随后所有的修改单(不包括勘误的内容)或修订版均不适用于本标准,然而,鼓励根据本标准达成协议的各方研究是否可使用这些文件的最新版本。凡是不注日期的引用文件,其最新版本适用于本标准。

NY/T 255—2007 剑麻纱

3 术语和定义

下列术语和定义适用于本标准。

纱线细度均匀度 yarn fineness uniformity

纱线沿长度方向粗细的均匀程度。

4 原理

用规定片段长度的纱线质量表示该对应部位纱线的粗细值,并用纱线不匀率表示纱线的细度均匀度。

5 试验条件

5.1 常规试验:在环境大气条件下进行。

5.2 仲裁试验:试样应在温度为(20±2)℃、相对湿度为(65±2)%的纺织品试验用标准大气下调湿48 h以上,然后在该条件下进行试验。

6 试验器具

实验室常规仪器设备,以及天平:感量为0.01 g。

7 取样

按NY/T 255—2007中7.3的规定执行。

中华人民共和国农业部 2009-12-22 发布　　2010-02-01 实施

8 试验程序

8.1 试样制备

8.1.1 每一测试样品，测试端弃除 10 m 纱线后制备试样。

8.1.2 用分度值 1 mm 的钢尺量取 0.50 m 的纱线为一个试样，连续制取 10 个试样为一组，量取试样时所用张力以刚好使纱线绷直为准。

8.1.3 每一测试样品应制备 5 组，每组试样间隔距离 10 m。

8.1.4 取出的每一试样应卷绕成小纱团(结)，并用自身的纱线缠牢以免松散。

8.2 质量测定

将每组试样依次称量，记录各试样的质量，精确至 0.01 g。

9 结果计算与表达

9.1 试样质量算术平均数

按 8.2 进行试样的质量测定，试样质量的算术平均数按式(1)计算：

$$\overline{X} = \frac{\sum_{i=1}^{N} x_i}{N} \qquad (1)$$

式中：

$\overline{X}$——试样质量算术平均数，单位为克(g)；

x_i——第 i 个试样的质量，单位为克(g)；

N——试样总次数。

计算结果精确至小数点后二位。

9.2 纱线细度均匀度

纱线细度均匀度用纱线不匀率表示，纱线不匀率按式(2)计算：

$$H = \frac{2(\overline{X} - \overline{x})n}{\overline{X}N} \times 100 \qquad (2)$$

式中：

H——纱线不匀率，以百分数表示(%)；

$\overline{x}$——平均值以下试样质量的算术平均数，单位为克(g)；

n——试样质量算术平均数以下试样的次数；

计算结果精确至小数点后二位。

10 试验报告

试验报告至少应包括：

a) 样品类别；

b) 整批纱线的片段平均质量；

c) 整批纱线的片段平均不匀率；

d) 试验用温、湿度。

附加说明：

本标准代替 NY/T 247—1995《剑麻纱线细度均匀度的测定　片段长度称重法》。

本标准与 NY/T 247—1995 相比主要差异如下：

——增加了第 2 章“规范性引用文件”；

——增加了第 3 章“术语和定义”；

——增加了第 7 章“取样”；

——修正了原 NY/T 247—1995 中第 6 章“平均数”和“纱线不匀率”的计算公式；

——删除了原 NY/T 247—1995 中第 6 章“均方差(标准差)”、“纱线质量变异系数”和“纱线片段质量分布图”的内容。

本标准由中华人民共和国农业部提出。

本标准由农业部热带作物及制品标准化技术委员会归口。

本标准起草单位：农业部剑麻及制品质量监督检验测试中心。

本标准主要起草人：侯尧华、陈伟南、张光辉。

本标准于 1995 年 3 月首次发布。

中华人民共和国农业行业标准

剑麻纱线断裂强力的测定

Determination of breaking force for sisal yarn

NY/T 250—2009

代替 NY/T 250—1995

1 范围

本标准规定了剑麻纱线断裂强力的测定方法。

本标准适用于剑麻纤维为原料纺制的纱线。

2 规范性引用文件

下列文件中的条款通过本标准的引用而成为本标准的条款。凡是注日期的引用文件，其随后所有的修改单(不包括勘误的内容)或修订版均不适用于本标准，然而，鼓励根据本标准达成协议的各方研究是否可使用这些文件的最新版本。凡是不注日期的引用文件，其最新版本适用于本标准。

NY/T 255—2007 剑麻纱

3 术语和定义

下列术语和定义适用于本标准。

断裂强力 breaking force

在规定的条件下，纱线试样被拉伸至断裂时所施加的力。

4 原理

在规定的条件下，使用专用的仪器设备将试样拉伸至断裂，所示的力值作为剑麻纱线的断裂强力。

5 试验条件

5.1 常规试验：在环境大气条件下进行试验。

5.2 仲裁试验：将试样置于温度为(20±2)℃、相对湿度为(65±2)%大气条件下至少 48 h 后再进行试验。

6 试验仪器

实验室常规仪器设备，以及等速强力试验机并应满足下列要求：

——试验机具有一个固定的夹持器用于夹持试样的一端，一个等速驱动的夹持器用于夹持试样的另一端；

——动夹持器移动的恒定速度范围为 200 mm/min～500 mm/min，精确度为±2%；

——仪器应有显示和记录施加力值的装置；

——强力示值最大误差不应超过 2%。

中华人民共和国农业部 2009-12-22 发布　　2010-02-01 实施

7 取样

按 NY/T 255—2007 中 7.3 的规定执行。

8 试验程序

8.1 调整等速强力试验机移动速度为 200 mm/min～500 mm/min，夹持器的隔距长度为 500 mm±2 mm。

8.2 在夹持试样前，应检查钳口是否准确地对正和平行，保证施加的力不产生角度偏移。

8.3 从卷装纱线样品上退绕纱线，舍弃 10 m，安装试样，试样在两夹持器间长度为 500 mm。

8.4 纱线不应剪断，试样隔距为 5 m，每个样品测试不少于 5 个有效试验数据。

8.5 夹紧试样，将试样拉伸至断裂。

8.6 在试验过程中，若试样断裂于钳口处或测试时出现试样滑移，舍弃该试验数据，换上新试样重新开始试验。

8.7 记录断裂强力值。

9 结果计算

剑麻纱线断裂强力以算术平均值表示，按式(1)计算：

$$\overline{X} = \frac{\sum_{i=1}^{N} x_i}{n} \quad \cdots\cdots (1)$$

式中：

$\overline{X}$——样品断裂强力的算术平均值，单位为牛顿(N)；

n——样品的有效试验次数；

x_i——样品第 i 次有效试验的试验值，单位为牛顿(N)。

计算结果精确到 1 N。

10 试验报告

试验报告至少应包括：

——试验结果；

——具体的测试条件：所用试验机的类型、试样的调湿或试验的温度、相对湿度等；

——本标准未列出的详细试验程序及任何可能影响结果的条件。

附加说明：

本标准代替 NY/T 250—1995《剑麻纱线断裂强力的测定》。

本标准与 NY/T 250—1995 相比主要差异如下：

——增加了第 3 章“术语和定义”；

——增加了第 7 章“取样”；

——增加了试验结果的计算方法；

——修正了原标准中有关“下夹钳移动”的提法。

本标准由中华人民共和国农业部提出。

本标准由农业部热带作物及制品标准化技术委员会归口。

本标准由农业部剑麻及制品质量监督检验测试中心负责起草。

本标准主要起草人：侯尧华、陈伟南、张光辉。

本标准于 1995 年 3 月首次发布。

中华人民共和国农业行业标准

剑　麻　纱

Sisal yarn

NY/T 255—2007
代替 NY/T 255—1995

1 范围

本标准规定了剑麻纱的术语、定义、产品分类、产品标记、技术要求、试验方法、包装、标志、运输和贮存。

本标准适用于剑麻纤维原料纺制的纱。

2 规范性引用文件

下列文件中的条款通过本标准的引用而成为本标准的条款。凡是注日期的引用文件，其随后所有的修改单(不包括勘误的内容)或修订版均不适用于本标准，然而，鼓励根据本标准达成协议的各方研究是否可使用这些文件和最新版本。凡是不注日期的引用文件，其最新版本适用于本标准。

GB/T 8694　纺织纱线及有关产品捻向的标示(idt ISO 2:1973)

NY/T 243　剑麻纤维制品回潮率的测定　蒸馏法

NY/T 245　剑麻纤维制品含油率的测定

NY/T 246　剑麻纱线　线密度的测定

NY/T 247—1995　剑麻纱线细度均匀度的测定　片断长度称重法

NY/T 250　剑麻纱线断裂强力的测定(neq ISO58080:1977)

3 术语和定义

下列术语和定义适用于本标准。

3.1

断裂强力　strength of rupture

在规定条件下，按规定的程序将纱线试样拉伸至断裂所需的力。

3.2

含油率　oil ratio

产品物质成分中，规定试剂的可提取物对干纤维材料的比值，用百分率表示。

3.3

纱线不匀率　yarn unevenness level

纱线各部位粗细不一致程度的统计。

4 类型和标记

4.1 类型和规格代号

中华人民共和国农业部 2007-12-18 发布　　2008-03-01 实施

剑麻纱的捻向和标示应符合 GB/T 8694 的规定，按其加捻的方向不同可分为 Z 捻和 S 捻二类。

剑麻纱以其纱线公称支数为产品的规格代号。

4.2 产品标记

剑麻纱以其品名、本标准代号和顺序号、类型和规格代号进行产品标记。其含义和表示方法如下：

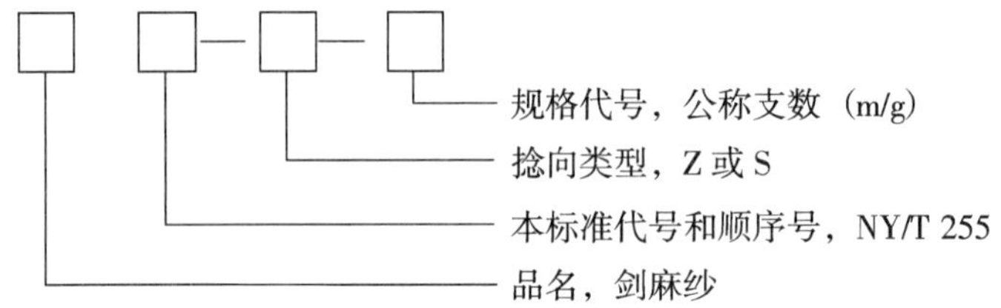

示例：

执行本标准、公称支数为 0.80 支、Z 捻的剑麻纱，其标记为：

剑麻纱 NY/T 255 - Z - 0.80。

5 技术要求

每一捆剑麻纱成品应是连续不断的整条纱，其主要技术要求应符合表 1 和表 2 的规定。

表 1 技术性能

项　　目	要　　求		
	优等品	一等品	合格品
支数允许偏差(率)，%	±8	±10	±12
纱线不匀率，%	≤18		≤22
回潮率，%	≤13		
含油率，%	≤12		

表 2 断裂强力

产品规格(支数) m/g	断裂强力要求(f) N		
	优等品	一等品	合格品
0.40	≥420	≥400	≥360
0.50	≥336	≥320	≥288
0.60	≥284	≥270	≥243
0.80	≥210	≥200	≥180
1.00	≥168	≥160	≥144
1.20	≥137	≥130	≥117

6 试验方法

6.1 支数的测定

按 NY/T 246 的规定执行。

6.2 纱线不匀率的测定

按 NY/T 247—1995 的第 4 章、第 5 章规定执行。

纱线不匀率按公式(1)计算：

$$H = \frac{2(\overline{X} - \overline{x})n}{\overline{X}N} \times 100 \quad (1)$$

式中：

H——纱线不匀率，以百分数表示（%）；

$\overline{X}$——全部试验值的算术平均值，单位为克（g）；

$\overline{x}$——平均值以下试验值的算术平均值，单位为克（g）；

N——试验总次数；

n——平均值以下试验值的次数。

计算结果精确到小数点后一位。

6.3 回潮率的测定

在取样现场从单位样品中裁取回潮率试验的试样，应先去除纱捆表层的产品，取纱捆表层以内的纱线作试样，每个样品取 2 份以上约 50 g 的试样，用塑料袋封装备用。

按 NY/T 243 的规定执行。

6.4 含油率的测定

按 NY/T 245 的规定执行。

6.5 断裂强力的测定

6.5.1 按 NY/T 250 的规定执行。

6.5.2 每个样品测试 5 份以上试样的有效试验数据。

6.5.3 按公式（2）计算每个样品测试的有效试验值的算术平均值。

$$\overline{x} = \frac{1}{n}\sum_{i=1}^{n} x_i \quad (2)$$

式中：

$\overline{x}$——样品测试的有效试验值的算术平均值，单位为牛顿（N）；

n——样品的有效试验次数；

x_i——样品进行 n 次测试的第 i 次有效试验的试验值，单位为牛顿（N）。

每个样品测试的有效试验值的算术平均值即为该样品的测量值。

6.5.4 按公式（3）计算样品的试样单次测量的标准偏差估计值。

$$S_{\overline{x}} = \sqrt{\frac{\sum_{i=1}^{n}(x_i - \overline{x})^2}{n(n-1)}} \quad (3)$$

式中：

$S_{\overline{x}}$——样品试验值（有效试验值的算术平均值）的标准偏差估计值；

$\overline{x}$——样品测试的有效试验值的算术平均值，单位为牛顿（N）；

x_i——样品进行 n 次测试的第 i 次有效试验的试验值；

n——样品的有效试验次数。

7 检验规则

7.1 检验分类

剑麻纱品质检验分出厂检验和型式检验。

7.1.1 出厂检验

每批产品出厂前，生产单位应进行出厂检验。出厂检验应包括纱的支数、支数不匀率、断裂强力、回潮率、含油率、标志和包装等项目。

7.1.2 型式检验

型式检验是对产品进行全面考核,即对本标准规定的全部要求进行检验。有下列情形之一者应进行型式检验:

a) 国家质量监督机构或主管部门提出型式检验要求;

b) 前后两次抽样检验结果差异较大;

c) 生产环境、生产工艺发生较大变化。

7.2 组批

以同一类型、同一规格或同一任务单(合同号)为同一检验批。

7.3 抽样方法

7.3.1 剑麻纱产品以捆为单位样品。以同一类型和规格的剑麻纱小于等于 100 t 作为一批,按公式(4)计算取样数并取样。

$$S = 0.25\sqrt{N} \qquad (4)$$

式中:

S——取样的纱捆数,单位为捆;

N——批纱捆数,单位为捆。

7.3.2 应随机选取所需的纱捆包数,每一捆应从被检验批中的不同包抽取。

7.4 判定规则

7.4.1 样品断裂强力按如下规则判定:

$\bar{x} - S_{\bar{x}} \geqslant f$ 判该样品合格;$\bar{x} - S_{\bar{x}} < f$ 判该样品不合格。

式中:

$S_{\bar{x}}$——样品试验值(有效试验值的算术平均值)的标准偏差估计值;

$\bar{x}$——样品测试的有效试验值的算术平均值;

f——表 2 所规定的样品规格对应等级断裂强力指标。

7.4.2 按本标准进行检验,所检项目的检验结果符合本标准第 5 章要求,该批产品判为相应等级的合格品。

8 包装和标志

8.1 纱捆应整齐、结实、盘绕成圆筒状。

8.2 出厂应用塑料布包装,并捆绑或缝扎结实牢固。应是同一类型和相同等级的产品。

8.3 包装应有防潮标志,每包都应附有产品合格证,并用标签或在外包装上印刷和填写如下内容:

产品标记、商标、标准编号、捆数、包质量、生产日期、生产单位、地址和电话等。

8.4 每包所标数量应和实际捆数相符;包质量可包含不超过 0.5%的捆扎用绳纱,但不包括外包装材料的质量;包质量不应超过 50 kg。

9 运输和贮存

9.1 运输

装运剑麻纱的车厢、船舱等应清洁、干燥,不应与易燃、易爆和有损产品质量的物品混装。

9.2 贮存

剑麻纱应按规格分别堆放。仓库应保持清洁、干燥、通风良好,防止产品受潮、受污染,不应露天堆放。

附加说明：

本标准是 NY/T 255—1995《剑麻细纱》的修订版。

本标准代替 NY/T 255—1995《剑麻细纱》。

本标准与 NY/T 255—1995 相比主要变化如下：

——增加了第 3 章“术语和定义”；

——增加了第 7 章“检验规则”中的“型式检验、组批和样品断裂强力判定”；

——原 NY/T 255—1995 中的第 2 章“引用标准”修改为本标准第 2 章“规范性引用文件”；

——原 NY/T 255—1995 中的第 3 章“产品分类”修改为本标准第 4 章“类型和标记”；

——原 NY/T 255—1995 中的第 4 章规定的“剑麻细纱的平均断裂强力”修改为“断裂强力”，并将 NY/T 255—1995 中的第 4 章“技术要求”修改为第 5 章“技术要求”；

——原 NY/T 255—1995 中的第 5 章“试验程序”修改为第 6 章“试验方法”，并采用了 NY/T 247 进行纱线不匀率的测定；

——原 NY/T 255—1995 中的第 7 章“标志、包装、运输和贮存”修改为第 8 章“包装和标志”及第 9 章“运输和贮存”。

本标准由中华人民共和国农业部提出。

本标准由农业部热带作物及制品标准化技术委员会归口。

本标准由农业部剑麻及制品质量监督检验测试中心负责起草。

本标准主要起草人：陈伟南、侯尧华、张光辉、冯超、郑润里、吴梅珍。

本标准于 1995 年 3 月首次发布；本次修订为第一次修订。

中华人民共和国农业行业标准

剑麻　种苗

Sisal shoots

NY/T 1439—2007

1　范围

本标准规定了剑麻种苗的术语和定义、生产基本条件、质量要求、检验方法、检验规则，以及包装、标志和运输。

本标准适用于剑麻中H.11648麻的珠芽苗、吸芽苗、腋芽苗和组培苗的质量鉴定，其他品种剑麻种苗质量鉴定可参照执行。

2　规范性引用文件

下列文件中的条款通过本标准的引用而成为本标准的条款。凡是注日期的引用文件，其随后所有的修改单(不包括勘误的内容)或修订版均不适用于本标准，然而，鼓励根据本标准达成协议的各方研究是否可使用这些文件的最新版本。凡是不注日期的引用文件，其最新版本适用于本标准。

GB 8370　苹果苗木产地检疫规程

GB 9847—2003　苹果苗木

NY/T 222—2004　剑麻栽培技术规程

NY/T 451—2001　菠萝　种苗

3　术语和定义

下列术语和定义适用于本标准。

3.1

珠芽　bubil

剑麻植株生命周期行将结束时，抽生花轴，开花、结果后，由位于花柄离层下方的芽点逐渐发育而形成的小植株。

3.2

吸芽　sucker

剑麻植株地下走茎顶芽长出地面而形成的小植株。

3.3

腋芽　axillary bud

存在于麻株叶腋中的潜伏小芽。

3.4

母株苗　maternal planting shoots

指麻株经培育后，通过破坏植株的顶端生长点，促进叶腋芽点的萌发而形成的小苗。

中华人民共和国农业部 2007-09-14 发布　　　　2007-12-01 实施

3.5

密植苗　compact planting shoots

大田开花麻株采集的珠芽苗和组培苗、种子苗等，由于植株小，经过渡性苗圃进行集中培育高度达25 cm以上才能进一步疏植培育，这类苗称为密植苗。

3.6

疏植苗　thin planting shoots

又称上山苗，指对达25 cm高的母株苗、珠芽苗、组培苗等进行疏植，培育至出圃标准的剑麻苗。

4　生产基本条件

4.1　繁殖材料

4.1.1　除有性杂交选育种用种子繁殖外，生产上应用具有稳定优良性状的无性系植株的珠芽、吸芽、腋芽作为繁殖材料。

4.1.2　繁殖材料应严格选自具有优良特性的品种，茎部粗壮，展叶片数多，无病虫害。

4.1.3　繁殖材料应从优选择，材料优劣依次为：腋芽苗→珠芽苗→吸芽苗。

4.2　繁殖方法

4.2.1　珠芽繁殖

4.2.1.1　用作种苗的珠芽应来自高产无病麻田开花植株，在达产期年均鲜叶产量达82.5 t/hm^2 以上的麻田，周期展叶片数达600片以上的植株开花后长出的珠芽为采苗的对象。

4.2.1.2　对采苗的麻株，当珠芽长出前，把花轴顶端1/3砍掉，促使剩下花轴长出健壮的珠芽。凡叶片数达3片、高度10 cm、重量20 g以上自然脱落或人工摇动植株后脱落的珠芽，作为成熟和合格的珠芽。

4.2.1.3　珠芽经密植培育和疏植培育两个环节后成为生产用合格种苗。

4.2.2　母株繁殖

4.2.2.1　用作母株的种苗应按照4.2.1.1的要求进行选苗后，用优良珠芽繁殖出的第一批腋芽苗作为母株，母株繁殖出的第一批腋芽苗作为下一代的母株，依照类推。不应采集大田走茎苗作母株。

4.2.2.2　应用母株繁殖圃繁殖的1～6批嫩壮腋芽苗和吸芽苗作生产种苗用种苗，并经过疏植培育达到标准后才可向生产者提供。

4.2.3　组织培养

采用优良剑麻品种，选择高产、无病的优质单株，采其花轴中、下部位的优良珠芽或母株繁殖的腋芽作组培材料，以腋芽组培诱导出丛生芽，使丛生芽正常继代增殖，将丛生芽分割出单芽进行生根培养，形成完整小植株，经假植移栽育成种苗，实现剑麻苗工厂化生产。

5　质量要求

5.1　基本要求

5.1.1　种苗应来源清楚，品种纯正、可靠，无变异。

5.1.2　植株完整，根茎粗壮。

5.1.3　无剑麻斑马纹病、剑麻茎腐病和剑麻蚧壳虫，无检疫性病虫害。

5.1.4　种苗出圃前种苗生产单位或法定检验单位均应对拟出圃种苗进行检验，并进行种苗消毒。

5.2　分级要求

在符合5.1的前提下，各级别的剑麻苗应符合NY/T 222—2004中附录B的规定，低于四级的剑麻种苗不应作为商品苗。

6 检验方法

6.1 纯度检验

按附录A规定的方法进行。

6.2 外观检验

6.2.1 检验工具:游标卡尺、秤、钢卷尺等。

6.2.2 方法:苗重用限量为1 kg～20 kg的杆秤、电子秤或台秤,对已削去须根、干枯叶片的麻苗进行称重。苗高用钢卷尺自基部量至苗最高处。茎粗用游标卡尺测量麻苗基部最粗直径。人工清点除干叶以外的麻株叶片数量。检验结果记入附录B规定的记录表中。

6.3 疫情检验

按附录C规定的方法进行。凡有检疫对象和应控制的病虫害苗,应严格封锁外运。

7 检验规则

7.1 种苗质量的检验应于种苗出圃时在苗圃中检验。

7.2 组批

同一批种苗作为一检验组批。

7.3 抽样

按GB 9847—2003中5.1.2规定的方法进行。

7.4 定级规则

7.4.1 剑麻苗的级别判定以苗重、叶片数、苗高为重要指标,无病虫害和苗龄为一般指标。

7.4.2 特级苗判定:五项指标均为特级则定为特级;三项重要指标为特级,另两项为特级和一级,可定为特级苗,重要指标中一项为一级则降为一级苗。

7.4.3 一级苗判定:五项指标均为一级定为一级;苗重为特级,另两项重要指标为一级和二级,可定为一级苗;三项重要指标中一项为三级则降为二级苗。

7.4.4 二级苗判定:五项指标均为二级定为二级;苗重为一级,另两项重要指标为一级和三级或均为二级,则定为二级;苗重为二级另两项重要指标为一级和二级则定为二级,苗重为二级另两项重要指标为二级和三级则降为三级。

7.4.5 三级苗判定:五项指标均为三级的定为三级苗;苗重为三级另两项重要指标为一级和二级的苗定为三级苗。

7.4.6 四级苗不应做商品苗出圃,小于三级苗可在苗圃中再育,大于24个月的老苗则当废苗处理。

8 包装、标志和运输

8.1 包装

建立疏植苗圃可就近剑麻种植基地育苗,以便于上山种植,剑麻种苗如需调运,应用有孔的木箱或竹箱进行包装,规格为:100 cm×80 cm×60 cm(长×宽×高,外径)。也可根据种苗类型和大小分捆包装。

8.2 标志

种苗出圃时应附有种苗质量检验证书和种苗标签,质量检验证书和标签的要求见附录D和NY/T 451—2001的附录C。种苗检疫证书按GB 8370签发。

8.3 运输

剑麻种苗在运输途中严防雨淋,防止长时间暴晒。途中临时停车,应停在阴凉处。当运到目的地后即卸苗,并置于荫棚或阴凉处,种苗应散开摆放,不应堆放,应尽早定植。

附 录 A
（规范性附录）
剑麻种苗品种识别

剑麻的生产品种主要是 H. 11648 麻，云南省有较多的野生种植品种番麻，龙舌兰杂种 76416 主要作为目前病区的补植推广品种。

H. 11648 麻（又称东 1 号麻）：叶片刚直、密生、叶缘无刺，叶面上有白色蜡粉，叶色蓝绿，生长周期 8 年～13 年；生长周期平均叶片长 118 cm，宽 10.6 cm，最长的叶片 150.4 cm，最宽的叶 13.1 cm；定植后平均每株年长叶片 45 片～70 片；纤维率 4.5%～5%；纤维较细，白洁有光泽，拉力较强；耐寒、速生，易感斑马纹病和茎腐病。纤维产量高，丰产性能好，是我国目前生产的主要品种。

番麻（又称世纪麻、宽叶龙舌兰）：叶大肥厚，一般叶缘有锯刺；叶片疏生；叶面被一层灰色蜡粉，叶片在叶轴时就印有边刺叶痕的花纹，叶色灰绿。生产周期平均叶片长 138 cm，宽 15.4 cm，最长的叶片 159 cm，最宽的叶 17 cm；定植后平均每株年长叶片 20 片～25 片；纤维率 2.5%～3%；纤维拉力较差；粗生、适应性广，抗寒、抗病和抗盐碱力强，特别能抗斑马纹病。纤维产量低，是种植用来提取海柯吉宁的品种。

龙舌兰杂种 76416：叶大较肥厚，一般幼苗期叶缘有稀疏边刺；叶片疏生；叶面有灰色蜡粉，叶色灰绿。生产周期平均叶片长 145 cm，宽 13.4 cm，最长的叶片 155 cm，最宽的叶 14 cm；定植后平均每株年长叶片 35 片～40 片；周期平均纤维率 3.8%；纤维拉力较差；粗生快长、适应性强；具有较强的抗斑马纹病能力，也富含海柯吉宁，是剑麻斑马纹病区的补植推荐材料，也可作为提取海柯吉宁开发医药产品的推荐种植品种。

附　录　B
（规范性附录）
剑麻种苗质量检测记录表

No：______________ 　　　　品　　种：__________

育苗单位：__________ 　　　　购苗单位：__________

出圃株数：__________ 　　　　抽检株数：__________

样品号	苗重 kg	苗高 cm	茎粗 cm	叶片数 （片）	苗龄 （月）	病虫害	级别

校核人（签字）：　　　　检测人（签字）：　　　　检测日期：　　年　　月　　日

附　录　C
（规范性附录）
田间目测鉴定剑麻主要病害的症状

C.1　剑麻斑马纹病

叶斑：叶片感染初期出现绿豆大小的褪色斑点，病斑扩展后形成紫色和灰绿色相间的同心环，边缘淡绿色至黄绿色，呈水渍状，病斑中心逐渐变黑，有时溢出黑色黏液；病斑老化及组织坏死时，形成深褐和淡黄色相间的同心轮纹，呈现典型的斑马纹病斑。

茎腐：病株叶片最初呈失水状、褪色发黄、纵卷，而后萎蔫、下垂。重病株叶片失水全部下垂至地面，只剩下一根孤立的叶轴。纵剖茎部呈褐色，在病健交界处有一条粉红色的分界线，病组织逐渐变黑，腐烂组织发出难闻的臭味，病株摇动易倒。

轴腐：叶斑和茎腐病变向叶轴扩展而成，初期病株叶片为褐色、卷起，严重时用手轻拉叶轴尖端，长锥形的叶轴易从茎基部抽起或折断，未展开的嫩叶在叶轴中腐烂，有恶臭味，剥开叶轴在嫩叶上有不规则的轮纹病斑，有时呈灰白色和黄白相间的螺旋形轮纹。

C.2　剑麻茎腐病

剑麻茎腐病主要是由黑曲霉病原菌通过开割麻株的割叶伤口侵入发病的。病组织初期有发酵酒味，后期组织腐烂并产生大量白色的菌丝体和黑色霉点状的分生孢子子实体；纵剖茎可见病健交界处有明显的红褐色分界线。

慢性型病斑的被侵入伤口处呈黑褐色或红褐色水渍状，病菌扩展较慢，不易造成植株死亡。

急性型病斑的被侵入伤口处呈浅红色然后变为浅黄色水渍状；病组织腐烂，并有大量浑浊液溢出；病原菌侵入茎部后至组织腐烂和叶片失水，整株凋萎，最后死亡。

C.3　剑麻紫色尖端卷叶病

该病属生理性病害，发病初期植株基部叶片顶刺附近褪绿变黄，后变紫红色，叶缘向内卷曲；中期紫红色部分向下蔓延，叶片卷曲加剧，使上部呈卷筒状；后期叶片从尖端逐渐向下失水，凋萎以致枯死。

C.4　剑麻生理叶斑病

分白斑型和黄斑型两种。

白斑型：发病初期，受害叶部呈水渍状、发白、半透明；中期受害叶完全褪绿，病斑下陷失水呈灰白色或黄白色；后期病斑干枯皱褶，变成褐色或紫褐色，纤维变脆，受害叶下垂。

黄斑型：受害叶主要在成熟叶和新展叶的上部。发病初期，受害叶部浮肿，褪绿呈黄色或黄绿色；中期病斑逐渐失水下陷，由黄色变为褐色或紫褐色，后期病斑干枯皱褶。

附　录　D
（规范性附录）
剑麻种苗质量检验证书

检验单位（公章）：　　　　　　　　　　　　　　　　　　　　　　　　　　　　No：__________

育苗单位：　　　　　　　　　　　　　　　　　　　　　　　　　　　　购苗单位：
出圃株数：　　　　　　　　　　　　　　　　　　　　　　　　　　　　苗木品种：

检验株数：

其中：特级：　　一级：　　二级：　　三级：　　四级：

检验结果：

检验意见：

证书签发期：　　年　　月　　日　　证书有效期：　　至　　年　月　日

注：本证一式三份，育苗单位、购苗单位、检验单位各一份。

批准人（签字）：　　　　　　　　　校核人（签字）：　　　　　　　　　检测人（签字）：

附加说明：

本标准的附录 A、附录 B、附录 C 和附录 D 为规范性附录。

本标准由中华人民共和国农业部提出。

本标准由农业部热带作物及制品标准化技术委员会归口。

本标准起草单位：广东省湛江农垦局。

本标准主要起草人：陈叶海、文尚华、傅清华。

中华人民共和国农业行业标准

钢丝绳芯用剑麻纱

Sisal yarn for steel wire rope cores

NY/T 1523—2007

1 范围

本标准规定了钢丝绳芯用剑麻纱的术语和定义、产品分类、产品标记、要求、取样和试验、包装、标志及运输和贮存。

本标准适用于加工钢丝绳芯用的剑麻纱。

2 规范性引用文件

下列文件中的条款通过本标准的引用而成为本标准的条款。凡是注日期的引用文件，其随后所有的修改单(不包括勘误的内容)或修订版均不适用于本标准，然而，鼓励根据本标准达成协议的各方研究是否可使用这些文件和最新版本。凡是不注日期的引用文件，其最新版本适用于本标准。

GB/T 8694 纺织纱线及有关产品捻向的标示(GB 8694—1988，ISO 2:1973，IDT)

GB/T 15030 剑麻钢丝绳芯

NY/T 243 剑麻纤维制品回潮率的测定 蒸馏法

NY/T 244 剑麻纤维制品回潮率的测定 烘箱法

NY/T 245 剑麻纤维制品含油率的测定

NY/T 246 剑麻纱线 线密度的测定

NY/T 250 剑麻纱线断裂强力的测定(NY/T 250—1995，neq ISO 58080:1977)

NY/T 255—1995 剑麻细纱

NY/T 457—2001 农用剑麻纱(mod ISO 5080:1994)

3 术语和定义

GB/T 15030 中所确立的术语和定义适用于本标准。

4 产品分类

4.1 品名、类型和规格代号

钢丝绳芯用剑麻纱的捻向和标示应符合 GB/T 8694 的规定，按其加捻方向不同可分为 Z 捻和 S 捻两类。

钢丝绳芯用剑麻纱以其纱线支数为产品的规格代号。

4.2 产品标记

钢丝绳芯用剑麻纱以其品名、本标准代号和顺序号、类型和规格代号的产品特性代码进行产品标记。其意义和表示方法如下：

中华人民共和国农业部 2007-12-18 发布　　2008-03-01 实施

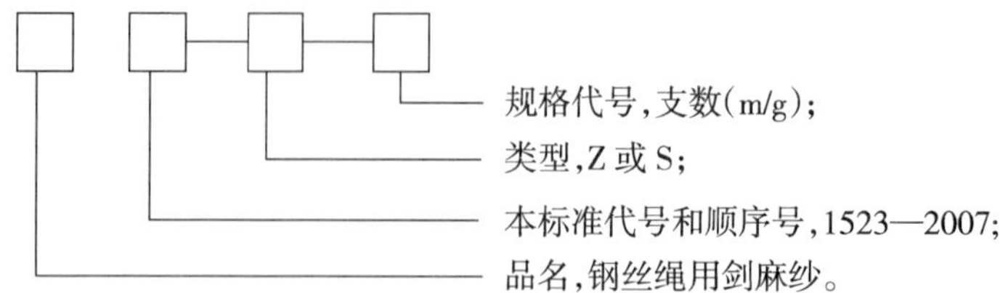

示例:

执行本标准、公称支数为 0.80 支、Z 捻的钢丝绳芯用剑麻纱,其标记为:

钢丝绳芯用剑麻纱 NY/T 1523—2007 - Z - 0.80。

5 要求

5.1 原料要求

5.1.1 钢丝绳芯用剑麻纱制纱所用纤维应是剑麻纤维。长期定点固定形式供应加工钢丝绳芯用剑麻纱的剑麻纤维应定期进行含盐量的试验,非长期定点固定形式供应的剑麻纤维应逐批抽样进行含盐量的试验。

5.1.2 钢丝绳芯用剑麻纱制纱因工艺需要而添加的润滑剂不应含酸和水分。

5.1.3 每一捆纱应是适用于加工剑麻钢丝绳芯的连续不断的整条。

5.2 产品质量技术性能要求

钢丝绳芯用剑麻纱的质量要求和技术性能要求应符合表 1 和表 2 的规定。

表 1 钢丝绳芯用剑麻纱的基质要求

项　　目	要　　求
可抽提润滑剂的含量,%	≤10
水溶酸度,mL/100g	≤2
盐含量(氯化钠),%	≤0.3
回潮率,%	≤13

表 2 钢丝绳芯用剑麻纱的技术性能指标要求

产品规格	支数,m/g								
	0.15	0.20	0.25	0.33	0.50	0.60	0.80	1.00	1.20
线密度,tex	$6\,667^{+579}_{-494}$	$5\,000^{+435}_{-370}$	$4\,000^{+348}_{-296}$	$3\,030^{+264}_{-224}$	$2\,000^{+174}_{-148}$	$1\,667^{+145}_{-123}$	$1\,250^{+109}_{-93}$	$1\,000^{+87}_{-74}$	833^{+72}_{-62}
平均断裂强力,N	≥933	≥700	≥560	≥424	≥280	≥233	≥175	≥140	≥116
支数允许偏差,%	±8								
纱线不匀率,%	≤5								

表 2 未推荐其他规格的钢丝绳芯用剑麻纱,其线密度指标值及其偏差范围按(1)式计算;平均断裂强力指标可按(2)式计算。

$$T=\left(10^{3}\times\frac{1}{N}\right)^{+t\times 8.7\%}_{-t\times 7.4\%} \qquad (1)$$

$$R=\frac{140}{N} \qquad (2)$$

式中:

T ——钢丝绳芯用剑麻纱的线密度,单位为毫克每米(tex 即 mg/m);

t ——钢丝绳芯用剑麻纱的公称线密度，用式$\left(10^3 \times \frac{1}{N}\right)$进行计算所得的数值；

N——钢丝绳芯用剑麻纱的支数，单位为米每克(m/g)；

R ——钢丝绳芯用剑麻纱的平均断裂强力，单位为牛顿(N)。

6 取样和试验

6.1 取样

按 NY/T 457—2001 中的第 7 章的规定抽取样品。

打开纤维捆，并将其摊开，从中间的 7 个～10 个不同的部位共抽取约 200 g 的剑麻纤维作为试样，所取试样不应弯折，用塑料袋封装备用。

6.2 试验方法

6.2.1 可抽提润滑剂含量的测定

按 NY/T 245 的规定执行。

6.2.2 水溶酸、盐含量的测定

按 GB/T 15030 的规定执行。

6.2.3 回潮率的测定

常规试验按 NY/T 244 的规定执行；仲裁试验按 NY/T 243 的规定执行。

6.2.4 支数和线密度的测定

按 NY/T 246 的规定执行。

6.2.5 平均断裂强力的测定

按 NY/T 250 的规定执行。

6.2.6 纱线不匀率的测定

按 NY/T 255—1995 中的 5.1 的规定执行。

7 包装和标志

7.1 钢丝绳芯用剑麻纱应整齐结实盘绕成圆柱形纱捆，纱捆的最大尺寸为高 280 mm，直径 260 mm。

7.2 钢丝绳芯用剑麻纱出厂应用塑料编织布包装，并捆绑或缝扎结实牢固。每包数量为 1～3 捆，应是同一类型和相同等级质量的产品，不同类型不同质量的产品不得混合包装。

7.3 钢丝绳芯用剑麻纱的包装应有防潮标志，每包都应附有产品合格证，并用标签或在包皮上印刷和填写如下内容：

产品标记、商标、标准编号、规格、捆数、包质量、生产日期、生产单位、地址和电话。

7.4 每包所标数量应和实际捆数相符；包质量偏差应符合表 3 规定的允差。

表 3 钢丝绳芯用剑麻纱包质量允差

包　重，kg	<25	≥25
包重允许偏差，%	±2	±1.5

8 运输和贮存

8.1 运输

装运钢丝绳芯用剑麻纱的车箱、船仓应清洁、干燥，不应与易燃、易爆和有损产品质量的物品混装。

8.2 贮存

钢丝绳芯用剑麻纱应按代号分别堆放。仓库应保持清洁、干燥、通风良好，防止产品受潮、受污染，不应露天堆放。

附加说明：
本标准由中华人民共和国农业部农垦局提出。
本标准由农业部热带作物及制品标准化技术委员会归口。
本标准起草单位：农业部剑麻及制品质量监督检验测试中心、广东省湛江农垦局。
本标准主要起草人：陈伟南、侯尧华、蔡泽祺、张伟雄、杨巧敏、黄星球。

中华人民共和国农业行业标准

剑麻纤维及制品商业公定重量的测定

Determination of commercial official weight for sisal fibre and its products

NY/T 1539—2007

1 范围

本标准规定了剑麻纤维及制品商业公定重量的测定方法。

本标准适用于剑麻纤维及制品的商贸结算，也可用于计算产品线密度、体积质量等质量指标进行质量分析。

注：凡本标准中出现的"重量"一词，应理解为质量。

2 规范性引用文件

下列文件中的条款通过本标准的引用而成为本标准的条款。凡是注日期的引用文件，其随后所有的修改单（不包括勘误的内容）或修订版均不适用于本标准。然而，鼓励根据本标准达成协议的各方研究是否可使用这些文件的最新版本。凡是不注日期的引用文件，其最新版本适用于本标准。

NY/T 243 剑麻纤维制品回潮率的测定 蒸馏法

NY/T 244 剑麻纤维制品回潮率的测定 烘箱法

NY/T 245 剑麻纤维制品含油率的测定

3 术语和定义

下列术语和定义适用于本标准。

3.1

商业公定回潮率 commercial moisture regain

为检验、贸易等需要，对剑麻纤维及制品规定的回潮率。

3.2

商业重量 commercial weight

商贸过程中结算的重量。

3.3

商业公定重量 commercial official weight

为解决商贸争端或纠纷进行仲裁所认同的商业重量。

3.4

干燥重量 dry weight

测定回潮率时，最后认为不含水分的重量。

4 剑麻纤维及制品的商业公定回潮率

4.1 剑麻纤维的商业公定回潮率

中华人民共和国农业部 2007-12-18 发布 2008-03-01 实施

剑麻纤维的商业公定回潮率为:12.4%。

4.2 剑麻纤维制品的商业公定回潮率

剑麻纤维制品的商业公定回潮率按剑麻纤维与其辅助材料各自的商业公定回潮率和所占比例,加权平均求得,以百分率(%)表示,结果表示保留小数点后一位。

以干燥重量所占比例和以商业公定重量所占比例都可计算剑麻纤维制品的商业公定回潮率。一般以商业公定重量所占比例计算,如需以干燥重量所占比例计算的,应在产品标准或相关技术文件中加以规定。

注:有些辅助材料的"商业公定回潮率"直称为"公定回潮率",油料的"商业公定回潮率"可视为0%。

4.2.1 以干燥重量所占比例计算剑麻纤维制品的商业公定回潮率

$$R = A_1R_1 + A_2R_2 + \cdots\cdots + A_nR_n \quad (1)$$

式中:

R——剑麻纤维制品的商业公定回潮率,%;

A_1、A_2……A_n——剑麻纤维和辅助材料在制品中各自所占的干燥重量比例,%;

R_1、R_2……R_n——制品中剑麻纤维和辅助材料各自的商业公定回潮率,%。

计算结果表示到小数点后一位。

4.2.2 以商业公定重量所占比例计算剑麻纤维制品的商业公定回潮率

$$R = \frac{B_1R_1/(1+R_1) + B_2R_2/(1+R_2) + \cdots\cdots + B_nR_n/(1+R_n)}{B_1/(1+R_1) + B_2/(1+R_2) + \cdots\cdots + B_n/(1+R_n)} \quad (2)$$

式中:

R——剑麻纤维制品的商业公定回潮率,%;

B_1、B_2……B_n——剑麻纤维和辅助材料在制品中各自所占的商业公定重量比例,%;

R_1、R_2……R_n——制品中剑麻纤维和辅助材料各自的商业公定回潮率,%。

计算结果表示到小数点后一位。

5 剑麻纤维及制品的商业公定重量

5.1 以干燥重量和商业公定回潮率计算剑麻纤维及制品的商业公定重量

$$Q = W(1+R) \quad (3)$$

式中:

Q——剑麻纤维或制品的商业公定重量;

W——剑麻纤维或制品的干燥重量;

R——剑麻纤维或制品的商业公定回潮率,%。

5.2 以实测回潮率和实测重量计算剑麻纤维及制品的商业公定重量

$$Q = T \times \frac{1+R}{1+r} \quad (4)$$

式中:

Q——剑麻纤维或制品的商业公定重量;

T——剑麻纤维或制品的实测重量;

R——剑麻纤维或制品的商业公定回潮率,%;

r——剑麻纤维或制品的实测回潮率,%。

6 剑麻纤维及制品商业公定重量的测定

6.1 总则

剑麻纤维及制品的重量计量执行我国法定计量单位,常规验收是直接以有效在用衡器等计量器具的检测数据为准。只有因产品的重量问题争端而实施仲裁验收或协商验收时才需要确定商业公定重量。有必要时也可通过商业公定重量来计算产品线密度、体积质量等质量指标进行质量分析。

剑麻纤维及制品商业公定重量的确定，应先进行回潮率测定，对不能以理论方法确定剑麻纤维制品中的剑麻纤维和各种辅助材料所占比例的，应测定其各自所占的比例，然后计算商业公定回潮率和商业公定重量。

6.2 剑麻纤维及制品回潮率的测定

剑麻纤维回潮率的测定按 NY/T 244 的规定执行；

剑麻纤维制品回潮率的测定按 NY/T 243 的规定执行。

6.3 剑麻纤维制品中剑麻纤维与辅助材料各自所占比例的测定

6.3.1 概述

对同时含有油料和固体辅助材料的剑麻纤维制品，应分别测定其各自所占的比例，一般先进行含油率的测定，再进行固体辅助材料所占比例的测定。实测的各组分比例可近似代替各组分的商业公定重量所占比例。

6.3.2 油料辅助材料的测定

剑麻纤维制品中油料辅助材料所占的比例视为含油率。

含油率的测定按 NY/T 245 规定执行。

6.3.3 剑麻纤维和固体辅助材料重量所占比例的测定

6.3.3.1 原理

在规定条件下将试样分解还原成剑麻纤维和各种辅助材料，再测量计算其各自重量所占的比例。

6.3.3.2 测试条件

在环境大气条件下进行。

6.3.3.3 测试仪器设备

分辨率为 0.1 g 的电子秤，最大称量 5 000 g。

分解还原剑麻纤维制品的工具和设备，如剪刀等。

6.3.3.4 试样

单位产品重量适宜的应以一件单位产品作为一个试样，单位产品重量较大的产品可按相关标准中规定的要求，抽取约 1 000 g 的样品作为试样。

6.3.3.5 测试和计算

在测试平台上小心分解试样，分别收集还原后的剑麻纤维和各种辅助材料，逐一称取重量，精确至 0.1 g，并作好记录。测试全过程应避免丢失任何物料。

按(5)式计算不含油料的各种辅助材料重量所占的比例：

$$B_i = \frac{T_i}{\sum_{i=1}^{n} T_i + \sum_{j=1}^{k} T_j} \qquad (5)$$

式中：

$B_i(i=1,\cdots\cdots,n)$——制品中共有 n 种不含油料的固体材料组分，某一不含油料的固体材料在制品中所占的重量比例，%；

$T_i(i=1,\cdots\cdots,n)$——制品中共有 n 种不含油料的固体材料组分，某一不含油料的固体材料的实测重量，单位为 g；

$T_j(j=1,\cdots\cdots,k)$——制品中共有 k 种包括剑麻纤维在内的含油料的固体材料组分，包括剑麻纤维在内的某一含油料的固体材料的实测重量，单位为 g。

计算结果表示到小数点后一位。

按公式(6)计算剑麻纤维和含油料的各种辅助材料重量所占的比例：

$$B_j = \frac{T_j}{\sum_{j=1}^{k} T_j}\left(1 - M - \sum_{i=1}^{n} B_i\right) \quad \cdots\cdots (6)$$

式中：

$B_j(j=1,\cdots\cdots,k)$——制品中共有 k 种包括剑麻纤维在内的含油料的固体材料组分，某一含油料的固体材料在制品中所占的重量比例，%；

$B_i(i=1,\cdots\cdots,n)$——制品中共有 n 种不含油料的固体材料组分，某一不含油料的固体材料在制品中所占的重量比例，%；

$T_j(j=1,\cdots\cdots,k)$——制品中共有 k 种包括剑麻纤维在内的含油料的固体材料组分，包括剑麻纤维在内的某一含油料的固体材料的实测重量，单位为克(g)；

M——制品中油料所占的比例，即为含油率，%。

计算结果表示到小数点后一位。

6.4 商业公定重量测量结果的计算

以测定的剑麻纤维和辅助材料重量所占比例先按公式(2)计算剑麻纤维制品的商业公定回潮率。以实测回潮率、实测商业公定回潮率和实测重量按公式(4)计算剑麻纤维或制品的商业公定重量。

参 考 文 献

GB/T 9994—1988 纺织材料公定回潮率

附加说明：

本标准由中华人民共和国农业部提出。

本标准由农业部热带作物及制品标准化技术委员会归口。

本标准由农业部剑麻及制品质量监督检验测试中心负责起草，广东省湛江农垦局参加起草。

本标准主要起草人：侯尧华、苏智伟、蔡泽祺、陈伟南、吴梅珍。

中华人民共和国农业行业标准

剑麻产品质量分级规则

Classification regulation for product quality of sisal

NY/T 1802—2009

1 范围

本标准规定了剑麻产品质量的分级原则、分级要求、等级评定及等级标志。

本标准适用于剑麻纤维及制品质量的分级。

2 分级原则

2.1 进行质量分级的剑麻产品应已制定了相关标准。

2.2 进行质量分级的剑麻产品应是生产工艺与设备成熟的定型产品。

2.3 产品质量分级是对产品质量的优劣程度进行评价，用相关标准规定的对应项目及指标来界定产品的等级。

3 分级要求

3.1 各等级的产品应对原材料规定相应质量要求并进行检验、确认。

3.2 依据产品标准规定，设计产品质量分级方案。

3.3 企业应具备生产相应等级产品的质量保证能力，通过质量控制保证各等级产品的质量。

3.4 各等级产品的批质量水平应符合：可接收质量水平的不合格品率≤5%；极限质量水平的不合格品率为15%。

4 等级评定

4.1 产品质量等级的评定，应依据产品相关标准和实物样品的检测结果进行。

4.2 产品质量等级的确认，须由具备资质的检验机构出具产品质量的检验证明。

5 等级标志

5.1 产品的等级标志应以检验合格证为准，等级产品的出厂应附上产品合格证。

5.2 生产企业应根据产品相关标准的规定，在产品和包装上进行产品等级的标志。

5.3 产品质量认证证书和各种名优产品证书只是公证方为生产企业的产品质量提供的旁证，其标志并不能取代生产企业自身对用户的质量承诺。

中华人民共和国农业部 2009 - 12 - 22 发布

2010 - 02 - 01 实施

附加说明：

本标准由中华人民共和国农业部提出。

本标准由农业部热带作物及制品标准化技术委员会归口。

本标准起草单位：农业部剑麻及制品质量监督检验测试中心。

本标准主要起草人：侯尧华、陈伟南、张光辉。

中华人民共和国农业行业标准

剑麻主要病虫害防治技术规程

Technical criterion of sisal pest control

NY/T 1803—2009

1 范围

本标准规定了斑马纹病、茎腐病、新菠萝灰粉蚧三种剑麻主要病虫害防治技术。

本标准适用于剑麻产区的剑麻病虫害防治。

2 规范性引用文件

下列文件中的条款通过本标准的引用而成为本标准的条款。凡是注日期的引用文件,其随后所有的修改单(不包括勘误的内容)或修定版均不适用本标准,然而,鼓励根据本标准达成协议的各方研究是否可使用这些文件的最新版本。凡是不注日期的引用文件,其最新版本适用于本标准。

GB 4285 农药安全使用标准

GB/T 8321 农药合理使用准则

NY/T 222 剑麻栽培技术规程

NY/T 1439 剑麻 种苗

3 剑麻主要病虫害防治

3.1 防治原则

贯彻“预防为主,综合防治”的方针,做到监测预警、及早防控和安全高效。

3.2 斑马纹病

3.2.1 严格检疫

培育种苗或引进的种苗应符合 NY/T 1439 规定。严禁从疫区调运病苗和种植病苗。

3.2.2 农业防治

3.2.2.1 严格控制病源

植前种苗应消毒。冬季割除病叶和挖除病死株,并集中销毁。麻渣需经堆沤腐熟后方可回田。

3.2.2.2 麻田规划

在剑麻斑马纹病重病区,必须轮作其他作物两年以上方可种植剑麻。种植剑麻应起畦,畦高 25 cm～30 cm,低洼地起畦高 35 cm 以上,畦面呈龟背形。必须开好防洪、排水沟。

3.2.2.3 麻田管理

冬春或雨季前安排麻田除草,接近开割一刀麻标准的田块应修脚叶,达到开割一刀麻标准时应及时开割,确保麻田通风透光。雨天应停止起苗、种植和割叶等一切有损植株的田间作业。施肥按 NY/T 222 规定执行。实行营养诊断配方施肥,防止偏施氮肥,合理增施钾肥。

中华人民共和国农业部 2009-12-22 发布

2010-02-01 实施

3.2.3 化学防治

起苗48 h内,用90%乙磷铝可湿性粉剂45倍~90倍液或72%甲霜灵·锰锌可湿性粉剂150倍液喷洒消毒麻苗切口;雨后加强田间巡查,发病初期,对发病中心株45°角以下的叶片,用90%乙磷铝37.5倍液或72%甲霜灵·锰锌可湿性粉剂150倍液进行喷洒,7 d~10 d喷药1次,连续喷药2次~3次。病株穴和发病区地面土壤消毒,可用95%敌克松200倍液等喷洒。使用农药应符合GB 4285和GB/T 8321的规定。

3.2.4 预警防控

参照附录A和按附录B规定执行预警,根据预警病级,采取相应的防治措施。

3.3 茎腐病

3.3.1 严格检疫

培育种苗或引进的种苗应符合NY/T 1439规定。新建剑麻园应严格实行种苗检疫和使用无病种苗,杜绝带病种苗进入新种植区。

3.3.2 农业防治

3.3.2.1 严格控制病源

不应使用有病苗种植,植前应消毒种苗。及时消除病死株,并将其集中销毁。麻渣需经堆沤腐熟后方可回田。

3.3.2.2 麻田管理

施肥按NY/T 222规定执行。实行营养配方施肥,当植株叶片含钙量达不到3.0%~4.0%时,必须增施石灰。在月平均温度高于27℃的高温期,应停止采苗、起苗、定植、母株钻心及在有病麻田采割叶片等作业。6年龄以下的低龄麻田,实施冬春季低温期割叶。

3.3.3 化学防治

使用农药应符合GB 4285和GB/T 8321的规定。对清除后的病株穴进行灭菌消毒处理;采苗、起苗或在有病麻田割叶后48 h内,必须喷洒消毒切口和割口。喷洒消毒药剂推荐使用:40%多·硫悬浮剂200倍液或50%多菌灵可湿性粉剂400倍液等。

3.3.4 预警防控

参照附录A和按附录B规定执行预警,根据预警病级,采取相应的防治措施。

3.4 新菠萝灰粉蚧

3.4.1 严格检疫

培育种苗或引进的种苗应符合NY/T 1439规定。新建剑麻园应严格实行种苗检疫和使用无虫种苗,杜绝带虫种苗进入新种植区。

3.4.2 农业防治

3.4.2.1 严格控制虫源

防止带虫种苗、叶片或其他载体传播虫源。麻渣应经堆沤腐熟方能回田。

3.4.2.2 合理间作和保护天敌

在剑麻田大行间合理间种,或选择性控留杂草,使生物多样性;禁止滥用药剂,以免伤害天敌;创造有利于天敌栖息繁衍和不利于粉蚧繁衍的环境,减少粉蚧为害。

3.4.2.3 清理麻田走茎苗

对麻田走茎苗应及时清理,减少粉蚧栖身藏匿处。

3.4.3 化学防治

使用农药应符合GB 4285和GB/T 8321的规定。种植前应对种苗灭虫处理。加强田间巡查,在1龄~2龄若虫期及时用药剂扑杀害虫。对粉蚧发生严重区和中心区,应用高效杀虫药物进行地上扑杀,每 10 d～15 d 喷杀 1 次，连续喷药 2 次～3 次，推荐使用 48%毒死蜱乳油，或 40%杀扑磷乳油，或 3%啶虫脒乳油，或 40%乐果乳油，使用浓度为 600 倍～800 倍液；同时采取根施药物防治 1 次，推荐使用 3%呋喃丹颗粒剂或 5%特丁磷颗粒剂，每公顷施药量为 75 kg～150 kg。对粉蚧初发区、零星分布区和为害较轻区，应选择挑治的办法实施监控防治。粉蚧发生为害区，结合秋冬田管施石灰，将石灰撒施到剑麻头茎上，既可作钙肥和调节麻田土壤酸碱度，也可起到防治粉蚧及其共生蚂蚁的作用。

3.4.4 预警防控

参照附录 A 和按附录 B 规定执行预警，应及时巡查，根据虫情预警级别采取相应的防治措施。

附 录 A
(资料性附录)
剑麻主要病虫害症状及发生规律

A.1 斑马纹病

斑马纹病(zebra disease)是一种毁灭性病害,传播蔓延迅速。病原主要是烟草疫霉菌(*Phytophthora nicotianae* Breda)。侵染途径通过雨水传播和从伤口入侵为主。叶片病斑在湿度大时产生大量菌丝,后期呈典型的斑马状的花纹,使叶轴及茎部腐烂,植株死亡。高温多雨季节和低洼积水及偏施氮肥情况下发病严重 。

A.2 茎腐病

茎腐病(stem rot disease)是一种毁灭性病害。病原为黑曲霉病(*Aspergillus niger* V. Teigh)。可通过空气传播和伤口入侵,主要是从叶基的割口和起苗时茎基的切口侵入,叶基组织受害到后期仅剩表皮及纤维,并使茎部腐烂,致植株死亡。发病时遇高温病情加重。

A.3 新菠萝灰粉蚧

新菠萝灰粉蚧(*Dysmicoccus neobrevipes* Beardsley)是一种外来物种,近年蔓延迅速,并对剑麻造成严重危害。该虫以胎生方式繁殖,虫体长 0.8 mm～3.0 mm,体卵形而稍扁平。若虫呈淡黄色至淡红色,触角及足发达,行动较活泼;成虫淡红色,披白色蜡粉,触角退化,行走较缓慢。在我国海南和广东主要剑麻种植区,该虫一年四季均可繁殖,27 d～34 d 为 1 世代,每代繁殖倍数为 36～85,平均 55 倍,且世代重叠。该虫高温致死温度为 48℃,低温致死温度约 3℃。15℃～20℃低温干旱季节有利暴发蔓延,27℃以上高温雨季繁衍缓慢,大雨、暴雨和低温寒冷对其繁衍有遏制,但其能利用空隙隐蔽,可避过自然灾害。该虫远距离传播主要是靠种苗(带虫)传播,近距离传播主要是自身爬行迁移和靠蚂蚁、风、雨传播。若虫、成虫均为害剑麻,其整年都可在剑麻田间为害,生长旺盛、叶色浓绿的剑麻易受粉蚧为害,冬、春气候干旱温暖时粉蚧繁衍快速且为害严重。植株受害后生势衰弱,常伴有煤烟、心叶尖端腐烂、植株花叶萎蔫或卷叶萎蔫等现象发生,致产量下降甚至失收。

附 录 B
(规范性附录)
剑麻主要病虫害预警分级指标及防治措施

B.1 剑麻斑马纹病

B.1.1 预警分级

预警分三级,分别用蓝色、黄色、红色表示。

B.1.1.1 蓝色(一级)

年降雨量 2 000 mm 以上,预计剑麻发病死亡率达 1.5%以上(指种植全部面积折算,下同)。

B.1.1.2 黄色(二级)

年降雨量 2 000 mm 以上,且降雨量集中,8 月~9 月出现连续阴雨 7 d 以上,叶片 N/K(氮/钾)比值 0.5~0.8,预计剑麻发病死亡率达 2.5%以上。

B.1.1.3 红色(三级)

年降雨量 2 000 mm 以上,且降雨量集中,8 月~9 月有强台风袭击或出现连续阴雨 7 d 以上和当中一个月降雨量 300 mm 以上,叶片 N/K 比值达 0.8 以上,预计发病死亡率达 3.5%以上。

B.1.2 防治措施

B.1.2.1 蓝色(一级)

发病麻田及易感病麻田增施钾肥,株施氯化钾 0.1 kg~0.125 kg,并控施氮肥;于发病初期对发病株及其相邻植株进行喷药防治 2 次,隔 7 d~10 d 喷 1 次,以后视病情蔓延情况再酌情喷药。

B.1.2.2 黄色(二级)

发病麻田及易感病麻田增施钾肥,株施氯化钾 0.125 kg~0.15 kg,并控施氮肥;于发病初期对病区植株进行喷药防治 2 次~3 次,隔 7 d~10 d 喷 1 次,以后视病情蔓延情况再酌情喷药。

B.1.2.3 红色(三级)

发病麻田及易感病麻田增施钾肥,株施氯化钾 0.125 kg~0.15 kg,禁施氮肥;于发病初期对病区植株进行喷药防治 2 次~3 次,台风过后立即对发病麻田和易感病麻田进行全面喷药 1 次~2 次,隔 7 d 喷 1 次药。

推荐使用药剂:90%乙磷铝可湿性粉剂 45 倍液,72%甲霜灵·锰锌可湿性粉剂 150 倍液。

B.2 剑麻茎腐病

B.2.1 预警分级

预警分三级,分别用蓝色、黄色、红色表示。

B.2.1.1 蓝色(一级)

剑麻叶片 Ca 含量在 2%~2.5%,且高温期割叶,预计发病死亡率达 1%以上。

B.2.1.2 黄色(二级)

剑麻叶片 Ca 含量在 1.5%~2.0%,Ca/K 比值≤1,且高温期割叶,预计发病死亡率达 2.5%以上。

B.2.1.3 红色(三级)

剑麻叶片 Ca 含量在 1.5%~2.0%,Ca/K 比值≤0.75,且高温期割叶,预计发病死亡率达 3.5%以上。

B.2.2 防治措施

B.2.2.1 蓝色(一级)

开割麻田当年每公顷施用石灰1 125 kg;麻田于高温期4月~9月割叶的,割叶后2 d内应对割口进行预防喷药1次。

B.2.2.2 黄色(二级)

开割麻田当年每公顷施用石灰1 500 kg;麻田于高温期4月~9月割叶的,割叶后2 d内应对割口进行预防喷药1次。

B.2.2.3 红色(三级)

开割麻田当年每公顷施用石灰2 250 kg;麻田于高温期4月~9月割叶的,割叶后2 d内应对割口进行预防喷药1次。

推荐使用药剂:40%多·硫悬浮剂200倍液,50%多菌灵可湿性粉剂400倍液。

B.3 新菠萝灰粉蚧

B.3.1 预警分级

预警分三级,分别用蓝色、黄色、红色表示。

B.3.1.1 蓝色(一级)

晚秋干旱且冬暖,虫害暴发早,为害较严重,预计造成损失达10%以上。

B.3.1.2 黄色(二级)

冬春干旱,虫害暴发为害严重,预计造成损失达20%以上。

B.3.1.3 红色(三级)

晚秋及冬春干旱且冬暖,虫害暴发蔓延为害最严重,预计造成损失达30%以上。

B.3.2 防治措施

B.3.2.1 蓝色(一级)

于10月~12月和1月~3月各喷药防治1次,以后视虫害蔓延情况再酌情喷药。

B.3.2.2 黄色(二级)

于10月~12月和1月~3月各喷药防治2次,两次连续喷药时间约隔15 d,以后视虫害蔓延情况再酌情喷药。

B.3.2.3 红色(三级)

于10月~12月和1月~3月各喷药防治2次;4月~6月喷药防治1次~2次。两次连续喷药时间约隔15 d。

推荐使用药剂:48%毒死蜱乳油600倍液,40%杀扑磷乳油600倍液,3%啶虫脒乳油600倍液,40%乐果乳油600倍液。

附加说明:

本标准的附录A为资料性附录,附录B为规范性附录。

本标准由中华人民共和国农业部提出。

本标准由农业部热带作物及制品标准化技术委员会归口。

本标准起草单位:广东省湛江农垦局。

本标准主要起草人:蔡泽祺、黄标、张伟雄、文尚华、陈叶海。

热带作物机械类

中华人民共和国农业行业标准

剑麻加工机械　理麻机

Machinery for sisal hemp processing—Hacking machine

NY/T 258—2007
代替 NY/T 258—1994

1　范围

本标准规定了剑麻加工机械理麻机的术语和定义、产品型号规格和主要参数、要求、试验方法、检验规则及标志和包装等要求。

本标准适用于将剑麻直纤维梳理牵伸成符合并条工艺麻条的机械(简称“理麻机”)。

2　规范性引用文件

下列文件中的条款通过本标准的引用而成为本标准的条款。凡是注日期的引用文件,其随后所有的修改单(不包括勘误的内容)或修订版均不适用于本标准。然而,鼓励根据本标准达成协议的各方研究是否可使用这些文件的最新版本。凡是不注日期的引用文件,其最新版本适用于本标准。

GB/T 699　优质碳素结构钢

GB 1497　低压电器基本标准

GB/T 1800.4　极限与配合　标准公差等级和孔、轴的极限偏差表

GB/T 1804　一般公差　未注公差的线性和角度尺寸的公差

GB/T 2828.1　计数抽样检验程序　第1部分:按接收质量限(AQL)检索的逐批检验抽样计划

GB/T 8196　机械安全　防护装置　固定式和活动式防护装置设计与制造一般要求

GB/T 9439　灰铸铁件

JB/T 9832.2　农林拖拉机及机具漆膜附着力性能测定法　压切法

GB/T 10095　渐开线圆柱齿轮精度

GB/T 15032—1994　制绳机械设备通用技术条件

3　术语和定义

GB/T 15032—1994　确立的以及下列术语和定义适用于本标准。

3.1

直纤维　straight fiber

从剑麻叶片中经加工提取得到的有条理的束纤维。

3.2

麻条　slivor ribbon

长纤维经梳理后形成连续不断、粗细基本一致长度无限的束纤维条。

4　产品型号规格

4.1　型号规格的编制方法

中华人民共和国农业部 2007-12-18 发布　　2008-03-01 实施

产品型号规格的编制应符合 GB/T 15032 的规定。

4.2 型号规格表示方法

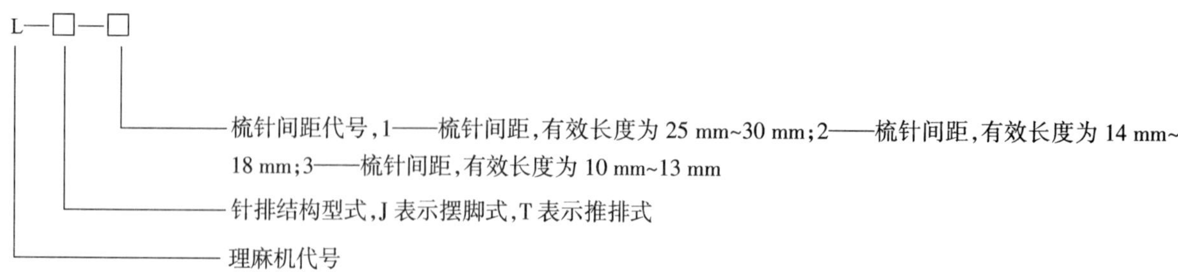

示例:LJ1 表示针排结构型式为摆脚式和梳针间距代号为 1 的理麻机,其梳针间距及有效长度为 25 mm～30 mm。

5 技术要求

5.1 一般要求

5.1.1 应按经批准的图样及技术文件制造。

5.1.2 产品零件图样上未注公差尺寸应符合 GB/T 1804 中 IT14 的规定,滚动轴承位轴颈应符合 GB/T 1800.4 中 K7 的要求。

5.1.3 机器运转时各轴承的温度不应有骤升现象,空运转时温升应≤30℃,负荷运转时温升应≤35℃。

5.1.4 整机运转应平稳,不应有异常敲击声。滑动、转动部位应运转灵活、平稳、无阻滞现象。调整机构应灵活可靠,紧固件无松动。

5.1.5 梳针进出纤维过程中应与水平线成 90°±5°。

5.1.6 空载噪声应不大于 87 dB(A)。

5.1.7 梳理出来的麻条应能符合并条工艺上的要求。

5.1.8 产品的梳针间距及有效长度、麻条规格及不匀率和生产率应符合该相应产品使用说明书的要求。

5.2 主要零部件

5.2.1 齿轮

5.2.1.1 应采用力学性能不低于 GB/T 699 规定的 45 钢的材料制造。

5.2.1.2 加工精度应不低于 GB/T 10095 中 9GJ 的要求。

5.2.1.3 齿面硬度为 22～28 HRC。

5.2.2 梳针和滑块

5.2.2.1 梳针应采用力学性能不低于 GB/T 699 规定的 50 钢的材料制造。硬度为 40～50 HRC。

5.2.2.2 滑块应采用力学性能不低于 GB/T 699 规定的 45 钢的材料制造。硬度为 30～35 HRC。

5.2.3 轨道

5.2.3.1 应采用力学性能不低于 GB/T 9439 规定的 HT200 材料制造。

5.3 装配

5.3.1 所有零、部件应检验合格;外购件、协作件应有合格证明文件并经检验合格后方可进行装配。

5.3.2 装配前零、部件的润滑系统应清洗干净。

5.3.3 平轨和弯轨结合处应平滑过渡。

5.3.4 离合器结合与分离应灵敏可靠。

5.3.5 齿轮接触斑点,在高度方向应≥30%,在长度方向应≥40%。

5.3.6 啮合齿轮的轴向错位≤1.5 mm。

5.3.7 两链轮齿宽对称面的偏移量不大于两链轮中心距的2%；链条松边的下垂度应为两链轮中心距的1%～5%。

5.3.8 两V带轮轴线平行度不大于两轮中心距的1%；两V带轮轮宽对称面的偏移量不大于两轮中心距的0.5%。

5.3.9 梳针应齐整，高度差≤2 mm，不应有生锈、秃头、钩头和歪斜等现象。

5.4 外观和涂漆

5.4.1 外观质量应按GB/T 15032—1994中5.2.1～5.2.4、5.2.6和5.2.7的规定。

5.4.2 零、部件结合面的边缘应平整，相互错位量不应超过5 mm。

5.4.3 漆层的漆膜附着力应符合JB/T 9832.2中2级3处的规定。

5.5 铸件

5.5.1 铸件质量应按GB/T 15032—1994中5.3.1和5.3.2的规定。

5.6 焊接件

5.6.1 焊接件质量应按GB/T 15032—1994中5.4的规定。

5.7 安全防护

5.7.1 外露的皮带轮、链轮应装固定式防护装置，防护装置应符合GB/T 8196的规定。

5.7.2 机器应能满足吊装和运输要求。

5.7.3 机器前后操作部位均应设置离合器操作手柄或电器开关按钮。

5.7.4 电机应采用全封闭结构，能适应粉尘环境中正常工作。

5.7.5 外购的电气装置应符合GB 1497的规定，并应有安全合格证。

5.7.6 电气设备应有可靠的接地保护装置，接地电阻应≤10 Ω。

6 试验方法

6.1 空载试验

6.1.1 空载试验应在总装检验合格后进行。

6.1.2 在额定转速下连续运转时间应不少于2 h。

6.1.3 空载试验项目和要求见表1。

表1 空载试验项目和要求

试验项目	要　求
工作平稳性及声响	符合5.1.4的规定
针排在全行程内运行情况	符合5.1.5的规定
离合器操作灵敏、可靠性	符合5.3.4的规定
噪声	符合5.1.6的规定
轴承温升	符合5.1.3的规定
开式啮合齿轮的接触斑点	符合5.3.5的规定

6.2 负载试验

6.2.1 负载试验应在空载试验合格后进行。

6.2.2 在额定转速及满负荷条件下，连续运转时间不少于2 h。

6.2.3 负载试验项目和要求见表2。

表 2　负载试验项目和要求

试验项目	要　求
工作平稳性及声响	符合 5.1.4 的规定
针排在全行程内运行情况	符合 5.1.5 的规定
离合器操作灵敏、可靠性	符合 5.3.4 的规定
轴承温升	符合 5.1.3 的规定
生产率	符合 5.1.8 的规定
麻条不匀率	符合 5.1.8 的规定

7　检验规则

7.1　出厂检验

7.1.1　出厂检验实行全检，取得合格证后方可出厂。

7.1.2　出厂检验项目及要求：

——外观和涂漆应符合 5.4 的规定；

——装配应符合 5.3 的规定；

——安全防护应符合 5.7 的规定；

——空载试验应符合 6.1 的规定。

7.1.3　用户有要求时，可进行负载试验，负载试验应按 6.2 的规定。

7.2　型式检验

7.2.1　有下列情况之一时，应进行型式检验：

——新产品或老产品转厂生产；

——正式生产后，结构、材料、工艺等有较大改变，可能影响产品性能；

——正常生产时，定期或周期性抽查检验；

——产品长期停产后恢复生产；

——出厂检验结果与上次型式检验有较大差异；

——质量监督机构提出进行型式检验要求。

7.2.2　型式检验应采用随机抽样，抽样方法按 GB/T 2828.1 中正常检查一次抽样方案确定。

7.2.3　样本应在 6 个月内生产的产品中随机抽取。抽样检查批量应不少于 3 台(件)，样本大小为 2 台(件)。

7.2.4　样本应在生产企业成品库或销售部门抽取，零部件在零部件成品库或装配线上已检验合格的零部件中抽取。

7.2.5　型式检验项目、不合格分类见表 3。

表 3　检验项目、不合格分类

<table>
<tr><th>不合格分类</th><th>检　验　项　目</th><th>样本数</th><th>项目数</th><th>检查水平</th><th>样本大小字码</th><th>AQL</th><th>Ac</th><th>Re</th></tr>
<tr><td>A</td><td>1. 生产率和理麻质量
2. 安全防护
3. 主要零部件硬度</td><td rowspan="2">2</td><td>3</td><td rowspan="2">S-Ⅰ</td><td rowspan="2">A</td><td>6.5</td><td>0</td><td>1</td></tr>
<tr><td>B</td><td>1. 噪声
2. 开式齿轮接触斑点和轴向错位
3. 轴承与轴、孔配合精度
4. 梳针</td><td>4</td><td>25</td><td>1</td><td>2</td></tr>
</table>

表 3（续）

不合格分类	检　验　项　目	样本数	项目数	检查水平	样本大小字码	AQL	Ac	Re
C	1. 零部件结合面尺寸 2. 外观和涂漆 3. 漆膜附着力 4. 标志和技术文件	2	4	S-Ⅰ	A	40	2	3
注：AQL 为合格质量水平，Ac 为合格判定数，Re 为不合格判定数。								

7.2.6 判定规则

评定时采用逐项检验考核，A、B、C 各类的不合格总数小于等于 Ac 为合格，大于等于 Re 为不合格。A、B、C 各类均合格时，该批产品为合格品，否则为不合格品。

8 标志和包装

按 GB/T 15032—1994 中第 8 章的规定。

附　录　A
（规范性附录）
麻条不匀率测定

每隔 30 m 剪取 1 m 麻条为试样，取 10 个试样，称取每个试样质量，按下列公式计算麻条不匀率：

$$H = \frac{C}{Z} \times 100$$

$$C = \sum_{i=1}^{n} |G_i - G|$$

式中：

H——麻条不匀率，单位为百分数（%）；

Z——全部试样质量之和，单位为克（g）；

G_i——第 i 个试样质量，单位为克（g）；

G——全部试样质量算术平均值，单位为克（g）。

附加说明：

本标准代替 NY/T 258—1994《剑麻理麻机》。

本标准与 NY/T 258—1994 相比主要变化如下：

——标准名称由“剑麻理麻机”改为“剑麻加工机械　理麻机”；

——增加和删除了部分引用标准；

——修订了术语和定义；

——删除了基本性能与参数内容；

——型号规格表示方法中，增加了示例；

——对技术要求进行了分类、修改和补充；

——修改了空载和负载试验内容；

——修改了出厂检验内容；

——增加了型式检验要求和判定规则；

——标志和包装按 GB/T 15032—1994 中第 8 章的规定；

——附录中增加了麻条不匀率的测定方法。

本标准的附录 A 为规范性附录。

本标准由中华人民共和国农业部农垦局提出。

本标准由农业部热带作物机械及产品加工设备标准化分技术委员会归口。

本标准起草单位：农业部热带作物机械质量监督检验测试中心。

本标准主要起草人：张劲、欧忠庆、王金丽、李明福。

中华人民共和国农业行业标准

剑麻加工机械　并条机

Machinery for sisal hemp processing—Drawing frame

NY/T 259—2009
代替 NY/T 259—1994

1　范围

本标准规定了剑麻加工机械并条机的术语和定义、产品型号规格、主要技术参数、技术要求、试验方法、检验规则及标识、包装、运输和贮存等要求。

本标准适用于剑麻加工机械并条机。

2　规范性引用文件

下列文件中的条款通过本标准的引用而成为本标准的条款。凡是注日期的引用文件，其随后所有的修改单(不包括勘误的内容)或修订版均不适用于本标准。然而，鼓励根据本标准达成协议的各方研究是否可使用这些文件的最新版本。凡是不注日期的引用文件，其最新版本适用于本标准。

GB/T 230.1　金属洛氏硬度试验　第1部分　试验方法(A、B、C、D、E、F、K、N、T标尺)

GB/T 699　优质碳素结构钢

GB/T 1184　形状和位置公差　未注公差值

GB 1497　低压电器基本标准

GB/T 1800.4　极限与配合　标准公差等级和孔、轴的极限偏差表

GB/T 1804　一般公差　未注公差的线性和角度尺寸的公差

GB/T 1958　产品几何量技术规范(GPS)形状和位置公差　检测规定

GB/T 2828.1　计数抽样检验程序　第1部分:按接收质量限(AQL)检索的逐批检验抽样计划

GB/T 3768　声学　声压法测定噪声源声功率级　反射面上方采用包络测量表面的简易法

GB/T 5667　农业机械生产试验方法

GB/T 9439　灰铸铁件

GB/T 10095.1　渐开线圆柱齿轮精度　第1部分:齿轮同侧齿面偏差的定义和允许值

GB/T 13306　标牌

GB/T 15032—2008　制绳机械设备通用技术条件

JB/T 5673　农林拖拉机及机具涂漆　通用技术条件

JB/T 9832.2　农林拖拉机及机具漆膜附着力性能测定法　压切法

NY/T 407—2000　剑麻加工机械产品质量分等

3　术语和定义

下列术语和定义适用于本标准。

中华人民共和国农业部 2009-12-22 发布　　　　2010-02-01 实施

3.1

麻条 sliver ribbon

纤维经加工后形成连续不断、粗细基本一致、长度不限的束状纤维条。

3.2

麻条不均匀率 nonuniformity of sliver ribbon

麻条沿长度方向粗细的不均匀程度。

4 产品型号规格和主要技术参数

4.1 产品型号规格的编制方法

产品型号规格的编制应符合GB/T 15032—2008中4.1的规定，表示如下：

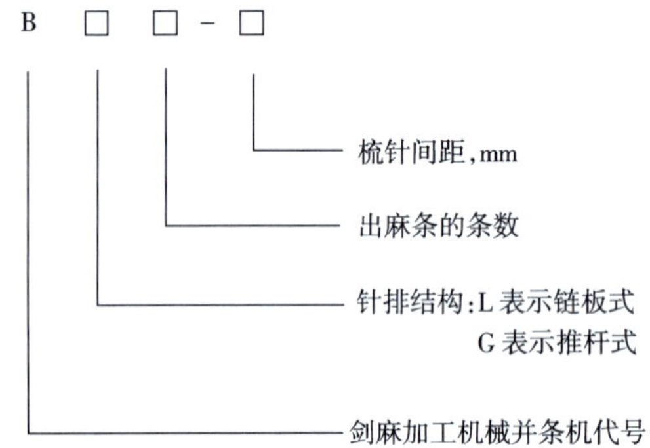

示例：BL 2-9 表示剑麻加工机械 并条机，其针排结构是链式、出麻条数量为2条、梳针间距为9 mm。

4.2 产品型号规格和主要技术参数

产品型号规格和主要技术参数见表1。

表1 产品型号规格和主要技术参数

型号规格	牵伸罗拉线速度 m/s	麻条规格 g/m	梳针间距 mm	梳针直径及有效长度 mm	电机功率 kW	生产率 kg/h	麻条不均匀率 %
BL 2-9	2.12	14～40	9	5.0×64	4.0	260～440	≤8
BG 2-10	0.78	90～110	10	4.5×62	7.5	500～620	≤5
BG 6-3.5	0.78	16～20	3.5	3.0×30	7.5	270～360	≤5
BG 6-7	0.78	25～30	7	4.0×46	7.5	420～500	≤5
BG 6-10	2.32	14～40	10	5.0×64	7.5	470～800	≤8
注：生产率指能满足纺纱工艺要求时的小时产量。							

5 技术要求

5.1 一般要求

5.1.1 应按照经规定程序批准的图样及技术文件制造与检验。

5.1.2 电气线路、管路应排列整齐，紧固可靠，在运行中不应出现松动、碰撞与摩擦。

5.1.3 各运动副应运转灵活，无异常响声。离合器的接合、分离应灵敏、可靠。

5.1.4 轴承在运转时，温度不应有骤升现象；空载时，温升应不超过30℃；负载时，温升应不超过35℃。

5.1.5 图样上未注明公差的机械加工尺寸，应符合GB/T 1804中C级的规定。

5.1.6 加工的麻条应能满足纺纱工艺的要求。

5.1.7 空载噪声应不大于 85 dB(A)。

5.1.8 使用可靠性应不小于 95%。

5.2 主要零部件

5.2.1 针排

5.2.1.1 梳针轴应采用力学性能不低于 GB/T 699 规定的 45 钢材料制造，两端与针排座相配合工作部位硬度为 40 HRC～50 HRC。

5.2.1.2 梳针应采用力学性能不低于 GB/T 699 规定的 50 钢材料制造，硬度为 40 HRC～50 HRC。

5.2.1.3 梳针进入上下轨道时，不应有卡住和跳扣现象。

5.2.1.4 梳针进出麻条时应与水平成 90°±5°。

5.2.1.5 梳针高度偏差不大于 2 mm。

5.2.1.6 梳针不应有钩头、圆头和生锈等现象。

5.2.2 针排座

5.2.2.1 应采用力学性能不低于 GB/T 699 规定的 45 钢材料制造，硬度为 40 HRC～50 HRC。

5.2.2.2 轴承位同轴度公差应不低于 GB/T 1184 规定的 8 级精度。

5.2.3 齿轮

5.2.3.1 应采用力学性能不低于 GB/T 699 规定的 45 钢材料制造，齿面硬度为 22 HRC～28 HRC。

5.2.3.2 加工精度应不低于 GB/T 10095.1 规定的 9 级精度。

5.2.3.3 接触斑点在长度方向应不小于 30%，在高度方向应不小于 40%。

5.2.3.4 啮合齿轮轴向错位不大于 1.5 mm。

5.2.4 机架

5.2.4.1 应采用力学性能不低于 GB/T 9439 规定的 HT200 的材料制造。

5.2.4.2 加工面平面度公差不低于 GB/T 1184 中规定的 9 级精度。

5.2.4.3 结合面和加工面不应有明显的气孔、缩孔等缺陷。

5.3 装配质量

5.3.1 平轨和弯轨接合处应平滑过渡。

5.3.2 两链轮齿宽对称面的偏移量不大于两链轮中心距的 0.2%，链条松边的下垂度应为两链轮中心距的 1%～5%。

5.3.3 两 V 带轮轴线平行度应不大于两轮中心距的 1%；两 V 带轮对应面的偏移量应不大于两轮中心距的 0.5%。

5.3.4 装配后主动辊外圆表面径向圆跳动量不大于 0.2 mm。

5.3.5 压辊内孔直径尺寸偏差按 GB/T 1800.4 中 H.8 的规定。

5.4 外观和涂漆质量

5.4.1 外观表面应平整，不应有明显的凹凸和损伤等。

5.4.2 铸件表面不应有飞边、毛刺、型砂和粘结物等，外露加工面不应有明显的砂眼、气孔、缩松等缺陷。

5.4.3 焊接件外观表面不应有焊瘤、金属飞溅物等。焊缝表面应均匀，不应有裂纹。

5.4.4 转动件端面应涂红色。机器表面涂漆质量应符合 JB/T 5673 中普通耐涂层的规定。漆层应色泽均匀、平整光滑，不应有露底、严重的流痕和麻点；明显的起泡、起皱不应多于 3 处。

5.4.5 漆膜附着力应为 2 级 3 处。

5.5 安全防护要求

5.5.1 V 带轮、链轮等外露转动部件应装防护罩。

5.5.2 电器设备应符合 GB 1497 的有关规定。

5.5.3 设备的接地电阻应小于 10 Ω。

6 试验方法

6.1 空载试验

6.1.1 空载试验应在总装检验合格后进行。

6.1.2 在额定转速下连续运转时间应不少于 2 h。

6.1.3 按表 2 的规定进行检查和测定。

表 2 空载试验项目和方法

序号	试验项目	试验方法	标准要求
1	工作平稳性及声响	感官	运转应平稳，无异常声响
2	梳针运行	感官	运行平稳，无卡住和跳扣现象
3	离合器操作	感官	灵敏、可靠
4	接地电阻	接地电阻测试仪器	≤10 Ω
5	噪声	按 GB/T 3768 的规定	≤85 dB(A)
6	轴承温升	试验结束时立即测定	≤30℃

6.2 负载试验

6.2.1 负载试验应在空载试验合格后进行。

6.2.2 在额定转速及满负荷条件下，连续运转时间不少于 2 h。

6.2.3 按表 3 的规定进行检查和测定。

表 3 负载试验项目和方法

序号	试验项目	试验方法	标准要求
1	工作平稳性及声响	感官	运转应平稳，无异常声响
2	接地电阻	接地电阻测试仪器	≤10 Ω
3	轴承温升	试验结束时立即测定	≤35℃
4	生产率	测定满足纺纱工艺要求时的小时产量	符合表 1 的规定
5	麻条不均匀率	按 6.3 中的测定	符合表 1 的规定

6.3 麻条不均匀率的测定

每隔 30 m 剪取 1 m 麻条作为一个试样，共取 10 个试样，称取每个试样的质量，按公式(1)计算麻条不均匀率：

$$\Phi = \frac{\sum_{i=1}^{n} | E_i - E_p |}{Z} \times 100 \tag{1}$$

式中：

Φ——麻条不均匀率，%；

E_i——第 i 个试样的质量，单位为克(g)；

E_p——全部试样质量的算术平均值，单位为克(g)；

Z——全部试样质量之和，单位为克(g)。

6.4 其他测定方法的规定

6.4.1 生产率的测定应按 GB/T 5667 规定的方法执行。

6.4.2 使用可靠性的测定应按 NY/T 407 中 4.3 规定的方法执行。

6.4.3 硬度应按 GB/T 230.1 规定的方法执行。

6.4.4 尺寸公差的测定应按 GB/T 1804 规定的方法执行。

6.4.5 形位公差的测定应按 GB/T 1958 规定的方法执行。

6.4.6 膜附着力的测定应按 JB/T 9832.2 规定的方法执行。

7 检验规则

7.1 出厂检验

7.1.1 产品均需经制造厂质检部门检验合格并签发“产品合格证”后才能出厂。

7.1.2 产品出厂应实行全检，并做好产品出厂档案记录。

7.1.3 出厂检验项目及要求：

——外观质量应符合 5.4 的规定；

——安全防护应符合 5.5 的规定；

——装配质量应符合 5.3 的规定；

——空载试验应符合 6.1 的规定；

——负载试验应符合 6.2 的规定。

7.2 型式检验

7.2.1 有下列情况之一时，应对产品进行型式检验：

——新产品或老产品转厂生产；

——正式生产后，结构、材料、工艺等有较大改变，可能影响产品性能；

——正常生产时，定期或周期性抽查检验；

——产品长期停产后恢复生产；

——出厂检验结果与上次型式检验有较大差异；

——质量监督机构提出进行型式检验要求。

7.2.2 型式检验应采用随机抽样，抽样方法按 GB/T 2828.1 中正常检查一次抽样方案确定。

7.2.3 样本应在 6 个月内生产的产品中随机抽取。抽样检查批量应不少于 3 台，样本大小为 2 台。

7.2.4 样本应在生产企业成品库或销售部门抽取，零部件在零部件成品库或装配线上已检验合格的零部件中抽取。

7.2.5 型式检验项目、不合格分类见表 4。

7.2.6 判定规则

评定时采用逐项检验考核，A、B、C 各类的不合格总数小于等于 Ac 为合格，大于等于 Re 为不合格。A、B、C 各类均合格时，该批产品为合格品，否则为不合格品。

表 4 检验项目、不合格分类

不合格分类	检验项目	样本数	项目数	检查水平	样本大小字码	AQL	Ac	Re
A	1. 生产率和并条质量 2. 使用可靠性 3. 安全性	2	3	S-I	A	6.5	0	1
B	1. 噪声 2. 主要零部件硬度 3. 轴承温升 4. 轴承与孔、轴配合精度 5. 梳针质量 6. 齿轮接触斑点		6			25	1	2
C	1. 零部件结合表面尺寸 2. 油漆外观质量 3. 漆膜附着力 4. 外观质量 5. 标志和技术文件		5			40	2	3
注:AQL 为合格质量水平,Ac 为合格判定数,Re 为不合格判定数。								

8 标识、包装、运输和贮存

8.1 标识

产品应在明显部位固定标牌,标牌应符合 GB/T 13306 的规定。标牌上应包括产品名称、型号、技术规格、制造厂名称、商标、出厂编号、出厂年月等内容。

8.2 包装

8.2.1 产品在包装前应在机件和工具的外露加工面上涂防锈剂,主要零部件的加工面应包防潮纸,保证在正常运输和保管情况下,防锈的有效期自产品出厂之日起应不少于 6 个月。

8.2.2 产品可整体装箱,也可分部件包装,产品零件、部件、工具和备件应在固定箱内。

8.2.3 包装箱应符合运输和装载要求,箱内应铺防水材料。包装箱外应标明收货单位及地址、产品名称及型号、制造厂名称及地址、包装箱尺寸(长×宽×高)、净重、毛重、包装箱序号等。还应标明“不得倒置”、“向上”、“小心轻放”、“防潮”和“吊索位置”等标志。

8.3 运输和贮存

产品在运输过程中,应保证整机和零部件及随机备件、工具不受损坏。产品应贮存在干燥、通风的仓库内,并注意防潮,避免与酸、碱、农药等有腐蚀性物质混放,在室外临时贮放时应有遮篷。

8.4 随机技术文件

每台产品应提供下列技术文件:

——产品使用说明书;

——产品合格证;

——装箱单(包括附件及随机工具清单)。

附加说明：

本标准代替 NY/T 259—1994《剑麻并条机》。

本标准与 NY/T 259—1994 相比，主要变化如下：

——标准名称由“剑麻并条机”改为“剑麻加工机械　并条机”；

——在“术语和定义”中，删去“牵伸、长纤维”，增加了“麻条不均匀率”；

——增加了 3 种产品型号规格和主要参数；

——增加了使用可靠性指标；

——增加主要零部件的技术要求；

——修订了试验方法，具体规定了麻条不均匀率测定方法；

——修订了检验规则，增加了型式检验项目和不合格分类等；

——增加了运输和贮存等要求。

本标准由中华人民共和国农业部提出。

本标准由农业部热带作物机械及产品加工设备标准化分技术委员会归口。

本标准起草单位：农业部热带作物机械质量监督检验测试中心、广东省湛江农垦第二机械厂。

本标准主要起草人：李明、王金丽、张文强、邓怡国。

本标准 1994 年首次发布。

中华人民共和国农业行业标准

推式割胶刀

Hand-pushing tapping knife

NY/T 267—2006

代替 NY/T 267—1994

1 范围

本标准规定了天然橡胶推式割胶刀的型号、规格、技术要求、检验规则及标志、包装、贮存和运输等要求。

本标准适用于推式割胶刀，其他类型的天然橡胶割胶刀可参照使用。

2 规范性引用文件

下列文件中的条款通过本标准的引用而成为本标准的条款。凡是注日期的引用文件，其随后所有的修改单(不包括勘误的内容)或修订版均不适用于本标准。然而，鼓励根据本标准达成协议的各方研究是否可使用这些文件的最新版本。凡是不注日期的引用文件，其最新版本适用于本标准。

GB/T 1298—1986 碳素工具钢技术条件

GB/T 2828.1 计数抽样检验程序 第1部分：按接收质量限(AQL)检索的逐批检验抽样计划

3 术语和定义

下列术语和定义适用于本标准。

3.1

刀翼 broadside of a knife

割胶刀夹角的两侧面。

3.2

刀口 knife edge

刀翼的刃口。

3.3

刀把 handle

安装刀柄的手把。

3.4

刀柄 knife handle

刀身外用于安装刀把的部分。

3.5

刀身 knife blade

从刀口至刀柄交接处。

3.6

中华人民共和国农业部 2006-07-10 发布　　2006-10-01 实施

刀背 knife back

刀身背面两翼相交的弧线处。

3.7

刀侧 knife side

刀翼两边缘。

3.8

小圆口 U-shaped knife edge

两翼间的过渡圆角处。

3.9

卷刃率 crooked blade rate

割胶试验时,卷刃的割胶刀数量占同批割胶刀数量的百分比。

4 产品型号、规格和基本参数

4.1 产品型号规格编制方法

型号由刀名代号、主要参数和刀型代号组成。

刀名代号用"胶刀"名称第一和第二个汉字拼音开头的大写字母表示。

主要参数用刀身长度和两翼夹角表示。

刀型代号根据刀翼宽度的大小,用"大刀口"或"小刀口"的第一个汉字拼音开头的大写字母表示。

4.2 型号表示方法

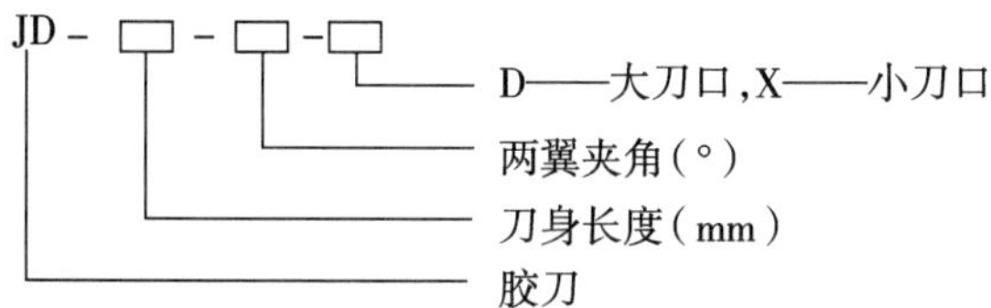

示例:

JD-140-80-X 表示刀身长度为 140 mm,两翼夹角为 80°,小刀口的推式割胶刀。

4.3 技术参数

推式割胶刀技术参数应符合表 1 和图 1 的规定。

表 1 技术参数

项 目	技术参数	
	大刀口	小刀口
刀翼宽度 H mm	20±0.5	15±0.5
刀背圆弧半径 R mm	370～830	
刀侧圆弧半径 RL mm	340～810	

5 技术要求

5.1 加工要求

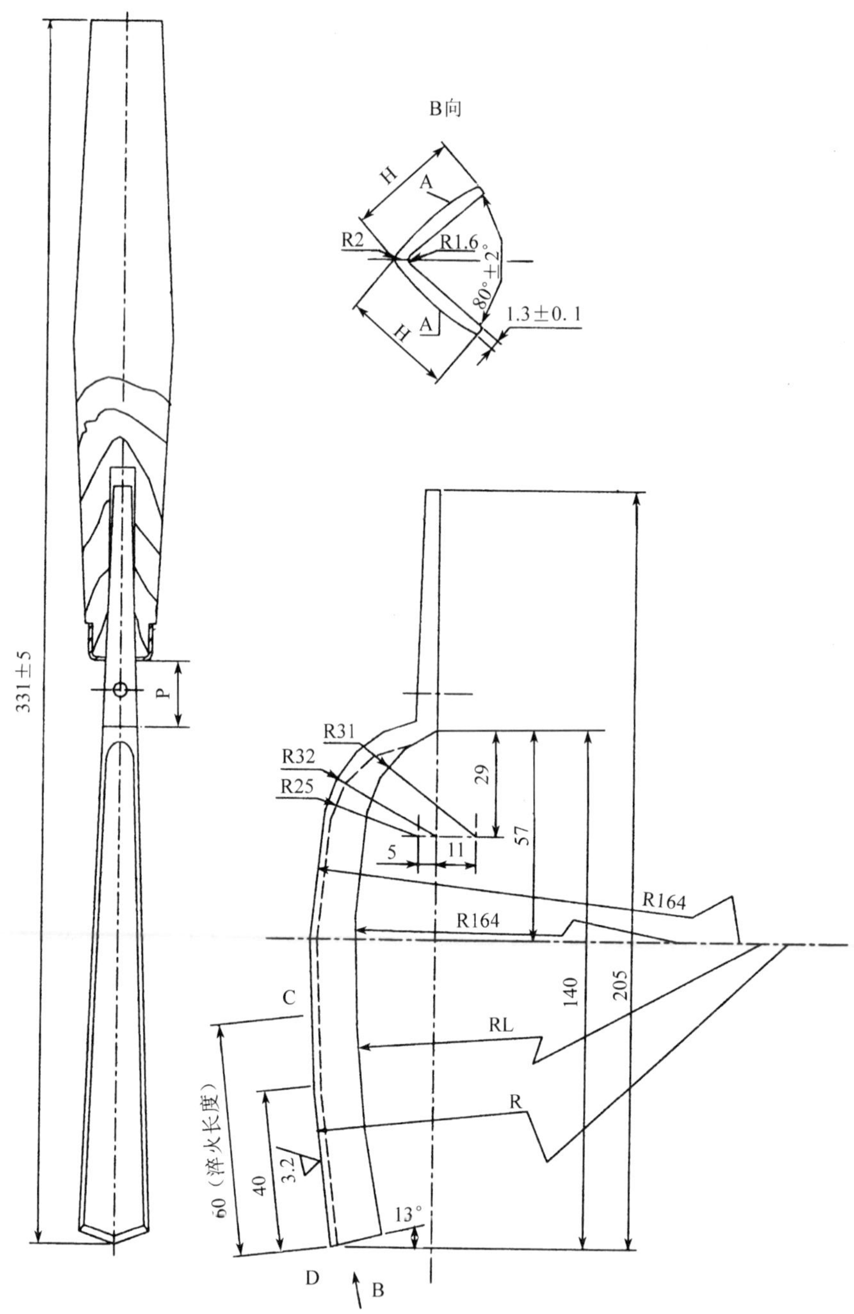

（单位：mm）

图 1　推式割胶刀

5.1.1　刀身用力学性能不低于 GB/T 1298—1986 规定的 T10 材料制造。

5.1.2　几何形状应符合图 1 和以下的规定：

——小圆口处厚度为 1.5 mm±0.4 mm；

——两翼 A 面不应磨平，弦弧高为 0.2 mm～0.3 mm；

——小圆口的过渡应圆滑。

5.1.3　距刀口 40 mm 长度范围内的刀身硬度为 65 HRC±1 HRC。

5.1.4　距刀口 40 mm 长度范围内的刀身外表面粗糙度应为 3.2 μm，其余为 12.5 μm。

5.1.5　距刀口 40 mm 长度范围内的刀身金相组织应为稳定针状马氏体、点粒状均布渗碳体和少量过剩奥氏体。

5.1.6 刃口宽 3 mm～5 mm。

5.1.7 打磨抛光和加工刃口时不应产生退火等降低硬度的现象。

5.2 刀把材料要求

应采用坚实、干燥的木材制造。

5.3 刀把安装质量

5.3.1 刀身中线和刀柄与刀把的轴线应一致。

5.3.2 刀柄外露于刀把长度为 18 mm～20 mm。

5.3.3 刀箍应采用紧压装配。

5.4 外观质量

5.4.1 刀身光滑，两翼匀称。

5.4.2 刀把表面应光滑，涂漆均匀，颜色一致，无起泡和起皱。

5.4.3 刀把上的商标应平整、清晰。

5.5 割胶试验要求

每刃磨一次，割围径约 600 mm 的橡胶树应不少于 200 株，其崩刃、卷刃率应不大于 10%。

6 检验规则

6.1 出厂检验

6.1.1 产品需经制造厂质检部门检验合格并签发“产品合格证”后才能出厂。

6.1.2 出厂检验应采用随机抽样，抽样方法按 GB/T 2828.1 中正常检查一次抽样方案确定，每 100 把为一个批量，样品数为 8 把。

6.1.3 出厂检验项目、不合格分类和判定规则见表 2。

表 2 出厂检验项目、不合格分类和判定规则

<table>
<tr><th>不合格分类</th><th>检验项目</th><th>检验方法</th><th>样本量</th><th>项目量</th><th>检验水平</th><th>样本量字码</th><th>AQL</th><th>Ac</th><th>Re</th></tr>
<tr><td>A</td><td>1. 刀面硬度</td><td>在距刀口 40 mm 长度的两刀翼表面各取 3 点测定硬度，计算平均值</td><td rowspan="5">8</td><td>1</td><td rowspan="5">I</td><td rowspan="5">D</td><td>6.5</td><td>1</td><td>2</td></tr>
<tr><td rowspan="2">B</td><td>1. 两翼夹角
2. 两翼端厚度</td><td>从刀口开始，每隔30 mm测一处，测 3 处取平均值</td><td rowspan="2">3</td><td rowspan="2">15</td><td rowspan="2">3</td><td rowspan="2">4</td></tr>
<tr><td>3. 小圆口处厚度</td><td>按图纸及技术要求检验</td></tr>
<tr><td rowspan="2">C</td><td>1. 刀柄外露于刀把长度</td><td>测量</td><td rowspan="2">5</td><td rowspan="2">40</td><td rowspan="2">7</td><td rowspan="2">8</td></tr>
<tr><td>2. 刀身中线和刀柄与刀把的轴线应一致
3. 刀箍装配
4. 油漆外观
5. 外观质量</td><td>目测</td></tr>
<tr><td colspan="10">注：AQL 为接收质量限；Ac 为接收数；Re 为拒收数；评定时采用逐项检验考核，A、B、C 各类的不合格总数分别≤Ac 为合格，≥Re 为不合格。A、B、C 各类均合格时，该批产品为合格品，否则为不合格品。</td></tr>
</table>

6.2 型式检验

6.2.1 有下列情况之一时应对产品进行型式检验：

——新产品或老产品转厂生产；

——正式生产后，结构、材料、工艺等有较大改变，可能影响产品性能；

——正常生产时，定期或周期性抽查检验；

——产品长期停产后恢复生产；

——出厂检验结果与上次型式检验有较大差异；

——质量监督机构提出进行型式检验要求。

6.2.2 型式检验应采用随机抽样，抽样方法与 6.1.2 相同。

6.2.3 样本应在最近 6 个月内生产的产品中随机抽取。

6.2.4 样本应在生产企业成品库或销售部门抽取。

6.2.5 型式检验项目、不合格分类和判定规则见表 3。

表 3 型式检验项目、不合格分类和判定规则

<table>
<tr><th>不合格分类</th><th>检 验 项 目</th><th>检 验 方 法</th><th>样本量</th><th>项目量</th><th>检验水平</th><th>样本量字码</th><th>AQL</th><th>Ac</th><th>Re</th></tr>
<tr><td>A</td><td>1. 刀面硬度
2. 金相组织
3. 崩刃和卷刃率</td><td>在距刀口 40 mm 长度的两刀翼表面各取 3 点测定硬度，计算平均值
取试样，经抛光后观察其金相结构
每刃磨一次，割围径约 600 mm 的橡胶树应不少于 200 株，其崩刃和卷刃率应不大于 10%</td><td rowspan="3">8</td><td>3</td><td rowspan="3">I</td><td rowspan="3">D</td><td>6.5</td><td>1</td><td>2</td></tr>
<tr><td>B</td><td>1. 两翼夹角
2. 两翼端厚度
3. 刀翼宽度
4. 刀身中弦弧高度
5. 小圆口处厚度</td><td>从刀口开始，每隔30 mm 测一处，测 3 处取平均值
按图纸及技术要求检验</td><td>5</td><td>15</td><td>3</td><td>4</td></tr>
<tr><td>C</td><td>1. 刀柄外露于刀把长度
2. 刀身中线和刀柄与刀把的轴线应一致
3. 刀箍装配
4. 油漆外观
5. 外观质量</td><td>测量
目测</td><td>5</td><td>40</td><td>7</td><td>8</td></tr>
<tr><td colspan="10">注：AQL 为接收质量限；Ac 为接收数；Re 为拒收数；评定时采用逐项检验考核，A、B、C 各类的不合格总数分别≤Ac 为合格，≥Re 为不合格。A、B、C 各类均合格时，该批产品为合格品，否则为不合格品。</td></tr>
</table>

7 标志、包装、贮存、运输及技术文件

7.1 标志

7.1.1 产品的刀把上应贴商标；

7.1.2 商标上应标明制造厂名称。

7.2 包装

7.2.1 每件产品的金属表面应涂上防锈剂。

7.2.2 产品的单件包装为薄膜包装。

7.2.3 产品的批量包装为木箱包装或厚纸箱包装。

7.2.4 装箱应符合运输和装载要求，箱外应标明产品名称和型号、制造厂名称和商标、包装箱尺寸(长×宽×高)、毛重等。还应有“防潮”等标志。

7.3 贮存和运输

产品应贮存在干燥、通风的仓库内，并注意防潮，避免与酸、碱、农药等有腐蚀性物质混放，库存应放置整齐，避免超重紧压和撞击。在运输过程中，应避免大力撞击。

7.4 批量包装箱技术文件

每箱产品应提供下列技术文件：

——产品使用说明书；

——产品合格证；

——装箱单。

附加说明：

本标准代替 NY/T 267—1994《推式割胶刀》。

本标准与 NY/T 267—1994 相比主要变化如下：

——修订了术语，增加了刀口、刀把、刀柄、刀背、刀侧和卷刃率的术语，删除了楔角的术语；

——产品型号规格中，增加了大刀口刀型和修改了刀身弯度；

——修订了刀型几何形状；

——将试验方法部分内容并入检验规则中；

——修订了检验规则，将检验项目、不合格分类和判定规则三部分内容合并在一个表中，检验水平由特殊检验水平改为一般检验水平；

——对标志、包装、贮存和运输的内容作了修改与补充。

本标准由中华人民共和国农业部提出。

本标准由农业部热带作物机械及产品加工设备标准化分技术委员会归口。

本标准起草单位：农业部热带作物机械质量监督检验测试中心、中国热带农业科学院农业机械研究所、海南省农垦营根机械厂。

本标准主要起草人：张劲、欧忠庆、陈旭东、李明、李明福。

本标准所代替标准的历次版本发布情况：

NY/T 267—1994。

中华人民共和国农业行业标准

热带作物机械　术语

Terminology for tropical crop machinery

NY/T 1036—2006

1　范围

本标准规定了热带作物机械主要产品天然橡胶初加工机械和剑麻加工机械的工艺与操作、设备与零部件、性能与试验方面的术语。

下列术语和定义适合于本标准。

2　天然橡胶初加工机械

2.1　工艺与操作

2.1.1

去杂　purifing

采用筛网过滤或离心沉降器分离、机械搅拌等方法除去胶乳、杂胶中的泥沙、树皮等杂质的工艺。

2.1.2

压薄　crushing

将厚度为100 mm以上的胶乳凝块滚压脱水，使其厚度减少至40 mm～60 mm以便通过绉片机或挤压机的工艺。

2.1.3

压绉　creping

将胶乳凝块、杂胶等胶料经绉片机辊筒滚压使其表面起绉的工艺。

2.1.4

压片　sheeting

将胶乳凝块滚压、脱水、压薄成胶片的工艺。

2.1.5

洗涤　washing

采用洗涤机将杂胶及胶线反复揉搓、挤压，并用水冲洗除去其中的杂质的工艺。

2.1.6

切粒　dicing

通过旋转的动刀与定刀的作用，将胶片切成胶粒的工艺。

2.1.7

造粒　size-reduction

中华人民共和国农业部2006-01-26发布　　2006-04-01实施

将胶片或绉胶片制成胶粒的工艺。

注:改写 GB/T 14795—1993,定义 4.30。

2.1.8

锤磨　hammering

通过锤磨机旋转的锤片将胶片或绉胶片锤击撕裂成胶粒的工艺。

2.1.9

撕粒　shredding

通过撕粒机的定刀和撕粒辊将绉胶片撕裂成胶粒的工艺。

2.1.10

剪切　clipping

通过旋转刀与固定刀形成的剪切力对胶片进行切割的工艺。

2.1.11

挤压　extruding

胶乳凝块或其他胶料受到机械压紧而脱水、体积缩小的工艺。

2.1.12

深层干燥　deep-bed drying

干燥颗粒胶时,装载湿胶粒的厚度超过 40 cm 的干燥工艺。

2.1.13

浅层干燥　thin-bed drying

干燥颗粒胶时,装载湿胶粒的厚度不超过 40 cm 的干燥工艺。

2.1.14

打包　baling

将规定重量的胶片或胶粒,从松散状态压缩成具有一定规格的胶块的操作。

注:改写 GB/T 14795—1993,定义 4.48。

2.1.15

卸包　bale unloading

将打好的胶块从打包箱中取出的操作。

2.1.16

自动打包　auto baling

能连续进行打包、卸包及输送等工序的操作。

2.1.17

保压　pressure-keeping

使打包机液压系统在规定压力条件下保持一定时间的操作。

2.1.18

拉片和堆片　flake pulling and piling

因进料和送料速度不同步,而在机组间出现的胶片被拉断或堆积重叠的现象。当进料速度大于送料速度时,出现拉片现象;当送料速度大于进料速度时,出现堆片现象。

2.1.19

锤磨法造粒　hammering size-reduction

经绉片机脱水压绉后的胶片由锤磨机完成造粒的方法。

2.1.20

剪切法造粒　clipping size-reduction

经压片机脱水、压薄后的胶片由切粒机完成造粒的方法。

2.1.21

挤压法造粒　extruding size-reduction

凝块胶由挤压机完成脱水和造粒的方法。

2.1.22

撕裂法造粒　shredding size-reduction

经绉片机脱水压绉后的胶片由撕粒机完成造粒的方法。

2.2 设备与零部件

2.2.1

离心沉降器　centrifugal clarifier

在离心力和重力的作用下，使胶乳中较重的杂质沉降分离的设备。

注：改写 GB/T 14795—1993，定义 4.1.3。

2.2.2

胶乳搅拌机　latex mixing machine

对加入乳胶池或胶罐中的胶乳和氨进行搅拌的设备。

2.2.3

压薄机　crusher

将胶乳厚凝块滚压脱水成为较薄凝块的设备。

[GB/T 14795—1993，定义 4.27]

2.2.4

单辊压薄机　double-roller crusher

凝块经一对辊筒滚压脱水的压薄机。

2.2.5

双辊压薄机　double double-roller crusher

凝块经两对辊筒滚压脱水的压薄机。

2.2.6

绉片机　creper

将胶乳凝块、杂胶等胶料压制成绉胶片的设备。

[GB/T 14795—1993，定义 4.28]

2.2.7

花纹绉片机　marking creper

工作辊筒表面有沟纹的绉片机。

2.2.8

光面绉片机　smooth creper

工作辊筒表面为光面的绉片机。

2.2.9

绉片机组　creping battery

由数台不同辊筒表面花纹和转速的绉片机组成的机组。

注：改写 GB/T 14795—1993，定义 4.28.1。

2.2.10

压片机　roll mill;sheeter

将胶乳凝块滚压、脱水、压薄成胶片的设备。

[GB/T 14795—1993,定义 4.24]

2.2.11

五合一压片机　five in one roll mill

滚压装置由五对辊筒组成的压片机。

2.2.12

四合一压片机　four in one roll mill

滚压装置由四对辊筒组成的压片机。

2.2.13

手摇压片机　hand-operated roll mil

通过人工摇动手轮驱动一对辊筒旋转的压片机。

2.2.14

造粒机　size-reduction machine

将胶片或绉胶片制成胶粒的设备。

2.2.15

锤磨机　hammer mill

用旋转的锤片将胶片或绉胶片锤击成胶粒的设备。

注:改写 GB/T 14795—1993,定义 4.34。

2.2.16

撕粒机　shredder

由喂料辊、定刀和撕粒辊组成,将绉胶片挤压、切割、撕裂成胶粒的设备。

注:改写 GB/T 14795—1993,定义 4.33。

2.2.17

挤压机　extruder

通过螺杆的转动对凝块胶、杂胶进行挤压脱水及推送,再由高速旋转的动刀将挤压出的条状胶切成胶粒的设备。

2.2.18

切粒机　dicing cutter

通过两套旋转的动刀和定刀的作用,将胶片切成胶条再剪切成胶粒的设备。

2.2.19

洗涤机　scrap washer

通过一对辊筒将杂胶及胶线反复揉搓,并用水冲洗除去杂质的设备。

注:改写 GB/T 14795—1993,定义 4.26。

2.2.20

碎胶机　slab cutter

通过旋转的动刀与定刀的作用,将凝块胶、胶团及杂胶进行破碎并清洗除去杂物的设备。

2.2.21

螺杆破碎机　screw smasher

通过螺杆的作用,将凝块胶及杂胶进行破碎的设备。

注:具有一对相对运动的螺杆的破碎机为双螺杆破碎机。

2.2.22

抽胶泵　rubber pump

用于将低处的胶粒输送到高处的泵。

2.2.23

干搅机　dry-mixing machine

通过呈螺旋排列的动刀和定刀的作用，对胶料进行破碎、推进、挤压和混合均匀的设备。

2.2.24

冷却输送机　cooling conveyer

将干搅机加工出来的热胶料进行冷却和输送的设备。

2.2.25

切胶机　bale cutter

通过旋转刀和平台的相对运动将胶块切开的设备。

2.2.26

打包机　rubber baler

将规定重量的胶片或胶粒，从松散状态压缩成具有一定规格的胶块的设备。

注：改写 GB/T 14795—1993，定义 4.49。

2.2.27

自动打包机　auto rubber baler

能连续进行打包、卸包及输送工序的打包机。

2.2.28

干燥车　drying trolley

用于装载湿胶粒进行干燥的车箱式设备。

注：改写 GB/T 14795—1993，定义 4.41。

2.2.29

渡车　parallel trolley-shifter

将干燥车平行转移到另一轨道的装置。

2.2.30

转盘　vertical trolley-shifter

将干燥车转移到与原轨道成垂直方向的另一轨道上的装置。

2.2.31

干燥柜　drying box

用于对湿胶粒进行干燥的柜式装置。

2.2.32

推进器　pusher

将干燥车推进或推出干燥柜的设备。

2.2.33

转鼓　barrel tumbler

离心沉降器中通过高速旋转将胶乳与较重杂质分离的部件。

注：转鼓由鼓壳、鼓盖、中心进料管、长筋、胶塞等组成，是离心沉降器的重要工作部件。

2.2.34

收集罩　latex collecter

离心沉降器中用以盛接和导出净化后的胶乳的装置。

2.2.35

辊筒　roller

具有一定长度、直径和表面形状的圆柱体零件。

2.2.36

梅花形辊筒　plum-blossom-vein roller

横截面为梅花状花纹的辊筒。

2.2.37

正多边形辊筒　regular-polygon-vein roller

横截面为正多边形花纹的辊筒。

2.2.38

锤片　hammer

安装于锤磨机转子并通过高速旋转对胶料进行锤击的零件。

2.2.39

安全片　breaking cup

安装于绉片机辊距调整机构前端，在设备超载时起安全保护作用的零件。

2.2.40

转子　hammer rotator

由转轴、转盘、销轴、锤片和轴承组成的装置。

注：转子是锤磨机的主要工作部件。

2.2.41

干燥箱　drying box

干燥车上具有一定尺寸规格用于装载湿胶粒的箱子。

2.2.42

浅层干燥箱　thin-bed drying box

装载湿胶粒的厚度不超过 40 cm 的干燥箱。

2.2.43

深层干燥箱　deep-bed drying box

装载湿胶粒的厚度超过 40 cm 的干燥箱。

2.2.44

打包箱　baling box; press box

用于装盛规定重量的胶片或胶粒，经打包机加压后成一定规格的胶块的装置。

[GB/T 14795—1993，定义 4.49.1]

2.2.45

压头　rubber presser

安装于打包机加压杆前端，对打包箱内的胶片或胶粒进行压紧的装置。

2.3　性能与试验

2.3.1

辊筒间隙　roll clearance

两个平行安装且相对回转的工作辊筒之间的距离。

2.3.2

筛板开孔率　hole rate of the screen

筛孔的总面积与筛板总面积的百分率。

2.3.3

锤片组间质量差　weight difference of hammer groups

锤磨机转子转盘不同销轴上的锤片组之间的质量差。

2.3.4

锤片组内质量差　weight difference in hammer group

锤磨机转子转盘同一销轴上的一组锤片中，每一单个锤片之间的质量差。

2.3.5

保压试验　pressure keeping test

当液压系统工作压力达到规定值时，在保持一定时间后测定其压力下降值的试验。

2.3.6

耐压试验　pressure bearing test

将液压系统工作压力调整为额定压力的规定倍数，并在保压一定时间后检查液压系统渗漏油和零部件变形情况的试验。

2.3.7

分级运行试验　grading operation test

将液压系统额定工作压力值分为几个压力梯度，分别使油缸在不同压力梯度下作全行程往复运行5次以上，以检查设备运行情况的试验。

3　剑麻加工机械

3.1　工艺与操作

3.1.1

牵伸　dragging

使纤维束或麻条在长度方向上相互产生滑移从而被拉长变细的工艺。

注：改写 GB/T 15032—1994，定义 3.2。

3.1.2

牵伸倍数　dragging multiple

纤维束或麻条被牵伸后与被牵伸前的长度之比。

[GB/T 15032—1994，定义 3.3]

3.1.3

加捻　twisting

使麻条、纱条、股条或绳索沿轴向作同一方向回转的操作。

注：改写 GB/T 15032—1994，定义 3.4。

3.1.4

捻回　turn

麻条、纱条、股条或绳索绕其轴心旋转 360°的操作。

注：改写 GB/T 15032—1994，定义 3.5。

3.1.5

捻度　twist

纱条、股条或绳索沿轴向单位长度的捻回数。

[GB/T 15032—1994，定义 3.6]

3.1.6

捻系数　twist factor

对纱条、股条或绳索加捻程度的一种度量。

注：在 tex 制中，按每单位长度的捻回数乘以线密度的平方根计算，常以每厘米捻回数×$(tex)^{1/2}$表示。

3.1.7

捻向　direction of twist

当纱条、股条或绳索处于伸直状态时,组成纱条、股条或绳索的单元分别绕纱条、股条或绳索轴心旋转形成的螺旋线的倾斜方向。

3.1.8

正捻　S twist

S 捻　S twist

纱条、股条或绳索的倾斜方向与字母"S"的中部相一致的捻向。

3.1.9

反捻　Z twist

Z 捻　Z twist

纱条、股条或绳索的倾斜方向与字母"Z"的中部相一致的捻向。

3.1.10

捻距　twist distance

同一绳股中捻与捻之间的距离。

3.1.11

单捻　single twist

主轴转一圈能加捻一个捻距的操作。

3.1.12

双捻　double twist

主轴转一圈能加捻两个捻距的操作。

3.1.13

刮麻　decortication

通过旋转的刀具对剑麻类叶片进行打击、刮削,从中提取纤维的工艺。

3.1.14

理麻　hackling

将铺好的纤维或梳理出来的数根麻条并合进行梳理和牵伸,使纤维除杂、松散、分离和伸直的工艺。

3.1.15

梳理　carding

将纤维进行梳松、伸直及除杂的工艺。

3.1.16

脱胶　degumming

除去附在纤维上的胶质的工艺。

3.1.17

脱糠　brushing

除去黏附在纤维上的麻糠等杂质的工艺。

注:改写 GB/T 15032—1994,定义 3.1。

3.1.18

并条　drawing

将经梳理后的数根麻条并合后再牵伸,或将麻条分组牵伸后再并合的工艺。

3.1.19

纺纱　spinning

将麻条牵伸加捻成具有一定线密度的纱条的工艺。

3.1.20

制股　strand forming

将数根一定规格的纱条按照一定的排列规则，并以纱条相反的捻向加捻成股条的工艺。

3.1.21

恒锭　constant spindle

在加捻过程中，股饼架（摇蓝）不随机器主轴运转的操作。

3.1.22

转锭　turning spindle

在加捻过程中，股饼架除绕自身轴心线旋转外，还跟随框架轮绕机器主轴运转的操作。

3.1.23

打包　baling

将规定重量的纤维，从松散状态压缩、捆扎成具有一定规格的纤维包的操作。

3.1.24

圆梳　round carding

用表面布满梳针的圆柱形滚筒对纤维进行梳理的操作。

3.1.25

平梳　flat carding

用排列在平面上的梳针对纤维进行梳理的操作。

3.2　设备与零部件

3.2.1

刮麻机　decorticator

通过刀片的打击、刮削从叶片中提取纤维的设备。

3.2.2

横向喂入式刮麻机　crosswise-feeding decorticator

喂入时叶片的长度方向与刀轮轴向一致的刮麻机。

3.2.3

纵向喂入式刮麻机　vertical-feeding decorticator

喂入时叶片的长度方向与刀轮轴向垂直的刮麻机。

3.2.4

罗拉式刮麻机　roller type for decorticator

通过几对辊筒完成对叶片的输送、夹持、刮削及出麻的纵向喂入式刮麻机。

3.2.5

手喂式刮麻机　hand-feeding decorticator

由人工手持叶片纵向喂入的刮麻机。

3.2.6

纤维压水机　fiber dewater machine

通过辊筒滚压使纤维脱胶、脱水的设备。

3.2.7

理麻机　hackling machine

梳麻机　carding machine

将铺好的纤维或梳理出来的数根麻条并合进行梳理和牵伸，使纤维除杂、松散、分离和伸直的设备。

注1：根据梳针直径和针距的大小，可依次分为1、2、3……号理麻机；

注2:改写GB/T 15032—1994,定义3.7。

3.2.8

纤维脱糠机 fiber brushing machine

除去黏附在纤维上的麻糠等杂质的设备。

3.2.9

纤维打光机 fiber polishing machine

除去已干燥的纤维上的细小麻屑,并使纤维表面产生光泽的设备。

3.2.10

并条机 drawing frame

将经梳理后的数根麻条并合后再牵伸、除杂的设备。

注1:根据能同时生产出的麻条数量,并条机分为二道并条机、四道并条机、六道并条机和八道并条机等;

注2:改写GB/T 15032—1994,定义3.8。

3.2.11

纺纱机 spinning machine

将麻条进行牵伸加捻成一定线密度的纱条的设备。

[GB/T 15032—1994,定义3.10]

3.2.12

制股机 stranding machine

将数根纱条按照一定的排列规则,并以纱条相反的捻向加捻成股条的设备。

注:改写GB/T 15032—1994,定义3.13。

3.2.13

恒锭制股机 stationary spindle stranding machine

股饼只绕自身轴心线旋转而不随机器主轴转动的制股机。

3.2.14

转锭制股机 rotary spindle stranding machine

股饼除绕自身轴心线旋转外,还跟随框架绕机器主轴转动的制股机。

3.2.15

制绳机 rope layer

将数根一定规格的股条以股条相反的捻向加捻成绳索或将一定规格、相同数量的Z捻与S捻股条按照一定规则编织成绳索的设备。

注:改写GB/T 15032—1994,定义3.14。

3.2.16

立式制绳机 vertical rope layer

主轴与水平面垂直的制绳机。

3.2.17

卧式制绳机 horizontal rope layer

主轴与水平面平行的制绳机。

3.2.18

恒锭制绳机 stationary spindle rope layer

在加捻过程中,股饼架(摇蓝)不随机器主轴转动的制绳机。

3.2.19

转锭制绳机 rotary spindle rope layer

在加捻过程中，股饼架除绕自身轴心线旋转外，还跟随框架轮绕机器主轴转动的制绳机。

3.2.20

联合制绳机　combine rope layer

将一定数量的纱条分组加捻成股条后再加捻成绳索，即能同时完成制股和制绳的设备。

3.2.21

乱纤维回收机　fiber recovery machine

将在刮麻过程中随麻渣一起排出的乱纤维从麻渣中分离出来的设备。

3.2.22

圆梳机　round carding machine

由分布在辊筒圆周表面上的梳针，对乱纤维进行梳松、脱糠、除杂的设备。

注：改写 GB/T 15032—1994，定义 3.9。

3.2.23

分丝机　leaf root fiber extractor

对收割后残留于剑麻头部的短叶片进行破碎、挤压、分离、除杂，从而获得纤维的设备。

3.2.24

纤维打包机　fiber baling machine

将规定重量的纤维，从松散状态压缩、捆扎成具有一定规格的纤维包的设备。

3.2.25

纱条绕球机　yarn winder

将纱条绕成球状纱条团的设备。

3.2.26

倒纱机　yarn reversing machine

将纱筒管上的纱条进行人字形排列成纱卷的设备。

注：改写 GB/T 15032—1994，定义 3.12。

3.2.27

刀轮　blade rotator

在锥形圆周面上安装有数把刀片通过高速旋转对叶片进行打击、刮削的刮麻机部件。

3.2.28

凹板　concave board

在刮麻机上与刀轮有一定间隙并与其共同作用对叶片进行打击、刮削的圆弧形板状零件。

注：凹板圆弧与刀轮同圆心。

3.2.29

夹麻链　clipping chain

在刮麻过程中用以夹持并输送叶片及纤维的一组链条。

3.2.30

夹麻绳　clipping rope

在刮麻过程中用以夹持并输送叶片及纤维的一组绳索。

3.2.31

梳针　carding needle

梳麻设备上用以对纤维进行梳理、伸直、脱糠、除杂的钢针。

3.2.32

弯轨　croocked track

理麻机械中，引导针排运动并呈弯曲状的导轨。

3.2.33

平轨 linear track

理麻机械中，引导针排运动并呈水平直线状的导轨。

3.2.34

摇蓝 rocking basket

在恒锭制绳机中用于承载股饼的框架。

3.2.35

梳球 carding cylinder

圆梳机上装有梳针的圆形滚筒。

3.2.36

撑杆 stay stick

制绳机械中用于连接法兰的圆形杆。

3.2.37

股饼 strand plate

用于在制股过程中卷绕绳股的装置。

3.2.38

排线杆 strand ranging screw

来复杆 strand ranging screw

用于控制加捻后纱线或绳股卷绕排列的螺杆。

3.2.39

规格齿轮 standard gear

用来控制绳索、股条、纱条直径或捻距的一组齿轮。

3.3 性能与试验

3.3.1

戒指麻 ring fiber

叶片经刮麻后，中间留有尚未刮净的一小截叶肉的纤维。

3.3.2

机底麻片 bottom fiber

在刮麻过程中掉落至机底的叶片。

3.3.3

直纤维 straight fiber

经刮麻机提取的整齐的纤维。

3.3.4

乱纤维 recovery fiber

在刮麻过程中，从麻渣中回收的纤维。

3.3.5

纤维含杂率 fiber impurity content

纤维中的杂质(包括麻屑、病斑、干皮、青皮及严重脱胶不净的纤维)质量与纤维总质量的百分率。

3.3.6

纤维制得率 fiber gaining content

加工获得的干纤维质量与加工的总叶片质量的百分率。

3.3.7

纤维提取率　fiber extraction content

加工出的直纤维质量与纤维总质量的百分率。

3.3.8

乱纤维回收率　recovery fiber content

回收的乱纤维质量与乱纤维总质量的百分率。

3.3.9

机底漏麻率　bottom fiber content

在刮麻过程中掉落在机底的叶片质量与加工的叶片总质量的百分率。

3.3.10

青皮率　peeled fiber content

经干燥的纤维中有青皮的纤维质量与纤维总质量的百分率。

3.3.11

钩头　crooked-tip carding needle

梳麻设备中针尖弯曲的梳针。

3.3.12

秃头　tipless carding needle

梳麻设备中针尖断掉或被磨平了的梳针。

中 文 索 引

A

B

C

D

F

G

H

J

L

T

W

X

Y

Z

英 文 索 引

A

B

C

D

E

F

G

H

L

M

P

R

S

T

参 考 文 献

[1]GB/T 15032—1994 制绳机械设备通用技术条件
[2]GB/T 14795—1993 天然生胶术语
[3]华南热带作物学院主编．热带作物产品加工机械．北京：农业出版社，1991

附加说明：

本标准由中华人民共和国农业部提出。

本标准由农业部热带作物机械及产品加工设备标准化分技术委员会归口。

本标准起草单位：中国热带农业科学院农业机械研究所、农业部热带作物机械质量监督检验测试中心。

本标准主要起草人：王金丽、黄晖、邓干然、邓怡国。

中华人民共和国农业行业标准

辊筒式天然橡胶初加工机械
安全技术要求

Roller-type machinery for primary processing of natural rubber —Technical means for ensuring safety

NY 1494—2007

1 范围

本标准规定了辊筒式天然橡胶初加工机械的一般安全要求、运动部件的防护、进料装置、操作位置、电控系统、吊装和搬运、安装和维修、警示标志和使用说明书要求。

本标准适用于以辊筒装置为主要旋转工作部件的各种天然橡胶初加工机械(简称"辊筒式胶机")。

2 规范性引用文件

下列文件中的条款通过本标准的引用而成为本标准的条款。凡是注日期的引用文件,其随后所有的修改单(不包括勘误的内容)或修订版均不适用于本标准,然而,鼓励根据本标准达成协议的各方研究是否可使用这些文件的最新版本。凡是不注日期的引用文件,其最新版本适用于本标准。

GB 2894　安全标志

GB 5226.1　机械安全　机械电气设备　第1部分:通用技术条件(GB 5226.1—2002,IEC 60204—1:2000,IDT)

GB/T 8196—2003　机械安全　防护装置　固定式和活动式防护装置设计与制造一般要求

GB 9969.1—1998　工业产品使用说明书

GB 10395.1—2001　农林拖拉机和机械　安全技术要求　第1部分:总则(ISO 4254—1:1989,NEQ)

GB 16754　机械设备　急停　设计原则(GB 16754—1997,ISO/IEC 13850:1995,NEQ)

3 一般安全要求

3.1 辊筒式胶机的结构和各零部件应有足够的强度、刚度、稳定性和安全系数。

3.2 零部件如因材料老化或疲劳可能导致失效、破坏引起危险的,则应选用耐老化或抗疲劳材料制造。易被腐蚀或空蚀的零部件,应选用耐腐蚀或耐空蚀的材料制造,或采取相应的防护措施。

3.3 辊筒式胶机及零部件的外形结构应平整光滑,不应有尖角、毛刺和易伤人的凸出部分。

3.4 零部件的联接应牢固可靠,不应因震动而产生松动。

3.5 调节机构应能保证操作安全,调整方便。

3.6 联接件和紧固件应拆装安全、方便。

3.7 整机出厂前应进行空载试验。在额定转速下空载连续运行时间应不少于30 min,并应满足以下要求:

——各联接件和紧固件不得有松脱现象;

中华人民共和国农业部 2007-12-18 发布　　　　2008-03-01 实施

——整机运转平稳，无异常声响。

3.8 辊筒式胶机的噪声指标应符合相关产品标准要求。

4 运动部件的防护

4.1 易造成伤害事故的带传动、链传动、齿轮传动及轴系等外露的运动部件应有防护装置。

4.2 防护装置应有足够的强度和刚度，保证人接触时不会使其产生变形或位移，材料选择应符合 GB/T 8196—2003 中 5.5 的要求。

4.3 防护装置的网孔应保证人体任何部位不会触及到运动部件。网孔尺寸和安全距离应符合 GB 10395.1—2001 中 7.1.5 的要求。

4.4 防护装置的制造不应有锐边和尖角或其他的危险突出物。

4.5 高速旋转的运动部件应进行相应的静平衡或动平衡试验。

5 进料装置

5.1 对因超负荷可能导致进料辊或工作辊损坏的设备应设置过载保护装置。

5.2 洗涤机、绉片机应设置喂料防护罩，其他外露的工作辊筒必要时应设置防护栏(板)。

6 操作位置

6.1 应保证操作位置对人员没有危险，并有充分的安全工作空间。

6.2 工作通道和工作台表面应防滑，并应设置必要的排水设施。

6.3 安装在高于地面固定台上的辊筒式胶机应留有适当的用于调整的操作位置，必要时应装防护栏。

7 电控系统

7.1 控制装置的操作应安全、快捷、可靠、方便。其布置应适合人体生理特征要求。

7.2 设备均应设置总开关。对转速较高的设备(如锤磨机、撕粒机)及手工喂料设备，在操作位置应设置急停装置，急停装置应符合 GB 16754 的要求。对转速较慢的设备(如洗涤机、绉片机)，在操作位置应设置点动逆转安全装置。

7.3 电气控制单元和电动机应有可靠的接地措施，并符合 GB 5226.1 的相关要求。

7.4 设备的接地电阻应符合产品标准的要求。

7.5 设备的电动机、电气元件和控制装置的选择以及接线和安装应考虑工作环境所需的防水、防尘、防腐蚀等特定要求。

7.6 应采取适当方法对电缆线可能产生磨损、破坏的部位进行保护。

7.7 所有外购电气元件应选用具有生产资质的企业的合格产品。

8 吊装和搬运

8.1 质量重的设备应设计合理的吊装位置，必要时应设起吊孔或起吊环，避免在吊装时发生倾覆。

8.2 对重心偏移的设备或重型部件应标明重心位置或吊装位置。

8.3 整机或零部件运输，均应符合运输和装载的有关要求。

9 安装和维修

9.1 设备的安装基础应可承受预定的载荷，表面平整，无尖锐的棱角。

9.2 设备安装应按说明书的要求，满足设计要求。

9.3 维护保养设备前，应切断动力电源，并采取有效的警示措施，以避免因误操作而发生事故。

9.4 润滑点应能清晰识别，利于安全、方便补充润滑剂。

9.5 辊筒式胶机应由受过技术培训的人员安装和维修，并严格按说明书的方法进行操作。

10 警示标志

10.1 在进料口(处)的明显位置，应有避免工作时将手伸入或靠近辊筒处的警示标志和说明。

10.2 有潜在危险存在的地方应设置警示标志。警示标志应符合 GB 2894 的要求。

10.3 应在辊筒或传动机构附近的明显部位，用箭头和文字标明辊筒转向、最高转速等信息。

11 使用说明书

11.1 辊筒式胶机出厂时，随机应提供使用说明书。使用说明书的基本要求和编制应符合 GB 9969.1—1998 中第 3、4 章的规定。

11.2 使用说明书的内容应满足用户在安装、使用和维护时的安全要求，至少应包括以下内容：

a) 基本概况

——产品的特点与用途；

——技术参数与工作条件；

——结构性能与结构图；

——工作原理与系统说明(机械传动、电气、润滑等系统)。

b) 安装与搬运

——安装条件和方法(例如对基础的要求)；

——安装尺寸、重心位置；

——动力和控制器的连接；

——搬运说明(例如起吊位置)。

c) 使用与维修

——对技术参数的设定和调整；

——操作程序、方法、注意事项和出现误操作的防范措施；

——环境条件说明；

——手动控制器的操作说明；

——常见故障分析及处理方法；

——安全操作提示(例如操作人员的位置、送料安全距离)；

——维修保养作业安全事项(例如维修条件、维修时电源开关警示说明)。

12 使用要求

12.1 操作者在使用前，应认真阅读“使用说明书”，了解设备的结构，熟悉其性能和操作方法。必要时由制造单位对使用者进行操作培训。

12.2 开机前按“使用说明书”的规定，作好各部位的检查调整工作。

12.3 经常检查辊筒、锤片等工作部件有无裂纹和变形。需更换零部件时，应由专门的维修人员或在其指导下进行。

12.4 使用前应按说明书的规定，编写操作规程和安全注意事项，并固定在机械附近明显位置。

12.5 操作时应严格执行操作规程，不应随意改变机器技术状态和使用说明书规定的使用条件。

12.6 电机应有接地保护。

12.7 工作前应进行试运转 2 min～3 min。运转时应无碰撞与异常声响，否则应停机检查。

附加说明：

本标准第 3、4、7 和第 10 章为强制性，其他为推荐性。

本标准由中华人民共和国农业部提出。

本标准由农业部热带作物机械及产品加工设备标准化分技术委员会归口。

本标准起草单位：农业部热带作物机械质量监督检验测试中心。

本标准主要起草人：王金丽、黄晖、邓干然、李明。

中华人民共和国农业行业标准

热带作物纤维刮麻机械设备安全技术要求

Fiber decorticator for tropical crop —Technical means for ensuring safety

NY 1495—2007

1 范围

本标准规定了热带作物纤维刮麻机械设备的术语和定义、危险一览表、要求和使用信息等。

本标准适用于剑麻纤维、菠萝叶纤维和香蕉茎秆纤维的手拉式和横向喂入式刮麻机。

2 规范性引用文件

下列文件中的条款通过本标准的引用而成为本标准的条款。凡是注日期的引用文件,其随后所有的修改单(不包括勘误的内容)或修订版均不适用于本标准。然而,鼓励根据本标准达成协议的各方研究是否可使用这些文件的最新版本。凡是不注日期的引用文件,其最新版本适用于本标准。

GB/T 699 优质碳素结构钢

GB 5226.1 机械安全 机械电气设备 第1部分:通用技术条件(GB 5226.1—2002,IEC 60204-1:2000,IDT)

GB 10395.1—2001 农林拖拉机和机械 安全技术要求 第1部分:总则(ISO4254-1:1989,NEQ)

GB/T 15706.2—1995 机械安全 基本概念与设计通则 第2部分:技术原则与规范

GB 16754 机械安全 急停 设计原则(GB 16754—1997,ISO/IEC13850:1995,NEQ)

NY/T 1036 热带作物机械 术语

3 术语和定义

NY/T 1036确立的以及下列术语和定义适用于本标准。

3.1

热带作物纤维 tropical crop fiber

剑麻纤维、菠萝叶纤维和香蕉茎秆纤维等的总称。

3.2

刮麻机械设备 decorticator

用打击、刮削的方式从剑麻叶、菠萝叶和香蕉茎秆中提取纤维的机械设备。

4 危险一览表

刮麻机械设备在安装、使用维修及运输中可能出现的危险现象见表1。

中华人民共和国农业部 2007-12-18 发布　　2008-03-01 实施

表 1 危险现象一览表

序号	危险种类	序号	危险种类
1	剪切	10	启动、停机和急停装置失灵
2	切割或切断	11	机械、电气元件失灵
3	缠绕	12	安装错误
4	引入或卷入	13	机器翻倒，失去稳定性
5	砸伤、碰撞	14	人员从工作平台或梯子上摔落
6	物料抛出	15	滑倒、绊倒
7	机械部件抛射	16	漏电现象
8	忽略电气防护	17	噪声的危害
9	外露的运动部件无防护装置	18	震动的危害

5 要求

5.1 一般安全要求

5.1.1 主要工作部件的轴、销轴和链条，应采用力学性能不低于 GB/T 699 规定的 45 号钢的材料制造。

5.1.2 易接近的机械外表不应有会引起损伤的锐边、尖角、粗糙的表面和可能刮伤身体或衣服的开口。

5.1.3 各零部件的联接应牢固可靠，保证不因震动等情况而产生松动。

5.1.4 刮麻机刀轮应作静平衡校验。

5.1.5 排麻输送带应安装磁力装置。

5.1.6 噪声应符合相关产品标准的要求。

5.1.7 手拉式刮麻机的整机重心位置应偏向出渣口一侧。

5.1.8 菠萝叶、香蕉茎秆纤维手拉式刮麻机喂料口的风速应≤12 m/s。

5.1.9 应根据需要配备辅助工作台。

5.1.10 整机出厂前应在额定转速下进行空载试验，连续运行时间不应少于 30 min。要求：

——紧固件不应松脱；

——运转平稳，无异常声响；

——转动部件灵活，无卡滞和碰擦现象。

5.2 调节和控制系统

5.2.1 各调节机构应保证操作方便，调节灵活，定位准确、可靠。

5.2.2 动刀与定刀间隙的调整机构应有锁紧装置。

5.2.3 手动控制装置的设计、配置和标记须明显可见、可识别，能安全、即时操作。

5.2.4 控制装置的操作应安全、灵敏、可靠。其设计应符合 GB/T 15706.2—1995 中 3.7 的要求。

5.2.5 生产线设备除应设置总停开关外，对排麻机构、夹麻机构、刮麻机构亦应有单独的停机装置。停机装置应符合 GB 10395.1—2001 中 10.4.4 的要求。

5.2.6 每个操作位置都应有急停装置。急停装置应符合 GB 16754 的要求。

5.2.7 急停装置与安全装置应按其功能定期进行检查。

5.2.8 横向喂入式刮麻机应设置工作可靠的电动或机械刹车装置。

5.2.9 横向喂入式刮麻机应配置紧急报警系统和开车预备报警信号装置。

5.3 电气装置

5.3.1 电气设备应符合 GB 5226.1 的有关规定。

5.3.2 外购的电气元件应有具备生产资质企业的产品合格证。

5.3.3 电气设备应有可靠的接地保护装置，接地电阻应不大于 10 Ω。

5.3.4 选择电器保护装置应与电源电压、载荷及环境条件相适应，在安装前应做必要的检查，安装后应进行安全可靠性试验。

5.3.5 电气设备安装应牢固，线路连接应接触良好；导线接头应当有防止松脱的措施，需要防震的电器及保护装置应有减震措施。

5.3.6 电气控制系统应有短路、过载和失压保护装置。

5.4 防护装置

5.4.1 外露的转动部件必须有防护装置，防护装置的网孔和距离应符合 GB 10395.1—2001 中 7.1.5 的规定，保证人体任何部位不会接触转动部件。

5.4.2 为了防止叶渣迸溅飞出，应设防护挡板(罩)。

5.4.3 防护装置应有足够的强度、刚度，保证人体触及时不产生变形、位移，无尖角和锐角。

5.4.4 横向喂入式刮麻机应设工作平台和梯子，以方便辅助操作、调整和检修。工作平台和梯子应安装护栏。

5.5 喂料装置

5.5.1 横向喂入式刮麻机排麻输送带的工作面和手拉式刮麻机喂料口台面，距离地面高度应为 700 mm～800 mm。

5.5.2 手拉式刮麻机的喂料口应安装防护罩。喂料口入口高度不应大于 70 mm，出口高度不应大于 40 mm，喂料口入口与动刀距离不应小于 80 mm，其余要求如图 1 所示。

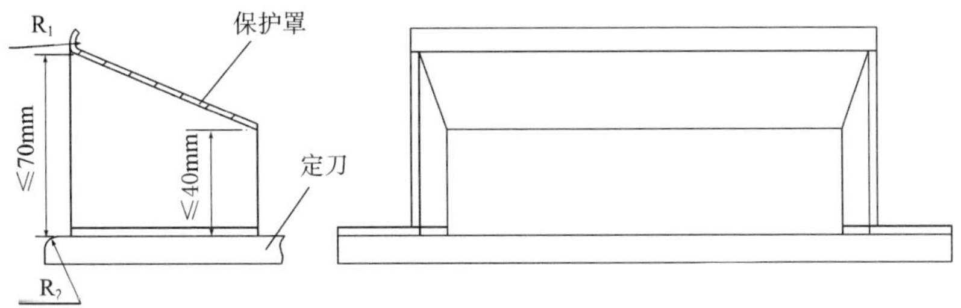

图 1 喂料口防护罩

5.6 警示标志与标牌

5.6.1 在手拉式刮麻机喂料口的明显处应有永久性警示说明和“危险”的警示符号。

5.6.2 刮麻机出渣口的明显处应有“排渣口有物料抛出，工作时排渣口严禁站人”的警示说明。

5.6.3 在刀轮罩的端面用箭头表明刀轮的旋转方向。

5.6.4 刮麻机标牌中至少应包括以下内容：

——制造单位的名称与地址；

——旋转件的最高转速；

——工作部件最大直径；

——质量(可移动部分等)；

——配套功率；

——执行标准编号。

6 使用信息

6.1 使用说明书

6.1.1 刮麻机制造单位应提供包括安装、使用、维护等内容的使用说明。使用说明书应符合 GB/T 15706.2 的规定。

6.1.2 刮麻机使用说明书的内容至少应包括:

a) 刮麻机的自身信息,例如:
   ——产品的用途和特性;
   ——结构、性能与图形;
   ——主要技术参数;
   ——对刮麻机及其附件、安全装置和调节装置的详细描述。

b) 刮麻机的使用信息:
   ——装配和安装条件;
   ——使用和维修所需的空间;
   ——搬运说明;
   ——刮麻机与动力源的连接说明;
   ——对设定与调整的说明;
   ——对人工喂料操作的安全说明;
   ——启动及运行过程中的操作程序、方法、注意事项及容易出现的错误操作和防范措施;
   ——操作者上岗培训、安全防护措施内容的说明;
   ——禁用的信息。

c) 维修信息:出现故障时的处理程序、常见故障分析与排除方法。

d) 制造单位的详细地址、联系电话、传真等。

6.2 安装、调试和维护

6.2.1 设备的安装和调试应按使用说明书的规定。

6.2.2 安装设备的基础应能承受相应的载荷,表面平整。

6.2.3 刮麻机安装或大修后须经试运转验收合格后方可使用。

6.2.4 设备的维护、修理和清洁必须在停机时进行,并有相应警示措施保证在此期间不能开机。

6.3 使用操作要求

6.3.1 使用单位和操作者必须严格按制造单位提供的产品使用说明的规定进行操作、使用和维修。制造单位应对使用单位的操作人员进行必要的培训。

6.3.2 初次使用前,操作者应认真阅读使用说明书,了解产品的结构,熟悉其性能和安全操作方法。

6.3.3 横向喂入式刮麻机应配备专人负责控制台的操作。

6.3.4 使用前应检查机器上的安全标志、操作指示是否缺失,如有缺损应及时补充或更换。

6.3.5 必须按产品规定选配动力,不得随意提高刀轮转速和进行影响机器安全性的改装。

6.3.6 工作场地应宽敞、通风、留有足够的退避空间,备有可靠的灭火设备。

6.3.7 机器运行前应按使用说明书的规定进行调整和保养,检查紧固件是否拧紧。

6.3.8 机器启动前应给出警告信号;机器启动待刀轮正常运转后,才可进行刮麻作业。

6.3.9 工作时如发生堵塞或异常声响,应立即停机检查,待机器完全停止后再进行故障排除。

6.3.10 加工的原料应符合该刮麻机使用说明书的规定。

附加说明：

本标准的第5章为强制性，其余为推荐性。

本标准由中华人民共和国农业部提出。

本标准由农业部热带作物机械及产品加工设备标准化分技术委员会归口。

本标准起草单位：中国热带农业科学院农业机械研究所、农业部热带作物机械质量监督检验测试中心。

本标准主要起草人：张劲、王金丽、欧忠庆、李明福。

中华人民共和国行业标准

天然橡胶初加工机械　干搅机

NY/T 1557—2007

Machinery for primary processing of natural rubber
Dry-mixing machine

1　范围

本标准规定了天然橡胶初加工机械干搅机的术语和定义、产品型号规格和主要参数、要求、试验方法、检验规则及标志、包装、运输和贮存等要求。

本标准适用于天然橡胶初加工机械干搅机。

2　规范性引用文件

下列文件中的条款通过本标准的引用而成为本标准的条款。凡是注日期的引用文件，其随后所有的修改单(不包括勘误的内容)或修订版均不适用于本标准。然而，鼓励根据本标准达成协议的各方研究是否可使用这些文件的最新版本。凡是不注日期的引用文件，其最新版本适用于本标准。

GB/T 230.1　金属洛氏硬度试验　第1部分　试验方法(A、B、C、D、E、F、K、N、T)标尺

GB/T 699　优质碳素结构钢

GB/T 1298　碳素工具钢的化学成分和力学性能

GB 1497　低压电器基本标准

GB/T 1800.4　极限与配合　标准公差等级和孔、轴的极限偏差表

GB/T 1804　一般公差　未注公差的线性和角度尺寸的公差

GB/T 1958　形状和位置公差　检测规定

GB/T 2828.1　计数抽样检验程序　第1部分:按接收质量限(AQL)检索的逐批检验抽样计划

GB/T 3768　声学　声压法测定噪声源声功率级　反射面上方采用包络测量表面的简易法

GB/T 11352　一般工程用铸造碳钢件

JB/T 5673　农林拖拉机及机具涂漆　通用技术条件

JB/T 9832.2　农林拖拉机及机具漆膜附着力性能测定法　压切法

NY/T 408—2000　天然橡胶初加工机械产品质量分等

NY/T 409—2000　天然橡胶初加工机械通用技术条件

3　术语和定义

下列术语和定义适用于本标准。

3.1

干搅机　dry-mixing machine

通过呈螺旋排列的动刀和定刀的作用，对胶料进行破碎、推进、挤压和混合均匀的设备。

中华人民共和国农业部 2007-12-18 发布　　2008-03-01 实施

4 产品型号规格和主要参数

4.1 产品型号规格的编制方法

产品型号规格的编制应符合 NY/T 409—2000 中 4.1 的规定，表示如下：

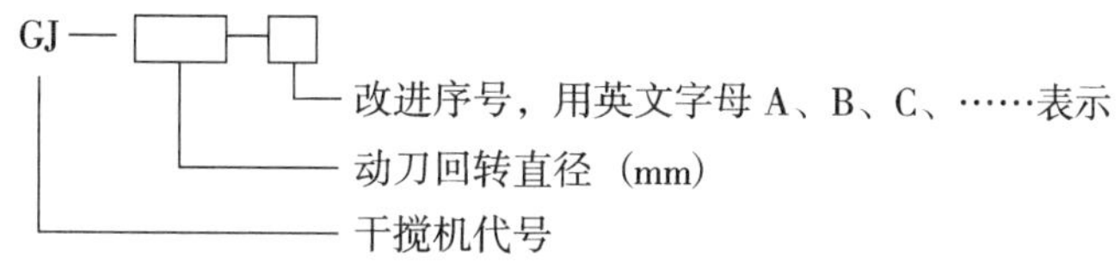

示例：

GJ-500 表示干搅机，其动刀回转直径为 500 mm。

4.2 主要产品型号规格及主要参数

主要产品型号规格和主要参数见表 1。

表 1 主要产品型号规格和参数

型号规格	主轴转速 r/min	动刀回转直径 mm	电机功率 kW	生产率(干胶) kg/h
GJ-400	40	400	160	≥1 500
GJ-500	40	500	160/200	≥1 500
其他型号规格的产品应符合产品设计的要求。				

5 要求

5.1 一般要求

5.1.1 应按照经规定程序批准的图样及技术文件制造与检验。

5.1.2 所有电气线路、管路应排列整齐，紧固可靠，在运行中不应出现松动、碰撞与摩擦。外露的转动部位应装防护罩。

5.1.3 各运动副应运转灵活，无异常响声，减速箱体不应有渗漏现象。

5.1.4 轴承在运转时，温度不应有骤升现象；空载时，温升应不超过 40℃；负载时，温升应不超过 45℃。减速箱润滑油的最高温度应不超过 65℃。

5.1.5 图样上未注明公差的机械加工尺寸，应符合 GB/T 1804 中 C 级的规定。

5.1.6 空载噪声应不大于 90 dB(A)。

5.1.7 外观质量、铸锻件质量、焊接件质量、加工质量、装配质量和安全防护应符合 NY/T 409—2000 第 5 章的有关规定。

5.1.8 使用可靠性应不小于 90%。

5.2 主要零部件

5.2.1 动刀和定刀

5.2.1.1 应采用力学性能不低于 GB/T 699 规定的 45 号钢材料制造。

5.2.1.2 不应有裂纹等影响力学性能的缺陷。

5.2.1.3 刀刃应经热处理，其硬度为 45 HRC～55 HRC。

5.2.1.4 动刀内孔直径 D 应符合 GB/T 1800.4 中 H7 的要求，其表面粗糙度不低于图 1 的要求。

5.2.2 刮刀盘

5.2.2.1 应采用力学性能不低于 GB/T 1298 规定的 T7 材料或 GB/T 699 规定的 45 号钢材料制造。

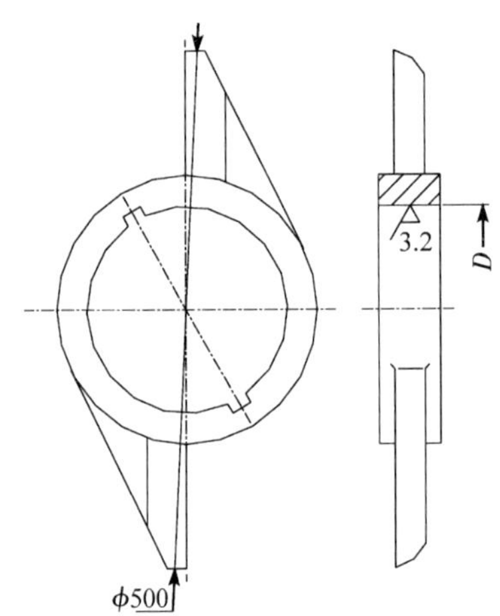

图1 动 刀

5.2.2.2 刀刃硬度为45 HRC～55 HRC。

5.2.3 **前轴承支架**

5.2.3.1 应采用力学性能不低于GB/T 11352规定的ZG 230—450材料制造。

5.2.3.2 支架中不应有裂纹、气孔、缩孔等铸造缺陷。

5.2.3.3 直径*D*的尺寸公差应符合GB/T 1800.4中H7的要求，其表面粗糙度和位置公差应不低于图2的要求。

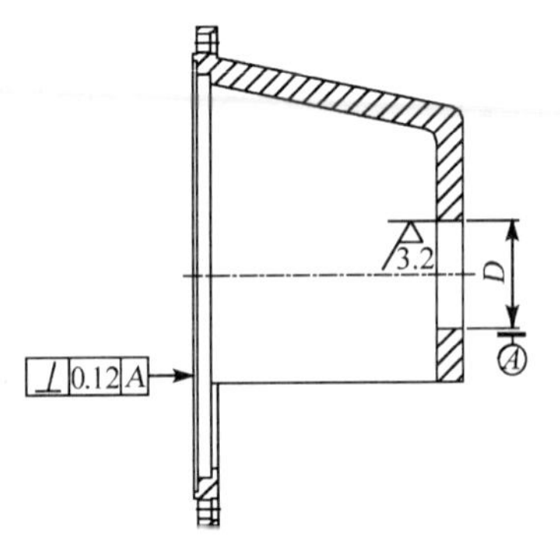

图2 前轴承支架

5.2.4 **前轴承座和后轴承座**

5.2.4.1 应采用力学性能不低于GB/T 11352规定的ZG 230—450材料制造。

5.2.4.2 铸件中不应有缩孔、气孔、裂纹等铸造缺陷。

5.2.4.3 前轴承座直径*D*和*d*的尺寸公差应分别符合GB/T 1800.4中H7和e8的要求，其表面粗糙度、形状公差应不低于图3的要求。

5.2.4.4 后轴承座直径*D*和*d*的尺寸公差应分别符合GB/T 1800.4中H7和js8的要求，其表面粗糙度、形状和位置公差应不低于图4的要求。

5.3 **装配质量**

5.3.1 动刀与两定刀轴向中心距偏差应为±2.0 mm。

5.3.2 刮刀盘与筛板之间间隙0.1 mm～0.6 mm。

5.4 **涂漆质量**

5.4.1 转动件端面应涂红色。机器表面涂漆质量应不低于 JB/T 5673 中普通耐涂层的规定。漆层应色泽均匀、平整光滑，无露底、起泡、起皱等。

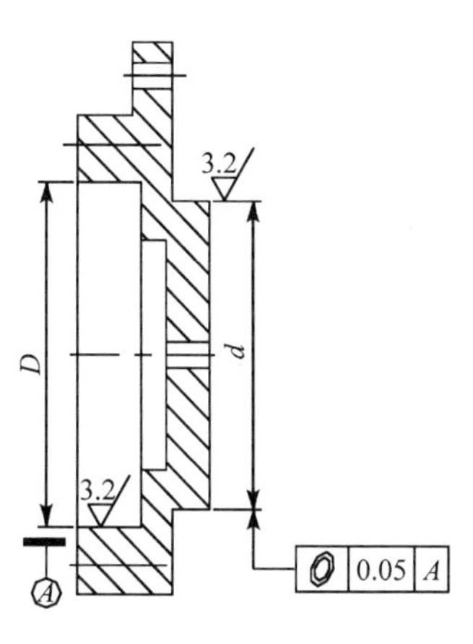

图 3 前轴承座

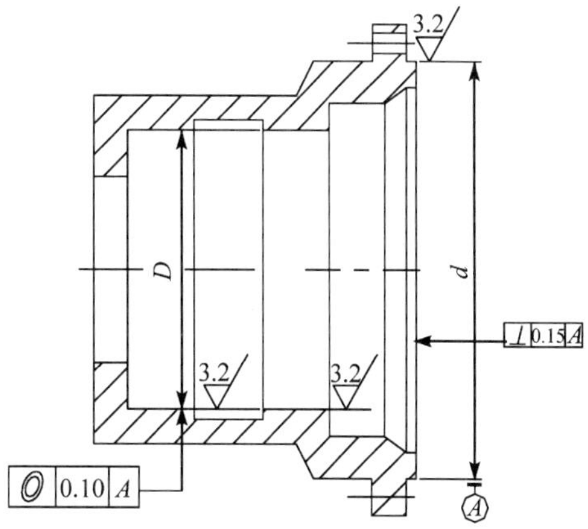

图 4 后轴承座

5.4.2 漆膜附着力检测 3 处均应达到 JB/T 9832.2 规定的 2 级及以上。

5.5 电气要求

5.5.1 电器设备应符合 GB 1497 的有关规定。

5.5.2 设备的接地电阻应小于 10 Ω。

5.5.3 电气控制系统应有短路、过载和失压保护装置。

6 试验方法

6.1 空载试验

6.1.1 空载试验应在总装检验合格后进行。

6.1.2 在额定转速下连续运转时间应不少于 2 h。

6.1.3 按表 2 的规定进行检查和测定。

表 2 空载试验

序号	试验项目	试验方法	标准要求
1	工作平稳性及声响	感官	运转应平稳，无异常声响
2	安全防护	目测	符合 NY/T 409—2000 中 5.7 的规定
3	减速箱油温	用计量检定合格的温度计测试	油温≤65℃
4	渗漏油情况	目测	无渗漏油现象
5	噪声	按 GB/T 3768 的规定	≤90 dB(A)
6	轴承温升	试验结束时立即测定	≤40℃

6.2 负载试验

6.2.1 负载试验应在空载试验合格后进行。

6.2.2 在额定转速及满负荷条件下，连续运转时间不少于 2 h。

6.2.3 按表 3 的规定进行检查和测定。

6.3 使用可靠性的测定

使用可靠性的测定应符合 NY/T 408—2000 中 6.3 的有关规定。

6.4 其他试验

6.4.1 材料力学性能试验应按相应的方法标准执行。

6.4.2 硬度试验应按 GB/T 230.1 规定的方法执行。

表 3 负载试验

序号	试验项目	试验方法	标准要求
1	工作平稳性及声响	感官	运转应平稳，无异常声响
2	安全防护	目测	符合 NY/T 409—2000 中 5.7 的规定
3	减速箱油温	用计量检定合格的温度计测试	油温≤65℃
4	渗漏油情况	目测	无渗漏油现象
5	轴承温升	试验结束时立即测定	≤45℃
6	生产率	测定单位时间内的干胶产量	符合 4.2 的规定
7	工作质量	按加工工艺要求及有关试验方法	符合工艺要求

6.4.3 形位公差测定应按 GB/T 1958 规定的方法执行。

6.4.4 噪声测定应按 GB/T 3768 规定的方法执行。

7 检验规则

7.1 出厂检验

7.1.1 产品均需经制造厂质检部门检验合格并签发“产品合格证”后才能出厂。

7.1.2 产品出厂应实行全检，并做好产品出厂档案记录。

7.1.3 出厂检验项目及要求：

——外观质量应符合 NY/T 409—2000 中 5.2 的有关规定；

——安全防护应符合 NY/T 409—2000 中 5.7 的有关规定；

——装配质量应符合本标准 5.3 和 NY/T 409—2000 中 5.6 的有关规定；

空载试验应符合本标准 6.1 的规定。

7.2 型式检验

7.2.1 有下列情况之一时应对产品进行型式检验：

——新产品或老产品转厂生产；

——正式生产后，结构、材料、工艺等有较大改变，可能影响产品性能；

——正常生产时，定期或周期性抽查检验；

——产品长期停产后恢复生产；

——出厂检验结果与上次型式检验有较大差异；

——质量监督机构提出进行型式检验要求。

7.2.2 型式检验应采用随机抽样，抽样方法按 GB/T 2828.1 中正常检查一次抽样方案确定。

7.2.3 样本应在六个月内生产的产品中随机抽取。抽样检查批量应不少于 3 台，样本大小为 2 台。

7.2.4 样本应在生产企业成品库或销售部门抽取，零部件在零部件成品库或装配线上已检验合格的零部件中抽取。

7.2.5 型式检验项目、不合格分类见表 4。

表 4 检验项目、不合格分类

不合格分类	检验项目	样本数	项目数	检查水平	样本大小字码	AQL	Ac	Re
A	1. 生产率 2. 使用可靠性 3. 安全性	2	3	S-I	A	6.5	0	1
B	1. 噪声 2. 轴承温升 3. 轴承与孔、轴配合尺寸 4. 动刀与定刀间隙 5. 动刀和定刀刀刃硬度 6. 刮刀盘与筛板间隙		6			25	1	2
C	1. 刮刀盘刀刃硬度 2. 前轴承座与前轴承支架配合精度 3. 减速箱油温及渗漏情况 4. 漆膜附着力 5. 外观质量 6. 标志和技术文件		6			40	2	3
注:AQL 为合格质量水平,Ac 为合格判定数,Re 为不合格判定数。								

7.2.6 判定规则

评定时采用逐项检验考核,A、B、C 各类的不合格总数小于等于 Ac 为合格,大于等于 Re 为不合格。A、B、C 各类均合格时,该批产品为合格品,否则为不合格品。

8 标志、包装、运输和贮存

产品的标志、包装、运输和贮存应符合 NY/T 409—2000 第 8 章的规定。

附加说明:

本标准由中华人民共和国农业部提出。

本标准由农业部热带作物机械及产品加工设备标准化分技术委员会归口。

本标准起草单位:农业部热带作物机械质量监督检验测试中心、中国热带农业科学院农产品加工研究所。

本标准主要起草人:张劲、欧忠庆、陆衡湘、陈旭东。

中华人民共和国农业行业标准

天然橡胶初加工机械 干燥设备

Machinery for frimary processing of natural rubber
——Drying equipment

NY/T 1558—2007

1 范围

本标准规定了天然橡胶干燥设备的型号、规格、技术要求以及试验方法、产品标志、包装、运输和贮存。

本标准适用于以天然胶乳或杂胶为原料，经凝固(或破碎)、压绉、造粒处理后的湿胶料的干燥设备。

2 规范性引用文件

下列文件中的条款通过本标准的引用而成为本标准的条款。凡是注日期的引用文件，其随后所有的修改单(不包括勘误的内容)或修订版均不适用于本标准，然而，鼓励根据本标准达成协议的各方研究是否可使用这些文件和最新版本。凡是不注日期的引用文件，其最新版本适用于本标准。

GB/T 700 碳素结构钢

GB/T 1031 表面粗糙度参数及其数值

GB/T 1800.4 极限与配合 标准公差等级和孔、轴的极限偏差表

GB/T 4237 不锈钢热轧钢板

GB/T 4238 耐热钢板

GB/T 5117 碳钢焊条

GB/T 5118 低合金钢焊条

GB/T 5226.1 机械安全 机械电气设备 第1部分:通用技术条件

GB/T 5330 工业用金属丝编织方孔筛网

GB/T 9439 灰铸铁件

GB/T 10067.1 电热设备基本技术条件 通用部分

GB/T 13275 一般用途离心通风机技术条件

NY/T 409 天然橡胶初加工机械 通用技术条件

NY/T 460 天然橡胶初加工机械 干燥车

NY/T 461 天然橡胶初加工机械 推进器

NY/T 462 天然橡胶初加工机械 燃油炉

3 术语和定义

下列术语和定义适用于本标准。

3.1

橡胶干燥设备 rubber drying equipment

中华人民共和国农业部 2007-12-18 发布　　2008-03-01 实施

干燥房(柜)、干燥车、推进器、渡车和供热系统等设备的总称。

3.2

供热系统设备　heating system equipmen

燃烧机、燃油炉(或电热炉、煤炉)、风机、风管等设备的总称。

4　型号、技术规格和参数

4.1　型号表示方法

产品型号按 NY/T 409 规定的方法进行编制,表示方法如下:

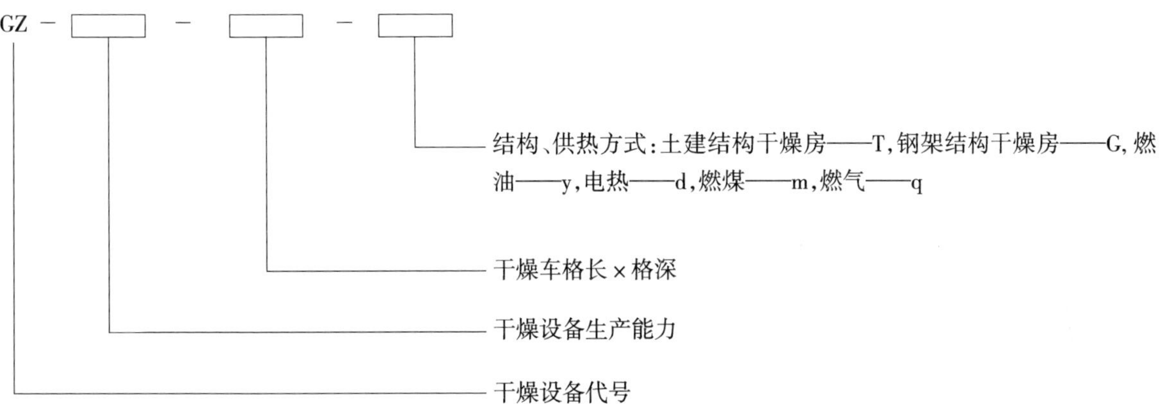

示例:

GZ-1-680×380-G. y 表示干燥设备生产能力 1 t 干胶/h,干燥车格长 680 mm,格深 380 mm,干燥房是钢架结构,燃油供热。

4.2　主要型号、技术规格及参数

主要型号、技术规格及参数见表 1。

表 1　干燥设备的规格及指标

型　　号	干燥房结构	生产率[t(干胶)/h]	耗油量[kg(油)/t(干胶)]	耗电量[kW·h/t(干胶)]	耗煤量[kg(煤)/t(干胶)]
GZ-1-600×400-G□	钢架结构	1.0	≤34	≤340	≤150
GZ-1-600×400-T□	土建结构	1.0	≤36	≤360	≤150
GZ-1-600×700-T□	土建结构	1.0	≤38	≤380	≤150
GZ-2-680×380-G□	钢架结构	2.0	≤33	≤330	≤140
GZ-2-600×400-G□	钢架结构	2.0	≤33	≤330	≤140
GZ-2-600×400-T□	土建结构	2.0	≤34	≤340	≤140
GZ-3-680×380-G□	钢架结构	3.0	≤32	≤320	≤130
GZ-3-600×400-G□	钢架结构	3.0	≤32	≤320	≤130
GZ-3-600×400-T□	土建结构	3.0	≤34	≤340	≤130
GZ-4-680×380-G□	钢架结构	4.0	≤30	≤300	≤120
GZ-4-600×400-G□	钢架结构	4.0	≤30	≤300	≤120
GZ-4-600×400-T□	土建结构	4.0	≤32	≤320	≤120

5　技术性能要求

5.1　一般技术要求

5.1.1　干燥设备的设计、布局应合理，有利于生产操作、控制及设备维修。

5.1.2　干燥房进、出料段中的风压应为负压。

5.1.3　负载升温到规定温度的时间不应超过 40 min，干燥房热端进口温度应能达到 128℃。

5.1.4　电控装置应安全、可靠，接地装置应符合 GB 5226.1 中的规定。

5.1.5　运动部分应运转灵活、平稳、无阻滞、无异常响声；减速箱体及其他密封润滑部位不应有渗漏。

5.1.6　采用的焊条应符合 GB/T 5117 和 GB/T 5118 的规定，焊接处应符合 NY/T 409 的规定。

5.1.7　紧固件连接应可靠，处于干燥房内的螺丝应设防松弹簧垫。

5.1.8　机械的带传动、链传动及轴系等外露的运动件应有安全防护装置。

5.1.9　易发生危险的部位应设安全警示标志。

5.2　机械技术要求

5.2.1　干燥房

5.2.1.1　干燥房的结构应与相应的干燥车结构对应，干燥车上下的通风空间高度不应少于 400 mm。

5.2.1.2　干燥房框架应采用力学性能不低于 GB/T 700 中的 Q 235 材料，干燥房内侧的框架面板应采用不易氧化生锈、耐酸腐蚀的材料。

5.2.1.3　保温板内板应采用不易氧化生锈、耐酸腐蚀的材料。

5.2.1.4　保温层应使用导热系数不大于 0.045 W/(m·K)的材料。

5.2.1.5　干燥房内应采用不锈钢螺栓及螺丝。

5.2.1.6　干燥房的各分段处应设可调节的密封装置。密封橡胶应采用耐热性能不低于 150℃的工业用橡胶板。

5.2.1.7　土建结构干燥房外墙批挡应加入保温材料，干燥房顶保温材料的导热系数应不大于 0.08 W/(m·K)。

5.2.2　干燥车

5.2.2.1　型号规格及技术参数见表 2。

表 2　型号规格及技术参数

型号规格	格　数	格的规格 mm	理论装载量(干胶) kg	底座框架对角线差 mm
GZC-18-600×400×400	18	600×400×400	360	4
GZC-24-600×400×400	24	600×400×400	480	5
GZC-28-680×340×380	28	680×340×380	460	6

5.2.2.2　车厢框架及底座框架应采用力学性能不低于 GB/T 700 中的 Q 235 材料。底座框架对角线差见表 2。

5.2.2.3　箱板及分格板应采用不易氧化生锈、变形的材料。

5.2.2.4　不锈钢丝筛网应采用 GB/T 5330 中规定的网孔基本尺寸为 2.5 mm，金属丝直径基本尺寸为 1 mm 的平纹编织方孔网。

5.2.2.5　板材筛网应采用耐酸腐蚀、不易氧化生锈的材料，孔径应为 5 mm～7 mm，筛网开孔率不少于 35%。

5.2.2.6　车轮应采用力学性能不低于 GB/T 9439 中的 HT 200 材料；轮轴应采用力学性能不低于 GB/T 699 中的 45 号钢材料，轮轴应设有润滑油孔。

5.2.2.7　车轮及轮轴的轴承位直径尺寸偏差应符合 GB/T 1800.4 中 JS6 及 JS7 的规定，轴承位表面粗糙度不低于 GB/T 1031 规定的 Ra 3.2。

5.2.2.8 土建结构系列的干燥车应符合 NY/T 460 的规定。

5.2.3 **推进器**

5.2.3.1 链轮应采用力学性能不低于 GB/T 699 中的 45 号钢材料。

5.2.3.2 链条应选用标准合格产品,质量符合相关要求。

5.2.3.3 支架应采用力学性能不低于 GB/T 700 中的 Q235 材料。

5.2.3.4 轴承座应采用力学性能不低于 GB/T 9439 中的 HT 200 材料。

5.2.3.5 传动轴应采用力学性能不低于 GB/T 699 中的 45 号钢材料。

5.2.3.6 螺杆式推进器应符合 NY/T 461 的规定。

5.2.4 **渡车**

5.2.4.1 车轮应采用力学性能不低于 GB/T 9439 中的 HT 200 材料,轮轴应采用力学性能不低于 GB/T 700 中的 Q235 材料。

5.2.4.2 车轮及轮轴的轴承位直径尺寸偏差应符合 GB/T 1800.4 中 JS6 及 JS7 的规定,轴承位表面粗糙度不低于 GB/T 1031 规定的 Ra3.2,四轮对角线差不大于 4 mm。

5.2.5 **供热系统设备**

5.2.5.1 燃烧机应是合格产品,性能结构应符合相关要求。

5.2.5.2 重油燃油炉应符合 NY/T 462 的规定。

5.2.5.3 柴油燃油炉应采用耐高温氧化、力学性能不低于 GB/T 4238 中的耐热钢材料,保温层应采用导热系数不大于 0.045 W/(m·K)的材料。

5.2.5.4 电热炉的技术性能应符合 GB/T 10067.1 的规定。

5.2.5.5 风机性能应符合 GB/T 13275 的规定。

5.2.5.6 风管应采用力学性能不低于 GB/T 700 中的 Q 235 材料,保温层应采用导热系数不大于 0.045 W/(m·K)的材料。

6 试验方法

6.1 空载试验

6.1.1 每台干燥设备应进行空载试验,空载试验在整机安装检验合格后进行。

6.1.2 空载试验时间不应少于 2 h,按表 3 的规定对干燥设备进行检查及测定。

表 3 空载试验项目、方法和要求

序号	项　　目	方　　法	要　　求
1	机械运行平稳性及响声	感官	运转应平稳,无异常响声
2	电气控制装置工作的灵敏性	目测	启动、运转、停止及时准确
3	安全防护装置情况	目测	符合 NY/T 409—2000 中 5.7 的规定
4	减速箱的渗漏情况	目测	无渗漏现象
5	干燥进车的准确性	目测位置	干燥车与干燥房平齐
6	热空气的升温情况	温度计或热电偶测定	升温时间不超过 40 min,稳定温度 120℃±3℃
7	干燥设备保温情况	用红外温度计或半导体点温计测定	干燥房表面温度≤45℃,燃油炉外壁温度≤50℃
8	干燥设备密封情况	感官	无热风泄漏

6.2 负载试验

6.2.1 负载试验在空载试验合格后方能进行，负载试验时间不应少于 6 h。

6.2.2 按正常生产满负荷运行，按表 4 的规定进行检查及测定。

表 4 负载试验项目、方法和要求

序号	项目	方法	要求
1	机械运行平稳性及响声	感官	运转应平稳，无异常响声
2	电气控制装置工作的灵敏性	目测	运转、停止及时、准确
3	安全防护装置情况	目测	符合 NY/T 409—2000 中 5.7 的规定
4	减速箱的渗漏情况	目测	无渗漏现象
5	干燥进车的准确性	目测位置	干燥车与干燥房平齐
6	热空气的升温情况	温度计或热电偶测定	符合 5.1.3 的规定
7	干燥设备保温情况	用红外温度计或半导体点温计测定	干燥房表面温度≤45℃，燃油炉外壁温度≤50℃
8	干燥设备密封情况	感官	无热风泄漏
9	生产率[t(干胶)/h]	测定单位时间内的干胶产量，计算生产率	符合 4.2 的规定
10	耗油量[kg(油)/t(干胶)]、耗电量[kW·h/t(干胶)]、耗煤量[kg(煤)/t(干胶)]	测量单位时间的干胶产量及耗油量、耗电量、耗煤量，算出吨胶耗油量、耗电量、耗煤量	符合 4.2 的规定

7 出厂检验

7.1 干燥设备应在安装现场进行检验，检验合格签发“产品合格证”。

7.2 出厂检验的项目和要求应符合 6.1 的规定。

8 产品的标志、包装、运输和贮存

干燥设备的标志、包装、运输和贮存应符合 NY/T 409 的规定。

附加说明：

本标准是天然橡胶初加工机械系列标准之一。该系列标准由以下标准组成：

——NY 228—1994 标准橡胶打包机技术条件；

——NY/T 262—2003 天然橡胶初加工机械 绉片机；

——NY/T 263—2003 天然橡胶初加工机械 锤磨机；

——NY/T 338—1998 天然橡胶初加工机械 五合一压片机；

——NY/T 339—1998 天然橡胶初加工机械 手摇压片机；

——NY/T 340—1998 天然橡胶初加工机械 洗涤机；

——NY/T 381—1999 天然橡胶初加工机械 压薄机；

——NY/T 408—2000 天然橡胶初加工机械 产品质量分等；

——NY/T 409—2000 天然橡胶初加工机械 通用技术条件；

——NY/T 460—2001 天然橡胶初加工机械 干燥车；

——NY/T 461—2001 天然橡胶初加工机械 螺杆式推进器；

——NY/T 462—2001 天然橡胶初加工机械 燃油炉；

——NY/T 926—2004 天然橡胶初加工机械 撕粒机；

——NY/T 927—2004 天然橡胶初加工机械 碎胶机。

本标准由中华人民共和国农业部农垦局提出。

本标准由农业部热带作物机械及产品加工设备标准化分技术委员会归口。

本标准起草单位：中国热带农业科学院农产品加工研究所、农业部热带作物机械质量监督检验测试中心。

本标准主要起草人：陆衡湘、刘培铭、陈成海、朱德明、王金丽。

中华人民共和国农业行业标准

热带作物机械　分类

Classification for tropical crop machinery

NY/T 1560—2007

1　范围

本标准规定了热带作物机械的分类。

本标准适用于热带作物机械。

2　规范性引用文件

下列文件中的条款通过本标准的引用而成为本标准的条款。凡是注日期的引用文件，其随后所有的修改单(不包括勘误的内容)或修订版均不适用于本标准，然而，鼓励根据本标准达成协议的各方研究是否可使用这些文件的最新版本。凡是不注日期的引用文件，其最新版本适用于本标准。

NY/T 1036　热带作物机械　术语

3　术语和定义

NY/T 1036确立的术语和定义适用于本标准。

4　分类

4.1　天然橡胶生产机械

4.1.1　天然橡胶初加工机械

4.1.1.1　胶乳处理机械

——离心分离机；

——胶乳搅拌机；

——离心沉降器。

4.1.1.2　压薄机械

——单列压薄机；

——双列压薄机。

4.1.1.3　绉片机械

——深纹绉片机；

——浅纹绉片机。

4.1.1.4　压片机械

——机动压片机，包括：四合一压片机、五合一压片机；

——手摇压片机；

中华人民共和国农业部 2007-12-18 发布　　2008-03-01 实施

——机动手摇两用压片机。

4.1.1.5 **造粒机械**

——锤磨机；

——撕粒机；

——挤压机。

4.1.1.6 **后处理机械**

——干搅机；

——冷却输送机。

4.1.1.7 **洗涤及破碎机械**

——洗涤机；

——碎胶机；

——挤洗机，包括：单螺杆挤洗机、双螺杆挤洗机。

4.1.1.8 **辅助机械**

——斗式提升机；

——皮带输送机；

——拨胶机；

——抽胶泵；

——落料机。

4.1.1.9 **干燥配套机械**

——干燥车；

——干燥柜；

——渡车，包括：直渡车、转盘渡车；

——推进器，包括：螺杆式推进器、链式推进器；

——加热炉，包括：燃油炉、油气两用炉、燃煤炉、电热炉；

——干燥车清洗设备，包括：干燥车清洗槽、干燥车清洗喷枪。

4.1.1.10 **切胶机械**

——锯盘切胶机，包括：螺杆式锯盘切胶机、液压式锯盘切胶机；

——闸刀切胶机。

4.1.1.11 **打包机械**

——液压式打包机；

——机械式打包机。

4.1.2 **胶园机械**

——中小苗移栽机；

——铲草积肥机；

——计量施肥机；

——水肥车；

——自动避让松土除草机；

——压青开沟机；

——烟雾机；

——喷粉机；

——修枝整形机；

——风断树截锯机；

——割胶刀,包括:推式割胶刀、拉式割胶刀、电动割胶刀;
——橡胶短线割胶气催装置;
——针刺采胶器;
——胶水运输车;
——运胶罐;
——推树挖根机;
——液压拔树机;
——绞盘式搂根机。

4.2 剑麻生产机械

4.2.1 剑麻加工机械

4.2.1.1 剑麻纤维加工机械

4.2.1.1.1 排叶机械

——叶片削尖机;
——排叶机,包括:振动式排叶机、圆轮式排叶机。

4.2.1.1.2 刮麻机械

——横向喂入式刮麻机,包括:单边刮麻机、双边刮麻机;
——纵向喂入式刮麻机,包括:罗拉式刮麻机、手喂式刮麻机。

4.2.1.1.3 纤维脱水机械

——直纤维压水机,包括:单列压水机、双列压水机、三列压水机;
——乱纤维脱水机,包括:螺杆式脱水机、辊筒式脱水机。

4.2.1.1.4 乱纤维回收和麻头纤维提取机械

——轴流式乱纤维回收机;
——圆梳式乱纤维回收机;
——麻头分丝机。

4.2.1.1.5 纤维除杂机械

——纤维脱糠机;
——纤维打光机;
——乱纤维除杂机。

4.2.1.1.6 纤维干燥与打包机械

——纤维烘干机;
——纤维打包机。

4.2.1.2 剑麻纱绳加工机械

——理麻机;
——并条机;
——纺纱机,包括:单锭纺纱机、双锭纺纱机、n锭纺纱机;
——卷绕机,包括:圆柱型卷绕机、球型卷绕机、卷绕剪毛机;
——捻线机;
——细纱剪毛机;
——制股机,包括:恒锭制股机、转锭制股机;
——制绳机,包括:恒锭制绳机、转锭制绳机、联合制绳机。

4.2.2 剑麻田间作业机械

——剑麻起苗机;

——剑麻种植起畦机；
——剑麻开沟覆土机；
——剑麻撒石灰机；
——剑麻叶片收割机；
——剑麻头粉碎机；
——剑麻头碎茬机；
——剑麻头破茬机。

4.3 木薯生产机械

4.3.1 木薯加工机械

——洗薯机，包括：滚筒式洗薯机、槽式拨浆洗薯机；
——鲜薯切片机，包括：立式切片机、卧式切片机；
——碎解机；
——木薯淀粉离心筛；
——木薯淀粉离心机；
——木薯淀粉干燥机，包括：正压干燥机、负压干燥机；
——筛粉装包机，包括：六角锥筛装包机、二级筛粉装包机。

4.3.2 木薯田间作业机械

——木薯种植机；
——木薯收获机；
——木薯茎秆粉碎还田机。

4.4 甘蔗生产机械

——甘蔗种植机；
——甘蔗滴灌管铺放机；
——甘蔗中耕机；
——甘蔗施肥机；
——甘蔗喷雾机；
——甘蔗撒石灰机；
——甘蔗收获机，包括：整秆式甘蔗收获机、切段式甘蔗收获机；
——甘蔗剥叶机；
——甘蔗装载提升机；
——甘蔗田间自卸拖车；
——甘蔗叶打捆机；
——甘蔗叶粉碎还田机。

4.5 咖啡生产机械

——咖啡脱皮机；
——咖啡脱胶清洗机；
——咖啡取样器。

4.6 椰子生产机械

——椰肉刨丝机；
——椰肉榨奶机。

4.7 胡椒生产机械

——胡椒脱粒去皮机；

——胡椒洗涤机；

——胡椒分级机。

4.8 荔枝生产机械

——荔枝清洗机；

——荔枝分级机；

——荔枝脱壳去核机；

——荔枝打浆机；

——荔枝干燥机。

4.9 龙眼生产机械

——龙眼清洗机；

——龙眼分级机；

——龙眼脱壳去核机；

——龙眼打浆机；

——龙眼干燥机。

4.10 西番莲生产机械

——西番莲破果机；

——西番莲果汁分离机；

——西番莲榨汁机。

4.11 菠萝生产机械

4.11.1 菠萝叶加工机械

——菠萝叶刮麻机，包括：手喂式菠萝叶刮麻机、自动式菠萝叶刮麻机；

——菠萝叶纤维洗涤机；

——菠萝叶纤维压水机；

——菠萝叶纤维打包机。

4.11.2 菠萝田间作业机械

——菠萝叶收割机；

——菠萝茎叶粉碎还田机。

4.12 香蕉生产机械

4.12.1 香蕉茎秆加工机械

——香蕉茎秆破片机；

——香蕉茎秆刮麻机；

——香蕉茎秆纤维洗涤机；

——香蕉茎秆纤维压水机；

——香蕉茎秆纤维打包机。

4.12.2 香蕉田间作业机械

——香蕉索道采收装置；

——香蕉茎秆粉碎还田机。

附加说明：

本标准由中华人民共和国农业部提出。
本标准由农业部热带作物机械及产品加工设备标准化分技术委员会归口。
本标准起草单位:中国热带农业科学院农业机械研究所。
本标准主要起草人:王金丽、黄晖、邓干然、邓怡国、莫建德。

中华人民共和国农业行业标准

甘蔗深耕机械　作业质量

Operating quality for deep plowing machinery of sugarcane

NY/T 1646—2008

1 范围

本标准规定了甘蔗深耕机械的作业质量指标及检测方法和检验规则。

本标准适用于甘蔗深耕机械作业质量的评定。

2 规范性引用文件

下列文件中的条款通过本标准的引用而成为本标准的条款。凡是注日期的引用文件，其随后所有的修改单(不包括勘误的内容)或修订版均不适用于本标准，然而，鼓励根据本标准达成协议的各方研究是否可使用这些文件的最新版本。凡是不注日期的引用文件，其最新版本适用于本标准。

GB/T 14225.3—1993　铧式犁　试验方法

3 术语和定义

下列术语和定义适用于本标准。

3.1

甘蔗深耕机械　deep plowing machinery of sugarcane

配套功率不小于 59 kW、耕深为 30 cm～45 cm 的大型拖拉机进行甘蔗深耕翻作业的机具。

3.2

耕深　plowing depth

甘蔗深耕机械作业后底面与作业前地表面的垂直距离。

3.3

耕深稳定性变异系数　stability variation coefficient of plowing depth

犁耕过程中沿前进方向，作业机组实际耕深的标准差与平均耕深之比。

3.4

漏耕　missing plowing

除地角余量外的未耕面积。

3.5

入土行程　distance between beginning and stable plowing depth

第一犁体铧尖着地点至全部犁体达到稳定耕深时犁的前进距离。

3.6

植被覆盖率　vegetation cover rate

甘蔗深耕机械作业后，在一定面积上被覆盖在地表以下的作物残茬和杂草的质量占耕地前同一面

中华人民共和国农业部 2008-07-14 发布　　2008-08-10 实施

积上作物残茬和杂草总质量的百分率。

3.7

碎土率 crushed soil rate

土壤在甘蔗深耕机械作业后，取样按土块大小分级，计算各级土块质量占相应耕层内土壤总质量的百分率。

4 作业质量指标

4.1 作业条件

作业地块尽量连片集中，对于分散的地块应有可供机具转移的机耕道路；土壤绝对含水率为15%～30%，植被自然高度应小于 20 cm，最大作业坡度小于 150；蔗地无过大的石头、大树桩等坚硬的异物。

4.2 作业质量指标

在 4.1 规定作业条件下，作业质量指标应符合表 1 规定。

表 1 作业质量指标

序号	检测项目名称		质量指标
1	平均耕深，cm		N[1] ±3.0
2	耕深稳定性变异系数，%		≤10
3	漏耕率，%		≤1
4	植被覆盖率，%		≥60
5	碎土率(耕作≤5 cm[2] 土块)%		≥50
6	入土行程，m	总耕幅>1.8	≤6
		总耕幅≤1.8	≤4

1) 根据农艺要求确定的耕作深度；
2) 土块三维尺寸中的最大值。

5 检测方法

5.1 作业条件

5.1.1 植被状况

测点选取和检测方法按 GB/T 14225.3—1993 中第 2.4 条的规定进行。

5.1.2 土壤绝对含水率

测点选取和检测方法按 GB/T 14225.3—1993 中第 2.4 条的规定进行。

5.2 耕深和耕深稳定性

测定区距离地头 5 m 以上，测定区长度为 20 m，沿前进和返回方向随机取样各不少于 2 个行程，采用耕深尺或其他测量仪器，测量沟底至未耕地表面的垂直距离，每个行程测 11 点。如耕地后进行，则测量沟底至已耕地表面的距离，按 0.8 折算求得各点耕深。按式(1)、(2)、(3)计算平均耕深、耕深标准差、耕深稳定性变异系数。

$$\bar{a} = \frac{\sum a_i}{n} \qquad (1)$$

$$S = \sqrt{\frac{\sum (a_i - \bar{a})^2}{n-1}} \qquad (2)$$

$$V=\frac{S}{\bar{a}}\times 100 \cdots\cdots (3)$$

式中：

$\bar{a}$ ——平均耕深，单位为厘米(cm)；

a_i——各测点耕深值，单位为厘米(cm)；

n ——测点数；

S——耕深标准差，单位为厘米(cm)；

V——耕深稳定性变异系数，单位为百分数(%)。

5.3 漏耕率

漏耕率测定在作业后的整块地中进行，测量各漏耕点的面积和检测地块的面积，按式(4)计算漏耕率。

$$L=\frac{\sum N_i}{N}\times 100 \cdots\cdots (4)$$

式中：

L——漏耕率，单位为百分数(%)；

N_i——第 i 个漏耕点的漏耕面积，单位为平方米(m^2)；

N——检测田块的面积，单位为平方米(m^2)。

5.4 入土行程

测定最后犁体铧尖着地点至该犁体达到稳定耕深时犁的前进距离，稳定耕深按试验预测耕深的80%计，共测定四个行程。

5.5 植被覆盖率

测点选取和检测方法按 GB/T 14225.3—1993 中第 2.4 条的规定进行。按式(5)计算植被覆盖率，求其平均值。

$$F=\frac{Z_1-Z_2}{Z_1}\times 100 \cdots\cdots (5)$$

式中：

F ——植被覆盖率，单位为百分数(%)；

Z_1——耕前平均植被质量，单位为克(g)；

Z_2——耕后地表面上的平均植被质量，单位为克(g)。

5.6 碎土率

在测区内对角线取样不少于 3 点。每点在 b×b(cm^2)(b 为犁体工作幅宽)面积耕层内，分别测定的最大尺寸小于(含等于)5 cm 的土样质量及该测点土样总质量，按式(6)计算碎土率，求各测点的平均值。

$$C=\frac{G_S}{G}\times 100 \cdots\cdots (6)$$

式中：

C ——碎土率，单位为百分数(%)；

G ——土样总质量，单位为千克(kg)；

G_S——小于(含等于)5cm 土样质量，单位为千克(kg)。

6 检验规则

6.1 抽样方法，根据作业地块数量，当作业地块多于 3 块时，随机抽样 2 块；当为 2 块时，均为样本；当作业仅在一块地内或者仅对这块地进行评定时，取地块的长和宽的中心线将其分为 4 块，随机抽样对角线的 2 块作为样本。

6.2 甘蔗深耕机械的作业质量指标应符合第 4 章的规定。

6.3 检测方法应符合第 5 章的规定。

6.4 评定规则

6.4.1 不合格项目按其对作业质量的影响程度分为 A、B 两类，不合格项目分类见表 2。

6.4.2 采用逐项考核评定，A 类不合格项次为零；B 类允许有一项次不合格，则判定作业质量合格，否则判定为不合格。

表 2 不合格项目分类

分 类	项	检测项目
A	1	平均耕深
	2	耕深稳定性变异系数
B	1	漏耕率
	2	植被覆盖率
	3	碎土率
	4	入土行程

附加说明：

本标准由中华人民共和国农业部农业机械化管理司提出。

本标准由全国农业机械标准化技术委员会农业机械化分技术委员会归口。

本标准主要起草单位：广西壮族自治区农业机械化技术推广总站、广西壮族自治区农业机械鉴定站。

本标准主要起草人：刘文秀、黄尚正、陈世凡、张庆辉、庞少欢、黄晓雪、黎波、邱恒先、卢一福、姚炜。

中华人民共和国农业行业标准

甘蔗剥叶机　质量评价技术规范

Technical specification of quality evaluation for sugarcane cleaner

NY/T 1770—2009

1　范围

本标准规定了甘蔗剥叶机的产品质量评价指标、试验方法和检验规则。

本标准适用于甘蔗剥叶机的产品质量评定。

2　规范性引用文件

下列文件中的条款通过本标准的引用而成为本标准的条款。凡是注日期的引用文件，其随后所有的修改单(不包括勘误的内容)或修订版均不适用于本标准，然而，鼓励根据本标准达成协议的各方研究是否可使用这些文件的最新版本。凡是不注日期的引用文件，其最新版本适用于本标准。

GB/T 3768　声学　声压法测定噪声源声功率级　反射面上方采用包络测量表面的简易法(GB/T 3768—1996,eqv ISO 3746:1995)

GB/T 5262　农业机械试验条件　测定方法的一般规定

GB/T 9480　农林拖拉机和机械、草坪和园艺动力机械　使用说明书和编写规则(GB/T 9480—2001,eqv ISO 3600:1996)

GB 10395.1　农林拖拉机和机械　安全技术要求　第1部分:总则(GB 10395.1—2001,eqv ISO 4254—1:1989)

GB 10396　农林拖拉机和机械、草坪和园艺动力机械　安全标志和危险图形　总则(GB 10396—2006,ISO 11684:1995,MOD)

GB/T 13306　标牌

GB/T 14162　产品质量监督计数抽样程序及抽样表(适用于每百单位产品不合格数为质量指标)

JB/T 5673　农林拖拉机及机具涂漆　通用技术条件

JB/T 6275—2007　甘蔗收获机械　试验方法

JB/T 9832.2　农林拖拉机及机具　漆膜附着性能测定方法　压切法(JB/T 9832.2—1999,eqv ISO 2409:1972)

3　术语和定义

JB/T 6275—2007 标准所确立的以及下列术语和定义适用于本标准。

3.1

甘蔗剥叶机　sugarcane cleaner

把甘蔗蔗茎与蔗叶、蔗梢、根须及其他非制糖杂物剥离的机器。

3.2

中华人民共和国农业部 2009-04-23 发布　　　　2009-05-20 实施

杂质 impurity

甘蔗蔗茎以外的蔗叶、蔗梢、根须等杂物。

3.3

破损蔗茎 damage of sugarcane stalk

蔗茎破裂、压扁和咬伤(伤及内层)的总长度超过全长的10%以及蔗茎折断(或折而不断)长度在500 mm以下的蔗茎。

3.4

蔗茎弯曲程度 bending degree of sugarcane stalk

分为不弯曲、中等弯曲和严重弯曲。用蔗茎上距蔗根至蔗尾连线最大垂直距离与蔗根至蔗尾直线长度的比值W表示。W≤0.1为不弯曲,0.1<W≤0.2为中等弯曲,W>0.2为严重弯曲。

4 质量指标

4.1 主要性能指标

甘蔗剥叶机按使用说明书的要求进行固定,在额定工况下运转,所剥叶的甘蔗蔗株的蔗叶含水率不大于55%,甘蔗蔗株的叶茎比不小于1∶9,蔗茎弯曲程度为不弯曲和中等弯曲的比例在80%以上,其主要性能指标应符合表1的规定。

表1 主要性能指标

序号	项 目	指 标
1	燃油消耗率,kg/t	≤0.67
2	纯工作小时生产率,kg/h	≥企业标准规定(或设计)值
3	含杂率,%	≤3
4	蔗茎合格率,%	≥97
5	未剥净率,%	≤28

4.2 可靠性

4.2.1 平均故障间隔时间(MTBF)不小于80 h(不包括动力)。

4.2.2 剥叶机剥叶元件使用寿命不小于100 t。

4.3 噪声

甘蔗剥叶机在额定工况下的噪声不大于93 dB(A)(声压级)。

4.4 安全要求

4.4.1 危险运动件防护

外露回转件及危险运动件均应安装可靠的防护装置。防护装置应符合GB 10395.1的规定。

4.4.2 安全标志

对操作、保养、维护人员有危险的部位,在明显的位置应有固定永久性的安全警示标志,其标志应符合GB 10396的规定。

4.5 一般要求

4.5.1 紧固件

发动机架、轴承座、刀盘等重要部位的紧固件强度等级,螺栓应不低于8.8级,螺母不低于8级。紧固件不得有松动现象,各零部件应连接可靠。

4.5.2 离合器

离合器应能分离彻底,结合平稳可靠。

4.5.3 外观质量

机器外观应整洁，不得有飞边、毛刺等缺陷。钣金冲压件应平整，不得有裂纹。

4.5.4 油门操纵机构

油门操纵机构应保证发动机在全速调速范围内稳定运转，并能使发动机停止运转。

4.5.5 涂层质量

涂层质量应符合表2规定。

表2 涂层质量指标

序号	项目	指标
1	表面质量	色泽均匀，平整光滑，无露底、起泡、起皱
2	涂层厚度，μm	≥40
3	涂层附着力	Ⅱ级以上(3处)

4.5.6 空运转性能

空运转时应运转平稳，无卡滞现象，无异常响声。

4.5.7 焊接质量

焊缝应均匀牢固，不应有裂纹、气孔、夹渣、漏焊、烧穿和虚焊等缺陷。

4.6 使用信息

4.6.1 使用说明书

应符合GB/T 9480的规定。

4.6.2 标牌

在机器的明显位置处应有永久性的产品标牌，产品标牌应符合GB/T 13306的规定。

5 试验方法

5.1 试验条件

5.1.1 试验用主要仪器设备及其测量范围和准确度要求按JB/T 6275—2007附录A的规定。

5.1.2 每台样机每次性能试验中用于测定含杂率、未剥净率和蔗茎合格率所需要的蔗茎总质量不少于50 kg。重复试验3次，取平均值。

5.1.3 每台样机用于测定燃油消耗率和纯工作小时生产率的工作时间为30 min。

5.1.4 每台样机可靠性试验工作时间不少于200 h。

5.2 作物调查

5.2.1 样机性能试验前，应进行作物调查。按JB/T 6275—2007的规定记录甘蔗品种、测定甘蔗直径。按GB/T 5262的规定测定叶茎比、蔗叶含水率。

5.2.2 蔗茎弯曲程度的测定：在未剥叶的蔗株堆中随机选取5点，每点连续取有效蔗株(从甘蔗尾部三叉点至基部长度在650 mm以上的蔗株，枯死蔗株除外)10株，分别记录不弯曲、中等弯曲、严重弯曲的蔗茎所占比例。

5.3 主要性能

5.3.1 燃油消耗率

试验前先称取计划用于试验的未经剥叶的全部有效蔗株的总质量，试验结束后，减去试验中未用于剥叶的有效蔗株质量，得到试验中剥叶机的处理量；同时记录试验中消耗的燃油量。燃油消耗率按式(1)计算：

$$g_y = \frac{G_y}{W_{zz}} \quad \cdots\cdots (1)$$

式中：

g_y——燃油消耗率，单位为千克每吨(kg/t)；

G_y——试验中消耗的燃油量，单位为千克(kg)；

W_{zz}——试验中剥叶机的处理量，单位为吨(t)。

5.3.2 纯工作小时生产率

与5.3.1同时进行，纯工作小时生产率按式(2)计算：

$$E_C = \frac{W_{zz}}{T_C} \quad \cdots\cdots (2)$$

式中：

E_C——纯工作小时生产率，单位为吨每小时(t/h)；

T_C——纯剥叶作业时间，单位为小时(h)。

5.3.3 含杂率

含杂率按式(3)计算：

$$J_h = \frac{W_z}{W_{zj}} \times 100 \quad \cdots\cdots (3)$$

式中：

J_h——含杂率，%；

W_z——经过剥叶后残留在蔗茎上的蔗叶和须根等杂质的质量之和，单位为千克(kg)；

W_{zj}——试验中经过剥叶后的蔗茎与残留在蔗茎上的杂质的质量之和，单位为千克(kg)。

5.3.4 未剥净率

未剥净率按式(4)计算：

$$J_{wb} = \frac{W_z}{1\,000W_{zz} - W_j} \times 100 \quad \cdots\cdots (4)$$

式中：

J_{wb}——未剥净率，%；

W_j——试验后不含蔗叶和根须等杂质的纯蔗茎质量，单位为千克(kg)。

5.3.5 蔗茎合格率

蔗茎合格率按式(5)计算：

$$C_h = \frac{W_j - W_{ps}}{W_j} \times 100 \quad \cdots\cdots (5)$$

式中：

C_h——蔗茎合格率，%；

W_{ps}——破损蔗茎总质量，单位为千克(kg)。

5.4 平均故障间隔时间

按JB/T 6275—2007中附录B中B.4.1a的规定测定。

5.5 噪声

按GB/T 3768规定的方法测定。

5.6 安全要求

按本标准4.4的要求逐项检查。

5.7 涂层质量

按JB/T 5673和JB/T 9832.2规定的方法测定。

6 检验规则

6.1 检验项目及不合格分类

检验项目凡不符合本标准第 4 章要求的均称不合格，按其对产品质量的影响程度，分为 A、B、C 三类，见表 3。

表 3 检验项目及不合格分类

不合格分类		检 验 项 目
类	项	
A	1	安全要求
	2	蔗茎合格率
	3	平均故障间隔时间
	4	剥叶元件使用寿命
B	1	噪声
	2	含杂率
	3	未剥净率
	4	燃油消耗率
	5	使用说明书
	6	纯工作小时生产率
C	1	外观质量
	2	油门操纵机构
	3	涂漆外观质量
	4	涂漆厚度
	5	涂漆附着性能
	6	空运转性能
	7	焊接质量
	8	标牌

6.2 抽样方法

抽样检查程序按 GB/T 14162 抽样方案制定，见表 4。样机应抽取 2 台。样品在生产企业近 6 个月内生产的合格品中随机抽取，也可在用户和经销部门抽取。

表 4 抽样判定方案

项目类别	A	B	C
检验水平	Ⅰ	Ⅱ	Ⅲ
监督质量水平 P_0	2.5	15	40
样本数	2	2	2
检验项目数	2×4	2×6	2×8
不通过判定数 r	1	2	3

6.3 判定规则

按 GB/T 14162 的要求，对样本中 A、B、C 各类检验项目进行逐一检验和判定，若某类不合格项数小于 r 值时，判该类合格，当某类不合格项数大于或等于 r 值时，则判该类不合格，当各类均合格时，判该批产品合格，否则不合格。

附加说明：

本标准由中华人民共和国农业部提出。

本标准由全国农业机械标准化委员会农业机械化分技术委员会归口。

本标准起草单位：广西壮族自治区农业机械鉴定站、广西壮族自治区农业机械化技术推广总站。

本标准主要起草人：张庆辉、黎波、邱恒先、卢一福、庞昌乐、黄才志、吴英满。

中华人民共和国农业行业标准

剑麻加工机械　纤维干燥设备

Machinery for sisal hemp processing—Fiber drying equipment

NY/T 1801—2009

1　范围

本标准规定了剑麻加工机械纤维干燥设备的术语和定义、型号规格、技术要求、试验方法、检验规则及标志与包装要求。

本标准适用于将剑麻的湿纤维由载麻链板传送，以热气流连续干燥的干燥设备。

2　规范性引用文件

下列文件中的条款通过本标准的引用而成为本标准的条款。凡是注日期的引用文件，其随后所有的修改单(不包括勘误的内容)或修订版均不适用于本标准。然而，鼓励根据本标准达成协议的各方研究是否可使用这些文件的最新版本。凡是不注日期的引用文件，其最新版本适用于本标准。

GB 1497　低压电器基本标准

GB/T 1804　一般公差　未注公差的线性和角度尺寸的公差

GB/T 2828.1　计数抽样检验程序　第1部分:按接收质量限(AQL)检索的逐批检验抽样计划

GB/T 3087—1999　低中压锅炉管

GB/T 4237—2007　不锈钢热轧钢板和钢带

GB/T 8196　机械安全　防护装置　固定式和活动式防护装置设计与制造一般要求

GB/T 13275　一般用途离心通风机　技术条件

GB/T 15031　剑麻纤维

GB/T 15032—2008　制绳机械设备通用技术条件

JB/T 9832.2　农林拖拉机及机具漆膜附着力性能测定法　压切法

3　术语和定义

下列术语和定义适用于本标准。

3.1

纤维干燥设备　fiber drying equipment

干燥柜、载麻链板、热交换器、风机和锅炉等设备的总称。

3.2

干燥柜　drying holder

热空气与湿纤维进行热交换且具有密闭空间的装置。

3.3

热交换器　heat converter

中华人民共和国农业部 2009-12-22 发布　　2010-02-01 实施

将热量传递给干燥柜内干燥介质(空气)的装置。

4 型号和规格

4.1 型号规格编制方法

型号由专业代号、特征代号和主要参数组成。

专业代号用代表干燥设备"干"字的汉语拼音"Gan"第一个大写字母表示。

特征代号以供热载体类型"水蒸气"中"气"字或"导热油"中"油"字的汉语拼音第一个大写字母表示。

主要参数用小时干燥纤维能力(生产率)表示。

4.2 型号表示方法

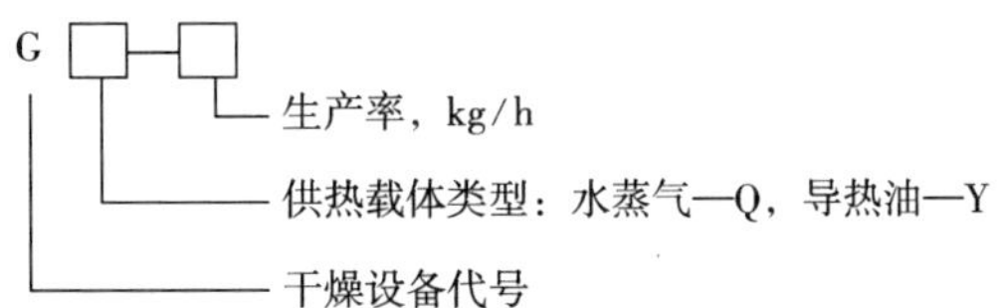

示例：GY-1100：表示干燥设备，供热载体为导热油，其生产率为 1 100 kg/h。

4.3 产品型号规格和主要参数

产品型号规格和主要参数见表 1。

表 1 产品型号规格和主要参数

型号规格	电机功率(kW)	干纤维含水率(%)	干燥不均匀度(%)	干燥柜外表面温度(℃)	干燥柜内温度(℃)	生产率(干纤维)(kg/h)	输送管道工作压力(MPa)
GY-1100	78	≤11.5	≤5.0	≤50	100～140	≥1 100	≤0.4
GQ-800	60	≤11.5	≤5.0	≤45	80～100	≥800	≤0.49

5 技术要求

5.1 一般要求

5.1.1 应按经批准的图样及技术文件制造。

5.1.2 产品零件图样上未注公差尺寸应符合 GB/T 1804 中 IT14 的规定。

5.1.3 焊接件质量应符合 GB/T 15032—2008 中 5.6 的规定。

5.1.4 整套设备运转应平稳，不应有异常撞击声。滑动、转动部位应灵活平稳、无阻滞现象。调整机构应可靠方便，紧固件无松动。

5.1.5 空运转噪声在进出料位置应不大于 87 dB(A)。

5.1.6 纤维干燥前其含水率应不大于 52%，干燥后纤维产品应符合 GB/T 15031 的规定。

5.1.7 采用的外购配套件应符合现行标准，并应有合格证。

5.1.8 设备应设置温度、相对湿度、加热系统压力等显示装置。

5.2 主要零部件

5.2.1 热交换器

5.2.1.1 应采用耐热性能不低于 400℃的工业纯铝或其他材料。

5.2.1.2 管道材料应采用力学性能不低于 GB/T 3087—1999 规定的 20 钢材料制造。

5.2.2 风机

应符合 GB/T 13275 的规定。

5.2.3 干燥柜

5.2.3.1 干燥柜内外面板应采用不易氧化生锈的铝板或力学性能不低于 GB/T 4237—2007 中 0Cr18Ni9 牌号的不锈钢板材制造。

5.2.3.2 柜体和柜门所采用的保温材料应铺敷均匀、密实。

5.2.3.3 干燥柜应具有良好的保温隔热性能，当其内部温度达到本标准的最大值时，其外表面温度应符合本标准的规定。

5.3 装配

5.3.1 所有零、部件应检验合格。

5.3.2 两条导轨工作面宽度中心面的平行度不大于 10 mm，其水平段工作面的高度差不大于 5 mm，其弯曲处应圆滑过渡，且同一端的弯曲段工作面位于同一平面内。

5.3.3 载麻链板应齐整，高度差应不大于 5 mm，不应有生锈和歪斜等现象。

5.3.4 两 V 带轮轴线平行度不大于两轮中心距的 1%；两 V 带轮轮宽对称面的偏移量不大于两轮中心距的 0.5%。

5.3.5 加热系统的各管道、阀门、热交换器等装配后应在 1.25 倍最大工作压力下试压，不应有泄漏现象。

5.3.6 风机的机座在机架上的安装应牢固可靠。

5.4 外观和涂漆

5.4.1 干燥柜表面不应有明显的凸起、凹陷、粗糙不平和损伤等缺陷。

5.4.2 干燥柜门结合严密、平整，开合应灵活可靠。

5.4.3 干燥柜部件结合面的边缘应平整，相互错位量应不大于 3 mm。

5.4.4 漆层的漆膜附着力应符合 JB/T 9832.2 中 2 级 3 处的规定。

5.5 安全防护

5.5.1 外露的 V 带轮和链传动应装固定式防护装置，防护装置应符合 GB/T 8196 的规定。

5.5.2 外购的电气装置应符合 GB 1497 的规定，并应有安全合格证。

5.5.3 电气设备应有可靠的接地保护装置，接地电阻应不大于 10 Ω。

6 试验方法

6.1 空载试验

6.1.1 空载试验应在总装检验合格后进行。

6.1.2 在额定转速下连续运转时间应不少于 2 h。

6.1.3 空载试验项目和要求见表 2。

表 2 空载试验项目和要求

试验项目	要　求
工作平稳性及声响	符合 5.1.4 的规定
加热系统密封情况	符合 5.3.5 的规定
噪声	符合 5.1.5 的规定
干燥柜内温度	符合 4.3 的规定
干燥柜外表面温度	符合 5.2.3.3 的规定

6.2 负载试验

6.2.1 负载试验应在空载试验合格后进行。

6.2.2 在额定转速及满负荷条件下，连续运转时间不少于 2 h。

6.2.3 负载试验项目和要求见表 3。

表 3 负载试验项目和要求

试验项目	要　求
工作平稳性及声响	符合 5.1.4 的规定
生产率	符合 4.3 的规定
干纤维含水率	符合 4.3 的规定
干燥不均匀度	符合 4.3 和附录 A 的规定

7 检验规则

7.1 出厂检验

7.1.1 产品出厂前应进行出厂检验，出厂检验实行全检，在用户方安装调试合格后，方可颁发合格证。

7.1.2 出厂检验项目及要求：

——外观和涂漆应符合 5.4 的规定；

——装配应符合 5.3 的规定；

——安全防护应符合 5.5 的规定；

——空载试验应符合 6.1 的规定。

7.1.3 用户有要求时，可进行负载试验，负载试验应符合 6.2 的规定。

7.2 型式检验

7.2.1 有下列情况之一时，应进行型式检验：

——新产品或老产品转厂生产；

——正式生产后，结构、材料、工艺等有较大改变，可能影响产品性能；

——正常生产时，定期或周期性抽查检验；

——产品长期停产后恢复生产；

——出厂检验结果与上次型式检验有较大差异；

——质量监督机构提出进行型式检验要求。

7.2.2 型式检验应采用随机抽样，抽样方法按 GB/T 2828.1 中正常检查一次抽样方案确定。

7.2.3 样本应在 6 个月内生产的产品中随机抽取。抽样检查批量应不少于 3 台(件)，样本大小为 2 台(件)。

7.2.4 样本应在生产企业成品库或销售部门抽取，零部件在零部件成品库或装配线上已检验合格的零部件中抽取。

7.2.5 型式检验项目、不合格分类见表 4。

7.2.6 判定规则

评定时采用逐项检验考核，A、B、C 各类的不合格总数小于等于 Ac 为合格，大于等于 Re 为不合格。A、B、C 各类均合格时，该批产品为合格品，否则为不合格品。

表 4　检验项目、不合格分类

<table>
<tr><th>不合格分类</th><th>检　验　项　目</th><th>样本数</th><th>项目数</th><th>检查水平</th><th>样本大小字码</th><th>AQL</th><th>Ac</th><th>Re</th></tr>
<tr><td>A</td><td>1. 生产率和干燥质量
2. 加热系统密封情况
3. 安全防护</td><td rowspan="2">2</td><td>3</td><td rowspan="2">S—I</td><td rowspan="2">A</td><td>6.0</td><td>0</td><td>1</td></tr>
<tr><td>B</td><td>1. 噪声
2. 工作平稳性及声响
3. 干燥柜外表面温度
4. 干燥柜内温度</td><td>4</td><td>25</td><td>1</td><td>2</td></tr>
<tr><td>C</td><td>1. 零部件结合面尺寸
2. 外观和涂漆
3. 漆膜附着力
4. 标志和技术文件</td><td>2</td><td>4</td><td>S—I</td><td>A</td><td>40</td><td>2</td><td>3</td></tr>
<tr><td colspan="9">注：AQL 为合格质量水平，Ac 为合格判定数，Re 为不合格判定数。</td></tr>
</table>

8　标志与包装

按 GB/T 15032—2008 中第 8 章的规定执行。

附　录　A
（规范性附录）
干燥不均匀度测定

分别从载麻链板上同一横向截面内任意取5处的纤维样品，测量其含水率，以同样方法测量三个截面的样品，计算同一截面内样品含水率最大值与最小值之差，取三个差值中的最大值，精确到0.1%。

$$K = S_{max} - S_{min} \quad \text{(A.1)}$$

式中：

K——干燥不均匀度，以百分数表示（%）；

S_{max}——同一截面内纤维样品含水率最大值，以百分数表示（%）；

S_{min}——同一截面内纤维样品含水率最小值，以百分数表示（%）。

附加说明：

本标准的附录A为规范性附录。

本标准由中华人民共和国农业部提出。

本标准由农业部热带作物及制品标准化技术委员会归口。

本标准起草单位：中国热带农业科学院农业机械研究所。

本标准主要起草人：张劲、欧忠庆、邓干然、李明。